Konstantin von Freytag-Loringhoven
Erziehung im Kollegienhaus

PALLAS ATHENE

Beiträge zur Universitäts- und Wissenschaftsgeschichte

Herausgegeben von
Rüdiger vom Bruch
und Lorenz Friedrich Beck

Band 45

Konstantin von Freytag-Loringhoven

Erziehung im Kollegienhaus

Reformbestrebungen an den deutschen Universitäten der amerikanischen Besatzungsszone 1945–1960

Franz Steiner Verlag

Umschlagabbildungen:
Luftansicht des Collegium Academicum der Universität Heidelberg (Prospekt des Collegium Academicum, Heidelberg 1950).
Studenten des Collegium Gentium bei der Küchenarbeit, Marburg an der Lahn (Marburger Presse, 2.2.1950).

Bibliografische Information der Deutschen Nationalbibliothek:
Die Deutsche Nationalbibliothek verzeichnet diese Publikation in der Deutschen Nationalbibliografie; detaillierte bibliografische Daten sind im Internet über <http://dnb.d-nb.de> abrufbar.

ISBN 978-3-515-10240-7

Gedruckt auf säurefreiem, alterungsbeständigem Papier.
Druck: Laupp & Göbel, Nehren
Printed in Germany

INHALTSVERZEICHNIS

I. EINLEITUNG

1. LEITFRAGEN UND PERSPEKTIVE

Die Errichtung von „Kollegienhäusern“ an deutschen Universitäten galt in der unmittelbaren Nachkriegszeit als ein Beitrag zur Universitätsreform. Nach der Erfahrung von Nationalsozialismus und Zweitem Weltkrieg wurde nach 1945 die Rolle der deutschen Universitäten von verschiedenen Stellen kritisch überdacht. Als eine zentrale Innovation war dabei ein pädagogischer Auftrag der Universität zur Förderung eines verantwortlichen Menschen beziehungsweise guten Staatsbürgers gefordert worden. Zu den beiden Säulen der Universität „Forschung und Lehre“ sollte mit der „Erziehung“ eine dritte gestellt werden. Die vorliegende Arbeit beschäftigt sich mit diesen Diskussionen über die Ausgestaltung dieser Erziehungsfunktion der Universität. Dabei richtet sich der Fokus insbesondere auf die Überlegungen, den Studierenden in betreuten Wohnheimen der Universität den Raum für ein solches Bildungserlebnis zu schaffen. Anhand von vier konkreten Projekten an Universitäten der von 1945 bis 1949 amerikanisch besetzten Zone Deutschlands soll der Nutzbarmachung des außerwissenschaftlichen Bildungserwerbs im Rahmen der Wohn- und Studiengemeinschaften der in jener Zeit projektierten Kollegienhäuser nachgegangen werden. Die Arbeit folgt dabei zwei Leitfragen:

Erstens: Aus welchen Quellen speisten sich die Vorstellungen von der Aufgabe der Universität? Die Auseinandersetzungen über die Errichtung der Kollegienhäuser liefen entlang gegensätzlicher Vorstellungen von der Aufgabe der Universität. Die seit Beginn des 20. Jahrhunderts vielstimmig erhobenen Forderungen nach einer Charaktererziehung durch Gemeinschaftserlebnisse oder andere außerwissenschaftliche Maßnahmen der Erziehung standen in einem Gegensatz zu dem zu Beginn des 19. Jahrhunderts formulierten Prinzip „Bildung durch Wissenschaft“.[1] Waren es persönliche Erfahrung aus der Jugendbewegung, Vorstellungen der Reformpädagogik oder Erlebnisse im NS-Staat, welche die oft emotional begründete Zustimmung oder Ablehnung dieser Überlegungen bewirkten?

Zweitens: Inwieweit beeinflussten die Amerikaner als Besatzungsmacht die Reformbestrebungen der Universitäten bezüglich dieses Aspektes? Eine erste

1 Das Prinzip wurde im Laufe des 19. und zu Beginn des 20. Jahrhunderts unterschiedlich ausgedeutet. Vgl. D. Langewiesche: „Bildung in der Universität als Einüben einer Lebensform. Konzepte und Wirkungshoffnungen im 19. und 20. Jahrhundert“, in: E. Keiner et al. (Hg.): *Metamorphosen der Bildung*, Bad Heilbrunn 2011, 181–190.

Vermutung ist, dass die Referenzpunkte der gesamten Kollegienhausdebatte in einer spezifisch deutschen Universitätstradition verankert blieben. Die Kulturtransferforschung lenkt den Blick auf die aktiven Vermittler, die echte oder zugeschriebene Einflüsse aus alten Kontexten lösen und sich durch „produktive Aneignung" gleichsam umwidmen. Diesem mehrdimensionalen Blickwinkel auf die sich gegenseitig beeinflussenden ideellen, kulturellen und mentalen Größen folgt auch die vorliegende Arbeit.[2] Es ist zu vermuten, dass die „Antragsrhetorik" der Deutschen mit einer missverständlichen Projektion der Amerikaner auf die deutschen Verhältnisse kommuniziert, die sich aus eigenen Erfahrungen des US-Bildungssystem speist.

Die Hauptakteure der deutschen Hochschulpolitik sind Hochschullehrer, Studierende, Publizisten, Beamte und Politiker. In dem eingegrenzten und scheinbar schmalen Untersuchungsfeld des im Kollegienhaus verwirklichten Erziehungsauftrages der Hochschule von 1945 bis 1960 spiegelten sich die zeitgenössischen Debatten über Hochschulerziehung. Die Befürworter warben dafür, dass diese Wohnheime mit einer gewissen akademischen Betreuung offizieller Bestandteil der Universität werden und den Rahmen für eine Selbsterziehung der Studenten bieten sollten. Die Projekte standen im Kontext mit den Überlegungen zu Universitätsreform, die in unterschiedlichem Maße durch staatliche und zivilgesellschaftliche Gelder aus den USA gefördert wurden.

Die vorliegende Arbeit geht dabei von den Planungen im Deutschland der Nachkriegszeit aus. Die deutschen Hochschulpolitiker stellten sich die Frage, wie die Bildung von Studierenden durch eine über das Fachstudium hinausgehende Einbindung in der Universität gefördert wurde. Das in den betrachteten Überlegungen umkreiste Erziehungsziel folgte dabei einer Idee von „Bildung durch gesellschaftliches Lernen", welche die Universität auch als einen außerwissenschaftlichen Lebensraum begriff. Dabei orientierte sich auch die zeitgenössische Forderung nach Einführung dieser Erziehung an einem weit gefassten Bildungsbegriff. Wenn sich politische Gremien der Hochschulplanung mit Aspekten der Erziehung hin zu einer Allgemeinbildung befassten, stand ihnen vor allem der gesellschaftliche Wert des Bildungsprozesses vor Augen. Gesellschaftlicher und individueller Wert für den Einzelnen stehen in einer Wechselwirkung. Bildung soll als ein aktiver, komplexer und dynamischer Prozess verstanden werden, durch den der Mensch „sowohl seine seelisch-geistige Gestalt gewinnt, als auch selbstständige

2 H. Rausch: „Blickwechsel und Wechselbeziehungen. Zum transatlantischen Kulturtransfer im westlichen Nachkriegseuropa, in: Dies. (Hg.): *Transatlantischer Kulturtransfer im „Kalten Krieg"*, Leipzig 2007, 7–33, 12 f. J. Paulmann: „Interkultureller Transfer zwischen Deutschland und Großbritannien: Einführung in ein Forschungskonzept", in: R. Muhs; J. Paulmann; W. Steinmetz (Hg.): *Aneignung und Abwehr*, Bodenheim 1998, 21–43, 21 ff. Aufgrund des begrenzten Untersuchungsgegenstandes partieller Überlegungen bezüglich der deutschen Hochschulen möchte die vorliegende Arbeit die Großkategorien von „Amerikanisierung" oder „Westernisierung" nicht verwenden, wiewohl am Schluss der Arbeit die Beantwortung der Frage nach dem amerikanischen Einfluss auf die Debatte stehen soll. Vgl. A. Doering-Manteuffel: *Wie westlich sind die Deutschen?*, Göttingen 1999, 15. D. Ellerbrock: *„Healing Democracy" – Demokratie als Heilmittel*, Bonn 2004, 453.

und selbsttätige, problemlösungsfähige und lebenstüchtige Handlungsmöglichkeiten entwickelt."[3] Der Bildungsprozess eines so erweiterten Bildungsbegriffs ging über das eng gefasste systematische Erlernen geistiger Inhalte in Schule und Hochschule hinaus.[4] Er umfasste Erfahrungen der Interaktion und kulturelle Erlebnisse außerhalb eines Curriculum, die auf den individuellen Bildungsprozess einwirken. Angesichts der gewährten „studentischen Freiheit" fand dieser Aspekt der individuellen Entwicklung dezentral und ohne Kontrolle der Universität statt. Die von Konrad Jarausch zur Analyse der vielschichtigen Transformationen der deutschen Universität zwischen 1860 und 1920 postulierte kulturelle Perspektive bildet dabei den Rahmen der Arbeit. Jarausch warb für eine systematische Betrachtung des „Wechselspiel vom sozialen Strukturwandel und ideologischen Bildungsprozessen".[5]

Zum Verständnis der unterschiedlichen Vorstellungen der Nachkriegsplaner müssen dabei die Paradigmen berücksichtigt werden, von denen Akteure und akademische Traditionen geprägt wurden. Seit der Jahrhundertwende und besonders seit dem Ersten Weltkrieg war in Deutschland wie in den USA eine „Krise der Universität" festgestellt worden, deren wahrgenommene Verschärfung in den folgenden Jahrzehnten zu unterschiedlichen Reformansätzen animiert hatte. Der in Chicago und New York lehrende Philosoph John Dewey hatte das Lernen demokratischer Verhaltensweisen durch „demokratisches Lernen" schon während des Ersten Weltkriegs ausformuliert. Erziehung bedeutete für Dewey eine „kontinuierliche Rekonstruktion" der praktisch gemachten Erfahrung. [6] Seit den 1930er Jahren wurden Deweys Überlegungen in den USA weithin rezipiert, so dass diese auch die Überlegungen der Reeducation-Politik Nachkriegsdeutschlands beeinflussten. [7] So ließ sich auch auf eine Einflussnahme der Ideenwelt Deweys auf die amerikanischen Vorstellungen bezüglich der deutschen Hochschulen annehmen. Auch die „Antragsrhetorik" der deutschen Hochschulpolitiker gegenüber der Besatzungsmacht nach 1945 bezog sich gerne auf amerikanische Leitbilder. Somit ließen sich Parallelen der deutschen Bemühungen sowohl zu den aus der Oxbridge-Tradition entwickelten amerikanischen *residential colleges* als auch zu den Erziehungsvorstellungen Deweys vermuten. Die Übernahme der *colleges* nach amerikanischen Vorbildern in Deutschland lag auf der Hand. So stand zu Beginn dieser Recherchearbeit die Annahme eines erfolgreichen Transfers amerikanischer

3 Vgl. M. Schmidt: „Was ist Bildung wirklich? Ein Begriff zwischen Vision und Wirklichkeit", in: *Labyrinth, DGhK* 85/2005, 9–10.

4 Wobei der schulische Bildungsbegriff sich schon lange breiter fasste. Die Bildung ist eine selbstständige Leistung des Subjekts und zugleich „pädagogisches Werk". Etwa Herman Nohl maß dem Prozess in „Formen des Selbstausbildung durch das Leben", „Spiel" und „Gewöhnung", „willkürlicher Aufmerksamkeit" und „Körpererziehung" neben der geistigen Ausbildung eine tragende Rollen zu. Vgl. H.-E. Tenorth: „Form der Bildung", in.: Ders. (Hg.): *Form der Bildung – Bildung der Form*, Weinheim et al. 2003. 7–22, 11 f.

5 K. H. Jarausch: „Universität und Hochschule", in: C. Berg (Hg.): *Handbuch der deutschen Bildungsgeschichte*, München 1991, 313–345.

6 Vgl. F. Bohnsack: *John Dewey: ein pädagogisches Porträt*, Weinheim 2005, 61 ff, 65.

7 Vgl. S. Bittner: *Learning by Dewey?*, Bad Heilbrunn 2001, 121 ff.

Vorstellungen. Die vorliegende Untersuchung wollte der Belastbarkeit dieser These nachgehen, kam aber zu anderen Ergebnissen.

Es ist fraglich, ob überhaupt in den hochschulpolitischen Überlegungen bis Ende der 1960er Jahre ein „westliches oder amerikanisch grundiertes" Idealmodell eines „Konsensliberalismus" diagnostiziert werden kann.[8] Der Soziologe Clemens Albrecht wies auf die scheinbar eindeutige Zuschreibung des restaurativen Charakters der ersten Nachkriegsperiode der Bundesrepublik hin mit der Priorität des politischen und wirtschaftlichen Wiederaufbaus. Erst in der zweiten Periode habe man sich gemäß dieser verbreiteten Deutung „zunehmend mit dem Nationalsozialismus auseinandergesetzt und Konsequenzen aus der Vergangenheit gezogen, was zu einem kulturellen und politischen Neuanfang geführt" habe. Diese gängige Zuordnung war bereits zeitgenössisch 1950 von Walter Dirks in den Frankfurter Heften formuliert worden.[9] Der von Albrecht auf die Biographie Walter Dirks gelenkte Blick legt weitere Wurzeln des Denkens der 1950er Jahre frei. Dirks war Teil der katholischen Jugendbewegung gewesen und hatte sich später zu einem religiösen Sozialisten entwickelt: Mit Jugendbewegung, Christentum, Sozialismus und Fragen der Modernisierung war der Mitherausgeber der Frankfurter Hefte in seinem Denken durch seine eigenen Biographie geprägt.[10] Ähnlich zeigten sich diese Prägungen in der Debatte zur Reform der Hochschulen durch die Errichtung der Kollegienhäuser. Die untersuchten „Kollegienhausenthusiasten" sowie die Kritiker der betreuten Wohnprojekte für Studenten handelten aus ihren spezifisch eigenen Erfahrungen heraus. Nicht nur die gängigen Deutungsschema von „reaktionärer" oder „gestaltender" Phase sollen hinterfragt werden, sondern auch die Wurzeln der verschiedenen Entwicklungsstränge sichtbar gemacht werden.

Der erste Teil der Arbeit beschreibt die Grundlagen zum eigentlichen Untersuchungsgegenstand der Arbeit. Kapitel II und III stellen die Traditionslinien des Erziehungsauftrags an den Universitäten in Deutschland und den USA seit Beginn des 19. Jahrhunderts bis 1945 dar. Im zweiten Teil wird der Anspruch der Erziehung in der Hochschulreformdebatte der frühen Nachkriegszeit untersucht. Kapitel IV beschreibt die Vorüberlegungen für die amerikanische Hochschulpolitik im besetzten Deutschland nach 1945. Das V. Kapitel widmet sich der Gruppe von „Kollegienhaus-Enthusiasten", denen zeitweise eine große Einflussnahme auf die in Kapitel VI beschriebenen Hochschulreform-Überlegungen der 1950er Jahre gelang. Die amerikanische Besatzungsmacht ist dabei ein rahmensetzender und korrespondierender Akteur, der sich bei den Fragen der Kollegienhäuser im Hintergrund hielt. Im dritten Teil werden in den Kapiteln VII bis X Konzeption, Umsetzung und Entwicklung solcher Kollegienhäuser anhand von vier Beispielen in

8 Vgl. A. Bauerkämper; K. H. Jarausch; M. M. Payk: „Transatlantische Mittler und die kulturelle Demokratisierung Westdeutschlands 1945–1970", in: Dies. (Hg.): *Demokratiewunder*, Göttingen 2005, 11–40, 16 f.

9 Vgl. W. Dirks: „Der restaurative Charakter der Epoche", *Frankfurter Hefte* 5/1950, 942–954.

10 C. Albrecht: „Vom Konsens der 50er Jahre zur Lagerbildung der 60er Jahre: Horkheimers Institutspolitik", in: Ders. et al. (Hg.): *Die intellektuelle Gründung der Bundesrepublik*, Frankfurt et al. 1999, 132–168, 132 ff.

Frankfurt am Main, Heidelberg, Marburg und Berlin beleuchtet. Das XI. Kapitel zieht eine Synthese aus der Debatte und den vier Fallbeispielen.

Nicht nur das Großthema „Bildung“ hängt mit vielen anderen Lebensbereichen zusammen, sondern auch das wesentlich umgrenztere Terrain der Hochschulbildung kann in der vorliegenden Veröffentlichung nicht in all seinen Facetten behandelt werden. Durch Zuwachs der Wissenschaft, gesellschaftlichen Wandel und nicht zuletzt der Perzeption amerikanischer Einflüsse waren auch Forschung und Lehre einem großen Wandel unterworfen.[11] Diese beiden bekannten Hauptsäulen der Universität werden nur am Rande betrachtet, wo sie mit den Fragen der Erziehung kommunizieren. Innerhalb des Komplexes „Erziehung“ als mögliche „dritte Säule“ der Universität werden weitere Fragen berührt, deren Beantwortung die vorliegende Arbeit nicht leisten wird. Der Erziehungsauftrag hin zu einem verantwortlichen Akteur stellt sich etwa auch bezüglich der Lehrerbildung, deren Änderungen an dieser Stelle nicht nachgegangen werden kann. In den ersten Jahren nach 1945 werden Debatten über eine Akademisierung der Lehrerbildung geführt, die zum Aufbau entsprechender Forschung und neuer Hochschulen führen. Um das demokratische Denken der Deutschen zu fördern, wurde von den Amerikanern die Errichtung neuer Unterrichtfächer angeregt. Das Studium der Politikwissenschaften, der Soziologie und die Amerikastudien sollten auch für Fachfremde das Verständnis für andere Länder und insbesondere der Vereinigten Staaten erwecken. Die Bemühungen um eine Einführung dieser neuen Fächer sowie die Förderung sozialwissenschaftlicher Forschung durch Austausch und direkte Hilfsmaßnahmen der Amerikaner sind auch der Strategie für die Demokratisierung Deutschlands zuzurechnen. Trotz des gleichlautenden Zieles und zahlreicher Überschneidungen von Personen und Konzepten mit den untersuchten Bemühungen einer universitären Erziehung durch demokratische Interaktion werden diese Bemühungen dennoch nicht bis ins tiefste Detail untersucht. Selbst die vor allem unter den deutschen Bildungsplanern geführte „Studium Generale-Debatte“ kann in dem Detail der Lehrinhalte und Curricula nicht voll ausgeleuchtet werden. Die Überlegungen über das Curriculum eines Studium generale wie auf der Tübinger Konferenz von 1950 waren immer auch Beiträge zur Debatte über die Funktion der Oberstufe.[12]

Die dargestellte Kollegienhaus-Debatte gibt einen Einblick in die Überlegungen über Erziehung in der Universität unter den Bedingungen der amerikanischen Besatzungszone. Auch in der französischen und britischen Besatzungszone wurden Universitätsreformvorhaben für einen erzieherischen Auftrag der Universität unter demokratischen Vorzeichen geplant und umgesetzt. Auch dort wurden von den Alliierten geförderte Kollegienhäuser errichtet, denen man in der unmittelbaren Nachkriegszeit einen Impuls auf die gesamte Hochschulidee zusprach. Im

11 Vgl. A. Franzmann; B. Wolbring (Hg.): *Zwischen Idee und Zweckorientierung*, Berlin 2007. A. Rohstock: *Von der „Ordinarienuniversität“ zur „Revolutionszentrale“?*, München 2010. S. Paulus: *Vorbild USA?*, München 2010. B. Wolbring: *Trümmerfeld des Bürgertums. Öffentliche Diskurse über Universitätsreform in der Besatzungszeit (1945–1949)*, in Vorbereitung.

12 Eine Übersicht gibt: U. Papenkort: *„Studium generale“*, Weinheim 1993.

französisch besetzten Württemberg war so 1948 das Leibniz Kolleg als Institut der Universität Tübingen gegründet worden, um exemplarisch den Weg in eine neue Hochschulerziehung aufzuzeigen.[13] Die zwei Innenhöfe der Akademischen Burse in Göttingen lehnten sich auch architektonisch an die britischen Colleges aus klösterlicher Tradition an. Wie in der amerikanischen Besatzungszone kamen in der Konzeption der Kollegienhäuser Vorstellungen der alliierten Förderer mit denen der deutschen Akteure zusammen. Im Göttinger Fall zeigt sich dies in der Person des Gründers Erich Boehringer besonders deutlich, der explizit von elitären Ideen um den Dichters Stefan George geprägt war.[14] Die Debatte über Kollegienhäuser in den 1950er Jahren fand in der ganzen Bundesrepublik statt, was sich auch an den Teilnehmern der Konferenzen ablesen lässt. Dennoch liegen die vier in den Fallstudien detailliert untersuchten Einrichtungen in der amerikanischen Besatzungszone. Der Fokus der Untersuchung richtet sich auf die deutschen Hochschulplaner in Interaktion mit den US-Vertretern. Die staatlichen und zivilgesellschaftlichen Akteure aus der führenden Nation der Westlichen Welt nach 1945 zeigten spezifische Demokratisierungsvorstellungen für ein Nachkriegsdeutschland. Die Auswahl wurde zugunsten einer Vergleichbarkeit der Bedingungen getroffen, um die Untersuchung der Abhängigkeit einer solchen Idee von lokalen Strukturen festzustellen. Exemplarisch wurden mit Heidelberg und Marburg eine große und kleinere Traditionsuniversität ausgewählt, mit Frankfurt eine Großstadtuniversität. Die Freie Universität Berlin scheint dabei schwer vergleichbar, spielt aber insbesondere wegen der weithin wahrgenommenen Gründung und besonderen Struktur eine gewichtige Rolle in den Überlegungen über eine neue Universitätsidee.

Die vom totalitären Charakter geprägte Universitätspolitik in der sowjetischen Besatzungszone und ab 1949 der DDR nutzte ähnliche Begrifflichkeiten unter vollkommen anderen Vorzeichen. Seit den ersten Forderungen nach der staatsbürgerlichen Erziehung 1946 hatte sich die DDR-Universität in den folgenden Jahrzehnten ausdrücklich von der in Westdeutschland beschworenen Universitätsidee entfernt. Die „Erweiterung" der Humboldtschen Universitätsidee um die „Sozialistische Menschenformung" hatte etwa der Greifswalder Rektor Otto Rühle 1967 ausdrücklich als den DDR-spezifischen, integralen Teil der universitären Aufgabe bezeichnet. In der Abgrenzung der „Erziehungsfunktion" zu den bisherigen Aufgaben der Universität, sprach Rühle der bisherigen Institution Universität diese Funktion ab. So eine „weltanschaulich-sittliche Erziehung" stand diametral gegen die Vorstellungen Wilhelm von Humboldts, der eine staatlich verordnete Gesinnungsbildung strikt ablehnte. Trotz der Bezugnahme auf Humboldt stellte der totalitär-sozialistische Entwurf der Universität eine Perversion der ursprünglichen

13 Vgl. M. Behal; F. Schmoll (Hg.): *Studium generale, studium sociale*, Tübingen 1998.

14 E. Boehringer: „Die Burse in Göttingen", in: *Robert Boehringer. Eine Freundesgabe*, Tübingen 1957, 53–108. Vgl. K. Gottstein: „Die Akademische Burse zu Göttingen und ihr Gründer Erich Boehringer", Rede am 1.10.2009, in: Freundeskreis der Akademischen Burse e.V.: *Über die Akademische Burse*, http://burse.goe.net/, abgerufen am 10.8.2011. D. Helling: *Die ‚Akademische Burse' in Göttingen*, Göttingen 2004.

intendierten „Bildung durch Wissenschaft“.[15] Diese Entwicklung der Hochschulerziehung im Gegenmodell der DDR-Universität wird die vorliegende Arbeit nicht weiter beleuchten.

Andere Bildungsdebatten der Nachkriegsjahrzehnte überlappen sich mit den Überlegungen zu den Kollegienhäusern, wurden aber aufgrund der begrenzten Fragestellung der Arbeit ausgespart. Das „Bildungskloster“ ist nicht nur eine Idee als Lebensort von Zöglingen in Schule und Hochschule, sondern kehrt auch als Ausdruck der „Gelehrtenrepublik“ immer wieder: An einem autonomen, von den Beschwernissen des Alltags enthobenen Ort, sollte der freie Geist von Spitzenforschern sich ganz anders zugunsten echter Innovation entfalten können. Wesentliches Merkmal dieser elitären Konzeption eines reinen Ortes der Wissenschaft mit besten Rahmenbedingungen ist der begrenzte Zugang, impliziert also ein Ausschluss der vermutet mittelmäßigen Studienanfänger. Im 1438 gegründeten All Souls College in Oxford zeigt sich diese Konzeption ebenso wie im 1930 gegründeten Institute for Advanced Study in Princeton.[16] Das zweitere, an dem unter anderem Albert Einstein und Robert Oppenheimer forschten, dient auch in jüngster Zeit als Modell ähnlicher Konzepte einer elitären Wissenschaftlergemeinschaft weltweit. Auch die Konzeption der von der Lehre befreiten Forschung in der 1911 Kaiser-Wilhelm-Gesellschaft zur Förderung der Wissenschaften korrespondierte mit diesem Gedanken der Gelehrtenrepublik.[17] Einzelne Befürworter der Kollegienhäuser waren ebenfalls hochaktiv im Zusammenhang mit Einrichtungen und Ausbau solcher elitär abgeschlossener Orte der Forschung. Carl Friedrich von Weizsäcker wirkte auch als Bildungspolitiker im Namen und zugunsten der Max-Planck-Gesellschaft. Die Errichtung des Berliner Wissenschaftskollegs ging wesentlich auf die Konzeption seines ersten Leiters Peter Wapnewski zurück.[18] Die Konzeption eines abgeschiedenen, heilen Ortes zeigt eine gemeinsame Geistestradition, die ob des Unterschiedes in der Perspektive auf das Objekt der Erziehung in der vorliegenden Arbeit nicht weiter verfolgt werden.

2. FORSCHUNGSSTAND UND QUELLEN

Forschungsliteratur zu den Kollegienhäusern gab es bislang nur im sehr begrenzten Umfang. Zum Heidelberger Collegium Academicum und zum Studentendorf der FU Berlin existieren institutionengeschichtliche Gesamtdarstellungen. Von diesen überzeugen vor allem die jüngeren durch eine fundierte Quellenbasis, verzichten aber auf die Einordnung in eine größere bildungspolitische Debatte.[19] Das

15 H.-E. Tenorth: „Selbstbehauptung einer Vision. Zur Einleitung“, in: Ders. (Hg.): *Geschichte der Universität Unter den Linden 1810–2010, Band 6*, Berlin 2010, 9–46. 15–19.

16 Vgl. u.a.: S. Batterson: *Pursuit of Genius,* Wellesley 2006.

17 Vgl. B. vom Brocke; H. Laitko (Hg.): *Die Kaiser-Wilhelm-/Max-Planck-Gesellschaft und ihre Institute*, Berlin et al. 1996.

18 Vgl. D. Grimm (Hg.): *25 Jahre Wissenschaftskolleg zu Berlin 1981–2006*, Berlin 2006.

19 C. Berger: „Studentendorf Schlachtensee. Ein ganz besonderes Denkmal“, in: *AStA-Magazin. 50 Jahre FU*, 1998, 37. J. Joswig: *Studentendorf Schlachtensee*, Berlin 1999. H. Schweitzer:

Collegium Gentium in Marburg blieb ebenso wie das Studentenhaus der Universität Frankfurt auch in jüngster Zeit nur Gegenstand journalistischer Beschreibungen und durch politische Intention – Erhalt der Institution – motivierter Schriften. Alle bisherigen historisch-analytischen Darstellungen der Versuche zur Errichtung der Kollegienhäuser in dem untersuchten Zeitraum blieben den einzelnen Institutionen verhaftet. Die Überblicksdarstellung von Ulrich Papenkort zum *Studium generale* von 1993 macht einen ersten Versuch, die Kollegienhäuser in die weitergreifende Hochschulreformdebatte einzuordnen.[20]

Die Darstellung der Motive bei Errichtung der Kollegienhäuser speist sich vor allem aus den Primärquellen. Der Einblick in die Meinungsbildung an den vier Universitäten erfolgt durch eine Auswertung der in den Universitätsarchiven auffindbaren Rektoratsakten und der Beschlüsse der Akademischen Selbstverwaltung bezüglich der Errichtung neuer Institutionen.[21] In den Universitätsarchiven finden sich auch die programmatischen Vorstellungen der konzeptionell involvierten Professoren und jüngeren Leiter, die oftmals auch Zeitungsartikel in überregionalen Medien, Zeitschriften und interne Mitteilungsblätter zur Darstellung ihrer Konzeptionen nutzten.[22] Im Rahmen des Projekts zur Untersuchung von Rektoratsreden des 19. und 20. Jahrhunderts konnte aktuell Christina Schwartz neuste Ergebnisse zum Selbstbild in solchen Rektoratsreden 1945 bis 1950 vorlegen.[23]

Kollegienhaus in der Krise, Heidelberg 1967. G. Steffens: „Collegium Academicum 1945–1978. Zur Lebensgeschichte eines ungeliebten Kindes der Alma mater Heidelbergensis", in: K. Buselmeier (Hg.): *Auch eine Geschichte der Universität Heidelberg*, Mannheim 1985, 381–410. H. U. Störzer: „Das Collegium Academicum der Universität Heidelberg", in: *Ruperto Carola* 55–56/1975. R. Zünder: *Studentendorf Schlachtensee 1959–1989*, Berlin, 1989.

20 Papenkort: *Studium generale*. Auch bei der Festschrift des Tübinger Leibniz Kollegs von 1998 findet eine Einordnung dieser spezifischen Institution in die Studium generale-Debatte der Zeit ein. Vgl. Behal; Schmoll (Hg.): *Studium generale*. Das Schlagwort Studium generale wird meist als Bezeichnung interdisziplinärer oder allgemeinbildender Lehrveranstaltungen genutzt. Vgl. M. T. Brandl: *Interdisziplinarität*, Mainz 1996. Aus dem wieder erwachten Interesse an dem Thema im Rahmen der Bologna-Reformen an den deutschen Universitäten entstanden in jüngster Zeit mehrere Studien, die aber alle den beiden Linien der Interdisziplinarität und der allgemeinbildenden Lehrveranstaltung folgten. Vgl. z.B. B. Burkhardt-Reich: *Der Blick über den Tellerrand,* Pforzheim 2000. U. Pohl: *Das Studium Generale an der Technischen Universität Bergakademie Freiberg*, Freiberg 2003.

21 Im Heidelberger Universitätsarchiv (HUA), Universitätsarchiv Marburg (UAM), Universitätsarchiv Frankfurt (UAF), Archiv der Freien Universität Berlin (FUA).

22 D. Henrich: „Aus dem Collegium Academicum", in: *Ruperto Carola* 21/1957. Ders.: „Das Collegium Academicum", in: G. Hinz (Hg.): *Studienführer*, Mannheim 1959, 248–249. P. Wapnewski: „Aus dem Collegium Academicum der Universität Heidelberg", in: *Berichte aus Akademischen Kollegien* 3/1955, 4–5. Bemerkenswert ist die Profilierung der Leiter in diesem hochschulpolitischen Kontext insbesondere bezüglich der noch nicht institutionell verankerten Assistenten Henrich und Wapnewski, die in späteren Jahren aus ihrer wissenschaftlichen Tätigkeit heraus weiterhin wissenschaftspolitisch wirkten.

23 C. Schwartz: „Erfindet sich die Hochschule neu? Selbstbilder und Zukunftsvorstellungen in den westdeutschen Rektoratsreden 1945–1950", in: A. Franzmann; B. Wolbring (Hg.): *Zwischen Idee und Zweckorientierung*, Berlin 2007, 47–60. Vgl. D. Langewiesche: „Die ‚Humboldtsche Universität' als nationaler Mythos. Zum Selbstbild der deutschen Universitäten in ihren Rektoratsreden im Kaiserreich und in der Weimarer Republik", in: *Historische*

Von betroffenen Studenten lassen sich Schreiben insbesondere in Konfliktsituationen in den Universitätsarchiven finden, ebenso wie vereinzelt in Publikationen wie der Heidelberger Studentenzeitschrift *Diogenes*.[24] Alle vier untersuchten Einrichtungen wurden besonders in den Anfangsjahren nach dem Krieg von regionalen und überregionalen journalistischen Artikeln begleitet, deren Intensität mit Konfliktsituationen zunahm. Systematisch wurde zu dem Thema die von der US-Militärregierung herausgegeben *Neue Zeitung* analysiert, auch aus weiteren Zeitungen und Zeitschriften wurden punktuell Artikel genutzt.[25] Da die Entscheidungsfindung insbesondere über Finanzen in enger Abstimmung mit den Ministerien erfolgen musste, wurden ebenfalls Akten der Kultusministerialverwaltung herangezogen.[26]

Das Thema „Hochschule" bietet aufgrund der Nähe zur persönlichen Biographie aller schreibenden Wissenschaftler eine weit ausgedehnte und unübersichtliche Quellenlage. Meist war es aber die Erziehung zum wissenschaftlichen Denken und das Betreiben der Wissenschaften, das in unzähligen Variationen diskutiert wurde. Der Fokus auf den Studenten, der die Universität nur als Ausbildungs- und Sozialisationsstation durchläuft, ist in Deutschland schon weitaus seltener zu finden. Rüdiger vom Bruch bemerkte bezüglich der Studenten als Forschungsgegenstand 1984 die Dominanz von sozialstatistischem Interesse und von sozialisationsorientierten Fragen. Sozialisationsbestimmende Faktoren wie Organisation und Kommunikation der Studierenden schienen hingegen noch geringes Interesse zu finden.[27] Zur Einordnung der Reformversuche in das jeweilige universitäre Umfeld gibt es an allen vier untersuchten Hochschulen zahlreiche Literatur. Bezüglich der Universität Heidelberg versammelt der 1996 von Jürgen C. Heß herausgegebene Band *Heidelberg 1945* zahlreiche Aufsätze zu Akteuren und Denktraditionen in der unmittelbaren Nachkriegszeit.[28] Für die Marburger Universität

Zeitschrift 290/1/2010, 53–92. Ders.: „Humboldt als Leitbild? Die deutsche Universität in den Berliner Rektoratsreden seit dem 19. Jahrhundert", in: M.-L. Bott; H.-C. Liess (Hg.): *Jahrbuch für Universitätsgeschichte* 14/2011, 15–37.

24 K. Reineken: „Das Collegium Academicum der Heidelberger Universität", in: *Diogenes* 1/1946, 36–37.

25 u.a. aus *Frankfurter Allgemeinen Zeitung*, *Frankfurter Rundschau*, *Marburger Presse*, *Rhein-Neckar-Zeitung*, *Der Spiegel*, *Süddeutsche Zeitung*, *Tagesspiegel*.

26 Aus dem Hessischen Hauptstaatsarchiv Wiesbaden (HHStA), dem Generallandesarchiv Karlsruhe (GLAKa), dem Hauptstaatsarchiv Stuttgart (HStAS)

27 R. vom Bruch: „Die deutsche Hochschule in der historischen Forschung", in: D. Goldschmidt; U. Teichler; W.-D. Webler (Hg.): *Forschungsgegenstand Hochschule*, Frankfurt 1984. 1–27, 24. Erst zwei Jahre zuvor hatte Konrad H. Jarausch neue Maßstäbe gesetzt, indem er die Sozialisation deutscher Studenten im 19. Jahrhundert systematisch dargestellt. Vgl. K. H. Jarausch: *Students, Society and Politics in Imperial Germany*, Princeton 1982. Ders.: *Deutsche Studenten: 1800–1970*, Frankfurt 1984. Die traditionsreiche Studentengeschichtsschreibung hatte zuvor meist nur sehr partielle Einblicke in einzelne Organisationen oder Orte geben können. Die zahlreichen Einzelgeschichten deutscher Studentenverbindungen im 19. Jahrhundert illustrieren beispielsweise eine Lebenswelt, die vollkommen eigenen Anreizmechanismen außerhalb der Universität folgte.

28 J. C. Heß (Hg.): *Heidelberg 1945*, Stuttgart 1996.

fehlt eine Gesamtdarstellung der Nachkriegszeit, zahlreiche Einzelaspekte aber wurden in den vergangenen Jahren beleuchtet.[29] Notker Hammerstein hat in den vergangenen 20 Jahren in zahlreichen Beiträgen die Nachkriegsuniversität Frankfurt am Main in einer Gesamtheit, aber auch mit Blick auf einzelne Akteure und Institutionen beleuchtet.[30] Das Standartwerk zur Gründungsgeschichte der FU Berlin ist nach wie vor die 1988 erschienene Gesamtdarstellung von James F. Tent, zu dem die im gleichen Jubiläumsjahr erschienen Sammelbände eine geeignete Ergänzung bieten. [31]

Erschöpfend wirkt die Fülle der Literatur zur amerikanischen Besatzungspolitik im Kultusbereich. Seit den 1980er Jahren sind die anschauliche Darstellung James F. Tents sowie die von Manfred Heinemann herausgegebenen Tagungsbände zur Besatzungspolitik erschienen.[32] Die Soziologin Uta Gerhardt hat in den vergangenen Jahren zahlreiche Aspekte der amerikanischen *Reeducation*-Strategie beleuchtet.[33] Da die Kollegienhäuser in diesem Kontext meist als eine vernachläs-

29 R. Boch: *Exponenten des ‚akademischen Deutschland' in der Zeit des Umbruchs*, Marburg 2004. Y. Gerz: *Die Situation der Medizinischen Fakultät. Marburg in der Nachkriegszeit*, Marburg 2008. W. Hecker; J. Klein; H. K. Rupp (Hg.): *Politik und Wissenschaft*, Münster 2001. H. Zinn: *Zwischen Republik und Diktatur*, Köln 2002. Vgl. auch U. Raulff: „In Marburg waren wir weltberühmt", *Frankfurter Allgemeine Zeitung*, 24.10.2010.

30 N. Hammerstein: *Die Johann-Wolfgang-Goethe-Universität Frankfurt am Main, Band ,* Neuwied et al. 1989; *Band 2,* Göttingen 2012. Ders.: „Das Beispiel Frankfurt am Main", in: K. Strobel (Hg.): *Die deutsche Universität im 20. Jahrhundert*, Vierow 1994, 89–96. Ders.: „Der Wiederbeginn der philosophischen Fakultät 1946: allgemeine Vorraussetzungen und das Beispiel Frankfurt am Main", in: F. Fürbeth (Hg.): *Zur Geschichte und Problematik der Nationalphilologien in Europa*, Tübingen 1999, 569–577. Ders.: „Walter Hallstein: Mitbegründer und Verfechter einer demokratischen Universitätslandschaft in der Bundesrepublik", in: *Forschung Frankfurt* 19/2001, 65–67. Ders.: „‚Ein Ort bundesweit beachteter Vorfälle': Einblicke in die bewegte Frankfurter Universitätsgeschichte zwischen 1946 und 1972", in: *Forschung Frankfurt* 27/3/2009, 100–103.

31 J. F. Tent: *Freie Universität Berlin: 1948–1988*, Berlin 1988. U. Prell; L. Wilker (Hg.): *Die Freie Universität Berlin 1948–1968–1988*, Berlin 1988. Der Präsident der Freien Universität Berlin (Hg.): *40 Jahre Freie Universität 1948–1988*, Berlin 1988. Als Quelle: K. Kubicki; S. Lönnendonker (Hg.): *50 Jahre Freie Universität Berlin aus der Sicht von Zeitzeugen*, Berlin 2001. Dies.: *Die Freie Universität Berlin 1948–2007*, Göttingen 2008.

32 M. Heinemann: *Umerziehung und Wiederaufbau*, Stuttgart 1981. O. Schlander: *Reeducation*, Bern et al. 1975. M. Heinemann (Hg.): *Hochschuloffiziere und Wiederaufbau des Hochschulwesens in Westdeutschland 1945–1952. Die US-Zone*, Hildesheim 1990. J. F. Tent: *Mission on the Rhine*, Chicago 1982. Vgl. auch K.-H. Füssl: „Zwischen NS-Traumatisierung und Demokratie: Die Erziehungspolitik der USA in der deutschen Nachkriegsgeschichte (1945–1952)", in: *Paedagogica Historica* 33/1/1997, 221–246

33 U. Gerhardt: „Von der Potsdamer Konferenz zum Marshallplan: Vorgeschichte und Folgen des Longe Range Policy Statement on German Reeducation", in: M. Berg; P. Gassert (Hg.): *Deutschland und die USA in der internationalen Geschichte des 20. Jahrhunderts*, Stuttgart 2004, 381–406. Dies.: *Soziologie der Stunde Null*, Frankfurt 2005. Dabei wurden auch in jüngster Zeit neue Bewertungen der Reeducation-Politik vorgenommen. Vgl. auch H. Braun; U. Gerhardt; E. Holtmann (Hg.): *Die lange Stunde Null*, Baden-Baden 2007. M. Zepp: *Redefining Germany*, Göttingen 2007. M. Shibata: *Japan and Germany under the U.S. occupation*, Lanham 2005. Reeducation in den einzelnen Institutionen: U. Gerhardt: „Die Amerikanischen Militäroffiziere und der Konflikt um die Wiedereröffnung der Universität Heidelberg 1945–

sigbare Größe erschienen, konnten nur originäre Verwaltungsakten Einblick in die Überlegungen bezüglich dieser neuen Einrichtungen der Universitätsreform gewähren. Die Perspektive der staatlichen amerikanischen Akteure lässt sich für die Zeit von 1945 bis 1949 aus den Akten der US-Militärregierung (OMGUS) und 1949 bis 1952 denen des US-Hochkommissars rekonstruieren.[34] Die Finanzierung einzelner Projekte durch die aus der Zivilgesellschaft stammenden Stiftungen von Rockefeller und Ford sind in deren eigenen Archiven dokumentiert.[35] Einzelne Besatzungsoffiziere haben zeitgenössische Erinnerungen veröffentlicht, das Tagebuch des in den ersten beiden Jahren wichtigen US-Universitätsoffiziers Edward Y. Hartshorne wurde 1998 von James F. Tent editiert.[36] Die Überlegungen bezüglich der Kollegienhäuser sind eingebettet in grundsätzliche Neuformulierungen oder Rückbesinnungen einer Aufgabe der Universität hochschulpolitischer Akteure. Die öffentlichen Äußerungen der Rektoren und einzelner einflussreicher deutscher und amerikanischer Akteure liegen meist in Druckform vor, da sie als Debattenbeiträge auf eine Breitenwirkung zielten.[37] Auch die spezifisch für die Errichtung von Kollegienhäusern werbenden Debattenbeiträge liegen in gedruckter Form vor.[38] Die hochschulpolitischen Konferenzen der frühen Nachkriegszeit finden sich in den von Manfred Heinemann editierten Protokollen und der 1961 von Rolf Neuhaus zusammengestellten Dokumentensammlung zur Hochschulreform.[39] Mehrere Untersuchungen haben sich jüngst diesen Universitätsreformde-

1946", in: J. C. Heß (Hg.): *Heidelberg 1945*, 28–52. G. J. Giles: "Reeducation at Heidelberg University", in: *Paedagogica Historica* 33/1/1997, 201–219. S. P. Remy: „Geistesaristokratie und Entnazifizierung. Die gescheiterte ‚Amerikanisierung' der Universität Heidelberg nach 1945", in: A. Stephan; J. Vogt (Hg.): *America on my Mind*, München 2006. Am Rande zu Marburg: A. C. Nagel: „‚Der Prototyp der Leute, die man entfernen soll, ist Mommsen': Entnazifizierung in der Provinz oder die Ambiguität moralischer Gewissheit", in: *Jahrbuch zur Liberalismus-Forschung* 10/1998, 55–91.

34 National Archives, Washington DC (NA).

35 Ford Foundation Archives, New York (FFA), Rockefeller Archive Center, Sleepy Hollow, NY (RAC).

36 Auch: E. S. Costrell: *Reforming the German People*, Worcester 1949, 353. J. F. Tent (Hg.): *Academic Proconsul*, Trier 1998.

37 K.-H. Bauer (Hg.): *Vom neuen Geist der Universität*, Heidelberg 1947. J. Ebbinghaus: *Zu Deutschlands Schicksalswende*, Marburg 1946. K. Jaspers; F. Ernst: *Vom lebendigen Geist der Universität und vom Studieren*, Heidelberg 1946. E. Y. Hartshorne: *Die Krise der deutschen Universitäten*, Frankfurt 1946. Ders.: *Studentenleben und Hochschulideale in den Vereinigten Staaten von Amerika*, Frankfurt 1946. M. Horkheimer: *Gegenwärtige Probleme der Universität*, Frankfurt 1953. F. Meinecke: „Die Stimme des Gewissens", in: *Colloquium* 1/1949, 1.

38 W. P. Fuchs: *Studentische Wohnheime und Gemeinschaftshäuser in Westdeutschland*, Frankfurt 1951. W. Killy: *Studium Generale und studentisches Gemeinschaftsleben*, Berlin 1952. C. F. von Weizsäcker: *Denkschrift über die Ziele des Kongresses für studentische Gemeinschaftserziehung und Studium Generale*, Göttingen 1951.

39 M. Heinemann (Hg.): *Süddeutsche Rektorenkonferenzen 1945–1948. Teil 2*, Hildesheim 1990. Ders. (Hg.): *Vom Studium generale zur Hochschulreform*, Berlin 1996. Ders.: (Hg.): *Süddeutsche Hochschulkonferenzen 1945–1949*, Berlin 1997. Rolf Neuhaus (Hg.): *Dokumente zur Hochschulreform 1945–1961*, Wiesbaden 1961. Ders.: (Hg.): *Empfehlungen und Denkschriften auf Veranlassung von Ländern in der Bundesrepublik Deutschland*, 1968.

batten gewidmet. Insbesondere der von Andreas Franzmann und Barbara Wolbring 2007 herausgegebene Sammelband zu Vorbildern und Motiven von Hochschulreformen seit 1945 bildet die aktuelle Debatte gut ab.[40] In einer 2010 erschienen Monographie hat Stefan Paulus zudem den amerikanischen Einfluss auf die westdeutsche Hochschulpolitik herausgearbeitet.[41]

Zur Einordnung der Denktraditionen, denen die einzelnen Akteure der Kollegienhausbefürworter angehören, werden deren publizierte Äußerungen auch aus dem Zeitraum vor dem Untersuchungszeitraum herangezogen.[42] Aus den gedruckten Quellen der bildungspolitischen Beiträge der 1920er Jahren können auch die roten Fäden nach dem Krieg wieder aufgenommenen Debatten in Deutschland herausgelesen werden.[43] Die zeitgenössische amerikanische Debatte über das Wesen des deutschen Bildungssystems im Wandel von 1900 bis 1945 bildet sich in zahlreichen soziologischen und historischen Analysen ab.[44] Die Grenzen des Rationalen in Bezug auch auf Hochschulen war 2009 das Thema des Jahrbuchs für Universitätsgeschichte.[45] Die auch in Teilen der Reformpädagogik verwirklichten Elemente der lebensreformerischen Überlegungen seit der Jahrhundertwende zum

40 Wolbring (Hg.): *Zwischen Idee und Zweckorientierung*. In dem Band u.a. Rohstock: „Von der ‚Ordinarienuniversität' zur ‚Revolutionszentrale'? Hochschulreform und Hochschulrevolte in Bayern und Hessen 1957–1976".

41 Paulus: *Vorbild USA?*.

42 Die Kollegienhausbefürworter gierten aus den unterschiedlichen Hintergründen heraus. Zum Teil haben sie eigene Erfahrung im jugendbewegten Umfeld der Universität gemacht: A. Bergstraesser: „Jugendbewegung und Universität", in: A. Bergstraesser; H. Platz (Hg.): *Jugendbewegung und Universität*, Karlsruhe 1927, 1–27. Andere Befürworter dieser Universitätsneuerung waren Schulmänner, die ihre reformpädagogischen Konzepte auf die Hochschulen übertragen wollten: E. Hylla: *Staatsbürgerliche Erziehung im Deutschunterricht der Volksschule*, Frankfurt 1925. F. Karsen (Hg.): *Die neuen Schulen in Deutschland*, Langensalza 1924. Ders.: "Some Remarks on the Nazi Philosophy of Education", in: *The German Quarterly* 14/3/1941, 135–142. J. J. Oppenheimer: *The Visiting Teacher Movement*, New York 1924. Andere beschrieben die Universität aus einer bildungsphilosophischen Perspektive: K. Jaspers: *Die Idee der Universität*, Berlin 1946. E. Spranger: „Über Gefährdung und Erneuerung der deutschen Universität", in: *Die Erziehung* 5/1929–30, 513–526. Ders.: *Volk – Staat – Erziehung*, Leipzig 1932.

43 Mehrere Vertreter der demokratischen Nachkriegsdeutschland hatten sich schon in der Weimarer Republik im gleichen Geist mit Hochschulangelegenheiten befasst. Vgl. A. Grimme: *Auf freiem Grund mit freiem Volk*, Berlin 1932. R. König: *Vom Wesen der deutschen Universität*, Berlin 1935. A. Salomon: „Problematik der deutschen Bildung" in: *Die Gesellschaft* 9, 1/1932, 60–67.

44 M. J. Demiashkevich: "The Organization and Administration of Universities in Germany", in: *Peabody Journal of Education* 10/6/1933, 342–357. M. Doerne: "Problems of the German University", in: W. M. Kotschnig; E. Prys (Hg.): *The University in a Changing World*, London 1932, 53–84. S. C. Engelmann: *German education and Re-education*, New York 1945. A. Flexner: *Die Universitäten in Amerika, England, Deutschland*, Berlin 1932. E. Y. Hartshorne: *The German Universities and National Socialism*, London 1937. I. L. Kandel: "Education in Nazi Germany", in: *Annals of the American Academy of Political and Social Sciences* 182/1935, 153–163. W. Richter: *Re-Educating Germany*, Chicago 1945.

45 H.-C. Liess; H. Zander (Hg.): *Universität und die Grenzen des Rationalen. Jahrbuch für Universitätsgeschichte*, Stuttgart 2009.

20. Jahrhundert sind in den letzten zehn Jahren Gegenstand einer umfangreichen Forschung geworden. Die Interaktion der Reformpädagogik mit Ideen zu religiöser Erneuerung, der Jugendbewegung und Sozialutopien wurde in den letzten Jahren vielfach beleuchtet.[46] Etwa die 2009 erschienene Untersuchung von Ulrich Raulff über das Nachleben des George-Kreises zeigt Verbindungen in die Bildungsdebatte nach dem Krieg auf.[47] Aufgrund der Fülle der Forschung zu lebensreformerischen Bewegungen erstaunt, dass erst Hans-Ulrich Wipf mit seiner 2004 erschienenen Gesamtdarstellung der Freistudentenbewegung vor dem Ersten Weltkrieg diese Forschungslücke schließen konnte.[48] Die Entwicklungslinien der Reformpädagogik in den NS-Staat sind seit der unmittelbaren Nachkriegszeit ein Feld ausgiebiger Forschung.[49] Zu der Rolle der Universitäten im Nationalsozialismus gibt es zahlreiche jüngere Arbeiten.[50] Die Rolle von Remigranten auf die

46 M. S. Baader: *Erziehung als Erlösung*, Weinheim 2005. J.-J. Choi: *Reformpädagogik als Utopie*, Münster 2004. I. Hansen-Schaberg (Hg.): *Die Praxis der Reformpädagogik*, Bad Heilbrunn 2004. H. Röhrs; V. Lenhart (Hg.): *Die Reformpädagogik auf den Kontinenten*, Frankfurt 1994. W. Scheibe (Hg.): *Die reformpädagogische Bewegung 1900–1932*, Weinheim 1994. I. Schmidt-Silla: *Romano Guardini*, Fuchstal 2010. C. Bruns: *Politik des Eros*, Köln 2008. J. Oelkers: *Reformpädagogik: eine kritische Dogmengeschichte*, Weinheim 2005. F. Osterwalder: „Dadaismus und Reformpädagogik bei Han Coray oder: Wie traditionalistisch ist die ‚neue Erziehung'?", in: H. Retter (Hg.): *Reformpädagogik*, Bad Heilbrunn 2004, 19–34. P. Littig: *Reformpädagogische Erfahrungen der Landerziehungsheime*, Frankfurt 2004. Osterwalder; Oelkers (Hg.): *Die neue Erziehung*, Bern 2000. Röhrs: *Reformpädagogik und innere Bildungsreform*, Weinheim 1998.

47 U. Raulff: *Kreis ohne Meister*, München 2009, 428 ff. Vgl. S. Bergmann: „Die Diskussion um die Bildungsreform in der Nachkriegszeit (Georg Picht)", in: N. Friedrich; T. Jähnichen (Hg.): *Gesellschaftspolitische Neuorientierungen des Protestantismus in der Nachkriegszeit*, Münster 2002, 101–126. R. vom Bruch: „Ästhetik, Sozial- und Lebensreform. Friedrich Naumanns Projekt der Moderne", in: K. Bucholz; R. Latocha; H. Peckmann; K. Wolbert (Hg.): *Die Lebensreform*, Darmstadt 2001, 91–95. C. Groppe: „Stefan George, der George-Kreis und die Reformpädagogik zwischen Jahrhundertwende und Weimarer Republik", in: B. Böschenstein; J. Egyptien; B. Schefold; W. Graf Vitzthum (Hg.): *Wissenschaftler im George-Kreis*, Berlin 2005, 311–328. F. Osterwalder: „Deutsches Volk und deutsche Nation als reformpädagogische Konzepte", in: Ders; Oelkers (Hg.): *Die neue Erziehung*, Bern 2000, 45–68. G. Radde: *Fritz Karsen*, Frankfurt 1999. B. Stambolis: *Mythos Jugend*, Schwalbach 2003.

48 H.-U. Wipf: *Studentische Politik und Kulturreform*, Schwalbach 2004. Vgl. Vorwort v. M. Buckmiller, Ebd. 7–10. Frühere Übersicht: Jarausch: *Deutsche Studenten*, 94–103.

49 W. Keim: *Erziehung unter der Nazi-Diktatur. Band 1*, Darmstadt 1995; *Band 2*, Darmstadt, 1997. Oelkers: „Petersen und der Nationalsozialismus", in: W. Keil (Hg.): *Pädagogische Bezugspunkte*, Regensburg 1995, 121–148. H. Alphei: „Mitmachen oder Widersetzen? Die Landerziehungsheime in der NS-Zeit", in: I. Hansen-Schaberg; B. Schonig: *Landerziehungsheim-Pädagogik*, Hohengehren 2002, 202–249. H.-E. Tenorth: „Erziehungsutopien zwischen Weimarer Republik und Drittem Reich", in: W. Hardtwig (Hg.): *Utopie und politische Herrschaft im Europa der Zwischenkriegszeit*, München 2003, 175–198, 192 ff. Ders.: „Pädagogik der Gewalt. Zur Logik der Erziehung im Nationalsozialismus", in: *Jahrbuch für Historische Bildungsforschung* 9/2003, 7–36. B. Schonig: „Die Einheit von ‚Kopf und Herz' als pädagogisches Prinzip: Grundlinien der Rezeption der Reformpädagogik", in: I. Hansen-Schaberg; B. Schonig (Hg.): *Basiswissen Pädagogik I: Reformpädagogik*, Hohengehren 2007, 13–56.

50 u.a. Hammerstein: *Die Johann-Wolfgang-Goethe-Universität, Teil 1*. A. C. Nagel (Hg.): *Die Philipps-Universität Marburg im Nationalsozialismus*, Stuttgart 2000.

deutsche Bildungspolitik der Nachkriegszeit wurde schon vor zehn Jahren ausgiebig gewürdigt, 2007 hat Clemens Albrecht noch eine Dokumentation zu seinen früheren Untersuchungen des praktischen kulturpolitischen Engagements Max Horkheimers vorgelegt. [51]

Die Überlegungen über und in der Hochschule finden dabei im Nachkriegsdeutschland der amerikanischen Besatzungszone und frühen Bundesrepublik statt. In den Jahren 1945 bis 1950 machte Westdeutschland dabei einen alle Bereich der Gesellschaft erfassenden Wandel durch, der sich in einer Interaktion von internen und externen Denkmustern und Ereignissen entwickelte. Die „westdeutschen Wunderjahre" bestanden aus einem „nachhaltiger Wandel von Normen und Werten, in der indifferente oder gar ablehnende Einstellungen gegenüber der Demokratie zunehmend an Rückhalt verloren."[52] Vor allem die politisch-institutionellen Entwicklungen Westdeutschlands standen dabei lange im Fokus der Forschung, während der Stellenwert der politisch-kulturellen Dimension weniger scharf erfasst wurde. Die junge Bundesrepublik unter der Kanzlerschaft Konrad Adenauers wurde lange als Epoche der „Restauration" oder als „Modernisierung unter konservativen Auspizien" gesehen. [53] Der 1995 von Axel Schildt und Arnold Sywottek herausgegebene Sammelband beleuchtete das Mischverhältnisses von Rückwendung und Aufbruch als „Modernisierung im Wiederaufbau" in der deutschen Gesellschaft der 1950er Jahre.[54] Die jüngste Forschung beleuchtet diesen Prozess der westdeutschen Demokratisierung im Wechselspiel mit westlichen Einflüssen und transnationalen Wechselwirkungen. Jarausch, Bauerkämper und Payk werben für diese Erweiterung des Blicks auf das komplexe Mischungsverhältnis von „Kontinuität" und „Neubeginn" nach 1945 auf „die nicht minder komplexe Dimension endogener wie exogener Einflussgrößen."[55] Da sich diese Transfers nicht nur in einer Richtung vollzogen, verschränkten sich amerikanische Einflüsse komplex mit eigenen kulturellen Traditionen, so dass „Prozesse der Adaption, Akkulturation und Anverwandlung" zu beachten sind.[56]

51 H.-E. Tenorth; K.-P. Horn: „Emigration und Remigration in der Erziehungswissenschaft", *Zeitschrift für Pädagogik* 40/5/1994, 703–706. M. Heinemann: „Emigranten, Remigranten und ihr Beitrag zur Erneuerung von Schul- und Hochschulverfassungen in der Nachkriegszeit", in: C.-D. Krohn; M. Schumacher (Hg.): *Exil und Neuordnung*, Düsseldorf 2000, 377–400. C. Albrecht: „‚Das Allerwichtigste ist, dass man die Jugend für sich gewinnt': Die kultur- und bildungspolitische Pläne des Horkheimer-Kreises bei der Remigration", in: Ders. et al. (Hg.): Die *intellektuelle Gründung der Bundesrepublik,* Frankfurt 1999, 97–131.

52 Bauerkämper: *Transatlantische Mittler*, 11.

53 C. Klessmann: „Ein stolzes Schiff und krächzende Möwen. Die Geschichte der Bundesrepublik und ihre Kritiker", in: *Geschichte und Gesellschaft* 11/1985, 476–494, 485.

54 A. Schildt: „Moderne Zeiten, Freizeit, Massenmedien und ‚Zeitgeist' in der Bundesrepublik der 50er Jahre", in: Ders.; A. Sywottek (Hg.): *Modernisierung im Wiederaufbau*, Bonn 1998.

55 Bauerkämper: *Transatlantische Mittler*, 16.

56 V. R. Berghahn: "Awkward Relations", in: A. Stephan (Hg.): *Americanization and Anti–Americanism*, New York 2005, 238–249, 239, 246.

II. BILDUNG UND ERZIEHUNG ALS TRADITIONSLINIE DER DEUTSCHEN UNIVERSITÄT

1. WISSENSCHAFT UND EXTERNE SOZIALISATION IM 19. JAHRHUNDERT

Die Grundlagen der deutschen Universitätsidee, auf die sich die Nachkriegsdebatte bezieht, wurden zu Beginn des 19. Jahrhunderts gelegt.[1] Der Ausbildungsauftrag der deutschen Forschungsuniversität lag im Vermitteln wissenschaftlicher Wahrheitssuche durch ein Teilhabenlassen der Studierenden am Forschungsprozess. Die Fokussierung auf die wissenschaftliche Tätigkeit der Universität zog eine klare Trennlinie zum Schulauftrag. Alle „nicht-akademischen" Aufgaben, von denen sich in der langen Entwicklung einige an den höheren Schulen eingebürgert hatten, wurden bewusst aus dem universitären Auftrag herausgenommen.

Aus den höheren Schulen des Mittelalters hatte sich im deutschsprachigen Raum seit Ende des 17. Jahrhunderts die Universität als die zentrale Institution von Ausbildung und Wissenschaft herausgebildet und diesen Anspruch immer wieder durch Reformen behauptet. Fest eingebunden in die Territorialstaaten und deren Konfessionskirchen hatten diese Universitäten des Heiligen Römischen Reiches Deutscher Nation auch stets einen moralisch bildenden Auftrag der theologischen Lehre über die reine Wissenschaft hinaus gehabt. [2] Mit der Vorstellung vom Studium wandelte sich auch die Universität als Lebensort der Studierenden. Durch die wandernden Scholaren war zwar schon im Mittelalter eine gewisse stu-

1 Vgl. R. vom Bruch: „Zur Gründung der Berliner Universität im Kontext der deutschen Universitätslandschaft um 1800" in: G. Müller; K. Ries; P. Ziche (Hg.): *Die Universität Jena*, Stuttgart 2001, 63–77. R. vom Bruch: „Universitätsreform als Antwort auf die Krise. Wilhelm von Humboldt und die Folgen", in: Ulrich Sieg; Dietrich Korsch (Hg.): *Die Idee der Universität heute*, München 2005, 43–55. Jüngere Forschung belegt, dass die Zuschreibung der Rolle des Preußischen Universitäts- und Schulreformers Wilhelm von Humboldt als alleiniger „Gründervater der deutschen Universität" erst zu Beginn des 20. Jahrhunderts erfolgte. D. Langewiesche: „Die ‚Humboldtsche Universität' als nationaler Mythos. Zum Selbstbild der deutschen Universitäten in ihren Rektoratsreden im Kaiserreich und in der Weimarer Republik", Ders.: „Humboldt als Leitbild? Die deutsche Universität in den Berliner Rektoratsreden seit dem 19. Jahrhundert", M.-L. Bott; H.-C. Liess (Hg.): *Jahrbuch für Universitätsgeschichte* 14/2011, 15–37. Vgl. M. G. Ash (Hg.): *Mythos Humboldt*, Wien et al. 1999. W. Rüegg: „Der Mythos der Humboldtschen Universität", in: M. Krieg; M. Rose (Hg.): *Universitas in theologia – theologia in universitate*, Zürich 1997, 155–174.

2 A. Schindling: *Bildung und Wissenschaft in der frühen Neuzeit 1650–1800*, München 1999, 44 f. Vgl. W. Frijhoff: „Grundlagen", in: W. Rüegg (Hg.): *Geschichte der Universitäten in Europa. Band II*, München 1996. 53–104, 53 ff.

dentische Freiheit entstanden, doch das eigentliche Ziel der jeweiligen Landesfürsten, die Ausbildung von Staats- und Kirchendienern, war zumeist mit einer Erziehung in klösterliche Strenge verbunden Ein Stipendien-System von Bursen und Kollegien sicherte eine zeitliche und örtliche Einbildung von Lernenden und Lehrenden.[3] Seit dem Mittelalter hatte sich das gemeinsame Wohnen der Studierenden an den deutschen Universitäten als eine pragmatische Tradition entwickelt. Die Studenten lebten entweder im selbstverwalteten *Hospicium* oder in gestifteten Kollegien. Die Kollegien waren klosterähnliche Internate, die von Privatleuten aus sozialer Verantwortung und karitativer Fürsorglichkeit gestiftet worden waren. Diese seit dem dreizehnten Jahrhundert eingerichteten Stiftungen hatten festgefügte Statuten und ein eigenes verzinsliches Grundkapital, aus dem Stipendien gewährt werden konnten. Die Stipendiaten des Kollegiums lebten unter Aufsicht in einem halbklösterlichen Tagesablauf, der die Teilnahme an den Seelenmessen für den Gründer mit einschloss. In gemeinsamen Schlafsälen schliefen die Studenten, in den Speisesälen aßen sie gemeinsam. Während des 14. Jahrhunderts hatten sich diese privaten Einrichtungen für Unterkunft und Unterstützung auch der Lehre zugewandt und waren so in eine direkte Beziehung mit den Universitäten getreten. In Bologna, Paris und Oxford wurden die Kollegien so in die Universitäten integriert und in der Folgezeit oftmals sogar als die eigentlichen Lehreinrichtungen der Universität angesehen.[4] Das Motto der Kollegiengemeinschaft der Sorbonne „vivere socialiter et collegialiter et moraliter et scholariter“ umgrenzte den klösterlichen Lebensstil, der von Autoritäten von Kirche oder Universität überwacht wurde. Intern wurden die Kollegien von einem Kollegien-Rektor und seinem Prokuratoren aus dem Kreis der Kollegiaten geführt, denen auch die Bediensteten des Hauses unterstanden.[5] Baulich waren die Kollegienhäuser an die Klöster angelehnt, geschlossene Bauten um einen Innenhof. Die wesentlichen Elemente dieser Gebäudetypen wurden später von den Universitäten selbst übernommen.[6] Die klösterliche Strenge der Anlagen und der Ordnung für den studentischen Lebensstil korrespondierten mit dem festen Fächerkanon der Scholastik.

Die „alte“ Universität entsprach im 18. Jahrhundert freilich lange nicht mehr ihren eigenen Ansprüchen. Der Soziologe Helmut Schelsky zog 1963 Parallelen zu seiner zeitgenössischen Debatte mit der Beschreibung der „im Zunftwesen erstarrten“ 42 Universitäten des deutschen Sprachgebietes im Jahr 1792. Die noch auf dem aristotelischen Wissenschaftsbegriff beruhende Lehre sei von der Universität vor allem als „gedächtnismäßig-passiv übernommener Wissensstoff“ vermittelt worden, „der noch nicht einmal für das praktische Leben tauglich war.“ Zunehmend hatten die an der wissenschaftlichen Arbeit interessierten Akademiker ihre Arbeit in die oft als Konkurrenz zu den Universitäten gegründeten wissenschaftlichen Akademien oder in Gelehrten Gesellschaften verlegt. Die Rechtsfreiheiten der Universität als eigenständiger Korporation hatten dazu geführt, dass die

3 Vgl. Schindling: *Bildung und Wissenschaft,* 44 f.

4 K. Rückbrod: *Universität und Kollegium,* Darmstadt 1977, 35, 38 ff.

5 Ebd. 43 ff..

6 Ebd. 133 ff.

Studenten in größerer Zahl die Universitäten nicht zum Zwecke des Studiums, sondern um eine „freies Leben zu führen", bevölkerten. Die Schilderungen des wilden Studentenlebens der frühen Neuzeit belegen, dass insbesondere die Strenge der Lebensführung der Studierenden sich nur schwer praktisch dursetzen ließ.[7] Die Krise des festen Wertes- und Referenzsystems der Scholastik hatte in ganz Europa einen Niedergang der Universitäten mit sich gebracht, so dass eine Konstanz dieser alten Bildungsinstitutionen erst durch die neuzeitlichen Reformen möglich wurde. Die Bildungsstätten des Humanismus und später die in der Sattelzeit erfolgte Universitätsreform erst in Halle, dann in Göttingen hatte dem traditionellen Modell der Vier-Fakultäten-Universität im Zeichen der Aufklärung eine neue Attraktivität verliehen. Als die „Wissenschaftsrevolution" des Historismus um 1800 den grundlegenden Paradigmenwechsel in den Geisteswissenschaften einführte, wurde die Struktur des alten Corpus Universität neu belebt. Der Begriff „Universität" schien Wilhelm von Humboldt ursprünglich so verbraucht, dass die Gründung der liberalen Berliner Universität im Jahre 1810 ursprünglich einen ganz anderen Begriff für eine neuartige Institution gesucht hatte.[8] Die neue aus Neuhumanismus und Idealismus heraus gegründete Berliner Universität gliederte sich zwar traditionell in vier Fakultäten, wies nun aber der Philosophischen Fakultät eine führende Stellung zu.[9]

Als sich das neue „offene, dynamisch evolutive" Weltbild der „evolutionistisch-demokratischen Welt des 19. und 20. Jahrhunderts" in den neuen Universitäten verwirklichte, wurden die Aufgabenbereiche neu abgesteckt.[10] Der aufstrebende Staat Preußen setzte sich mit seiner starken Verwaltung mit seinen Universitäten und durch die Professionalisierung und Standardisierung der Gymnasien als deren Zugangsvoraussetzung an die Spitze dieser Entwicklung im deutschsprachigen Raum. Die im Wesentlichen von Wilhelm von Humboldt und dem Theologen Friedrich Schleiermacher konzipierte Berliner Universität sollte ein Ort der Forschung werden. Gegenstand des Studiums sollte das „Lernen des Lernens" sein, damit „die Idee des Erkennens, das höchste Bewusstsein der Vernunft, als ein leitendes Prinzip in dem Menschen aufwacht."[11] Der Weg dazu sollte eine Freiheit der Wissenschaft sein, die sich nicht nur in einer Unabhängigkeit der Forschung und Lehre gegenüber dem Staat ausdrücken sollte, sondern auch in einer Freiheit des Studierenden zu wählen, mit welchen Gebieten er sich wissenschaftlich auseinandersetzen wollte. Um diese „Einsicht in die reine Wissenschaft" zu erlangen, brauchte es laut Humboldt drei Dinge, die die Universität in ihrer äuße-

7 H. Schelsky: *Einsamkeit und Freiheit*, Münster 1960, 9 ff.

8 R. vom Bruch: *Zur Gründung der Berliner Universität im Kontext der deutschen Universitätslandschaft um 1800*, 63–77.

9 Vgl. Schindling: *Bildung und Wissenschaft,* 44 f.

10 H. Plessner: „Zur Soziologie der modernen Forschung und ihrer Organisation in der Deutschen Universität – Tradition und Ideologie" (1924) , in: Ders.: *Diesseits der Utopie. Ausgewählte Beiträge zur Kultursoziologie*, Frankfurt 1974, 132 f.

11 Vgl. F. Schleiermacher: „Gelegentliche Gedanken über Universitäten in deutschem Sinn, nebst einem Anhang über eine neu zu errichtende" (1808), in: E. Anrich (Hg.): *Idee der deutschen Universität*, Darmstadt 1956, 219–293.

ren Struktur bieten solle: Freiheit, Einsamkeit und den Austausch mit ähnlich Forschenden. „Das Kollegienhören" sei „nur Nebensache, das Wesentliche, dass man in enger Gemeinschaft mit Gleichgesinnten und Gleichaltrigen und dem Bewusstseyn, dass es am gleichen Ort eine Zahl schon vollendet Gebildeter gebe, die sich nur der Erhöhung und Verbreitung der Wissenschaften widmen, eine Reihe von Jahren sich und der Wissenschaft lebe."[12] Im Zusammenhang mit der Professionalisierung der Wissenschaften entstand an allen deutschen Universitäten eine ähnliche Idee der Forschung als Fundament der gemeinsamen Arbeit.[13]

Neben der fachlichen Ausbildung der akademischen Berufe sollte diese neue Universität ohne eine explizite Einwirkung jenseits der Geisteserziehung auch eine verantwortungsbewusste Verwaltungselite hervorbringen. Im ständestaatlichen und bürokratisch regierten Preußen sollten nicht alle Bürger, aber eben die künftigen Beamten geeignet ausgebildet werden.[14] Ein Akademiker, der, in welcher Wissenschaft auch immer, einmal das kritische Prüfen und Fragen gelernt hat, würde es in allen anderen Lebensbereichen routiniert und zugleich reflexiv anzuwenden wissen. Er werde somit zum gesellschaftlich verantwortlichen Akteur, da er an der Suche der Wahrheit orientiert sei. Einschränkende pädagogische Maßnahmen oder feste Studiencurricula würden diese Freiheit mit dem Ziel der „Bildung durch Wissenschaft" konterkarieren. Die Bildung als „Verknüpfung unseres Ichs mit der Welt" sollte auf dem Niveau der Universität allein durch das Erlernen wissenschaftlichen Arbeitens entstehen. Der Studierende sollte die Wissenschaft kennenlernen, ein Gefühl für die Einheit der Wissenschaften und den steten Prozess des Forschens entwickeln.[15] Voraussetzung stellte die kanonisierte Kenntnis der geistigen Grundlagen, vor allem jene der Antike, dar. Im Gymnasium wurde festes Wissen gelehrt. Voraussetzung war das humanistische Gymnasium, dessen Strenge und Lernpensum enorm waren. Der Übertritt in die Universität nach dem Abitur war die Schwelle, ab der man als freiwillig lernender Erwachsener gelten konnte. Den wissenschaftlichen Imperativ dieser „höheren wissenschaftlichen Anstalten" sah Wilhelm von Humboldt als Ausdruck „des Gipfels, in dem alles, was unmittelbar für die moralische Cultur der Nation geschieht, zusammenkommt".[16] Auch in der sozialen Einbindung sollte sich dies zeigen: Das Schlagwort der akademischen Freiheit wurde vielfach verwendet, verwirklichte sich für die Studenten aber auch in einem weitaus freieren Lebensstil. Von einigen wenigen Internaten in kirchlicher Trägerschaft für angehende Theologen abgese-

12 W. von Humboldt: „Der Königsberger und der Lithauische Schulplan" (1809), in: A. Flitner; K. Giel (Hg.): *Wilhelm von Humboldt. Werke in fünf Bänden*, Darmstadt 1964, 168–195, 191.

13 Vgl. H.-E. Tenorth: „Zur Einleitung", in: Ders. (Hg.): *Geschichte der Universität Unter den Linden 1810–2010, Band 4*, Berlin 2010, 9–42, 9 ff. Zur Strahlkraft des neuen Forschungsimperativs: W. Rüegg: „Themen, Probleme, Erkenntnisse", in: Ders. (Hg.): *Geschichte der Universitäten in Europa (1500–1800)*, München 1996. 17–42, 25 ff.

14 Vgl. J. Herbst: „Thomas Jefferson und Wilhelm von Humboldt", in: R. C. Schwinges (Hg.): *Humboldt international*, Basel 2001. 273–287. 279.

15 Vgl. P. Lundgreen: „Humboldts ‚Stoffe' der Bildug: Konzepte und Realitäten", in: E. Keiner et al. (Hg.): *Metamorphosen der Bildung*, Bad Heilbrunn 2011, 171–180, 175 ff.

16 Zitiert nach Tenorth: *Schule und Universität,* 26 f.

hen, sollte es die klösterliche Strenge der Unterweisung nicht mehr geben. Bei den Überlegungen zur Berliner Universitätsgründung hatte der Philosoph Johann Gottlieb Fichte noch ein alternatives Konzept vertreten, das sich aber nicht gegen die Vorstellungen der anderen involvierten Planer durchgesetzt hatte. Schelsky beschrieb die Strenge, mit der Fichte die Universität als einen das ganze Leben durchsetzenden Ort schaffen möchte:

> Während Humboldt Freiheit und Einsamkeit in der Abschirmung und Aufhebung des Reglements sieht, will Fichte – wie im Politischen so in der Universität – die Menschen zur Freiheit zwingen, so auch zur Einsamkeit. Hauptthese seines „Deduzierten Plans einer zu Berlin zu errichtenden höheren Lehranstalt" für den Studenten ist die schlagwortartige Kapitelüberschrift: „Aufgeben seines gesamten Lebens in seinem Zwecke, darum Absonderung desselben von aller anderen Lebensweise und vollkommenen Isolierung". Hier wird der Zwang zur Einsamkeit gefordert und in Form einer Wissenschaftskaserne reglementiert – nicht umsonst weist Fichte darauf hin, dass sein Plan von der Erfahrungen der sächsischen Fürstenschulen, vom Stift in Tübingen, von Oxford und Cambridge beeinflusst worden ist. Alle Reglements, die er für seine Universität wünscht – gemeinsamer Haushalt der Studierenden, Uniform, gleiches Taschengeld, Studienhonorar usw. – haben aber nur den Sinn, den Studierenden aus dem ‚widerwärtigen Element' des bürgerlichen Lebens herauszureißen: „es solle einmal herausgehoben werden aus denen den Gängelbändern, mit denen ich Familien-, Nachbar- und Landsmannsverhältnisse ihn immerfort tragen und heben. [...] Das Leben einmal selbstständig von vorn anzufangen soll keinem geschmälert werden."[17]

Ende des 19. Jahrhunderts stand die Universität scheinbar in einer Blüte: Dort wurden die tragenden Schichten ausgebildet, in Universitäten und neuen außerwissenschaftlichen Forschungseinrichtungen konnten vor allem die Naturwissenschaften nie dagewesene Erfolge erzielen.[18] Während um die Jahrhundertwende zum 20. Jahrhundert die Idee der Forschung und der akademischen Freiheit in jeder Rektoratsrede beschworen wurden, diente der humanistische Bildungskanon der liberalen Bildungsidee der Humboldt-Schleiermacherschen kaum mehr als Referenzpunkt.[19] Bei der Reformkonferenz von 1900 waren die preußischen Universitäten für Abiturienten anderer Gymnasialtypen geöffnet wurden. Zeitgleich wurden außeruniversitäre Forschungsinstitutionen gegründet, in denen eine Forschung mit weitaus höherem Spezialisierungsgrad möglich wurde.[20] Mit Ausdehnung und Spezialisierung wandelte sich aber der gesellschaftsbildende Anspruch der deutschen Universitäten in einem hohen Maße, dass sich die Jahrhundertwende ins 20. Jahrhundert heute als grundlegende „Scharnierphase" der deutschen Universitäts- und Wissenschaftsentwicklung deuten lässt. Die Struktur des Lehrkörpers hatte sich in ihrer sozialen Struktur gewandelt, einer breiteren Schicht wurde der Hochschulzugang ermöglicht, ideologisch fanden zunehmend Polarisie-

17 Schelsky: *Einsamkeit und Freiheit,* 21.

18 Vgl. Ebd. 586.

19 Vgl.: D. Langewiesche: „Bildung in der Universität als Einüben einer Lebensform. Konzepte und Wirkungshoffnungen im 19. und 20. Jahrhundert", in: E. Keiner et al. (Hg.): *Metamorphosen der Bildung*, 181-190, 185 ff.

20 B. vom Brocke: „Die Entstehung der deutschen Forschungsuniversität, ihre Blüte und Krise um 1900", in: R. C. Schwinges (Hg.): *Humboldt international*, 367–401.

rungen statt.[21] Die um 1800 formulierte konstituierende Idee der Universität konnte hundert Jahre später nicht mehr die einende Kraft entfalten. So wenig die „Einheit der Wissenschaft" in den Konkurrenzkämpfen um die vorrangige Besetzung kultureller Führungsmacht und Zuteilung von Ressourcen zwischen den Fakultäten gewahrt wurde, so wenig funktionierte die so beschworene „Solidargemeinschaft" der „Gemeinschaft der Lernenden und Lehrenden".[22] In diesem Zusammenhang hatte sich um die Jahrhundertwende auch die erste hochschulpädagogische Bewegung gebildet. Sie verfolgte das Ziel, entsprechend dem wissenschaftlichen Selbstverständnis der Pädagogik, Fragen der Erziehung und des Unterrichts auch auf den Universitäten und Hochschulen zum Gegenstand wissenschaftlicher Erkenntnis zu machen und auf der Grundlage der gewonnenen theoretischen Erkenntnisse praktische Anleitungen zur Verbesserung der Lehre zu geben.[23] Auch diese Versuche bewegten sich aber innerhalb des abgegrenzten Feldes der universitären Lehre, während das Leben der Studierenden meist jenseits dieses Feldes stattfand.

Die Freiheit der deutschen Universität war also ein fragiles Konstrukt, das von verschiedenen Voraussetzungen lebte und Lücken schuf, die von außen besetzt wurden. Der um 1900 zu beobachtende Wertewandel innerhalb der studentischen Jugend hatte nichts mehr mit den wissenschaftlich geleiteten Ideen einer universitären Gemeinschaft zu tun. Studentenverbindungen füllten nach wie vor die Lücke als ständische oder konfessionelle Treffpunkte. Die Studentenschaft verhielt sich sozial differenziert, begegnete sich in den Universitäten und blieb privat unter sich. Gesellschaftseinende Ideen des Nationalismus wurden zwar meist auch von Professoren ausgearbeitet und propagiert, stellte aber doch keine universitäre Leitidee dar. Der bis weit in die Freistudentenschaft auftretende „signifikant aggressive und zunehmend antisemitisch besetzte Nationalismus" war unter anderem vom Verein Deutscher Studenten propagiert worden. Gefordert wurde von den Studenten eine Absonderung und lebensweltliche Selbstbestimmung, ohne dass es einer überwölbenden Universitätsidee bedurfte."[24] Im sekundären Bildungsbereich hatte die Reformschulbewegung schon in den letzten beiden Jahrzehnten des 19. Jahrhunderts unterschiedlichste Antworten auf die zeitgenössische Wahrnehmung der „Kultur als Tragik" ausprobiert.[25] Trotz der weit

21 R. vom Bruch: *Abschied von Humboldt?*, 22. G. Hübinger; R. vom Bruch; F. W. Graf: „Einleitung", in: Dies. (Hg.): *Kultur und Kulturwissenschaften um 1900*, Stuttgart 1989, 9–23.

22 Ebd. 24 ff.

23 E. Leitner: „Die hochschulpädagogische Bewegung in ihrem Verhältnis zur Hochschulreform", in: E. Leitner; D. von Queis; F. Schmithals (Hg.): *Die pädagogische Herausforderung der Universität 1898–1934*, Weinheim 1990, 31–46, 33. Vgl. Kritik an der seit 1897/98 entstandenen hochschulpädagogischen Bewegung: M. B. Freund: „Ein Missstand im Hochschullehramt und ein Weg zu seinem Ausgleiche", in: *Revue franco-allemande*, Mai 1901. Unter Bezugnahme auf einen Artikel von H. Schmidkunz: „Eine pädagogische Bewegung in Deutschland", in: *Revue franco-allemande*, November 1900.

24 R. vom Bruch: *Abschied von Humboldt?*, 28 f.

25 Vgl. J. Yamana: „Reformpädagogik als Metarmophose der Schulen durch die Dynamik des ‚Re-entry': Zur Selbstkritik der Analyse Deutscher Landerziehungsheime", in: E. Keiner et al. (Hg.): *Metamorphosen der Bildung*, Bad Heilbrunn 2011, 369–380, 370 ff.

verbreiteten Kulturkritik vor dem Ersten Weltkrieg blieben die Universitäten aber den konstituierenden Referenzpunkte aus dem frühen 19. Jahrhundert treu. Bei seiner Hallenser Rektoratsrede im Studienjahr 1887/88 hatte der Theologe Martin Kähler für die Idee der „Bildung durch Wissenschaft“ geworben und diese nur leicht modifiziert:

> Gewiss ist Bildung an der Wissenschaft und durch sie weder das Ganze wahrer Menschenbildung noch auch der einzige Weg zu diesem höchsten Ziele. Gewiss besitzen auch die Universitäten längst kein zünftiges Alleinrecht auf die Vermittlung wissenschaftlicher Bildung mehr. Allein der Weg zur Bildung durch wissenschaftliche Arbeit hin hat sich allzeit neben anderen überhaupt unentbehrlich und für gewisse Ziele besonders förderlich erwiesen, und unsere Hochschulen dürften sich immer wieder für die Mehrzahl als die förderlichsten Bildungsstätten erweisen, sowohl in ihrer fast allseitigen Vielseitigkeit als in ihrer lebendig gegliederten Einheitlichkeit. Und hier darf ich die bildende Kraft der Gemeinschaft in den Vordergrund stellen. Die man über gleichartiger Arbeit pflegt und genießt. Wie auch das Wachstum unserer Körperschaft an Zahl der Arbeiter und in der Verzweigung der Disziplinen uns auseinanderführe, noch stellt sie doch in Wirklichkeit dar, was man sich etwa bei der einst von Klopstock ausgegeben Losung der Gelehrten-Republik träumen mochte.[26]

In diesem Bildungsanspruch falle den Professoren eine „Doppelaufgabe des Lehrers und des Erziehers, des Bildners im höchsten Sinne“ zu.[27] Förderlich sei ein Austausch zwischen Professoren sowie mit den Studenten in Arbeitsgemeinschaften. Ein Studium generale im Sinne einer Einheitlichkeit der Wissenschaft sah Kähler dabei als nicht mehr durchführbar.[28] Um die für den Öffentlichen Dienst benötigte umfangreiche Vorbildung zu schaffen, benötigte man so neben den Professoren zusätzliches Personal. Unter der Anleitung von Praktikern oder durch Schulen könnten Übungsjahre vor der Universität das gewünschte Allgemeinbildungsniveau herstellen. So falle die Aufgabe einer „liberalen, humanen“ Vorbildung als Voraussetzung für die Aufgaben künftiger Leistungsträger des Staates durchaus in einen nicht-wissenschaftlichen Erziehungsauftrag der Universitäten:[29] „Gewiss zielt auch die höhere Schule auf allgemeine Bildung ab; doch das schließt nicht aus, dass auch die Universität wesentlich noch Anstalt für Bildung überhaupt ist.“ Gemäß dem Motto „Bildung ist Interesse“ wollte Kähler die geeigneten Mittel, „Neigung und Fähigkeit zum Auffassen zu erzeugen“ eben nicht nur in der reinen Belehrung sondern einem umfangreicheren Unterricht sehen.[30] Zwischen 1900 und 1914 wurde die Frage, ob Interdisziplinarität und Forschungsorientierung besser inner- oder außerhalb der Universität zu bewältigen sei, im engen Zusammenhang mit der Frage nach der Bildungsfunktion diskutiert. Im Sinne der „Erziehung durch Wissenschaft“ hatten sich prominente Geisteswissenschaftler gegen eine Auflösung der klassischen Universität gewehrt. Anlässlich der Gründung der Kaiser-Wilhelm-Gesellschaft hatten Geisteswissenschaftler wie Eduard Spranger oder Karl Lamprecht vor einer Trennung von Forschung und

26 M. Kähler: *Die Universitäten und das öffentliche Leben*, Erlangen/Leipzig 1891, 13.
27 Ebd. 16.
28 Ebd. 19.
29 Ebd. 15 ff.
30 Ebd. 84 ff..

Lehre gewarnt.[31] Die Pläne, eine neue Universität Hamburg aus dem dortigen seit 1908 bestehenden „Kolonialinstitut" heraus zu entwickeln, lehnte Spranger 1913 aus diesem Bildungsanspruch heraus ab: Jede Universität brauche eine philosophische Universität, da das Institut doch nur „Produkt der gegenwärtigen weltwirtschaftlichen Lage und der imperialistischen Politik" sei. So sei die ganze Universität Hamburg in Gefahr ein „politisch-wirtschaftliches Institut" zu werden, „eine Staatsakademie, keine *universitas* der Lehrenden und Lernenden, geschweige denn der Wissenschaften."[32] Bei der Eröffnung des Königlich Sächsischen Instituts für Kultur- und Universalgeschichte bei der Universität Leipzig 1909 hatte der Historiker Lamprecht für die bildende Funktion des Instituts geworben. „Denn äußere und innere Entwicklung sind tief und innige durch die kommunizierenden Röhren eines gemeinsamen seelischen Fortschritts miteinander verbunden, und ihr Verlauf ist somit im Grunde identisch."[33]

Zeitgleich gab es immer wieder Stimmen, die in den Jahren seit der Jahrhundertwende und vor dem ersten Weltkrieg den Einsatz des privaten Lebensumfeldes der Studierenden zugunsten des Studiums forderten. In diesem Zusammenhang sprach etwa der Philosoph Theobald Ziegler in einer Schrift von 1913 den Studentenverbindungen diese Aufgabe zu, die durch die strengeren Anforderungen des Studiums entstanden seien. „Der fleißige Student" habe einfach „keine Zeit zum Liederlichsten und Liederlichwerden, zur Frühmesse und zum Alkoholismus, zum Nur-mit-sich-selbst-Beschäftigkeit und zum ewigen Sichselbstbespiegeln und eitlen Sichwichtignehmen. Auch hier ist Faulheit aller Laster Anfang und Fleiß der beste sittliche Schutz und sittliche Halt."[34] Den sittlichen Wert der Korporationen sah er in einem überfachlichen Austausch. Jede Verbindung müsse auch ein politischer Debattierklub sein „mit absoluter Redefreiheit und absoluter Duldsamkeit von Mensch zu Mensch."[35]

Der Göttinger Philosoph Julius Baumann wollte 1907 diese studienfördernde Funktion gerne wieder in Institutionen verlagern, die sich am aus der klösterlichen Tradition stammenden Tübinger Stift orientierten. Dort finde „eine fortgesetzte Kontrolle des Fleißes und der Fortschritte durch Repetitorien und durch schriftliche und mündliche Semestrialprüfungen" statt. Dadurch werde erreicht, dass der Durchschnittsstand höher stehe als an jenen Hochschulen, an denen das Prinzip der Freiheit der Studierenden befolgt werde. Als ein positives Beispiel nannte Baumann die Berliner Pépinière, auf der die angehenden Militärärzte nach einem festen Stundenplan lernten.[36] So könne geeigneter Wiederholungsunterricht angeboten werden, Sprachunterricht durch einen Lektor. Die größere Ordnung ermögliche auch Beihilfen vom Staat in Form von freier Wohnung. Baumann forderte,

31 M. Middell: „Auszug der Forschung aus der Universität", in: M. Grüttner et al. (Hg.): *Gebrochene Wissenschaftskulturen*, Göttingen 2010, 279–302, 279.

32 E. Spranger: „Über den Beruf unserer Zeit zur Universitätsgründung", in: *Die Geisteswissenschaften* 1/1913, 8–12.

33 K. Lamprecht: *Zwei Reden zur Hochschulreform*, Berlin 1910, 7ff, 15.

34 T. Ziegler: *Über Universitäten und Universitätsstudium*, Leipzig/Berlin 1913, 61 f.

35 Ebd. 72.

36 J. Baumann: *Für freie Universitäten neben den Staatsuniversitäten*, Langensalza 1907, 60.

dass sich die Staatsuniversitäten einiges von solchen Einrichtungen aneignen sollten, alternativ könnten diese aber auch von privatgesellschaftlichen Vereinigungen errichtet und betrieben werden. Etwa berufsständische Kammern könnten fachspezifisch ein Haus „als Mittelpunkt zum Verkehr geselligen und wissenschaftlichen“ unterhalten. Solche Einrichtungen könnten die Universitätserfahrungen der Mitglieder nutzen und „alles bliebe doch in freien Bahnen, weder Staat noch Universitätslehrer hätten sich besonders darum zu bekümmern.“[37] Ganz ähnlich hatte auch schon Paulsen argumentiert: Die Studenten lebten in der Großstadt weit verstreut, vor allem in den günstigeren Arbeiterquartieren gäben die Wohnumstände kaum einen Rahmen für die benötigte innere Ruhe eines Studiums. Zur Verbesserung der studentischen Arbeits- und Lebensbedingen regte Paulsen an, für Studenten Wohnheime zu schaffen, die „vor allem in der Großstadt“ ein dringendes Bedürfnis darstellten:

> Es sind in jüngster Zeit durch Stiftungen einzelne solcher Häuser entstanden; es bleibt zu hoffen, dass ihre Zahl sich so weit mehrt, dass jedem Studenten, der die Wohnung, vielleicht auch den Tische in einem derartigen Hause dem nomadischen Treiben in der großstädtischen Wüste vorzieht, die Gelegenheit dazu offen steht. Ich zweifle nicht daran, dass der deutsche Student allmählich die Scheu vor Studienhäusern und der Hausordnung, ohne die sie natürlich nicht bestehen können, ablegen wird. Die Vorteile, die sie bieten, Ruhe und Ordnung, Sicherheit gegen Ausbeutung und schmutzige Nachbarschaft, Gelegenheit zu geselliger Gemeinschaft und wissenschaftlichem Zusammenarbeiten im Hause, sind so groß und einleuchtend. Dass es nicht schwer werden kann, die kleine Einschränkung des persönlichen Beliebens durch eine Hausordnung in den Kauf zu nehmen. Oder vielmehr man wird sich gewöhnen, die Hausordnung selbst als wohltätigen Schutz der eigenen Ruhe und Freiheit zu würdigen. Ich sehe übrigens nicht, was gemeinnützige Vereine hindern könnte, die Sorge für die Befriedigung dieses Bedürfnisses in die Hand zu nehmen; es braucht sich dabei nicht um ein Geschenk zu handeln.[38]

Die vor dem Ersten Weltkrieg beworbene bürgerliche Selbsthilfe setzt auf eine vernünftige Übereinkunft. Die praktische Begründung einer intensiveren oder strukturierteren Betreuung der Studenten verzichtete auf einer Überfrachtung durch moralisch motivierte Argumente. Die durch die wissenschaftliche Ausbildung an der Universität gegebenen Studieninhalte bedürfen keiner Ergänzung, die auch als Begründung einer neuen Wohnheimbetreuung dienen könnte.[39] Das Aufgreifen der älteren Traditionen stellte vor dem ersten Weltkrieg noch nicht den bildenden Effekt durch die Wissenschaft einem anderen Prinzip gegenüber, sondern wollte diesem nur möglichst günstige Bedingungen schaffen.

2. KORPORATIONEN UND FREISTUDENTENTUM UM 1900

Die Freiheit der Humboldt-Schleiermacherschen Universitätskonzeption für Berlin wandte sich bewusst gegen so eine Zwangssozialisierung der akademischen

37 Ebd. 61.
38 Paulsen: *Die deutschen Universitäten*, 466 f.
39 Vgl. Ebd. 472.

Bürger. Die Universität war der Ort der Ausbildung geworden, während das Leben der Studierenden sich die meiste Zeit in einem von dem Ziel der akademischen Ausbildung abgelösten Raum stattfand. Die Berliner Universitätsplaner hatten dem Ethos einer „in Forschung verbundenen Solidargemeinschaft der Lehrenden und Lernenden“ dabei eine große Aufmerksamkeit gewidmet.[40] Auch wenn der praktische Einfluss Humboldts sich vor allem auf die Gründung der Berliner Universität erstreckte und die Schulreform Preußens, gab es doch in Interaktion mit den Berliner Bestrebungen parallel laufende Entwicklungen an den meisten Universitäten des deutschen Sprachraums.[41] An den personell überschaubaren Universitäten des frühen 19. Jahrhunderts funktionierten diese Gemeinschaftsvorstellungen in einem durchaus informellen Rahmen. Und auch innerhalb der „jugendlichen Bildungsschichten“ hatten die Universitätsvorstellungen nach 1800 durchaus eine Wirkung in Form eines neuen Forschungsethos entwickelt.[42] Dennoch schien diese weniger institutionelle als ideengeleitete Bildungskraft während des Jahrhunderts nachgelassen zu haben. In seinem Gesamtblick auf das 19. Jahrhundert stellte auch Thomas Nipperdey das Nicht-Vorhandensein eines sozialen Integrationsauftrages der Universität fest:

> Das größte Defizit der deutschen Universität war, dass sie – jenseits der Wissenschaft – nicht erzog, sie war nicht, wie das College, eine Institution gestalteten gemeinsamen Lebens; die geselligen und emotionalen und außerwissenschaftlichen Bedürfnisse ihrer Zöglinge standen außerhalb.[43]

Die „Lernfreiheit“ wurde so durch die „Lebensfreiheit“ ergänzt, die laut Nipperdey vor allem die Exzesse jugendlichen Lebensmuts einschloss.[44] Diese „Humboldt-Lücke“ verlagerte das studentische Leben auf ein außeruniversitäres Sozialisierungsverhalten.[45] Das „verborgene Curriculum“ der studentischen Subkultur, das im 19. Jahrhundert durch die unterschiedlichen Arten der Studentenverbindungen weitergegeben wurde, folgte dabei gänzlich außeruniversitären Anreizen.[46] 1902 beschrieb der wohl einflussreichste Pädagoge und Bildungsforscher seiner Zeit, Friedrich Paulsen die Funktion der Studentenverbindungen als Ergebnis des Imperativs der einsamen Wissenschaft: „Die vollständige Vereinzelung, worin der Student von Universität wegen gelassen wird, ist Voraussetzung für den

40 R. vom Bruch: *Abschied von Humboldt?*, 27 f.

41 Vgl. C. Charle: „Grundlagen“, in: W. Rüegg (Hg.): *Geschichte der Universität in Europa, Band III*, München 2004, 43–82, 55 ff, 68 ff.

42 W. Hartwig: „Krise der Universität, studentische Reformbewegung (1750–1819) und die Sozialisation der jugendlichen deutschen Bildungsschicht“, in: *Geschichte und Geselllschaft* 11/1985, 155–176. Ders.: „Sozialverhalten und Wertewandel der jugendlichen Bildungsschicht im Übergang zur bürgerlichen Gesellschaft (17.–19. Jahrhundert)“, in: *Vierteljahresheft für Sozial- und Wirtschaftsgeschichte* 73/1986, 305–335. Vgl. vom Bruch: *Abschied von Humboldt?*, 27 f.

43 T. Nipperdey: *Deutsche Geschichte 1866–1918. Erster Band*, München 1994, 581 f.

44 Ebd.

45 Vgl. H.-H. Brandt: „Studieren im Humboldt’schen Modell des 19. Jahrhunderts“, in: R. C. Schwinges (Hg.): *Humboldt international*, Basel 2001, 132–150, 149.

46 Jarausch: *Students, Society and Politics in Imperial Germany*, 234 ff.

starken Trieb zur Vereinsbildung. Die freien Verbindungen sind für das deutsche Studentenleben ebenso charakteristisch, wie für das englische das Leben im College."[47] Die gemeinsamen Erinnerungen vieler Studenten der Zeit lagen, so Nipperdey, „auf dem Paukboden oder bei Trinkgelagen", hinter der Vorlesungen und Seminare bisweilen zurückstanden. Das verborgene „pädagogische Programm" der Studentenverbindungen strahlte in die Gesellschaft zurück. Die zahllosen Karikaturen in der Satirezeitschrift des Simplicissimus zeugen von dem auch seit 1900 von Zeitgenossen als skurril empfundenen Habitus, der so großen Einfluss auf die Biografien der einzelnen Akademiker nahm.[48] Gerade die in ihrem Erziehungsanspruch besonders strengen Corps, pflichtschlagende alte Landsmannschaften ohne politische Ausrichtung, galten als Eintrittskarte in eine bessere Gesellschaft. Nach Stand, Konfession und auch Nationalitäten gliederten sie sich die Korporationen: Die Zusammenschlüsse der Studenten schufen einen inneren Zusammenhalt einer Gruppierung, der aber zugleich eine Abgrenzung gegenüber anderen Studenten und Nichtkorporierten bedeutete. Das Innenleben der Studentenverbindungen war dabei kaum von dem Erlebnis der Wissenschaft geprägt, sondern eher von den internen Anforderungen der spezifischen Studentenverbindung. Friedrich Paulsen sprach den Verbindungen in seiner großen Darstellungen der deutschen Universität des 19. Jahrhunderts dabei eine durchaus positive pädagogische Funktion zu.[49] Paulsen nannte in Folge noch die Minimalvoraussetzungen, die Verbindungen leisten müssten, um diese gesellschaftsbildende Funktion auszuüben. Außer einer ausreichende Mitgliederzahl sollten solche Studentenverbindungen auch „mannigfache Elemente zusammenführen": „verschiedene Fakultäten, verschiedene Volksstämme, verschiedene gesellschaftliche Klassen und Stände, verschiedene politische und religiöse Anschauungen." Exklusivität verminderte in der Ansicht Paulsens den Wert der Verbindung. Es liege „etwas Ungesundes" darin, wenn politische oder religiöse Parteistandpunkte zum Grund studentischer Vereinsbildung gemacht und als Ausschließungsgrund gegen Andersdenkende gekehrt werden." Paulsen sah diese Realität der studentischen Verbindungen schon 1902 als einen „dem Deutschen anhangenden, nicht liebenswerten Zug."[50] In der Zeit vor dem Ersten Weltkrieg erlebten die Studentenverbindungen in der gesellschaftlichen Akzeptanz eine Hochzeit, so dass die zeitgenössische Einschätzung Paulsens nicht verwundert. Kritischer benannte im Rückblick Thomas Nipperdey diese Riten der Studenten als eine merkwürdige Anlehnung an

47 F. Paulsen: *Die deutschen Universitäten und das Universitätsstudium*, Berlin 1902, 472. Vgl. zur Rolle Paulsens: H.-E. Tenorth: „Paulsen als Historiker der Erziehung und seine Stellung an der Berliner Universität", in: T. Steensen (Hg.): *Friedrich Paulsen*, Husum 2010, 43–58.

48 Vgl. *Simplicissimus*, München 1977. Alle Karikaturen des Simplicissimus: Herzogin Anna Amalia Bibliothek/ Klassik Stiftung Weimar, Deutsches Literaturarchiv Marbach, Institut für Germanistische und Allgemeine Literaturwissenschaft der RWTH Aachen (Hg.): *Simplicissimus (49 Jahrgänge, 1896 bis 1944) als Online–Edition*, http://www.simplicissimus.com/, 2009.

49 Paulsen: *Die deutschen Universitäten*, 472 ff.

50 Ebd. 474 ff.

ältere ständische Sitten durch eine sich doch Ende des 19. Jahrhunderts formierende bürgerliche Gesellschaft:

> Es gab, aus sozialen Abgrenzungsbedürfnissen, Traditionen und älteren Reformen immer wieder zusammengewachsen, die studentische Subkultur mit eigener Sprache, eigenem Stil, eigenen Normen, den „Komment" mit seinen Riten und Symbolen, mit seinem Zentralbegriff der Ehre, die man zu bewahren und mutig gegen Beleidigung und Kränkung zu verteidigen hatte – das waren auch ständische, feudale, kriegerische Relikte und Prätentionen in einer bürgerlichen Welt. Dazu gehörte das Fechten. Zwar war das wirkliche Duell, existentiell als letzte Möglichkeit in einem Konflikt erachtet, zurückgedrängt und wurde es immer mehr, aber es war durch die ritualisierte „Mensur" ersetzt, die nicht mehr lebensgefährlich war, aber das Gesicht mit ehrenvollen Narben zerhackte und schmückte, mit den „Schmissen". Dazu gehörte das Trinken, die „Kneipe", der „Kommers" mit vielen Trinksitten und –zwängen – oft männisch roh und in der Nähe der Exzesse.[51]

Seit 1896 hatte sich unter nicht korporierten Studenten aus dem Bildungsbürgertum und der aufstrebenden neuen Mittelschicht eine Gegenbewegung zu dieser studentischen Subkultur formiert.[52] Die Freistudentische Bewegung sah sich politisch als eine Erneuerung der Einigung der Studentenschaften, also durchaus in Tradition der Burschenschaftlichen Bewegung zu Beginn des 19. Jahrhunderts. Vor allem an den großstädtischen Universitäten Berlin, Leipzig und an der TH Charlottenburg war der Verlust der prägenden Kraft einer akademischen Gemeinschaft besonders stark empfunden worden, so dass ein Bemühen um neue Formen einsetzte.[53] Die Forderung nach einer „akademischen Kulturreform" wurde ein verbindendes Element, deren Ausprägung allerdings weit auseinanderlag.[54] Es wurde nun eine Hochschulreform „aus der Kraft der akademischen Bürgerschaft selbst" gefordert.[55] Die Forderung einer studentischen Selbstverwaltung schien dabei das geeignete Mittel zur Erneuerung einer *Universitas litterarum* im Sinne der um 1800 entwickelten Hochschulidee. Fichte, Schelling, Schleiermacher und Steffens wurden in diesem Sinne rezipiert.[56] Der Herausgeber der programmatische Broschüre *Der freistudentische Ideenkreis*, Felix Behrend forderte auf dem 7. Freistudententag von 1907 die Verpflichtung der Freistudentenschaft auf das Idel der akademischen Lehr- und Lernfreiheit, für die sie „alle Hindernisse der wissenschaftlichen und selbstständigen Erziehung der Studenten wegräumen" solle. Damit schloss Behrend auch „die Befreiung der Geister von jeder Gebundenheit durch Autorität und Sitte" ein.[57] Der sozialliberale Politiker Wilhelm Ohr forderte

51 Nipperdey: *Deutsche Geschichte 1866–1918*, 581 f.

52 H.-U. Wipf: *Studentische Politik und Kulturreform*, Schwalbach 2004, 225 f. K. H. Jarausch: *Deutsche Studenten*, Frankfurt 1984, 94–103.

53 Wipf: *Studentische Politik und Kulturreform,* 31.

54 Ebd. 74 ff.

55 W. Ohr: „Die Entstehung des Freistudententums", in: Präsidium der Freien Studentenschaft (Hg.): *Festschrift zum fünfzehnjährigen Bestehen der Leipziger Freien Studentenschaft*, Leipzig 1911, 12. Zitiert nach Wipf: *Studentische Politik,* 30.

56 Vgl. W. Mahrholz: „Geschichtliche Stellung der Freistudentenschaft", in: M. Doebel et al. (Hg.): *Das akademische Deutschland*, Berlin 1931, 593–598, 594.

57 Zitiert nach Wipf: *Studentische Politik und Kulturreform*, 144. Vgl. F. Behrend (Hg.): *Der freistudentische Ideenkreis*, München 1907.

1911, dass der Student „nicht nur Objekt der Hochschulerziehung“ sein dürfe, sondern er müsse „auch Subjekt werden. Selbsterziehung – wechselseitige Erziehung! Er muss mutig ankämpfen gegen das Überwuchern des Fachprinzips, muss ein neues Bildungsideal suchen für die neue Zeit und muss die Studentenschaft zurückführen auf die alten akademischem Grundgedanken der Toleranz und der Freiheit“[58]

Trotz der Uneinheitlichkeit und unterschiedlichsten Ausformung der freistudentischen Bewegung trugen diese Prinzipien tatsächlich zumindest eine Zeit lang die Bewegung als einendes Element gesehen, da sie ja explizit im Gegensatz zu den exklusiven Tendenzen der Studentenverbindungen stand, von denen etwa ehemals liberale Burschenschaften in den 1890er Jahren mit Judenparagraphen zunehmend ausgrenzten. Schon 1896 hatte die voranschreitende „Leipziger Finkenschaft“ in einem Arbeitsprogramm die Gleichwertigkeit jedes Studierenden sowie die Abstinenz von Parteipolitik gefordert. Die Uneinheitlichkeit der Bewegung aus unterschiedlichsten Motiven ließ diese Überlegungen allerdings nicht zum entscheidenden Merkmal geben, da auch innerhalb der Freistudentenschaft etwa Satisfaktion gebende Gruppen sowie auch antisemitische Tendenzen existierten.[59] Der politische Anspruch konkretisierte sich spürbar für viele Studierende in der praktischen Selbsthilfe, unter anderem in Leihbibliotheken oder einer Studienberatung. In Berlin waren um 1900 die Veranstaltungen mit prominenten Rednern aus diversen lebensreformerischen Tendenzen zu großen Volksbildungsvorlesungen geworden, auch erschienen zahlreiche eigene Periodika zu diversen allgemeinbildenden Themen.[60] Die politische Forderung nach einer allgemeinen Vertretung der Studentenschaft in der Hochschule, führte hingegen zu zahlreichen Konflikten mit Hochschulleitung und Obrigkeit, die allerdings regional sehr unterschiedlich ausgetragen wurden.[61] De facto verwickelte sich die Freistudentische Bewegung allerdings vor dem ersten Weltkrieg in zahlreiche Fraktionskämpfe unterschiedlichster Strömungen, die sich teilweise in Verbänden und Vereinen und sogar Studentenverbindungen organsierten.[62] Auch da mit 1919 mit den Beckerschen Reformen zur Studentenvertretung ein wesentlicher Bestandteil der Forderungen erfüllt worden war, vor allem aber aufgrund dieser weltanschaulichen Differenzen urteilte 1931 der lange Jahre vor allem für die studentische Selbstverwaltung aktive Paul Ssymak, dass für die Zukunft eine „führend wirkende neutrale Freistudentenbewegung“ nicht mehr zu erwarten sei.[63]

Eindeutig ist die Abgrenzung der Freistudentenschaft etwa zur romantischen geprägten Jugendbewegung nicht festzustellen, da es auch zahlreiche personelle Überschneidungen gab. Wilhelm Flitner hatte sich ebenso wie Rudolf Carnap im

58 W. Ohr: *Die Entstehung des Freistudententums*, 30.
59 Ebd. 30 ff.
60 Ebd. 13 f, 34 f, 44 ff.
61 Ebd. 124 ff, 130 ff.
62 Ebd. 142 ff.
63 P. Ssymank: „Geschichtlicher Verlauf der Freistudentischen Bewegung“, in: M. Doebel et al (Hg.): Das akademische Deutschland, Berlin 1931, 599–600, 600. Vgl. Wipf: *Studentische Politik*, 243 f.

neoromantisch geprägten „Sera-Kreis“ Künstlerich und literarisch ambitionierter Freistudenten engagiert. Der vom Verleger Eugen Diederichs in Jena 1908 initiierte und von Herman Nohl mitgeprägte Kreis speiste sich aus einem Selbstverständnis „prägnanter Persönlichkeiten“ in einem „Freundschaftskult“.[64] Flitner und Carnap waren auch 1912 der Akademischen Vereinigung Jena, einer Studentenverbindung neuen Typs, beigetreten. Nach dem wesentlich von Jenaer Freistudenten vorbereiteten ersten Freideutschen Jugendtreffen auf dem Hohen Meißner fungierte Carnap 1913 auch als Gründer der bündischen „Freischar zu Jena“.[65] Auch zeitgenössisch wurden die „dionysischen Kultfeiern“ mit Neigung zu Exzentrik und Mystik des Sera-Kreises skeptisch beschrieben. Die Untersuchung von Meike Werner sieht auch diese Geselligkeit mit den „apollinischen“ Aktivitäten der demokratischen Studentenschaft im Einklang, da auch der „Sera-Kreis“ das Zwanglose und nicht-Gemachte im Umgang forderte.[66]

Als gemeinsame Sozialisationserfahrung blieb den in der Freistudentenbewegung engagierten Akteuren eine Ablehnung des formalisierten Umgangstones der traditionellen Korporationen, die durchgängig als nicht mehr zeitgemäß empfunden wurde. Der einende „soziale Rahmen“ der Freistudenten war „intentional auf Informalität uns Eigenaktivität des Einzelnen“ ausgelegt.[67] Gerade die Auseinandersetzung mit Menschen unterschiedlichster Herkunft und selbstverständlich mit Damen unterschied die Freistudentenschaft auch von der Mitgliedschaft in der Wandervogel-Bewegung.[68] Zahlreiche „linke“ oder „liberale“ spätere Gegner der NS-Regimes fanden sich unter den ehemaligen Freistudenten, wie u.a. Walter Benjamin, Siegfried Bernfeld, Rudolf Carnap, Alfred Döblin, Kurt Lewin, Karl Korsch, Helmut Plessner, Hans Reichenbach.[69] Höchst unterschiedlich fiel dabei das Urteil über die gemeinsame Arbeit als Studierende in späteren Jahren aus. Gustav Radbruch kritisierte später die in der Leipziger Finkenschaft erlebten Funktionärstypen.[70] Dennoch hatte der spätere sozialdemokratische Politiker, ebenso wie Adolf Grimme und Otto Suhr seine studentische Sozialisation in diesem Umfeld erfahren, insbesondere die Berliner Hochschule für Politik wurde später zu einem Treffpunkt ehemaliger Aktivisten der Freistudenten.[71] Auch wenn die freistudentische Bewegung als politische und institutionelle Kraft etwas kraftlos blieb[72], stellte die innerhalb der Bewegung debattierte Idee einer demokrati-

64 W. Flitner, zitiert in: Wipf: *Studentische Politik*, 180.

65 M. G. Werner: „Jugendbewegung als Reform der studentisch-akademischen Jugendkultur. Selbsterziehung – Selbstbildung – die neue Geselligkeit: die Jenenser Freistudenten und der Serakreis“, in: U. Herrmann (Hg.): *Mit uns zieht die neue Zeit*, 171–204. Vgl. Werner: *Moderne in der Provinz*, Göttingen 2003, 231–307, 202 f.

66 Ebd. 189 ff, 202 f.

67 Wipf: *Studentische Politik*, 229 f.

68 Ebd. 232 f.

69 Ebd. 14.

70 Ebd. 230

71 Ebd. 14.

72 In dem Überblickband aus der späten Weimarer Republik wurde die Freistudentenschaft nur als einer von vielen Zusammenschlüssen Studierender behandelt. M. Doebel; O. Scheel; W. Schlink; H. Sperl; E. Spranger; H. Bitter (Hg.): *Das akademische Deutschland*, Berlin 1931.

schen Universität, mit einer Selbsterziehung der Studierenden einen starken Gegenentwurf zu einem wie auch immer gearteten Unterordnungsverhältnis der Studierenden dar.

3. STUDENTISCHE NOTGEMEINSCHAFT 1919–1933

Nach der Revolution von 1918 veränderte sich die Sicht auf das Sozialleben der Studenten aus inhaltlichen und praktischen Gründen schlagartig. Aus materieller Not entstand die Arbeit der Studentenwerke. 1919 waren die Studentenzahlen fast auf das Doppelte der letzten Vorkriegssemester angestiegen. Die Studienkosten betrugen nun das Dreifache, während auch bisher wohlhabende Schichten durch die Kriegsfolgekosten nun wirtschaftliche Not litten. Auch die bisherige Stammklientel der Universitäten, das gebildete Bürgertum, konnte seinem Nachwuchs nicht mehr selbstverständlich finanziell ein Studium ermöglichen. Anfangs waren es Selbsthilfeaktionen der Studentenschaft, welche die Not zu lindern versuchten. Der Umfang der sozialen Fürsorge für die Studenten überstieg bald aber den Rahmen des in Selbsthilfe schulterbaren, zum anderem bestand nach Konsolidierung der Lage in der jungen Weimarer Republik ein öffentliches Interesse für die soziale Hilfe an den Studenten. Rechtliche Absicherung und Kontinuität wurde Anfang der 1920er Jahre durch die Organisation der Studentenwerke als eingetragene Vereine erreicht, die nun auch Zuwendungen aus Bürgerschaft und vom Staat bekamen.[73] Diese Einrichtungen waren ein Novum. Seit dem Mittelalter hatte es eine von öffentlichen oder privaten Stiftern getragene Sozialarbeit für die Studenten gegeben, eine allgemeine Existenzsicherung und systematisch Unterstützung der Studierenden aber hatte es nicht gegeben.[74] 1919 hatte sich aus dem Engagement von Professoren, Bürgern und Studenten als erstes Studentenwerk in Deutschland die Hochschul-Wirtschafts-Genossenschaft in Dresden gegründet, welches eine Vielzahl an sozialen Einrichtungen in Selbstverwaltung unterhielt.[75] Die im Juli des gleichen Jahres gebildete Deutsche Studentenschaft, der Zusammenschluss der an den einzelnen Universitäten gebildeten Studentenvertretungen, hatte auf dem 4. Deutschen Studententag Anfang Juli 1921 im „Erlanger Programm" den Anspruch an die zu schaffenden Studentenwerke formuliert:

> An jeder Hochschule ist die Gesamtheit der Wirtschaftseinrichtungen zusammenzufassen zu einem lebensfähigen, rechtsfähigen studentischen Wirtschaftskörper in gemeinsamer Arbeit mit Dozenten und Freunden. Seine Aufgabe ist nicht eine begrenzte, sondern eine umfassende, nicht nur Zwischenhandelsausschaltung oder Lebensmittelverbilligung, sondern Werkgemeinschaft zur Sicherung des jetzigen und späteren Lebens der Studentenschaft und damit des Bestandes der Hochschule. Der Wirtschaftskörper ist die Antwort der Studentenschaften

73 M. Klee: „Die Geschichte der Studentenwerke: Von organisierter Selbsthilfe zur Verwaltung staatlicher Leistungen", in: Studentenwerk München (Hg.): *Die Arbeit der Studentenwerke – Ursprung, Gegenwart, Perspektiven*, München 1984, 18–31, 19 f.

74 Ebd. 19.

75 R. Pommerin: *Geschichte der TU Dresden, 1828–2003*, Köln 2003, 152 f.

> jeder Hochschule auf die drohende Vernichtung und die Not der Zeit, das sichtbare Zeichen des Willens, an der Rettung Deutschland mitzuarbeiten.[76]

Die Studentenwerke vereinten so vielfältige soziale Aktivitäten wie Arbeitsvermittlung, Auskunft und Vergünstigungen, den Betrieb von Studentenwohnheimen, Büchervermittlung, Fürsorgeabteilung, Studentenspeisung, Warenvermittlung, Werbung und Wohnungsvermittlung. An manchen Universitäten gab es auch eine Wäscherei, eine Schreibmaschinenstube oder eine Darlehenskasse.[77] Alle dieser Maßnahmen und Einrichtungen folgten der praktischen Anforderung und wurden vor Ort im Rahmen der gegebenen Möglichkeiten realisiert. Der seit 1918 von studentischen Vertretern geäußerte Gedanke, alle diese Tätigkeiten in einem eigenen Studentenhaus zusammenzufassen, das auch Raum für die Sozialisation der Studenten bieten sollte, konnte anfangs noch nicht realisiert werden.[78] Reinhold Schairer, der ehemalige Geschäftsführer des Deutschen Studentenwerks in der Weimarer Republik, beschrieb in einem Rückblick den hohen Anspruch, den diese Studentenhäuser erfüllen sollten:

> Das deutsche Studentenhaus stellte mehr dar, als eine Aufgabe unter vielen anderen. In ihm sollte vielmehr die ganze Arbeit der studentischen Wirtschaftshilfe ihre Zusammenfassung, letzte Vollendung und – vielleicht auch – äußere Versinnbildlichung finden. Die Entwicklung der Wirtschaftshilfe sollte wegführen von mechanischen, mit rein wirtschaftlichen und organisatorischen Mitteln zu lösenden Massenproblemen – hin zur Betonung des Menschlichen und Geistigen in allem noch so praktischen Tun. Dafür den Boden und den äußeren Rahmen zu bereiten, war neben allen Einzelaufgaben – Aufnahme der Mensa, der Aufenthalts- und Leseräume, der Büros und Betriebe – Sinn und Zweck des Studentenhauses.[79]

Schairer zog Parallelen zu ähnlichen Einrichtungen zu angelsächsischen und skandinavischen Ländern, in denen die Studentenhäuser „als gesellschaftliche und geistige Mittelpunkte der Hochschule schon seit langem bestimmende Faktoren im studentischen Leben geworden waren." In Deutschland sei mit der 1894 von einem in New York lebenden Absolventen gestifteten „Palästra Albertina" in Königsberg ein erstes Haus dieser Art errichtet worden. Hallenbad, Turnhalle, Fechtsäle, Kegelbahn und Mensa des zentral gelegenen Gebäudes waren dabei für Bürger und Studenten gleichermaßen zugänglich.[80] Die Stiftung eines Hamburger Kaufmanns hatte in Kiel 1907 die Errichtung des Studentenhauses „Seeburg" ermöglicht, das bei der Einweihung 1910 vom Kieler Rektor Götz Martius als „ein Heim, ein Haus, ein Kasino für Studierende" bezeichnet wurde.[81] Die beiden mit

76 Zitiert nach Klee: *Die Geschichte der Studentenwerke*, 20.

77 Ebd. 20. Vgl. R. Schairer: „Das erste Jahrzehnt des Deutschen Studentenwerks", in: Deutsches Studentenwerk (Hg.): *Deutsches Studentenwerk 1921–1961*, Bonn 1961, 42–62.

78 Ebd. 57.

79 Ebd.

80 Vgl. *Bericht über die Entwicklung der Palaestra Albertina*, Königsberg i.. Pr. 4/1901–12/1909.

81 P. Bröcker: „Das Studentenhaus Seeburg in Kiel", in: *Der Profanbau. Zeitschrift für Architektur und Bauwesen* 1912, 191–206. R. Kienle: „Das Studentenhaus Seeburg der Universität zu Kiel von Theodor Fischer", in: *Mitteilungen der Gesellschaft für Kieler Stadtgeschichte* 77/1991, 26–40.

Festsälen und vielfältig nutzbaren Räumen ausgestalteten Häuser wollte Schairer als die einzigen Vorläufer der Verwirklichung des Studentenhausgedankens gelten lassen. Die nach 1918 an vielen Orten angedachten Studentenhäuser konnten 1923 und 1924 in Bonn und Aachen erstmals errichtet werden. Auch bei den in den Folgejahren in Dresden und München errichteten Studentenhäuser konnten die beteiligten Kommunen, Universitäten und Bürger aber kaum die Kosten stemmen.[82]

In der sozialdemokratischen Regierung Preußens hatte Kultusminister Carl Heinrich Becker ab 1925 ein eigenes Budget für die Arbeit der Studentenwerke durchsetzen können. Die erstmalige Zuweisung finanzieller Mittel durch den Reichstag für den Bau von Studentenhäusern im Nachtragsetat 1926 versuchte Schairer mit der nun in der Politik geteilten „Erkenntnis der großen geistigen und erzieherischen Bedeutung der Studentenhäuser" zu erklären, insgesamt wurden bis 1929 mehr als 1,5 Millionen Reichsmark für die Förderung der Studentenhäuser bewilligt. So konnten an weiteren Hochschulen die Studentenhauspläne umgesetzt werden, teils durch Umbau bestehender und teils durch Neubauten, deren Grundstücke von Ländern oder Städten als Geschenk zur Verfügung gestellt worden waren. [83] Neben lokalen Stiftern aus der Zivilgesellschaft und der Studentenschaft selbst schulterten nun Reich, Ländern und öffentlichen Körperschaften einen großen Anteil der Finanzierung. Die Stellung der Studentenhäuser im Leben der deutschen Studentenschaft und der deutschen Hochschule illustrierte Schairer in der Verlautbarung der Geschäftsführung des Deutschen Studentenwerkes von 1930:

> Sie werden den Studenten eine billige Mensa, behagliche Räume, vielleicht auch vielfältige Bildungsmöglichkeiten bieten. Wir erhoffen aber mehr, dass nämlich auch dem engeren Zusammenleben der verschiedenen studentischen Gruppen, von Dozenten und Studenten, Akademikern und Nichtakademikern, Inländern und Ausländern, erzieherische, bildende Kräfte für das Leben des einzelnen und der Gesamtheit entwickelt werden, die bisher brach lagen. Je unbewusster und ungewollter das geschieht, umso besser. Aber eins ist notwendig, nämlich, dass die verantwortlichen Leiter, vor allem die Professoren, diese geistigen Wirkungsmöglichkeiten bejahen und als Aufgabe auf sich nehmen. Das Studentenwerk und sein Mitarbeiterkreis werden nicht allein Träger dieser Verantwortung sein können, es werden auch andere Kräfte und Gruppen der Studentenschaft beim Studentenhaus mitwirken müssen. Aber einer muss da sein, der alle, die hier mitwirken wollen, zusammenführt, leitet. Und das kann nur das Studentenwerk sein die Arbeitsgemeinschaft der in ihm zusammenwirkenden Dozenten und Studenten.[84]

Aus ganz unterschiedlichen Quellen stammten die Konzepte, denen nun die studentische Sozialarbeit folgte. Das neue Werkstudententum war durch Berichte über die studentische Selbsthilfe in den USA beeinflusst worden, wo ab 1923 auch wiederholt eine Gruppe von 100 Studenten sich als Ferienarbeitskräfte verdingen durften. Auch der Austausch mit den an die Studenten gerichteten Sozialorganisationen anderer europäischer Länder brachte gemeinsame Konzepte her-

82 Schairer: *Das erste Jahrzehnt des Deutschen Studentenwerks*, 57.
83 z.B.: T. Suhnel: *Das neue Studentenhaus der Studentenhilfe Münster,* Münster 1928.
84 Zitiert nach Schairer: *Das erste Jahrzehnt des Deutschen Studentenwerks*, 57f.

vor. 1927 veranstaltete das Weltstudentenwerk eine erste Schulungswoche für studentische Selbsthilfe und Gemeinschaftsarbeit in Dresden. Als Ergebnis gründete das Weltstudentenwerk in Dresden das „Internationale Institut für studentische Selbsthilfe und Gemeinschaftsarbeit“. Das Institut sollte weltweit die Informationen über Studentennot und Überfüllung der geistigen Berufe koordinieren und fungierte auch 1929 als Ausrichter der zweiten Internationalen Schulungswoche.[85] Die sozialen Aufgaben traten mit der Weltwirtschaftskrise 1929/30 immer mehr in den Vordergrund, da zum einen die Studentenzahlen stetig anstiegen, zum anderem die gesamte Gesellschaft unter großer wirtschaftlicher Not litt. Anlässlich der Feier zum zehnjährigen Jubiläum des Deutschen Studentenwerks im Berliner Reichstag am 8. März 1931 sprach Reichkanzler Heinrich Brüning über „Not und Dienst – ein Wort der Mahnung an die akademische Jugend Deutschlands“. Brüning war 1920 selbst an den Vorbereitungen des studentischen Selbsthilfewerkes beteiligt gewesen und widmete sich nach wie vor besonders der studentischen Not. Bezüglich der geistigen Haltung der jungen Generation gab sich der Reichskanzler hingegen besorgt und warnte vor radikalen Tendenzen an den deutschen Hochschulen. Mit der Not nur Agitation zu treiben, bezeichnete er als „eines Akademikers unwürdig“, da der doch vor allen anderen Verantwortungsbewusstsein für die Gesellschaft zeigen müsse. Mit dem Hinweis, dass „auch eine Diktatur keinen Ausweg bringen [werde]“ nahm Brüning 1931 nicht nur das eigene Scheitern prophetisch vorweg, sondern sprach die politischen Realitäten der Studentenschaften an.[86]

Im Sommer 1931 gewannen die Nationalsozialisten bei den Studentenwahlen über 50 Prozent der Stimmen und Sitze. Beim Deutschen Studententag in Graz 1931 wurde bereits ein Nationalsozialist zum Vorsitzenden der Deutschen Studentenschaft gewählt. Der Führer des Nationalsozialistischen Deutschen Studentenbundes (NSDStB) Baldur von Schirach hatte schon 1931 bei einer Führerring-Sitzung in Anwesenheit Hitlers erklärt, dass eines der ersten Ziele der nationalsozialistischen Hochschulpolitik die Zerstörung des Deutschen Studentenwerkes sein müsse. Die Institution war den NS-Studenten vor allem aufgrund des sozialdemokratisch geprägten Personals ein Dorn im Auge. Auch durch die radikale Linke war das Studentenwerk schon eher unter Druck geraten, da die sozialistischen Studenten schon 1929/30 eine völlige Verstaatlichung der studentischen Selbsthilfe-Einrichtungen gefordert hatten. An der Verwaltung der Studentenwerke sollten weiterhin Studenten und Dozenten beteiligt bleiben, bis zu 70 Prozent der Stipendiaten der Studienstiftung sollten nun jedoch Arbeiterkinder sein.[87] Unter den Bedingungen der politischen Radikalisierung der Studierenden und der Angriffe auf die Institution des Deutschen Studentenwerks konnte keine konzep-

85 Ebd. 58 ff.

86 Ebd. 60.

87 Schairer: *Das erste Jahrzehnt des Deutschen Studentenwerks*, 61. Die Forderungen entsprachen der antirepublikanischen Polarisierung der Studentenschaft, die z.B. Saehrendt für Berlin nachweist. C. Saehrendt: „Studentischer Extremismus und politische Gewalt an der Berliner Universität 1918–1933“, in: *Jahrbuch für Universitätsgeschichte* 9/1996, 213–234, 220 ff. Zur Rolle Schirachs: M. Wortmann: *Baldur von Schirach*, Köln 1982.

tionell Arbeit im Feld der Gemeinschaftsbildung der Studenten geleistet werden. Dankbar zeigte sich das Studentenwerk für die von der Reichsregierung ab Sommer 1932 angedachten neue Aufgabengebiete in der Durchführung von Arbeitslagern für Studenten und stellungslosen Jungakademikern, wofür Reich, Länder und Kommunen die notwendigen Mittel zur Verfügung stellten. Der ehemalige General und kurzzeitige Reichskanzler Kurt von Schleicher hatte zuletzt noch Anfang 1933 die maßgeblichen Vertreter von Studentenwerk und Studentenschaft zu einem Bierabend eingeladen, bei dem er seine Pläne hinsichtlich einer paramilitärischen Volksbewaffnung vorstellte. Beim Aufbau der Miliz plante er die Studenten als Führer-Kader ein. Der mit den Arbeitslagern verbundene „Wehrsport" sollte die vormilitärische Ausbildung für diese Aufgaben vermitteln.[88] Vor allem aber trugen die Studentenwerke um die Jahreswende 1932/33 zum „Notwerk für die deutsche Jugend" der Reichsregierung bei. Angesichts der wirtschaftlichen Not sollte wenigstens eine warme Mahlzeit am Tag bereitgestellt werden und die arbeitslosen Jugendlichen in Freizeitgestaltung und von den Studenten abgehaltenen Weiterbildungen beschäftigt werden.[89]

4. DEMOKRATIELERNEN IN DER SELBSTVERWALTUNG

Parallel zu der bürgerlichen Selbsthilfe hatte es auf der politischen Ebene eine neue Sicht auf den Bildungsauftrag an die Studierenden gegeben. Der Berliner Orientalist Carl Heinrich Becker war 1919 zum Staatssekretär im nun republikanischen Preußischen Kultusministerium ernannt geworden und hatte die Allgemeinbildung der Studenten zu seinem Thema gemacht. In den Jahren 1921 sowie 1925 bis 1930 führte der parteilose Becker das Ministerium unter SPD-Regierungen und versuchte dabei, seine Vorstellungen auch umzusetzen. Schon 1916 hatte Becker sich als Referent mit der „Denkschrift über den künftigen Ausbau der Auslandsstudien an den preußischen Universitäten" für eine staatsbürgerliche Allgemeinbildung durch die Universität eingesetzt.[90] 1920 begründete Becker die neue Rechtsverfassung der Studentenschaften, die diesen eine größere Verantwortung als bisher zugestand, mit dem pädagogischen Effekt:

> Das akademische Bürgerrecht war bisher ein Bürgerrecht im Stile des Untertanenverhältnisses des patriarchalischen Staates; das neue Bürgerrecht soll den Studenten das Selbstbestimmungsrecht in allen rein studentischen und das Mitbestimmungsrecht in allen gemeinsamen Angelegenheiten der akademischen Gemeinschaft bringen. Dadurch wird zugleich ein hohes pädagogisches Ziel erreicht. In dem Alter der politischen Charakterbildung wird der Student von der naturgemäß individualistischen Einstellung auf Wissenschaft und Beruf hinüber ge-

88 Schairer: *Das erste Jahrzehnt des Deutschen Studentenwerks*, 61.
89 Ebd. 61.
90 G. Müller: *Weltpolitische Bildung und akademische Reform*, Köln 1991, 142 ff.

leitet zum Verantwortlichkeitsbewusstsein gegenüber der akademischen und damit der nationalen Gemeinschaft.[91]

Aus der Erkenntnis heraus, dass die junge Republik auf engagierte und verantwortungsbewusste Staatsbürger angewiesen war, forderte Becker das Erlernen demokratischer Verhaltensweisen auch um Alltag der Hochschulen. Über die Aufgabe der Forschung und Berufsausbildung hinaus sollten die Universitäten sich auch als „Staatsbürgerschulen" verstehen lernen. Umfangreiche Änderungen der Universitätssatzungen waren die Folge: Eine verfasste Studentenschaft sollte die Interessen der Studenten in einem demokratischen Prozess formulieren und ihnen zugleich die Praxis der Demokratie einüben.[92] Die Selbstverwaltung der studentischen Sozialeinrichtungen postulierte Becker 1919 als geeignetes Feld dieser demokratischen Praxis: „Überall aber gebe man den Studenten Verantwortung." So könnten diese langsam in die größeren Aufgaben hineinwachsen.[93] Becker sprach damit den neu entstehenden Selbstorganisationen an den Universitäten einen erzieherischen Sinn zu. Als Becker während seiner kurzen ersten Amtszeit als preußischer Kultusminister 1921 versuchte, diese Reformen der Studentenschaft zusammen mit einem ganzen Paket an weiteren Reformmaßnahmen wie etwa zur Stellung der Extraordinarien durchzusetzen, scheiterte er allerdings am unterschiedlichsten politischen Widerständen.[94]

Mit dem gleichen Ziel, gesellschaftlich mündige Akteure zu schaffen, versuchte Becker, die Lehrpläne der Universitäten um allgemeinbildende Elemente zu erweitern. Schon in der Kaiserzeit hatte er sein Lieblingsprojekt von „synthetischen, disziplinübergreifenden, horizontalen Fächer einer allgemein orientierten Ausbildung der Studenten" formuliert. In politischer und staatsbürgerlich-gesellschaftlicher Bildungsabsicht dachte er vor allem der „Soziologie" als Fächerkanon aus Philosophie, Auslandsstudien, wissenschaftlicher Politik und Zeitgeschichte eine tragende Rolle zu.[95] Eine neue Allgemeinbildungsfakultät sollte den „neuen Humanismus" an alle Studierenden einer Universität vermitteln. Anlässlich der Königsberger Kant-Feier formulierte Becker im April 1924 sein Bildungsideal. Sein Ziel war die Synthese aus aufgeklärtem Wissenschaftsideal der kantischen Kritik und dem Humanitätsideals der Ehrfurcht vor der zeitgenössischen Lebensphilosophie. Als philosophische Referenzen der zweitgenannten führte Becker die Philosophen Nietzsche, Dilthey und Bergson an, bis hin zu Max Scheler und Hans Freyer. Für Becker bestand kein Widerspruch zwischen einem „Idealbild" der Universität als „Gralsburg der reinen Wissenschaft" und der „Er-

91 C. H. Becker: „Das neue Studentenrecht" (1920), in: W. Kalischer (Hg.): *Die Universität und ihre Studentenschaft*, Essen 1967, 126–128.

92 U. Rohwedder: „Zwischen Selbstbild und ‚politischem Mandat': Zur Geschichte der verfassten Studentenschaft in Deutschland", in: *Jahrbuch für Universitätsgeschichte* 8/2005, 235–243, 237 ff.

93 C. H. Becker: „Gedanken zur Hochschulreform" (1919), in: W. Kalischer (Hg.): *Internationale Wissenschaft und nationale Bildung*, Köln 1997, 219 f.

94 Müller: *Weltpolitische Bildung und akademische Reform,* 324.

95 Ebd. 338 ff.

weiterung des Wissenschaftsbegriffs“ durch anwendbare Gegenwartforschung.[96] Wenn Becker auch mit seinen Vorschlägen in der Umsetzung scheiterte, bezogen sich mehrere Projekte auf seine Vorstellung einer Kombination aus Wissenschaft, aktuellen politischen Fragestellungen und Volksbildung. Die 1920 gegründeten Deutschen Hochschulen für Politik in Berlin oder an die ab 1925 gegründeten Pädagogischen Akademien korrespondierten mit diesem Gedankengut Beckers.[97]

Trotz der Berücksichtigung der Auslandsstudien blieb Becker in seinem Allgemeinbildungskonzept den heimischen Ursprüngen der Philosophie treu. Damit folgte er nicht etwa Erich Hylla, der „in der besonderen Aufgabe der Erziehung für unsere neu, d.h. demokratisch eingerichtete Volksgemeinschaft, für ein vom Volke selbst geleitetes Staatswesen“ direkt das amerikanische Vorbild übertragen sehen wollte. „Wir“ in Deutschland, so Hylla 1928, hätten „ja noch nicht allzu viel eigene Erfahrung, haben auch das Gewicht einer alten Tradition zu überwinden“[98] Die Vorstellungen Beckers betteten sich in eine Entwicklung ein, die sich als Erbe des allgemein verbreiteten geisteswissenschaftlichen und kulturphilosophischen Reformdenkens seit der Jahrhundertwende entwickelt hatte. Auf Ideen des Philosophen Wilhelm Dilthey aufbauend, war die Eigengesetzlichkeit des menschlichen Geisteslebens in den Fokus von Psychologen und Pädagogen geraten.[99] In der Schulpädagogik hatten sich seitdem schon zahlreiche vergleichbare Versuche ausgebildet.[100] In den Debatten über die geeignete Pädagogik fanden die auf breiter Eben in den Schulen stattfindenden Reformen anfangs durch ihre Inhalte Eingang in die an den Universitäten geführten Debatten. Friedrich Paulsen hatte schon 1903 auf die gesellschaftspolitische Funktion des Studiums hingewiesen.[101] Etwa mit der Gründung der Arbeitsschulen versuchte der Münchner Päda-

96 Müller wies auf die von Becker genannten positiven Beispiele dieser „Sythese“ und „Konstruktion“ aus lebensnaher „Intuition“: Bücher des George-Kreises wie Betrams Nietzschebuch oder Spenglers *Untergag des Abendlandes*, in denen er ausdrücklich Vorbilder für die universitäre Wissenschaft sah. Ebd. 387 f.

97 Zur Hochschule für Politik: A. Missiroli: *Die Deutsche Hochschule für Politik*, St. Augustin 1988. Vgl. zur späteren Entwicklung der Hochschule für Politik: E. Haiger: „Politikwissenschaft und Auslandswissenschaft im ‚Dritten Reich‘ – (Deutsche) Hochschule für Politik und Auslandswissenschaftliche Fakultät der Berliner Universität 1940–1945“, in: G. Göhler; B. Zeuner (Hg.): *Kontinuitäten und Brüche in der deutschen Politikwissenschaft*, Baden-Baden 1991, 94–136. Vgl. S. Mielke (Hg.), Berlin 2008.

98 E. Hylla: *Die Schule der Demokratie*, Berlin/Leipzig 1928, 3. Vgl. zum Volksbegriff in pädagogischen Schriften: S. Sting: „Die Fiktion des ‚Volks‘ in den pädagogischen Reformbewegungen um 1900 in Deutschland“, in: T. Rülcker (Hg.): *Politische Reformpädagogik*, Bern 1998, 107–123.

99 H.-E. Tenorth: *Geschichte der Erziehung*, Weinheim et al. 1992, 224 f.

100 Vgl. F. Schorer: *Berufliche Bildung – Menschenbildung gestern und heute*, Bern 1986. H.-E. Tenorth: „Sprangers Erziehungsphilosophie – ihre Bedeutung für Pädagogik und Erziehungswissenschaft“, in: G. Meyer-Willner (Hg.): *Eduard Spranger*, Bad Heilbrunn 2001, 16–29. F. Walder: *Georg Kerschensteiner als Hochschullehrer und Bildungstheoretiker*, Bad Heilbrunn 1992.

101 Paulsen: *Die deutschen Universitäten*, 452 ff.

goge Georg Kerschensteiner einen Schritt in dieser Richtung.[102] In den 1920er Jahren wurden diese Überlegungen nun in verschiedensten Reformschulen konkretisiert, deren Wurzeln meist in die Lebensreformbewegungen um die Jahrhundertwende zurückreichten.[103] Zum einen gab es die isoliert gelegenen Landschulheime, in denen in der geschlossenen Welt und Abgeschiedenheit von der Großstadt ein besserer Mensch herangezogen werden sollte.[104] Zum anderem gab es die sozialdemokratischen Reformschulen, deren demokratischen Schulexperimente mitten im Leben stattfanden. Exemplarisch kann hier der Umbau des Realgymnasiums in Berlin-Neukölln zur ersten Gesamtschule Deutschlands genannt werden. Als führendes Mitglied des „Bundes entschiedener Schulreformer" wollte der sozialdemokratische Schulrektor Fritz Karsen das Modell einer staatlichen Einheitsschule schaffen. An seiner 1929 als Karl-Marx-Schule benannten Gesamtschule zielte „die Erziehung der Schüler, zunächst nur Jungen, [...] auf Eigenverantwortlichkeit für den Lernprozess, auf die Orientierung am soziokulturellen Umfeld und auf die Mitbestimmung in den schulischen Gremien." Die Schüler sollten in einer demokratischen Selbstorganisation gesellschaftliche Verhaltensweisen erlernen. Das gemeinsame Meistern der hohen Anforderungen an Verantwortung und Pflichterfüllung der Schülerinnen und Schüler sowie an die Lehrkräfte stellte sollte die „wahre Schulgemeinschaft" als Modell eines demokratischen Staates erschaffen.[105] Anstatt eines statischen Lehrplans sollten Projekte den Schülern das Lebensumfeld als Lernstoff ermöglichen.[106] In der Vorstellung Karsens sollte sich die Erziehung dabei „aus der Struktur der werdenden Gesellschaft" ergeben.[107]

Auf die Universität ließen sich diese Schulerfahrungen schwer übertragen. Zumal Becker persönlich zu dem im Laufe der zwanziger Jahre immer diffuser

102 Kerschensteiners berühmter Aufsatz von 1901 blieb dabei allerdings noch innerhalb der Vorstellungskraft vordemokratischen Zeit: „Womit ist unsere männliche Jugend von der Entlassung aus der Volksschule bis zum Eintritt in den Heeresdienst am zweckmäßigsten für die bürgerliche Gesellschaft zu erziehen?" Kerschensteiners praktische Sozialerziehung junger Arbeiter sah sich auch schon als politische Bildungsarbeit. Vgl. J. Jung: „Georg Kerschensteiner (1854–1932) und die Münchner Arbeitsschulbewegung", in: A. Kaiser; D. Pech (Hg.): *Geschichte und historische Konzeptionen des Sachunterrichts*, Baltmannsweiler 2004, 102–105. Vgl. G. Kerschensteiner: *Die staatsbürgerliche Erziehung der deutschen Jugend*, Erfurt 1901. Margaret Lavinia Andersons Studie der Wahlen in der Kaiserzeit stellt aktuell diese „vordemokratische" Zuordnung vor der Zäsur von 1918 in Frage. Vgl. M. L. Anderson: *Lehrjahre der Demokratie*, Stuttgart, 2009.

103 Vgl. zur Kulturkritik als Antriebskraft pädagogischen Reformeifers: H.-E. Tenorth: *Zur deutschen Bildungsgeschichte 1918–1945*, Köln 1985, 29 ff.

104 U. Schwerdt: „Landschulheime – Modelle einer ‚neuen Erziehung'", in: I. Hansen-Schaberg; B. Schonig (Hg.): *Basiswissen Pädagogik: reformpädagogische Schulkonzepte, Band 2*, Baltmannsweiler 2002, 52–108, 52 ff.

105 I. Hansen-Schaberg: „Demokratie und Erfahrungsorientierung bei Fritz Karsen (1885–1951)", in: A. Kaiser; D. Pech (Hg.): *Geschichte und historische Konzeptionen des Sachunterrichts*, Baltmannsweiler 2004, 135–138, 135f.

106 Ebd. 135f.

107 Vgl. G. Radde: „Die Einheitsschule in Berlin: ein Gesamtsystem und seine exemplarische Verwirklichung an der Fritz-Karsen-Schule im Bezirk Neukölln", in: B. Schmoldt (Hg.): *Das Schulwesen in Berlin seit 1945*, Berlin 1996, 127–159.

werdenden bildungspolitischen Ideal eines „neuen Humanismus" tendierte, das in deutlicher Nähe zu lebensphilosophischen-irrationalistischen und jungkonservativ-jugendbewegten Strömungen geriet. Beckers Biograph Guido Müller deutete dies als eine offenkundige Abwendung Beckers von der traditionellen Universität. Zugunsten geistiger Anregungen und repräsentativer kulturpolitischer Tätigkeit habe der Staatssekretär und Kultusminister seit Mitte der zwanziger Jahre den staatlich-politischen Rahmen von wissenschafts- und hochschulpolitischen Strukturmaßnahmen aufgegeben.[108] Die Großzahl der deutschen Professoren zeigte sich grundsätzlich kritisch gegenüber den mit dem „Ludergeruch der Revolution" behafteten Reformideen Beckers. Viele Professoren sahen sich unpolitisch, eine feste Verbindung der Hochschullehrer mit den herrschenden Funktionseliten im sozialen und politischen System der Republik existierte kaum.[109] Auch die Befürworter einer neuen Rolle der Universität in der Demokratie zeigten sich kritisch. Der Heidelberger Philosophiehistoriker Ernst Hoffmann hatte in den Jahren 1915 bis 1924 einen „Pädagogischen Humanismus" entworfen, der sich gegen die allgemeinbildende Rolle des universitären Vorlesungsbetriebs wandte.[110] Allgemeine Bildung sei etwas beliebiges, während die Pädagogik auf das Erlernen der Wissenschaften gerichtet bleiben müsse: „Prinzipiell" komme es an „auf Erziehung, nicht auf Bildung." Der Staat solle deshalb primär dafür sorgen, „dass der Einzelne in seinem Fache, da, wo er sachverständig werden und etwas leisten will, erzogen, hinauf erzogen wird." [111] Durchaus mit Kenntnis und positiver Zustimmung der in den USA praktizierten Demokratieerziehung verlangte Hoffmann eine Fokussierung der deutschen Universitäten auf ihren eigentlichen Auftrag, den „platonische Einschlag". Die Universität müsse „Erziehungsstätte für Forscher" bleiben statt „Bildungsstätte für eine Allgemeinheit". Eine allgemeine wissenschaftliche Bildung sei hingegen „ein Schmuck im reichen Leben der Kultus, aber sie [ist] nicht das Leben selbst."[112] Hoffmann erkannte sehr wohl die Aufgabe der Erziehung hin zum mündigen Akteur in der demokratischen Gesellschaft, wehrte sich aber gegen eine Verwässerung des wissenschaftlichen Prinzips. Letztendlich vertrat Hoffmann trotz einer Verkehrung der Begriff nichts anderes als die gewachsene Vorstellung, dass man im Fach und durch das Fach gebildet werde. Der Soziologe René König hatte sich 1935 in seiner letzten Publikation vor seiner Emigration aus Deutschland ebenfalls mit dem „Wesen der deutschen Universität" auseinandergesetzt. „Die Idee der Universität im deutschen Idealismus", so

108 Müller: *Weltpolitische Bildung*, 393.

109 K. Sontheimer: „Die deutschen Hochschullehrer in der Zeit der Weimarer Republik", in: K. Schwabe (Hg.): *Deutsche Hochschullehrer als Elite 1815–1945*, Boppard am Rhein 1983, 215–224, 216 f.

110 E. Hoffmann: *Pädagogischer Humanismus*, Zürich 1955. Erstmal gedruckt als „Drei Vorträge", in: *Badische Schulzeitung* 68/1930, 1–24.

111 Hoffmann: *Pädagogischer Humanismus*, 316.

112 Ebd. 317.

König, sei nach wie vor „der normative Rahmen, vor dem alle Universitätsreformen im deutschen Sinne sich auszuweisen haben wird.“[113]

In Berlin hatte ab 1926 der Nationalsozialistische Deutsche Studentenbund (NSDStB) die rechts ausgerichteten Studenten gesammelt und sich gegenüber den traditionell-monarchistischen Korporationen als „moderne“ und „revolutionäre“ Bewegung positioniert.[114] Neben der Ausgrenzung der jüdischen Kommilitonen und dem Gedenken an Langemarck stand der Kampf gegen die Studentenvertretungen ganz oben auf ihrem Programm. Aufgrund der Lage mitten in der Hauptstadt und der zunehmend polarisierten Gesellschaft mögen die Auseinandersetzungen in der Berliner Universität besonders heftig gewesen sein, illustrieren aber gut die Tendenz an vielen Hochschulen der Zeit. Bei den Berliner AStA-Wahlen Ende Juni 1926 hatten die rechten Studenten eine Mehrheit gewonnen, wobei der NSDStB mit zwei Sitzen noch keine wesentliche Rolle spielte. Waffenstudenten und die national gesinnte Deutsche Finkenschaft bildeten die größten Fraktionen, die republikanischen Parteiungen hatten ein Drittel der Sitze inne. In seiner Untersuchung der Berliner Wahl von 1926 schloss der Historiker Saehrendt die politische Nichtpräsenz der realen Mehrheit an Befürwortern der Republik aus der Uneinigkeit der Linken, in der republikfreundliche Sozialdemokraten und „revolutionäre“ Kommunisten sich nicht auf eine gemeinsame Liste einigen konnten. Auf Geheiß des Kultusministers C. H. Becker wurde die Deutsche Studentenschaft 1927 aufgelöst, da sie systematisch von völkischen Gruppen unterwandert worden war. Die 1920 verbriefte Koalitionsfreiheit schaffte Becker nun selbst wieder ab, um die Bildung großdeutscher und völkischer Hochschulverbände, die sich offen gegen die Republik stellten, zu verhindern. Als die AStA-Wahlen 1928 nun außerhalb der Universitäten stattfanden, nahmen die demokratischen Studenten nicht mehr teil während die Rechten ihre Klientel mobilisierten. Nach den Waffenstudenten stellten nun der NSDStB die zweitgrößte und die Deutsche Finkenschaft die drittgrößte Fraktion. Nachdem es zum Jahrestag der Unterzeichnung des Versailler Vertrages am 28. Juni 1928 zu großen studentischen Ausschreitungen gekommen war, hatte die Reichsregierung 1929 alle Demonstrationen verbieten lassen. Die unter dem Ruf „Auf zum Becker, wenn's auch Blut kosten soll“ vom Hegelplatz in Marsch gesetzte Demonstration der NS-Studenten wurde von der Polizei beendet. Die NS-Studenten übten in den Folgejahren wachsend Terror gegen unliebsame Mitstudenten und Professoren, kommunistische Studenten reagierten mit Gegenterror. Körperlich brutale Angriffe der NS-Studenten gegen jüdische Studenten und republikanisch gesinnte Studenten wiederholten sich regel-

113 König: *Vom Wesen der deutschen Universität*, 13. Vgl. H. Holborn: „Der deutsche Idealismus in sozialgeschichtlicher Bedeutung“, in: *Historische Zeitschrift* 174/1952, 359–384, 361. Abgedruckt in: H.-U. Wehler (Hg.): *Moderne deutsche Sozialgeschichte*, Köln/Berlin 1966, 85–108.

114 A. Faust: *Studenten und Nationalsozialismus in der Weimarer Republik*, Düsseldorf 1973, 36 ff. M. Bühnen; R. Schaarschmidt: „Studierende als Täter und Opfer bei der NS-Machtübernahme an der Berliner Universität“, in: R. vom Bruch (Hg.): *Die Berliner Universität in der NS-Zeit. Bd. I*, Stuttgart 2005, 143–158, 148 f.

mäßig.[115] Im Mai 1931 fragte der Journalist Bernard von Brentano im *Berliner Tageblatt*, wie es denn sein könne, dass „ausgerechnet die Gebildetsten der Jugend der dümmsten Partei nachlaufen."[116] Wenn auch andere Bereiche der Gesellschaft in einer ähnlichen Weise radikalisierten, waren die Auseinandersetzungen an den Universitäten doch von ungewöhnlicher Heftigkeit. Tatsächlich hatten einen wesentlichen Beitrag dazu die studentischen Gemeinschaften geleistet, denen man auf dem Wege der Selbstorganisation der Studentenschaft doch 1920 noch demokratisches Potential hätte zusprechen können. Nach wie vor stammten die Studenten zum großen Teil aus dem akademisierten Bürgertum, das aber zunehmend „proletarisiert" war.[117] Bis 1923 war das Realeinkommen beamteter Akademiker auf 30-40 Prozent des Einkommens von 1913 gefallen.[118] Mit dem Elitebewusstsein des in seiner sozialen Mobilität bedrohten Bürgertums hatten sich viele der rechten studentischen Zusammenschlüsse zusammengefunden.[119] Pöppinghege konnte am Beispiel der Universität Münster aufzeigen, wie die nach 1919 gebildeten Studentengruppen mit politischen Interessen in der der Konsolidierungsphase der Republik ab 1923 aus mangelndem Interesse einschliefen, während die Korporationen und andere Bünde mit ihrem „korporativem Elitarismus" einen erstaunlichen Aufschwung nahmen.[120] In den schlagenden Korporationen wie auch in zunehmend völkisch ausgerichteten Bünden, die ursprünglich aus der Jugendbewegung stammten. In dieser Subkultur wurden zunehmend mystische, völkische Mythen beschworen.[121] Die meisten schlagenden Verbindungen hatten schon nach 1918 Studierenden jüdischer Herkunft die Aufnahme verweigert, mit den völkischen Ansichten war in den 1920er Jahren auch Antisemitismus und politische Radikalisierung gestiegen. Die im örtlichen Waffenring zusammengeschlossenen Korporationen schienen sich auch mehrheitlich in der Ablehnung des republikanischen „Systemstaates" einig.[122] Bei den Bünden trafen sich antirationalistische Motive der Romantik mit einem Frontsoldatenmythos, der zu weithin gepflegten Bildern wie dem „Blutstrom des völkischen Lebens" führte. Der Strom von der „Gesinnungsgemeinschaft" der vielen unterschiedlichen und stark differenzierten studentischen Zusammenschlüsse endete dann in die „Tatgemeinschaft"

115 C. Saehrendt: „Studentischer Extremismus und politische Gewalt an der Berliner Universität 1918–1933", in: *Jahrbuch für Universitätsgeschichte* 9/2006, 213–234, 218 ff. Vgl. K. Burkhardt: *Adolf Grimme (1889–1963)*, Köln 2007, 129 ff. Vgl. zur ähnlichen Entwicklung in anderen Universitätsstädten: R. Pöppinghege: *Absage an die Republik*, Münster 1994, 60 ff.

116 Bernhard von Brentano im *Berliner Tageblatt*, 1.5.1931, zitiert nach Burkhardt: *Adolf Grimme*, 129.

117 Soziale Herkunft der Studierenden: F. B. Mens: *Zur Not der geistigen Arbeiter*, Köln 2001, 26 ff.

118 Faust: *Studenten und Nationalsozialismus*, 113.

119 Ebd. 114 ff.

120 Pöppinghege: *Absage an die Republik*, 133 ff.

121 Ebd. 122 ff. Vgl. Faust: *Studenten und Nationalsozialismus*, 121 ff.

122 H. Lönnecker: „Die Versammlung der besseren Nationalsozialisten?", in: *Einst und Jetzt*. 48/2003, 227–281. Vgl. H. Ströle-Bühler: *Studentischer Antisemitismus in der Weimarer Republik*, Frankfurt 1991, 28 ff.

des NS-Staates.[123] Die liberale *Vossische Zeitung* Kommentierte 1930, dass es mit der Flucht in eine „unwirklich gewordene Scheinromantik des alten Korporationswesens" sei es nicht getan sei. Nicht mehr als akzeptabel zeigten sich die Verhaltensweisen derjenigen, die sich an den „hysterischen Ideologien des politischen Radikalismus" berauschten.[124]

1929 waren zwar noch mehr als die Hälfte der deutschen Studentenschaft Mitglied von Studentenverbindung, unter diesen bildeten die schlagenden Korporationen aber nur eine Minderheit.[125] Der republikfreundliche Anteil der Studentenschaft verschaffte es kaum, sich Gehör zu schaffen angesichts der offen ausgetragenen Kämpfe politischer Extremisten. In dieser Entwicklung konnte auch das von Carl Heinrich Becker bei Gründung der Republik so beworbene „staatsbürgerliche Studentenrecht" nicht bestehen. Schon 1920 hatten auf dem Göttinger Studententag Stimmen verlangt, diese akademische Staatsbürgerschaft nur Deutschen zuzugestehen. Die Deutsche Studentenschaft hatte in ihrer großdeutschen Organisationsform ohnehin auch die Österreicher sowie die deutschen Studenten in Prag mit eingeschlossen. 1927 stellte Kultusministers Becker in Preußen die Studentenschaft vor die Wahl, sich für eine großdeutsche oder reichsdeutsche Verfassung zu entscheiden. Beide Entwürfe folgten dabei dem Staatsbürgergrundsatz, der jüdische oder polnische Minderheiten mit einschloss. Die Verhandlungen scheiterten am Widerstand der rechtskonservativen Mehrheit der Studenten. Die daraufhin von Becker erlassene neue Studentenordnung wurde mit 77 Prozent der abgegebenen Stimmen abgelehnt. In der Folge verlor die Deutsche Studentenschaft die staatliche Anerkennung und damit ihre Rechte in der Hochschulgestaltung. Der Kultusminister, der so große Hoffnungen in die Errichtung der studentischen Vertretungen gesetzt hatte, bemerkte resigniert: „Die studentische Selbstverwaltung hat aufgehört, was bleibt, ist Studentenpolitik als Teil der allgemeinen Politik".[126]

Der Sozialdemokrat Adolf Grimme war 1930 Becker im Amt des preußischen Kultusministers der SPD-Regierung Braun gefolgt. Der aus der Schulverwaltung stammende und kulturpolitisch engagierte Grimme hatte sich als ein Hauptziel gesetzt, die akademische Jugend in engeren Kontakt zum demokratischen Staat zu bringen.[127] Grimmes Arbeit moderierte aber im besten Falle nur noch die offen ausgetragenen Konflikte an den Hochschulen. Rektoren und Senate der preußischen Hochschulen konnten sich gegen die aggressiven Forderungen nationalistischer Studenten kaum durchsetzen oder billigten diese sogar unausgesprochen. Der Kultuspolitik vor 1930 war es nicht gelungen, den „Staat im Staate" der deutschen Universität in die Republik einzugliedern. Durch ein in Folge doch nicht

123 Vgl. Faust: *Studenten und Nationalsozialismus*, 128 ff.

124 *Vossische Zeitung*, 31.12.1930, zitiert nach Burkhardt: *Adolf Grimme*, 129.

125 Vgl. S. Waskönig: „Der Alltag der Berliner Verbindungsstudenten im Dritten Reich am Beispiel der Kösener Corps an der Friedrich-Wilhelms-Universität", in: Rüdiger vom Bruch (Hg.): *Die Berliner Universität in der NS-Zeit. Bd. I*, Stuttgart 2005, 159–178.

126 Zitiert nach: M. Bühnen; R. Schaarschmidt: „Studierende als Täter und Opfer bei der NS-Machtübernahme an der Berliner Universität", Ebd., 143–158, 147 f.

127 Burkhardt: *Adolf Grimme*, 86 ff., 99 ff.

realisierte neues Disziplinargesetz versuchte Grimme, Einfluss auf die ihm seit 1930 unterstellten Universitäten zu gewinnen. Letztendlich schien der Umgang mit den Studenten nur noch auf eine Abfolge von Polizeieinsätzen beschränkt zu sein. Am 11. August 1931 warb der Kultusminister zusammen mit dem Historiker Friedrich Meinecke vor der Berliner Universität für die Demokratie. Aber auch der Berliner Rektor knickte im April 1932 ein und ließ auf Betreiben der NS-Landtagsfraktion und ohne Konsultation Grimmes die Polizeipräsenz gegen die gewalttätigen NS-Studenten abziehen. Nach der Absetzung der letzten demokratischen Regierung durch den „Preußenschlag" am 20. Juli 1932 bestand durch die Einsetzung des bisherigen für die Hochschulen verantwortlichen Staatssekretärs Lammers als Reichskommissar sogar eine gewisse Konstanz zur Hochschulpolitik der 1920er Jahre.[128] Aber die politischen Verhältnisse und die emotional und gewalttätige Situation unter den Studierenden machten ohnehin keine gestaltende Hochschulpolitik im Sinne des demokratischen Gedankens mehr möglich.

5. DIE PÄDAGOGISCHE WOHNHEIMIDEE VOR 1933

Die von extremen politischen Positionen geprägten und meist unversöhnlich geführten Kämpfe, die das Ende der Weimarer Republik einläuteten, waren schon in den ersten Jahren nach dem Ersten Weltkrieg deutlich zutage getreten. In einer Grundsatzschrift, die er seinem Mitarbeiter und späteren Nachfolger C. H. Becker widmete, hatte der Preußische Kultusminister Konrad Haenisch bereits 1920 alle späteren Extreme im Bereich der Hochschule angesprochen. Der Versuch, das neue Studentenrecht einzuführen, wurde von Anfang an durch Antisemitismus und eine grundsätzlich ablehnenden Haltung einer Mehrheit der Professorenschaft torpediert.[129] Haenisch sah die Wurzel dieser Entwicklung in der Zeit vor dem Krieg, als die Akademikerwelt die Fühlung mit dem Volk verloren habe. So formulierte er als Ziel seiner Hochschulpolitik eine „Verständigung zwischen Kopf- und Handarbeitern".[130] Mit anderen hochschulpolitischen Akteuren der jungen Republik wusste er sich einig. So hatte auch Otto Benecke, Erster Vorsitzender der Vertretung der deutschen Studentenschaft, im gleichen Jahr eine neue Öffnung der akademischen Elite für die Nöte der Bevölkerung gefordert.[131] Aus einem Unbehagen über ein Wiederanknüpfen an die sorglose Lebensform der Studenten vor 1914 wurden die traditionellen Studentenverbindungen heftig kritisiert. Alfred Ehrenreich sah in einem Artikel im *Volkserzieher* die deutschen Studenten

128 Ebd. 131 ff, 156 ff.

129 K. Haenisch: *Staat und Hochschule*, Berlin 1920, 73–80, 95–107.

130 Ebd. 108 f.

131 „Die Brücke des Vertrauens, die sich zwischen dem Mann der Handarbeit und dem Akademiker wölbte – im Laufe der Friedensjahre und vor allem der Kriegszeit bröckelnd – ist in den Tagen des Umsturzes zusammengestürzt. Der Akademiker sieht sich unverstanden, weil der den Volksgenossen nicht kannte. Man kann dieselbe Sprache sprechen und dennoch wie mit fremder Zunge reden. Wir Deutsche erleben schaudernd den Turmbau zu Babel. [...] Der Akademiker hat aufgehört, der Führer des Volkes zu sein." Zitiert nach Ebd. 108

im Vergleich mit der Entwicklung in England oder Russland als rückfällig in einen undifferenzierten Nationalismus, der vor allem in den Korporationen gepflegt wurde:[132]

> Sollen aber – auch ich wünsche das von Herzen – aus dem akademischen Nachwuchs unserem, seit Jahrzehnten an Materialismus und Mechanismus dahinsiechenden deutschen Volke die großen Führerpersönlichkeiten erwachsen, deren es in diesen schwersten Zeiten unserer Geschichte dringender Bedarf als jemals zuvor, soll unserem armen Volke vom besten Teile unseres Wesens her, von innen heraus, aus dem deutschen Geist und der deutschen Seele, von der deutschen Kunst und von der deutsche Wissenschaft her, die Genesung kommen, soll neben dem reinen Intellektualismus auch das Irrationale, die tiefste Sehnsucht unserer Jugend aller Stände, wieder zu seinem Rechte gelangen in unserem geistigen Leben, so müssen die Schranken niedergebrochen werden, die heute Volk und Hochschule voneinander trennen. Dazu bedürfen wie – ich sprach in anderem Zusammenhange schon davon – neben vielem anderen auch der Einheitsschule, die das Gegenteil einer nivellierenden Schablonenschule sein wird. Die Stellung unserer höheren Lehranstalten im Gesamtkomplex des deutschen Bildungswesens muss von Grund aus geändert werden – sie ist schon längst nicht mehr zeitgemäß. Ein lebendiger Strom wechselseitiger Befruchtung muss von unten nach oben und von oben nach unten gehen, muss Volk und Hochschule miteinander verbinden.[133]

Das „Irrationale" wurde nicht zu einem Anspruch der in Forschung und Lehre eingeigelten Universitäten, sehr wohl aber von zahlreichen Einzelprojekten, die durch den Kultusminister und vor allem von seinem Nachfolger Becker große Aufmerksamkeit fanden. Die sozialdemokratischen Kultuspolitiker sahen sich in dieser Forderung an Seiten „der Jugend" – womit wohl vor allem die Ideenwelt der Jugendbewegung gemeint war – und gegen die Professorenschaft. In seiner 1925 veröffentlichten Analyse „Vom Wesen der deutschen Universität" bezeichnete Becker „die Lebensabgewandheit [als] das Glaubensbekenntnis der geisteswissenschaftlichen Mehrheit." Wo die idealistische Tradition „in ihrer positivistischen Anwendung auf das Einzelproblem" noch vorherrsche, gebe es nichts, „das mehr verpönt wäre als die Begriffe des ‚Modernen' und des ‚Kulturellen'". In Beckers Sicht erschien so die Gegenwart der Professoren als „das an sich Verdächtige, weil hier die reine Erkenntnis nie vor Fehlerquellen sicher ist, weil der Abstand fehlt, eine affektive, wertende Beteiligung des Beschauers die reine Ob-

132 „Unsere Korporationen vergreisen an versauerten politischen Idealen und erfahren nicht vom Pfingsten der Völker, das mit brausen und Gewittern über uns kommen will. Der russische Student zerschnitt die feudalen Vorrechte und arbeitete Hand in Hand mit dem Volke, rang als Proletarier um den Zugang zur Wissenschaft und war darum nicht verachtet. Durch die englische Studentenschaft geht nach dem Krieg ein mächtiger Zug zum Liberalismus; die aus dem Kriege entlassenen englischen Offiziere treten zu einem nicht unbeträchtlichen Anteil der Arbeiterpartei bei. Und im freien Deutschland, im besiegten Lande, glaubt der Student als „Zeitfreiwilliger" seine Pflicht erfüllt zu haben und befeuert am Kommerstisch mit Salamanderreiben sein patriotisches Ehrgefühl. Ich sage noch einmal: Es muss anders werden oder der nächste Sturmwind wird dies Gebäude des Standesdünkel und der hohlen Phrase zusammentrümmern." Hanich zitiert weiterhin den Eisenacher Pfarrer Fuchs: „Ein großer Teil unserer akademischen Jugend versteht den ungeheuren Ernst der Zeit nicht. Uns ist es ein Entsetzen, wenn wie es erleben oder wenn uns berichtet wird, wie sehr an den Hochschulen einfach das alte Leben der Feuchtfröhlichkeit und der Mensur weitergeht." Zitiert nach: Ebd. 109.

133 Ebd. 110

jektivität der Forschung subjektiv zu beeinflussen geeignet ist." Und „das Kulturelle oder sogar das Soziologische" erschienen so wie alle Allgemeinbegriffe den Trägern der Tradition bedenklich, weil es hier „ohne konstruierende Subjektivität nicht abgeht, sobald man versucht, die unübersehbare Stoffmasse des Gegebenen zum Kosmos, zum System zu gestalten."[134] Als Gegensatz dazu stellt Becker die Forderung der Jugend nach einer Erweiterung des Wissenschaftsbegriffs, einer Verbindung mit dem Leben durch die wissenschaftliche Erfassung des Gegenwärtigen. Für eine lange Zeit sei Bildung nur „wissenschaftliche Bildung" gewesen, nun aber sollte die „Gesamtpersönlichkeit" des Menschen als „Gemeinschaftswesen" gefördert werden. Das von Becker propagierte „neue Humanitätsideal" sollte gegen die bisherige „Alleinherrschaft des Positivismus" stehen.[135]

In diesem Licht kann auch Beckers Engagement für die Auslandsinstitute gedeutet werden, für die er schon 1917 in einer Denkschrift geworben hatte. Die wissenschaftliche Beschäftigung mit ausländischer Kultur und Politik sollte diese Gesamtheit des Denkens fördern und zeigte damit Abweichungen vom Gebot der wissenschaftlichen Nüchternheit. Anlässlich von Beckers 50. Geburtstag erschien 1926 ein Sammelband „Weltpolitische Bildungsarbeit", der alle neueren Institutionen vorstellte. In dem Band waren so unterschiedliche Institutionen vertreten wie das Seminar für Orientalische Sprachen der Universität Berlin, das Institut für Weltwirtschaft und Seeverkehr an der Universität Kiel, das Ungarische Institut an der Universität Berlin oder das Institut für ostdeutsche Wirtschaft an der Universität Königsberg. [136] Die Gründung der sehr heterogenen Einrichtungen war nicht in allen Fällen auf Becker zurückzuführen, doch stellten sie sich nun gerne in eine Beziehung mit den Beckerschen Forderungen. Etwa dem Aufsatz über die Berliner Deutsche Hochschule für Politik von Theodor Heuss möchte man keine Forderung nach dem irrationalen Element als Ersatz für einen wissenschaftlichen Positivismus unterstellen. Doch lohnt der Blick auf den Beitrag des Volkstumsforschers Johann Wilhelm Mannhardt über die Deutsche Burse Marburg, in dem verschiedene Überlegungen sich realisierten. Mannhardt sah sein Marburger Institut zur Erforschung des Auslandsdeutschtums mit einem angeschlossenen Internat für auslandsdeutsche Studenten als „Kind eines neuen pädagogischen Zeitalters". Der mit den Vorstellungen Beckers korrespondierende Plan sei durch das persönliche Interesse von Marburger Professoren für Ost- und Südosteuropa entstanden sowie die nach Zerfall des Habsburgerreiches 1917 entstandene Not der völkischen Minderheiten, die man im Freiheitskampf unterstützen wollte.[137] Zum einen sei das Institut mit seinem wissenschaftlichen Schwerpunkt deutschen Stellen wie dem Auswärtigen Amt und auch Einzelpersonen mit Interesse an den Ländern dienlich. Für Führungsaufgaben bei den dortigen deutschen Minderheiten sollte

134 C. H. Becker: *Vom Wesen der deutschen Universität*, Leipzig 1925, 38.
135 Ebd. 43 f.
136 C. H. Becker (Hg.): *Weltpolitische Bildungsarbeit an Preußischen Hochschulen*, Berlin 1926.
137 J. W. Mannhardt: „Das Institut für Grenz- und Auslanddeutschtum. Deutsche Burse in Marburg", in: C. H. Becker (Hg.): *Weltpolitische Bildungsarbeit an Preußischen Hochschulen*, Berlin 1926, 115–123, 115 f.

sich aber auch deren studentische Elite „in der ruhigeren und sachlicheren Atmosphäre des Mutterlandes vorbereiten“ können.[138] Der Anspruch des Instituts sollte dabei der Forderung Beckers entsprechen:

> Der Weltkrieg hat zu guter Letzt noch einmal gezeigt, welch starken Erziehungskräfte trotz aller Anzweiflungen und tatsächlichen Mängel unserem alten Heere innegewohnt haben. Zugleich haben sich in ihm aber auch diejenigen der Jugendbewegung bewährt, obgleich die Jugend selbst sie gelegentlich überspannt hatte. War die militärische Erziehung ein wenig zu autoritär, so die der Jugendbewegung ein wenig zu empfindsam. Auf alle Fälle waren beide pädagogischen Einflussnahme erheblich besser als im Ganzen genommen mit ihrem heutigen Formalismus und ihrer alkoholischen Grundlage die sogenannte Korporationserziehung auf den deutschen Hochschulen. Wenn die Krise dieser letzteren vor dem Kriege noch nicht so sichtbar war, so lag es daran, dass der korporative Geist als solcher immer noch genügen Gutes schafft und dass die Schulung des Heeres ja überall zusätzlich hinzutrat. Die Erziehung durch selbstlose, mühselige wissenschaftliche Arbeit verlor an innere Kraft, seitdem die Fakultäten immer mehr Fach- und Berufsschulen geworden waren. Die seit 1918 ruckweise veränderten Umstände und ihre Erkenntnis fordern zwingend zu einem Neubau der Erzziehungsgrundlagen auf den Hochschulen heraus. Es wäre nun ein völliger Irrtum, wenn man auch hier wieder einmal nach dem Staate als demjenigen schreiben wollte, der alles zu schaffen hätte.[139]

Zur Verwirklichung dieser Forderungen sei in Marburg das dem Institut angeschlossene Internat geschaffen worden. Es diente zur „Aufnahme des engeren Kreises und zu seiner noch engeren Bindung an das Institut“. Mannhardt bezog sich nicht nur auf die Jugendbewegung, sondern auch ältere Formen des mittelalterlichen Universitätswesens, die sich aber anders als in der angelsächsischen Welt seit der Aufklärung immer mehr auf die besonderen kirchlichen Zwecke beschränkt hätten. Mannhardt sah in seiner Marburger Tätigkeit ein Anknüpfen „an altbewährtes Erbgut“ und zugleich eine Antwort auf die „inneren Forderungen der Zeit oder – noch besser gesagt – der Zukunft“. Wissenschaftliche Arbeit, „zuchtvolle Gemeinschaft“ und „rechtes Werkstudententum“ sollen gleichmäßig auf die Burseninsassen einwirken, die zugleich pflichtmäßige Teilnehmer der vom Institut veranstalteten Vorlesungen und Seminaren sein sollten. Mannhardt wollte die Zahl der internen Schüler auf 20 Studenten begrenzen, die nach Möglichkeit gleichmäßig aus inland-, grenz- und auslandsdeutschen Studenten bestehen sollte.[140] Erste Erfahrungen hätten überdies gezeigt, dass jüngere Studenten ein strengeres Regelwerk benötigten als fortgeschrittene „Hilfsarbeiter des Instituts“ Bei den zweitgenannten seien die Erziehungsmaßnahmen nur begrenzt angemessen, da die sie auch in ihrem inneren Prozess schon fortgeschritten sein.[141] Die Deut-

138 Ebd. 120.
139 Ebd. 121 f.
140 Ebd. 122.
141 „Es handelt sich um Herren, die ihren Doktor oder ihr erstes Staatsexamen hinter sich haben, nur gelegentlich auch um Doktoranden, die aus irgendwelchen gründen eine besondere Ausbildung innerhalb der Möglichkeiten des Instituts erstreben und die für ihre technische Institutsarbeit freie Station und die Annehmlichkeit, in der Anstalt zu wohnen, genießen. Zumeist sind es grenz– und Auslandsdeutsche, die in Deutschland nicht haben studieren können. Dass gerade auch ihnen weitreichende bildungspolitisch Aufgaben zu erfüllen sind, liegt auf der

sche Burse stehe bei aller eigenständigen Entwicklung immer in der Richtung von Beckers Denkschrift von 1917. Mannhardt betonte sein Ziel, „dass es einmal als der erste Versuch einer Wiederbelebung universalen und doch gebundenen akademischen Seins anerkannt und nachgeahmt werde."[142]

Im Kleinen hatte C. H. Becker zahlreiche nicht-staatliche Projekte zur Umsetzung seiner Vorstellungen gefördert oder wohlwollend begleitet. Desto stärker die Widerstände und Argumente der Universitäten gegen Tendenzen, welche dem wissenschaftlichen Anspruch widersprachen, wurden, desto mehr erschienen Becker solche kleinen Projekte förderungswürdig. Schon 1925 hatte Becker als positive Beispiele einer deutenden Wissenschaft und mit kulturellen Fragen verschränkten Geschichtsschreibung die Arbeiten Stefan Georges, Spenglers „Untergang des Abendlandes" und Bertrams Nietzschebuch genannt.[143] Deren Deutung einer „Beziehung zwischen den einzelne Teilen" entsprach in vielem dem Zeitempfinden der Leser und generierte eine geradezu religiös anmutende Anhängerschaft, entsprach aber kaum den auf Fakten basierenden wissenschaftlichen Kriterien.[144] Zum Teil hingen diese Vorstellungen einer ganzheitlichen universitären Erziehung am Lehrstil von Einzelpersonen. So stand Becker als väterlicher Freund im engen Kontakt mit dem seit 1929 am Institut für Kultur- und Universalgeschichte in Leipzig lehrenden Religionssoziologen Joachim Wach. Wach versuchte in seinen Vorlesungen ein breites Spektrum abzudecken. Seine religionshistorischen, theoretischen und soziologischen Vorlesungen zogen eine große Anzahl an Hörern an. In einem Brief an Becker schilderte Wach sein Bemühen, mit jedem Hörer „persönliche Führung aufzunehmen". Wach wollte ausdrücklich über die bloße Wissensvermittlung und Ausbildung hinaus auf die Gesamtperson eingehen und somit persönlichkeitsbildend wirken. Der ehemaliger Leipziger Physikstudent Carl Friedrich von Weizsäcker erinnerte sich später an die Treffen eines kleinen Kreises von Studenten, die Wach regelmäßig in seiner Wohnung abhielt, bei denen man Gedichte las oder fachliche und allgemeine Themen diskutierte. Wie auch in seinen Volkshochschul-Vorlesungen und seit 1924 als Mentor des Leuchtenburgkreises der Jugendbewegung sah Wach seinen gesellschaftspädagogischen Auftrag in den persönlichen Begegnungen.[145]

Hand." Bemerkenswert, das Mannhardt hier zwar seine allumfassende Erziehungsvorstellung gegenüber den fortgeschritteneren Studierenden modifizierte, damit aber auch sehr deutlich zeigt, wie weit seine Vorstellungen von der Abzeptanz des Studenten als Erwachsenen mit Reifeprüfung und grundsätzlich am Forschungsprozess Interessierten entfernt ist. Ebd. 123.

142 Ebd. 123.

143 Becker: *Vom Wesen der deutschen Universität*, 40 f.

144 Exemplarisch sei hier die an die weit über das Ableben Stefan Georges hinausgehende Verehrung und Ausdeutung durch seine Anhänger, die an die Rolle eine Religionsgründers erinnert. Vgl. Raulff: *Kreis ohne Meister*.

145 J. Graul: „Jüdisches Erbe und christliche Religiosität. Die Familiengeschichte als prägendes Moment in der Biographie des Religionswissenschaftlers Joachim Wach (1898–1955)", in: S. Wendehorst (Hg.): *Bausteine einer jüdischen Geschichte der Universität Leipzig*, Leipzig 2006, 287–304, 295 ff. Vgl. F. Borinski: „Zur Geschichte des Leuchtenburgkreises", in: Ders. (Hg.): *Jugend im politischen Protest*, Frankfurt 1977, 15–97. Vgl. dazu auch das Nachkriegswirken Borinskis als Mitglied des Leuchtenburgkreises: G. Doerry: „Politische Er-

Als Beitrag zur Hochschulreform verstand sich auch eine Einrichtung der bündischen Jugend, die hier exemplarisch für ähnliche Experimente genannt wird.[146] Das Convivium Viadrinum in Frankfurt an der Oder war eine Einrichtung aus der Spätzeit der Bündischen Jugend, in welchem neue Lebensformen ausprobiert worden waren. Das 1929 von Kultusminister Becker dort eröffnete „Musikheim" des Musikpädagogen Georg Götsch diente als Lehrgangsstätte für Jugendführer der bündischen Jugend. [147] Im Sinne der Landerziehungsheimbewegung wurden hier reformpädagogische Gedanken wie der Heimgedanke oder die „Ganzheit von Arbeit und Freizeit" umgesetzt. Im Oktober 1932 war in diesem Musikheim das studentische Wintersemester des Convivium Viadrinum als Projekt der Hochschulreform eröffnet worden. In Hauptvorlesungen führten neben Götsch der Philosoph Ernst Wilhelm Eschmann und der Theologe Helmuth Kittel in Staat und Gesellschaft ein. Als Trägerorganisation trat die Deutsche Freischar auf, ein 1930 erfolgte Zusammenschluss der bisherigen bündischen Vereinigung gleichen Namens mit dem Großdeutschen Jugendbund, der Kittel vorstand.[148] Gastvorträge am „Versuchsprojekt" Convivium Viandrinum hatten aber auch andere bekannte Wissenschaftler ihrer Zeit gehalten wie der Physiker Werner Heisenberg oder der Politiker und Historiker Ludwig Bergsträsser. Rückblickend bezeichnete Ernst Wilhelm Eschmann den Frankfurter Versuch als die Verwirklichung des „Zusammenleben[s] von Dozenten und Studenten im Stile der englischen Colleges".[149] Die Anlehnung an England bei dem „College in Ostdeutschland" schrieb sich Eschmann rückblickend als gemeinsame Gründungsidee mit dem Publizisten Giselher Wirsing zu, für den Eschmann auch das Startkapital besorgte. Eschmanns Biograph Plöger bezweifelte zu Recht diese nüchterne, auf wissenschaftliches Arbeiten basierende Anlehnung an das englische College.[150] Vielmehr stammten die in Curriculum und Zusammenleben realisierten Ideen aus dem romantisierenden Gemeinschafts- und Naturerlebnis der deutschen Jugendbewegung, das Eschmann wie die anderen Leiter selbst biographisch geprägt hatte, so Plöger:[151]

> Die Einrichtung, die akademische Freiheit als „Prinzip des entarteten Liberalismus" sah und dem die „strenge Zucht des Lernens gegenüberstellte", stand z.B. in der Maßgabe Einheit von Leben und Lehre, in bündisch-reformpädagogischer Tradition. Man wandte sich gegen die Regierungsbürokratie, bestimmte Bildungspolitik und bot Chöre, Körperschulungen, Exkursionen, Fechten und Schießen an. Es ging also auch um eine ganzheitliches Bildungsver-

wachsenenbildung unter den Bedingungen der Nachkriegszeit – Fritz Borinskis Wirken 1942–1956", in: P. Drewek; K.-P. Horn; C. Kersting; H.-E. Tenorth (Hg.): *Ambivalenzen der Pädagogik*, Weinheim, 1995, 237–258.

146 *Praktische Hochschulreform: das Convivium Viadrinum Wintersemester 1932/33*, Potsdam 1933.

147 Zum pädagogischen Programm von Götsch: U. Sandvoß: *Der Gemeinschaftsbegriff in der Musikpädagogik Georg Götschs*, Frankfurt 1998.

148 W. Kindt (Hg.): *Die deutsche Jugendbewegung 1920–1933*, Düsseldorf/Köln 1974, 112 f.

149 M. F. Plöger: *Soziologie in totalitären Zeiten. Zu Leben und Werk von Ernst Wilhelm Eschmann (1904–1987)*, Münster 2007, 117.

150 Ebd. 116 f.

151 Zu Eschmanns Prägung: Ebd. 107 f.

ständnis, rückblickend, vielleicht auch stilisierend, mit dem Ziel einer „universitas humana“.[152]

Im Kontext der „völkischen Erziehung“ des Musikheims erscheint diese „universitas humana“ sich an ein auf Kampf gepoltes Menschenbild angelehnt zu haben. War das Musikheim nahe der polnischen Grenze schon mit dem von Götzsch formulierten Ziel der „Durchblutung und geistiger Kolonisierung des Ostraumes“ errichtet worden, sollte das Convivium Viadrinum als „ein Mutterkloster im Osten“ dienen.[153] Diese völkische Arbeit hatten den Initiatoren Wirsing und Kittel nach 1933 einen reibungsarmen Anschluss an die Ideologie des NS-Staates ermöglicht.[154]

Diese Versuche liefen parallel zu einer grundsätzlichen Kritik der unklaren Selbstdefinition der Universitäten, die nach 1918 von Vertretern aller Fachrichtungen hervorgebracht wurde. In einem Aufsatz „Über Gefährdung und Erneuerung der deutschen Universität“ hatte Eduard Spranger 1930 dieses Unbehagen an dem universitären Anspruch in einem Zusammenhang mit dem im frühen 19. Jahrhundert formulierten Bildungsideal der Universität gestellt. Die Universität als Lehranstalt sei damals überzeugt gewesen, „mit einer wissenschaftlichen Durchbildung zugleich persönliche Weltanschauungsbildung zu geben und die innere Bereitschaft der Persönlichkeit für höhere Kultusfunktionen zu erzeugen.“ Der Wissenschaftsgedanke der Universität sei damals so beschaffen gewesen, „dass er das Ganze der Persönlichkeit beleben und sie für ihre geistige Sonderfunktion erwecken konnte.“[155] In der zeitgenössischen Realität sah Spranger diese Fiktion in Frage gestellt. Der Anstieg der Studentenzahlen im Zusammenhang mit einer veränderten Funktion der Hochschulreife habe die bildende Aufgabe der Wissenschaft in Frage gestellt. Diese Entwicklung zeige sich auch an der „Mitbenutzung“ der Universität durch die vielen Gasthörer, die nur aus allgemeinem Interesse an der Universität verweilten.[156] Die Fiktion, dass die Schüler ein wissenschaftliches Bedürfnis an die Universität mitbrächten, sei nicht länger aufrecht zu halten. Die Universität diente in der Ansicht Sprangers nur noch als Lückenfüller, „wenn man die höhere Bildung nicht woanders kriegt“. Spranger bedauerte, dass es in Deutschland kein „College in amerikanischem Sinne“ gebe, und „dass darunter seine angestammte Universitätsidee leiden muss.“ So ein College könnte die Lösung für die Vorwürfe gegen die Universität darstellen. Es gebe „eine tüchtige, auf praktische Fachbedürfnisse gerichtete Ausrüstung mit Sachkenntnissen

152 Ebd. 115 ff.

153 Ebd. Vgl. K.-H. Zimmermann: „Convivioum Viadrinum skizziert am 26.07.1965“, in: R. Kneip (Hg.): *Wandervogel – Bündische Jugend 1905–1943*, Frankfurt 1967, 215.

154 Viele ehemalige Mitglieder der bündischen Jugend gingen in der Hitlerjuged auf, andere aber wählten ausdrücklich aus dieser Sozialisation den Widerstand gegen den NS-Staat. Vgl. die Beiträge in K. Schilde (Hg.*): Jugendopposition 1933–1945*, Berlin 2007.

155 Spranger: *Über Gefährdung und Erneuerung der deutschen Universität*, 514 f.

156 „Die veränderte Bedeutung des Abiturientenexamens: es ist heute nicht mehr Kennzeichen der Hochschulreife, sondern einer allgemeinen Lebensreife für höhere Kulturfunktionen, wirkt aber in seiner Tradition immer noch als Saugapparat für die Hochschulbildung“ Ebd. 519.

(oder ‚Kunde')" sowie „eine im mittleren Maß abgerundete allgemeine Kulturbildung, wie sie einen geistigen Halt zu bieten vermag für die vielen, die nicht aus dem letzten Quell der Wissenschaft schöpfen können und wollen". Die ganzen auf Praxis hinzielenden Berufsstudiengänge könnten hier die nötige Menschenbildung erwerben.[157] Die „College-artige Stufe" sollte in Vorstellung Sprangers so in die deutsche Universität eingebaut werden, „dass nicht nur im Oberbau das Zusammenströmen von Forschung und Lehre erhalten bleibt, sondern dieser befruchtende Strom auch die Unterstufe erreicht und sie dauernd mit Leben und Bewegung füllt." Eine Aufgabe der neuen Stufe sah Spranger vor allem auf didaktischem Gebiet für Funktionen, welche die deutsche Uni nicht mehr leiste. So in einer Propädeutik, in Anfängervorlesungen und einer philosophischen Einordnung der Fächer. Diese „Unterstufe" sollte zur Universität in „organischer Verbindung" stehen. Spranger forderte „ein Stufensystem von Weihen". Er sah es als ein Fehler an, dass „wir im 19. Jahrhundert diese Abstufungen fallen ließen, unter der Fiktion, die Wissenschaft sei vom ersten bis zum letzten Schritt in der gleichen, ganz freien Weise, ohne eigentlich methodische Hilfeleistungen, zu erobern."[158] Ähnlich sprach sich der in Frankfurt am Main lehrende Theologe Paul Tillich 1931 für eine Aufteilung der Universitäten in einen institutionell getrennten praktischen und theoretischen Teil aus. „Die Fiktion einer humanistischen Universität" sei ohnehin nur eine Chimäre und müsse deshalb konsequenterweise aufgelöst werden. „Auf der einen Seite muss die Fachhochschule, auf der anderen die wissenschaftlich-humanistische Universität radikal durchgeführt werden." Fachhochschulen sollten eindeutig der Praxis dienen, „die Errichtung einer humanistischen Arbeitsgemeinschaft (Fakultät oder Universität)" eindeutig der „Wissenschaft und humanistische[n] Haltung." Mit dieser eindeutigen Benennung der Funktionen der Hochschule forderte Tillich zugleich „eine Verbindung beider unter Wahrung der Selbstständigkeit beider".[159] Mit der 1930 veröffentlichten Göttinger Dissertation von Hans Weil über die Entstehung des deutschen Bildungsprinzips wurde die unantastbare Stellung der Universität des Idealismus mit dem Erfolg der Formierung des Bildungsbürgertums gedeutet.[160] Bei den vier zwischen 1928 und 1931 stattfindenden Davoser Hochschulkursen wurde heftig über die Instrumentalisierung einzelner Wissenschaften für einen pädagogischen Auftrag an der Universität gestritten.[161] Der zu dem Zeitpunkt noch am Berufspädagogischen Institut in Köln

157 Spranger nannte als Beispiele: „Zeitungskunde, Missionskunde, Gesellschaftskunde, ja wiederum Naturkunde, Bergwerkskunde, Landwirtschaftskunde". Ebd. 520.

158 Ebd. 519 f.

159 P. Tillich: „Gibt es noch eine Universität? Fachhochschulen und Universität", *Frankfurter Zeitung*, 22.11.1931.

160 H. Weil: *Die Entstehung des deutschen Bildungsprinzips*, Bonn 1930. Die Arbeit wurde in der Öffentlichkeit weithin wahrgenommen z.B. in dem Artikel „Hochschulreform", *Frankfurter Zeitung*, 22.11.1931.

161 1929 fand in Davos auch die öffentliche philosophische Auseinandersetzung über zwischen Heidegger und Cassirer statt. Vgl. P. E. Gordon: "Continental Divide: Ernst Cassirer and Martin Heidegger at Davos, 1929 – an Allegory of Intellectual History", *Modern Intellectual History* 1/2004, 219–248. Ders.: *Continental Divide*, Cambridge 2010. Der grenzüberschrei-

lehrende Soziologe Albert Salomon kritisierte 1932 die Thesen Weils und rechtfertigte doch die Abschottung der Universität:

> In Deutschland aber wandelt sich dieses allgemeine Problem entsprechend der schicksalhaften Konstellation ab, die durch die Entstehung des Bildungsprinzips bezeichnet wird: eine Isolierung der Träger geistiger Bildung zwischen den gesellschaftlichen Schichten, ohne echte und unmittelbare soziale Funktion, daher auch ohne Tradition, ohne Ehrfurcht, ohne Wirkung – daher die „Lebensferne" und geist-ständische Richtung dieser großen Zeit der Entfaltung einer deutschen Bildung. Dieser negativen Seite der deutschen Bildung aber entspringt als Positivum die großartige Fülle einzelner Männer, die im Durchbruch einer Epoche stehend die geistigen Kräfte ihrer Zeit in ihrer personalen geistigen Existenz zusammenfassen. Keine Repräsentation schaffen sie, in einem soziologischen Sinn, aber sie zeugen für das immerwährende Wirken des Geistes.[162]

Mehrere Bildungsreformer in der Weimarer Republik hatten das der „Bildung durch Wissenschaft" in Frage gestellt. Im Sinne einer Erneuerung des Bildungsbegriffes hatten sie aber weder großflächig Universitätsformen umsetzen können, noch ihre im demokratischen Rahmen entstandenen Überlegungen gegen die Vereinnahmung durch den Nationalsozialismus schützen können.

6. KAMERADSCHAFTSHÄUSER AN DEN UNIVERSITÄTEN DER NS-ZEIT

Die einzelnen Reformprojekte der Weimarer Demokraten waren durch die Eingriffe der Nationalsozialisten nach ihrer Machtübertragung Ende Januar 1933 ohnehin hinfällig geworden. Durch Ergebenheitsadressen und Maßnahmen im Sinne des NS-Staates versuchten die Universitäten ihren Status als Ausbildungsstätten der Eliten zu halten. Schon vor Inkrafttreten des „Gesetzes zur Wiederherstellung des Berufsbeamtentums" hatten die Hochschulen zahlreiche ihrer „rassisch" oder politisch unliebsamen Hochschullehrer entlassen und vertrieben. Bis 1938 hatte etwa ein Drittel aller deutschen Hochschullehrer ihre Ämter verloren.[163] Die sozialdemokratischen Bildungsreformer der 1920er Jahre wurden zum großen Teil unmittelbar zur Emigration gezwungen. Andere arrangierten sich mit den neuen

tende Austausch bei den Davoser Hochschulkurse wurde in den Kommentaren der Teilnehmer sehr positiv vermerkt. Vgl. G. Radbruch: „Davoser Hochschulkurse", in: A. Kaufmann (Hg.): *Gustav Radbruch. Gesamtausgabe II*, Heidelberg 1993, 261–262. Vgl. R. Laube: *Karl Mannheim und die Krise des Historismus*, Göttingen 2004, 531–536. Vgl. auch K. C. Lingelbach: „Die Aufgabe der Erziehung in der weltweiten Strukturkrise des Kapitalismus. Zur Entwicklung eines interdisziplinäre ansetzenden Konzepts sozialwissenschaftlicher Pädagogik durch Paul Tillich, Carl Meinecke und Hans Weil am Frankfurter Pädagogischen Universitätsseminar 1930–1933", in: B. Ortmeyer; M. Brumlik (Hg.): *Erziehungswissenschaft und Pädagogik in Frankfurt – eine Geschichte in Portraits*, Frankfurt 2006, 13–28.

162 Salomon: „Problematik der deutschen Bildung" (1930) in: P. Gostmann; G. Wagner (Hg.): *Albert Salomon: Werke. Band 1*, Wiesbaden 2008, 205–213, 213.

163 W. Keim: *Erziehung unter der Nazi-Diktatur, Band I*, Darmstadt 1997, 159 ff. Vgl. Schaarschmidt: *Studierende als Täter und Opfer*, 151 ff.

Herren oder begrüßten Ausdrücklich den Aufbruch.[164] Die wissenschaftliche Pädagogik wurde im NS-Staat ausdrücklich gefördert, da sich das Eriehungsinstrumentarium machtvoll im Sinne der Implementierung der NS-Weltanschauung einsetzen ließ.[165] Die neue NS-konforme Ausdeutung der Universitäts- und Wissenschaftskritik der 1920er Jahre lässt sich exemplarisch an der Rede Martin Heideggers ablesen, die er bei der 1933 bei Übernahme seines Rektorats der Universität Freiburg im Breisgau hielt. Scheinbar beschwor Heidegger dabei das Postulat der Wissenschaft, die verlange dass die forschende Lehrerschaft wirklich „in den äußersten Posten der Gefahr der ständigen Weltungewissheit" vorrücke. Die aus diesem Forschungsprozess gewonnene Kraft solle sich auf einer Führerschaft gegenüber den Studenten übertragen, die somit nicht selbst Teil dieses wissenschaftlichen Erkenntnisprozesses sein sollte.[166] Der „neue Freiheitsbegriff des deutschen Studenten" sollte in der öffentlichen Rede Heideggers die „akademische Freiheit" verstoßen, denn sie „bedeutete vorwiegend Unbekümmertheit, Beliebigkeit der Absichten und Neigungen, Ungebundenheit im Tun und Lassen."[167] Die „neue Freiheit" liege in der Bindung an die Volksgemeinschaft, an „die Ehre der Nation" und den „geistigen Auftrag des deutschen Volkes".[168] Ein soldatisches Ideal sollte in der hier von Heidegger ausgesprochenen NS-Vorstellung die Orientierung an einer der Wahrheit verpflichteten Erkenntnis ablösen.[169] Angesichts einer solchen neuen Zuschreibung der universitären Aufgabe waren die sozialdemokratischen Bildungsreformer doppelt gescheitert: Zum einen hatten sie ihr als Teil der

164 Bezüglich der Pädagogen ist die Arrangierung mit dem NS-Staat anhand prominenter Beispiele untersucht worden: H. Retter: *Reformpädagogik und Protestantismus im Übergang zur Demokratie*, Frankfurt 2007, 295 ff. W. Klafki; J.-L. Brockmann: *Geisteswissenschaftliche Pädagogik und Nationalsozialismus*, Weinheim 2002. R. Döpp: *Jenaplan-Pädagogik im Nationalsozialismus*, Münster 2003. I. Hansen-Schaberg; B. Schonig (Hg.): *Jenaplan-Pädagogik*, Hohengehren 2007. K. C. Lingelbach: *Erziehung und Erziehungstheorien im nationalsozialistischen Deutschland,* Frankfurt 1987. Ders.: *Adolf Reichweins politische Auffassungen und das Schulmodell Tiefensee*, Bern 1998. H. Retter: „Peter Petersens Identitätsbalancen vor und nach 1933", in: Tobias Rülcker; Jürgen Oelkers (Hg.): *Politische Reformpädagogik*, Bern 1998, 563–590. H. Zimmer: „Von der Volksbildung zur Rassenhygiene: Herman Nohl", in: Ebd. 515–540. Keim: *Erziehung unter der Nazi-Diktatur, Band I*, 169 ff.

165 K.-P. Horn; H.-E. Tenorth: „Der Nachwuchs in der akademischen Pädagogik zwischen 1925 und 1955", in: T. Rülcker; J. Oelkers (Hg.): *Politische Reformpädagogik*, Bern 1998, 695–714.

166 „Aber wir brauchen die Gefolgschaft nicht erst zu wecken. Die deutsche Studentenschaft ist auf dem Marsch. Und wen sie sucht, das sind jene Führer, durch die sie ihre eigene Bestimmung zur gegründeten, wissenden Wahrheit erheben und in die Klarheit des deutendwirkenden Wortes und Werkes stellen will." M. Heidegger: *Die Selbstbehauptung der deutschen Universität*, Breslau 1933, 14.

167 Ebd. 15.

168 Ebd. 16.

169 „Die Kampfgemeinschaft der Lehrer und Schüler wird aber nur dann die deutsche Universität zur Stätte der geistigen Gesetzgebung umschaffen und in ihr die Mitte der straffsten Sammlung zum höchsten Dienst am Volke in seinem Staat erwirken, wenn Lehrerschaft und Schülerschaft einfacher, härter und bedürfnisloser als alle anderen Volksgenossen ihr Dasein einrichten." Ebd. 21.

bürgerschaftlichen Verantwortung der Republik gesehenes Bildungsprogramm nicht durchsetzen können, zum anderen sogar in ihrer Kritik an der „Bildung durch Wissenschaft“ dem Nationalsozialismus eine Anschlussfähigkeit ermöglicht. Die pädagogische Einbindung durch den NS-Staat war enorm, verfolgte aber eine vollkommen andere Intention. Die Irrationalität, das Gefühlsbetonte der Persönlichkeit als Gegensatz zur nüchternen Wissenschaftlichkeit hatte unmittelbare Anschlussfähigkeit zur NS-Ideologie gegeben, wenn auch sie nun mit rassistischen Terminologien aufgeladen wurden. Die Frage nach einem Erziehungsanspruch zum selbständigen Akteur hatte sich erübrigt.[170]

Mit der Machtübergabe an die Nationalsozialisten 1933 endeten so die 1918 begonnenen Versuche, den Studenten durch selbstgestaltete Freiräume ein demokratisches Verhalten beizubringen. Erst in der Gleichschaltung 1938 wurden die als Vereine organisierten Studentenwerke aufgelöst und ihre Aufgaben den Dienststellen des Reichsstudentenwerkes übertragen.[171] Illustrieren lässt sich diese NS-Erziehungskonzeption mit einer Darstellungen der neuen Nationalsozialistischen Erziehungsanstalten (Napola) auf Schulniveau, die im *Jahrbuch des Deutschen Zentralinstituts für Erziehung und Unterricht* von 1940 erschien. „Gemeinschaftserziehung als einer Grundform nationalsozialistischer Lebensführung für die Heranbildung eines leistungsfähigen Nachwuchses“ sei, so der Artikel, für die NS-Bildungsfunktionäre ein primäres Anliegen. Anders als einen schulischen Lehrplan und gewisse Freizeitbeschäftigungen, sollte der NS-Schultyp in alle praktischen Lebensbereiche des Alltags eingreifen, um so einen neuen Menschentyp „aus einer Auslese von körperlich, charakterlich und geistig besonders befähigten Jungmannen“ zu formen. Diese besonders geprägten Nationalsozialisten sollten „tüchtig an Leib und Seele, die Gewähr dafür bieten, dass sie das Leben des deutschen Volkes, das erst in der Nationalsozialistischen Revolution seine Einheit fand, wirksam mitgestalten und zu ihrem Teile dafür sorgen, dass Deutschland niemals mehr sich innerlich spaltet oder gar auseinanderfällt.“ Die herkömmlichen Schularten sich „in eine Einseitigkeit hineingelebt und sich fast ausschließlich als Hochburg geistiger Bildung gefühlt“ habe sie sich „zum Träger und Wegbereiter der liberalistischen Bildungsauffassung“ gemacht. Die Napolas sollten in Neubauten untergebracht werden, die auch als „architektonischer Ausdruck einer wirklichen und durchgestalteten Lebensgemeinschaft und ihrer Erziehungsideen“ fungieren sollten.[172]

In vielen knüpften sie an aus den lebensreformerischen Begegnungen vorhandene Elemente des Gemeinschaftslebens der bündischen Jugend, von Internaten

170 Vgl. zu den Grundlagen der NS-Pädagogik: W. Keim: *Erziehung unter der Nazi-Diktatur. Band I*, 9 ff. Offermanns sieht eine Übernahme der platonischen Idee einer strengen Jugenderziehung durch den Nationalsolzialismus, wobei aber die platonische Zielsetzung einer „Erziehung von Verstand und Vernunft“ ausgeklammert wurde. Vgl. A. Offermanns: *„Die wußten, was uns gefällt.“ Ästhetische Manipulation und Verführung im Nationalsozalismus,* Münster 2004, 105.

171 Klee: *Die Geschichte der Studentenwerke*, 20.

172 *Deutsche Schulerziehung: Jahrbuch des Deutschen Zentralinstituts für Erziehung und Unterricht*, Berlin 1940.

und Körpererziehung an, belegten diese Formen aber mit ihren eigenen Inhalten.[173] Dabei scheint die Literatur übereinzustimmen, dass die Nationalsozialisten kein einheitliches Erziehungsprogramm verfolgten.[174] Der rassistische „lückenlose Erziehungsstaat“ sollte in Hitlers Vorstellungen „eine gewalttätige, herrische, unerschrockene, grausame Jugend“ heranziehen. Die geistige Ausbildung sollte dabei ausdrücklich hinter einer körperlichen und irrational affektiven Erziehung zurücktreten.[175] Die beiden Erziehungswissenschaftler Ernst Krieck und Alfred Baeumler gelten als die exponiertesten Vertreter der wissenschaftlichen NS-Pädagogik. Krieck hatte schon 1922 in der „Philosophie der Erziehung“ besonderen Wert auf die Durchführung der Erziehung gelegt. Nicht die Intention der Erzieher zähle, sondern das Erleben der sozialen Gemeinschaften durch die Jugendlichen. In der Vorstellung Kriecks erzogen diese Gemeinschaften „funktional“, durch ihre bloße Existenz. Einzelne Personen seien nur noch Funktionsträger der Gemeinschaften, deren Erziehungsziel in der Ausprägung von Typen eines kollektiven Leitbildes liegen sollte. Die Lernenden sollten durch Sitten und Normen der jeweiligen Gemeinschaft kollektiv assimiliert werden. In drei sich gegenseitig bedingenden Schichten aus unbewussten Beziehungen, aus bewusstem sozialem

173 Wobei die Begriffe „Volk“ und „Gemeinschaft“ eine Konstante in die lebensreformerischen Bewegungen darstellten. H. Steinhaus: „Der Gemeinschaftsmythos als Gegenideologie zur Modernen Welt. Ferdinand Tönnis und die deutsche Reformpädagogik“, in: T. Rülcker; J. Oelkers (Hg.): *Politische Reformpädagogik*, Bern 1998, 151–184. S. Sting: „Die Fiktion des ‚Volks‘ in den pädagogischen Reformbewegungen um 1900 in Deutschland“, in: Ebd. 107–124.

174 „Die nationalsozialistische Erziehung“ hat wohl nicht existiert, da es insbesondere im Bereich der praktischen Pädagogik zwischen den einzelnen Funktionären ständig zu Kompetenzstreitigkeiten kam. Offermanns: *Die wußten, was uns gefällt*, 108 f. Lingelbach: *Erziehung und Erziehungstheorien*, 255 ff. Zum Analyseproblem: H.-E. Tenorth: *Zur deutschen Bildungsgeschichte 1918–1945*, Köln/Wien 1985, 130 ff. Ders.: *Wissenschaftliche Pädagogik im nationalsozialistischen Deutschland.* Zu den schulischen Erziehungskonzeptionen des NS-Staates gibt es eine Fülle an Literatur, u.a.: B. Schneider: *Die Höhere Schule im Nationalsozialismus*, Köln 2000. T. Gatzemann (Hg.): *Geisteswissenschaftliche Pädagogik, Krieg und Nationalsozialismus*, Frankfurt 2004. C. Berg: *„Du bist nichts, Dein Volk ist alles“: Forschungen zum Verhältnis von Pädagogik und Nationalsozialismus*, Weinheim 1991.

175 Hitler 1940: „Meine Pädagogik ist hart. Das Schwache muss weggehämmert werden. In meinen Ordensburgen wird eine Jugend heranwachsen, vor der sich die Welt erschrecken wird. Eine gewalttätige, herrische, unerschrockene, grausame Jugend will ich. Jugend muss alles sein. Schmerzen muss sie ertragen. Es darf nichts Schwaches und Zärtliches an ihr sein. Das freie, herrliche Raubtier muss erst wieder aus ihren Augen blitzen. Stark und schön will ich meine Jugend. Ich werde sie in allen Leibesübungen ausbilden lassen. Ich will eine athletische Jugend. Das ist das erste und wichtigste. So merze ich die tausend Jahre von menschlichen Domestikationen aus. So habe ich das reine, edle Material der Natur vor mir. So kann ich Neues schaffen. Ich will keine intellektuelle Erziehung. Mit Wissen verderbe ich mir die Jugend. Am liebsten ließe ich sie nur das lernen, was sie ihrem Spieltrieb folgend sich freiwillig aneignen. Aber Beherrschung müssen sie lernen. So sollen mir in den schwierigen Proben die Todesfurcht besiegen lernen.“ Zitiert nach Offermanns: *Die wußten, was uns gefällt,* 110 ff. Vgl. H. Giesecke: *Hitlers Pädagogen*, Weinheim 1993,.17 ff, 48. Keim: *Erziehung unter der Nazi-Diktatur I*, 165 ff. H.-E. Tenorth: „Pädagogik der Gewalt“, *Jahrbuch für Historische Bildungsforschung* 9/2003, 7–36.

Handeln und in einer rational organisierten Erziehung sollte diese funktionale Erziehung stattfinden. Krieck war 1932 in die NSDAP eingetreten und hatte mit seinen folgenden Publikationen zahlreiche pädagogische Praktiker und Planer des NS-Staates als Leser gewinnen können.[176] Der akademische Redner unmittelbar vor der Bücherverbrennung auf dem Berliner Opernplatz am 10. Mai 1933 war der Ordinarius für Philosophie und Politische Pädagogik Alfred Baeumler gewesen. Der „männerbündische Germanismus" Baeumlers sah er als Ausdruck eines männlich-heroischen Ideals als Gegensatz zu einem verachteten wirtschaftlich-materialistischem Lebenssystem.[177] Die Hitlerjugend (HJ) war in großen Teilen geprägt worden vom Reichsjugendführer Baldur von Schirach, der auch bis 1932 den Nationalsozialistischen Deutschen Studentenbund (NSDStB) geführt hatte.[178] Die bis ins Detail von Oben organisierte HJ bezeichnete Giesecke 1993 als die Erfüllung von Schirachs persönlichem Traum „einer großen, harmonischen, Klassen- und Konfessionsunterschiede integrierenden deutschen Jugendgemeinschaft".[179] Als die HJ nach 1933 zur Staatsjugend mit einer Verpflichtung auf die Person Hitlers wurde, setzte sich auch Schirachs durch, dass „Jugend [...] durch Jugend geführt" werde.[180]

Die Neustrukturierung des Hochschulwesens bereitete für das NS-Regime von allen Bereichen des Erziehungswesens die größten Schwierigkeiten. Da die Hochschulen die benötigte Fachausbildung garantierten, konnte das eher wissenschaftsferne NS-Regime die Eigengesetzlichkeiten der Universitäten nicht von einem Tag auf den anderen aushebeln. Durch die Verschärfung der Zulassungsbedingungen, verpflichtende Ideologieschulungen und -dienste versuchte die NS-Kultusverwaltung unmittelbar seit der Machtübertragung Einfluss zu nehmen.[181] Insbesondere in den Mitspracherechten der den Nationalsozialisten wohlgesonnenen Studentenvertretern bei der Akademischen Selbstverwaltung konnten sie zahlreiche Änderungen durchsetzen.[182] Das temporäre Zusammenleben junger Männer in „Lager" bei vor allem praktischer Arbeit wurde dabei gezielt als Mittel der Gemeinschaftserziehung eingesetzt. Für angehende Lehrer und Juristen wurden zur Vorbereitung auf den Staatsdienst verpflichtende Zeiten in einem Lager einge-

176 E. Hojer: *Nationalsozialismus und Pädagogik*, Würzburg 1996, 67 ff.Giesecke: *Hitlers Pädagogen*, 34 ff.

177 Ebd. 75 f. Baeumler wurde allerdings nicht gleichmäßig positiv von allen NS-Repräsentanten wahrgenommen, auch da er im Gegensatz zu Krieck weniger die Gemeinschaft als das Individuum im Mittelpunkt seines Interesses stellte. Vgl. Ebd. 104. Vgl. W. Treß: „Alfred Baeumler", in: W. Benz (Hg.): *Handbuch des Antisemitismus*, Berlin 2009, 40–42.

178 Vgl. zur Arbeitsgemeinschaft Nationalsozialistischer Studentinnen ANSt. M. Grüttner: *Studenten im Dritten Reich*, Paderborn et al. 1995, 274 f, 276 ff.

179 W. Keim: *Erziehung unter der Nazi-Diktatur II*, 56 ff. Giesecke: *Hitlers Pädagogen*, 163 ff.

180 Ebd. 172 ff. Vgl. J. Reulecke: „„und sie werden nicht mehr frei ihr ganzes Leben!"", in: U. Herrmann; J. Oelkers (Hg.): *Pädagogik und Nationalsozialismus*, Weinheim 1988. Zur späteren Erziehung in NS-Formationen: Keim: *Erziehung unter der Nazi-Diktatur II*, 56 ff.

181 Keim: *Erziehung unter der Nazi-Diktatur II*, 84 ff.

182 V. Losemann: „Reformprojekte nationalsozialistischer Hochschulpolitik", in: K. Strobel (Hg.): *Die deutsche Universität im 20. Jahrhundert*, Vierow 1994, 97–115.

führt.[183] Als funktionalisiertes „Erlebnis der Gemeinschaft" sollten die Referendare in raumzeitlicher Zusammenführung „entbürgerlicht und verkameradschaftlicht" werden. [184] Der SS-Sturmbannführer und Ministerialrat Rudolf Benze hatte 1943 die im Lager verwirklichte Gemeinschaftsbildung als das Ideal der NS-Gesellschaftsvorstellungen beschrieben.[185] Durch eine Zeit im kasernierten Arbeitsdienst, der als Voraussetzung einer Universitätszulassung stehen sollte, sollte ebenfalls diese Einbindung in die Gemeinschaft gestärkt werden. Im universitären Alltag hingegen stießen die NS-Institutionen mit ihren Konzepten einer alle Lebensbereiche erfassenden verpflichtende Einbindung der Studierenden schnell an eine Grenze, da ein die stete Beanspruchung durch den Dienst sich mit einem Studium als nicht vereinbar zeigten. Schon 1934 wurden die für diese volle Einbindung durch Schulungen und Exerzieren zuständigen SA-Hochschulämter wieder aufgelöst, stattdessen ein Pflichtsportprogramm für alle Studierenden eingeführt.[186] Die alte Idee der „Bildung durch Wissenschaft" war unter diesen Bedingungen nicht mehr praktizierbar.

Baeumler hatte schon in einem Vortag von 1930 für die Errichtung eines „Akademischen Männerhauses" geworben, den er 1934 in einem Sammelband veröffentlichte. Der Männerbund wurde als zentraler Träger des Staates der Fami-

183 A. Kraas: *Lehrerlager 1932–1945*, Bad Heilbrunn 2004. Vgl. auch S. Haffner: „Das Gift der Kameradschaft", *Die Zeit* 21/2002.

184 Kraas: *Lehrerlager*, 121 ff.

185 „Soll der ganze Mensch voll erfasst und gebildet werden, so müssen die Erziehungseinrichtungen der NSDAP – es ist vor allem das ‚Lager' – so gehalten sein, dass in ihnen Körper, Charakter un Geist gleichermaßen zu ihrem Recht kommen und dass der Mensch losgelöst von den verwirrenden Bindungen des Alltags, sich ganz dem vorbehaltlosen Leben und Schaffen in der Gemeinschft gleichstrebender Volksgenossen hingibt und nur deutscher Mensch wird. Aus diesem Bewusst geschaffenen Zustand der Vorbehaltlosigkeit, in der alle Hemmungen und Überlieferungen, der Gesellschaft, der zivilisatorischen Verkrampfung weichen und die gesunden Urkräfte wirksam werden, erwächst eine Grundhaltung, die der Naturgesetztlichkeit des Lagers nahekommt. Von da führt der Weg zwanglos zu den Lebensforderungen des Nationalssozialismus, die ja auch den natürlichen Lebensgesetzen abgeleitet sind, und der aufgeschlossene Volksgenosse verlässt die nationalsozialistische Lagergemeinschaft als ein anderer, gefestigterer Mensch, mit echterem und höhrerm Streben. Die äußeren Kennzeichen der Lagererziehung zeigen überall ähnliche Form und sich nur nach dem besonderen Zweck des Lagers abgestuft. Stadtferne, Gesundheit, Schönheit der Lage und Ausgestaltung gelten als erste Voraussetzungen aller Schulungslager. Rang und Stand des Berufes sind ausgeschaltet; es gibt nur Kameraden, geführt vo solchen Kameraden, die auf dem Arbeitsgebiet des betreffenden Lagers überlegen sind und daher hier erzieherisch wirksam werden können. Eine einheitliche Lagerkleidung ist nicht nur äußerliche Angleichung, sondern schafft auch stets eine innere Bindung. Oft tritt das kameradschaftliche ‚Du' an die Stelle des fremden ‚Sie', wie überhaupt der Nationalsozialismus in vielen seiner Gliederungen mit der aus der höfischen Gesellschaft stammenden und von der Verstädterung geförderten Sitte aufräumt, Menschen gleichen Blutes und Strebens einander Fremd zu machen und ihre Gemeinschaft zu zerstören." R. Benze: *Erziehung im Großdeutschen Reich*, Frankfurt 1943. 90 f. Zitiert nach Kraas: *Lehrerlager,* 122.

186 Grüttner*: Studenten im Dritten Reich*, 245 ff.

lie hierarchisch den Frauen („Müttern") übergeordnet.[187] Um den verachteten Gegensatz einer „bürgerlichen Lebensform" mit „moralisch-humanistischer Weltsicht" wieder zugunsten der Männerbünde zu verdrängen, sollten diese Häuser an den Universitäten errichtet werden. Die bewusst zivil gehaltenen Studentenwohnheime aus dem „wirtschaftlichen Denken" der Republik lehnte er ab, ebenso das „unsoldatische" und „gesellschaftliche" Leben in den Korporationshäusern. Um der Feminisierung Deutschlands vorzubeugen, die Freundschaft unter Männern wieder zu fördern, müssten diese im Bund zusammen leben.[188] Die Funktionäre der Deutschen Studentenschaft (DSt) Andreas Feickert in Hamburg und Heinz Roosch in Göttingen setzten diese Forderung im Plan zur Errichtung von Kameradschaftshäusern um, durch eine gemeinsames Pflichtwohnen der ersten Semester den studentischen Alltag mit dem Gemeinschaftserleben zusammenzubringen. Diese Mischung aus Kaserne, Männerbund und politischer Wohngemeinschaft formulierte Feickert als Verwirklichung des NS-Erziehungsgedankens:[189]

> In Kameradschaft lebt der junge Student während der ersten beiden Semester in klarer einfacher Zucht. Er schläft gemeinsam mit den Kameraden, steht gemeinsam mit ihnen auf, treibt Frühsport, isst gemeinsam Mittag- und Abendbrot. Sein Arbeitsdienst ist der Dienst der Wissenschaft. Vormittags und nachmittags ist für ihn frei zum Besuch der Übungen und Seminare. Dazu ist einige Male während der Woche politische Erziehung im Haus angesetzt, Kameradschaftsabende werden veranstaltet, SA-Dienst wird geleistet. Der Student […] hat Gelegenheit, mit sich allein zu sein, Dinge für sich durchzumachen, die er allein erledigen muss, Aber er ist eingespannt im eine große Kameradschaft, er ist nicht einzelner, sondern er ist Glied einer Gemeinschaft, die ein gemeinsames Ziel hat.[190]

Entsprechend regelten feste Zeiten einen Tagesablauf mit festen Studienzeiten, Sport und den politischen Schulungen.[191] In den Wohnkameradschaften der ehemaligen schlagenden Verbindungen sollte darüber hinaus das regelmäßige Fechten geübt, bei ehemaligen christlichen Korporationen „das religiöse Element" als Zugeständnis erhalten bleiben. Dem militärischen Anspruch entsprach auch die

187 „Die Familie ist nicht die ‚Keimzelle' des Staates […]; der Staat wird […] künstlich geschaffen durch die Taten und die Vereinigung freier Männer. […] Findet der sich entwickelnde Mann den Platz nicht, den er zur Entfaltung braucht, hat er nur die Wahl, zum nüchternen Geschäftsmann, zum Weiberknecht oder zum versimpelten Familienvater zu werden, so wird das der Verderb des Ganzen." A. Baeumler: „Das akademische Männerhaus" in: Ders. (Hg.): *Männerbund und Wissenschaft*, Berlin 1934, 30–44, 42. Vgl. C. Bruns: „Metamorphosen des Männerbundes", in: D. Thomä (Hg.): *Vaterlosigkeit*, Berlin 2010, 96–123, 111.

188 Baeumler: *Das akademische Männerhaus*, 39 ff.

189 Grüttner: *Studenten im Dritten Reich*, 260 f.

190 A. Feickert: *Studenten greifen an*, Hamburg 1934. Zitiert nach: Grüttner: *Studenten im Dritten Reich*, 261.

191 Ebd. 212 ff. Vgl. Keim: *Erziehung unter der Nazi-Diktatur II*, 86 f. Beispiel für den streng geregelten Alltag des Kameradschaftshauses: „Tagesplan aus dem Kameradschaftshaus der Hamburger Studentenschaft (1933): 6.15 Uhr: Wecken, 6.20 Uhr: Frühsport, 6.35 Uhr: Waschen, Bettenbauen usw., 7.15 Uhr: Morgenkaffee, 8.00–13.00 Uhr: Wissenschaftsdienst, 13.15 Uhr: Mittagessen, 14.00–19.00 Uhr: Wissenschaftsdienst, 19.15 Uhr: Abendbrot, 19.45 Uhr: dreimal wöchentlich Kameradschafts- und politische Schulungsabende, 22.00 Uhr: Licht aus, dreimal wöchentlich Urlaub bis zum Wecken." Zitiert nach Grüttner: *Studenten im Dritten Reich*, 265.

Ausstattung der Kameradschaftshäuser mit Feldbetten und Spinden.[192] Nach ersten Anläufen z.B. in Freiburg, begann die DSt im Wintersemester 1933/34 mit dem planmäßigen Aufbau von Kameradschaftshäusern an allen Hochschulen. Nun aber entstand Widerstand von vielen Seiten. Vor allem in den kleineren Universitätsstädten regte sich auch über die Parteiformationen Widerstand der vielen kleinbürgerlichen „Studentenbuden"-Vermieter, die um ihr Einkommen fürchteten. Das Reichsfinanzministerium wollte den studentischen Funktionären keinen großflächigen Ankauf oder Neubau von entsprechenden Immobilien finanzieren. Das Reichinnenministerium untersagte den DSt-Funktionären ausdrücklich, die attraktiven Korporationshäuser durch Zwangsmaßnahmen für ihre Zwecke zu enteignen. So konnten die DSt-Funktionäre nur auf die in den 1920er Jahren erbauten Studentenhäuser der lokalen Studentenschaften zurückgreifen und bei den Korporationen für das neue Kameradschaftshaus-Konzept werben. Deren Mitarbeit wurde oft durch lokale die Vertreter des DSt mit zumindest indirektem Druck forciert, bestimmte Sozialleistungen gegenüber den Studierenden an eine Mindestwohnzeit im Kameradschaftshaus geknüpft. Tatsächlich übernahmen manche der alten Studentenverbindungen im Rahmen der Anpassung an das NS-Regime das Konzept schnell. Die Jungen wirkten dabei meist als die treibende Kraft, während die Alten Herren in vielen Fällen die Unabhängigkeit der Korporationen nicht aufgeben wollten. Etwa in Würzburg hatten in November 1933 schon 21 von 34 Korporationen ihre Häuser in Kameradschaftshäuser umgewandelt, in denen nun zusammen 202 Studenten lebten.[193]

Besonders die rigiden Dienstpläne schienen in der Praxis hingegen gar nicht voll durchgeführt worden zu sein. Anscheinend hatten viele der Korporationen sich nur zum Schein umgewandelt, um äußerlich den Anforderungen des NS-Staates gerecht zu werden, innerlich den bisherigen Betrieb mit seinen größeren Freiheiten mehr oder weniger beibehalten. Um dem entgegenzutreten, ordnete die Reichsführung der DSt im Januar 1934 an, die Korporationen zu suspendieren, die bis Herbst 1934 sich nicht umgewandelt hatten. Kurze Zeit später verordnete die Reichsführung, dass ab Sommersemester 1934 jeder Student zwei oder drei Semester in einem Kameradschaftshaus verbringen musste. Aufgrund des Mangels an Unterbringungsmöglichkeiten konnte diese Anforderungen aber nicht umgesetzt werden, musste die Pflicht gelockert werden. Nicht-korporierte Studenten zeigten so gut wie kein Interesse, in ein Kameradschaftshaus einzuziehen. Letztendlich hatten Ende 1934 718 Korporationen in Deutschland ihr Haus in ein Kameradschaftshaus umgewandelt, in denen – analog zur Stärke der Korporationen – im Durchschnitt 11 Studenten wohnten. Die außer in Münster und Würzburg in jeder Universitätsstadt bestehenden je ein oder zwei Kameradschaftshäuser der Studentenschaft trugen hingegen den Charakter von Massenunterkünften, in denen durchschnittlich 58 Bewohner wohnten. Bis auf drei Städten gelang die vollständige Erfassung der Studienanfänger aber nicht, den sich die vielen unwilligen Studenten gerne entzogen. Andreas Feickert, seit Juli 1934 Reichsführer der DSt,

192 Ebd. 266.
193 Ebd. 262 ff.

trieb dennoch seine Pläne voran. Sein Erlass vom 20. September 1934 regte starken Widerstand. Gegen die Autonomie der Korporationen gerichtet, sollten die Führer der Kameradschaftshäuser künftig von der DSt ernannt werden und die Bewohner eine einheitliche Uniform tragen – während die klassischen Korporations-Accessoires Band und Mütze während der ersten drei Semester verboten werden sollten. Die Korporationsverbände, allen voran der Kösener SC, protestierten nun öffentlich gegen diese Maßnahmen und mobilisierten ihre Alten Herren in der Ministerialbürokratie.[194] Da die DSt ohnehin in einem Konkurrenzverhältnis mit dem an diesem Thema weniger interessierten NSDStB stand, verlor Feickert die Unterstützung der übergeordneten Parteiorganisationen. Letztendlich musste der Plan im Oktober 1934 zurückgenommen werden. Bei einer Besprechung im November hatte sich der bislang mit Studentenpolitik nicht befasste Hitler persönlich gegen die Kameradschaftshäuser ausgesprochen, da er das nach Geschlechtern getrennte Gemeinschaftsleben über den ohnehin verpflichtenden Arbeitsdienst als Gefahr durch die Entstehung homosexueller Neigungen sah. Gegen die Äußerung Hitlers, dass die Studenten sich frei bewegen sollten, konnte Feickert nichts gegenteiliges mehr sagen. Der Kameradschaftshaus-Plan war gescheitert. Pro Stadt sollte es nun nur noch ein Kameradschaftshaus geben, das der NSDStB übernehmen sollte. Nur einzelne Korporationsverbände ließen ihre Kameradschaftshäuser weiter laufen, die meisten hingegen streiften die Hülle wieder ab. Auch die bestehenden Kameradschaftshäuser schienen den Studenten weiterhin so unattraktiv, dass sie aus ökonomischen Gründen oft an andere Träger vermietet wurden oder geschlossen wurden. Von 1933/34 errichteten 36 Kameradschaftshäusern bestanden 1937 noch 18 durchwegs unterbesetzte Häuser.[195]

Nachdem SA und DSt mit ihren Konzepten der Studentenpolitik gescheitert waren, wurde nun Ende 1934 der NSDStB damit beauftragt. Dem NSDStB wurde von Rudolf Heß die „gesamte weltanschauliche, staatspolitische und körperliche Schulung der Studentenschaft" übertragen. Die Studentenschaft reagierte nach fast zwei Jahren NS-Regime nicht mehr so enthusiastisch auf die Vorgaben der NS-Formationen. Der mit der politischen Schulung beauftragte NSDStB-Reichsführer Albert Derichsweiler verfolgte kein klares Konzept wie sein Rivale Feickert. Die im Vergleich zum akademischen Unterricht wenig inspirierenden NS-Schulungskurse wurden von den Studierenden zwar verpflichtend besucht, aber kaum als motivierend wahrgenommen. Der NSDStB war längst zu einer Art übergeordneter Behörde geworden, denen sich die Studenten ohne offenen Protest zunehmen zu entziehen suchten.[196] Auch schienen die Studierenden zunehmend

194 Die nationalsozialistisch engagierteren Verbände wie die Deutsche Burschenschaft hingegen akzeptierten die Verfügung sofort. Ebd. 269.

195 Ebd. 276 ff. Von den insgesamt 920 Plätzen waren nur 620 belegt. Grüttner: *Studenten im Dritten Reich*, 271. Vgl. H. Zinn: *Die Kameradschaften der Bünde der Deutschen Landsmannschaft (DL) und des Vertreter-Convents (VC)*, Würzburg 2001, 25–37.

196 Etwa mehrten sich bei den Universitätsbehörden unwahre Angaben über Mitgliedschaft in NS-Organisationen. Vgl. Grüttner: *Studenten im Dritten Reich*, 274.

die Großstädte als Studienorte zu wählen, um sich dem Zugriff an den übersichtlichen altehrwürdigen Universitätskleinstädten zu entziehen.[197]

Erst durch die Konflikte um die Kameradschaftshäuser 1934 war eine Trennlinie zwischen Korporationen und NSDStB entstanden, dessen Funktionäre vorher zum Teil auch selbst Mitglied von Korporationen gewesen waren.[198] Zahlreiche öffentliche Bekundungen dieser Doppelmitglieder hatten versucht, die große Übereinstimmung von Nationalsozialismus zu den Traditionen der Korporationen zu betonen. Auch die katholischen Studentenverbindungen hatten im April 1933 die Unvereinbarkeit der Mitgliedschaften aufgegeben. [199] Lange schien sich eine Eingliederung der Korporationsverbände in den NS-Staat natürlich vollziehen zu können, zumal am 20. Mai 1933 der Allgemeine Deutsche Waffenring bekannte, „weder Judenstämmlingen oder jüdisch Versippten noch Freimaurer" noch als Mitglieder zu haben.[200] Auf die Bekenntnisse der Korporationen wollten sich Partei und NSDStB aber nicht allein verlassen. Durch eine Verordnung im Juni 1933 zur Einführung des Führerprinzips, Besetzung der Führerstelle durch erprobte Nationalsozialisten und den Ausschuss von Nichtarien versuchten sie, die bis dahin organisatorisch unabhängigen Korporationsverbände unter Kontrolle zu bringen. Während die Einführung des Führerprinzips noch relativ glatt umgesetzt wurde, war der Ausschluss der Nichtarier aus den Lebensbünden von heftigen Protesten so gut wie aller Korporationsverbände begleitet, auch jenen, die sich in den 1920er Jahren selbst antisemitisch engagiert hatten. Letztendlich wurde die Regelung aber umgesetzt.[201] Am 20. Januar 1934 verfügte der NSDStB-Reichsführer Oskar Stäbel, dass die Führer der Korporationen nun nur noch von ihm zu benennen seien. An eine Auflösung dachte Stäbel zu dem Zeitpunkt noch nicht, da er in den Korporationen ein Potential für die NS-Bewegung sah. Erst durch den Konflikt um die Errichtung der Kameradschaftshäuser hatten Korporationen und lokale NS-Studentenfunktionäre auf einmal im Gegensatz zueinander gestanden. Die im Januar 1935 gegründete Gemeinschaft Studentischer Verbände (GStV) diente sich als neuer Dachverband aller Korporationen dem NS-Staat noch an, lehnte aber im Sommer 1935 die immer weitergehenden Eingriffe des NSDStB ab. Publizistisch wurde zu dem Zeitpunkt schon die Missachtung einer im Radio übertragenen Führerrede durch das aus dem Adel geprägte Corps Saxo-Borussia in einem Heidelberger Lokal ausgeschlachtet.[202] Der Chef der Reichskanzlei Hans Heinrich Lammers hatte als Prominentes NSDAP-Mitglied der

197 Ebd. 274 f.

198 Zu antirepublikanischen Haltung der Heidelberger Studentenverbindungen in den 1920er Jahren: A. Lankenau: *„Dunkel die Zukunft – Hell der Mut!"*, Heidelberg 2008, 115 ff, 215 ff.

199 Oft hatten sich die Studenten dem Nationalsozialismus zugewandt, während die Alten Herren sich von der neuen Zeit abgehängt fühlten. Grüttner: *Studenten im Dritten Reich*, 287 ff.

200 Ebd. 287 ff. Zitat, 294.

201 Von den 104 reichsdeutschen Kösener Corps folgte die Mehrheit der Weisung. Nur fünf Corps wurden aufgrund des Widerstandes gegen den Ausschluss ihrer bewährten Mitglieder ausgeschlossen, ebenso wie 3 Burschenschaften. Ebd. 297 f.

202 Ebd. 306 ff. Vgl. R. von Lucius: „Corps Saxo-Borussia im KSCV", in: G. Berger, D. Aurand (Hg.): *Weiland Bursch zu Heidelberg*, Heidelberg 1986, 102–105, 104.

GStV vorgestanden und lange die Korporationen gegen seine Parteigenossen verteidigt. Hitler selbst sollte das Machtwort sprechen und tat dies in einer Erklärung am 15. Juli 1935 gegen die Korporationen, die er aber nicht zwangsauflösen wollte. Als sich innerhalb der GStV der Kösener SC gegen eine weitere „Reinigung" von „nichtarischen" Alten Herren weigerte, wurde er aus der GStV ausgeschlossen und löste sich nach weiteren heftigen Angriffen aus der NS-Presse selbst auf. Da bei einer von den Nationalsozialisten geforderten Angliederung der einzelnen Studentenverbindungen an den NSDStB auch eine Übergabe der Häuser verlangt wurde, weigerten sich die Korporationen zunehmend.[203] Als sich im Januar 1936 Hitler und Himmler gegen die antiquierten Korporationen ausgesprochen hatte; und Hess den Angehörigen aller Parteigliederungen die Mitgliedschaft in Korporationen verboten hatte, war dieses Selbstbewusstsein aber schnell wieder geschwunden. Im Sommersemester 1936 waren die Korporationen aus dem öffentlichen Leben verschwunden, intern versuchten sie trotz Mitgliedermangel oft noch den Betrieb aufrecht zu erhalten. Die Mehrheit der verbliebenen Korporationen hatte sich aber nach dem Hess-Erlass aufgelöst, 1936 wurden auch die im NSDStB eingegliederten Korporationen aufgelöst.[204]

Die Nationalsozialisten hatten durch die Konflikte und ihr letztendlich unattraktives Schulungs- und Dienstwesen die hohe Zustimmung der Studierenden von 1933 verloren. Die Studierenden von 1936 übten sich im hohen Maße in der protestlosen Vermeidung einer weiteren Involvierung. Durch Vereinigung des Funktionärskorps von NSDStB und DSt unter dem Heidelberger SS-Obersturmbandführer Gustav Adolf Scheel als Reichsstudentenführer sollte die flächendeckende Einbindung in den NS-Staat gelingen. Scheel versuchte sich daran, die letztendlich nicht angenommenen Kameradschaften endlich flächendeckend zu implementieren, ebenso wie durch eine Einbindung der Altherrenschaften der ehemaligen Korporationen auch Zugriff auf deren Häuser zu bekommen. Im Mai 1937 vollzog Scheel nun eine Wendung, indem er verbal die zuvor in der NS-Presse als Brutstätten der Reaktion verdammten Korporationen rehabilitierte. Während der *Stürmer* Julius Streichers weiter hetzte, verkündete Scheel im Juni 1937 auch eine neue Ehrenordnung des NSDStB, welche wieder die „unbedingte Genugtuung mit der Waffe" zuließ.[205] Erst unter dem Eindruck des Anschlusses von Österreich, einem Höhepunkt von Hitlers Popularität, beschlossen die Altherrenverbände aber ihre Auflösung und den von den Nationalsozialisten gewünschten Eintritt in das NS-Studentenkampfhilfswerk. Der Kösener SC und katholische Verbände wiedersetzten sich dem nach wie vor und wurden so 1939 verboten und von der Gestapo aufgelöst. Es war 1937 nun gelungen, die Studenten in Kameradschaften zusammenzufassen und sogar zum Teil die alten Korporationshäuser und Altherrenschaften zu gewinnen. Da innerhalb dieser Kameradschaften noch kein

203 Nachdem eine einzige Korporation sich in Tübingen stets der Übernahme durch den NSDStB verweigert hatte, führten die Auseinandersetzungen 1935/36 wieder dazu, dass die meisten Korporationen wieder iher Fahnen aufzogen und Band und Mütze trugen. Ebd. 310.

204 Ebd. 312 ff.

205 Ebd. 317 ff.

Schulungsprogramm im Sinne der Nazis bestand, sondern vor allem „allgemeine Fröhlichkeit“ gepflegt wurde, sollten die auf 44 Druckseiten zusammengefassten „Richtlinien für die Kameradschaftserziehung“ die NS-Indoktrinierung sicherstellen. Die Richtlinien hatten dabei mit dem Lebensbundprinzip und der Hierarchisierung der Mitgliedschaft auch Elemente der Studentenverbindungen aufgenommen, bei „politischen Abenden“, in „Erziehungsstunden“ und gemeinschaftlichen Sport sollte aber nun mehr auch das Gemeinschaftserlebnis im Sinne des Nationalsozialismus gepflegt werden. Besonderen Wert legten dir Richtlinien auf die Trennung der Geschlechter, so dass „Veranstaltungen mit Damen nicht mehr als zweimal im Semester stattfinden“ sollten. Im Gegensatz zu dem gescheiterten Konzept Feickerts sollten die Kameradschaften aber nicht mehr als kasernierte Wohngemeinschaften angelegt sein. Als Hitler abermals seine Sorge vor einer Förderung der Homosexualität geäußert hatte, wurde die seit den 1920er bestehende Praxis des gemeinschaftlichen Wohnens von mehreren Studenten in einem Zimmer sogar untersagt. Durch die Einbindung der Korporationen in diesem Kameradschaftsmodell wurde stiegen nun auch die Mitgliederzahlen im NSDStB wieder an, sowie die allgemeine Zustimmung zum Nationalsozialismus. Nachdem der NSDStB die Elitekonzeption einer zahlenmäßigen Begrenzung der Mitglieder aufgegeben hatte, wurde nun das Ziel angepeilt, etwa 80 Prozent des deutschen Studententums erfassen. Im Sommersemester 1937 waren immerhin 51 Prozent der männlichen Studenten und 71 Prozent aller Studenteninnen im NSDStB organisiert. In den Kameradschaften hielten sich die Mitgliederzahlen hingegen eher analog zu denen der alten Studentenverbindungen, die 1937/38 etwa die Hälfte der männlichen Studenten umfasste. Vielen NSDStB schien die Mitgliedschaft in den Kameradschaften nicht erstrebenswert, so dass die Reichsstudentenführung ab Anfang 1938 die Aufnahme nur noch für Studierende mit mindestens zwei Semestern Kameradschaftsdienst verfügte. Vor allem in den Großstädten (unter 10 Prozent) und den mehrheitlich katholischen Studentenstädten schien das Konzept der Kameradschaften kaum angenommen zu werden; zumal ja nun das studentische Fechten für alle Kameradschaften festgeschrieben worden war, das unter anderem die katholischen Studentenverbindungen traditionell abgelehnt hatten. Obwohl in dem Jahr der Zulauf zu den Kameradschaften aufgrund des politisch motivierten Druckes, den „Typ des Freistudenten“ verschwinden zu lassen, stieg, gelang es nie, alle Studenten in den Kameradschaften zu organisieren. An den kleineren Universitäten mit einer größeren sozialen Kontrolle, in denen die Erstsemester von den NS-Funktionären mit Nachdruck zur Mitgliedschaft in NSDStB und den Kameradschaften aufgefordert wurden, war die freudlose Pflichterfüllung in der vorgegebenen Struktur bald offen bekannt. Während etwa der verbindungsspezifische Bierkomment weiter gepflegt wurde, wurden die zahlreichen politischen Schulungen kaum motivierend wahrgenommen. Auch wenn Scheel durch das Einbinden der Korporationen die NS-Durchdringung der Studentenschaft geschafft hatte, schien das Erziehungskonzept nicht erfolgreich angenommen worden zu sein.[206]

206 Ebd. 317–331. Vgl. Zinn: *Die Kameradschaften*, 50–62.

Nach 1933 hatte der NSDStB sich stets im revolutionären Gegensatz zu den Professoren und Rektor gesehen, was erst mit Scheel zugunsten größerer Kooperation aufgegebenen wurde. 1938 hatte die Atmosphäre an den Universitäten sich merklich verbessert, von den Studenten aber wurden die NSDStB-Funktionäre und ihre Weisungen als nötiges Übel wahrgenommen. Nicht offener Widerstand aber eine auch schon von den NS-Funktionären selbst festgestellte „innere Entfremdung" der Studentenschaft von den Konzepten hatte sich entwickelt. Nach zweieinhalb Jahren in Wehr- und Arbeitsdienst schienen die Studenten an einem effizienten Studium interessiert. Viele zeitgenössische Selbstzeugnisse nennen das darüberhinausgehende Bedürfnis nach Ruhe und Freiheit, das zu einer Distanz zu den Anforderungen der NS-Organisationen führte.[207]

Mit dem Kriegsbeginn am 1. September 1939 waren zunächst alle deutschen Hochschulen geschlossen worden, ab 11. September hatten aber manche Universitäten wieder ihre Arbeit aufgenommen. Durch die Einberufung eines großen Teils der männlichen Studenten waren die Studentenzahlen drastisch gesunken. Da viele NSDStB-Funktionäre sich selbst früh in den Kriegseinsatz gemeldet hatten, hatte sich auch die Kontrolle gelockert.[208] Während des Krieges prägten so vollkommen andere Gruppen das Leben an den Hochschulen: jugendliche Anfangssemester, denen die Einberufung noch bevorstand; eine rasch wachsende Zahl von Studentinnen; abkommandierte Studenten, meist der Medizin; kurzzeitig beurlaubte Wehrmachtsangehörige; und die rasch wachsende Gruppe von Kriegsversehrten. Bis 1943 wurde ein Betrieb aufrecht gehalten, der vor allem auf die medizinische Ausbildung abzielte.[209] Mit der Umstellung auf den Kriegsbetrieb waren die bisher von den NS-Strukturen gepflegten und vor allem auf die männlichen Studenten abzielenden Konzepte einer außerwissenschaftlichen Erziehung im Sinne des Nationalsozialismus an den Universitäten obsolet geworden.

207 Ebd. 356–360.
208 Zinn: *Die Kameradschaften*, 73 ff.
209 Grüttner: *Studenten im Dritten Reich*, 361 ff.

III. BILDUNG UND ERZIEHUNG ALS TRADITIONSLINIE DES AMERIKANISCHEN COLLEGE

1. DER ERZIEHUNGSAUFTRAG DES AMERIKANISCHEN COLLEGE

Eine allgemeine Erziehung war von Anfang an ein wesentlicher Bestandteil der eigenen nordamerikanischen Hochschultradition. 1636 hatte die Massachusetts Bay Colony das zwei Jahre später nach dem Stifter der Bibliothek benannte Harvard-College nach englischen Vorbildern gegründet. Nicht nur die Namensgebung des neu gegründeten Universitätsstädtchens Cambridge in Massachusetts verriet die Anlehnung an die beiden alten Universitäten Englands, Oxford und Cambridge mit ihren aus einer bruchlosen klösterlichen Tradition stammenden Colleges. Als spezifisch amerikanisches Element fügte sich die puritanische Einstellung der amerikanischen Siedler hinzu. Die Mehrzahl der frühen Colleges auf dem Kontinent waren von den Kirchen gegründet worden. Oftmals in strenger Abgrenzung zu den jeweils anderen Konfessionen war an diesen weiterführenden Schulen die Erziehung zum guten Christen im Vordergrund gestanden.[1] Der moralische Anspruch der Ausbildung war unmittelbar mit der Staatsidee der jungen Vereinigten Staaten verwoben. Das Ziel der Collegeerziehung zum guten Staatsbürger entwickelte sich also schon früh als eine eigene amerikanische Tradition. Der Anspruch des republikanischen Charakters der Nation seit Gründung der Vereinigten Staaten, machte einen gemeinsamen staatsbürgerlichen Unterricht zu einer Grundlage des Gemeinwesens. Aus diesen Überlegungen hatte 1779 der Jurist Thomas Jefferson, der nicht nur als der spätere dritte Präsident die Formierung der Vereinigten Staaten wesentlich prägte, seine Gesetzesvorlage zur weiteren Verbreitung des Wissens eingebracht. Damit wollte er „die große Masse des Volkes auf den hohen Stand der moralischen Respektabilität" bringen, der „zu seiner eigenen Sicherheit und zum ordnungsgemäßen Regieren notwendig sei."[2] Die staatsbürgerliche Bildung aller Bürger diente ganz praktisch als Grundlage des „von Unten" aufgebauten Staates. Obwohl auch in der Konzeption des Rationalisten und Vertreters der Nützlichkeitsphilosophie Jefferson die höhere Schulbildung nur einer kleinen Schicht als Grundlagen einer späteren Hochschulausbildung diente, lässt sich das Ziel der Erziehung des Staatsbürgers in allen Phasen der

1 J. R. Thelin: *A History of American Higher Education*, Baltimore 2004, 13f.

2 Brief von Thomas Jefferson an John Adams, 28.10.1813, Anhang IX in: J. B. Conant: *Thomas Jefferson and the Development of American Public Education*, Berkley 1963.

amerikanischen höheren Bildung feststellen.[3] Mit seinem Gesamtplan für die University of Virginia in Charlottesville entwarf Jefferson 1817 seine Vorstellungen der idealen amerikanischen Universität. In der bis 1826 erbauten Anlage eines streng rechteckig angelegten Campus liegen die Wohngebäude für Professoren und Studenten in unmittelbarer Nähe der Lehrgebäude und um die zentral gelegene Bibliothek, deren Baustil an das römische Pantheon anlehnt.[4]

Da die meisten großen Städte sich erst im Laufe des 19. Jahrhunderts entwickelten, waren die geschlossenen Campusanlagen mit ihren Internate auch eine Antwort auf die praktischen Anforderungen. In der ersten Hälfte des Jahrhunderts waren unzählige kleine und kleinste Colleges gegründet worden, deren dezentrale Struktur der Aufbruchsstimmung der jungen Nation und der Weite des Landes entsprechen sollte. Eine Rivalität der Bundesstaaten und der Missionswillen der verschiedenen Konfessionen beförderten die vielen Gründungen.[5] Auch wenn tatsächlich einige ältere Colleges nun schon innerhalb von Städten lagen und der gesellschaftliche Anschluss der Hochschulen oftmals geschätzt wurde, blieb die „geschlossene Hochschulstadt“ doch ein leitendes Bild der amerikanischen Hochschulidee. Dem Leben auf dem Land wurde in einem von Rudolph benannten “agragrian myth” eine besonders wohltuende und moralisch erbauende Wirkung zugeschrieben.[6] Der Alltag dieser Colleges war nicht nur von akademischer Arbeit geprägt. Frederick Rudolph beschrieb in seiner Geschichte der amerikanischen Hochschulen von 1962 diesen *collegiate way* des 19. Jahrhunderts als etwas diffus-nicht greifbares:

> The collegiate way is the notion that a curriculum, a library, a faculty, and students are not enough to make a college. It is an adherence to the residential scheme of things. It is respectful of quiet rural settings, dependent on dormitories, committed to dining halls, permeated by paternalism. It is what every American college has had or consciously rejected of lost or sought to recapture. It is William Tecumseh Sherman promising to be a father to an entire student body; it is comfort and full tobacco jars in a Princeton dormitory; in an urban university it is counselors helping the socially inept to overcome their weaknesses.[7]

Harvard-Präsident Charles William Eliot betonte 1869 die moralische Wirkung dieser geschützten Welt: “In spite oft he familiar picture oft the moral dangers which environ the student, there is no place so safe as a good college during the critical passage from boyhood to manhood”. Ohne eine Idealisierung der moralischen Wirkung beschrieb 1897 die erste Präsidentin des Wellesley College Alice Freeman Palmer die Funktion der Collegezeit: “Merely for good times, for romance, for society, college life offers unequaled opportunities.”[8] 1892 lobte der Philosoph George Santayana nach einem Besuch in New Haven die Studenten.

3 Vgl. J. Herbst: „Thomas Jefferson und Wilhelm von Humboldt“, in: R. C. Schwinges (Hg.): *Humboldt international*, Basel 2001, 273–287, 285.

4 Hinweis auf die zentrale Stellung der amerikanischen Universitätsbibliothek bei Paulus: *Vorbild USA?*, 451 f

5 F. Rudolph: *The American College and University*, New York 1962, 44 ff, 51 f.

6 Ebd. 91 ff

7 Ebd. 87 f.

8 A. F. Palmer: *Why Go to College?*, New York/Boston 1897. Zitiert nach Ebd. 90.

Sie seien "like passengers in a ship or fellow countrymen abroad." Interessen und Emotionen sah Santayana als so gemeinschaftsspendend, dass die latenten Antipathien überlagert werden könnten. Die Studenten lebten in einer "sort of primitive brotherhood, with a ready enthusiasm for every good or bad project, and a contagious good humor."[9] Das Zusammenleben im gemeinsamen Wohnheim wurde zur Bildungsidee des Colleges, deren pädagogischen Sinn Rudolph beschrieb:

> The often crude rooming arrangements, lacking in privacy or comfort, which these dormitories provided were the setting in which collegiate way took form. For the dormitory held young men to a common experience. It took them from the bosom of a sheltering home and placed them under the same roof, where these might share the experiences which man men of boys. The dormitory made possible – so the argument went – the supervision and parental concern of the faculty for well-being of their young charges. The dormitory brought to bear the sense of common decency and the sense of self-respect which taught responsibility. In the dormitory young men talked deep into the night deeply about deep matters. A revival might be sparked in the dormitory, where under the influence of a wiser chum a young man might move from indifference to belief, from idleness to profound inspiration.[10]

An so gut wie allen Colleges war das Leben im Wohnheim Usus und passte auch gut zu den Vorstellungen eines rational organisierten Lebens. Seit der Gründung hatte es auch regelmäßig an Kritik gegen das Leben in der Isolation der Internate nicht gefehlt.[11] Schon bei der Gründung des Dickinson College 1783 wurde der alternative Plan beworben, die Studenten anstatt in der mönchische Abgeschiedenheit der Internate bei Gastfamilien unterzubringen. [12] Ein Hauptpunkt der Kritik betraf auch das mangelnde akademische Niveau, dem das Leben im College nicht förderlich zu sein schien. Aus einem egalitären Gedanken heraus wurden in den Colleges der Vereinigten Staaten ohnehin keine geistig-elitistischen Vorstellungen der Hochschulerziehung gepflegt. Pragmatische Gründe wie den Vorteil für das berufliche Fortkommen standen wohl auch als eine wesentliche Motivation, ein Studium aufzunehmen.[13] Die angebotenen Fächer gaben dem College den Anspruch einer breiten Allgemeinbildung. Inhaltlich entwickelte sich das Curriculum von einem theologischen-humanistisch-klassischen Bildungskanon weg, zu einer pragmatischeren und weiter gefassten Interpretation der *liberal arts*. Mitte des 19. Jahrhunderts war die Wahlmöglichkeit zwischen den angebotenen Fächern mit eigenen Schwerpunkten auch zu einem Charakteristikum des amerikanischen Colleges geworden.[14] Aus den Institutionen selbst blieb die ständige Kritik an dem System nicht aus. Die Anlehnung an englische Vorbilder wurde vom Bildungsreformer des 18. Jahrhunderts Francis Wayland als rückwärtsgewandt bezeichnet, da er "the education of the medieval clergy, and modified by the pressure of an all-powerful aristocracy" als für die amerikanischen Verhältnisse unan-

9 Rudolph: *The American College*, 90.

10 Ebd. 96.

11 Zur zeitgenössischen Kritik Vg. Ebd. 97 ff. Zu den im 19. Jahrhundert versuchten Reformen Vgl. Rudolph: *The American College*, 110 ff.

12 Rudolph: *The American College*, 90.

13 Ebd. 63 ff.

14 Vgl. N. Porter: *The American Colleges and the American Public*, New Haven 1870, 10–13.

gemessen ansah. Das nahe Betreuungsverhältnis mit Tutoren wurde von ausländischen Beobachtern als ein Mangel an Raum für geistige Reflexion bezeichnet.[15] Der Umbau Harvards gegen Ende des 19. Jahrhunderts zu einer Forschungsuniversität bedeutete dementsprechend auch einen Bruch mit der bisherigen Universitätstradition. Nicht mehr die Betreuung der Studenten, sondern die eigene Forschung und Publikation wurde treibende Motivation der Dozenten.[16] Die Institution des Colleges genügte diesen hohen wissenschaftlichen Ansprüchen nicht, blieb aber auch Aufgrund des großen öffentlichen Interesses erhalten. Für die Sozialisation ihrer Kinder auf den Colleges waren die aufstiegsorientierten Amerikaner auch zu einer Finanzierung bereit, die erst die Forschungsambitionen der Universitäten ermöglichte.[17]

Über die Aufgabe der Hochschulen war innerhalb der USA seit der Jahrhundertwende zum 20. Jahrhundert heftig debattiert worden. Mit den beiden aufeinander aufbauenden Elementen *undergraduate college* und *graduate school* hatte die amerikanische Universität um 1910 ihre vertikale Form gefunden. Die ersten drei bis vier Jahren verbrachte ein Student auf einem *undergraduate college*, das weiterhin an die britische Tradition von Oxbridge anknüpfte. Anschließend konnte der an der Forschung interessierte Student auf einer *graduate school* seinen Neigungen in einer Freiheit nachgehen, die auch durch die deutsche Forschungsuniversität angeregt worden war.[18] An postgraduellen *professional schools* fand die Berufsbildung statt. Im Gegensatz zu der deutschen klar abgegrenzten Institution und Corporation beschrieb der Begriff „Universität" dabei eher die institutionelle Klammer von Bildungsinstitutionen unterschiedlichster Zielsetzung an einem Ort. Das College war also nur die eine Institution dieser *centers of learning*, an welcher allerdings für den Studenten der Eintritt in die Hochschule und die Sozialisation ab einem Alter von ungefähr 17 Jahren erfolgte.[19] Der Besuch des College war im ersten Viertel des 20. Jahrhunderts für eine wachsende Anzahl amerikanischer *undergraduates* die prägende Übergangsphase am Ende der Jugend und der Übernahme von Erwachsenenverantwortlichkeiten geworden. Die College Jahre wurden in manchen Fällen als eine verlängerte Kindheit gesehen: Eine Zeit, um Freundschaften zu schließen, zu sozialisieren, guten Spaß zu haben.

15 Rudolph: *The American College*, 90.

16 W. H. Cowley: "European Influences upon American Higher Education", in: *The Educational Record* 20/2/1939, 165–190, 184.

17 Thelin: *A History of American Higher Education*, 155 ff.

18 Vgl. R. S. Turner: "Humboldt in North America? Reflections on the Research University and its Historians", in: R. C. Schwinges (Hg.): *Humboldt international*, Basel 2001, 289–312, 290. L. R. Veysey: *The Emergence of the American University*, Chicago 1965, 252–259. R. R. Geiger: *To Advance Knowledge*, New York 1986.

19 Die US-Universitäten sui generis beschrieb Cowley dem europäischen Beobachter als "confused patchwork quilt devoid of both designe and intelligibility." Harvard, Columbia, Johns Hopkins, Chicago seien eher als "great centers of learning" zu bezeichnen. Vgl. Cowley: *European Influences upon American Higher Education*, 165.

Dabei erwarteten die Studenten nicht immer, im engeren Sinne „akademisch“ zu arbeiten und sich ganz in eine Disziplin der Wissenschaft zu fügen.[20]

Um die Jahrhundertwende hatten die unterschiedlichen Vorstellungen von Studierenden und Lehrenden zu zahlreichen Konflikten geführt.[21] Woodrow Wilson bedauerte die Abwendung des studentischen Lebens von der akademischen Arbeit:

> The work of the college, the work of its classrooms and laboratories, has become the merely formal and compulsory side of its life, and [...] a score of other things, lumped under the term "undergraduate activities", have become vital, spontaneous, absorbing realities for nine out of every ten men who go to college. [...] If young gentlemen get from their social gifts, a training in give and take, a catholic taste [...] and the standards of true sportsmen, they have gained much but they have not gained what a college should give them.[22]

Wilson wagte sogar den Vergleich von College Studenten mit Gewerkschaftlern, die beide so wenig wie möglich für das, was sie bekommen, geben wollten.[23] Hinzu kam der vom Journalisten Upton Sinclair scharf formulierte Angriff gegen die exklusive und Privilegien-tradierende Funktion der Colleges: "Our educational system is not a public service, but an instrument of special privilege; its purpose is not to further the welfare of mankind, but merely to keep America capitalist."[24] Die Colleges befanden sich seit der Jahrhundertwende in einer Sinnkrise, für die einzelne Universitätspräsidenten unterschiedliche Antworten suchten.

2. NEUDEFINITION DES AMERIKANISCHEN COLLEGE UM 1900

Seit seinem Amtsantritt als Präsident der Princeton University 1902 versuchte der spätere 28. Präsident der Vereinigten Staaten Woodrow Wilson das unkontrollierte Studentenleben jenseits des akademischen Anspruchs in den öffentlichen Raum der Colleges zurückzuführen.[25] In seinem Engagement für ein Zusammenleben auf dem Campus kritisierte Wilson das zeitintensive Studentenleben, welches sich von den akademischen Ansprüchen einer Hochschulausbildung entfernt hatte. Ein neues Tutorensystem sollte dem abhelfen, dabei das Sozialleben an der Universität von seinem Wildwuchs befreien und in die Universität zurückverlagern. Wilson wollte statt des kommerziell betriebenen Collegesports und der oft unkontrollierten Gesellschaftslebens in den *eating clubs* – vergleichbar mit Studentenverbindungen anderenorts – das Zusammenleben in die Gesamtkonzeption der Universität integrieren. Für Wilson ging es um die Einführung akademischer

20 C. J. Lucas: *American Higher Education*, New York 1994, 208.

21 Ebd. 209.

22 W. Wilson: "What is a College For?" (1909), in: R. Rice (Hg.): *College and the Future*, New York et al. 1915, 88–106.

23 W. Wilson in: *Harvard Annual Report (1899–1900)*, Cambridge 1910, 11.

24 U. Sinclair: *The Goose-step*, New York 1923, 18.

25 Vgl. J. Axtell: *The Making of Princeton University*, Princeton/Oxford 2006. H. Wilkinson Bragdon: *Woodrow Wilson. The academic years*, Cambridge 1967. B. McGeorge: *An Athmosphere to Breathe*, New York 1959, 1–26.

Standards, die vor seinem Amtsantritt in Princeton wie auch an anderen der berühmten Hochschulen vernachlässig worden waren.[26] Aufgabe des Colleges sah Wilson darin, bei den späteren Verantwortungsträgern einen über die Fachausbildung hinausgehen geistigen Horizont und Werte zu schaffen. Auch die wissenschaftliche Freiheit begründete Wilson mit dem gesellschaftspolitischen Auftrag des Colleges. Es müsse das Denken seiner Absolventen im Sinne der gesellschaftlichen Verantwortung stärken:

> He will be immersed in the things that touch his profit and loss, and a man is not free to think inside that territory. If his bread and butter is going to be affected, if he is always thinking in the terms of his own profession he is not thinking for the nation. He is thinking for himself, and whether he be conscious of it or not, he can never throw these trammels off. He will only think as a doctor, or a lawyer, or a banker. He will not be free in the world of knowledge and in the circle of interests which make up the great citizenship of the country. It is necessary that the spirit of scholarship should be a detached, disinterested spirit, not immersed in a particular interest. That is the function of scholarship in a country like ours, to supply not heat, but light, to suffuse things with the calm radiance of reason, to see to it that men do not act hastily, but that they act considerately, that they obey the truth whether they know it or not.[27]

Die amerikanische Bewegung für ein „Lernen in Interaktion" hatte sich nicht erst seit der Formulierung der *Education in Democracy* durch den Philosophen John Dewey entwickelt. In den letzten beiden Jahrzehnten des 19. Jahrhunderts war die „Impersonalisation" der Hochschule zunehmend kritisiert worden. Vor allem in der Frage allgemeiner Wohnheime der Colleges als Teil der Erziehungserfahrung kristallisierte sich die neue Bewegung. Um 1890 setzte die neu gegründete und stark auf Forschung ausgerichtete University of Chicago ebenso wie die älteren führenden Universitäten Harvard, Princeton oder Yale wieder auf in die Universität integrierte Wohnheime. In den folgenden Jahren werden an mehreren Universitäten die *liberal arts colleges* ausgebaut, die als *residential colleges* zum Teil auch gemeinsamen Wohn- und Lebensraum bieten. Die englischen Universitäten Oxford und Cambridge werden dabei als Referenzobjekte genutzt.[28] Rein äußerlich kopierte Wilson sogar mit den Entwürfen für neogotische Collegegebäude von Princeton die englischen Vorbilder, wollte aber ausdrücklich eine eigene, amerikanische Idee des Colleges schaffen.[29] Die Umsetzung der neuen Konzepte war von Konflikten mit den bisherigen Strukturen begleitet. Wilsons Pläne scheiterten 1910 an den internen Widerständen der Universität Princeton, da es ihm letztendlich nicht gelang, die finanziellen Unterstützer aus der Zivilgesellschaft für seine Neubaukonzeptionen der Collegegebäude zu gewinnen. Seine Gedanken zur außerwissenschaftlichen Erziehung durch das College beeinflusste aber die landesweit geführte Debatte.[30] 1915 veröffentlichte der College-Dozent Richard Rice die Aufsatzsammlung *College and the Future*, deren für Studenten getroffene Aus-

26 Vgl. J. Karabel: *The Chosen,* New York/Boston 2005, 19 ff.

27 Vgl. Wilson: *What is a College For?*, 88–106.

28 Vgl. Cowley: *European Influences*, 186.

29 Vgl. *Distinctively American: the residential liberal arts colleges*, Cambridge 1999.

30 Wilson: *What is a College For?*. Axtell: *The Making of Princeton University.* Bragdon: *Woodrow Wilson. The academic years*. McGeorge: *An Athmosphere to Breathe*, 1–26.

wahl die amerikanische Bildungsdebatte seiner Zeit abbilden sollte. Wesentlich erschien für Rice die Frage nach dem Unterschied von Charakter und Intellekt, von denen ersterer schon als reines "by-product" der Erziehung beschrieben worden. Die Wechselwirkung "of social and intellectual training" zog sich durch alle Beiträge. Mehrere englische Beiträge deuten den Sinn der älteren Collegetradition. Ebenso werden in dem Sammelband die neueren Entwicklungen amerikanischen Collegesports und die Rolle der Ausbildung in einer demokratischen Ausbildung beschrieben: Die Ausbildung an einer Hochschule scheint in den USA untrennbar mit dem Erlernen gesellschaftlicher Verantwortung verbunden.[31] Der Auszug aus dem 1857 erstmals veröffentlichten englischen Schulroman *Tom Brow's Schooldays* im College-Reader von Rice belegt die unmittelbare Anlehnung an die Welt der viktorianischen Internate. Der Romanautor Thomas Hughes wollte bewusst die pädagogische Konzeption des langjährigen Rektors der *Rugby School* Thomas Arnold im ersten Viertel des 19. Jahrhunderts darstellen.[32] Im Zusammenleben sollte das Gemeinschaftserlebnis der jungen Menschen stattfinden, dass sich in den Folgejahren bei der nicht-wissenschaftsorientierten Mehrheit der Hochschulbesucher als wesentlicher Teil der Collegeerfahrung etabliert hatte. Auf das Erlernen der Wissenschaften sollte sich die durch die räumliche Nähe engere Interaktion von Dozenten, Tutoren und Studenten auswirken. Für die ersten vier Jahre auf dem College waren aber die Aktivitäten außerhalb des Curriculums mindestens genauso wichtig. Weitgehend in Eigenverantwortung editieren die Studenten Zeitungen, spielten Theater, maßen sich in Sportwettkämpfen. Die Studenten entwickelten im geschützten Raum der Colleges Aktivitäten jeder Art, welche besonders in der amerikanischen Öffentlichkeit als prägendes Lernen gesellschaftlichen Engagements anerkannt wurden.[33]

Dieses Lernen in Interaktion erfuhr in den USA durch die Forderung nach Demokratisierung sämtlicher Lebensbereiche durch John Dewey eine philosophische Basis. Deweys Ideen wurden nach der Erschütterung der alten Weltbilder durch den Ersten Weltkrieg in großer Breite wahrgenommen. Der Philosoph des Pragmatismus hat schon in einen Artikel von 1903 seine pädagogische Forderung an die Schulen formuliert, für die er in den Folgejahren in zahlreichen Veröffentlichungen warb.

> Politically we have found that this country could not endure half free and half slave. We shall find equally great difficulty in encouraging freedom, independence, and initiative in every sphere of social life, while perpetuating in the school dependence upon external authority. The forces of social life are already encroaching upon the school institutions which we have inherited from the past, so that many of its main stays are crumbling. Unless the outcome is to

31 Vgl. R. Rice (Hg.): *College and the Future*, viii ff.

32 Vorwort von Thomas Hughes: *Tom Brown's Schooldays* (1857), London 1994, 9–17. Vgl. J. Raymond de Symons Honey: *Tom Brown's Universe*, New York 1977. In einer Artikelserie in der *North American Review* schlug Hughes 1879 explizit die Brücke vom englischen Internat zur elitären Funktion des amerikanischen College. Vgl. Karabel: *The Chosen*, 25 f.

33 Vgl. Axtell: *The Making of Princeton University*, 238–309. Thelin: *A History of American Higher Education*, 155 ff.

> be chaotic, we must take hold of the organic, positive principle involved in democracy, and put that in entire possession of the spirit and work of the school.[34]

Aus der politischen Verwirklichung der Demokratie müsse nun auch die Verwirklichung eines demokratischen Lernens in den Bildungseinrichtungen folgen. Im starren Fächerkanon sei das Erlernen der für die Moderne nötigen sozialen Verhaltensnormen nicht möglich. Insbesondere der einseitigen Erziehung durch die Vermittlung ausschließlich intellektuellen Wissens galt seine Kritik. Erziehungsinstitutionen sollten als "embryonic community life" durch reale Erfahrung nicht nur Demokratie lehren, sondern auch demokratisch entstehen.[35] In einem Interview von 1929 warb Dewey für die praktische Erfahrung und Austausch als die wesentlichen Elemente des Collegebesuchs. Sicherlich sei es schön, so Dewey, wenn ein junger Mensch ein College besuchen und Kraft seines Charakters und seiner Intelligenz daraus Nutzen ziehen könne. Doch bedeute dieser Besuch des Colleges nicht zwangsläufig, auch Bildung [*education*] zu erwerben, wenngleich beides oft miteinander verwechselt werde. Auch in ganz praktischen Berufen entstehe Bildung durch Lernwillen und Aufmerksamkeit. So könne Bildung auch aus dem unmittelbaren Kontakt mit der Lebenswirklichkeit entstehen und nicht aus der bloßen Lektüre von Büchern.[36] Deweys Fünfschritt-Modell erfolgreichen Lernens verlangte 1.) eine Emotionale Antwort als Reaktion auf das Erleben von etwas unerwarteten, 2.) Die Definition des Problems als intellektuelle Reaktion, 3.) eine Hypothesenbildung, die 4.) zum Testen und Experimentieren anregt und 5.) zur Anwendung.[37] Für Dewey war die Entwicklung der individuellen Anlagen ein lebenslanger Prozess. Das Ziel der Bildung sah er darin, das Individuum zu einer solchen lebenslangen Fortentwicklung zu befähigen. Die Lehreinrichtungen hatten in seiner Konzeption die Aufgabe, den Wunsch nach umfassenderen, bedeutungsvollen Erfahrungen zu wecken und das Instrumentarium zu Verfügung stellen, mit dessen Hilfe man die Standpunkte anderer verstehen und Konflikte lösen konnte.[38] Diese Lerntheorie war für Dewey eng mit dem demokratischen Denken verbunden. Nach Deweys Überzeugung fußte die Demokratie nicht auf einem bestimmten politischen System, sondern auf der anhaltenden Verpflichtung jedes Individuums, dafür zu sorgen, dass es selbst wie auch jedes andere Gesellschafts-

34 Vgl. J. Dewey: "Democracy in Education", in: *The Elementary School Teacher* 4/4/1903, 193–204, 203. Dewey leitete die Forderung nach Demokratie folgendermaßen ab: "Modern life means democracy, democracy means freeing intelligence for independent effectiveness, the emancipation of mind as an individual organ to do its own work. We naturally associate democracy, to be sure, with freedom of action, but freedom of action without freed capacity of thought behind it is only chaos. If external authority in action is given up, it must be because internal authority of truth, discovered and known to reason, is substituted." Dewey: *Democracy in Education*, 193.

35 Vgl. B. Rosenzweig: *Erziehung zur Demokratie?*, Stuttgart 1998, 76 ff.

36 Aus *Newsreel*, 1929, zitiert nach L. A. Hickman: „John Dewey – Leben und Werk", in: Ders.; S. Neubert; K. Reich (Hg.): *John Dewey*, Münster 2004, 1–12, 1.

37 Vgl. Ebd. 5.

38 Ebd. 11. Vgl. S. Neubert: „Pragmatismus – thematische Vielfalt in Dewey Philosophie und in ihrer heutigen Rezeption", in: Hickman; Neubert; Reich: (Hg.): *John Dewey*, 13–27, 21.

mitglied ein möglichst erfülltes und gelingendes Leben führen kann.[39] Direkt oder indirekt konnten Deweys Ideen früh schon mindestens ein halbes Duzend interessanter Experimente mit „progressiven" Curricula, *life adjustment education* und anderen experimentalen Studienkursversuche anregen und wurden in den folgenden Jahren zunehmen wahrgenommen.[40]

Die Ordnung und Integration der nicht-wissenschaftlichen Aktivitäten in den Universitätsbetrieb begründete sich aber für viele Universitätspräsidenten wesentlich praktischer aus finanziellem Interesse, mit attraktiven Angeboten zahlungskräftige Studenten anzuziehen. Sport, Social Clubs, Studentenverbindungen, Theatergruppen, Campus Zeitungen und Studentenmagazine wurden in den 1910er Jahren zunehmend als die Dinge angesehen, die das College-Leben für die zahlungskräftige Studierenden attraktiv erscheinen ließen. Die bisher sich ohne größere Kontrolle entwickelten außerwissenschaftlichen Aktivitäten wurden nun als Konzept in die Colleges eingebunden und mit dem Ziel von "well rounded" Charakteren begründet. Neben der intellektuellen Ausbildung widmeten sich die Colleges und Universitäten nun zunehmend der sozialen, emotionalen und physischen Entwicklung der Studenten. Studienberatungen wurden eingeführt, medizinische Dienste wurden auf dem Campus angeboten, Wohnheime wurden geplant, Studentenhäuser errichtet und sogar die Studentenverbindungshäuser der *sororities* und *fraternities* auf Kosten der Universität gebaut. [41] Die Erziehungsidee durch das Zusammenleben erfuhr in den späten 1920er Jahren einen enormen Aufschwung an den führenden Hochschulen der USA. Die Universitätspräsidenten von Harvard und Yale bauten neue Campusanlagen, die direkt den klösterlichen Vorbildern aus England nachempfunden waren.[42] Seine Beiträge zu einer öffentlichen Debatte über die Collegeerziehung hatten ihn nicht nur als bekannt streitbaren Demokraten den Weg in die Politik eröffnet, sondern fanden auch inhaltlich Anklang. Der 1909 eingeführte Präsident der Harvard University Abbott Lawrence Lowell warb so für die neue Bedeutung des ohnehin praktizierten gemeinsamen Wohnens. 1907 hatte der Jurist beim einem Vortrag in Yale seine Vorstellung der Universität formuliert als "a group of colleges, each of which will be national and democratic, a microcosm of the whole university." Dieser demokratische Mikrokosmos sollte auch eine Egalität der Studenten generieren, die bei der in dieser Zeit freigegebenen Wohnungswahl nicht bestand. Die vorhandenen Wohnheime in Harvard wurden zu dem Zeitpunkt nur noch von den ärmeren Studenten genutzt, während die wohlhabenderen an der "Gold Coast" der Mount Auburn Street residierten. Lowell wollte aber weitergehend die neuen Erziehungsgedanken in den geplanten Häusern verwirklichen. In jedem der neuen projektierten Wohnheime sollte Wohnraum für Tutoren vorhanden sein, angemessene Räume für die Unterweisung der Tutoren und auch eine eigene Bibliothek. Dem Ideal der "self-education" folgend, sah Lowell nun nicht mehr den Unterricht, sondern der

39 Hickman: *John Dewey*, 10.

40 Lucas: *American Higher Education*, 248.

41 Ebd. 212.

42 M. B. Ryan: *A Collegiate Way of Living*, New Haven 2001, 53 f.

Umgang zwischen den Studenten unterschiedlicher Herkunft und Interesses als wesentlichen Lerrnprozess. Lowell war davon Überzeugt, dass so eine Interaktion nur im *residential college* entstehen könne. Der Harvard-Präsident warb in den Folgejahren für die finanzielle Unterstützung seines Plans bei privaten Geldgebern. 1929 hatte er endlich mehr als 11 Millionen Dollar für die Errichtung von sieben *undergraduate colleges* zusammenbekommen.[43] Auch die Yale University in New Haven begann in diesen Jahren mit umfangreichen Neubauprojekten, um alle Studienanfänger künftig in Colleges unterbringen zu können.[44]

Bezüglich des Anspruchs der Allgemeinbildung der Studenten war in den gleichen Jahren aber auch eine Gegenbewegung entstanden, deren inhaltliche Forderungen eine Rückbesinnung auf dem Humanismus forderten. Diese Bewegung lehnte die der Deweyschen Pädagogik zugeschriebene Beliebigkeit der Fächerkanons ab. 1920 warb der Altphilologen George Depue Hadzsits für eine klassische Grundbildung durch Beschäftigung mit der Antike:

> Classical education, important as we all know it to be, as a fundamental (or, if you will, a final) guide in the study of civilization, past and present, will not attain its legitimate goal of knowledge and culture unless it realizes its enormous social powers and possibilities. The classical scholar is at once philosopher, historian, and student of all human aspirations, political, economic, religious, and educational. The true classical education (despite the need of specialization) creates lovers of humanity and humanism through a study of ancient conditions of individualistic, social, and institutional life. This is true in a larger measure of classical scholarship than of mathematics, the sciences, or the study of modern languages. It is true in a deeper sense of the classicist than of the professional historian, economist, or pedagogue. Truly there is inherent in classical studies that which puts us in touch with all the various manifestations of human striving. Expositors of the ancient Greek and Roman civilizations should bring to bear upon the present problem all the wealth of ancient wisdom in order to help to bring to perfection the ideals of our democracies today. Thereby they will do honor not only to scholarship but to justice and humanity as well.[45]

Der Glaube an die bildende Kraft der Beschäftigung mit der Antike bzw. einem durch Klassiker geprägten Fächerkanon folgt dabei in den USA von 1920 den ähnlichen Argumenten wie die Forderungen der deutschen Neohumanisten zu Beginn des 19. Jahrhunderts. Die Begründung von Hadzsits stellte aber doch die Lehren der Antike in den spezifisch amerikanischen Zusammenhang der Erzie-

43 Angeblich soll der schwerreiche Philanthrop Edward Harkness seine wesentliche Spende an Harvard auf Empörung über seine eigene ehemalige alma mater Yale gegeben haben. Weil Yale mit der Umsetzung der von Harkness favorisierten Baupläne für die neuen Wohnheime gezögert hatte, soll er im Herbst 1928 Lowell seine Unterstützung zugesagt haben. Bezugnehmend auf das Engagement Wilsons für die Colleges bezeichnete das Studentenmagazin *Yale Record* die Neubaupläne der Colleges "a Princeton Plan done at Harvard with Yale money." Vgl. J. T. Bethell; R. M. Hunt; R. Shenton: *Harvard A to Z*, Cambridge 2004, 215 f. Vgl. B. J. Sacks: "Harvard's 'Constructed Utopia' and the Culture of Deception: The Expansion toward the Charles River 1902-1932", *The New England Quarterly* 84, 2/2011, 286–317.

44 Ryan: A *Collegiate Way of Living*, 35–59.

45 G. D. Hadzsits: "The Classics in a Democracy", *The Classical Journal* 15, 4/1920, 226–234, 226 f.

hung einer demokratischen Gesellschaft.[46] An der University of Chicago legte der dortige Universitätspräsident Robert Maynard Hutchins in den 30er Jahren in das Pflichtcurriculum der ersten beiden allgemein bildenden Collegejahre wieder einen Schwerpunkt der klassischen Ausbildung an den "Great Books". Hutchins verwurzelte *general education* in einer intellektuellen Tradition, die durch eine kanonisierende Selektion von Texten aller Epochen der westlichen Welt definiert wurde.[47] Aus dem Wissen um die gewachsenen klassischen intellektuellen Prinzipien, ewigen Werte und festen Standards könnte die Menschheit am besten mentale Stärke und menschliche Eigenentwicklung ziehen. In seiner amerikanischen Bildungsgeschichte von 1994 bezeichnete Christopher J. Lucas dieses neue Standardcurriculum als eine Gegenbewegung zur Erziehungskritik der modernen Gesellschaft. Wie Kreuzritter seien Hutchins und seine Mitstreiter Mortimer Adler, Mark Van Doren, Jacques Maritain und Norman Foerster in einen Kampf gezogen „gegen die ganze zeitgenössische Kultur mit den Industrieunternehmen, Wissenschaft und Technologie, ihren Kontrollinstitutionen, ihrem ethischen Relativismus und Säkularismus“[48] Der aus Deutschland emigrierte Albert Salomon sah dieses „Bemühungen, den menschlichen Geist auf jenes geistige und seelische Niveau zu heben, das für das Funktionieren einer wahrhaft liberalen Demokratie notwendig ist“ in dem Curriculum verwirklicht:[49]

> Der gemeinsame Nenner in dieser Vielfalt scheint die Rückbesinnung auf gewisse Postulate Jeffersons zu sein: die Betonung geistiger Tugenden und Grundsatzfragen sowie die Ablehnung einer praxisnahen, berufsorientierten Ausbildung an den Universitäten. Indirekt vertreten die meisten Beiträge die Position, dass das Problem einer demokratischen Elite in der Zuständigkeit und Verantwortung der akademischen Institutionen liege. Wenn diese Orientierung an einer Renaissance philosophischer und geistiger Werte tatsächlich eine allgemeine Grundhaltung unter den Pädagogen widerspiegelt, wird es zwar weiterhin Diskussionen über den Lehrplan geben, die Diskutanten werden jedoch zumindest von den gleichen Voraussetzungen motiviert und geleitet.[50]

Der Chemiker James Bryand Conant versuchte während seiner Präsidentschaft der Harvard University 1933 bis 1953 sich auch an Innovationen der Lehre durch Tutoren für die Studienanfänger in den Colleges. Zusätzlich zu den Professoren sollten auch geeignete ältere Studenten als individuelle Berater den *undergraduates* zur Seite stehen.[51] In der Öffentlichkeit wahrgenommen wurden die über ihre eigenen Institutionen hinausgehenden unterschiedlichen Ansätze der führenden Universitätspräsidenten zu diesem grundsätzlichen Ziel der Erziehung zum Akteur

46 Vgl. J. T. Shotwell: "Democracy and Political Morality", in: *Political Science Quarterly* 36/1/1921, 1–8. H. F. Cope: *Education for Democracy*, New York 1920.

47 Hutchins initiierte deren Wiederabdruck in der ab 1952 erschienen, sechzigbändigen Ausgabe *Great Books of the Western World* der *Encyclopaedia Britannica*.

48 Lucas: *American Higher Education*, 249. Übersetzung durch den Verfasser.

49 A. Salomon: „Hochschulbildung und Humanismus“ (1938), in: P. Gostmann; G. Wagner (Hg.): *Albert Salomon Werke, Band 2*, Wiesbaden 2008, 153–171, 153.

50 Ebd. 160.

51 A. Schlesinger: *Veritas: Harvard College and the American experience*, Chicago 2005, 174 ff..

in der amerikanischen Gesellschaft.[52] Im *7. Sophomore Testing Program* von 1938 wurden 140 amerikanische Colleges in ihrem Bildungsstand verglichen. Seit Anfang der 1930er Jahre war die Qualität der College-Ausbildung durch die vom *Committee on Measurement and Guidance of the American Council on Education* finanzierten Studien regelmäßig evaluiert worden.[53] Das in den Vorjahren in der Öffentlichkeit oft beschworene Ziel der Erziehung als "cultivation of the higher mental process" sollte der Untersuchungsgegenstand sein.[54] In der Diskussion der verschiedenen möglichen Untersuchungsansätze gab die Autorin der Studie zu, dass es kaum möglich sei, „Kultur" als eine Denkart statistisch zu erfassen.[55] So müsse die Frage unbeantwortet bleiben und die Studie als ein Ergebnis die Vielfältigkeit des Bildungsprozesses zugeben, "that there is no single pattern of excellence."[56] Das wichtigste Ziel des amerikanischen Colleges sei die "promotion of culture". Dabei zeigte sich durchaus eine breite Spreizung im Verständnis des Kulturbegriffs.[57] Die Studie sah an manchen Colleges elitär begründete Abschottungen von der Gesellschaft, an anderen eine gesellschaftliche Offenheit in der demokratischen Kultur. Wenn die Ideale einer aristokratischen Ordnung angenommen würden,

> culture is made up of those things apart from a man's vocation which enlarge his outlook and increase his appreciation of the racial heritage. [...] It therefore tends to be the distinguishing mark of the man who enjoys leisure. The university partakes, rightly or wrongly, of the nature of a cloister, where individuals acquire balance, perspective, and the rich patina of scholarship.[58]

In einer demokratischen Gesellschaft müsse hingegen jede "method or subject matter [...] be discovered in the extent to which it functions in releasing individuality and in promoting a more integrated social life." Im Ergebnis beinhalte der Begriff der Kultur jedes Versprechen, das die Erkenntnis und das Verstehen von sich selbst und der Welt verbessert. Ruth E. Eckert, die Autorin der Studie formulierte den festgestellten Kulturbegriff zusammenfassend: "Culture becomes the evidence that a man is at home and at ease in the varied situations which life presents him, approaching them sanely and realistically and with due concern for their larger human implications." Nicht gleich gesinnte, sondern „freie" Individuen seien das Ziel der Erziehung.[59]

52 Vgl. J. E. Amster: *Meritocracy ascendant*, Cambridge 1990. C. D. Biebel: *Politics, pedagogs and statesmanship, 1933–1947*, 1971. O. Martin: *Two educators: Hutchins and Conant*, Hinsdale 1948. E. Melia: *Science, values and education*, Baltimore 1995.

53 R. E. Eckert: "Who Are the 'Cultured' in Our Colleges?", in: *The Educational Record* 1/1939, 131–155, 134.

54 Vgl. C. H. Judd: *Education as Cultvation of the Higher Mental Process*, New York 1936, Kap. 9.

55 Eckert: *Who Are the Cultured*, 135.

56 Ebd. 155.

57 Ebd. 131.

58 Ebd. 131.

59 Ebd. 131 f.

Die tatsächliche Entwicklung an den vielen staatlichen und privaten Colleges in dem riesigen Land stellte sich im Detail sehr unterschiedlich dar. Der Aufstieg der Hochschulen der US-Westküste, die Ausweitung des staatlichen Bildungssystems, ein wachsender Anteil studierender Frauen oder die problematische Exklusion ethnischer Gruppen waren in den 1930er und 40er Jahren parallel laufende Entwicklungen, die sich mit den Collegevorstellungen verknüpften.[60] Gemeinsam war der Idee des amerikanischen College der temporär geschlossene Lebensraum des Campus, in dem durch Interaktion der Studierenden ein wesentlicher Effekt der Erziehung des Undergraduate erwünscht wurde. Im amerikanischen College ging es dabei immer um die Ausbildung zu einem kompetenten Menschen und Bürger. Angesichts des Personalbedarfs während des Zweiten Weltkrieges war dieses allgemeine Erziehungsziel durchaus in Frage gestellt worden. Für den andauernden Krieg benötigte die US-Armee vor allem die Ausbildung technischer Spezialisten, die von den Bildungsinstitutionen des Landes geleistet werden sollte. Aber auch US-Präsident Franklin D. Roosevelt betonte 1943 in einer Rede vor dem National Institute on Education and the War den Stellenwert der allgemein bildenden Erziehung, "that our young people will learn in the schools and in the colleges the wisdom and forbearance and patience needed by men and women of good will who seek to bring to this earth a lasting peace."[61] Trotz des technischen Bedarfs blieb die Selbstvergewisserung einer eigenen Bildungskultur als demokratische Macht das primäre Bildungsziel des amerikanischen College.[62] Ende der 1930er Jahre wurden die unterschiedlichen Ansätze dieser Bildung aber nach wie vor heftig diskutiert. Im 1939 vom Erziehungspsychologen Guy Montrose Whipple herausgegeben Jahrbuch der *National Society for the Study of Education* wurden die Debatten der vergangenen zwei Dekaden kritisch zusammengefasst. Mit einem Zitat des Vizepräsidenten der Stanford University Alvin C. Eurich belegte er den gescheiterten Versuch, eines Konsens zum Begriff der *general education*: "Each person who uses the term has some definite connotation in mind. Commonly it is thought of in contrast with specialization and as implying an emphasis upon living in a democratic society."[63] Die einzige Gemeinsamkeit der Versuche sei die Unzufriedenheit mit der Studienspezialisierung gewesen und der übereinstimmende Glaube, dass mehr "integration" des Curriculums von Nöten sei.[64] Die *general education* sei dabei "an expression of a quest for unity and a renewed emphasis upon the democratic ideal. " Genaue Prozeduren oder Programme seien aus dem gemeinsamen Glauben aber nicht erwachsen, die auf der Idee einer ganzheitlichen Bildung fußten, "what one finds in American colleges

60 Vgl. Karabel: *The Chosen*, 77 ff.

61 Rede Roosevelts am 28.8.1943. Vgl. M. Black; A. E. Murphy: "Liberal Arts in Wartime", in: *The Journal of Higher Education* 14/3/1943, 121–125.

62 Vgl. W. Rudy: *Total war and twentieth-century higher learning*, Rutherford 1991.

63 A. E. Eurich: "A Renewed Emphasis Upon General Education", in: G. M. Whipple (Hg.): *General Education in the American College, Part II*, Bloomington 1939, 6.

64 Lucas: *American Higher Education*, 248.

that are seriously attempting to modify their programs in order to provide more unifying experience."[65]

Eine gemeinsame Referenz für alle Erziehungsbemühungen um Allgemeinbildung bot der *Harvard Report* von 1945, in dem eine Reformkommission zur Umsetzung dieses Anspruches die Überlegungen geordnet hatte.[66] Der Bericht benannte zwei Ziele der am College stattfindenden Erziehung: 1.) Menschen auf ihre einzigartigen und persönlichen Funktionen im Leben vorzubereiten und 2.) sie kulturell zu prägen "so far it can for those common spheres with, as citizens and heirs of a joint culture, they will share with others." Obwohl der von Universitätspräsident Conant herausgegebene Bericht beteuerte, dass es kein einziges Idealmuster für die Universität gebe, gab er doch konkrete Empfehlungen für Harvard. Hier sollten die Studenten mindestens einen Kurs in Naturwissenschaften, *humantities* und *social studies* belegen sowie zusätzlich drei Kurse allgemeiner Natur. Das Wichtigste sei die Balance zwischen *general* und *special education.* Der Unterschied zwischen den beiden sei, dass die *general education* "that part of a student's whole education which looks first of all in his life as a responsible human being and citizen; while the term special educations indicates that part which looks to the student's competence in some occupation." Das Erstere sei ein "organism whole and integrated", während das Zweite als "organ, a member designed to fullfill a particular within a whole", diene. Beide seien wichtig für die Entwicklung einer *educated person* in einer freien Gesellschaft, eines Individuums mit der Fähigkeit, effektiv zu Denken, klar zu Kommunizieren und die relevanten Urteile zu fällen.[67] Die Autoren sorgten sich darum, dass *general education* für "some airy education in knowledge in general" gehalten werden könnte. Weder sollte sie formlos sein, das Ergebnis einer wahllosen Kurszusammenwürfelung; noch sollte sie negativ definiert werden in dem Sinn von allem, das nicht der Konzentration und Spezialisierung diene. Wohl mit Referenz zu dem von Hutchins in Chicago propagierten Standardcurriculum betonte der Bericht, dass man sich *general education* nicht als etwas mit festen Bücherlisten und Pflichtkursen vorstellen dürfe. [68] Zusammenfassend forderte der Bericht eine flächendeckende Einführung allgemeinbildender Maßnahmen. Die Herausforderung der modernen Demokratie in einem Sozialwesen, in dem alle frei seien, ihre privaten Absichten zu verfolgen, aber jeder auch die Verantwortung zur Lenkung der Gemeinschaft mittrage, bedürfe es, das alte Ideal der *liberal education* zu bewahren und es so schnell wie möglich auf alle Teile der Gesellschaft auszudehnen.[69] Ironischerweise lehnten die universitären Gremien Harvards die Empfehlungen des Berichts ab. An anderen Orten wurde der Harvard Plan positiver wahrgenommen und Variationen seiner Empfehlungen wurden in duzenden Colleges und Universitäten um-

65 Ebd. 248.

66 J. B. Conant (Hg.): *General Education in a Free Society*, Cambridge 1945. Auf Deutsch: *Allgemeinbildung in einem freien Volk*, Stuttgart, 1949

67 Conant (Hg.): *General Education in a Free Society*, 40, 51, 64, 195.

68 Lucas: *American Higher Education*, 251.

69 Ebd. 251.

gesetzt. Zwei Jahre später, veröffentlichte eine *White House Commission on Higher Education for Democracy* einen Bericht, in dem die *general education* nach dem *Harvard Report* ausdrücklich propagiert wurde.[70]

3. DEUTSCHE ANREGUNGEN IN DEN USA DES 19. JAHRHUNDERT

Seit dem frühen 19. Jahrhundert hatte es einen steten deutsch-amerikanischen Austausch der Wissenschaften und der Hochschulen gegeben. Bis 1918 hatte dabei deutlich das amerikanische Interesse an dem deutschen Universitäts- und Wissenschaftsbetrieb überwog, während das amerikanische Collegesystem international noch kaum beachtet wurde. Anfangs war es die Universität Göttingen, die für die amerikanischen Studenten im frühen 19. Jahrhundert besonders attraktiv erschien, dann bald auch Berlin. Die gewährten Freiheiten der deutschen Universität erschienen als positiver Kontrast zu den als unzureichend empfundenen Colleges, deren konfessionelle Bindung ein sachbezogenes und aufgeklärtes Studium erschwerte. Die idealistischen Grundsätze der Lehr- und Lernfreiheit wurden von den amerikanischen Besuchern genauso wie die Prinzipien der Einheit von Forschung und Lehre im Vergleich zum eigenen System als befreiend erlebt. Zwischen 1810 und 1920 waren zwischen 9000 und 10.000 amerikanische Studenten an deutschen Universitäten immatrikuliert gewesen, die Mehrzahl davon allerdings erst nach 1871.[71] Der Aufstieg der deutschen Forschungsuniversität vor allem in den Naturwissenschaften beeindruckte die amerikanischen Bildungsplaner. Nach Göttingen wurde vor allem Berlin wurden zum wichtigen Ziel amerikanischer Bildungsreisender. Der langjährige Harvard-Präsident Charles W. Eliot stärkte nach deutscher Anregung die *Graduate-* und *Professional Schools* der Universität. Und auch öffnete er die bisher begrenzte Fächerauswahl der Studenten im College durch mehr Wahlmöglichkeiten.[72] Die Idee der *academic freedom*, der Loslösung von konkreten Nützlichkeitserfordernissen und staatlichen Einschränkungen, wurde durch den Vergleich mit Deutschland gestärkt.[73] Die forschungsorientierte Johns Hopkins University wurde 1876 explizit nach deutschem Vorbild gegründet.[74] In den USA waren die deutschen Hochschulen der interessierten Öffentlichkeit wohlbekannt. Zahlreiche amerikanische Wissenschaftler und Personen des öffentlichen Lebens hatten persönliche Verbindungen zu Menschen in Deutschland und kannten das Land gut. Bis Mitte der 30er Jahre war ein Besuch oder sogar die Promotion an einer deutschen Universität ein unter den Wissenschaftlern der führenden Hochschulen weit verbreiteter Bestandteil ihrer

70 Ebd. 251.

71 Vgl. Paulus: *Vorbild USA?*, 35 ff.

72 Cowley: *European Influences upon American Higher Education*, 180. Der Chemiker Charles W. Eliot war 1869–1909 Präsident der Harvard University. Vgl. H. Hawkins: *Between Harvard and America. The Educational Leadership of Charles W. Eliot*, Oxford/ New York 1973.

73 Paulus: *Vorbild USA?*, 60 f.

74 Vgl. Ebd. 57 ff. A. Flexner: *An Autobiography*, New York 1960, 128.

wissenschaftlichen Biographie.[75] Innovationen der Forschung und Lehre an deutschen Hochschulen wurden auch in den USA rezipiert.[76]

Der amerikanische Schriftsteller Marc Twain zog 1880 beim seinem Deutschlandbesuch die Trennlinie der Hochschule zur Schulzeit im Bildungsanspruch. Die ausländischen Studenten, denen das deutsche Gymnasium als zu streng erscheine, besuchten die Universität „um ein Mansardendach über ihrer ganzen Allgemeinbildung zu errichten." Der deutsche Student hingegen habe schon sein Mansardendach und sei nur an der Uni, „um ein Türmchen in Gestalt irgendeines Spezialfaches hinzuzufügen, wie etwa eines besonderen Zweiges der Gesetzeskunde oder der Medizin oder der Philologie". So positiv Twain das hohe Bildungsethos beschrieb, so sehr zeigt seine Wortwahl auch die autoritäre Struktur des Gymnasiums, ohne dessen Vorbereitung die studentische Freiheit gar nicht denkbar erscheine. Es heiße, dass „wenn ein Schüler das Gymnasium verlässt, besitzt er nicht nur eine umfassende Bildung, sondern er weiß, was er weiß – er ist nicht von Ungewissheit umnebelt, es ist so in ihn hineingebrannt, dass es haftet."[77] Vergleichende Arbeiten der Amerikaner Isaac Leon Kandel und Abraham Flexner hatten kenntnisreich das Bildungssystem der späten Kaiserzeit und der Weimarer Republik dargestellt.[78] Die Autoren wollten mit positiven Beobachtungen aus Deutschland vor allem einen Beitrag zu der sich entwickelten amerikanischen Hochschulkultur zu geben. Flexner hatte während eines Sommeraufenthaltes 1907 in Heidelberg sein erstes Buch *The American College* verfasst, in dem er mit dem „beinahe primitiven" Hochschulsystem der USA abrechnete. [79] Seine Kritik am Wahlkurssystem und an der Lehre, die er in Harvard erlebt hatte, fußte auf der Beobachtung des verlorengehenden Enthusiasmus der Studenten.[80] Im Gegensatz sah Flexner die deutsche Universität als „Juwel in der kaiserlichen Krone", weit autonomer, weit höher entwickelt und respektiert und mit breiterem Einfluss als vergleichbare angelsächsische Institutionen.[81]

Zahlreich sind die Beispiele für die aus Deutschland empfangenen Anregungen im 19. Jahrhundert. Die klassische deutsche Universitätsidee übte durch die zurückgekehrten Akademiker einen wesentlichen Einfluss auf die amerikanischen

75 Paulus: *Vorbild USA?*, 44. Vgl. z.B.: J. W. Boyer: *"We are all Islanders to begin with"*, Chicago 2007.

76 z.B. "German Universities from a New Point of View": in: *Science* 6/137/1885, 244–247.

77 M. Twain: *Bummel durch Europa*, Berlin 1984, 28 f. Originalausgabe: *A Tramp Abroad*, Hartford 1880.

78 I. L. Kandel: *Comparative Education*, Boston 1933. Flexner: *Die Universitäten in Amerika, England, Deutschland.* Beide Erziehungsexperten waren in ihren Ausbildungs- und Forschungsphasen Wanderer zwischen Europa und Amerika, entfalteten aber ihr wesentliches Wirken in den Vereinigten Staaten und werden somit hier als Amerikaner bezeichnet. Zu den Biographien vgl. J. W. Null: *Peerless Educator: The Life and Work of Isaac Leon Kandel*, New York 2007. T. N. Bonner*: Iconoclast: Abraham Flexner and a life in learning*, Baltimore 2002. J. W. Null; D. Ravitch: *Forgotten Heroes of American Education*, Greenwich 2006.

79 Flexner: *An Autobiography*, 128.

80 Ebd. 70.

81 Vgl. Nipperdey: *Deutsche Geschichte 1866–1918. Erster Band*, 586.

Hochschulen aus.[82] Bei der Entwicklung dieses eigenständigen US-amerikanischen Universitätssystems wurden dabei nie alle Elemente der deutschen Universität übernommen. Während die Lehre mit der Einführung von Seminaren früh aus Deutschland angeregt wurde, übernahm man in den USA Innovationen in der Forschung erst in der zweiten Jahrhunderthälfte.[83] In der aktuellsten Studie zu den Wechselbeziehungen betont Stefan Paulus aber, dass es sich dabei um keine vollständige Adaption handelte, sondern eher um „die Verschmelzung bestehender amerikanischer Strukturen mit deutschen Bildungs- und Wissenschaftsvorstellungen, die aus der damaligen amerikanischen Perspektive übernehmenswert erschienen."[84] In den Vereinigten Staaten hatte sich ein eigenständiges Universitätssystem entwickelt. Viele der aus Deutschland angeregten Maßnahmen führten zu einem fruchtbaren Nebeneinander des traditionellen amerikanischen College und der neuen forschungsorientierten Graduate School.[85]

Dass die vielen Anregungen nicht zu einer Übernahme des doch so erfolgreich perzipierten deutschen Universitätsmodells in den USA führte, lag an der starken eigenen gesellschaftlichen Idee in den USA. Die positive Wahrnehmung hatte die Amerikaner nicht blind werden lassen für Krisensymptome bei den deutschen Hochschulen und die als rückständig erlebte Gesellschaftsstruktur des Kaiserreichs.[86] Die Unterschiede zum deutschen Ständestaat fielen den amerikanischen Besuchern ins Auge und sie wurden durchwegs als negativ beschrieben. Auch wenn die Quellen oftmals nach den beiden Weltkriegen rückblickend dieses autoritäre Element klarer benennen konnten, ist der Unterschied zur monarchistischen und sozialpolitisch konservativen Professorenschaft augenfällig. Der begeisterte Universitätsbesucher Flexner hatte im Berlin von 1907 schon den militaristischen Ton des Kaisers bei einer Rede in der Universität und das ständisch-unsensible Benehmen der „blau uniformierten Junker" mokiert.[87] Der vom amerikanischen State Department bestellte Historiker Henry P. Pilgert sah *ex post* das autoritäre Element des deutschen Bildungssystems als eine lang gewachsene Struktur des Obrigkeitsstaates. In seiner Beurteilung der deutschen Universitäten des 19. Jahrhunderts wies er auf das mangelnde Selbstbewusstsein der bürgerlichen Gesellschaft nach der gescheiterten Revolution von 1848 hin. Der hohe Grad der fachlichen Spezialisierung wurde von deutschen Professoren als Vorwand genutzt, ihre Arbeit nicht in eine gesellschaftliche Verantwortung einzupassen. In der Beobachtung der Hochschulen der Weimarer Republik zitierte Pilgert den Chicagoer Professor Robert J. Havighurst, der als Mitarbeiter der Rockefeller Foundation oftmals nach Europa gereist war. Die deutschen Universitäten verursachten, so Havighurst, "a kind of social irresponsibility through the doctrine that

82 Vgl. E. Shils; J. Roberts: „Die Übernahme europäischer Universitätsmodelle", in: W. Rüegg (Hg.): *Geschichte der Universität in Europa, Band III*, München 2004, 145–198, 148 f.
83 Paulus: *Vorbild USA?*, 46 f, 53 ff.
84 Ebd. 44–66, 44 ff. Paulus weist auf die divergierenden Einschätzungen über den deutschen Einfluss hin.
85 Paulus: *Vorbild USA?*, 57.
86 Vgl. Nipperdey: *Deutsche Geschichte 1866–1918. Erster Band*, 586.
87 Flexner: *An Autobiography*, 66.

one piece of knowledge was as valuable as any other, and through an academic isolation that drew people away from concern with the primary social problems of the day." 1953 folgerte Pilgert rückblickend das bekannte Demokratiedefizit insbesondere der Universitäten:

> This is probably too sweeping but there is little doubt that the universities came to suffer from over-specialization, nationalism, and state control. When the Revolution of 1918 brought the replacement of monarchical by democratic institutions, the universities were ill-prepared for it. They displayed a pronounced "cultural lag", which was most marked in the social sciences. To be sure, there were some outstanding social scientists but proportionately they were less numerous than in many other Western countries. In any event, it is a matter of record that most of the universities gave little or no support to the Weimar Republic.[88]

In der seit der Jahrhundertwende geführten Debatte über Erlernen gesellschaftlicher Verantwortung, schien Deutschland in den USA also kein anknüpfbares Vorbild zu bieten. Die Weiterentwicklung der aus englischer Tradition stammenden amerikanischen Collegestrukturen blieb eine Debatte, die von amerikanischen Akteuren geführt wurde.

4. ANREGUNGEN FÜR DIE DEUTSCHEN REFORMEN NACH 1920

Auch im ausgehenden 19. Jahrhundert waren in Deutschland durch den regen Austausch von Professoren die innovativen Anstösse amerikanischer Hochschulen wie etwa die reguläre Zulassung von Frauen zum Studium wahrgenommen worden, grundsätzliche Strukturreformen wagte man aber nicht.[89].Vor dem Ersten Weltkrieg waren die zahlreichen Arbeiten zum amerikanischen Bildungssystem wenig rezipiert worden.[90] Bei den deutschen Reformpädagogen wurden seit der

88 H. P. Pilgert: *The West German Educational System*, 1953, 73 f.

89 1908 wurden Frauen an den preußischen Hochschulen regulär zum Studium zugelassen. Vgl. C. E. McClelland: "American Examples for German Universities: Admitting Women before World War I", in: Keiner et al. (Hg.): *Metamorphosen der Bildung,* 323–336. In der ersten Dekade des 20. Jahrhunderts waren zahlreiche Professoren und Lehrer in den USA gewesen und hatten vergleichende Arbeiten zum Bildungssystem publiziert. F. Beck: *Americana Paedagogica*, Leipzig 1912. C. Brinkmann: „Ein unterschätzter Vorzug der deutschen Schule", *Gymnasium zu Steglitz, Festschrift zur Feier des 25-jährigen Bestehens*, II Teil, Steglitz 1911, 93–108. R. Gottschalk; „Americana Paedagogica", *Die Deutsche Schule*, 1912, 138–143; K. L. Henning: „Deutsch oder Amerikanisch?", *Die Deutsche Schule* 18, 1914, 237–242. Vgl. P. Drewek: "The Inertia of Early German-American Comparisons: American Schooling in the German Educational Discourse, 1860–1930", in: C. Charlie, J. Schriewer, P. Wagner: *Transnational Intellectual Networks*, Frankfurt 2004, 225–268, 239 f.

90 Der von Kerschensteiner 1912 in den *Monatsheften für deutsche Sprache und Pädagogik* Vergleich des deutschen und amerikanischen Schulsystems war in Deutschland kaum beachtet worden; ganz anders als in den USA, wo die Bildungsbehörden ihn 1913 als Übersetzung im *Bulletin if the Bureau of Education* veröffentlichten. G. Kerschensteiner: "A Comparison of Public Education in Germany and the United States", Government Printing Office (Hg.): *Bulletin if the Bureau of Education*, 1913. Vgl. P. Drewek: *The Inertia of Early German-American Comparisons,* 240.

Jahrhundertwende die aus einem optimistischen Menschenbild gefolgerten Überlegungen John Deweys zur Schule nur begrenzt wahrgenommen.[91] Deweys pädagogischer Ansatz sah die Schule nicht eine künstlich abgeschottete Lehranstalt, sondern eine *embronic society*. Von realen Problemen ausgehend sollten Schülerinnen und Schülern den Unterricht gestalten und „reale Erfahrungen“ vermitteln. In Georg Kerschensteiners Arbeitsschule fanden sich Parallelen zum Denken, wiewohl sich Kerschensteiner klar von Dewey abgrenzte.[92]

Die erste systematische Beschreibung des amerikanischen Colleges für die deutsche Öffentlichkeit stammte vom Pädagogen Paul Ziertmann . Zusammen mit Herman Nohl hatte er bei Friedrich Paulsen und Wilhelm Dilthey studiert.[93] Unabhängig von seiner praktischen Schultätigkeit sah Ziertmann in seiner Lesart Diltheys die wissenschaftliche Pädagogik als eine ‚Gesellschaftswissenschaft‘: Ohne das Primat der praktisch-professionellen Bindungen der Theorie sollte sie System und Funktion von Erziehung in der Gesellschaft analysieren.[94]. Seine Erfahrungen aus der Teilnahme an einem zweijährigen Austauschprogramm in die USA verarbeitete er 1909 in einen systemantischen Vergleich der deutschen Oberstufe mit den amerikanischen Colleges.[95] 1911 widmete er einen ausführlichen Aufsatz dem Zusammenleben der Studenten im College, dass sich „viel mannigfaltiger“ gestalte , „als das an unseren höheren Schulen und Universitäten.“ [96] Ausführlich beschrieb er den idealtypischen Campus mit seinen Bibliotheken, Wohn- und Sportstätten; „meist auf dem Lande, in schöner und freundlicher und vor allem gesunder Umgebung“. Ziertmann verortete die „eigentümlichen Stellung des College als einer Zwischenanstalt zwischen Schule und Universität“ und deutete sie „als eine abgetrennte und stark vergrößerte deutsche Oberstufe“. Aus diesem Grund müsse man „das Leben der Collegestudenten stets […] mit dem unser Primaner sowohl wie mit dem unserer jüngsten Studenten“ vergleichen.[97] Im vergleichenden Ansatz widmete Ziertmann dem pädagogischen Aspekt eine besondere Aufmerksamkeit. „Soweit man Erziehung gleich Unterricht und

91 Gegen die Überlegungen Deweys gab es in Deutschland vor 1918 entschiedenen Widerspruch. S. Bittner: *Learning by Dewey?*, 44–120. Vgl. G. J. J. Biesta; S. Miedema: "Dewey in Europe: A Case Study on the International Dimensions of the Turn-of-the-Century Educational Reform", in: *American Journal of Education* 105/1/1996, 1–26.

92 Vgl. M. Knoll: „Der Streit um die Einführung der Fortbildungsschule in den USA, 1910-1917“, *Pädagogische Rundschau* 47, 1993, 131–145. G. Himmelmann: „John Dewey (1859–1952)“, in: A. Kaiser; D. Pech (Hg.): *Geschichte und historische Konzeptionen des Sachunterrichts*, Baltmannsweiler 2004, 98–101, 98f.

93 Vgl. Elisabeth Blochmann: *Herman Nohl in der pädagogischen Bewegung seiner Zeit 1879-1960*, Göttingen 1969, 28.

94 Vgl. H.-E. Tenorth: „Kulturphilosophie als Weltanschauungswissenschaft. Zur Theoretisierung des Denkens über Erziehung“, in: R. vom Bruch; F. W. Graf; G. Hübinger: *Kultur und Kulturwissenschaften um 1900*, Stuttgart 1989, 133-154, 140.

95 Vgl. Drewek: *The Inertia of Early German-American Comparisons*, 239 f.

96 P. Ziertmann: „Das amerikanische College und die deutsche Oberstufe, eine Frage der Schulorganisation“, *Pädagogisches Archiv* 51/5, 1909, 225–255. 131 f.

97 Ders.: „Über das Leben im amerikanischen College“, *Pädagogisches Archiv* 53/3, 1911, 129–162, 130.

Ausbildung des Intellekts" setze, sei der weitaus umfassendere Ansatz des Colleges schwer fassbar für den „deutschen Lehrer".[98]

> Und man übersieht auch, dass hinter alle den geschilderten Einrichtungen einem wenn auch nicht systematische ausgearbeitete, so doch praktisch stets wirksame Theorie und eine reiche Erfahrung steht. Nicht nur weil man reich ist, sondern weil man einen anderen weiteren Begriff von Erziehung hat: deshalb gibt man so viel größere Summen dafür aus. Und dieser andere Begriff von Erziehung ist gezogen aus der Anschauung, dass der Erzieher nicht nur den Intellekt des jungen Menschen, sondern dass er den ganzen Menschen in die Hand bekommt und für den ganzen Menschen sorgen muss: für einen Körper und seine Seele sowohl wie für seinen Geist.[99]

„Wie dies Wissenschaft und Forschung freilich nicht anders tun dürfen", sehe man hingegen in Deutschland vom Menschen „nur den Intellekt und übersehen den Menschen ganz über der Sache." Ziertmann sprach der Universität bzw. der Oberstufe „neben den gelehrten auch erzieherische Aufgaben" zu, „so werden sie schließlich ihren Blick auf die andere Seiten der menschlichen Natur richten müssen." [100] Mit einer detaillierten Beschreibung der sportlichen Möglichkeiten auf dem amerikanischen Campus illustrierte er die Idee eine nötigen Einheit von Geist und Körper, die er bei der deutschen Bildungsidee vermisste:

> Wer denkt bei uns daran, den Studenten oder den Primaner dazu anzuleiten, seine Muße so zu verbringen, dass sich Körper und Geist dabei wirklich erfrischen und erholen, wer denkt gar daran, Einrichtungen dafür zu schaffen? Es wird drüben als ein wichtiges pädagogisches Problem angesehen, gerade denjenigen, welche im Leben der Nation führen, welche die stärkste geistige Arbeit leisten sollen, nicht dazu anzuleiten, wohl aber durch geeignete Einrichtungen daran zu gewöhnen, ihre Mußestunden zu körperlicher und geistiger Erfrischung zu verwenden.[101]

Die zeitgenössisch wahrgenommene Überlegenheit des deutschen Universitätssystems mochte Ziertmann angesichts dieser Defizite nicht dauerhaft haltbar sehen. Erst 1950 knüpfte der über 70jährige Ziertmann Erfahrungen in *einer vergleichend soziologisch-pädagogischen Untersuchung nebst einem Vorschlag zur Weiterentwicklung des höheren Schulwesens* nochmal an seine amerikanischen an, um die von ihm schon als jungen Lehrer wahrgenommenen Fragen zu beantworten: „Wie kann der Druck, unter dem der Schüler auf der Schule leidet, mag man ihn auch als allgemeinen Kulturdruck auffassen, erleichtert, wie kann dem Menschen das Leben der Freiheit gewährt werden?" Für ihn hatte das Erleben der Antwort im amerikanischen College gelegen, dessen Wesen der Freiheit im „autoritären Staat […]vor 1914" keinen Platz haben durfte.[102] Als Konsequenz empfahl Ziertmann nun in der neuen demokratischen neuen Zeit eine „Oberstufenschule", in der die Schüler insbesondere durch die Wahlfreiheit der Fächer ein wertvolles Propädeutikum für die Universität erfahren sollten.[103] Letztendlich hielt sich die

98 Ebd. 137.
99 Ebd. 132.
100 Ebd. 134.
101 Ebd. 132.
102 P. Ziertmann: Das amerikanische College und die deutsche Oberstufe, Wiesbaden 1950, 5.
103 Ebd. 55–113.

Rezeption der Ziertmannschen Texte 1909/1911 wie 1950 in den Grenzen eines Fachpublikums und entwickelte kaum politischen Einfluss. 1914 war Ziertmann mit seiner Arbeit über die *Pädagogik als Wissenschaft* als Beitrag zur Professionalisierung des Faches überregional bekannt geworden. [104] In den1920er Jahren war Ziertmann dann als Referent für gewerbliches Fortbildungswesen in das preußische Handelsministerium mit der Umsetzung in die Praxis voll belegt. [105] Dies könnte auch ein Grund für die explizite Ablehnung des das Preußische Kulturministerium seiner 1924 von der Universität Halle erfolgten Berufung auf einen Lehrstuhl der Pädagogik verstehbar machen.[106]

In den 1920er Jahren rezipierten deutsche Pädagogen vermehrt das amerikanischen Bildungswesen.[107] Der preußische Ministerialrat Erich Hylla warb nun für eine staatsbürgerliche Erziehung als ein „Sicheinordnen in die menschliche Gemeinschaft überhaupt" durch einen allgemeinen Deutschunterricht und zog explizit amerikanische Vergleiche heran.[108] Das Zentralinstitut für Erziehung und Unterricht, in dem Hylla beschäftigt war, arbeitete dabei unmittelbar dem im Nachbarhaus gelegenen Preußischen Bildungsministerium zu.[109] 1928 veröffentlichte Hylla eine Monographie über das amerikanische Bildungssystem. Die Gegenwart verlange von den deutschen Lehreinrichtungen

> neben der Erziehung zur Volksgemeinschaft zugleich Erziehung zur Völkergemeinschaft, ‚im Geiste der Völkerversöhnung', wie es in unserer Verfassung heißt – und ich möchte glauben, dass für uns mindestens nach dieser Seite hin im Auslande hier und da manchen zu lernen gibt, Positives und Negatives. Aber auch in der besonderen Aufgabe der Erziehung für unsere neu, d.h. demokratisch eingerichtete Volksgemeinschaft, für ein vom Volke selbst geleitetes Staatswesen haben wir ja noch nicht allzu viel eigene Erfahrung, haben auch das Gewicht einer alten Tradition zu überwinden.[110]

Seine Forderung nach einer Neuausrichtung des deutschen Bildungssystems warb für die Verwendung von Elementen des amerikanischen Colleges. Das Hochschulwesen sei freilich nicht ganz vergleichbar mit dem deutschen, das das Schlusszeugnis der Höheren Schule dem deutschen Abitur nicht gleichwertig sei, „sondern etwa der Reife für die Unterprima."[111] Hylla interessiert aber vor allem, welche neuen Antworten die amerikanischen Colleges auf Fragen der unübersichtlicher werdenden Moderne durch „Anpassung an die Forderungen des gegenwärtigen Lebens" bieten. Nicht nur durch die Erschließung neuer Fächer in Lehre und Forschung nähere man sich dem Ziel, sondern durch verschiedenste

104 P. Ziertmann: *Pädagogik als Wissenschaft und Professuren der Pädagogik*, Berlin, 1914. Vgl. Tenorth: *Kulturphilosophie*, 140 f.
105 Vgl. F.H.: „Paul Ziertmann 75 Jahre", *Bildung und Erziehung* (1954), 239 f.
106 C. Tilitzki: *Die deutsche Universitätsphilosophie in der Weimarer Republik und im Dritten Reich*, Teil 1, Berlin 2002, 241 f.
107 P. Drewek, E. Fuchs, M. Zimmer-Müller: *Internationale Rezeption in pädagogischen Zeitschriften im deutsch-amerikanischen Vergleich 1871-1945/50*, Berlin 2010, *9–42*.
108 Hylla: *Staatsbürgerliche Erziehung im Deutschunterricht*, 4.
109 Vgl. C. Führ: *Zur Schulpolitik der Weimarer Republik*, Weinheim 1972, 100 f.
110 Hylla: *Die Schule der Demokratie*, 3.
111 Ebd. 81 f.

Maßnahmen. Der Druck sei allerdings auch durch die Nachfrage der Studierenden entstanden. Da der wachsende Zustrom an Studenten junge Leute in das College geführt habe, „die mit seinem herkömmlichen Lehrplan nichts anzufangen wissen, den die theoretische Arbeit, sei sie nun wissenschaftliche oder auch bloße Lernarbeit, nicht liegt, die in ihr versagen.“ Notwendigerweise musste das College so seine Arbeit anpassen. Zahllose Versuche wurden seinerzeit unternommen, von denen Hylla einige Trends beschreiben wollte.[112] Die „Verbindung zwischen Lernarbeit und praktischer Tätigkeit“ sah Hylla als ein besonderes Charakteristikum des amerikanischen Colleges an. Diese Colleges gingen von dem Gedanken aus, dass sie „keineswegs nur eine Schule für die sogenannten *professions*, d.h. die höheren, gelehrten, geistigen Berufe seien, sondern auch dem zukünftigen Kaufmann, dem Industriellen, dem Organisator offen stehen und etwas Wertvolles bieten soll.“ Folgend nannte Hylla einzelne Colleges als Beispiele für neue Wege in diesem Praxisbezug. Etwa am Antioch College war unter der Präsidentschaft des Ingenieurs Arthur E. Morgan ein duales System von Studium und Berufspraxis eingerichtet worden.[113] In einem von vier auf sechs Jahre verlängerten Studium teilten sich je zwei Studenten eine volle Arbeitsstelle und den Studienplatz. Bemerkenswert erschien Hylla auch die Verlagerung eines New Yorker College auf ein Schiff. So könnten die Studierenden auf der mehrjährigen Weltreise „nicht nur Bücher, sondern vor allem auch die Welt und das Leben selbst“ studieren. Die Kühnheit der Versuche einer an der modernen Lebenswelt orientierten Hochschulbildung beschrieb Hylla wohlwollend trotz des Hinweises auf die anhaltenden skeptischen Debatten in den USA. Sicherlich verursache die „Neuheit und Eigenart“ einige Probleme, doch, so Hylla, „den Plan deswegen zu verurteilen oder zu belächeln hieße der Kühnheit des Unternehmens nicht gerecht zu werden.“[114] Detailliert berichtete Hylla für die deutsche Leserschaft von den Anlagen der aus der englischen Tradition stammenden Colleges, die isoliert von den Städten auf dem Land gelegen seien. Die spezifische Form des sozialen Lebens beschrieb Hylla ausführlich. Dieses „soziale Leben“ des Colleges sei einer der wichtigsten Erziehungsfaktoren. Schon in der baulichen Anlage sei die soziale Interaktion vorgesehen. „Um ein weites Mittelfeld, das als Sport- und Festplatz, wohl auch zu militärischen Übungen dient, gruppieren sich die eigentlichen Schulgebäude, aber auch die Wohngebäude für Lehrer und Studenten, selbstverständlich auch Bibliothek, Kirche, Festhallen, Häuser der Studentenvereinigungen, der ‚Brüderschaften‘ (*fraternities*) und der ‚Schwesterschaften‘ (*sororities*).“[115] Ausführlich schilderte Hylla in Folge das *College Life*, das er nicht als primär wissenschaftliche Ausbildung verstanden sehen wollte:

112 Ebd. 103. Die nicht elitäre Auslese „Kraft der Selbstbeschränkung, d.h. zu einer hohe Anforderungen stellende Auslese“ sah Hylla dabei offensichtlich als eine Gegenentwicklung zum deutschen System, nahm sie aber in seiner Beschreibung als Fakt.

113 Vgl. M. Bernstein: „Arthur Ernest Morgan“, in: *American History* 40/4/2005, 48–76.

114 Hylla: *Die Schule der Demokratie*, 104.

115 Ebd. 82

> Dass es die amerikanische Jungen, vor allem die männliche Jugend, in Scharen anlockt, verdankt es nur zum Teil seinen Bildungszielen und seinen wissenschaftlichen Aufgaben und Bemühungen, zum andern und vielleicht größeren Teil dem, was es ab Möglichkeiten zur sportlichen Betätigung und an „studentischem", allgemeiner gefasst: gesellschaftlichem Leben bietet. Jemand hat einmal gesagt, das amerikanische Colleg sei eine Form jugendlichen Zusammenlebens mit leisem wissenschaftlichen Einschlag, und ich glaube diese Feststellung kommt für viele Collegs der Wahrheit recht nahe. Wer von dem Colleg, wie es heute ist, ein Bild geben will, darf an dieser sozialen Seite des Collegelebens nicht vorübergehen.[116]

Die geringe Fokussierung auf akademische Bildung bemerkte Hylla dabei als Nachteil des Systems. „Die vielen Annehmlichkeiten" des *College Life* zögen eine große Anzahl junger Männer und Frauen an, „bei denen ein ernsthaftes Bestreben nach wissenschaftlicher Bildung, ja nach Geistigkeit überhaupt keineswegs vorhanden" sei. Der Entwicklung zu einem Stubengelehrten sei durch die „Atmosphäre jugendlicher Frische und Unbefangenheit" zwar eindeutig vorgebeugt, womöglich verhindere das Leben im College aber die „Entwicklung einer wissenschaftlichen Geisteshaltung" vollkommen. Die steigenden Zahlen an Studierenden suchten für „Sport, gesellschaftliche Beziehungen, jugendlichen Frohsinn" einen nicht zu mühsam zu erwerbenden akademischen Grad.[117] Dennoch verriet der Autor seine Sympathie für das erlebte Miteinander auf dem Campus. Hyllas Text ist ein einziges Staunen über das, was dieses College-Leben für Energien bei den jungen Menschen freisetzt. Die beherrschende Rolle des Sports hingegen sah der europäische Besucher eher skeptisch. Auch die weitgehende Verantwortung der Studenten nicht nur für den Sportbetrieb, sondern auch „das ganze Geldgeschäft, das er mit sich bringt", empfand Hylla als problematisch: „Nur in etwa einem Drittel aller Schulen wird die geschäftliche Seite vom Lehrkörper betreut; in manchen anderen sucht man vermittelnde Lösungen. Dass es auch in Amerika nicht unbedenklich ist, jungen Leuten um die Zwanzig herum Tausende von Dollars anzuvertrauen, bedarf keiner näheren Ausführungen." Vor dem Alkoholmissbrauch der eigenverantwortlichen Studierenden warnt er.[118] Nicht die Eigenverantwortung, sondern die erzieherischen Ansätze interessierten den deutschen Pädagogen. Die baulichen Gegebenheiten sah er als Ausdruck dieser Hochschulpädagogik:

> Wie auf dem Gebiete des Sports, so wird es auch in anderen Gebieten des Studentenlebens immer deutlicher, dass die jungen Leute auch im Colleg der Führung bedürfen, dass es also nicht angeht, die Fragen des Zusammenlebens ihnen selbst zu überlassen. Die amerikanische Schulen gehen schon heute darin viel weiter als unsere Universitäten, vor allem für die jüngeren Studenten. Einen großen Teil derselben bieten sie Unterkunft in den „Dormitories", den „Studentenheimen", die teils mit den Universitäten verbunden, teils selbstständig organisiert sind, und die die Studenten gerne benutzen; sie bieten im Durchschnitt etwas mehr „Komfort" als entsprechende Einrichtungen bei uns, sind allerdings auch teurer, aber billiger als gleich gute Privatwohnungen. Charakteristisch für amerikanische Verhältnisse ist, dass es in den Heimen auch Familienwohnungen gibt, in denen neben den verheirateten Studenten auch jüngere Lehrer mit ihren Familien Wohnung nehmen. Hier entwickelt sich oft ein recht reiz-

116 Ebd. 96.
117 Ebd. 99.
118 Ebd. 96 ff..

> und wertvolles gesellschaftliches Leben, wozu die Ausstattung dieser Heime mit gemeinsamen Spiel-, Lese-, Musikräumen, oft auch mit einer „Cafeteria", eine Speiseanstalt, wesentlich beiträgt.[119]

Die „persönliche Fürsorge, Beratung und Führung" werde immer stärker ausgebaut. So sei das ehemals disziplinar tätige Amt des „Studentendekan" zu einem „Lebensberater" in allen persönlichen Angelegenheiten des Studenten geworden. Bisweilen führe dieser auch eine studentische Arbeitsvermittlungsstelle, eine studentische Darlehenskasse, die Krankenfürsorge und die Berufsberatung.[120] Um den Studierenden zu Beginn einen Überblick über die Vielfalt des Lehr- und Lernangebotes zu geben, böten die Colleges nun oftmals Orientierungskurse für Anfänger. Diese Kurse sollten ihnen das nutzen der Wahlmöglichkeiten ermöglichen und den Hauptmangel des Studium zu beheben helfen: Die „Einheitlichkeit, Geschlossenheit, Zielstrebigkeit, klare Richtung, philosophische Zusammenfassung und Besinnung, richtige Abschätzung der Stellung und Bedeutung der einzelnen Arbeitsgebiete und Arbeitsergebnisse im Ganzen der Gegenwartskultur." Eine solche philosophische Ausbildung ließ Parallelen zum heimischen System ziehen. Aus diesem Grund beurteilte sie Hylla wahrscheinlich besonders skeptisch:

> Soweit solche Kurse eine Orientierung und seine Arbeit erstreben, haben sie manchen für sich. Wo sie darüber hinaus eine philosophische Orientierung ganz allgemein versuchen, scheinen sie mir im ersten Collegejahre verfrüht; was der durchschnittliche Student von der Höheren Schule mitbringt, reicht als Erfahrungs- und Wissensunterlage für eine solche Arbeit nicht aus. Eine derartige Zusammenfassung des Wissens unter Herausarbeitung der Beziehungen zwischen den einzelnen Gebieten kann, wenn überhaupt, so nur am Ende der Collegejahre mit Erfolg versucht werden, und auch dann nur, wenn sie in der Einzelarbeit in jedem Fache oder Gebiete sorgfältig vorbereitet ist.[121]

Hylla erwähnte ausdrücklich die Versuche des Experimental College an der University of Wisconsin, wo Alexander Meiklejohn mit einem klassischen Curriculum bei ansonsten vollkommender Wahlfreiheit neue Wege der Lehre beschritt.[122] Dabei bemerkte Hylla, dass es auch in den USA ein Wandel des Hochschulsystems sich nur mühsam durchsetze. Überhaupt nur sei ein Teil der Studierenden „mit guter Befähigung und ernsten wissenschaftlichen Absichten" in der Lage, das Bildungsziel zu erreichen.[123] Hylla beschrieb alle genannten Versuche aber als einen Prozess, der noch andauere, im Ergebnis aber die Colleges tatsächlich zu Pflegstätten wissenschaftlicher Bildung machen könnten.[124]

Wenig deutet darauf hin, dass Hyllas amerikanische Beobachtungen in Deutschland breit rezipiert wurden. Nach den mutigen Anfängen nach der Revo-

119 Ebd. 98.
120 Ebd.
121 Ebd. 103 f.
122 Ebd. 104. Vgl. A. Meiklejohn: *Freedom and the college*, New York 1923. Zur Wirkung des Experimental College: A. Chase: "The rise and fall of general education 1945–1980", *Academic Questions* 6/2/2007, 21–36, 24 f.
123 Hylla: *Die Schule der Demokratie*, 99.
124 Ebd. 104.

lution 1918 taumelte die Republik zehn Jahre später von einer Krise in die nächste. Während an den Schulen nach dem Ersten Weltkrieg eine ungeheure Anzahl von neuen Reformkonzepten umgesetzt wurde und dabei oftmals Referenzen zu den USA gezogen wurden, verließ die deutsche Universität ihre alte Bahn nicht. So blieb die von der IG Farben initiierte Leverkusener Tagung im Juni 1928 über das Werkstudententum in Amerika ein singuläres Ereignis. Das große Interesse an der Fortschrittsfähigkeit der Studienbedingungen USA zeigt hochrangigen Teilnehmerkreis zahlreicher Vertreter aus der Industrie und Wirtschaftsverbändern. Sogar der 73jährige Oskar von Miller als Ikone der deutschen Ingenieurkunst hörte den vor allem von ehemaligen Werkstudenten gehaltenen Berichten zu, ebenso wie Kultusminister C. H. Becker und der seit diesem Jahr auf einem Lehrstuhl für Auslandskunde berufene Arnold Bergstraesser.[125] Bemerkenswert war das bei der Tagung durchweg positiv gestimmte Interesse an gesellschaftlichen Innovationen aus den USA. Der als Pädagoge ausgebildete Austauschstudent Dr. Geisler sprach dabei die Erziehungsfunktion in Schule und Universität an, die zu einem von allen USA-Besuchern als positiv empfundenen, egalitäreren zwischenmenschlichen Umgang zwischen allen Menschen führe.[126] Geisler hatte die Brücke zu dem deutschen Schlagwort der „Erziehung zur Persönlichkeit" geschlagen, dessen Realisierung in Deutschland ausstehe.[127] Die Interpretation Geislers folgte dabei der zeitgenössischen deutschen Argumentationslinie der Intellektuellenkritik an der „theoretisch-wissenschaftlichen Sphäre", lehnte in seiner USA-Beobachtung aber den elitären Nimbus, der auch den Reformprojekten in Deutschland zugesprochen wurde, ab:

> Lassen sie mich den Unterschied vielleicht so formulieren: das Produkt der deutschen Schule ist noch immer ziemlich ausgeprägt der Gelehrte, der aber nur in der Welt der Intellektualität

125 Teilnehmerliste, *Deutsche Werkstudenten in Amerika*, Berlin/Leipzig 1928, XI–XV.

126 „Denn wenn immer wieder das andersartige Verhältnis von Mensch zu Mensch als Ergebnis unserer amerikanischen Erfahrungen in die Diskussion geworfen wurde und bei einem Vergleich unsere eigenen deutschen Verhältnisse nicht immer günstig abschnitten, so scheint mir der einzige sichere Weg, der Wandel und Besserung schaffen kann, in einer entsprechenden Erziehung zu liegen, die den deutschen Menschen in seinen Tiefen erfasst, von Grund auf ändert und eine Persönlichkeitskultur resultieren lässt, wie sie die reibungslose Abwicklung aller Beziehungen innerhalb einer großen Lebensgemeinschaft – Volk und Staat – erfordert. Dabei möchte ich sogar in Überschreitung ds programm-mäßig gestellten Themas die Funktion und Rolle der Schule besonders betonen, weil es unmöglich erscheinen muss, Charaktererziehung auf der Universität fördern zu wollen, solange die Schule sie vorher versäumte. Denn wenn Charakterbildung überhaupt als Zielsetzung der Erziehung anerkannt wird, muss dazu auch die bildungsfähigste Periode genutzt werden, das heißt doch also die Zeit bis zum 20. Lebensjahr. Von dem jungen Menschen, der danach die Universität betritt, erwarten wir mit Recht bereits ein gewisses Gewordensein, eine charaktermäßige Abgeschlossenheit." Dr. Geisler: „Charakterbildung und staatsbürgerliche Erziehung durch die amerikanische Schule", in: *Deutsche Werkstudenten in Amerika*, 57–65. 57. Trotz der anderen Namenschreibweise ist zu vermuten, dass es sich bei dem Berichterstatter um den 1928 bei bei Herman Nohl promovierten Pädagogen Georg Geissler handelt.

127 „Das Schlagwort von der Harmonie aller seelischen, geistigen und körperlichen Kräfte und darum von der Notwendigkeit ihrer gleichmäßigen Weckung und Entwicklung durch Bildungseinflüsse ist oft genug gebracht worden." Ebd. 57.

> frei ist, nicht in der des Handelns, überdies doch nur ein Typ, einen kleinen Ausschnitt innerhalb der Gesamtheit der Volksgemeinschaft darstellt; das Produkt der amerikanischen Schule dagegen ist der Staatsbürger und Gentleman, der den nationalen und humanen Voraussetzungen genügt, die an alle Berufe, einschließlich den des Gelehrten, gestellt werden, – ein Ziel, wie mir scheint, auf innigste zu wünschen. Durch eine solche Zielsetzung wird nun wirklich der Rahmen geschaffen, in dem sich die Persönlichkeit auswirken kann. Wenn die Demokratie ihren tiefsten Sinn erfüllen soll, muss sie von der Wertung des Menschen als förderndes und doch zugleich dienendes Glied der Gemeinschaft ausgehen. Auch die höherer Schule und Bildung überhaupt darf dann nicht länger eine geistige Aristokratie hervorbringen wollen, die in bewusster Isolierung sich aus dem übrigen Volkskörper abhebt. Auch der Gelehrte muss seine höchste Aufgabe in dem Dienst an der Allgemeinheit erkennen, und Führerqualität darf nur so weit in Erscheinung treten, als sie die gegebenen Grenzen des Gemeinschaftswohles und -Interesses nicht überschreitet.[128]

Den persönlichen Kontakt mit allen Schichten der Bevölkerung und die eigene Arbeitserfahrung der Studierenden sah Geisler als hilfreich, um die Verwurzelung in der Gesellschaft sicherzustellen.[129] Nicht ein geschlossenes Bildungsinstitut wurde hier 1928 als amerikanisches Vorbild aufgezeigt, sondern eine konzeptionell offene Anteilnahme der Studierenden an den Bedürfnissen der nicht-akademischen Bevölkerung. Ganz ähnlich sahen es andere Beiträge der Tagung. Ein Ingenieur warb so aus seiner Bewunderung „für die Ingenieure, die in den USA mit 22 bis 24 Jahren anfangen zu arbeiten", für eine höhere Akzeptanz der praktischen, nicht-akademischen Ausbildung. Er forderte eine Straffung des Studiums durch Wegfall der kleineren Ferien, so dass die Studierenden in den längeren Semesterpausen und besonders im Sommer als Arbeiter Geld verdienen und Erfahrung sammeln könnten.[130] Die egalitäre Gesellschaft bringe auch einen Aufstiegswillen der Arbeiter bei Abendkursen mit sich, die in Deutschland fehle.[131] Bei den deutschen Schul- und Studienreformen sah der Referent eine Überfrachtung des Anspruchs an die Studienstätten, der aber nicht die bindende Kraft eines auf Chancengleichheit bauenden Gesellschaftsverständnisses ersetzen könne.[132] Die große Fülle an Eindrucken aus den USA wurde bei der Tagung 1928 wohl

128 Ebd. 58.

129 Ebd. 70.

130 „Glaubt man im Ernst, in der heutigen Zeit mit ihrer Unmenge von Problemen rein sozialer Natur einen jungen Menschen von 26 Jahren in einer irgendwie leitende Stellung bringen zu können, wenn er nichts weiter mitbringt als 13 Jahre Volksschule und Gymnasium, 9–10 Semester Hochschule und ein gut bestandenes Examen? Es gehört schon ein erheblicher Mangel an Tatsachensinn dazu, diese Frage jetzt noch bejahen zu wollen." *Deutsche Werkstudenten in Amerika*, 70.

131 Ebd. 69

132 „nun kann ich mich des Eindrucks nicht erwehren, dass man damit der Schule eine Aufgabe stellt, die ihr nicht zukommt und die sich nicht erfüllen kann, Zweifellos kann von ihr ein gut Teil Erziehungsarbeit geleistet werden, und ich denke daran, ein wie starker Zusammenhalt oft an der amerikanischen Schule und Hochschule gegen die Mogelei herrscht, die bei uns leider nur zu oft noch zum guten Ton der Schule gehört. Weiter ist bemerkenswert das Streben nach Fairness, der starke Gerechtigkeits- und Wahrheitssinn, der stets, auch in den kleinsten Dingen, jedem Verdienst reine Anerkennung lässt. Soweit kann Schule und Hochschule an der Charakterbildung mitarbeiten." Ebd. 68 f.

wahrgenommen, unter Umständen als Ermutigung der bisherigen deutschen Reformversuche gesehen, fanden aber keine praktische Umsetzung – vor allem wohl, weil die Nichtannahme der Idee einer egalitären Gesellschaft durch viele Bürger unterschiedlichster politischer Couleur ja der von Anfang an wunde Punkt der Weimarer Republik war.[133]

5. AMERIKANISCHER BLICK AUF REPUBLIK UND NS-ZEIT

Die Veränderungen an den deutschen Universitäten nach dem Ersten Weltkrieg wurden kenntnisreich in den US-Medien beschrieben: Der Fortschrittsoptimismus des 19. Jahrhundert war von einer materiell und inhaltlich verunsicherten Nachkriegsgeneration abgelöst worden.[134] Schon seit der Jahrhundertwende und vor allem in der Zeit der Weimarer Republik wurden in der angelsächsischen Welt mit großem Interesse die Bildungsreformen in Deutschland rezipiert.[135] So hatten amerikanische Pädagogen an deutsche Reformschulen gearbeitet, um die neuen Ansätze kennenzulernen und zu unterstützen. Der Pädagoge Richard T. Alexander war eigens nach Deutschland gekommen, um an Fritz Karsens Karl-Marx-Schule in Neukölln zu unterrichten.[136] Dass Sport in das allgemeine Programm der Universitäten aufgenommen worden war, wurde positiv rezipiert.[137] Dabei wurde die Beharrungskraft alter Strukturen aus der Kaiserzeit in den Universitäten nicht immer unbedingt als nur Negativ gesehen. Ein amerikanischer Artikel von 1933 –

133 Zumindest ein anderes europäisches Land mit weitaus weniger egalitären Gesellschaftsvorstellungen und -realitäten richtete sich zumindest rein äußerlich am amerikanischen Universitätsmodell aus. In der *Ciudad Universitaria de Madrid* wurde als einziger Universität Kontinentaleuropas ein Campus konsequent am amerikanischen Beispiel orientiert. Der spanische König Alfons XIII. hatte aus einer persönlichen Leidenschaft eine in sich geschlossene Universitätsstadt gewünscht. Eine vorbereitende Planungskommission unter wesentlicher Beteiligung des Architekten Modesto López Otero besuchte dazu 1927 vier Monate lang Universitäten in ganz Europa, den Vereinigten Staaten und Kanada. Die USA-Reise wurde wesentlich durch die Rockefeller Foundation und ihren europäischen Repräsentanten Alan Gregg unterstützt. Nach zahlreichen Expertenanhörungen in den Ländern, der Untersuchung der Universitätsanlagen und der sozialen Beziehungen zwischen Universität und Stadt entschied sich die Kommission für eine Orientierung am amerikanischen Modell. Sie untersuchte die unterschiedlichen Nutzungarten eines Gebäude s, Menschen oder Institute unterzubringen. Die Spanier hatten das Gesamtkonzept der amerikanischen Campus-Universitäten genau untersucht und nutzten sie als Vorbild „der idealen Stadt überhaupt". Auch nach dem Sturz der Monarchie 1931 wurde der projektierte Campus beendet. Vgl. P. Campos Calvo-Sotelo: *The journey of utopia*, New York 2006, xxvii f. Zu Gregg: W. H. Schneider: "The Model American Foundation Officer", in: *Minerva* 41/2/2003.

134 z.B.: "Education: In Germany", *Time*, 28.4.1924.

135 Vgl. z.B. A. W. Fletcher: *Education in Germany*, Cambridge 1934.

136 Interview mit dem Sohn von Richard T. Alexander, *An Interview with Richard Thomas Alexander for the Veteran's Oral History Project Center for the Study of War and Society Department of History*, Knoxville 2003.

137 Adolf Grimme zitiert bei Demiashkevich: "The Organization and Administration of Universities in Germany", in: *Peabody Journal of Education* 10/6/1933, 357.

zum Zeitpunkt des Erscheinens schon durch die Ereignisse überholt – lobt ausdrücklich das Unterlassen politisch motivierter Eingriffe in die Universitäten in der Weimarer Republik. Die akademische Freiheit sei die Basis der positiv bewerteten Deutschen Bildungsrepublik. Den preußischen Sozialdemokraten sei es positiv anzurechnen, gegenüber den mehrheitlich konservativen Professoren diese Freiheit nicht beschnitten zu haben:

> The "German Educational Republic" owes its establishment to the enlightened princes and their advisers, to whom the Bildungsrepublik will be a lasting monument. And it is to the honor of the German republics (Länder) that they have respected the traditional organization and administration of the universities and refrained from all attempts to remodel or tear away the venerable structure of the Deutsche Bildungsrepublik. Again, it is particularly instructive to note that Prussia, which for over ten years has had a socialist government, now as in the past sets the example. Though naturally enough there has been no love lost between the Prussian Socialist Government and the university professors, who as a group were among the high dignitaries under the monarchical regime, the government has wisely and honorably refrained from any attempt to interfere with the traditional absolute academic freedom.[138]

Die Eingriffe in die deutschen Universitäten durch die Nationalsozialisten wurden von den Amerikanern einhellig als negativ beurteilt. Der Grundsatz der „Freiheit" wurde in einem Artikel der *Time* als der unmittelbare Gegensatz zum Erziehungssystem des NS-Staates gesehen. Der Aufstieg der Nationalsozialisten und ihr Einfluss auf die Universitäten war von den amerikanischen Experten genau beobachtet worden. Die offene Gewalt, die Gleichschaltung, der Ausschluss der Juden von den Hochschulen wurden eindeutig verurteilt.[139] Wissenschaftliche Analysen untersuchten den Wandel in Deutschland. Mit der Prämisse, dass Erziehung eines Staates den Ausdruck seiner Gesellschaftsform zeige, analysierte 1935 der Erziehungswissenschaftler Isaac Leon Kandel die Maßnahmen der Nazis an der Universität. Aus der Natur des Staates folge, so Kandel, "whether education is to be used as an institution for molding individuals according to the pattern desired by the state or for their enlightenment."[140] Es seien die inhaltlichen Paradigmen der totalitären Ideologie, die Erschaffung eines soldatischen Menschentyps, welche die deutsche Erziehung dominierten. Dass Kandel insbesondere Peter Petersen, den Schöpfer des Jena-Plans, nun als Gefolgsmann der Nationalsozialisten beschrieb, zeigt, dass er dessen Schulreformversuchen angesichts des Paradigmas der totalitären Religion keine Konstanz zubilligen mochte. Ohne die wissenschaftliche Freiheit handelten Professoren nur als Vertreter Absolutheitsanspruches des NS-Staates. Um „die Ersetzung des Gebildeten durch den Typus des Soldaten" durchzusetzen, sei die Reorganisation des Erziehungswesens eine Priorität des NS-Staates geworden:

> The German people must be purged of the virus of freedom with which it had become infected during the republican era with its demand for the development of free, harmonious,

138 Vgl. Ebd. 344.

139 Vgl. "Germany: Rift over Ribbons", *Time*, 3.6.1934.

140 Kandel: *Education in Nazi Germany*, 153. Kandel war seit seiner Doktorarbeit über die deutsche Lehrerbildung 1910 ein Kenner der deutschen Verhältnisse. Vgl. E. Pollack: "Isaac Leon Kandel (1881–1965)", in: *Prospects* 23/3–4/1993, 775–787.

> and independent personality. Freedom and choice, and activity methods as the first step in the training of intellectual independence and judgment must be eradicated, since they developed only a faith in the preeminence of the individual as over against society. The individual can find freedom and perfection only by sinking himself in the whole; or, in the slogan widely used to justify the exercise of power, "Gemeinnutz geht vor Eigennutz" (the welfare of the community precedes the welfare of the individual). [...] Strength of will, joyful acceptance of responsibility, and resolution, rather than trained intellect, must be the ideals to be attained through education at all levels; for it is characteristic of the Nazi reform that from the point of view here discussed no distinction is made between elementary, secondary, or higher education. Scholars and the universities must become agents of the state, devoted to the totalitarian concept of knowledge, to synthesis and comprehensiveness, rather than to analysis and investigation in narrow fields of research. Freedom of research means not caprice and individual subjective choice, but direction under the inspiration of the totalitarian demands of the whole. "Absolute freedom of teaching is absolute nonsense," writes Krieck.[141]

Kandel beschrieb den Gegenentwurf der freien Welt und die Implikation für den Erzieher. Die Vertreter einer Erziehung für demokratische und liberale Werte dürften sich nicht mehr in Details der Verwaltung oder einzelnen Praktiken verlieren. Angesicht der drastischen Herausforderung müsse Erzieher die überragende Wichtigkeit von Liberalität und Demokratie sowohl für das Individuum als auch für die Gesellschaft vermitteln. "The choice today lies between a form of society which is based on fear, hatred, intolerance, coercion, and regimentation, and one which pins its faith on the development of independence, tolerance, freedom of thought, and freedom of expression."[142] Unmittelbar nach der Machtergreifung der Nazis hatten sich auch junge Amerikaner vor Ort mit dem deutschen Bildungssystem befasst. Nach wie vor gab es einige Amerikaner, die in Deutschland studierten, forschten und ihre Beobachtungen weitergaben.[143] An der University of Chicago wurde 1937 der Soziologe Edward Y. Hartshorne mit einer Studie über die deutschen Universitäten im Nationalsozialismus promoviert.[144] Hartshorne beschrieb die „pseudowissenschaftlichen Kurse der Herrenrasse" und, dass „die spekulativen Naturwissenschaften, einst der Glanz der deutschen Universitäten, aus dem Lehrplan verschwunden" seien. Dazu hatte er Statistiken zu abnehmenden Studentenzahlen und zu den entlassenen Professoren zusammengestellt. Gerade im Gegensatz zu den freieren amerikanischen Umgangsformen war das Urteil über den universitären Alltag in der Diktatur eindeutig.[145] Spätere Analysen

141 Kandel: *Education in Nazi Germany*, 156 ff.

142 Ebd. 163.

143 Die Berichte von Amerikanern in Deutschland beschreiben ab 1933 die Kulturpolitik der Nazis. Vgl. G. Lerolle; M. Hartley, C. Weidler, H. Saint-Gaudens: "Letters from Germany, 1933–1938", in: *Archives of American Art Journal* 25/1–2/1985, 3–28.

144 Hartshorne: *The German Universities and National Socialism*.

145 "Education: Cinder", *Time* 11.4.1938. Vgl. F. J. Brown: "Review – Changing Man by Beatrice King/ German Universities and National Socialism by Edward Y. Hartshorne/ The Challenge of Education by Stanford University Education Faculty", in: *American Sociological Review* 3/3/1938, 425–426.

der NS-Propaganda durch Hartshorne machten diesen zu einem Befürworter des Kriegseintritts der USA.[146]

Nach 1933 wurde das Wissen über die deutschen Universitäten auch durch die zahlreichen Emigranten geprägt. Unter den vielen Emigranten in den USA wurden heftige Debatten über die Richtung einer Deutschlandpolitik nach dem gewonnenen Krieg geführt, die in den Extrempositionen zwischen „kollektiver Verdammung" und „Selbsterrettung der Deutschen" lagen.[147] Etwa 230 Wissenschaftler und Praktiker der pädagogischen Diskursgemeinschaft waren unter diesen Emigranten.[148] Nicht nur Netzwerke aus den zwanziger Jahren, sondern auch die finanzielle Unterstützung durch Rockefeller und Carnegie Foundation ermöglichte vielen der emigrierten Professoren, an amerikanischen Universitäten ihre wissenschaftliche Arbeit fortzusetzen. Zum Teil entfalteten diese emigrierten Wissenschaftler in den USA auch große Wirkung auf die Entwicklung ihres Fachgebietes. Die Entwicklung der deutschen Universitäten stellte für die Wissenschaftler ein biographisch begründetes Hauptthema dar. Mit der Emigration war aber ein wesentlicher Faden der deutschen Amerikarezeption gerissen, da die Mehrzahl der zu den USA orientierten Demokraten aus Deutschland emigriert war. In den USA hingegen bedeutete der Zufluss der Emigranten einen Kompetenzzuwachs. Das Thema der deutschen Demokratie wurde an vielen Orten debattiert, auch unter den emigrierten Wissenschaftlern. Ein Teil der Emigranten vertraten die Ansicht, dass die Neugestaltung der deutschen Hochschulen in einem Besetzten Deutschland nahtlos an die preußischen Reformen der Weimarer Republik anknüpfen könne. Man könne den Deutschen einen demokratischen Neuanfang im Geiste der Republik zutrauen. Der exponierteste Vertreter dieser Richtung war der Germanist Werner Richter, der als Ministerialdirigent am Preußischen Ministerium für Wissenschaft, Kunst und Volksbildung unter Kultusminister Becker die neue Hochschulverfassung ausgearbeitet hatte. Wie Richter warben auch Alfons Nehring, Robert Ulich und Walter Kotsching für die Wiederherstellung des Weimarer Erziehungssystems. Die soziale Öffnung der Universitäten und die antidemokratischen Klassenprivilegien wollte Richter auch bekämpfen, sah aber die schon eingeschlagene Richtung aus den 1920er Jahren als geeignet statt weitere Eingriffe durch die Alliierten. Als Dozent am Elmhurst College in Illinois nahm Richter dabei das allgemeinbildende College durchaus als eine sinnvoll nach Deutschland übertragbare Institution, wehrte sich aber ausdrücklich gegen pragmatische Erziehungskonzepte im Sinne Deweyscher Reformpädagogik, die er als inkompatibel mit dem deutschen Denken sah. Die Rückbesinnung auf die durch den Nationalsozialismus geschädigte abendländische Kultur solle nicht durch eine Überbetonung der Sozialwissenschaften sondern durch ein Studium generale mit humanis-

146 E. Y. Hartshorne: "Reactions to the Nazi Threat: A Study of Propaganda and Culture Conflict", in: *The Public Opinion Quarterly* 5/4/1941, 625–639, 639.

147 Vgl. G. Strunz: *American Studies oder Amerikanistik?*, Opladen 1999, 50 ff.

148 H.-E. Tenorth; K. Horn: "The impact of Emigration on German Pedagogy", in: M. G. Ash; A. Söllner (Hg.): *Forced Migration and Scientific Change*, Cambridge/New York 1996, 156–174, 159 f.

tischem Curriculum erreicht werden. Als korrespondierendes Mitglied des Komitees für Erziehung und Wissenschaft des Council of a Democratic Germany konnte er dort seine Vorstellungen anbringen.[149] In New York hatte sich 1941 der Council als Zusammenschluss von Emigranten geründet, die sich dem Ziel einer Demokratisierung Deutschlands verschrieb.[150] In seinen Forderungen für den Neuaufbau des Schul- und Erziehungswesens arbeitete der Council konkrete Forderungen aus. Aus Diskussion der Mitglieder war ein Programm hervorgegangen, dem die politische Bandbreite auch aus linken Sozialisten, Sozialdemokraten und bürgerlichen Liberalen zustimmen konnte. Das Programm, das unter führender Mitarbeit des Theologen Paul Tillich entstanden war, war als Alternative zur Deutschlandplanung der Alliierten gedacht und wollte an die demokratischen, liberalen und humanistischen Traditionen Europas anknüpfen. Der Nationalsozialismus wurde in den Ansicht Tillichs als Zerfall des liberalen Deutschland des 19. Jahrhunderts gesehen und nicht als eine Natur der Deutschen. Die Konzepte des Council zielten auf eine politische, geistige und soziale „Umbildung" Deutschlands, die nach Beseitigung der NS-Herrschaft und Einbildung in ein demokratisches und föderales Europa von den Deutschen selbst vollbracht werden sollte. Angesichts der sich zuspitzenden Kriegssituation fanden solche „liberalen" Konzepte aber erstmals kaum Gehör. [151] Unter der Leitung des aus Würzburg emigrierten Ethnologen Julius Lips hatte das Komitee für Erziehung und Wissenschaft wie Richter in seiner Schul- und Hochschulkonzeption an die Weimarer Zeit anknüpfen wollen.[152]

149 Strunz: *American Studies oder Amerikanistik?*, 70–76.

150 Vgl. C.-D. Krohn: „Der Council for a Democratic Germany", in: U. Langkau-Alex; T. M. Ruprecht (Hg.): *Was soll aus Deutschland werden?*, Frankfurt 1995, 47 f.

151 Strunz: *American Studies oder Amerikanistik?*, 55 f. W. Benz: *Zwischen Hitler und Adenauer*, Frankfurt 1991, 187 ff.

152 U. Langkau-Alex: „Rückbesinnung auf die abendländische Kultur. Das Komitee für Erziehung und Wissenschaft", in: U. Langkau-Alex; T. M. Ruprecht (Hg.): *Was soll aus Deutschland werden?*, 129–140. Strunz: *American Studies oder Amerikanistik?*, 74 ff.

IV. AMERIKANISCHE HOCHSCHULPOLITIK IM BESETZTEN DEUTSCHLAND 1945–1949

1. DEUTSCHLANDKENNER ALS US-OFFIZIERE VOR ORT

Die Amerikanische Gruppe des Alliierten Kontrollrats (USGCC) war im Februar 1945 von London in die Nähe Paris verlegt worden, dann nach Frankfurt-Höchst. Seit Juli 1945 befand sie sich in Berlin[1] Die wesentliche Kultusarbeit lag 1944 bis 1948 bei zwei Unterabteilungen der *Education and Religious Affairs Division* (E&RA Division), deren Status und Zuordnung sich mit der Umgestaltung der Besatzungsbehörden mehrfach änderte. Die Abteilung bei USGCC erarbeitete grundsätzliche Positionen der Amerikaner im Bereich Kultus und Unterricht, die sie auch in den Verhandlungen mit den anderen alliierten Mächten vertrat. Von Oktober 1944 und Juli 1945 war USGCC eine Unterabteilung der *Internal Affairs and Communications Division* und wurde bei deren Auflösung in die *Public Health and Welfare Division* überführt. Bei Gründung der OMGUS im Oktober 1945 verlor diese *Public Health and Welfare Division* ihren Abteilungsstatus wieder und wurde Unterabteilung der *Internal Affairs and Communications Division* neuerer Art. Innerhalb dieser, in einer *Section der Public Affairs and Welfare Branch OMGUS* lagen dann die Zuständigkeiten für Unterricht und Kultus, bis die *Education and Religious Affairs* im Mai 1946 wieder selbst den Status einer eigenen Unterabteilung bekam. Die zweite *Education and Religious Affairs Branch* gehörte 1945 zur *Civil Affairs Division G-5* des Hauptquartiers der vereinten Alliierten Streitkräfte (SHAEF). Diese Einrichtung machte praktische Politik über Außenstellen (*Field Offices*) auf regionaler und lokaler Ebene, wobei man sich der deutschen Verwaltungsstruktur in Ländern, Regierungsbezirken, Städten und Landkreisen anpasste. Nach der Überführung von SHAEF in die US-Heeresleitung für Europa (USFET) im Juli 1945 führte die Unterabteilung eine führende Rolle bei der Durchführung der amerikanischen Besatzungspolitik im Rahmen ihrer Zuständigkeiten und überwachte entsprechende deutsche Behörden. Die UFSET-Einheit wurde im Rahmen der Trennung administrativer und militärischer Aufgaben im Oktober 1945 wiederum von einer OMGUS-Dienststelle mit Sitz in Frankfurt abgelöst. Erst nach Überführung der Frankfurter Stelle nach Berlin am 2. Mai 1946 wurden planerische und durchführende Aufgaben in einer einzelnen *Education and Religious Affairs Branch OMGUS* zusammengefasst. Anfangs leitete diese Major Dr. John W. Taylor, seit Ende 1946 der Zivilist Dr. Richard T. Alexander. Diese Branch blieb nun Teil der *Internal Affairs and Com-*

1 G. Mai: *Der alliierte Kontrollrat in Deutschland 1945–1948*, München 1995, 40 ff.

munications Division OMGUS bis März 1948. Richard T. Alexander blieb auch Leiter der Fachunterabteilungen für Erziehung (*Education Branch*) als am 1. März 1948 gemäß Order Nr. 6, OMGUS vom 18. Februar 1948 die *Educational and Cultural Relations Division* (E&CR Division) geschaffen wurde. Das Interesse der Besatzungsverwaltung an kulturellen und religiösen Fragen war gestiegen. Parallel dazu wurde ein eigener *Reorientation Funds* gegründet. Geschäftsführender Leiter der Abteilung wurde am 1. März 1948 Herman B. Wells, der am 23. Juli desselben Jahres von Alonzo G. Grace abgelöst wurde. Ursprünglich war die E&CR Division in Berlin errichtet worden, wurde jedoch im Sommer 1948 nach Nürnberg verlegt, wo sie bis März 1949 blieb, als sie zusammen mit dem *Deputy Chief of Staff* nach Bad Nauheim umzog. Bei der Übernahme von OMGUS durch das Hochkommissariat *U.S. High Commissioner for Germany* (HICOG) ging die E&CR Division gemäß General *Order Nr. 44* vom 3. September 1949 im *Provisional Office of Public Affairs OMGUS* bzw. dem *Office of Public Affairs HICOG* auf. Neben der von Alexander bis zu seiner Ablösung durch John O. Riedl 1949 geführten gab es andere Unterabteilungen: für religiöse Angelegenheiten (*Religious Affairs Branch*), für Jugend, Frauen und Erwachsenenbildung (*Group Activities* bzw. *Community Education Branch*) und für Kulturaustausch (*Cultural Exchange Branch*).[2]

Vor Ort warfen die chaotischen Zustände Nachkriegsdeutschlands viele Annahmen der Vorbereitungszeit über den Haufen und verlangten viel kreativere Lösungen, als sie das Organigramm der Abteilungen vorgab.[3] Die amerikanische Bildungsabteilung der Besatzungsbehörde, die OMGUS E&RA Division, war auch im Vergleich mit den anderen westlichen Besatzungszonen vollkommen unterbesetzt. Die häufigen Umgliederungen der verantwortlichen Abteilungen erschwerten eine konstante Arbeit. Marshall Knappen, einer dieser US-Bildungsoffiziere, bilanzierte schon 1947 seinen Einsatz in dieser ersten Phase als negativ: „Von Anfang an waren zwei Mängel des amerikanischen Bildungsunternehmens sichtbar: Es mangelte einmal an Personal und zum anderem an Beratung und Unterstützung aus Washington und aus Amerika ganz allgemein."[4] Angesichts der vielen drängenden Probleme in vielen Bereichen genossen die Angelegenheiten die Erziehungsabteilung innerhalb der Militärregierung keine Priorität. Auch innerhalb der Erziehungsabteilung genossen die Fragen bezüglich Schulen und Berufsbildung höhere Aufmerksamkeit als das Thema Hochschule. Auf der offiziellen Prioritätenliste standen die Universitäten an letzter Stelle. Die nach 1945 mit den deutschen Hochschulen befassten Amerikaner blieben letztendlich nur ein kleiner Kreis, deren Mitglieder im Zuge der institutionellen Verwandlun-

2 J. Henke; K. Oldenhage: "Office of Military Government for Germany (US)", in: C. Weisz (Hg.): *OMGUS-Handbuch*, München 1994, 1–142, 112–114.

3 Gerhardt: *Von der Potsdamer Konferenz zum Marshallplan*, 381 ff. U. Schneider: "The Reconstruction of Universities in American Occupied Germany", in: Heinemann (Hg.): *Hochschuloffiziere und Wiederaufbau des Hochschulwesens in Westdeutschland 1945–1952. Die US-Zone*, 1–8.

4 Tent: *Education and Religious Affairs Branch*, 68. M. Knappen: *And Call It Peace*, Chicago 1947, 40.

gen der staatlichen und zivilgesellschaftlichen Institutionen in unterschiedlichsten Funktionen immer wieder zusammentrafen. Mal waren sie mit der Umsetzung der Strategie des *State Department* vertraut, kurze Zeit später tauchten die gleichen Personen dann wiederum als Berater in Sachfragen oder Vertreter der Stiftungen von Rockefeller oder Ford auf. Die Universitätsoffiziere waren während des Krieges für den Einsatz in amerikanischen Militärschulen teilweise professionell auf ihren Einsatz vorbereitet worden, andere Funktionsträger hingegen erreichten Deutschland ohne fundierte Vorbereitung auf die multiplen Aufgaben.[5] Aus diesen Gründen kam es bei allen Fragen bezüglich der Universitäten zu einem wesentlich höheren Maße als in anderen Bereichen auf die Einzelperson drauf an, die vor Ort schnell und bisweilen auch unkonventionell entscheiden musste. Diese Entscheidungen fußten auf einer langfristigen Prägung der jeweiligen Akteure. Sie waren je individuell durch ihre eigene Sozialisations- und Bildungserfahrung geprägt. Grob lassen sich die Unterschiedlichen Sozialisationen der involvierten Akteure nach ihrer fachlichen Sozialisation in vier Gruppen aufteilen:[6]

„Die Pädagogen“: Unter den demokratischen Reformpädagogen der 20er Jahre war ein internationales Netzwerk entstanden. Die sozialdemokratischen Reformpädagogen in Deutschland hatten große Überschneidungen mit den amerikanischen Schulversuchen der 20er Jahre. Die Berliner Gesamtschule des sozialdemokratischen Bildungsreformers Fritz Karsen war auch für amerikanische Pädagogen ein untersuchenswertes Feld gewesen.[7] Der erste kommissarische Leiter der R&A Branch John W. Taylor hatte während seines Studium am Columbia Teachers College seine Kenntnisse über das deutsche Erziehungssystem bei Richard T. Alexander erworben, der ihm im April 1947 im Amt nachfolgte.[8] Beide Pädagogen hatten Anfang der 1930er Jahre an Karsens Karl-Marx-Schule in Berlin-Neukölln Englisch zu unterrichtet.[9] Als der Emigrant Karsen 1946 mit der Leitung

5 Vgl. Gerhardt: *Die Amerikanischen Militäroffiziere und der Konflikt um die Wiedereröffnung der Universität Heidelberg 1945–1946*.

6 Angesichts der individuellen Bildungsbiographien und Erfahrungen stellt sich eine solche Kategorisierung als problematisch dar und dient nur an dieser Stelle dazu, die unterschiedlichen Muster der Prägung deutlich zu machen. In der fortlaufenden Arbeit wird nicht systematisch auf diese Kathegorisierung zurückgegriffen.

7 Vgl. Radde: „Fritz Karsen: ein Berliner Schulreformer der Weimarer Zeit“, in: D. Benner; H. Kemper: *Theorie und Geschichte der Reformpädagogik. Bd. 2*, Weinheim/Basel 2003, 268–289. Hansen-Schaberg: *Demokratie und Erfahrungsorientierung bei Fritz Karsen.*

8 Taylors Dissertation behandelte die Jugendarbeit der Weimarer Republik: J. W. Taylor: *Youth Welfare in Germany*, Nashville 1936. Vgl. B. M. Puaca: *Drafting Democracy: Education Reform in American-Occupied Germany, 1945–1949*, Chapel Hill 2001, 12 f. Rosenzweig wies darauf hin, das Taylor als Leiter der Erziehungsabteilung nicht der erste Wunschkandiat gewesen war. Während des Kriegs hatte man sich erfolglos um den Kanzler der University of North Carolina Frank P. Graham bemüht. Vgl. Rosenzweig: *Erziehung zur Demokratie?*, 114.

9 “John W. Taylor, 95, Ex-Unesco Official”, *New York Times*, 31.12.2001. J. White: “An Interview with Richard Thomas Alexander, Canton, NC, 4.4.2003”, in: Center for the Study of War and Society, Department of History, Knoxville (Hg.): *Veteran's Oral History Project*, Knoxville 2003.

der Erziehungsabteilung von OMGUS betraut wurde, konnte er Alexander als Leiter der Hochschulabteilung gewinnen. Julius J. Oppenheimer, der in den 1950er Jahren die Hochschulabteilung leitete, hatte als Erziehungswissenschaftler an der University of Louisville/ Kentucky gelehrt und seit 1930 das dortige *College of Arts and Sciences* geleitet. Aus ihren pädagogischen Erfahrungen heraus, verarbeiteten die Wissenschaftler auch ihren Einsatz in Deutschland.[10] Die progressiv eingestellten Erzieher waren in ihrer Mehrzahl stark von der Erziehungsphilosophie und Schultheorie John Deweys beeinflusst, sowie von der amerikanischen Schulgeschichte und Schulorganisation. Sie zeichneten sich, so Lange-Quassowski, durch „Offenheit und Unvoreingenommenheit hinsichtlich der Bildbarkeit und der Fähigkeit des Menschen, aus Erfahrung zu lernen, sowie den aus der Aufklärung stammenden Glauben an die Vervollkommnungsfähigkeit“[11] In den 1940er Jahren gab es unter den Erziehungsspezialisten einen Konsens über eine erwünschte Chancengleichheit, gleiche soziale Erfahrungen für Kinder aus verschiedenen Gesellschaftsschichten und ein Gefühl der Zusammengehörigkeit als Fundament für das demokratische Erziehungssystem und den amerikanischen "melting pot of people".[12]

„Die Soziologen“: Schon aufgrund ihrer beruflichen Fragestellungen lässt sich bei den in verschiedensten Verwendungen eingesetzten Soziologen eine besondere Beobachtungshaltung erkennen, die eine Distanz zu den Deutschen ermöglichte. Das Thema der „Erziehung zur Demokratie“ stellte eine zentrale Fragestellung ihres Faches in den USA dar.[13] Hinzu kam, dass ihre Fachdisziplin sich im isolierten Deutschland anders entwickelt hatte, die neuen empirischen Methoden der Sozialforschung als Import wahrgenommen wurde. Die Soziologen waren an der Neueinrichtung bzw. dem Wiederanknüpfen an eine frühere Entwicklung der deutschen Soziologie beteiligt.[14] Der erste Universitätsoffizier Hessens Edward Y. Hartshorne war ebenso wie sein Nachfolger Howard P. Becker an der University of Chicago promoviert worden. Ihre besonders präzisen Aufzeichnungen der Begegnungen mit den Deutschen entsprachen auch aus dem in Chicago

10 Vgl. R. T. Alexander:" Should we trade teachers with Germany?", *Saturday Evening Post*, 17.4.1948.

11 Lange-Quassowski: *Amerikanische Westintegrationspolitik*, 60 ff. Dies.: *Neuordnung oder Restauration?*, 57–81, 190 ff.

12 Seit 1890 hatte es das Gesamtschulsystem in den USA gegeben, aus dem die amerikanischen Schulerfahrungen hervorgegangen ware. Lange-Quassowski weist aber auch auf die zeitgenössisch in den 1970er Jahren unter Wissenschaftler heftig debattierte Frage und Dekonstruktion früherer Annahmen hin, ob Inhalte und Struktur „demokratisch“ waren und ob sie aus demokratischen Motiven eingeführt waren. Vgl. J.-B. Lange-Quassowski: „Das Lehrstück Re-education. Das deutsche Schulsystem zwischen Okkupation und Restauration“, in: E.-A. Roloff (Hg.): *Schule in der Demokratie?*, Stuttgart 1979, 71–99.

13 Vgl. R. G. Burgess (Hg.): *Howard Becker on education*, Toronto 1995. H. Becker: *Man in Reciprocity*, New York 1956.

14 U. Gerhardt: *Denken der Demokratie: die Soziologie im atlantischen Transfer des Besatzungsregimes*, Stuttgart 2007, 99 ff.

besonders gepflegten anthropologischen Ansatz.[15] Der an der Harvard University tätige Hartshorne stand fachlich auch seinem dortigen Fachkollegen Talcott Parsons nahe.[16] Der Einsatz in Deutschland bedeute für die Soziologen auch eine praktische Fortsetzung ihrer bisherigen wissenschaftlichen Analyse der deutschen Gesellschaft oder die Datenbasis für spätere Arbeiten. Hartshorne konnte an seine Untersuchung der deutschen Universitäten in den 30er Jahren anknüpfen.[17] Der bayerische Universitätsoffizier Edwin Costrell verarbeitete seine Erfahrungen nach dem Einsatz in einer soziologischen Dissertation an der Clark University.[18] Ohne im engeren Sinne zu den Sozialwissenschaftlern zu gehören, sei auch der medienpolitische Berater des Hochkommissars McCloy ab 1949 und Repräsentant der Ford Foundation ab 1952 Shepard Stone dieser Gruppe zugerechnet. Als Historiker war er nach Studium am Dartmouth College und in Heidelberg bei Hermann Oncken in Berlin mit einer Arbeit über die deutsch-polnischen Beziehungen promoviert worden. Stone hatte nicht nur durch seine in Berlin aufgewachsene Frau persönliche Bindungen zu Deutschland. Als Journalist der *New York Times* machte sich Stone seit 1934 einen Namen als Deutschland und Osteuropa-Spezialist, wobei er in seinen Analysen der Politik eine analytische Distanz zu Deutschland zeigte, die mit seiner klaren Ablehnung des NS-Regimes Zusammenhang.[19]

„Die Juristen“: Obwohl nicht unmittelbar in der Bildungsabteilung, waren es doch immer wieder Juristen, die sich für transkontinentale Verbindungen der Hochschulen und eine Neugestaltung einsetzten. Grundsätzliche Überlegungen über die Rolle von Staat und Verfassung hatten auch einige der involvierten Rechtswissenschaftler zu Überlegungen bezüglich eines Erziehungsprogramms geführt. Dieses sollte sich zum einen in Selbstverwaltung, zum anderem aber in der Lehre der Politik sich verwirklichen. Zu der Gruppe der Juristen, die sich nach dem Zweiten Weltkrieg mit der deutschen Erziehung befassten, gehörten Emig-

15 Mit einem mikrosoziologischen Fokus und anthropologischen Methoden widmete sich die von Robert E. Park und Ernest W. Burgess begründete Chicago School of Sociology vor allem sozialen Fragestellungen der modernen Industrie- und Großstadtgesellschaft. Vgl. H.-J. Schubert: “The Chicago School of Sociology”, *Jahrbuch für Soziologiegeschichte 2007*, 119–166.

16 Strunz: *American Studies oder Amerikanistik?*, 66. Vgl. T. Parsons: “Edward Yarnall Hartshorne, Jr. 1912–1946”, in: *American Sociological Review* 11/1946, 877–878.

17 Vgl. Hartshorne: *The German Universities and National Socialism*. Ders.: *Reactions to the Nazi Threat*. 1940 hatte Hartshorne auch von Harvard aus einen Aufsatzwettbewerb zum Thema „Mein Leben in Deutschland vor und nach dem 30. Januar 1933“ mit intiiert. Die Ausschreibung war durch den Bericht des Emigranten Karl Löwith angeregt worden als Quellensammlung für weitere Untersuchungen über Deutschland. Das Preisrichterkollegium bestand aus Professoren der Harvard University: dem Psychologen Gordon William Allport; dem Historiker Sidney Bradshaw Fayn und eben Hartshorne. Vgl. K. Löwith: *Mein Leben in Deutschland vor und nach 1933*, Stuttgart 1986, 80.

18 Vgl. Costrell: *Reforming the German People*. Hartshorne: *The German Universities and National Socialism*. Vgl. E. Costrell: “An American University Officer in Occupied Germany”, in: M. Heinemann; (Hg.): *Hochschuloffiziere und Wiederaufbau. Die US-Zone*, 23–33.

19 Vgl. Volker R. Berghahn: *Transatlantische Kulturkriege*, Stuttgart 2004.

ranten aus Deutschland ebenso wie geborene Amerikaner. Etwa der vergleichende Rechtswissenschaftler Max Rheinstein von der University of Chicago war bei Kriegsende als Berater der amerikanischen Militärregierung zeitweilig nach Deutschland zurückgekehrt.[20]

„Die Philologen“: Die altphilologische Ausbildung, meist an den elitären Unis der Ostküste, hatte den „Philologen“ einen starken gemeinsamen Ansatz mit der klassischen europäischen Ausbildung gegeben. Der vielleicht exponierteste Vertreter diese Gruppe in der Nachkriegszeit war Robert M. Hutchins, Präsident und später Kanzler der University of Chicago.[21] Viele dieser einem klassischen Bildungskanon zugetanen Akademiker sprachen Deutsch als Wissenschaftssprache und hatten deutsche Veröffentlichungen rezensiert.[22] Der Universitätsoffizier J. Glenn Gray hatte seine Dissertation über Hegel 1941 an der Columbia eingereicht und wurde in späteren Jahren als der Übersetzer Heideggers bekannt.[23] Der Heidelberger Universitätsoffizier von 1946 Earl L. Crum bekleidete im Zivilleben einen Lehrstuhl für klassische Philologie an der Lehigh University in Bethlehem/Pennsylvania.[24] Edward F. D’Arms , der in den 50er Jahren die Rockefeller-Stiftung in Europa vertrat, hatte sich während seines Studiums in Princeton und am Oriel College Oxford vor allem mit der deutschen Geisteswelt vertraut gemacht.[25] Dieser vierten Gruppe gemeinsam war oftmals der Respekt vor der deutschen Wissenschaft und ihren Akteuren, insbesondere vor den idealistisch geprägten Geisteswissenschaften.[26]

20 Zur Biographie Rheinsteins: E. von Caemmerer; S. Mentschikoff; K. Zweigert (Hg.): *Ius privatum gentium*, Tübingen 1969. Stiefel: *Deutsche Juristen im amerikanischen Exil*. M. A. Glendon: “Max Rheinstein”, in: *The University of Chicago Law Review* 45/3/1978, 516–518.

21 Vgl. R. M. Hutchins: “Ideals in Education”, in: *The American Journal of Sociology* 43/1/1937, 1–15. Vgl. N. Noddings: “Hutchins and Dewey Revisited: Two Views of Democracy”, in: *Zeitschrift für pädagogische Historiographie* 9/1/2003, 15–20. Vgl. auch M. A. Dzuback: *Robert M. Hutchins*, Chicago/London 1991. H. S. Ashmore: *Unseasonable Truths*, Boston 1989.

22 Vgl. E. F. D’Arms: “Review: Die römische Weltherrschaft in der antiken Dichtung by Franz Christt”, in: *The Classical Weekly* 34/2/1940, 19–20.

23 Vgl. F. Solmsen: “Review: Hegel’s Hellenic Ideal by J. Glenn Gray”, in: *The Classical Weekly* 36/9/1942, 101–102. Vgl. T. Fuller (Hg.): *Something of Great Constancy*, Colorado Springs 1979.

24 Gerhardt: *Die Amerikanischen Militäroffiziere und der Konflikt um die Wiedereröffnung*, 35. Vgl. zu Crum: George C. Marshall Research Foundation: *Smith.Crum Papers 1740–1967*, http://marshallfoundation.org/library/documents/Smith_Crum.pdf.

25 “Edward F. D’Arms, 87, Executive and Teacher”, *New York Times*, 3.5.1991.

26 Crum galt in Heidelberg als besonders nachsichtiger Besatzungsoffizier. Gegen diese Typisierung spricht, dass der zeitgleich in Heidelberg eingesetzte Daniel F. Penham auch im französischen Besançon Griechisch und Latein studiert hatte, sich in Heidelberg aber besonders kritisch mit den deutschen Wissenschaftlern der NS-Vergangenheit auseinandersetzte. Der in Bad Hersfeld als Sigfried Oppenheim geborene Penham hatte bis zu seiner Emigration 1933 die Progrome in Deutschland miterlebt und 1939–1940 in der französischen Armee gedient. Vgl. Gerhardt: *Die Amerikanischen Militäroffiziere und der Konflikt um die Wiedereröffnung*, 35. Vgl. “Daniel Penham, Columbia Professor and Scholar of Budé, Dies at Age 86”, *Columbia News*, 21.7.2001,

Diesen an dieser Stelle nur grob eingegrenzten unterschiedlichen Perspektiven war das hohe Niveau der wissenschaftlichen Ausbildung aller Akteure gemein. Mit Beginn der Demobilisierung der amerikanischen Truppen, waren viele Berufssoldaten auf Verwaltungsstellen gesetzt worden, für die sei ursprünglich kaum ausgebildet worden waren. Im Bildungsbereich hingegen wirkten mehrheitlich hochqualifizierte Soldaten und Zivilisten, die zum Teil spezifisch für den Einsatz in der Abteilung in den USA angeworben worden waren.[27] In den USA waren während des Krieges mehrere Zentren entstanden, an denen die Offiziere in einem *Civil Affairs Training Program* für ihre speziellen Aufgaben bei der *Reeducation* der Deutschen ausgebildet worden waren. Mehrere Universitäten waren dem Vorbild der seit April 1942 laufenden ersten *School of Military Gouvernement* an der University of Virginia in Charlottesville gefolgt.[28] Zusätzlich richteten mehrere der Ivy-League Universitäten ein anspruchsvolleres *Army Specialist Training Program*, in dem Fachleute aus allen Bereichen umfangreich und interdisziplinär mit Tatsachenkenntnissen über das Einsatzgebiet vertraut gemacht wurden. Die *Psychological Warfare School* in Camp Ritchie bildete Sozialwissenschaftler und Journalisten für Aufgaben in der *Psychological Warfare Division* (PWD) aus, der militärische Nachrichtendienst *Counter Intelligence Corps* (CIC) bildete seine Leute in Washington, Chicago und Boston aus.[29] Als Basis des Ausbildungsprogramms analysierte Gerhardt die in den USA in breiten Bevölkerungskreisen geführte Diskussion über die amerikanische Demokratie „im American Way of Life und im fair play“, wie sie etwa auf der seit 1940 jährlich stattfindenden *Conference of Science, Philosophy and Religion in their Relationship to the American Way of Life* geführt wurde. Der vom seit 1926 in den USA lebenden, ursprünglich aus Leipzig stammenden Politikwissenschaftler Carl J. Friedrich gegründete *Council for Democracy* prägte diese Debatte mit. Die kämpferische Botschaft des *Council* wollte die Besonderheit der Demokratie ihres Landes insbesondere gegen die von NS-Deutschland beeinflusste Propaganda aktiv verteidigen. Literaten und Wissenschaftler aller Fächer bemühten sich, die Prinzipien der Demokratie allgemeinverständlich zu vermitteln. Mit einer wissenschaftlich angeleiteten Planung für den Frieden sollte die Basis eines dauerhaften Friedens der Demokratie gelegt werden.[30] Bei den in Harvard abgehaltenen Kursen konnte vor allem der Soziologe

27 Vgl. J. F. Tent: “Mission on the Rhine”, in: *History of Education Quarterly* 3/1982, 255–276.

28 Seit Sommer 1943 richteten Yale University, Harvard University, University of Pittsburgh, University of Chicago, University of Michigan und Stanford University ein CATP–Programm ein, bis Ende 1942 ebenfalls die Nothwestern University in Evanstown, Boston University. University of Wisconsin, Western Reserve University in Cleveland/Ohio. Im letzten Quartal 1943 hatten über 2000 Absolventen aus dem Militär sowie 960 Absolventen aus Zivilberufen die CATP-Ausbildung erhalten. Gerhardt: *Die Amerikanischen Militäroffiziere und der Konflikt um die Wiedereröffnung*, 37 ff.

29 Detailiert zu den verschiedenen Ausbilungsprofilen: Ebd. 38–44.

30 Die Debatten wurden auch in den wissenschaftlichen Zeitschriften wie dem *American Journal of Political Science*, dem *American Journal of Sociology* oder dem *Journal of Social and Abnormal Psychology* geführt. Ebd. 36. Vgl. C. Larson: “The Council for Democracy”, in: *Public Opinion Quarterly* 6/1942, 284–290.

Talcott Parsons mit seiner voluntaristischen Handlungstheorie Einfluss nehmen. Zusammen mit Friedrich leitete er das Deutschlandprogramm der *School of Overseas Administration* der Harvard University. Der 1927 in Heidelberg promovierte Amerikaner hatte in seiner 1937 erstmals erschienenen problemgeschichtlichen Studie *The Structure of Social Action* eine allgemeine Theorie des sozialen Handelns aufgestellt.[31] In den Harvard-Vorbereitungskursen der Offiziere behandelte Parsons als Thema neben der Kirche in den beiden großen Konfessionen auch deutschen Universitäten. Seine Fallstudien *Nazism a Case* wollte den Kursteilnehmern ein Verständnis für das durch den Idealismus geprägte Denken in NS-Deutschland vermitteln.[32] Im Februar 1945 hatte Parsons sein Memorandum *The Problem of Controlled Institutional Change* veröffentlicht.[33] Gerade weil in der deutschen Gesellschaft eine Interdependenz zwischen der spezifischen Charakterstruktur und den konservativen Strukturen bestehe, sei eine weitreichende soziale und kulturelle Transformation nicht alleine durch eine Veränderung des deutschen Charakters zu erreichen. Für eine nachhaltige gesellschaftliche Veränderung lehnte Parsons die von Morgenthau favorisierte De-Industrialisierung als Voraussetzung der Umerziehung ab. Permissive Kontrolle statt expliziter Umerziehungsmaßnahmen sollten in einem Wandel der Institutionen die Demokratie in Deutschland vorbereiten. Parsons „planmäßiger gesellschaftlicher Wandel" setzte auf Maßnahmen wie etwa Austauschprogramme, statt durch das Oktroyieren von Maßnahmen das Anliegen der Alliierten zu diskreditieren. Obwohl Parsons mit seinen Konzepten 1945 nicht bis in die offizielle Deutschlandstrategien durchdrang, konnte er doch über seine Vortragstätigkeit und die Ausbildung der Offiziere für die Besatzungsverwaltung wesentlich Einfluss auf deren tatsächliche Umsetzung nehmen.[34] Durch den Kontakt mit den deutschen Emigranten war der später in Hessen und Bayern prägende Universitätsoffizier Hartshorne auch mit Werner Richter persönlich bekannt gewesen und hieß dessen Konzeptionen zum Anknüpfen an die Weimarer Hochschulpolitik explizit gut.[35]

Durch seinen Forschungsaufenthalt in Berlin hatte Edward Y. Hartshone 1935/36 die deutschen Universitäten kennengelernt und sie systematisch beschrieben.[36] In einem sachlich-objektiven Ton verfasst, hatte Hartshorne den Durchgriff des totalitären Staates durch Ministerium und eingesetzte „Führer" auf

31 Vgl. U. Gerhardt: *Talcott Parsons*, Cambridge 2002, 1–57.

32 Gerhardt: *Die Amerikanischen Militäroffiziere und der Konflikt um die Wiedereröffnung*, 40. Dies.: "Talcott Parsons' Sociology of National Socialism", in: Dies. (Hg.): *Talcott Parsons On National Socialism*, New York 1993, 15–18.

33 T. Parsons: "The Problem of Controlled Institutional Change. An Essay in Applied Social Science", in: *Psychiatry* 8/1945, 79–101, in: Gerhardt (Hg.): *Talcott Parsons on National Socialism*, 291–324.

34 Strunz: *American Studies oder Amerikanistik?*, 63 ff. Vgl. Gerhardt: "Talcott Parsons and the Transformation of German Society at the End of World War II", in: *European Sociological Review* 12/3/1996, 303–325.

35 Hartshorne hatte das Buch von Richter besprochen. E. Y. Hartshorne: "Richters Re-educating Germany", in: *Harvard Educational Review* 16/1946, 72 ff. Vgl. Gerhardt: *Von der Potsdamer Konferenz zum Marshallplan*, 381 f. Strunz: *American Studies oder Amerikanistik?*, 75 f.

36 Vgl. Hartshorne: *The German Universities and National Socialism*, 98 ff.

die Inhalte von Forschung und Lehre klar kritisiert. Die NS-Universität als „geistige Grenzfestung" sah er im Gegensatz zur der Tradition der Freiheit der Wissenschaften.[37] Die von den Nazis eingeführten außerwissenschaftlichen Kriterien der Auswahl, neben rassischen Kriterien auch die des sportlichen oder parteipolitischen Engagements, sah Hartshorne im krassen Gegensatz zur Idee der Universität. Im Zusammenhang mit der Entlassung des Chemie-Nobelpreisträgers und Direktors des Kaiser-Wilhelm-Instituts Fritz Haber, hatte er den NS-Minister Rust zitiert, dass „es weniger wichtig ist, dass ein Professor Entdeckungen macht, als dass er seine Assistenten in der Richtigen Weltanschauung erzieht."[38] Hartshorne hatte die NS-Pädagogik der Kameradschaft, des soldatischen Selbstbildes und der gruppendynamischen Veranstaltungen analysiert. Anlässlich einer offiziellen Universitätsveranstaltungen, bei der die Mehrheit der Dozenten in Uniformen der SA auftrat und nur einige alte Professoren noch in den Talaren des Fakultäten, bemerkt Hartshorne, dass hier gerade mal drei Jahre gegen eine Tradition aus dem Mittelalter stehen.[39] Zentral in dieser Tradition sah Hartshorne positiv die akademische Freiheit, die vom Staat gewährte Unabhängigkeit der Lehre und Forschung. seine Kritik an der NS-Bildungspolitik konnte im Deutschland der NS-Zeit nicht veröffentlich werden und somit keine Wirkung entfalten, was der Autor bedauerte. In einer Rede knüpfte er 1946 daran an, wie er Deutschland verließ und nun als Vertreter der Besatzungsmacht zurückkomme.[40] Die Reflexion der Situation in Deutschland korrespondierte mit der Reflexion des eigenen Anspruchs der amerikanischen Universität. Insbesondere James Bryant Conant, der Präsident der Harvard University, an die Hartshorne 1938 als Dozent zurückgekehrt war, hatte dort eine Kommission initiiert, der die Frage nach dem gesellschaftlichen Auftrag der Hochschulausbildung gestellt worden war. Das Ergebnis war 1945 in einem kleinen Büchlein *General Education in a Free Society* erschienen, das Hartshorne in seinem Offiziersgepäck nun in Deutschland mit sich führte. Unter Einfluss des Weltkrieges hatte die Kommission über die Frage der Collegeerziehung hinaus sich damit beschäftigt, was für eine gesellschaftliche, Demokratie schaffende Funktion der Auftrag des amerikanischen Bildungssystems grundsätzlich impliziere.[41] Hartshorne hatte eine eigene Vorstellung, wie die deutschen Universitäten

37 Vgl. Ebd. 12, 19, 113; Hartshorne zitierte hier die Begrifflichkeit von Anrich: *Universitäten als geistige Grenzfestungen.*

38 Vgl. Hartshorne: *The German Universities and National Socialism*, 104; Zu Fritz Haber: D. Stoltzenberg: *Fritz Haber*, Weinheim 1998. M. Szöllösi-Janze: *Fritz Haber*, München 1998.

39 Vgl. Hartshorne: *The German Universities and National Socialism*, 110, 113.

40 Vgl. die Eröffnungsrede Hartshornes, abgegdruckt in R. vom Bruch: *Marburger Hochschulgespräche. Vor 50 Jahren.*

41 Vgl. OMGUS RC 260 E&CR Div, Box 5, E&RA Division OMGH: Annual History, Juni 1946, Annex H – Report I. E. Y. Hartshorne: Reopening German Universities. Der Bericht von 1945 war seit 1943 vom Committee on the Objectives of a General Education in a Free Society erstellt worden, dem Historiker Paul H. Buck, dem Altphilologen John H. Finley, Der Philosoph Raphael Demos, dem Zoologen Leigh Hoadley, dem Pädagogen Byron S. Hollinshead, Dem Historiker Wilbur J. Jordan, dem Sprachwissenschaftler Ivor A. Richards, dem Pädagogen Philipp J. Rulon, dem Historiker Arthur M. Schlesinger, dem Pädagogen Robert

in einer geschickten Mischung eigener Tradition und amerikanischer Demokratie aussehen könnten.[42]

Viele der Bildungs-Akteure kannten das Deutschland vor 1933 aus eigenem Erleben und sprachen die Sprache. Trotz vieler persönlicher Bindungen zu deutschen Einzelpersonen und Sympathien für Kultur- und Wissenschaftsleistung blieb allen amerikanischen Akteuren aber auch eine gewisse Distanz zu den Deutschen. Nicht nur für die Soziologen, die sich bei den Mentalitätsuntersuchungen der Deutschen in ihrer Profession bewegten, sondern für alle „Amerikaner" im Bildungsbereich blieben die Zerstörungen der Strukturen durch das NS-Regime stets bewusst. Auch als die Deutschen in den 1950ern in ihrem eigenen Selbstverständnis „zum Alltag übergegangen" waren, blieb diese Distanz der Amerikaner, die ihren Einsatz als nicht alltäglich sahen. Zu dieser bleibend skeptischen Haltung gegenüber den Deutschen trug auch die öffentliche Meinung in den USA bei. Wenn die in Deutschland eingesetzten Repräsentanten auf Heimaturlauben ihre Erfahrungen in Vorträgen und Veröffentlichungen darstellten, wurden sie immer wieder mit dieser kritischen Öffentlichkeit konfrontiert.[43] So blieb die Mission der Demokratisierung Deutschlands konstant als Auftrag bestehen. Der Glaube an die in den USA gelungene Ausformung der Demokratie war allen Akteuren ebenfalls gemeinsam. In den jeweiligen Erfahrungs- und Fachprägungen allerdings realisierte sich das Engagement unterschiedlich. In den fachlichen Profilen lassen sich die unterschiedlichen Ansätze erkennen, aus denen heraus bestimmte Vorlieben im Engagement in Deutschland bestanden haben.

2. DIVERGIERENDE STRATEGIEN ZUR UMGESTALTUNG

Bezüglich der deutschen Universität bestand bei den Alliierten Einigkeit, dass sich der Nationalsozialismus besonders früh an den deutschen Hochschulen hatte etablieren können.[44] Die von Washington vorgegebene amerikanische Strategie für ein Nachkriegsdeutschland sah massive Eingriffe in das Bildungssystem vor. Detaillierte Planungen existierten für andere Bereiche des Bildungssektors, vor allem für die Schulen, denen Amerikaner eine Schlüsselfunktion zubilligten. Bezüglich der Hochschulen hatten sie Direktiven sich aber nur recht allgemein festgelegt. Das Thema Universität blieb vage umrissen, so dass bei Kriegsende in

Ulich, dem Biologen George Wald und dem Staatswissenschaftler Benjamin F. Wright angehörten. Vgl. Conant (Hg.): *General Education in a Free Society*.

42 Vgl. Tent (Hg.): *Academic Proconsul*, vii.

43 D. Acheson: "The Current Situation In Germany (Adress, New York City, 28.4.1949)", in: *Germany 1947–1949. The Story in Documents*, Washington 1950. Vgl. auch die Kritik an der optimistischen Haltung Conants von 1959: G. Niemeyer: Review: "Germany and Freedom. A Personal Appraisal. by James Bryant Conant", in: *The Journal of Politics* 21/1/1959, 147–149.

44 Vgl. P. R. Neureiter: "Watch the German Universities. The Responsibility of American Universities in German Rehabilitation", in: *The Journal of Higher Education* 18/4/1946, 171–179.

Washington kaum konkrete Vorstellungen über die Hochschulpolitik im besetzten Deutschland bestanden.[45] Die Hochschulfrage war Bestandteil einer *Reeducation*-Politik. Der Umgang mit den besiegten Deutschen durch die Amerikaner lässt sich in drei Phasen unterteilen. Die erste restriktive Phase begann unmittelbar nach der Kapitulation im Mai 1945, darauf folgte die zweite, mildere Phase ab Mitte 1947, die den Geist der Stuttgarter Rede des US-Außenministers Byrnes zeigte. Die beiden Direktiven JCS 1067 von 1945 und JCS 1779 von 1947 gaben die Grundlinie des Umgangs der amerikanischen Militärs mit den Deutschen vor. Beide Direktiven der US-Regierung waren an die eigene Militärverwaltung adressiert gewesen und hatten noch keine bindenden Zugeständnisse an die Deutschen enthalten. Dieser Zustand der formalen Rechtlosigkeit endete erst mit dem Besatzungsstatut von 1949, das das *rule of law* auch formal zum Prinzip machte.[46] Diese dritte Phase der Besatzung endete 1952 und formal mit dem Inkrafttreten der Pariser Verträge 1955.

Früh hatten sich Politik und Öffentlichkeit mit den kulturellen Zukunftsfragen eines besetzten Deutschlands befasst. Im Auftrage der amerikanischen Regierung hatten sich während des Krieges verschiedene Fachleute mit verschiedensten Aspekten des deutschen Staates und der Gesellschaft befasst.[47] In der *Research and Analysis Branch* (R&A) militärischen Geheimdienst, dem 1941/42 gegründeten *Office for Strategic Services* (OSS) führten sich unterschiedlichste Analysen zur Situation in Deutschland zusammen. Der OSS hatte seinen Auftrag in "planning, development, coordination, and execution of the military program for psychological warfare". An der Informationsbeschaffung und -auswertung der R&A waren bis zu 40 Mitarbeiter beschäftigt, von denen die meisten Emigranten waren.[48] Sowohl der Leiter der Mitteleuropa-Abteilung Walter L. Dorn als auch sein Mitarbeiter und Nachfolger Eugene N. Anderson hatten sich als Historiker auf die deutsche Geschichte spezialisiert. Sie beide kannten Deutschland gut und waren mit den Emigranten vernetzt. Zahlreiche politische Emigranten unterschiedlicher Couleur befanden sich unter den Mitarbeitern, von denen der Jurist Franz L. Neumann besonders hervorragte.[49] R&A konnte seine Vorstellungen in der Zuarbeit zu verschiedenen Strategiefestlegungen einbringen. Die von General John H. Hilldring geleitete *U.S. Army Civil Affairs Division* (CAD) des Pentagon bereitete seit März

45 Paulus: *Vorbild USA?*, 99 f.

46 Vgl. D. Waibel: *Von der wohlwollenden Despotie zur Herrschaft des Rechts*, Tübingen 1996, 354.

47 Die vorliegende Arbeit widmet sich den großen Linien bezüglich der Reeducation-Politik und ihrer Implikation für die Hochschulpolitik. Zur Gesamtblick auf die komplizierte Meinungsbildung in US-Regierung, Zivilgesellschaft und betrauten Stäben vgl. Strunz: *American Studies oder Amerikanistik?*, 33 f.

48 Ebd. 78 f.

49 Aufgrund der thematischen Begrenzung der vorliegenden Arbeit und in Hinsicht auf das spätere Wirken im Hochschulbereich werden hier nur diese hervorragenden Akteure genannt. Stiefel und Mecklenburg geben ausführliche Informationen zu weiteren Exilanten in der OSS/R&A: F. Mecklenburg; E. C. Stiefel: *Deutsche Juristen im amerikanischen Exil (1933–1950)*, Tübingen 1991, 150 ff.

1943 die Nachkriegsplanung vor. Der aus Berlin emigrierte Historiker Hajo Holborn diente Hillding als Verbindungsmann zur R&A, die der CAD zuarbeiten sollte. Das von Holborn im Herbst 1943 vorgelegte Arbeitsprogramm hatte die Ausarbeitung von 80 *Civil Affairs Guides* (CAG) vorgesehen, die die Zentraleuropaabteilung erstellte. Da es kaum konkrete Vorgaben gab, entwarf die systematisch arbeitende R&A recht frei Funktionen und Ziele der künftigen Militärregierung.[50]

In der einzigen CAG zum Umbau des deutschen Erziehungs- und Bildungswesens wurde eine Re-Organisation der Hochschulen und somit ein Rückgriff auf die Strukturen der Weimarer Republik bei gleichzeitiger Zurückhaltung der US-Militärbehörden empfohlen. Katz vermutet, dass die Autoren des nicht namentlich gekennzeichneten CAG der emigrierte Historiker Felix Gilbert und der Kunsthistoriker Richard Krautheimer waren, da sie parallel an anderen Empfehlungen in dem Themengebiet arbeiteten.[51] Der Umbau der Universitäten stellte nach Meinung der Verfasser eine größere Herausforderung dar als das vorgeordnete Schulsystem. Zum einen hätten Studenten und Hochschullehrer ein ausgeprägteres politische Bewusstsein entwickelt, das reaktionär und vom Militarismus geprägt sei, zum anderen seien die Hochschulen der radikalsten Veränderungen in der NS-Zeit ausgesetzt gewesen: "Of all educational institutions the universities have undergone the most radical changes under the Nazi rule."[52] Aus diesem Grund sollten die Universitäten auf jeden Fall länger als die Schulen geschlossen bleiben. Erst nach einer gründlichen Entnazifizierung und der drängendsten Neugestaltungs-Maßnahmen seien sie probeweise zu eröffnen. Medizinische oder agrarwissenschaftliche Fakultäten sollten dabei aufgrund der Versorgungsaufgabe Priorität genießen. Die Militärregierung sollte alle zentralen Hochschulstrukturen und die nach dem Führerprinzip organisierten Hierarchien des NS-Staates auflösen. In jeder Universitätsstadt sollte ein Universitätsoffizier die Maßnahmen umsetzen. Die CAG empfahl bereits die temporäre Einsetzung eines *acting rector* sowie eines Gremiums deutscher Professoren, welche die Entnazifizierung und Umsetzung der Maßnahmen umsetzen sollten. Im Wesentlichen folgte der Entwurf von Gilbert und Krautheimer den Vorstellungen der deutschen Universität vor 1933.[53] Aus den umfangreichen Analysearbeiten des R&A entstanden im Auftrag des CAD 1944 in einem ähnlichen Geist auch das *Civil Affairs Handbook* für die nach der Befreiung Deutschlands zu errichtende Besatzungsverwaltung.

Die Vorschläge von R&A zu einem Nachkriegsdeutschland wurden zum Teil von der CAD angenommen, kollidierten aber mit abweichenden Vorstellungen

50 Strunz: *American Studies oder Amerikanistik?*, 78–84.

51 B. M. Katz: *Foreign Intelligence, Research and Analysis in the Office of Strategic Services 1942–1945*, Cambridge/London 1989, 77. Vgl. Strunz: *American Studies oder Amerikanistik?*, 84 f.

52 War Department Pamphlet Nr. 31–119, Civil Affairs Guide, German Higher Education and Adult Education Unter Military Government, 12.6.1944. Zitiert nach Strunz: *American Studies oder Amerikanistik?*, 85.

53 Ebd. 84–89.

durch die Außenwirtschaftsbehörde *Foreign Economic Administration* (FEA).[54] Andere Stellen in der US-Regierung sahen die von R&A vorgeschlagenen weitreichenden Zugeständnisse an die deutsche Selbstverwaltung als problematisch oder verfolgten andere Ziele. Im Juli 1944 befasste sich auch das *State Department's Interdivisional Committee* in Washington erstmals mit der Reeducation der Deutschen. In einem ersten Paper wurde eine grundlegende Änderung der deutschen Haltung verlangt.[55] Die Ausarbeitung einer amerikanischen Besatzungskonzeption blieb und insbesondere des Reeducation-Programms blieben bis zum Kriegsende auf allgemein gehaltene Vorentscheidungen beschränkt. Dazu kamen Kompetenzüberschneidungen und inhaltliche Zielkonflikte. Präsident Franklin D. Roosevelt selbst hatte im Zusammenhang mit dem Morgenthau-Plan das Pläneschmieden „für ein Land, das wir noch nicht einmal besetzen," abgelehnt.[56] Konsens der Besatzungspolitik war, dass die USA bei dem ganzen Demokratisierungsbemühungen nur ein „Minimum an Bitterkeit" entstehen lassen wollte.[57]

Ein kleiner Planungsstab befasste sich „vor Ort" mit den Fragen eines künftigen deutschen Erziehungssystems nach einem Ende des Krieges. Das im Januar 1944 in London für die Invasion über den Kanal gebildete *Supreme Headquarters of the Allied Expedition Forces* (SHAEF) war der Stab zur Beratung des Obersten Befehlshaber General Eisenhower über das besetzte Deutschland. Richtlinien und Handbücher wurden vom in England aufgestellte *German Country Unit* (GCU) verfasst. Die alliierten Politik-Planungs-Stäbe teilten sich in die amerikanische *Control Council* (US Group CC) und die britische *Control Commission*.[58] In der kleinen *Education and Religious Affairs Subsection* (E&RA Subsection) waren die Amerikaner durch Major Dr. John W. Taylor und seine beiden Mitarbeiter George Geyer und Marshall Knappen vertreten.[59] Die Stäbe in England waren während dieser Planungsarbeit kaum von der in Washington geführten Reeducation-Diskussion betroffen, da sie zu sehr mit dringlichen, konkreten Vorarbeiten für die Besetzung beschäftigt waren.[60] Im September 1944 wurden vor US Group CC die Grundsätze für ein künftiges deutsches Erziehungssystem weitergegeben, auf die man sich mit den anderen Alliierten hatte einigen können. Nach Abschaffung aller Einflüsse und Institutionen der Nazis sollte das künftige deutsche Erzie-

54 Ebd. 78–84. Vgl. Mecklenburg; Stiefel: *Deutsche Juristen*, 162–176.

55 Tent: *Mission on the Rhine.*, XV. Ders.: „Education and Religious Affairs Branch, OMGUS und die Entwicklung amerikanischer Bildungspolitik 1944 bis 1949", in: M. Heinemann (Hg.): *Umerziehung und Wiederaufbau*, Stuttgart 1981, 68–85, 69.

56 Rosenzweig: *Erziehung zur Demokratie?*, 79 f.

57 So war auch auch auf die Aufnahme einer Kriegsschulklausel verzichtet worden und die Kollektivschuld verworfen worden. Department of State, 12.1.1945. Department of State (Hg.): *The Conferences at Malta and Jalta 1945. Publication 6199*, Washington 1955, 186. Vgl. J.-B. Lange-Quassowski: „Amerikanische Westintegrationspolitik, Re-education und deutsche Schulpolitik", in: M. Heinemann (Hg.): *Umerziehung und Wiederaufbau*, 53–67. 55.

58 Tent: *Mission on the Rhine*, XV.

59 Ders.: *Education and Religious Affairs Branch*, 68.

60 Vgl. H.-J. Thron: Schulreform im besiegten Deutschland, München 1972, 2 ff, 36 f. Tent: *Education and Religious Affairs Branch*, 68f. P. Fedler: *Anfänge der staatlichen Kulturpolitik in Hessen nach dem Zweiten Weltkrieg, 1945–1955*, Wiesbaden 1993, 81.

hungssystem „demokratische und humanitäre Prinzipien und Werte“ vermitteln und dabei „den Bedarf an Frieden und internationaler Zusammenarbeit betonen“. Jede Besatzungsmacht sollte in ihrer eigenen Zone die Kultushoheit der Länder wieder herstellen und dann „so schnell wie es militärische Erwägungen erlauben und materielle wie personelle Bedürfnisse erfüllt werden können“ mit den Elementarschulen anfangend die Schulen wieder eröffnen. Außer dass die Alliierten von den deutschen Behörden fordern sollten, die Lehrersausbildung nun „in Einklang mit den Erziehungszielen“ durchzuführen, wurden die Universitäten nicht explizit erwähnt.[61]

Die strategische Weisungsbefugnis an die in Europa operierenden Einheiten lag aber grundsätzlich beim Präsidenten und dem ihm nachgeordneten State Department. Aus den zahlreichen in Washington diskutierten Entwürfen für eine Zukunft Deutschland hatten zwei widerstreitende Konzepte einen besonderen Einfluss entwickelt. Die beiden Richtungen können vereinfacht als „kooperativ“ und „punitiv“ bezeichnet werden.[62] Sowohl der vom Denken John Deweys beeinflusste Plan als auch die Konzeption Henry Morgenthaus waren ohne einen offiziellen Auftrag entwickelt worden.[63] Da die alliierten Truppen voraussichtlich bald in Deutschland standen, waren auf Drängen des US-Oberkommandierenden aller alliierten Truppen Dwight D. Eisenhower auf den Entschluss einer Gemeinsamen Direktive für eine Militärregierung in Deutschland gedrängt worden. Diese erste Leitlinie *CCS 551* vom 28. April 1944 erlaubte für das besetzte Deutschlands eine wirtschaftliche Stabilität und einen tolerierbaren mittleren europäischen Lebensstandard. Dabei zeigte die Leitlinie ein großes Vertrauen darauf, dass die Deutschen selbst spontan einen Demokratisierungs- und Reformprozess in Gang setzen würden. Deshalb gab es keine konkreten Vorstellungen, den ein amerikanisches Bildungssystem auf Deutschland zu übertragen[64] Das diesen Grundsätzen folgenden und immer wieder umgearbeiteten Handbuch für die Truppen in Deutschland hatte in den USA Stimmen hervorgerufen, die sich gegen einen zu liberalen Umgang mit den Deutschen wendete. In einem Memorandum vom 2. September 1944 hatte der US-Finanzminister Henry M. Morgenthau jr. einen Plan zur De-Industrialisierung Deutschlands vorgelegt, dessen Ziel in einem agrarwirtschaftlichen Deutschland ohne Ressourcen für einen weiteren Krieg bestand. Die Weisung der *Joint Chiefs of Staff* an den Oberbefehlshaber der US-Besatzungstruppe Dwight D. Eisenhower in der Direktive *JCS 1067* vom 26. April 1945 bildete die Grundlage der amerikanischen Besatzungspolitik in Deutschland von Oktober 1945 bis Juli 1947. Diese Direktive wurde im Oktober mit der Ergänzung des

61 NA, OMGUS E&CR Div., RG 260, Box 100, US Group CC: Control of Educational Institutions in Germany, 14.9.1944.

62 Strunz: *American Studies oder Amerikanistik?*, 41 ff.

63 O. Schlander: „Der Einfluss von Dewey und Hans Morgenthau auf die Formulierung der Reeducationspolitik“, in: M. Heinemann (Hg.): *Umerziehung und Wiederaufbau*, Stuttgart 1981, 40–52, 41.

64 Lange-Quassowski: *Amerikanische Westintegrationspolitik,* 55. P. Y. Hammond: “Directives for the Occupation of Germany: The Washington Controversy”, in: H. Stein (Hg.): *American Civil-Military Decisions*, Birmingham 1963, 342–347.

Potsdamer Protokolls auch Basis der gemeinsamen Politik aller alliierten Besatzungsmächte.[65] Um die künftige „Bedrohung des Weltfriedens" durch die Deutschen zu verhindern, sollte diesen die Verantwortung für die Verbrechen und das Leid der Nazizeit klargemacht werden. „Deutschland wird nicht besetzt zum Zwecke seiner Befreiung, sondern als ein besiegter Feindstaat."[66] In der Direktive waren mehrere Überlegungen Morgenthaus übernommen worden. Im Bildungssektor hatte Morgenthau eine größere Zeitspanne der Entnazifizierung und Neuausrichtung der Schulen und Universitäten vorgesehen, während der die Bildungseinrichtungen geschlossen bleiben sollten. Keine aufbauenden Maßnahmen nach Zerschlagung des NS-Schulsystems wurden genannt.[67] In seiner Untersuchung der *Reeducation*-Politik beurteilte Schlander die kurze Zeitspanne der Einflussnahme Morgenthaus als „ausreichend, um die Umerziehung in einer entscheidenden Phase in ein im Grunde ungünstiges Fahrwasser zu lenken."[68] Die beschränkte Perspektive von *JCS 1067* hatte zur Folge, „dass die amerikanische Besatzungsmacht zu dem Zeitpunkt ihrer größten Machtentfaltung ohne nachhaltige Konzeption für die Reeducation dastand."[69]

Die einen Wiederaufbau befürwortenden Amerikaner sahen eine Befriedung Deutschlands durch Verstehen und Erlernen demokratischer Verhaltensweisen vor. Von Anfang an hatte diese Richtung im *Department of State* eine Reihe entschiedener Befürworter. In diesem Sinne hatte auch Assistant Secretary of State Archibald MacLeish im Juli 1945 an seinen Vorgesetzten *Secretary of State* James F. Byrnes seine Vorstellungen für Deutschland formuliert. Die US-Besatzungspolitik sollte "encourage the self-government of people on the grounds that tyrannies have been demonstrated to be dangerous to the security of the world and that nations in which the people govern themselves are more likely to keep peace and to promote the common interests of mankind."[70] Von diesen „Aufbauamerikanern" war auch schon im Sommer 1944 eine Direktive formuliert worden, die aber aufgrund der Entscheidung für das Morgenthausche Konzept nicht Eingang in die offizielle Politik gefunden hatte.[71] Da dem Militärgouverneur ein gewisser Spielraum für Entscheidungen in seiner Zone gegeben worden war, hatte das Morgenthausche Konzept nicht alle bisherigen Bemühung zunichte gemacht.[72] Bezüglich der *Reeducation* hatte auch die Direktive *JCS 1067* einer Wiedereröffnung der Volks-, Mittel- und Berufsschulen „zum frühest möglichen Zeitpunkt" nach Eliminierung der Nationalsozialisten zugestimmt, unter „Ermutigung

65 Vgl. K. W. Tofahrn: *Chronologie der Besetzung Deutschlands 1945–1949*, Hamburg 2003, 12, 31.

66 Zitiert nach: R. Steininger: *Deutsche Geschichte 1945–1961*, Frankfurt 1983, 47ff.

67 Schlander: *Der Einfluss von Dewey und Hans Morgenthau*, 42.

68 Ebd. 41.

69 Ebd. 43f.

70 Tent: *Mission on the Rhine*, 1.

71 Der Begriff „Aufbauamerikaner" ist übernommen von Lange-Quassowski: *Amerikanische Westintegrationspolitik*, 55.

72 Lange-Quassowski: *Neuordnung oder Restauration?*, Opladen 1979, 115–123.

der Entwicklung demokratischer Ideen“[73] Insofern ermöglichte auch die restriktivere Linie von *JCS 1067* durchaus noch ein Weiterführen der Empfehlungen, die das Department of State am 12. Januar 1945 an die mit der *Reeducation* beschäftigten Besatzungsoffiziere, die von den Deutschen geäußerten Vorschläge aufzugreifen und zu unterstützen, und dabei jene Entwicklungen zu verhindern, die der Bildung einer internationalen Einstellung der Deutschen feindlich gesonnen wären.[74]

Der Begriff *Reeducation* wurde während des Krieges gebräuchlich und umfasste reichlich weit die Bemühungen der Demokratisierung Deutschland.[75] Wesentlichen Einfluss auf die offizielle amerikanische Besatzungsstrategie konnte die weitaus aufwendigere Strategie der Demokratisierung aber erst nach 1946 gewinnen. Mit Beginn der Besatzung und nach der Kapitulation Deutschlands im Mai 1945 war die Konzeptlosigkeit einer Schul- und Hochschulpolitik offensichtlich geworden. Um diese unbefriedigende Situation zu überwinden hatte im Sommer 1946 eine Kommission unter Leitung von George F. Zook, dem Präsidenten des *American Council on Education*, sich vor Ort ein Bild vom Erziehungssystem des besetzten Deutschland gemacht. Der im Herbst 1946 durch diese *Zook-Kommission* vorgelegte Bericht vertrat ein aufwendigeres Engagement zur Demokratisierung Deutschlands. Das Konzept nutze die Anregungen des amerikanischen Pragmatismus John Deweys.[76] Schon während des Ersten Weltkriegs hatte Dewey 1915 an der *University of North Carolina* über die Philosophen des deutschen Idealismus Vorträge gehalten. 1942 waren die Vorlesungen in einer Neuauflage erschienen mit einer Ergänzung, welche Hitler-Deutschland in einen Zusammenhang mit der Philosophie des deutschen Idealismus stellte. Auch die vom NS-Staat ausgehenden Gefahren hatte Dewey wie schon die Politik des späten Kaiserreichs als Fortsetzung des geistigen Erbes des Idealismus gesehen.[77] So waren die Deutsche Schulen von Dewey auch als „Institutionen, durch welche die philosophischen Lehren des Idealismus ins öffentliche Bewusstsein eindrangen“ kritisiert worden. Von den Schulen forderte Dewey nun die Aufgabe der staatstragenden Nähe zur Obrigkeit sowie einen neuen Geist, der dem des deutschen Idealismus entgegengesetzt war. Dewey Demokratisierungskonzept sollte beides auflösen: Die Herstellung demokratischer Grundsätze bedeute nach Dewey die Über-

73 JCS 1067, Punkt 14.d./c. Vgl. Lange-Quassowski: *Amerikanische Westintegrationspolitik*, 57.

74 Ebd. 56. Vgl. Department of State (Hg.): *Foreign Relations of the United States*, 184.

75 Tent: *Mission on the Rhine*, 2.

76 Schlander: *Der Einfluss von Dewey und Hans Morgenthau*, 45.

77 Insbesondere sah Dewey die Rolle von Immanuel Kant als problematisch, dessen Dualismus aus der grundlegenden Unterscheidung eines Reiches der Freiheit und einer der Notwendigkeit er für verhängnisvoll hielt. Aus dieser Aufspaltung sah Dewey gefährliche Konsequenzen, die Schlander erläutert: Die Menschen hätten sich so ungehemmt und ungehindert der Erforschung der Naturgesetze widmen können, währenddessen sie frei bleiben konnten. Zugleich aber, so Schlander, „konnten sie militärische Notwendigkeiten anerkennen, so die Ausführungen der von Vorgesetzten erteilten Befehle, ohne ihre innere Freiheit dabei zu verlieren, selbst wenn die Anordnungen nicht den Forderungen der Vernunft und der Moral entsprach. Nach Dewey konnte der Mensch damit bis zur Schizophrenie getrieben werden, ungeachtet des Unheils, das er mit gutem Gewissen anrichten konnte.“ Ebd. 45 f.

nahme einer demokratischen Offenheit, bei der, so Schlander, „nichts a priori festgelegt ist und die stets durch Austausch der verschiedenen Meinungen einen fortwährenden Prozess des ‚Trial-and-error' nicht nach der Wahrheit, sondern nach jeweils brauchbaren Lösungsvorschlägen sucht." An die Stelle des deutschen Idealismus sollte der amerikanisch Pragmatismus treten. Der liberal ausgerichtete Bericht der Zook-Kommission von 1946 warb für eine Umgestaltung des deutschen Erziehungswesens nach den Grundsätzen Deweys.[78] Die von seinen Vorstellungen mitbestimmte Periode der Umerziehungspolitik setzte ab 1947 mit dem Abschied vom Programm Morgenthaus ein.[79]

Die erste langfristige Richtlinie für die *Reeducation* gab das *Long-Range Policy Statement for German Re-education SWNCC 269* vom 16. Mai 1946.[80] Lange-Quassowski wies in ihrer Untersuchung der Formulierung der Politik darauf hin, dass alle Grundsätze schon eher im State Department ausgearbeitet worden waren, der Einfluss des Morgenthau-Plans aber deren konsequente Umsetzung bislang verhindert hatte. Mit dem durch die Entwürfe von Assistant Secretary of State MacLeish besonders vehement um die *Reeducation* entbrannten Streit im *State Department* habe der Entwurf für *SWNCC 269* ab Mai 1945 unverändert in der Schublade gelegen. Letztendlich wiederholte das Dokument nur schon eher geäußerte Grundsätze wie der Übergabe demokratischer Verantwortung an die Deutschen und dass die Umerziehung Teil eines umfassenden Programms zur Rehabilitierung der Deutschen sein müsse. Dennoch bildete die Richtlinie nun erst die Voraussetzung für eine aktivere Politik. Aufgrund der Klage der in Deutschland tätigen *Reeducation*-Offiziere über unrealistische Zielvorgaben hatte die Zook-Kommission vorgeschlagen, deren Kompetenzen durch ein Vetorecht zu ergänzen, das bei unzureichende Berücksichtigung der amerikanischen Leitlinien in deutschen Reformvorschlägen zur Anwendung kommen sollte. Erst mit der neuen Direktive JCS 1779 vom 11. Juli 1947 sollten offiziell nun auch mit „*Reorientation* statt *Reeducation*" mit weniger restriktiven Mitteln die Deutschen für die Demokratie geworben werden. Im Vergleich zu den vagen Äußerungen von JCS 1067 zur Erziehungspolitik formulierte die neue Direktive auch die Richtlinien zur *Reeducation* klar im Sinne der Wiederaufbauamerikaner Zooks Anregungen ermöglichten nun Hermann B. Wells, dem Berater Clays für kulturelle Angelegenheiten, die Reorganisation und Verdoppelung des Erziehungsstabes von OMGUS in Angriff. Die Direktive *JCS 1779* von 1947 stellte auch Prinzipien für die Prüfung der Reformfreudigkeit der deutschen Programme auf. Anders als Zook war sie dabei nicht auf die Übertragung der Strukturen des amerikanischen Schulsystems festgelegt, sondern die relativ offen formulierten Richtlinien ermög-

78 Ebd. 49 ff.

79 Ebd. 41. S. Bittner: *Learning by Dewey?*, 122 ff, 138 ff.

80 *SWNCC 269. Long-Range Policy Statement for German Re-education, revised and approved by the State-War-Navy Coordinating Committee, 16 May 1946*, Washington 1946. Auszugsweise abgedruckt bei K.-E. Bungenstab: *Umerziehung zur Demokratie?*, Düsseldorf, 1970, 181.

lichten stattdessen durchaus ein Anknüpfen an in der Weimarer Zeit entwickelte deutsche Reformvorstellungen.[81]

Konkretere eigene Vorstellungen hatte schon früh der Stellvertreter Eisenhowers, General Lucius D. Clay, der 1947 auf den Posten des Militärgouverneurs folgte. Clay blieb aber auch vorsichtig, nicht zu weitreichende und womöglich unerfüllbare Ziele im Erziehungssektor zu setzen. Ohnehin hatte auch Clay anfangs seine Priorität in der Grundversorgung der Bevölkerung gesehen, die Angelegenheiten der Hochschulen hintenangestellt[82] Clay differenzierte klar zwischen politischer und sozialer Reform: Seiner Meinung nach könne man in Deutschland nicht Reformen durchsetzen, die über jene in den Vereinigten Staaten weit hinausgingen. OMGUS sollte nicht in Deutschland mit liberalen Reformen experimentieren, die in den USA nicht durchgesetzt werden konnten.[83] Dennoch sah Clay von Anfang an die Förderung der unterschiedlichsten demokratischen Kräfte als den Weg an, die Demokratisierung Deutschlands in der Gesamtheit zu fördern. Die Voraussetzung für eine „demokratische Kultur" sah Clay in der Praxis einer politischen Demokratie, so sollten Wahlen lokal, auf Landes- und später auf Bundesebene bald durchgeführt werden. [84] Clay betonte den subsidiären Grundsatz "from the ground up rather than from the top down."[85] Dabei gebe es eben „kein politische Wunderserum, das man den Patienten injizieren kann, um ihn gegen die Krankheit des Militarismus immun zu machen."[86] Die Lösung der Erziehungsfrage ließe später „den Erfolg oder den Misserfolg unserer Besatzung erkennen." Es sei in daher nicht einfach, „Beweismaterial vorzulegen, das die Amerikaner, die Gelder zu bewilligen haben, davon überzeugt, wie wichtig die Austauschbesuche und Beispiele unseres eigenen Kulturlebens in Deutschland sind." Clay sah sich davon überzeigt, das die Bemühungen zur Erziehung wirken werden: „Es wird ihr gelingen, ein Volk heranbilden zu helfen, das sich seiner Rechte und Freiheiten stärker bewusst ist." Als 1949 mit Gründung der Bundesrepublik sich die Militärregierung auflöste, blieb die im Erziehungswesen tätige Gruppe als einzige voll erhalten. Mit seinem Abschied aus Deutschland, verlieh Clay seiner Hoffnung Ausdruck, dass es der Erziehungsabteilung möglich sein wird, „ihre freundlich beratende Rolle weiterhin ausüben, solange die Besatzung andauert und selbst dann mögen Vorkehrungen getroffen werden, die es erlauben, die Amerika-Häuser und das Austausch-Programm beizubehalten." In seinen Memoiren beschrieb Clay geradezu leidenschaftlich die Schulreformen und die Gründung der Freien Universität Berlin während seiner Amtszeit.[87]

81 Lange-Quassowski: *Amerikanische Westintegrationspolitik*, 58 f.

82 G. J. Giles: "Self-Help in the Search for Democracy in Heidelberg", in: J. C. Heß (Hg.): *Heidelberg 1945*, Stuttgart 1996, 73–81, 76.

83 R. Wolfe: "Revival of Democratic Culture during American Occupation of Heidelberg, 1945–1949", Ebd., 13–27, 16.

84 Ebd. 16.

85 L. D. Clay: *Decision in Germany*, Garden City 1950, 88.

86 Vgl. J. H. Backer: *Die deutschen Jahre des Generals Clay*, München 1983, 76 f.

87 L. D. Clay: *Entscheidung in Deutschland*, Frankfurt 1950, 337 f.

Der Historiker James F. Tent nannte in seiner Darstellung der amerikanischen Bildungsoffiziere nach 1945 die vier einflussreichsten Faktoren, die auf den amerikanischen Versuch, eine andere Gesellschaft durch ein neues Erziehungssystem herbeizuführen: 1.) Die Erziehungssysteme von Deutschland und USA unterschieden sich sowohl in der sozialen Aufgabe als auch in den unterschiedlichen Traditionen. 2.) Das benutzte Instrument der Militärregierung zur Durchsetzung von Bildungspolitik und Reform war nicht nur für die Amerikaner selbst fremd, sondern auch mit der Erziehung zur Demokratie schwer vereinbar. 3.) Die in Washington einflussreichen Politiker und Exekutivorgane waren sich in ihren Zielen einer deutschen Bildungsreform uneinig. 4.) Tent betonte die „unerwartete Komplexität des Auftrags der *Reeducation* in Deutschland“ aufgrund regionaler Unterschiede, von Verwaltungsstrukturen und einflussreicher Einzelpersönlichkeiten in den unterschiedlichen Teilen der US-Besatzungszone Deutschlands.[88] Hin und her gerissen zwischen einer gründlichen und strukturellen Reform des Hochschulwesens und der möglichst schnellen Wiederbelebung eines demokratischen Organs, ergaben diese Unsicherheiten, dass es schien, als ob die Demokratisierung in diesem Bereich auf die Einhaltung der Entnazifizierungsbestimmungen reduziert worden war und ansonsten nicht wesentlich in die Struktur der deutschen Hochschulen eingewirkt hatte. [89] Aus der strategischen Perspektive des State Department waren die Vorhaben auch fünf Jahre nach Beginn der Besatzung noch lange nicht auf einem eindeutig Erfolg verheißenden Weg. Der Direktor des Politischen Planungsstabes George Kennans bemerkte 1950 in einem Memo an Außenminister Dean Acheson, dass die Deutschen noch lange nicht so weit seien, wie man sich im Demokratisierungsprozess erhoffte: „We must remember that the German people are still politically immature and lacking in any realistic understanding of themselves and their past mistakes.“[90]

3. DIREKTEINGRIFFE DURCH AMERIKANER VOR ORT 1945–1947

Trotz der nicht im Detail ausgearbeiteten Konzepte mussten die Vertreter der US-Besatzungsmacht vor Ort handeln. Das Personal der Hochschulen, potentielle Studenten, die im Betrieb befindlichen Universitätskrankenhäuser, die lokale Verwaltung verlangten schnelle Entscheidungen von den US-Offizieren. In diesem Vakuum der Konzeptlosigkeit war die kreative Arbeit des einzelnen Hochschuloffiziers gefragt. Trotz der vielen ähnlichen Probleme der Grundversorgung und der Entnazifizierung, hatten die Universitäten der amerikanischen Besatzungszone auch noch spezifische Nöte. In München, Frankfurt, Würzburg und Gießen hatte die großflächige Stadtzerstörung durch das Flächenbombardement

88 Tent: *Mission on the Rhine*, 2.

89 Hentschke: *You owe it to yourself*, 198.

90 Zitiert nach: H.-J. Rupieper: „Amerikanisierung in Politik und Verwaltung Westdeutschlands. Ein problematisches Konzept“, in: K. H. Jarausch; H. Siegrist (Hg.): *Amerikanisierung und Sowjetisierung in Deutschland 1945–1970*, Frankfurt/New York 1997, 49–66, 51.

auch die Mehrzahl der Hochschulgebäude zerstört. Heidelberg, Marburg und Erlangen hingegen waren als weitgehend unzerstörte Städte voller Flüchtlinge, deren Bedürfnisse nach Grundversorgung auch die Angelegenheiten der Universität betrafen. Die Philipps-Universität zu Marburg war die erste der Hochschulen der amerikanischen Besatzungszone, zu der ein speziell mit dem Bildungswesen befasster Offizier der Besatzungsmacht einen Kontakt aufnahm.[91] Die oftmals für mehrere Hochschulen zuständigen Universitätsoffiziere waren zwar in Hierarchien der Militärregierung eingebunden, konnten und mussten aber ohne detaillierte Order relativ frei die Dinge vor Ort nach eigenem Ermessen entscheiden. In der ersten Besatzungsphase 1945 bis März 1947 führte die Strategielücke der Amerikaner bezüglich der Hochschulen dazu, dass sie nur durch die Negativmaßnahme der Entnazifizierung gestalteten.[92] Lange-Quassowski vermutete diesen Missstand vor allem in den Fehlannahmen der Planer: Die „Wiederaufbauamerikaner" hätten damit gerechnet, dass die Deutschen in einem höheren Maße selbst spontan Reformen in Gang setzen würden. Auf Grund der Richtlinien sollten sie nur beratend tätig werden, was der Zook-Report später kritisierte und daher eine Änderung der Richtlinie verlangte.[93] Erst nach der Pariser Außenministerkonferenz im Frühjahr 1946 waren eigene Maßnahmen möglich geworden, weil man zuvor die bis zu dem Zeitpunkt noch erhoffte Einigung der Alliierten auf zentrale Verwaltungsgremien nicht gefährden wollte. Aber auch in Washington war man sich über die *Reeducation* noch lange nicht einig, die erst anderthalb Jahre nach Beginn der Besatzung im August 1946 mit dem *Long Range Policy Statement for German Re-education* eine klare Strategie bekam.[94] Diese Phase der Besatzungspolitik währte bis Frühjahr 1947, in der die Strategie den Offizieren vor Ort ein ausgearbeitetes Programm gab. Schlander wies darauf hin, dass sich aber in der Zwischenzeit die deutschen Verwaltungen gefestigt hatten. „Im Rückgriff auf ältere Traditionen" hätten die Deutschen nun ihre eigenen „Vorstellungen von der Überwindung des Nationalsozialismus entwickeln können und waren ihrer anfänglichen Rolle als Befehlsempfänger der Besatzungsmacht zumindest teilweise entwachsen."[95] Im Hochschulbereich war durch die Entnazifizierung so viel NS-belastetes Personal aus den Ämtern entfernt worden, dass die Behörden nun Widerstand gegen die Maßnahmen der von Alexander geführten Bildungsabteilung leisteten. Die Widerstände hatten auch innerhalb der Bildungsabteilung entmutigend gewirkt, das von der Abteilung teilweise mitbetreuten *Visiting Expert Program* hatte sich als nicht besonders effektiv herausgestellt. Von Washington aus war diese Entwicklung mit Sorge wahrgenommen worden. Henry Kellermann, der als Mitarbeiter der Kulturabteilung des State Department (ADO) wesentliche Organisator der Austauschprogramme, hatte in der Krise seine Befürchtung arti-

91 NA OMGUS RC 260 E&CR Div, Box 5, E&RA Division OMGH: Annual History, Juni 1946, Annex H – Report I. Vgl. E. Y. Hartshorne: *Reopening German Universities*.

92 Zur Entnazifizierung der Universitäten: Tent: *Mission on the Rhine*, 57–69

93 Lange-Quassowski: *Amerikanische Westintegrationspolitik*, 61.

94 Ebd. 60f.

95 O. Schlander: *Der Einfluss von Dewey und Hans Morgenthau*, 40–52. 43f.

kuliert: Amerika sei dabei, die Unterstützung der deutschen Intellektuelle zu verlieren. [96] Zu Beginn des vierten Besatzungsjahres schienen sich die große Zuversicht des Beginns verflüchtigt zu haben.

Da die Besatzungsbehörde bezüglich der Schulpolitik eine personell besser ausgestattete Einheit und grundsätzlich ein bestimmteres Vorgehen zeigte, kann diese herangezogen werden, um die Lücke aufzuzeigen: Durch das OMGUS-Telegramm von Clay wurde ab Januar 1947 die Gangart der *Reeducation* verschärft.[97] Die im Erziehungsbereich bisher liberal-abwartende Haltung des Kommandos änderte sich in eine aktive Förderung der Eigeninitiative der deutschen Reformkräfte, da man sah, dass die Reformer in Deutschland sich offensichtlich nicht aus eigener Kraft durchsetzten konnten.[98] Die Deutschen erhielten konkrete Termine, zu denen sie Reformpläne vorlegen sollten, und erhielten diese zurück, wenn sie den amerikanischen Anforderungen nicht genügten.[99] Die von Dewey angeregten Bildungsreform-Ziele der Zook-Kommission konnten kaum an den bereits wieder in den Strukturen vor 1933 arbeitenden Schulen umgesetzt werden. Nach den Konflikten steckte die Besatzungsmacht 1948 in vielen Punkten ihre eindeutigen Vorstellungen zurück. Nach dem Clay-Telegramm hatten Richard T. Alexander und Herman B. Wells verstärkte Bemühungen unternommen, die im Zook-Report empfohlene Einheitsschule umzusetzen. Der im Herbst 1948 eingesetzte neu Abteilungsleiter Alonzo G. Grace beendete die Bemühungen in Richtung Schulstruktur abrupt und legte einen neuen Schwerpunkt auf die Reform der Lehrpläne.[100] Bezüglich der Schule ist so oftmals festgestellt worden, dass 1947 schon der günstigste Zeitpunkt eines Neuanfangs ohne die Vorentscheidung der Vergangenheit verpasst worden sei.[101] Die kleine Personaldecke des US-Personals und die weniger klaren Vorstellungen der Amerikaner im Hochschulbereich gegenüber weitaus verfestigteren Strukturen an der deutschen Seite lassen schließen, dass dort der Gestaltungsanspruch und -raum der Amerikaner noch geringer war. In seiner Analyse über die Beharrungskraft der deutschen Universitätsstrukturen beurteilte Kloss den geringen Einfluss auf die deutschen Universitätsstrukturen:

> After 1945 the occupation authorities generally attached great importance to the infusion of democratic principles into public life; the universities somehow escaped their attention. Perhaps they remembered simply the German universities' former academic brilliance; perhaps their high regard for Humboldt's principle of freedom of research and learning, on which the universities of many other countries had also been based, led them to believe that a return to

96 Tent: *Mission on the Rhine,* 274f. Zu Kellermann: E. Latzin: *Lernen von Amerika?*, Stuttgart 2005, 101 f. Stiefel: *Deutsche Juristen im amerikanischen Exil*, 188 f.

97 Abdruck bei L. Froese (Hg.): *Bildungspolitik und Bildungsreform*, 100–101.

98 W. Klafki: „Die fünfziger Jahre – eine Phase schulorganisatorischer Restauration. Zur Schulpolitik und Schulentwicklung im ersten Jahrzehnt der Bundesrepublik“, in: D. Bänsch (Hg.): *Die Fünfziger Jahre*, Tübingen 1985, 131–162, 146.

99 Lange-Quassowski: *Amerikanische Westintegrationspolitik*, 61ff. Vgl. Tent: *Mission on the Rhine*, 110–163.

100 W. Müller: *Schulpolitik in Bayern im Spannungsfeld von Kultusbürokratie und Besatzungsmacht 1945–1949*, München 1995, 135. Vgl. Lange-Quassowski: *Amerikanische Westintegrationspolitik*, 64.

101 Schlander: *Der Einfluss von Dewey und Hans Morgenthau*, 51.

> the pre-1933 situation was all that required. The German public and German politicians were far too preoccupied with other more urgent matters to lose much sleep over university reform and the reputation and social standing of university professors in Germany was still so high that – provided they had an acceptable political background – everyone was prepared to leave any reorganisation to them.[102]

Anders als der bayerische Kultusminister Alois Hundhammer mieden die Universitätsrektoren die offene Konfrontation mit den amerikanischen Behörden, wenngleich sie vor allem über die Entnazifizierungsmaßnahmen klagten.[103] Ihre leitenden Köpfe wie Walter Hallstein in Frankfurt und Georg Hohmann in München unterhielten äußerlich besonders kooperative Beziehung zu den Bildungsoffizieren. Trotz der frühen Wiedereröffnung und des energischen Starts, den Hartshorne durch Initiierung der Wiedergründungs-Ausschusses in Marburg und anderswo gemacht hatte, wurden beispielsweise keine neue Hochschulverfassungen verabschiedet, die die amerikanischen Erziehungspraxis wiederspiegelten. Im Mai 1946 hatte Hartshorne diesen Widerstand auch gegenüber den Hessischen Ministerpräsidenten Geiler formuliert und vorgeschlagen, nun doch Maßnahmen „von Oben" einzuleiten.[104]

4. ANSTÖSSE IN KONFERENZEN UND EINGRIFFEN BIS 1952

Die US-Besatzungsmacht nahm seit 1946 vor allem durch die Ermöglichung von Konferenzen Einfluss auf die Hochschuldebatte der Nachkriegszeit. Die verantwortlichen Offiziere der E&RA Branch fungierten dabei als Impulsgeber und als Moderator. Aus der Vielzahl der Bildungskonferenzen der Nachkriegszeit kann der Blick auf jene unmittelbar von der amerikanischen Besatzungsbehörde veranstalteten einen Einblick in die inhaltliche Einflussnahme auf den Diskurs über die Rolle der Universitäten geben. Von einer allmächtigen erscheinenden Militärregierung 1945 waren die Repräsentanten des amerikanischen Staates bis in die 1950er Jahre zu einem wohlwollenden Sponsor einzelner Veranstaltungen in einem vielgestaltigen Umfeld geworden. In der ersten Phase der Besatzung waren ohnehin nur die Stellen der US-Besatzungsmacht logistisch in der Lage, überregionale Konferenzen zu ermöglichen. Später hingegen waren es manchmal nur finanzielle Zuschüsse zu eigenen Mitteln der deutschen Kultusministerien und Hochschulen, welche eine bestimmte Fachtagung ermöglichen konnten. Da die mit Erziehung befassten amerikanischen Stellen selbst nur knapp mit Personal besetzt waren und auch ihnen nur begrenzte Finanzen zur Verfügung hatten, kann ein Blick auf die von ihnen geförderten Konferenzen Aufschluss über die Einflussnahme auf ein Erziehungsbild der Hochschulen geben.

102 G. Kloss: "University Reform in West Germany: The Burden of Tradition", in: *Minerva* VI/3/1968, 323–353, 324.

103 Tent: "Mission on the Rhine: American Educational Policy in Postwar Germany, 1945–1949", *History of Education Quarterly* 22/3/1982, 255–276, 263 ff.

104 Tent: *Mission on the Rhine*, 275.

Die amerikanische Einflussnahme auf die Debatte über einen möglichen Erziehungsauftrag der deutschen Universität begann im Sommer 1945 mit dem Einzelengagement des für Großhessen zuständigen Universitätsoffiziers Edward Y. Hartshornes. Als Hartshorne in seinem Bericht an die vorgesetzten Stellen der Militärregierung im Juni 1946 auf das vergangene Jahr zurückblickte, benannte er die grundsätzliche Sorge ausländischer Beobachter bezüglich der deutschen Universitäten. Hartshorne sah die Gefahr eines wiedererstehenden Nationalismus der Studenten aber als unwahre Unterstellung: Da eine Mehrheit der Studenten Kriegsteilnehmer seien, sei es ja normal, dass sie stolz auf ihr Land sind, selbst oder gerade in der Niederlage. Bevor sie nichts Neues lernten, würden diese Studierenden weiterhin in der Art denken, die Ihnen die NS-Ideologie beigebracht hatte. So sah Hartshorne es als die Aufgabe der Amerikaner, die große Chance aber auch Verpflichtung, ihnen Bücher und Lehrer zu geben, die ihnen helfen könne, einen ausgewogenen Blickwinkel zu entwickeln.[105] Um einen Austausch aller verantwortlichen Akteure über die Zukunft der deutschen Hochschulen anzustoßen, plante Hartshorne in Marburg nun auch eine erste informelle Aussprache auf einer Tagung für Hochschullehrer der ganzen Zone. Die Militärregierung sollte der Gastgeber der Veranstaltung sein, der Marburger Rektor Ebbinghaus durfte aber eigene Vorschläge für das Programm unterbreiten. Die von Ebbinghaus im März 1946 vorgeschlagenen Gesprächsthemen klammerten keine sensiblen Bereiche aus. Behandelt werden sollten 1.) „Wissenschaft und Wissenschaftsreform", 2.) „Wissenschaft und Politik", 3.) „Forschung, Lehre und Berufsausbildung", 4.) „Hochschule, Antike und Christentum", 5.) Studentenschaft und 6.) Auslandsbeziehungen.[106] Im Terminvorschlag im Sommer setzt der Marburger Rektor sich gegen das ursprünglich von Hartshorne angedachte frühere Datum durch, bei den vorgeschlagenen Themen lässt sich aber noch keine Abweichung von den amerikanischen Vorstellungen erkennen. Zumal Hartshorne bei den Konferenz konsequent dem Grundsatz der Zurückhaltung folgte, um die Deutschen zu eigenem Handeln zu motivieren. Nur den Rahmen dieses Austausches gab er strikt vor, wie er bei seiner Begrüßung der Konferenzteilnehmer als Repräsentant der Besatzungsmacht betonte:

> Sie brauchen keinen Ausländer mehr und keinen Emigranten, um für Ihre eigenen Gedanken eine Stimme zu finden. Aber die Methoden und die Gewohnheiten eines echten Gedankenaustausches sind schwer wieder zu beleben. Sehr viel, aber nicht zu viel ist geschehen. Es ist schwer von beiden Seiten her: aus einer Besatzung Kulturvermittler zu bilden und aus einer besiegten Nation einen fröhlichen Partner einer internationalen Gemeinschaft. Als wir diese Konferenz planten, wurde oft gefragt: „Ist es denn nicht verfrüht?" Deswegen, aber nicht nur deswegen, gab es die vielen Verzögerungen. Anscheinend hatten viele den Verdacht, die

105 NA OMGUS RC 260 E&CR Div, Box 5, E&RA Division OMGH: Annual History, Juni 1946, Annex H – Report I. VGl. Edward Y. Hartshorne: *Reopening German Universities*.
106 Vgl. UAM, 305a/107, Julius Ebbinghaus an E. Y. Hartshorne, Marburg, 12.3.1946.

> deutschen Hochschulprofessoren wären noch nicht bereit, ein vernünftiges Gespräch zu führen. Ob das gelingt, werden wir nun in ein paar Tagen besser wissen.[107]

Zu den Hochschulgesprächen selbst Ende Juni versammelt sich dann eine ansehnliche Anzahl in- und ausländischer Gäste in Marburg. Als Rektor und Vertrauensmann Hartshornes durfte Ebbinghaus die Gespräche leiten, die Gäste begrüßen und später über die Reform der Wissenschaft sprechen. Ebbinghaus forderte eine Rückbesinnung „auf die Vernunft als Grundlage aller Forschung“. Grundsätzlich vertrat er die Ansicht, „dass wir wohl in einer Krise der Wissenschaft, nicht aber der Wissenschaftler stünden.“ [108] Diese in der Zeit bei deutschen Professoren weit verbreitete Einstellung blieb bei der Marburger Tagung aber nicht unwidersprochen. Die „Lebenslüge der deutschen Wissenschaft“ deutete Forschungstätigkeit als an sich unpolitische Arbeit.[109] Hartshorne hatte namhafte Professoren aus dem Ausland für eine Teilnahme gewinnen können. Der aus Deutschland emigrierte und nun für die Militärregierung tätige Verfassungsrechtler Karl Loewenstein bemerkte, „dass man zu theoretisch und manchmal wirklichkeitsfremd gesprochen habe.“[110] Die Aussprache sollte die erste einer Vielzahl von Bildungskonferenzen werden, deren Ausgestaltung die Amerikaner durchaus wohlwollend den deutschen Akteuren der Bildungspolitik überließen.

Vom 25. Bis 27. November 1946 fand die erste Hochschulrektorenkonferenz der amerikanischen Zone in Heidelberg statt. Die Hochschulkonferenzen der Rektoren und Vertreter der Kultusministerien waren vor allem eine Angelegenheit der deutschen Akteure, zumal sie bald regelmäßig stattfanden und eine Arbeitsebene darstellten. Bei diesen ersten Hochschulkonferenzen waren die amerikanischen Vertreter aber noch sehr präsent. Die von der amerikanischen Militärregierung herausgegebene *Neue Zeitung* sah das Ereignis als zukunftsweisend: „Zum ersten Mal seit Kriegsende wurden auf einer offiziellen Tagung, auf der die drei westlichen Zonen vertreten waren, Fragen diskutiert, die für die Zukunft der Universitäten entscheidend sein werden.“ Neben den Rektoren der Hochschulen der amerikanischen Zone und je einen Vertreter der Hochschulen in den anderen beiden Westzonen waren zahlreiche Vertreter der Militärregierung anwesend.[111] Zulassung der Studenten, Gebührenerlass, Numerus Clausus: Zahlreiche drängende Themen standen auf der Tagesordnung, mit denen sich die Hochschulen im Alltag der mageren Nachkriegsjahre beschäftigten. Fritz Karsen, nun Leiter der Erziehungsabteilung von OMGUS, hatte sich auf einführende Worte beschränkt und dabei die freudige Nachricht überbracht, dass schon ab 1947 nun Studentenaus-

107 Vgl. die Eröffnungsrede von Hartshorne: *Marburger Hochschulgespräche, 12. bis 15. Juni 1946. Referate und Diskussionen*, Frankfurt 1947. Vgl. R. vom Bruch: „Marburger Hochschulgespräche. Vor 50 Jahren“, in: *Forschung & Lehre* 3/7/1996, 382.

108 *Tagesspiegel*, 25.6.1946.

109 Vgl. Interview mit Rüdiger vom Bruch. K. Müllges: „Hilfreiche Geister?“, *Deutschlandfunk*, 15.3.2007. http://www.dradio.de/dlf/sendungen/studiozeit–ks/603528/

110 *Tagesspiegel*, 25.6.1946.

111 Die 12 Hochschulen der britischen Zone wurden durch den Göttinger Rektor Hermann Rein vertreten, jene der französischen Zone durch den Freiburger Rektor Franz Arthur Allgeier. Vgl. „Studentenaustausch mit USA für 1947 geplant“, *Die Neue Zeitung*, 29.11.1946

tausche in die Vereinigten Staaten möglich seien. Ansonsten blieben die amerikanischen Vertreter zurückhaltend und ließen die versammelten Vertreter der deutschen Universitäten ihre Themen frei besprechen. Aufgrund der Überfüllung der Universitäten und eines nun angeblichen Hang zum „Scheinstudium" empfahlen die Rektoren auch Maßnahmen „zur Hebung des Niveaus an den Hochschulen und zur Ausmerzung von unbegabten Studenten", die nicht den amerikanischen Forderungen entsprachen. Dennoch berichtete ein zusammenfassender Artikel in der von der Militärregierung herausgegebenen *Neuen Zeitung* von umgesetzten Forderungen der amerikanischen Bildungsexperten. So schien ihnen die Fülle der Stundenpläne an der deutschen Universität kontraproduktiv für eine ausgewogene geistige Entwicklung zu sein. „Um den Studenten genügend Zeit zum Besuch allgemeinbildender Vorlesungen zu geben", sollten nun „einige Fachvorlesungen nach Möglichkeit reduziert werden." Stattdessen wurden Vorlesungen über die Geschichte der einzelnen Wissenschaften empfohlen. Auch wurden Entschlüsse über die Schaffung neuer Strukturen an den Universitäten beschlossen, die den wesentlichen Vorstellungen der Amerikaner entsprachen:

> Jede Hochschule wird in Kürze eine Auskunftstelle für alle Studienangelegenheiten einrichten, darüber hinaus eine zweite für soziale Fragen beim Studentenwerk, eine dritte für studentische Fragen beim Allgemeinen Studentenausschuss (AStA). Jeder Hochschule wurde empfohlen, für die Beratung und die individuell psychologische Studentenführung Professorenausschüsse bei den Fakultäten einzusetzen. Besonders eingehend war die Diskussion über die politische und fachliche Organisation der Studenten, an der der Vertreter der Heidelberger Studentenschaft teilnahm. Die Hochschule wird sich, eventuell durch Schaffung eines Lehrstuhls für Politik, angelegentlich um die allgemeine Erziehung der Studenten bemühen. Sie will jede Form der politischen Diskussion fördern, die dazu geneigt ist, die jungen Menschen zur Fairness im politischen Kampf zu erziehen.[112]

Manche Vorschläge der Amerikaner waren dabei noch weitergehender. Vor allem die Schaffung von Kuratorien, „die an der Verwaltung der Universität teilnehmen und sich aus Vertretern der verschiedenen Berufe und örtlichen Einrichtungen zusammensetzen sollen" war den deutschen Professoren fremd. So wurden manche heikle Punkte vertagt: „Mit dieser Frage, die für die deutsche Hochschule eine völlig neuartige Idee und Aufgabe anschneidet, wird sich der Verfassungsausschuss der Rektorenkonferenz befassen."[113] In der Folgezeit tagten die Rektorenkonferenzen regelmäßig.[114] Parallel dazu fanden nach wie vor Konferenzen statt, welche die Amerikaner eigens für die Hochschulreformen initiiert hatten.

Das letzte Thema der Marburger Hochschulgespräche von 1947 „Wissenschaftliche und sozialpolitische Aufgaben der Hochschulen" warf eine Fülle von Einzelfragen auf. Die Beiträge der Diskutanten verglichen dabei die politische Situation in den Westzonen mit den massiven Eingriffen der sowjetischen Militärregierung in der Ostzone. Bezüglich des „politischen Lebens" der Studentenschaft der Ostzone schien aber keine Einigkeit zu herrschenden. Der zu diesem Zeit-

112 „Studentenaustausch mit USA für 1947 geplant", *Die Neue Zeitung*, 29.11.1946.
113 Ebd.
114 Heinemann (Hg.): *Süddeutsche Rektorenkonferenzen 1945–1948. Teil 2.*

punkt noch als Leipziger Ordinarius an der Tagung teilnehmende Philosoph Hans-Georg Gadamer hatte seine Einschätzung der aktuellen Schwierigkeiten der Hochschulpolitik in einem Referat zusammengefasst. Als eine der wichtigsten Lebensfragen der Universität sah Gadamer die Schulfrage, die sich weniger als Frage der Verschiedenheit der Vorbildung als Frage nach der Befähigung stelle. Die allgemeinen und theoretischen Ausführungen der folgenden Diskussion wurden von der *Neuen Zeitung* in einem Kommentar bezeichnet als „nicht ohne die Tendenz, sie mehr vom Abstrakten und der Idee her als von den praktischen Gegebenheiten her lösen zu wollen". Von da ging auch die Kritik aus, die Fritz Karsen an der Tagung übte:

> Wir glauben, man sollte nicht immer reden von der Idee, nicht immer die Vergangenheit und die Struktur dessen, was gewesen, für die Gegenwart durchsuchen sollte, sondern dass man die Struktur der Universität in der Gegenwart erforschen soll. Die deutsche Universität wird ihren Rang behaupten und wieder Ansehen in der Welt erringen in dem Maße, wie sie am Wiederaufbau Deutschlands mithilft. Wie kann die Universität kooperativ mit der Wirklichkeit und allen Distanzen der Öffentlichkeit leben, dies theoretisch zu entwickeln, praktisch zu fördern und in der Ausübung wieder kritisch zu prüfen, darin besteht die Aufgabe und das Lebensrecht der Universität heute.[115]

Ab Herbst 1946 hatten die Amerikaner ohnehin die Bildungshoheit an die Länder zurückgegeben, bei denen nun die Umsetzung solcher Vorschläge liegen sollte.[116] Nur durch die Organisation von Konferenzen versuchten sie, die Debatte über die Zukunft der Hochschulen mitzugestalten. Ein Sachverständigenausschuss hatte an zwei Arbeitssitzungen im November und Dezember 1947 in Bad Schwalbach im Taunus „Richtlinien für die Reform der Hochschulverfassungen in den Ländern des amerikanischen Besatzungsgebietes" als Vorschläge erarbeitet.[117] Neben vier Ministerialbeamten gehörten dem Ausschuss mit den beiden Heidelbergern Karl Geiler und Gustav Radbruch sowie dem Frankfurter Walter Hallstein drei profilierte Juristen an. Als ehemaliger Reichsjustizminister 1921/22 und 1923 in SPD-Regierungen der Weimarer Republik hatte Radbruch ebenso wie Geiler als der von den Amerikanern eingesetzte erste Ministerpräsident Groß-Hessens 1945/46 sich bereits als Demokraten profiliert. Als Professor für internationale Rechtsvergleichung hatte Hallstein schon während seiner Kriegsgefangenschaft in den USA Vertrauen bei den Amerikanern erworben und sich ab April 1946 als erster Nachkriegsrektor der Goethe-Universität in Frankfurt am Main als gut vernetzter Hochschulpolitiker gezeigt.[118] Die am 5. Dezember 1947 veröffentlichten *Schwalba-*

115 Dr. Unkrodt: „Die Aufgaben der Gegenwart", *Marburger Presse*, 3.6.1947.

116 C. Defrance: „Die Westallierten als Hochschulreformatoren (1945–1949): Ein Vergleich", in: A. Franzmann; B.Wolbring (Hg.): *Zwischen Idee und Zweckorientierung*, Berlin 2007, 35–46, 41.

117 Die Sitzungen in Bad Schwalbach im Taunus fanden vom 13. bis 18.11. und vom 30.11. bis 5.12.1947 statt.

118 Vgl. die Biographien: W. Mühlhausen: *Karl Geiler und Christian Stock*, Marburg 1998. M. D. Klein: *Demokratisches Denken bei Gustav Radbruch*, Berlin 2007. P. H. Schlüter: *Gustav Radbruchs Rechtsphilosophie und Hans Kelsens Reine Rechtslehre*, Tübingen 2009, 25 ff. W. Loth; W. Wallace; W. Wessels (Hg.): *Walter Hallstein*, Bonn 1995. Jansen wies auf die Ver-

cher Richtlinien sollten bezüglich der Hochschulverfassungen neue Wege gehen, wie die drei Juristen in der Einleitung betonten. Der Ausschuss habe sich bei der Ausarbeitung

> von den allgemeinpolitischen und kulturpolitischen Grundauffassungen tragen lassen, die – gerade in Süddeutschland im wiedergewonnenen Einklang mit einer eingewurzelten freiheitlichen Tradition – das Lebens unseres Gemeinwesens bestimmen und in den Verfassungen der Länder sanktioniert sind. Indem sie den Hochschulen die Pflege freier Wissenschaft und die Erziehung der akademischen Jugend zu den geistigen und sittlichen Werten abendländischer Kultur zur Pflicht machen, weisen sie nicht nur der geistigen Tradition und der unabhängigen Entfaltung schöpferischer Kräfte einen eigenen Raum zu, sondern begründen zugleich eine hohe Verantwortung. Namentlich dieser Gedanke hat dazu geführt, dass in wesentlichen Punkten nicht unerhebliche Änderungen des überkommenen Rechtszustandes vorgeschlagen wurden.[119]

Die Richtlinien zielten auf eine Verstärkung der Selbstverwaltung der Universitäten, zunehmende Rechte für die Nicht-Ordinarien und die Studierenden sowie eine Stärkung des Rektorenamtes gegenüber dem Dekanat ab.[120] Die Richtlinien folgten aus einer Umsetzung juristischer Prinzipien der Demokratie in die Körperschaft der Hochschule. Einen pädagogischen Auftrag zu einer demokratischen Erziehung sahen die Autoren in ihrer Argumentation nicht. Die Beteiligung der Studenten „in dem ihnen gebührenden Rahmen" an der Selbstverwaltung folgere sich aus der *universitas*, der „Gemeinschaft von Lehrern und Schülern". So dürfte auch keine studentische Organisation als eine eigene Körperschaft außerhalb der Hochschule stehen. Und auch eine unmittelbare verwaltungsmäßige Unterstellung der Studentenmitverwaltung unter die staatliche Hochschulverwaltung sei mit dem Grundsatz der *universitas* nicht vereinbar, aus dem der Verkehr der Studentenschaft mit dem Ministerium über die Organe der allgemeinen Hochschulverwaltung sich ergeben. „Als Gliedkörperschaft der Hochschule" sei der Studentenschaft hingegen durchaus eine eigene Organisation mit eigenem Satzungsrecht zuzugestehen. Diese vom Akademischen Senat einer Universität zu genehmigende Satzung müsse der Gliederung der Hochschule nach Fakultäten und einer Generalvertretung folgen. Die eigenen studentischen Angelegenheiten sollten die Studenten nach den Empfehlungen durchaus eigenverantwortlich verwalten können, bei der die allgemeine Hochschulselbstverwaltung höchstens als Aufsicht fungieren könne. Bei anderen „studentischen Angelegenheiten" mit gemeinsamer Zuständigkeit von Hochschulselbstverwaltung und Studentenschaft sei die Beteiligung der Studenten durch Einbeziehung studentischer Vertreter in die Organe der Hochschulselbstverwaltung wie Konzil, Senat, Disziplinargericht, Ausschüsse

wurzelung des Denkens im zeitgenössischen Diskurs hin: C. Jansen: „Mehr pragmatisch denn liberal. Politische Initiativen und Argumentationsmuster von Walter Jellineck, Gustav Radbruch und Willy Hellpach im Kontext der Wiedereröffnung der Universität Heidelberg", in: Jürgen C. Heß (Hg.): *Heidelberg 1945*, 173–196.

119 K. Geiler; W. Hallstein; G. Radbruch (Hg.): *Richtlinien für die Reform der Hochschulverfassungen in den Ländern des amerikanischen Besatzungsgebietes*, Heidelberg/Darmstadt 1948, 8.

120 Defrance: *Die Westallierten als Hochschulreformatoren*, 41.

oder Fakultät zu sichern. Zu diesen „studentischen Angelegenheiten" gehörten nach Meinung des Ausschusses die Aufgaben wie Stipendienwesen, soziale Einrichtungen, Gebührenerlass, Zulassungswesen, sportliche Einrichtungen oder Studienangelegenheiten.[121]

Die Formulierung des Erziehungsauftrages erfolgte verhalten. Ohne konkrete Einrichtungen hierfür zu benennen, wird am Rande der Empfehlungen das vornehme Anliegen der Hochschule eingefordert, „die Erfüllung der Lehraufgaben hinaus die persönliche Verbindung zwischen Lehrenden und Studenten in jeder möglichen Weise zu pflegen". So sollten auch „außerhalb der eigentlichen Hochschulorgane" bestehende oder zu schaffende Einrichtungen, welche wie Studentenwerk oder studentische Wohngemeinschaften dem studentischen Interessen dienen durch eine gemeinschaftliche Beteiligung von Vertretern des Lehrkörpers und der Studenten verwaltet werden.[122] Bezüglich der studentischen Vereinigungen scheint es eine Übereinstimmung zwischen dem expliziten Gegner der alten Studentenverbindungen Radbruch und dem ehemaligen Corpsstudent Geiler gegeben haben. So sollte die Hochschule auch dem „studentischen Vereinigungswesen [...] ihr besonderes Augenmerk und ihre besondere Fürsorge" zuwenden. „Aufgrund der Vorhandenen natürlichen Verbindungen" sei die Hochschule „vorzugsweise in der Lage, Wesentliches zur Förderung dieser Vereinigungen zu tun, und allein befähigt, die daraus sich ergebende Verantwortung zu tragen."[123] Für die Universität wenig kontrollierbare parteipolitische und an parteipolitische Ideologien angelehnte Gruppierungen sollten hingegen „innerhalb der Hochschule" ausgeschlossen bleiben. Die Richtlinien wiesen in vielen Satzungsfragen weit über den Status quo der wieder- oder neu geschaffenen Universitätssatzungen hinaus, definierten einen Erziehungsauftrag der deutschen Universitätstradition folgend aber nicht. In Ihrer Umsetzung blieben die Richtlinien so oder so folgenlos.[124]

Richard T. Alexander, der Leiter der E&RA Division, sah die Reform der bestehenden Universitäten als das probate Mittel einer Veränderung der Hochschulen an. Trotz aller Probleme, sah Alexander im März 1948 auch den Vorschlag der Errichtung einer neuen Universität in Regensburg als eine Fortführung üblicher Universitätskonzepte. "What we really need is a new type of university in Germany striking out along more modern lines."[125] Die wegen der hohen Kosten letztendlich auch abgelehnte Idee einer Neugründung in Bremen, zeigt aber, wie weitreichend solche Konzepte auch hätten sein können.[126] Die Denkschrift für

121 Schwalbacher Richtlinien, Richtlinien für die Reform der Hochschulverfassungen in den Ländern des amerikanischen Besatzungsgebietes, 1947, in Neuhaus (Hg.): *Dokumente zur Hochschulreform,* 262–288, 265 f.

122 Ebd.

123 Radbruch (Hg.): *Richtlinien für die Reform der Hochschulverfassungen,* 22.

124 Defrance: *Die Westallierten als Hochschulreformatoren*, 41.

125 R. T. Alexander: "New University in Regensburg", 5.3.1948, zitiert nach Paulus: *Vorbild USA?*, 114.

126 Die Amerikaner waren lange gegen universitäre Neugründung in ihrer Zone gewesen und hatten so auch die Vorschläge einer Neugründung in Regensburg abgelehnt. Ebd. 171 f. Diese

eine „Internationale Universität in Bremen" von 1947 lehnte die Planungen eng an das amerikanische Hochschulmodell an. Im Hinblick auf das soziale Zusammenleben innerhalb der projektierten Hochschule wurde der amerikanische College- und Campus-Gedanke aufgegriffen. „Die Erfahrung der amerikanischen Hochschule", wie die Bremer Denkschrift betonte, „können hier wohl zu Rate gezogen werden; aber nur in einer neuen Hochschule, die grundsätzlich anders aufgebaut sein muss als die alten Hochschulen und eine Möglichkeit zum Experimentieren bietet ohne dass dabei eine Gefährdung des wissenschaftlichen Niveaus der Institution eintritt."[127]

In den Jahren nach Gründung der Bundesrepublik konnte der amerikanische Hochkommissar John J. McCloy nicht mehr durch Weisungen, sondern vor allem durch finanzielle Unterstützung für deutsches Engagement wirken. Konkret zeigte sich das Interesse McCloys an den Hochschulen in Nutzung des ihm zur Verfügung stehenden *HICOG Special Projects Program*. Dieses flexible Sonderprogramm hatte den Zweck, den Deutschen die Selbsthilfe zu ermöglichen. Nach dem Hilferuf eines Rektors im Oktober 1949 waren erstmals Gelder als Schnellhilfe für Studierenden genutzt worden.[128] Das aus unterschiedlichen HICOG-Abteilungen zusammengesetzte *Special Projects Board* prüfte die hunderten von Anfragen, die Ihnen anfangs aus der US-Besatzungszone, später aus ganz Westdeutschland zugeleitet wurden. Oftmals ermutigten die *Resident Officers* die Deutschen, sich um die Gelder zu bemühen. Als Pläne für die Verbesserung der Studienbedingungen auf den Tisch kamen, entschied das *Board* unter der Annahme, dass die Verbesserung der sozialen Bedingungen der Studenten eine der besten Möglichkeiten sein könnte für die Einführung der Demokratie in die Hochschule bereiteten.[129] Bei der Unterstützung der Anträge von Studentenwohnheimen, knüpften die Amerikaner ihre Zustimmung an. Die Bedingungen des *Special Projects Program* verlangten als Vorbedingungen, dass die Häuser für Studenten und Organisationen der Universität ohne Diskriminierung von Geschlecht, Rasse, Religion, Nationalität, des sozialen und ökonomischen Status der Studenten zu Verfügung stehen sollten. Keiner Studentenorganisation sollte eine exklusive Nutzung oder ein Langzeit-Mietsverhältnis zustehen. Falls Räume vermietet werden sollten, sollten alle Studenten und Studentengruppen gleiche Chancen in ihrer

Ablehung ging im Einklang mit den Rektoren der bestehenden Universitäten, die um eine Verkleinerung ihre Budgets fürchteten. Der Erlanger Rektor Eduard Brenner schrieb am 29.3.1947 an das Bayerische Kultusministerium: „Obwohl anerkannt wird, dass die Zerstörung im Bereich der Universitäten München und Würzburg die Überfüllung der drei Universitäten sowie die Vermehrung der bayerischen Bevölkerungh um etwa 2 Millionen den Gedanke einer vierten Universität zu begrmndem vermöchten, sprechen in erster Linie finanzielle, personelle und materielle Schwierigkeiten dagegen." Zitiert nach: Paulus: *Vorbild USA?*, 171 f. Hier auch der Hinweis zum Widerstand gegen die geplanten Hochschulgründungen in Regensburg zu Heinemann (Hg.): *Hochschuloffiziere und Wiederaufbau. Die US-Zone*, 126 f.

127 *Internationale Universität in Deutschland*, München 1947. Zitiert nach: Paulus: *Vorbild USA?*, 171.

128 Vgl. H. R. Mahoney:" Investment in Democracy", in: *Information bulletin,* Feb 1953.

129 G. Turner: "A Favorer of Universities", in: E. J. Fischer; H.-D. Fischer (Hg.): *John J. McCloy*, Frankfurt 1994, 93–102, 95 f.

Bewerbung auf Miete haben zu gleichen Mietpreisen. So wurden Wohnheime, Mensen und Studentenhäuser in Westdeutschland unterstützt. Die Ausgaben gingen an 60 Projekte in der US-Zone und Berlin, 31 in der britischen Zone und 17 in der französischen – insgesamt 108 Projekte. Der amerikanische Beitrag betrug 29.087.709,- DM, der Anteil von deutschen Bund und Ländern 26.002.698,- DM. 36 Studentenhäuser und Wohnheime profitierten von der Förderung.[130] Die erste 1 Millionen DM diente der Errichtung der Ulmer Hochschule für Gestaltung durch die von Inge Aicher-Scholl initiierte Geschwister-Scholl-Stiftung. 700.000,- DM stammten aus amerikanischer Stiftung und 200.000,- DM von der Stadt Ulm. Ausdrücklich verwies HICOG auf das Ziel der Hochschule in „Erziehung der jungen Menschen zu sozialer Verantwortung und die Schaffung eines demokratischen Lebensstils im technischen Zeitalter." Die in Bauhaus-Tradition stehende Hochschule sollte in ihrem Fächerkanon auch Geisteswissenschaften, Politik- und Sozialwissenschaften, Geschichte und Philosophie lehren.[131]Anfang der 1950er Jahren griffen also die Amerikaner ganz praktisch durch Fördergelder die Frage des öffentlichen Raums der Studenten auf.

5. STRATEGIEFINDUNG DER ROCKEFELLER-STIFTUNG

Bei der Strategiefindung für ein künftiges Engagement der in New York ansässigen Rockefeller Stiftung in der zweiten Hälfte der 1940er Jahre wurden die Entscheider der Stiftung mit einer neuen Situation konfrontiert: Das geistige und wirtschaftliche Trümmerfeld Deutschland verlangte eine Abkehr von den bisherigen Fördergrundsätzen, die vor allem durch Förderung der Wissenschaften gesellschaftlichen Wandel erzielen wollte. Die 1913 aus dem Vermögen der Standard Oil-Aktien John D. Rockefellers gegründete Rockefeller Foundation hatte sich der philanthropischen Forschungsförderung verschrieben. Ihre Mitarbeiter teilten im Grundsatz eine großzügige liberale und internationale Weltsicht. Die Programme sahen sie als Instrumente, um eine friedliche Weltordnung zu schaffen. Sie glaubten an die gemeinsame Sprache der Wissenschaft, mit der Intellektuelle die Nationen verbinden und die internationalen Beziehungen friedlich gestalten könnten.[132] Nach 1918 hatte die Rockefeller Foundation vor allem in der Medizinforschung umfangreiche Forschungsprogramme aufgelegt. Die internationale Forschungsförderungen sollte „einen eingeengten Provinzialismus bekämpfen und den freiest möglichen Austausch von Ideen in der Welt fördern."[133] Als erste Abteilung der

130 Ebd.

131 HICOG Information Division: "Press Release – HICOG Grant of DM 1,000,000 to be Presented Geschwister Scholl Stiftung, Mehlem, 23.6.1952", I. Aicher-Scholl: "A Supporter of Education", in: Ebd., 65–72, 66.

132 K. Rietzler: "Philantrophy, Peace Research, and Revisionist Politics: Rockefeller and Carnegie Support for the Study if International Relations in Weimar Germany", in: *GHI Bulletin Supplement* 5/2008, 61–79, 62 f.

133 Vgl. C.-D. Krohn: „Ein intellektueller Marshall–Plan? Die Hilfe der Rockefeller Foundation beim Wiederaufbau der Wissenschaften in Deutschland nach 1945", in: H. Braun; U. Ger-

Rockefeller Foundation standen dem *General Education Board* für die Förderung der medizinischen Ausbildung und der College-Erziehung Erträge aus dem Stiftungsvermögen von über 129 Millionen Dollar zur Verfügung. Die 1923 geschaffene zweite Abteilung *International Education Board* war mit 183 Millionen Dollar ausgestattet, um damit Naturwissenschaften zu fördern. Der 1918 gegründete dritte Fonds Laura Spielman Rockefeller Memorial hatte ein Vermögen von 74 Millionen Dollar. 1928 wurden diese Fonds umstrukturiert, um vor allem die Forschungsförderung in den Vordergrund zu stellen. Nun verfügte die Rockefeller Foundation über fünf *Divisions*: *International Health*, *Medical Sciences*, *Natural Sciences*, *Social Sciences und Humanities*.[134] Die neu geschaffene *Division of Social Sciences* hatte sich drei Förderschwerpunkt gesetzt: Die Internationalen Beziehungen, die wirtschaftliche Stabilisierung und die öffentliche Verwaltung. Diese Schwerpunktsetzung war eine unmittelbare Folge der Weltwirtschaftskrise, deren Erschütterungen die Stiftungen in ihren Finanzen selbst erlebt hatten und die nach praktischer Verwertbarkeit der Forschung verlangte. Die Programme in den Internationalen Beziehungen waren Teil des großen Vorhabens, die Sozialwissenschaften in Nordamerika und Europa voranzubringen. Dabei erschienen der Stiftung vor allem empirische Ansätze und Projekte von Forschungsgemeinschaften als förderungswürdig. [135] Die große Forschungsförderung sollte also in den Natur- und Sozialwissenschaften stattfinden, und tatsächlich fehlte der ungleich kleiner ausgestatteten *Humanties Division* auch das Prestige der anderen *Divisions*.[136]

Im Deutschland der 20er Jahre hatten sich die *Divisions* der Rockefeller Foundation auf unterschiedliche Weise in der Forschungsförderung betätigt. Die *Medical Sciences* hatten in der Inflationszeit einzelne Stipendien gegeben, der Großteil der Aktivitäten vor dem Zweiten Weltkrieg kam aber von der *Social Sciences Division*. Zwischen 1928 und 1933 hatte die Stiftung mehr als 830.000,- Dollar für die Förderung der Sozialwissenschaften in Deutschland bewilligt. Deutschland lag dabei nicht im Hauptfokus der Stiftung. Sie hatte zur gleichen Zeit für die Förderung der Sozialwissenschaften weltweit 17 Millionen Dollar ausgegeben, allein 2 Millionen Dollar an die *London School of Economics*. 300.000,- Dollar von den in Deutschland eingesetzten Geldern ermöglichten jüngeren Wissenschaftlern Fellowships für ein- bis zweijährige Auslandaufenthalten meist in den USA. Von den 56 Fellows stammten die meisten aus den Wirtschaftswissenschaften. Ein Drittel der weltweit 163 Fellowships war nach Deutschland gegeben worden, auf dessen Nachwuchskräfte die Rockefeller Foundation vor allem setzen wollte. Nur wenige Institutionen teilten sich Sachbewilligungen von 239.000,- Dollar: Die Ökonomen und Soziologen um Emil Lederer an

hardt; E. Holtmann (Hg.): *Die lange Stunde Null*, Baden-Baden 2007, 227–250, 228 f. Übersetzung des Zitats aus dem Jahresbericht der Rockefeller Foundation 1927 durch den Verfasser.

134 Ebd. 229.

135 Rietzler: *Philantrophy, Peace Research, and Revisionist Politics*, 62 f.

136 Vgl. W. J. Buxton: "John Marshall and the Humanities in Europe: Shifting Patterns of Rockefeller Foundation Support", in: *Minerva* 41/ 2/2003, 133–153, 133.

der Universität Heidelberg, das Institut für Weltwirtschaft der Universität Kiel für die Forschungen der Wirtschaftswissenschaftler Adolph Löwe und Gerhard Colm und die Berliner *Deutsche Hochschule für Politik.*[137] Aus Sicht der Stiftung und ihres Pariser Büros stellten diese Institutionen die innovativsten Forschungszentren in Europa dar. Nach 1919 war die *Hochschule für Politik* als demokratische Ausbildungsstätte gegründet worden.[138] Die Forschungen in Kiel wurden von den Rockefeller-Leuten als zukunftsweisend in der modernen Konjunkturforschung eingeschätzt. Die Rockefeller Stiftung förderte vor innovative Forschung ebenso wie an Handlungsempfehlungen orientierte Wissenschaft.

Mit der Machtübertragung an die Nationalsozialisten endete die Förderung der deutschen Sozialwissenschaften durch die Rockefeller Stiftung schon deshalb, weil so gut wie alle von der Stiftung geförderten Wissenschaftler ihre berufliche Stellung verloren. Die sich eigentlich einem politischen Neutralitätsprinzip verschriebene Stiftung ließ noch einzelne deutsche Projekte bis 1935 laufen, ihr Divisions-Direktor Warren Waever stellte aber fest, dass „die weltbekannte geistige Freiheit Deutschlands eine Sache der Vergangenheit" ist.[139] Die Biographien der entlassenen jüngeren Sozialwissenschaftler waren oftmals mit dem Engagement für Demokratie in der Weimarer Republik verwoben und viele von ihnen stammten überdies aus jüdisch-stämmigen Familien. Für viele der aus Deutschland vertriebenen Wissenschaftler wurde die Rockefeller Foundation zum Retter, da deren Stipendien vielen einen Start an Forschungseinrichtungen der USA ermöglichten. Diese Wissenschaftler bewirkten einen großen wissenschaftlichen Transfer von Wissen, nach dem in den USA auch Nachfrage herrschte, zumal die Politik des *New Deal* die Ergebnisse sozialwissenschaftlicher Forschung zu nutzen versuchte. Die ausgegebenen 1,5 Millionen Dollar des *Aid Program for Displaced Scolars* ermöglichten mehr als 300 Wissenschaftlern – und davon 113 Sozialwissenschaftlern – den Weg in die USA, die Finanzierung anderer Projekte ermöglichte weiteren emigrierten Wissenschaftlern einen Anschub in den USA.[140] Waren die in den 1930er Jahren emigrierten Wissenschaftler in den USA in vielen wichtigen staatlichen Institutionen untergekommen, fehlten sie nun als Kooperationspartner in Deutschland. Bereits Anfang 1944 hatten die einstmals für Europa zuständigen Mitarbeiter der Rockefeller Foundation die Situation in Europa erfasst: Alle Kontakte zu den Forschungsinstitutionen der Zeit vor 1933 existierten nicht mehr. In den Sozialwissenschaften sei so gut wie keine nennenswerte Forschung geleistet

137 Vgl. zu den geförderten Wissenschaftlern: R. Richter; K. Zapotoczky: „Emil Lederer", in: W. Bernsdorf; H. Knospe (Hg.): *Internationales Soziologenlexikon*, Stuttgart 1980, 238 f. C.-D. Krohn: „Vertreibung und Akkulturation deutscher Wirtschaftswissenschaftler nach 1933 am Beispiel A.L.s und der ‚University in Exile' an der New School for Social Research in New York", in: M. Hassler (Hg.): *Der Exodus aus Nazideutschland und die Folgen*, Tübingen 1997, 209–227.

138 Vgl. Krohn: *Ein intellektueller Marshall-Plan?*, 230 f. Rietzler: *Philantrophy, Peace Research*, 61 ff.

139 Warren Waever, Direktor der Natural Science Division: Tagebuch, 24./25.5.1933. Zitiert nach Krohn: *Ein intellektueller Marshall-Plan?*, 232. Übersetzung durch den Verfasser.

140 Ebd. 230–232. Vgl. auch G. Gemelli (Hg.): *The "Unacceptables"*, Brüssel et al. 2000.

worden, beurteilte der ehemalige Pariser Repräsentant der Stiftung Alexander Makinsky die Situation. Bezüglich der Sozialwissenschaften könne nur von "construction" anstatt "reconstruction" gesprochen werden, die nur nach einer "tabula rasa" der Einrichtungen entstehen könne. Auch sei die politisch neutrale Positionierung der Stiftung nun nicht mehr erfüllbar, da die USA nach der Phase des Isolationismus selbst zum Akteur geworden sei. Für die Annahme von neuen Programmen der Wissenschaftsförderung könnte es zu einem Problem werden, wenn diese in Verbindung mit den Besatzungsarmeen durchgeführt würden.[141]

Nun musste das eigene strategische Interesse überdacht werden. Bei Kriegende hatten die Trustees und Mitarbeiter der Rockefeller Foundation die Überlegungen begonnen, was für eine Rolle sie in der moralischen Wiederherstellung Europas spielen könnten. Interne Debatten über die ethische Richtung des Engagements prägten die kommenden acht Jahre.[142] In den ersten Jahren nach dem Krieg brauchte die Stiftung Zeit, um ihre künftige Rolle in Deutschland neu zu definieren. In den anderen europäischen Ländern konnte die Rockefeller Foundation an die Vorkriegskontakte anschließen und bis Ende 1947 eine Gesamtsumme von 4,6 Millionen Dollar in dortige Projekte stecken. Der Schwerpunkt der Förderung lag nun in den Naturwissenschaften. Mit 2 Millionen Dollar ging fast die Hälfte der Gesamtsumme nach Großbritannien, 0,74 Millionen Dollar nach Frankreich, 0,4 Millionen Dollar nach Schweden; auch in Länder wie Polen oder Jugoslawien flossen Summen von rund 130.000,- Dollar.[143] Obwohl die Rockefeller Foundation aus den grundsätzlichen Überlegungen der Neutralität heraus nicht in Ländern mit US-Millitärbesatzung arbeiten wollte, hatte sie schon 1945 eine Antityphus-Kampagne in Italien finanziert und die Gesundheitsprojekte der Vereinten Nationen ermöglicht.[144] Bezüglich Deutschlands verhielt sich die die Rockefeller Foundation in den ersten Nachkriegsjahren noch abwartend. Sie wollte sie sich nicht ohne eigene Strategie den zahlreichen Begehrlichkeiten unterschiedlichster Anfragen nach finanzieller Unterstützung ausliefern. Anfangs war den Gremien der Rockefeller Stiftung noch unklar, ob und wie sie in Deutschland flächendeckend aktiv werden könnten. Anders als in den europäischen Nachbarstaaten mit eigenen Regierungen und zivilgesellschaftlichen Strukturen bestanden 1945 faktisch nur Stellen der allierten Militärverwaltungen als Ansprechpartner. Nicht nur die Un-

141 A. Makinsky: *General considerations in connection with postwar activities in Europe, 1.3.1944; Shall we be free to "work as we please"?* Vgl. Krohn: *Ein intellektueller Marshall-Plan?*, 233. Der russische Emigrant Alexander Makinsky hatte in Paris vor allem das Gesundheitsprogramm der Stiftung geleitet und war 1940 beim Einmarsch der Deutschen in Paris nach Portugal geflohen, wo er versucht hatte, die Aktivitäten der Stiftung aufrecht zu erhalten. Vgl. S.Irving; K. Bollas: "Lives in the Balance: The Refugee Scholar Experience", *Rockefeller Archive Center Newsletter*, 1.7.2008, 9–11. W. H. Schneider: "War, Philanthropy, and the National Institute of Hygiene in France", in: *Minerva* 41/1/2003, 1–23, 5 ff.

142 L. V. Ryan; W. G. Scott: "Ethics and Organizational Reflection: The Rockefeller Foundation and Postwar 'Moral Deficits', 1942–1954", in: *Academy of Management Review* 20/2/1995, 438–461, 444 ff.

143 Vgl. Krohn: *Ein intellektueller Marshall-Plan?*, 234.

144 Ebd. 234.

klarheit der bisherigen Besatzungsstrategie hatte der OSS-Offizier Saul K. Padover in seinem Gespräch mit den Rockefeller-Leuten im April 1946 deutlich gemacht, sondern auch die unklare Rechtslage für nicht-militärische Akteure in Deutschland. Padover bot sich der Stiftung an, den Spielraum auszuloten, in dem die Stiftung überhaupt in Deutschland operieren durfte. Bei einem Treffen in den folgenden Tagen mit dem Koordinator für das besetzte Gebiet John H. Hilldring wollte Padover die Dringlichkeit der Zulassung privatgesellschaftlicher Akteure in den besetzten Gebieten hinweisen.[145] Sein Gesprächspartner von der Stiftung, John Marshall, zeigte sich dankbar und bat um Rückmeldung, was bei dem Gespräch mit Hilldring rausgekommen war.[146]

Während die Rockefeller-Stiftung in den Jahren 1946 und 1947 noch ihr mögliches Engagement auslotete, wurde ihr von der Militärregierung zunehmend der Bedarf an Hilfe signalisiert. Vor allem die Militärregierung in Deutschland bemühte sich aktiv um die Stiftung. Aus Albert R. Manns Aufzeichnungen von Februar 1947 war nun auch das große Interesse der Militärregierung vor Ort an dem Engagement der Stiftung zu entnehmen. Während seines Besuchs bei den Bildungsinstitutionen war Mann vom Leiter der Erziehungsabteilung von OMGUS Fritz Karsen begleitet worden. Karsen war offensichtlich an Einflussnahme auf den Bericht und damit die Handlungsempfehlungen für die Stiftung interessiert. Militärgouverneur General Lucius D. Clay hatte im Gespräch mit Mann das Engagement der Rockefeller Stiftung ermutigt. Mann hatte ihm das weitere Vorgehen der Stiftung skizziert, welches ein Ausloten einer möglichen Rolle durch die Vertreter der fachlichen *Divisions* der Stiftung vor Ort vorsah. Clay hieß sie in seiner Antwort sehr willkommen und betonte, desto eher sie kämen, desto besser sei es. Der General machte selbst den Vorschlag, dass die Stiftung doch auch direkt mit den Universitäten und Forschungsinstituten zusammenarbeiten könne anstatt die Militärregierung zwischenzuschalten. Die Maßnahmen der Militärregierung trugen immer den Charakter von Zwangsmaßnahmen, welcher in vielen Fällen unproduktiv sei. Er glaubte, dass es viele Aufgaben gebe, die nur private Agenturen angehen könnten. So konnte Mann in seinen Aufzeichnung berichten, dass Clay „was eager to have the Foundation move in."[147] Die Begehrlichkeiten der finanziell knappen Militärregierungen mit den vielen Verantwortungsbereichen an den scheinbar unerschöpflichen Mitteln der Stiftung waren klar. Wenn es woanders kein Geld mehr gab, konnte man ja noch bei Rockefeller fragen. Bei den ersten Anfragen handelte es sich um medizinische Nothilfe, da die US-Militärverwaltung einen gesundheitlichen Notstand in Deutschland befürchtete. Im Februar 1947 war der für Rockefeller tätige Arzt George Scatchard von den beiden für den Wiederaufbau besonders engagierten Generalen William Henry

145 Zur Rolle Hilldrings im State Department: K.-D. Henke: *Die amerikanische Besetzung Deutschlands*, München 1995, 1005 f.

146 RAC RF 1.1/717/7/37, JM: Interview mit Saul K. Padover, New York, 30.4.1946.

147 RAC RF 1.1/717/5/24, Report on Educational Conditions in Porstwar Germany, Based on the Notes made bei A. R. Mann during his trip to Germany Janurary and February 1947, 31.3.1947, Summary, vi.

Draper und Clay geradezu bedrängt worden, endlich die private Hilfe anlaufen zu lassen. Er sollte bei den beiden Entscheidern der Stiftung, Präsident Raymond B. Fosdick und John D. Rockefeller Jr. für die Einrichtung einer Penizillin-Produktionsstätte in Deutschland einsetzen. Da die Rockefeller-Stiftung aber nicht bei jeder Gelegenheit als „Goldesel" für alle möglichen Finanzierungsengpässe staatlicher Projekte einspringen wollte, verwehrten sich die Mitarbeiter den Forderungen.[148] Die Stiftung wollte eine eigene Strategie für ihr philanthropisches Engagement in Deutschland entwickeln. So waren in den ersten zwei Jahren nach Ende des Krieges schon mehrere Gutachter im Auftrag der Stiftung durch Deutschland gereist und hatten eine Bewertung der Lage vorgenommen. Um sich ein Bild von der Situation in Deutschland zu machen, nutzten die Mitarbeiter der Rockefeller Stiftung in New York auch jede Gelegenheit, mit Rückkehrern von dort zu sprechen. Durch die Lage des Stiftungssitzes New York als Überseehafen nach Europa machte eine ungeheure Anzahl der in Deutschland tätigen Amerikaner der Stiftung die Aufwartung.

Als der Historiker Saul K. Padover im April 1946 von seinem Einsatz als Nachrichtendienstler für den OSS in Deutschland nach New York kam, konnte er so seine Einschätzung an die Rockefeller-Leute weitergeben.[149] Padover schätzte die erste Besatzungsphase in Deutschland als misslungen ein. Sein Eindruck war, dass die amerikanischen und britischen Truppen aufgrund ihres schlechten Verhaltens kein gutes Image bei der deutschen Bevölkerung hätten; ganz im Gegensatz zu den Franzosen, deren Maßnahmen sensibler wirkten. Mit den bisherigen Maßnahmen zeigte sich Padover ganz und gar unzufrieden. Er wünschte sich, dass Washington nun auch in Deutschland solche Maßnahmen der Umerziehung ergreife, wie sie seit 1944 mit deutschen Soldaten in amerikanischen Kriegsgefangenenlagern gemacht worden waren. Namentlich bezog sich Padover auf das ihm bekannte Projekt in Fort Getty, welches von dem Chicagoer Philosophen Thomas V. Smith geleitet worden war.[150] Tatsächlich war das erwähnte seit 1944 laufende Projekt der erste große Versuch gewesen, die politischen Haltungen der Deutschen zu verändern und ihnen amerikanische Wertvorstellungen einzuprägen. Ein geheimer Arbeitsstab unter Leitung des Kommandeurs der Militärpolizei General Archer Lerch hatte 1944 den Auftrag bekommen, ein experimentelles Erziehungsprogramm für deutsche Kriegsgefangene auszuarbeiten. Bis Mitte 1946 waren etwa 24.000 deutsche Kriegsgefangene durch die Schulungs- und Bildungsprogramme in den Forts Getty, Kearney und Wetherhill auf Rhode Island gegangen. Eine beträchtliche Zahl amerikanischer Professoren hatte die Gefangenen in Sprache, Geschichte und die demokratische Tradition der USA eingeführt. Die Errichtung der Militärregierung in Deutschland war den Gefangenen dort als

148 Vgl. RAC RF 1.1/717/7/37, WW: Interview mit Dr. George Scatchard, MIT, New York, 18.2.1947.

149 Seine eigenen Erfahrungen hatte Padover später in einem Buch festgehalten. S. K. Padover: *Experiment in Germany*, New York 1946. Auf deutsch: *Lügendetektor. Vernehmungen im besiegten Deutschland 1944/45*, Frankfurt 1999.

150 RAC RF 1.1/717/7/37, JM: Interview mit Saul K. Padover, New York, 30.4.1946.

wichtiger Schritt in Richtung Demokratie vermittelt worden. Die universelle Bedeutung politische Traditionen der USA wurde in dem Lehrplan betont, den Thomas V. Smith von der University of Chicago konzipiert hatte.[151] Ein solches Programm wünschte sich Padover für Deutschland, da ihm die amerikanische Besatzung bislang als zu unkoordiniert erschien. Um diese Einschätzung mit einem Negativbeispiel zu illustrieren, berichtete Padover über den Heidelberger Universitätsoffizier Crum, einen Altphilologen von der Lehigh University, der sich ganz an die Seite der Deutschen gestellt habe. Seine Mitarbeiter hätten Crum den Vorschlag unterbreitet, amerikanische Studenten nach Heidelberg zu holen, die durch ihre Anwesenheit positiven Einfluss nehmen könnten. Unkritisch begeistert von der deutschen Wissenschaft, habe Crum den Vorschlag abgeschmettert mit einem Satz, für deren wortwörtliche Überlieferung sich Padover verbürgte: "What, pollute a center of culture like this with American students?"[152] Angesichts solcher Auswüchse unkoordinierten Vorgehens der US-Militärregierung empfahl Padover der Stiftung, sich mit ihren Förderprogrammen vorübergehend noch zurückzuhalten. Bezüglich der jüngeren Generation sei aber die Aufgabe riesig, diese für die Demokratie zu gewinnen. John Marshall von Rockefellers *Humanties Division* notierte die Empfehlung Padovers:[153]

> Padover feels that there will be no clear chance for general Foundation operations in Germany under Military Government at least for some time to come. But he believes that the Foundation could within a year or two very advantageously consider a limited fellowship program to Germany. At present the situation for young German intellectuals is almost unbearably hopeless. They would have some hope if the Foundation could by fellowships enable even limited numbers to go abroad for study when circumstances allowed. Padover feels that there could be no objection to this arrangement on the part of other countries, since the reply could be that this was not a contribution to Germany but to the general welfare in that it was helping to train another democratic generation of German scholars and scientists.[154]

Der erste Entwurf einer möglichen Strategie der Rockefeller Foundation für Deutschland entstammte 1946 einer ersten Untersuchungsreise nach Deutschland von zwei Trustees der Stiftung. John D. Rockefeller III. und William I. Myers legten dabei die Grundlagen der späteren Politik der Stiftung in Deutschland.[155] Die beiden kamen zum Schluss, dass vor allem die wirtschaftliche Erholung über die Zukunft Deutschlands entscheide. Alle anderen Angelegenheiten politischer

151 G. P. Wegner; K.-H. Füssl: „Wissenschaft als säkularer Kreuzzug: Thomas V. Smith und die Deutschen Kriegsgefangenen in den USA (1944–1946)", in: *Paedagogica Historica* 33/1/1997, 157–182, 161 ff.

152 RAC RF 1.1/717/7/37, JM: Interview mit Saul K. Padover, New York, 30.4.1946.

153 Zur Rolle Marshalls in der Humanities Division: Buxton: *John Marshall and the Humanities in Europe*, 133 ff.

154 RAC RF 1.1/717/7/37, JM: Interview mit Saul K. Padover, New York, 30.4.1946.

155 John D. Rockefeller III. war der Enkel des Stifters Vgl. R. T. Grimm (Hg.): *Notable American philanthropists*, Westport 2002, 260 ff. Der Dekan der agrarwissenschaftlichen Fakultät der Cornell University William I. Myers wirkte Mitglied der Boards mehrere Stiftungen, die sich mit Erziehung befassten. Vgl. Division of Rare and Manuscript Collections, Cornell University Library: *Collection Number 21-2-466, Guide to the William I. Myers Papers*, Biographical Note, http://rmc.library.cornell.edu/ead/htmldocs/RMA00466.html.

oder kultureller Art könnten erst nach einer Stabilisierung der Wirtschaft angegangen werden. Die Berichte der beiden Trustees gaben dennoch erste Empfehlungen, wie vor allem durch Erziehung das kulturelle Leben Deutschlands gefördert werden könne. Rockefeller III. formulierte fünf Einsatzfelder für die Verbreitung des Wissens und die Förderung der Demokratie: Die Bereitstellung von Büchern, die Schaffung von Austauschprogrammen für Lehrer, die Einrichtung kultureller Zentren, die Ausbildung von Verwaltungsleuten und Lehrern und die Vergabe von Stipendien für vielversprechende Nachwuchslehrer. Vor größeren Entscheidungen sollten aber weitere Untersuchungen vor Ort durchgeführt werden. Der von Rockefeller mit großer Aufmerksamkeit verfolgte Bericht der Zook-Kommission von 1946 zum Schulsystem der amerikanischen Besatzungszone schien dem geographisch und thematisch breiter gefassten Anspruch der Stiftung nicht zu genügen.[156]

Zur Festlegung der künftigen Rockefeller-Strategie hatte Albert R. Mann im Januar und Februar 1947 eine zweite Rundreise zu deutschen Lehr- und Forschungseinrichtungen unternommen. Seit 1937 hatte der ehemalige Professor für Landwirtschaft an der Cornell University für die Stiftung gearbeitet und brachte trotz seiner eigenen naturwissenschaftlichen Prägung einen breiten fachlichen Fokus ein.[157] Manns umfangreiche Untersuchung stellte sowohl die allgemeinen Bedingungen in Deutschland dar, ebenso wie die spezielleren Interessenfelder wie Hochschulerziehung, die Forschung in Naturwissenschaften, Medizin und den Geisteswissenschaften. Besonders die Sozialwissenschaften empfand Mann in einem schlechten Zustand. Eine Ursache sah er in der wissenschaftlichen Isolation des NS-Deutschlands, die dazu geführt habe, dass die Sozialwissenschaften in der deutschen Tradition der philosophischen Spekulation verhaftet geblieben waren. Die deutsche Soziologie mit ihrem philosophischen und theoretischen Ansatz sah Mann als einen Gegensatz zu einer faktenbasierten, realistischen Soziologie. Um die zahlreichen Probleme in Deutschland lösen zu können, empfahl Mann die Förderung der praxisorientierten Sozialwissenschaften in Deutschland.[158] Aus Sicht der Stiftung, schrieb Mann in seinen Interview-Aufzeichnungen, "it would have to restate its objections in relation to Germany." Die Stiftung müsse nun entscheiden, wie wichtig die Situation in Deutschland für ganz Europa sei. "From the point of view oft he Foundation, […] it would have to restate its objectives in relation to Germany. It would have to decide how important Germany was to all of Europe, and how essential that the buds of hope be nourished and protected." Mann wollte für den Einsatz werben, war sich aber nicht sicher, ob die Entscheider in New York überhaupt Deutschland in den besonderes Fokus ihre weltweiten Engagements nehmen würden. "Will we stand by", fragte er, "and let events take

156 Vgl. Krohn: *Ein intellektueller Marshall-Plan?*, 235.

157 Vgl. Division of Rare and Manuscript Collections, Cornell University Library: *Collection Number 21–2–14, Guide to the Albert R. Mann Papers, 1916–1931.*

158 D. J. Staley: "The Rockefeller Foundation and the Patronage of German Sociology, 1946–1955", in: *Minerva* 33/1995, 251–264.

their course, or will we move in constructively, accepting a calculated risk?"[159] Unglücklicherweise verunglückte Albert R. Mann am Tag seiner Rückkehr in die USA tödlich. Deshalb blieb sein Bericht nur fragmentarisch und musste aus seinen Reiseaufzeichnungen später zusammengestellt werden. Der Berichterstatter fehlte als Motor zur Umsetzung seiner Vorschläge.[160]

Ähnliche Beobachtungen machte Robert J. Havighurst bei seiner Erkundungsreise nach Deutschland im September und November 1947. Der Altersforscher Robert J. Havighurst arbeitete zu der Zeit nach einer Tätigkeit bei der Rockefeller Stiftung wieder an der University of Chicago, wo er ab 1940 eine Professur für Erziehungswissenschaft inne hatte. Auch innerhalb seiner Universität hatte er sich im *University's Committee on Human Development* mit Grundfragen der Erziehung befasst, zu denen in jenen Jahren auch zahlreiche Veröffentlichungen entstanden.[161] Im Deutschland von 1947 hatte Havighust eine große Anzahl deutscher Bildungsinstitutionen besucht, vor allem in der amerikanischen Zone. Der Bericht zeichnet ein düsteres Bild des zerstörten und verarmten Deutschlands vor der Währungsreform. An Wohnung, Kleidung und Nahrungsmitteln mangelte es vor allem den Studenten.[162] Havighurst erkannte bei den Deutschen durchaus Interesse an Demokratie, bemängelt aber dabei, dass die Zusicherungen seiner Gesprächspartner oftmals abstrakt blieben: In Deutschland fehle es an Möglichkeiten, den demokratischen Umgang in Schule oder öffentlichem Leben zu erleben. Auch das letztendlich doch autoritäre Auftreten der Kirchen trage wenig zum Erlernen der Demokratie bei, welche von den Deutschen mit ähnlicher Skepsis wie der Kommunismus als unbewiesene Hypothese gesehen werde.[163] Havighurst betonte in seinem Bericht die Rolle der Sozialwissenschaften bei der Demokratisierung Deutschlands. Der Bericht Havighursts hatte den Hochschulen besondere Aufmerksamkeit gewidmet, aber auch die zahllosen Probleme der deutschen Bevölkerung beschrieben. Seine Empfehlungen sahen vor, den Austausch der deutschen Wissenschaft mit der äußeren Welt zu fördern und die benötigten Materialien für die Wissenschaften zur Verfügung zu stellen. In den wichtigen gesellschaftlichen Bereichen sollte die Ausbildung der führenden Personen unterstützt werden. Um den Prozess der Demokratisierung in Deutschland zu begleiten, empfahl Havighurst einen Ausbau der Sozialwissenschaften. Auch für ihn war die Isolierung der deutschen Wissenschaften der Grund für die Unterentwicklung der

159 RAC RF 1.1/717/5/24, Report on Educational Conditions in Postwar Germany, Based on the Notes made bei A. R. Mann during his trip to Germany Janurary and February 1947, 31.3.1947, Summary, vi.

160 Ebd., Foreword. Vgl. Krohn: Ein intellektueller Marshall-Plan?, 235.

161 R. J. Havighurst: *Developmental tasks and education*, Chicago 1948. Ders.; H. Taba: *Adolescent character and personality*, New York 1949. R. F. Peck; R. J. Havighurst: *Educational research in the field of character development*, Chicago 1950. J. C. McGuire; R. J. Havighurst: *Program of studies in the field of human development*, Chicago, 1948. Vgl. die spätere Arbeit: K. Eells; A. Davis; R. J. Havighurst; V. E. Herrick; R. W. Tyler: *Intelligence and cultural differences*, Chicago 1951.

162 Robert J. Havighurst: *Report on Germany*, 1947, 18 ff.

163 Ebd. 39.

Sozialwissenschaften. Die Sozialwissenschaftler der Vorkriegszeit seien von den Nazis vertrieben worden, ihre Bücher zerstört und ihr Einfluss vernichtet. Auch die isolierte Stellung der Sozialwissenschaften in Deutschland habe die schwache Stellung dieses Faches definiert. Anders als in den USA seien die Sozialwissenschaften kein fester Bestandteil der wirtschafts- und politikwissenschaftlichen, soziologischen, sozialanthropologischen oder psychologischen Forschung. Nur in Frankfurt und München existierten sozialwissenschaftliche Fakultäten. Neben der Ausbildung der Sozialwissenschaftler müssten so auch die institutionellen Strukturen entlang amerikanischer Vorbilder verbessert werden. Um eine wirkliche Demokratie in Deutschland zu errichten, müssten, so Havighurst, die Sozialwissenschaften entlang modernen – amerikanischer – Standards wieder errichtet werden.[164]

Bei einem Mittagessen im März 1947 konnten die Rockefeller-Leute auch Erich Hylla befragen, der gerade von seinem Einsatz als Fachberater beim Chef der Erziehungsabteilung des US-Militärgouverneurs zeitweilig in nach New York zurückgekehrt war. Die Rockefeller-Leute trauten dem Reformpädagogen der Weimarer Zeit Hylla eine große Expertise in den amerikanischen Erziehungsmethoden zu. Der Rockefeller-Mitarbeiter Robert S. Morison notierte nach dem Treffen seinen positiven Eindruck, dass Hylla “although obviously tired and worn, makes an excellent impression with his intelligence and breath of view.” Hylla kommentierte die Überlegungen der Stiftung für eine Strategie der Bildungsförderung in Deutschland, die bei dem Treffen von GRP auf drei Punkte verknappt wurden: Die Stiftung wolle 1.) Arbeitsexemplare von wesentlichen Büchern für die deutschen Universitätsbibliotheken unterstützen; 2.) jungen Akademikern nach der Dissertation eine Einkommensmöglichkeit schaffen; und 3.) mit Reisestipendien USA-Reisen für Menschen unter 45 ermöglichen.[165] Hylla, der Pädagoge stimmte den Überlegungen der Stiftung zu. Mit seinen eigenen Erfahrungen aber misstraute der der mittleren Generation, die jetzt zwischen 30 und 40 Jahren alt war und deren wesentliche Bildungssozialisation in der NS-Zeit gelegen hatte. Als viel fruchtbarer sah Hylla eine Einbeziehung der jüngeren Studenten, die gerade erst die Schule verlassen hatte, in die Programme. Bezüglich des zweiten Vorschlags, geeigneten Akademikern Stellen zu schaffen, äußerte er sich skeptisch:

> It is of course essential that men in this age group be given much outside training as possible. Men of the proper type, however, will be extremely difficult to find. Quite a number of the most promising men under 30 have not yet finished their university training. The 30 to 40 year age group, as everyone knows, contains men who are either still convinced Nazis or are so thoroughly disillusioned and depressed as to be useless. In all of Germany there are possibly 100 men in the recent postdoctoral group who might be suitable. One year should be the minimum time given for foreign study, and it is worth while to consider a longer period in special cases. If at all possible a program for men who have just finished their secondary education should be considered. Not only is this the age group which is most easily influenced but in present-day Germany it contains a large proportion of violent anti-Nazis whose only

164 Staley: *The Rockefeller Foundation and the Patronage of German Sociology,* 251 ff.
165 RAC RF 1.1 717/7/37, RSM: Interview with Dr. Erich J. Hylla, 13.3.1947.

contact with the Hitler youth groups was during the period of decline and discredit. Selection of outstanding youths would be facilitated by the fact that there are many active youth organizations which gave opportunities for display of leadership ability.[166]

In dem gleichen Sinne sah Hylla auch den dritten Vorschlag kritisch. Die Mehrzahl der über 40er Jährigen sei doch gerade die Generation, die den Nationalsozialismus hauptsächlich getragen hatte. Hylla sah diese als "pretty thoroughly indoctrinated with Nazi ideas." Man solle auch nicht die ältere Gruppe vernachlässigen, die viele gute Männer habe. Auch warb Hylla für die Unterstützung von älteren Professoren, die noch zehn Jahre aktiven Arbeitslebens vor sich hätten. Viele dieser Menschen hätten während des Krieges ihren Widerstand gegen die Nazi-Ideologien fortgesetzt, und "fighting keeps you alive." Vor allem aber ging es Hylla als Pädagogen um die Förderung der Jugend am Ende der Sekundarstufe des Gymnasiums und zu Beginn des Studiums. Diesen Studenten müsse eine viel größere Aufmerksamkeit geschenkt werden, um die gesellschaftliche Verantwortung zu stärken:

The greatest immediate need is for training in educational method, especially at the university and secondary school level, with accent on the secondary schools. More attention should be given to general cultural education with a view to restoring flexibility of choice especially during the first two or three university year. Much more opportunity for discussion groups and active student participation in seminars, etc. should be provided. Universities should be brought into closer contact with everyday life both by provision of extension courses for adult education and by more lay participation in formulation of over-all policy through some mechanism like that of the Boards of Trustees and Regents existing in the United States.[167]

Parallel dazu mehrten sich bei der Rockefeller Stiftung Stimmen, die ein Anknüpfen an die Forschungsförderung vor dem Krieg mit den derzeitigen Deutschen als problematisch empfanden. Im Februar 1947 befragten Rockefeller-Leute den gerade aus Europa zurückgekehrten George Scatchard vom *Massachusetts Institute of Technology* (MIT). Der Professor für physikalische Chemie hatte sechs Monate lang als wissenschaftlicher Berater des stellvertretenden Militärgouverneur Clay gearbeitet hatte.[168] Scatchard riet davon ab, der deutschen Wissenschaft in dieser Zeit größere Unterstützung zukommen zu lassen. In Einzelfällen gebe es geeignete Wissenschaftler "to whom we could savely and usefull furnish small items of equipment and supplies", aber grundsätzlich misstraue er den deutschen Wissenschaftlern.[169] In internen Notizen wurde eher empfohlen, mit kleinen Geldmengen informell und unbürokratisch wenigen ausgewählten Forschern unter die Arme zu greifen.[170] Die große naturwissenschaftliche Forschungsförderung schien für

166 Ebd.

167 Ebd.

168 J. T. Edsall; W. Stockmayer: *George Scatchard 1892–1973. A Biographical Memoir*, Washington 1980, 342 f.

169 RAC RF 1.1 717/7/37, WW: Interview mit Dr. George Scatchard, MIT, New York, 18.2.1947.

170 "S[catchard] thinks it would be a mistake for the R[ockefeller] F[oundation] to back anyone in Germany heavily for the present or some time in the future, not so much because they would not want to do so as because they could not know whom to back. His chief point seems

Deutschland als ohnehin unangemessen, zum anderem hatten Mann, Havighurst und Hylla ein neues pädagogisches Engagement verlangt. Folge dieser Strategiefindung war ein vorsichtiges Herantasten an die Situation in Deutschland. In anderen Ländern agierte die Stiftung mit hohen Summen in ihrem angestammten Feld, während sie in Deutschland sich mit geringeren Summen in für einzelne Demokratisierungsprojekte engagierte. Während die Stiftung 1947 waren die 10 Millionen Dollar für medizinische Forschung an die 1914 von der Stiftung zur Gesundheitsförderung in China gegründete *China Medical Board Inc* gab, hielt sie sich mit medizinischer Förderung im Mangelland Deutschland vollkommen zurück.[171] Der Jahresbericht der Stiftung für 1947 zählt unter der Überschrift *The Problem of Germany* den Posten von 500.000 Dollar auf "for work in the field of what might be called European reconstruction."[172] Grundsätzlich solle Europa zurückkehren "to anything approaching its former place in the intellectual life of the world." Die Herausforderung stelle sich allerdings uferlos dar und sie schwer von der Stiftung zu stemmen:

> The situation is far beyond the capacity of private funds. In scattered locations such funds can ameliorate some of the difficulties, but the need is so universal and so overwhelming that it can be met only by governments or international agencies. Often the sums required are relatively small — a few dollars for chemicals to continue some piece of laboratory work, or two or three hundred dollars for essential equipment, or money for books and periodicals to enable a particular scientist or scholar to discover what his colleagues in other countries have been doing, or for an opportunity for him to consult with them in their universities and laboratories. But the aggregate of such sums is formidable, and a private agency with limited funds can do hardly more than palliate the evil.[173]

Der Jahresbericht der Stiftung war vor allem für amerikanische Leser bestimmt, so dass sich die drastische Schilderung der Zustände auch als Rechtfertigung für die Aufbauhilfe an den Kriegsgegner lesen lässt. Der Großteil der Summen 1947 ging so auch nicht direkt an deutsche Empfänger, sondern an amerikanische Personen und Institutionen, die sich mit Deutschland befassten. 120.000 Dollar gingen an die University of Chicago, die den Professorenaustausch mit der Universität Frankfurt am Main organisierte. Mit 78.000 Dollar sollte die *Germanistic Society of America*, Abonnements von Fachzeitschriften und die Lieferung medizinischer Fachliteratur an 15 deutsche und 3 österreichische Bibliotheken organisieren. 25.000 Dollar gingen an die Columbia University, die damit deutsche Radiojournalisten schulen konnte. Aus der traditionellen Wissenschaftsförde-

to me that a great deal of encouragement could be accomplished with a very small amount of money of a N[atural] S[cience] officer would spend two or three months going about Germany and visiting individual scientists to discuss what critical small thing could be purchased abroad and send to them to enable them to go back to work. He seems to think that in many cases the amounts involved would be one or two hundred dollars." RAC RF 1.1 717/7/37, WW: Interview mit Dr. George Scatchard, New York, 14.2.1947.

171 The Rockefeller Foundation: *Rockefeller Foundation Annual Report 1947*, New York 1948, 22.

172 Ebd. 20.

173 Ebd. 15.

rung der Stiftung war zunehmend eine Ausrichtung auf pädagogische Einflussnahme geworden. Ein Teilauftrag der Chicagoer Professoren in Frankfurt bestand in der "work with young Germans who intend to follow academic careers", der andere aber darin, "give general courses" um die Allgemeinbildung der teilnehmenden Studierenden zu erhöhen.[174] In diesem Sinne hatte die Stiftung 1947 auch die Bereitstellung und den Transport von Literatur bezahlt, die Erich Hylla für die Fertigstellung seines Buches *Die Schule der Demokratie* über das amerikanische Erziehungssystem noch brauchte.[175]

Der Stiftungs-Jahresbericht des Folgejahres beschrieb dann das Programm "adapted to the needs of democratic reconstruction in Germany and Austria", an dem sich die Stiftung sein Beginn 1948 beteiligt hatte. Die "poverty and isolation" der Länder sei nicht nur Ergebnis des Krieges, sondern "of systematic prewar efforts by the Nazi leaders to cut off the German peoples from communion with the rest of the world." In der Trockenheit, Inflation und Barackenbehausungen von 1947 seien die Lebensmittelspenden der Briten und Amerikaner die "only bright things in life" gewesen. Ob das Leiden gerechtfertigt sei, könne der Rockefeller-Bericht nicht erläutern, aber doch sei offensichtlich, dass Deutschland unter solchen Bedingungen "lacked incentive for a democratic rebirth" oder einen wirtschaftlichen Aufschwung. Die intellektuelle Isolation hatte Deutschland und Österreich so sehr zugesetzt wie Hunger und Kälte. Deshalb definiere die Stiftung nun ihren Auftrag in einer allgemeinen Kulturförderung, um diesen drängenden Problemen zu begegnen:

> The role of The Rockefeller Foundation in European rehabilitation was clearly to help relieve the cultural isolation of Germany and Austria, just as the economic rebuilding was a matter for the Allied governments to work out in conjunction with plans for general economic recovery in Europe. As Germany and Austria become economically and politically integrated into postwar Europe, they must also be absorbed intellectually and morally into the larger whole; otherwise their economic recovery, if not accompanied by internal democratic changes, may become a threat to the future peace of the world.[176]

Direkt bat die Militärregierung im April 1948 in New York um finanzielle Unterstützung für die eigene Gestaltungsmacht. Das *Committee of the Education and Cultural Relations Division OMGUS* übermittelte in diesem Monat eine Wunschliste förderungswürdiger Projekte an die Rockefeller Stiftung. Diverse Schulprojekte, Bibliotheken und andere Investitionen fanden sich auf dieser Liste, keine konkreten Projekte an Universitäten aber. Der Hochschulbereich war nur einer von vielen Bildungsbereichen, bei denen man sich Gelder von Rockefeller erhoffte.[177] So hatte die Rockefeller Foundation für 1948 700.000 Dollar bereitgestellt "to aid in the cultural rehabilitation" [178] Zu dem bisherigen Engagement waren

174 Ebd. 20 f.

175 Ebd. 261.

176 Rockefeller Foundation: *Rockefeller Foundation Annual Report 1948*, New York 1949, 46 f.

177 RAC RF 1.1/717/7/40, Grant 13.4.1948, Herman B. Wells, Acting Division Director, OMGUS E&CR Division, an Rockefeller Foundation: German Reorientation and Reeducation Projects, Berlin, 13.4.1948.

178 *Rockefeller Foundation Annual Report 1948*, 47.

nun Schulungen für deutsche Jugendleiter in Dänemark und England gekommen, ebenso wie die Salzburger Tagungen in *American Civilization*. Auch waren an drei Universitäten der US-Zone die internationalen Ferienkurse in München, Heidelberg und Marburg finanziell ermöglicht worden.[179] Die allgemeine Kulturmission als neues Element der Stiftungsarbeit wurde mit dem grundsätzlichen kulturellen Mangel an Auslandskontakten und demokratischer Praxis in den beiden ehemaligen Feindländern begründet:

> By the close of 1948 a considerable flow of persons and of ideas had been restored, on the one hand between Germany and Austria, and on the other hand between the United States and the countries of western Europe. There remains the continuing and longrange task of guaranteeing to the ablest young people, the future leaders of all countries, the opportunity to travel in other countries. In this way they can observe and learn what is needed to establish the working relations which will in the long run bind these nations together. There is also the continuing responsibility of the United States and other western countries to assist the Germans and Austrians in fashioning more democratic institutions and practices in their schools, universities, churches, business organizations and governing bodies. Only when this has been accomplished can Germany and Austria become intellectually and morally integrated into a peaceful and stable world community.[180]

Mit seinem Bericht hatte Havighurst die Basis für das neue *European Rehabilitation Program* gelegt, dessen Leiter er nun auch wurde. Bis Ende 1948 waren etwa 40 Einzelprojekte gefördert worden. Dabei ging es meist um Erziehung, wie die beiden Förderziele des Programms zeigten: 1.) "Efforts to promote the interchange of knowledge and ideas between the former fascist countries of Europe and the democracies on both sides of the Atlantic", 2.) "Efforts to find young people of promise in the former fascist states and to assist them to obtain training for leadership and experience with democratic ways."[181] Fast alle der zusammengefassten Stipendien versuchten nun auf das Erziehungswesen Einfluss zu nehmen. Meist handelte es sich um die Finanzierung von Reisekosten für Austauschprogramme, die von amerikanischen Institutionen geführt wurden. Die größten Posten gingen wieder an die University of Chicago (120.000 Dollar), die *American Association of Colleges for Teacher* (42.060 Dollar), den *American Council on Education* (25.000 Dollar) und die Columbia für ihre beiden Journalistenausbildungsprogramme (gesamt 61.246 Dollar).[182] Dieses *Emergency European Rehabilitation Program* setzte Rockefeller bis Ende 1949 fort. Im letzten Jahr wurden mit 325.000 Dollar noch 24 Projekte gesponsert. Intern wurden die Posten dieser drei Jahre größtenteils ausnahmsweise unter "General Aid to Intercultural Exchange, Exchange of Personnel, Youth Activities and Student Assistance" außerhalb der üblichen Divisionen verbucht. Die Bemühungen des *Commission on the Occupied* des *American Council on Education* waren unterstützt worden, ebenso wie Jugendleiterseminare in Alpbach und Salzburg, Jugendbibliotheken sowie zahllose Austauschprogramme von Pädagogen. War auch die Förderung der

179 Ebd. 47.
180 Ebd. 48.
181 Ebd. 315.
182 Ebd. 320 f.

Dortmunder Sozialforschungsstelle oder der Arbeit des Soziologen Leopold von Wiese in Köln noch im Rahmen der traditionellen Förderung der *Social Sciences* erfolgt, stand nun doch das Erziehungswesen im Mittelpunkt des Engagements der Rockefeller Stiftung 1949:[183]

> Reorganization of education in Germany has proceeded slowly, largely because of difficulties inherent in the administration of such a program under the conditions of military government and because of the absence of qualified German leaders. As the task of educational reconstruction in western Germany is transferred to German authorities, the strengthening of leadership becomes more and more important. The field of teacher education is one in which the need for leadership is especially urgent.[184]

In diesem Sinne hatte die *Humanities Division* in dem Jahr auch als erstes größeres Projekt in Deutschland den Aubau des Amerika-Institut der Münchner Universität mit 50.000 Dollar über drei Jahre unterstützt. Da bisher "at no university in Germany or in Europe" die "various aspects of American civilization" studiert werden konnten, füllte das Institut eine Lücke im Erziehungziel der Demokratie.[185] Mit der Orientierung an den Problemen hatte sich so innerhalb von drei Jahren der Förderungsschwerpunkt hin zur Erziehung und Gewinnung für die westliche Kultur entwickelt. Freilich war die Stiftung daran interessiert, ihre Projekte in Deutschland auch selbst koordinieren zu können, wozu bisher eigenes Personal und ein Büro im Land fehlten. Die Stiftung hatte ihre europäische Zentrale wieder in der Rue de la Baume 20 im 8. Arrondissement von Paris bezogen, wo sie schon vor dem Krieg bis Mai 1940 residiert hatte. Leiter der Europäischen Büros der Stiftung war der auf die Förderung naturwissenschaftliche Forschung spezialisierte Mediziner R. R. Struthers, der damit an die großen Erfolge um medizinischen Fortschritt des Büros vor dem Krieg anknüpfen sollte.[186] Mit den bildungspolitischen Bedürfnissen der amerikanischen Besatzungszone Deutschlands war er wenig vertraut. Auch im August 1951 war das Problem einer Repräsentanz der Rockefeller Stiftung in Deutschland noch nicht gelöst worden. In der Notiz übermittelte Struthers das Ergebnis einer Pariser Lagebesprechung an die New Yorker Zentrale, welches auch noch im August 1951 die Lähmung der deutschen Angelegenheiten zeigte: "It will be recalled that both Prof. Fair and Mr. Willits, following their visit in Germany, were strongly of the opinion that no program by the Division should be undertaken unless it was possible to have a Resident Representative of the Division, speaking fluent German, to acced any possible pro-

183 Gesamtliste der Projekte in Deutschland 1949 in Rockefeller Foundation: *Rockefeller Foundation Annual Report 1949*, New York 1949, 338 f. Zu den Komplikationen der Förderung der Dortmunder Sozialforschungsstelle Staley: *The Rockefeller Foundation and the Patronage of German Sociology*, 261 f.

184 *Rockefeller Foundation Annual Report 1949*, 334 f.

185 Ebd. 49, 305 f.

186 Der Schwerpunkt des Pariser Büros hatte vor dem Krieg in der Förderung der medizinischen Forschung gelegen. Vgl. J. Farley: *To cast out disease: a history of the International Health Division of the Rockefeller Foundation (1913–1951)*, New York 2004, 44 ff. D. T. Zallen: "The Rockfeller Foundation and French Research", in: *Cahiers pour l'histoire du CNRS* 5/1989, 1–24, 2.

ject." Die Rockefeller Stiftung suchte nach wie vor händeringend nach einer geeigneten Persönlichkeit, die die so andersartigen Projekte in Deutschland umsetzen könnte. Der in London für die Stiftung tätige Mediziner Osloer L. Peterson hatte sich angeboten, die Aufgabe in Deutschland zu übernehmen. Aber die Stiftung hielt ihn ebenfalls nicht geeignet für die Koordinationsaufgabe in Deutschland ab 1953, die Sprachkenntnisse und so viel Fingerspitzengefühl forderte.[187] Das Thema erörterten Mitarbeiter der Stiftung auch mit dem Wirtschaftswissenschaftler Friedrich A. Lutz in Freiburg. Der ehemalige Assistenten von Walter Eucken war der Stiftung seit seiner Emigration in die USA eng verbunden und nahm an dem Findungsprozeß auch während seiner Gastprofessur an seiner ehemaligen Alma Mater teil.[188] Der Bericht der Unterredung mit Lutz im Juli 1952 machte deutlich, dass die Ablehnung Petersons bedeutet, dass die Rockefeller Stiftung "will still need a man to be posted in Germany" um die für den dortigen Bedarf angepassten Programme zur Erziehung umzusetzen.[189]

187 RAC RF 1.1/717/7/38, RRStruther's diary notes coverning the discussion held at Paris, and memo sent to AJWarren, 20.8.1951.

188 Zur Biographie von Friedrich Lutz: L. B. Yeager: "Preface" in: V. C. Smith: *The Rationale of Central Banking and the Free Banking Alternative* (1936), Indianapolis 1990, 4–7. V. Vanberg (Hg.): *Währungsordnung und Inflation*, Tübingen 2003.

189 RAC RF 1.1/717/7/38, FCL Diary: Friedrich Lutz, Basel, 2.7.1952.

V. FORMIERUNG DER KOLLEGIENHAUS-ENTHUSIASTEN

1. „DEMOKRATIE“ UND „ABENDLÄNDISCHES ERBE“

Mit der Neuordnung des Hochschulwesens nach 1945 waren von deutscher Seite Menschen befasst, deren Institutionen im hohen Maße durch die Mitarbeit im Nationalsozialismus diskreditiert worden waren. Die von den Amerikanern zugelassenen hochschulpolitischen Akteure „der ersten Stunde“ selbst waren meist nicht formal belastet, hatten – mehr oder weniger – einen Abstand zum totalitären Anspruch des NS-Staates gezeigt. So waren alle Forderungen nach einer moralischen Erneuerung immer mit einer Ablehnung des Nationalsozialismus verbunden und versuchten an ältere Geistestraditionen wieder anzuknüpfen, die als positiver Gegensatz zum NS-Staat empfunden wurden.

Die Kultus-Verwaltungen der Länder, denen die Amerikaner ab 1946 wieder die Kompetenzen für Schulen und Hochschulen übertragen hatten, waren nach 1945 in allen drei Ländern der amerikanischen Besatzungszone neu aufgebaut worden. Sowohl in den Ländern ungebrochener Tradition der Staatlichkeit wie Bayern und Hessen, als auch im neu geschaffene Landesbezirk Nord-Württemberg/Baden musste die Kultusbürokratie vollkommen neu besetzt werden, da die Kultusbeamten der Zeit vor 1945 mehrheitlich in einem hohen Grad mit dem NS-Staat verstrickt gewesen waren. Als Schlüssel für den „weltanschaulichen“ Erziehungsauftrag hatten die Nationalsozialisten die Ministerien spätestens seit 1933 konsequent für ihre Zwecke genutzt. In den Entnazifizierungsmaßnahmen hatten die Kultusbeamten der mittleren Generation zwischen 30 und 50 Jahren so beinahe komplett ihre Ämter verloren, andere jüngere Mitarbeiter befanden sich noch in Kriegsgefangenschaft. So waren für die Führung der Kultusministerien ältere Beamte, die noch in der Weimarer Republik sozialisiert worden waren, zum Teil aus dem Ruhestand reaktiviert worden. Andere Mitarbeiter der Kultusministerien waren hingegen so jung, dass sie aufgrund ihres Alters nur „passiv“ in den Nationalsozialismus verstrickt gewesen sein konnten. Diesen Mitarbeitern war die Ablehnung des Nationalsozialismus gemeinsam sowie der ernsthafte Wunsch, den neuen demokratischen Staat mitzugestalten.[1] Dieses Bestreben teilten auch die Personen an der Spitze der Ministerien, zumal die erste Besetzung der Kultusminister ja noch vor den ersten Wahlen auf Weisung der Militärregie-

1 Die ersten Jahre im bayerischen Kultusministerium waren durch die Zusammenarbeit der beiden auch in ihrer Weltsicht weit voneinander Entfernten Generationskohorten bestimmt. BayHStA, NL Olzog I, Günter Olzog: *Mosaiksteine. Rückblicke aus meinem beruflichen und ehrenamtlichen Leben*, München 1999, 6 ff.

rung vorgenommen worden war. Die ersten Kultusminister der Nachkriegszeit waren klar gegen den Nationalsozialismus profilierte Persönlichkeiten.[2] Dies einte die Minister, die in den ernannten und dann gewählten ersten Nachkriegsregierungen unter christdemokratischen oder sozialdemokratischen Ministerpräsidenten dienten. Aus unterschiedlichen Gründen hatten die späteren Nachkriegskultusminister Abstand zum NS-Staat gehalten.[3] Bei aller politischen Unterschiedlichkeit war den meisten dieser Minister die Bindung an die beiden großen Kirchen gemeinsam, in deren Laienorganisationen sie sich oftmals vor und nach 1933 eine aktive Rolle gespielt hatten.[4] Im Schulbereich resultierten aus dieser christli-

2 Die Kultusminister Bayerns 1945–1964: 1945 Otto Hipp, 1945–1946 Franz Fendt, 1946–1950 Alois Hundhammer, 1951–1954 Josef Schwalber, 1954–1957 August Rucker, 1957–1964 Theodor Maunz . Die (Groß–)Hessischen Kultusminister 1945–1963: 1945–1946 Franz Böhm, 1946–1947 Franz Schramm , 1947–1950 Erwin Stein, 1951–1953 Ludwig Metzger, 1953–1959 Arno Hennig. Die Kult(us)minister des Land Württemberg–Baden 1945–1952: 1945–1946 Theodor Heuss, 1946–1947 Wilhelm Simpfendörfer, 1947–1951 Theodor Bäuerle, 1951–1952 Gotthilf Schenkel; ab 1952 des Landes Baden-Württemberg (bis: 1952–1953 Gotthilf Schenkel, 1953–1958 Wilhelm Simpfendörfer, 1958–1964 Gerhard Storz. Von den aufgezählten ersten Kultusministern bis 1960 war einzig der Jurist Theodor Maunz in Bayern nach 1933 NSDAP-Mitglied gewesen und hatte sich durch sein Schrifttum im NS-Staat profiliert. G. Roellecke: „Theodor Maunz und die Verantwortung des Öffentlichrechtlers“, in: *Kritische Justiz* 1994, 344–354. Vgl. B. Rüthers: *Geschönte Geschichten*, Tübingen 2001, 49 ff.

3 Liberale Anschauungen hatten vertreten: Franz Böhm, der als Jurist den Ordoliberalismus der Freiburger Schule mitbegründet hatte und sich gegen das NS-Regime profiliert hatte, war wohl durch einen Zufall trotz seinem Mitwirken am Deutschen Widerstand nach dem 20. Juli 1944 nicht verhaftet worden. Vgl. A. Hollerbach: „Wissenschaft und Politik. Streiflichter zu Leben und Werk Franz Böhms (1895–1977)“, in: D. Schwab (Hg.): *Staat, Kirche, Wissenschaft in einer pluralistischen Gesellschaft*, Berlin 1989, 283–299. C. Blumenberg-Lampe: „Franz Böhm (1895–1977). Vater der Kartellgesetzgebung“, in: G. Buchstab; B. Kaff; H.-O. Kleinmann (Hg.): *Christliche Demokraten gegen Hitler*, Freiburg 2004. Arno Hennig hatte als Sozialdemokrat 1933 seine Lehrerstelle in Sachsen verloren war mehrfach inhaftiert gewesen. Vgl. auch M. Schmeitzner: „Arno Hennig, Carlo Schmid und die Totalitarismuskonferenz der SPD im Juni 1947“, in: Ders. (Hg.): *Totalitarismuskritik von links: deutsche Diskurse im 20. Jahrhundert*, Göttingen 2007, 283–306. Aus familiären Motiven waren andere in die Gegnerschaft gegen den NS-Staat gekommen: Der Jurist Erwin Stein hatte den Staatsdienst 1933 verlassen müssen aufgrund der jüdischen Herkunft seiner Frau, die sich 1943 angesichts der bevorstehenden Deportierung umgebracht hatte. Als Christdemokrat hatte der Jurist Stein wesentlich in der Verfassungsberatenden Landesversammlung für Groß-Hessen mitgewirkt. Vgl. A. Hedwig; G. Menk (Hg.): *Erwin Stein (1903–1992)*, Marburg 2004.

4 Für die christlichen Motive: Franz Schramm war als Schuldirektor an den Schulreformen der 1923 beteiligt gewesen und war als Vorsitzender des Katholischen Komitees der Weimarer Republik mit dem NS-Staat in Konflikt geraten. Der Sozialdemokrat Ludwig Metzger war als Vorsitzender des Bundes religiöser Sozialisten in Hessen 1934 an der Gründung der Bekennenden Kirche beteiligt gewesen. Vgl. S. Király: *Ludwig Metzger: Politiker aus christlicher Verantwortung*, Darmstadt 2004. Als Oberbürgermeister von Regensburg hatte der von der Bayerischen Volkspartei gestellte Katholik Otto Hipp sich offen gegen die Nationalsozialisten gestellt. Vgl. F. Viehbacher: *Doktor Otto Hipp. Oberbürgermeister in einer schweren Zeit*, Regensburg 1985. Als Katholik war der seit 1932 Abgeordnete der Bayerischen Volkspartei Alois Hundhammer im Bayerischen Landtag als profilierter Gegner des Nationalsozialismus aufgetreten und war deshalb 1933 kurz im KZ Dachau inhaftiert gewesen. Vgl. O.

chen Motivation unterschiedlichste Maßnahmen, deren Ausformung allerdings weit auseinanderlag.[5] Für die gesamte Kultuspolitik bedeutete diese Motivation der Minister aus dem Glauben eine eindeutige Stoßrichtung: Auch die Hochschulen sollten sich der Förderung christlicher Werte verschreiben.

Die andere entscheidende Akteure der Hochschulpolitik in den Besatzungszonen Westdeutschlands waren die Universitäten selbst, die durch ihre Akademischen Selbstverwaltungen eine Einflussnahme auf das Geschehen versuchten. Die als Rektoren und Dekane der Universitäten fungierenden Professoren konnten in den ersten Nachkriegsjahren diese Posten nur ausfüllen, wenn sie formal unbelastet waren.[6] Aufgrund der vielfältigen Verstrickungen der deutschen Professoren in den Nationalsozialismus waren in den ersten Jahren zahlreiche Professoren, Assistenten und sonstige Mitarbeiten – vor allem in den Universitätskrankenhäusern in großer Zahl – bis zu einer endgültigen Prüfung ihres Falles aus dem Dienst entfernt worden. An der Münchner Universitäten war im Zuge der Entnazifizierung von November 1945 bis ins Frühjahr 1946 80 Prozent des Lehrpersonals entfernt worden.[7] Bei den in den ersten Nachkriegsjahren amtierenden, zumindest formal

Braun: „Alois Hundhammer (1900–1974). Minister und Landtagspräsident in Bayern“, in: G. Buchstab; B. Kaff; H.-O. Kleinmann (Hg.): *Christliche Demokraten gegen Hitler*, 304–311.

5 Zur problematischen Rolle der ersten bayerischen Kultusministers Otto Hipps, der für Prügelstrafe und Konfessionssschule in Bayern stand: Müller: *Schulpolitik in Bayern im Spannungsfeld von Kultusbürokratie und Besatzungsmacht 1945–1949*, 27 ff.

6 Die Rektoren der vier untersuchten Universitäten: Goethe-Universität Frankfurt am Main: 1945–1946 Georg Hohmann, 1946–1948 Walter Hallstein, 1948–1949 Franz Böhm, 1949–1951 Boris Rajewsky, 1951–1953 Max Horkheimer, 1953–1954 Oscar Gans, 1954–1955 Fritz Neumark, 1955–1957 Helmut Coing, 1957–1958 Rudolf Geißendörfer, 1958–1959 Helmut Viebrock, 1959–1960 Willy Hartner, 1960–1961 Karl Hax. Rektoren der Ruprecht-Karls-Universität Heidelberg: 1945–1946 Karl Heinrich Bauer, 1946–1947 Hans Freiherr von Campenhausen, 1947–1948 Edmund Schlink, 1948–1950 Karl Geiler, 1950–1951 Gerhard Hess, 1958–1960 Wilhelm Hahn. Rektoren der Philipps-Universität Marburg: 1945–1946 Julius Ebbinghaus, 1946–1947 Friedrich Matz, 1947–1948 Heinrich Frick, 1948–1950 Gerhard Albrecht, 1950–1952 Alfred Benninghoff, 1953–1954 Wilhelm Walcher, 1954–1955 Erich Schwinge, 1955–1956 Werner Villinger, 1956–1958 Fritz Wagner, 1958–1959 Ernst Würthwein, 1959–1960 Rudolf Reinhardt. Rektoren der Freien Universität Berlin: 1948–1949 Friedrich Meinecke, 1949–1950 Edwin Redslob, 1950–1952 Hans von Kreß, 1953–1953 Georg Rohde, 1953–1955 Ernst E. Hirsch, 1955–1957 Andreas Paulsen, 1957–1959 Gerhard Schenck, 1959–1961 Eduard Neumann, 1961–1962 Ernst Heinitz. Von den Nachkriegsrektoren war ein Teil in den NS-Organisationen mitglied gewesen. In Marburg waren der Theologe Heinrich Frick sowie der Anatom Alfred Benninghoff diversen NS-Organisationen angehört. E. Klee: *Das Personenlexikon zum Dritten Reich*, Frankfurt 2005, 166. G. Aumüller; K. Grundmann: “Anatomy during the Third Reich – the Institute of Anatomy at the University of Marburg, as an example”, in: *Ann Anat* 184/3/2002, 295–303. Der Frankfuerter Physiker Boris Rajewsky war NSDAP-Mitglied gewesen Vgl. Klee: *Personenlexikon,* 477–478. Eine wissenschaftliche Nähe zum NS-Staat lässt sich nur bei einem geringen Teil der Nachkriegsrektoren erkennen, wie z.B. beim Marburger Juristen Erich Schwinge. Vgl. S. C. Saar: „Erich Schwinge (1903–1994)“, in: E. Klein; S. C. Saar; C. Schulze (Hg.): *Zwischen Rechtsstaat und Diktatur*, Frankfurt 2006, 105–129.

7 U. Huber: „Die Universität München. Ein Bericht über den Fortbestand nach 1945“, in: F. Prinz (Hg.): *Trümmerzeit in München*, München 1984, 156–160. 156. W. Müller: „Die Uni-

unbelasteten Rektoren zeigte sich auffällig das hohe Durchschnittsalter. Da die Mehrheit der Professoren vor 1900 geboren worden war, viele noch vor 1890, hatte diese ihre Wissenschaftssozialisation vor allem in der Weimarer Republik erhalten. Ihre Doktorväter hatten dem Glanz der Universitäten der Kaiserzeit hinterhergetrauert, in welcher ungleich viel mehr Mittel für die Forschung zu Verfügung gestanden hatten. Die 1920er Jahre waren von vielen Professoren als ärmlicher Abklatsch empfunden worden und durch die auch in den Universitäten ausgetragenen politischen Konflikten geprägt gewesen, dass gerne die Universitätsstrukturen vor 1914 als positives Referenzobjekt genutzt wurden.[8]

Andererseits wurde das von den Amerikanern geforderte Schlagwort „Demokratie“ nach 1945 allenthalben verwendet, oft ohne die Tragweite des Wortes genau zu umreißen. „Demokratie“ war das Gebot der Stunde, irgendwie der positive Gegenpol gegen den Nationalsozialismus. Die inflationäre und unklare Benutzung des Begriffs schien dabei nur wenigen aufzufallen. Der Heidelberger Theologe Hans von Campenhausen bemerkte spöttisch die Inflation des Begriffs. Bei Übernahme seines Rektorats hatte er sich vorgenommen, niemals das Wort „Demokratie“ oder „demokratisch“ bei seinen offiziellen Äußerungen zu nutzen. Campenhausen beschrieb dies als entsprechend seiner „inneren Abscheu gegen dieses […] unvermeidliche System, nachdem alles andere zerstört und missbraucht worden war.“ Das „Reden von der nun endlich möglich gewordenen herrlich demokratischen Verfassungsreform war damals noch viel verbreiteter und scheinbar unumgänglicher in aller Munde als heute, wo es sozusagen natürlich und selbstverständlich geworden ist.“ Vergnügt bemerkte Campenhausen später in seiner Memoiren, dass tatsächlich keiner der Zuhörer bemerkt hatte, dass er „dies Kaugummi niemals [in seine] Reden und Äußerungen mit aufnahmen – und es machte auch gar keine Schwierigkeiten, wenn man etwas Vernünftiges sagen wollte, es glatt zu vermeiden.“ Er hatte in seinen öffentlichen Reden stattdessen von „Rechtsstaat, von Gerechtigkeit gegen Willkür und dergleichen“ gesprochen.[9] Die Kritik Campenhausens an der inflationären Verwendung des Begriffs „Demokratie“ benannte schon zeitgenössisch den Verdacht, dass hinter dem von den deutschen Nachkriegsakteuren oft genutzten Begriff „Demokratie“ oft keine ausgefeiltere Konzeption stand oder ein ausdifferenziertes Bewusstsein für die gesellschaftlichen Implikationen. Wesentlich schwerer schien ohnehin das von späteren Begriffsgeschichten als uneindeutig empfundene „Abendland“ zu wiegen, auf dessen kulturelles Erbe sich die neuen politischen Akteure in ihren Bekenntnissen oft bezogen. Nach 1945 war der Begriff mit einer „rundum positiven Bedeutung“

versitäten München, Erlangen und Würzburg nach 1945. Zur Hochschulpolitik in der amerikanischen Besatzungszone“, in: M. Lanzinner; M. Henker (Hg.): *Landesgeschichte und Zeitgeschichte*, Augsburg 1997, 53–87, 56 ff.

8 Zur Stellung der Ordinarien vor 1914 vgl.: R. vom Bruch: „Geheimräte und Mandarine: zur politischen Kultur der Berliner Universität im späten Kaiserreich“, in: B. Henningsen (Hg.): *Humboldts Zukunft: das Projekt Reformuniversität*, Berlin 2007, 161–193.

9 H. von Campenhausen: *Die „Murren“ des Hans Freiherr von Campenhausen,* Norderstedt 2005, 286.

belegt.[10] Das „Abendland" diente als unscharf umrissene Kulturquelle, die es zu erhalten oder wieder zu erschaffen gelte. Axel Schildt beschrieb 1999 die Unschärfe des Abendlandbegriffes, der nun Hochkonjunktur hatte:

> Als inhaltlich schillerndes und recht verschieden bestimmbares kulturphilosophisches und politisches Schlagwort aktivierte es – vor allem im Bildungsbürgertum – ein breites Spektrum von Vorstellungen: bei den meisten diffuse Assoziationen hochkultureller Inhalte, auf deren Beschwörung kaum einer Rede zur Neueröffnung von Universitäten nach der „deutschen Katastrophe" verzichtet wurde, bei Absolventen humanistischer Gymnasien zusätzlich die Besinnung auf das Verhältnis von „Hellas und Hesperiden".[11]

Das „gemeinsame europäische Interesse an einer neuen Besinnung auf das Wesen des Klassischen" fand seinen literarischen Niederschlag in einer Vielzahl von geistig-kulturellen Zeitschriften der Nachkriegszeit.[12] „Das christliche Abendland" wurde als Leitbild der Pädagogik ebenso beschworen wie von Sozialphilosophen unterschiedlicher Provenienz. Der Hamburger Erziehungswissenschaftler Wilhelm Flitner formulierte „abendländischen Vorbilder" als Ziel der Erziehung:[13] Da es „für jeden eine Lebensaufgabe gebe", lasse sich „auch ein absolutes Ziel für die Erziehung ansetzen". Dieses Ziel müsse sich aus den „wenigen Urbildern vom gemeisterten Dasein" in der Antike speisen, welche die „ganze abendländisch-europäische Kultur durchziehen."[14] Der Abendlandbegriff konstruierte einen Zusammenhang des deutschen Kulturraums mit der Welt der westlichen Alliierten, der seit dem Ersten Weltkrieg mit dem Gegensatz der „Ideen von 1789" und den „Ideen von 1813" bzw. „von 1914" durch viele Schriften in Deutschland negiert worden war.[15] Die Traditionslinie des deutschen Idealismus, dessen Stempel „Handeln wie Denken" des Deutschen trage, wurde mit Beginn

10 A. Schildt: *Zwischen Abendland und Amerika*, München 1999, 22 ff.

11 Ebd. 29.

12 Ebd. 29. z. B. B. Snell (Hg.): *Antike und Abendland, Jahrbuch*, seit 1945. Schildt weist auf die „abendländische Kultureinheit" als gemeinsamen Bezugspunkt hin, die Serge Maiwald, der erste Chefredakteur der 1946 begründeten Tübinger Zeitschrift *Universitas*, ein Schüler von Carl Schmitt und gebürtiger christlich-orthodoxer Russe, aus dem „Vertrauen auf die einheitsstiftende Kraft und die Sendung der Universitas-Idee in den christlichen Jahrhunderten der abendländischen Geschichte" begründete. Vgl. S. Maiwald: „Zum zweiten Jahrgang", in: *Universitas* 2/1/1947, 2. Schildt: *Zwischen Abendland und Amerika*, 29. Vgl. I. Laurien: *Politisch-kulturelle Zeitschriften in den Westzonen 1945–1949*, Frankfurt 1991, 195–214.

13 W. Flitner: *Die abendländischen Vorbilder und das Ziel der Erziehung*, Bad Godesberg 1947, 58 ff. Vgl. Schildt: *Zwischen Abendland und Amerika*, 30. Flitner lehnte die Erziehungsideale des NS-Staates ab, denen gegenüber er sich in den ersten Jahren nach 1933 ambivalent verhalten hatte. Vgl. Klee: *Personenlexikon*, 156. R. Hering: „Wilhelm Flitner", in: F. Kopitzsch; D. Brietzke (Hg.): *Hamburgisches Biografie-Personenlexikon*, Hamburg 2003, 125–126.

14 Flitner: *Die abendländischen Vorbilder und das Ziel der Erziehung*, 61 ff.

15 Vgl. S. Bruendel: *Volksgemeinschaft oder Volksstaat*, Berlin 2003, 61 ff, 81 f. Vgl. P. Hoeres: *Der Krieg der Philosophen*, Paderborn 2004, 213 ff. z.B. Flitner betont in der Einleitung 1947 die Gemeinsamkeiten der Kultur mit dem ausländischen Mann, der als Helfer verschleppter Landsleute 1945 nach Deutschland gekommen war. Flitner: *Die abendländischen Vorbilder*, 7 ff.

des ersten Weltkriegs beschworen.[16] Der Abendlandbegriff stammte aus einer Kulturkritik der 1920er Jahre. Schildt weist darauf hin, dass „der Widerspruch der Affirmation technisch-industrieller Entwicklung bei gleichzeitiger Ablehnung ihrer sozialkulturellen Folgewirkungen“ keine neue politisch-kulturelle Erscheinung der Nachkriegsgeschichte war. Die existentiell bestimmte Kulturbetrachtung der frühen Nachkriegszeit hatte auf ähnliche kulturkritische Diskussionen der späten 1920er Jahre zurückgegriffen, deren Diskutanten sich nun wieder zu Wort meldeten. In seinen Betrachtungen zur „geistigen Situation der Zeit“ hatte Karl Jaspers schon 1931 das „Massendasein und seine Bedingungen“, „das Bewusstsein im Zeitalter der Technik“ und die „Herrschaft des Apparates“ in Begriffe gefasst, deren Überzeugungskraft nun durch die Erfahrung von NS-Zeit und Krieg nun noch gestiegen zu sein schien.[17] Diese „Sebstverständigung des Bürgertums“ der Nachkriegszeit stand etwa mit der anhaltenden Popularität von José Ortega y Gasset als den in Westdeutschland meistgelesenen Philosophen in einer kulturkritischen Tradition der Zwischenkriegszeit.[18] Im 1929 erstmals erschienenen *Aufstand der Massen* hatte Ortega y Gasset die demokratische Gleichmacherei als Ursache der „ungerichteten Aggressivität“ des Faschismus gedeutet.[19]

In der von der US-Militärregierung in München und Frankfurt herausgegebenen *Neuen Zeitung* und Zeitschriften sowie den Kulturveranstaltungen in Amerikahäuser oder US Information Centers wurde die deutsche Bevölkerung mit der amerikanischen „Moderne“ in allen Lebensbereichen vertraut gemacht.[20] Zu dem aus den 1920er Jahren stammenden kulturkritischen Abendlandbegriff stand diese kulturelle und zivilisatorische Moderne in einem krassen Gegensatz. Die von Schildt festgestellte Erörterung mit dem zentralen Bezugspunkt „Amerika“ hatte gerade erst begonnen. Die für die 1950er Jahre festgestellte gesellschaftliche „Modernisierung unter konservativen Auspizien“ in der „Amalgamierung deutscher Traditionsbestände und westlicher Angebote“ war ein Prozess, der sich erst in Gang gesetzt hatte.[21] Nach über einem Jahrzehnt Aufbaupolitik in Westdeutschland stellte eine von der US-Botschaft initiierte Erhebung 1956 den nach wie vor vorhandenen Vorbehalt gegenüber der amerikanischen Kultur dar. Als

16 Vgl. A. Lasson: „Deutsche Art und Deutsche Bildung. Rede am 25.9.1914“, in: Zentralstelle für Volkswohlfahrt und d. Verein für Volkstümliche Kurse von Berliner Hochschullehrern (Hg.): *Deutsche Reden in schwerer Zeit*, Berlin 1914, 122 f. Zitiert nach Hoeres: *Der Krieg der Philosophen*, 213.

17 Schildt: *Zwischen Abendland und Amerika*, 6 f. Vgl. K. Jaspers: *Die geistige Situation der Zeit*, Leipzig 1931.

18 Schild wies auf die Unklarheit des Begriffes und der Grenzen der Debatte hin. Schildt: *Zwischen Abendland und Amerika*, 9 f. F. Sánchez–Blanco: „Ortega y Gasset: Philosoph des Wiederaufbaus? Anmerkungen zu einer unbedachten Rezeption“, in: J. Hermand (Hg.): *Nachkriegsliteratur in Westdeutschland*, Berlin 1983, 101–111. Vgl. M. Fuhrländer: „José Ortega y Gasset“, in: J. Kaiser (Hg.): *Das Buch der 1.000 Bücher*, Dortmund 2002, 830 f.

19 J. Ortega y Gasset: *Der Aufstand der Massen*, Hamburg 1956, 12.

20 Schildt: *Zwischen Abendland und Amerika*, 168 ff. Vgl. auch K.-K. Kim: *Die neue Zeitung im Dienste der Reeducation für die deutsche Bevölkerung 1945–1946*, München 1974. S. Bittorf: *„Die Neue Zeitung“ im Spiegel Münchner Gesellschaft und Kultur*, München 1982.

21 Vgl. Schildt: *Zwischen Abendland und Amerika*, 20.

Ergebnis der Studie beschrieb Schildt den Befund, „dass sich das ambivalente Amerikabild von Anerkennung des technisch-zivilisatorischen Vorsprungs der USA und selbstbewusster Überzeugung kultureller europäisch-abendländischer Überlegenheit gegenüber ‚Amerika' in der westdeutschen Bevölkerung trotz aller Bemühungen um eine *Re-education* und *Re-orientation* nicht verringert hatte."[22] Im Kontext dieser Debatten waren auch die so häufigen Bekenntnisse zur Demokratie als Bestandteil der westlichen Moderne unscharf geblieben, wenn nicht sogar aus den Bekenntnissen der Diskutanten vor 1933 prinzipielle Vorbehalte gegen das demokratische System gefolgert werden können, die freilich nach 1945 nicht mehr so offen artikuliert werden konnten.

Nach der Erlanger Schulbekenntnis-Rede Martin Niemöllers im Januar 1946 war es in Aachen wie an anderen Orten auch zu studentischen Protesten gegen die Kollektivschulthese gekommen. Die Kommentare der von jungen Journalisten geschriebenen und von der US-Militärregierung herausgegebenen *Neuen Zeitung* reagierten gelassen. Die *Neue Zeitung* versuchte dabei weniger die Haltung der studentischen Jugend zu kritisieren als positive Anregungen für eine Änderung des Hochschulsystems zu geben.[23] So eine letztlich liberale Reaktion war den deutschen Akteuren in den ersten Nachkriegsjahren noch fremd. Im Verständnis vieler deutscher Bildungsplaner konnte die geforderte „demokratische Gesellschaft" nur auf der Basis von festen Werten entstehen. Zum einen sollte eine Rückbesinnung auf eine christlich-abendländische Traditionen zu einem Humanismus führen, zum anderen Errungenschaften des Modernisierungs- und Demokratisierungsprozesses aus „Amerika" als Synonym des Westens übernommen werden. Mag die Bezeichnung Axel Schildts „zwischen Abendland und Amerika" als die Richtung des ideellen Weges der Bundesrepublik in eine westlich geprägte Gesellschaft aus dem Rückblick von 1999 Gültigkeit besitzen, blieben die Vorstellungen der deutschen Akteure in den ersten Nachkriegsjahren noch diffus.[24] Von einem Tübinger Kreis katholisch orientierter Denker wurde ein erster Versuch unternommen, diesen Anspruch gemeinsam zu formulieren. Die Tübinger Theologen Romano Guardini und Theodor Steinbüchel hatten sich in ihrer Arbeit früh der Frage einer moralischen Erziehung gewidmet.[25] Die Autoren der im April 1946 erstmals erschienene Zeitschrift *Universitas. Zeitschrift für Wissenschaft, Kunst und Literatur* waren nahezu alle Professoren der alten württembergischen Landesuniversität. Ein Leitbild der katholisch geprägten Reformrichtung war die idealisierte Universität des Mittelalters. Serge Maiwald, einer der Herausgeber der *Universitas*, beschrieb die Motivation zur Gründung der Zeitschrift „im Vertrauen auf die einheitsstiftende Kraft und die Sendung der Universitas-Idee in den christ-

22 Ebd. 194. Vgl. Schildt: *Moderne Zeiten, Freizeit, Massenmedien,* 400 f. Schildt wehrt sich so auch gegen die Vereinfachung der 50er Jahre als Epoche „harmonischer Konsensfindung und fraglos akzeptierter Wertevorstellungen" sowie dem Begriffspaar aus „geistloser Macht" und „machtlosem Geist". Schildt: *Zwischen Abendland und Amerika,* 1

23 Kim: *Die neue Zeitung im Dienste der Reeducation*, 144 f. Zum Schuldbekenntnis Niemöllers: R. Żurek: *Zwischen Nationalismus und Versöhnung*, Köln 2005, 96 f.

24 Vgl. Schildt: *Zwischen Abendland und Amerika*, 20.

25 Papenkort: *Studium generale*, 216.

lichen Jahrhunderten der abendländischen Geschichte".[26] Auch der protestantische Theologe Helmut Thielicke hatte an der *Universitas* mitgewirkt. Seine bei der Tübinger Immatrikulationsfeier des WS 1951/52 gehaltene und später noch einmal der Westdeutschen Rektorenkonferenz wiederholte Rede „Die erzieherische Verantwortung der Universität" resultierte aus diesem Denkumfeld.[27]

2. FORDERUNG NACH EINER NEUEN UNIVERSITÄREN ERZIEHUNG

Aus lokal ganz unterschiedlichen Bedingungen waren 1945 in Heidelberg und 1947 in Tübingen die ersten beiden Wohnheime entstanden, an denen explizit ein Erziehungsprogramm durchgeführt werden sollte.[28] Die mit neuen Konzepten einer universitären Erziehung befassten Menschen waren hingegen nicht lokal eingrenzbar. In den ersten Nachkriegsjahren versuchten verschiedenste Einzelpersonen mit Konzepten, die sie oft alleine und ohne politische Abstimmung ausgearbeitet hatten, auf die Überlegungen zu einer Hochschulreform einzuwirken. Dieser Chor stellte sich vielstimmig dar. Im Folgenden seien drei unterschiedliche Schriften dieser Stoßrichtung angeführt, an denen die unterschiedlichen Richtungen angedeutet werden können: 1.) Der Gemeinschaftsgedanke, 2.) Erziehung in einem Schulkonzept sowie 3.) eine persönlichere Betreuung im Rahmen der wissenschaftlichen Ausbildung. Die Sorge um eine Vernachlässigung der universitären Erziehung drückte 1947 ein Zeitungsartikel der Würzburger *Main-Post* aus. Der Herausgeber der Zeitung Heinrich G. Merkel kommentierte unter der Überschrift „Deutsche Universitäten auf dem Marsch in die Vergangenheit" drastisch seine Sicht der psychosozialen Lage der Nachkriegsstudierenden. Merkel forderte, „dass der endgültige Zusammenbruch der alten gesellschaftlichen, familiären und sozialen Bindungen im studentischen Alltagsleben, der sich jenseits des eigentlichen Lehrbetriebs abgespielt hat, zum Ausgangspunkt eines Neuaufbaus gemacht werden muss." Die Entwicklung deutete er mit in einem weiten Zeithorizont zurück bis zur Jahrhundertwende:

> Schon in den Jahren vor 1914 begann sich an den Großstadt-Hochschulen eine Entwicklung sich anzukündigen, die durch zwei Weltkriege beschleunigt, zur heutigen menschlichen Isolierung der Studenten geführt hat und nunmehr zu einer großen Gefahr geworden ist. Die Korporationen und Verbindungen übernahmen in den Jahrzehnten von etwa 1870 bis 1914, wenn auch nicht unangefochten in ihren Methoden, die Erziehung der Studierenden außerhalb des Lehrbetriebs der Hochschule. Daneben lebte die relativ große Zahl von Freistudenten als ‚möblierte Zimmerherren' in den Familien ihrer Vermieter und geborgen in einer Überlieferung, die akademische Freiheit und Bindungen sonstiger Art zweckmäßig vereinigend. Materielle Not war selten und wurde gelindert durch Stipendien. Die Bindungen an Elternhaus und Tradition waren stark. Die „Auslese" wurde weitgehend durch den Geldbeutel des Vaters getroffen. Trotzdem bewiesen die um 1912/14 entstehenden „Allgemeinen Studentenausschüs-

26 Papenkort: *Studium generale*, 216. Zur „Sozialidee" vgl. H. Schelsky: *Einsamkeit und Freiheit*, Reinbeck 1963, 66.

27 H. Thielicke: *Die erzieherische Verantwortung der Universität*, Tübingen 1952.

28 Vgl. Papenkort: *Studium generale*, 82.

se", dass die alten Bindungen an Kraft verloren und dass man nach neuen Formen suchte, die alle Studenten erfassen sollten.[29]

In seinem Rückblick billigte Merkel den Korporationen alten Stils nach dem Ersten Weltkrieg keine tragende Rolle mehr zu. Die Berechtigung ihrer Erziehungsmethoden sei meist stärkster Kritik unterworfen gewesen. Als „Keimzellen schwärzester Reaktion" hatten sich die meisten dieser Korporationen ohnehin nicht mehr eine studentische Mehrheit vertreten können. Das Potential sah Merkel in der studentischen Bewegung nach 1919, die „auf dem Boden wirtschaftlicher Not und gegenseitiger Hilfe gewachsen war und im Begriff des ‚Studentenhauses' den materiellen und ideellen Mittelpunkt" des gesellschaftlichen Lebens aller Studenten gesehen hatte. Die Entwicklung, die sich an die historischen Bursen sowie angelsächsische Vorbilder angelehnt habe, sei 1933 „mit dem Einbruch der Nazis in ihr Gegenteil verkehrt" worden. Als Geschäftsführer der „Darlehenskasse der Deutschen Studentenschaft" und der „Wirtschaftshilfe" hatte der studierte Jurist und Volkswirt Heinrich G. Merkel von 1923 bis 1933 selbst unmittelbar für diese studentische Selbsthilfe gearbeitet.[30] Mit einer 1932 erschienenen internationalen Vergleichsstudie über studentische Selbsthilfe zur Studienfinanzierung hatte Merkel dabei sogar die Entwicklung in einen Vergleichskontext mit der Situation in anderen Ländern setzen können.[31] In dem Artikel von 1947 folgerte er nun, dass die Entwicklung der studentischen Selbstorganisation nicht fruchtbar gewesen war aufgrund eines „Dualismus […], der zwangsläufig dadurch entstanden war, dass sie sich selbstverständlich neben der Hochschule und ihrer Verwaltung entwickelt hatte." Merkel bedauerte es, dass die Einrichtungen der Selbsthilfe und des sozialen Lebens während der Zeit der Weimarer Republik nicht in die Hochschulverfassungen und -verwaltungen eingegliedert worden waren. Sowohl die Dozentenschaft habe für die Bemühungen der Studenten kein Verständnis gezeigt, als auch die Studentenvertretungen sich politisch misstrauisch gegeben. Nun seien ohnehin die alten Korporationen aufgelöst sowie die Studentenwerke der Vorkriegszeit „zerschlagen und ihrer materiellen Mittel beraubt." Wenn nun die Studentenschaft sich aktuell neu organisiere, müssten aus diesen Lehren heraus die Universitäten selbst Träger der Einrichtungen werden: „Die Hochschulverfassungen müssen neu formuliert werden. Die seltene Gelegenheit, völlig neu anzufangen, ist gegeben. Wie kann sie genutzt werden?" Dabei sah er den in der sowjetischen Besatzungszone praktizierten Weg einer stärkeren politischen Verantwortung der Studierendenvertretungen eher als problematisch, da die Studierenden noch gar nicht in der Lage seien, diese Verantwortung auszufüllen. Stattdessen war Merkel dafür, „die Verbindung mit den ausländischen Universitäten [zu] vertiefen, bei der Bildung wissenschaftlicher Arbeitsgemeinschaften mit[zu]arbeiten, Vorlesungsscripte [zu] beschaffen, jüngere Semester beraten und eine enge Verbindung zu den Dozenten

29 H. G. Merkel: „Deutsche Universitäten auf dem Marsch in die Vergangenheit", *Main-Post*, Würzburg, 14.2.1947.

30 V. Schulze: „Heinrich G. Merkel", *Neue Deutsche Biographie (NDB)*, Berlin 1994, 151 f.

31 Vgl. H. G. Merkel: *Darlehnskassen für Studierende in aller Welt*, Genf/ Berlin/ Leipzig 1932.

her[zu]stellen."[32] Eine Vielzahl an sozialen Aufgaben hätten die von Studenten organisierten Hilfsgemeinschaften zu schultern. Aufgrund ihrer Unerfahrenheit und dem Fokus auf das Studium könnten Studenten die Aufgaben nicht voll bewältigen, während bei einer professionellen Verwaltung der Dualismus zur Universität drohe. Deshalb forderte Merkel diese Aufgabe als integralen Bestandteil der Universität zu betrachten. Die Hochschullehrer müssten sich klar darüber werden, dass ihre Verantwortung nicht an der Türe der Hörsäle ende. Es müsse Ihnen deutlich werden, „dass es sich um eine Aufgabe von unerhörter Bedeutung, von größter Dringlichkeit und Tragweite, in einer einmaligen Form handelt, vor die sie nach den Feuerbränden dieses Krieges gestellt sind." Die drängenden Fragen der Studienfinanzierung sowie der Auslese der geeigneten jungen Menschen für den Hochschulzugang sollte sich eine Stelle befassen, die „kontinuierlich geführt wird und in der Hochschule eingebaut ist":

> Der einfachste Weg zur Lösung aller Schwierigkeiten wäre die Einführung von Internaten, von Colleges, von Studentensiedlungen oder wie ähnliche Unternehmungen benannt werden könnten. Ob der spätere Weg zu derartigen Formen führen wird, ob ausschließlich oder gemischt, muss der Zukunft überlassen bleiben. Wahrscheinlich können ausländische Beispiele nicht ohne weiteres auf Deutschland übertragen werden. Die Art des in Deutschland entwickelten Studiums unter Wahrung der „akademischen Freiheit" wird zur Zwischenform führen müssen.[33]

Auch wenn solche ausgefeilten Konzepte „schon aus rein finanziellen Gründen augenblicklich keinen Sinn" machten, forderte Merkel Schritte in diese Richtung. Aufgrund der extremen materiellen, moralischen und seelischen Umstände der Nachkriegszeit nach 1945 neigten, so Merkel, viele der Studenten zu einer „passiven Haltung und auch Unkenntnis der Zusammenhänge". Die Lehre aus den negativen Erfahrungen „aus der Zeit von 1919 bis 1933" sollte beim Neuaufbau des studentischen Lebens vor Fehlentwicklungen schützen. Eine Wiederholung der Fehler, dass die Universität nicht auf diese Bedürfnisse eingehe, könne „den Weg zu einer dem deutschen Hochschulleben gemäßen neuen Form endgültig verbauen und den Hochschulen sowie den von ihr abhängigen Lebensgebieten unabsehbaren Schaden zufügen." Als erste Maßnahme schlug Merkel die Errichtung der Position eines Studenten-Dekans und eines studentischen Vertreters in den Akademischen Senaten der Universitäten vor, die als Koordinatoren für eine solche Entwicklung dienen sollten. Diese Strukturen seinen erforderlich, „wenn die zentrifugalen Kräfte wieder auf die Hochschule und ihr eigenes Lebenszentrum zurückgelenkt werden sollen" Das Bedürfnis der Sozialisation und Selbsthilfe zerre jetzt nach Verlassen des Hörsaales an den Studierenden und stelle „eine kaum zu unterschätzende Gefahr für das deutsche Universitätsleben der Zukunft" dar.[34]

32 „Nicht dadurch wird man den Neubau schaffen, dass ‚Studentenräte', wie in der russischen Zone, den Versuch machen, Aufgaben zu übernehmen, denen sie ihrer Natur nach nicht gewachsen sein können" H. G. Merkel: *Deutsche Universitäten auf dem Marsch in die Vergangenheit.*

33 Ebd.

34 Ebd.

Heinrich G. Merkels Forderungen baute vor allem auf der Funktion der studentischen Sozialisation als integralen Bestandteil der Universität. Seine besondere Betonung lag auf dem Gemeinschaftserlebnis. Dem Journalisten und vormaligen Mitarbeiter der studentischen Selbsthilfe Merkel war dabei eine biographische Prägung zu Eigen, die er mit anderen Kollegienhaus-Enthusiasten teilte: In seiner Jugend war Merkel als Mitglied des „Wandervogel“ von einem starken Gemeinschaftserlebnis geprägt worden.[35]

Ein der schulischen Erziehung analoger Anspruch wurde von einem Angehörigen der älteren Generation bevorzugt. Franz Thierfelder hatte im ersten Nachkriegsjahr als Syndikus der Münchner Universität gearbeitet und verarbeite seine Eindrücke in einer Publikation mit bildungspolitischen Reformforderungen.[36] Auch Thierfelder sah die Grundlage der Hochschule in einem Dreigespan aus Forschung, Lehre und Erziehung: „Dass man an der Universität die Erziehung als Kernstück ihres Wirkens vergessen“ habe, sei „die Ursache ihrer gegenwärtigen verhängnisvollen Lage.“ Auch dass die Hochschule als Forschungsstätte ihre Aufgaben glänzend erfüllte, ändere nichts an dieser Tatsache. Ganz im Gegenteil habe gerade dieser Umstand die deutsche Bildungspolitik lange gehemmt, „die tieferen Ursachen unseres Bildungsverfalls zu erkennen.“ Die Studenten von 1947 befänden sich in einem erbärmlichen materiellen Zustand und anders als 1919 sei „die leidenschaftliche politische Neugier und die Lust an der weltanschaulichen Diskussion nicht zu finden, die die Hochschule so rasch zur politischen Tribüne machten.“ Der „naive Nationalismus von ehedem“ scheine nun „zunächst jedenfalls tot zu sein“, aber auch die Bereitwilligkeit zu politischer Aktivität der Studenten sei „gleich Null.“ Die Studenten verlangten Ruhe und Möglichkeit zu ungestörter Arbeit, so dass auch der erzieherische Umgang nun mit psychologischem Feingefühl eingeführt werden müsse.[37] Thierfelder sah es aber als unmöglich an, Forschung, Lehre und Erziehung „an einem Punkte zu konzentrieren und von einem Punkte ausstrahlen zu lassen […] ohne dass sich die drei Prinzipien ungünstig beeinflussen.“ Da die drängende Aufgabe der Erziehung insbesondere die forschenden Professoren störe, sei ein weiterer neuer Typ von Universitätslehrern erforderlich.[38]

> Dass die ganze staatsbürgerliche Erziehung erfolglos geblieben ist, lag nicht nur an der Unzulänglichkeit ihrer Durchführung, sondern auch an den Mängeln ihres Programms. In Deutschland ist man noch immer der Meinung, ein gewisses theoretisches Wissen könne aus einem unpolitischen Menschen einen politischen machen, eine Reihe von Lehrstunden werde einen chauvinistisch verzogenen jungen Mann in einen Musterdemokraten verwandeln. In Wirklichkeit kommt es aber darauf an, eine Wesensverwandlung herbeizuführen, den Deutschen zu einer tieferen Einsicht in sich selbst und zu einer besseren Erkenntnis seiner Umwelt zu

35 Schulze: *Heinrich G. Merkel*. B. Schnell: „Ein Leben für die freie Presse. Heinrich G. Merkel zum Gedenken“, *Nürnberger Nachrichten*, 16.10.1985.

36 Thierfelder hatte den Posten verloren, aufgrund von Vorwürfen der NS-Belastung. E. Michels: *Von der Deutschen Akademie zum Goethe-Institut*, München 2005, 203 ff. Vgl. „Franz Thierfelder“. In: *Munzinger Archiv* 24/1963.

37 Franz Thierfelder: *Die Deutschen Universitäten heute und morgen*, Aachen 1947, 31.

38 Ebd. 13 ff.

bringen. Die politische Erziehung hat mit der Bildung des Charakters zu beginnen; in dem Maße wie Humanität bei uns verlebendigt wird, zerschmilzt nationalistische Borniertheit – im selben Maße aber, wie der Nationalismus frontal nach seinen eigenen Methoden angegriffen wird, versteift er sich und wird unüberwindlich.[39]

Thierfelder sah die Erziehung des Studenten „zum akademischen Mitbürger" am geeignetsten durch eine „Einführung in Philosophie, Psychologie, Soziologie, vergleichende Kulturgeschichte [sowie] Völkerseelenkunde":

Dieser sich über ein Jahr erstreckende Lehrgang – zu obligatorischem Besuch an die Spitze jedes Studiums gestellt – sollte durch Diskussionen ergänzt werden, die die Gymnasialerziehung nach der Seite des praktischen Alltags erweitern. Der junge Mensch, der seine Abitur bestanden hat, und nun, zumeist außerhalb des Elternhauses, den Kampf mit dem Leben allein zu bestehen hat, befindet sich zahlreichen Anforderungen der Umwelt gegenüber ratlos. Was ein Wechsel ist, wie man sich bei Tisch benimmt, wie eine Zeitung aufgebaut ist und technisch hergestellt wird, was der Junggeselle von der Führung eines Haushaltes wissen muss, worin sich ein Schlager von einem Volksliede unterscheidet, inwieweit für eine Studentin andere Gesetze gelten als für einen Studenten – wir greifen ganz willkürlich ein paar Themen aus einer unbegrenzten Fülle ähnlicher heraus, um zu zeigen, worauf es uns ankommt. In solchen Fragen eine gewisse einheitliche Auffassung zu erzielen und Aufklärung zu vermitteln, ist der erste Schritt zur Bildung einer neuen, möglichst breiten Schicht von einheitlicher innerer und äußerlicher Haltung. Diese Schicht setzt weder Privilegien der Herkunft noch des Besitzes voraus; der Zugang zu ihr steht jedem offen, der sich zu der von ihr vertretenen Haltung bekennt. Ihr Wert liegt nicht in den Vorteilen, die sie ihren Angehörigen bietet, sondern in den Nachteilen, die sie ihnen erspart.[40]

Für die Durchführung sei ein spezifischer „Erzieher zur deutschen Lebensform" vonnöten. In der Vorstellung Thierfelder sollte diese „die Brücke zwischen Geist, Charakter und Seele" schlagen, „im Studenten den Menschen ansprechen und entfalten" helfen. Zu seinen Zuständigkeiten sollte auch Berufs- und Studienberatung gehören, ebenso wie die gesellschaftliche Betreuung und die soziale Fürsorge. Dieses „Erzieherkorps der Universität" sollte sich auch wesentlich auf jene Einrichtungen, die in den Selbstverwaltungskörpern der Studentenschaft zusammengefasst sind, stürzen. Und ebenso sollten sie Institutionen mit einbeziehen, die früher einen Teil der Erziehungsarbeit in den studentischen Verbindungen ausmachten.[41]

Dem akademischen Erzieher werden also eine Reihe sehr verschiedener Aufgaben übertragen, die ebenfalls ein ausgebreitetes Wissen und eine vielseitige praktische Erfahrung voraussetzen, Da es ein neuer Beruf ist, dessen Umfang weder Lehrplan noch Abschlussprüfung abgrenzen, wird man Persönlichkeiten suchen küssen, die sich die Voraussetzungen auf andere Weise erworben haben. Bedingung sollte jedoch ein mit der Promotion abgeschlossenes Fachstudium innerhalb der philosophischen oder staatswissenschaftlichen Fakultät und eine mehrjährige Tätigkeit im organisatorischen Gebiet sein, bei der der Nachweis der Eignung für Menschenführung erbracht werden kann. Während Forscher und Lehrer die Dozentenschaft der Universität bilden, stellen die Erzieher das Erzieherkorps und das Mittelglied zu der Studentenschaft dar. Die Altersgrenze nach unter könnte vielleicht bei dem 40. Jahr liegen. Ge-

39 Ebd. 19.
40 Ebd. 20.
41 Ebd. 20 f.

eignete Kandidaten für diesen Beruf wären von der vorgesetzten Ministerialbehörde vorzuschlagen, aber von den Vertretern der Studentenschaft zu wählen. Auf etwa 150 Studenten sollte ein Erzieher fallen, der zu diesen in ein engeres Vertrauensverhältnis tritt. Er ist Tutor dieser Gruppe und berät sie in allen Fragen, die außerhalb von Forschung und Lehre das studentische Leben betreffen.[42]

Der Lehrplan müsse aber auch „eine umfassende Selbstprüfung der deutschen sittlichen Anlagen, unserer Tugenden und Fehler" umfassen. Neben der Übersicht über die philosophischen Systeme sollten natürlich auch Sport und akademische Geselligkeit zu dem Erziehungsprogramm gehören. Durch die Einrichtung von studentischen Tutoren sollte zusätzlich eine persönliche Verbindung zwischen Student und Erzieher hergestellt werden, welchen diesem ein Urteil über die menschlichen Qualitäten seines Zöglings gestatten sollte. Dieser Tutor sollte sich „weder um die politische noch um die konfessionelle Überzeugung des Studenten kümmern – die Gewissensfreiheit des Akademikers muss unter allen Umständen unangetastet bleiben." Er sollte aber dafür sorgen, dass der Student die Tugenden entwickelt, die ihn „zum vorbildlichen Vertreter einer wahrhaft humanen Geisteshaltung machen." Dieses pädagogische Ziel verfolgt das neue propädeutische Jahr, „das künftig zwischen Schule und Universitätsbeginn eingeschoben werden soll." Es soll „den seelischen Besitz vermehren, der den unterrichteten Menschen zum wahrhaft gebildeten macht."[43]

Ein dritter Ansatz sah Erziehung eher im Rahmen der traditionellen „Bildung durch Wissenschaft" durch eine persönlichere Betreuung im Rahmen des Studiums gewährleistet. In einer „Privatschrift" äußerte sich Kurt Zierold zu dem gleichen Thema. Der ehemalige Mitarbeiter des preußischen Kultusministers Becker, wirkte seit 1945 unter Adolf Grimme im Niedersächsischem Kulturministerium und wollte seine programmatische Schrift nicht als offizielle Äußerung eines Amtes verstanden wissen.[44] Zierold vertrat die Ansicht, dass sich die Hochschulen sich nicht mit den Aufgaben von Forschung und Lehre begnügen dürften:

Von dem erzieherischen Moment kann auch bei den Hochschulen nicht abgesehen werden. Damit ist nur politische Erziehung gemeint, sondern jede Art charakterformender Einwicklung auf den Studenten. Wenn den deutschen Hochschulen jetzt manchmal die englischen Universitäten Oxford und Cambridge als Beispiel vorgehalten werden, so geschieht das vor allem, weil dort bewusst die Erziehungsaufgabe wichtiger genommen wird als Lehre und Forschung und weil man hier einen Mangel der deutschen Hochschule zu sehen glaubt. Und es ist in der Tat so, dass im deutschen Schulsystem leider das erzieherische Moment von der Volksschule über Mittelschule, Höherer Schule zur Hochschule zugunsten von fachlich aufgesplittertem Unterricht und Wissensvermittlung immer schwächer wird. Die charakterliche Haltung des deutschen Akademikers wird vielfach gerügt, so glaubt man eine unterdurchschnittliches Maß von Hilfsbereitschaft, Selbstlosigkeit und Volksverbundenheit, von sozialer Einstellung feststellen zu können, dafür ein Übermaß an Egoismus, Standesvorurteilen und beruflicher Enge. Nun sind zwar alle Kollektivurteile fast stets Kollektivvorurteile aber da wir

42 Ebd. 21.
43 Ebd. 37 f.
44 „Kurt Zierold", *Internationales Biographisches Archiv* 31/1989. Vgl. auch F. Letzelter: „Kurt Zierold, Wissenschaftsorganisator", *Ostdeutsche Biographie*, http://www.ostdeutsche-biographie.de/zierku99.htm.

> auf allen Gebieten und bei allen Völkern ein Zurückhalten des ethischen Verhaltens hinter den technisch-wissenschaftlichen Errungenschaft festzustellen haben, so wird es bei dem deutschen Akademiker nicht anders sein. Schon diese Erwägung zeigt, wie dringend eine stärkere Betonung der erzieherischen Aufgabe der Hochschule wäre. Der politische Ärzteprozess in Nürnberg hat diese Frage wieder deutlich zum Bewusstsein gebracht.- Wären die erschütternden Feststellungen dieses Prozesses möglich gewesen, wenn die medizinischen Fakultäten sich immer bewusst gewesen wären, dass die dem deutschen Volke nicht nur Mediziner, sondern auch Ärzte bescheren sollen? Dass Arztsein nicht zuletzt eine Frage des Ethos ist und dass das Vorhandensein dieses Ethos ein zentrales Anliegen auch den medizinischen Fakultäten sein muss?[45]

Diese Erkenntnis, dass die Hochschule neben Forschung und Lehre eine Erziehungsaufgabe habe, müsste sich auswirken bei der Auswahl der Studenten, der Gestaltung des Unterrichts und bei der Berufung von Professoren und Dozenten. Dieser Fragenkomplex sei entscheidend für die Hochschule und von überragender Bedeutung für den Staat. Dabei sah Zierold in einer geeigneten Begegnung der Studenten mit den Lehrenden durchaus einen geeigneten Ansatz. „Menschlich überragende Persönlichkeiten“ wirkten „zweifellos durch ihr bloßes Sein, auch wenn die Berührung mit den Studenten in Vorlesungen und Übungen zeitlich nur verhältnismäßig kurz ist.“ Bei Persönlichkeiten mit geringerer menschlicher Ausstrahlung sei aber eine „engere und häufigere Fühlungnahme mit den Studenten“ nötig. In dieser verbindlicheren Begegnung zwischen akademischen Lehren und Schülern liege der Sinn des angelsächsischen Collegesystems. Die Fühlungnahme sei „wie in der Photographie: Bei stärkeren Licht genügt eine kürzere Exposition, schwächeres Licht erfordert längere Belichtung.“[46] Vor allem der Massenbetrieb der deutschen Form des Hochschulbetriebes schließe Erziehung der Studenten als bewusstes und zentrales Anliegen aus. Konkret sah Zierold geeignete Maßnahmen in einer Veränderung der Personalstruktur des Lehrpersonals: Die Universität brauche mehr Dozenten, einen Abbau der Ordinarien-Machtstellung und einen Berufsstand der wissenschaftlichen Lektoren in einer eigenen Laufbahn: „Der radikalste Vorschlag geht dahin, nach dem Muster der englischen und amerikanischen Universitäten das Lektorensystem auszubauen. Lektoren sind im Zimmer, nicht auf dem Korridor!“[47] Anschließend an die Beckerschen Reformen der Weimarer Republik und parallel zu den vorgenannten Überlegungen Heinrich G. Merkels, sprach sich Zierold aber auch für die Nutzung der studentischen Selbstverwaltung als Lernort demokratischen Verhaltens aus:

> Eine notwendige Ergänzung zu den politischen Seminaren bildet die praktische politische Selbsterziehung der Studenten, wie sie in der Studentischen Selbstverwaltung liegt. Studentische Wahlen, Sitzungen des Allgemeinen Studentischen Ausschusses, Teilnahme an Senats- und Fakultätssitzungen, an der Arbeit des Studentischen Hilfswerkes – alle diese und ähnliche Betätigungen haben ihre große Bedeutung gerade unter dem Gesichtspunkt der politischen Selbsterziehung, Von hier gesehen, ist der Versuch eines studentischen Parlaments, wie ihn

45 K. Zierold: *Hochschulprobleme von heute*, Göttingen 1948, 8 f.
46 Ebd. 9 f.
47 Ebd. 24 f.

die Technischen Hochschulen in Berlin und Hannover unternommen haben, durchaus zu begrüßen.[48]

In den drei angeführten Überlegungen lassen sich viele Überlappungen aufspüren, wobei die Stoßrichtung der Artikel sich aus den spezifischen Erfahrungen der Akteure begründen lässt. Unter dem weiten Dach des unscharfen Begriffes *Studium generale* hatte sich eine noch viel größere „vielgestaltige, von vielem Idealismus und Arbeit getragene Fülle von Veranstaltungen verschiedenster Formen und Institutionen" entwickelt: Propädeutische Kollegien sollten auf ein künftiges Studium vorbereitend, beraten und auch Defizite in der Schulbildung ausgleichen. Andere wollten junge Werktätige auf das Abitur vorbereiten. Es gab Wohnheime für bereits Immatrikulierte mit eigenem Studienprogramm, das entweder interfakultativ oder auf eine einzelne Disziplin hin orientiert war, während andere Studentenheime primär das Gemeinschaftsleben betonten. Kröning, Müller und Schöffler betonten in ihrer Untersuchung 1990, dass sich die Liste der Ausrichtungen der neuen Institutionen beliebig verlängern ließe, benannten aber das Problem, überhaupt von einer Typenbildung zu sprechen. Das Leibniz Kolleg in Tübingen sei ein „ziemlich einsamer [...] Prototyp" des propädeutischen Kollegienhauses geblieben. Ähnlich lässt sich das Braunschweig-Kolleg als Ort der Abiturvorbereitung sehen. Die Gemeinsamkeit dieser Einrichtungen lag nach Kröning, Müller und Schöffler darin, dass sie „eine mehr oder minder große Gruppe von Studenten und Studentinnen auf längere Zeit als Bewohner eines Hauses oder Mitglieder einer festen Gemeinschaft zusammenführten, stets auch für Außenstehende offen waren."[49] Trotz der Singularität der Einzelinstitutionen fassen die im Mai 1950 von dem damaligen Leiter des Leibnitz Kollegs Walther Killy verfassten Gedanken die gemeinsame Idee der Kollegienhaus-Enthusiasten zusammen. Aus den ausführlichen Erfahrungen der ersten Jahre des Leibniz Kollegs folgerte der Autor zwei Hauptpunkte, die für alle studentischen Wohnheime gelten sollten:

Erstens: Eine ausschließlich als Heim dienendes Haus, das die Studenten nur räumlich zusammenführt, wird nicht geeignet sein, eine wirkliche studentische Gemeinschaft, geschweige denn eine wissenschaftliche und pädagogische Einwirkung zu erzielen. Die verschiedenen neuen Collegiengründungen an deutschen Universitäten sind z.B. in der Auseinandersetzung, mit den wieder erstarkenden Verbindungen keineswegs wirksam geworden: die auf sie gesetzten Hoffnungen in Bezug etwa auf das „Studium generale" bleiben zumeist unerfüllt. Die Gründe dafür sind deutlich, sie liegen vor allem im Mangel eines eigentlichen Kristallisationspunktes, der beim Fehlen einer verbindlichen Idee nur durch die gemeinsame konkrete Arbeit geboten werden kann. Fehlt diese, so fehlen der Gemeinschaft Inhalt und Form und es steht zu befürchten, dass in das dadurch gegebene Vakuum andere, unerwünschte Einflüsse dringen. Zweitens: Wir haben im Leibniz-Kolleg gelernt, dass die Wechselwirkung von Wissenschaftlichem und Gesellschaftlichem ebenso wie vom Wissenschaftlichem und Pädagogischem außerordentlich fruchtbar werden kann. Jeder dieser Bereiche ist nicht nur für die Bildung wichtig, sondern ermöglicht je nach der persönlichen Situation einen echten, weiter wirkenden Ansatz. Es ist nicht möglich, hier darzustellen, was in unserem Erfahrungsbericht ausführlich gebracht wird. Wir glauben aber sagen zu dürfen, dass die Förderung der Studie-

48 Ebd. 35
49 W. Kröning; K.-D. Müller: *Nachkriegssemester*, Stuttgart 1990, 203 ff.

renden erheblich werden könnte, weil alle diese Faktoren zusammenwirken; ein „bloßes Wohnen“ vertut beachtliche Möglichkeiten.[50]

Diese Aufgabe der Sinngebung sprachen die Kollegienhaus-Enthusiasten den Universitäten zu. Waren an den einzelnen Universitäten jeweils eine ganze Reihe von Professoren aus unterschiedlichen Motivlagen mit den jeweiligen Projekten befasst, lag die Hauptlast der Organisation der einzelnen Kollegienhäuser doch meist bei jüngeren Dozenten. Diese zum Teil noch nicht auf Ordinariate berufenen Wissenschaftler formierten sich Anfang der 1950er Jahre zu einem anfangs informellen Arbeitskreis, der sich explizit der Förderung der Kollegienhausidee verschrieben hatte. Auf Arbeitstagungen trafen sich regelmäßig, um die Erfahrungen ihrer Kollegienhäuser auszutauschen. So fand im Oktober 1950 im Tübinger Leibnitz-Kolleg ein „Kongress für Fragen des Studentischen Gemeinschaftslebens und des Studium generale“ statt.

3. STUDIUM GENERALE NACH DEM BLAUEN GUTACHTEN VON 1948

Die geistige Neuausrichtung der Universitäten wurde in den Nachkriegsjahren auf zahlreichen Tagungen verhandelt. Diese Konferenzen waren Anfangs von den Amerikanern veranstaltet und inhaltlich angeregt worden, später dann aber zunehmend von den Universitätsgremien und anderen hochschulpolitisch aktiven Institutionen der deutschen Seite. Unter dem Stichwort *Studium generale* wurden die unterschiedlichsten Konzepte besprochen, mit denen durch Allgemeinbildung der Studenten ein Erziehungsauftrag zum mündigen Gesellschaftsakteur gefördert werden könnte. Ulrich Papenkort hat in seiner Untersuchung des „hochschulpädagogischen Schlagwortes“ von 1993 gezeigt, dass der Begriff „Studium generale“ erst im Zeitraum zwischen Herbst 1947 und Herbst 1948 sich als fester Begriff in der Hochschulreformdiskussion der Nachkriegszeit etablierte.[51] Zwei verschiedene Seiten hatten dabei die Bezeichnung in ganz unterschiedlichem Sinne eingebracht. Zum einen wurde der Begriff im Sinne einer Einheit der Wissen-

50 UAT 206/2, N.N. (Walter Killy) an Bibliotheksdirektor W. Hoffmann, Universitätsbibliothek Tübingen: Bemerkung zum Thema „Studentische Wohnheime“, Tübingen, 25.5.1950.

51 Papenkort wies darauf hin, dass die ideengeschichtliche Historie des Begriffes bis zu den Universitätskonzeptionen Schellings (1802), Fichtes (1807), Schleiermachers (1808), Steffens (1808/9) und Wilhelm von Humboldts (1810) zurückreicht. Der „Studium generale“-Begriff der Einheit der Wissenschaft und der Bildung durch diese Wissenschaft ist laut Papenkort wortgeschichtlich mindestens bis zur ersten nennenswerten, zwischen 1802 und 1805 geschriebenen, Universitätsgeschichte zurückzuverfolgen. Schon dort wurde dem Wort „Studium generale“ eine „curriculare“ statt einer „räumlich-geographischen“ Interpretation gegeben. Obwohl sich dieser Begriff in Verbindung mit dem Ausdruck „Studium generale“ in Fachkreisen spätestens seit Denifles Korrektur von 1885 erübrigt habe, sei er untergründig lebendig geblieben. Papenkort: *Studium generale*, 76. Vgl. R. Stichweh: *Der frühmoderne Staat und die europäische Universität*, Frankfurt 1991. 19 f. H. Denifle: *Die Entstehung der Universitäten des Mittelalters bis 1400*, Berlin, 1885.

schaften verwendet, zum anderem als ein um Anteile der Allgemeinbildung verbreitertes Studiencurriculum.

Das Studium generale als Einheit der Wissenschaften folgte dabei den Traditionslinien eines „idealistischen Konservatismus".[52] Die seit Oktober 1947 in Heidelberg im Kreis um Karl Jaspers erschienene Zeitschrift mit dem Namen *Studium Generale* stand „für die Einheit der Wissenschaften im Zusammenhang ihrer Begriffsbildung und Forschungsmethoden". Dieser von den Heidelbergern geäußerte Anspruch an die Wissenschaft stand im Zusammenhang mit Überlegung zu einer ideellen Reform einer „unpolitisch gefassten Forschung". Dieser von Papenkort als Fehlinterpretation ausgewiesene Ausdruck „Studium generale" bezog sich auf die „Sachidee" der modernen, neuhumanistischen Universität. Diese hatte Wilhelm von Humboldt mit „Universalität" (Mannigfaltigkeit) und „Totalität" (Einheit) der an einer Universität vertretenen Wissenschaften bzw. Fakultäten bezeichnet. Im Zentrum des Faches selbst sollte in philosophierender Weise der Anschluss an andere Einzelwissenschaften erarbeitet werden. Zur Lösung des Problems der Zersplitterung des Wissens in den Lehrveranstaltungen des regulären Fachstudiums genügte sich die Wissenschaft also und bedurfte keiner zusätzlichen Anstrengungen. Das 1948 erschiene *Blaue Gutachten* des Hamburger Studienausschuss für Hochschulreform verwendet den Begriff des „Studium generale" hingegen eher in einer „positivistisch-demokratischen", „am status quo einer gegenwärtigen Industriegesellschaft orientierten Linie".[53] Die Forderung eines Studium generale als einer Verbreitung und Vertiefung der allgemeinen Bildung wird in dem Gutachten an zwei Stellen genannt: im Abschnitt über die Idee der Universität und in dem Abschnitt über die Studentenschaft. Keiner geläufigen Interpretationslinie folgend, rehabilitierte der Begriff laut Papenkort „gegenüber der Forschung die Lehre, gegenüber der Bildung die Erziehung, gegenüber den Gelehrten den Menschen."[54] Im Gegensatz zu dem „fachstudienintegrierten" Modell bevorzugte das Gutachten pädagogische Bemühungen, welche über den Rahmen des üblichen Fachstudiums hinausgehen sollten. „Fachstudienbegleitende" zusätzlichen Veranstaltungen sollten die Mängel des reinen Fachstudiums ausgleichen.[55] Die dritte zwischen den beiden gegenläufigen Richtungen stehenden Konzeption hatte sich in den Überlegungen der 1946 in Tübingen gegründeten Zeitschrift *Universitas* gezeigt: Gemeinschaft der Lehrenden und Lernenden verschiedener Nationen der mittelalterlichen Universität als „Sozialidee". In Tü-

52 Vgl. W. Rüegg: *Humanismus, Studium Generale und Studia Humanitatis in Deutschland*, Genf/Darmstadt 1954, 28–36.

53 Papenkort: *Studium generale*, 74 ff. Vgl. Rüegg: *Humanismus*, 36–39.

54 Papenkort beschrieb die Neuschaffung des Begriffes durch den Studienausschuss. Er verwendete „Studium generale" weder im falschen noch im richtig interpretierten mittelalterlichen, aber auch nicht im neuhumanistischen Sinne. Die Neudefinition prägte die Bedeutung des Wortes „Studium generale", die in Deutschland in Folge maßgeblich werden sollte. Papenkort: *Studium generale*, 76. Vgl. J. Fischer: „Vom Studium generale nach 1945. Ein Rückblick im Jahre 1992", in: *Perspektiven* 8/30–31/1992, 14–18.

55 Papenkort: *Studium generale*, 76. Vgl. B. Hildebrand: „Studium generale", in: D. Lenzen (Hg.): *Pädagogische Grundbegriffe*, Reinbeck 1989, 1474 f.

bingen wurde der alte Gemeinschaftsgedanke der *universitas magistrorum et studentium* gegen die humanistische Ableitung des Universitätsbegriffs aus der *universitas litterarum* gestellt.[56] Den Gegensatz der beiden erstgenannten Bezeichnungen des Studium generale benannte Papenkort als die gegensätzlichen Vorstellungen einer „Hochschulreform als Forschungsreform" gegenüber einer „Studienreform". Die implizierte laut Papenkort, dass, „je nachdem, welcher der beiden Aspekte im Vordergrund steht, wird der jeweils andere als Intakt erachtet." Die Gemeinsamkeit der unterschiedlichen Studium generale-Konzeptionen lag in der aus der Diagnose des universitären Notstandes heraus entwickelten Idee eines fachübergreifenden Studienangebotes.[57] 1955 hatte der Erziehungswissenschaftler Klaus Schaller die Debatte zeitgenössisch formuliert: Wenn auch die Konzeptionen

> hinsichtlich der Fassung des Problems und der vorgeschlagenen Lösungswege voneinander abweichen, so scheinen sie sich doch einig zu sein in der Situation der heutigen Wissenschaft, in der Form des neuzeitlichen Wissens: der Einzelwissenschaft, im Fach. Man glaubt an ein einigendes Band, das die Vielzahl der modernen Wissenschaften umschließen und im rechten Zusammenhange erhalten sollte. Statt dessen sieht man den Kreis der Wissenschaften zerfallen, rücksichtslos huldigt eine jede ihrer speziellen Methoden und diese Dissonanz teilt sich unmittelbar dem menschlichen leben und dessen Verhältnissen mit. Nicht nur auf der Universität – auf allen Bildungsstätten, von der Volksschule angefangen, wendet man sich gegen das gleiche „Übel": die fachliche Dissonanz allen Gehaltes menschlicher Bildung.[58]

Die auf den Hochschulkonferenzen seit 1946 geführte Diskussion über das Studium generale kreiste also um diese zwei gegensätzlichen Konzepte sowie der dritten, dazwischen liegenden Gemeinschaftsidee. Es ist zu vermuten, dass die Uneinheitlichkeit des Begriffes den Akteuren bei den Bildungskonferenzen weniger bewusst war, als wenn sie in ihn in ihren schriftlichen Ausarbeitungen verwendeten. Bei den 1946 erstmals vom amerikanischen Universitätsoffizier Edward Y. Hartshorne initiierten Marburger Hochschulgesprächen sollte Gelegenheit für eine Aussprache im größeren Kreis gegeben werden.[59] In den drei Resolutionen der Gespräche 1946 ließ sich die Stoßrichtung der Überlegungen ablesen: 1.) Akademische Freiheit und politische Verantwortung der Wissenschaften wurden definiert; 2.) die Bedeutung der humanistischen Tradition unterstrichen; und 3.) die Anbahnung wissenschaftlicher Beziehungen mit dem Ausland erhofft.[60]

Die Selbstständigkeit der Hochschule sowie die Aufgabe des Staates in der Volkserziehung waren die beiden beherrschenden Themen der Marburger Hochschulgespräche zwei Jahre später, 1949, unter dem Titel „Verhältnis von Staat und

56 Schelsky: *Einsamkeit und Freiheit*, 66. Vgl. H. Luther: *Hochschule und Bildung*, Hamburg 1979, 30.

57 Papenkort: *Studium generale*, 75.

58 K. Schaller: *Zur Grundlegung der Einzelwissenschaften bei Comenius und Fichte*, Köln 1955, 5. Zitiert nach Papenkort: *Studium generale*, 75.

59 Überblick über die Marburger Hochschulgespräche 1946–1949: *Marburger Hochschulgespräche, 12.-15.6.1946*, Frankfurt 1947. Vgl. Hammerstein: *Die Johann-Wolfgang-Goethe-Universität, Teil 1*, 672 ff. Rüegg, *Marburger Hochschulgespräche.*

60 Ebd. 672 ff.

Kultur". Wilhelm Flitner hielt das Hauptreferat über „Staat und Volkserziehung". Mit Bezugnahme auf die Pädagogik Schleiermachers betonte er das dialektische Verhältnis der Beziehung zwischen Staat und Volkerziehung. Die Rolle der Hochschule zeige sich für Flitner dabei nicht eindeutig. Die Rolle der Hochschulen zwischen Selbstständigkeit und der leitenden Hand des Staates müsse von Fall zu Fall entschieden werden. Der in Frankfurt Politikwissenschaft lehrende Ludwig Bergsträsser forderte noch klarer den „Beitrag der Hochschule zur staatsbürgerlichen Erziehung". Er wies auf die Gefahren politischer Unkenntnis hin, die leicht zum politischen Illusionismus führen könne und deshalb entsprechende Erziehungsmaßnahmen forderten.[61] Der Dresdner Erziehungswissenschaftler Karl Trinks unterlegte diese Forderungen mit Ausführungen über die pädagogischen Motive der Hochschulen des Mittelalters.[62] Die unverbindlichen Aussprachen und Positionsfindungen der Marburger Gespräche in den ersten Nachkriegsjahren 1946 bis 1949 schienen eine staatsbürgerliche Erziehung als Auftrag der Universitäten im überwiegenden Maße zu befürworten. Mit der Frage, auf welchem Wege diese staatsbürgerliche Erziehung geschehen sollte, setzten sich seit 1948 mehrere eigens zusammengesetzte Ausschüsse auseinander. Diese waren meist ohne Mandat von Kultusministerien oder Universitäten von interessierten Stellen der Alliierten oder bildungspolitischen deutschen Akteuren initiiert worden.

Zentrale Referenz für die weitere Debatte wurde das *Blaue Gutachten.*[63] Der vom Direktor der britischen *Education Branch* Robert Birley angeregte und 1948 vom Militärgouverneur der britischen Besatzungszone berufene Hamburger *Studienausschuß für Hochschulreform* sollte die neue Stellung der deutschen Hochschulen in Staat und Gesellschaft beschreiben.[64] Da der Ausschuss in seiner Zusammensetzung mit Bedacht viele Gesellschaftliche Gruppen berücksichtigte, konnte der schon lange in Oxford mit Fragen der Universitätserziehung befasste Vorsitzende Lord Alexander Dunlop Lindsay of Birker ein besonderes Gewicht entfalten.[65] Als Vertreter von Fachrichtungen und deutscher Institutionen wirkten mit der Aachner Architekturprofessor Otto Gruber, der Göttinger Physiker Carl Friedrich von Weizsäcker, der Kölner Gewerkschaftler Franz Theunert und als Vertreter der Kirchen der als NS-Gegner profilierte Düsseldorfer Pastor Wilhelm Joachim Beckmann sowie der Kölner Prälat Robert Grosche. Neben den Theologen hatten außer Lindsay sich nur der Schweizer Historiker Jean Rudolf von Salis

61 Marburger Hochschulgespräche 1949, *Frankfurter Rundschau*, 10.10.1949.

62 Zu Karl Trinks: Technische Universität Dresden, Institut für Grundlagen der Berufspädagogik (Hg.): *In memoriam Richard Seyfert, Karl Trinks, Hugo Dähne*, Dresden 1992.

63 Studienausschuß für Hochschulreform: *Gutachten zur Hochschulreform*, Hamburg 1948. Abgedruckt als: „Gutachten zur Hochschulreform vom Studienausschuß für Hochschulreform (‚Blaues Gutachten'), 1948", in Neuhaus (Hg.): *Dokumente zur Hochschulreform 1945–1961*, 289–368.

64 D. Phillips: „Britische Initiative zur Hochschulreform in Deutschland: Zur Vorgeschichte und Entstehung des ‚Gutachtens zur Hochschulreform' von 1948", in: Heinemann (Hg.): *Umerziehung und Wiederaufbau*, 172–189. Robert Birley war der Direktor des Eton College.

65 Vgl. D. Phillips: "Lindsay and the German Universities: an Oxford contribution to the post-war reform debate", in: *Oxford Review of Education* 6/1980, 91–105.

sowie der Hamburger Altphilologe Bruno Snell ausdrücklich mit geisteswissenschaftlich-kulturpolitischen Fragen befasst. Mit pädagogischen Fragen hatten sich schon eher die Vertreter der Ministerien befasst: Die Regierungsdirektorin im niedersächsischen Kultusministerium Katharina Petersen war in den 1920er Jahren Professorin an der Pädagogischen Hochschule Kiel gewesen, als Referent für Lehrerbildung war der Pädagoge Friedrich Drenckhahn von der Kieler Landesregierung entsandt worden.[66] Statt grundlegender Strukturreformen im Vergleich zur Weimarer Zeit plädierte der Studienausschuss in seinem Abschlussbericht für eine ständige Reform der Universitäten von innen. Zahlreiche Empfehlungen wie die Einführung von Studiendozenten als nicht forschenden Lehrkörper sowie die Errichtung von Hochschulräten mit Vertretern der Zivilgesellschaft als eine Art Aufsichtsrat der Universität gingen über die traditionelle Universitätsstruktur heraus. In den beiden Vorschlägen, die bei den deutschen Hochschulpolitikern zu heftigen Reaktionen führten, ließ sich die Handschrift des angelsächsischen Bildungspolitikers Lindsay erkennen.

Zwei Absätze des *Blauen Gutachtens* befassten sich insbesondere mit einem erzieherischen Auftrag der Universität. Zum einen wurde in Kapitel 5 dringend das Studium generale empfohlen, zum anderen wurde bezüglich der Studentenschaft in Kapitel 4 ein Gemeinschaftsleben empfohlen, welches bei den Studierenden das Verhalten als gesellschaftlich verantwortliche Akteure fördern sollte. Die beiden Absätze zeigten eher die Handschrift der deutschen Mitglieder der Kommission, da sie die spezifisch deutsche Nachkriegsdebatte wiederspiegelten. Die Forderung nach einer „allgemeinen Bildung oder, genauer gesagt, die sorgfältige und intensivere Pflege des Studiums der Grundwissenschaften" wurde mit der Frage eingeführt, „zu welchen Zwecken die Hochschule ihre Studenten ausbilden soll, und mit der anderen Frage, wozu die heutige Gesellschaft Hochschulen braucht." Die Aufgabe, die Umwelt zu verstehen, könne nur durch die Vermittlung einer allgemeinen Bildung gelöst werden. Jeder müsse in der Lage sein, die gesellschaftliche Welt, in der er lebt, verstehen zu können. Das Gutachten konkretisierte diese Forderung in der Trias aus „sozialem Bewusstsein", „staatsbürgerlichem und politischem Bewusstsein" und „psychologischem Bewusstsein für die Mitmenschen". Bei den Empfehlungen zeigt sich dann der Bildungskanon, der in der deutschen Studium generale-Debatte schon eher als Forderung gestellt wurde. Nicht nur „Grundgebiete wie Philosophie, Soziologie, Geschichte, Volkswirtschaft und Psychologie" gehörten zu diesem Bildungskanon. Es sei „außerdem eine vornehme Pflicht der akademisch gebildeten Menschen, sich in besonderem Maße für die Gestaltung unserer Übergangszeit und die Wahrung und Verbreitung der unveräußerlichen Güter der abendländischen Kultur verantwortlich zu fühlen." Um aus den jungen Akademikern „wahrhaft gebildete und staatsbürgerlich denkende Menschen zu machen", sei es nötig, ihnen auch „die sittlichen und im letz-

66 Zur Zusammensetzung des Ausschusses: H.-J. Rupieper: *Die Wurzeln der westdeutschen Nachkriegsdemokratie*, Darmstadt 1993, 138. Vgl. U. Gerhardt: „Die Wiederanfänge der Soziologie nach 1945 und die Besatzungsherrschaft", in: B. Franke; K. Hammerich (Hg.): *Soziologie an deutschen Universitäten*, Wiesbaden 2006, 31–114, 60 ff.

ten Grunde religiösen Fundamente des gesellschaftlichen Zusammenleben zum Bewusstsein zu bringen." Ohne tiefe ethische Bindung drohe „alles Menschenwerk und der Fortschritt der Wissenschaft in einer Hybris zu enden und der Selbstvernichtung preisgegeben zu sein."[67] So folgten die Empfehlungen letztendlich einem aus der Tradition des deutschen humanistischen Gymnasiums stammenden Bildungskanons: „Die Grundwissenschaften humanistisch-philosophischer und sozialwissenschaftlich-historischer Richtung" sollten sowohl unter dem Gesichtspunkt der „Einheit der Wissenschaft und der Einheit der Bildung als auch unter dem Gesichtspunkt des sozialen Bewusstseins und des staatsbürgerlichen Bewusstseins für Hörer aller Fakultäten vorgetragen werden." Dem staatsbürgerlichen Unterricht sei besondere Aufmerksamkeit zu schenken. Er solle im Sinne der Erziehung der akademischen Jugend zu kritischem Denken und zur selbständigen Urteilsfähigkeit durchgeführt werden. Tatsächlich wird im Rahmen dieser Empfehlungen auch erstmals „auf freiwilliger Basis" ein ausschließlich der Allgemeinbildung gewidmetes erstes Studienjahr in einem Wohnheim empfohlen.[68]

Im *Blauen Gutachten* wurde die letzte Empfehlung aber noch nicht gemeinsam mit den Überlegungen im Kapitel 4 über die Studentenschaft genannt. Obwohl der geringe Anteil von Studierenden aus der Arbeiterklasse angesprochen wurde, empfahl das Gutachten auf jeden Fall an dem hohen Standard des Abiturs festzuhalten: „Gerade die Strenge der geistigen Arbeit und die Höhe der wissenschaftlichen Forderung hat der deutschen Universität in ihrer Blütezeit jenes Ansehen in der Welt gesichert, das sie voll und ganz wiedergewinnen muss."[69] Wie der Glauben an den hohen Standard des Abiturs, folgte das Gutachten bezüglich des Soziallebens der Studenten auch der spezifisch deutschen Universitätstradition, in der es „den deutschen Studenten immer wieder drängen [werde], mit gleichgesinnten Kommilitonen ein Gemeinschaftsleben im kleinen Kreis aufzubauen und zu pflegen." Die studentische Lebensgemeinschaften in der Zeit der Weimarer Republik hatten sich aus vier unterschiedlichen Quellen zurückgeführt, die das Gutachten aufzählte: „die ständische Tradition der Corps, die burschenschaftliche Bewegung und die christlichen Erneuerungsbewegungen des 19. Jahrhunderts und die Jugendbewegung der ersten Jahrzehnte des 20. Jahrhunderts." In jeder dieser Formen habe sich ein wesentliches Stück studentischer Erziehung abgespielt. Diese Erziehung bestand stets in der des Jüngeren durch den Älteren. Ob ein Anknüpfen an diese Traditionen sinnvoll sei, wollte der Studienausschuss in Frage stellen, da diese Traditionen teilweise „zu unzeitgemäßen Formen sozialer Exklusivität erstarrt" waren, zum Teil einfach „ihre prägende Kraft verloren" hätten. Obwohl das Gutachten beteuerte, die „Notwendigkeit, neue, angemessene Formen der Lebensgemeinschaft zu entwickeln", nicht „von Oben" lenken zu können, gingen die folgenden Empfehlungen als Eingriff in das studentische Leben recht weit. Die für die Hochschule Verantwortlichen dürften „nicht untätig

67 Studienausschuß für Hochschulreform: *Gutachten zur Hochschulreform*, 77 f.

68 Ebd. 83 f.

69 Ebd. 65 ff.

auf dieses Wachstum warten, […] da, wie bei jeder menschlichen Einrichtung, die Möglichkeit besteht, dass es ungesunde Wege einschlägt." Nicht durch Verbote, sondern durch sinnvollere Alternativen sollten hier die Universitäten tätig werden. Kriterium für eine gesunde Entwicklung einer studentischen Gemeinschaft sollte sein, „ob sie der großen Lebensgemeinschaft der Hochschule fremd oder mitverantwortlich gegenübersteht." Um diese Entwicklung positiv zu fördern sollten die Universitäten durch eigene Räume oder Häuser und insbesondere auch Wohnheime die studentischen Bedürfnisse nach Gemeinschaftsleben unterstützen. So sollten sich die Universitäten bemühen, ehemalige Korporationshäuser im Einvernehmen mit den Eigentümern für das studentische Gemeinschaftsleben zurückzugewinnen. Dabei schienen sich alle Überlegungen vor allem auf die männlichen Studenten zu erstrecken, während sich das Gutachten bezüglich der Studentinnen sich nicht festlegen wollte: „Wie die Studentinnen ihr Gemeinschaftsleben gestalten, ob in Sondergruppen oder mit den Studenten zusammen, muss ihnen selbst überlassen bleiben." „Gesunde Ansätze" wollte der Ausschuss „in beiden Richtungen" sehen.[70] Die Empfehlungen bezüglich der Studentenschaft folgten durchaus pädagogischen Überlegungen. Die Verantwortung der Studierenden sollte durch die Mitarbeit in der Selbstverwaltung der Hochschule und des Studentenwerkes geweckt und gestärkt werden. Es sollte ein Studentenhaus an jeder Universität errichtet werden, in welchem für alle Zwecke der Studentenschaft Raum geboten sein soll. Die Teilnahme von Dozenten am Leben in diesem Haus wäre ein adäquates Mittel, um das Bewusstsein der Zusammengehörigkeit von Lehrern und Schülern wachzuhalten. Die Freiheit der Studierenden, sich in einzelnen Gruppen, Korporationen und Vereinen zusammenzuschließen, sollte aber nicht beschnitten werden. Von den Gruppen solle gefordert werden, dass sie sich „nicht voneinander abschließen, sondern miteinander als Glieder verantwortlich in das Ganze einfügen." Wesentliche Voraussetzung für die Entwicklung eines echten Gemeinschaftslebens in diesen Gruppen, Korporationen und Vereinen schien nun die Schaffung von Räumen oder Häusern, insbesondere in Wohnheimen.[71] In zwei getrennten Kapiteln des Gutachtens waren also weitgehende Empfehlungen für einen über die akademische Ausbildung hinausgehenden Erziehungsauftrag gemacht worden.

Am 13. Januar 1949 tagten in Hamburg die westdeutschen Kultusminister gemeinsam mit den Rektoren der Hochschulen. Bei dieser Gelegenheit fand die erste Aussprache über die Vorschläge des Gutachtens in großer Runde der verantwortlichen Akteure statt. Als Mitglied des Studienausschusses für Hochschulreform referierte Carl Friedrich von Weizsäcker zu den Reformvorschlägen des Lehrbetriebs und der Prüfungen. In der folgenden umfangreichen Diskussion zeigte sich eine mehrheitliche Ablehnung der Vorschläge zur Einführung einer neuen Kategorie von Hochschullehrern durch die nicht forschungsorientierten Studiendozenten.[72] Die Vorschläge des Gutachtens zu einem Studium generale wurden

70 Ebd. 73 f.

71 Ebd. 76.

72 HHStAW, 504/65, Tagung der Kultusminister mit den Rektoren, Hamburg, 13.1.1949, 5–11.

hingegen weithin positiv wahrgenommen. Als Mitglied des Studienausschusses für Hochschulreform hatte Prälat Robert Grosche das Einführungsreferat gehalten. Grosche ging dabei von dem Konsens aus, dass die Universität weitgehend zu einem Bündel von Fachschulen geworden sei. Er erinnerte daran, dass die Universitäten im 19. Jahrhundert es nicht vermocht hätten, die technischen Wissenschaften in ihr Gesamtbild einzugliedern, ebenso wenig die Wirtschaftswissenschaften. Andererseits verlangte die exakte Einzelforschung einen hohen Grad an Spezialistentum. Den Zusammenhang der gegenwärtigen Zersplitterung von Forschung und Lehre müsse der Student in einem Ausschnitt seiner Fakultät und seines Studiums erfahren: „So wie in einer Monade sich das Ganze spiegele, so müsse dieser Ausschnitt ein Stück des Ganzen sein." Grosche betonte, dass der Student durch die Erfahrung dieser „Wirklichkeit der abendländischen Welt [...] die Gesamtheit des geistigen Europa hineinwachsen" könne. Der Student müsse sich später nicht nur in seinem Beruf zurechtfinden, sondern er müsse „als Absolvent der Universität, wenn auch in bescheidener Form, Mitträger des abendländischen Geistes sein." Das Studium generale war laut Grosche gedacht „als akademische Einführung in der Grundlagen der Einzelwissenschaften und in die Gesamtwirklichkeit der geistigen Welt im Sinne Diltheys."[73] Darum gehöre es auch nicht an die höhere Schule, sondern an die Universität. In den ersten Semestern sollten sich Studenten umsehen und überlegen können, welches eigentliche Fachstudium für ihn in Frage komme. Das „Experimentierfeld" der Ausgestaltung des Studium generale wollte die Studienkommission dabei den einzelnen Universitäten überlassen.[74]

Die an das Referat Grosches anschließende Diskussion auf der Tagung wurde von Adolf Grimme geleitet. Übereinstimmung schien darüber zu herrschen, dass ein Studium generale eingeführt werden müsse. Bezüglich der Durchführung gab es unterschiedlichste Vorstellungen. Die Frage nach dem Inhalt des Studium generale wurde von dem Rektor der TH München Hans Piloty aufgeworfen. Er stellte in Frage, dass es „eine Grundwissenschaft für alle Fächer" geben könne. Wenn man nur an humanistisch-Philosophische und historisch-sozialwissenschaftliche Studien denke, sei der Begriff Studium generale zu eng gefasst. Piloty warb dafür, in das allgemeinbildende Studium die auf Ausbildung des logischen Denkens abzielenden Wissensgebiete aufzunehmen. Da die technischen Fächer aber keine Einschränkung des bisher achtsemestrigen Fachstudiums zuließen, müssten diese zusätzlichen Angebote zu einer Verlängerung des Studiums führen. Der rheinland-pfälzische Ministerialdirektor Hans Becker forderte eine gründliche philosophische Durchdringung allen Fachunterrichts, der nur so dazu führe, „dass wirklich Menschen gebildet würden, die nicht an ihrem Spezialistentum zerbrechen, sondern die mit dem Leben fertig würden." Der Frankfurter Rektor Franz Böhm fasste die beiden Möglichkeiten eines solchen ergänzenden Lehrangebotes zusammen: Die eine sei „ein in die Breite gehendes Durchschweifen der Welt, eine

73 Vgl. T. Bube: *Zwischen Kultur- und Sozialphilosophie*, Würzburg 2007, 13 ff.

74 HHStAW, 504/65, Tagung der Kultusminister mit den Rektoren, Hamburg, 13.1.1949, 12–18.

Kostprobe von allem, eine Art elegantes Allerweltswissen und, überspitzt ausgedrückt, eine verfeinerte Kreuzworträtselbildung". Die andere sei „ein vertiefter Einblick in eine durch die Ergebnisse der Wissenschaft der letzten 200 Jahre unendlich kompliziert gewordene Welt, ein Einblick in die Einheit der Wissenschaften, in die Einheit des Kosmos."[75]

Die Meinungsverschiedenheiten bei der Aussprache drehten sich nur noch um den geeigneten Zeitpunkt für allgemeinbildende Zusatzvorlesungen eines Studium generale. Der Münchner Rektor Walther Gerlach sprach sich für eine „geistig-formale Schulung" in einem zweisemestrigen Vorstudium an der Universität anstelle des 13. Gymnasialschuljahres aus. Dagegen hatte Hans Becker sich schon ausgesprochen, da gerade das 13. Schuljahr erst die Voraussetzung dafür schaffe, dass die jungen Menschen für den Universitätsbesuch reif seien.[76] Der Clausthaler Rektor Günter Wassermann warb für ein Studium generale neben dem Fachstudium, etwa an einem Tag in der Woche abzuhalten. Gustav Mesmer, Rektor der TH Darmstadt, wollte das Studium generale zeitlich mit dem Fachstudium verschränken oder es ihm ganz nachfolgen lassen. Erst das Fachwissen mache den jungen Menschen reif, den allgemeinen Fragen näherzutreten. Der Bonner Philosoph und Pädagoge Theodor Litt stimmte dieser Forderung zu, da ein Studienanfänger „die Verbindung zwischen Fachwissenschaft und Leben" noch gar nicht ziehen könne. Habe er dagegen einen Weg zur Wissenschaft gefunden, dann sei die Verbindung mit einem fachspezifischen Studium generale viel fruchtbarer. Einzig der Vorsitzende des westdeutschen Studentenrates, der Hamburger Student Vollberg, äußerte sich bei der Sitzung grundsätzlich skeptisch gegen die Überlegungen, die alle auf eine Verlängerung der Studienzeit hinausliefen: Für die Studenten sei das Studium generale in erster Linie ein finanzielles Problem, da sie in der Mehrheit darauf angewiesen seien, sich während der Studienzeit das Geld für das Studium selber zu verdienen. Da der der Brotstudent einen der Allgemeinbildung dienenden *dies academicus* wohl eher ausfallen lassen würde, sei ein Studium generale nur als Einführung in die Studienrichtung zu Beginn des Studiums vorzustellen.[77]

Was der Studienausschuss für Hochschulreform in seinem Gutachten als Studium generale empfahl, war ohne das ausdrückliche Etikett schon seit der unmittelbaren Nachkriegszeit praktiziert worden. In der 1946 neu eröffneten und programmatisch, den Bildungsgedanken beanspruchend, „Technische Universität" umbenannten Technischen Hochschule Berlin war zum Wintersemester 1948/49 eine Studienordnung in Kraft getreten, die seit 1945 vorbereitet worden war. Das Studium wurde von acht auf zehn Semester verlängerte und sah die ersten zwei Semester für ein allen Studierenden gleiches und obligatorisches Programm aus natur-, geistes- und sozialwissenschaftlichen Veranstaltungen vor. Ab 1950 wur-

75 Ebd. 12–18.

76 Zur Gewichtung der Reifeprüfung: R. Bölling: *Kleine Geschichte des Abiturs*, Paderborn 2010, 95 ff. Vgl. H.-E. Tenorth: *Hochschulzugang und gymnasiale Oberstufe in der Bildungspolitik von 1945–1973*, Bad Heilbrunn 1975, 55 ff.

77 HHStAW, 504/65, Tagung der Kultusminister mit den Rektoren, Hamburg, 13.1.1949, 12–18.

den diese Veranstaltungen von der neu gegründeten „Humanistischen Fakultät" angeboten. In seiner Darstellung der TU-Geschichte betonte Rürup, dass es sich bei dem Berliner Programm „um das erste rein sachliche, d.h. ohne den Gemeinschaftsgedanken konzipierte Studium generale im Sinne des Blauen Gutachtens" handelte. Es entsprach in etwa den Vorstellungen des Studienausschusses, wenn es auch „in seinem Umfang und in seinem obligatorischen, mit Prüfungen verbundenen Charakter weit über das in den deutschen Universitäten in der Nachkriegszeit eingeführte Studium generale hinausging."[78] Zum Zeitpunkt der Hamburger Tagung der Kultusminister und Rektoren 1949 hatte sich an vielen Universitäten bereits ein Studium generale im Sinne allgemeinbildender Vorlesungen etabliert. Die ersten dieser Programme, die die Bezeichnung des Studienausschusses übernommen hatten, waren an den Universitäten Freiburg im Wintersemester 1949/50 auf studentischer und 1950/51 auf universitärer Seite und Mainz (Sommersemester 1950), entstanden. An beiden Universitäten war nun eine selbständige zentrale Universitätseinrichtungen mit dem Namen *Studium generale* für die Organisation zuständig. Letztendlich bestanden diese Programme aber vor allem aus Vorlesungen.[79] In Freiburg war der erste Versuch eines propädeutischen Kurses für Abiturienten nur aufgrund der mangelnden finanziellen Mittel wieder fallen gelassen worden. Tellenbach hatte schon in Hamburg im Januar 1949 berichtet, dass jeder Student der ersten beiden Semester zum Hören von zwei Vorlesungen oder dem Belegen zweier Übungen verpflichtet sei.[80] Ebenso hatte der Mainzer Prorektor Walter Schätzel von seinen Erfahrungen mit der Einführung eines Studium generale seit dem 1. Oktober 1948 berichtet. In der mit wesentlicher Hilfe der französischen Besatzungsmacht neu errichteten Universität Mainz war das Studium generale auch propädeutisch eingeführt worden, als ein Ersatz für die Lücken in der Ausbildung der Abiturienten. Der Überblick über die Fächer würde grundsätzlich nur von Professoren gegeben, die verpflichtenden Fremdsprachen durch Studienräte vermittelt. Dieses Mainzer Studium generale sei keine Vorbereitung auf das Fachstudium, wie Schätzel betonte: Man gönne den Studenten die damit verbundene Zeitersparnis nicht, da sie sich während dieser Zeit ganz der Ausweitung ihrer allgemeinen Bildung widmen sollten. So schön der Gedanke sei, das allgemeine Wissen am Schluss der Studiums aufzufrischen, so habe sich doch gezeigt, dass die Studenten dann zu den Repetitoren laufen, um sich für das Examen vorzubereiten. Die jungen Studenten seien von der akademischen Freiheit, die diese Form der Einführung ihnen bringe, begeistert, und die Kollegs gut be-

78 R. Rürup: „Die Technische Universität Berlin 1879–1979: Grundzüge und Probleme ihrer Geschichte", in: Ders. (Hg.): *Wissenschaft und Gesellschaft*, Berlin et al. 1979, 33.

79 Papenkort: *Studium generale*, 83.

80 HHStAW, 504/65, Ständige Konferenz der westdeutschen Kultusminister: Tagung der Kultusminister mit den Rektoren der Hochschulen, Hamburg, 13.1.1949, 12–18. Tellenbach hatte auf die initiierende Rolle der Studenten in Freiburg hingewiesen. Vgl. G. Tellenbach: „Bericht über die Bedeutung und Möglichkeit eines ‚Studium Generale' (1951)", in: Ders. (Hg.): *Der sibyllinische Preis*, Freiburg 1963, 63f.

sucht.[81] Die Hochschule für Wirtschafts- und Sozialwissenschaften Nürnberg hatte in verpflichtenden Veranstaltungen von den Studenten eine „Einführung in das philosophische Denken der Gegenwart und seiner Grundlagen, eine Einführung in die Wirtschaftswissenschaften auf gesellschaftlich-wirtschaftlicher Grundlage sowie eine Einführung in die Kultur- und Sozialgeschichte gegeben und die Vertiefung der Fremdsprachenkenntnisse" verlangt und damit einer Verlängerung des Studiums.[82]

Mit dem gleichen Ziel einer staatsbürgerlichen Erziehung fanden parallel auch andere Entwicklungen statt, die an dieser Stelle nur angerissen werden können. Mit Ermutigung und tatkräftiger Hilfe der Amerikaner durch Finanzierung und Personal hatte die Einführung eines Faches Politikwissenschaft an den Universitäten zunehmend befürworten gewinnen können. Politiker und Hochschulplaner hatten bei einer Tagung in Schloss Wald-Leiningen im September 1949 mit überwiegender Mehrheit eine Resolution beschlossen, welche die Einbeziehung der politischen Wissenschaften in den Studienplan der Hochschulen als unerlässlich und dringend bezeichnete. Es wurde vorgeschlagen, Lehrstühle der „politischen Wissenschaften", der „politischen Soziologie" und der „vergleichenden Staatenkunde" zu errichten. Solche Vorlesungen sollten zum Studienplan aller Studenten gehören und dabei durchaus auch zum Gegenstand von Prüfungen gemacht werden können. Die Besetzung der zwölfköpfigen Kommission zur Verwirklichung der Vorschläge unterstrich das Gewicht. Neben dem hessischen Kultusminister Erwin Stein und dem Berliner Stadtverordnetenvorsteher Otto Suhr wirkten Alfred Weber, Karl Geiler und Carl Friedrich von Weizsäcker in der Kommission mit. So hatte die Forderung der schnellen Umsetzung an Landesregierungen und Hochschulen durchaus Gewicht.[83] Die *Konferenz über Politische Wissenschaften und Erziehung* wurde auch von den Amerikanern außerordentlich positiv wahrgenommen. Im Oktober gratulierte der Hochkommissar John J. McCloy dem Hessischen Ministerpräsident Christian Stock zu dem Engagement seines Ministers Stein und des ehemaligen Ministers Georg August Zinn.[84] Weitere amerikanische Unterstützung für das Engagement bot McCloy mit der Begründung der staatsbürgerlichen Sinngebung durch die Universität an:

81 HHStAW, 504/65, Tagung der Kultusminister mit den Rektoren der Hochschulen, Hamburg, 13.1.1949, 12–18. Vgl. K. Holzamer: „Bericht erstattet vom Leiter des Studium Generale an der Johannes-Gutenberg-Universität (1951)", in: H. Kanz (Hg.): *Bundesrepublikanische Bildungsgeschichte 1949–89*, Frankfurt 1989, 633.

82 Bericht von Hans Proesler. HHStAW, 504/65, Ständige Konferenz der westdeutschen Kultusminister: Tagung der Kultusminister mit den Rektoren der Hochschulen, Hamburg, 13.1.1949, 12–18.

83 H. K. Rupp: „Die (Wieder)Gründung der Politikwissenschaft als Demokratiewissenschaft im Nackriegsdeutschland", in: W. Hecker; J. Klein; H. K. Rupp (Hg.): *Politik und Wissenschaft*, Münster 2001, 6–37, 23 ff. Vgl. „Die Wissenschaft von der Politik", *Rhein-Neckar-Zeitung*, 13.9.1949.

84 1950 wurde Zinn Ministerpräsident. Vgl. Hessisches Hauptstaatsarchiv (Hg.): *Unsere Aufgabe heißt Hessen*, Wiesbaden 2001.

> An educated, politically alert citizenry is one of the main foundations of free democratic life. It is my belief that the universities and colleges have a major responsibility for leadership in building this foundation of political understanding in the community and that formal training in political science is a part of this responsibility. The resolutions of the conference, including the recommendation that professorship in political science be established, appear to be an important step toward achieving a noteworthy objective.[85]

Die Bemühungen um die Gründung einer *Gesellschaft für politische Wissenschaften* wurden durchwegs positiv von den Amerikanern gefördert. Mit der 1948 in West-Berlin durch Otto Suhr wiederbelebten *Deutschen Hochschule für Politik* standen die westdeutschen Planer in regem Dialog.[86] Die Bundesländer tauschten ihre Erfahrungen bei der Inkorporierung der politischen Wissenschaften in den Lehrplan aus.[87] Nach Entschließung des Schulausschusses und der westdeutschen Rektorenkonferenz vom Anfang März 1950 hatte auch der Hochschulausschuss der Kultusministerkonferenz der Länder zur Errichtung „so genannter Professuren für politische Wissenschaften" zugestimmt, „soweit geeignete Persönlichkeiten mit wissenschaftlichem Ansehen und politischer Erfahrung vorhanden" seien. Ferngehalten werden sollten in der Auffassung des Hochschulausschusses „alle rein parteipolitischen Einflüsse".[88] Aus dieser Ausgangslage und im steten Austausch mit der im angelsächsischen Raum schon früher eingesetzten Professionalisierung entwickelte sich in den Folgejahren das Fach Politikwissenschaft.[89] In der Anfangszeit ist aber auch noch der allgemeinbildende Charakter zu bemerken, der die Politikwissenschaft zu einem Teil des Studium generale machte. Der Hochschulausschuss der Kultusministerkonferenz hatte diesen Charakter der Politikwissenschaften in seiner Stuttgarter Sitzung Anfang Juni 1950 umrissen. Abzusehen sei „von der Einführung von Pflichtprüfungsfächern und Pflichtvorlesungen über politische Wissenschaften." Vielmehr sollte diese singgemäß in den Unterricht und in die jeweiligen Fakultäten eingeordnet werden: „Innerhalb der Dozentenschaft der Hochschule ist eine entsprechende Aktivierung innerhalb ihrer Lehr- und Forschungstätigkeit mit Richtung auf die politische Bildung der Studentenschaft zu erstreben."[90]

Schon bei der Hamburger Tagung mit den Rektoren im Januar 1949 hatten die Kultusminister eher abwartend auf die Forderungen nach dem Studium generale reagiert. Für die in einem weitaus höheren Maße mit dem Schulwesen befassten Kultusminister war die Frage der staatsbürgerlichen Prägung durch Allgemeinbildung vor allem durch den aktuellen Nachholbedarf der mit Kriegsabitur mangelhaft ausgebildeten Studentenjahrgänge begründet. So stimmten die Kultusminister den Forderungen grundsätzlich zu, verwiesen aber auf die Anstrengungen der

85 HHStAW, 1178/252, John J. McCloy an Ministerpräsident Stock, 15.10.1949.

86 Vgl. HHStAW, 1178/252.

87 BayHStA, MK 70120, Erwin Stein an Herrn Staatsekretär Dr. Dieter Sattler, München, Wiesbaden, 3.5.1950.

88 HHStAW, 504/65, Sitzung des Hochschulausschusses in Stuttgart, 2.–3.6.1950.

89 Vgl. W. Bleek: *Geschichte der Politikwissenschaft in Deutschland*, München 2001, 265 ff.

90 HHStAW, 504/65, Niederschrift über die Sitzung des Hochschulausschusses in Stuttgart, 2.–3.6.1950.

Verbesserung der Bildung im Schulsektor. Der württemberg-badische Kultusminister Theodor Bäuerle war ebenso wie die dem katholischen Milieu stammende Kultusministerin von Nordrhein-Westfalen Christine Teusch selbst Schulpädagoge gewesen.[91] Als Wortführer der anwesenden Kultusminister stimmten beide den Vorschlägen aus der aktuellen Ausbildungslage der Schulen zu, die aber künftig behoben werden solle. Als Ergebnis der Aussprache sah Bäuerle, dass die Reform des Studiums mit der „Frage einer inneren Reform unseres Schulwesens überhaupt" verzahnt sei. Wenn von vornherein „selbstständigere Menschen" in die Hochschulen einträten, sei ein großer Teil der Anliegen tatsächlich schon erledigt. Statt Stofffülle und Aufnehmen sollten in der Schule mehr die Selbstständigkeit und das eigene Erarbeiten gefördert werden.[92] In diesem Sinne regte Christine Teusch eine überregionale Koordinierung des Prüfungswesens, der Berufsbildung und der Zulassung zur Universität an. Die Unklarheit des bisherigen Konzepts müsse durch eine Einigung der Vertreter der einzelnen Fachdisziplinen über Zonen, Länder und Universitäten hinweg überwunden werden, welche „Apperzeptionsstützen in jedem Fach möglich und nötig seien, um den jungen Studenten über das Fachgebiet hinaus zu einer allgemeinen geistigen Ausrichtung zu führen."[93] Wenn dieser Anspruch allgemein kontinuierlich im Gesamtstudium durchgeführt werde, könnten auch die Bildungslücken der höheren Schule ausgefüllt werden, die man ohnehin in Zukunft wieder zu schließen gedenke. Teusch stimmte dem Konzept zu, das Studium generale während des ganzen Hochschulstudiums an die Studenten heranzutragen und dabei nicht an Bedingungen und Prüfungen wie ein zusätzliches Fach zu binden.[94]

Letztendlich blieben die dem *Blauen Gutachten* folgenden Tagungen beschworene Reform auf politischer Ebene ein Lippenbekenntnis. Im Februar 1950 befasste sich auch der Ausschuss für Kulturpolitik des 1. Deutschen Bundestages

91 G. Lautenschläger: „Christine Teusch", *Biographisch-Bibliographisches Kirchenlexikon (BBKL),* Herzberg 1996, 726–728. D. Schmitt: *Theodor Bäuerle (1882–1956). Engagement für Bildung in schwierigen Zeiten*, Stuttgart 2005, 110 ff.

92 HHStAW, 504/65, *Ständige Konferenz der westdeutschen Kultusminister*: Niederschrift über die Tagung der Kultusminister mit den Rektoren der Hochschulen, Hamburg, 13.1.1949, 12–18.

93 Der Begriff „Apperzeption" wird von Gottfried Wilhelm Leibniz als „Selbstbewusstsein oder die reflexive Erkenntnis Erkenntnis des inneren Zustandes" umschrieben. Immanuel Kant teilte den Begriff auf in eine emprirische „Selbstanschauung im inneren Sinn", dem Begriff von Leibniz entsprechen, und eine transzendentale als begleitetes Bewusstsein an das eigene „Ich denke". Vgl. W. Brauner: *Das präreflexive Cogito*, München 2004, 13 ff. Als Zentrums-Politikerin und Lehrerin hatte Teusch an der Debatte der Reformpädagogik der 1920er Jahre teilgenommen, in der der Begriff genutzt wurde im Zusammenhang mit dem heimatkundlich ausgerichteten Geschichtsunterricht in der fünften Klasse, in dem an durch die „Apperzionsstützen" an die Erfahrungswelt des Schülers angeknüpft werden könne. R. Baerwald: „Wert der Heimatkunde für den Geschichtsunterricht", in: *Lehrproben und Lehrgänge* 39/1922, 156–169. Zitiert nach: K. Engeler: *Geschichtsunterricht und Reformpädagogik*, Berlin 2009, 193 f.

94 HHStAW, 504/65, Tagung der Kultusminister mit den Rektoren der Hochschulen, Hamburg, 13.1.1949, 12–18.

mit dem Stand der Hochschulreform, die weitaus mehr Gestaltungsbereiche als das Studium generale umfasste. Der Ausschuss musste feststellen, dass „die Neigung der Länder bisher nicht sehr groß sei", wobei Nordrhein-Westfalen eine Ausnahme darstelle. Während in Niedersachsen und Schleswig-Holstein „Anfänge bemerkbar" seien, hätten sich die süddeutschen Landesregierungen nicht zur Hochschulreform geäußert. Der Ausschussvorsitzende Karl Gaul, hessischer FDP-Abgeordneter und selbst Schulmann, verwies die Aufgabe an den Unterausschuss für Hochschulfragen. Unter Leitung von Ludwig Bergsträsser sollte der Unterausschuss Leitsätze ausarbeiten.[95] Als der Ausschusses für Kulturpolitik im Juli seine ausgearbeitete Stellungnahme zur Universitätsreform abgab, umriss er neben den vielen verwaltungstechnischen, sozialen und finanziellen Reformvorschlägen zu den Universitäten auch die Aufgabe des Studium generale:

> Die Idee der Universitas muss erhalten bleiben neben der selbstverständlichen und unbestrittenen Berufsausbildung. Wertvolle pädagogische versuche des In- und Auslandes sind zu nützen, um die Studierenden mit philosophischen, künstlerischen und staatsbürgerlichen Voraussetzungen einer umfassenden allgemeinen Bildung vertraut zu machen.[96]

Als Münchner Rektor 1948 bis 1951 hatte der Walther Gerlach jeden Montag in „Die Stunde des Rektors" eine Ansprache zu fachbergreifenden Themen gehalten.[97] Dabei hatte der als Verfechter der hochspezialisierten Forschung der Naturwissenschaften bekannte Physiker die grundsätzliche Frage nach einem Erziehungsanspruch gestellt: „Widerspricht nicht der Begriff der akademischen Freiheit dem einer Erziehung?" [98] Zunächst wollte er aber diesen Erziehungsauftrag bejahen für die Schaffung einer „Republik des Geistes", welche auf der Erziehung fußte:

> Seit alters werden die Universitäten als Republiken des Geistes bezeichnet. Die Lebensfähigkeit einer Republik beruht aber nach einem Wort von Montesquieu auf der Erziehung; denn sie benötigt eine einheitliche Haltung derart, dass die verschiedenartigsten Strömungen sich unter der Verantwortung des Individuums entwickeln und dann zum Besten des Ganzen vereinigt werden. Genau das ist Sinn und Aufgabe der wissenschaftlichen Arbeit; die akademische Freiheit soll in der Republik des Geistes die Sicherheit geben, dass sich alle geistigen Strömungen entwickeln. Jede Entwicklung muss durch Erziehung gesteuert werden. Die Erziehungsformen aber müssen sich aus der Aufgabe ergeben. Sollen die verschiedenartigen Strömungen nicht im Bereich der Hochschule versiegen, sondern der Menschheit nützend wirken, so tritt zu der inneren Erziehungsaufgabe auch die Verantwortung für die Wirkung nach außen und damit das, was in diesen Republiken gedacht und geschaffen wurde, mehr und mehr hinaus und wurde Anlass für die Entwicklung des Lebens der einzelnen Menschen und der Völker und auch ihres Denkens. Die wissenschaftlichen Hochschulen haben teils unmittelbar durch die „Forschung", teils mittelbar durch die „Lehre" den jetzigen Zustand der Menschheit geformt, die weitere Entwicklung ist potentiell in ihnen enthalten. Das kann nicht oft genug gesagt, nicht tief genug bedacht werden. Weil wir die geschichtliche Bedeutung der

95 BayHStA, MK 68589, Deutscher Bundestag, 37. Ausschuss: *Kurzprotokoll des 6. Sitzung des Ausschusses für Kulturpolitik*, Bonn, 9.2.1950.

96 Ders.: *Kurzprotokoll der 13. Sitzung des Ausschusses für Kulturpolitik*, Bonn, 20.7.1950.

97 Walther Gerlach: *Forschung und Erziehung als Aufgaben der Hochschule*, Göttingen 1953, 6 f.

98 Ebd. 40.

> Universität für die Menschheit zu erkennen glauben, gilt unsere ganze Sorge dem Erhalten des Guten, dem Erkennen des Unzulänglichen, dem Entwickeln innerer Kräfte für ihre großen Zukunftsfragen.[99]

Die allgemeine Bildung als „innere Erziehungsaufgabe“ sah Gerlach als integralen Bestandteil der Universität, da ein „gewisses Maß von allgemeinem Wissen [...] nun einmal erforderlich“ sei. Auch „wenn es auch vom Standpunkt des Fachspezialisten nur ein ‚Halbwissen‘“ sei, müsse es gefördert werden. Der Hauptanteil dieser Aufgabe liege in der Schule, aber eben auch in der Universität. Dabei sprach Gerlach auch dem persönlichen Verkehr zwischen Studierenden als informellen Rahmen eine Bildungsfunktion zu.[100] Die grundsätzliche – wenn auch noch wenig konkrete – Übereinstimmung zu dem allgemeinbildenden Bildungsauftrag der Universität durch ein Studium generale werfe die Frage nach der Herkunft und Konstanz des Konzeptes zu einer früheren Entwicklung auf. Die Studium generale-Überlegungen auf bildungspolitischer Ebene bezogen sich auf die Definition des Blauen Gutachtens. Papenkort sah in seiner Untersuchung 1999 keine Anhaltspunkte dafür, dass sich das Gutachten in der „nicht mittelalterlich-neuzeitlichen Version“ des Studium generale an die 1919 erschienenen *Gedanken zur Hochschulreform* Carl Heinrich Beckers anlehnten. Dieser oftmals geäußerten Vermutung wollte Papenkort „in begrifflicher Hinsicht nur eingeschränkt, in sprachlicher Hinsicht überhaupt nicht“ zustimmen.[101] Bei der Hamburger Tagung Anfang 1949 hatte Adolf Grimme als ehemaliger Mitarbeiter und Nachfolger Beckers im Amt des preußischen Kultusministers auch explizit auf das Konzept des *philosophicum* hingewiesen, das er nicht mit den neuerlichen Studium generale-Überlegungen gleichgesetzt sehen wollte.[102] Von Grimme war in Hamburg auch die Ahistorizität des neuen Studium generale-Konzepts des Blauen Gutachtens angesprochen worden, ebenso wie vom Münchner Rektor Walther Gerlach: „Aus geschichtlichen Gründen“ hatte Gerlach den Begriff *Studium humanitas* als Alternative für den Ausdruck *Studium generale* vorgeschlagen, da man im 13. und 14. Jahrhundert die Begrifflichkeit anders genutzt hatte. Unter Studium generale habe man das verstanden, was nun als „Universität“ bekannt sei, während mit *universitas* die Vereinigung der Studenten und Professoren bezeichnet worden sei.[103] Implizit knüpfte die neue Vorstellung Studium generale laut Papenkort also falsch verstanden an den allgemein bildenden Anspruch der mittelalterlichen Hochschulbildung an, ohne dabei die Ausdrücke konkret zu nutzen. Die in der früheren Debatte der 1920er Jahre geäußerten Überlegungen zur Allgemeinbildung schienen beim Blauen Gutachten weniger eine Rolle zu spielen.[104] In den Überlegungen bis 1950 hatte noch keine Zusammenführung des Anspruches einer allgemei-

99 Ebd. 40 f.
100 Ebd. 62 ff.
101 Papenkort: *Studium generale*, 76 f.
102 HHStAW, 504/65, Tagung der Kultusminister mit den Rektoren der Hochschulen, Hamburg, 13.1.1949, 12–18.
103 Ebd.
104 Papenkort: *Studium generale*, 91.

nen Bildung mit dem vom Blauen Gutachten ebenfalls angeschnittenen studentischen Gemeinschaftsleben stattgefunden.

4. „GEMEINSCHAFT" IM ERSTEN WOHNHEIMBERICHT 1950

Unter Mitarbeit zweier Heidelberger Studenten hatte der Historiker Walther Peter Fuchs im März 1950 eine erste Bestandaufnahme über *Studentische Wohnheime und Gemeinschaftshäuser in Westdeutschland* erstellt.[105] Als Auftraggeber der Studie war der „Koordinierungsausschuss für die deutschen ISS (*International Student Service*)-Gruppen" in Erscheinung getreten. Tatsächlich hatten sich mit dem Wiedererstehen der Studentenwerke auch die internationalen Verbindungen der Studentenselbsthilfe aus den 1920er Jahren reaktivieren können.[106] Der genannte „Koordinierungsausschuss" stellte keine Institution dar und es ist zu vermuten, dass der in Heidelberg gerade neu zum Leiter des Collegium Academicum ernannte Fuchs die Chance genutzt hatte, in dem Gremium seine Vorstellungen von Kollegienhäusern erstmals für eine breitere Öffentlichkeit auszuformulieren. Die auf Fragebögen an allen westdeutschen Universitäten basierende Studie enthielt Interpretationen und Wertungen, die weit über den Umfragecharakter hinausgingen. Fuchs nutzte die „normalen" Studenten-Wohnheime an den meisten westdeutschen Universitäten als negatives Gegenmodell für die von ihm favorisierten Gemeinschaftshaus-Konzepte. Vor allem das Gemeinschaftsgefühl diente als das Kriterium, nach dem Fuchs die unterschiedlichen Wohnheime beurteilte.

Soweit sie „Krieg und die Zerstörung überlebt" hätten, seien die Wohnheime aus den 1920er Jahren nun wieder ihrer ursprünglichen Bestimmung zugeführt worden. Aus der gleichen Motivation der sozialen Unterstützung seien darüber hinaus weitere Wohnheime in ehemaligen Verbindungshäusern, umgebauten Wohnhäusern oder eigens errichteten Gebäuden untergebracht worden. In den meisten Fällen würden diese Heime von der örtlichen Studentenhilfe alleine über eine Heimleiterin verwaltet. Die Universitäten und ihre Organe hätten somit keinen Einfluss auf die Belegung. In wesentlichen Fragen dieser Studentenhilfe entscheide ein Kuratorium aus Professoren der Universität und Mitgliedern des AStA. Das gemeinschaftliche Leben und das Zusammenhörigkeitsbewusstsein in diesen Wohnheimen seien meist nur schwach entwickelt. Einzelne gewählte Vertrauensstudenten vertreten die materiellen Interessen der Bewohner gegenüber dem Studentenwerk. Die gemeinsamen Pflichten hielten sich „in den bescheidensten Grenzen" und Fuchs bedauerte, dass „ein Mehr [...] auch kaum erstrebt" werde. Am ehesten sei noch ein gemeinsames Fest im Semester möglich oder „hier und da" vereinzelte Besprechungsabende. Repräsentativ nach außen würden diese Wohnheime gar nicht in Erscheinung treten. Obwohl „nicht unwesentliche öffent-

105 GLAKa, 481/1650, Studentische Wohnheime und Gemeinschaftshäuser in der Westdeutschen Bundesrepublik, März 1950.

106 Der International Student Service: E. G. Schwartz (Hg.): *American students organize*, Ann Arbor 2006, 55 ff.

liche und private Mittel hier investiert“ worden seien, blieben diese Heime ihrer Intention nach nur „Studenten-Hotels“, in denen man wohnt und arbeitet, „ohne dass daraus sich daraus eine charakteristische studentische Atmosphäre ergibt.“[107] Die großzügigste moderne Anlage dieser Art sei die vom Akademischen Hilfswerk Göttingen geschaffene „Burse“. Der zum Teil unter Mitarbeit der Studenten erbaute zweistöckige Wohnblock um einen Innenhof enthalte nur Einzelzimmer und werde von einem verheirateten Angehörigen des Lehrkörpers der Universität „lose geleitet“.[108] Dem ausgesprochenen Arbeitscharakter Göttingens entsprechend bestehe in dieser „Burse“ bisher eine „starke Ablehnung, in die unbeschränkte Freiheit des Einzelnen einzugreifen und zu gemeinschaftlichen Formen zu gelangen.“ An anderen Orten hätten sich „Studentenhäuser“ als Zentren des studentischen Lebens entwickelt. Etwa in Aachen und Gießen gebe es solche Häuser als Zentrum der studentischen Aktivitäten an der Universität, die auch einer Gruppe Studenten Wohnraum böten. Oftmals noch aus der Konzeption der 1920er Jahre stammend, sei in dem Haus die Mensa untergebracht und Räumlichkeiten zur Durchführung verschiedenartiger Veranstaltungen. Diese Häuser seien mit der Universität und dem Studentenwerk eng verbunden. Ihre Errichtung sei meist der Initiative von Studentenwerken, Professoren und der Studentenschaft, privaten Geldgebern aus der Bürgerschaft sowie der Stadtverwaltung und staatlichen Stellen zu verdanken. Eine gewisse Gemeinschaftsform im Rahmen des Studiums an der betreffenden Hochschule bestehe dort. Aufgrund der großen Wohnungsnot, insbesondere durch die hinzuströmenden Ost-Flüchtlinge seien auch Notunterkünfte für Studenten entstanden. Die Initiative habe wesentlich bei Studentenschaft und Studentenwerken gelegen. In Bonn und Mannheim seien ehemalige Luftschutzbunker, in Erlangen Baracken, an anderen Orten Gaststätten sowie Privaträume eingerichtet worden. Nach sozialer Priorität sei die Aufnahme erfolgt: prioritär die Kriegsversehrten, aus Ostdeutschland vertriebene Studenten, dann durch den Krieg mittellos Gewordene und Spätheimkehrer. Über das soziale Bedürfnis bestehe „weitere Gemeinsamkeit nur in wenigen Fällen“. Die teilweise starke Beengtheit und Überfüllung bedingten den Charakter einer Notlösung. Auch hätten manche Universitäten durch ihre Studentenwerke eigene Versehrtenheime eingerichtet, wie die Universität Marburg in ehemaligen Verbindungshäusern. An isoliert liegenden Instituten oder kleineren Hochschulen – Fuchs nennt das Dolmetscherinstitut Germersheim und die Landwirtschafts- Hochschule Hannover-Sarstedt – wohnten nahezu alle Studierenden gemeinsam in den großen Wohnheimen.[109] Dort sei der Rahmen des Zusammenwohnens ein wesentlich intensiverer durch gemeinsame Studien, Veranstaltungen und Mahlzeiten. Diese Aktivitäten blieben jedoch „anscheinend im durch das Institut bedingten engen

107 Fuchs Kritik zeigt also Parallelen zu der Kritik an den aus rein sozialen Gründen eingerichteten Wohnheimen der Weimarer Republik.

108 Vgl. D. Helling: „Der erste Göttinger Studentenwohnheimbau nach dem Zweiten Weltkrieg: die ‚Akademische Burse‘ von Diez Brandi“, *Göttinger Jahrbuch* 55, Göttingen 2007, 187–212.

109 Germersheim: W. Wilss: *Wandlungen eines Universitätsinstituts*, Sankt Ingbert 2000, 4–10.

Rahmen.“[110] Aus der nüchternen Zustandsbeschreibung der Wohnheime lässt sich der Unterton des Bedauerns über die Begrenztheit, den Mangel an Gemeinschaft, überhaupt die rein soziale Motivation des Unternehmens.

Umso heller glänzen die von Fuchs folgend angeführten Gemeinschaftshäuser und internationale Studentenwohnheime: Diese Gruppe der studentischen Gemeinschaftshäuser, die „ganz planmäßig und absichtlich neue Formen des studentischen Lebens anstrebt“, sei schwerlich generell zu beschrieben. Mit ihrem Anspruch der Gemeinschaftsbildung stünden diese Gemeinschaftshäuser alle „als eine Art positives Gegenbild gegen das alte Korporationsstudenten“. Wobei die Realisierung dieses Willens sich verschieden gestalte. Folgend zählte Fuchs Beispiele auf, die auch die Speerspitze der Reform der deutschen Hochschulen darstellten:

> Das Leibniz-Kolleg der Universität Tübingen ist der erste praktische Versuch der viel diskutierten Hochschulreform. In engster Verbindung mit der Universität und mit Hilfe einer Reihe von wissenschaftlichen Assistenten, die im Hause wohnen, macht es den Versuch, in einem Jahreskurs etwa 50 besonders begabte Abiturientinnen durch ein Studium generale vor dem Eintritt in das Fachstudium auf das ganze des Wissen und seine Bedeutung für die Lebensentscheidungen zu lenken. In diesem Internatsbetrieb mit einer Gemeinschaft von Lehrenden und Lernenden mit Einzelzimmern, eigener Küche und recht ansehnliche Komfort erhält das Zusammenleben von der spezifischen akademischen Aufgabe her sein Gesetz. Es die am höchsten qualifizierte neuen Form studentischen Gemeinschaftslebens, die bisher in Deutschland verwirklicht worden ist.[111]

Mit Blick auf die hohen Kosten des Kollegs lasse sich allerdings vermuten, dass es so „vorerst nur wenig Nachahmung“ finde. In München führe das Bayerische Jugend-Siedlungswerk hundert Studenten und junge Arbeiter in einem Gemeinschaftshaus zusammen. Mit staatlicher Unterstützung sei das Heim eigens für diesen Zweck errichtet worden inklusive eines Wirtschaftstrakts für die gemeinsamen Mahlzeiten. Jeweils sechs bis acht „Insassen“ teilten sich eine gemeinsame Teeküche und einen Aufenthaltsraum in einer Wohngemeinschaft. Dass der in München verwirklichte Gedanke der Zusammenführung junger Arbeiter und Studenten an entsprechende Versuche der Jugendbewegung vor 1933 anknüpfte, wollte Fuchs nicht unerwähnt lassen.[112] Und natürlich nannte Fuchs auch das von ihm geleitete Collegium Academicum als „das älteste Gemeinschaftshaus, das den alten Korporationen bewusst eine neue Form studentischer Selbsterziehung und Selbstverwaltung auf freier und demokratischer Grundlage entgegenstellt“. In dem 1945 gestifteten Collegium wohnten 160 Angehörige aller Fakultäten „unbeschadet ihrer konfessionellen und politischen Überzeugungen“ zusammen. „Jeder immatrikulierte Student, unabhängig von seiner wissenschaftlichen Leistungs-

110 GLAKa, 481/1650, *Studentische Wohnheime und Gemeinschaftshäuser in der Westdeutschen Bundesrepublik*, März 1950.

111 GLAKa, 481/1650, Studentische Wohnheime und Gemeinschaftshäuser in der Westdeutschen Bundesrepublik, März 1950. Vgl. Behal; Schmoll (Hg.): *Studium generale*.

112 Vgl. H. Weiß: „Kurze Geschichte der Wohnheimsiedling Maßmannplatz in der Epoche der Heimleiter (1948–1969)“, in: E. Sander (Hg.): *Alles ändert sich und bleibt wie's immer war*, München 1999, 7–45.

kraft“, könne aufgenommen werden, sofern er „selbst den Willen zur Gemeinschaft mitbringt und von der aus Kollegiaten und Professoren zusammengesetzten Aufnahmekommission für geeignet gehalten wird.“[113]

In einem ähnlichen Geist sei auch der weitere Typ des internationalen Wohnheims gehalten. Das Internationale College in Bonn, das Studentenheim Kiel und das Fridtjof-Nansen-Haus in Göttingen hätten sich das Zusammenleben ausländischer und deutscher Kommilitonen zur Pflicht Aufgabe gemacht. Das Nansen-Haus besitze Vertrauensleute in einer großen Zahl von Ländern, die die entsprechende Auswahl vornehmen und lenken könnten, vor Ort seien die universitären Gremien an der Auswahl der Studenten beteiligt. Das Nansen-Haus für 20 Deutsche und 20 Ausländer sei zu einem Mittelpunkt des Göttinger studentischen Lebens geworden. Der Verkehr mit den Ausländern, namentlich auch vielen Durchreisenden beherrsche den Stil des Hauses: Vorträge und Diskussionen, Empfänge, Arbeitsgemeinschaften und gemeinschaftlichen Mahlzeiten. Die ausgebaute Villa sei aber verhältnismäßig kostspielig und nur mit laufenden ausländischen Hilfen zu halten. Auch Gemeinschaftshäuser in Aachen, Heidelberg, Köln und Marburg hätten sich aber die Aufnahme und Integration von ausländischen Studenten als Aufgabe gesetzt. „Überall wohnen die Ausländer nicht etwa abgetrennt für sich, sondern grundsätzlich jeweils mit deutschen Kommilitonen im gleichen Zimmer.“ Es handele sich dabei „um eine erzieherisch nicht zu unterschätzende Tatsache“, beton Fuchs. Für den größten Teil der deutschen Bewohner dieser Heime sei ein Studium im Ausland nach wie vor unerreichbar. Die Aufnahme von Ausländern bedeute daher für die deutschen Kommilitonen ein Tor zur Welt. Dadurch, dass die Berührung sich wesentlich auf das gemeinsame Leben und Arbeiten im akademischen Alltag erstrecke, könne und müsse sie viel intensiver sein als „in der rauschhaften Hochgestimmtheit internationaler Ferienkurse und Arbeitswochen.“ Für Ausländer sollten aber auch die gleichen Strengen Regeln der Auswahl gelten, wie an die Aufnahme der Deutschen gestellt werde. Fuchs empfahl eine bürgende Institution vor Ankunft sowie die Aufklärung des künftigen Bewohners aus dem Ausland über den besonderen Charakter des Wohnheims.[114]

Auffällig an der Bestandsaufnahme Fuchs ist die Betonung der Gemeinschaft. Nach der Feststellung ganz anderer Abgrenzungsbedürfnisse vieler Studenten zu Beginn der Studie, schwenkte er sofort zum Gemeinschaftsgedanken. Im folgenden Verlauf seiner Darstellung griff Fuchs die wohl aus den Fragebögen gefolgerte Feststellung nicht mehr auf, dass „die durchgängig vorherrschende Form, in der der deutsche Student heute wohnt, […] die des Einzelzimmers, der Bude in privater Untermiete“ sei. Diese Form biete das größte Maß an Freiheit und die Möglichkeit, „zahllosen verschiedenen Wünschen an den persönlichen Lebensstil“ gerecht zu werden. Nach dem Krieg sei diese Form des Wohnens bei der Mehrheit der jungen Deutschen noch begehrenswerter geworden:

113 GLAKa, 481/1650, Studentische Wohnheime und Gemeinschaftshäuser in der Westdeutschen Bundesrepublik, März 1950.

114 Ebd.

Krieg und Gefangenschaft, Flüchtlingselend und Zerstörung, der Zwang, im Zeichen der Wohnungsnot ständig mit anderen Menschen auf engstem Raum zusammenzuleben, haben betont gemeinschaftliches Leben und Wohnen in Verruf gebracht. Aus der Übersättigung mit entsprechenden Schlagworten, denen keine Wirklichkeit entsprach, erklärt sich das Verlangen, die überall drohende Kollektivierung zu durchbrechen und die persönliche Freiheit der äußeren Lebensgestaltung wiederherzustellen. Der Wunsch, ein einzelnes Zimmer zu bewohnen, dort ein eigenes Reich sich einzurichten, bleibt zwar für viele unerreichbar, ist darum aber nicht minder mächtig.[115]

Dennoch seien Allerorten mit der Wiedereröffnung der Universitäten studentische Gruppen entstanden. Es entspreche „einem soziologischen Gesetz des jugendlichen Menschen", sich in Gruppen und Freundschaften zusammenzuschließen und solcher Gemeinschaft in ausgeprägten Formen Ausdruck zu geben. So hätten sich schnell trotz der widrigen Zustände der Nachkriegszeit wieder solche studentischen Gruppen in zwei Grundformen zusammengefunden:

1.) Bei den durch Krieg und Gefangenschaft gezeichneten Jahrgängen bildet die geistige Klärung der eigenen Situation mit Hilfe der Diskussion das eigentliche Zentrum der neugegründeten Gruppen. Solchen Intentionen kann die Universität als Stätte geistiger Auseinandersetzung am ehesten entgegenkommen; hier hat sie infolgedessen das meiste Verständnis aufgebracht. Die Gruppen älterer Studenten stehen aber heute, wenige Jahre nach ihrer Gründung, bereits in einer Krise. Es gelingt ihnen nur schwer, ihre ursprüngliche Absicht mit der gleichen Intensität auf nachfolgende jüngere Studentengenerationen zu übertragen und aus sich heraus Tradition zu bilden; es fehlt ihnen der Nachwuchs. 2.) Das Bedürfnis nach Zusammenschluss, nach wechselseitiger Erziehung, nach Beherrschung gesicherter überkommener (zumeist bürgerlicher) Umgangsformen beginnt unter den jüngeren Studenten, die den Krieg noch als Kinder erlebt haben, wieder elementar spürbar zu werden, Mit deutlicher Verlagerung des Akzentes ist hier nicht die geistige Klärung, sondern das gemeinsame Leben das Wesentliche, was die geistige Grundorientierung als Akzidenz durchaus nicht ausschließt. Nur so ist das Suchen nach dem „Haus" als Raum für dieses eigene Leben jeder Vereinigung richtig verständlich.[116]

Ausführlich ging Fuchs in seiner Studie vor allem auf die zweitgenannten Zusammenschlüsse ein. Diese traditionsgebundenen Korporationen, die sich Ende der 1940er Jahre neu konstituierten stünden durch teilweise noch vorhandenen Besitz ihrer Altherrenschaften als besonders vorteilhafte Alternative da. In den nach Beschlagnahmung durch NS-Staat und Besatzungsmöchte nun teilweise zurückgegebenen Verbindungshäusern hätten sich kleine Wohngemeinschaften gebildet, „deren Leben sich ganz ausschließlich im Rahmen ihrer Verbindung" abspiele. Fuchs sah diese Entwicklung einer Konkurrenz neuerer Gemeinschaftsexperimente als problematisch an. Da „das Altherrentum" vor allem aus der eigenen Erinnerung zehre und die neuen Bedürfnisse der akademischen Jugend nicht genügend übersehen könne, sei es in Gefahr, die Studenten „über ihre Protektion" wieder in „alte ausgetretene Bahnen" zurückzulenken. Durchaus hätten einige Altherrenschaften Kooperationsbereitschaft mit den neuen Formen signalisiert. Gerade an diese Stelle erwachse der Universität eine neue Verantwortung, „die sie bisher in der Hauptsache nur negativ in der Verhinderung, nicht aber positiv in der

115 Ebd.
116 Ebd.

Schaffung neuer Möglichkeiten erkannt und betätigt“ habe. Die von Fuchs bevorzugten Gemeinschaftshäuser seien die geeignete Antwort, das Gemeinschaftsleben in die Universität einzubeziehen. In einem langen Exkurs benannte er die ältere Tradition universitärer Heime, wie sie zum Teil noch in Wohnheimen kirchlicher Einrichtungen sich erhalten habe. Aber „alle diese durch eine lange Tradition geformten Heime“ hätten „offenbar an der Formung eines zeitnahen neuen studentischen Gemeinschaftslebens kein sonderliches Interesse.“ Fuchs bedauerte, dass „alle diese Heime auf die um Zusammenhang mit dieser Ausarbeitung an die gerichteten Fragen nicht geantwortet haben.“ [117]

Die erste Überblickdarstellung der studentischen Wohnheime war also von Fuchs genutzt worden, um für sein Gemeinschaftskonzept zu werben. Bei den Bauanträgen privater und öffentlicher Träger für die Errichtung neuer Wohnheime lässt sich hingegen vor allem der soziale Zweck herauslesen. Die vielen Anträge kirchlicher und privater Organisationen an die Bundesländer sind mit der sozialen Not der Studentenschaft begründet. [118] Bei den von Fuchs angeführten Institutionen jenseits des von ihm geleiteten Heidelberger CA stand der Gemeinschaftsgedanke nicht im Vordergrund. Das Leibniz Kolleg war in Tübingen auch aus einer Notlage im Zusammenhang mit der Qualifikation zum Studium entstanden. Bei der Hamburger Tagung der Kultusminister und Rektoren im November 1949 hatte der Tübinger Rektor Walter Erbe auf den engen Zusammenhang mit dem in der französischen Zone bestehenden Pflichtabitur hingewiesen. Da laut einer Anordnung der französischen Besatzungsmacht nur die Zeugnisse „sehr gut“ und „gut“ ohne weiteres zum Hochschulstudiums berechtigten, seien viele Studenten vom Studienbeginn ausgeschlossen gewesen. So sei das *philosophicum* des Leibniz Kollegs als Vorlehrgang konzipiert worden für jene, die dieses Zeugnis nicht erreichten, aber doch die Eignung für das Studium hätten. Bei dem vorgeschalteten Internatsjahr seien Assistenten als Tutoren eingesetzt, die von den einzelnen Fakultäten abgeordnet würden und den Studenten das böten, wonach sie strebten. Es würden nicht nur die erfahrensten Professoren, sondern auch jüngere Dozenten genommen, die mit den Studenten gemeinsam um die Lösung der wissenschaftlichen Probleme bemüht seien. Von da aus sei man 1949 langsam daran gegangen, das *philosophicum* auszudehnen als Grundlage einer staatsbürgerlichen und allgemein menschlichen Erziehung. Ebenfalls propädeutisch war der 1949 vorgestellte, dann aber nicht realisierte, Plan der Münchner Universität eines Internates für um die 1.000 Studenten in Feldafing begründet.[119] Bei der Selbstdarstellung des „Internationalen College“ des Internationalen Studentenbundes (ISSF) in Bonn 1950 wurde das Zusammenleben der international zusammengesetzten Studenten nicht mit der Forderung der „Gemeinschaft“ unterlegt, stattdessen die Vor-

117 Ebd.

118 Förderanträge an den Freistaat Bayern: BayHStA, MK 70629. z.B. um Unterstützung für das katholische Studentenheim Erlangen. BayHStA, MK 70629, P. Franz zu Löwenstein S.J. an Oberregierungsrat Dr. Treppesch, Erlangen, 7.1.1950.

119 Vgl. HHStAW, 504/65, Tagung der Kultusminister mit den Rektoren der Hochschulen, Hamburg, 13.1.1949, 12–18.

träge und Veranstaltungen betont, „die den Gedanken der internationalen Föderation fördern.“[120]

Insbesondere am Tübinger Leibniz Kolleg lässt sich aber auch noch eine zweite Motivation der Gründer herauslesen. Bei den Gründungsvätern des Leibniz Kollegs stand der Anspruch der Gemeinschaftsbildung nicht im Vordergrund. Unter dem Begriff Studium generale fallend, war für das propädeutische Jahr ein klassischer Bildungskanon konzipiert worden: In einem aus drei Trimestern bestehenden Studienjahr sollten die Abiturienten vor ihrem Fachstudium einen Einblick in die verschiedenen Wissensgebiete der Natur-, Sozial- und Geisteswissenschaften bekommen. Unter Anleitung der im Haus wohnenden Assistenten bekamen sie ein wissenschaftspropädeutisches Lehrprogramm mit den Themenbereichen „Natur“; „Geschichte und Gesellschaft“ und „Person“ geboten. Als Arbeitsmethode wurden obligatorische Seminare, Arbeitskreise sowie fakultative Studiengemeinschaften genutzt.[121] Der Gemeinschaftsanspruch wurde durch den auf die Erforschung Hölderlins spezialisierten Germanisten Walther Killy als Leiter des Kollegs ebenso vertreten, wie die aus einem antiken Bildungskanon moralische Erwartung. Dass der 1945 nach Tübingen berufene Eduard Spranger ebenso Pate bei der Gründung des Kollegs gestanden hatte, wie der katholische Religionsphilosoph Romano Guardini lässt die Einordnung der Bildungsprogramm als „christlich-katholischen Humanismus“ verstehen.[122]

5. DIE TEILNEHMER DES KONGRESSES FÜR GEMEINSCHAFTSERZIEHUNG 1950

Ein Kreis von Professoren und Dozenten hatte sich in einem anfangs recht informellen Kreis zusammengefunden, um für die Idee des Gemeinschaftserlebens innerhalb der Universität zu werben. Die treibenden Kräfte der bald stattfindenden Tagungen stammten oftmals aus der Praxis der Kollegienhäuser. Meist waren es jüngere Dozenten, die noch nicht zu Ordinarien ernannt worden. Sie hatten in der Arbeit im Kollegienhaus auch eine Nische gefunden, die Ihnen eine Anstellung als Wissenschaftlicher Assistent ermöglichte. Der Germanist Walther Killy (1917-1995) und der Historiker Walther Peter Fuchs (1905-1997) zeigten sich in dem Verband als besonders aktiv und engagierten sich in den folgenden Jahrzehnten an den jeweiligen Stationen ihrer akademischen Laufbahn für die Errichtung von Kollegienhäusern. Durchaus pragmatisch war es für beide in der unmittelbaren Nachkriegszeit aber auch die Gelegenheit gewesen, überhaupt wieder an der Universität eine Anstellung zu finden. So hatte Killy am Tübinger Leibniz Kolleg seit dessen Gründung 1948 gewirkt, Fuchs ab 1949 das Collegium Academicum der Universität Heidelberg geleitet. Bei seinen folgenden Professuren ab 1955 an der

120 BayHStA, MK 70228, *Mitteilungsblatt des Verbandes Deutscher Studentenschaften* 9, Bonn, 16.11.1950.

121 Vgl. Papenkort: *Studium generale*, 83.

122 Vgl. Ebd. 85.

FU Berlin, ab 1961 in Göttingen und ab 1971 in Bern, bemühte sich Killy konstant um eine bessere Betreuung der Studenten. Als Wohnheimbeauftragter der FU Berlin war es Killy, der im Februar 1956 die Vorstellungen in das Konzept des 1959 erbauten Studentendorfes am Schlachtensee einfließen ließ. Nach seinem Rektorat in Göttingen 1967/68 stand Killy seit September 1968 auch dem 1970 gescheiterten zweiten Gründungsausschusses der Universität Bremen vor, deren Gründungsrektor er ursprünglich werden sollte.[123] In seinen 1971 unter dem Titel „Bildungsfragen" zusammengestellten Essays zeichnet Killy rückblickend auf diese Versuche ein nahezu kulturpessimistisches Bild. Insbesondere nach der Studentenrevolte von 1968 sah Killy die Kooperation in der Korporation „der Lehrenden und Lernenden" als nicht mehr existent. Ohne dabei die Schuld einseitig der ideologisierten Studentenschaft zuzuschieben, bedauerte Killy diese Entwicklung sehr. Als erste der drängendsten Fragen nannte Killy noch immer: „Wie wird der anonyme Studenten in der Hochschule verantwortlich angesiedelt?"[124]

Bei Wiedereröffnung der Universität Heidelberg 1946 war Walther Peter Fuchs in einer misslichen Lage gewesen, da ihm seine bisherige dortige berufliche Etablierung als Anhänger des Nationalsozialismus gelungen war. Schon 1930 war Fuchs bei Wilhelm Mommsen in Marburg promoviert worden, 1936 hatte er sich bei dem mit Mediävisten Günther Franz in Heidelberg mit einer Studie über Philipp den Großmütigen und Bayern habilitiert. 1953 wurde Fuchs aufgrund seiner Forschung über Reformationsgeschichte, Leopold von Ranke und Großherzog Friedrich I. von Baden auf eine volle Professur an die Technische Hochschule Karlsruhe berufen.[125] Nach seiner Berufung nach Karlsruhe blieb er dem Heidelberger CA durch Beratungstätigkeit verbunden und initiierte an der TH zugleich zwei neue Wohnheime, die nach den gleichen Prinzipien gestaltet werden sollten. Der junge Historiker Wolfram Fischer wurde mit der Leitung des Heimes beauftragt. In Heidelberg nahm Fuchs durch beratende Tätigkeit weiterhin Einfluss.[126] Als Wohnheimbeauftragter der Westdeutschen Rektorenkonferenz (WRK) konnte Fuchs Mitte der 1950er Jahre durch seine Gutachten für die Bewilligung von staatlichen Fördergeldern Einfluss auf alle derartigen Projekte in der Bundesrepublik nehmen. Von 1962 bis 1973 hatte Fuchs das Ordinariat für Mittelalterliche, Neuere und Neueste Geschichte an der Friedrich-Alexander-Universität Erlangen-

123 W. Killy: „Wie wir keine Bremer Universität gründeten", in: Ders. (Hg.): *Bildungsfragen*, München 1971, 29–36. Erstmals erschienen als Artikel in *Die Zeit*, 6.2.1970. Vgl. biographische Angaben zu Killy in: W. Killy; H.-H. Müller; W. Röcke (Hg.): *Wissenschaftsgeschichte der Germanistik in Porträts*, Berlin 2000, 229 f.

124 W. Killy: „Keiner hört auf den Anderen" (1967), in: Ders. (Hg.): *Bildungsfragen,* 48–52. Vgl. auch Ders.: „Rektorat 1967/68, ein Bericht", in: Ebd., 37–47.

125 Zum wissenschaftlichen Wirken von Walther Peter Fuchs: L. Müller: „Das Lebenswerk von Walther Peter Fuchs. Zu seinem Tode am 4. November 1998", in: *Zeitschrift für die Geschichte des Oberrheins (ZGORh)* 148(NF 109)/2000, 385. Institut für Geschichte der Universität Karlsruhe und dem Generallandesarchiv Karlsruhe (Hg.): *100. Geburtstag von Walther Peter Fuchs*, Karlsruhe 2005. H. Kohl: „Der lange Atem der Geschichte. Zum neunzigsten Geburtstag des Historikers Walther Peter Fuchs", *Frankfurter Allgemeine Zeitung*, 13.3.1995.

126 Mündliche Auskunft von Prof. Dr. Dr. Wolfram Fischer am 18.10.2008.

Nürnberg inne. Als erster Studiendekan der Philosophischen Fakultät konnte Fuchs dort die ersten Lehraufträge für eine modernere Geschichtsdidaktik initiieren.[127]

Killy und Fuchs traten in den folgenden Jahren als die wohl exponiertesten Vertreter der Kollegienhausidee auf. Die Basis für ihr Engagement bot ein Kreis von gleichgesinnten Professoren, Dozenten und anderen hochschulpolitischen Akteuren. Beim Tübinger *Kongress für studentische Gemeinschaftserziehung und Studium generale* im Oktober 1950 hatte sich der Kreis wesentlich formiert. Ein Blick auf die Zusammensetzung der Teilnehmer lässt einen Schluss auf die geistige Herkunft dieser Gruppe und analog zur Herkunft des von ihnen vertreten Kollegienhausgedankens zu. Einladende Institution war das Leibniz-Kolleg. Killy hatte wohl auch die Einladungsliste zusammengestellt, der Tübinger Rektor Walter Erbe fungierte aber als offizieller Gastgeber. Dass außer Erbe auch der Frankfurter Rektor Boris Rajewsky teilnahm, ebenso wie der Kulturreferent und kommissarischer Leiter der Kulturabteilung des Auswärtigen Amtes Rudolf Salat gab dem Kongress eine legitimierende Funktion. Auch Carl Friedrich von Weizsäcker war als Mitglied des *Hamburger Studienausschusses* schon ein bekannter Akteur der hochschulpolitischen Reformdebatte. Praktisch mit der Organisation betraut waren bereits Killy, Fuchs und Werner Hager. Der Kunsthistoriker Hager hatte seit 1947 in Münster im Aaseehaus-Kolleg mit Studierenden zusammengewohnt. Die Gemeinsamkeit dieser letztlich doch recht überschaubaren Gruppe ist nicht auf den ersten Blick zu erkennen. Anders als bei den von der Entnazifizierung geprägten hochschulpolitischen Tagungen der ersten vier Nachkriegsjahre waren nun neben bekannten Gegnern des NS-Regimes wie Kuhn oder dem Ehepaar Flitner auch wieder Akteure dabei, die wie der Biophysiker Rajewsky als Mitglied nationalsozialistischer Organisationen ihre Laufbahn befördert hatten.[128] Walther Killy war Sohn des hohen Ministerialbeamten Leo Killy gewesen, der in der NS-Zeit eine ambivalente Rolle eingenommen hatte. Der trotz seiner NS-rassistischen Zuordnung als „jüdisch versippter“ und „jüdischer Mischling“ als NSDAP-Mitglied bis 1944 im Reichsfinanzministerium tätige Leo Killy war seit 1933 auch Mitglied in Bibelkreis von Martin Niemöller gewesen und 1945 zur katholischen Konfession gewechselt.[129] Walther Killys Hölderlin-Forschung waren in der NS-Zeit durchaus begünstigt worden, da sie zum Anspruch der NS-Kulturpolitik passten. Schon im Winter 1940/41 hatte Killy zusammen mit seinem Vater sowie Julius Petersen und Friedrich Beißner schon die Planungen einer neuen Hölderlin-Gesamtausgabe zum 100. Todestag des Dichters geplant. Alle vier Initiatoren, von denen der zu dem Zeitpunkt als Soldat in Frankreich stehende Walther Killy mit seinem Promotionsvorhaben der Jüngste war, waren in die NS-

127 „Nachruf der Friedrich-Alexander-Universität Erlangen-Nürnberg“, *Mediendienst Aktuell* 1567, 7.11.1997

128 Vgl. Klee: *Personenlexikon,* 477–478.

129 J. M. Steiner; J. von Cornberg: „Willkür in der Willkür – Hitler und die Befreiungen von den antisemitischen Nürnberger Gesetzen“, in: *Vierteljahrsheft für Zeitgeschichte* 46/2/1998, 155 f.

Strukturen bestens vernetzt. Killys Doktorvater Beißner war seit 1933 in der SA gewesen, seit 1937 Mitglied der NSDAP.[130] 1942 war Beißner von Weimar nach Tübingen gewechselt, wo er im Hölderlinarchiv arbeitete. Dorthin kehrte dann auch Walther Killy nach seiner amerikanischen Kriegsgefangenschaft in Trinidad/ Colorado zurück.[131] Walther Peter Fuchs war aktives Parteimitglied der NSDAP gewesen, nur durch seine Kriegsteilnahme ab 1940 nicht mehr unmittelbar in den Heidelberger Parteiformationen tätig gewesen.[132] Im November 1946 war er aufgrund seiner NSDAP-Mitgliedschaft von den Amerikanern aus der Heidelberger Universität entlassen worden und nach einer Klassifizierung als „Mitläufer" Ende 1947 wieder zum außerplanmäßigen Professor ernannt worden.[133] Der Betreuer seiner Habilitation Günther Franz in Heidelberg hatte in Jena und Straßburg als aktiver Nationalsozialist mit der Erforschung des deutschen Volksköpers auch ein NS-konformes Forschungsprogramm betrieben.[134]

130 Vgl. zu Friedrich Bißner, Klee: *Das Kulturlexikon zum Dritten Reich*, Frankfurt 2007, 55.

131 C. König; H.-H. Müller; W. Röcke (Hg.): *Wissenschaftsgeschichte der Germanistik in Porträts*, Berlin 2000, 229 f.

132 Klee: *Personenlexikon*, 161. In seiner Selbstdarstellung beim Antrag auf Entnazifizierung 1946 begründte Fuchs seinen Eintritt in die SA am 1.11.1933 auf Anraten der Dozentenschaft Marburg: „Da ich die Habilitation für das Fach der mittleren und neueren Geschichte erstrebte, war von mir wiederholt und nachdrücklich die praktische Betätigung in einer der Parteiorganisationen gefordert worden." Das Dozentenstipendium sei nur gegen Aufnahmeantrag NSDAP möglich gewesen, so dass die rückwirkende Aufnahme in die Partei am 1.5.1937 in Heidelberd-Mönchhof erfolgt war. Im Sommer 1939 sei er durch das Parteigericht bestraft worde. Zu den Dozenten Dr. Horstmann und Dr. von Gehlen habe Fuchs „wegen der Judenfrage" den Kontakt abgebrochen. So habe sich Fuchs „nur aus wirtschaftlichen Gründen der Partei zugehörig" gefühlt. UAH, PA 401, Prof. Dr. W.P. Fuchs to Military Gorvernment via the Dean of the Philosophical Faculty of Heidelberg University: Petition for reinstallment into the duty of an assistant professor of medieval and modern history at the University of Heidelberg, Heidelberg 8.3.1946. Die Spruchkammer Heidelberg klassifizierte Fuchs als „Mitläufer". UAH, PA 3835, Spruchkammer Heidelberg: Spruch 39/3/4493 1236, Heidelberg, 4.10.1946.

133 Vgl. UAH, PA 401, Prof. Dr. W. P. Fuchs to Military Gorvernment via the Dean of the Philosophical Faculty of Heidelberg University: Petition for reinstallment into the duty of an assistant professor of medieval and modern history at the University of Heidelberg, Heidelberg, 8.3.1946. UAH, PA 401, Regenbogen, der Dekan der Philosophischen Fakultät der Universität Heidelberg, an das Präsidium der Landesverwaltung Baden, Abteilung Kultus & Unterricht, Heidelberg, 24.10.1946. UAH, PA 401, Robert W. Sage, 1st Lt. AGD, Office of the Military Government, First Military Government Battalion (SEP) APO 154 US Army an Dr. Fuchs, Walter: Letter of Concurrence, Heidelberg, 1.10.1947.

134 Erst 1957, im Vergleich ungewöhnlich spät, wurde Franz wieder auf einen Lehrstuhl berufen. Klee: *Personenlexikon*, 161. Vgl. auch L. Müller: *Diktatur und Revolution*, Stuttgart 2004, 288–320. Vgl. W. Behringer: „Bauern-Franz und Rassen-Günther. Die politische Geschichte des Agrarhistorikers Günther Franz (1902–1992)", in: W. Schulze; O. G. Oexle (Hg.): *Deutsche Historiker im Nationalsozialismus*, Frankfurt 1999, 114–141. W. Behringer: „Von Krieg zu Krieg. Neue Perspektiven auf das Buch von Günther Franz ‚Der Dreißigjährige Krieg und das deutsche Volk' (1940)", in: B. von Krusenstjern; H. Medick (Hg.): *Zwischen Alltag und Katastrophe*, Göttingen 1999, 543–591.

Nicht in institutionellen Zuordnungen, sondern im wissenschaftlichen oder persönlichen Profil lag die Gemeinsamkeit der meisten Teilnehmer. Ein einendes Element einer Mehrzahl der Teilnehmer war eine Identität als „Humanisten", die die Mehrheit aus wissenschaftlicher Beschäftigung mit der Antike zogen. Alle reformschulischen Ansätze Georg Pichts in seiner Schule Birklehof bauten doch auf einem Grundeinverständnis über den neohumanistischen Bildungskanon.[135] Mit dem Schulleiter des Tübinger Uhland-Gymnasiums Erich Haag war ein weiterer Pädagoge anwesend, der sich besonders der altphilologisch geprägten Ausbildung der Schüler verschrieben hatte.[136] Ebenso der Marburger Studienrat und Pfarrersohn Wilhelm Anz, dem ein Schüler später die besondere „Verbindung von Erziehung und Denken" attestierte, und der Hamburger Carl Joachim Classen waren klassische Philologen.[137] Idealismus in vielerlei Ausformung war die Forschungsleidenschaft mehrerer der versammelten. Der später in Bethel lehrende Anz widmete seine Forschung später der Existenzphilosophie Søren Kierkegaards.[138] Als Kantforscher hatte sich der Marburger Gerhard Krüger mit den Fragen der Moral befasst, die ihn bis zu Nachkriegsschrift zu „Abendländische Humanität" „über das Verhältnis von Humanität, Antike und Christentum" führten.[139]

Eine spirituelle Prägung lässt sich als weitere Gemeinsamkeit der Teilnehmer feststellen. Für den teilnehmenden Studenten Richard Schaeffler sollte das Verhältnis von „Intellektualität und Spiritualität" in den Folgejahren ein Arbeitsschwerpunkt werden.[140] Nicht nur der katholische Schaeffler, sondern auch der bis 1949 als Geschäftsführer des internationalen Generalsekretariats der Pax Romana im schweizerischen Freiburg tätige Vertreter des Bonner Ministeriums Salat sowie der Protestant Werner Hager hatten eine besondere Nähe zur katholischen Gedankenwelt. Als durch den kulturhistorischen Universalismus Jacob Burckhardts geprägter Kunsthistoriker sah Hager die Gegenstände seiner Forschung

135 G. Hirsch-Hadorn: *Umwelt, Natur und Moral*, Freiburg/München 1999.

136 E. Haag: „Die Schule als Feld vorpolitischer Erziehung", in: *Geschichte in Wissenschaft und Unterricht (GWU)* 2/1951, 6–11. Vgl. E. Spranger; E. Haag: *Der Sinn des Altsprachlichen Gymnasiums in der Gegenwart*, Tübingen 1960.

137 Zu Anz: Vgl. „Dr. phil Wilhelm Anz. Studienrat und Professor der Philosophie", abgedruckt in O. Merk: *Wissenschaftsgeschichte und Exegese*, Berlin/New York 1998, 235–237. Die Einladung an Anz muss aufgrund persönlicher Beziehungen erfolgt sein. Er hatte sich noch nicht in der Bildungsdebatte einbringen können, da er erst im Jahr zuvor aus der Kriegsgefangenschaft zurückgekehrt war. Seine Frau Margarethe Anz hatte 1940–1949 vertretungsweise seine Fächer am Marburger Philippinum unterrichtet und ihm so die Stelle offen gehalten. Vgl. Ebd. 236. Vgl. zu Classen: S. Döpp (Hg.): *Antike Rhetorik und ihre Rezeption*, Stuttgart 1999.

138 u.a.: W. Anz: *Kiergaarrd und der deutsche Idealismus*, Tübingen 1956.

139 zur Biographie: H.-G. Gadamer: „Zwischen den Zeiten: Der philosophische Weg Gerhard Krügers", in: *Universitas* 27/11/1972, 1221–1227. Vgl. G. Krüger: *Philosophie und Moral in der Kantischen Philosophie*, 1931. Ders.: *Abendländische Humanität*, Stuttgart 1952.

140 M. Zimny: *Zur Einheit von Spiritualität und Intellektualität im Werk Richard Schaefflers*, Frankfurt et al. 1999, 202. Vgl. u.a. R. Schaeffler: *Erfahrung als Dialog mit der Wirklichkeit*, Freiburg 1995. Ders.: „Bibliographie 1952–1996", in: M. Laarmann; T. Trappe (Hg.): *Freiheit – Geschichte – Identität,* Freiburg 1997, 377–392.

stets als Zeugen einer in der Zeitgeschichte wurzelnden Geistigkeit und hatte diese besonders in der katholischen Kirche gefunden.[141] Der Tübinger Kinderarzt Alfred Nitschke vertrat nicht nur seinen Fachbereich, sondern hatte sich in der Forschung frühkindlicher Erkrankungen mit der Funktion einer familiären Gemeinschaft auseinandergesetzt.[142]

Andere der besonders für die Kollegienhäuser engagierten Universitätsangehörigen hatten sich in den 1920er Jahren im Umfeld der Jugendbewegung engagiert. Die Idee der Gemeinschaft hatte durch die Jugendbewegung vor dem ersten Weltkrieg und ihren Ausläufern in der Weimarer Republik einen erweiterten Anspruch bekommen.[143] Walther Peter Fuchs hatte 1946 seine jugendbewegte Zeit in der bündischen Jugend als die prägendste Phase benannt.[144] Der Kunsthistoriker Werner Hager war Anfang der 1930er Jahre Gastredner im bündisch-reformpädagogischen *Collegium Viadrinium* in Frankfurt an der Oder gewesen.[145] Carl Friedrich von Weizsäcker hatte als Leipziger Student in der Wohnung des Religionswissenschaftlers Joachim Wach allgemeinbildende Diskussionsrunden erlebt, deren Anregung Wach in der Jugendbewegung gefunden hatte.[146] Wilhelm Flitner, seit 1929 Ordinarius der Universität Hamburg, war nicht nur Vertreter der geisteswissenschaftlichen Pädagogik, sondern in seiner eigenen Biographie wesentlich durch die Jugendbewegung geprägt.[147]

141 Seine Dissertation hatte Hager auch über Rom verfasst: W. Hager: *Die Ehrenstatuen der Päpste*, Leipzig 1929. Vgl. W. Hager, P. Betthausen; P. H. Feist; C. Fork: *Metzler Kunsthistoriker Lexikon*, Stuttgart 1998, 141–143. Pressemitteilung der Universität Münster: *Prof. Werner Hager †, Emeritierter Kunsthistoriker der Universität Münster*, Münster, 16.5.1997.

142 Vgl. E. Rominger: „Alfred Nitschke zum Gedächtnis", in: *Zeitschrift für Kinderheilkunde* 85/1961, 1–6, 5.

143 F.-M. Konrad: „Gemeinschaftsformen und -ideale in Jugendbewegung und Reformpädagogik", in: P. Gutjahr-Löser; D. Schulz; H.-W. Wollersheim (Hg.): *Theodor-Litt-Jahrbuch* 3/2003, 43–66, 46 ff. Vgl. H.-U. Thamer: „Jugendmythos und Gemeinschaftskult: bündische Leitbilder und Rituale in der Jugendbewegung der Weimarer Republik", in: E. Conze; U. Schlie; H. Seubert (Hg.): *Geschichte zwischen Wissenschaft und Politik*, Baden-Baden 2003, 268–285.

144 Seit 1921 war Fuchs Angehöriger der deutschen Jugendbewegung im Köngener Bund gewesen. Dieser hatte sich 1927 im Zuge der Zusammenlegung der Jugendbünde der Freischar anschgeschlossen, auf deren Verbot 1933 Fuchs in seinem Schreiben im Zusammenhang mit der Entnazifizierung ausdrücklich hinwies. UAH, PA 401, Prof. Dr. W.P. Fuchs to Military Gouvernment via the Dean of the Philosophical Faculty of Heidelberg University: Petition for reinstallment into the duty of an assistant professor of medieval and modern history at the University of Heidelberg, Heidelberg, 8.3.1946.

145 Plöger: *Soziologie in totalitären Zeiten*, 116.

146 J. Graul: „Jüdisches Erbe und christliche Religiosität. Die Familiengeschichte als prägendes Moment in der Biographie des Religionswissenschaftlers Joachim Wach (1898–1955)", in: S. Wendehorst (Hg.): *Bausteine einer jüdischen Geschichte der Universität Leipzig*, Leipzig 2006, 287–304, 296. K. Lindner: „Carl Friedrich von Weizsäcker über sein Studium in Leipzig", in: C. Kleint; G. Wiemers (Hg.): *Werner Heisenberg in Leipzig: 1927–1942*, Berlin 1993, 123–135, 128.

147 J. Burmeister: *Wilhelm Flitner – Von der Jugendbewegung zur Volkshochschule und Lehrerbildung*, Köln 1987, 112–158.

Genauso wie seine ebenfalls anwesende Frau Elisabeth Flitner hatte sich Wilhelm Flitner aber vor allem in der Reformpädagogik der Weimarer Republik an exponierter Stelle engagiert.[148] Eine biographische Gemeinsamkeit hatte Walther Peter Fuchs auch mit vielen Reformpädagogen der 1920er Jahre: Als Sohn eines Oberdiakon, der als Berufsarbeiter der Inneren Mission in Remscheid-Lüttringhausen arbeitet, war Fuchs vom alten protestantisch-monarchistischen Milieu der Vorkriegszeit geprägt gewesen. Nach einer Sozialisierung in christlichen Vereinen und einem Teilstudium in Theologie in Tübingen, Marburg und Göttingen hatte er sich bei seiner Hochzeit 1931 nicht mehr kirchlich trauen lassen und war 1934 wegen „Entfernung vom Evangelium" aus der Kirche ausgetreten.[149] Viele der Reformpädagogen hatten nach einer Absage an die Kirche ein moralisch strenges Programm in die geschlossenen Welten der Schulen transferiert.[150] Die Traditionslinie zu den Überlegungen Carl Heinrich Beckers über die allgemeinbildenden *Studia Humanitias* aus den 1920er Jahren ist bezüglich Curriculum und Institution nicht eindeutig zu rekonstruieren.[151] 1949 hatte Adolf Grimme das Tübinger Leibniz Kolleg als Verwirklichung dieser Studium generale-Überlegungen bezeichnet.[152] Zumindest die persönliche Konstante ist eindeutig festzustellen: Georg Pichts Vater Werner Picht war unter C. H. Becker Leiter des Referats für Erwachsenenbildung im preußischen Kultusministerium gewesen.[153] Genauso wie der ebenfalls mit Becker befreundete Diplomat und Staatssekretär Ernst von Weizsäcker hatte Werner Picht nach 1933 auch Funktionen um NS-

148 Vgl. „Wie ein unüberhörbarer Ruf. Zum Tod von Dr. Elisabeth Flitner", *Schwäbisches Tageblatt*, 28.5.1988.

149 Fuchs beschrieb seinen Werdegang 1946 stichpunktartig: „Christlich Soziale Bewegung Adolf Stöckers, konservativ-kirchliche Atmosphäre meines Elternhauses; früh Mitglied des christlich-kirchlichen Jugendvereine aufgrund konservativen Einflusses der Eltern – Kritik an den religiösen Bindungen dieser Vereine und deshalb 1922 Abkehr und Anschluss an betont christlichen Köngener Bund der Jugendbewegung; Beschäftigung mit Theologie 1931 Staatsprüfung für höheres Lehramt – Aber auch 1931 wegen wachsender kritischer Haltung verzicht auf kirchliche Trauung; 1934 Austritt aus Kirche wegen wachsenden Einfluss der Nazi und Entfernung von Evangelium" UAH, PA 401, Prof. Dr. W.P. Fuchs to Military Gorvernment via the Dean of the Philosophical Faculty of Heidelberg University: Petition for reinstallment into the duty of an assistant professor of medieval and modern history at the University of Heidelberg, Heidelberg, 8.3.1946.

150 Vgl. M. Baader: *Erziehung als Erlösung*, München et al. 2005, 45 ff., 123 f. Vgl. auch die theologische Prägung späterer Generationen der Reformpädagogen: H. Schmoll: „Die Herren vom Zauberberg", *Frankfurter Allgemeine Zeitung*, 14.3.2010. Vgl. auch U. Oevermann: „Sexueller Missbrauch in Erziehungsanstalten", in: *Merkur* 734/2010, 571–581.

151 Vgl. Papenkort: *Studium generale*, 91.

152 HHStAW, 504/65, *Ständige Konferenz der westdeutschen Kultusminister*: Niederschrift über die Tagung der Kultusminister mit den Rektoren der Hochschulen, Hamburg, 13.1.1949, 12–18.

153 Werner Picht war die treibende Kraft des Ausbaus der Erwachsenenbildung in der Weimarer Republik gewesen. Vgl. W. Picht: „Universitäts-Ausdehnung und Volkshochschul-Bewegung in England" (1919), in: R. Koerrenz (Hg.): *Wegweisende Werke zur Erwachsenenbildung*, Jena 2007.

Staat bekleidet.[154] Dass die seit der Kindheit miteinander befreundeten Söhne Picht und Weizsäcker nun 1950 in Tübingen zusammen tagten, folgt somit durchaus einer Konstanz in personeller Hinsicht. Weizsäcker hatte Picht nach Tübingen eingeladen.[155]

Via der familiär geprägten Verbindung Becker-Picht-Weizsäcker lässt sich auch eine Traditionslinie der Kollegienhäuser zum Bildungsideal des Kreises um den Dichter Stefan George ziehen. George war für den Kreis der Bildungsreformer der Weimarer Republik eine zentrale Referenz gewesen.[156] Bei aller Skepsis gegenüber der Realisierbarkeit Georgescher Ideale, hatte Werner Picht 1931 doch George als den potentiellen politischen Führer gesehen.[157] Die Gedankenwelt Georges lässt sich in der Konzeption des Kollegienhauses etwa in der letztlich elitären Bildungsidee einer ausgewählten Studentengruppe als auch in dem Konzept eines abgeschlossenen Bildungsklosters wiederfinden. Wenngleich George diese Ideen nicht als einziger vertreten hatte. Auch George hatte sich gerne auf ein Tübinger Vorbild bezogen: In seinem Griechenroman „Hyperion oder Der Eremit in Griechenland" hatte Friedrich Hölderlin das Ideal des unverfälschten Menschen

154 Vgl. G. Baumann: *Dichtung als Lebensform*, Würzburg 1995, 202. Nach dem Krieg knüpfte Werner Picht an sein Engagement der Weimarer Republik an. Vgl. W. Picht: *Das Schicksal der Volksbildung in Deutschland*, Braunschweig 1950. Der nach Schweden emigrierte Franz Mockrauer, Bildungspolitiker der Weimarer Zeit und ehemaliger Mitstreiter Pichts, notierte am 18.1.1948 zu diesem Wiederanknüpfen kritisch: „Innerlich hoffe ich, dass das Buch von der amerikanischen Behörde nicht frei gegeben wird." K. Heuer; T. Kiparski: *Findbuch zum Nachlass von Franz Mockrauer*, Bonn 2005, 11. Zu Weizsäcker: J. Knigge: *Der Botschafter und der Papst*, Hamburg 2008. R. Lindner: *Freiherr Ernst Heinrich von Weizsäcker*, Lippstadt 1997.

155 T. Löwe: *Georg Picht und die Schule Birklehof in der Nachkriegszeit (1946–1955)*, Berlin 2004, 35 f. Über die Familie Curtius waren Weizsäcker und Picht auch zweitwn Grades verschwägert. In einem Interview von 2002 berichtete der Physiker Weizsäcker, wie er nach einer ersten Unterrichtung durch Otto Hahn über die möglichkeiten einer Atombombe 1938 dieses Thema als erstes mit seinem Freund Picht besprach. Vgl. Bayerischer Rundfunk: *Professor Dr. Carl Friedrich von Weizsäcker, Physiker und Philosoph, im Gespräch mit Dr. Walter Flemmer, Sendung vom 28.6.2002*. Der Jurist Hellmut Becker, Studienfreund Georg Pichts, war in Tübingen nicht dabei, spielte seit Ende der 1950er Jahre aber eine gewichtige Rolle in der deutschen Bildungspolitik. Die auch zeitgenössisch aufsehenserregende Verteidigung Ernst von Weizsäckers beim Nürnberger Wilhelmstraßen-Prozess 1948/49 hatte Hellmut Becker übernommen, dem der Hilfsverteidiger und spätere Bundespräsident Richard von Weizsäcker beigestellt worden war. R. S. Blasius: „Der Wilhelmstaßen-Prozess", in: G. Ueberschär (Hg.): *Der Nationalsozialismus vor Gericht*, Frankfurt 2000, 187–198. D. Pöppmann: „Robert Kempner und Ernst von Weizsäcker im Wilhelmstraßenprozess. Zur Diskussion über die Beteiligung der deutschen Funktionselite an den NS-Verbrechen", in: I. Wojak; S. Meinl (Hg.): *Im Labyrinth der Schuld*, Frankfurt/New York 2003, 163–197. Vgl. H. Becker: „Wortlaut des Plädoyers für Ernst von Weizsäcker beim Wilhelmstraßen-Prozess" (1948), in: Ders. (Hg.): *Quantität und Qualität*, Freiburg 1968, 13–58. Als Anwalt der Schule Birklehof blieb Becker in den folgenden Jahren Picht eng verbunden. Vgl. H. Schmoll: „Führer der Verführten", *Frankfurter Allgemeine Zeitung*, 21.6.2010.

156 Vgl. C. Groppe: *Stefan George, der George-Kreis und die Reformpädagogik*, 311–327.

157 W. Picht: *Stefan George: eine kritische Huldigung*, Heidelberg 1931, 5 ff. Baumann: *Dichtung als Lebensform*, 202.

formuliert, der nicht von der Außenwelt korrumpiert werden soll. Das pädagogische Programm Friedrich Hölderlins wurde zum zentralen Forschungsobjekt Walther Killys.[158] In einem ästhetisch-religiösen Erziehungsvorhaben beschwor Hölderlin das Ideal einer poetischen Volkserziehung. 1948 wurde Killy mit einer Arbeit über Bild und Mythe in Hölderlins Gedichten an der Universität Tübingen promoviert. Seine Habilitationsschrift von 1951 an der FU Berlin bestand in einer Textkritik zu Hölderlins Hyperion. In dem von Killy als Doktorarbeit untersuchten Roman weissagte Diotima an Hyperion:

> Es werde von Grund auf anders! Aus der Wurzel der Menschheit sprosse die neue Welt! Eine neue Gottheit walte über ihnen, eine neue Zukunft kläre vor ihnen sich auf. [...] Du wirst Erzieher unsers Volks, du wirst ein großer Mensch. [...] Sie werden kommen, deine Menschen, Natur! Ein verjüngtes Volk wird dich auch wieder verjüngen, und du wirst werden, wie seine Braut und der alte Bund der Geister wird sich erneuern mit dir. Es wird nur eine Schönheit sein; und Menschheit und Natur wird sich vereinen in Eine allumfassende Gottheit.[159]

Mit Bezug auf Hölderlin hatte sich der Kreis um George einer solchen Erziehungskonzeption verschrieben. Auch noch nach dem Tod Georges, wurde die Idee der Kolonien von seinen ehemaligen Anhängern in unterschiedlichster Auslegung weitergeführt.[160] Schon 1946 hatte Carl Friedrich von Weizsäcker die vom Archäologen Erich Boehringer initiierte Gründung des Kollegienhauses *Akademische Burse* in Göttingen unterstützt. [161] Der Bruder Robert Boehringers hatte auch George nahe gestanden. Durch seine Tapferkeit im Ersten Weltkrieg war Erich Boehringer 1915 zum idealisierten Vorbild für Stefan Georges Gedicht „Einem jungen Führer im Ersten Weltkrieg" geworden. 1917 hatte Boehringer den Dichter persönlich kennengelernt, dessen Vertrauter er wurde. Robert Boehringer hatte sich bei einem Besuch 1946 das verwunschene Kloster Bebenhausen im Schönbuch als geeigneten Ort für den Nachlass Georges gewünscht, der als komplemen-

158 Vgl. W. Killy: *Bild und Mythe in Hölderlins Gedichten*, Tübingen 1948.

159 F. Hölderlin: „Hyperion oder Der Eremit in Griechenland" (1797/1799), in: F. Beissner (Hg.): *Hölderlin Sämtliche Werke 3*, Stuttgart 1958. 7–166, 93 f. Vgl. F. Ehrensperger: „‚Bricht schon herein die neue beßre Welt.' Geschichtsphilosophie im ‚ältesten Systemprogramm des deutschen Idealismus' und Hölderlins Ideal einer Volkserziehung", *Sic et Non – Forum for Philosophy and Culture*, http://www.cogito.de/sicetnon/artikel/historie/ hoelderlin.htm 10.10.2010. Ehrensperger weist auch auf die Erläuterung von Jochen Schmidt zum Naturbegriff Höldelins hin: In vorsokratisch-kosmologischer Begrifflichkeit sei die Natur Hölderlin „das harmonische Ganze", „ein Zusammenklang im Wechsel all der verschiedenen Einzeltöne". „Indem der Dichter „dieses tieferen Weltsinnes, den er Natur nennt, innewird und ihn verkündet, hofft er das Widersinnige und Disparate der Menschengesellschaft, das er am besonderen Beispiel der Deutschen demonstriert, aufzuheben und zur Vollendung einer schönern Zukunft beizutragen." J. Schmidt: „Hölderlins Entwurf der Zukunft", in: *Hölderlin-Jahrbuch 16/1969–70*, 1972, 110–122, 116. Hölderins Erziehungsidee war auch Forschungsgegenstand in den 1920er Jahren gewesen. Vgl. K. Düring: „Hölderlins erzieherische Idee in Hyperion", in: *Vierteljahrsschrift für philosophische Pädagogik* 6/4/1924/25, 149–161.

160 Raulff: *Kreis ohne Meister*, 188.

161 E. Boehringer: „Die Burse in Göttingen", in: *Robert Boehringer. Eine Freundesgabe*, Tübingen 1957, 53–108.

tärer Teil mit dem Hölderlin-Archiv vereint werden sollte.[162] Bis Ende der 1950er Jahre verfolgen der George-Erbe Robert Boehringer und der Stuttgarter Bibliothekar Wilhelm Hoffmann den Plan, eines „weltlichen Klosters“ in Bebenhausen bei Tübingen, wo im Archiv mit Hölderlin und George das geeignete Material für den Ihnen vorschwebenden Bildungskanon vorliegen sollte. In Kreuzgang und Refektorium des ehemaligen Zisterzienserklosters sollten eine Gemeinschaft von jungen und erfahrenden Forschern zusammen leben und auch für gestresste Politiker oder Manager einen Einkehrort bieten. Das mönchische Leben sollte eine, wahrscheinlich von Hölderlin entlehnte, „kreative Muße“ ermöglichen. In seiner Studie über das Nachleben Georges fasste Ulrich Raulff die Vorstellung Hoffmanns von einer abgeschiedenen, besseren Welt zusammen: „In einem dem Alltagsbetrieb enthobenen, der gedanklichen Sammlung günstigen Milieu soll die ‚Synthese‘ gelingen, die der moderne Lebensvollzug verhindert.“ Mehr denn je, zitiert Raulff die Begründung Hoffmanns, suchten wir heute „nach Stätten, in denen […] der Gelehrte oder der Mann des öffentlichen Lebens die Verbindung von Wissenschaft und Ethik und die Integrität der menschlichen Persönlichkeit fern von Fach- und Tagesarbeit in einer Zeit ungestörten Besinnung wieder suchen kann.“[163] So lässt sich der Austausch Killys mit Boehringer annehmen sowie mit anderen Georgianern, die „den Meister“ in einer Symbiose mit Dante und Hölderlin sahen. Bei den in Tübingen gemachten Überlegungen zu den Kollegienhäusern fehlte der Hinweis auf das Internat Birklehof in Hinterzarten genauso wenig wie auf das literarische Vorbild der „Entsagenden“ der Goetheschen Wanderjahre. Mit Georg Picht war der Schulgründer aus Hinterzarten anwesend, der aufgrund seiner altphilologischen Arbeit ein starkes gemeinsames Fundament mit den „Humanisten“ auf der Tagung hatte.

Die beiden amerikanischen Teilnehmer der Tübinger Tagung wurden sicherlich von den Organisatoren mit einer gewissen Befriedigung vermerkt, da sie doch der Konferenz eine legitimierende Wirkung im Rahmen internationaler und insbesondere amerikanischer Provenienz gab. Vor allem die deutsche Bildungsbiographie des in Chicago lehrenden Politikwissenschaftlers Arnold Bergstraesser gab aber in Tübingen den geeigneten Anknüpfungspunkt. Wenngleich Bergsstraesser durch die Zeit in den USA wissenschaftlich geprägt wurde und an seinem Freiburger Lehrstuhl ab 1954 zu einem der Väter der modernen Politikwissenschaft wurde, ist doch seine Sympathie zum Kollegienhausprojekt eher in seiner Prägung aus der Heidelberger Zeit zu finden.[164] Bergstraessers leidenschaftliche Teilnahme

162 Raulff: *Kreis ohne Meister*, 266.

163 Der 1954 konkret vorliegende Finanzierungs- und Umbauplan für das Vorhaben, geriet Ende der 1950er Jahre ins Stocken und scheiterte schliesslich, da das Land Baden-Württemberg die Folgekosten für das exklusive Projekt scheute. Ebd. 266 ff.

164 H. Schmitt: „Ein typischer Heidelberger im Guten wie im Gefährlichen. Arnold Bergstraesser und die Ruperta Carola 1932–1936“, in: R. Blomert (Hg.): *Heidelberger Sozial- und Staatswissenschaften*, Marburg 1997, 167–196. Vgl. aber auch den inhaltlichen Einfluss durch die politische Wissenschaft: A. Söllner: „Normative Verwestlichung? Die politische Kultur der frühen Bundesrepublik und Arnold Bergstraesser“, in: Ders. (Hg.): *Fluchtpunkte*, Baden-Baden 2006, 181–200.

an studentischen Fragen mochte auch aus seinen eigenen Erfahrungen als Mitbegründer und Vorstandsmitglied der Deutschen Studentenschaft 1919 herrühren.[165] Der andere Emigrant unter den Teilnehmern war der 1949 nach Erlangen berufene Philosoph Helmut Kuhn, der aus Gegnerschaft zum NS-Regime in die USA gegangen war und an der University of North Carolina und der Emory University gelehrt hatte. In seiner deutschen Wissenschaftssozialisation hatte Kuhn sich mit Fragen der Ästhetik befasst und hatte damit die gleiche Sozialisation wie die anwesenden deutschen Altphilologen.[166] Auch die Existenzphilosophie, der sich Kuhn seit seiner Zeit in den USA gewidmet hatte, stand in dieser idealistisch geprägten Tradition.[167]

Die sichtbaren Geisteswurzeln der Tübinger Teilnehmer lassen vermuten, dass die Bezugnahme auf angelsächsische Vorbilder vor allem einen illustrativen Charakter hatte: Für Kenner der europäischen Universitätslandschaft vertrautem Menschen weckten die aus dem Mittelalter stammenden klösterlichen Anlagen von Oxbridge sofort Assoziationen, eigneten sich so bestens zur Illustration des Kollegienhausgedankens. Im Rahmen einer „Antragsrhetorik" folgte allerdings bei der Suche nach Unterstützung aus den angelsächsischen Ländern eine häufige Bezugnahme auf scheinbare amerikanische und englische Vorbilder. Vielen der in Tübingen Versammelten war auch die einflussreiche Rolle in späteren Jahren gemeinsam. Mehrere der Angehörigen des exklusiven Zirkels der Tübinger „Kollegienhaus-Enthusiasten"-Tagung 1950 spielten in der Bildungspolitik späterer Jahre noch eine tragende Rolle. Im November wurde der Jurist Walter Erbe zum Präsident der deutschen UNESCO-Kommission gewählt.[168] Salat diente später im Auswärtigen Amt und als Leiter der Kulturabteilung der UNESCO in Paris.[169] Für die Bildungsdebatte der 1960er Jahre wurde später Georg Picht der entscheidende

165 J. Schwarz: „Arnold Bergstraesser und die Studentenschaft der frühen zwanziger Jahre", in: *Zeitschrift für Politik* 15/3/1968, 300–311.

166 Vgl. H. Kuhn: „‚Klassisch' als historischer Begriff", in: W. Jaeger (Hg.): *Das Problem des Klassischen*, Leipzig 1931, 109–128. Ders.: „Humanismus in der Gegenwart. Zu Werner Jaegers Paideia", in: *Kant-Studien* 39/1934, 328–338.

167 H. Kuhn; K. Gilbert: *History of Esthetics*, New York, 1939. Ders: *Freedom Forgotten and Remembered*, Chapel Hill 1942. Ders.: *Encounter with Nothingness*, Chicago 1949. Ders: *Begegnung mit dem Nichts*, Tübingen 1950. Daß Kuhn später über Romano Guardini schrieb, zeigt seine Nähe zur katholisch geprägten Erziehungsidee. Vgl. Ders.: *Romano Guardini*, St. Ottilien 1987 Kuhns Tochter bezeichnete später ihren Vater als eine autoritäre Persönlichkeit. A. Kuhn: *Ich trage einen goldenen Stern*, Berlin 2003. Vgl. auch H.-G. Gadamer: „Nachruf auf Helmut Kuhn", *Philosophische Rundschau*, 39.1.1992.

168 „Walter Erbe", *Munzinger Internationales Biographisches Archiv* 49/1967, 27.11.1967. Sein Engagement dort war vor allem Bildungspolitisch. Vgl. W. Erbe; P. Luchtenberg (Hg.): *Gegenwartsaufgaben der Erwachsenenbildung*, Köln 1962.

169 Als Leiter der Kulturabteilung des Auswärtigen Amtes bestimmte Salat in den Folgejahren die deutsch-französische Jugendarbeit mit bevor er die Bundesrepublik wieder im Ausland vertrat, u.a. 1957–1961 als Leiter der Kulturabteilung der UNESCO in Paris. J. Plum: *Französische Kulturpolitik in Deutschland 1945–1955*, Bonn 2005, 175. Vgl. auch B. Behal: *Kontinuitäten und Diskontinuitäten deutschnationaler katholischer Eliten im Zeitraum 1930–1965*, Wien 2009, 151. Vgl. C. Nicolaisen; N. A. Schulze; K.-H. Fix (Hg.): *Die Protokolle des Rates der evangelischen Kirche in Deutschland. Band 6: 1952*, Göttingen 2008, 490.

Stichwortgeber. 1961 gehörte er zu den Unterzeichnern des Tübinger Memorandums, 1964 führte er in einer Artikelserie den Begriff der „Bildungskatastrophe" aus, mit dem er die Situation des seinerzeitigen Bildungswesens in der Bundesrepublik charakterisierte und eine breite Debatte auslöste.[170]

6. GEMEINSAME VORSTELLUNGEN DER INTERESSENSGRUPPE

Für die Formierung eines Netzwerkes aus Kollegienhausenthusiasten wurde der am 2. und 3. Oktober 1950 im Tübinger Leibniz Kolleg abgehaltene *Kongress über Fragen des studentischen Gemeinschaftslebens und des Studium generale* wesentlich. Dort wurden Differenzen und Gemeinsamkeiten der Kollegienhauskonzepte geklärt sowie eine Allianz für das weitere Vorgehen geschmiedet. Der Tagungsort war kein Zufall: Neben dem Heidelberger Collegium Academicum (CA) war das im Wintersemester 1947/48 in der Brunnenstrasse entstandene Leibniz-Kolleg der Universität Tübingen das wohl am meisten ausgefeilte und breit rezipierte Kollegienhaus-Konzept. Ziel und Ergebnis des Kongresses war das Anliegen zwei bislang getrennte Themata der Debatte über Universitätsreform in einem Programm zusammenzuführen. Im Blauen Gutachten waren Studium generale und Gemeinschaftsleben noch ausdrücklich getrennt behandelt worden. „Mit den beiden Titeln „Studentische Gemeinschaftserziehung" und „Studium generale" sind zwei Aufgaben bezeichnet, von denen der Kongress überzeugt ist, dass sie am besten gemeinsam gelöst werden." In seinem Bericht über den Kongress begründete Carl Friedrich von Weizsäcker diese Forderung mit einer Steigerung der Intensität des Studium generale, „wenn die Studenten, die sich ihm widmen, zusammenleben. Umgekehrt bekommt das Zusammenleben der Studenten einen konkreten Inhalt durch die gemeinsame Studienarbeit."[171] Als Ziel der Tagung war vom Vorsitzenden Kuhn „die praktische Durchführung des gemeinsamen Anliegens" ausgegeben worden.[172]

170 Vgl. zu den Bildungsreformen der 1960er Jahre: M. Mälzer: „‚Die große Chance, wie einstens die Berliner Universität so heute eine Modell-Universität zu schaffen'. Die frühen 1960er Jahre als Universitätsgründerzeiten", in: R. C. Schwinges (Hg.): *Universitätsreformen vom Mittelalter bis zur Gegenwart, Jahrbuch für Universitätsgeschichte* 13/2010, 73–92. Der Picht und Weizsäcker eng verbundene Hellmut Becker wurde ab 1962 als Leiter des Max-Planck-Instituts für Bildungsforschung eine Schlüsselfigur der Bildungspolitik. Nach seiner Rückkehr aus den USA 1952 sollte die andere dominante Figur der Bildungspolitik des folgenden Jahrzehnts, Hartmut von Hentig, Sohn eines Diplomatenkollegen Weizsäckers, seine Lehrerlaufbahn bei Picht und Haag im Birklehof und dem Uhland-Gymnasium beginnen. Vgl. Hartmut von Hentig: *Mein Leben – bedacht und bejaht. Schule, Polis, Gartenhaus*, München 2007, 11 ff, 66 ff.

171 C. F. von Weizsäcker: „Denkschrift über Arbeiten und Ziele des Kongresses für studentische Gemeinschaftserziehung und Studium Generale 1950" (1951), in: Neuhaus (Hg.): *Dokumente zur Hochschulreform*, 369–373, 370 f. Vgl. Papenkort: *Studium generale*, 221.

172 BayHStA, MK 70100, Protokoll der Diskussion beim „Kongress über Fragen des studentischen Gemeinschaftslebens und des Studium generale" in Tübingen, Leibniz–Kolleg, 2.–3.10.1950.

Der bislang nur im Leibniz Kolleg realisierte propädeutische Charakter des Internats stieß auf besonderes Interesse. Etwa für den Frankfurter Rektor Boris Rajewsky schienen die Anregungen der Referate wie „ein Lichtblick“ vollkommen neu zu sein. Nur ein Teil der Probleme der Lebensgemeinschaften an Hochschulen sei aber berührt worden. So bestünden in Frankfurt bis zu diesem Zeitpunkt zwar Gemeinschaften der schon Studierenden, nicht solche, welche die Abiturienten schon vor der Aufnahme des Fachstudiums erfassten. In solchen propädeutischen Kollegien könne die internationale Zusammenarbeit wesentlich gefördert werden. Für eine interfakultative Arbeit regte der Biophysiker Rajewsky an, besonders die *social science* und *polictical science* zu Wort kommen zu lassen. Vor allem aber die Naturwissenschaften schienen bei der in Tübingen versammelten Mehrheit der Geisteswissenschaftler kaum Interesse zu finden. Einzelne sehr unterschiedliche Projekte wurden vorgestellt, bei denen vor allem das gemeinschaftliche Leben besonders betont wurde. Es folgten die Berichte aus den einzelnen Universitätsstädten, wobei der Erlanger Kuhn nur sehr vage berichten konnte, dass auch dort „eine Wohngemeinschaft von Studenten in der Entstehung begriffen sei.“ Umso ausführlicher folgten die Beiträge der anderen Hochschulen: Ob die Studenten in Einzel- oder Doppelzimmer wohnten, und ob in dem Haus wie im Aasseehaus Münster dem Bedürfnis nach „engerer Fühlungnahme“ durch eine Wohn- und Tafelgemeinschaft von Dozenten und Studenten Rechnung getragen werde.

Bezüglich des gemeinschaftsbildenden Auftrages lagen die Vorstellungen weit auseinander. Die Frage, ob die projektierenden Wohnheime der Ausbildung einer elitären oder einer breiteren Auswahl der Studierenden dienen sollten, offenbarte gegenläufige Grundsätze. Der zu dem Zeitpunkt noch in Chicago lehrende Politikwissenschaftler Arnold Bergstraesser erwähnte die „unerfreuliche Anonymität“, die in Amerika als Folge der Vergrößerung der Studentenzahl zu beobachten gewesen sei. Wie die meisten deutsche Redner wollte auch Bergstraesser „die Entstehung einer Masse an der Universität“ verhindern.[173] Die Grundvorstellung der Gemeinschaftserziehung in welcher Form auch immer sei eine Untergliederung der Studentenschaft. Über die Auswahl der Aufnahme in die Heime divergierten aber die Ansichten gewaltig. Die Extremposition für die elitäre Auswahl wurde vom Bonner Ministerialbeamten Salat vertreten. Für ein Gemeinschaftsleben sah er einzig eine Form angebracht, die „gleichzeitig Arbeitsgemeinschaft und Lebensgemeinschaft sei, um ein gesundes Gegengewicht zu den studentischen Korporationen zu schaffen.“ So sehr an der „Massenerziehung“ ebenfalls gearbeitet werden müsse, so sehr hielt Salat eine „Elitenerziehung“ für sinnvoller. Sie sei „wirksamer als die Befriedigung des Wunsches der Masse.“

173 Bergstraesser war dabei jemand, der eigentlich den Ausdruck „Masse“ nicht so leichtfertig verwendete wie die kulturpessimistischen Philosophen der 1920er Jahre, vielmehr warb er in seiner politikwissenschaftlichen Lehre für Verantwortung des einzelnen in der Demokratie. Vgl. A. Bergstraesser: *Der Mensch und die Politik im heutigen Deutschland*, Bonn 1956, 8 ff. Vgl. zur Wirkung Bergstraessers auch die Beiträge seiner Schüler in der der Festschrift: F. Hodeige; C. Rothe (Hg.): *Atlantische Begegnungen*, Freiburg 1954.

Diese Ansicht sah Salat als „keine unsoziale Gesinnung, denn die Elite könne sich aus Angehörigen aller sozialen Schichten zusammensetzen. Letztlich sei eine gesunde Elitebildung für die Masse selbst sozial in der besten Weise dienlich.“[174] Der Erlanger Kuhn wollte diese Forderung höchstens im „demokratischen Elitebegriff Jeffersons“ gelten lassen. Ein „Bewusstsein der Elite“ sah Kuhn als „unter allen Umständen gefährlich“ an. In diesem Sinne stellte sich sozial integrative Projekt aus München explizit gegen eine Selektion aus geistigen Gesichtspunkten. Hermann Mau berichtete über die Siedlung für Arbeiter und Studenten in München. Sie bestehe nun seit zweieinhalb Jahren und habe 100 Wohnplätze – geplant seien weitere 300 –, zur Hälfte für Studenten, zur anderen Hälfte für gleichaltrige Arbeiter zur Verfügung. Der Ausgangspunkt für dieses Heim lag laut Mau in der Überzeugung, dass „die Frage der Lebensform nicht allein auf akademischem Boden gelöst werden könne.“ Die Integration der sozialen Unterschiede geschehe nach Maus Erfahrung mühelos in einem solchen Wohnheim des Zusammenlebens: „Die Gemeinschaft über soziale Grenzen hinaus“ sei „im Hinblick auf die soziale Entwicklung eine Zeitgemäße Form.“ Die „verschiedenen Gruppen sozialer Schichtung“ hätten ein unbefangenes Verhältnis zueinander. Ansatzobjekt für die Auswahl der Studenten sei „das soziale Grundgewebe“.[175] Demgegenüber hielt Mau die soziale Schichtung in studentischen Gemeinschaften für zu eng. Gemeinschaftshäuser müssten für alle Kreise sozialer Schichtung Zugang geschaffen werden. Mau hatte ausdrücklich aus das von ihm durch „soziale Einengung“ als elitär-abgrenzend empfundene Leibniz-Kolleg angesprochen, das Killy verteidigte: Es könnten alle zum Studium Drängenden aufgenommen werden, wobei es gleichgültig sei, aus welcher sozialen Schicht der Einzelne stamme. Zu dem Zeitpunkt seien 20 Prozent der Gesamtzahl als Stipendienplätze vergeben worden, wobei ein höherer Bedarf bestehe. In manchen Fällen genüge die Gewährung eines Freiplatzes nicht, sondern die Fürsorge müsse darüber hinausgehen. Am Leibniz-Kolleg arbeiteten 50 Prozent der Studenten während der Ferien für ihren Lebensunterhalt. Hier sei die Zusammenarbeit mit der Industrie wertvoll, welche sich nicht in der direkten materiellen Unterstützung erschöpfe, sondern den Studenten durch die Vermittlung von Arbeitsplätzen Erleichterung bringe. Andere elitäre Abgrenzungen wurden aber auch von den Befürwortern des Auftrages einer sozialen Durchmischung kaum thematisiert. Als einzige bei der Tübinger Tagung anwesende Frau erinnerte die Hamburger Sozialwissenschaftlerin Elisabeth Flitner an die „Dauerkrise der Studentinnen“. Flitner vertrat die Meinung, dass mit der Integration der Studentinnen in studentische Gemeinschaften

174 Die Korporierten der 1920er Jahre pflegten oftmals ein national-ständische Elitebewusstsein. Vgl. im Fall Heidelberg: A. Lankenau: *„Dunkel die Zukunft – Hell der Mut!“*, Heidelberg 2008, 25 ff.

175 Vgl. H. Weiß: „Kurze Geschichte der Wohnheimsiedling Maßmannplatz in der Epoche der Heimleiter (1948–1969)“, in: E. Sander (Hg.): *Alles ändert sich und bleibt wie's immer war*, München 1999, 7–45.

nicht mehr gezögert werden dürfe. Mit dem Coeducationsprinzip sei einzig das Leibniz Kolleg vorbildlich.[176]

Inhaltlich wollte Bergstraesser das ideale Kolleg in Deutschland mit einem ungleich höheren Anspruch an die ihm bekannten Vergleichsinstitutionen in den USA belegen. Im Vergleich zum College-System in Amerika sah Bergstraesser ein Auseinanderfallen zwischen dem Gymnasium und der Hochschule. Wenn man einmal zu dem Standpunkt gelangt sei, dass auf der Universität das Studium generale Förderung verdiene, dann müsse man, eingedenk der Funktion des Gymnasiums, schon dort ansetzen und auf Austausch von höherer Schule und Universität in dieser Frage bedacht sein. Der Beitrag Bergstraessers beschrieb die Ausrichtung einer Lehrcurriculums am der Aufgabe der höheren Schule, die auch von anderen Teilnehmern vertreten worden war. Der Tübinger Schulmann Haag sah diese Aufgabe im Prinzip immer noch im deutschen Gymnasium verwirklicht. Durch die Vielfalt der Fächer sei die Schule sei für eine solche Aufgabe prädestiniert. Das hervorstechende Problem der Schule sei hingegen die stetig wachsende Stofffülle. Gewiss werde eine Auslese durch Erhöhung der Anforderungen getroffen, eine fruchtbare wissenschaftliche Ausbildung erweise sich dennoch als immer schwieriger. Es sei die Bitte an die Universität zu richten, sie möge von sich aus darauf hinweisen, dass im Unterricht der Schule die Beschränkung auf gewisse Modellfälle vorgenommen werden solle. Dort könne dann wissenschaftliche Tiefe und die Lebendigkeit wissenschaftlicher Erziehung verbunden werden. Im gleichen Sinne sprach der Marburger Studienrat Anz gegen „die augenblickliche Handhabung des Abiturs." Auf Seiten der Schule dränge man zu einer Verwirklichung des Studium generale und er verweise auf die im Arbeitsunterricht gegebenen Ansätze. Durch die augenblickliche Beschaffenheit der Studienplätze würden alle diesen Impulse würden jedoch „getötet". Als Gegenmodell stellte Georg Picht die „Charaktererziehung" und „Geistesbildung" in seiner Reformschule Birklehof vor. Durch Einbeziehung von Freiburger Studenten in das dort ebenfalls ansässige Forschungs-Institut Platon-Archiv böte sich die Möglichkeit sie für eine gewisse Zeit an der Schule und an der wissenschaftlichen Arbeit zu beteiligen. Pichts Modell des Studium generale speise sich also aus einem Philologikum, einem Philosophikum und aus einem Pädagogikum. Es handele sich darum, „das Phänomen als Phänomen gegenüber der Auslegung des Phänomens durch die Philosophie zu erfahren. Man habe dann die unmittelbare Verbindung von geistiger Arbeit und menschlichem Erfahrungsbereich. Für die Schülertätigkeit könne er aus der Erfahrung berichten, dass sich das Studium generale aus der Beschäftigung mit dem Phänomen selbst ergebe." Beinahe im Gegensatz dazu stand die Einschätzung des schulischen Versäumnisses als Essenz aller Referate des Kongresses durch den Kinderarzt Alfred Nitschke. Es sei nötig, „den Lernenden zur Begegnung mit dem Gegenstand, mit dem Gegenüber zu führen." Diese Aufgabe eines Studium generale erfülle die Schule nicht mehr. Für Nitschke bestand so die „dringende Aufga-

176 BayHStA, MK 70100, Protokoll der Diskussion beim „Kongress über Fragen des studentischen Gemeinschaftslebens und des *Studium generale*" in Tübingen, Leibniz-Kolleg, 2.–3.10.1950.

be, das Denken wieder zu gewinnen, welches das ursprüngliche ist." Gerade die Anleitung zum körperlos-wissenschaftlichen Denken sei der Bildungsidee abträglich: Der „Verlust des spezifisch kindlichen Denkens" werde durch die fehlerhafte Lernmethode der Schule gefördert. „Das Objektivieren im alten Sinne, dass die Person ausschließt", müsse vermieden werden, es gehe nun „um die Haltung der leidenschaftlichen Nüchternheit dem Gegenstand gegenüber, die den Menschen zu einem Dienenden macht, Bekanntes als Unbekanntes erfahren und ihn als Betroffenen immer wieder neu betroffen sein lässt."[177]

Die wohltuende Wirkung des betreuten Wohnens wurde kaum in Frage gestellt. Der Marburger Studienrat Anz sah dem Referat Nitschkes folgend das grundsätzliche „Faktum einer Krise in der Gemeinschaft, welche beim Einzelnen die Bereitschaft zur Kommunikation mit den anderen Menschen und mit dem Gegenstande ertöte". Aus diesem Grund glaube er, dass diese Krise in einer Internatsschule leichter als in einer öffentlichen Schule zu überwinden sei. Die Mehrheit der Überlegungen kreiste um das Gemeinschaftsleben und kaum um die Bedingungen wissenschaftlicher Arbeit. So musste es ein Student sein, der in der Debatte das Ruhebedürfnis der Studierenden ansprach. Der Freiburger Student Krüger wies aus seiner Erfahrung im Göttinger Nansen-Haus auf die Gefahr des gemeinsamen Wohnens durch die „vielen von der Arbeit ablenkende Momente" hin. Der Hamburger Classen stellte in Frage, ob denn die heutige Studentengeneration überhaupt an solchen pädagogisch geführten Wohnheimen Interesse habe. Insbesondere die Kriegsgeneration stehe den „den gelenkten Studentischen Gemeinschaften" kritisch gegenüber. Classens Erfahrung sei eher, dass so eine studentische Gemeinschaft sich nicht um eine Institution gruppieren dürfe, sondern aus Interesse an einer gemeinsamen Sache entstehen müsse. Wenn dann das Gemeinschaftsleben vorwiegend auf Initiative der Studenten selber beruhe, schätze Classen, seien die Impulse durch Lehrer durchaus erwünscht. Sehr unterschiedlich wurden die bestehenden studentischen Gemeinschaften beurteilt. Elisabeth Flitner forderte, an Stelle der Korporationen einen neuen Typ studentischer Gemeinschaft zu stellen. Sie glaubte nicht, dass die früher vertretenen Tendenzen der Korporationen den Bedürfnissen der Studentenschaft gerecht würden. Ganz im Gegenteil habe sie festgestellt, „dass die Studenten der heutigen Zeit gerade das Gegenteil der damaligen Ansichten verträten." Insbesondere zwei der Studenten des Leibniz Kollegs selbst wandten sich gegen allzu restriktive und überfrachtete Vorstellungen. Der Jurastudent Wenner erinnerte, dass „die Studenten des Hauses nichts weniger wünschten als einen starren Institutionalismus." Insbesondere bemühe man sich informell und von Mensch zu Mensch um die Herstellung einer gesunden Atmosphäre, welche die Grundlage für ein schönes Vertrauensverhältnis im Hause sei. Sein Mit-Leibnizianer Stroebel berichtete in diesem Sinne von der informellen Fortsetzung der Gemeinschaft der Leibnizianer während ihres Studiums und der eigenständigen Fortführung des Allgemeinbildungsanspruches. Dabei helfe sicherlich das Leibniz-Haus, in dem die aus dem Leibniz-Kolleg hervorge-

177 Ebd.

gangenen Fachstudenten wohnten und von wo aus weitere Kreise der Studentenschaft erfasst werden könnten.[178]

Aus unterschiedlichen Motiven wurden die bestehenden, dezentral entwickelten studentischen Gemeinschaften der Nachkriegszeit angesprochen. Der Frankfurter Rektor Rajewsky sah in diesen ein geeignetes Instrument zur Behebung der sozialen Not, dass in der zerstörten Großstadt noch nicht realisiert worden sei. „Neben den gelenkten Lösungen dieser Art“ gab er „die Lage der notleidenden Studenten in Bezug auf die Gemeinschaftsbildung“ zu bedenken. Dieses Problem habe an den Großstadtuniversitäten ein besonderes Gewicht. Bei den jüngeren Gemeinschaften liege die Zahl etwas höher, sie bedürfen aber für ihre Arbeit geeigneter Heime. Im alten Sinne korporiert seien in Frankfurt ohnehin nur weniger als ein Prozent der gesamten Studentenschaft. Rajewsky warb für einen geeignete Instrumentalisierung dieser aus studentischem Engagement entstandenen Vereinigungen. So liege ihm besonders am Herzen die „Schaffung von Heimen für die neugegründeten gelenkten Vereinigungen“ und die „Erfassung derjenigen Studenten, welche bislang noch keiner studentischen Gemeinschaft angehörten.“ Insbesondere in der Großstadt bestehe laut Rajewsky in dieser Angelegenheit großer Bedarf. Wieder dienten die bestehenden oder wiederstehenden Korporationen als Referenzpunkt. Der mit den Heidelberger Verhältnissen vertraute Walther Peter Fuchs sah insbesondere die Korporationen „in der augenblicklichen Situation [als] eine bedeutende Gefahr.“ Es sei ein Versäumnis der Universitäten, hier nicht im rechten Augenblick genügendes Gegengewicht geschaffen zu haben. Es müssten so viele kolleg-ähnliche Einrichtungen geschaffen werden wie möglich um diesen reaktionären Tendenzen bei der Studentenschaft vorzubeugen. Beim Bericht über seine AStA-Erfahrungen brach der Tübinger Student Schaeffler hingegen eine Lanze für die von der Universität nicht zu kontrollierende Entwicklung der Studentenverbindungen: Er habe das Wiederentstehen und die Art Gemeinschaftslebens der Korporationen „beobachtet“. Deren Leistungsfähigkeit beruhe zum einen darauf, dass sich in ihnen relativ kleine Gruppen von Studenten zusammenfänden, zum anderen darauf, dass eine Fortsetzung der Gemeinschaft an anderen Orten und im späteren Leben gepflegt werde. Der Zusammenhalt der Korporierten und die sich daraus ergebenden Möglichkeiten seien ein wesentliches Anziehungsmoment. Nicht zu unterschätzen sei die Tatsache, dass auf Grund der Verbindungen mit den ehemaligen Angehörigen der Korporationen der korporierte Student in diesen Persönlichkeiten das Vorbild eines Altakademikers sehen könnte. Da eine Gemeinschaft von Dozenten und Studenten, welche „über das bloße Lehren und Lernen hinausgehe“, heute nicht mehr vorhanden sei, sei ein solches Vorbild außerhalb der Korporation schwer zu finden. In der Darstellung des Studenten und vermutlich auch selbst Korporierten Schaeffler fehlte vollkommen die von der in der Weimarer Republik sozialisierten Generation gepflegte Angst vor politischer Radikalisierung in den Korporationen. Ein Göttinger Student Gempart pflichtete ihm bei, da insbesondere die Protektion Korporationswesen für Studenten attraktiv mache. Im Rahmen der gesellschaftlich-politischen Funktion der Universität

178 Ebd.

sah er implizit die Aufgabe, den Lernenden nach seiner Ausbildung auch eine geeignete, seinen Fähigkeiten entsprechende Stelle zu bringen.[179]

So unterschiedlich auch die Vorstellungen lagen, so klar war den Kongressteilnehmern doch das Vorhaben eines künftigen gemeinsamen Vorgehens. Fuchs regte einen künftigen regelmäßigen Austausch der Erfahrungen an, der auf breite Zustimmung stieß. An die Kultusministerien richte er den Aufruf, die neuen Gemeinschaftsformen zu unterstützen. Der Tübinger Krüger empfahl als geeignete Plattform die Gesellschaft der Freunde des Leibniz-Kollegs. Sie trüge zwar den Namen des Kollegs, diene aber einer Idee, die über das Lokale hinausgreifen solle. Die Förderer bisher kämen auch allen Bereichen Deutschlands und würde sich entschieden gegen eine Lokalisierung ihrer Bestrebungen wenden. Schon bei der vergangenen Tübinger Rektorenkonferenz habe man die Vertreter der westdeutschen Universitäten bewusst im Leibniz-Kolleg untergebracht, um ein Kennenlernen zu ermöglichen. Der Tübinger Rektor Erbe betonte, dass „freilich […] an keiner Stelle dieses Fragekomplexes ein einmaliger Hinweis [genüge], vielmehr müsse immer wieder auf die Bedeutung des Vorhabens hingewiesen werden."[180] Die gemeinsame Positionsbestimmung in Tübingen hatte die Kollegienhausenthusiasten ermutigt, nun aktiver auf die Hochschulpolitik Einfluss zu nehmen. Auf jährlichen Treffen ermutigten sie sich bei ihrem Vorhaben. 1951 luden Walter Peter Fuchs und der Hauptgeschäftsführer des Verbandes Deutscher Studentenwerke Kurt Frey nach Heidelberg ein zur „Arbeitstagung westdeutscher Studentenheime" ein. Im folgenden Frühjahr versammelten sich die Kollegienhausenthusiasten auf Einladung des Gründers der „Akademischen Burse" Erich Boehringer in Göttingen, 1954 lud Werner Hager als Leiter des Aasee-Hauses nach Münster ein.[181]

7. GEZIELTE EINFLUSSNAHME AUF DIE HOCHSCHULDEBATTE

Auch durch Gremienarbeit wirken die Tübinger Kongressteilnehmer. Unter dem Schirm der Ständigen Konferenz der Kultusminister (KMK) hatte sie sich als *ständiger Arbeitsausschusses des Kongresses für Fragen des studentischen Gemeinschaftslebens und des Studium generale* konstituiert. Durch diesen Arbeitsausschuss wollten sie „auf eine echte res publica academia hinwirken". Mit institutionellem Rückhalt konnten dort die Kollegienhausenthusiasten mit den Verantwortlichen in den Kultusministerien und den Universitäten ihre Ideen besprechen. Es war ihnen offensichtlich gelungen, auch bei den Besprechungen mit staatlichen Stellen die bislang getrennten Themenblöcke von Studium generale

179 Ebd.
180 Ebd.
181 UAT, 206/12, Ohlmeyer: „Vorwort", in *Berichte aus Akademischen Kollegien*, August 1954.

und studentischem Gemeinschaftsleben zusammenzuführen.[182] Der Arbeitsausschuss tagte am 13. November 1950 im Senatssaal der Goethe-Universität Frankfurt am Main unter Vorsitz des Erlanger Philosophen Helmut Kuhn. Dem Ausschuss gehörten weiterhin Fuchs, Killy, Nitschke, Picht und Weizsäcker an. Als Gäste waren mit Wilhelm Flitner, Walter Erbe und dem gastgebenden Rektor Rajewsky nicht nur weitere Kollegienhausenthusiasten anwesend, sondern auch Schwergewichte der bundesrepublikanischen Hochschulpolitik. Als Rektor der Universität Heidelberg präsidierte der Romanist Gerhard Hess 1950 bis 1951 auch der Westdeutschen Rektorenkonferenz (WRK).[183] Der Kieler Amtsgerichtsrat Frey war gerade zum Geschäftsführer des Verbandes der Deutschen Studentenwerke ernannt worden.[184] Staatssekretär Erich Wende leitete die mit den Hochschulen befasste Kulturabteilung im Bonner Bundesministerium des Innern und Gerd Tellenbach hatte sich als Freiburger Rektor 1949/50 als profilierter Bildungspolitiker gezeigt.[185] Der aus der Hamburger Kultusbehörde entsandte Hans von Heppe und Walter Keim aus dem Badischen Ministerium für Unterricht und Kultus vertraten die Kultusministerkonferenz, Regierungsassessor Gerstner das Bundesministerium für Wohnungsbau.[186] Diese hochschulpolitisch gewichtigen

182 BayHStA, MK 70100, Sitzung des Arbeitsausschusses des „Kongresses für Fragen des studientischen Gemeinschaftslebens und des Studium generale“ am 13.11.1950 im Senatssaal der Universität Frankfurt.

183 Auch in den Folgejahren blieb Hess einer der einflussreichsten Akteure der Hochschulpolitik: 1955–1964 war er Präsident der DFG, 1964 Vorsitzender des Gründungsausschusses der Universität Konstanz und 1966–1972 deren erster Rektor. Zu Beginn seiner wissenschaftlichen Laufbahn hatte sich Hess u.a. mit dem Universalgelehrten Gottfried Wilhelm Leibniz befasst. Vgl. Gottfried Wilhelm Leibniz: *Leibniz korrespondiert mit Paris. Einleitung und Übertragung von Gerhard Hess*, Hamburg, 1940. Gemeinsam mit dem Psychologen Wilhelm Witte hatte Hess schon 1948 mit der Festschrift für Willy Hellpach Interesse am Studium generale bekundet. Vgl. W. Hellpach: *Universitas Litterarum*, Stuttgart, 1948. Im Zusammenhang mit der Universitästgründung in Konstanz befasste Hess ab Mitte der 1960er Jahre nahezu ausschliesslich mit der Gestaltung der Forschungs- und Bildungsfunktion der Universität. Vgl. G. Hess: *Bestandsaufnahme der deutschen Forschung*, Essen 1963. Ders.: *Die Förderung der Forschung und die Geisteswissenschaften*, Köln 1964. Ders.: *Strukturprobleme unserer wissenschaftlichen Hochschulen*, Köln 1965. Ders.: *Probleme der deutschen Hochschule und die Neugründungen*, Konstanz 1966. Ders.: *Die deutsche Universität 1930–1970*, Bad Godesberg 1968. Ders.: *Die Integrierte Gesamthochschule Konstanz*, Konstanz 1970. Ders.: *Zukunft der Universität, Zukunft der Jugend*, Konstanz 1973, Ders.: *Sieben Jahre Universität Konstanz*, Konstanz 1973 .

184 Frey war auch Mitglied des Vorstandes des World University Service. 1953 wurde er der Generalsekretär der Deutschen UNESCO-Kommission, 1955–1977 Generalsekretärs der Kultusministerkonferenz. „Kurt Frey“, *Munzinger Archiv*, 30/1968, 15.7.1968. Vgl. auch K. Frey: *Konstruktiver Föderalismus*, Weinheim, 1976.

185 R. Schieffer: „Nachruf Gerd Tellenbach“, in: *Deutsches Archiv für Erforschung des Mittelalters* 56/2000, 409–411. Vgl. J.-P. Jatho; G. Simon: *Gießener Historiker im Dritten Reich*, Gießen 2008.

186 Anwesenheitsliste: BayHStA, MK 70100, Sitzung des Arbeitsausschusses des „Kongresses für Fragen des studientischen Gemeinschaftslebens und des Studium generale“ am 13.11.1950 im Senatssaal der Universität Frankfurt. Vgl. „Hans von Heppe“, *Munzinger Internationales Biographisches Archiv* 33/1982, 9.8.1982.

Männer waren der Einladung der Kollegienhausenthusiasten durchaus mit persönlichem Interesse gefolgt. Als enger Mitarbeiter des preußischen Kultusministers Carl Heinrich Becker hatte insbesondere der liberale Katholik Wende sich schon in den 1920er mit den Fragen eines allgemeinbildenden Studiums auseinandergesetzt.[187]

Als Ziel der Sitzung formulierte Kuhn die Zusammenfassung der Pläne, „die unter genannten Gesichtspunkten zur Universitätsreform beitragen wollen“. Die Teilnehmer berichteten von einzelnen Projekten an ihren Hochschulorten. In Göttingen bestand laut Weizsäcker der Plan eines Gemeinschaftsunternehmens von Max-Planck-Gesellschaft und Universität. Von deutscher Seite könne ein bislang noch von der britischen Militärregierung requiriertes Haus eingebracht werden, für dessen Umbau und Einrichtung noch 160.000 DM benötigt würden. Aufgrund der großen Zerstörung sei die Lage der Großstadt Hamburg ungleich schwieriger, wie Flitner darstellte. Neben den schon vorhandenen Häusern und Projekten sei vor allem der Plan eines „Christophorus-Hauses“ zu nennen, für das in der Kaufmannschaft schon 100.000 DM aufgebracht worden sei, weitere 200.000 DM aber noch fehlten. Dieses Haus solle dem Gemeinschaftsleben und dem Studium generale auf christlicher Basis dienen. Der Universität Freiburg sei bereits gelungen, beim badischen Landtag 100.000 DM für ein Studentenhaus zu bekommen sowie im ordentlichen Etat einen Posten von 80.000 DM für studentisches Gemeinschaftsleben. Die Realisierung des Plans sah Tellenbach als Hochschulreform dringlich an, hinter der der Aspekt der Behebung der Wohnungsnot noch nachstehe. Aus dem Heidelberger Collegium Academicum mit 160 Studenten berichtete Fuchs. Er habe bisher einen Zuschuss von 15.000 DM bekommen, der künftig erhöht werden solle, ebenso wie Mittel der der Soforthilfe. Aus dem Topf des amerikanischen Hochkommissars würden 179.000 DM zweckbestimmter Gelder erwartet. Daneben gäbe es noch zwei Häuser des Studentenwerks sowie zwei konfessionell gebundene Heime. Obwohl die Frankfurter Universität schon 5.000 Studenten habe, sei unter den großstädtischen Bedingungen laut Rajewsky noch keine Errichtung eines Heimes möglich gewesen. Da 51 Prozent der Studenten sich ihr Studium selber verdienten, stellte sich laut Rajewsky die Frage der Korporationen sei in Frankfurt nicht so akut dar. Wertvolle neue studentische Vereinigungen gingen an der materiellen Not zugrunde, weshalb das nächstliegende Projekt das einen großen Gemeinschaftshauses sei. Die Finanzierung gestalte sich schwierig, insbesondere bei der Stiftungsuniversität Frankfurt. Aus den Mittel des Hochkommissars McCloy sei die Übernahme eines Drittel der Kosten zugesagt worden, die übrige Finanzierung sei noch offen. Neben dem bekannten Leibniz Kolleg habe laut Erbe das Tübinger Studentenwerk einen bald beziehbaren Heim-

187 C. Führ: „Erich Wende“, in: Kulturstiftung der deutschen Vertriebenen: *Ostdeutsche Biographie*, http://www.ostdeutsche-biographie.de/wender96.htm, abgerufen am 13.10.2010. Wende schrieb später auch die erste Biographie Carl Heinrich Beckers. E. Wende: *C. H. Becker. Mensch und Politiker*, Stuttgart 1959. Als Mitarbeiter Beckers hatte Wende auch hochschulpolitisch publiziert, Vgl. E. Wende: *Grundlagen des preussischen Hochschulrechts*, Berlin 1930. Ders: *Die Pädagogische Akademie als Hochschule*, Langensalza 1931.

neubau geschaffen, in dem insbesondere die Wohngemeinschaft von Deutschen und Ausländern gefördert werden sollte. Auch ein weiterer Plan für ein Haus von 90 Studenten bestehe. Nach dem Bericht von Kuhn stellten sich die sozialen Bedingungen in Erlangen besonders problematisch dar, da 24 Prozent der Studierenden einen Flüchtlingspass besäßen. Ein Studentenhaus mit Gesellschaftsräumen sei vorhanden, ohne dass das Leben sich dort im größeren Maße fruchtbar entfaltet habe. An Plänen bestehe eine Studentenwohnheim von 300 Studenten, für das zwischen 300.000 und 350.000 DM von amerikanischer Seite notwendig seien. Daneben seien nochmals Zuschüsse für das schon bestehende, aus einer Kaserne hergestellte Heim benötigt, in dem besonders die Verbindung zwischen Dozenten und Studenten pflegen werde.[188]

Mit der Korporations-Frage wurden zwei nach wie vor kontroverse Themenkreise angeschnitten: zum einen die Entscheidung zwischen dezentral-umgelenkter Entwicklung des studentischen Lebens oder ein durch die Universität organisiertes Gemeinschaftsleben, zum anderem die Einschätzung des reaktionären Potentials der alten Korporationen. Die Kollegienhaus-Enthusiasten aus den Universitäten verlangten dabei vehement nach den neuen letztendlich staatlich kontrollierten Einrichtungen und sahen die Korporationen als großes Problem. Die Vertreter der staatlichen Administration zeigten sich hingegen in beiden Punkten beinahe konträr: Zum einen betrachteten sie die alten Korporationen kaum als die zentrale Gefahr reaktionärer Tendenzen, ebenso zögerten sie aber auch mit konkreten Finanzierungszusagen für die universitären Projekte. Als „Gegengewichte gegen die fortschreitende Restauration“ wollte der an sich politisch liberal ausgerichtete Jurist Erbe die Dringlichkeit der Realisierung begründet sehen. Gegen das Wachsen der Korporationen alten Stils gäbe es nur den positiven Ansatzpunkt der Collegien. Bei der Errichtung sei „unwiederbringliche, kostbare Zeit verloren gegangen, zum Teil durch die Langsamkeit der Amerikaner, zum Teil durch die Tatsache, dass die Länder inaktiv blieben.“ Diese Auffassung wurde auch durch Wende unterstützt, der auf das benötigte Geschick hinwies, „wie man die Pläne, die durch die Gefahr der Restauration dringlich zu verwirklichen seien, am zweckmäßigsten gegenüber den zuständigen Länder- und Bundesstellen legitimiere.“ Diese negative Argumentation auf Ablehnung der Korporationen bemerkte der badische Ministerialbeamte Keim als kontraproduktiv. Man könne ja stattdessen die in den Korporationen vorhandenen Ansätze fördern und für das Gemeinschaftsleben nutzbar machen. Wenn man die Korporationen interessiere, so Keim, eröffne man sich möglicherweise sogar eine ergiebige Finanzquelle. Das formulierte Problem wollte Keim nicht einfach durch die Forderung an den Staat gelöst wissen. Mit dem Prinzip der Lebensgemeinschaft sei doch bei den Korporationen schon „ein gesunder Ansatz“ gewesen. Es gelte, „das Interesse der Altakademikerschaft am den Studenten zu wecken und dieses Interesse auch materiell wirksam zu machen.“ Mit den alten Korporationshäusern verband Keim auch die

188 BayHStA, MK 70100, Sitzung des Arbeitsausschusses des „Kongresses für Fragen des studientischen Gemeinschaftslebens und des Studium generale“ am 13.11.1950 im Senatssaal der Universität Frankfurt.

Hoffnung auf verwertbare Gebäude für die formulierten Zwecke. Von einer solchen möglichen Kooperation mit diesen gesellschaftlichen und ohne die universitäre Aufsicht entstandenen Studentenverbindungen riet Walter Erbe vehement ab. Er habe „auf schlechten Erfahrungen beruhende Bedenken gegen diese Quelle, die ohne den Einfluss der Geldgeber nicht eröffnet werden kann.“ In Tübingen habe man die korporierte Studentenschaft dabei durchaus mit Erfolg ins Gespräch gezogen. Die Tübinger Korporationen hätten sich als einzige den neugegründeten bundesweiten Dachorganisationen nicht angeschlossen, sondern stattdessen einen lokalen Ring gebildet, der sich ernstlich zu den Prinzipien der Rektorenkonferenz bekenne. Der Heidelberger Rektor Hess sprach gegen einen Nutzen bei Einbeziehung der Korporationen für die neuen Kollegienhäuser. Die ausschließlich auf Repräsentation gebauten Verbindungshäuser dieser „schlimmsten Bauzeit“ seien für Wohnzwecke durchweg ungeeignet.[189] Und die Einbindung der Altherrenschaften einzelner Studentenverbindungen sah er als Problem, da die Altakademikerschaft eine breite Verbindung zur ganzen Universität haben müsse, statt nur ein Sonderinteresse an einer kleinen Gruppe. Aber durchaus habe die Rektorenkonferenz das Gespräch mit den Verbänden der Altherrenschaften aufgenommen. Selbst dieses Entgegengekommen sah Erbe schon als verderblich: Die Alten Herren wollten doch „nur bedingungsweise Mittel geben und damit Einfluss auf die Gestaltung der Gemeinschaften üben“, so dass von diesem Wege abzuraten sei. Erbe, selbst Mitgliedschaft in einer Tübinger Studentenverbindung alten Typs, wollte diesen Zusammenschlüssen keine Entwicklungsfähigkeit zuerkennen bzw. mit der Betonung der staatlichen Aufgabe die entsprechenden Gelder für die Universität zu gewinnen.[190] Im Hinblick auf die bestehende Neigung, die Reform des studentischen Gemeinschaftslebens unter korporationsverneinenden Gesichtspunkten zu sehen, regte Ministerialdirigent Keim hingegen an, auch über die aktiven Kooperationen die dortigen Ansätze zum studentischen Gemeinschaftslebens nutzbar machen zu versuchen. Womöglich könnte man sie in den Rahmen der allgemeinen Reform mit einspannen.

Tatsächlich waren es die finanziellen Mittel, die solche weitreichende Projekte nicht zulassen sollten. Der Vertreter der Badischen Ministerialverwaltung Keim verwahrte sich gegen den Vorwurf an die Länder. Bei der „katastrophalen allgemeinen sozialen Lage, besonders auf dem Gebiete des Wohnbaues“, stelle die Errichtung solcher Häuser sei ein Politikum ersten Ranges. Man könne in der derzeitigen Situation von den Ländern beim besten Willen keine neue Finanzierung solcher spezieller Projekte erwarten, da man die Vordringlichkeit den Landtagen

189 Erbe scheint hier in der Ablehnung des Baustils der Gründerzeit ein typischer Vertreter der „modernen“ Architektur-Ansichten seiner Zeit zu sein. Vgl. R. Strobel: „‚Im Petticoat am Nierentisch‘. Architektur, Mode und Design“, in: W. Faulstich: *Die Kultur der fünfziger Jahre*, München 2002, 111–144.

190 Während seine Studiums war Erbe Mitglied der schlagenden Turnerschaft Hohenstaufia Tübingen geworden. Wie seine Rede auf dem Pfingstkongreß des Coburger Convent 1962 belegt, war er auch nach dem Krieg durchaus aktiv in dem Altherrenbund seiner seit Mitte der 1950er Jahre wieder pflichtschlagenden Verbindung als auch in dem überregionalen Verband. Vgl. M. Mechow: *Namhafte CCer*, Stuttgart 1969, 47.

kaum werde verständlich machen können. Tellenbach und Rajewsky wollten „die Reform der Universität“ aber gerade als ein Problem von besonderer Dringlichkeit sehen, „auch gemessen an den übrigen sozialen Problemen.“ So hatte der Hamburger Ministerialbeamte Heppe vorgeschlagen, dass die Universitäten erst einmal im Rahmen ihrer Selbstverwaltung die prioritären Ausgaben klären sollten: „Voraussetzung zur Anerkennung der Dringlichkeit die Tatsache“ sei, dass innerhalb der Universitäten selbst den vorgestellten Projekten im Sinne des Ausschusses die Priorität vor anderen Plänen zuerkannt werde. So sei die Aufgabe am Ausschuss, für seine Position zu werben. Und tatsächlich musste der gerade als Freiburger Rektor abgelöste Historiker Tellenbach zugeben, dass bei allen Projekten auch die laufendenden Mittel der Universitäten gesichert werden müssten, die sich durch den starken Bedarf an Freiplätzen und Stipendien noch erhöhten. Letztendlich war der erste Versuch der Kollegienhaus-Enthusiasten gescheitert, für dieses von ihnen als so dringlich angesehene Reformprogramm die entsprechenden Mittelzusagen schnell zu bekommen. So wendete sich der Blick der Versammlung vor allem auf den einzigen, finanziell scheinbar unerschöpflichen „Goldesel“: Unter finanziellen Aspekten fand das amerikanische Hochkommissariat die besondere Beachtung der Frankfurter Aussprache. Als Anlass für den Zeitpunkt der Besprechung führte Kuhn „neben der Hochschulsituation die Tatsache [an], dass Mr. McCloy gegenüber dem Vorsitzenden des Ausschusses begründete Hoffnung auf zusätzliche Mittel zu diesem Zweck gemacht hat.“ [191] Mit der amerikanischen Förderpolitik bestens vertraut, wie Frey darauf hin, dass es „angesichts dieser Zielsetzung dringend notwendig sei, die Arbeit des Ausschusses von der des Verbandes deutscher Studentenwerke genau abzugrenzen, umso mehr, als die bisherigen Mittel aus dem McCloy-Fonds erschöpft seien und schon laufende Pläne keinesfalls durch neue gefährdet werden dürften.“ Der Hamburger Heppe wie auf die unterschiedliche Situation in den Ländern hin, bei der drauf geachtet werden müsse, „dass die zuständigen amerikanischen Stellen nicht durch vereinzeltes Vorgehen vergrämt würden.“ Unter konzeptionellen Gesichtspunkten wurden vergleichbare amerikanische Hochschulinstitutionen erwähnt.[192]

Für das weitere Vorgehen hatten die Anwesenden vereinbart, den Kieler Amtsgerichtsrat Frey als Geschäftsführer des Studentenwerks dem Arbeitsausschuss zu kooptieren, um die Koordinierung zu sichern. Da „die Studentenwerke ursprünglich die ideellen und materiellen Zwecke der Studentenschaft im Auge“ hätten, warb Wende dafür „alle Pläne durch das Studentenwerk zu realisieren“. Mit dieser Aufgabenzuweisung an das Studentenwerk sei „endlich ein echter Ansatz gegeben […], die liegen gebliebene Frage der Hochschulreform in den Ländern wieder in Gang zu bringen und die daran interessierten Stellen zu koordinieren.“ Als Arbeitsteilung wies Fuchs dem Arbeitsausschuss „die ideelle Plattform für den Gedanken der Collegien und des Studium generale“ zu, um „deren Not-

191 BayHStA, MK 70100, Sitzung des Arbeitsausschusses des „Kongresses für Fragen des studientischen Gemeinschaftslebens und des Studium generale“ am 13.11.1950 im Senatssaal der Universität Frankfurt.

192 Ebd.

wendigkeit durch ihn bei den zentralen und örtlichen Stellen" zu verdeutlichen, während die gesamte materielle Seite ausschließlich Aufgabe des Studentenwerks sein sollte. Die Gegenstimme von Killy verriet aber viel von dem umfassenden Anspruch seiner Vorstellung der neuen Kollegienhäuser. Er gab zu bedenken, dass „das Materielle und Ideelle gar nicht in dieser Weise trennbar sei: wenn man im Zusammenhang mit Tübingen von einem Erfolg reden dürfe, so nur deshalb, weil Materielles und Ideelles von vornherein sich gegenseitig gefördert hat." Auch sah Killy eine Trennung dieser Bereiche als unrealistisch, da zu diesem Zeitpunkt „durchaus nicht überall die Garantie gegeben [sei], dass die örtlichen Studentenwerke im gewünschten Sinne arbeiten werden." In diesem Sinne wollte Kuhn auch nicht dem Ausschuss die materiellen Angelegenheiten, also konkret: die Verwaltung der zu erwartenden Gelder, aus der Hand nehmen lassen. Wenn so eine Aufteilung der Aufgaben auf Ausschuss und Studentenwerk vorgenommen werde, bedeute sie eine radikale Trennung von den Ergebnissen des „Kongresses für Fragen des studentischen Gemeinschaftslebens und des Studium generale". Unter keinen Umständen wollte Kuhn den Plänen der Studentenwerke in die Quere kommen. Darüber hinaus werde der Ausschuss aber auch weitergehende Vorstellungen verfolgen. Kuhn schlug deshalb vor, dass der Arbeitsausschuss weiter mit den zuständigen Stellen verhandeln und einen Gesamtplan vorlegen solle. Das könne „unter ständiger Fühlungnahme mit dem Studentenwerk" geschehen, dennoch seien gerade bei solchen Aufgaben die Reformfragen von den materiellen Fragen nicht trennbar sind. Letztendlich sprach sich die Mehrheit der Sitzung für eine Fortführung des Ausschusses mit vollen Kompetenzen aus, wenngleich die finanzielle Ausstattung vollkommen ungeklärt blieb, ebenso wie die Frage, in welcher Form der Ausschuss an die einzelnen Universitäten herantreten solle.[193]

Grundsätzlich hatte der Arbeitsausschuss keine eigentliche Legitimierung als hochschulpolitisches Gremium. Der Arbeitsausschuss vertrat den Tübinger Kongress und die eher zufällig zusammengestellten Vertreter einzelner Hochschulen, vor allem aber Einzelpersönlichkeiten, die sich die zur Diskussion stehende Sache zu Eigen gemacht hätten.[194] Ziel des Arbeitsausschusses war hingegen eine überregionale Wirkung durch seine Konzepte. Dies war den Teilnehmern bewusst, auch wenn mit Ministerialvertretern und Rektoren nun durchaus gewichtige Positionen mit am Tisch lagen. So hatte Keim die Hinzuwahl von Rektor Hess als Vertreter der Rektorenkonferenz angeregt. Hess warb für die legitimierende Wirkung einer Stellungnahme der Rektorenkonferenz, der auch Fuchs zustimmte, damit der Ausschuss nicht „als wilder Schössling" gesehen werde. Der Jurist Erbe sah hingegen so eine Verkomplizierung des Verfahrens als überflüssig. Seiner Ansicht nach handelte der Ausschuss „legitimer Weise in echter Geschäftsord-

193 Ebd.

194 Bei seiner Sitzung stellte der Arbeitsausschuss ausdrücklich fest, dass er trotz seiner starken personellen Überschneidung nicht mit der „Gesellschaft der Freunde des Leibniz-Kollegs e.V." identisch sei. Die Gesellschaft könne zwar nach ihrer Satzung auch Projekte außerhalb Tübingen fördern, wolle sich jedoch nie an den Bund und die Länder wenden, sondern nur zusätzliche private Mittel für die Zwecke der Gesellschaft aufbringen. Ebd.

nung ohne Auftrag“. Da die Zeit brenne, sollte sich nicht mit solchen Fragen aufhalten. Erbe sah den Schwerpunkt der künftigen Arbeit des Ausschusses „an den einzelnen Orten, wo sich die örtlichen Vertrauensmänner des Arbeitsausschusses mit den Leitern der Studentenwerke und den sonstigen Stellen zu verständigen haben.“ Gegenüber den Amerikanern aber müsse Arbeitsausschuss „sein eigenes Programm verfolgen, schon um zusätzliche Mittel zu gewinnen, die man nur für ein zusätzliches Projekt erhalten kann.“ Die von Kuhn beschriebene Erlanger Vorgehensweise bot sich als mögliche Alternative, bei der dem Ausschuss ein von Rektor und Studentenwerksleiter gezeichneter Auftrag für ein Studentenhaus übergeben worden war. Wenn jede Universität so verfahre, so sei hinreichende Legitimation vorhanden, besonders wenn auch die Rektorenkonferenz durch ihr Haupt im Ausschuss vertreten sei. Hess befürchtet, dass ein neuer Ausschuss der Rektorenkonferenz bei den Amerikanern nur Verwirrung stiften könne, nachdem vor nicht allzu langer Zeit schon zwei andere gegründet worden sind. In der Vertretung der Hochschulen brauche es Kontinuität, man solle das neu Entstehende gemeinsam angehen. Da die bisherigen Gremien der Rektorenkonferenz aber bereits ihre Anliegen mit den Amerikanern verhandelt hätten, betonte Erbe die Wichtigkeit eines neuen Gremiums. Das Entscheidende sei doch die Möglichkeit, nun neue Mittel zu gewinnen. Es seien zwar auch schon Gelder genehmigt, die aber nicht zur Verwirklichung neuer Pläne bestimmt seien. In seiner Zusammenfassung betonte Weizsäcker die Einigkeit der Anwesenden:

> Man wolle nichts gefährden, man habe aber bestimmte Ziele, etwas Neues vor und die Hoffnung, dafür zusätzliche Gelder zu erhalten. Niemand verschließe sich der Notwendigkeit der Reform; aber immer wieder gedeihe man nur bis zu dem Punkt, wo die Geldfrage auftaucht. Gerade deshalb müsse man einen neuen zusätzlichen Weg beschreiten.[195]

Ergebnis der Überlegungen zur Legitimation des Ausschusses war, dass drei Tage nach der Frankfurter Sitzung ein Schreiben des Sekretariats der Ständigen Konferenz der Kultusminister an die Länder rausging, das über die Sitzung berichtete und letztendlich für die Überlegungen warb. Der allgemein gehaltene Betreff *Studentisches Gemeinschaftsleben (Studentenwohnheime), Studium generale (Hochschulreform) und allgemeine Fragen der Studentenwerke* verschleierte die auf spezifisch die Errichtung des Gemeinschaftslebens gerichtete Intention. Der durchaus ausführliche Bericht ließ die Entscheidungen der geführten Diskussionen offen. Eindeutig wurde nur die Verortung des Studentenwerks als Partner der projektierten Häuser benannt. Dabei vertrat der Geschäftsführer des Verbandes der Studentenwerke, Frey, die Meinung, dass die technisch-finanzielle Durchführung der geplanten Vorhaben bei den Studentenwerken liegen müsse, dagegen die geistige Anregung und dauerndes Zusammenwirkung des o.a. Ausschusses geschehen solle. Er bezweifelte, dass mit neuen finanziellen Projekten bei den zuständigen amerikanischen Stellen Geld erhalten werden könnte und befürchtet die Gefährdung der bisherigen Projekte. Einig wurde man sich, dass die Studenten-

195 Ebd.

werke als die anspruchsberechtigten Institutionen für mögliche Fördergelder von Bund und Ländern gelten sollten.[196]

Als die Westdeutsche Rektorenkonferenz unter der Leitung des Freiburger Historiker Gerd Tellenbach eine größere Arbeitstagung zur Hochschulreform im Spätsommer von 1952 plante, bot Georg Picht sein Internat Birklehof als geeigneten Tagungsort an.[197] Wie die beiden vom 4. bis 18. August 1952 in Hinterzarten stattgefundenen Arbeitstagungen zeigten, hatten die Kollegienhausenthusiasten auch inhaltlich Einfluss auf die dort geführten Diskussionen über den Erziehungsanspruch der Universität im Kollegienhaus nehmen können. Aus den Begegnungen in Tübingen war für Picht auch die Möglichkeit entstanden, seine aus dem humanistischen Gymnasium abgeleiteten Bildungsvorstellungen auch auf einer eigenen Konferenz zur Debatte zu stellen. In Tübingen war die Idee entstanden, dem Thema „Universität und Schule" eine eigene Tagung zu widmen. Die beiden Fragen „Was erwartet die Universität von der Schule?" und „Was leistet die Universität für die Schule?" sollten bei dieser Tagung besprochen werden, deren Organisation Picht übernahm. Zusammen mit Carl Friedrich von Weizsäcker und dessen Physiker-Kollegen Walther Gerlach lud Picht zahlreiche Reformpädagogen und Vertreter aller bildungspolitischen Institutionen ein. Bei der vom 30. September bis 1. Oktober 1951 wieder in Tübingen stattfindenden Tagung wurde aus Schulperspektive das gleiche Anliegen wie bei der Kollegienhaus-Tagung im Vorjahr besprochen. Die mangelhafte Hochschulreife der Abiturienten wurde auf die Stofffülle und die mangelnde Einführung in wissenschaftliches Denken gesehen, so dass hier auch die Forderung der Leiterin der Odenwaldschule Minna Specht nach exemplarischem Lernen allgemein begrüßt wurde.[198] Modellschulen mit einer eigenen Personalauswahl des Lehrerkollegiums und einer probeweisen Beschränkung der Prüfungsfächer im Abitur wurden begrüßt. Für die Reformschulen und die schon länger gegen eine Stoffüberfrachtung der Schule angehenden Reformpädagogen hatte die Tagung und die verabschiedete *Tübinger Resolution* eine ermutigende Wirkung.[199] Picht verdankte der Tagung darüber hinaus die Berufung in den Deutschen Ausschuss für das Erziehungs- und Bildungswesen und andere Gremien, von denen er aus seine spätere publizistische Wirkung auf die Bildungsdebatte der 1960er Jahre entfaltete.[200] Ohne der Schuldebatte an die-

196 BayHStA, MK 70100, Ständige Konferenz der Kultusminister, Sekretariat, an die Mitglieder der Kultusministerkonferenz: „Studentisches Gemeinschaftsleben (Studentenwohnheime), Studium generale (Hochschuleform) und allgemeine Fragen der Studentenwerke", Bonn, 16.11.1950.

197 Aus seinem wissenschaftlichen Anspruch als Platonforscher heraus, wollte Picht den Birklehof während der Sommerferien als einen wissenschaftlichen Tagungsort etablieren. Löwe: *Georg Picht und die Schule Birklehof*, 36.

198 Vgl. M. Specht: „Mut zur Lücke. Rede vor dem Landesschulbeirat von Hessen" (1948), in: H. Becker; W. Eichler; G. Heckmann (Hg.): *Erziehung und Politik*, 387–399, 387.

199 B. Thomas: *Der Sachunterricht und seine Konzeptionen*, Bad Heilbrunn 2009. 91. Vgl. M. Wagenschein: *Erinnerungen für morgen*, Weinheim et al. 1989, 66–82. A. Reble (Hg.): *Zur Geschichte der Höheren Schulen, Band II*, Bad Heilbrunn 1975, 157 ff.

200 Überblick über das Engagement Georg Pichts bietet: P. Noss: „Georg Picht", *Biographisch-bibliographisches Kirchenlexikon*, Nordhausen 1994, 565–578.

ser Stelle weiter folgen zu können, ist doch die Parallele der Reformschulkonferenz zu der Kollegienhaustagung im Vorjahr bemerkenswert: Die gleichen Forderungen an eine staatsbürgerliche Bildung sollten in Schule wie Universität gelegt werden. Wurde zwar der Schule eine propädeutische Funktion zugewiesen, dem universitären Studium generale hingegen eine wissenschaftsbegleitende, verfolgten sie doch ein Ziel. Auch der geschlossene Lebensraum vieler reformpädagogisch orientierter Landschulheim-Internate ist als Parallele zu der umfassten Welt des Kollegienhauses zu sehen. 1951 hatte in Tübingen wieder der Erziehungswissenschaftler Wilhelm Flitner gesprochen, und der Göttinger Historiker Hermann Heimpel warb für eine Ausweitung des Geschichtsunterrichts: Aus einem gewissen Abstand erscheint es, als ob die Tagungen von 1950 und 1951 über das gleiche Thema abgehalten worden wäre.

Für die Kollegienhäuser warben die Teilnehmer der Tagung 1950 nun aktiv durch Publikationen. Carl Friedrich von Weizsäcker gab einen Bericht über die Tübinger Tagung heraus.[201] 1952 argumentierte Walther Peter Fuchs in der Heidelberger Zeitschrift *Studium Generale* gegen die banalen „Hotels für Studenten" und für die Gemeinschaftserziehung. Jene „Formung gemeinsamen Lebens" orientiere sich in den kleineren Gemeinschaftshäusern mit bis zu 40 Bewohnern am Modell der Familie, bei größeren Häusern mit bis zu 150 Studenten an demjenigen des Staates. Als Beispiele nannte Fuchs die Akademische Burse, das Nansen-Haus und das Colloquium Historicum in Göttingen, das Collegium Academicum in Heidelberg, Burg Wahn bei Köln, das Bettina-Haus und das Collegium Gentium in Marburg, die Wohnheimsiedlung Maßmannplatz und das Mauer-Haus in München, das Aasee-Haus und das Paulus-Kolleg in Münster, das Leibniz-Kolleg in Tübingen, die Hochschule für Arbeit, Politik und Wirtschaft in Wilhelmshaven-Rütersiel.[202] Fuchs musste in dem Artikel allerdings auch zugeben, dass wohl nur ca. 20 Prozent der Studierenden an einem Gemeinschaftsleben interessiert seien. Dies konnte aber auch durchaus positiv im Sinne eines elitär ausgerichteten Bildungsanspruches gedeutet werden.[203]

201 C. F. von Weizsäcker: *Denkschrift über Arbeiten und Ziele des Kongresses für studentische Gemeinschaftserziehung*.
202 W. P. Fuchs: „Zum Thema", in: *Studium Generale* 1952, 30 f.
203 Ebd. 34.

VI. ZUSTIMMUNG UND ABLEHNUNG DES KOLLEGIENHAUSES

1. DIE GEMEINSCHAFTSIDEE AUF DEN KONFERENZEN 1951 UND 1952

In den Jahren nach Erscheinen des *Blauen Gutachtens* fand eine Fülle von Konferenzen statt, die um das Vorhaben eines weit gefassten Studium generale im Rahmen der Hochschulreform kreisten. Die Konferenzen wurden von ganz unterschiedlichen bildungspolitischen Akteuren ausgerichtet, von Universitäten und Kultusministerien sowie von der Gewerkschaft Erziehung und Wissenschaft (GEW). Bei den regelmäßigen Tagungen der Rektoren- und Kultusministerkonferenz sollten die besprochenen Ideen dann in die Bildungspolitik umgesetzt werden. Gemeinsam war diesen Konferenzen die große wohlwollende Aufmerksamkeit der amerikanischen Besatzungsmacht, die seit 1949 in der von John J. McCloy ausgefüllten Position des *US-High Commissioner of Germany* (HICOG) durch diskret fördernde Maßnahmen und unkomplizierte Ermöglichung mit finanziellen Mitteln die Bemühungen zur Hochschulreform stützen wollte. Durch hochranginge Vertreter und aus Übersee eingeflogene Referenten konnten die Amerikaner die Debatte mit eigenen Erfahrungen und Hochschulkonzepten anreichern. Leiter der nun in der Bundeshauptstadt Bonn ansässigen HICOG-Hochschulabteilung war seit 1951 Julius J. Oppenheimer. Der seit 1930 als *Dean of the College* an der University of Louisville in Kentucky wirkende Erziehungswissenschaftler hatte sich schon in den USA ab 1934 durch ein Reformprogramm für einen früheren Studieneinstieg durch Schüler um allgemeinbildende Aspekte der universitären Ausbildung bemüht.[1] Auf den zahlreichen nun von Oppenheimer in Deutschland initiierten Konferenzen war auch die Einführung des Faches Politikwissenschaft und Amerikanistik als „Demokratiewissenschaft" wesentlich gefördert worden.[2] Vermutlich wäre das Studium generale nie zu einem so gewich-

1 University of Louisville: "Julius J. Oppenheimer (1890–1983)", *College of Arts and Sciences, Hall of Honor*, http://louisville.edu/artsandsciences/hallofhonor/inductees/oppenheimer.html, Zugriff 8.10.2010.

2 Vgl. Paulus: *Vorbild USA?*, 267 f. Der Historiker Carl G. Anthon, ab Herbst 1950 Higher Education Advisor in der Berliner HICOG Education and Cultural Relations Branch erinnerte sich an die Teilnahme an zahlreichen solcher Tagungen in den Jahren 1951 und 1952 in Hinterzarten, Weilburg, Göttingen und an anderen Orten. Zu Carl G. Anthon: *Friedrich Meinecke: Akademischer Lehrer und emigrierte Schüler: Briefe und Aufzeichnungen 1910–1977*, München 2006, 219. Gerhardt: *Die Wiederanfänge der Soziologie nach 1945*, 89. Vgl. „Studium Generale. Die Oberaudorfer Besprechungen", in: Material- *und Nachrichtendienst der Arbeitsgemeinschaft Deutscher Lehrerverbände* 4/37/1953, 1–19.

tigen Thema der Hochschulreformdiskussion der Jahre geworden, hätte nicht Oppenheimer die Initiative zu den beiden Weilburger Arbeitstagungen ergriffen. Mit diesen intensiven Arbeitstagungen sowie durch einige von ihm finanzierte Publikationen und Untersuchungen hat HICOG erreicht, dass das Grundanliegen des Studium generale innerhalb eines Jahres vom Stadium vereinzelter Pläne in eine allgemeine, lebendige Versuchsperiode geraten ist.[3] Im Rahmen dieser Tagungen gelang es aber auch dem kleinen Kreis der deutschen Kollegienhaus-Enthusiasten vermehrt sein Anliegen vorzubringen, die Forderung nach einem allgemeinbildenden Studium generale mit der Schaffung von studentischen Lebensgemeinschaften in Kollegienhäusern zu verbinden. Wohlwollend begleiteten die Amerikaner den Fortgang dieser Tagungen. Die Ursprünge der Kollegienhausdebatte schienen ihnen dabei kaum bewusst zu sein, vielmehr wirkten die Parallelen zur angelsächsischen College-Tradition wie ein Weichzeichner.

Im Juni 1951 hatte der Kulturpolitische Ausschuss des Deutschen Bundestages den Studium generale-Forderungen positiv zugestimmt.[4] Auf den Sitzungen der Westdeutschen Rektorenkonferenz wurde die neue Aufgabe der Universität beschworen. Bei der Abschlusspressekonferenz der Kölner Rektorentagung Ende Juli 1951 erklärte der Heidelberger Romanist Gerhard Hess als Präsident der der Westdeutschen Rektorenkonferenz zusammen mit dem Kölner Rektor Gotthold Bohne die Erziehungsaufgabe als prioritär:

> Die Universitäten strebten danach, ihr altes Gewicht als Erziehungsanstalten neben der bildenden Aufgabe wiederzugewinnen. Eine Erweiterung der Hochschularbeit in Richtung auf die Universitas sei das Verlangen der „guten Studenten“, und die Intensivierung der Studium generale sei gleichzeitig ein Appell an alle Studenten, die Chance zur Heranbildung ihrer Persönlichkeit zu ergreifen. Die Rektorenkonferenz hatte betont, dass das Studium generale einen wesentlichen Teil der gesamten Hochschulreform darstelle. Es solle aber grundsätzlich weiter auf freiwilliger Basis bestehen. In einer Entschließung der diesem Thema werden die Kultusminister gebeten, die Prüfungs- und Studienordnung mit dem Ziel zu überprüfen, die eigentliche wissenschaftliche Ausbildung vor die spezialisierte Fachausbildung zu setzen. Für jede Art von Exkursionen der Studenten müssten Mittel bereit stehen. Die staatsbürgerliche Erziehung des Studenten, z.B., bemerkte Prof. Heß, könne nicht in einem Unterricht über Staatsbürgerkunde geleistet werden, sondern müsse im praktischen Leben, z.B. durch Besuch der Parlamente, vor sich gehen. Sehr stark wurde die Bildung von Wohnheimen befürwortet, in denen die Studenten der verschiedenen Fakultäten ständig zusammenleben.[5]

Dieser Forderung folgend, hatte die Rektorenkonferenz vor allem die Idee der Kollegienhäuser als positiv aufgenommen. Nach Berichten der bisherigen Experimente in Heidelberg oder Tübingen empfahl die Konferenz explizit die Errichtung von solchen Wohnheimen mit Betreuung: „Ganz besonders günstig sowohl zur Förderung wissenschaftlicher Bildung, wie zur Einübung in staatsbürgerliche

3 Vgl. zu den Tagungen: F. Tenbruck; W. Treue (Hg.): *Studium Generale. Bericht über zwei Weilburger Arbeitstagungen,* 1952, 47. Vgl. Rüegg: *Humanismus, Studium Generale und Studia Humanitatis*, 43.

4 U. Schneider: „Hochschulreform, Studium generale und das Collegium Academicum Heidelberg 1945–1952“, in: *Bildung und Erziehung* 1/1983, 55–67, 58 f.

5 dpa: „Von der Rektorenkonferenz“, *Rhein-Neckar-Zeitung*, 3.8.1951.

Verantwortlichkeiten" erschienen die akademischen Kollegien. „Nach den bisherigen Erfahrungen kann sich von ihnen eine wesentliche Bereicherung akademischer Lehr- und Lebensformen überhaupt versprechen. Die Rektorenkonferenz empfiehlt daher dringlich, die Begründung oder den Ausbau solcher Kollegien."[6]

Bei den beiden in Bad Weilburg an der Lahn stattfindenden Arbeitstagungen vom 30. August bis 1. September sowie vom 3. September bis zum 15. September 1951 fungierte HICOG als offizieller Gastgeber und hatte das deutsch-amerikanische Komitee zur Tagungsleitung eingesetzt. Zu den 70 deutschen Bildungsexperten waren zusätzlich amerikanische, britische und französische Gäste mit Expertise geladen.[7] Julius J. Oppenheimer selbst fasste die Übereinstimmung zum Studium generale „als den Gedanken der Erneuerung der Universität selbst" zusammen: „Das Wesen der Universität" werde hier nicht gesehen „in ihrer Funktion der Erziehung von Fachleuten und Fachgelehrten". Ihre eigentliche Aufgabe bestimme sich nun vielmehr als „die im Erkenntnisprozess beabsichtigte und faktisch geschehende Ergriffenheut des ganzen Menschen, die zu einer Umwandlung desselben und damit zur Bildung der Persönlichkeit führt."[8] Die Vorträge der drei britischen und vier amerikanischen Professoren über die anglo-amerikanischen Erfahrungen unterlegte diese Auffassung, dass *general education* in den USA ein Ausdruck der amerikanischen Demokratie sei. Die amerikanische Bildungsexpertin Marjorie Carpenter betonte in ihrem Beitrag die Rolle des Studium generale: „Im Unterschied zur Spezial- und Berufsausbildung" wecke das Studium generale in den USA als „Teil der Gesamtausbildung" bei dem Studenten „vorzüglich solche Fähigkeiten und Werte, dasjenige Verständnis und diejenige Haltung [...], die es ihm ermöglichen, ein wirklicher und verantwortlicher Staatsbürger zu werden und gleichzeitig ein volles und sinnvolles Dasein in einer freien Gesellschaft zu führen."[9] Auch zwei jüngere Hochschullehrer sprachen nun, die bei den hochrangigen Konferenzen der Rektoren und Minister bislang nicht dabei gewesen waren. Der Heidelberger Historiker Walther Peter Fuchs und der gerade an die junge FU Berlin gewechselte Germanist Walther Killy durften nun aus der Praxis der Kollegienhäuser berichten. Fuchs stellte hier nun „Gemeinschaftshäuser" vor, die sich durch die pädagogische Intention von den einfachen „Wohnheimen" unterschieden, welche lediglich günstigen Wohnraum zur Verfügung stellten. Der geeignete Rahmen zur Durchführung des Studium generale sei in einem Gemeinschaftshaus gegeben, das es „ein demokratisches Staatswesen en miniature" darstelle, „in dem die Gesetze und Verfahrensweisen täglich und stündlich geübt werden können."[10] Killy schlug die Brücke von der Tradition der angelsächsischen Colleges als die

6 Westdeutsche Rektorenkonferenz: *Studium Generale*, Köln, 30.7.1951, Neuhaus (Hg.): *Dokumente zur Hochschulreform*, 44.

7 Paulus: *Vorbild USA?*, 151 ff.

8 J. J. Openheimer: „Die Notwendigkeit des Studium generale in der heutigen Welt", Tenbruck (Hg.): *Studium Generale,* 19.

9 M. Carpenter: „Studium generale (General Education) in Amerika", in: Tenbruck (Hg.): *Studium Generale*, 116–119, 116. Zitiert nach Paulus: *Vorbild USA?*, 153.

10 W. P. Fuchs: „Studentische Gemeinschaften. Zum Thema", in: Tenbruck (Hg.): *Studium Generale*, 30–34, 30 f. Zitiert nach Paulus: *Vorbild USA?*, 152.

für das *Studium generale* geeignetste Organisationsform. Auch wenn die Bezeichnung *College* im amerikanischen und englischen Universitätssystem durchaus eine andersartige Funktion habe, sei die Bezeichnung doch auch im deutschen Kontext sehr geeignet, „weil es am ehesten diejenigen Einrichtungen bezeichnet, die im gemeinsamen Wohnen, Leben und Arbeiten Dozenten und Studenten zusammenführen.“[11] Tatsächlich brachten die von den beiden Rednern vertretenen Konzepte einen neuen Aspekt in die Studium generale-Aussprache, der sowohl von der idealistischen Auffassung der Einheit der Wissenschaften als auch von der allgemeinbildenden Forderung des Blauen Gutachtens abwich. In der Forderung nach einem geschlossenen Raum des Zusammenlebens, einer Lebensgemeinschaft von Lehrenden und Lernenden lehnte sich das Konzept vielmehr an die dritte, aus der mittelalterlichen Universitätstradition abgeleitete *universitas*-Idee der Tübinger Theologen an.[12] Wohnheime als Ort der Durchführung eines Studium generale waren als Berichte aus der Praxis bei den Rektorenkonferenzen schon eher erwähnt worden, nicht aber Gegenstand einer grundsätzlichen Erörterung als das am besten geeignetste Mittel zur Durchführung studentischer Erziehung gewesen.[13] In Bad Weilburg war von Killy und Fuchs das neue Konzept vorgestellt worden, dass auf den bildungspolitischen Konferenzen auf Minister- und Rektorenebene bisher nur als eine praktische Lösung von Wohnraumnot und mangelnder Studienreife gesehen worden war. Im Ausmaß seiner Vorstellungen eines das ganze Alltagsleben umfassenden, gesellschaftlichen Lernens ging das neue Gemeinschaftshaus weit über die Studium generale-Konzeption des Blauen Gutachten hinaus.

Nach diversen kleineren Arbeitskonferenzen unterschiedlichster Zusammensetzung war das Studium generale auch auf der die gesamte Hochschulreform verhandelnden Hinterzartner Arbeitstagungen im August 1952 ein wesentlicher Programmpunkt geworden. Die „Probleme der deutschen Hochschulen“ waren das Thema der beiden Arbeitstagungen im Internat Birklehof in Hinterzarten/Schwarzwald, an denen vom 4. bis 7. sowie 9. bis 18. August 1952 rund 150 Personen teilnahmen. Die vom Freiburger Historiker Gerd Tellenbach geleitete *Kommission für Hochschulreformfragen der Westdeutschen Rektorenkonferenz* hatte die Tagung vorbereitet. Der Leiter der HICOG-Hochschulabteilung Julius J. Oppenheimer hatte zwar für die Tagung im Sommer ebenfalls Anregung gegeben, wollte nun aber trotz der finanziellen Förderung durch die USA bewusst den deutschen Akteuren Einladung und Leitung der Tagung überlassen.[14] In seinem Vorwort des Tagungsberichtes nannte Tellenbach das Ziel der einer nüchternen Erfassung der Lage der Hochschulen: „Es kam darauf an festzustellen, was geschehen

11 W. Killy: „Das College“, in: Tenbruck (Hg.): *Studium Generale*, 34–37, 34. Zitiert nach Paulus: *Vorbild USA?*, 152.

12 Dort war unter Beteiligung der Tübinger Professorenschaft auch das Leibniz-Kolleg entstanden, das nun Killy als Erfahrung und Referenz diente.

13 Vgl. HHStAW, 504/65, Niederschrift über die Tagung der Kultusminister mit den Rektoren der Hochschulen, Hamburg, 13.1.1949, 12–18.

14 G. Tellenbach: „Vorwort, Probleme der deutschen Hochschule“, in: *Die Empfehlungen der Hinterzartner Arbeitstagungen im August 1952*, Göttingen 1953, 7.

müsse, um die Hochschulen wieder zur Erfüllung der ihnen obliegenden Funktionen für die sie tragende Umwelt zu befähigen."[15] Alle schon im *Blauen Gutachten* empfohlenen und an keiner Universität umgesetzten Reformvorschläge standen wieder auf der Tagesordnung der fünf Arbeitsausschüsse: Die Hochschulbeiräte, eine professionelle Öffentlichkeitsarbeit der Universitäten und – am heftigsten debattiert – die Nichtordinarien-Frage.[16] Dabei war die Hinterzartner Tagung von einem Misstrauen gegenüber der „menschenformenden Kraft der Wissenschaft" geprägt. Das zu Beginn des 19. Jahrhundert entstandene und bei den bisherigen Tagungen nie wesentlich in Frage gestellte Konzept „Erziehung durch Wissenschaft" wurde nun offen angezweifelt. In seinem Tagungsbericht sprach Tellenbach die „die auffallende Unsicherheit und Selbstbeschneidung vieler Gelehrter in dieser Frage" an. Er zitierte Bemerkungen, „dass Bildungskraft und Wissenschaft ein schlechter Reim, dass Wissenschaft ein unzweckmäßiges Mittel sei oder dass sie zu gut sei, um Bildung hervorzubringen." [17] Andererseits war durchaus im Sinne der bisherigen Bildungsidee von „menschenverwandelnden Bedeutung" der Wissenschaft gesprochen worden sowie von der Selbstzerstörung der Geisteswissenschaften durch verfehlte Selbstkritik gewarnt worden. „Rationalismus" sei dort vonnöten, wo er „überhandnehmenden Agnostizismus und Irrationalismus" entgegentreten könnte.[18] So bemerkte Tellenbach schon unmittelbar nach der Tagung den Geist, der die Beiträge in Hinterzarten durchzogen hatte: „Es ist gewiss zu begrüßen, wenn Wissenschaft sich gegen vage und allgemeine oder gar doktrinäre Bildungsvorstellungen verwahrt, wenn sie sich ferner ihrer Grenzen bewusst bleibt. Heute scheint uns indessen eher die Gefahr zu bestehen, dass die Hochschulen nicht genügend zu ihrem eigenen Lebensprinzip stehen und die ihnen von ihrer wissenschaftlichen Existenz her offen stehenden Wirkungsmöglichkeiten nicht vollkommen wahrnehmen." Insbesondere die Überlegungen zum Studium generale drückten in der Ansicht Tellenbachs dieses Misstrauen aus. Insbesondere „die vielen mühevollen Gespräche über ein Studium generale", so formulierte Empfehlung IV, „die seit Jahren nicht zur Ruhe kommen, scheinen darauf hinzudeuten, dass die Wissenschaften selber von der Art und Wirksamkeit ihrer Lehre an den Hochschulen nicht voll befriedigt sind. Obgleich sie geneigt sind, die Grenzen ihrer Bedeutung im Ganzen des menschlichen Daseins anzuerkennen, wollen sie mehr bieten als bloße Fachausbildung und Berufsvorbereitung. In der

15 Einleitung, Ebd. 11.

16 UAF, 1/91, Prof. Tellenbach, Kommission für Hochschulreformfragen, an die Vorsitzenden der Westdeutschen Rektorenkonferenz und des Hochschulverbandes, Freiburg, 25.8.1952. Vgl. Paulus: *Vorbild USA?*, 153 ff.

17 Tellenbach: *Probleme der deutschen Hochschule,* 13.

18 Tellenbach sah die Bildung einer Kommission „Verantwortung der Wissenschaft" durch die Deutsche Forschungsgemeinschaft in der gleichen Richtung, die feststellte, „dass ‚die Wissenschaft als solche ein Wertesystem, nach dem gehandelt werden soll', nicht besitze oder von sich aus nicht gewinnen könne, andererseits aber hervorhob, dass ‚durch Teilhabe an wissenschaftlichen Einsichten die ganze Bewusstseinslage umgeformt' werde. Sogar von einer ‚ethisch umformenden, stillen Erziehung durch den echten Geist der Wissenschaft' wurde gesprochen." Ebd. 13 f.

Anstrengung um ihre eigentlichen Gegenstände sollen die Einzelwissenschaften einander näher kommen, um das Denken nicht nur, sondern auch das Verhalten des Menschen zu prägen." Dabei wollte Tellenbach das Studium generale keineswegs als ein „allgemeines Wissen neben der Fachwissenschaft" sehen, „sondern gerade dieser zu ihrer echten Bildungsmöglichkeit ganz verhelfen".[19] Die Aufgabe der Hochschule bei der Erziehung gesellschaftlich verantwortlicher Akteure war in dem Zusammenhang auch vorsichtig angesprochen worden. Wobei Tellenbach im Rückblick auf die Tagung meinte, dass man die Hochschulen in Bezug auf politische Bildung nicht überfordern solle. Sie seien ja nicht einmal für die Studenten der einzige oder vornehmste politische Bildungsfaktor. Aber an der Hochschule könnten und sollten „politische Dinge in einer Weise behandelt werden, wie es akademischen Lebensstil im besten Sinne entspricht, d.h. die Hochschule soll vor allem eine Einübung in politische Urteilsbildung bieten, die den zugrunde liegenden Tatsachen Rechnung trägt, in eine Art der politischen Stellungnahme, die um die Gründe der eigenen Entscheidung weiß."[20] Die bei der Konferenz ausgehandelten Empfehlungen und insbesondere die nahezu unkritische Übernahme der Kollegienhauspläne wurden Ausdruck dieser Unsicherheit gegenüber der Bildungskraft der Wissenschaft. Schon auf Tagesordnung der ersten Tagung vom 4. bis 7. August waren die beiden nun miteinander verknüpften Themen Studium generale und „Unterstützung studentischer Selbsttätigkeit und studentischer Gemeinschaften" vermerkt gewesen.[21]

Die Kommission für Hochschulreformfragen empfahl zu Ende der ersten Hinterzartner Tagung ein Studium generale „mit aller Entschiedenheit". In ihrer ersten Erklärung blickte die Kommission auf die seit vielen Jahren laufenden „vielen mühevollen Gespräche über ein Studium generale" zurück, die darauf hinzudeuten schienen, „dass die Wissenschaften selbst von der Art und Wirksamkeit ihrer Lehre an den Hochschulen nicht voll befriedigt sind." Die Universitäten wollten nun den Studenten „mehr bieten als bloße Fachausbildung und Berufsvorbereitung." In der Anstrengung um ihre eigentlichen Gegenstände sollten die Einzelwissenschaften sich einander annähern, um Denken und Verhalten des Menschen zu prägen. Aus den Erfahrungen an einzelnen Universitäten folgerte die Kommission eine Empfehlung, „auf welche Weise die bildende Einsicht in den Zusammenhang der Wissenschaften gewonnen werden könnte." Zwei Wege eines Studium generale wurden dabei empfohlen: Den der allgemeinbildenden Vorlesungen und den der Arbeitskreise.[22] Bisherige Veranstaltungen an den Universitäten unter dem Titel *Dies academicus* oder *Dies universitatis* hätten gezeigt, dass Fachvorträge von hohem Niveau, in „denen etwa Methoden, Denkstrukturen und Grundprobleme einer Wissenschaft behandelt werden", dieses Ziel erreichen könnten:

19 Ebd. 14.

20 Ebd. 15.

21 Tagesordnung der ersten Tagung 4.–7.8.1952, Ebd. 17 ff.

22 UAF, 1/91, Kommission für Hochschulreformfragen, Arbeitstagung Hinterzarten 4.–7.8.1952: Empfehlung IV: Studium generale.

> Ratsam ist jedoch, dass die Anzahl solcher Lehraufträge sorgsam begrenzt wird. Die Leistungsfähigkeit des Lehrkörpers und der Empfänglichkeit der Studierenden einer mittleren oder größeren Universität ist, die den *Dies academicus* zu einer ständigen Einrichtung zu machen wünscht, scheinen etwa 6-10 Vorträge jährlich zu entsprechen. Man kann diese Vorträge auf das ganze Studienjahr verteilen oder sie vielleicht noch besser im Wintersemester konzentrieren. Es ist empfehlenswert, diese auch äußerlich aus dem normalen Studienbetrieb herauszuheben, indem ganze oder wenigstens halbe Tage vorlesungsfrei gemacht werden. Man sollte sich nicht davon abschrecken lassen, dass der größere Teil Studenten vielleicht von dem gebotenen keinen Gebrauch macht. Das Vorhandensein des *Dies academicus* ist eine maßstabgebende Forderung und beeinflusst die Atmosphäre einer Hochschule. Die Wirkung wird vertieft durch ein Colloquium von Professoren und Studenten. Gerade ein Gespräch von Dozenten mehrerer Fächer vor einer studentischen Zuhörerschaft ist oft besonders erfolgreich gewesen. Wenn aus solchen Diskussionen wiederholte Gespräche in kleineren Kreisen heranwachsen, ist es von besonderem Wert. Zuweilen lässt sich ein Thema der bezeichneten Art nur in ein- bis zweistündigen Vorlesungen bewältigen. Deshalb werden auch Vorlesungsreihen empfohlen. Doch hierbei ist erst recht Beschränkung ratsam. Nur wenige, ganz besonders geeignete Vorlesungen können von Nutzen sein.[23]

Als zweites Mittel des Studium generale wurden viele kleine Arbeitskreise empfohlen, „in denen das von den Studenten so oft geforderte Gespräch mit ihren Dozenten möglich wird." Vielfach sei die Beteiligung eines Dozenten eines anderen Faches oder gar einer anderen Fakultät bei solchen Arbeitskreisen für die Weitung des Horizontes förderlich. Eine einzige Stunde mit einem Kollegen aus einem Nachbarfach könne für diesen Bildungsanspruch manchmal weiter führen als eigene Semesterveranstaltungen.[24] Erstmals wurde bei dieser Empfehlung auch die gestaltende Rolle der Studenten durch ihre eigenen Interessen angesprochen:

> Mit besonderer Sorgfalt sollten die Dozenten auf jeden Versuch der Studenten eingehen, ihr Studium selbst zu gestalten. In manchen Fällen haben Fach- oder Institutsgemeinschaften mit Hilfe ihrer Lehrer ein Studium generale begonnen, und die Studierenden sind häufig recht erfindungsreich. Studentengruppen benachbarter Fächer laden sich zur Besprechung gemeinsamer Fragen gegenseitig ein, wobei besonders der Ausgang von konkreten Problemen des eigenen Faches am ehesten zum erstrebten Ziel geführt hat. Die damit verbundene Möglichkeit der Einführung in das Studium und der organischen Gemeinschaftsbildung bedarf nur geringer materieller Voraussetzungen.[25]

Die Fragestellung von Studentenseite sah die Kommission nun zum ersten Mal als ein brauchbares Mittel. Die schon dieser Hinsicht gemachten Erfahrungen, sollten „beachtet und benutzt werden". Dabei wollte die Kommission auch studentischen Gruppen, die nicht ein formaler Teil der Universität waren, eine Rolle zuweisen: Sämtliche Bemühungen „lebendiger und unabhängiger studentischer Gemeinschaften um ein Studium generale sollten aufmerksam gepflegt werden und in jeglicher Hinsicht gefördert werden."[26] Mit dem Blick auf solche dezentral und nicht durch akademisch qualifiziertes Personal der Universitäten gesteuerte Bemühungen um Allgemeinbildung, hatte die Kommission einen vollkommen neuen

23 Ebd.
24 Ebd.
25 Ebd.
26 Ebd.

Blickwinkel eingenommen. Diese neue Perspektive war durch eine andere Sorge um die „Hochschule als Gemeinschaft“ ausgelöst. Die Empfehlungen der Kommission für Hochschulreformfragen nach dem ersten Teil der Arbeitstagung in Hinterzarten empfanden den korporativen Geist der Universität als ein bedauerlicherweise schwindendes Phänomen. „Mit tiefer Besorgnis“ stellte die Versammlung fest, dass in den einzelnen Hochschulen das korporative Bewusstsein verloren zu gehen drohe. „Alle Glieder einer Hochschule, Lehrkörper und Studentenschaft, aber auch das Studentenwerk, die einzelnen studentischen Gemeinschaften, Wohnheimgemeinschaften und Auslandsämter missen zur Erfüllung der Aufgaben der Hochschule in gleicher Weise beitragen und in enger gemeinsamer Verantwortung arbeiten.“[27] Die Idee des korporativen Zusammenhalts der Hochschule war nicht von den Amerikanern als Konzept an die Deutschen herangetragen worden. Vielmehr war eine Denkschrift des Verbandes Deutscher Studentenwerke über die soziale Lage der Studenten der Initialfunke gewesen.[28] Alle Anregungen der Kommission „zur Förderung dieses notwendigen Zusammenhaltes aller Glieder der Hochschule“ folgten nun einem erzieherischen Motiv, mit dem die Verantwortlichkeit der Studenten erlernt werden sollte. Die angemessene Vertretung der Studentenschaft in den Gremien der Hochschulselbstverwaltung wurde so begründet:

> Die Versammlung ist der Meinung, dass der Studentenschaft durch ihre gewählten Vertretungen eine verantwortliche Rolle in der Selbstverwaltung der Hochschule gebührt. Insbesondere wird der Rektorenkonferenz zur Erwägung gegeben, eine wirksame Erweiterung des Verantwortungsbereiches der Studentenschaft zu beraten. Die Mitverantwortung für die studentische Selbstverwaltung und die damit verbundene erzieherischen Aufgaben sollten ihren Ausdruck dadurch finden, dass der Rektor und die Professorenschaft die studentische Selbstverwaltung stärker als bisher bei Wahlen, Versammlungen und schwierigen Einzelaufgaben unterstützen. Die Studentenschaft ihrerseits sollte aus der Professorenschaft einzelne erfahrene Berater wählen.[29]

Ebenso sollten die Studentenwerke in „ein engeres Verhältnis zur Gesamtuniversität“ treten. Zum einen sollte dabei die Rektorate eine nähere Anbindung der Studentenwerke an die Universität anstreben und das Stipendienwesen vereinheitlicht werden, zum anderem aber sollte die Teilhabe an den Studentenwerken auch pädagogisch wirken: „Auch unter dem Gesichtspunkt der erzieherischen Aufgabe der Hochschule ist eine aktive und weitgehende Teilnahme der Studenten im Studentenwerk notwendig. Seine verschiedenen Tätigkeitsbereiche bieten reiche Gelegenheit zur tätigen Verantwortung mit ihrem persönlichen und politischen Bil-

27 UAF 1/91, Kommission für Hochschulreformfragen, Arbeitstagung Hinterzarten 4.–7.8.1952: Empfehlung II: „Hochschule als Gemeinschaft“.

28 Vgl. Verbandes Deutscher Studentenwerke: *Denkschrift*, Bonn o.J. (1952).

29 UAF 1/91, Kommission für Hochschulreformfragen, Arbeitstagung Hinterzarten 4.–7.8.1952: Empfehlung II: „Hochschule als Gemeinschaft“. Empfehlungen, Erste Tagung 4.–7.8.1952, Probleme der deutschen Hochschule. Die Empfehlungen der Hinterzartner Arbeitstagungen im August 1952, 24.

dungswert."[30] Und auch die Gemeinschaftshäuser wurden nun als Empfehlung ausdrücklich genannt, mit der Aussage, „dass das den Hochschulen in den Wohnheimen zur Verfügung stehende Kapital bei weitem nicht genutzt" werde: „Die mit ihnen gegebenen Möglichkeiten der Begegnung zwischen Dozenten und Studenten der verschiedenen Fakultäten und der Ausbildung der studentischen Selbstverwaltung können sich auf die Gesamthochschule entscheidend auswirken." So sei zu bedauern, dass die vorliegende Erfahrung bei neuen Projekten nicht hinreichend genutzt würden. Eine „Vermehrung und Förderung derjenigen Häuser, die nicht nur studentische Unterkünfte sind, sollte von allen Stellen nachdrücklich gefordert werden."[31]

Die Umsetzung dieser und weitere Anregungen, auch bezüglich der für Studentenaustausch zuständigen Auslandsämter, sollte eine neu einzurichtende Stelle der Hochschule in Angriff nehmen. Die vermehrten Aufgaben, die aus den vorstehenden Anregungen erwachsen, könnten durch die ohnehin überlasteten Organe der akademischen Selbstverwaltung nicht mehr alleine wahrgenommen werden. Deshalb sollte zu Rektor und Senat „eine Persönlichkeit zugeordnet werden, die die Absichten und Pläne der Senatskommission im Rahmen der Selbstverwaltung für die vorstehend genannten Aufgaben mit Sachkenntnis durchführt." Dieser Posten sollte insbesondere die Verbindung „zwischen Rektor und Senat einerseits, studentischer Selbstverwaltung, Studentenwerk, studentischen Gemeinschaften und Vereinigungen und Auslandsämtern andererseits gewährleisten sowie bei der technischen Durchführung des Studium generale behilflich sein."[32] Eine Kommission zu praktischen Ausgestaltung und vor allem der Finanzierung wurde eingesetzt. Der Kommission sollten nun die schon 1950 in Tübingen über den Themenkomplex übereingekommenen Killy, Kuhn und Tellenbach angehören, ebenso wie der in Tübingen lehrende Philosoph Wilhelm Weischedel und der Kurator der FU Berlin Fritz von Bergmann.[33] Nach der neuntägigen zweiten Hinterzartner Arbeitstagung standen dann die Empfehlungen der Kommission für Hochschulreformfragen fest: Das Studium generale sollte im bisher vielfach besprochenen Sinne 1.) in Forschung und Lehre, 2.) als gegenseitige Anregung und Hilfe, 3.) im Dies universitatis und in Ringvorlesungen sowie 4.) bei eigenen Vorlesungsreihen

30 Ebd. 24. „Die Versammlung ist der Meinung, dass das den Hochschulen und den Wohnheime zur Verfügung stehende Kapital bei weitem nicht voll genutzt wird. Die mit ihnen gegebenen Möglichkeiten der Begegnung zwischen Dozenten und Studenten der verschiedenen Fakultäten und der Ausbildung der studentischen Selbstverwaltung können sich auf die Gesamthochschule entscheidend auswirken. Es ist zu bedauern, dass die vorliegenden Erfahrungen bei neuen Projekten nicht hinreichend genutzt werden, Eine Vermehrung der Förderung derjenigen Häuser, die nicht nur studentische Unterkunft sind, sollte von allen zuständigen Stellen nachdrücklich gefordert werden." „Empfehlungen, Erste Tagung 4.–7.8.1952", in: *Probleme der deutschen Hochschule*, 25.

31 UAF 1/91, Kommission für Hochschulreformfragen, Arbeitstagung Hinterzarten 4.–7.8.1952: Empfehlung II: „Hochschule als Gemeinschaft".

32 Ebd.

33 Empfehlungen, Erste Tagung 4.–7.8.1952, *Probleme der deutschen Hochschule*, 27 ff.

gepflegt werden.[34] Die folgenden Empfehlungen hatten dann die Gemeinschaftsidee aufgegriffen:

> 5.) „Unmittelbare“ Gruppen des Studium generale: Die jungen Semester, die zunächst eine Studienberatung und methodologische Einführung in ihr Fachstudium erstreben, mögen mit Hilfe ihrer Studienhelfern, Assistenten oder Tutoren in kleinen Gruppen [...] auch bereits zum Verständnis für die Sicht andere Fachgebiet geführt werden, um von hier auch ihre wissenschaftlichen Aufgaben auch in überfachlichen Arbeitskreisen (z.B. in philosophischem Arbeitskreis für interessierte Nichtphilosophen) zu entfalten. Entscheiden für den kontinuierlichen Erfolg ist neben dem Zutun der Tutoren und Dozenten die eigene Initiative der Studenten. Wie die Arbeitsweise sich von der der Seminare abhebt, so soll die zu leistende Arbeit auch möglichst nicht in Seminarräumen stattfinden. In diesen Rahmen gehören auch gut vorbereitete Exkursionen und gesellige Veranstaltungen. Verwandte Arbeitskreise mögen sich zu anregender Begegnung als Colloquium – z.B. Colloquium philosophicum, Colloquium musicum, Colloquium politicum usw. – zusammenfinden. In all dem eröffnet sich ein besonders glücklicher Weg zur Verwirklichung nicht nur der Universitas litterarum, sondern auch der Universitas magistrorum et scholarium. 6.) „Mittelbare“ Gruppen des Studium generale: Leben diese „unmittelbaren“ Gruppen des Studium generale wesentlich aus der Initiative der Studenten, aber in gewollter Anlehnung an die Organe der Hochschule, so ruhen die „mittelbaren“ Gruppen noch betonter auf ihrer eigenschöpferischen Verantwortung, z.B. ein Kreis, der sich auf eine Auslandsfahrt vorbereitet oder das Ergebnis der Fahrt auswertet, oder Arbeitskreise der beiden Studentengemeinden, ganz gleich, ob sie sich überfachlich zusammensetzen oder vom Fach her zum Überfachlichen vordringen. Auch sie sind auf das Colloquium mit verwandten „unmittelbaren“ und „mittelbaren“ Gruppen angewiesen und werden sich gern des Rates und der Hilfe der Dozenten bedienen. Wie den „unmittelbaren“ soll die Hochschule auch den „mittelbaren“ Gruppen, denen das Studium generale ein Anliegen bedeutet, jedes fördernde Interesse widmen. 7.) Studentische Gemeinschaften: Das gleiche gilt von den studentischen Gemeinschaften, die eine ausgesprochene eigenständige Grundlage haben und sich doch nicht nur äußerlich, sondern auch innerlich zur Hochschule bekennen, vor allem durch regelmäßige wissenschaftliche Aussprachen über zusammenhängende Themen, durch Kontakt mit Dozenten (Vertrauensdozent) und Tutoren, sowie mit anderen auch andersgearteten) studentischen und nichtstudentischen Vereinigungen, durch Mitarbeit in der Selbstverwaltung des Studium generale und des AStA, und alle in allem durch eine im ganzen Semesterprogramm einheitlich zutage tretende überzeugende wissenschaftliche und soziale Haltung. Die Hochschule wird sie umso mehr fördern, je mehr sie zu ihrem Teil der Verwirklichung der Hochschulreform mitarbeiten. 8.) Die Hochschule als Gemeinschaft: Die spontane Initiative der Studenten, sowohl in den Arbeitskreisen als in den Gemeinschaften, ist durch kaum etwas mehr zu begeistern und zum Erfolg zu führen als durch das Verständnis und durch das tätige Interesse der Dozenten. Es offenbart sich der Geist der Zusammengehörigkeit bei der Erfassung und Lösung gemeinsamer akademischer Aufgaben. Der Dozent soll sich stets dessen bewusst sein, dass ihm außer der Forschung und Lehre auch die Bildung der akademischen Jugend als des Ausdrucks seiner eigenen Welt mit anvertraut ist.[35]

Mit der Idee des Erlernens der Verantwortung in solchen Gemeinschaften erschienen auf einmal auch die in den ersten Nachkriegsjahren oftmals abgelehnten politischen Studentengruppen in einem anderen Licht. Ein eigens neu aufgenommener Tagesordnungspunkt sah Tellenbach mit der „spannungsreichen Diskussi-

34 UAF 1/91, Kommission für Hochschulreformfragen, 2. Arbeitstagung Hinterzarten 9.–18.8.1952: II. Bericht der Kommission für „Studium generale“.

35 Ebd. Zweite Tagung 9.–18.8.1952, Bericht der Kommission für „Studium generale“, *Probleme der deutschen Hochschule*, 50 f.

on" als einen der Höhepunkte der Tagung. Der Freiburger Tutor Hättich hatte durch ein Kurzreferat auf die bildende Wirkung des politischen Engagements der Studenten hingewiesen. Neben einer politischen Bildung durch Belehrung wurde nun die Frage des Eingreifens von Studentenvertretungen in politische Tagesfragen gesprochen. Der Freiburger Tutor hatte als Hauptziel der politischen Hochschulgruppen bezeichnet, „das politische Verantwortungsbewusstsein bei den Studenten überhaupt zu wecken." Und nun war die Tagung darauf voll uns ganz eingeschwenkt, so dass sie der von Hess vorgeschlagenen Erklärung folgte, dass man „die politischen Hochschulgruppen als legitimen Ausdruck des studentischen Gemeinschaftslebens betrachte und sie wie alle anderen Gruppen der Förderung durch die Hochschule für würdig erachte."[36] Der Göttinger Erziehungswissenschaftler Erich Weniger wurde nun mit der Leitung einer Kommission für politische Bildung und politische Wissenschaft beauftragt. Weniger hatte in einem Diskussionsbeitrag betont, dass an der Hochschule nicht nur alle Möglichkeiten der politischen Bildung durch wissenschaftliche Lehre bestehen müssten, sondern dass die Hochschulen in ihrem Leben selbst ein Modell für die autonome Gestaltung des Lebens in Freiheit und Ordnung geben sollten.[37]

Das Paradigma der Tagung lässt sich mit der Stellungnahme der Kommission „Studentenberatung und Studentenförderung" zusammenfassen: Ihre ungewöhnliche Herausforderungen könne die deutsche Hochschule nur lösen, „wenn es gelingt, zwischen ihren einzelnen Angehörigen, Studenten wie Dozenten, echte menschliche Beziehungen zu schaffen." Mit dem von den Kollegienhaus-Enthusiasten schon eher geforderten Zusammenlegen menschlicher Bedürfnisse nach Gemeinschaft und Begegnung sowie dem weit gefassten Bildungsanspruch der Universität war die Tagung von der bisherigen Universitätsidee wesentlich abgewichen: „Dem zahlenmäßigen Missverhältnis von Studenten und Dozenten und dem dadurch bedingten Auseinanderfallen in Lehrkörper und kaum gegliederte Studentenschaft kann durch sinnvolle Mitarbeit von Assistenten und älteren geeigneten Studenten als Leiter kleiner Kreise innerhalb des Fachs begegnet werden." Die Kommission sah in der Beschäftigung mit konkreten Aufgaben „einen entscheidenden Ansatzpunkt zur Bildung menschlicher Gemeinschaften und damit zur Aufgliederung der Studentenschaft. Die Teilnahme an solchen Arbeitskreisen sollte allen Studienanfängern von den Lehrstuhlinhabern empfohlen werden."[38] In seinem zusammenfassenden Abschlussbericht an die Vorsitzenden der Westdeutschen Rektorenkonferenz und des Hochschulverbandes sprach Tellenbach den Reformbedarf in den vielen angesprochenen Punkten an. Alle „Probleme, die behandelt wurden, hängen alle miteinander zusammen, und es war eine Hauptabsicht, sichtbar werden zu lassen, wie die Lösbarkeit jedes von ihnen von der Lösung der anderen bedingt ist." Von zentraler Bedeutung sah Tellenbach

36 Vgl. Aus dem Protokoll des Diskussion über „Politische Selbstbildung und Betätigung" sowie zu dem Thema „Politische Erziehung und Fachwissenschaft", Ebd. 54.

37 Ebd.

38 Zweite Tagung 9.–18.8.1952, Bericht der Kommission für „Studentenberatung und Studentenförderung", Ebd. 48.

dabei das „zahlenmäßige Verhältnis von planmäßigen Lehrern und Studenten", zu dem das „einfach antiquierte" Ungleichgewicht in der Stellung von Ordinarien und anderen Dozenten beitrage. Neu in der Hochschuldebatte war die Besorgnis über das „vielfach unzureichende korporative Bewusstsein", dass nun in einem Zusammenhang mit der Forderung des Studium generale gesetzt worden war. [39]

Im Juni 1953 regten die Rektoren in Stuttgart an, langfristig Aufbaupläne der Studentenwohnheime aufzunehmen.[40] In dem Jahr hatte der Historiker Hermann Heimpel den Vorsitz der Rektorenkonferenz übernommen und angefangen, durch ein ständiges Büro und Mitarbeiter eigene Strukturen aufzubauen. Eine bei der Tagung eingesetzte Kommission sollte Empfehlungen für die ideale Ausgestaltung dieser Wohnheime erarbeiten.[41] Besonders empfahl diese Kommission der Rektorenkonferenz nun die Schaffung von Kollegien, „in denen freiwillige Arbeit an politischer Wissenschaft geleistet werden kann, sowie das [...] ‚Gespräch vor Zeugen' (Forum politicum)" als eine Form der öffentlichen wissenschaftlichen Auseinandersetzung. Als die Rektoren im Januar 1954 in Göttingen tagten, stimmten sie den Empfehlungen der Kommission voll zu. Die Rektorenkonferenz wünsche, „nach einer Zeit der Überbelastung der Jugend mit Politik und in einer Zeit beunruhigender Passivität gegenüber der Politik ein lebendiges Verhältnis von Dozenten und Studenten zu den politischen Fragen zu erzeugen."[42] In den vier Jahren seit 1950 war diese neue Idee von den Kollegienhäusern bei den Hochschulen befassten Personen ein Konsens geworden. Der in Bayern über viele Jahre die gesamte Hochschulplanung dominierende Staatsrat und zeitweilige Staatssekretär Hans Meinzolt blickte 1954 auf die ersten Jahre nach dem Krieg zurück: „Als besondere Nachkriegsaufgabe" habe sich der Bau und Betrieb von Studentenwohnheimen bewiesen, denen „sowohl eine soziale als auch eine pädagogische Bedeutung zukommt."[43] In seinen Überlegungen über die Ausgestaltung der Beziehung zwischen Studentenwerk und Hochschule sprach Meinzolt der Universität diesen pädagogischen Auftrag zu. Grundsätzlich sah Meinzolt „die dienende Funktion" der Studentenwerke gegenüber der Hochschule und ihren Studierenden. In der inhaltlichen Ausgestaltung maß er den Hochschulen selbst eine wesentliche Rolle zu:

> Schließlich ist noch die Mitwirkung der Hochschulen beim Betrieb der Wohnheime besonders wichtig. Nicht überall ist es möglich und wünschenswert, aus den Wohnheimen Gemeinschaftshäuser mit einem festen Programm unter Leitung eines Dozenten zu machen, aber überall ist es notwendig, die sich bildenden Hausgemeinschaften zu fördern und zu unterstützen. Es wird nur wenige Fälle geben, in denen die studentische Selbstverwaltung so positive

39 UAF 1/91, Prof. Tellenbach, Kommission für Hochschulreformfragen, an die Vorsitzenden der Westdeutschen Rektorenkonferenz und des Hochschulverbandes, Freiburg, 25.8.1952.

40 Westdeutsche Rektorenkonferenz: „Studentenwohnheime, Stuttgart 26.6.1953", in: Neuhaus (Hg.): *Dokumente*, 54.

41 Westdeutsche Rektorenkonferenz: „politische Bildung und Erziehung an den Universitäten und Hochschulen, Göttingen 6.1.1954", Ebd. 65.

42 Ebd.

43 LAELKB Pers. XXVI H. Meinzolt 51, H. Meinzolt: *Beiträge zum Thema „Studentenwerk und Hochschule"*, 1954.

> Ergebnisse zeitigt, dass eine weitere Mitwirkung durch die Hochschule unterbleiben kann. Meist wird durch einen ehren- oder nebenamtlichen Heimleiter aus Hochschulkreisen (Dozent oder Assistent) eine Förderung des Gemeinschaftslebens der Wohngemeinschaft und die Entwicklung einer echten studentischen Selbstverwaltung nötig sein. Die Hochschulen müssen hier den Studentenwerken einen Teil der Verantwortung abnehmen, und zwar in einem stärkeren Maße als dies bisher vielfach geschieht.[44]

Bezüglich der Ausgestaltung des gemeinschaftlichen Lebens in den Wohnheimen zeigte sich der Vertreter eines Kultusministeriums dabei durchaus offen für verschiedenste Modell, betonte aber die Verantwortung für dieses Lebens, die doch von den Vertretern der Hochschule, d.h. den Akademikern, getragen werden solle.[45]

2. DAS DEUTSCHE STUDENTENWERK ALS TRÄGER DER KOLLEGIENHAUS-IDEE

Bei der Frankfurter Sitzung des Arbeitsausschusses zu den Kollegienhäusern Mitte November 1955 war dem *Verband Deutscher Studentenwerke* die Federführung der neuen Gemeinschaftshäuser angetragen worden. Der Geschäftsführer Kurt Frey hatte zugesagt, bei der sieben Tage später in Münster stattfindenden Sitzung der Studentenwerksleiter die Pläne vorzustellen und um Unterstützung zu suchen. In Frankfurt hatte Frey auch schon die Verbindungsaufnahme mit dem International Student Service ISS empfohlen.[46] Der *Verband Deutscher Studentenwerke* sollte die zentrale Institution werden, um für den Kollegienhausgedanken zu werben. Eine besondere Rolle kam dabei der 1951 in Göttingen errichteten *Wohnheimberatungsstelle* zu. Dieses Büro sollte allen Universitäten der Bundesrepublik bei der Planung von Wohnheimen beratend zur Verfügung stehen.[47]

Die dezentral organisierten Studentenwerke an den einzelnen Hochschulstandorten waren seit ihrer Wiederbegründung unmittelbar nach dem Krieg mit einer Vielzahl an sozialen Problemen befasst gewesen. Die wirtschaftliche Lage der meisten Studenten war dramatisch, es mangelte an Nahrungsmitteln, Kleidung und Heizmaterialien. In Bonn war schon im Herbst 1945 der Verein *Studentenwohl* entstanden. Unter Vorsitz des Althistorikers Friedrich Oertel, Dekan der Philosophischen Fakultät, war der Verein in Anlehnung an eine Vorgängerinstitution von 1922 wieder errichtet worden. Der Verein sah seine Aufgabe darin, die Not durch den Aufbau studentischer Hilfseinrichtungen zu lindern, wie durch die im folgenden Jahr errichtete Mensa.[48] Aufgrund der schwierigen Versorgungslage in allen Besatzungszonen waren die Maßnahmen meist von einer praktischen Tat-

44 Ebd.

45 Ebd.

46 BayHStA, MK 70100, Sitzung des Arbeitsausschusses des „Kongresses für Fragen des studentischen Gemeinschaftslebens und des Studium generale“ am 13.11.1950 im Senatssaal der Universität Frankfurt.

47 Deutsches Studentenwerk (Hg.): *Jahresbericht 1957/58*, Bonn 1958, 5 f.

48 Vgl. T. Becker (Hg.): *Zwischen Diktatur und Neubeginn,* Göttingen, 2008.

kraft geprägt.[49] Die Rechtsform der einzelnen Studentenwerke, die mittelbare oder unmittelbare Aufsicht des Bundeslandes und das Ausmaß der Mitwirkung der Studentenschaft folgten in der Nachkriegszeit dabei keinem einheitlichen Modell. Eine Hamburger Arbeitstagung der Hochschulreferenten der Länder der drei westlichen Besatzungszonen hatte im Oktober 1948 festgestellt, dass die Angelegenheiten der Studentenwerke „in den einzelnen Ländern und zum Teil auch an den einzelnen Hochschulen verschieden geregelt seien, ohne dass sich eine Idealform bereits entwickelt hätte.“[50] Wegen den Beschlagnahmungen durch die Alliierten konnte noch nicht auf die Vermögenswerte des ehemaligen, im NS-Staat zentral gleichgeschalteten Reichsstudentenwerkes zurückgegriffen werden. Mit der Währungsreform 1948 war dann der Anteil an Sachleistungen zurückgegangen.[51] Auch für die Sozialarbeit an den Studierenden blieb die amerikanische Militärregierung 1949 der wichtigste Ansprechpartner. Ende August 1949 versuchten die Rektoren der amerikanischen Besatzungszone bei den Amerikanern direkt Mittel einzuwerben. Als Alonzo Grace, der Direktor der *Education and Cultural Relations Division* (E&CR Division) von OMGUS die Rektoren der amerikanischen Zone Ende August 1949 nach Bad Nauheim einlud, war die Errichtung von Wohnheimen und Studentenhäusern der wichtigste Tagesordnungspunkt. Die Rektoren erhofften sich die finanzielle Unterstützung der Amerikaner. „Für die Lösung der dringendsten Aufgaben“ baten sie um einen Grundbetrag von jährlich 10 Millionen DM. In Darmstadt sollte das *Studenten-Aufbauwerk* gegründet werden, bis ein zentrales deutsches Studentenwerk aller Westzonen geschaffen werden könnte.[52] Anfang Oktober 1949 hatten die Studentenwerke ohne Vorgabe der Kultusminister in Ulm die Gründung eines *Verbandes Deutscher Studentenwerke* beschlossen. 1950 war der Verband nach dem Vorbild des dezentral organsierten Deutschen Studentenwerkes der Weimarer Republik wieder gegründet worden, ab 1956 fungierte der Verband wieder unter dem Namen *Deutsches Studentenwerk* (DSW). Als Vertretung sämtlicher Studentenwerke an den wissenschaftlichen Hochschulen der Bundesrepublik und West-Berlins gab sich das DSW in § 21 seiner Satzung die Aufgabe, „der akademischen Jugend ein Studium frei von Not

49 „Man begann den Kampf um Waschmaschinen für eine Wäscherei, um Werkzeug und Material für eine Schumacherwerkstätte.“ Im ersten Jahresbericht des Studentenwerkes Göttingen sind darüberhinaus die Pläne vermerkt für „eine Schneiderei, eine kunstgewerbliche Werkstatt, die vor allem kriegsversehrte mit Arbeit versorgen sollte, einen regelrechten Hilfsdienst für Holzhacken, Teppichklopfen und andere manuelle Arbeiten, eine Schreibstube, ein Übersetzungsbüro, ja eine eigene Schweinehaltung für die Mensa.“ *Jahresbericht 1946/47 des Akademischen Hilfswerks Göttingen*, zitiert nach Klee: *Die Geschichte der Studentenwerke,* 22.

50 HHStAW, 504/5465, Niederschrift über die Tagung der Hochschulreferenten der Länder der drei westlichen Besatzungszonen in Hamburg, 5.–7.10.1948. Vgl. Deutsches Studentenwerk (Hg.): *Deutsches Studentenwerk, 1921–1961*, Bonn 1961.

51 Klee: *Die Geschichte der Studentenwerke,* 22.

52 HHStAW, 504/7627, die Rektoren Piloty (München), Baumgärtel (Erlangen), Rösser (Würzburg), Mehmel (Darmstadt), Jungblut (Karlsruhe), Freudenberg (Heidelberg), Rakewski (Frankfurt), Gerlach (München), Albrecht (Marburg) an das Sekretariat des Länderrates, Hauptreferat Finanzen, Bad Nauheim, 31.8.1949.

zu ermöglichen."[53] Das Sekretariat der Deutschen Studentenwerke in Bonn war schnell zu einer tatkräftigen Organisation geworden, die nun eine Zusammenarbeit mit den Ministerien und anderen möglichen Geldgebern suchte. Leiter war der zuvor im Aufbau der Bonner Studentenhilfe tätige Geschichtsprofessor Friedrich Oertel. In einem Schreiben an die Kultusminister der Länder warb er für die Präsenz der Ministerien bei der Tagung sämtlicher Studentenwerke der Trizone, die vom 14. bis 16. September 1949 im Strandhotel Lido in Seeshaupt am Starnberger See stattfinden sollte. Bei der Tagung werde der Münchner Rektor Walther Gerlach über „Die Stellung der Studentenwerke im Rahmen der Hochschulen" sprechen. Auch sollte von den Bemühungen berichtet werden, über den Industriellen Edmund Stinnes an amerikanische Hilfsgelder zu gelangen.[54] Um die Ressourcen für die sozialen Aufgaben der Studentenwerke zu sammeln, war das DSW aber auch von Anfang an als Inkubator neuer Ideen und Begründungen für die soziale Aufgabe an den Studenten aufgetreten. Als 1950 der bisherige Leiter des Kieler Studentenwerkes Kurt Frey zum DSW- Hauptgeschäftsführer ernannt worden war, hatte er bereits mit dem in Tübingen sich formierenden Kreis der Kollegienhaus-Enthusiasten in Verbindung gewesen. 1951 hatte er selbst als Gastgeber der zweiten jener Wohnheimkonferenzen in Heidelberg fungiert. Auf der Heidelberger Konferenz war die Gründung der Beratungsstelle für Wohnheimfragen beschlossen worden. Unter Leitung von Dr. J. Fischer hatte die Wohnheimberatungsstelle am 1. Januar 1952 ihre Tätigkeit in Göttingen aufgenommen. Die Aufgabe des Referenten lag in der Beratung von Heimträgern und Bauherren aller Art sowie in der Erstellung von Gutachten für Förderanträge des Bundesjugendplans beim Bundesinnenministerium. Die von Walther Killy verfasste Erhebung und

53 Deutsches Studentenwerk (Hg.): *Jahresbericht 1957/58*, 5 f.

54 „Bei dieser Gelegenheit wird über die seit einem Jahr unternommenen Bemühungen des Sekretariats, ausländische Mittel für unsere Studenten zu mobilisieren, berichtet werden. Ebenso wird besprochen werden müssen, welche Hilfe die Studentenwerke bei dem Plane des Amerikaners Dr. Edmund Stinnes, amerikanische Gelder für den gleichen Zweck aufzubringen, leisten können, und wie überhaupt die verschiedenen Hilfsaktionen koordiniert werden sollen." HHStAW, 504/7627, Prof. Dr. Oertel, Sekretariat der Deutschen Studentenwerke, Der Vorsitzende, an den Minister für Kultus und Unterricht Dr. E. Stein, Bonn, 12.8.1949. Vermutlich handelt es sich bei dem erwähnten Amerikaner um den deutschen Großindustriellen Edmund Hugo Stinnes (1896–1980). Dem angesprochenen Engagement von Stinnes für die Studentenwerke wird in der vorliegenden Arbeit nicht weiter nachgegangen. Vermutlich nennt Oertel den Namen von Stinnes um die einflussreichen Verbindungen der jungen und finanzbedürftigen Institution der Studentenwerke zu belegen. Anläßlich einer gigantischen Umschuldungsaktion hatte der Konzern Hugo Stinnes GmbH sich 1926 in die in Baltimore registrierte amerikanische Hugo Stinnes Corporation umwandeln müssen, um amerikanisches Kapital aufnehmen zu können. Trotz der Nähe von Edmund Stinnes und anderen Konzernvertretern zum NS-Staat, wurde er offenbar in dem vorliegenden Schreiben als Amerikaner wahrgenommen, obwohl er während des Krieges in Deutschland gelebt hatte. 1929 hatte Stinnes als Vertreter der Familie in New York sich in einer Publikation mit den USA positiv auseinandergesetzt. Vgl. E. H. Stinnes: *Von New York bis Chicago*, Berlin 1929. Bei den Prozessen um Rückgabe des 1942 in den USA enteigneten Vermögens der Familie Stinnes zeigte sich aber in den 1950er Jahren, dass sie dort als Deutsche wahrgenommen wurden. Vgl. „Stinnes-Konzern: Die Aktien vom Delaware", in: *Der Spiegel* 12.6.1957, 22–34.

zugleich Werbung *Studium generale und studentisches Gemeinschaftsleben* war ebenfalls vom Verband der Deutschen Studentenwerke mitfinanziert worden.[55] Tatsächlich warb der Verband nun offen für das Konzept der Kollegienhäuser.

Freilich überwogen die Anstrengungen der Sozialarbeit an den Studenten. Im Jahresbericht 1957/58 des DSW ist die Umsetzung des 1955 beschlossenen flächendeckenden Stipendiensystems des *Honnefer Modell* das beherrschende Thema für die Gremien des DSW. Der Betrieb der Mensen, die medizinische Versorgung sowie die Unterbringung der Studenten waren alle Aufgaben der „indirekten Förderung" der Studenten. [56] Seit Kriegsende herrschte an den deutschen Universitäten eine große Wohnungsnot, die intakten öffentlichen Gebäude und Studentenverbindungshäuser etwa in Marburg waren nach Kriegsende noch vom amerikanischen Militär oder Lazaretten belegt.[57] Aufgrund der abnehmenden Zahl der bis dato üblichen „Studentenbuden" als Untermietverhältnis sah das DSW gesteigerten Bedarf für den Wohnheimbau. Insbesondere die neu gebauten kleinen Wohnungen ließen Untermietverhältnisse nicht mehr zu. So appellierte 1958 auch das Kuratorium der DSW an die Regierungen und gesetzgebenden Körperschaften von Bund und Ländern für verstärkte Anstrengungen beim Bau von Wohnheimen. Das definierte Ziel sei, für 30 Prozent aller Studierenden Wohnheimplätze zur Verfügung stellen zu können. Für die Umsetzung dieses Zielen würden 3,5 Millionen DM alleine vom Bund benötigt, also eine Steigerung zu den 3 Millionen DM des Haushaltsjahres 1958 und den 2,5 Millionen DM von 1957.[58] Da es den einzelnen Studentenwerken oftmals schwerfiel, ihren Anteil an Hypotheken für den Wohnheimbau zusammenzubringen, setzte sich das DSW besonders für eine Unterstützung ein.[59]

Der psychischen und sozialen Lage der Studierenden galt 1958 aber die Aufmerksamkeit weit über diese Rahmenbedingungen hinaus. Zu diesem Zweck hatten die Deutschen Studentenwerke auch beim Soziologen Helmut Schelsky eine Untersuchung über „die Lage der Studenten" in Auftrag gegeben.[60] Den über die Verbesserung der sozialen Rahmenbedingungen des Studiums hinausgehende Anspruch zur Gestaltung des studentischen Zusammenlebens hatte sich das DSW ausdrücklich gegeben. Trotz des Prinzips der „Neutralität in politischen, konfessionellen und weltanschaulichen Fragen" hatte sich das DSW in seinem ersten ge-

55 Killy: *Studium Generale und studentisches Gemeinschaftsleben.*

56 Deutsches Studentenwerk (Hg.): Jahresbericht 1957/58, 36.

57 UAM, 305a/27, Prof. Dr. Schulz-Schaeffer an den Rektor: „Liste des in den Marburger Studentenhäusern verfügbaren Wohnraums", Marburg, 20.7.1945.

58 Deutsches Studentenwerk (Hg.): *Jahresbericht 1957/58*, 13, 19.

59 Ebd. 36.

60 Das Projekt über „die Lage der Studenten" wurde allerdings auf Grund der unkooperativen Haltung Schelskys aus Sicht des DSW nicht zu Ende geführt. Einen Teil der Auswertung hatte Schelskys für seine 1957 erschienene Studie *Die Skeptische Generation* verwendet. Laut dem Jahresbericht des DSW aber hatte er gegenüber dem finanzierenden DSW seinen Auftrag der Studie nicht erfüllt. Selbst nach Intervention durch Bundesinnenminister Paul Lücke habe sich der Soziologe geweigert, die Unterlagen an den Auftraggeber zurückzugeben. Das DSW wollte nun künftig derartige Aufträge nicht mehr mit einer Vorausfinanzierung erteilen. Vgl. Ebd. 33.

druckten Jahresbericht von 1957/58 die Idee der Förderung der Bildung der Studenten zu Eigen gemacht. So sollten sich die Bemühungen des DSW nicht darin erschöpfen, den bedürftigen Studierenden mit Stipendien und billigen Darlehen die Finanzierung des Studiums zu erleichtern. Vielmehr sollte auch dem Studentenwerk ein erweiterter Bildungsbegriff ein Auftrag sein:

> Über die wirtschaftliche Hilfe hinaus sollen allen jungen Akademikern Anregungen gegeben werden, nicht nur ein reines Brotstudium zu betreiben. Dazu sollte eine möglichst große Zahl von Studenten die Möglichkeit der Teilnahme an Arbeitsgemeinschaften geschaffen werden. Arbeitsgemeinschaften, die sich mit der Pflege von Musik, mit Malerei, mit Theaterspielen oder mit der Herstellung von Filmen befassen und was der Dinge mehr sind.[61]

Ziel dieser Arbeitsgemeinschaften sei nicht eine Erweiterung des Wissens. Der junge Mensch solle „durch gemeinsames Bemühen mit anderen zusammen – sei es nun um einen Film, um ein Theaterstück oder um die Aufführung eines Musikstückes – durch praktische Betätigung angeregt werden, schöpferisch, zumindest nachschöpferisch“ tätig zu werden und sich so „ein lebendiges Verhältnis zu den Kultur- und Bildungswerten zu schaffen.“ Im Jahresbericht des Studentenwerkes von 1957/58 findet sich dabei eine eindeutige Absage an die Bemühungen um ein Studium generale durch allgemeinbildende Vorlesungen. Mit der Absage an die allgemeinbildende Belehrung durch akademisches Lehrpersonal der Universität wurde der Auftrag auf die nun zu errichtenden neuen Einheiten des Zusammenlebens im Aufgabenbereich der Studentenwerke verlagert: Es habe sich gezeigt, „dass ein solches Verhältnis nicht durch das Anhören von allgemeinbildenden Vorlesungen aus den verschiedensten Wissensgebieten zu gewinnen“ sei; vor allem dann nicht, „wenn diese Vorträge für ‚Laien‘ zurecht gemacht sind, aber auch dann nicht, wenn in diesen Vorlesungen spezielle Ausschnitte aus anderen Wissensgebieten geboten werden.“ Die verschiedenen Varianten des Studium generale an einer Reihe von Hochschulen bis auf eine Ausnahme „sämtlich nicht sehr weit gediehen.“ Eine breitere Bildungsgrundlage sei „für die meisten Menschen unserer Tage nicht durch Anhören bei entsprechenden Vorträgen, sondern spielerisch in der praktischen Beschäftigung zu gewinnen.“ Neben geeigneten Menschen, die diese Arbeitsgemeinschaften anregen und leiten können, bedürfe es auch „Räume und eine Menge der verschiedenen Gerätschaften“. Bei der Beschaffung wollte das DSW über die örtlichen Studentenwerke „den Studenten und damit den Universitäten und Hochschulen – und nicht nur diesen – helfen.“[62] Bei der Mitgliederversammlung des DSW im folgenden Geschäftsjahr 1958/59 hatten in diesem Sinne Walther Peter Fuchs seine Vorstellungen von der Aufgabe der Wohnheime präsentieren können. Der andere Hauptredner Eugen Hintermann, Leiter des Münchner Studentenwerkes, hatte bei der Versammlung die sozialen Anforderungen dargestellt, die sich in der zerstörten Großstadt München nach wie vor stellten. [63] Einstimmig hatte dem folgend das Kuratorium des DSW am 25.

61 Ebd. 9.

62 Ebd. 11 f.

63 Deutsches Studentenwerk (Hg.): *Jahresbericht 1958/59*, Bonn 1959. 15. Vgl. G. Koch: „Bau und Finanzierung von Wohnraum für Studenten. Eine (fast) historische Aufgabe der Studen-

November 1958 das Memorandum des „Ausschusses zur Bekämpfung der Studentischen Wohnungsnot" als *Düsseldorfer Wohnheimplan* angenommen.[64] Der Wohnheimplan des DSW setzte an erster Stelle die Bildungsaufgabe durch das Zusammenleben in den Studentenwohnheimen. Durch die Vervielfachung der Studentenzahlen sei dieser neue Auftrag entstanden:

> Der Charakter der Hochschule als Bildungsstätte ist durch diesen Massenansturm gefährdet. Dieser Gefahr muss man durch den Versuch, die Studenten wieder in kleinere, lebendige Gemeinschaften zurück zu gliedern, begegnen. In dieser Situation der Hochschule haben sich die Studentenwohnheime als besondere Kristallisationsprunkte eines zeitgemäßen studentischen Gemeinschaftslebens bewährt. Hier wohnen Studenten mit Professoren, die in vielen Fällen die Heime leiten, zusammen, und das für die akademische Bildung unentbehrliche Gespräch zwischen Lehrer und Schüler ergibt sich – trotz des Massencharakters der Universität – zwanglos. Der Student lernt in der Heimselbstverwaltung die Angelegenheiten des Heimes in demokratischer Weise zu ordnen und sich in die lebendige Gruppe, die sowohl Studenten aus Mitteldeutschland wie auch ausländische Gäste einschließt, einzuordnen.[65]

Erst an zweiter Stelle nennt der Düsseldorfer Wohnheimplan den zwingenden sozialen Sachverhalt, aus dem Wohnraum für die Studierenden geschaffen werden muss. Die Wohnungsnot der Studenten sei steigend, gefährde das Studium und könne nur durch den Bau von Wohnheimen gelöst werden. Mit 16.000 Plätzen in 240 Heimen stehe bisher würden nur für 9 Prozent der rund 170.000 Studenten und davon knapp 16.000 Ausländern in der Bundesrepublik ein Wohnheimplatz zur Verfügung.[66] Aus Erhebungen an den Hochschulen sei der Bedarf von 51.000 Wohnheimplätzen für mindestens 30 Prozent der Studenten festgestellt worden. Die benötigten 300 Millionen DM sollte die Bundesregierung über die kommenden fünf Jahre bereitstellen.[67] Bei Einrichtung der Einzelzimmer-Studentenwohnheime ab 40 Zimmer solle aber niemals die „Bildungsfunktion kleiner Gemeinschaften" vernachlässigt werden. Deshalb sollten immer auch Gemeinschaftsräume für die Wohngruppen eingeplant werden.[68] Im Sinne dieser Großstrategie der DSW konnte ihre Wohnheimberatungsstelle bis 1957 etwa 200 Heime und Heimträger beraten.[69] Am 1. Mai 1957 war die Beratungsstelle für Wohnheimfragen von Göttingen nach Bonn umgezogen. Als eines von fünf Referaten

tenwerke", in: *Die Arbeit der Studentenwerke*, München 1984, 57–76. Zum Bauvolumen der Wohnheime in München: A. van Kempen; J. Andres: *Die Chronik des Studentenwerks München 1920–2010*, München 2010, 11.

64 Deutsches Studentenwerk (Hg.): *Jahresbericht 1958/59*, 11.

65 Ebd. 106–109.

66 Die Häfte dieser Heime sei in Trägerschaft von Studentenwerken und Hochschulen, die andere Hälfte in „freier Trägerschaft" oder konfessionellen Gemeinschaften. Ebd. 107.

67 Der Plan geht von Kosten für einen Wohnheimplatz von durchschnittlich 9.000,- DM aus ohne die Aufwendungen für die Gemeinschaftsräume oder Berücksichtigung unterschiedlicher Grundstückpreise aus. Bei einem Fehlbestand von 35.000 Bettenplätzen ergebe sich also ein Gesamtbedarf von 300 Millionen DM. Angesichts der bestehenden Notlage sollten in den kommenden 5 Jahren Jahresraten von 60 Millionen DM von der Bundesregierung bereitgestellt werden. Ebd. 107 f.

68 Ebd. 106–109.

69 Deutsches Studentenwerk (Hg.): *Jahresbericht 1957/58*, 57 f.

wurde es Teil der Geschäftsstelle des DSW.[70] In den Aufgabenbereich des Referats fiel die Koordinierung der Bundeszuschüsse für den Bau von Studentenwohnheimen, die Beratung der Bauträger hinsichtlich „Finanzierung, Wirtschaftlichkeit und innerer Gestaltung der Heime“ sowie die Tutorenprogramm in den Studentenwohnheimen. Das Tutorenprogramm des Bundesjugendplans war schon im ersten Jahresbericht 1957/58 vom DSW ausdrücklich begrüßt worden. Durch die Zuständigkeit der Wohnheimberatungsstelle sollte die Tutorenarbeit insbesondere im Bericht der Studentenwohnheime gefördert werden. Die im Rahmen des Programms eingesetzten Tutoren sollten „zur Bildung und Förderung der Heimbewohner“ dadurch beitragen, dass sie „dem Wunsch der Heimgemeinschaft nach Hilfe und Beratung in ihren geistigen und menschlichen Anliegen entsprechen und an der Gestaltung des Heimlebens mitarbeiten.“[71] Auch dem Studentenwerk schien dabei der Vielfachanspruch dieser Aufgabe des Referats nicht ganz bewusst zu sein. Diese Unsicherheit zeigte sich auch in den Besetzungsschwierigkeiten der Referentenstelle. Erst mit dem Nachfolger Helmut Kimmerle ab 1. Januar 1960 durfte das DSW, „dass die jahrelangen personellen Schwierigkeiten […] ein Ende gefunden haben.“[72] Als früherer Bewohner des Berliner Studentenwohnheimes Eichkamp brachte Kimmerle den Enthusiasmus des selbstverwalteten Wohnens und Lernens mit in seine Aufgabe in der Wohnheimberatungsstelle.[73]

Der 1960 von Kimmerle verfasste Bericht über die Tätigkeit des Referats folgte dann auch konsequent dem Vorhaben, das studentische Gemeinschaftsleben zu fördern. Im Bericht über die Beratungsleistung des Referats erläuterte Kimmerle anhand des abgedruckten Plans eines Wohnheimes die von der Wohnheimstelle als negativ bemängelten Punkte, die einzig und allein der Gemeinschaftsförderung verpflichtet sind. Der in dem Beispiel mit 63,5 Metern geplante Flur wurde als „kasernenartig“ abgelehnt, die Anzahl der 48 Studenten pro Stockwerk als der „Bildung kleiner, lebendiger Gemeinschaften“ abträglich gesehen. Im Alternativvorschlag der Beratungsstelle ist der Grundriss des Neubaus leicht versetzt, so dass mit überschaubaren Gruppen von 13 Studenten „bessere Voraussetzungen für

70 Die anderen Referate hatten die Aufgabenbereiche „Förderung“, „Beihilfen“, „Jugendarbeitsprogramm“ und Presse. Ebd. 29.

71 Ebd. 58 f.

72 Deutsches Studentenwerk (Hg.): *Jahresbericht 1959/1960*, Bonn 1960, 11. Während der Sachbearbeiter Anton Weidl in seiner Aufgabe belassen wurde, wechselten seine Vorgesetzten und deren Anforderungsprofil jährlich. Der am 1.11.1957 als Nachfolger von stud. rer. pol. Klaus Diederichs eingestellte Referent Dr. Marcel Prem wurde im Februar 1958 durch den Architekten Dipl.-Ing. Armin Hoffmann abgelöst. Hoffmann wurde am 18.12.1959 fristlos entlassen, was neben zwischenmenschlichen Schwierigkeiten wohl auch auf die komplizierte Rolle des Referentenpostens zurückzuführen war. Deutsches Studentenwerk (Hg.): *Jahresbericht 1957/58*, 29. Dass.: *Jahresbericht 1958/59*, 17.

73 Vgl. R. Zünder: *Eichkamp!: 60 Jahre Internationales Studentenheim in Berlin 1947–2007*, Öhringen 2007, 112. Tatsächlich erweiterte das Referat seitdem ständig seinen Aktivitätsradius, so dass Kimmerle bald ein zweiter Sachbearbeiter zur Seite gestellt wurde und er die Mitbetreuung des Tutorenprogramms an ein eigenes Referat unter Dr. Nunn abgab. Deutsches Studentenwerk (Hg.): *Jahresbericht 1959/1960*, 54

ein gedeihliches Zusammenleben der Studenten“ geschaffen sind.[74] Die öffentliche Förderung der Studentenwohnheime hatte sich in dem Berichtszeitraum 1959/60 voll entfaltet, Kimmerle hatte rund 150 am Bau von Studentenwohnheimen interessierte öffentliche Träger, Kirchenbehörden, Organisationen und Architekten schriftlich beraten können. 140 Planungsgespräche waren in der Geschäftsstelle durchgeführt worden, einige Begehungen an den Baugrundstücken gemacht worden. 72 bei Bundesinnenministerium eingegangene Projektanträge mit einem Volumen von 66 Millionen DM waren von Kimmerle begutachtet worden, für die zusammen 20 Millionen DM als Fördermittel beantragt worden waren.[75] Um der Öffentlichkeit die Idee des gemeinsamen studentischen Wohnens näherzubringen, entfaltete die Wohnheimberatungsstelle des DSW unter Kimmerle weitere Aktivitäten. Ein Architekturwettbewerb „Das moderne Studentenwohnheim“ sammelte Pläne von bereits gebauten oder im bau befindlichen Wohnheimen. Anfang Oktober 1959 wurden die Ergebnisse bei einer Ausstellung parallel zur Wohnheimkonferenz in Darmstadt gezeigt. Bei dieser Gelegenheit hatten sich am 7. und 8. Oktober dort alle am Wohnheimbau beteiligten Kreise getroffen. Die gesamte Konferenz stand unter der der Leitfrage: „Welche Bauform fördert die Gemeinschaft in unseren Häusern und den Willen zur Selbstverwaltung in unseren Wohnheimen?“ Neben der Wirtschaftsführung, Innengestaltung und städtebaulicher Einbindung wurde so auch „Architektur und geistige Struktur der Studentenwohnheime“ in Referaten und Diskussionen abgehandelt.[76] Im folgenden Jahr zeigte sich das DSW im Jahresbericht zufrieden. „Wesentlich unter dem Einfluss“ der im Düsseldorfer Wohnheimplan gegebenen Anregungen hätten Bund und Länder ihre Zuschüsse im Bau von Wohnheimen erheblich verstärkt, so dass gegen Ende 1960 „erstmals von einer befriedigenden Bautätigkeit gesprochen werden konnte.“ In dem Maße wie das Engagement für den Bau von Studentenheimen hatte sich auch

74 Deutsches Studentenwerk (Hg.): *Jahresbericht 1959/1960*, 45–54, 46 f.

75 Im Berichtszeitraum 1959/60 wurden 4.793.800,– DM aus Mitteln des 10. Bundesjugendplans auf 34 Studentenwohnheim–Projekte verteilt. 24 von den Empfängern waren dabei Erstanstragssteller für 2.638 Studentenwohnheimplätze. Die Schwerpunkte beim Neubau lagen in Niedersachsen, Bayern und Baden-Württemberg, während Berlin nicht in das Erfassungsgebiet des Bundesjugendplans fiel. Aus dem Sonderfonds des Bundesministers für Wohnungsbau wurden 30 Heime mit 3.647.000,- DM gefördert, davon ein Berliner Heim mit 240.000,- DM. Auf Anregung von Bundespräsident Theodor Heuss war der Sonderfonds des Bundesminister für Wohnungsbau um 2 Millionen DM aufgestockt worden, um die Unterbringung ausländiger Studenten in den zu errichtenden Wohnheimen in angemessener Zahl sicherzustellen. Aus dem ERP-Sondervermögen wurden durch Erlass des Bundesministers für wirtschaftlichen Besitz des Bundes 2,5 Millionen DM Sondermittel zur Finanzierung von Wohnheimplätzen für alleinstehende Zuwanderer aus der SBZ zur Verfügung gestellt. Die Bedarfsmeldung beim Bundesinnenminister für Bundesmittel im Berichtsjahr 1960 wurde mit 15.796.000,- DM angegeben. Die Beratungsstelle hatte errechnet, dass seit 1952 aus den Mitteln des 3. Bis 10. Bundesjugendplans 15.846.236,- DM für 156 Studentenwohnheime bewilligt worden waren. Ebd. 50 f.

76 Der 1. Preis des Architekturwettbewerbs ging an den Berliner Architekten Peter Lehrecke für das Studentenwohnheim der evangelischen Studentengemeinde der TU Berlin, der 2. Preis an die Architekten des Internationalen Hauses Würzburg und des Studentenwohnheimes „Forum“ in Göttingen. Ebd. 45 f.

die Tätigkeit der Arbeit der Beratungsstelle ausgeweitet, der vom Bundesinnenministerium alle Projektanträge zur Begutachtung vorgelegt wurde.[77] Im Zusammenhang damit hatte das DSW sich auch dem seit 1955 laufenden Tutorenprogramm angenommen. Der Jahresbericht 1960 sah die Schaffung der Tutorenstellen in unmittelbarem Zusammenhang mit der Planung neuer Wohnheime. Das DSW hatte das für das Tutorenprogramm zuständige Referat unter der Leitung von Rudolf Nunn ebenfalls mit dem Studentischen Jugendarbeitsprogramms betraut. Bis 1958 hatte die Beratungsstelle für Wohnheimfragen unter Kimmerle diese Funktion samt der Begutachtung von Anträgen mit übernommen. Durch die Ausklammerung der Verwaltung des Tutorenprogramms aus der Arbeit der Beratungsstelle für Wohnheimfragen hatte das DSW nun wieder freie Hand bekommen hat, den Tutoren Anregungen und Hilfe für ihre Tätigkeit in den Studentenwohnheimen zu geben.[78]

3. BILDUNG DURCH WISSENSCHAFT STATT GEMEINSCHAFTSVORSTELLUNGEN

1954 resümierte der Schweizer Soziologe Walter Rüegg, dass das Studium generale „heute in Deutschland beinahe ein modeähnliches Erfordernis geworden" sei: „Es wird zwar stark bekämpft, bildet aber doch in der einen oder anderen Form Bestandteil des Vorlesungsverzeichnisses, weil man sich nicht mehr dem Odium der Rückständigkeit aussetzen will."[79] Im gleichen Jahr gab der Züricher Wissenschaftshistoriker Eduard Fueter ein Plädoyer für das Studium generale ab.[80] Während die beiden Autoren aus der Schweiz sich abwägend positiv mit grundsätzlichen Fragen der allgemeinbildenden Studien auseinandersetzten, schien sich das Interesse der hochschulpolitischen Diskussion Deutschlands verflüchtigt zu haben: Mit der Hinterzartner Arbeitstagung 1952 war die „Zeit der Gutachten und Tagungen" vorüber. So bezeichnete Papenkort das Jahr der Konferenz auch als „Zenit des Studium-generale-Projekts".[81] 1952 erstellten Walther Killy und der Psychologe Wilhelm Josef Revers die einzigen empirischen Untersuchungen über das Studium generale an deutschen Universitäten.[82] So eindringend in Hinterzarten der Reformbedarf des Gesamtgebäudes Universität in Hinsicht auf die allge-

77 Deutsches Studentenwerk (Hg.): *Jahresbericht 1960*, Bonn 1961. 5. Den DSW-Schriften 1957 zum Honnefer Modell, 1958 zum Düsseldorfer Wohnheimplan und 1961 zum Kieler Studentenhausplan folgte 1962 noch der Bochumer Mensaplan. Vgl. Klee: *Die Geschichte der Studentenwerke*, 22 f.

78 Deutsches Studentenwerk (Hg.): *Jahresbericht 1960*, 6.

79 Rüegg: *Humanismus, Studium Generale und Studia Humanitatis*, 47.

80 E. Fueter: *Das studium generale*, Zürich 1954.

81 Papenkort: *Studium generale*, 85 f.

82 Killy: *Studium Generale und studentisches Gemeinschaftsleben*. W. J. Revers: „Sind die Studenten am Studium Generale interessiert? Bericht über eine Meinungserhebung bei Studenten der Universität Würzburg im Wintersemester 1952/53", in: *Studium Generale* 7/1955, 459–468. Vgl. Papenkort: *Studium generale*, 85 f.

meinbildende Funktion beschworen worden war, so gering schien im Nachklang das Interesse an einer Fortführung der öffentlichen Debatte über den bildenden Auftrag der Universität. Verschiedene Veröffentlichungen bis 1955 resümierten die Gesamtheit des Studium generale-Vorhabens als eine historisch abgeschlossene Phase. „Qualitativ neue Versuche wurden nach 1952 offensichtlich nicht mehr unternommen", fasste Papenkort in seinem Rückblick 1999 zusammen.[83]

Die weitgehenden Vorschläge der Hinterzartner Arbeitstagung waren aus einem Misstrauen gegenüber der klassischen Bildungsfunktion der Wissenschaft heraus entstanden. Die von den Kollegienhaus-Enthusiasten geforderte und nach Kräften geförderte Vermischung der menschlichen Bedürfnisse nach Gemeinschaft und Austausch mit dem Auftrag der Universität war von diesem Konsens getragen gewesen. Anscheinend hielt der Konsens aber nicht lange an. Auf einer abstrakten Ebene diente das Studium generale weiterhin als Stoff einer philosophischen Auseinandersetzung. Dem Begriff des „fachstudienintegrierten, wissenschaftlichen Studium generale" zugeneigt, standen diese philosophischen Diskussionsbeiträge aber kaum mit der fachstudienkompensierenden, pädagogischen Studium-generale-Praxis in Zusammenhang.[84] Die nun vom wissenschaftlichen Nachwuchs der Geisteswissenschaften geführte Debatte kritisierte die aktuelle Praxis geradezu. Der junge Philosophiedozent Ivo Frenzel sah 1954 die Studium generale-Versuche als Ablenkungsmanöver von der nicht durchgeführten Gesamtreform der Universität.[85] Der in Bamberg lehrende Erziehungswissenschaftler Richard Schwarz hatte sich in seinen Veröffentlichungen wiederholt für das Studium generale eingesetzt. Auch er betonte aber vor allem den „Sinnbezug der Einzelwissenschaften" als Motivation der Bemühungen.[86] Von den jungen Wissenschaftlern kam auch die Kritik an der bestehenden Praxis des Studium generale. Jürgen Habermas beklagte 1957 die „Erstarrung" des Studium generale „zur rituellen Darbietung besonders plakatierter Vorträge."[87] Wie Habermas in Göttingen, Bonn und Frankfurt hatten die jüngeren Wissenschaftler als Studierende und Dok-

83 Vgl. Ebd. 86.

84 Ebd. 86.

85 I. Frenzel: „Notverordnete Bildung. Das Studium generale an den westdeutschen Hochschulen", in: *Wort und Wahrheit* 9/1954, 729–737. Vgl. A. D. Moses: *German intellectuals and the Nazi past*, New York 2007, 137.

86 R. Schwarz: *Wissenschaft und Bildung*, Freiburg/München 1957, 121f. Vgl. Ders.: „Studium generale als Problem des Wissens und der Bildung. Ein Beitrag zur geistigen Situation der Hochschulen", in: *Vierteljahreszeitschrift für wissenschaftliche Pädagogik* 1953, 272–291. Ders.: „Studium generale als Problem des Wissens und der Bildung. Ein Beitrag zur geistigen Situation der Hochschulen", in: *Vierteljahreszeitschrift für wissenschaftliche Pädagogik* 1954, 43–51. Ders.: „Die Bildungsidee eine ‚Studium generale'", in: *Wissenschaft und Weltbild* 8/1955, 43–51. Ders.: „Studium Generale", in: Deutsches Institut für wissenschaftliche Pädagogik/ Institut für vergleichende Erziehungswissenschaft (Hg.): *Lexikon der Pädagogik*, Freiburg 1955. Zu Richard Schwarz: K.-P. Horn: *Erziehungswissenschaft in Deutschland im 20. Jahrhundert*, Bad Heilbrunn 2003, 131.

87 J. Habermas: „Das chronische Leidern der Hochschulreform" (1957), in: Ders. (Hg.): *Protestbewegung und Hochschulreform*, Frankfurt 1969, 54. Vgl. Papenkort: *Studium generale*, 220.

toranden selbst ihre Erfahrungen mit dem neuen allgemeinbildenden Anteil des Studium gemacht. Anfang der 1950er Jahre war an den meisten Hochschulen Westdeutschlands der Dies academicus eingeführt worden. Zur „Vermittlung des Zugangs zum Wissensganzen und der Blickes über das Spezialgebiet" gab es an den meisten Hochschulen eine „innerlich zusammenhängende Vorlesungsgruppe" dir durch fachlich versierte Vorträge Methoden, Denkstrukturen und Grundprobleme einer Disziplin behandeln wollten, in vielen Fällen ergänzt durch Kolloquien.[88] Diese Praxis des Studium generale war also längst zum Hochschulalltag geworden, der nun kritisch hinterfragt wurde.[89]

Der dritte deutsche Studententag des VDS hatte sich 1954 „die Verantwortung des Studenten gegenüber Volk und Staat" als Thema gesetzt. Der katholische Theologe Romano Guardini hatte 1948 an der Schaffung des propädeutischen Curriculums des Tübinger Leibniz Kollegs mitgewirkt, zeigte in seiner Rede vor den Studenten nun aber keine Bezugnahmen auf den Gemeinschaftsgedanken des Kollegienhauses. Guardini stellte vier Interessen der Studenten an der Studienzeit heraus: Sie wollten „in die Atmosphäre der Offenheit gelangen", Wissen für den künftigen Beruf erwerben, in die Bewegung des Forschens kommen und ihren Drang zur philosophischen Wahrheit ausleben.[90] Askese sei statt Gemeinschaftserlebnisse stelle die Voraussetzung dieser geistigen Arbeit.[91] Die eben nicht durch einen festen Bildungslehrplan konstituierte Universität sei der Ort, Reflexion auf wissenschaftlicher Basis zu üben:

> Es versteht sich von selbst, dass damit nichts von der Art einer obersten Prüfungs- und Führungsstelle der kulturellen Arbeit gemeint sein kann. Derartiges würde dem Geist der Universität aufs härteste Widersprechen. Worum es handeln würde, wäre die wissenschaftliche Klärung der Beziehungen, die zwischen den einzelnen Kulturbereichen laufen; die Herausarbeitung einer Gesamtvorstellung dessen, was lebenswerte und lebensfähige Kultur heißt – welche Vorstellungen ihrerseits auf einem echten Begriff von dem ruhen müsste, was der Mensch ist. Hier liegt wohl auch der eigentliche Sinn dessen, was die Worte „Studium generale" und „universale" meinen. Die bisherigen Bemühungen scheinen nicht sehr fruchtbar zu sein; vielleicht, weil die leitende Vorstellung sich unter dem Einfluss eines hergebrachten Rationalismus ins Enzyklopädische entwickelt hat. Die oben dargelegten Grundsätze können hier klärend und befruchtend wirken. Denn es geht hier nicht nur um eine theoretische, sondern auch und besonders um eine pädagogische Aufgabe: ein lebendiges Bewusstsein vom menschlichen Dasein herauszubilden; eine Fühligkeit für die in ihm spielenden Wechselwirkungen; eine lebendige Verantwortung angesichts der immer beunruhigender hervortretenden inneren Chaotik; eine echte Sorge um den Menschen und sein Werk.[92]

Auf der gleichen Tagung des VDS hatte auch Max Horkheimer über den Begriff der Verantwortung gesprochen. Das moralische Programm des Priesters Guardini war dem Marxisten fremd, den „Positivismus der heutigen Universität" bezeich-

88 A. W. Fehling: „Hochschule", in: K. Mehnert; H. Schulte (Hg.): *Deutschland-Jahrbuch*, Essen 1953, 533–546, 541.
89 Papenkort: *Studium generale*, 86.
90 R. Guardini: „Die Verantwortung des Studenten für die Kultur", in: *Die Verantwortung der Universität*, Würzburg 1954, 5–35, 14.
91 Ebd. 32.
92 Ebd. 34 f.

nete er als „Unfreiheit“.[93] Horkheimer ging dezidiert auf die Annahme ein, dass die Universität nicht allein in der Lage sei, dem Studenten beim Erlernen der gesellschaftlichen Verantwortung zu helfen. Sicherlich könne die auf wissenschaftliche Ausbildung gerichtete Universität nicht ersetzen, „was früher einmal Familie, eine leidlich intakte kulturelle Tradition und vor allem der Umstand, dass es damals für die Studenten Muße gab, geleistet haben.“ So sei ihm die Begründung der studentischen Gemeinschaften und vor allem der traditionellen Verbindungen nur allzu geläufig, da sie ja bewusst die Erziehung des Menschen zur Verantwortung als ihre Aufgabe formulierten. In seiner Rede wollte Horkheimer die freundschaftsstiftende Funktion solcher Korporationen nicht in Abrede stellen, aber doch zu Bedenken geben, dass Freundschaft kaum institutionell organisiert werden könne.[94] Nicht einmal die oft als Vorwurf gegen Korporationen vorgebrachte Protektion wollte Horkheimer als problematisch sehen, sehr wohl aber, „wenn die Studenten im Hinblick auf entscheidende Frage des persönlichen, gesellschaftlichen und politischen Lebens ihre Ideen sich nicht selbst, im Zusammengang mit ihrer akademischen Ausbildung, erarbeiteten und für deren Änderung aus rationalen Gründen offen blieben, sondern sich festlegen ließen durch ein an die herangebrachte Stereotypie.“ Diese Gefahr sei groß. „ Je ohnmächtiger das Ich des Einzelnen sich heute weiß, je mehr ihm die Möglichkeit der Realisierung in der Praxis verbaut ist, desto mehr hat es das Bedürfnis, sich selbst zu bestätigen und zu erhöhen.“ So sei das Verlangen nach dem Kollektiv nur ein Resultat aus innerer Unsicherheit und Schwäche. Horkheimer erteilte dem Glauben an die Bildungsfunktion des Gemeinschaftslebens eine eindeutige Absage.[95] Die Universität habe auf keinen Fall die Aufgabe, solche geisteseinschränkenden Institutionen auch noch selbst zu schaffen oder zu fördern:

> Wer jedoch für einen geistigen Beruf sich entschieden hat, sollte es vermögen, der allgemeinen Suggestion standzuhalten. Dieselbe Vernunft, die ihn in seinem Fach gegen Illusionen schützt und persönlichen Voreingenommenheit gegenüber hellsichtig macht, soll er in den öffentlichen Angelegenheiten bewähren, und nicht wie die Massen, die es nicht anders gelernt haben, in die je gewünschte Begeisterung ausbrechen, oder dem Unrecht gegenüber lethargisch bleiben. Er hat nichts Besseres als die Wahrheit. Wer auch immer dazu hilft, die Studenten im Bewusstsein und im Genuss solcher Verantwortung zu stärken, und dafür sorgt, dass sie den nationalen Massenrausch, den sie selbst nicht mehr nötig haben, auch im Volke

93 M. Horkheimer: „Zum Begriff der Verantwortung“, Ebd. 69–94, 69 ff.

94 „Als von der Freundschaft die Rede war, habe ich an die Verbindungen denken müssen, die ja die Freundschaft auf ihre Fahnen geschrieben schreiben. Es ist mir wohl bewusst, dass nicht zuletzt die Idee der Freundschaft, gleichviel, ob die Verbindungen sie dem verfolgten Bundesbrüdern zu bewahren verstanden oder nicht, zu ihrer Auflösung im Dritten Reich geführt hat. Jedenfalls wird die krasse Isoliertheit, in der viele Studenten zur Universität nicht bloß kommen, sondern während des Studiums verharren, durch die Verbindungen des neuen wie des alten Stils gemildert und damit eine der Bedingungen für jene Resignation eingeschränkt, die das Gegenteil geistiger Freiheit bildet.“ Ebd. 88.

95 Ebd. 88 ff. Aber: „Was aber die inneren Bedingungen angeht, so sind die Studenten und vor allem ihre gewählten Vertreter berufen, selbst an der Verwirklichung teilzunehmen. Ich denke nicht zuerst an die Mitwirkung in der Verwaltung des Gemeinschaftslebens, an die Universitätsfeste und die Studentenhäuser, im Grunde ist auch das noch äußerlich.“ Ebd. 92.

> heilen können, wer dazu beiträgt, sie in der sokratischen Treue zum Gesetz und zugleich in der sokratischen Unerbittlichkeit gegen es zu festigen, alle die Kräfte sind wohltätig.[96]

Horkheimers Empfehlung stellte sich vor allem Forderungen nach einem mehr oder weniger homogenen Bildungskanon entgegen. Damit die Verantwortung des Studenten „im emphatischen Sinne kein flatus vocis" werden sollte, müssten vielmehr „der idiotische Druck auf den einzelnen Studenten" und der akademische Massenunterricht verschwinden. So forderte Horkheimer eine massive Erhöhung der Lehrstellen. Die zeitgemäße Ausgestaltung des Lehrplans müsse eine „Verringerung des geisttötenden Zwangs, die furchtbaren Stoffmassen aufzunehmen, auch wo sie gar nicht nötig sind", bedeuten. So sei den Studierenden das Studieren außerhalb der eigenen Fakultät erleichtert. Und nur durch diese Freiheit könnten auch Fächer gefördert werden, die „zur Urteilsbildung über menschliche Probleme beitrügen und auch zum Avancierte und Umstrittenen in Theorie und Kunst noch kompetent und liebevoll hinführen."[97] Die Reden von Guardini und Horkheimer beim dritten deutsche Studententag des VDS hatten aus unterschiedlichen Motiven wieder zurück zur Forderung einer Freiheit als Voraussetzung der „Bildung durch Wissenschaft" geführt.

Die hochschulpolitischen Gremien waren freilich nach wie vor mit dem Versuch beschäftigt, die Empfehlungen des Erziehungsauftrages in eigens eingerichteten Wohnheimen umzusetzen. Eine Empfehlung der Rektorenkonferenz in Münster belegt, dass auch im Juli 1955 diese institutionelle Einbindung wohl noch nicht an allen Universitäten gelungen war. Die Rektorenkonferenz empfahl den Senaten der einzelnen Hochschulen, für die Belange sämtlicher örtlicher studentischer Wohnheime einen eigenen Beauftragten zu bestimmen. Er sollte durch persönliche Kontakte dafür sorgt, dass die studentischen Wohnheime ein lebendiges Glied der akademischen Korporation darstellen. Die Tätigkeit der Beratungsstelle für Wohnheimfragen des DSW wurde in Münster deshalb von der Rektorenkonferenz ausdrücklich begrüßt. Die Rektorenkonferenz sprach sich offiziell für „die Fortsetzung der bisherigen sachlichen Zusammenarbeit" aus. [98] Dennoch zeigte die nächste „große Bildungskonferenz" zwei Monate später, dass der Konsens über diesen universitären Erziehungsauftrag nicht mehr hielt. Bei der gemeinsamen Tagung von KMK und WRK vom 19. Bis 22. Oktober 1955 in Bad Honnef standen andere drängende Problem der Universität an. Unter Verweis auf die in Hinterzarten erschöpfend behandelten Themen, widmete sich die Konferenz nun der Ergänzung und Gliederung des Lehrkörpers, dem akademischen Nachwuchs und vor allem der finanziellen Förderung der Studenten.[99] Mit Hinweis auf die praktisch zu lösenden Probleme bat der Vorsitzende der Göttinger Historiker Hermann Heimpel als Vorsitzender der WRK gleich in seiner Einführung um das Aussparen grundsätzlich-geisteswissenschaftlicher Erörterung über das Wesen der

96 Ebd. 90 f.

97 Ebd. 92.

98 Westdeutsche Rektorenkonferenz: Studentenwohnheime, Münster, 29.7.1955, Neuhaus (Hg.): *Dokumente*, 69 f.

99 H. Heimpel: *Probleme und Problematik der Hochschulreform*, Göttingen 1956, 1

Universität durch die Teilnehmer.[100] Unter Bezugnahme auf entsprechende Zitate von C. H. Becker und dem *Blauen Gutachten* stimmte Heimpel dem früheren Paradigma der „im Kern gesunden“ deutschen Hochschule zu.[101] Heimpel wollte dem zustimmen, dass „die zugrunde liegende Bildungsidee des deutschen Idealismus im Sinne Fichtes vielleicht erschüttert, aber nicht bestritten ist: Anwendung der Wissenschaft, Bildung des Menschen durch Wissenschaft; eine Wissenschaft, welche nicht als ausgebreitetes Dogma, sondern als Einheit von Forschung und Lehre besteht.“ Er zumindest glaube nach wie vor an dieses Paradigma und wollte die Idee der deutschen Universität nicht durch eine grundsätzlich andere ersetzt sehen.[102] Heimpel zeigte somit eine Abgrenzung zum Tenor der Hinterzartner Arbeitstagung, die er offen benannte. Ausdrücklich wollte er sich von der Befürchtung Becker einer „Übertreibung der studentischen Lernfreiheit“ abgrenzen.[103] In diesem Sinne wollte Heimpel auch das Studium generale als Institution „im großen und ganzen als gescheitert“ erscheinen. Der Erziehungsgesichtspunkt dürfe nur als Erziehung von Erwachsenen gedacht werden, so Heimpel. Sein Zugeständnis an die drei Jahre zuvor so breit besprochene Erziehungsfunktion der Universität klang nur schwach, angesichts der Wiedererrichtung des also so brüchig empfundenen Paradigmas der „Bildung durch Wissenschaft“.[104] Es ist nicht

100 „Eine Vorbemerkung oder fast eine Bitte richtet sich auf Folgendes; es gibt keine Diskussion über Hochschulfragen, welche nicht die Bemerkung enthielte, alle seien Fragen des Geistes und nicht der Formen, der Persönlichkeiten und nicht der Institutionen. Dass es also zuletzt auf die Menschen ankomme, ist ein ebenso richtiger wie unsere Verhandlungen störender Gedanke. Er mag einmal ausgesprochen werden, um dann möglichst auszuscheiden. Er nützt uns nichts, denn unsere Aufgabe ist so bescheiden, dass wir doch nur fragen können, wie die Institutionen aussehen müssen, damit sie der Erziehung der Jugend auf den Hochschulen dienen können, als Institutionen, die deshalb gut sein müssen, weil die Menschen verschieden sind.“ Ebd. 6 f.

101 Heimpel: „Die deutsche Hochschule in ihrem Kern ist gesund. Becker Seite 17: ‚Der Kern unserer Universität ist gesund.‘ Blaues Gutachten Seite 3: ‚Dass die Hochschulen Träger einer alten und im Kern gesunden Tradition sind.‘“ Ebd. 7 ff.

102 Hier nennt Heimpel als negative Referenz die NS-Konzeption der Hochschule von Rein: *Die Idee der politischen Universität.* Ebd.

103 Heimpel hielt „die Meinung für veraltet“. Bei der Initiative Beckers, „1919, mag vor dem sorgenvollen Auge des Ministers der planlos schweifende, im Examen versagende oder für das Leben verdorbene Student gestanden haben. Mein Auge erblickt diesen Studenten nur noch selten. Häufiger begegnet der Student, welcher den Eindruck macht, als habe er sich zu seinem Studium mit der Besoldungsordnung in der Hand entschlossen, der Student, welcher nur allzu gen bereit ist, sich dem Professoren zu unterwerfen, welche in edlen Verein mit den bei Prüfungsämtern tätigen höheren Angestellten vor die Seminare die Schranken des Vorseminars und zwischen beide die Sperre des Mittelseminars zu errichten nicht müde werden, kurz aus der Motivation, die hier nicht erörtert werden sollte, eine Scholastik aufzubauen, denen sich die der Freiheit ungewohnten Studenten mit erstaunlicher Freude unterwerfen.“ Hampel widersprach der Gefahrenwahrnehmung, „dass der Student führerlos verbummelt“. Viel kritischer sah er die Gefährdung dadurch, dass der Studierende „‚Führung und Geleit‘ statt von Geistern von Bestimmungen erfährt, und dass Lehre in Unterricht ausartet.“ Heimpel: *Probleme und Problematik der Hochschulreform,* 10 f.

104 „Man werde in den Begriff der „Erziehung“ noch hinneinnehmen dürfen alle Kräfte, welche sich an der Universität um die Formung moderner Menschen bemühen, einschliesslich der

überliefert, ob bei der Ansprache in Bad Honnef den Kollegienhaus-Enthusiasten die Enttäuschung ins Gesicht geschrieben stand, da die Beschwörung der deutschen Universitätsidee letztendlich eine Absage an die vielen gemachten Konzepte zum außerwissenschaftlichen Erziehungsauftrag der Universität bedeutete. Mitte der 1950er Jahre hatten die hochschulpolitischen Gremien die hochtrabenden Erwartungen an eine allumfassende Bildungsfunktion durch das Studium generale aufgegeben. Auf der Bad Honnefer Tagung 1955 waren Strukturen zu Lösung der viel drängenderen Probleme der Universitäten geschaffen worden. Der Titel des 1957 von der WRK veranstalteten Preisausschreibens *Ziele des Studium generale und Kritik an den bestehenden Einrichtungen* schien programmatisch zu sein. Der preisgekrönte Aufsatz des Münchners Richard Lobner sah die andauernde Debatte nur noch als einen „Beitrag, wie das Gespräch um das Studium generale weitergeführt werden könne, nachdem es so arg ins Stocken geraten ist, dass die Bemühungen als gescheitert erscheinen."[105] Nur noch vereinzelt warben Publikationen weiterhin für das Konzept, so die im Mainzer Studium generale tätigen jungen Dozenten Peter Schneider und Günter Eifler durch Bewerben ihres Konzeptes der *Mainzer Universitätsgespräche.*[106]

Anfang der 1960er Jahre sollten dann die überhöhten Studienzeiten wieder gesenkt werden, womit vielerorts die nicht unmittelbar relevanten Fächer aus den Pflichtcurriculum gestrichen wurde.[107] Der Nach dem Krieg am Aufbau der humanistischen Fakultät der TU Berlin beteiligte Psychologe Johannes Erich Heyde fasste die Entwicklung zehn Jahre nach Hinterzarten zusammen: „Dem so verheißungsvollen Aufschwung folgte je länger, desto spürbarer ein Nachlassen des ursprünglichen Eifers bei Studenten und Professoren, [...] wogegen auch die mannigfaltigen Anstrengungen, das einmal Gewonnene zu erhalten, kaum etwas ausrichten konnten." Der enttäuschte Heyde hatte die neue Bildungseinrichtung „nach Umfang und Gehalt" zusammenschrumpfen sehen, dass er 1962 nur die Reste als „Beweis für ihr jedenfalls offizielles Weiterbestehen" sah. „Damit ist denn im Ganzen wahrhaftig der ehemalige Zustand an den (west)deutschen Hochschulen wieder erreicht, der damals nach fast allgemeiner Überzeugung wegen jenes argen Missverhältnisses zwischen Fachwissenschaft und Allgemeinbildung

näher an die Universität heranzuführenden studentischen Vereinigungen. Man wird in den Begriff der Erziehung zwar nicht die von Ortega y Gasset geforderte Trennung von Forschung und Lehre, wohl aber eine durch stärkere pädagogische Einwicklung zu erreichende Vermittlung, wenn nicht eines Weltbildes, so doch von Wirklichkeitsbildern einrechnen." Ebd. 27.

105 R. Lobner: *Bemühungen um ein Studium Universale*, Essen 1960, 1 Vgl. C. auf der Horst: „Das Studium Universale der Heinrich-Heine-Universität", in: A. Labisch (Hg.): *Jahrbuch der Heinrich Heine Universität Düsseldorf 2005/2006*, Düsseldorf 2006, 41–52, 45.

106 G. Eifler; P. Schneider: „Studium generale. Versuch einer Begründung innerhalb der modernen Universität", in: *Schweizer Monatshefte,* Juni 1960, 232–245, 241 ff. Zu Schneider und Eifler: Johannes Gutenberg-Universität Mainz: „Johannes Gutenberg-Universität Mainz verliert mit Peter Schneider eine große Persönlichkeit", *Pressemitteilung: Mainz,* 24.6.2002. A. Cesana: *Nachruf auf Dr. Günter Eifler (1929–2007)*, Mainz, 12.11.2007.

107 BayHStA, MK 70120.

dringend einer Besserung bedurfte.“[108] Diese Entwicklung bildete sich auch in anderen, informelleren Arbeitsgremien ab, die sich mit der Frage des Studium generale befasst hatten. Bei der Suche nach gemeinsamen Positionen für die diversen Anliegen einer Hochschulreform hatte sich die Agenda in der zweiten Hälfte der 1950er Jahre geändert. Weder im 1950 bis 1968 bestehenden *Oberaudorfer Kreis*, noch im *Hofgeismarer Kreis* von 1954 bis 1964 wurden die Idee eines Studium generale in einem studentischen Gemeinschaftsleben verfolgt. Das Studium generale war bei der Formierung des Kreises der zentrale Bezugspunkt gewesen.[109] Und auch später war es trotz der Vielzahl an behandelten Themen eine Konstante der Beratungen geblieben. Auf der 6. Tagung des Kreises 1954 war man sich auch über Empfehlungen zum „Gemeinschaftsleben der Studenten“ noch in der Linie der zwei Jahre zuvor in Hinterzarten beschlossenen Linie einig: Um „überlebte Formen des studentischen Zusammenlebens [zu] vermeiden“ sollten ganz im Sinne der Hinterzartner Empfehlungen von den Universitäten „neue Inhalte des studentischen Zusammenlebens“ gestiftet werden: „Betonung des Musischen, Chor, Collegium musicum, Bildende Kunst, Colloquium philosophicum, Sport aller Art, mitbürgerliche Bildung, soziale Aufgaben. Jugendhilfe durch Arbeitswochen, Studienreisen, Besichtigungen.“ Die Universität sollte diese neue Funktion in dem Beschluss des Oberaudorfer Kreises durch die Bereitstellung von „Räume und Zeit bereitstellen für Gemeinschaftsleben“ fördern. Lehrende und Lernende sollten dabei als *Universitas magistrorum et scholarium* zusammenwirken, auch innerhalb von zu fördernden Studentenhäusern und Wohngemeinschaften sollte aber der bildungsfördernde Gemeinschaftsgedanke gefördert werden.[110] In den folgenden Jahren blieb die Studium generale-Forderung eine stete Konstanz, die Idee der Durchführung in einem Wohnheim verschwand aber nahezu lautlos.[111] Die Tagung des Kreises Ende September 1961 setzte sich mit den Empfehlungen des Wissenschaftsrates auseinander, die unter Punkt „8. Neue Formen

108 J. E. Heyde: „Technik und Bildung. Die Bedeutung der Bildung für unsere Hochschulen“, in: R. Schwarz (Hg.): *Universität und moderne Welt*, West-Berlin 1962, 243 f. Vgl. Papenkort: *Studium generale*, 86.

109 Der Erlanger Anglist Eduard Brenner war 1950 bis 1959 Vorsitzender des Fachgruppenausschusses Hochschulen der Gewerkschaft Erziehung und Wissenschaft (GEW). Aus Enttäuschung über die ausgebliebenen durchgreifenden Hochschulreformen hatte Brenner nach der GEW Vertreterversammlung in Goslar Anfang Juni 1950 eine Arbeitskreis gegründet, in dem in den Folgejahren an Brenners Ferienort Oberaudorf in Oberbayern je ca. 20 hochschulpolitisch engagierte Personen zusammenfanden. Bei aller Heterogenität war diesem Kreis gemeinsam die „mehr oder minder ausgeprägte Affinität zum sozialdemokratischen und gewerkschaftlichen Gedankengut“ sowie die wissenschaftliche Sozialisation in Weimarer Republik und NS-Zeit. Vgl. Heinemann (Hg.): *Vom Studium generale zur Hochschulreform,* 2 ff. Liste der Teilnehmer ebd. Der ersten Tagung folgend publizierte der Kreis auch seine Forderungen: *Das Studium Generale. Die Oberaudorfer Entschließung zur Hochschulreform*, Celle 1950.

110 Protokoll der 6. Tagung des Oberaudorfer Kreises vom 6.–9.10.1954, Heinemann (Hg.): *Vom Studium generale zur Hochschulreform*, 80.

111 Vgl. Entschließung des Oberaudorfer Kreises über die Bildungsaufgabe der Universität (Oktober 1965), Ebd. 273 ff.

studentischer Gemeinschaften“ und „11. Studium generale“ behandelt hatten. Das Protokoll der den Empfehlungen folgenden Erläuterungen nimmt auf diese Punkte keinen Bezug, der Numerus clausus, die hierarchische Struktur, nicht forschende Professoren, Neugliederung der Fakultäten und die Autonomie der Hochschule waren als drängendere Fragen in den Vordergrund der Beratungen gerückt.[112] Auch für die beiden in der Reformpädagogik sozialisierten Teilnehmer der Tagung 1961, Werner Meyer und Heinrich Sesemann, standen die gemeinschaftsbildenden Erfahrungen als Bildungsidee nicht mehr auf der Agenda. Als Vertreter der pädagogischen Hochschulen in Frankfurt und Berlin waren sie nun mit aktuellen Fragen der Lehrerbildung befasst anstatt selbst pädagogische Überlegungen bezüglich der Studenten anzustellen.[113]

Eduard Brenner hatte in seiner *Denkschrift zur Erziehungsaufgabe der Universität* 1960 ein Programm vorgelegt, das auf die Wahrnehmung gewandelter Bedürfnisse der Studenten zurückging. Brenner begrüsste, dass der Wissenschaftsrat nun „alte Oberaudorfer Gedanken“ aufgegriffen habe. In der Diskussion wurde aber auf den Wandel hingewiesen, der sich auch in der Mentalität der Studierenden vollzogen habe: „Der Studierende heute“ suche „‚Nutzwissen‘ und eine brauchbare Ausbildung für einen bestimmten Beruf.“ Er sei nicht der bildungshungrige Student der Humboldtschen Zeit, der womöglich selbst nur eine konstruierte Idealfigur gewesen sei. Der Student sei „auch nicht mehr bereit, im Bannkreis der Universität zu leben“. Daher lehne die heutige Studentenschaft „Kollegienhäuser wie überhaupt Studentenheime mit inneren Verpflichtungen ab.“ Es seien Wohnheime als günstige Unterkunft gefordert.[114] Der politische Bildungsauftrag der Hochschule wurde in der Runde allgemein begrüßt. Unter Verweis auf die Prinzenerzieher der absolutistischen Zeit, forderte der Freiburger Philosoph Eugen Fink, dass die Demokratie die Erziehung jedes Staatsbürgers zum Souverän folge. Die vom Wissenschaftsrat vorgeschlagenen Kollegienhäuser „für die jungen Semester, in denen die Studenten durch gemeinsames Lernen in das Studium eingeführt werden sollen“, wurden aber rundweg abgelehnt. Diese Kollegienhäuser würden nur einen Teil der Studentenschaft erfassen und so eine erzieherische Betreuung läge außerhalb der Hochschule. Auch das von einigen Teil-

112 Vgl. Protokoll der 12. [d.i. die 13.] Tagung des Oberaudorfer Kreises vom 25.–29.9.1961, Ebd. 137–155.

113 Der 1927 bei Karl Jaspers promovierte Werner Meyer war 1927–1939 und 1940–1941 Mitarbeiter der Odenwaldschule gewesen, 1944 an der Heimschule/Freie Schulgemeinschaft Wickersdorf (Thür.). Ebd. 298. Vgl. M. Näf: *Paul und Edith Geheeb-Cassirer*, Weinheim/Basel 2006, 423. Heinrich Sesemann war 1928 bei Petersen in Jena mit einer Arbeit zur „pädagogischen Charakterologie“ promoviert worden, deren Typisierung von Schülerpersönlichkeiten späeter als zu nahe an der NS-Ideologie kritisiert wurde. Als sozialdemokratisch motivierter Lehre hatte er an der „Lebensgemeinschaftsschule Gera“ und am „deutschen Landerziehungsheim (Dr. Lietz) Schloss Gebesee“ sowie an der „Lebensgemeinschaftsschule“ Rütlischule in Berlin-Neukölln unterrichtet. Heinemann (Hg.): Vom Studium generale zur Hochschulreform, 303. Vgl. R. Döpp: *Jenaplan-Pädagogik im Nationalsozialismus*, Münster et al. 2003, 295 ff. Röhrs: *Reformpädagogik und innere Bildungsreform*, 195 f.

114 Protokoll der 14. Tagung des Oberaudorfer Kreises vom 1.–5.10.1962, Heinemann (Hg.): *Vom Studium generale zur Hochschulreform*, 155–165, 156 f.

nehmern geforderte „Bildungsjahr“ vor dem Fachstudium wurde von der Mehrheit der Teilnehmer abgelehnt. Statt einer solchen „verlängerten höheren Schule“ solle das Studium generale neben dem Fachstudium stattfinden. [115] Brenner hatte bei der Tagung eine Denkschrift vorgelegt, in der er die „Bildung“ als Aufgabe der Universität fest definierte. Die überarbeitete Version der Denkschrift Brenners wurde 1965 als gemeinsame Linie des Kreises beschlossen: „Die Aufgaben der Hochschule sind Forschung, Lehre und Bildung. Der Oberaudorfer Kreis fordert, dass die Bildungsarbeit gleichberechtigt neben der Fachausbildung steht. Unsere heutige Gesellschaft braucht nicht nur fachwissenschaftlich qualifizierte Menschen. Sie braucht Persönlichkeiten, die sich ihrer Verantwortung gegen der Gemeinschaft bewusst sind. Aus diesem Grund ist neben dem Fachstudium ein gleichwertiges Allgemeinstudium notwendig.“ Dieses Allgemeinstudium sollte die „Vermittlung eine Grundwissens über das heutige Weltbild der Wissenschaft und Technik“ umfassen, die „Erziehung zu einem neuen sozialen und ethischen Bewusstsein“ sowie ein „mit wissenschaftlichen Methoden erarbeitetes Verhältnis zu Recht, Staat und Politik“. Ziel sei eine „für die Umwelt aufgeschlossene Persönlichkeit“ mit einem Bewusstsein „ihrer Aufgabe in der Gesellschaft“.[116] Diese Forderungen folgen der Studium generale-Konzeption des *Blauen Gutachtens* des Hamburger Studienausschusses von 1948, dessen ehemaliges Mitglied Friedrich Drenkhahn bis 1963 regelmäßig zu den Teilnehmern des Kreises gehörte.[117] Bei den bildungspolitischen Forderungen von 1965 wurden weder das Bildungsjahr noch die Idee der Kollegienhäuser oder anderer gestalteter Wohnformen erwähnt.[118]

Im Vorfeld einer Diskussion über „die verantwortliche Stellung der Studenten in der neuen Universität“ bei der Tagung im September 1966 wurde schon festgestellt, dass solche eingreifenden Erziehungsmaßnahmen wie ein Zusammenleben nicht mehr den Anforderungen der Zeit genügten. Der Veterinär Walter Koch, von 1964 bis zu dessen Auflösung 1967/68 Leiter des Oberaudorfer Kreises, stellte den Bedarf an „einer der Wirklichkeit unserer Zeit entsprechenden Auslegung und Realisierung“ der „traditionelle Vorstellung“ von der Universität als einer Gemeinschaft fest. Über die „Aufgabe der Universität, zur Erziehung verantwortlicher Bürger unserer Gesellschaft beizutragen“ gab es Übereinstimmung, über die Durchführung nicht mehr. Auch Koch formulierte die Frage offen, ob die Praxis der studentischen Selbstverwaltung dazu womöglich einen Beitrag geben könne: „Kann eine verantwortliche Stellung der Studenten in der Universität als eine

115 Protokoll der 14. Tagung des Oberaudorfer Kreises vom 1.–5.10.1962, Ebd. 161.

116 Entschließung des Oberaudorfer Kreises über die Bildungsaufgabe der Universität (Oktober 1965), Ebd. 273 ff.

117 Vgl. Ebd. 292.

118 In dem Jahr erschienen zahlreiche neue Denkschriften, die vor allem in der Mitbestimmungsfrage und der Erweiterung des Lehrkörpers neue Pradigmen setzten. Z.B.: H. Jüchter: *Studienreform*, Bonn 1965. Studienstiftung des Deutschen Volkes (Hg.): *Studienreform*, Bonn 1965. F. Rau: *Gedanken zur Hochschulentwicklung*, Tübingen 1965. Wissenschaftsrat: *Empfehlungen zur Neuordnung des Studiums an den Wissenschaftlichen Hochschulen*, Bonn 1966.

Übung dazu in einem überschaubaren politischen Raum angesehen werden?“[119] In der Tagesordnung war noch eine Aussprache über „die Aufgabe der studentischen Korporationen und Vereinigungen“ vorgesehen, an der aber kein Interesse herrschte. Dass die Korporationen weitgehend außerhalb der Universität stünden, fragte Koch nach Möglichkeiten, diese „zeitgemäß an die Universität heranzuziehen“. Auch über die vorgesehenen Punkte „Aufgaben und Möglichkeiten studentischer Gruppen“ und „Entwicklungsmöglichkeiten neuer studentischer Gruppen“ wurde aber in der Aussprache nicht mehr gesprochen.[120] Andere Themen waren in den Vordergrund gerückt. Allgemeinbildende Elemente des Studiencurriculum hingegen blieben eine konstante, wenn auch bei weitem nicht mehr so grundsätzlich wie in Anfang der 1950er Jahre vorgetragene Forderung der Oberaudorfer.[121]

Ein Kreis von ebenfalls den Sozialdemokraten nahestehenden Professoren hatte sich 1954 an der Evangelischen Akademie Hofgeismar formiert, um ihre Reformvorstellungen zu einer Hochschule abzustimmen. Weniger praktische Fragen wie der Lehrerbildung bei den mit der GEW verbundenen Oberaudorfern als prinzipielle Fragen der ethischen Grundlagen der Hochschulen standen im Vordergrund der Beratungen des *Hofgeismarer Kreises*. Moniert wurde das Fehlen einer „gemeinsamen geistigen Grundlage".[122] Die prominente Teilnehmerschaft umfasste das „Who is Who“ der akademischen Bildungsdebatte. Die Philosophen Max Horkheimer, Theodor Litt und Helmut Plessner waren führende Figuren des Kreises. Der bis 1962 regelmäßig tagende Hofgeismarer Kreises nutzte auch eine eigene Schriftenreihe zur Öffentlichmachung der abgestimmten Überlegungen.[123] Insbesondere der Literaturhistoriker Wolfgang Clemen und der an der TH München lehrende Architekt August Rucker nutzen auch die Wochenzeitung *Die Zeit*, um die öffentliche Debatte über die Hochschulen zu befeuern. Da sich einige der teilnehmenden Professoren im Rahmen des *Congress for Cultural Freedom* getroffen hatten, wurde der Kreis zeitweilig als „die Amerikaner“ bezeichnet obgleich die Positionen wie die Kritik an der „Massenuniversität“ vor allem aus einer deutschen Tradition der Kulturkritik stammten.[124] Angesichts der Irreversibilität des Prozesses der „Vermassung“ seien neue organisatorische Strukturen notwendig.[125] Bei der Umsetzung der Vorstellungen setzten die Hofgeismarer darauf,

119 Protokoll der 18. Tagung des Oberaudorfer Kreises vom 25.–30.9.1966. Heinemann (Hg.): *Vom Studium generale zur Hochschulreform*, 201–214, 207 f. Zur letzten Phase des Kreises: Vgl. Ebd. 297. Zur Rolle Kochs während der NS-Zeit: V. Goebel: „Das Institut für Tierzucht der Universität München“, in: E. Kraus (Hg.): *Die Universität München im Dritten Reich*, München 2008, 265–330, 309 ff.

120 Protokoll der 18. Tagung des Oberaudorfer Kreises vom 25.–30.9.1966, 207 f.

121 Auch noch nach der Auflösung des Kreises betonte Koch den Bedarf in einer Denkschrift: W. Koch: „Thesen zur Hochschulreform 4.2.1969“, in: Ebd. 276–283, 279.

122 Vgl. F. Meier: *Die Universität als Akteur*, Wiesbaden 2009, 194.

123 Paulus: *Vorbild USA?*, 159–162. Vgl. L. Raiser: *Die Universität im Staat*, Heidelberg 1958. A. Rucker: *Ziele und Wege des akademischen Studiums*, Heidelberg 1960.

124 Vgl. O. Bartz: „Nil sub sole novum? Studienreform in der Bundesrepublik Deutschland seit den 1950er Jahren“, in: A. Scholkmann; B. Roters; J. Ricken (Hg.): *Hochschulforschung und Hochschulmanagement im Dialog*, Münster 2008, 103–118, 105.

125 Vgl. Paulus: *Vorbild USA?*, 159 f.

„die Gegebenheiten der traditionellen deutschen Universität umsichtig, harmonisch und ohne große Brüche den Erfordernissen moderner Industrie- und Massengesellschaften anzupassen." Die Hochschul- und Wissenschaftsstruktur der USA und Großbritannien bot innerhalb eines traditionsorientierten Rahmens der deutschen Universitätstradition dabei durchaus Referenzpunkte für Innovationsvorschläge. Anfang der 1960er Jahre hatte auch der Hofgeismarer Kreis seine bindende Kraft weitgehend eingebüßt, da die Mitglieder selbst von der geringen Umsetzung enttäuscht waren.[126] Die in den 1950er Jahren debattierten Themen waren von anderen abgelöst worden. Einzelne Mitglieder des Kreises wirkten Hochschulpolitik weiterhin aktiv, so brachte sich 1966 der Tübinger Jurist Ludwig Raiser bei der Gründung der Universität Konstanz ein. Bei den Überlegungen zur Errichtung einer Europa-Universität Florenz engagierte sich Plessner und der Mediziner Hans Joachim Deuticke erst nach Aktivierungsversuchen durch ihren „Mit-Hofgeismarer" Bruno Snell.[127]

4. HÖHEPUNKT UND ABFLAUEN DER KOLLEGIENHAUSBEWEGUNG

Die frühen Förderer der Kollegienhäuser blieben Mitte der 1950er Jahre ihrem Projekt treu und setzten sich weiterhin aktiv ein. Seine großflächigen Betrachtungen über *Grund- und Zeitfragen der Erziehung und Bildung* krönte Wilhelm Flitner mit der Forderung nach der Errichtung von Kollegienhäuser.[128] Die von Killy und Fuchs mit ihren Schriften über Studentische Wohnheime (1951) und Studium generale (1952) begonnene Arbeit setzte sich auch auf den jährlichen Arbeitstagungen fort. Bei der Münsterschen Tagung 1954 „wurden unter anderen die Möglichkeiten für eine engere Verbindung der Häuser untereinander erwogen." Ein neu geschaffenes Mitteilungsblatt sollte diesem dienen. Ein *Förderkreises für studentisches Gemeinschaftsleben e.V.* erschien als Herausgeber der Schrift. Im Vorwort der ersten Ausgabe der *Berichte aus Akademischen Kollegien* schrieb der Leiter des Tübinger Leibniz Kollegs Paul Ohlmeyer mit Blick auf die halbjährlich geplanten künftigen Ausgaben:

> So könnte den gleichsam fortgeführt werden, es macht den Eindruck, als wäre die Wirklichkeit der akademischen Kollegien mit dem Zerrinnen einiger Träume auf Kongressen gleichsam verblasst. Es ist nicht so; die Häuser haben seitdem gewonnen. Die Träume, die Wirklichkeit wurden, danken es aber vor allem der stetigen Bildungskraft Einzelner. Auf diese Stetigkeit (und auf Humor im Umgang mit alma mater) vertrauen wir, wenn wir nicht ablassen, Kraft in die wachsenden Gebilde zu schicken.[129]

Zu dem rechtlich noch nicht konstituierten Verband der „Akademischen Kollegien" zählte der Bericht von August 1954 die unter das Kriterium passenden acht Institutionen an deutschen Universitäten auf: Die Akademische Burse und das

126 Vgl. M. Hochgeschwender: *Freiheit in der Offensive?*, München 1998, 432 ff.

127 Paulus: *Vorbild USA?*, 159 f.

128 W. Flitner: *Grund- und Zeitfragen der Erziehung und Bildung*, Stuttgart 1954, 147 ff.

129 UAT, 206/12, P. Ohlmeyer: „Vorwort", *Berichte aus Akademischen Kollegien*, August 1954.

Fridjof-Nansen-Haus in Göttingen, das Collegium Academicum in Heidelberg, das Christian-Albrechts-Haus/ Internationales Studentenheim in Kiel, das Studentenheim Olshausen in Köln, den Forsthof Marbug, das Aaseehaus-Kolleg Münster und das Leibniz-Kolleg Tübingen.[130] Ein dreiviertel Jahr später waren im Bericht von Mai 1955 weitere Häuser hinzugekommen: das Max-Kade-Haus Stuttgart, das Europa-Kolleg Hamburg, das Historisches Colloquium Göttingen, das Karl-Schurz Colleg Bonn und das Collegium Alexandrinum Erlangen.[131] Und im Bericht von April 1956 finden sich mit dem Tillmann-Haus Bonn, dem Christophorus-Studentenhaus Hamburg, dem Studentenwohnheim der Technischen Hochschule Karlsruhe, dem Mainzer Kolleg, sowie der Wohnheimsiedlung Massmannplatz München noch weitere Wohnheime. Das Tübinger Leibniz Kolleg war nun sogar mit einem zweiten „Haus Österberg" vertreten.[132] Alle diese Kollegienhäuser wurden in einer Broschüre beschrieben, die der 1955 formal gegründete, in Darmstadt registrierte und von Heidelberg aus geführte *Förderkreis für Studentisches Gemeinschaftsleben* herausgegeben hatte.[133] Der Verein hatte seinen Zweck in der Förderung der noch jungen Gemeinschaftshäuser definiert:

> Das Anliegen der akademischen Kollegien, die sich auch echtem Erneuerungswillen heraus von dem eingangs gezeichneten Bild einer in die Universität eingebundenen Gemeinschaft leiten lassen, verdient jede Förderung. Dies gilt umso mehr, als die Vordringlichkeit der Ausbildungs- und Erziehungsfragen immer beherrschender in das Bewusstsein einer breiten Öffentlichkeit tritt, die sich darauf besinnt, dass die Zukunft unseres Landes angesichts des Wettbewerbs der großen Weltmächte von den geistigen Impulsen und den materiellen Opfern abhängen wird, die Deutschland seiner Jugend bringt. Wie es nicht anders sein kann, war es den Kollegien in den wenigen Jahren ihres Bestehens bisher noch nicht möglich, eine Alt-Kollegiatenschicht zu bilden, die für die einzelnen Häuser eine tragende Stütze bedeuten könnte.[134]

Die Mitglieder des Förderkreises erklärten sich „davon überzeugt, dass die akademischen Kollegien der Hilfe von außen bedürfen, um weiteren Raum zu gewonnen und sich gewissen restaurativen Bestrebungen gegenüber abzuschirmen." Zu diesem Zweck hatte der Förderkreis Jahrgangstagungen im Januar 1955 und 1956 anregen können, auf denen auch eine ständige Arbeitsgemeinschaft gegründet worden war. Diese sollte den „Erfahrungsaustausch unter den Kollegien vertiefen und die gemeinsamen Ziele nach außen wirkungsvoll vertreten." Zur Mitarbeit aufgefordert wurden alle weiteren studentischen Wohnheime, „soweit sie sich zu den gemeinsamen Grundsätzen bekennen und das Leben in ihren Häusern danach gestalten." Dem Anfang 1955 gegründeten Förderkreis war Gemeinnützigkeit zugesprochen worden. Die Mittel aus Spenden und Mitgliedsbeiträgen sollten „für die Entfaltung eines eigenständigen Lebens der Kollegien, nicht aber für lau-

130 UAT, 206/12, *Berichte aus Akademischen Kollegien*, August 1954.
131 UAT, 206/12, *Berichte aus Akademischen Kollegien*, Mai 1955.
132 UAT, 206/12, *Berichte aus Akademischen Kollegien*, Heft 4, April 1956.
133 Die Satzung wurde am 20.3.1955/11.7.1955 errichtet. Amtsgericht Darmstadt, Registergericht: Vereinsregister Nr. 301. 90 f.
134 Förderkreis für Studentisches Gemeinschaftsleben e.V. (Hg.): *Die Akademischen Kollegien*, Heidelberg 1956, 24 f.

fende Finanzierung“ verwendet werden. Die finanzielle Förderung sollte als zusätzliche Hilfe gesehen werden, um Entwicklungen anzustoßen. In den inneren Betrieb der Heime wollte der Förderkreis ohnehin nicht operativ eingreifen. Der Förderkreis sollte weiterhin die Jahrestagungen organisieren und ein gemeinsames Organ mit den Semesterberichten aller Häuser herausgeben. Auch sollten gemeinsame Veranstaltungen zwischen den verschiedenen Kollegienhäusern sowie Vorträge gefördert werden. Als Vorsitzender des Kuratoriums des Vereins und treibende Kraft hatte Walther Peter Fuchs in dem Verein eine beachtliche Allianz an Förderern des Kollegienhausgedankens zusammengebracht. Den Vorstand des Vereines stellte der Darmstädter Rechtanwalt Heinz Hoffmann als Geschäftsführer, der Bad Homburger Rechtsanwalt Gerhard Weisner und der Heidelberger Kaufmann Stig Nissen.[135] Das Kuratorium, das über die Verwendung der Mittel entscheiden sollte, setzt sich aus vier Vereinsmitgliedern, zwei Heimleitern und einem Vertreter der studentischen Selbstverwaltung zusammen. Als Vorsitzender konnte Fuchs im besonderen Maße Einfluss auf die Operationen des Vereins nehmen. Mit Gustav Fremerey, dem mit den Import- und Kartellkontrollen befassten mächtige Präsident des Bundesamts für gewerbliche Wirtschaft in Frankfurt am Main, hatte ein politisch bestens vernetzter Mann aus dem Wirtschaftsministerium einen Sitz inne.[136] Der Kunsthistoriker Werner Hager leitete ein Wohnheim in Münster. Mit Verfügung des Finanzamtes Darmstadt vom 10. Januar 1955 war der Verein als „gemeinnützige Stiftung im Sinne des Steueranpassungsgesetzes“ anerkannt worden, „weil er ausschließlich und unmittelbar gemeinnützigen Zwecken, nämlich der Förderung von Erziehung und Volksbildung insbesondere der Studentenhilfe, dient.“ Mitgliedsbeiträge und Spenden konnten somit als Sonderausgaben bei der Einkommenssteuer abgezogen werden.[137]

Die Broschüre von 1956 formulierte die Mission der Kollegienhaus-Enthusiasten. Seit 1945 befänden die deutsche Universität sich in einer Phase der Selbstfindung, „an welchen Stellen sie sich wandeln müssten, um ihre Funktion im Gefüge einer neuen Gesellschaft besser und richtiger als bisher zu erfüllen.“ Dabei sei klar geworden, dass die Erziehung der ihr anvertrauten Menschen „nachdrücklicher als bisher erkannt [als] ein drittes Ziel“ neben „Forschung und Lehre“ treten müsse. Diese Funktion der Hochschule sei nur in Deutschland in den vergangenen hundert Jahren verloren gegangen und sei seitdem von „Gruppen und Kräften außerhalb der Korporation Hochschule“ übernommen worden. Die Universitäten sollten die Studierenden dazu anleiten, zu den „Bildungswerten ihrer Fächer und damit zu unserer Kultur durchzustoßen, dass wissenschaftliches Ethos nicht allein eine auf die Berufstätigkeit beschränkte Haltung, sondern ein den Menschen selbst zur Wahrheit und Wahrhaftigkeit verpflichtende Gesetz werde.“ Um diesen entscheidenden Punkt sei es nun schon ruhiger geworden,

135 Ebd. 24–26.

136 Zu Gustav Fremerey: B. Löffler: *Soziale Marktwirtschaft und administrative Praxis*, Stuttgart, 2002. 102. Vgl. „Konzentration: Vor Verhören bewahrt“, *Der Spiegel* 19/1960, 4.5.1960.

137 Deutsches Studentenwerk (Hg.): *Die Akademischen Kollegien*, 24–26.

stellte die Broschüre von 1956 fest. Deshalb sei die Aufmerksamkeit auf die Kollegienhäuser umso wichtiger, da diese dazu beitrügen, „den unaufhaltsamen Prozess der Vermassung des Studiums mit Nachdruck und Leidenschaft entgegenwirken“. Die oftmals aus der Nachkriegsnot entstandenen Gründungen seien durch Bundesjugendpläne und Einbindung in die Hochschulen zu solchen Institutionen geworden. 1956 lebten in Westdeutschland rund 12.000 ständig Studierenden 10 Prozent in den mehr als 200 alten oder neuen derartigen Häusern. Manche Universitäten hätten dabei früh das Potential der Kollegienhäuser gesehen, an anderen Stellen sei die heterogene Entwicklung durch private Initiative entstanden. Der Zusammenschluss zu einer lockeren Arbeitsgemeinschaft der Kollegien habe sich erst mit der Zeit ergeben. Allen diesen Kollegienhäusern gemeinsam seien folgende Merkmale:[138]

> 1. Die akademischen Kollegien werden in der Regel von einem Hochschullehrer geleitet, der mit seiner Familie im Hause wohnt und diese Aufgabe zusätzlich zu einer normalen Lehr- und Forschertätigkeit für eine Reihe von Jahren übernimmt. Es hieße ihn überfordern, wollte man erwarten, dass er dem Fachstudium aller seiner Studenten gleich nahe wäre, die – z.T. im gleichen Hause Studenten und Studentinnen – grundsätzlich aus allen Fakultäten stammen und auch Ausländer umfassen, dies diese Form des deutschen akademischen Lebens geradezu suchen. Der Leiter ist nicht der autoritative Aufseher, sondern der menschliche Berater, der vor allem durch das Gewicht seiner Persönlichkeit, nicht mit den durch seine Stellung gegebenen Rechten und Vollmachten wirkt. Als der die schnell aufeinanderfolgenden studentischen Generationen Überdauernde ist er – oftmals auch durch seine Frau – imstande, auf das geistig und menschliche Klima seines Hauses und auf die gesellschaftliche Formung seiner Studenten entscheidenden Einfluss zu nehmen. Durch seine Person dokumentiert er den Zusammenhang seines Hauses und seiner Aufgabe mit der Hochschule. Oft ist er einem Kuratorium oder Senatsausschuss verantwortlich, die den akademischen Rang seines Amtes und das Interesse der Hochschulen an dieser Entwicklung unterstreichen. 2. Die akademischen Kollegien geben sich die Gesetze ihres inneren Lebens selbst. Das geschieht durch Ihre eigene, weit verzweigte studentische Selbstverwaltung. Sie ist der Schöpfer der Verfassung – auch wenn sie nachträglich vom Senat der Hochschule sanktioniert wird – und der Regler des täglichen Lebens. Das dauernde Zusammenleben und -arbeiten gibt den demokratischen Einrichtungen von der Vollversammlung bis zu den gewählten Ausschüssen, Referenten und Repräsentanten die Möglichkeit, staatliches Leben im überschaubaren Modell zu bewähren, Gleichgültigkeit und Verantwortungsfreude unmittelbar zu erfahren und wenn nötig zu korrigieren. In guten Formen Kritik üben und der Kritik standhalten wird hier auf Schritt und Tritt, von jedem sofort spürbar, zur Lebensfrage für die richtig organisierte Gemeinschaft. Die Kompetenzen der Selbstverwaltung sind von Ort zu Ort verschieden. Überall aber gehört dazu die Verantwortliche Mitentscheidung über die Aufnahme neuer Mitglieder und über den Ausschluss solcher, die sich nicht bewähren. 3. Das an den akademischen Kollegien getanzt, musiziert, Theater gespielt und diskutiert – viel diskutiert! – wird, versteht sich von selbst. An einigen Orten haben sich die gemeinsamen Mahlzeiten, die aus äußeren Gründen nicht überall möglich sein, als für Gemeinschaft besonders förderlich erwiesen. Die Kollegien sind bemüht, die Tatsache, dass es sich hier nicht allein um eine Ansammlung junger Leute einer bestimmten Altersschicht, sondern um Studenten handelt, für ihre Gemeinschaft formend werden zu lassen. Das geschieht in der Veranstaltung von Vorträgen, Exkursionen, Diskussionen

138 Ebd. 2–5.

etc., die je nach Interessensrichtung sich an mehr oder weniger zahlreiche Hausbewohner wenden.[139]

Die Bemühung um das Studium generale, „den Versuch, Angehörige anderer Disziplinen in Probleme, Methoden und Ergebnisse der eigenen Fachrichtung hineinsehen“, sei besonderer Wesenszug der Kollegien, da sie so „den naturnotwendig begrenzten Fachstudien die Universitas Litterarum wieder aufscheinen“ ließen. Im Kreise von Angehörigen verschiedener Fakultäten sollten „Grundfragen wissenschaftlicher Erkenntnis, des Studiums, des Staates und der Gesellschaft“ erarbeitet werden. Jenseits der Enge des Fachstudiums sollten jüngere Wissenschaftler als Tutoren dazu Arbeitskreise leiten und dabei auch selbst pädagogische Erfahrung sammeln. Diese akademischen Kollegien seien „diejenigen Stellen in unseren Hochschulen, an denen sich die verheißungsvollsten Ansätze zu einem neuen Typus studentischen Gemeinschaftsleben entwickeln.“ Die Broschüre von 1956 gab zu, dass keinesfalls ein Zwang und eine Ausschließlichkeit solcher Kollegienhäuser für die Studenten bestehen sollten. „Der Gemeinschaftsfähige“ aber finde in den Kollegien „Kommilitonen gleichen Strebens, jüngere und ältere, ihren Rat, ihre Hilfe, vielleicht auch ihre Freundschaft, die über die eigentliche Studienzeit hinaus dauert.“ Anders als in den sonstigen studentischen Gruppen oder Korporationen stehe das Gemeinschaftsleben in den Häusern nicht außerhalb der Hochschule. Da die Hochschulen zu einer großflächigen Förderung der Kollegienhäuser aktuell nicht in der Lage seien, sollten die Bemühungen die tatkräftige Hilfe von denen finden, „denen die erzieherische Aufgabe unserer hohen Schulen eine notwendige Funktion für die Bewältigung der menschlichen, gesellschaftlichen und politischen Probleme bedeutet, die unserer Zeit gestellt sind.“[140] Eine Liste zählte folgend die Wohnheime an den bundesdeutschen Universitäten auf, die zu den Kollegienhäusern gerechnet werden konnten.[141] Dabei waren die aufgezählten Häuser in ihrem Wesen sehr heterogen. Ob die Trägerschaft von der Universität, einem eigenen Verein oder einer externen Institution geleistet wurde, implizierte vollkommen unterschiedliche Stellungen zum Lehrbetrieb der Hochschule. Manche der Studentenheime hatten sich explizit die Integration von ausländischen Studenten vorgenommen, andere folgten eher internen Zielsetzungen.[142] In der Wahrnehmung der Kollegienhaus-Enthusiasten hatte sich aber eine starke Bewegung entwickelt. Anlässlich einer Ausstellung in den 1960er Jahren beschrieb der ehemalige Kollegiat des Collegium Gentium in Marburg das Gefühl dieser zusammenhängenden Bewegung für die Kollegienhäuser:

> Es wäre falsch, die Entwicklung des Collegium Gentium als einen Einzelfall in dem sich wieder ordnenden Deutschland der Nachkriegsjahre anzusehen. Zweifellos hat gerade dieses Haus eine sehr ausgeprägte eigenständige Entwicklung gehabt, die sich erheblich von ähnlichen versuchen in anderen Universitätsstädten Deutschlands unterscheidet. Aber es ist uner-

139 Ebd. 4 f.
140 Ebd. 2–5.
141 Anhang a).
142 Zum Beispiel: Gesellschaft Internationale Studentenfreunde e.V.: *Fridtjof-Nansen-Haus Göttingen*, undatiert.

lässlich, die Entwicklung des Collegium Gentium im Rahmen der Kollegien-Haus-Idee zu sehen, die eine sehr dynamische Bewegung in der ersten Hälfte der 50-iger Jahre an den deutschen Universitäten darstellt.[143]

Der Kreis der Kollegienhaus-Enthusiasten konnte in der ersten Hälfte der 1950er Jahre das Gefühl haben, nun zunehmend Gehör zu bekommen. Als am 23. Juni 1951 das Christian-Albrecht-Hauses in Kiel eingeweiht wurde, hatte sich schließlich auch Bundespräsident Theodor Heuss zur Kollegienhaus-Idee bekannt:

> [...] nicht bloß Wohnraum für Studenten zu schaffen, sondern auch Voraussetzungen für neue Formen einer akademischen Lebensgemeinschaft zu begründen, das war nicht ganz leicht. Und so ist schließlich doch etwas geworden, und dann in Tübingen und anderwärts, in Marburg, jetzt hier. Das ist eine sehr wesentliche Sache und deswillen, weil, auch wenn zunächst nur ein kleiner Kreis von Studenten erfasst wird, wir in diesen Versuchen Keimzellen sehen eines neuen Lebensstils der jungen Menschen und auch Beziehungen zwischen den Professoren, den Assistenten und den Studierenden über die Fakultäten hinweg – und nun das Wesentliche: über Nationen hinweg.[144]

Anders als die Aufmerksamkeit des Bundespräsidenten oder dir durch Stig Nissen aufwendig gestaltete Broschüre von 1956 suggerierte, entfaltete sich der *Förderkreis für Studentisches Gemeinschaftsleben* trotz seines steuerbegünstigten Status in den folgenden Jahren nicht. Schon 1956 schied der einflussreiche Gustav Fremerey aus dem Kuratorium aus.[145] Der übrige Vorstand aus Nissen und den beiden Rechtsanwälten Weisner und Hoffmann fungierte unverändert bis 1964. In jenem Jahr wurde der *Förderkreis für Studentisches Gemeinschaftsleben* durch Beschluss der Mitgliederversammlung vom 14. Dezember 1963 „ohne Liquidation" aufgelöst.[146] Das 1956 so optimistisch beschriebene Förderinstrument des Vereins schien sich als zahnloser Tiger gezeigt zu haben. Scheinbar hatten sich weder ausreichend Unterstützer für die Idee gefunden, noch schienen personelle Wechsel im Vorstand auf eine Dynamik des Vereins hinzuweisen. Tatsächlich war der Verein Mitte der 1950er Jahre auf dem Höhepunkt der Begeisterung für den College-Gedanken entstanden, dessen Konsens zehn Jahre später nicht mehr vorhanden war.

In der Gründungsgeschichte der Universität Bremen zeigte sich dieser Wandel ebenfalls eindrücklich. 1961 war der vormalige Mitarbeiter der Göttinger Universitätsverwaltung Hans Werner Rothe in seiner Denkschrift zur Gründung einer Universität in Bremen den Ideen der Kollgienhaus-Enthusiasten gefolgt. Rothe sah es der Idee der akademischen Freiheit folgend zwar nicht als Aufgabe der Wohnheime, „die Studenten in eine gelenkte Erziehung, etwa nach Art eines Internats zu nehmen", die Studentenwohnheime hatten aber „die Aufgabe, Erziehungshilfen zu geben, die es der jungen Generation ermöglichen, eine Verantwor-

143 UAM, 308/9-1, K. Müller: „Das Collegium Gentium und die Kollegien-Haus-Idee", Tafel 8, Marburg, Mai 1964.

144 Ebd.

145 Amtsgericht Darmstadt, Registergericht: Eingetragen am 1.6.1956, Vereinsregister Nr. 301. 91.

146 Amtsgericht Darmstadt, Registergericht: „Der Verein ist erloschen." Eingetragen am 21.5.1964, Vereinsregister Nr. 301. 95.

tung gegenüber den Mitbürgern zu übernehmen.“ In der Heimselbstverwaltung könnten die Studenten lernen, ihre Angelegenheiten in demokratischer Weise zu ordnen und sich in die Gruppe der sehr verschiedenartigen Heimbewohner einzufügen. Rothe zitierte den Düsseldorfer Wohnheimplan des DSW, dass die Wohnheime es so ermöglichen, die Studenten „in kleinere, lebendige Gemeinschaften zurückzugliedern“, welche „Kristallisationspunkte eine zeitgemäßen studentischen Gemeinschaftslebens“ werden können.“[147] Die akademische Gemeinschaft sollte sich nach dem Plan Rothes nicht wie in der sonstigen studentischen Gruppen und Verbindungen außerhalb der Hochschule entwickeln, sondern „im Raum der Hochschule selbst.“ [148] Da „eine Verständigung zwischen den Interessen der Studenten in den Wohnheimen und dem Verantwortungsbewusstsein der Universität gegenüber dem Leben in den Wohnheimen“ noch nicht recht geglückt sei, könne die neu zu gründende Universität Bremen hier eine führende Funktion einnehmen. Dabei sollte die neue Universität“ jegliche Einseitigkeit hinsichtlich der inneren Gestaltung der unter ihrer Verantwortung aufzubauenden Studentenwohnheimes vermeiden und „verschiedene Formen von Studentenwohnheimes nebeneinander entwickeln beziehungsweise sich entwickeln lassen.“ Auch wenn das Beziehen der Wohnheime auf rein freiwilliger Basis geschehen solle, solle man doch darauf hinwirken, dass „besonders die Studienanfänger nach Möglichkeiten in einem Studentenwohnheim leben müssten, was die Durchführung des der neuen Universität gestellten Erziehungsauftrages sicher erleichtern würde.“ Die Wohngemeinschaft eines Heimes sollte möglichst im Kleinen die Gesamtuniversität widerspiegeln und somit zur Herstellung eines starken Körperschaftsbewusstseins und der „geistigen Wiedervereinigung“ innerhalb der Universität beitragen. [149] Durch Angehörige des Lehrkörpers, die als Heimleiter beziehungsweise Protektoren mit ihren Familien in den einzelnen Heimen wohnen, sollte die neue Universität im Plan Rothes diese Heime „in ihre Obhut nehmen“. im Wohnheim sollte so ein Protektor „nicht nur durch seine Kommando- oder disziplinäre Gewalt, sondern soll möglichst nur durch seine reine Anwesenheit die Gesamtatmosphäre“ wirken. „Individuelle Studienförderung und echte Lebenshilfe“ sollte durch den Heimleiter als Berater in allen menschlichen Angelegenheiten gegeben werden. Tutoren sollten allgemeinbildende Arbeitskreise zu fachübergreifenden Themen leiten, die „den einzelnen aus der Enge des eigenen Faches befreien und seinen Blick auf das Ganze der geistigen Welt lenken“.[150] Für seine Denkschrift hatte Rothe die komplette zeitgenössische Literatur zu den Kollegienhäuser und anderen allgemeinbildenden Maßnahmen gesichtet und seine Pläne der Errichtung solcher Betreuungs-Wohnheime auf dem Campus umfangreich dargelegt: Für die neue Universität sah Rothe in der Betreuungsfunktion die wichtigste Aufgabe, deren Bewältigung über das Gelingen der Gründung entscheiden werde.[151] Die

147 H. W. Rothe: *Über die Gründung einer Universität in Bremen*, Bremen 1961, 89.
148 Ebd. 90.
149 Ebd. 98.
150 Ebd. 102 f.
151 Ebd. 105.

von Eduard Spranger in einem Brief an Rothe als das „glänzendste Universitätsprogramm, das mir im 20. Jahrhundert bekannt geworden ist“ bezeichnete Schrift Rothes hatte allerdings nur eine kurze Haltwertszeit. Der erste Gründungsausschuss machte sich die Konzepte weitgehend zu Eigen, meisterte aber aufgrund anderer Ursachen die Gründung nicht. Der 1968 berufene zweite Gründungsausschuss unter der Leitung von Walther Killy hingegen berücksichtigte die Pläne von Campus und außerwissenschaftlicher Erziehung nicht mehr.[152] Fragen der demokratischen Mitbestimmung waren in der Drittelparität des neuen Ausschusses zur symbolischen Umsetzung der Demokratisierungsforderungen nach 1968 geworden.[153] Killy hatte sich aber auch explizit gegen die Vorstellungen Rothes ausgesprochen, in einer baulich in sich geschlossenen Campus-Universität „geistige Wiedervereinigung“ sowohl zwischen den Disziplinen als auch zwischen Lehrenden und Lernenden herbeizuführen.

Dieser Schwenk des Kollegienhaus-Enthusiasten Walther Killy ist bemerkenswert und mag tatsächlich das Ende der beschrieben Bewegung markieren. Wohl hatte Killy nach seinem Göttinger Rektorat 1967/68 einsehen müssen, welcher Gestaltungsraum real bestand. Nach Meinung des drittelparitätisch zusammengesetzten Gründungsausschusses kam eine Campus-Hochschule am Rande der Stadt „einem Uni-Ghetto gleich.“ Im Geiste einer demokratischen Einbindung in die Gesellschaft sollte Stadt und Universität auch eine räumliche Verbindung eingehen. Killy hatte beim Senat der Hansestadt Bremen die Abberufung des als Kuratoren vorgesehenen Rothe zur „unabdingbaren Kondition“ gemacht.[154] In seiner Analyse des Bruchs zwischen Rothes Denkschrift von 1961 und dessen Abberufung auf Betreiben Killys 1968 betont Wilfried Rudloff, dass dieses Beispiel gut bezeuge, „wie schnell hochschulpolitisches Reformdenken in jenen Jahren zu veralten drohte.“ Der konzeptionelle Kern des Entwurfes von Rothe, die Dualität von Forschung und Lehre durch Hinzuführen der dritten Funktion der Erziehung zu einer Trias zu erweitern, war nicht mehr gefragt. Die „Vergemeinschaftungsform mit einem außerwissenschaftlichen Erziehungsauftrag“ als temporäre Lebensform an der Universität anstatt einer als negativ bezeichneten „anstaltsförmigen Zusammenfassung von Wissenschaften“.[155] Als der Killy-Ausschusses 1970 aufgrund von konfliktreichen Abstimmungsschwierigkeiten zurücktrat, kommentierte *Der Spiegel* die Konzeption des nun auch gescheiterten zweiten Gründungsausschusses „zu einer modernen Universität“ durchaus positiv.

152 W. Rudloff: „Die Gründerjahre des bundesdeutschen Hochschulwesens: Leitbilder neuer Hochschulen zwischen Wissenschaftspolitik, Studienreform und Gesellschaftspolitik“, in: A. Franzmann; B. Wolbring (Hg.): *Zwischen Idee und Zweckorientierung*, Berlin 2007, 77–102, 97 f. Vgl. P. Meier-Hüsing: *Universität Bremen. 40 Jahre in Bewegung*, Bremen, 2011, 11–28.

153 Killy: *Wie wir keine Bremer Universität gründeten* (erstmals in *Die Zeit*, 6.2.1970). Gegensicht der Studentischen Vertreter im Gründungsausschuss: D. Albers; G. Hinnerk Behlmer; W. Loewe: „Bremen zwischen Technokratie und Demokratie“, in: *Studentische Politik* 3/1970, 20–23.

154 „Hochschulen/Bremen: Welches Ende“, *Der Spiegel*, 6/1970, 2.2.1970.

155 Rudloff: *Die Gründerjahre des bundesdeutschen Hochschulwesens*, 97.

Statt der überholt und wenig innovativ anmutenden Vorschläge Rothes habe das zweite Konzept Bremens einen Blick in die Zukunft ermöglicht. Bremen sollte, so zitierte *Der Spiegel* Walther Killy, eine „praxisbezogene Universität bekommen. die nicht so wie alle anderen so tut, als wollte sie lauter Gelehrte hervorbringen". Der ehemalige Leiter des Leibniz-Kollegs und Ideengeben für das Berliner Studentendorf Killy hatte in Bremen wohl die Nichtdurchführbarkeit eines idealistischen Bildungsstaates im Internat eingesehen.[156]

5. STAATLICHE FÖRDERUNG DER KOLLEGIENHÄUSER 1950–1960

Wichtigster Adressat des Werbens um die Einrichtung des universitären Erziehungsauftrages im Kollegienhaus waren die demokratischen Vertreter von Bund und Ländern gewesen. Landesparlamente und des Bundestages konnten durch Gesetze die entsprechenden Mittel für Universitäten und Studentenwerke bereitstellen. Die für die Hochschulen zuständigen Kultusministerien der Länder hatten durch die Budgets und ihren Einfluss in den Universitätskuratorien entscheidenden Einfluss. Dabei hatte sich die Bundespolitik seit Gründung der Bundesrepublik ein Ohr für die Sorgen „der Jugend" vorgenommen. Der spätere Bundeskanzler Konrad Adenauer persönlich hatte 1948 den Heidelberger AStA-Vorsitzenden Günther Dohmen als **„**als Vertreter der deutschen Jugend" zu den Beratungen des Parlamentarischen Rats zum Grundgesetz eingeladen.[157] Bei der ersten Jugendkundgebung in Bonn hatte Bundespräsident Theodor Heuss 1949 von der „Pflicht zum Guten" gesprochen, zu der sich freie Organisationen des Zivilgesellschaft und der Staat sich im Dienste der Jugend zusammenfinden müssten. Die Regierungserklärung des ersten Kabinetts Adenauers vom 20. September 1949 formulierte einen Anspruch der Jugendförderung, der ausdrücklich nicht ein Almosenverhältnis sein sollte, sondern einer Kernaufgabe des Staates: „Den Jugendlichen, namentlich denjenigen, denen die Erziehung durch Familie und Schule während der Kriegszeit und der wirren Zeit nach dem Kriege und eine gutes Ausbildung gefehlt hat, werden wir zu Hilfe kommen müssen." Überhaupt wolle man versuchen, „unsere Pflicht gegenüber der jungen Generation anders zu betrachten, als das früher geschehen ist. Die junge Generation, dessen wollen wir uns immer bewusst bleiben, trägt die Zukunft Deutschlands in den Händen."[158] Auch durch die positiven Ansprachen von Bundespräsident Theodor Heuss sahen sich die Kollegienhaus-Befürworter gestärkt. Mit dem SPD-Abgeordneten Ludwig Bergsträsser war im Deutschen Bundestag auch ein expliziter Freund und Kenner der universitären Anliegen vertreten. Als Vorsitzender des Ausschusses für Kulturpolitik äu-

156 Vgl. „Hochschulen/Bremen: Welches Ende", *Der Spiegel*, 6/1970, 2.2.1970. Vgl. Meier-Hüsing: *Universität Bremen*, 21–30.

157 Vgl. BR-online: *Prof. Dr. Günther Dohmen, Bildungsexperte, im Gespräch mit Dr. Ellen Norten, Bayerischer Rundfunk, Sendung vom 10.04.2006*, http://www.br-online.de/alpha/forum/vor0604/ 20060410.shtml, abgerufen am 13.9.2010.

158 Erklärung der Bundesregierung am 20.9.1949. Zitiert nach Frey: *Konstruktiver Föderalismus*. Vgl. Keil: *Jugendpolitik und Bundesjugendplan*, 38 f.

ßerte er sich immer wieder zur dringenden Einführung eines Studium generale, so auch im Juli 1951 in Heidelberg.[159] Zum anderem bei den Überlegungen 1949 sollten nach der Erfahrung der Gleichschaltung durch den NS-Staat etwaige Parallelen in der Bundesbildungspolitik vermieden werden. Deshalb sollte die Verantwortung für die Umsetzung universitärer Reformprojekte grundsätzlich bei den Bundesländern liegen. Bezüglich des über die Fachausbildung hinausgehenden Anspruchs der Universität, hatten die Kultusminister sich schon positiv verständigt. Auf der Hamburger Kultusministerkonferenz im Januar 1949 war die „Notwendigkeit der Einrichtung" eines Studium generale beschlossen worden.[160]

Der Bitte um finanzielle Unterstützung zur Errichtung dieses Studium generale in studentischen Wohnheimen konnten die Kultusminister der Länder kaum im größeren Stil entsprechen. Durch die soziale Not der Studenten bestand kaum Spielraum. Für die Kultusministerien, denen alle anderen Bildungseinrichtungen ebenfalls unterstanden, waren die studentischen Sozialeinrichtungen kein zentrales Anliegen. Auf der Einladung an das Ministerium zur Konferenz in Seeshaupt hatte der im Hessischen Ministerium zuständige Ministerialdirektor Willy Viehweg notiert, dass alle Minister sich „durch einen Delegierten gemeinsam vertreten lassen" könnten. Die Angelegenheit erschien Vieweg „nicht so wichtig, als dass ein Vertreter entsandt werden müsste."[161] Als die Kultusminister am 18. und 19. Oktober 1949 in Bernkastel tagten, waren sie von der Gründung des bundesweiten Studentenwerkes richtiggehend überrascht worden. Ein Meinungsaustausch über die überraschende Gründung brachte ganz divergierende Anschauungen zu Tage. Aus gesamtgesellschaftlicher Sicht erschienen für manche Minister die Studentenwerke als Wohlfahrtsinstitutionen mit Exklusivitätsanspruch für Studenten als problematisch. Der Kultusminister von Württemberg-Baden, Theodor Bäuerle bemerkte, „dass die Angelegenheiten der studierenden Jugend nicht isoliert betrachtet werden dürften, sondern dass die gesamte Jugend in das große Aufbauwerk miteinbezogen werden müsse." Der ganzen Jugend müssten neue Wohnmöglichkeiten geschaffen werden, betonte Bäuerle. Insbesondere die vom im Monat zuvor ernannten amerikanischen Hochkommissar John J. McCloy in Aussicht gestellten Gelder des Marshall-Plan „für kulturelle Zwecke" von schätzungsweise 100 Millionen DM sollten auf die gesamte Jugend verteilt werden. Der Tenor der Diskussion der Kultusminister schien dieser Linie zu folgen. Es wurde beschlossen, dass der nordrhein-westfälische Staatssekretär Dieter Sattler die Kultusminister bei der Sitzung der Studentenwerke ein paar Tage später in München vertreten sollte. Er sollte dort die Meinung der Kultusminister vertreten, dass die Errichtung neuer und eigener Institutionen nicht nötig sei. Es bestünden allerdings gegen ei-

159 UAH, Rep. 14/432, Rektor Hess: Ausführungen des Abg. Dr. Ludwig Bergstraesser, des Vorsitzenden des Ausschusses für Kulturpolitik des Deutschen Bundestages, zum Thema Studium generale, Heidelberg, 13.7.1951. Zur Person Bergsträssers. Vgl. S. Zibell: *Politische Bildung und demokratische Verfassung*, Bonn 2006.

160 UAH, B-0110/4, Senatsprotokoll, Heidelberg, 18./25.1.1949.

161 HHStAW, 504/7627, Prof. Dr. Oertel, Sekretariat der Deutschen Studentenwerke, Der Vorsitzende, an den Minister für Kultus und Unterricht Dr. E. Stein, Bonn, 12.8.1949.

nen freiwilligen Zusammenschluss der Studentenwerke keine Bedenken.[162] Erst als der ehemalige Geschäftsführer des *Verbandes Deutscher Studentenwerke* Kurt Frey 1955 zum Generalsekretär der *Kultusministerkonferenz der Länder* (KMK) berufen worden war, gab es in der Arbeitsgemeinschaft der Länder einen starken Befürworter der auch inhaltlich ausgefüllten Sozialarbeit an den Studenten. Frey hatte als Mitglied des Vorstandes des *World University Service* und seit 1953 auch als Generalsekretär der *Deutschen UNESCO-Kommission* gewirkt. In den folgenden zwanzig Jahren als Generalsekretär baute Frey durch die Eingliederung mehrerer Bildungsforschungsinstitute die KMK zu einer inhaltlich fundierten Organisation aus.[163]

Der Neubau von Wohnheimen erhielt entschiedenen Anstoß durch die als „Aktion zur Förderung der deutschen Jugend" seit 1950 jährlich beschlossenen Bundesjugendpläne. Der Bundestag hatte sich im Wissen um die problematische Rolle zentralstaatlicher Jugendarbeit seit seinem 1. Bundesjugendplan 1950 für eine an die Praxis der Weimarer Republik anknüpfende dezentrale Förderung unterschiedlichster privater Organisationen der Jugendhilfe entschieden. Angesichts der Jugendnot von Heimatvertriebenen, Arbeitslosen, Waisen, Tuberkulosekranken, Lehrermangel stellten die spezifisch studentischen Probleme dabei allerdings auch nur einen kleinen Bestandteil dar.[164] Als Ansprechpartner der Bundespolitik waren zuvor schon die Wohlfahrtsverbände entstanden. Bei der Konferenz für Jugendpflege und Jugendfürsorge vom 18. bis 20. Mai 1949 in Rothenburg ob der Tauber hatten sich die meisten Verbände zum *Deutschen Bundesjugendring* und der Dachorganisationen *Bundesarbeitsgemeinschaft Jugendaufbauwerk* und *Arbeitsgemeinschaft für Jugendpflege und Jugendfürsorge* zusammengeschlossen. Um dem Misstrauen der Länder gegen die jugendpolitischen Aktivitäten des Zentralstaates zu begegnen, wurde die finanzielle Hilfen zur Jugendförderung als „vorbeugende" Jugendfürsorge mit der Verpflichtung des Bundes aus Artikel 120 des Grundgesetztes für die „sonstigen inneren und äußeren Kriegsfolgelasten" begründet. Die Bundesmittel für die Jugendarbeit wurden im Rahmen einer Fondsverwaltung bereitgestellt, da diese Rechtsform nach einmaliger Errichtung und Mittelzuweisung durch Gesetz ein flexibleres Instrument bot. Am 18. Dezember 1950 wurde der 1. Bundesjugendplan als Sammelfonds für diverse Jugendhilfen im Etat des Bundesministeriums des Inneren verkündet. Das „großzügige Jugendprogramm mit einer entscheidenden staatspolitischen Zielsetzung" sollte als Aktion unter den allgemeinen Leitideen „freier Weg zum Beruf", „junger Bürger im freien Staat" und „junges Europa" über alle möglichen unterschiedliche Projekte erstrecken.[165]

162 HHStAW, 504/5392b, Tagung der Kultusminister in Bernkastel, 18.–19.10.1949.

163 *Mutzinger Internationales Biographisches Archiv* 30/1968, 15.7.1968. Vgl. Frey: *Konstruktiver Föderalismus*.

164 Keil: *Jugendpolitik und Bundesjugendplan*, 38.

165 Ebd. 42, 59–130. Zu den detaillierten Durchführungsbestimmungen Frey: *Konstruktiver Föderalismus*.

Im Geschäftsjahr 1953/54 waren aus Mitteln des Bundesjugendplanes die großen politischen, konfessionellen und anderen Aufgaben gewidmeten Studentenverbände mit Beihilfen in unterschiedlicher Höhe unterstützt worden.[166] Die studentischen Jugendverbände erhielten finanzielle Hilfen sowohl „für allgemeine Führungsaufgaben als auch für die politische Bildung und die internationale Begegnung." Ein Kommentar von 1961 sah durchaus aber auch „die geistige Auseinandersetzung mit dem Weltkommunismus, mit der deutschen Vergangenheit und dem Problem der Teilung Deutschlands" als Motivation des Engagements.[167] Die Universitäten waren über die Verteilungspraxis der Gelder des Bundesjugendplans nicht gerade angetan, da sich selbst die Förderungen der Jugendaktivitäten in ihrem Umfeld ihrer Kontrolle entzogen. Seit 1953 koordinierte der Göttinger Historiker Hermann Heimpel als Vorsitzender der WRK die gemeinsame Willensbildung der Universitäten. In einem vertraulichen Schreiben an die Rektoren und Prorektoren hatte Heimpel Ende März 1954 das Interesse der Universitäten formuliert, von den Fördertöpfen für die staatsbürgerliche Erziehungsarbeit zu profitieren: Die politische Kommission der WRK habe am 27. Februar 1954 „erneut darüber beraten, in welcher Form die Rektoren der Universitäten und Hochschulen in die Verteilung der sehr erheblichen Mittel für staatsbürgerliche Erziehung, die aus dem Bundesjugendplan über die studentischen Zentralverbände in die örtlichen Gruppen dieser Verbände fließen, eingeschaltet werden können." [168] Bis dahin war die Beteiligung der Rektorenkonferenz durch den entscheidenden, bisher nur von studentischen Vertretern der Verbände besetzten *Vorprüfungsausschuss* in Bonn abgelehnt worden. [169] Dabei schienen die Universitäten zwar an dem Einfluss durch die Mitbestimmung der Geldzuweisungen interessiert zu sein, dabei aber selbst nicht gerade konzeptionell vorgegangen zu sein. 1954 standen erstmals Gelder aus dem Bundesjugendplan den Universitäten direkt zur Verfü-

166 Aus dem Bundesjugendplan 1953/54 unterstützte Studentenverbände: Bund demokratischer Studentenvereinigungen: 3.970,-DM; Evangelische Studentengemeinde in Deutschland: 12.230,- DM; Internationaler Studentenbund: 4.410,- DM; Katholischer Deutsche Studenteneinigung: 25.060,- DM; Liberaler Studentenbund Deutschland: 3.100,- DM; Ring Christlich-Demokratischer Studenten 5.390,- DM; Sozialistischer Deutscher Studentenbund 3.150,- DM; Vereinigung heimatvertriebener deutscher Studenten 5.460,- DM; World University Service: 5.400,- DM; Verband Deutscher Studentenschaften 10.270,- DM. UAH, B–0210/6, Prof. Dr. H. Heimpel: Mitteilungen der Westdeutschen Rektorenkonferenz an die Rektoren und Prorektoren, vertraulich, Göttingen, 31.3.1954.

167 H. Voggenreiter (Hg.): *Jugend in Freiheit und Verantwortung*, Bad Godesberg 1961, 256.

168 „Die Zentralverbände – mit Ausnahme des V.D.S. [Verband Deutscher Studentenschaften] – leisten dieser Absicht Widerstand. Immerhin gelang es, das Bundesinnenministerium zu veranlassen, bei der Hergabe von Mitteln ‚dem studentischen Zentralverband aufzutragen, dass seine örtlichen Gruppen von ihren Planungen auf dem Gebiet der staatsbürgerlichen Erziehung rechtzeitig dem zuständigen Rektor Mitteilung machen.' (Schreiben des BM.d.J. vom 6.3.54, gez. Kipp.) Die Bemühungen der Kommission im Sinne der genannten Empfehlungen gehen jedoch dahin, dem Rektor grundsätzlich Überblick über die Höhe der aus diesem Fonds in die örtliche Gruppen fließenden Mittel zu Verschaffen." UAH, B-0210/6, Prof. Dr. H. Heimpel: Mitteilungen der Westdeutschen Rektorenkonferenz an die Rektoren und Prorektoren, vertraulich, Göttingen, 31.3.1954.

169 Ebd.

gung. Das Beispiel der im Wirtschaftsplan der Universität Frankfurt 1954 erstmals veranschlagten 15.000,- DM für „Maßnahmen zur Durchführung der Hochschulreform" zeigt aber, dass die Universitäten diesen Gestaltungsrahmen kaum mit neuen Ideen ausfüllten. Die Gelder weckten aber vor allem Begehrlichkeiten der einzelnen Fakultäten, Zuschüsse für eine Erhöhung des Lehrpersonals zu bekommen.[170]

Die WRK unterstützte ihre Mitgliederuniversitäten in Folge beratend, um die Mittel des Bundesjugendplans für die Wohnheim- und Tutorenprogramme ausschöpfen zu können. Im November 1956 berichtete der mittlerweile auch zum Wohnheimbeauftragten der WRK ernannte Walther Peter Fuchs über Form und Inhalt seiner Gutachtertätigkeit. Fuchs stellte dar, dass sich seine gutachterliche Tätigkeit sich nur auf die Anpassung der vorhandenen Anträge an den Rahmen der vorhandenen Mittel erstreckt habe. Diese Tätigkeit könne ohne einen Gesamtüberblick über die Wohnheimbewegung eigentlich nicht vollzogen werden, dass den Bedürfnissen möglichst aller Hochschulen Rechnung getragen werde. Ein wesentliches Interesse der Selbstverwaltungsorgane sei überdies die Ausschaltung politischer Gesichtspunkte in der Entscheidung über solche Anträge. Die geringe Kooperation in den Anträgen wurde von Fuchs bemängelt. An so gut wie keiner Hochschule schien dem Senatsbeauftragten für Wohnheimfragen Gelegenheit zu schriftlicher Stellungnahme der Anträge gegeben worden zu sein. Laut Fuchs hätten die Kultusbehörden, mit einer einzigen Ausnahme, alle Anträge lediglich formal weitergeleitet ohne jegliche Unterstützung für die Bedürfnisse der Projektanträge. Der ernüchternde Bericht von Fuchs führte in dem Antragsauschuss der WRK zu einer Diskussion, in der sich Langwierigkeit des Verfahrens und die vielen inhaltliche Unklarheiten des Programms herausstellten. So stellte der Ausschuss ernüchtert fest, dass das Programm nur mit einer klaren Definition möglich sei. Ein gemeinsames Treffen sämtlicher Senatsbeauftragten und sämtlicher Tutoren erschien notwendig, Fuchs sollte das Programm vor der kommenden außerordentlichen Rektorenkonferenz in Frankfurt vorstellen.[171]

Das Deutsche Studentenwerk (DSW) konnte in seinem Jahresbericht 1960 über die Abrechnung des Tutorenprogramms 1956/57 positiv berichten. Der Bundeszuschuss des Bundesjugendplans von 68.800 DM hatte für 48 Tutorenstellen zur Verfügung gestanden. 26 Tutoren konnten für je ein Jahr in 36 Heimen eingesetzt werden. Dabei hatte die Besetzung der Tutorenstellen nun an den einzelnen Hochschulorten alle universitären Stellen und die Studierenden selbst eingebunden: „Die Vorschläge der Heimgemeinschaft und Heimträger wurden vom zuständigen Rektor mit dessen Stellungnahme über die Westdeutsche Rektorenkonferenz an den Bundesminister des Inneren geleitet."[172] Mit der Einbindung der

170 UAF, 13/102, i.A. Weydling, Der Hessische Minister für Erziehung und Volksbildung, an das Kuratorium der Goethe-Universität: Maßnahmen zur Durchführung der Hohschulreform, Runderlass vom 23.4.1953, Wiesbaden, 10.6.1954.

171 UAH, B–0210/9, Dr. J. Fischer, Westdeutsche Rektorenkonferenz: Kurzprotokoll der Sitzung des Zehnerausschusses am 8.11.1956 in Frankfurt/Main, Bad Godesberg, 23.11.1956.

172 Die Vorschläge enthielten jeweils: a) Name und Personalien des Bewerbers, b) Stellungnahme des Heimträgers, c) Stellungnahme der Heimträgergemeinschaft, d) Erklärungen des

Wohnheimberatungsstelle des DSW schien das Tutorenprogramm nun gut zu laufen, auch wenn aus der Stelle eine Klage über zu große Koordinierungsaufgaben kam. Die gegebenen Mittel des Bundesinnenministeriums reichten zwar nicht voll aus, aber schienen doch zu einem Verhältnis zur der Zahl der Anträge zu stehen. Von den 80 Anträgen von 1956/57 mussten 18 „im wesentlichen wegen Mangels an Mitteln“ unberücksichtigt bleiben.[173] Hatte der Bundesjugendplan den Jugendwohnheimen Mittel für vollberufliche „pädagogischen Hilfen“ bereitgestellt, genehmigte er ab dem sechsten Bundesjugendplan für die Studentenwohnheime das „Tutorenprogramm“. Das Tutorensystem, so eine zusammenfassende Beschreibung von 1961, sei entwickelt worden, „um die Möglichkeit zur studentischen Gemeinschaftsbildung und der Bildungsarbeit nicht ausschließlich der Gunst der örtlichen Verhältnisse und der Initiative des Heimleiters und der Heimbewohner zu überlassen.“ Damit werde auch einer Entwicklung der Heime zu „Studentenhotels oder Ledigenheimen“ vorgebeugt. Tutoren sollten ältere Studenten sein, Doktoranden oder Assistenten. Mit Hilfe des Bundesjugendplanes sollten sie sich speziell der Aufgabe widmen, die Bildung und Förderung der einzelnen Studierenden in der Heimgemeinschaft zu intensivieren. Sie sollten den Heimbewohnern „mit Hilfe und Rat in allen persönlichen, fachlichen und allgemeinen geistigen Fragen zur Seite“ stehen. Darüber hinaus sollten sie den Kontakt zwischen Studenten und Dozenten fördern und die Durchführung von Bildungsveranstaltungen aller Art organisieren.[174] Die Förderung der Tutoren aus dem Bundesjugendplan erstreckte sich auf ein monatliche Stipendium und die Vergabe eines kleinen Fonds, aus dem sie die Kosten für die allgemeine und politische Bildungsarbeit im eigenen Heim und gemeinsam mit anderen Heimen bestreiten können. 1961 waren insgesamt 171 Tutoren tätig, zu deren Arbeit auch die Länder und der Stifterverband für die deutsche Wissenschaft ideell und finanziell beitragen.[175]

Eine Bilanz von 1961 zählt die quantitative Ausweitung der „Förderung der studierenden Jugend“ durch den Bundesjugendplan auf: Im Vordergrund des Engagement des Bundes sei „von jeher“ die Hilfe zur Errichtung von Studentenwohnheime gestanden. Das seit 1954 laufende Programm habe sich nach dem Auslaufen des großen Bauprogrammes für die Jugendwohnheime 1958 im größeren Maße entfalten können. Für 1961 Voggenreiter zählte 286 Einrichtungen dieser Art in der Bundesrepublik, die größtenteils vom Bund gefördert worden seien.[176] Die Anzahl der 141 Studentenwohnheime von 1954 habe sich bis 1960 auf

Heimträgers über freie Unterkunft des tutors, e) Lebenslauf des Bewerbers mit Angaben über seine Wissenschaftliche Arbeit, Tätigkeit inn der studentischen oder akademischen Selbstverwaltung und über seine wirtschaftliche Lage, f) Vorschläge des Bewerbers für seine Arbeit als Tutor. Deutsches Studentenwerk (Hg.): *Jahresbericht 1959/1960*, 61.

173 Ebd. 61.

174 Voggenreiter (Hg.): *Jugend in Freiheit und Verantwortung*, 255.

175 Ebd. 256.

176 Ebd. 253.

286 erhöht.[177] Diese Förderung der Wohnheime durch den Bund lag ganz auf der Linie sowohl der Universitäten wie auch der Studentenvertretungen. Die XLII. WRK hatte am 12. Februar 1960 in Stuttgart eine Resolution verabschiedet, die den Bau von Studentenwohnheime als einen integrierten Bestandteil des Ausbaus der Universitäten und Wissenschaftlichen Hochschulen bezeichnete. Auch der Verband Deutscher Studentenschaften (VDS) hatte in dem Jahr eine positive Stellungnahme zu der neuen Erziehungsaufgabe der Wohnheime verfasst, die der Bericht der Wohnheimberatungsstelle des DSW als „bemerkenswert klar und wegweisend" beschrieb. Die Erklärung des VDS zum studentischen Wohnen unter besonderer Berücksichtigung von Studentenwohnheimen, hatte ganz im Sinne der Förderung ausgelotet, auf welchen Wegen die Möglichkeit des Studentenwohnheimes sinnvoll ausgeschöpft werden könnten. Der VDS hatte in seiner Erklärung zwar die Vorstellung einer anzustrebenden „Vollintegration in akademischen Bereich" aufgegeben, sich aber für eine „sichere Teilintegration in die Universität und der praktischen Einsicht in die faktische Abhängigkeit von vielen anderen Bereichen der Wohnheime ausgesprochen. Die Wohnheimideen, die in dem Jahr auch große Beachtung in den Medien fanden, standen doch in einem Konsens.[178]

Der Bundesjugendplan verlangte, dass insbesondere aus dem Ausland stammenden Studierenden und Flüchtlingen aus der DDR nicht nur Wohnraum zur Verfügung gestellt werde, sondern ihnen so auch die Integration erleichtert werde. Diese Idee des Wohnheims, das selbst weltanschaulich neutral sein solle, aber eben doch einen pädagogischen Rahmen bieten sollte, sah die Beschreibung im Buch *Jugend in Freiheit und Verantwortung* von 1961 als ein Modell mit zunehmendem Erfolg.[179] Während im Rahmen des ersten bis siebten Bundesjugendplanes insgesamt nur 4,5 Millionen DM für die Studentenwohnheime zur Verfügung gestanden seien, sehe der Bundesjugendplan von 1961 allein für die Neubauten schon 12,5 Millionen DM vor. Dazu kämen Fördermittel aus dem sozialen Wohnungsbau und Erträge aus der Stiftung Volkswagenwerk, welche die Bundesmittel auf insgesamt 20 Millionen DM im Jahr erhöhten. Dazu kämen noch die Leistungen der Länder und der Träger mit zusammen 40 Millionen DM, so dass insgesamt 60 Millionen DM für die Bauten aufgewendet werden können. Jährlich könnten so sechstausend neue Wohnheimplätze geschaffen werden. Bei gleichbleibend hoher Anstrengung könnte in den kommenden Jahren das Ziel der Wohnheimplätze für 30 Prozent der Studierenden erreicht werden.[180] Auch die großzügige finanzielle Unterstützung des Tutorenprogramms durch den Stifterverband für die Deutsche Wissenschaft im Geschäftsjahr 1960 hatte sich dem Ziel der Ausländerintegration gewidmet. Es war beabsichtigt, mit Hilfe der Spendenmittel des Stifterverbandes versuchsweise in einigen großen Wohnheimen und in

177 Voggenreiter nennt Zahlen für den massiven Ausbau von Studentenwohnheimen durch den Bundesjugendplan 1954–1960. 1954 gab es 141 Studentenwohnheime, 1955: 178; 1956: 200; 1957: 220; 1958: 240; 1959; 262; 1960: 286. Ebd. 253.

178 Deutsches Studentenwerk (Hg.): *Jahresbericht 1959/1960*, 52 f.

179 Voggenreiter (Hg.): *Jugend in Freiheit und Verantwortung*, 253.

180 Ebd. 253 ff.

Heimen mit einem besonders großen Anteil ausländischer Studierender, insbesondere aus den sogenannten Entwicklungsländern, vollbezahlte Tutoren als Mentoren anzustellen.[181]

Die Veröffentlichung *Jugend in Freiheit und Verantwortung* des ehemaligen Hausverlags der Bündischen Jugend in Bad Godesberg versuchte 1961 einen Überblick über die vielfältige Förderung der zehn Jahre des Bundesjugendplans zu geben. In der wahrscheinlich von Heinrich Voggenreiter geschriebenen Einleitung wird der Bundesjugendplan explizit in die Tradition des Reichsjugendwohlfahrtsgesetzes von 1922 gestellt, das ebenfalls die freien Jugendträger begünstigte. Voggenreiter, dessen Verlag einer der wichtigsten der Jugendbewegung gewesen war und nach 1933 Lieder- und Jugendbücher für die Hitler-Jugend produziert hatte, benannte einen „richtungsweisenden Niederschlag" der Jugendbewegung auch außerhalb des Gemeinschaftslebens der Jugend: „Sie ließ die Einsicht reifen, dass zunehmend Erziehungsaufgaben zu lösen seien, die über den Rahmen der Familie und Schule hinausreichen."[182] Die Einrichtung des studentischen Hilfsprogramms wurde mit den Argumenten des pädagogischen Auftrags an der Universität begründet: „Nicht allein die Wohnraumnot in den Hochschulorten und das Bedürfnis nach sozialer Hilfe für die studierende Jugend" haben zur Entstehung der Wohnheimplanungen geführt. Ursprung sei vielmehr der Wunsch gewesen, „die Bildung studentischer Gemeinschaften anzuregen und zu fördern." Die Studentenwohnheime dienten daher sämtlich neben der Unterbringung auch dem Studium und vor allem dem gemeinschaftlichen Leben von Studierenden der verschiedenen Hochschulen. Voggenreiter beschrieb diese Aufgabe der Heime als den eigentlichen Auftrag: „Ihrem Charakter als Bildungsstätten entsprechend setzt die Förderung durch den Bundesjugendplan voraus, dass der religiösen und sittlichen Betreuung der Studierenden unter Wahrung der Gewissensfreiheit Raum gegeben wird." Auch die „Bildung von Studierenden zu verantwortungsbewusstem mitbürgerlichen Verhalten" sei zur Bedingung gemacht. Insbesondere die Selbstverwaltung sollte dabei „als zum Wesen eines Studentenwohnheimes gehörig getrachtet" werden und durch die Verantwortlichen besonders gefördert werden.[183]

181 Deutsches Studentenwerk (Hg.): *Jahresbericht 1960*, 6. Vor 1965 hatte der Stifterverband immer wieder durch diverse Sonderausgaben jenseit der Forschungsunterstützung Einzelinitiativen unterstützt.Vgl. W. Schulze: *Der Stifterverband für die Deutsche Wissenschaft 1920–1995*, Berlin 1995, 221 f.

182 Voggenreiter (Hg.): *Jugend in Freiheit und Verantwortung*, 9. Vgl. Die einzelnen deskriptiven Überblicksdarstellungen und wertende Reportagen wurden nicht explizit mit dem jeweiligen Autor gekennzeichnet. In den Darstellungen des Buches lässt sich in den unterschiedlichen Artikeln schon der Umbruch an der Wende zu den 1960er Jahren feststellen. Mit Rosemarie Leese, Heinrich Voggenreiter und dem Berliner Karl Heinz Wenzel haben drei Autoren bei „Jugend in Freiheit und Verantwortung" mitgewirkt, deren Ansichten wahrscheinlich schon auseinanderklafften. Rosemarie Leese war eine der führenden Kräfte der „Bundesarbeitsgemeinschaft Jugendaufbauwerk". W. Thorun: *Jugendhilfe und Sozialarbeit im lebensgeschichtlichen Rückblick*, Hamburg 2006, 120.

183 Ebd. 253.

Um die Kompetenzen der Bundesländer nicht zu verletzten, sollten Anträge für eine Tutoren- und vor allem Wohnheimbauförderung durch den Bundesjugendplan an die zuständige oberste Landesbehörde gestellt werden. Nach Stellungnahme der Beratungsstelle für Wohnheimfragen des DSW sollte der Antrag an das das Bundesministerium des Inneren weitergeleitet werden. Aufgrund dieser Anträge konnte das Bundesministerium es Inneren dann einen Bereitstellungsbescheid erteilen, mit dem das Land ermächtigt wird, die Bundeszuwendungen zu bewilligen.[184] Die Umsetzungsbestimmungen des Bundesjugendplans 1963 sahen dabei vor, nur diejenigen Studentenwohnheime zu fördern, die sich formal an die Universitäten anbanden: „Um die Zusammenarbeit von Studierenden und Dozenten in den Studentenwohnheimen zu fördern", sollten nur solche Studentenwohnheime eine Zuwendung erhalten, die dem Rektor der Hochschule oder seinem Beauftragten eine Mitgliedschaft in den satzungsmäßigen Gremien der Heime gewähren. Neben dieser Muss-Bestimmung wünschte der Bundesjugendplan auch, dass das Studentenwohnheim mit dem Allgemeinen Studentenausschuss der jheweiligen Universität Fühlung halten sollte. Anfang der 1960er Jahre formulierte das Gesetz den Anspruch zurückhaltender: „Der religiösen und sittlichen Betreuung der Studierenden ist unter Wahrung der Freiheit der Gewissensentscheidung Raum zu geben." Nach wie vor aber müsse aber die „Bildung der Studierenden zum verantwortungsbewussten mitbürgerlichen Verhalten" gefördert werden. Das Studentenwohnheim müsse baulich so gestaltet sein, dass die Bildung kleiner Gruppen möglich ist. So gehöre die Selbstverwaltung der Studierenden zum Wesen eines Studentenwohnheimes, der durch den Träger Raum zur Entfaltung und zur verantwortlichen Mitwirkung an allen Angelegenheiten des Heimes zu gewähren sei. Aufnahmen in die aus dem Bundesjugendplan geförderten Heime dürften nicht aus Gründen der Rasse, Herkunft, Weltanschauung und politischen Überzeugung verwehrt werden. Auch dürfe die Aufnahme nicht an Zugehörigkeit einer bestimmten Organisation gebunden sein. Für Ausländer und Flüchtlingsstudenten sollten in angemessener Zahl Wohnheimplätze zu Verfügung stehen.[185]

Die Fördermittel für die studentischen Initiativen liefen nun mehrheitlich an den Entscheidungsgremien von Universität und sogar den Bundesländern vorbei. Die studentischen Hilfen des Bundesjugendplans wurden im Unterschied zu den sonstigen Maßnahmen direkt vom Bundesminister des Innern vergeben. In der Veröffentlichung von Voggenreiter wurde diese abweichende Regelung mit „einer organischen Verbindung zwischen der studentischen Jugendarbeit im freien Raum und der Wissenschaftsförderung des Staates" begründet. Die Förderung durch das Bundesinnenministerium erfolgte zwar auch den Richtlinien des Bundesministeriums für Familien- und Jugendfragen, erlaubte aber einen Entscheidungsspiel-

184 Ab 13.6.1960 sollte die Stellungnahme der Beratungsstelle Wohnheimfragen Bestandteil des Antrags bei Einreichen sein. Bundesministerium für Familien- und Jugendfragen (Hg.): *Bundesjugendplan 1963*, Monschau 1963, 70 ff.

185 Ebd. 68.

raum.[186] Die Universitäten empfanden diese organische Verbindung oftmals nicht, da die Verwendung der Mittel des Bundesjugendplans auch im Bereich der Studentenschaft sich großzügig auf viele Einrichtungen und Initiativen verteilte. So gewährte er Hilfen für studentisches Schrifttum, dem im Hinblick auf die Selbstdarstellung der Studentenschaft und die Formulierung verantwortlicher Standpunkte einer besonderen Bedeutung zugesprochen wurde. Seit 1959 konnten auch studentische Korporationen Zuwendungen für ihre politische Bildungsarbeit erhalten.[187] Mit diesem Schritt folgte das Bundesinnenministerium nicht mehr den Vorstellungen der Kollegienhaus-Befürwortern, die ja die Errichtung ihrer Einrichtungen als Gegenpol zu den alten Korporationen verstanden haben wollten. Die beiden konservativ ausgerichteten Behördenchefs hatten keine Berührungsängste mit den Studentenverbindungen der alten Art. Als Corpsstudent hatte sich der erste Bundesminister des Innern von 1950 bis 1953 Robert Lehr schon früh für eine Rehabilitierung der alten Korporationen ausgesprochen. Unter seinem von 1953 bis 1961 amtierender Nachfolger Gerhard Schröder fielen die Vorbehalte gegen die Korporationen bei der Verteilung der Gelder. Parallel dazu hatte der Bund 1960 zeitweilig das Verfahren der Bewilligung für die Gelder in Frage gestellt. Zuvor hatte er sich bei der Bewilligung der Mittel für die Tutorenstellen an die Empfehlungen eines Gutachterausschusses für das Tutorenprogramm gehalten, in dem Bund und Länder, WRK, VDS und DSW zusammenwirkten. Erst nach einer vorübergehenden Unterbrechung war das Verfahren nach Abschluss des Geschäftsjahres 1960 wieder eingeführt worden. Das Entscheidungsverfahren mit bestimmender Mitwirkung der akademischen Selbstverwaltungen wurde wieder eingeführt, nachdem die zeitweilige Aussetzung die Schwächung der Universitätsrechte offen sichtbaer gemacht hatte.[188]

6. VIELSTIMMIGE ABLEHNUNG DES KOLLEGIENHAUSPLANS 1962

Angesichts des abnehmenden Interesses an den Kollegienhaus-Plänen erscheint es erstaunlich, dass die *Anregungen des Wissenschaftsrates zur Gestalt neuer Hochschulen* von 1962 die Errichtung von Kollegienhäusern als geeignetes Mittel der Hochschulreform ausdrücklich empfahlen. Nach 19 Sitzungen verabschiedete der 1957 gegründete Wissenschaftsrat im Oktober 1960 seine *Hochschulausbau-Empfehlungen.*[189] Der Wissenschaftsrat begründete das Strategiepapier mit dem „Bildungsauftrag der Hochschule in unserer Zeit", in der „fachliche Ausbildung und menschliche Bildung" vereint werden sollten. Unter der Losung „Erziehung durch Wissenschaft" sei in der Vergangenheit bewusst „jede andersartige Erziehungsarbeit anderen staatlichen oder gesellschaftlichen Einrichtungen überlassen" geblieben. Da nun die Universität nicht mehr auf der bildenden Arbeit des Gym-

186 Voggenreiter (Hg.): *Jugend in Freiheit und Verantwortung*, 258.
187 Ebd. 258.
188 Vgl. Deutsches Studentenwerk (Hg.): *Jahresbericht 1960*, 6.
189 O. Bartz: *Wissenschaftsrat und Hochschulplanung*, Köln 2006, 64.

nasiums aufbauen könne und da die Zahl der Studenten unterschiedlichster Herkunft sich vervielfacht habe, sei die Bildungsaufgabe nun auf die Hochschule verlagert worden. Aufgrund der Ausdifferenzierung der Fächer zeige die Universität keine einende Bildungsidee mehr, auf die grundsätzlich aufgebaut werden könne. In der neuen Maßnahme sah der Wissenschaftsrat das geeignete Mittel, um das Verantwortungsbewusstsein der den jungen Menschen zu wecken.[190] Die dargestellte Aufgabe könne im Rahmen der herkömmlichen Lehrveranstaltungen nicht mehr ausgeführt werden. Der Massenbetrieb dränge die Studenten in eine passive Konsumentenhaltung. Um Voraussetzungen für den akademischen Unterricht zu schaffen, bedürfe es einer neuen Institution „um die Studienanfänger in die akademische Gemeinschaft hineinwachsen zu lassen“:[191]

> Ständiger Umgang mit anderen Studenten gehört ebenso dazu wie die fortdauernde Begegnung mit jüngeren Wissenschaftlern, die als Tutoren im vollen Sinne des Wortes wirken, indem sie sich der Ausbildung der ihnen anvertrauten Studenten annehmen und sich im persönlichen Gespräch darum bemühen, den Sinn für das Studium zu wecken und zu formen. Die Aufgabe dieser persönlichen Berater sollte es auch sein, das kritische Abwägen von Sachverhalten zu pflegen; sie sollten die Studenten dazu anhalten, bei der Lösung gestellter Aufgaben eigene Entscheidungen zu treffen und zu begründen und das Bewusstsein einer inneren Unabhängigkeit zu entwickeln. Dazu tritt die mehr praktische Hilfe und Beratung beim Aufbau des Studiums und die Sorge für den Ausgleich von Lücken in den Schulkenntnissen, z.B. in den alten und neuen Sprachen oder in Mathematik, kurz, eine intensive Vorbereitung für eine erfolgreiche Teilnahme an den eigentlichen Lehrveranstaltungen der Universität und für die Fähigkeit, das Studium nach eigener Entscheidung zu führen und zu vollenden.[192]

Die Tutorenprogramme einzelner Fakultäten zeigten in diese Richtung, für einen vollen Erfolg brauche es aber der „Atmosphäre einer akademischen Lebensgemeinschaft“ im kollegialen Zusammenwohnen.[193] Die propädeutischen Aufgaben eines Kollegienhaus gingen dabei über die der Wohnheime hinaus, dessen Funktion im „Erlernen und Einüben des guten Zusammenlebens in einer Gemeinschaft“ liege. Die neuen Kollegienhäuser sollten Einrichtungen der Hochschulen sein. In diesen von Studenten, Assistenten und Dozenten bewohnten Häusern vermöge sich jene „akademische Lebensform zu entfalten, in der sich wissenschaftliche Ausbildung und menschliche Bildung gegenseitig bedingen.“ Den Studenten sei eine geeignete Einführung gegeben, durch die Vor- und Nachbereitung akademischer Lehrveranstaltungen durch Tutoren könnte aber auch die Lehre entlastet werden. Ganz konkret legte der Wissenschaftsrat Voraussetzungen fest, an denen sich die Errichtung der Kollegienhäuser orientieren sollte: Die Kollegienhäuser sollten in der Gesamtanlage der Universität geographisch und institutionell so eingepasst werden, dass „sie zum Mittelpunkt der akademischen Studien- und Lebensgemeinschaft werden.“ Die Studenten der Anfangssemester sollten bevor-

190 Wissenschaftsrat: „Zur Einrichtung von Kollegienhäusern an wissenschaftlichen Hochschulen“, in: Ders. (Hg.): *Anregungen des Wissenschaftsrates zur Gestalt neuer Hochschulen*, Tübingen 1962, 73–87, 73 ff.

191 Ebd. 76 f.

192 Ebd. 77

193 Ebd. 77

zugt dort wohnen, da sich „gerade in den ersten Semestern […] die Einstellung zum Sinn des Studierens, zum Hochschulleben und auch zum späteren Beruf" forme. Für die Entfaltung der pädagogischen Wirkung sollten die Studenten mindestens drei Semester im Kollegienhaus leben. In den als Gebäudegruppen gebauten neuen Kollegienhaus sollten 80 bis 120 Studenten in Einzelzimmern wohnen können. Club- und Diskussionsräume, ein Versammlungsraum, eine Hausbibliothek sollten ebenfalls unterbracht werden.[194] Die verantwortliche Leitung einer Gruppe von Kollegienhäusern sollte in die Hände eines „Kollegienleiters" gelegt werden, dem ebenfalls aus dem akademischen Lehrkörper stammende „Protektoren" der Einzelhäuser und im Haus wohnende Tutoren zur Seite stehen sollten. Ein Tutor, der selbst zumindest schon promoviert sein sollte, sei für die Betreuung von etwa 20 Studenten vorgesehen. Diese Tutoren hätten vorwiegend eine pädagogische Aufgabe. In fachgebundenen Studiengruppen sollten die Tutoren Proseminare und Colloquien abhalten. Nicht nur für den inneren Betrieb, sondern vor allem für das Erlenen „jener ungeschriebenen Gesetze des Taktes, der Selbstdisziplin, der gegenseitigen Achtung, Toleranz und Redlichkeit" sollte eine Selbstverwaltung der Studierenden bestehen. Bezüglich des gemeinsamen Wohnens von Männern und Frauen in einem Haus wollte sich der Wissenschaftsrat noch nicht auf eine Position festlegen, da es für Zustimmung und Ablehung sowohl positive wie auch negative Erfahrungswerte gegegen hatte. Ausländer sollen bei zu einem drittel der Bewohner ausdrücklich mit den deutschen Studenten gemischt werden.[195]

Woher diese weitreichende und detailreiche Konzeption kam, schien auf den ersten Blick schwer nachzuvollziehbar.[196] Der erste Vorsitzende des Wissenschaftsrates von 1957 bis 1960 Helmut Coing war bislang nicht mit Interesse am Kollegienhaus hervorgetreten, so dass Olaf Bartz ihn in seiner als „klar zur Riege der humboldtianistischen Nachkriegsrestauration" einordnete. Sein Nachfolger Ludwig Raiser galt zwar als Angehöriger des Hofgeismarer Kreises als Reformer, hatte an den Kollegienhäusern aber auch nicht sonderliches Interesse bekundet. Die Humboldtsche Universitätsidee diente als die zentrale Referenz aller Bemühungen des Gremiums.[197] Die Empfehlungen des Wissenschaftsrates wurden auch schon in den Jahren der Entstehung als eher konservativ eingeschätzt, da die Ausbaupläne für die Universitäten grundsätzlich kaum von den bestehenden Mustern etwa des Ordinarienprinzips abwichen.[198] Zur internen Meinungsbildung hatte der Wissenschschaftsrat in den ersten Jahren seines Bestehens noch eine Kombination aus „basisdemokratischer" Mitgliederbefragung und der Arbeit einer Vielzahl von Kommissionen gewagt. Schon die ersten 530 Seiten umfassenden Empfehlungen von 1960 erschien in manchen weniger zentralen Detailfragen als eine

194 Ebd. 78

195 Ebd. 79 ff.

196 Im offiziellen Bericht über das Wirken des Wissenschaftsrates findet sich kein Hinweis. Vgl. L. Raiser: *Bericht des Vorsitzenden über die Arbeit des Wissenschaftsrates 1961–1964*, Bonn 1965, 5–18.

197 Vgl. Bartz: *Wissenschaftsrat*, 63. Vgl. Ders.: *Der Wissenschaftsrat*, Stuttgart 2007, 70 ff.

198 Ebd. 62 ff.

nicht stringente Aneinanderreihung von Textbausteinen verschiedenster Zuträger.[199]

Während andere Themen im Vorfeld breit in der Öffentlichkeit debattiert worden war, hatte es das Kollegienhaus leise als Nebenprodukt der „Campus-Idee“ in die Empfehlungen geschafft. Diese Campus-Idee stützte sich nun auf Anregungen aus dem angelsächsischen Ausland. Ende der 1950er Jahre lagen immer mehr euphorische Berichte deutsche Wissenschaftler und Studenten über die amerikanischen Campus-Universitäten vor. Auch die Bremer Denkschrift Rothes von 1961 hatte dabei ausdrücklich auf die angelsächsische Campus-Tradition verwiesen, die Deutschland nicht aufzuweisen habe. Die in alten Kasernengebäuden untergebrachten Universitäten Mainz und Saarbrücken wollte Rothe nicht als Verwirklichung dieses durchdachteren Campus-Gedankens zählen lassen.[200] Schon kurz nach ihrer ersten öffentlichen Vorstellung hatte die Denkschrift Rothes ein enormes öffentliches Echo erfahren. Die Campus-Überlegungen wurden an vielen Orten rezipiert. Im Frühjahr 1962 hatte der Hamburger Erziehungswissenschaftler Hans Wenke im *Handelsblatt* den Campus-Plan ausdrücklich begrüßt. Zuvor hatte Wenke auch auf einer Tagung in der Evangelischen Akademie Loccum zur Neugründung von Universitäten die amerikanischen Campus-Konzeptionen als Vorbild genannt.[201] Bei der Tagung hatten sich hingegen auch andere Teilnehmer skeptisch über solche alle Lebensbereiche umfassenden Überlegungen geäußert. Der Kölner Germanist Hubert Ohl hatte sich in seinem Referat „Hochschule und Studentenwohnheim“ für eine deutliche Erhöhung der Wohnheimplätze an alten und neuen Universitäten ausgesprochen, eine generelle Wohnpflicht für Studenten hingegen hielt er für „weder möglich noch wünschenswert.“[202] Diese aus dem angelsächsischen Bereich angeregten Campus-Überlegungen hatten die Idee der Kollegienhäuser wieder denkbar gemacht. In seiner 2010 erschienen Untersuchung über den amerikanischen Einfluss auf die deutsche Hochschuldebatte betonte Stefan Paulus die einschneidende Wirkung von Rothe-Denkschrift und des Loccumer Tagungsbericht. An diese knüpften nun die Anregungen des Wissenschaftsrates von 1962 an und ging mit den Detailregelungen für die innere Struktur sogar über den Rotheschen Plan hinaus.[203]

Die Einführung von Kollegienhäuser bedeute einen tiefen Einschnitt in die Struktur der gewachsenen deutschen Universität. Wenn die Studierenden „den ganzen Zusammenhang dieser Maßnahmen nicht sehen“ könnten, bestehe die Gefahr, dass sie diese als „Bevormundung und Einengung ihrer Freiheit“ empfän-

199 Vgl. Ebd. 56 f.

200 Paulus: *Vorbild USA?*, 484 f.

201 H. Wenke: „Die Neugründung von Universitäten im Aspekt der Deutschen Kultur- und Hochschulpolitik“, in: *Universität neuen Typs?*, 17–33, 27. Zitiert nach Paulus: *Vorbild USA?*, 489.

202 H. Ohl: „Hochschule und Studentenwohnheime“, in: .*Universität neuen Typs?*, 133–146. 135 f. Vgl. Paulus: *Vorbild USA?*, 489.

203 Ebd. 490 f. Explizite Nennung der angelsächsichen Vorbilder: Wissenschaftsrat: *Zur Einrichtung von Kollegienhäusern an wissenschaftlichen Hochschulen,* 79.

den.[204] Die schon in der Denkschrift des Wissenschaftsrates geäußerten Befürchtungen der Akzeptanzprobleme durch die Studenten bewahrheiteten sich schnell. Die organisierte Studentenschaft wandte sich ausdrücklich gegen das Kollegienhaus-Modell des Wissenschaftsrates. Zu groß war die Sorge um eine mögliche politisch-ideologische Beeinflussung der Studierenden in den Kollegienhäusern sowie eine Ghettoisierung der Hochschule. Der *Verband der Deutschen Studentenschaften* (VDS) brachte die Position durch eine Ende 1962 erschienene Schrift *Studenten und die Neue Universität* in die öffentliche Debatte ein:[205]

> Die Hochschule, die mit ihren Studenten wissenschaftlich arbeiten will, muss jede erzieherische Einwirkung aus ihrer eigenen Arbeit ausschalten [...]. Von daher müssen wir pädagogische Bestrebungen der Hochschule mit ihren Studenten, wie sie in bestimmten Konzeptionen der Wohnheime uns neuerdings betont im „Kollegienhausplan“ des Wissenschaftsrates sichtbar geworden sind, als wissenschaftsfremd ablehnen. Sie machen den Studenten von einem Partner der Wissenschaft zu einem Objekt der Hochschule und müssen konsequent auch auf den Bereich der wissenschaftlichen Arbeit beeinträchtigend zurückwirken. Wir lehnen auch eine politische, musische, künstlerische oder sportliche Erziehung durch Institutionen der Hochschule ab.[206]

Zu Beginn der 1960er Jahren geriet die Debatte über Hochschulreform ohnehin wieder in Schwung.[207] Mit ähnlichen Argumenten wie der VDS hatten auch die im Oberaudorfer Kreis versammelten Professoren das Ansinnen des Wissenschaftsrates entschieden abgelehnt.[208] Der Gründungsausschuss der Universität Bochum hatte sich 1962 den Kollegienhausplan des Wissenschaftsrates hingegen in hohem Maße anregen lassen. Da die neue Universität ohnehin auf der grünen Wiese geplant wurde, hatten die Campus-Pläne großen Anklang gefunden. In den geplanten Kollegienhäusern sollten mitten auf dem Campus Doktoranden und Assistenten zusammen mit den Studierenden leben und arbeiten. Somit wollte Bochum den Studierenden den Weg „vom Schülerdasein [...] zum vollwertigen Mitglied“ der Universität erleichtern und die „viel beklagte Kluft zwischen Student und Hochschule“ schließen. [209] Insbesondere angesichts der anvisierten Studentenklientel aus nicht-akademischen Elternhäusern hatte Bochum auch besonderen Wert auf ein Tutorenprogramm gelegt. Der als einer der ersten Professoren an der Ruhr-Universität lehrende Hans Mommsen erinnerte sich rückblickend an die besondere Aufgabe in der Bildungsexpansion: Man hätte „nicht wie es in Heidelberg oder Tübingen üblich […], die Studienanfänger einfach in die Seminarbibliothek reinwerfen“ können und „sagen, orientiert euch da. Der durchschnittliche Ruhrstudent wäre vor einer geschlossenen Bücherwand zurück gescheut, und es war nur durch persönlichen Kontakt und Tutorien zu erreichen, dass die Stu-

204 Ebd. 84.
205 Paulus: *Vorbild USA?*, 290 ff.
206 Verband Deutscher Studentenschaften: *Studenten und die Neue Universität*, 19. Ebd. 492.
207 Vgl. M. Mälzer: *Die große Chance*, 73–92.
208 Vgl. „Protokoll der 14. Tagung des Oberaudorfer Kreises 1.–5.10.1962“, in: Heinemann, 161.
209 H. Stallmann: „Am Anfang war Bochum. Die Gründung der Ruhr-Universität im Kontext der sechziger Jahre“, *die hochschule* 1/2004, 171–184, 178 f. Vgl. Gründungsausschuss (Hg.): *Empfehlungen zum Aufbau der Universität Bochum*, Bochum 1962.

denten sich nicht nach Hause zurückzogen und mit den drei, vier Schulbüchern, die sie hatten ihre nötigen Vorbereitungen machten."[210] Die geplanten 3.000 bis 4.000 betreuten Wohnheimplätze für ein Drittel der Studenten wurden letztendlich aber nicht gebaut. Nicht nur der Einspruch des VDS sondern auch die finanziellen Kapazitäten des nordrhein-westfälischen Kultusministeriums hatten die Pläne zu Fall gebracht.[211]

Angesichts der weiterhin steigenden Studentenzahlen spielten Konzepte einer intensiveren Betreuung zunehmend einer geringere Rolle. Auf einer mit der Forschungsförderung befassten Bundestagsdebatte war 1963 das im Vergleich mit der Sowjetunion ungenutzte „Reservoir an Begabungen in unserer bäuerlichen und in der Arbeiterbevölkerung" benannt worden. Nicht nur angesichts der Nuklearforschung wurde Wissenschaft als wesentlich für die „Entwicklungsmöglichkeiten und den Existenzkampf einer Nation" beworben. Um die vielen Studenten zu fassen, müssten sich die Hochschulen umstellen. Auf die 200.000 Studentenplätze im Jahre 1964 wurden 250.000 Studenten erwartet, davon 20.000 Ausländer. Der seit 1962 als liberaler Bundesminister für wissenschaftliche Forschung amtierende Hans Lenz wollte zur Bewältigung dieser Herausforderung des „Überhangs" an Studenten insbesondere auf Tutorien und Kollegienhäuser zurückgreifen, sie dabei gleichsam umwidmen. Sein in der Debatte geäußerter und letztlich nicht angenommener Vorschlag sah eine Verkürzung der Semesterzahl durch die Einführung von Trimestern vor. Die Intensivierung des Studiums sollte durch Arbeitsgruppen unter der Leitung von Tutoren oder gemeinsamem Arbeiten in den Kollegienhäusern bewältigt werden. Durch Zwischenprüfungen sollen ungeeignete Studenten rechtzeitig von der Hochschule entfernt werden. Mit dem Bau neuer Hochschulen in Bremen, Bochum, Dortmund, Regensburg und Konstanz sollten überdies die Kapazitäten erhöht werden.[212]

Parallel zu diesen praktischen Erwägungen waren alle Studium generale-Konzepte auch durch die seit Mitte der 1950er Jahre wieder vermehrt beschworene Idee der „Bildung durch Wissenschaft" in Frage gestellt worden. In einem erstmals im Mai 1963 in der Zeitschrift *Merkur* erschienenen Artikel befasste sich Jürgen Habermas mit den beiden Themen der Reformdiskussion des vergangenen Jahrzehnts, die er als „Verschulung der Universität" und die „sogenannte ‚Vermassung'" benannte.[213] Letztendlich empfand es Habermas als „erstaunlich, wie sehr an der Universität im Gegensatz zu Spezialschulen festgehalten" wurde. Irrtümlicherweise hatte Habermas dabei Hermann Heimpel die originäre Forderung der Einführung einer universitären Erziehung zugesprochen. Heimpel habe gefordert „die traditionellen Aufgaben von Lehre und Forschung durch die Forde-

210 K.-H. Heinemann: „Eine Hochschule für das Ruhrgebiet. Die Ruhr-Universität Bochum wird 40", *Deutschlandfunk, das Kalenderblatt*, Sendung am 30.6.2005.

211 Stallmann: *Am Anfang war Bochum*, 178 f. Zu den Campus-Plänen in Regensburg, Bochum und Konstanz: Paulus: *Vorbild USA?*, 502 ff.

212 R. Strobel: „Forschung nicht gefragt? Wissenschafts-Debatte im Bundestag vor leeren Bänken", *Die Zeit*, 22.2.1963.

213 J. Habermas: „Vom sozialen Wandel akademischer Bildung" (1963), in: H.-G. Herrlitz (Hg.): *Hochschulreife in Deutschland*, Göttingen 1968, 116–128, 116 f.

rung ergänzt, vom Prozess der wissenschaftlichen Ausbildung das Moment der menschlichen Bildung abzuspalten und als autonomen Erziehungsauftrag neben der akademischen Lehre zu institutionalisieren." Diesem seien dann die „jugendbewegte Konzeption" des Bremer Universitätsplans und das „reservierte Gutachten" des Wissenschaftsrates zur Gestaltung neuer Universitäten gefolgt. Habermas sah „die Herrschaftsstruktur des Universitätsbetriebes" in den beiden zitierten Dokumenten unangetastet und die Forderung nach den Kollegienhäusern geradezu als Übersprunghandlung. Sie hätten die Reform unter anderem auf „die Institutionalisierung eines von der Forschung separierten Erziehungsauftrages" abgewälzt. Die Konsequenz dieser „anderthalb Jahrzehnten Diskussion" sei nun der Vorschlag, „die in Kollegienhäusern kasernierten Anfangssemester zur akademischen Lebensgemeinschaft zu verpflichten."[214] Diese Überlegungen lehnte Habermas als grundsätzlich der universitären Bildungsidee im Widerspruch stehend ab:

> Im Namen einer Bewahrung der Idee unserer Universität wird also deren wichtigste Maxime: Bildung durch Wissenschaft, preisgegeben, Wer die *universitas litterarum* in einer restaurierten Zunftgenossenschaft der Lehrer und der Lernenden wieder festmachen möchte, kehrt die großartige Emanzipation der neuhumanistischen Bildung von Normen, die durch Tradition ausgewiesen waren und wissenschaftlicher Reflexion nicht standhielten, um. Wenn die Universität die Verschulung, die sie an den Konsumenten überfüllter Seminare beargwöhnt, als Erziehungsauftrag selbst in Regie nehmen wollte, müsste sie mit den autarken Mächten der Unmündigkeit paktieren. Nur unter dem Vorschuss der fingierten Mündigkeit kann dieses wachsen.[215]

So stimmte Habermas der Ablehnung der Pläne „einer akademischen Erziehung außerhalb des Prozesses wissenschaftlicher Arbeit" durch den VDS zu. Die positivistische Begründung der Studentenschaft wollte Habermas nicht im Sinne der „Bildung durch Wissenschaft" gelten lassen, konnte aber so die andere Richtung der Ablehnung der Kollegienhausüberlegungen zu Beginn der 1960er Jahre klar benennen:

> Weil die Studenten an der Maxime einer Bildung allein durch Wissenschaft festhalten, die Funktionen dieser Wissenschaft aber positivistisch deuten, nämlich auf den Bereich technischer Verfügung beschränkt sehen, müssen sie „intellektuelle Allgemeinbildung" und „harmonische Persönlichkeitsformung" aus dem Tempel der Hochschule verweisen. Damit wird freilich abermals aus dem Bildungsprozess des Erkennens ein sozusagen ethisch verfestigter Bestandteil an Charakterbildung herausgelöst, den andere vor den Toren der Universität nur in Empfang zu nehmen brauchen, um ihn über Kollegienhäuser der Universitätsverwaltung wieder zuzuführen. Beide Parteien knüpfen ihre konkurrierenden Absichten an die gleiche These einer Arbeitsteilung zwischen Wissenschaft und Erziehung. Während einst Bildung ein wissenschaftlich erschlossenes Verständnis der Welt im ganzen in das Handeln der Menschen einbringen sollte, wird sie heute zu so etwas wie anständigem Verhalten, zu einem subjektiven Persönlichkeitsmerkmal verkürzt.[216]

Als Gewinner des Preisausschreibens der WRK von 1957 blieb der Münchner Richard Lobner dem Thema des Studium generale treu. Im März 1963 veröffent-

214 Ebd. 121 f.
215 Ebd. 122.
216 Ebd.

lichte *Die Zeit* seinen Leserbrief „Universitätsreform aber wie?“, im er sich sich über den Bruch „zwischen den theoretischen Erörterungen um die Universitätsprobleme und den praktischen Antworten“ empörte: „Der Beitrag von Walther Killy über den Durchschnittsstudenten nannte die Achillesverse des Universitätsdilemmas, nämlich: die Bildungslosigkeit der sozialen Herkunft des Studenten (während die Universität auf der Voraussetzung einer gebildeten Herkunft aufbaut).“ Lobner sah als einzig mögliche Antwort „nur Kollegienhaus, Tutorensystem und Studienberatung“. Man nenne „einen Bildungsbegriff gleichzeitig anachronistisch und [messe] in seinem Namen Haltung und Leistung der gegenwärtigen Studenten, auch der Professoren.“ Mit seiner kulturkritischen Haltung „wieweit wir politisch, geistig, kulturell, künstlerisch überhaupt schon im 20. Jahrhundert angekommen sind?“ vertrat Lobner nach wie vor eine Idee einer Geistesaristokratie gegen eine nivellierte Massenuniversität.[217] Die Anforderungen hatten sich aber in diesen wenigen Jahren so verschoben, dass solche Vorstellungen in der hochschulpolitischen Debatte keine Rolle mehr spielten. Vom 8. Bis 10. Januar 1963 veranstaltete das UNESCO-Institut für Pädagogik unter dem Titel „Das erste Studienjahr an der Universität“ die nächste größere Studium generale-Konferenz nach den Oberaudorfer Überlegungen zu dem Thema zehn Jahre zuvor. Nun aber standen propädeutische und didaktische Fragen im Mittelpunkt.[218]

217 R. Lobner: „Universitätsreform aber wie?“, *Die Zeit*, 8.3.1963.

218 Vgl. H. von Hentig: *Bericht über eine Tagung vom 8.–10.1.1963*, Hamburg 1963. Ders.: „Ordnung statt Verschulung“, in: *Neue Sammlung* 3/1963, 106–113. Die Hamburger Tagung war die einzige in den 1960er Jahren, die sich explizit mit dem Studium generale auseinandersetzte. Als folgende Konferenz mit dem Schwerpunkt nennt Papenkort erst „Interdisziplinarität von Forschung und Lehre“ 1.–4.6.1977 in Mainz und „Technik ohne Kultur?“ 23.–25.9.1977 in Loccum. Vgl. L. Huber et al.: „Auf dem Weg zu neun fachübergreifenden Studien“, in: Ders. et al. (Hg.): *Über das Fachstudium hinaus*, Weinheim 1994, 9–47, 10 f.

VII. DAS COLLEGIUM ACADEMICUM DER UNIVERSITÄT HEIDELBERG

1. DER „HEIDELBERGER GEIST" BEI DER WIEDERERÖFFNUNG 1945

Eine Gruppe von Professoren diente 1945 der amerikanischen Besatzungsmacht als Kontaktstelle und Partner für alle folgenden Maßnahmen bezüglich der durch die Kriegssituation geschlossenen Universität. Aus dieser Gruppe der Professoren war im gleichen Jahr auch die Initiative zur Gründung des Collegium Academicum (CA) der Universität Heidelberg entstanden, an dem erstmals nach dem Krieg die Ideen eines Erziehungsauftrages in einem Kollegienhaus der Universität verwirklicht wurde. Beim Erstkontakt der zuständigen Stellen der US-Armee mit der Universität, hatte sich dort allerdings schon ein eigenes Gremium von Professoren gebildet, die sich selbst als vom NS-Staat unbelastet ansahen. Dieser „Dreizehnerausschuss" war schon wenige Tage nach dem Einmarsch der Amerikaner in der Privatwohnung des Heidelberger Professors Emil Henk zusammengetreten. Dort hatten sich Anfang April 1945 der Kulturphilosoph Alfred Weber, der Jurist Gustav Radbruch, der Philologe Otto Regenbogen der Arzt Alexander Mitscherlich und der Philosoph Karl Jaspers erstmals getroffen. In der Wohnung von Jaspers konstituierte sich der Ausschuss mit den hinzu gewählten weiteren Mitgliedern: dem Juristen Karl Engisch, dem Historiker Fritz Ernst, dem Chirurgen Karl Heinrich Bauer, dem Chemiker Karl Freudenberg, dem Juristen Walter Jellinek und dem Anglisten Johannes Hoops. Der mit den amerikanischen Truppen eingezogene CIC-Offizier hatte die Zusammenkunft genehmigt. Die Mehrheit der Teilnehmer stand in klarer Distanz zum NS-Staat und hatten zum Teil wie Regenbogen, Jellinek Lehrverbot gehabt oder waren sogar wie Henk aktiv am Widerstand beteiligt gewesen.[1] Durch Mitgliedschaften an NS-Organisationen waren einzelne

1 S. P. Remy: *The Heidelberg Myth*, Cambridge 2002, 118. Vgl. zu Ernst: H. Grundmann: „Nachruf Fritz Ernst", in: *Deutsches Archiv für Erforschung des Mittelalters* 20/1964, 299. Zu Henk: K. Eisele, R.-U. Kunze: *Mitverschwörer – Mitgestalter*, Konstanz 2004. Zu Jaspers: D. von Engelhardt; H.-J. Gerigk (Hg.): *Karl Jaspers im Schnittpunkt von Zeitgeschichte, Psychopathologie, Literatur und Film*, Heidelberg 2009. Suzanne Kirkbright: *Karl Jaspers*, New Haven 2004. Zu Jellinek: H. Klein: „Jellinek, Walter", *Neue Deutsche Biographie (NDB)*, Berlin 1974, 394 f. Zu Mitscherlich: M. Dehli: *Leben als Konflikt. Zur Biographie Alexander Mitscherlichs*, Göttingen 2007. Zu Radbruch: R. Alexy: „Gustav Radbruch (1878–1949)", in: *Christiana Albertina* 58/2004, 47–51. Klein: *Demokratisches Denken bei Gustav Radbruch*. Zu Regenbogen: J. Malitz: „Klassische Philologie", in: Eckhard Wirbelauer (Hg.): *Die Freiburger Philosophische Fakultät 1920–1960*, Freiburg/München 2006, 303–364. Zu Weber: E. Demm: *Von der Weimarer Republik zur Bundesrepublik*, Düsseldorf 1999.

des Kreises formal belastet, sahen sich aber zumindest selbst nicht als Anhänger des NS-Staates.[2] Die Hoffnung auf eine rasche Wiedereröffnung der Universität hatte sich nach dem Besuch des Arzt-Generals Morrison C. Stayer, dem Beauftragten des U.S. Group CC für öffentliche Sicherheit und Wohlfahrtspflege, am 1. Juli 1945 ergeben. Zusammen mit dem drei Tage zuvor ernannten Universitätsoffizier Edward Y. Hartshorne hatte Stayer im Auftrag des Stellvertretenden Militärgouverneurs Lucius D. Clay zu überprüfen, wie die Möglichkeiten einer Wiedereröffnung der Medizinischen Fakultät ständen. Da die Amerikaner einen Gesundheitsnotstand befürchteten, waren sie bereit vom bisherigen Plan abzuweichen, die Universitäten erst nach einer längeren Phase der Entnazifizierung wiederzueröffnen. [3] Als Ansprechpartner diente der 80jährige Emeritus Hoops, dem der letzte Rektor der NS-Zeit das Amt übergeben hatte, sowie als Dekan der Medizinischen Fakultät der Chirurg Karl Heinrich Bauer. Bei der gemeinsamen Begehung der Chirurgischen Klinik hatte Bauer die Chance genutzt, dem amerikanischen General den Entwurf für eine neue Universitätsverfassung vorzulegen. Diesen hatte ein Dreierkommitee bestehend aus Jaspers, Engisch und Jellinek ausgearbeitet.[4] Bei aller Unklarheit über das weitere Vorgehen, hatten die Amerikaner ihr Interesse einer baldigen Teil-Wiedereröffnung geäußert, die Heidelberger Professorenschaft durch ihren Entwurf sich als Partner dazu angeboten.

Der Ausschuss zeigte große Übereinstimmung in der Forderung nach einem verpflichtenden Bildungskanon, wie er im traditionellen humanistischen Gymnasium gepflegt worden war. Bei der Erörterung der Zulassungskriterien der Studenten hatte die Art der schulischen Vorbildung zu einer Diskussion führte. Die Voraussetzung einer geistig-moralischen Basis für das Studium schienen die Professoren dabei unisono in der christlichen und antiken Prägung des humanistischen Gymnasiums zu sehen. Der Soziologe Alfred Weber sprach sich explizit gegen eine Anerkennung der Oberrealschulen ohne Latein- und Griechisch Unterricht aus. Diese „missverstandene Demokratisierung" der Universitäten könne nur durch „Verengung des Zugangs zu den Universitäten" gelöst werden: „Wir fragen nicht: welche Voraussetzungen sind für jedes Fach zu machen, sondern: welche Vorbildung macht es möglich, dass alles Spezielle in das Universelle eingestellt wird, das die Grundlage unserer Kultur bildet." Weber sah diese Grundlagen in christlichen und antiken Elementen: „Das war um 1800 selbstverständlich. Die zweite Hälfte des 19. Jahrhunderts hat das zunehmend vergessen. Man verlangte

2 Formal belastet durch Mitgliedschafte in NS-Strukturen waren Engisch. Vgl. H. Prantl: „Suche nach Gerechtigkeit. Zum Tod von Karl Engisch", *Süddeutsche Zeitung*, 17.9. 1990. Bauer war wegen seiner jüdischen Frau in der NS-Zeit behindert worden, hatte aber 1943 das Ordinariat in Heidelberg erhalten. Vgl. E. Wolgast: „Karl Heinrich Bauer – der erste Heidelberger Nachkriegsrektor. Weltbild und Handeln 1945–1946", in: J. C. Heß (Hg.): *Heidelberg 1945*, Stuttgart 1996, 107–129. B. Zimmermann: „Karl Heinrich Bauer", *Badische Biographien*, Stuttgart 1990, 23f. Vgl. Remy: *The Heidelberg Myth*, 146 ff.

3 Tent: *Mission on the Rhine*, 57 ff. Ders.: "Edward Yarnall Hartshorne and the reopening of the Ruprecht-Karls-Universität in Heidelberg, 1945: his personal account", in: Heß (Hg.): *Heidelberg 1945*, 53–72, 59 f.

4 Gerhardt: *Die Amerikanischen Militäroffiziere und der Konflikt*, 44.

realistische Grundlagen für das betreffende Fach. Aber ein führender Ingenieur nennt das Gymnasium die optimale Vorbildung für die Technische Hochschule."[5] Nur als Zugeständnis an die aktuelle Ausbildungssituation solle das nicht-humanistische Abitur Gültigkeit erlangen. Besonders bei den so technisch ausgebildeten Medizinern fehlte aus Sicht der beratenden Professoren „die Charakterbildung", welche sich „im Bewusstsein der Selbstverantwortung" und in einem „Freiheitsbewusstsein" ausdrücke. Um den geisteswissenschaftlich-idealistischen Bildungskanon zu wahren, sollten an den Schulen Anstrengungen unternommen werden. Bezüglich der aktuellen Studenten, die oftmals seit 1939 mit einem eingeschränkten „Kriegsabitur" vorzeitig die Schule verlassen hatten, sollte die Universität in die Pflicht genommen werden. Regenbogen schließlich schlug dafür einen „Zwischenkurs" vor. Studenten, die in den letzten Jahren des Krieges die Schule vorzeitig verlassen hatten, sollten diesen im ersten heidelberger Jahr besuchen. Ausdrücklich sollten diese Kurse als Ersatz für den verloren gegangenen Standard des Abiturs gesehen werden: „Wir wollen für diese keine Vorsemester und keine Kriegsteilnehmerkurse, sondern zwei Semester gemeinsame Vorbildung, die von Schulen und Universitäten getragen werden."[6]

Schon am 15. August 1945 konnte die Heidelberger Universität mit dem Medizinischen Unterricht wieder teil-eröffnet werden.[7] Zur Eröffnungsfeier in der Ludolf-Krehl-Klinik sprach der frisch gewählte Rektor Bauer. Der Adressat seiner Rede waren offiziell die ca. 1.000 nun neu verpflichteten Studierenden, ungenannt und wesentlich wichtiger aber die amerikanischen Beobachter. Es galt, Universitätsoffizier Hartshorne und die lokalen Vertreter der US-Militärregierung von der Lauterkeit der Universität Heidelberg zu überzeugen. Pathetisch hatte sich Bauer an die Studenten gerichtet: „Verzweifelt nicht!" Das Ende des Krieges nun auch im Pazifik habe eine völlig neue Weltlage geschaffen. Die Logik des Geschehens induziere „Welteinheit, Welteinigkeit und Weltfrieden. Zu dieser neu kommenden Welt hat ein ehrliches Deutschland eine ehrliche Chance." Die Strategie Bauers bestand darin, auf eine ungebrochene demokratische Tradition der Heidelberger Universität hinzuweisen: „Ruperto Carola spricht zum ersten Male wieder zu deutscher Jugend! Das alte Heidelberg, ehedem eine Hochburg deutscher Demokratie, fängt neu wieder an, Kraft zu spenden nach allen Seiten."[8] In diesem Sinne waren auch die nun amtierenden Dekane aus bekannten NS-Gegnern besetzt worden: Alfred Weber stand der philosophischen Fakultät vor, Karl Freudenberg der mathematisch-naturwissenschaftlichen, Martin Dibelius der theologischen sowie Gustav Radbruch der juristischen.

Rektor Bauer und die Heidelberger Professoren arbeiteten auf das eigentliche Ziel der Wiedereröffnung der gesamten Universität hin. Auf verschiedenen We-

5 UAH, Rep. 10–2, Dreizehner-Ausschuss, Heidelberg, 27.7.1945.

6 Ebd.

7 „Erste Universität wieder eröffnet", *Münchner Zeitung*, 18.8.1945. Wortgleich: „Heidelberg: Erste Universität", *Regensburer Post*, 17.8.1945; *Allgemeine Zeitung*, 24.8.1945.

8 UAH, B-1018/3, Rede des Rektors der Universität Heidelberg Prf. Dr. K.H. Bauer bei der Eröffnung des Medizinischen Unterrichts, Heidelberg, 15.8.1945. Vgl. den pathetischen Ton Bauers: Wolgast: *Karl Heinrich Bauer*, 110.

gen versuchten sie den Amerikanern die Botschaft der demokratischen Tradition im „Heidelberger Geist" zu vermitteln und ein innovative Vorhaben der neuen, demokratischen Zeit: das Collegium Academicum der Universität Heidelberg als zentrales Projekt des neuen Erziehungsanspruches der Universität. Im Oktober 1945 übersandt Bauer die programmatischen Schriften „Der Neue Geist" von Jaspers und seine eigenen Gedanken zur Umerziehung an den Vertreter der Militärregierung in Heidelberg. „Besonders liegt der Universität am Herzen die Errichtung eines ersten deutschen College in der sogenannten Alten Kaserne", betonte Bauer.[9] Der Plan wurde in der Presse weithin wahrgenommen:

> Prof. Bauer hat der Militärregierung einen Versuchsplan unterbreitet, in dem er, zum ersten Mal für Deutschland, eine Studentenerziehung nach dem Muster amerikanischer Colleges vorschlägt, Der Plan wurde genehmigt, und es entstand ein größeres Studentenwohnheim, das „Collegium Academicum", in dem 500 Studenten in 180 Zimmern mit je drei Betten untergebracht werden sollen. Dieses erste deutsche College wird es mittellosen Studenten ermöglichen, für eine monatliche Miete von 5 bis 15 Mark eine Unterkunft zu finden. Es ist der Wunsch Prof. Bauers, dass die Universitäten in Zukunft kein Tummelplatz mehr für feudalen exklusive und reaktionäre Verbindungen sein mögen. Die Universität Heidelberg ist entschlossen, parteipolitische Gruppenbildungen innerhalb der Studentenschaft nicht zu dulden, um den inneren Frieden der Universität, der die einzige Gewähr für ungestörtes Lernen und Lehren bietet, zu bewahren.[10]

Überhaupt beschrieb die von der US-Militärregierung herausgegebene *Neue Zeitung* die Universität Heidelberg so, wie sie sich in ihrem Selbstbild gerne gefiel: Sie wies auf die durch die amerikanische Spendenaktion in den 1920er Jahren für den Neubau des Hauptgebäudes gelungene Konstanz der transatlantischen Beziehungen hin.[11] Die Wieder-Berufung und Besetzung der Schlüsselpositionen mit „bekannten Wissenschaftler der Zeit vor Hitler" wurde vermerkt.[12] Rundum positiv, wie es Bauer in seiner Rede nicht positiver formulieren konnte stellte die *Neue Zeitung* fest: „Heidelberg, das so viele hervorragende Wissenschaftler und Nobelpreisträger als Schüler und Lehrer hatte, ist überzeugt, dass es schon aus geographischen und historischen Gründen zu einem neuen Mittelpunkt der deutschen

9 UAH, Rep 10–12, Rektor K.H. Bauer an die Militärregierung Heidelberg, z.Hdn. von Major Grimm: Die Lage an der Universität Heidelberg, Heidelberg, 11.10.1945.

10 „Vier deutsche Hochschulen", *Die Neue Zeitung*, 04.11.1945.

11 „Das Lehrgebäude mit Aula und großen Leseräumen, das von ehemaligen amerikanischen Heidelberger Studenten und Botschafter Shurman in dankbarer Erinnerung an ihre Studentenzeit errichtet worden ist, blieb unbeschädigt. Lediglich die nationalsozialistische Inschrift ‚Dem deutschen Geiste' musste weichen, um wieder der ursprünglichen Inschrift ‚Dem lebendigen Geiste' Platz zu machen.", „Vier deutsche Hochschulen", *Die Neue Zeitung*, 4.11.1945. Vgl. „Wie Jacob Gould Schurman der Ruperto Carola ein neues Hörsaalgebäude spendierte", in: *Unispiegel*, Frühjahr 2006, 6–7.

12 „Die Universität Heidelberg, die auf bekannte Wissenschaftler der Zeit vor Hitler zurückgegriffen hat Prof. Radbruch, den bekannten Strafrechtler und Rechtsphilosophen, auf den Lehrstuhl berufen, Auch Karl Jaspers, der Schöpfer der Existenzphilosophie, darf wieder lehren. Der gesamte Lehrkörper wurde vollständig von nationalsozialistischen Elementen gesäubert." Vier deutsche Hochschulen", *Die Neue Zeitung*, 4.11.1945.

Wissenschaft werden kann.“[13] Die moralische Aufgabe der Universität wurde auch in weiteren Reden bei den universitären Anlässen beschworen. Alfred Weber räsonierte über „Orientierung und Aufgabe“ der Universität, Bauer mahnte aus Anlass der feierlichen Verpflichtung der Medizinstudierenden des Wintersemesters 1945/46 die „Wissenschaft und Humanität“ an.[14]

Die Konstanz einer Kultur der demokratischen Offenheit wurde nach 1945 gerne mit dem bruchlos existierenden „Heidelberger Geist“ begründet. Vor dem Ersten Weltkrieg war der Begriff „Heidelberger Geist“ im Zusammenhang mit dem mündlichen Gesellschaftsumgang der Universitäts-Kleinstadt gebraucht worden. Bei einer Fülle von gesellschaftlichen Veranstaltungen als „subtile soziale Mechanismen zur Aufrechterhaltung der Homogenität“ mussten die Professoren und ihre Ehefrauen sich in der ständisch-akademischen Gesellschaft ihren sozialen Status verteidigen sowie gegenseitige Loyalitäten sichern.[15] Diese Konversationskultur hatte auf einem hohen Niveau stattgefunden, war aber ständisch auf den Umgang zwischen Professoren, Dozenten und wenigen ausgewählten Studenten beschränkt geblieben. So unterschiedlicher Figuren wie Max Weber und Stefan George hatten um die Jahrhundertwende feste Kreise um sich versammelt, in denen in einem geradezu korporativ-ständisch anmutenden Rahmen geistige Auseinandersetzung gepflegt wurde. Als Ersatz für akademische Wirksamkeit hatte Weber Kollegen und jüngere Gelehrte beim regelmäßigen *jour fixe* um sich versammelt. Der nach 1945 bei der Wiedereröffnung der Universität beteiligte Jurist Walter Jellinek hatte zusammen mit Max Weber auch dem mit einer Vereinssatzung organisierten *Eranos-Kreis* angehört, in dem religionswissenschaftliche und soziologische Fragen diskutiert wurden.[16] Der immer wieder in Heidelberg tagende Kreis um den Dichter Stefan George als eine Art Religionsstifter gehörte nicht unmittelbar zu universitären Welt, zeigte aber in der Geschlossenheit durchaus Parallelen. Die „Romantiker“ um George und die „Rationalisten“ um Max Weber wurden auch in den 1920er Jahren noch als die beiden Gegenpole wahrgenommen.[17] Gemeinsam waren diesen so unterschiedlichen Kreisen des „Heidelberger

13 Ebd.

14 UAH, B–1018/3, Rektor K. H. Bauer: Wissenschaft und Humanität, Heidelberg, 20.11.1945. *Alfred Weber*: „Orientierung und Aufgabe“, *Rhein-Neckar-Zeitung*, 22.9.1945.

15 Der zeitliche Aufwand war enorm, so dass Gustav Radbruch später beklagte, dass er zwischen 1903 und 1914 in Heidelberg nur zwei größere Arbeiten publizieren konnte, weil „das ‚ewige Gespräch‘, diese charakteristische Lebensform der Heidelberger geistigen Geselligkeit, viel Zeit und viel Kraft in Anspruch“ genommen habe. H. Treiber: „Der ‚Eranos‘ – Das Glanzstück im Heidelberger Mythenkranz?“, in: W. Schluchter; F. W. Graf (Hg.): *Asketischer Protestantismus und „Geist“ des modernen Kapitalismus*, Tübingen 2005, 75–137, 77 f.

16 Der „Eranos-Kreis“ war 1904 von den beiden evangelischen Theologen Adolf Deissmann und Albrecht Dieterich gegründet worden. Vgl. Ebd. 80 ff.

17 So z.B. von Karl Mannheim, der 1921 nach Heidelberg gekommen war. V. Kruse: „Die Heidelberger Soziologie und der Stefan George-Kreis“, in: B. Böschenstein; J.n Egyptien; B. Schefolf; W. Graf Vitzthum (Hg.): *Wissenschaftler im George-Kreis*, Berlin 2005, 259–276. 259–266. Weber und George blieben sich fremd. Weber lehnte die „Vergotterung irdischen Lebens“ durch George ab; George den Rationalisten Weber, „der sich der Wirklichkeit stellte,

Geistes" doch die elitären Vorstellungen, an die angesichts der Überlegungen der unmittelbaren Nachkriegszeit zu erinnern ist. Auch wenn Max Weber ausdrücklich den Dünkel Georges gegenüber den „Massen" verurteilt hatte, war doch auch seine Umgebung ein durchaus geschlossener Zirkel mit einem hohen wissenschaftlichen Niveau.[18] Dieser politischen Tradition des „Heidelberger Geistes" entsprechend waren Walter Jellineks Vorstellungen ausgesprochen elitär, weit entfernt von einem ausdrücklich abgelehnten demokratischen Egalitarismus. Sie hatten weit mehr mit der Demokratie der alten griechischen *πόλις* zu tun als mit den westlichen „Ideen von 1789".[19] Konsequenterweise galt für die Studierenden, dass sie „der empfangende, nicht der gebende Teil der Universität" seien.[20] Die Gesprächskreise vor dem Ersten Weltkrieg waren darüber hinaus vor allem sozial- oder geisteswissenschaftlich geprägt, kaum durch Naturwissenschaftler. Der 1909 bis 1911 kurz in Heidelberg lehrende Naturphilosoph Hans Driesch hatte sich als Außenseiter empfunden: „Jedes sich nicht in den höchsten Regionen bewegende Gespräch war eigentlich verpönt, die Naturwissenschaften und ihre Vertreter wurden etwas mitleidig von oben herab betrachtet."[21] Jenseits der vielen fruchtbaren wissenschaftlichen Auseinandersetzungen muss der elitäre Charakter und diese besondere Gewichtung der Geisteswissenschaften bedacht werden, wenn der „Heidelberger Geist" in der Zeit nach 1945 als Referenz genutzt wird.

Die neuen Akzente der bekannteren Heidelberger Denker nach 1945 waren von dieser geisteswissenschaftlichen Tradition geprägt. Mit seiner „Kultursoziologie" schrieb nun Alfred Weber, der jüngere Bruder des schon 1920 verstorbenen Max Weber, deutsche Geschichte neu. Der liberal ausgerichtete Nationalökonom hatte sich erst in Heidelberg mit über vierzig Jahren den kultursoziologischen Fragen zugewandt.[22] Alfred Weber hatte dabei seine Fragestellung „Wie gestaltet der Mensch als sinnhaft deutendes Wesen das Dasein seiner Zeit? Ist der Mensch nur ein Produkt seiner Umstände, oder gelingt es ihm, seine Welt nach kulturellen Maximen zu gestalten?" durchaus in Wechselwirkung mit den Georgianern entwickelt.[23] Jaspers setzte neue Akzente in der Schuldfrage. Der in der Nachkriegszeit als *praeceptor germaniae* wahrgenommene Philosoph war sicherlich die Figur unter den Heidelberger Professoren mit der größten Breitenwirkung. Vielfach sollte er politische Stellungnahmen geben und wurde in der „Rolle des großen Zeitinterpreten" gesehen. Obwohl Jaspers Existenzphilosophie in Amerika an-

statt sie mit großer Geste aufzuheben." E. Wolgast: *Die Universität Heidelberg 1386–1986*, Heidelberg 1986, 120 f.

18 Vgl. Kruse: *Die Heidelberger Soziologie und der Stefan George-Kreis*, 263. Vgl. E. Demm: *Geist und Politik*, Frankfurt/Berlin 2000, 83 ff.

19 Vgl. Jansen: *Mehr pragmatisch denn liberal*, 183.

20 Ebd. 184.

21 Zitiert nach: Ebd. 183.

22 E. Demm: *Geist und Politik*, 347 ff.

23 Kruse: *Die Heidelberger Soziologie und der Stefan George-Kreis*, 269. Alfred Weber hatte viele Georgianer in seinen Vorlesungen. Nachgewiesen hat er nur einmal 1911 persönlich George getroffen. Als Alfred Weber gegenüber George die demokratische Entwicklung als unvermeidbar einstufte, brach der Dichter das Gespräch ab. Ebd. 479.

fangs eher auf Unverständnis gestoßen war, setzten die amerikanischen Vertreter besonderes Vertrauen in ihn.[24] Jaspers Anthropologie betonte die Freiheit. Im Gegensatz zu vielen Geschichtsphilosophien gab es für Jaspers weder ein Natur- noch ein historisches Gesetz, das den Gang der Dinge bestimmt. Jaspers hatte so auch nach der von vielen als monströs-übermächtig empfundenen Kriegserfahrung bei jeder Entscheidung noch Spielräume menschlichen Handelns gegen die Übermacht der technischen Zivilisation für gegeben angesehen.[25] Seine Philosophie bot sich für die Neuformulierung einer neuen Identität des deutschen Geistes an. In seiner Studie von 1996 wies Beymer auf die Abgrenzungen von Jaspers Erklärungsmuster hin: „Gegen Absolutheitsansprüche der Philosophie und des Szientismus, den er in seiner Suche nach Selbstvergewisserung als eine neue Form des Totalitarismus erkannte, gegen gnostisches Scheinwissen wie gegen agnostisches Schein-Nichtwissen setzte er sein ‚handelndes Denken'." Beymers Hinweis auf dieses Denken als „typische Haltung der inneren Emigration" erklärt die Konjunktur seiner Ideen.[26] Jaspers war kein Widerständler gewesen, aber er hatte sich „nicht angebiedert und hatte dem Druck der Nazis, sich von seiner jüdischen Frau zu trennen, nicht nachgegeben."[27] Jaspers wie Alfred Weber beschäftigte die Frage, wer die Adressaten für die Appelle zu einer neuen gesellschaftlichen Verantwortung sein sollten. Enttäuscht über die mangelnde Umkehrbereitschaft der Eliten hatte sich Jaspers an „die Massen" als Träger einer demokratischen Gesellschaft gewendet. Beymer stellte heraus, wie fremd Jaspers dennoch die Mehrheitskultur blieb. Jaspers Verhältnis zum eher aus der Debatte der 1920er Jahre stammenden Begriff „Masse" hat sich nach 1945 gewandelt, wenngleich auch die Eliten seinem Ideal der „Kameradschaft selbstseiender Menschen" nicht gerecht wurden. Nach Enttäuschungen klang selbst bei Jaspers der elitäre Unterton des „Heidelberger Geistes" an: „Die Massen müssen mir gleichgültig werden. Ohnehin kann bei uns alles Wesentliche nur ausgehen von Einzelnen und kleinen Gruppen. Das Chaos wächst."[28] Alfred Weber setzte seine Hoffnung eher auf die Studenten als Auswahl für eine künftige gesellschaftliche Elite.[29]

24 Beymer wies auf das Werben von Hannah Arendt für die Philosophie ihres Doktorvaters in den USA hin. K. von Beymer: „Karl Jaspers – Vom philosophischen Außenseiter zum Praeceptor Germaniae", in: J. C. Heß (Hg.): *Heidelberg 1945*, 130–148, 132 f. Mit Alfred Weber befand sich Jaspers hingegen in einem persönlichen Zerwürfnis, weil er diesen als „einen Nationalen" bezeichnete. Vgl. Ebd. 133.

25 Ebd. 132.

26 Beymer wies aber auch auf die Rolle Jaspers in den Folgejahren hin: „Gelegentlich hatte er etwas Altväterliches, das nach 1945 nicht mehr ganz den Ton der Nachkriegsgeneration traf. Das tiefsinnige Raunen vieler Denkschulen blieb auch bei ihm vielfach unverbindlich und auf die Dauer erstaunlich folgenlos, auch wenn man ihn 1959 sogar für die Nachfolge des ersten deutschen Bundespräsidenten diskutierte. Seine Nachkriegsschriften sind rasch veraltet, selbst da, wo periodisch ähnliche Gedanken von neopopulistischen Wellen hochgespült wurden, wie Jaspers Attacken gegen den Parteienstaat und die politische Führung des Landes." Ebd. 135.

27 Ebd. 133.

28 Zitiert nach Ebd. 135 f. Beymer wies weitere Unklarheiten bei Jaspers nach: „Pseudopolitik und Überpolitik wurden bei ihm begrifflich nicht hinreichend geklärt. Trotz mancher Ähnlichkeit im Ausdruck zu den Schriften der Weimarer Zeit vollzog sich jedoch ein Wandel. Die

Unter Mitarbeit dieser weithin rezipierten Schwergewichte der Nachkriegs-Philosophie hatte der „Dreizehnerausschuss" seine gemeinsamen Grundpositionen festgelegt, sich auf vier Forderungen zusammenfassen lassen: Der moralische Wiederaufbau sollte durch 1.) christliches und 2.) humanistisches Bildungsideal im 3.) Kontext des westlichen Abendlandes 4.) besonders bei einer elitären Auswahl künftiger Verantwortungsträger an der Universität gefördert werden. Auch Jaspers und Weber, deren philosophische Arbeit zuvor kaum von einer Nähe zur Kirche geprägt worden war, rekurrierten nun auf die moralischen Werte des so genannten „christlichen Abendlandes". Beymer wies auf die erstaunliche Einigkeit hin, dass so unterschiedliche Personen wie der pragmatisch veranlagte Chirurg Bauer und der Sozialdemokrat Radbruch sich einig zeigten, dass sich angesichts des NS-Staates nur Christentum und Kirche hatten behaupten können. Ebenso erlebte das humanistische Bildungsideal eine erstaunliche Renaissance.[30] Die von Jellinek und Jaspers im Juni 1945 entworfene neue Universitätssatzung sah als „Voraussetzung für das akademische Studium [...] grundsätzlich die humanistische Vorbildung." Mit dieser rein geisteswissenschaftlich geprägten und dem Bildungskanon des deutschen Idealismus verpflichteten Vorstellungen hatten sie sich letztlich durchsetzen können. [31] Der elitären Tradition des „Heidelberger

Verherrlichung der Führung wurde gemildert. Der demokratische Führer als ‚vernünftiger Staatsmann' sollte überzeugen, nicht befehlen. Er spricht als Bürger, nicht als charismatischer Abgott. Aber eine Neigung zum Philosophenkönig blieb erhalten. Der vernünftige Staatsmann sollte vor allem als Erzieher wirken. Ein paternalistischer Zug seiner Demokratiekonzeption ging trotz der Betonung der plebiszitären Komponente nicht verloren. Von Max Weber bis zu Carl Schmitt gab es geistige Verwandtschaften in der Weimarer Zeit. Schmitt überhöhte das Politische – Jaspers hingegen das Überpolitische als sittliche Idee und Opfermut, und wurde vielfach unpolitisch. Gegenüber dem Politischen war Jaspers immer rasch mit dem Vorwurf der „Pseudopolitik" zur Hand. [...] Gelegentlich hat Jaspers nach 1945 seine Rolle auch überschätzt. In einem Konflikt mit der Regierung in Karlsruhe wies er Tendenzen einer Vorzensur mit Recht zurück." Aber fühlte sich generell verfolgt: „Schon allein, dass ich mich an das Volk wandte, war ihr [der Regierung] bedenklich, wie später solchen Regierungsleuten in der Bundesrepublik, die im Misstrauen gegen das Volk lebten." Ebd. 136.

29 Ebd. 135 f.

30 Jansen: *Mehr pragmatisch denn liberal*, 178. Vgl. Wolgast: *Karl Heinrich Bauer,* 112. Vgl. Alfred Weber: „Die neue Universität und der studentische Nachwuchs. Christentum und Antike als Grundlage unserer Bildung", *Rhein-Neckar-Zeitung*, 15.6.1946. Die moralische Wirkung des christlich-humanistischen Bildungskanon war weitgehender Konsens des Dreizehnerausschusses. Jansen wies aber auch auf die bemerkenswerte „Distanz zu den politischen Patentrezepten der Zeit" durch „eigenständige Selbstreflexion" des Psychologen Willy Hellpach hin. Vor 1933 stark kirchlich orientiert, „setzte er nach 1945 hinsichtlich einer Remoralisierung der deutschen Gesellschaft weit weniger Hoffnungen in die Kirchen und eine verstärkte religiöse Orientierung als einst kirchenfernere Kollegen wie Jaspers, Weber oder Radbruch. Er betonte den Wert wissenschaftlicher Maximen wie Wirklichkeitsorientierung, Wahrhaftigkeit und Sachlichkeit für die politische Konfliktaustragung in einer pluralistischen gesellschaft und plädierte gegen die konsequente Entpolitisierung der Universitäten, die etwa Radbruch und Jaspers forderten." Jansen: *Mehr pragmatisch denn liberal*, 192.

31 Der als Landesdirektor für Kultus und Unterricht eingesetzte Historiker Franz Schnabel hatte als Vertreter des Landbezirks Baden sich diesem Ansinnen der Universität Heidelberg entschieden zugunsten des allgemeinen Abiturs als Studienvorraussetzung widersetzt, u.a. mit

Geistes" entsprang der Einleitungssatz des Satzungsentwurfs: „Wenn Demokratie gleichen Anteil sämtlicher Beteiligten an der Führung öffentlicher Geschäfte bedeutet, so ist dieser Grundsatz innerhalb der ordentlichen Professoren restlos durchzuführen." Ein demokratischer Egalitarismus wurde ausdrücklich abgelehnt. Auch die Standesunterschiede zwischen Professoren und Nicht-Ordinarien sollten in der „demokratischen" Universitätsverfassung nicht angetastet werden: „Demokratie bedeutet nicht Gleichmacherei, also nicht Vermischung des Unterschiedes zwischen den Inhabern ordentlicher Lehrstühle und Anwärtern auf solche Lehrstühle."[32] Ähnlich geschlossen waren die Zirkel, in denen die Debatten geführt wurden. Die nun wieder in Heidelberg entstandenen Salons knüpften an die bürgerliche Geselligkeit der Vorkriegszeit und sogar die Zeit vor dem Ersten Weltkrieg, welche etwa die Gastgeberin Marianne Weber in ihrer Person verkörperte.[33]

Dass die Studierenden bei allen diesen Überlegungen „der empfangende, nicht der gebende Teil der Universität" sein sollte, ergab sich für die Professoren von selbst. Die von Weber und Jellinek ausgearbeitete Satzung wollte diesen „keinen innerlich begründeten Anspruch auf Führung der Geschäfte der Universität" zugestehen. Jellineks Begründung war dabei nicht grundsätzlicher Natur, sondern eher aus den Erfahrungen der 1920er Jahre gespeist: „Vermutlich würden bei einer freien Abstimmung der Studenten über die Frage, ob sie sich nach Art des Dritten Reiches aktiv an der Universitätsverwaltung beteiligen wollen, die Ehrgeizlinge in starker Minderheit bleiben, also eine demokratische Bestätigung des Grundsatzes." Jansen wies auf die Assoziation von „Gleichmacherei" und übertriebener Demokratisierung mit der autoritär verfassten Studentenschaft des Dritten Reiches und ihren Übergriffen auf die Lehrfreiheit hin. Dieses verengte Demokratieverständnis konnte also gut die Verfasstheit der bildungsbürgerlichen öffentlichen Meinung darstellen, zumal Jansen zu bedenken gab, „dass die Hei-

dem Hinweis, dass die Forderungen nach einem humanistischen Abitur so gut wie alle Frauen von einem Studium ausschließen würde. Selbst nach diesem Hinweis waren aber Jellinek und Jaspers nur zu geringen Zugeständnissen bereit: „Realgymnasien dürften wegen Latein vorläufig noch als humanistisch gelten. Die anderen Schulen reichen als Vorbildung in Zukunft nicht aus." Schließlich schlossen Universität und Landesdirektion einen Kompromiss, nach dem „Vorraussetzungen für das akademische Studium grundsätzlich die Reifeprüfung eines humanistischen Gymnasiums oder eines Realgymnasiums" war, was eine deutliche Verschärfung der Zugangsvoraussetzungen gegenüber der Zeit der Weimarer Republik bedeutete. Jansen: *Mehr pragmatisch denn liberal*, 178 f.

32 Ebd. 183 f.

33 Vgl. B. Meurer: *Marianne Weber*, Tübingen 2010. Treiber sah diese Salonkultur lediglich als ein Abschiednehmen der vergangenen Bürgerkultur: „Die Schlüsselwerte des deutschen Bildungshumanismus erfuhren nach 1945 eine kurze Renaissance, um dann in den fünfziger Jahren in einer spezifischen Vortragskultur, die selbst Bestandteil einer bürgerlichen Subkultur ist, weiterhin kultiviert zu werden. Insofern waren diese Vorträge nichts anderes als ‚Spätbürger-Treffen' – Treffpunkt der Rückmeldung und der Verabschiedung in einem." H. Treiber: „Salon-Geselligkeit und Vortragskultur im Nachkriegs-Heidelberg – oder: Über die Rückkehr der ‚letzten Bildungsbürger'", in: Heß (Hg.): *Heidelberg 1945*, 255–269.

delberger Universitätsspitze diese Sätze in einem repräsentativen Gremium feierlich zur Diskussion stellte.“[34]

In der Bezugnahme zum „Westen“ zeigten sich durchaus Differenzen. Eine Minderheit nur kannte, schätzte und vertrat in den Diskussionen die westliche – d.h. amerikanische – Demokratie als ein geeignetes Modell für Deutschland. Der Psychologe Hellpach und der Historiker Ernst kannten die angelsächsische Welt aus ihrer wissenschaftlichen Arbeit und eigener Anschauung.[35] Der in Opposition gegen den NS-Staat gestandene Arzt Alexander Mitscherlich, das jüngste Mitglied des „Dreizehnerausschusses“, wurde spätestens durch seine Mitarbeit an den Nürnberger Ärzteprozessen 1947 und der Auseinandersetzung mit der Psychoanalyse zu einem entschiedenen Befürworter einer Hinwendung zu der angelsächsisch geprägten „westlichen“ Kultur.[36] An Jaspers zeigte sich aber schon die Ambivalenz gegenüber den Amerikanern. Er bewunderte ihre Freiheit und Ehrlichkeit im Denken. Nicht erst aufgrund der vielen Verwaltungsakte der Besatzungsbehörden und der oftmals als unglücklich empfundenen Entnazifizierungsmaßnahmen empfand er aber Amerika letztendlich als fremd. Dazu kam – wie bei vielen seiner Generation – dass er Englisch nur mit Mühe lesen konnte.[37] Etwa der von den Amerikanern früh geforderten Einführung von Lehrstühlen für Politikwissenschaft wollte Jaspers in seinen Plänen für eine Neugliederung der Fakultäten 1945 nicht zustimmen.[38] Noch deutlicher sieht man das Misstrauen gegenüner der liberalen angelsächsischen Demokratie als mögliches Modell beim expliziten Englandkenner Gustav Radbruch. Er hatte 1935/1936 ein Jahr in Oxford verbracht.[39] Gegen in der Jugend fortbestehende nationalsozialistische Überzeugungen und die

34 Die Sicht auf den Nationalsozialismus als demokratische Bewegung war allerdings keineswegs neu, sie hatte bereits in der Kommentierung seines Aufstieges durch die Heidelberger Hochschulleherer eine Rolle gespielt und ihr bei einer bestimmten Gruppe, die man als antiliberale (antiparlamentarische) Demokraten apostrophieren kann und deren wichtigster Exponent Hellpach gewesen war, gar gewisse Sympathien eingetragen Jansen: *Mehr pragmatisch denn liberal*, 184.

35 Jansen zeigte auf, dass Hellpach sich auch in der NS-Zeit der abschätzigen Bewertung „des Westens“ und seiner politischen wie intellektuellen Idenwelt enthalten hatte. Der Psychologe hatte kritisiert, dass wissenschaftliche Methodiken und Fragestellungen, die aus Frankreich, Italien, Großbrittanien, den USA usw. kämen, „bei uns gern mit den Schlagworten wie Positivismus, Naturalismus, Psycholigismus oder gar mit dem abschätzigen Zusatz ‚westlerisch‘ versehen“ würden. Ebd. 194. Vgl. W. Hellpach: *Die geistige Gesetzmäßigkeit*, 187 ff, 196 f, 201 ff. Fritz Ernst hatte u.a. in Oxford studiert. Vgl. Grundmann: *Nachruf Fritz Ernst*.

36 Vgl. A. Mitscherlich; F. Mielke: *Das Diktat der Menschenverachtung*, Heidelberg 1947. J. Peter: *Der Nürnberger Ärzteprozess*, Münster 1998. T. Freimüller: *Alexander Mitscherlich*, Göttingen 2007. T. Hoyer: *Im Getümmel der Welt*, Göttingen 2008.

37 Beymer: *Karl Jaspers*, 136 f.

38 So sehr Jaspers sich für seinen Schüler Dolf Sternberger einen Lehrauftrag herbeiwünschte, wollte er ihm doch nur einen Lehrauftrag für „Publizistik“ erteilen. Ab 1947 lehrte Sternberger Politik in Heidelberg, erst 1960 wurde er zum außerplanmäßigen Professor ernannt. Ab 1962 bekleidete er den zweite Politiklehrstuhl neben dem von Carl Joachim Friedrich. Für die Einführung des Faches hatten sich die Soziologen Alfred Weber und Alexander Rüstow eingesetzt. Ebd. 138.

39 Jansen: *Mehr pragmatisch denn liberal*, 185.

militaristische und autoritäre Prägung insbesondere der aus dem Krieg zurückgekehrten jungen Männer setzte Radbruch ganz auf Bildung, Aufklärung und Religion. In der *Rhein-Neckar-Zeitung* verband er dies mit der Forderung, endlich die Universität wiederzueröffnen: „Überlässt man die besonders gefährdetet Kreise unserer Jugend noch länger der Untätigkeit, der Ratlosigkeit, der Verbitterung, so könne es leicht zu spät werden, sie noch zu gewinnen.“ Ein antifaschistischer Studentenbund hingegen sei „das denkbar schlechteste Mittel“. Er würde nur „Gegeninstinkte, Widerspruchsgeist, die geheime Opposition und möglicherweise unterirdische Gegenorganisationen“ auslösen. Die einzige Abhilfe sah Radbruch in „unaufdringliche[r] Lehre wissenschaftlicher, sittlicher und religiöser Wahrheiten“ und nicht „durch die harten Hände politischen Kampfes“, der nur „zum Ausgangspunkt der früheren Parteizerrissenheit und der alten Parteikämpfe innerhalb der Studentenschaft werden“ würde.[40] Radbruch fürchtete offensichtlich, bei der Besatzungsmacht mit seinem Plädoyer für eine konsequente Entpolitisierung der Universität auf wenig Verständnis zu stoßen:

> Es mag den Amerikanern wie Engländern nahe liegen, auf eigene günstige Erfahrungen mit politischen Bestrebungen in der Studentenschaft zu verweisen, besonders auf die berühmte „Union“ in Oxford. Aber diese Erscheinungen beruhen auf für uns unnachahmlichen angelsächsischen Verhältnissen […] Die Gegensätze zwischen den Parteien werden durch den gemeinschaftlichen Geist innerhalb des Colleges völlig überwunden, bei uns aber ist diese Gegenkraft gegen die politische Zerrissenheit nicht vorhanden.[41]

In seinem Streben nach Entpolitisierung der akademischen Sphäre ging Radbruch allerdings nicht so weit, die Teilnahme der Studierenden am politischen Leben generell abzulehnen. „Mitgliedschaften und Mitwirkung in den politischen Parteien soll ihnen in keiner Weise verwehrt werden, nur die Universität selbst darf nicht zur Stätte politischer Kämpfe werden, denn dies würde ihrem Wesen als einer Stätte der Wissenschaft, der Kultus, der Humanität und des […] Friedens von Grunde auf widersprechen.[42] Sehr deutlich zeigten sich hier einige für den „Heidelberger Geist“ der Nachkriegszeit charakteristischen Züge: Die Sorge vor den Auswirkungen eines unzensierten politischen Diskurses, die fortbestehenden und durch die Erfahrungen der nationalsozialistischen Machtübernahme und der fehlenden Widerstandspotentiale gegen sie gar noch verstärkende Zweifel an den Maximen der liberalen, parlamentarischen Demokratie, der Glaube an die Nicht-Übertragbarkeit westlicher politischer Formen auf die deutschen Verhältnisse, in wissenschaftlicher Hinsicht die Abkehr von einer Erkenntnistheorie, die seit Dilthey von der Subjektivität und Historizität aller wissenschaftlichen „Wahrheiten“ ausgegangen war, und die Rückkehr zu einem wissenschaftlichen Objektivismus, da der sogenannte Wertrelativismus der Weimarer Zeit den Kampf gegen den Na-

40 Ebd. 188 f.

41 Ebd. 189. Vgl. G. Radbruch: „Jugend in Gefahr“, *Rhein-Neckar-Zeitung*, 10.10.1945. UAH B–3099, PA Radbruch, Denkschrift, undatiert.

42 Ebd.

tionalsozialismus erschwert zu haben schien, und schließlich das Plädoyer für religiöse Bindungen.[43]

Letztendlich maß sich an dem Ertragen der demokratischen Vielfalt das Verständnis für die amerikanische Vorstellung von Demokratie. Aus der Erfahrung der politischen Auseinandersetzungen in den 1920er Jahren heraus, hatten Jaspers wie Radbruch sich eindeutig gegen politische Vereinigungen innerhalb der Universität ausgesprochen.[44] Die „sozialharmonischen Gesellschaftsmodelle" der deutschen Tradition blieben letztendlich der Bezugspunkt für die meisten der Heidelberger Professoren.[45] In seiner Analyse der Gedankenwelt von Jellinek, Radbruch und Hellpach fasste Jansen zusammen, dass insgesamt ein ausgesprochener Pragmatismus im Umgang mit den Problemen der Gegenwart wie im Umgang mit der NS-Vergangenheit überwog. Bei politischen Argumentationen stützten sich die Heidelberger Professoren dabei auffällig auf Ideologeme der Zeit vor 1922, in dem der „Heidelberger Geist" stark von einem Antiliberalismus geprägt war. Bei aller Beschwörung einer Umkehr waren Ansätze zu persönlicher Selbstkritik eher selten. Jansen sah Hellpach dabei in einer Beziehung mit den bekannten Moralisten im Spektrum der Heidelberger Gelehrtenkultur Jaspers und Mitscherlich, konnte aber in der frühen Nachkriegsphase keine systematische Aufarbeitung erkennen. Als Auffällig bezeichnete Jansen, dass der Heidelberger Argumentation analog zur der in der bildungsbürgerlichen politischen Öffentlichkeit der frühen Bundesrepublik geführten Debatte ein ideologische Pendant noch fehlte. Dieser „liberal-demokratische Grundkonsens, der die Pluralität und Widersprüchlichkeit einer modernen Gesellschaft und die Bedeutung von Parteien und Interessensorganisationen zur Austragung der daraus entstehenden Konflikte anerkannte und bereit war zu einer Integration in die westliche politische Wertewelt" entstand erst langsam. Stattdessen seien Jellinek, Radbruch und Hellpach zunächst zu den großen und aus der Sicht einer jüngeren Generation hohl erscheinenden Worten des „bewusst geistig-ideologischen deutschen Sonderwegs" zurückgekehrt. [46] 1945

43 Ebd. 189. Vgl. V. Neumann: „Richtiges Recht. Radbruchs Rechtsphilosophie und der staatsrechtliche Positivismus Heidelberger Prägung", in: K. Buselmeier (Hg.): *Auch eine Geschichte der Universität Heidelberg*, Mannheim 1985, 211–228. 150 ff.

44 Beymer: *Karl Jaspers*, 138.

45 Jansen belegt dies mit der Wertung Marianne Webers, dass Diskussionen als „‚gefährlich' – und moderne Vergesellschaftungsformen mit institutionalisierten Konfliktregelungsmechanismen und organisierter Interessensvertretung durch Verbände, Parteien und Gewerkschaften" ablehnte. Die „geradezu phobische Abwehr jeglichen gewerkschaftlichen Einflusses auf die Universität durch die geschlossene Phalanx der Professorenschaft" belege diese These. Jansens Folgerung der konstanten autoritären Vorstellungswelt und der Ablehnung eines liberalen Staates durch die Professoren als „Antagonisten einer modernen Gesellschaft" scheint aber wohl zu weit gegriffen. Die vorliegende Untersuchung möchte dem nicht zustimmen, dass „autoritärer Druck, charismatische politische Führer, christliche Werte, Familienbindung, usw." die Gesellschaftsvorstellungen der Professoren dominierten. Die von Jansen prognostizierte „Vorstellung von der Besonderheit des ‚deutschen Geistes' und seiner Überlegenheit über westlichen Pragmatismus, Materialismus und Liberalismus" lässt sich erkennen. Vgl. Jansen: *Mehr pragmatisch denn liberal*, 179.

46 Ebd. 195 ff.

war von den maßgeblichen Heidelbergern die längst überfällige Wendung zum Modell einer pluralistischen Gesellschaft und einer parlamentarischen Demokratie nach westlichem Vorbild noch nicht vollzogen worden.[47]

2. ERRICHTUNG DES COLLEGIUM ACADEMICUM 1945–1948

Im Oktober 1945 hatte die Universität den Lehrer der Odenwaldschule Joachim G. Boeckh für den Aufbau der künftigen Institution gewonnen und dieser seinen ersten Entwurf für eine Struktur der Einrichtung vorgelegt. Im Dezember hatte der Jurist Friedrich Weber dem Senat seinen Entwurf zur juristischen Form des Collegium Academicum (CA) gemacht. Das CA sollte eine rechtlich unselbstständige Anstalt der Universität werden. Die unmittelbare Anbindung an die universitäre Körperschaft war sehr bewusst gewählt, da sie den neuen Anspruch der Universität unterstreichen sollte, den Studienbegriff aus der akademischen Körperschaft heraus zu erweitern. Ende 1945 waren unter dem Besatzungsrecht noch nicht alle privatrechtlichen Einrichtungen wieder zugelassen, dennoch ist es bemerkenswert, dass gerade diese Rechtsform des CA realisiert wurde und für die Dauer seiner Bestehens auch unverändert bestand: Weder sollte es wie „normale Wohnheime" dem vor allem aus sozialen Gesichtspunkten motivierten Studentenwerk unterstellt sein, noch eine privatrechtliche Institution wie ein Verein oder eine wohl rechtlich selbstständige Stiftung diese Aufgaben übernehmen. Das CA sollte eine Einrichtung der Universität sein.[48]

Neben der symbolhaften Stellung des von Rektor Bauer gegenüber den Amerikanern gemalten Bildes einer in irgendeiner Form aus Amerika übernommenen Colleges-Systems als universitäres Reformprojekt waren zwei weitere ganz praktische Aufgaben getreten, die dem projektierten Haus übertragen werden sollten. In der Wohnungsnot der unmittelbaren Nachkriegszeit benötigten insbesondere die von außerhalb kommenden und oft vollkommen mittellosen Studierenden eine Unterkunft. In dieser Studentenschaft des Wintersemesters 1945/46 überwog bei weitem der Anteil der Männer: 1.942 Männer standen nur 779 Frauen gegenüber.

47 Jansen ordnete die weiteren Aussagen zu: 1945 wurde von den maßgeblichen Vertretern des „Heidelberger Geistes" die längst überfällige Wendung zum Modell einer pluralistischen Gesellschaft und einer parlamentarischen Demokratie nach westlichem Vorbild noch nicht vollzogen. Die Topoi in der politischen Argumentation entstammten häufig dem neokonservativen Gedankengut der Weimarer Republik, das auch die Gesellschaftsmodelle und Verfassungspläne des deutschen Widerstandes maßgeblich geprägt hatte. – Jaspers etwa nannte die notwendige Erneuerung der Universität nach dem Nationalsozialismus ganz im Tenor des Weimarer Neokonservatismus eine „konservative Revolution"; Alfred Weber wiederholte fast wortgleich seine Plädoyers der Zwischenkriegszeit für die Brückenfunktion Deutschlands als Mitte Europas zwischen Ost und West und setzte es gegen das Konzept der Westbindung; Hellpach verwies auf seine Aufsätze aus den zwanziger Jahren und nahm deren Argumente auf, als er 1948 seine politische Position einer konservativen (antiliberalen) Demokratie charaktersisieren sollte." Ebd. 180.

48 UAH, B-8805/1, Prof. Dr. Dr. Weber an den Herrn Prorektor der Universität, Heidelberg, 17.12.1945.

Diese Männer waren vor allem durch die für das Studium verlorenen Kriegsjahre auffällig überaltert. Zwei Drittel der Männer, aber nur zwei Fünftel der Frauen waren bereits über 25 Jahre alt.[49] Dass das projektierte Wohnheim nur Männer aufnehmen sollte, schien so nicht weiter verwunderlich. Insbesondere die Kriegsteilnehmer hatten darüber hinaus als „Notabiturienten" ihre Schulbildung nicht formal komplettiert, so dass die Universität sich um ihre Studienfähigkeit sorgte. Um die Voraussetzung zum Studium herzustellen und um den Ansturm auf die begrenzten Studienplätze zu mindern, verlangte die Universität von diesen Bewerbern den Besuch von Vorsemesterkursen als Vorraussetzung. Durch gesonderten, letztendlich schulischen Unterricht in Mathematik, Deutsch und Latein, aber auch in Geschichte sollte nachträglich die Bildungsvoraussetzungen für ein Hochschulstudium geschaffen werden.[50] Auch diese Aufgabe wurde dem geplanten Collegium Academicum (CA) zugeschlagen. Boeckh war auch eine ganz praktische Lehreraufgabe zugefallen.

Der materielle Beginn war bescheiden. Bauer nannte Anfang 1946 die noch zahllosen Probleme des Collegium Academicum als Institution in Gründung. Der Mangel an Materialien, die Armut der Studenten und vor allem die allgemeine Wohnungsnot. Das angedachte College sei noch nicht errichtet, da in dem Haus bisher noch die Vorkurse für die durch den Krieg nur mangelhaft vorgebildeten Studenten stattfänden.[51] Als das CA im Oktober 1945 die ersten Studenten aufnehmen wollte, bestand es aus einem leeren Haus. Das Gebäude war von einer amerikanischen Militäreinheit ohne Möbel übergeben worden, die als Bewohner infrage kommenden Studenten besaßen oftmals nichts außer der eigenen Kleidung. Rektor Bauer kümmerte sich persönlich um Spenden zur Einrichtung. Aus dem traditionsreichen Heidelberger Schulinternat Heidelberg-College, aus der Postoberschule und aus der chirurgischen Klinik sammelte Bauer gespendete Möbel ein.[52] Ein Aufruf an die Heidelberger Öffentlichkeit zur „Überlassung von Einrichtungsgegenständen jeglicher Art" brachte nur einen „sehr geringen Widerhall", so dass Bauer spendenbereiten Bürgern versprach, dass Studenten die Gegenstände auch an der Haustür abholen könnten.[53] Im Rahmen dieser Spendenaktion von Sachmitteln hatte sich Bauer auch an die US-Militärregierung gewendet. Vor allem hoffte er, Schränke für eine Belegung von 210 Studenten zu bekommen.[54] Als Bauer ein halbes Jahr später an das letztendlich über die Universität und die Karlsruher Verwaltung verantwortliche Kultusministerium in Stuttgart

49 BGLA, Intelligence Report Nr. 220, 14.5.1946, RG 260, OMGWB 12/87–1/17. Vgl. Sellin: *Die Universität Heidelberg im Jahre 1945*, 97.

50 Ebd. 96.

51 UAH, B-1018/3a, K.H. Bauer; Rector of the University, an Military Government, Office Heidelberg University: Report on the time between January 1 and 28, 1946, Heidelberg, 28.1.1946.

52 UAH, B-8805/1, K.H. Bauer: Aktennotiz, Heidelberg, 24.10.1945.

53 UAH, B-8805/1, K.H. Bauer: Aufruf, Heidelberg, undatiert (wohl Okt–Nov 1945). UAH, B-8805/1, K.H. Bauer: Sammlung für das Collegium academicum, Heidelberg, 30.11.1945.

54 UAH, B-8805/1, K.H. Bauer an die Militärregierung, Office-Heidelberg-University, Heidelberg, 13.4.1946.

berichtete, erwähnte er den provisorischen Charakter des CA nicht mehr. Im August 1946 erschien das CA so, wie es nun bestand, als feststehende Institution:

> Mit dem 1. Semester gleichzeitig lief die Gründung eines neuen Unternehmens der Universität; die Errichtung des „Collegium Academicum" in den Räumen der von der 6. Armee-Gruppe freigegeben „Alten Kaserne". Es gab einen kurzen intensiven Kampf um diese Institution, der aber alsbald zu Gunsten der Universität entschieden wurde. Das Collegium Academicum ist nicht nur ein Wohnheim für Studierende, sondern repräsentiert zu gleicher Zeit den erstmaligen versuch, neue Wege in der studentischen Erziehung außerhalb des eigentlichen Lehrbetriebes zu beschreiten. Trotz außerordentlicher Schwierigkeiten gelang es, insbesondere der Initiative des mit der Leitung beauftragten Direktors Boeckh, die Institution immer mehr und mehr zu entwickeln und ihre Lebensberechtigung eindrucksvoll zu erweisen. Inzwischen haben sich dort auch ein Forum für politische Diskussionen und Disputationen entwickelt. Das Zusammenleben de Studierenden in einer großen freiwilligen Wohn- und Erziehungsgemeinschaft zeigt gute Früchte.[55]

Dabei bestand zu dem Zeitpunkt nach wie vor noch keine klare institutionelle Absicherung des CA. Dass die Universität der Träger der Einrichtung sein sollte, stand zumindest für die eigenen Gremien fest. Nach einer ausführlichen Darstellung des Juradozenten Friedrich Weber über die künftige finanzielle Stellung des CA, hatte der Akademische Senat beschlossen, „dass das Collegium Academicum eine Veranstaltung der Universität bleiben, seine finanzielle Verwaltung aber auf Grund einer internen Vereinbarung durch das Studentenwerk übernommen werden soll." Von Ministerialrat Thoma aus der Badischen Unterrichtsverwaltung war überdies signalisiert worden, dass die Stelle des Leiters des Collegium Academicum auf den Universitätsetat mit übernommen werden könnte.[56] Ganz gesichert schien die Institution CA aber noch lange nicht, auch nicht die zugesagte Stelle des Leiters. Zwar hatte die Universität ihren Anspruch auf das Gebäude erst

55 UAH, B-1018/3, Rektor K.H. Bauer an das Kultusministerium in Stuttgart: Verfügung H 2127 vom 12.7.1946, Heidelberg, 7.8.1946.

56 „Es erscheint dem Senat das Richtige, wenn wir die weiteren Einzelheiten in einer Sitzung festlegen, an der außer Ihnen, Direktor Boeckh und einem Vertreter des Studentenwerkes Herr Ministerialrat Thoma und ich teilnehmen würden. Bei nächster Gelegenheit will ich mit Herrn Ministerialrat Dr. Thoma über die Angelegenheit sprechen und dann mit Ihnen wieder die Fühlung aufnehmen." UAH, B-8805/1, Rektor an Friedrich Weber, Heidelberg, 20.11.1946. Neben Bauer setzte sich besonders der Dozent Friedrich Weber ein. Der Jurist Weber, der erst 1947 sein volles Ordinariat bekam, engagierte sich für das CA in einem hohen Maße. UAH, PA 6997, Der Präsident des Landbezirks Baden, Abt. Kultus u. Unterricht an den Herrn Rektor der Universität Heidelberg: Ernennung des planm. Außerordentlichen Professors Dr. Friedrich Weber zum persönlichen Ordinarius, Karlsruhe, 29.3.1947. In einem Schreiben von Anfang 1946 an der Rektor entschudligte Weber ein Fehlen bei einer Sitzung mit seiner schlechten Gesundheit im Zusammenhang mit der Anstrenung des Aufbaus des CA: „In dem Wunsche durch persönliche Mitarbeit den Aufbau des Collegium Academicum zu fördern, habe ich früh das Bett verlassen und bin ausgegangen mit der Folge, dass ich seit einer Woche wieder wegen eines lästigen Rückfalles meiner Gelbsucht liegen muss." UAH, PA 6997, Fr. Weber an den Rektor der Universität, Heidelberg, 22.11.1945. Vgl. biographische Angaben zur Person: E. Bökelmann (Hg.): *Festschrift für Friedrich Weber zum 70. Geburtstag*, Berlin 1975.

einmal durchsetzen können, aber bezüglich der Kosten des laufenden Betriebes wollte die Unterrichtsverwaltung keine langfristigen Zusagen machen.

Innerhalb des CA waren hingegen mit schnellen Schritten Strukturen geschaffen worden, die im Wesentlichen dem Memorandum Boeckhs von Oktober 1945 entsprachen. Vor allem die Selbstverwaltung war vom Leiter systematisch aufgebaut worden, der aber deren Entwicklung nicht einem Wildwuchs überlassen wollte und sie ersten Studentenvertreter noch ausgesucht hatte. Im Oktober 1946 wurden die ersten Ämterträger Senior, Consenior, Präfekt und Conpräfekt von den Kollegiaten gewählt. In dieser Zeit entstanden mit dem Aufnahmeverfahren und der Mitgliederordnung die Strukturen, die das CA bis in die 1960er Jahre prägten. Die studentische Selbstverwaltung reglementiert und objektiviert. [57] Die ersten Absolventen des CA waren sehr aktiv an dieser frühen Entwicklung beteiligt gewesen und konnten bereits im März 1947 den *Vereins alter Mitglieder des Collegium Academicum der Universität Heidelberg e.V.* gründen, der vor allem die bedürftigen Studierenden des CA unterstützen sollte.[58] Obwohl sich gerade die Abgrenzung der Kompetenzen von Leiter und Kollegiaten zu einem heftig ausgetragenen Dauerthema entwickelte, hatte sich das CA 1948 doch als Institution konsoldidiert. Positiv berichtete ein Zeitungsartikel über die Eröffnung des Wintersemesters am 17. November 1948 in der Aula des CA. In einem feierlichen Rahmen und unter Teilnahme vieler Dozenten der Universität gab die studentische Selbstverwaltung des CA Rechenschaft über das vergangene Semester. Die neuen Collegiaten wurden in einem Ritual mit Handschlag in die Gemeinschaft als Vollmitglieder aufgenommen. Rektor Geiler sprach über die „sozialen und geistigen Krise“ der europäischen Kultur der Gegenwart. Hinter der Gefahr ihres Versinkens stehe noch eine Möglichkeit ihrer Rettung: die Rückkehr des Menschen zur Nüchternheit aus einer „übertriebenen Ich-Vergottung“. Geiler zitierte Grillparzer mit der Antwort auf die Frage: „Wer bist Du?“ - „Ich heiße Mensch und ich bin's.“ Genau hier wollte Geiler auch den Sinn des Collegium Academicum und der Gemeinschaft der hier zusammenwohnenden Studenten sehen.[59]

3. AKZEPTANZ DER VORHANDENEN STRUKTUREN DURCH DIE AMERIKANER

Nicht nur wegen des „romantischen Mythos“ Heidelbergs, sondern aufgrund der durch die rechtzeitige Kapitulation weitgehend unzerstörten Stadt fand Heidelberg bei den Amerikanern besonderes Interesse.[60] Die erste Visite amerikanischer Be-

57 UAH, B-8805/2, Collegium Academicum, Studentische Vertretung: Wahlordnung für die Studentischen Vertreter und deren Stellvertreter, Heidelberg, 28.2.1947. Vgl. H. Schweitzer: *Kollegienhaus in der Krise*, Heidelberg 1967, 31.

58 UAH, 14/432, Satzung des Vereins alter Mitglieder des Collegium Academicum der Universität Heidelberg e.V., Heidelberg, 11.3.1947.

59 L.K.: „Collegium Academicum“, *Rhein-Neckar-Zeitung*, 26.11.1948.

60 Zum romatischen Bild des Studentenleben Heidelbergs in den USA trug die 1924 in New York uraufgeführte Operete “The Student Prince in Heidelberg” bei, die 1927 von Ernst Lu-

satzungsoffiziere betreffend die Universität am 1. Juli 1945 fand mit einem besonderem Interesse für die unzerstörten medizinischen Einrichtungen der Universität statt.[61] Diesem Erstbesuch folgte ein langer Prozess des Aushandelns zwischen den Vertretern der akademischen Selbstverwaltung an der einen, der alliierten Besatzungsmacht und wieder entstehenden staatlichen Strukturen an der anderen Seite. Die US-Vertreter unterstützten die Bestrebungen des Dreizehnerausschusses durchaus, stellten aber die eindeutige Bedingung der Entnazifizierung des universitären Personals sowie die für den Hochschulbereich nicht ganz klar definierte Neuorientierung zu einem demokratischen Denken. Stimmen in der Militärregierung betrachten die Wiedereröffnung der Universität durchaus als Risiko für die Sicherheit der amerikanischen Streitkräfte. Sie befürchteten, dass Studenten sich in größerer Zahl unter akademischen Vorzeichen versammelten, um in Wahrheit gegen die Besatzer zu konspirieren.[62] Die Pläne der Universität deckten sich auch nicht mit den Interessen der in Karlsruhe zuständigen Verwaltung des in der amerikanisch besetzten Zone gelegenen Landbezirks (Nord-) Baden. Von der Unterrichtsverwaltung sah die Universität sich ungerecht behandelt. Die von dem Historiker Franz Schnabel geleitete Abteilung hatte sich im Herbst 1945 gegen die Eröffnung der Uni Heidelberg ausgesprochen, da die Entnazifizierung noch nicht komplett durchgeführt worden war. Ein rückblickender Bericht der Universität von Juni 1946 vermutete „persönliches Ressentiment" als Ursache. Mündliche Äußerungen in Versammlungen und Zeitungsartikel hätten eine ausgesprochen universitätsfeindliche Einstellung erkennen lassen. Offenkundig sei gewesen, dass sich „die eigene badische Regierung der Eröffnung der Universität in allen Fakultäten widersetzte."[63] Wegen der „unklaren Regierungsverhältnisse in Baden" bezeichneten Rektor und Senat in ihrem Bericht an die Militärregierung die dortigen Kräfte als „extremistisch", denen Major Crum Einhalt geboten habe. Die Zusammenarbeit zwischen Militärregierung und Universität hingegen sei „eine schlechthin ideale" gewesen, fasste der Bericht zusammen.[64]

Diese „schlechthin ideale" Zusammenarbeit hatte es nicht gegeben. Vielmehr versuchte die Universität, von den unterschiedlichen Vorstellungen innerhalb der lokalen amerikanischen Besatzungsverwaltung zu profitieren. Vor Ort waren die Amerikaner von höchst unterschiedlichen Offizieren vertreten worden. Seit Oktober 1945 repräsentierte Major Earl L. Crum die Besatzungsmacht vor Ort gegenüber der Universität. Der im Zivilleben als an der Lehigh University lehrende Altphilologe gab sich aus einer Sympathie für die deutsche Universitätstradition heraus großzügig gegenüber den Anliegen der Professoren beim Wiederaufbau. Aus

bitsch als "Old-Heidelberg" verfilmt worden war. Carl Dahlhaus; Sieghart Döhring (Hg.): *Pipers Enzyklopädie des Musiktheaters*, Bd. 5, München 1994, 330 f. Ebenso die Reisereportage Marc Twains von 1878: *A Tramp Abroad.*

61 Tent: *Mission,* 57 ff. Tent: *Edward Yarnall Hartshorne and the reopening,* 59 f.

62 Vgl. V. Sellin: „Die Universität Heidelberg im Jahre 1945", in: Heß (Hg.): *Heidelberg 1945*, 91–106, 95.

63 UAH, 10–12, N.N.: „Die Lage der Universität Heidelberg", Heidelberg, 1.6.1946.

64 UAH, 10–12, Rektor und Senat der Universität Heidelberg an die Militärregierung Württemberg/Baden, Stuttgart, z.Hd. Herrn Colonel Edwards, Heidelberg, 1.5.1946.

dem gleichen Grunde zeigte er eine große Nachlässigkeit in der konsequenten Umsetzung amerikanischer Maßnahmen und versagte in der Entnazifizierung.[65] Der für die Entnazifizierung zuständige Offizier des *Counter Intelligence Corps* (CIC) Daniel F. Penham hingegen misstraute in seiner Funktion und aus seiner eigenen Emigrationserfahrung heraus der scheinbaren Kooperationsbereitschaft der Deutschen.[66] Von Marburg und Frankfurt aus leitete der Harvard-Soziologe Edward Y. Hartshorne schließlich die amerikanischen Universitätsangelegenheiten auch in Heidelberg. Als Kenner der deutschen Universitäten hatte Hartshorne wohl die weitreichendsten eigenen Reformkonzepte mitgebracht, schätze den Umgang mit Professoren, hatte sich aber auch nicht durch deren Kooperationsbereitschaft von der konsequenten Durchführung der Entnazifizierungsmaßnahmen abbringen lassen. Bei der Wiedereröffnung der Universität überprüfte Hartshorne konsequent die bisherige Entfernung von formalen Mitgliedern der NS-Organisationen, die zum Teil schon von den Deutschen selbst angegangen worden war. Zum Zeitpunkt der Eröffnung der Universität hatte er im Rahmen seiner Überprüfung der Personalakten erst elf Mitglieder des Lehrkörpers als vollkommen entlastet eingestuft.[67] Dass es insbesondere mit dem ausgesprochen aktiven Rektor Bauer zu einem Konflikt kommen könnte, hatte Hartshorne schon frühzeitig bemerkt.[68]

Der Zeitraum bis zur Wiedereröffnung der Gesamtuniversität und darüberhinaus war vor allem geprägt von dem Protest der Professoren gegen die als zu hart empfundenen Entnazifizierungsmaßnahmen. Immer wieder versuchten die deutschen Akteure dabei, die amerikanischen Stellen gegeneinander auszuspielen. So beschwerte sich Rektor Bauer bei Crum über die Entnazifizierungsmaßnahmen seines CIC-Kollegen Penham.[69] Der Leiter der *Education & Religious Affairs Di-*

65 Tent betonte, dass Crums großzügige Herangehensweise zu einem späteren Zeitpunkt legitim gewesen wäre, er 1945 aber in der Entnazifizierung vollkommen versagte. Tent: *Edward Yarnall Hartshorne and the reopening*, 71 f. Vgl. Gerhardt: *Die Amerikanischen Militäroffiziere und der Konflikt um die Wiedereröffnung*, 35. Vgl. auch Wolgast: *Karl Heinrich Bauer*, 122. J. A. Mumper: "The Reopening of Heidelberg University 1945–1946: Major Earl L. Crum and the Ambiguities of American Postwar Policy", in: F.X.J. Homer; L. D. Wilcox (Hg.): *Germany and Europe in the Era of the Two World Wars*, Charlottesville 1986, 229–248, 211 ff.

66 Der in Deutschland geborene Daniel F. Penham hatte Griechisch und Latein an der Universität Besançon, studiert und war nach dem Militärdienst in der französischen Armee 1940 in die USA emigriert. Seit 1942 diente er in der US-Armee, 1945 als CIC-Offizier in Entnazifizierung der Universität Leipzig, ab Oktober 1945 in Heidelberg. Vgl. Gerhardt: *Die Amerikanischen Militäroffiziere*, 35, 53.

67 Ebd. 45.

68 Hartshorne hatte am 12.9.1945 den sich ankündigenden Konflikt mit Bauer in seinem Tagebuch vermerkt. Ebd.47.

69 Ebd. 47. Der Konflikt eskalierte als Penham eine während der NS-Zeit erschienene Schrift von Rektor Bauer über „Rassenhygiene" aus einem Stapel ausgesonderter Bücher zog. Da Bauer den Titel auf seiner Publikationsliste verschwiegen hatte, sah sich Penham grundsätzlich hintergangen und versuchte durch eine erneute Schließung der Universität eine konsequentere Entnazifizierung durchzuführen. Mit diesem Verlangen konnte sich Penham, der von den Heidelberger Professoren ohnehin als aus persönlichen Motiven feindlich eingestellt

vision (E&RA) Major John P. Steiner fasste im März 1946 den Konflikt in einem Abschlussbericht zusammen. Als Fehler ortete er eine "confusion of authority between CIC, Military Government, Education Officer and Special Branch at Heidelberg."[70] Letztendlich bestätigte der Bericht das bislang hohe Maß an Freiheit der Universität und wagte nicht, ein weiteres Mal durch entsprechende Maßnahmen der Entnazifizierung den Konflikt mit Rektor und Senat einzugehen. Für die Bewahrung vor Schließung dankte der Rektor der Militärregierung ausdrücklich und bat um eine weitere Verwendung Crums auf den Posten im Office Heidelberg University.[71] Der Bericht Rektor Bauers an die Militärregierung Anfang Juni 1946 beschrieb die als ungerecht empfundene defensive Lage der Universität. Aufgrund der besonderen Heidelberger Voraussetzungen und der Tradition des Humanismus sähe sich die Universität als „besonders prädestiniert [...] für den Kampf um den Wiederaufbau eines neuen geistigen Deutschland". Diesen Blickwinkel teilten die Amerikaner nur sehr begrenzt. Hartshorne äußerte bezüglich der künftigen Entwicklung der Universität eher vorsichtig und gedämpft optimistisch. Den Forderungen der Eröffnungsrede von Karl Jaspers hatte Hartshorne zugestimmt.[72] In seinem internen Bericht über die Gesamtlage der Universitäten sah er als größtes Hindernis für die normale Entwicklung einer akademischen Freiheit die Knappheit an Geld und den unsicheren Zustand der meisten deutschen Erziehungsministerien. Die amerikanischen Erziehungsoffiziere hätten in manchen

wahrgenommen wurde, aber nicht mehr durchsetzen. Die vorgesetzten Stellen der US-Militärregierung zogen lieber Penham aus Heidelberg ab anstatt den großen Konflikt mit der Universität anzugehen. Tent: *Edward Yarnall Hartshorne and the reopening*, 72 f. Gerhardt: *Die Amerikanischen Militäroffiziere und der Konflikt um die Wiedereröffnung*, 48 ff. Vgl. Wolgast: *Karl Heinrich Bauer*, 122. Vgl. UAH, Rep 10-12, N.N.: „Die Lage der Universität Heidelberg", 1.6.1946. Bauer hatte auch um seinen Rücktritt als Rektor gesucht, der aber vom Senat nicht angenommen wurde. UAH, B-1018/3a, Earl L. Crum an Commanding Officer, Office of Military Government Württemberg-Baden, Heidelberg, 27.2.1946. Gerhardt beurteilt die Entfernung Penhams als Intrige Bauers, der eine weitergehende Entnazifizierung verhindert wollte. Gerhardt: *Die Wiederanfänge der Soziologie nach 1945*, 44.

70 Interne Berichte des CIC hätten die zuständigen Stellen beim Chief of Education, Württemberg-Baden und den Education Officer at the University gar nicht erreicht. Die Flut von Fragebogen zur Rolle der befragten Deutschen in der NS-Zeit nach Eröffnung der medizinischen Fakultät war schon gemäß den Vorschriften den Entnazifizierung durchgeführt worden. Das neu eingewechselte CIC-Personal wollte die Überprüfung aber gründlicher wiederholen. Die Unklarheiten der deutschen Zuständigkeiten bezüglich der Universität seien ein weiterer Punkt der Konfusion gewesen. Nun sei die Situation gelöst durch den Abzug der CIC-Dienststelle an der Universität, eine neue Definition der Zusammenarbeit der Stellen. Die Empfehlung der Schließung der Universität von Penham sei nicht mehr durchführbar gewesen. Rektor Bauers Veröffentlichungen seinen nochmals überprüft worden. UAH, B-1018/3a, John P Steiner, Major AUS, Chief Ed & Rel Affairs Division an Chief, I A & C Division, OMGUS, APO 742, US Army, Stuttgart, 20.3.1946.

71 Namentlich nannte Bauer: Col. Winning, Major Steiner, Major Crum, Gen Stayer, Col Taylor. UAH, Rep 10-12, Rektor und Senat der Universität Heidelberg an die Militärregierung Württemberg/Baden, Stuttgart, z.Hd. Herrn Colonel Edwards, Heidelberg, 1.5.1946.

72 Gerhardt: *Die Amerikanischen Militäroffiziere und der Konflikt um die Wiedereröffnung*, 46.

Fällen dabei mehr Initiative zeigen müssen als die deutschen Ministerialvertreter selbst, um die Universitäten wieder die Füße zu bringen.[73]

In diesem Spannungsverhältnis hatte der ersten Nachkriegsrektor Bauer im Oktober 1945 den Amerikanern den Vorschlag zur Errichtung des Collegium Academicum (CA) unterbreitet. Ein drängendes Problem bestehe in der Unterbringung der Studenten in der zwar weitgehend unzerstörten, aber mit Flüchtlingen und Militär überfüllten Kleinstadt. So sollte in der ‚Alte Kaserne' hinter dem Hauptgebäude der Universität eine neues Wohnheim bestehen, dessen Anspruch aber in den Worten Bauers weit darüber hinaus gehen sollte: „Wir beabsichtigen, dort eine Art ‚College' zu errichten und damit mit Hilfe der Militärregierung ein für Deutschland neues Prinzip studentischer Erziehung einzuführen." Ausführlich begründete Bauer diesen Schritt mit einer „sozialen", einer „psychologischen", einer „kommunalpolitischen" und einer „erzieherischen Bedeutung" des Vorhabens.[74] Die Universität wollte beweisen, dass sie es mit einer Veränderung ernst meint. Der Vorschlag zur Errichtung des CA war so einerseits aus dem praktischen Mangel an Wohnraum entstanden, andererseits ein Coup um den Amerikanern die Reformfähigkeit und Innovationskraft der Universität Heidelberg vorzuführen.[75] Ganz praktisch wurden die Amerikaner aber auch als Hilfe bei der Konkurrenz um die Zuteilung materieller Hilfen gebraucht. Nachdem die amerikanischen Truppen die ‚Alte Kaserne' in der Seminarstrasse geräumt hatten, war diese anfangs den Gerichtsbehörden in Aussicht gestellt worden, denen es ebenfalls an geeigneten Gebäuden mangelte. In diesem Konkurrenzkampf um das Gebäude hatte Bauer durch die ausführliche schriftliche Begründung und durch Einzelgespräche mit den zuständigen Stellen am 5. Oktober sich die amerikanische Unterstützung sichern können.[76] Als er am Nachmittag nach einer Operation wieder ins Rektorat kam, hieß es, dass die Übergabe des Gebäudes an die Gerichtsbehörden nicht mehr aufzuhalten sei. Es seien auch „politische Gründe gegen Zusammenballung von Studenten" grundsätzliche Natur aufgetaucht und Überdies handele sein Konkurrent Landgerichtspräsident Wilhelm Martens mit dem Segen einflussreicher Politiker.[77] Durch geschicktes Verhandeln mit den Amerikanern hatte sich Bauer durchsetzen können, so dass das Gebäude der Universität zur Verfügung gestellt wurde.

In den Berichten des Rektors an die Militärregierung nimmt die Errichtung des Collegium Academicum einen zentralen Platz ein. "There are four important events in the time covered by this report: reopening of the University in all Faculties, opening of the Collegium Academicum as a college, opening of 'discourses

73 NA OMGUS RC 260 E&CR Div, Box 5, E&RA Division OMGH: Annual History, Juni 1946, Annex H, Report I. Edward Y. Hartshorne: Reopening German Universities.

74 UAH, B-8805/1, K.H. Bauer an die Militärregierung Heidelberg, Heidelberg, 3.10.1945.

75 UAH, Rep 10–12, Rektor K.H. Bauer an die Militärregierung Heidelberg, z.Hdn. von Major Grimm: Die Lage an der Universität Heidelberg, Heidelberg, 11.10.1945.

76 UAH, B-8805/1, K.H. Bauer: Aktennotiz „Alte Kaserne", Heidelberg, 5.10.1945.

77 Die Aktennotiz vermerkte als Unterstützer den ehemaligen Zentrums-Reichsminister der Finanzen Heinrich Köhler, der seit 1945 als Abgeordneter im Württemberg-Badischen Landtag in Stuttgart saß. UAH, B-8805/1, K.H. Bauer: Aktennotiz II, Heidelberg, 5.10.1945.

by Heidelberg professors', and formation of a provisional student representative."[78] War die Wiedereröffnung doch das definierte Ziel der Heidelberger Professoren, nennt Bauer sie in seinem ersten Bericht von 1946 an die Militärregierung nun nur als gleichberechtigtes Ereignis neben drei im Vergleich geringen Maßnahmen zur Erneuerung der Universität. „Von größter Wichtigkeit" sei ihm das Collegium Academicum, betonte Bauer:

> The acquisition of the 'Alte Kaserne', with the consent of Military Government, has proved to be a step of the greatest importance. In this old building not only the courses for the 650 student aspirants of the "preparatory courses" take place, but there was still sufficient room left to establish some sort of college for 250 students. The difficulties to equip the building were very great, since not a single piece of furniture was to be found there, no electric bulb and no switch. Yet the recourse to the equipment of military hospitals and sacrifies from the teaching staff and not in the last the cleverness of the students themselves have caused a lodging house for students to arise within a short time which not only relieves the room market at Heidelberg but above all serves as a beginning of a college to be enlarged later on. There are regular discussion evenings, and also education in the fairness in the political struggle has taken a successful start with a discourse of Professor Radbruch on the "Character of Democracy" followed by a free discussion among students. There is no doubt already today that here on the ground of the initial experience new ways of student education are preparing outside proper instructions.[79]

Der Bericht über das CA war während der andauernden Entnazifizierungskrise an der Universität entstanden. Tatsächlich schien das Engagement das Wohlwollen und das Vertrauen in die Reformkraft der Heidelberger Universität bei den Amerikanern gefördert zu haben. Überhaupt schien der Kontakt der Heidelberger Professorenschaft nach Beilegung der Krise im März 1946 bestens zu sein. Die amerikanische Präsenz in der Stadt war ohnehin gestiegen, seitdem im Frühjahr 1948 das United States European Command (EUCOM) sein Hauptquartier von Frankfurt am Main nach Heidelberg verlegt worden war. Der für die Universität wichtigste Kontakt mit den amerikanischen Stellen lag aber nach wie vor bei der Erziehungsabteilung. Der Leiter der E&CR Division Alonzo Grace äußerte sich gegenüber Karl Freudenberg nach einer Tagung Ende August 1949 ausgesprochen optimistisch über die Entwicklung der deutschen Universitäten. Als Heidelberger Rektor von 1949 konnte Freudenberg diesen guten Umgang nur erwidern.[80]

78 UAH, B-1018/3a, K.H. Bauer; Rector of the University, an Military Government, Office Heidelberg University: Report on the time between January 1 and 28, 1946, Heidelberg, 28.1.1946.

79 Ebd.

80 UAH, B-0210/1, Alonzo G. Grace, OMGUS E&CR Division, an Rektor der Universität Heidelberg Freudenberg, Bad Nauheim, 25.8.1949. Freudenbergs Antwort: „Auf der Rückfahrt von Nauheim hatte ich zeit und Ruhe, die Eindrücke der Besprechung durchzudenken. Ich kehre beglückt und ermutigt zurück und freue mich darauf, meinen Heidelberger Kollegen berichten zu können von den Ergebnissen der Verhandlungen und dem wohltuendem Geist, in dem sie geführt wurden. Ich möchte Ihnen und Mrs. Grace noch einmal herzlich für Alles danken, besonders auch für die großzügige Gastfreundschaft. Wenn Mrs. Grace und Sie nach Heidelberg kommen, so wäre es für meine Frau und mich eine besondere Freude, Sie zu sehen." UAH, B-0210/1, Rektor Freudenberg an Alonzo G. Grace, Heidelberg, 1.9.1949

Indirekt wirkten die Amerikaner durch die dreimonatigen Stipendien für Reisen in die USA, die im Rahmen des *Reeducation*-Programms vergeben wurden. Im Frühjahr 1949 konnte der beurlaubte Jurist Wolfgang Kunkel „zum Zwecke des Studiums der dortigen Universitätsorganisation und -verwaltung“ für drei Monate in die USA reisen.[81] Anfang 1950 berichtete die *Rhein-Neckar-Zeitung* von Kunkels Bericht im Heidelberger Amerikahaus über die elf besuchten Hochschulen. Kunkel hatte dabei einen Vergleich des deutschen und amerikanischen Hochschulsystems auf mehreren Ebenen gewagt. Bei den Naturwissenschaften schien im der Eindruck, dass die deutschen Universitäten „durch die Ausrichtung auf das Grundsätzliche und Beherrschung der Theorie vorläufig weiter in einer guten Position“ blieben. Die vielen aus NS-Deutschland emigrierten Wissenschaftler aller Fächer beschrieb Kunkel als befruchtend für die Wissenschaften der USA. Ausführlich hatte er sich auch mit Geschichte und Aufbau der amerikanischen Universität befasst, in der das englische Vorbild und die Inspiration durch deutsche Universitäten sich in der Ausprägung eines eigenen Typus vereint hätten. Seine Ausführungen eines „liebevoll gezeichneten Panorama der amerikanischen Hochschulen“ hatte Kunkel persönlichen Bemerkungen hinzugefügt: Grundsätzlich warnte er vor jedem Hochmut gegenüber den amerikanischen Hochschulen. Etwa die Harvard University sei durch die Anzahl der Professoren und Sachmittel zu Recht ein internationaler Magnet für die nach einer besten Ausbildung strebenden Studierenden. So eine Universität könne man in Deutschland nicht finden „in Folge der beiden Weltkriege, ihren nicht aufzuholenden Intelligenzverlusten, der Auswanderung vieler ausgezeichneter Gelehrter im Jahre 1933, und auch der politischen Reinigung, durch die doch erhebliche fachliche Lücken entstanden.“[82] Ohne die Wirkung von Kunkels Rede bei der Heidelberger Professorenschaft genauer untersuchen zu können, muss doch hier der Gegensatz bemerkt werden, den eine Reise in die USA zu den vielfachen Maßnahmen an der Universität Heidelberg vor Ort darstellte. Die Amerikareise schien für Kunkel als Inspiration und zur Reflexion der eigenen Universität zu dienen, während das Verhältnis der Heidelberger Professoren mit der mächtigen Militärverwaltung in Deutschland eine Unterordnung darstellte: So konnte man möglichst viel an den als positiv empfundenen Universitätsstrukturen vor 1933 bewahren oder wiedererrichte und weitgehend auch eine inhaltliche Auseinandersetzung mit dem anderen Bildungssysten verzichten.

4. PÄDAGOGISCHE VERORTUNG DES COLLEGIUM ACADEMICUM

Die Errichtung des CA war von Anfang an ein Projekt gewesen, für das der Dreizehnerrat und insbesondere der erste Nachkriegsrektor Karl Heinrich Bauer in einem hohen Maße einsetzen. Um die entsprechenden Ressourcen zu bekommen,

81 UAH, PA 772, Dr. E. Thoma, Der Präsident des Landbezirks Baden, Abt. Kultus und Unterricht, an den Herrn Rektor der Universität Heidelberg, Abschrift, Karlsruhe, 13.4.1949.

82 Wck: „Warnung vor vorgefaßtem Hochmut“, *Rhein-Neckar-Zeitung*, 12.1.1950.

betonten sie die Innovationskraft des Collegiums. Rektor Bauer hatte wortreich die Anträge für die Errichtung des von Anfang an als Experiment betrachteten CA formuliert.[83] Die Konkretisierung des Bildungszieles wurde von aber dann den Leitern der Institution überlassen. In dem Zeitraum 1945 bis 1960 gab es vier Leiter: Der 1899 geborene Pädagoge Joachim G. Boeckh hatte 1945 das erste Erziehungskonzept formuliert und leitete die Institution bis 1949. Ihm folgten 1949 bis 1952 Walther Peter Fuchs, 1952 dann der Literaturwissenschaftler Peter Wapnewski und diesem wiederum der Philosoph Dieter Henrich. Die Leiter formulierten ihre Vorstellungen öffentlich und mussten sie in der alltäglichen Praxis gegenüber den Studenten vertreten. Ihre Vorstellungen vom Erziehungsziel des CA divergierten dabei stark und veränderten die Institution jeweils. Die erste pädagogische Konzeption schrieb der bisherige der Leiter Unterricht der Odenwaldschule Oberhambach (OSO) Joachim G. Boeckh, den die Universität schon im Oktober 1945 als Leiter des angedachten CA gewinnen konnte. Wie der Kontakt zustande kam, ist nicht eindeutig zu rekonstruieren.[84]

Joachim G. Boeckh stammte aus der Reformpädagogik und war darüber hinaus von der Jugendbewegung geprägt. Als sie sich im Sommer 1946 mit der von

83 Vgl. Schweitzer: *Kollegienhaus in der Krise*, 28.

84 Wahrscheinlich kam der Kontakt zu der nicht unweit Heidelberg gelegenen Odenwaldschule über Alfred Weber zustande. Seine Schwägerin Marianne Weber war eine Anhängerin von Geheebs Erziehung gewesen, so dass Max Weber auch seiner Schwester Lili Schäfer im Juli 1916 die Schule für ihren Sohn empfohlen hatte: „Marianne wird Dir wahrscheinlich ziemlich stark zureden, es mal mit der Odenwaldschule zu versuchen, da dort wirklich ‚individuelle Erziehung‘ garantiert ist und 800 Mk pr Jahr ein äußerst geringer Preis sind für das Gebotene. Es ist das genau entgegengesetzte Extrem wie das Kadettenhaus […]. Die geistige Anregung ist natürlich bei Geheeb – der mit Marianne befreundet ist – ganz unvergleichlich besser, als selbst in der besten Kadettenanstalt sie jemals sein kann, und der Junge wird […] später gerne an diese Schulzeit denken und Dir dankbar sein. Ich selbst würde […] in fast allen anderen Fällen sagen: das spätere Leben geht hart und lieblos mit den Menschen um und kümmert sich um ihre ‚Individualität‘ den Teufel: also ist es ihnen besser, sie erleben das das Kinder schon ebenso, – also: besser in die große unindividuelle Gemeinschaft hinein, der sie sich fügen müssen, ob sie wollen oder nicht. […] Also: entscheide Dich, wie es Dir scheint. Oder vielmehr: fahre vielleicht einmal mit Marianne zu der Odenwaldschule hin, um ein Bild zu gewinnen? […] Die in sittlicher Hinsicht nicht ganz eindeutigen Gerüchte darüber waren der Grund, weshalb wir glaubten bei Geheeb anfragen zu sollen. Inzwischen hat Marianne wieder günstigere Nachrichten erhalten.“ Brief Max Webers an Lili Schäfer, Heidelberg, Mitte Juli 1916, in: M. Weber: *Briefe 1915–1917, Teil 2*, Tübingen 2008, 476 f. Lili Schäfer arbeitete letztendlich auch selbst als Lehrerin an der Odenwalschule, nahm sich 1920 nach einer Liebesaffaire mit Paul Geheeb das Leben. G. Roth: *Max Webers deutsch-englische Familiengeschichte 1800–1950*, Tübingen 2001, 600. Die anschliessend von Max und Marianne Weber adoptierten vier Kinder Lilis blieben der Odenwaldschule verbunden, so dass Max Weber-Schäfer 1953 auch als Mitherausgeber einer Würdigung der Schule fungierte. Vgl. E. Liesegang; E. Cassirer; M. Weber-Schäfer (Hg.): *Die Idee einer Schule im Spiegel der Zeit*, Heidelberg 1953. Vgl. auch F. W. Graf: „Die Rationalimus-Idee hatte er von ihr“, *Frankfurter Allgemeine Zeitung*, 13.1.2011. In den 1950er Jahren engagierte der Weinheimer Unternehmer Hans Freudenberg, Bruder des Heidelberger Physikers Karl Freudenberg, für die Odenwaldschule. Vgl. H. Schmoll: „Führer der Verführten“, *Frankfurter Allgemeine Zeitung*, 21.6.2010.

der Universität beantragten Schaffung einer Lehrer-Planstelle für den Leiter des CA befasste, verlangte sie von Boeckh sowohl die Entnazifizierungs-Nachweise als auch den Nachweis der entsprechenden Staatsexamina für die Lehramtsbefähigung.[85] Ende 1947 bekam Boeckh die Einordnung der lokalen Spruchkammer als „unbelastet".[86] Die Heidelberger Spruchkammer war der Darstellung Boeckhs gefolgt und beschrieb wohlwollend dessen pädagogische Rolle in der OSO, die als Modell von Boeckhs Heidelberger Engagement gesehen werden kann:

> Boeckh hat durch seine Leitung der Odenwaldschule in der Hauptsache den Stempel aufgedrückt, so dass es hier notwendig ist, über die dort verwirklichten pädagogischen Grundsätze kurz zu sprechen. Grundlage der Landerziehungsheime war ja bekanntlich zwischen den Schülern untereinander und zwischen Schülern und Lehrkörpern eine Art Familien- und Lebensgemeinschaft herzustellen, so dass sich die Erziehung nicht nur auf die Unterrichtsfächer, sondern mehr oder minder nach angelsächsischem Vorbild auf das gesamte körperliche und geistige Wachstum der Jugend erstreckte. Es wurde sehr viel Literatur, Kunst, Geselligkeit, Sport usw. gepflegt. Durch das Zusammenwohnen der Schüler in Hausgemeinschaften entstand auch von selbst eine moderne Schülerselbstverwaltung, die von Boeckh systematisch ausgebaut wurde. Ein besonderes Verdienst hat sich Boeckh durch die Wiederherstellung der anscheinend vorher etwas gelockerten Disziplin erworben, indem er unerbittlich sauberes, geordnetes Auftreten und gute Umgangsformen der Schüler verlangte. Sein Einfluss nach dieser Richtung, der sich natürlich auch auf den Lehrkörper erstreckte, wurde nicht von allen diesen und den Schülern angenehm empfunden, so dass Widerstand anscheinend vorkam.[87]

Boeckhs Forderung der Vermittlung eines „christlich-humanistischen Weltbildes" folgte den Vorstellungen des Dreizehnerrates. Das Collegium sei nicht als eine einfache „Studentenherberge" gedacht, so Boeckh: „Die Aufgabe, lediglich ein solches im früheren Jesuitenkolleg einzurichten, wäre in vieler Hinsicht wesentlich einfacher, bedürfe keines inneren Leitbildes und könnte in vollem Umfange von einer rein wirtschaftlichen Stelle gelöst werden."[88] Im Oktober 1945, in der Planungsphase noch von Oberhambach aus, hatte Boeckh, in einer umfangreichen Schrift seine Gedanken „Über ein zu errichtendes Collegium der Universität" formuliert. Die intensivere Förderung der Studenten im Collegium durch die gemeinsame Unterkunft und die besonderes Betreuung stehe auf Basis einer humanistischen deutschen und europäischen Tradition. Aufgabe des Collegium sei „nicht deren Weiterbau, sondern deren Pflege im Akt der Weitergabe und der Er-

85 UAH, PA 3331, Der Präsident des Landbezirks Baden, Abt. Unterricht und Kultus, an den Rektor der Universität Heidelberg, Karlsruhe, 8.7.1946.

86 Dem vorausgegangen war eine aufwendige Prüfung. Eine ehemalige Schülerin Frl. Hilde Faust hatte Boeckh beschuldigt, während seiner Wickerdorfer Lehrtätigkeit NS-Gedankengut verbreitet zu haben. UAH, PA 3331, Hilde Faust: Betr. J.G. Boeckh, Direktor des collegium academicum in Heidelberg, Frankfurt, 1.9.1946. Boeckh hatte die Vorwürfe von sich gewiesen. UAH, PA 3331, Joachim G. Boeckh an den Herrn Rektor der Universität Heidelberg, Heidelberg, 15.12.1946. Da Faust mittlerweile in die USA ausgewandert war, konnte der Vorwurf nicht erneut geprüft werden. UAH, PA 3331, Spruchkammer Heidelberg: Spruch 59/1/8467–2430, Heidelberg, 5.12.1947.

87 UAH, PA 3331, Spruchkammer Heidelberg: Spruch 59/1/8467–2430, Heidelberg, 5.12.1947.

88 A BBAW, NL J Boeckh, 394, 30.10.1945.

möglichung ihrer Aneignung durch die jüngere Generation."[89] Nach Boeckhs Aussage zeigte „jene Tradition ihre ungeschmälerte Kraft wie in der Vergangenheit" und stellte sich so lebendig dar, „dass sie Kraft und Norm auch für die großen politischen und sozialen Umwälzungen der Gegenwart und Zukunft zu geben" vermögen.[90] Angesichts der Biographie Boeckhs verwundert dieses Bekenntnis zum christlich-humanistischen Weltbild allerdings. Es ist zu vermuten, dass die Schrift, die auch als Bewerbungsschreiben diente, die Worte des ihn beauftragenden Professorengremiums verwendete. Der studierte Theologe Boeckh hatte sich zumindest von dem durch die lutherische Kirche Württembergs institutionell verkörperten christlichen Kanon explizit losgesagt. Wie andere Reformpädagogen hatte er eher im Gemeinschaftserlebnis der Jugendbewegung einen Glaubensersatz gefunden. Boeckh, der seit den 1920er Jahren an verschiedenen reformpädagogischen Schulen unterrichtet hat, zeigte seine eigentliche Vorstellungswelt in der Ausformulierung einer Tugenderziehung. Die relativierende Beteuerung, dass „davon soll mit aller Zurückhaltung gesprochen werden" dürfe, da das Aufstellen „schöner pädagogischer Leitsätze" in der unübersichtlichen Gegenwart ein fragliches Unterfangen wäre, blieb ein rhetorisches Stilmittel. In der Tradition des Geniekultes zitierte Boeckh aus einem Aufsatz Goethes einen ganzen Katalog von Tugenden: „Anstand, Hilfsbereitschaft, Mäßigkeit, Besonnenheit, Mut, Fleiß, Verstand, Guter Geschmack, Gefühl für Schicklichkeit, Jugendlichkeit, Toleranz, Zurückhaltung, Liebe zur Wissenschaft, Ehrfurcht, Offenes Auge, Gefühl für das Reine, Innere Gesundheit." [91]

Die Beteuerung Boeckhs, dass die Liste seiner geforderten Werte nicht endlos verlängerbar sei, sondern lediglich eine Konkretisierung der „christlich-humanistischen Überlieferung" war seiner Bewerbung um den Posten geschuldet.[92] So lag das Programm Boeckhs scheinbar ganz auf der Linie der Heidelberger Professoren. Hatte schon Rektor Bauer in seiner Denkschrift an die Amerikaner die Umerziehung „auf jene ewigen Werte, die allein die Würde des Menschen bedingen, auf Ethik und Moral", gefordert. Bauer möchte nun eine „Umerziehung aus einer Vorstellungswelt, in der Tugend kein Ziel oder sogar als Verbrechen galt, zu einer neuen deutschen Humanität" fördern. Da das „Hitlertum" im Menschen „alle tierischen Triebe" geweckt habe, müsse nun eine neue Humanität gelehrt werden. Dies bedeute, eine neue Sehnsucht zu wecken „nach allem, was den Menschen zum Menschen macht." Ein neuer deutscher Idealismus solle, so Bauer, sich in drei Dimensionen verwirklichen: Individuell in einer „Renaissance der Humanität", moralisch in einer „neuen sozialen Ethik" und „innenpolitisch in einer neuen Gesellschaftsordnung".[93] Das von Boeckh formulierte Erziehungsideal

89 A BBAW, NL J Boeckh, 393, 10/1945.
90 A BBAW, NL J Boeckh, 394, 30.10.1945.
91 Boeckh zitiert einen Aufsatzes Goethes über Voltaire. A BBAW, NL J Boeckh, 394, 30.10.1945.
92 A BBAW, NL J Boeckh, 394, 30.10.1945.
93 UAH, Rep. 10-43, Prof. Dr. Karl-Heinrich Bauer an die Military Government LKB Mannheim, Detachement E-7 attention Col. Lisle: Über die Umerziehung deutscher Jugend, Heidelberg, 18.9.1945.

zielte auf Beschäftigung mit der Philosophie ab. Sein Ideal folgte einem apolitisch konzipierten Menschenbild, so dass das erstgenannte Ziel der Erziehung zur Demokratie merkwürdige beziehungslos neben den anderen Forderungen stand, welche auf Führen, Anleitung und Belehrung gerichtet waren. Der Soziologe Schweitzer beurteilte so auch den Tugenden-Katalog Boeckhs als ein „Katalog von Pfadfinder-Tugenden", der aus dem deutschen Idealismus hergeleitet doch bezugslos zur Lebensrealität der Studenten schien, welche ja überwiegend noch im Krieg und an der Front gestanden hatten. [94] Boeckh beteuerte in seiner ersten Ausarbeitung 1945, dass man Tugenden ja nicht unterrichten könne. Nur erwecken könne man sie, nur „zur Nachahmung verlocken". Die Nennung von Vorbildern sei deshalb wichtig, und noch mehr eine Atmosphäre, „in der jene Erweckung gedeihen" könne. Boeckh blieb dabei ganz der Reformpädagogik der Odenwaldschule verhaftet:[95] „In der Schaffung dieser Atmosphäre, ihres sanften Zwanges und ihrer heimlichen Formkraft sehen wir die große, schwere und nie endende Aufgabe der Leitung. Ohne Kommando, ohne viele Ansprachen werden wir viel zu verlangen haben. Das verstehen wir unter der Akademischen Erziehung."[96] Die Studierenden sollten sich selbst einschätzen lernen, aus den „täglichen Erfahrung und Enttäuschung" das Lernen im Collegium verwirklichen. Um zu diesem „Nächstliegenden" zu kommen, bedürfe es der starken Rolle des Leiters, der neben der neben der unumgänglichen äußeren Ordnung das Collegium „regieren" solle.[97] In vier Feldern sollte sich diese Aufgabe des Leiter verwirklichen: „1.) Führung der Collegiaten zur Selbsterziehung und Selbstverwaltung. (Das vielgebrauchte Wort von der „Demokratie" muss zur Tat werden. 2.) Anleitung der Collegiaten zur richtigen Arbeit. 3.) Hilfe, damit die Collegiaten ein richtiges Verhältnis zur Wissenschaft bekommen. 4.) Schaffung von Möglichkeiten, dass die Collegiaten mit der deutschen und europäischen Überlieferung bekannt werden. Für diese Aufgabe solle der Leiter ganz dasein. Ihm zur Unterstützung sollten Tutoren eingestellt werden, „die zugleich, weil sie jünger sind, die Brücke zwischen den Generationen bilden." Zur Betreuung von etwa 30 Kollegiaten wünschte sich Boeckh je einen Tutor. Für die Collegiaten verlangt er eine Studienpflicht, die unter Umständen jedes Semester durch Prüfungen zu belegen sei. Zusätzliche Veranstaltungen sollen den Collegiaten „Hilfe und Anregung sein":

94 „Nun sind diese Tugenden zwar allesamt Leerformeln, d.h. sie entbehren des konkreten Inhalts. Das ist umso bemerkenswerter, als das Regime, das ‚Leerformeln' so ‚meisterlich' handhabte, gerade erst ein halbes Jahr vorher beseitigt worden war. Diese Tugenden enthalten aber nicht eine politische Tugend (als solche wäre z.B. soziales Verantwortungsgefühl anzusehen, obwohl das natürlich auch eine Leerformel ist) und nur zwei, die man als soziale Tugenden ansprechen könnte: Hilfsbereitschaft und Toleranz." Schweitzer: *Kollegienhaus in der Krise*, 44 f.

95 Die Abweichung in den Jahren, in denen Boeckh an der Odenwaldschule unterrichte, zu der Intention von Paul Geheeb bei der Gründung war allerdings groß. Nach 1933 hatte sich ungefähr die Hälfte der Lehrerschaft für einen Umbau der OSO im Sinne des NS-Anspruchs eingesetzt. Vgl. Shirley: *Reformpädagogik im Nationalsozialismus,* 163 ff.

96 A BBAW, NL J Boeckh, 394, 30.10.1945.

97 Beim Begriff „Regieren" bezog sich Boeckh dabei ausdrücklich auf den Pädagogen Johann Friedrich Herbart.

Dichterlesungen, Vorträge von Vertretern der politischen Richtungen und über weltanschaulicher und religiöse Themen, Hausmusikabende, Laientheater. Und wenn es die Zustände erlauben, würde sich Boeckh auch Wanderungen, Führungen und Kunstreisen als Angebot des CA wünschen.[98] Im zweiten Jahr nahm er verbal ausdrücklich bezug auf die Wünsche der Studenten, als er seine Idee einer „Erziehung zur politischen Diskussion“ vorstellte:

> Den Wünschen vieler Collegiaten, die sich mit den Absichten der Leitung decken, folgend ist jetzt mit der Einrichtung politischer Diskussionsabende begonnen worden. Die Universität Heidelberg hat mit vollem Recht beim Wiederbeginn ihrer Tätigkeit den Standpunkt eingenommen, dass die Bildung politischer Studentengruppen im Hinblick auf die politische Ungeformtheit der Studenten untunlich sei, weil die Gefahr unfruchtbarer Zerspaltung und vor allem versteckter reaktionärer Gruppenbildung zu groß war. Um aber eben jene Ungeformtheit zu beheben, hat die Universität u.a. das Collegium Academicum, wie oben schon dargelegt, eingerichtet, um die Möglichkeiten der Schaffung von Einrichtungen, die den Debattierclubs an angelsächsischen Universitäten entsprechen, zu geben. In dieser Woche findet der erste Diskussionsabend über das Thema „Können Söhne von Arbeitern und Bauern an einer deutsche Universität studieren?“ statt. An diesen Diskussionsabenden können im Gegensatz zu den anderen Veranstaltungen des Collegium Academicum auch Studenten, die nicht im Collegium wohnen, teilnehmen. Es ist der vom Rektor der Universität ausdrücklich begrüßte und geförderte Plan des Leiters des Collegium Academicum, diese Diskussionsabende allmählich zu einem „Forum Academicum“ als einem konstitutiven Element der Studentenschaft der Universität zu erweitern.[99]

Boeckhs Vorstellungen vom äußeren Rahmen des CA entstammten ungefiltert dem Nimbus der reformpädagogischen Landerziehungsheime. Wie diese ländlichen „Zufluchtsstätten vor gesellschaftlicher Dekadenz“ wollte Boeckh in dem Haus unmittelbar hinter dem Universitätshauptgebäude, mitten in Heidelberg ein geschlossenes staatsartiges Gebilde erschaffen. Die Idee des „pädagogischen Klosters, das in Deutschland mit den Gemeinschaftsidealen der Jugendbewegung aufgeladen wurde“ zieht sich durch die Konzeptionen Boeckhs.[100] Im März 1946 berichtet Boeckh direkt an den amerikanischen CIC-Vertreter Penham über das erste Semester des CA: Die Konzeption des Gebäudes zeige schon die Vorstellung eines geschlossenen Organismus. In rund 60 Zimmern wohnten nun 200 Studenten aller Fakultäten, von denen ein Drittel noch Studienanwärter seien. Nur die materiellen Möglichkeiten ermöglichten noch keine Errichtung eines gemeinsamen Speisebetriebs. „Trotz größter äußerer Schwierigkeiten“ konnten „gewisse Erleichterungen des äußeren Lebens geschaffen werden, so z.B. Einrichtung eines Leseraums, ganztäglich geheizte Arbeitsräume, warmes Brausebad zweimal in der Woche, ärztliche Betreuung im Hause, Besorgung der Wäsche durch das Collegium, Mieterlass für bedürftige Studenten. Der Plan, gemeiner Mahlzeiten im Haus konnte infolge unüberwindlicher Schwierigkeiten dagegen noch nicht verwirklich

98 A BBAW, NL J Boeckh, 394, 30.10.1945.

99 A BBAW, NL J Boeckh, 395, Bericht an die Dienststelle des CIC: „Über die seelisch-geistige Lage des Studenten von 1946“, 5.3.1946.

100 Vgl. U. Schwerdt: „Landerziehungsheime – Modelle einer ‚neuen Erziehung‘“, in: I. Hansen-Schaberg: *Basiswissen Pädagogik: reformpädagogische Schulkonzepte, Band 2*, 52–108, 66 ff.

werden.“[101] Die klösterliche Schlichtheit der Zimmer bedingte sich zwar primär durch die kargen Umstände der Nachkriegszeit, war aber auch Realisierung einer Vorstellung von schlichter, geradezu asketischer Lebensweise.[102] Boeckh folgte grundsätzlich der Idee, im CA eine neue studentische Elite heranzuziehen, für die nicht jeder Studierende geeignet sei.[103] Die elitistische Vorstellung des Collegium zur „Förderung begabter und würdiger Studenten und der Bildung einer wissenschaftlich gegründeten Akademikerschicht“ folgte auch aus der Vorstellungswelt der Landschulheimpädagogik.[104] „Wer den gegenüber dem Durchschnittsstudenten erhöhten wissenschaftlichen Anforderungen des Collegium nicht standzuhalten“ vermochte, sollte in der Vorstellung Boeckhs des Collegiums verwiesen werden. [105] Insassen des Collegium, „die sich als unfleißig oder unbegabt erweisen“, sollten dieses verlassen „und Würdigeren Platz machen“. [106] Trotz seines Bekenntnisses zum Erlernen demokratischer Umgangsform, zeigte der Beginn der Selbstverwaltung die Handschrift des gestaltenden Pädagogen Boeckh. An eine Fähigkeit zur Selbstorganisation der jungen Menschen ohne seine Anleitung konnte er nicht glauben. „Die Studenten, die aus dem Feld und aus dem Zusammenbruch kamen, verhielten sich zunächst abwartend und sogar abwehrend, weil sie nicht wussten, was mit dem Collegium gemeint sei.“ Diese skeptische Haltung der erschwerte den Anfang sehr. Zunächst hätte man mit einem „System autoritärer Regierung“ beginnen müssen: „Was zu tun und zu lassen war, musste anfänglich vom Leiter alleine bestimmt werden.“ Der von dem Protektor eingesetzte Senior, ein Student, war dem Leiter dabei nur „beratend und vor allem helfend zur Verfügung“ gestanden. Von da aus baute der Leiter ein System der pädagogisch motivierten Mitverwaltung auf, das er 1947 in einer Zeitschrift umschrieb:

> Die in der Selbstverwaltung dienende Verfassung führte in allmählicher Entwicklung zu einer quer durch die eben genannten Gliederungen gehenden Organisation: Im sogenannten Konvent berät die Gesamtheit der Kollegiaten mehrere Male im Semester die wichtigsten Angelegenheiten der Gemeinschaft: die laufenden Arbeiten der Selbstverwaltung erledigt ein zwölfköpfiges, durch allgemeine Wahlen festgestelltes Gremium. An der Spitze der Kollegiaten steht jeweils für ein Semester ein gewählter Senior: ihn unterstützt der ebenfalls gewählte Präfekt, dem hauptsächlich die Obliegenheiten der äußeren Verwaltung der Hausgemeinschaft zugeteilt sind. Der Senior repräsentiert die Kollegiatengemeinschaft nach außen, vor allem auch dem Direktor des Collegium Academicum gegenüber. In der dauernden Zusammenarbeit von Senior und Direktor offenbart sich die spezifische Dialektik des Collegium Academicum, in dem der Student nicht nur Objekt der Erziehung, sondern zugleich ausge-

101 A BBAW, NL J Boeckh, 395, „Über die seelisch-geistige Lage des Studenten von 1946“.

102 Als ein Student wegen der primitiven Ausstattung der Zimmer seinen Wohnheimplatz im CA erst gar nicht antreten wollte, empörte Boeckh sich unmäßig über die Ignoranz gegenüber seinem Konzept. In einem Schreiben an den Dekan der juristischen Fakultät verlangte Boeckh sogar den Entzug der Studienzulassung des Studenten. UAH, B-8805/1, Boeckh an den Dekan der juristischen Fakultät, Heidelberg, 10.1.1946. Ob der Dekan dem Wunsch entsprochen hat, ist nicht nachzuweisen.

103 Infragestellung dieses Anspruches: Schweitzer: *Kollegienhaus in der Krise.*

104 Vgl. Schwerdt: *Landerziehungsheime*, 62 f.

105 A BBAW, NL J Boeckh, 393, 10.1945.

106 A BBAW, NL J Boeckh, 394, 30.10.1945. Vgl. A BBAW, NL J Boeckh, 393, 10.1945.

> sprochen aktives Subjekt der Erziehung der Universität ist. Die Haltung, wie sie sich im Collegium Academicum herausgebildet hat, wäre unvollständig beschrieben, wenn man nicht die wichtigsten wissenschaftlichen Arbeitsgemeinschaften, die z.T. von Lehrkräften der Universität geführt werden, und nicht zuletzt auch mancherlei fest im Laufe eines Jahres erwähnte.[107]

Den Wandel hin zu demokratischen Umgangsformen sah Boeckh als seinen pädagogischen Verdienst. Nachdem er im Januar 1946 eine Studentische Vertretung eingesetzt hatte. Nun erst, so Boeckh, begannen im wachsenden Maße nun einzelne Kollegiaten die Mitverantwortung des Lebens zu übernehmen. Mit der Wahl im Mai gab es eine Studentenvertretung, nach der zweiten Wahl dann im Herbst für das Wintersemester 1946/47 auch die beiden neuen Ämter des Senior und Präfekten.

> Bei einer früheren Ansprache sagte ich bereits: „Im Collegium Academicum wird nicht über Demokratie geredet – sie wird praktiziert." So ist es bis heute geblieben. Natürlich ging das nicht ohne Schwierigkeiten. Die Probleme der Dialektik von Führung und Mitverantwortung mussten jeweils von Fall zu Fall gelöst werden; das ging manchmal nicht ohne Spannungen und Missverständnisse. Aber wir wussten, dass, wenn etwas Neues entstehen soll, auch etwas gewagt werden muss. Der Alltag der Demokratie, weil es bei ihm um die Bewältigung des Lebens in seiner Realität geht. Die neue Form, in der das Collegium Academicum sich dieser Aufgabe unterzieht, fassen wir in die Formel, dass wir uns als „die sich selbst erziehende Gemeinschaft" bezeichnen. Was dabei zu lernen war und ist, ist, dass die Lösung der Probleme nicht von vorgefassten Theorien aus möglich ist, sondern von der erlebten Praxis. Deswegen haben wir keine von vornherein festliegende Verfassung, sondern die Verfassung entsteht umgekehrt stufenweise als jeweiliger Niederschlag des bereits gelebten und erprobten Lebens.[108]

Das Bekenntnis Boeckhs zur Demokratie blieb ein allgemein philosophisches und weniger auf eine praktizierte und praktizierende Demokratie gerichtet.[109] Die von Anfang an festgelegten Grundsätze der Selbstverwaltung und Selbsterziehung kollidierten mit den dafür vorgesehenen pädagogischen Mitteln. Schweitzer beurteilte die von Boeckh formulierten Aufgaben rückblickend als Aufgaben, welche „die Kollegiaten zum Objekt pädagogischer Bemühungen des Leiters machten, aber nicht zum selbstbestimmenden Junior-Partner."[110]

Die Phase des CA mit der pädagogischen Kombination moralisch aufgeladener Rhetorik der verunsicherten Professoren mit der idealistisch-romantischen Reformpädagogik Boeckhs endete 1949.[111] Nachfolger Boeckhs wurde der Historiker Walther Peter Fuchs. Seit seinem 16. Lebensjahr war Fuchs im Köngener Bund der Jugendbewegung gewesen. Es ist anzunehmen, dass diese Zeit ihn mehr geprägt hat als sein Eintritt in die NS-Organisationen, die 1933 schon zur Zeit

107 A BBAW, NL J Boeckh, 399: Manuskript „Das Collegium Academicum der Universität Heidelberg", für *Du*, Karlsruhe, 7.1.1947

108 A BBAW, NL J Boeckh, 396, Stichworte zu der Ansprache des Direktors beim ersten Teil des Stiftungsfestes am 27. Juli 1946 in der Aula der Alten Universität.

109 Schweitzer: *Kollegienhaus in der Krise*, 45.

110 Ebd. 44.

111 Boeckh hatte überraschend sein Amt aufgegeben und Heidelberg verlassen. UAH, PA 3331, Prorektor Kunkel: Aktennotiz, Heidelberg, 11.2.1946.

seiner Habilitationsarbeit erfolgt war.[112] Fuchs sah sich aber trotz einer ähnlichen biographischen Prägung wie Boeckh vor allem auch als forschender Historiker, der aus seiner wissenschaftlichen Arbeit heraus die Aufgaben als Leiter des CA wahrnehmen sollte.[113] Dennoch forderte er ein „stärkeres Engagement bei der Erziehung der Studenten". So ein Wohnheim erschien ihm ideal als „kleines Modelle für ein demokratisches Staatsgebilde".[114] Im WS 1951/52 führte Fuchs neue Studium generale-Arbeitsgemeinschaften ein, deren Teilnahme für die Jungkollegiaten anfangs verpflichtend sein sollte. Später, als die Teilnahme freiwillig wurde, gab es nach wie vor eine große Zahl an interessierten Kollegiaten. Nach den Konflikten um die als autoritär empfundene Amtsführung Boeckhs brachte Fuchs eine Phase der Konsolidierung. Dennoch geriet er durch den Versuch, die Ziele des CA in einer Art Verfassung schriftlich zu fixieren, auch in einen heftigen Konflikt mit der studentischen Selbstverwaltung des CA. Die Kollegiaten empfanden solche Maßnahmen des Leiters als ungebührenden Eingriff in ihren Verantwortungs- und Lebensbereich. Der Konflikt gipfelte in dem Vorschlag, die Leiterposition abzuschaffen und dem dann für zwei Semester zu wählenden Senior dessen Befugnisse zu übertragen. Nach dem Rücktritt des Seniors konnte der Konflikt später durch eine scharfe Abgrenzung der Kompetenzen von Leiter und Selbstverwaltung beigelegt werden.[115]

Die beiden nachfolgenden Leiter akzeptierten diese von Fuchs ausgehandelte Linie und sahen keinen ausdrücklich pädagogischen Auftrag mehr in ihrer Arbeit. Unter Peter Wapnewski kam es deshalb anders als bei seinen beiden Vorgängern nicht mehr zu offenen Spannungen zwischen dem Leiter und den Kollegiaten.[116] Als im Hintergrund stehender Leiter begleitete er das studentische Engagement wohlwollend, wie er auch in seinem Artikel anlässlich des 10. Gründungsjubiläums des CA beschrieb.[117] Wapnewski hatte in seiner Amtszeit aber nicht nur die

112 Als Sohn eines Oberdiakons in der Inneren Mission war die Mitgliedschaft in der Jugendbewegung ein Ausbruch aus dem konservativ-protestantischen Elternhaus gewesen. 1931 hatte er zwar die Staatsprüfung für höheres Lehramt auch für das Fach Religion abgelegt, im gleichen Jahr aber auf eine kirchliche Trauung verzichtet. Seinen Austritt aus der Kirche 1934 begründet Fuchs in seiner Bittschrift an die US-Militärregierung mit dem wachsenden Einfluss der Nazis und Entfernung von Evangelium. HUA, PA 401, Prof. Dr. W.P. Fuchs to Military Gorvernment via the Dean of the Philosophical Faculty of Heidelberg University: Petition for reinstallment into the duty of an assistant professor of medieval and modern history at the University of Heidelberg, Heidelberg, 8.3.1946. Als Mitläufer qualifiziert, war er 1947 wieder als außerplanmäßiger Professur für Mittlere und Neuere Geschichte eingesetzt worden. HUA, PA 3835, Spruchkammer Heidelberg: Spruch 39/3/4493 1236, Heidelberg, 4.10.1946. HUA, PA 401, Robert W. Sage, 1st Lt. AGD, Office of the Military Government, First Military Government Battalion (SEP) APO 154 US Army an Dr. Fuchs, Walter: Letter of Concurrence, Heidelberg, 1.10.1947. Vgl. Kapitel IV.5.

113 Vgl. HUA, PA 3835, Prof. Dr. W.P. Fuchs an den Rektor, Heidelberg, 8.9.1949.

114 A. Leisen: „20 Jahre Collegium Academicum", unveröffentlichtes Manuskript, 23, zitiert nach Schweitzer: *Kollegienhaus in der Krise*, 32.

115 Ebd. 32.

116 Leisen: *20 Jahre Collegium Academicum*, Ebd. 35.

117 UAH, Rep 134/3, P.Wapnewski: „Zehn Jahre Collegium Academicum der Universität Heidelberg (1945–1955)", undatiert (1955).

Aufgabe des erzieherischen Eingriffs miterlebt, sondern auch die langsame Auflösung des Konsenses der CA-Kollegiaten für ein Engagement in der Selbstverwaltung. So erschien Wapnewski am Ende seiner Amtszeit 1956 durchaus enttäuscht von der Diskrepanz zwischen Anspruch und Wirklichkeit des CA, was er auch öffentlich aussprach.[118] Sein Nachfolger Dieter Henrich sah seine Aufgabe eher in der Moderation von Erwachsenen, die vor allem auch an dem Studium selbst interessiert sein sollten. Daraus resultierte auch Henrichs dann nicht realisierter Plan von 1959 der Einrichtung einer Doktorandenakademie im CA.[119] Dabei vertrat Henrich durchaus ein starkes eigenes Konzept für seine moderierende Rolle, das er in zahlreichen Beiträgen in die öffentlich geführte Debatte über Wohnheime einbrachte.[120] Bis 1961 hatte Henrichs Konzept auch dadurch Erfolg, dass die Studenten selbst mit großem Eifer einen Austausch mit Studenten in der DDR betrieben. Mehrfach reisten Kollegiatengruppen Ende der 1950er Jahre nach Berlin und trafen dort Studierende der Humboldt-Universität. Die inhaltlich und organisatorische Vorbereitung und Durchführung dieses Austauschprogramms forderte durchaus ernst die Fähigkeiten der Studenten heraus. Angesichts der glaubhaft bemühten Studenten, konnte der Leiter seine moderierende Rolle gut einnehmen. Mit dem Mauerbau 1961 war allerdings dieses Engagement der Studenten beendet und kein neues Projekt war an dessen Stelle getreten.[121] Unter den vier Leitern in den ersten 15 Jahren des Bestehens hatte sich die Wahrnehmung über ihren Gestaltungsraums einer Erziehung im CA gewaltig geändert. Von den aus der geschlossen konzipierten Reformpädagogik hergeleiteten nahezu allmächtigen Erzieherrolle Boeckhs bis hin zu einer begrenzten Moderation der beiden letztgenannten Leiter.

5. WERBEN FÜR DAS CA-MODELL EINER UNIVERSITÄTSREFORM

Nicht nur Innerhalb des CA und bei der Universität warb Leiter Boeckh mit nahezu missionarischem Eifer für sein Bildungskonzept. An die amerikanischen Ver-

118 Schweitzer: *Kollegienhaus in der Krise*, 36.

119 UAH B-8806/2, D. Henrich: „Thesen für die Diskussion über den Plan einer Doktoranden-Akademie im Collegium Academicum", in: *Mitteilungsblatt des Collegium Academicum der Universität Heidelberg* 1959, 12–14. H. Daul: „Doktoranden-Akademie im Collegium Academicum", in: *Mitteilungsblatt des Collegium Academicum der Universität Heidelberg* 1958, 15 f.

120 Vgl. D. Henrich: *Aus dem Collegium Academicum*. Ders.: „Das Collegium Academicum und die Wohnheime", in: *Mitteilungsblatt des Collegium Academicum der Universität Heidelberg* 1959. Ders.: „Idee und Wirklichkeit der akademischen Kollegien", in: *Kommunität* 3/10/1959, 49–55. Ders.: „Das Collegium Academicum und die Universität", in: *Mitteilungsblatt des Collegium Academicum der Universität Heidelberg* 1960. Ders.: „Studium und Praxis", in: Wolfgang Kalischer (Hg.): *Abschied vom Elfenbeinturm*, Berlin 1960, 57–59. Henrich: „Zum Stand der Wohnheimfrage", in: *Kommunität* 8/25/1963. Ders.: „Anmerkungen zum Abschied", *Colloquium* 6/1965, 9–11. Ders.: „Strategie der Reformatoren?", in: *Der Monat* 222/1967, 53–58.

121 Schweitzer: *Kollegienhaus in der Krise*, 36.

treter sendete er seine Berichte, in Radiosendungen und Zeitschriften stellte er das CA vor. Boeckh sah sich selbst als ausgewiesenen Reformer der Universität und wurde zumindest zeitweilig auch so wahrgenommen. Im Sommer 1946 war Boeckh nach Mainz eingeladen worden. An der zum 1. Mai des Jahres neu von der französischen Besatzungsmacht neu eingerichteten Johannes-Gutenberg-Universität hatten nach dem Besuch der Vorsemesterkurse nun zwölf ehemalige Heidelberger Collegiaten einen Studienplatz bekommen.[122] Nachdem er am Abend vor dem Mainzer Kulturverein vorgetragen hatte, sollte Boeckh am folgenden Tag über den „Weg der jungen Generation" vor einem größeren Auditorium der Universität sprechen. Unter Eindruck des am Abend gesagten, verhängte Rektor Schmid ein Verbot des am Folgetag geplanten Vortrags.[123] Heftig beklagte sich Boeckh später gegen die ihm vom Rektor unterstellten „Nationalismus" und „Soldatentum". Schmids Eindruck war offensichtlich, dass Boeckh „gegen die Demokratie" gesprochen hatte. Bei einer Aussprache am folgenden Tag schien vor allem die Selbstverwaltung der Studenten an der Universität der Zankapfel zu sein. Boeckh berichtet später dem Heidelberger Rektor, dass er betont hatte, „dass der Universität Heidelberg das Wort Demokratie ernst sei und dass sie selbstverständlich sowohl in der Gesamtuniversität wie im Collegium Academicum die Studenten zur Selbstverwaltung führe und sich bemühe und ihnen die Möglichkeiten dazu gäbe." Während Schmid betonte, dass Studenten noch nicht reif für eine solche Selbstverwaltung seien. Insbesondere in Heidelberg bestünde ja unter den dortigen Studenten eine „erhebliche Untergrundbewegung", sprach Boeckh den Studenten genau diese Reife zu.[124]

In der Universität und auch der weiteren Öffentlichkeit wurde der Modellcharakter des CA lange Zeit positiv wahrgenommen. Der Historiker Fritz Ernst benannte das CA sogar als das der Universität „liebstes Kind".[125] Rege nahm der

122 Am 15.5.1946 hatte die Johannes Gutenberg-Universität Mainz in Tradition der älteren Universität, an der zu Beginn des 19. Jahrhunderts keine Vorlesungenmehr stattgefunden hatten, ihren Lehrbetrieb wieder neu aufgenommen.

123 Der Geograph Josef Schmid lehrte 1946–1966 an der Universität Mainz, deren Gründungsrektor er 1946/1947 war. Vgl. C. Baginski: *Frankreichs Universitätspolitik am Beispiel der „Affäre Josef Schmid"*, 353–371.

124 Boeckh berichtete von dem Vorfall dem Vorstand des Kultur-Vereins, an Oberbürgermeister Dr. Emil Kraus und an den französischen Stadtkommandanten. „Der französische Stadtkommandant erklärte, er müsse von dem Vorfall an höherer Stelle berichten; auf meine ganz offene Frage, ob etwa der Rektor von der Militärregierung eine gebundene Marschroute erhalten habe, erklärte er mir auf Ehre, dass die französische Militär-Regierung in keiner Weise den inneren Aufbau der Universität Mainz nach dem Muster der sehr traditionsgebundenen Verfassungen französischer Universitäten ausgebaut werde." „Nachträglich habe ich noch durch schriftlichen Bericht und durch den mündlichen Bericht eines Zeugen, der mich besuchte, gehört, dass der Rektor sich nicht enthalten konnte, der oben erwähnten Gruppe früherer Collegiaten, die ihn aufsuchten, zu erklären, er müsse vor Leuten, wie ich es sei, warnen; ich predige einen Nationalismus; genauso habe es 1919 angefangen. ‚Ich habe den Mann natürlich hinausgeschmissen.' Für den letzteren Ausdruck verbürgen sich Zeugen." UAH, B–8805/1, Joachim G. Boeckh an den Rektor, Heidelberg, 25.7.1946.

125 Prof. Ernst in: A. Leisen: „20 Jahre Collegium Academicum", unveröffentlichtes Manuskript, zitiert nach Schweitzer: *Kollegienhaus in der Krise*, 30.

Lehrkörper Anteil am Geschick des CA. Kritische Stimmen gegen so eine geschlossenes Konzept gab es in den ersten Jahren wenige. Im März 1947 berichtete die *Rhein-Neckar-Zeitung* wohlwollend über den Abschluss des ersten Jahres der neuen Institution:

> Die Semester-Schlussfeier des Collegium Academicum der Heidelberger Universität hat in beredter Weise weitere Fortschritte aufgezeigt, die das Institut im Wintersemester 1946/47, getreu seinem ursprünglichen Aufbauplan, gemacht hat, So hat im Laufe des Winter Direktor Boeckh eine ganze Reihe zunächst ihm vorbehalten gewesener Befugnisse auf die verschiedenen Selbstverwaltungsorgane der Collegiaten übertragen können. Der Selbsterziehungsgedanke, der den Charakter des Instituts in einem hohen Grade mitbestimmen soll, hat damit eine wesentliche Vertiefung gefunden. Der Semester-Bericht, den der Senior den Collegiaten erstattete, hat nicht nur hinsichtlich des erzielten organisatorischen Ausbaus, sondern auch hinsichtlich des wissenschaftlichen und künstlerischen Arbeits-Programms großen Respekt geweckt.[126]

Die *Neue Zeitung*-Journalistin Hildegard Brücher beurteilte die „Umwandlung des ehemaligen Wehrbezirkskommandos in ein Collegium Academicum“ in ihrer Reportage über Heidelberg ausgesprochen positiv: Der Leiter versuche, den Studenten eine neue Form des Zusammenlebens zu zeigen. Den Bewohnern des Kollegiums wollte er „vor allem die beschwerlichen und zeitraubenden Alltagsnotwendigkeiten erleichtern.“[127] In den ersten Jahren gab es zahlreiche Anfragen aus In- und Ausland bezüglich der Durchführung des Programmes des CA. 1946 kündigte der Schweizer Professor Jean Rudolf von Salis sein Interesse an einer Besichtigung des CA an.[128] Boeckh bemühte sich im Vorfeld um eine Unterbringung des durch seine Radiosendung während des Krieges bekannt gewordenen Historikers in einem Zimmer des CA. Beim Rektor erbat sich Boeckh zusätzliche Mittel für eine angemessene Möblierung eines Zimmers im CA, welches er der Universität auch als dauerhaftes Gästezimmer vorschlug.[129] Aufgrund der durch die Eindrücke von Salis erfolgten Erwähnung in dem vom Ausschuss 1948 herausgegebenen *Blauen Gutachten* wendeten sich weitere Interessenten an das CA. Im August 1951 fragte der Sekretär der Universität Zürich beim Heidelberger Rektorat nach weiteren Informationen an: „Da dieses Postulat gegenwärtig auch für uns von Interesse ist, wären wie Ihnen für Auskunft darüber, welcher Art diese Bestrebungen sind und zu welchem Ergebnissen sie bisher geführt haben, zu lebhaften Dank verpflichtet.“[130]

126 Nt: „Schlussfeier im Collegium Academicum“, *Rhein-Neckar-Zeitung*, 18.3.1947.

127 H. Brücher: „Aus der Nachkriegschronik einer unzerstörten Stadt“, *Die Neue Zeitung*, 16.8.1946. Die spätere Politikerin Hildegard Brücher arbeitete seit 1945 als Journalistin der von der US-Militärregierung herausgegebenen *Neuen Zeitung*. Vgl. H. Hamm-Brücher: *Freiheit ist mehr als ein Wort*, Köln 1996, 102–108. K. Bauer: *Hildegard Hamm-Brücher im Gespräch*, Bergisch Gladbach 1996, 24–27.

128 Der Schweizer Historiker Jean Rudolf von Salis lehrte 1935–1968 an der ETH Zürich, 1949 war er Mitglied der Studienkommission für die deutsche Hochschulreform. Vgl. S. Birrer: „Salis, Jean Rudolf von (Soglio)“, *Historisches Lexikon der Schweiz (HLS)*, Basel 2008, 34.

129 UAH, B–8805/1, Joachim G. Boeckh an den Rektor, Heidelberg, 17.5.1946.

130 UAH, B-0110/5, Sekretär der Univ. Zürich an Heidelberger Rektor, Zürich, 17.8.1951.

Innerhalb der Universität waren es vor allem die Gründungprofessoren, die dem CA durch die gesamte Entwicklungszeit zeitlebens treu verbunden blieben. Dies zeigte sich durch eine stete Unterstützung in kleinen uns großen Dingen. Insbesondere der Chemiker Karl Freudenberg zeigte eine hohe emotionale Bindung an die Einrichtung als auch an das Gebäude, für dessen Erhalt er sich in den 1920er Jahren eingesetzt hatte.[131] Die Förderung der persönlichen Entwicklung der Jugend war ein Anliegen Freudenbergs, dessen beide Söhne im Krieg gefallen waren.[132] Wiederholt bat er bei seinen in Weinheim als Unternehmer tätigen Brüdern um Spenden für das CA.[133] „Ich weiß nicht, ob ich Dir und den übrigen Beteiligten noch einmal mit dem Collegium Academicum kommen darf," schrieb er Mitte 1949 dem an Reformpädagogik interessierten Hans Freudenberg: „Es ist der bereits gelungene Versuch, dem alten Corporationswesen etwas Neues auf die Seite zu stellen, vegetiert aber unter den allerdürftigsten Verhältnissen dahin."[134] So bat er seine Brüder um das Erwägen, ob aus dem Ein-Drittelbetrag des Stiftungsentwurfes der geplanten Freudenberg-Stiftung für die Unterstützung lokaler Angelegenheiten etwas herausgeholt werden könnte.[135] Für Freudenberg und die anderen Mitgründer blieb der Gründungsgedanke auch 1949 hochaktuell und nach wie vor ein avantgardistisches Vorhaben. Mit Bauer, Campenhausen und Regenbogen sah sich Freudenberg als ein geistiger Vater des CA:„Mein heißes Interesse für das Collegium erwächst aus der Feststellung, dass sich allenthalben die alten Korporationen wieder regen, die unabsehbaren Schaden angerichtet haben durch die Fehlerziehung eines Teiles unser Beamtenschaft. Im Collegium sehe ich den einzigen produktiven Gedanken, der bisher für die Neugestaltung des Studentenlebens ausgetaucht ist. Es steht unter Selbstverwaltung und bringt alle Fächer auf einer zwanglosen Lebensform zusammen."[136] Freudenberg zeigte auch Präsenz

131 „Lieber Herr Fuchs, als einen kleinen Beitrag zur Geschichte des Gebäudes, in dem heute das Collegium untergebracht ist, kann ich bemerken, dass mir im Winter, genauer wohl Spätherbst 1925, nachdem ich den Ruf nach Heidelberg erhalten hatte, der Hochschulreferent Geheimrat Schwoerer den Vorschlag gemacht hat, das chemische Institut in dieses Gebäude zu verlegen. Ich musste ablehnen, weil es hierfür ungeeignet war. Bald nach meinem Amtsantritt im Frühjahr 1926 tauchte der Plan auf, das neue Kollegienhaus am Hexenturm durch einen Neubau zu ersetzen. Ich habe den Senat darauf hingewiesen, dass das alte Jesuitenkollegium in der Seminarstrasse verfügbar und zur Unterbringung von Seminarien und Hörsälen der Universität besonders geeignet sei und große Investierungen für Neubauten in der Altstadt überflüssig mache. Damals winkte aber schon das Schurmangeld, man hat das sehr hübsche sogenannte Neue Kollegienhaus abgerissen und dafür die neue Universität erstellt." UAH, Rep. 14, 432, Karl Freudenberg an Prof. Peter Fuchs, Heidelberg, 17.5.1949.

132 Vgl. *Munzinger Internationales Biographisches Archiv* 30/1983, 18.7.1983.

133 UAH, 14/432, Karl Freudenberg an Hans und Richard Freudenberg, Heidelberg, 11.2.1949.

134 UAH, 14/432, Karl Freudenberg an Hans Freudenberg, Heidelberg, 17.5.1949.

135 Die heutige Freudenberg Stiftung mit einer jährlichen Ausschüttung von ca. 2,5 Millionen Euro wurde erst 1984 gegründet. Satzungsgemäßer Stiftungszweck ist „die Förderung von Wissenschaft, Erziehung und Bildung sowie die Stärkung des friedlichen Zusammenlebens in der Gesellschaft." Vgl. R. Freudenberg: „Vorwort des Kuratoriumsvorsitzenden", in: *20 Jahre Freudenberg Stiftung 1984–2004*, Weinheim 2004, 3–7.

136 UAH, Rep. 14/432, Karl Freudenberg an Dr. Hans Freudenberg (Weinheim), Heidelberg, 17.5.1949. Auch begründete er das CA sozial: „In dem Collegium sind etwa 180 Studenten

bei den Veranstaltungen des CA und half, Kontakte zu nicht-universitären Kreisen aus Wirtschaft und Politik herzustellen.[137] Der zweite gewählte Rektor Campenhausen spendete aus seinem privaten Vermögen Ende 1946 100,- RM, um armen Flüchtlingsstudenten ein Weihnachtsfest im CA zu ermöglichen. Der Leiter Boeckh hatte davon „eine ganze Reihe von Geschenken, vor allem Bücher und kleine Gebrauchsgegenstände" für „die Collegiaten, die aus dem Osten stammen", erwerben können.[138] Bei der Abschlussfeier des CA-Semesters im März 1947 sprach Otto Regenbogen als Dekan der Philosophischen Fakultät im Namen der Universität. „Persönlichkeit und Gemeinschaft nicht zu einem faulen Kompromiss-Frieden, sondern zu einer schöpferischen Synthese zusammenzubringen, in welcher beide Teile erst ihren wahren Granz und ihre gesteigerte Bedeutung empfangen", sei die im CA verwirklichte Aufgabe der Universität.[139]

Von Seiten der Universität mangelte es nicht an Unterstützung durch große und kleine Gesten. Vor allem aber wurde das Kollegium bis Ende der 1940er Jahre innerhalb der Universität als ein nachahmbares Modell wahrgenommen. Als im Sommer 1948 ein Haus in der Hauptstr. 248 wieder der Universität zur Verfügung stand, fassten die universitären Gremien ins Auge, dort ein kleines Collegium nach dem Modell des CA zu schaffen. Mit den Altherrenschaften der alten Korporationen sollte Verbindung aufgenommen werden mit dem Ziel, auch Korporationshäuser für allgemein studentische Verwendung zur Verfügung gestellt zu bekommen. Man hoffte, dass die von der Militärregierung beschlagnahmten Korporationshäuser ebenfalls bald freigegeben werden könnten. Diese im Akademischen Senat angestellten Überlegungen korrespondierten harmonisch mit dem Engagement der Studentenschaft, verantwortlich Strukturen aufzubauen und selbst Einrichtungen eines studentischen Soziallebens zu schaffen. Angesichts der individuell schwierigen Lage nach der Währungsreform hatte der AStA sich auch ganz praktisch um die Erschließung möglicher Geldquellen bemüht. Eine Theatervereinigung, bezahlte Professorenvorträge, die Kantine sollten nicht nur eine soziale Struktur schaffen, sondern auch die wirtschaftliche Not lindern.[140] Das CA stand mit seinen Strukturen so 1948 als ein geographisch und inhaltlich zentral gelegenes Anliegen der Universität, an dem sich ähnliche Initiativen orientierten. Gerade bei dieser Partnerschaft mit den Studierenden schien aber das CA in der

untergebracht, die sämtlich in Bürgerquartieren der Stadt wohnen müssten, wenn das Collegium nicht existierte. Die Ausnutzung des Raumes ist außerordentlich stark, da in vielen Fällen 4 Studenten in einem Zimmer wohnen. Es gehört allerdings dafür gesorgt, dass das Collegium wohnlicher wird. Man könnte mir verhältnismäßig wenig Mitteln viel erreichen. In dem Zustand der Einrichtung, bei dem es sich heute befindet, müssen wir immer fürchten, dass es bei sich bessernder sonstiger Lebenslage der Anreiz nachließe im Collegium zu wohnen, Durch das Collegium wird also in einem starken Maße Wohnraum in Heidelberg geschaffen, insbesondere wenn etwas dafür geschieht." UAH, Rep. 14, 432, Karl Freudenberg an Dr. Hans Freudenberg, Heidelberg, 17.5.1949.

137 UAH, Rep. 14/432, W.P. Fuchs an Professor Dr. Karl Freudenberg, Heidelberg, 3.6.1949.

138 UAH, B-8805/1, Boeckh an Rektor, Heidelberg, 18.12.1946

139 Nt: „Schlussfeier im Collegium Academicum", *Rhein-Neckar-Zeitung*, 18.3.1947.

140 UAH, B-8805/2, Ausschnitt aus dem Senatsprotokoll, Heidelberg, 4.8.1948.

gleichen Zeit angesichts der verantwortlichen Entwicklung der allgemeinen Studierendenvertretung gar nicht mehr so vorbildlich zu sein, so dass die Universität zunehmend begann, dem pädagogischen Konzept von Leiter Boeckh auf die Finger zu schauen. Durch Miteinbeziehung der Stimmen der Studenten in die Auslotung der Selbstverwaltung wurde durch den Juristen Friedrich Weber eine eindeutig geregelte Mitbestimmung gefordert. Das CA sollte als Institution der Universität durch ein Gremium der Universität beaufsichtigt werden. Im Juli 1948 beriet der Akademische Senat über die Errichtung eines Kuratoriums für das CA. Bei der Sitzung wurden verschiedene Vorschläge zur Zusammensetzung eines solchen Kuratoriums erörtert. Die Diskussion ergab aber insbesondere bezüglich einer Beteiligung der Studierenden selbst, „dass die Frage noch nicht spruchreif“ sei.[141] Dieser ungelöste Status zwischen Einbindung und Abgrenzung zur Universität und ihren Entscheidungsgremien bzw. zwischen Verantwortung von Rektor, Leiter oder Selbstbestimmung wurde auch öffentlich wahrgenommen. Anlässlich eines positiven Berichts über die Eröffnung des CA-Wintersemesters 1948 kommentierte die *Rhein-Neckar-Zeitung* diesen ungelösten Status im Selbstverständnis der Kollegiaten. Diese Feier habe endlich den Anschein vermittelt, „als trete das Collegium Academicum aus seinem selbstständigen Dasein heraus und in die größeren Zusammenhänge der Universität hinein.“ Diese Entwicklung sei endlich notwendig, und dem CA „nicht nur den Charakter einer der Universität angeschlossenen Einrichtung, sondern eines Teils des akademischen Lebens selbst“ zu geben.[142]

In der externen Wahrnehmung jenseits von Heidelberg wurde das CA durch die Person des seit Ende 1949 amtierenden Leiters Fuchs geradezu zur Speerspitze einer Bewegung für die Universitätsreform. Besonders nach der Tübinger Tagung von Oktober 1950 hatte Fuchs sich für ein Netzwerk der Institutionen ähnlicher Art eingesetzt. Nun als festes Mitglied des Tübinger Arbeitsausschusses und „nach Aufforderung vom Verband Deutscher Studentenwerke“ erbat er von der Universität Heidelberg Sonderurlaub, um bei einer Reise vom 13. bis 25. November 1950 Studentenwohnheime und Gemeinschaftshäuser in Norddeutschland kennenlernen zu können.[143] Fuchs knüpfte bei dieser Gelegenheit zahlreiche persönliche Kontakte, die zum einen das Netzwerk der Kollegienhaus-Enthusiasten enger knüpfte, zum anderem aber auch das CA umso heller als das Reformmodell strahlen ließen. Von 15. bis 28. Januar 1951 reiste Fuchs durch Süddeutschland, um die dortigen Einrichtungen zu inspizieren.[144] Mit diesem aus seiner Leitung des CA erwachsenen Profil konnte Fuchs auch bei der Bad Weilburger Tagung

141 Insbesondere setzte sich Friedrich Weber als Senatsbeauftragter für das CA für „eine erneute Besprechung und Mitwirkung der Collegiaten in dieser ganzen Frage“ ein. So wurde Weber vom Senat auch beauftragt, die Weiterverfolgung der Angelegenheiten in die Hand zu nehmen. UAH, B-8805/2, Ausschnitt aus dem Senatsprotokoll, Heidelberg, 21.7.1948.

142 L.K.: „Collegium Academicum“, *Rhein-Neckar-Zeitung*, 26.11.1948.

143 UAH, PA 401, W.P. Fuchs an Dekan der philosophischen Fakultät, Heidelberg, 9.11.1950.

144 Die Route: Stuttgart, Tübingen, Freiburg, München, Regensburg, Nürnberg, Erlangen, Bamberg, Würzburg, Darmstadt. UAH, PA 401, Prof. Dr. W.P. Fuchs an den Dekan der philosophischen Fakultät, Heidelberg, 12.1.1951.

über das Studium generale 1951 seine Expertise einbringen und für Kollegienhäuser werben.[145] Bis Mitte der 1950er Jahre hielt das öffentliche Interesse am CA als eine Verwirklichung von Reformvorstellungen an. Beim Zehnjahresjubiläum kommentierten Artikel in überregionalen Zeitungen die positive Entwicklung des Hauses.[146] In der Wahrnehmung des Leiter Henrich war das CA neben dem Tübinger Leibniz Kolleg dabei tonangebend in der Kollegien-Hausbewegung. In einem Artikel von 1957 führte Henrich die wachsende Anzahl solcher Kollegienhäuser an den deutschen Universitäten auf die beiden Modellinstitutionen zurück. 1957 hatte auch der Förderkreis für die Kollegienhäuser im CA seine jährliche Tagung abgehalten. Trotz aller Unterschiede zeige sich in der Konstitution und den Entwicklungsbedingungen der Kollegien nun eine Einheit des Anliegens, die es bei gegenseitigen Besuchen und durch den Austausch von Kollegiaten und Tutoren weiter zu entwickeln gelte. Nach wie vor sah Henrich im CA die leitende Reformidee verwirklicht. Er fomulierte die Leitfrage, in welchem Rahmen es gelingen könnte, „das ganze Leben, wenigstens eines Teiles der Studierenden wieder in eine akademische Gemeinschaft einzubeziehen."[147]

6. SKEPSISCHE BEHÖRDEN UND HELFENDE AMERIKANER

Das CA war aufgrund des Wohnraummangels und als Instrument, den Amerikanern den Reformwillen zu symbolisieren, geschaffen worden. Gegenüber den deutschen Behörden schienen beide Argumente nicht so schlagkräftig zu wirken, wie die Universität Heidelberg es sich erwartet hatte. Dies lag nicht nur daran, dass die Kultusverwaltung in Karlsruhe die Rolle der Universität im NS-Staat wesentlich distanzierter sah als die Gremien der Universität Heidelberg. Der von den Amerikanern als Landesdirektor eingesetzte Historiker Franz Schnabel, der zuvor auf einem Lehrstuhl an der TH Karlsruhe unterrichtet hatte, lehnte bei einer Versammlung der badischen Bürgermeister im November 1945 die Rollenzuschreibung der unbeschädigten Universität ab:

> Was die Universität Heidelberg betrifft, so sind zwar ihre Gebäude erhalten, dass aber auch die Universität unzerstört sei, wird man nicht behaupten wollen. Wir wissen, dass die meisten nationalsozialistischen Funktionäre, die in der Zeit von 1933 bis 1945 als Ärzte, als Richter, als Schulmänner und Literaten den deutschen Geist vor der ganzen Welt kompromittiert haben, in der Zeit von 1919 bis 1933 an deutschen Universitäten zum Doktor promoviert worden sind, und man fragt sich mit Recht, ob sie denn dort nie etwas davon erfahren haben, was Wissenschaft den eigentlich ist. Bevor die Universität ihre Tore wieder öffnet, werden die Lehrer sich zu äußern haben, nicht was sie über die Idee der Wissenschaft denken – hierüber

145 Teilnahme am „Workshop von HICOG für Universitätslehrer über Fragen des Studium generale" im Pädagogischen Institut Windhof in Weilburg/Lahn. UAH, PA 3835, Prof. Dr. W.P. Fuchs an den Rektor der Universität Heidelberg, Heidelberg, 24.8.1951.

146 *Frankfurter Allgemeine Zeitung*, 15.9.1955, und *Stuttgarter Zeitung*, 15.9.1955.

147 Henrich: *Aus dem Collegium Academicum*, 280 f.

> gibt es Bücher genug –, sondern welche Garantie sie zu geben vermögen, dass die Idee der Wissenschaft in den Vorlesungen und Prüfungen wieder zur Geltung gelangt.[148]

Die Unterrichtsverwaltung hatte im September 1945 auch die formale Wiedereinsetzung der 1933 durch den NS-Staat aus dem Hochschuldienst entfernten Ordinarien Jaspers, Jellinek, Radbruch und Regenbogen initiiert. [149] Bei aller Sympathie für die Hochschulen ließ die Skepsis gegenüber der Erneuerungsfähigkeit die Unterrichtsverwaltung nicht zum enthusiastisierten Befürworter des Reformprojektes CA der Universität Heidelberg machen. Stattdessen agierte die Staatsverwaltung vorsichtig und abwägend, zumal es eine Unzahl anderer offener Probleme zu lösen galt. Die *Rhein-Neckar-Zeitung* zitierte im März 1947 Joachim G. Boeckh mit seiner Klage darüber, „dass das zuständige Ministerium bis heute noch nicht die Existenz des Heidelberger Collegium Academicum offiziell zur Kenntnis genommen, geschweige denn irgendetwas unternommen hat, was einer praktischen Hilfe gleichkäme."[150] Aus Sicht der Karlsruher Unterrichtsverwaltung schien die Institution nicht dauerhaft zu existieren. Zumindest erschien die Schaffung einer Planstelle für den Leiter des Collegium Academicum nicht sicher. Seit Oktober 1945 hatte Boeckh Aufbau und die Leitung des geplanten Collegium Academicum übernommen, bis Sommer 1947 aber blieb seine Besoldung ungeklärt. In einem Schreiben an den Rektor beschwerte er sich über diesen Umstand: Bei Antritt seines Amtes hatte ihn Bauer noch beruhigt, „dass, da alles jetzt um Aufbau sei, noch nichts Genaues darüber gesagt werden könne, dass aber die Angelegenheit im Laufe der nächsten Wochen geregelt würde." Der ehemalige OSO-Lehrer Boeckh hatte seitdem von seinen Ersparnissen gelebt, im Januar 1946 nun dringend um eine vorläufige Regelung angefragt. „Dank verständnisvollen Entgegenkommen des Studentenwerkes und Leiters Dr. Schmitz vorläufiges Besoldung monatlich 270,- RM netto habe es als Abschlag der künftigen Summe betrachtet." Die Summe entspräche dem Gehalt des Hausmeisters, der allerdings auch eine Wohnung in hoher Qualität gestellt bekomme, während Boeckh nach wie vor nicht mal einen Wasseranschluss bekommen habe. Im Sommer 1946 habe Boeckh dann an die Universität den Antrag auf die Schaffung seiner Planstelle gestellt, unter dem Hinweis auf seine vormalige Stellung als Leiter des Unterrichts der

148 „Was die höheren Schulen betrifft, so sagte ich schon, dass wir hier mit einem Schrumpfungsprozess zu rechnen haben, der endlich der „Verschulung Deutschlands" ein heilsames Ende bereiten kann. In diesen Tagen geht ein Schreiben an alle Bürgermeister der Städte hinaus, worin sie aufgefordert werden sich zu äußern, wie sie sich die Fortführung ihrer höheren Lehranstalt denken. Von da aus wird dann zu entscheiden sein, welche höhere Lehranstalt wieder geöffnet wird und welche nicht." GLAKa, 481/79, Landesdirektor Prof. Dr. Franz Schnabel: Vortrag vor den Bürgermeistern des Landes Baden, Mannheim, (3.11.1945).

149 Und des a.O. Prof Hermann Hoepke. GLAKa, 481/1603, Der Präsident des Landesbezirks Mannheim: Pressenotiz, Heidelberg, 10.9.1945. In einem Schreiben an die Kultusverwaltung dankte Regenbogen: „Ich hoffe, dass es mir vergönnt sein wird, auf dem alten, nun wieder neu errichteten Lehrstuhl den großen Traditionen seiner früheren Inhaber, dem geistigen Leben Deutschlands und vor allem der Erziehung der deutschen Jugend zu neuen Lebensinhalten nach besten Kräften dienen zu können." GLAKa, 481/1603, Otto Regenbogen an den Präsidenten des Landesbezirks Mannheim, Heidelberg, 23.9.1945.

150 Nt: „Schlussfeier im Collegium Academicum", *Rhein-Neckar-Zeitung*, 18.3.1947.

Odenwaldschule äquivalent zu Oberstudiendirektor.[151] Die Universität beantragte bei der Kultusverwaltung im April 1947 eine Planstelle Besoldungsgruppe A2c1 für den Leiter sowie einen Posten von 8000,- RM als Zuschuss für die Kosten des CA im Haushaltsplan der Universität 1947/48.[152] Die bitte um die staatliche Finanzierung wurde mit dem Erfolg des Hauses begründet:

> Mit der Gründung des Collegium Academicum im Wintersemester 1945/46 hat die Universität Heidelberg den Versuch unternommen, eine neue Lebens-, Arbeits- und Selbsterziehungsgemeinschaft von Studenten zu schaffen. Man kann heute schon sagen, dass dieser Versuch gelungen ist und dass das Collegium Academicum der Universität in drei Semestern seines Bestehens sich gut entwickelt hat, so dass es im akademischen Leben auch außerhalb Heidelbergs bereits ein fester Begriff geworden ist und vorbildlich zu werden beginnt. Über das innere Leben dieser Anstalt unterrichtet am besten der bereits vorliegende Semesterbericht des Seniors. Solange das Collegium Academicum ein Wagnis und Experiment war, hat das Studentenwerk Heidelberg, d.h. also die Allgemeinheit der Studentenschaft vorläufig die finanzielle Last getragen. Nachdem es eine erfreuliche und in seinen Grundgedanken vom Staat begrüßte Wirklichkeit geworden ist, darf die finanzielle Hilfe des Staates für dieses Institut erbeten werden, das für die Erziehung der Jugend zu echter demokratischer Gesinnung und Haltung wichtig und vorbildlich ist. Auf die Dauer kann das Studentenwerk die Last nicht allein tragen.[153]

Veranlasst durch ein Schreiben des vom Senat mit der Aufsicht des CA betrauten Prorektors Friedrich Weber an die Abteilung Unterricht der Landesdirektion Baden fand am 2. April 1947 in Karlsruhe eine Besprechung über die Stellung der Unterrichtsverwaltung zum Collegium Academicum der Universität statt. Nun konnten sich der Protektor mit dem zuständigen Ministerialbeamten Dr. Thoma, mit Dr. Schmitz vom Heidelberger Studentenwerk und Boeckh austauschen. Der Hochschulreferent Eugen Thoma sah sich grundsätzlich der Universität Heidelberg verbunden, wollte angesichts der vielen Herausforderungen aber keine überstürzten Zusagen für so ein Sonderprojekt machen.[154] Tatsächlich konnte die allgemeine Verstimmung beigelegt werden und ein fester Status des CA vereinbart werden. Die Universität sollte weiterhin das CA als eine eigene Anstalt behalten und anders als zeitweilige von Weber gefordert nicht in eine unabhängige Rechtsform gegossen wird. Eine Anerkennung dieser Einrichtung der Universität durch den Staat sei aber sehr erwünscht. Sie läge an sich bereits in der Aufnahme von Posten für diese Einrichtung in den Haushaltsplan, Thoma sagte darüber hinaus

151 UAH, PA 3331, Joachim G. Boeckh an Rektor, Heidelberg, 25.2.1948.

152 UAH, B-8805/2, Rektor an den Präsidenten des Landesbezirks Baden Abt Kultus und Unterricht, z.Hd.v. Herrn Ministerialrat Dr. Thoma, Heidelberg, 8.4.1947.

153 Ebd.

154 Dr. Eugen Thoma, SPD, bis 1933 Hochschulreferent, nach GzWdBB entlassen; Nach einem Kampf um die Rehabilitierung erlangte Thoma mit Empfehlung Radbruchs die Wiedereinsetzung als Leiter der badischen Hochschulabteilung am 5.8.1946. Vgl. GLAKa, 235/34818, Dr. Thoma, Der Landrat, an Herrn Minister des Kultus und Unterrichts Karlsruhe, Riedenburg, 27.10.1945. GLAKa, 235/34818, Radbruch an Thoma, Heidelberg, 16.11.1945. GLAKa, 235/34818, Der Präsident des Landbezirks Baden, Abt. Kultus und Unterricht: Aktenvorlage, Karlsruhe, 3.8.1946. GLAKa, 235/34818, Präsident des Landbezirks Baden, gez. Dr. Köhler: Ernennungsurkunde Dr. Eugen Thoma, 5.8.1946.

aber auch eine formale die Idee des Collegium Academicum bejahende Anerkennung zu. Ministerialrat Thoma wollte sich auch innerhalb der nordbadischen Unterrichtsverwaltung einsetzen, dass die Planstelle für den Direktor des CA in den Haushaltsplan der Universität aufgenommen werde. Nur über den Status der Mietfreiheit des CA konnte noch keine Zusage gemacht werden. Wenn die Mietfreiheit des CA gegenüber der Universität gelten sollte, müsste diese ja auch für den Unterhalt des Gebäudes aufkommen, für das sie aber eine Übernahme der Kosten durch den Staat erhoffte.[155]

Ganz so konsensual erschien das weitere Verhältnis aber nicht. Dass die Planstelle von Leiter Boeckh so lange nicht geschaffen wurde, ist sicherlich auf die knappen finanziellen Mittel und die vielfältigen anderen Herausforderungen der Unterrichtsverwaltung zurückzuführen.[156] Wohl fiel es der Unterrichtsverwaltung selbst auch schwer, den von der Universität beantragten Zuschuss von 8.000,- RM für den Betrieb des CA zu leisten. Die Korrespondenz von Boeckh mit Protektor Weber illustriert die Unterfinanzierung des CA. So beklagte er im Juli 1947, dass es keine Versorgung des CA-Sekretariats mit Schreibmaterialien und Papier aus der Universität gebe. Deshalb bitte er förmlich, in den Versorgungsbereich der Universität aufgenommen zu werden. Die ganzen vier Semester habe Boeckh teils Papier aus seinem „eigenen kärglichen Besitz hergegeben, teils einen Lieferanten, der mich früher persönlich belieferte, immer wieder anbetteln müssen."[157] Bei seinen Anträgen an die Karlsruher Unterrichtsabteilung stellte Weber detailliert die offenen Posten der Finanzierung dar und rechtfertigte etwa die Betriebskosten durch die Löhne der Putzfrauen.[158] Das CA wurde im Haushaltsplan 1947 durch die Aufnahme eines Jahreszuschusses von zunächst 5.000,- RM staatlich anerkannt. Soweit der Zuschuss nicht ausreiche, könne das Ministerium einen Nachtrag zum Haushaltsplan aufnehmen. Hochschulreferent Thoma wollte mit seinen Zusagen aber nicht zu weit gehen. Ohnehin hatte er den Eindruck, dass „in dieser Richtung des Guten zu viel" geschehe, da er „schon von so viel Seiten" über die Stellung von Boeckh und CA angefragt worden sei. Bei aller Zustimmung zur Einrichtung und persönlichen Sympathie, wollte Thoma sie doch bezüglich ihrer Reichweite abgegrenzt wissen:

155 Über die Frage der genaueren Einstufung müsste noch die Meinung des Finanzministers eingeholt werden, doch war man sich über die Einstufung der Stelle in die Besoldungsgruppe A2c1 einig. Die alsbaldige Übertragung dieser Stelle an Boeckh wurde ebenfalls zugesagt. UAH, B-8805/2, Prof. Dr. Fr. Weber, Beauftragter des Senats für das Collegium Academicum, an den Rektor, Heidelberg, 8.4.1947.

156 z.B. schaffte es die Karlsruher Verwaltung Ende 1947 die durch einen Zusammenschluss mit der TH Stuttgart geplante Schliessung der TH Karlsruhe abzuwenden, die von den Amerikanern als Lösung bevorzugt worden war. Vgl. K.-P. Hoepke: *Geschichte der Fridericiana*, Karlsruhe 2007, 135.

157 UAH, B-8805/2, Boeckh an den Senatsbeauftragten Fr. Weber, Heidelberg, 15.7.1947.

158 UAH, B-8805/2, Prof. Dr. Fr. Weber, Beauftragter an Ministerialrat Dr. Thoma, Heidelberg, 31.7.1947. Vgl. UAH, B-8805/2, Dr. Schmitz, Studentenwerk Heidelberg, an Prof. Dr. Fr. Weber, Heidelberg, 28.7.1947.

Die Bedeutung des Collegium Academicum für die heutige Zeit ist zweifellos anzuerkennen; sie darf indes auch nicht überschätzt werden, denn der Besuch erstreckt sich noch nicht ganz auf 5 Prozent der gesamten Studentenschaft. An Stimmern der Kritik fehlt es im Übrigen auch nicht, Indes sehe ich an der neuartigen Einrichtung die erste Stufe einer Entwicklung, die möglicherweise bald von größere Bedeutung werden wird.[159]

Im Juli 1947 hatte die Badische Unterrichtsverwaltung Boeckh auf einer Studienrat-Stelle zum Leiter des CA ernannt.[160] Boeckhs Bitte um eine adäquate, seiner vorherigen Stellung als Unterrichtsleiter der Odenwaldschule entsprechenden Bezahlung im Februar 1948 stand aber immer noch aus.[161] Ebenso wie die Bitte um Einbau einer einfachen Küche in seine in Eigenarbeit hergerichtete Dienstwohnung.[162] Als sich 1947 die Situation angesichts einer Verknappung der Finanzen angesichts der bevorstehenden Währungsunion verschärfte, war die Kultusverwaltung zu einer Unterstützung bereit. Hochschulreferent Thoma sagte der Universität zu, sich im Ministerium für eine völlige oder teilweise Erlassung des Mietzinses für das CA einzusetzen. Nur für einen „tatsächlichen Bedarf" bei Verlust genehmigte sie im März 1948 einen Zuschuss von 5000,- RM.[163] Nach der Währungsreform musste ein Bericht über die finanzielle Lage des CA von September 1948 feststellen, dass das von der Universität zur Verwaltung des CA eingesetzte Studentenwerk nicht mehr in der Lage sei, das Defizit der Einrichtung der Universität zu tragen.[164] Dabei besaß das CA in der Politik grundsätzlich starke Befürworter. Als Lizenznehmer der in Heidelberg ansässigen *Rhein-Neckar-Zeitung* hatte der liberale Landtagsabgeordnete Theodor Heuss ebenso wie durch sein nur kurzweiliges Amt als württemberg-badischer Kultminister einen ganz persönlichen Bezug zum CA entwickelt. In den Anfangsjahren hielt er über die führenden Professoren steten Kontakt zum CA und hatte sogar bei einer Semestereröffnungsfeier gesprochen.[165] Die Universität versuchte auch aktiv, Politiker für die Belange des Projekts zu interessieren. Im Mai 1949 erschien wieder der Zuschusses an

159 GLAKa, 235/1432, Ministerialrat Dr. Thoma an Ministerialrat Dr. Rupp, Kultusministerium Stuttgart, Karlsruhe 27.9.1947.

160 UAH, PA 3331, Der Präsident des Landebezirks Baden, Abt. Unterricht und Kultus, an den Heidelberger Rektor, Karlsruhe, 19.8.1947. Entschließung 31.7.1947 Nr. 3243.

161 Statt Gehalt habe Boeckh bislang nur die Zahlungen durch die Universitätskasse von 300,- RM erhalten. Durch finanzielle Probleme aufgrund des Todes des Vaters sei ihm eine Rückzahlung der doppelten Vorauszahlung nicht möglich. Boeckh bat […] „C) in Karlsruhe darauf zu dringen, dass nun endlich – wo das dritte Jahr meiner Tätigkeit hier nun auch schon wieder zur Hälfte vergangen ist! – meine Gehaltseinstufung erfolgt und zwar in einer Art und Weise, die meinem Alter, meiner früheren Tätigkeit und meiner jetzigen Arbeit entspricht." UAH, PA 3331, Joachim G. Boeckh an den Rektor, Heidelberg, 25.2.1948.

162 „Das Wasser muss verhältnismäßig weit hergeholt, das Abfallwasser weggetragen werden. Ich kann auf die Dauer derartig schwierige Arbeitsumstände meiner Wirtschaftlerin nicht mehr zumuten." UAH, PA 3331, Joachim G. Boeckh an den Rektor, Heidelberg, 6.1.1948.

163 UAH, B-8805/2, Präsident des Landebezirks Baden, Abt Kultus und Unterricht, an den Rektor der Universität, Karlsruhe, 6.3.1948. Dieser Vorschuss war von der Universität sofort als Vorschuss an das CA weitergegeben worden. UAH, B–8805/2, Rektor an Präsident des Landebezirks Baden, Kultus und Unterricht: Haushalt des Collegium Academicum, 15.3.1948.

164 UAH, B-8805/2, Weber an Rektor: Finanzielle Lage des Collegium Academicum, 18.9.1948.

165 Schweitzer: *Kollegienhaus in der Krise*, 30.

das CA durch die Unterrichtsverwaltung ungewiss, die Instandhaltung des Gebäudes verlangte nach weitaus größeren Summen. Der Chirurg Bauer war auch nach Ende seines Rektorats dem CA treu geblieben. Im Kuratorium regte er an, ganz gezielt die in Heidelberg wohnen Landtagsabgeordneten durch eine Exposé und durch Gespräche für die Interessen des CA zu gewinnen.[166]

Auch gegenüber der Stadt musste die Universität 1949 konkret ihre Interessen durchsetzen, da auch der Bürgermeister Josef Amann die Nutzung des großen Gebäudes beanspruchte. Durch die Verlegung amerikanischer Dienststellen nach Heidelberg war das Gebäude des Bunsen-Realgymnasiums für die Nutzung durch die Militärregierung beschlagnahmt worden. In der Seminarstrasse 2 waren schon eher Direktion, Sekretariat und sechs Klassen untergebracht gewesen. In einem Antrag an das Stuttgarter Staatsministerium und die badische Kultusverwaltung in Karlsruhe begründete der Bürgermeister das Interesse an der Nutzung des gesamten Gebäudes, in dem ebenfalls das CA untergebracht war. Für den Betrieb eines Studentenheimes sah der Antrag das Haus „durch seinen Charakter weder geeignet […], noch mit der bisherigen Belegungszahl genügend ausgenutzt“. Ohne besondere Kosten könnte es hingegen für Schulzwecke „in geradezu idealer Weise ausgestaltet werden“. Die Stadtverwaltung Heidelberg prüfe, ob es nicht möglich wäre, durch Freimachung der Häuser ehemaliger Korporationen der Universität für die Zwecke des Collegium Academicum andere geeignete Räume zu beschaffen. Auf jeden Fall bitte die Stadtverwaltung das Staatsministerium, „in der Angelegenheit keine Entscheidung zu treffen ohne engste Fühlungnahme mit ihr sowie der badischen Unterrichtsverwaltung und den Heidelberger Landtagsabgeordneten.“[167] Am 9. Juni forderte Amann in einem Zeitungsartikel, dass unbedingt verhindert werden müsse, dass das Gebäude in der Seminarstrasse an das CA überwiesen werde. Im Erdgeschoss hatten Teile des Realgymnasiums II eine Unterkunft geworden, das nicht „völlig obdachlos“ gemacht werden dürfe. „Die Interessen von 180 Studenten und 600 Schülern“ seien gegeneinander abzuwägen.[168] Beim CA läuteten alle Alarmglocken. Der neue Leiter Fuchs versuchte mit dem Rektor und den studentischen Vertretern eine Allianz gegen diesen Angriff auf den Bestand der Institution abzuwehren.[169] Die Kultusverwaltung des Landbezirks Baden hatte den Interessen beider Institutionen Rechnung zu tragen, dass ihr das große Gebäude als geeignet schien, beiden Erfordernissen gerecht zu werden.[170] Zur Erhaltung des CA führte Fuchs in einem Memorandum ein ganzes Bündel von Argumenten an. Durch den Antrag von Prof. Kaufmann-Bühler, dem Direktor des Bunsen-Gymnasiums und CDU-Landtagsabgeordneten, entstandenen Vorstoß sei eine Bedrohung des CA entstanden, da auch die Umbaugelder nun nicht bewil-

166 UAH, Rep 134/9, Protokoll über die Sitzung des Kuratoriums für das Collegium Academicum am Montag, den 3. Mai 1949 17 Uhr, Heidelberg, 6.5.1949.

167 UAH, Rep. 14/432, Bürgermeister Amann, Stadtverwaltung Heidelberg, an das Staatsministerium Stuttgart, Heidelberg, 14.5.1949.

168 J. Amann: „Die Schulraumnot in Heidelberg“, *Tageblatt*, 9.6.1949.

169 UAH, Rep. 14/432, W.P. Fuchs an Professor Dr. Karl Freudenberg, Heidelberg, 9.6.1949.

170 UAH, Rep. 14/432, Dr. Heidelberger, Der Präsident des Landbezirks Baden, Abt. Kultus und Unterricht, an den Rektor der Universität: Collegium Academicum, Karlsruhe, 27.5.1949.

ligt worden seien. Das als Jesuitenkolleg gebaute Gebäude zeige sich sehr geeignet für die Zwecke des CA, während die Korporationshäuser nur als Clubhäuser dienen könnten. Besonders wichtig erschien es Fuchs auf den modellhaften Charakter einer Hochschulreform in Deutschland hinzuweisen. Es handele sich beim CA nicht „um eine beliebige studentische Verbindung“, sondern mit der Schaffung dieser Einrichtung habe die Universität „ganz bewusst und ausdrücklich die Verantwortung für eine Seite des studentischen Lebens übernommen, die bisher nicht in ihren Aufgabenbereich gehörte.“ Die Einrichtung des CA sei für eine Reihe anderer deutscher Universitäten bereits zum Modell zu ähnlichen Einrichtungen geworden. Der ganze Gedanke würde in dem Augenblick, eines Wiedererstehens der alten Korporationen, einen „nicht wieder gut zu machenden Rückschlag erfahren, wenn an dem Ort, von dem diese Bewegung ihren Ausgang genommen hat, so bedeutende Schwierigkeiten gemacht werden, da das Bestehen des CA damit praktisch aufhören müsste.“[171] Durch Gespräche mit Abgeordneten aus dem Landtag und Stadtrat konnte Rektor Freudenberg ein Verständnis erreichen, dass die Universität „mit Recht diesem Collegium Academicum als einer neuen Gemeinschaftsform erhebliche Bedeutung“ zumesse.[172] Dr. Heidelberger von der Karlsruher Verwaltung konnte überdies Bürgermeister Amann überzeugen, dass kein geeignetes Gebäude für das CA zur Verfügung stehe. Nun wollte sich die Stadt Heidelberg nun dem seit Jahrzehnten zurückgestellten Schulhausneubau widmen, für die bisher von Klassen der höheren Schulen in der Seminarstrasse 2 benützen Räumlichkeiten sollte es aber bis auf weiteres eine Bestandsgarantie geben.[173]

Grundsätzlich blieb das CA eine gefährdete Institution, da es bei der Landesverwaltung bei aller Sympathie einfach nicht so prioritär behandelt wurde, wie es sich die Heidelberger Initiatoren erhofft hatten. Allgemeine Zänkereien zwischen Unterrichtsverwaltung und sich grundsätzlich vernachlässigt fühlenden Universität kamen hinzu.[174] Aus der Universität heraus wurde 1949 eine Denkschrift zum Erhalt der Universität als „wirklicher Notschrei“ an Richtung Politik gesendet. [175] Nur knapp 1 Prozent des Budgets würde für die Hochschulen aufgewendet, der Heidelberger AStA hatte die durchschnittlichen Ausgaben von 100,- DM für einen Studenten ausgerechnet. [176] Auch in überregionalen Medien warb Rektor Geiler für die wichtige, gesellschaftsbildende Aufgabe der Universitäten.[177] Nach Gründung der Bundesrepublik kam die Frage hinzu, ob das Gebäude des CA

171 UAH, Rep. 14/432, W.P. Fuchs an den Rektor, Heidelberg, 8.6.1949.

172 UAH, Rep. 14/432, Rektor an Herrn Prof. Freudenberg, Heidelberg, 11.6.1949.

173 UAH, Rep. 14/432, Dr. Heidelberger, Der Präsident des Landbezirks Baden, Abt. Kultus und Unterricht, an den Rektor der Universität: Collegium Academicum, Karlsruhe, 13.7.1949.

174 UAH, PA 4729, Wolfgang Kunkel an Ministerialrat Dr. Thoma, Heidelberg, 21.10.1949.

175 UAH, B-1018/4, Senatssitzung, Heidelberg, 14.12.1949.

176 Sr.: „100-DMark Studenten auf überfüllten Hochschulen“, *Tageblatt*, 21.12.1949. Vgl. „Die Not der Universität und der akademischen Jugend“, *Tageblatt*, 21.12.1949.

177 „Der Ruf an die Öffentlichkeit: Die deutsche Wissenschaft darf nicht zugrunde gehen!“, *Revue*, 4.2.1950. Vgl. „Forschung heisst Leben: Demontage des deutschen Geistes. Wider die Morgenthaus unter uns!“, *Christ und Welt*, 9.2.1950. Korrespondenz: UAH, B–1018/4.

durch seine ehemalige militärische Nutzung nun Bundes- oder Landeseigentum sei.[178] Die Universität Heidelberg befand sich in einer defensiven Haltung, ihre Angelegenheiten und besonders die des CA erschienen für die finanzierenden Stellen in Landesverwaltung und Ministerium als nicht prioritär.

Wie anders gestalteten sich dagegen die Kontakte zur amerikanischen Militärregierung und den als Nachfolger seit 1949 fungierenden lokalen Vertretern des US-Hochkommissars. Die guten Kontakte machten sich auch für das CA bezahlt. Zunehmend waren es auch Institutionen der amerikanischen Zivilgesellschaft, die sich in Deutschland engagierten. Oftmals waren die Repräsentanten dieser Organisationen aber schon aus ihrer Tätigkeit in der Militärregierung mit den Deutschen vertraut. Geschickt nutzten die Heidelberger aber auch jede sich ergebende Möglichkeit des Umgangs mit Vertretern amerikanischer Institutionen, um Mittel für die Universität aufzutun.[179] Dem von der Universität als besonderer Freund empfundene Major Crum waren bei seinem Abschied im Mai 1946 große Dankesbekundungen der Universität zuteil geworden.[180] Dieser gute Kontakt hatte sich auch langfristig bezahlt gemacht. Als das von Professor Bauer geleitete Kuratorium des CA im Mai 1949 nach einer Geldquelle für einen Umbau einiger Räume sucht, hatten sie von Crum den entscheidenden Hinweis bekommen. In einem Telefonat hatte er Bauer davon informiert, dass die *Carl Schurz Memorial Foundation* an einer Förderung des CA interessiert sei. Crum hatte dem Kuratorium der in Chicago ansässigen auf deutsche-amerikanischen Projekte spezialisierten Stiftung einen Bericht über Heidelberg erstattet, nach dem sie nun entschlossen sei, neben drei anderen Institutionen in Deutschland das CA zu fördern.[181] Noch wichtiger wurden aber die staatlichen Hilfen. Als ihr die Möglichkeiten der Unterstützung durch Gelder des Marshall-Plans bekannt wurden, stimmte die Universität ihr Vorgehen ab, um Unterstützung für die Instandhaltung ihrer Gebäude zu bekommen.[182] Auch Fuchs bat im Mai 1950 um Unterstützung für einen Ausbau des CA, um das Heim attraktiver ausgestalten zu können. Dabei sei nicht beabsichtigt, „irgendwelchen Luxus zu schaffen, sondern das Haus so auszustatten, dass der Anreiz, darin zu wohnen und zu leben, bei der gesamten Studentenschaft entsteht und der provisorische und caritative Charakter, der ihm bisher anhaftet, fortfällt.“[183] Im Dezember 1950 waren dem CA aus den Mitteln des Hochkommissars

178 UAH, Rep 134/9, W.P. Fuchs: Sitzung des Kuratoriums am 11.12., Heidelberg, 13.12.1950.

179 So regte der Rektor an, die Anwesenheit von Mister Graham in Nauheim, Mister Melby und Dr. Schairer vom Rockefeller Institut zu nutzen, um die Möglichkeit eines verstärkten Studentenaustausches mit den USA auf der Basis des Werkstudententums auszuloten. UAH, Rep 134/9, Protokoll über die Sitzung des Kuratoriums für das Collegium Academicum am 3.5.1949, Heidelberg, 6.5.1949.

180 Vgl. UAH, B-1018/3, Dr. Jaques R Breitenbucher, University Officer, an Rektor Prof. Karl Geiler, Heidelberg, 6.7.1949.

181 UAH, Rep 134/9, Kuratorium für das Collegium Academicum, 3.5.1949.

182 UAH, B-1018/4, Senatsprotokoll, Heidelberg, 26.6.1950.

183 UAH, Rep 134/9, W.P. Fuchs: Allgemeine Information über das Collegium Academicum, Dokument B, Heidelberg, 19.5.1950.

John J. McCloy 179.000,- DM zugeflossen.[184] 100.000,- DM von dem Betrag waren für den Einbau einer Zentralheizung, weitere 79.000,- DM für die Beschaffung Inventar genehmigt worden. Nach diesem Geldsegen vermerkte Fuchs, dass man mit den Angelegenheiten des CA „nun nicht noch mehr die amerikanischen Stellen angehen“ möchte aufgrund einer möglichen „psychologische Überlastung“.[185] In der Auseinandersetzung mit den staatlichen und später auch zivilgesellschaftlichen Vertretern der USA war das CA auch zu einem geeigneten Argument für den Reformwillen der Universität geworden, für das die Amerikaner wohlwollend Geld stifteten. Die Unterstützung durch amerikanische Stellen zeigte sich wesentlich unkomplizierter als die Grundfinanzierung durch die staatlichen Stellen Württemberg-Badens.

7. KONFLIKTLINIEN ZWISCHEN LEITER UND SELBSTVERWALTUNG

Wahrscheinlich erinnerte sich Rektor Bauer bei der Forderung nach „Selbsterziehung“ an seine eigene Sozialisation in der Burschenschaft.[186] Somit vertrat er eine Idee der „Selbstzucht“, die der preußische Stabsarzt Höhne 1913 als innere Disziplinierung zu einer tüchtigen und kräftigen Persönlichkeit ganz im militärischen Sinne beschrieb.[187] Da Bauer ja gerade eine Institution schaffen wollte, dachte er wohl weniger als die „Selbsterziehung“ der Jugendbewegung, die sich ja in Opposition zur organisierten Jugendpflege definiert hatte.[188] Die Vorstellungen des in der Jugendbewegung sozialisierten ersten Leiters Boeckh wichen ebenfalls davon ab, da er ja als Leiter ganz im Sinne seiner reformpädagogischen Erfahrung eine wesentliche Rolle zuschrieb. An der Umschreibung der Tutorenaufgaben im CA lässt sich der Wandel der Erwartungen von Leiter und Studenten in den ersten 15 Jahren des Bestehens des CA gut ablesen. Boeckh hatte in seinem Entwurf von Oktober 1945 den Tutoren die Unterstützung seiner Aufgabe des „Regierens“ zugesprochen. Diesen sollten zugleich, „weil sie jünger sind, die Brücke zwischen den Generationen bilden.“ Als Richtzahl schwebte Boeckh ein Tutor für etwa 30 Kollegiaten vor.[189] Bei der Eröffnungsfeier des Sommersemesters 1947 musste Boeckh aber durchaus noch für die Akzeptanz der Einrichtung der Tutoren werben. Den Tutoren sprach Boeckh nun auch neue Aufgaben „im Aufbau der Selbsterziehung“ zu:

> Die ursprünglich gestaltlose Masse der Mitglieder des Collegium Academicum gliederte sich im Laufe der vier Semestern zuerst nach Fakultäten, dann nach dem Grade des verantwortli-

184 UAH, Rep 134/9, W.P. Fuchs: Bauplan für das Collegium Academicum, Heidelberg, 30.11.1950.

185 UAH, Rep 134/9, W.P. Fuchs: Aktennotiz, Arbeitssitzung des Kuratoriums am 4. Dez 9.15 h im Rektorat, Heidelberg, 4.12.1950.

186 UAH, B-8805/2, Rektor der Universität Heidelberg an den Präsidenten des Landesbezirks Baden Abt Kultus und Unterricht, z.Hd. Ministerialrat Dr. Thoma, Heidelberg, 8.4.1947.

187 E. Höhne: *Selbsterziehung*, Langensalza 1913.

188 F. Lamp: *Soziale Arbeit zwischen Umverteilung und Anerkennung*, Bielefeld 2007, 24 f.

189 A BBAW, NL J Boeckh, 394, 30.10.1945.

chen Amtes, dann auch nach den Promotionen. Die Tutoren gliedern, oder sollen wenigstens gliedern, die Gesamtheit der Kollegiaten durch ein lebendiges Netz menschlicher Beziehungen. Das eigentliche Ziel des Tutorenamtes soll sein, das Collegium Academicum zu humanisieren. Es soll erprobt werden, was zwischen Mensch und Mensch möglich ist. Die Frage für den älteren Kollegiaten darf nicht lauten: Was nützt der andere mir? Was nützt das Collegium Academicum mir? – sondern: Was kann ich für den anderen, den Jüngeren, den Neuaufgenommenen tun?[190]

Den Tutoren sollte es vor allem obliegen, die Hilfestellung für die Studenten im CA zu realisieren. Je mehr das geschehe, desto mehr würden „diejenigen, die noch kleingläubig sind, besiegt und mitgerissen."[191] Anders als die von Boeckh ebenfalls vorgesehenen wissenschaftlichen Repetenten, deren Stellen nie realisiert wurden, sollte die Aufgabe der Tutoren also auch die einer pädagogischen und disziplinaren Exekutive des Leiters darstellen. Jenseits seiner ausgefeilten Vorstellungen war Boeckh in seiner Funktion von Anfang an auch mit unerfreulichen Organisationsfragen befasst, wenn er beispielsweise im Oktober 1947 angesichts von Diebstählen innerhalb des CA mit Ausschluss drohen musste.[192] An den von den Kollegiaten zunehmend als übergriffig empfundenen Maßnahmen Boeckhs entwickelte sich zunehmend ein Widerstand gegen diese und die Tutoren, die an der Durchführung beteiligt sein sollten. Nach Sichtung der Akten der Selbstverwaltung urteilte Schweitzer in seiner Analyse von 1967, dass wohl aufgrund mancher autoritärer und unpopulärer Maßnahmen des Leiters Boeckh eine „gewissen Anti-Haltung der Kollegiaten zum Leiter zur festen Tradition des CA" wurde. Ohne die besondere Persönlichkeit des ersten Leiters hätte sich die Positionen der Selbstverwaltung und des Leiters anders ausdifferenziert, da alles Bemühen der Selbstverwaltung zunehmend darauf gerichtet waren, Boeckh als Leiter „aus allen möglichen Positionen zu verdrängen, da man ihn und seine Intentionen nicht verstand."[193] Boeckh empfand diese Infragestellung seines pädagogischen Programms als persönlichen und grundsätzlichen Angriff. In seiner Denkschrift von September 1948 bezeichnete der Leiter das von ihm selbst in seinem Wachsen wesentlich unterstützte System der studentischen Selbstverantwortung als problematisch:

Das Leben im CA hängt gemeinhin nicht von der Person des Seniors ab – aber dieser ist in seiner Existenz und in seinem Wirken symptomatisch für die Kräfte, die das Haus bestimmen. Und der Charakter dieser Kräfte wurde immer mehr durch den Durchschnitt geformt, dem es um möglichst viele Rechte und Vorteile (durchaus auch materieller Art!), nicht aber um die persönliche Hingabe an ein Ziel ging. So wurde die Idee des CA als einer „sich selbst erziehenden Gemeinschaft" verformt zu einer pseudoparlamentarischen „Selbstverwaltung", die

190 A BBAW, NL J Boeckh, 396, Ansprache beim Festakt anlässlich des 2. Stiftungsfestes des Collegium Academicum in der Aula der Alten Universität am 19.7.1947. Den Begriff „Promotion" nannte Boeckh für die Gliederung der Jahrgänge nach dem Akt der Aufnahme in die Heimgemeinschaft des CA.

191 A BBAW, NL J Boeckh, 396, Ansprache bei der Semestereröffnungsfeier des Collegium Academicum am 12.5.1947.

192 UAH, Rep. 14, 432, Weber, Boeckh: Anordnung über die Einleitung von Ausschlussverfahren gemäß §6 der vorläufigen Ordnung des Collegium Academicum, Heidelberg, 28.10.1946.

193 Schweitzer: *Kollegienhaus in der Krise*, 31 f.

> eine Unmenge Papier für Protokolle, Statuten, Geschäftsordnungen und Anträge und eine nicht geringe Menge Zeit für endlose, z.T. lächerlich spitzfindige Debatten verbrauchte – aber gerade da versagt, wo das eigentlich neue gegenüber dem Nationalsozialismus zu verwirklichen gewesen wäre, nämlich auf dem Gebiet der Selbsterziehung. Die Einrichtung der Tutoren blieb eine formale Angelegenheit – menschlich versagten die Tutoren; die begriffen gar nicht, worauf es bei diesem Amt eigentlich ankam. Und die Disziplin im Haus wurde immer wieder erneut durchlöchert, wofür gerade aus neuester Zeit bedenkliche Beispiele beigebracht werden könnten.[194]

Boeckh klagte, dass die Einrichtung der Tutoren eine rein formale Angelegenheit geblieben sei. Menschlich hätten die Tutoren versagt und dabei gar nicht begriffen, worauf es bei diesem Amt eigentlich ankam. Als Resultat sah Boeckh die Disziplin im Haus „durchlöchert".[195] Die Kollegiaten hingegen empfanden gerade diese zunehmende Stärkung ihrer Selbstverwaltung selbstbewusst. In seiner Interpretation der Vorgänge sah Schweitzer vor allem die Sichtweise des zu autoritären Maßnahmen neigenden Boeckh als problematisch an. Der Pädagoge habe nicht begriffen, „dass die Studenten keine altgewordenen Primaner waren, sondern Männer, die ihre entscheidenden Erlebnisse schon hinter sich hatten und die ‚nochmal davon gekommen' waren." 1950 waren noch 100 der 135 Kollegiaten selbst Soldaten gewesen, 78 waren in Gefangenschaft geraten, 33 hatten Verwundungen erlitten und 15 erhielten wegen ihrer Verwundungen eine Rente. In den Vorjahren muss der Anteil der Kriegsteilnehmer noch höher gelegen haben.[196] Am Ziel der wissenschaftlichen Förderung durch Beauftragte innerhalb des CA zeigte sich die Differenz der unterschiedlichen Vorstellungen. Bei der Semester-Eröffnungsfeier des Wintersemester 1947 gab Boeckh die Devise aus, nun auf die wissenschaftliche Förderung der Kollegiaten den Hauptnachdruck legen zu wollen. Noch fehlten die Mittel, um „geeignete junge Gelehrte als Repetenten (entsprechend den Tutors am englischen College)" in das CA hineinzunehmen, wie es von Boeckh schon im Gesamtplan vom Oktober 1945 vorgenommen worden war. Aus diesem Grunde wollte er zunächst improvisierend die gegebenen Möglichkeiten erschöpfen. Zunächst wollte er Lehrer der Hochschule bitten, „zu den jungen Semestern und vor allem zu den Anfängern über Wissen und Methode ihres besonderen Faches zu sprechen, damit diese von Anfang an gleichsam in die Herzkammern der Wissenschaft geführt werden."[197] Diese Ausweitung des Studiums in das Zusammenleben des CA wurde von den Studenten offensichtlich weniger gewünscht. Schweitzer sah seit dieser Zeit die zwei unterschiedlichen Richtungen einer wissenschaftsorientierten Studium generale-Linie und einer Selbstverwaltungsrichtung mit politischem Auftrag. Die zweitgenannte Richtung führte die Opposition gegen Boeckh und auch später gegen die Erwartungen seiner Nachfol-

194 A BBAW, NL J Boeckh, 400; Boeckh, Joachim: Die Zukunft des Collegium Academicum der Universität Heidelberg, Denkschrift, Heidelberg 10.9.1948.

195 Ebd.

196 Schweitzer*: Kollegienhaus in der Krise*, 30.

197 A BBAW, NL J Boeckh, 396, Ansprache des Leiters des Collegium Academicum bei der Semester-Eröffnungsfeier am 6.10.1947.

ger. [198] Ende 1949 gab der in zahlreiche Streitereien mit verschiedenen Stellen verstrickte Boeckh seinen Posten überraschend auf. Rektor Kunkel kommentierte nüchtern gegenüber der *Rhein-Neckar-Zeitung*, dass „dieser für die Universität unerwartete Schritt [...] möglicherweise die Folge von Meinungsverschiedenheiten über die Führung des Collegium Academicum“ sei.[199] Der Ruf als Professor an die Verwaltungshochschule Potsdam in der DDR gab einen Anlass für Boeckh aus dem zerrütteten Verhältnis überraschend auszusteigen. Seine in einer Begründung angeführten körperlichen Probleme kaschierten letztendlich den psychischen Zusammenbruch Boeckhs.[200] Es hatte sich in der Praxis herausgestellt, dass sein strenges pädagogisches Programm nicht durchführbar war.

Unter dem Leiter Fuchs besserte sich der Umgang mit den Studenten, auch da in der Auseinandersetzung mit Boeckh bereits klare Grenzen für den Gestaltungsspielraum des Leiter gezogen worden waren waren. Fuchs stand im Austausch mit der Selbstverwaltung der Kollegiaten, die auch innerhalb des Hauses Durchsetzungskraft zeigte.[201] Fuchs reagierte auf die Vorstellungen der Studenten so moderierend, dass ihm bei seinem Ausscheiden aus dem Amt des Leiters um seinem Ruf auf einen Lehrstuhl in Karlsruhe Folge zu leisten, von den Studenten die Ehrenmitgliedschaft verliehen wurde. Der dritte Leiter Wapnewski, fand eine „saturierte Selbstverwaltung“ vor. Die Selbstverwaltung setzte eigen Vorstellungen auch gegenüber der Universität durch. Als im Oktober 1954 das CA etatisiert wurde, beschlossen die Kollegiaten eine „egalisierte“ Miete, damit auch finanziell schwächere Kollegiaten in ein Einzelzimmer ziehen konnten. Seitdem zahlte der einzelne Kollegiat nicht mehr eine Miete an die Universität, sondern einen Mitgliedsbeitrag an das CA, das dem Staat gegenüber als Gesamtmieter auftrat. Hatte sich die Idee der wissenschaftlich orientierten Allgemeinausbildung von Anfang an kaum durchsetzen können, wurde in den Folgejahren aber auch die Praxis der Demokratie im gemeinschaftlichen Zusammenleben in Frage gestellt. Diese Entwicklung hing vor allem mit einem Generationenwechsel der Studentenschaft zusammen. Zwischen Wintersemester 1952 und Sommersemester 1953 schieden die bis dahin tragenden Personen aus, entweder weil sie ihr Studium beendet hatten oder aufgrund der nun begrenzten Wohnzeit. Das Kuratorium hatte die Begrenzung der Wohnzeit durchgesetzt, um zu verhindern, dass Dauerstudenten des CA dominierten.[202] Dadurch wurde das CA sehr verjüngt. Im Sommersemester 1953 waren nur sieben Kollegiaten älter als 23 Jahre. Diese neue Alterskohorte hatte NS-Zeit und Krieg nicht mehr bewusst erlebt. Das ernste Bemühen ihrer Vorgänger um die Selbstverwaltung war den Studierenden nicht mehr verständlich.[203]

198 Schweitzer: *Kollegienhaus in der Krise*, 31.

199 UAH, PA 3331, Kunkel an die Rhein-Neckar-Zeitung, Heidelberg, 3.2.1949.

200 Vgl. UAH, PA 3331, Joachim G. Boeckh an Prf. Dr. Fr. Weber, Karlsruhe, 1.2.1949.

201 z.B. im Ausschluss von fünf Kollegiaten. UAH, Rep. 14/432, Senior Dieter Haeck an Prof. Dr. K. Freudenberg, Heidelberg, 7.9.1950.

202 Schweitzer: *Kollegienhaus in der Krise*, 34.

203 Vgl. UAH, B-8805/4, Stud. Jur. Gerhard Grohs: Gedanken über das Gemeinschaftsleben im Collegium Academicum Heidelberg, undatiert (wahrscheinlich 1953).

Um die Ratlosigkeit zu beseitigen, wurden die Anregung der Rektorenkonferenz und vor allem die Finanzierungsmöglichkeit durch den Bundesjugendplan aufgegriffen, Tutorenstellen in Wohnheimen einzuführen. Den vier Anfang 1955 geschaffenen Tutorenstellen wurden folgende Aufgaben zugewiesen:[204] „1.) Die jungen Studenten ins Studium einzuführen und für allgemeine und persönliche Studienberatung zur Verfügung zu stehen. 2.) Eine fachliche Arbeitsgemeinschaft zu leiten, die je nach den Erfordernissen auf Anfangs- oder Fortgeschrittenensemester abgestellt sein sollte. 3.) Entsprechend den Wünschen und Bedürfnissen des Hauses weiter Aufgaben zu übernehmen. Voraussetzung für ihr Wirken im Hause sollten Vertrauen und persönlicher Kontakt sein."[205] Entsprechend den Förderrichtlinien des Bundesjugendplanes sollten die Tutoren nun doch auf die Wissenschaft fokussiert sein. Sie schlossen damit eher an die schon bestehenden Studium generale-Arbeitsgemeinschaften an, die sich aber vor allem allgemeinen Unternehmungen und Veranstaltungen gewidmet hatten. Auch Leiter Wapnewski musste zugeben, dass diese „nicht primär den Wissenskreis erweitern [sollten], sondern das Bewusstsein einer tätigen Gemeinsamkeit, damit auch eines gemeinsamen Schicksals, auslösen – und auf solche Weise ‚bilden'." An dieser Stelle sollten in der Vorstellung Wapnewskis auch die Tutoren eingreifen. Sie sollten die Erkenntnis fördern und vertiefen, dass „Studium nicht nur ein Bemühen um die gegebene Materie ist, sondern ein Bemühen um Erhellung des eignen Standortes in der Welt, in der Gesellschaft, mit Hilfe der wissenschaftlichen Materie." Die Tutoren sollten durch ihre Arbeit „die alte Erkenntnis fördern und vertiefen, dass den Menschensinn bilden auch heißt: den Bürgersinn bilden." Mit dem Einen wachse auch das Andre – „in Freundschaft, in parlamentarisch erprobter und ausgeübter Verantwortung, in gemeinsamer geistiger Arbeit."[206] Der Prospekt des CA sah in der Aufgabe der als Tutoren fungierenden jungen Akademiker mit abgeschlossener Ausbildung, eine Einführung der Studenten in ihr Fach und in der persönlichen Beratung.[207] Die Tutoren sollten in Folge einführende Kurse und Arbeitsgemeinschaften über Grundlagenprobleme für die Studenten ihres eigenen Faches geben. Tatsächlich wurden die Tutorenmittel zu Veranstaltungen genutzt, die man im der politischen Bildung zuordnen kann, weniger aber einer propädeutischen Arbeit. Der Leiter Dieter Henrich berichte über den neuen Auftrieb des Studium generale nach dem Besuch einer Kollegiatengruppe in der DDR im Sommersemester 1956. Die Arbeitsgemeinschaften würden sich im Wintersemester dem Generalthema „Marxismus" widmen, auch durch eine Vorlesungsreihe ergänzt, die vom Studium generale-Programm der Universität finanziell unterstützt werde. Die drei CA-Tutoren wollten ihre Arbeitsgemeinschaften ebenfalls in dieses Thema einordnen. Die bestehenden fünf Studium generale-Arbeitsgemeinschaften sollten den Kollegiaten, die nicht das betreffende Fach

204 Schweitzer: *Kollegienhaus in der Krise*, 35.

205 A. Leisen: „20 Jahre Collegium Academicum", 36, zitiert nach Ebd. 35.

206 P. Wapnewski: „Aus dem Collegium Academicum der Universität Heidelberg", in: *Berichte aus Akademischen Kollegien* 3/1955, 4–5.

207 UAM 308/9, Prospekt *Collegium Akademicum der Universität Heidelberg*, undatiert.

studierten eine Einführung geben.[208] Henrich sah die Doppelung von Studium generale und Tutorenprogramm als bewährt an, tatsächlich wurden aber die Tutorenmittel für Bereicherung der politischen und allgemeinen Bildung eingesetzt. So etwa zur Berlinfahrt von 50 Kollegiaten am Ende des Wintersemesters 1957. Die Fahrt war in den Arbeitsgemeinschaften der drei Tutoren sorgfältig vorbereitet worden. Der gemeinsame Besuch von Theater und Kunstsammlungen sowie das Besichtigungsprogramm der zweigeteilten Stadt wurde von den Tutoren organisiert. [209] Die wissenschaftliche Aufgabe der vier nach Fakultäten ausgewählten Tutoren war noch nicht klar ausgeprägt. Henrich hoffte, „dass das Studienprogramm des Hauses nach nunmehr sieben Jahren des Aufbauens bald eine endgültige Form finden wird.“[210] Die großzügige Finanzierung der Tutorenstellen aus Bundesmitteln und die Zurückhaltung in der Umsetzung direkter pädagogischer Maßnahmen durch die Leiter ab 1949 hatte eine Akzeptanz der Tutorenstellen durch die Kollegiaten erreicht. Eine wissenschaftsfördernde Einrichtung der Hochschulreform war daraus aber nicht geworden. In den Folgejahren wurden so reizvolle Zusatzangebote wie die Leitung der CA-Theatergruppe durch Tutorenstellen bestritten.[211] In Zeiten des großzügigeren Geldzuflusses konnten die Stellen einfach für Aufgaben verwendet werden, die das Engagement der Studenten unterstützten oder animierten, wenig aber für eine systematische Lehrbetreuung.

8. STUDENTISCHE GEMEINSCHAFTEN UND STUDENTENVERBINDUNGEN

Seit seiner Gründung war das CA als ein Gegenentwurf zu den alten Studentenverbindungen Heidelbergs gesehen worden. Die Korporationen waren nach dem Krieg von einer Mehrheit der Professoren als eine Gefahr für die neue Demokratie eingeschätzt worden. [212]Auch der erste Nachkriegsrektor Bauer hatte sein großes Engagement für das CA aus der Motivation begonnen, eine Alternative zu den alten Korporationen zu schaffe. Für ihn hatten sich die Studentenverbindungen diskreditiert und waren in der alten Form nicht wieder erwünscht.[213] Ein Schreiben an Gustav Radbruch nach einer Sitzung des Dreizehnerausschusses zeigte aber auch, dass sich Bauer durchaus ein Aufgreifen einer starken studentischen Verbindlichkeit wünschte. Bei der einer Professorensitzung im Juni 1948 hatte Bauer die Erwähnung dieses Thema vermisst, den er nun aber gegenüber Radbruch noch anbringen wollte. Bauer sah nicht des Existenz der Korporationen, sondern deren „Satisfaktionsfähigkeit“ als Problem an:

208 HUA, Rep 134, Nr. 3, PD Dr. Dieter Henrich: Bericht über das SS 56 für Collegien–Mitteilungen, Heidelberg, 15.7.1956.
209 Henrich: *Aus dem Collegium Academicum*, 280 f.
210 Ebd. 280 f.
211 Schweitzer*: Kollegienhaus in der Krise*, 37.
212 Giles: *Self-Help in the Search for Democracy in Heidelberg*, 77.
213 UAH, NL Bauer, Tagebuch, 24.8.1945. Vgl. Ebd. 77.

Die Korporationen „die nicht wieder kommen sollen" sind die Verbindungen, die durch das „Prinzip der unbedingten Satisfaktion" feudal, exclusiv, unsozial und durch ihre gesellschaftliche Tyrannis für die anderen unerträglich waren. Gegen die Wiederkehr ist das „Verbot" kein Mittel der Verhütung, denn die geheime oder stillschweigende Übereinkunft ist noch gefährlicher. M.E. gibt es nur ein Prophylaktikum: dass „Genugtuung" im Falle begangenen Unrechts oder gar gefallener Beleidigungen nicht ein Reservat privilegierter, exclusiver Kreise, sondern ein allgemeines Prinzip wird, nicht mit Schläger, Säbel oder Pistolen, die von einem „Ehrengericht" genehmigt werden, sondern durch Schlichtungsausschüsse, die Streitigkeiten, Ehrenkränkungen und Beleidigungen durch Schiedsspruch, Auferlegen von Zurücknahme von beleidigenden Äußerungen, eventuell unter dem Ausdruck des Bedauerns „aus der Welt schaffen". Sinngemäß kann das natürlich nicht nur für Studenten, sondern auch für die Angehörigen akademischer Berufe Notwendigkeit besitzen, wie ja jeder Stand in seinen Berufsorganisationen Schlichtungsausschüsse oder „Ehrengerichte" hat. Kommt ein derartiges oder ähnliches Prophylaktikum nicht, so kommen m.E. die alten Bünde mit ihrer offenen oder geheimen Proklamierung des Prinzips der Satisfaktion unweigerlich wieder.[214]

Die Beziehung Bauers zu den alten Korporationen gestaltete sich dabei ambivalent, da er aufgrund der jüdischen Herkunft seiner Frau aus seiner Erlanger Burschenschaft ausgeschlossen worden war. Während seiner Studentenzeit war Bauer bei den Bubenreuthern ein besonders aktives Mitglied gewesen.[215] Die Ansicht Bauers wich wesentlich von der klaren Ablehnung durch eine Mehrheit der Heidelberger Professorenschaft ab und lässt auch auf seine innere Motivation bei der Errichtung des CA schließen. Die von den ersten Leitern des CA konzipierten sehr weitreichenden Vorstellungen der Gestaltung des studentischen Zusammenlebens passen gut mit dem von Bauer als erhaltenswert gesehenen Erziehungsprinzip der Korporationen zusammen. Andere Interpretationen der Aufgabe des CA waren dabei wesentlich weniger einschränkend. Der Heidelberger Rektor 1950/51 Gerhard Hess stellte in der Zeitschrift Studium generale vor allem die experimentelle Offenheit des Projekts dar, bezog sich aber wieder auf die Kernfrage der Rolle der Studentenverbindungen.

214 UAH, Rep. 10-2, Prof. Dr. Karl-Heinrich Bauer an Radbruch, Heidelberg, 11.6.1948.

215 „Vielleicht sehe ich selbst, der ich früher einer ‚schlagenden' Verbindung angehört hatte, von dieser aber wegen der Abstammung meiner Frau unfreiwillig zum freiwilligen Austritt, ‚widrigenfalls…' aufgefordert wurde, die Dinge nicht ganz objektiv, aber den Gesichtspunkt in Ihre Diskussion zu werfen, schien mir angezeigt, zumal ich ja wohl kaum mehr an der Diskussion beteiligt sein werde, geschweige gar an der m.E. so unbedingt notwendigen Konkretisierung positiver Aktionen." UAH, Rep. 10-2, Prof. Dr. Karl-Heinrich Bauer an Radbruch, Heidelberg, 11.6.1948. Zwei Jahre währte der interne Konflikt der Bubenreuther um den Ausschluss des zu dem Zeitpunkt schon als Breslauer Ordinarius bekannten Chirurgen Bauer, dessen Frau die Tochter eine jüdischstämmigen kaiserlichen Admirals war. Dennoch hatte „die Verleugnung der bundesbrüderlichen Treue" durch die Hoffnung auf Erhaltung des Bundes Bauer am 25.9.1935 zum Austritt gedrängt. Am 31.1.1936 löste sich die Burschenschaft dann dennoch komplett auf. Um die Jahreswende 1951/52 folgte Bauer den Bemühungen der Bubenreuther und trat als letzter der ausgeschlossenen wieder der Burschenschaft bei und nahm in den Folgejahren auch an deren Veranstaltungen teil. Arnulf Baumann: Email am 1.2.2011. Ein sehr positiver Artikel über Bauer in der verbindungsinternen Bubenreuther Zeitung anlässlich seiner Ehrung im Städischen Museum Breslau 2004 erwähnt den Ausschluss nicht. Vgl. G. Christmann: „Prof. Dr. Karl Heinrich Bauer: Chirurg – Krebsforscher – Gegner des Nationalsozialismus", *Bubenreuther Zeitung* 3/2005, 1–3.

> Von verschiedenen Seiten wird gelegentlich der Einwand erhoben, eine Gemeinschaftsform wie sie das Collegium darstellt, käme einer neuen Kasernierung gleich. Was das Collegium, trotz mancher Unvollkommenheiten, als eine lebendige freiheitliche Institution in den vergangenen Jahren gewesen ist, spricht ebenso gegen eine solche Tatsache, dass kaum sonst wo an der Universität die Berührung zwischen Dozenten und Studenten enger und nachhaltiger gewesen ist. Noch besteht keine einheitliche Meinung darüber, ob der Gemeinschaftstypus, wie ihn das Collegium repräsentiert, eine neben andern Formen des studentischen Zusammenschlusses sein soll oder ob er das Muster für eine künftige allgemeine Gestaltung des Universitätslebens werden kann. Auch wer der liberalen Auffassung anhängt, müsste die politische Kraft im Sinne eines echt demokratischen Zusammenlebens erkennen, die einer Institution wie dem Collegium innewohnt, und sie darum fördern. Die Anhänger einer collegeartigen Umgestaltung der Universität sollten erwägen, ob nicht die „geschlossene" und die „offene" Form studentischen Lebens – als Abbild des sozialen Daseins – verbunden werden könnten, etwa so, dass die ersten Semester in der Gemeinschaft, die späteren, durch Arbeit mehr belasteten, in der Form des freien Wohnen verbracht würden. Die Frage des studentischen Zusammenlebens hat Bundespräsident Heuß bei seinem Besuch in Heidelberg im vergangenen Winter in einer Ansprache an die Studenten freimütig und mit richtungweisenden Ideen diskutiert. Das Hauptproblem ist dabei, in welcher Form und in welcher Bindung an die Universität die Traditionskorporationen weiterexistieren sollen.[216]

Die Intention des Gegenentwurfs zu den Studentenverbindungen blieb in dem von den alten Korporationshäusern geprägten Stadtbild Heidelbergs allen Beteiligten stets bewusst. Die Absicht, eine Alternative für die 1945 noch nicht wieder existierenden Korporationen zu bilden, lag beim Bemühungen um das CA offen zutage. 1965 hatte der CA-Leiter Breitling diesen Ursprung der Idee des CA als selbstverständliche Linie betont: „Was die geistigen Grundlagen betrifft so waren die berühmten Väter dieses Experiments einer akademischen Gemeinschaft vermutlich weniger an angelsächsischen Vorbildern orientiert, als vielmehr an ihren intimen Kenntnissen des deutschen Korporationswesens." Breitling vermutete aufgrund dieser Intimkenntnis eine Ablehnung dieses althergebrachten Studentenlebens durch die Professoren:

> Nach ihrer Lebenserfahrung mussten sie sich sagen, dass es für die politische Gemeinschaft ebenso wie für die Universität besser gewesen wäre, wenn sich die studentischen Gemeinschaften in enger Verbindung an die Hochschule statt neben und oftmals im Gegensatz zu ihr organisiert hätten, wenn die deutsche akademische Jugend mehr von Weltoffenheit der Wissenschaften als von einem blinden Nationalismus, mehr von akademischen als von militärischen Tugenden geprägt worden wäre.[217]

Der im Gemeinschaftsleben des CA auftretende Anspruch sollte eine Antwort auf die Gefahr des Wiederauflebens der Studentenverbindungen alten Typs sein. Die studentischen Gemeinschaften „neuen Typs" hingegen waren von der Professorenschaft ausdrücklich begrüßt worden: Sah man hier viele der Ideale doch verwirklicht.

Auch jenseits des CA hatte sich früh nach dem Krieg ein breites studentisches Kulturleben entfaltet, das nicht von der Universität gelenkt worden war. Im Au-

216 G. Hess: „Bericht von der Universität Heidelberg", *Studium generale*, 9/1950, 511 f.

217 R. Breitling: „Ansprache bei Übergabe des Leiteramtes, 12.5.1965", Manuskript, Zitiert nach Schweitzer: *Kollegienhaus in der Krise*, 42.

gust 1946 hatte in Heidelberg eine von den Amerikanern unterstützte „Kulturwoche der Jugend“ stattgefunden, zu der ungefähr 150 junge Menschen aus den drei westlichen Zonen nach Heidelberg gekommen waren. Mit *Diogenes* war in Heidelberg als erste Hochschule der amerikanischen Zone eine Studentenzeitung gegründet worden, die sich „allerhand einfallen lässt und aufgeschlossen an die Probleme heranzugehen scheint“, so das begeistert klingende Urteil der Journalistin Hildegard Brücher.[218] Überhaupt war ein reges Leben in der Heidelberger Nachkriegsgesellschaft entstanden, bei dem sich Studenten, und Professoren mit der Bevölkerung vermischten. In den seit Frühjahr 1946 von Dolf Sternberger und Alfred Weber organisierten Veranstaltungen des *Kulturbundes zur demokratischen Erneuerung Deutschlands* wurden auch unter Beteiligung von Alexander Mitscherlich mit Bürgern aller Bevölkerungsschichten Fragen des Sozialismus diskutiert.[219] In Ihrer Wohnung am Friesenberg 1a hatte die über 70jährige ehemalige Politikerin Marie Baum Studentinnen und Studenten zu Diskussionsabenden eingeladen. Der im Juni 1946 gegründete Verein *Friesenberg* sollten so die Generationen, Fächer und politischen Anschauungen „sich frei sprechen“ können. Die bürgerlich Gruppe, zu deren Gründungsmitglieder sechs Frauen und neun Männer waren, unternahm Kulturfahrten gemeinsam, zeigte sich in der Ablehnung des Nationalsozialismus einig.[220] Einer von mehreren studentischen Zirkeln war der von Studenten auf einem ehemalihen Corpshaus Mitte Mai 1946 gegründete Heidelberger Kreis, in dem bald wöchentlich Referate zu gesellschaftlich relevaten Themen gehalten wurde.[221]Diese Entwicklung des studentischen Eingenengagements jenseits aller Eingriffe der Institution Universität wurde von den Professoren aus der gleichen Motivation des Gegenpols gegen die Studentenverbindungen sehr positiv gesehen. Da in diesen „freien studentischer Zusammenschlüssen“ überdies in der Regel Studenten und Studentinnen gemeinsam engagiert waren, entsprachen sie der neuen Realität eines guten Viertels studierender Frauen an der Heidelberger Studentenschaft. Rektor Hess benannte aber 1950 schon diese Entwicklung als an die durch den Krieg geprägte erste Studierendengeneration:

> Diese neuen Vereinigungen verspüren zur Zeit die Folgen des altersmäßigen Umschichtungsprozesses, von dem oben die Rede war. Vornehmlich als Diskussionskreise entstanden, dienten sie der gemeinsamen Aussprache über Fragen, welche die Kriegsgeneration beschäftigten

218 H. Brücher: „Aus der Nachkriegschronik einer unzerstörten Stadt“, *Die Neue Zeitung*, 16.8.1946.

219 Die Heidelberger Dependance pflegte nur lockeren Austausch mit der Berliner Zentrale des von der sowjetischen Militärregierung im Juli 1945 gegründeten „Kulturbundes zur demokratischen Erneuerung Deutschlands“. Vgl. Hoyer: *Im Getümmel der Welt. Alexander Mitscherlich*, 173 ff.

220 Gustav Radbruch hatte an diesen Abenden gesprochen, in späteren Jahren waren die Historiker Hans Rothfels und Gerhard Ritter eingeladen, ebenso wie der Politikwissenschaftler Hans Buchheim Vgl. H.-M. Lauterer: „Das andere Deutschland: Marie Baum“, in: Heß (Hg.): *Heidelberg 1945*, 294–309, 303 ff.

221 B. von Gemmingen: „Heidelberger Kreis im PC“, in: Berger, Aurand (Hg.): *Weiland Bursch zu Heidelberg*, 227–229.

und über die sie Klarheit suchte. Den jüngeren Studenten sind diese Probleme zum größten Teil fremd geworden. Den Schwierigkeiten bei der Überbrückung dieser Generationskluft sind manche dieser Gruppen erlegen oder sie kranken bedenklich an ihnen. Die Frage der Lizenzierung und damit Anerkennung der Traditionskorporationen hat die Universität in den vergangenen Semestern stark beschäftigt. Eine Zulassung dieser Gruppen wäre unbedenklich gewesen, wenn die Universität selbst hätte Häuser und Heime zur Verfügung stellen können, um dem Bedürfnis der Studenten nach Zusammenschluss Formen zu geben, die den veränderten sozialen und politischen Gegebenheiten in Deutschland besser entsprechen als der von den Traditionskorporationen meist empfohlene und geförderte Stil.[222]

Die erste Generation der studentischen Gemeinschaften existierte nicht lang. Es war den studentischen Lese- und Diskussionszirkeln aber auch gemeinsam, dass sie als hohl empfundene Formen ablehnten. Auch wenn alle diese Vereinigungen bei weitem nicht alle Teile der Studentenschaft erreichten und oftmals von Studierenden aus Bürgerlichen Kreisen dominiert wurden, stellte ihre Existenz doch die Besonderheit des CA in Frage. Das CA konnte von dieser Entwicklung nicht unberührt bleiben: Außer der Geschlossenheit des Haus-Konzepts unterschieden sich die extracurricularen Bildungsveranstaltung ja kaum von denen, die sich auch sonst in der Stadt entwickelten. Der Unterschied bestand im Anspruch der Universität, die Aktivitäten der Studenten jenseits ihrer akademischen Ausbildung zu beeinflussen. Dieser Anspruch schwand in den folgenden Jahren.

Zeitgleich erlebten die traditionellen Studentenverbindungen einen erstaunlichen Aufschwung. 1949 war die von den Alliierten verfügte Lizenzierung jeglicher Vereine aufgehoben worden, das öffentliche Farbentragen aber blieb weiterhin untersagt.[223] Insbesondere mit der Rückerwerbung der alten Korporationshäuser, aber auch durch die feste Struktur erfuhren die Korporationen Anfang der 1950er Jahre einen großen Zulauf von Einzelpersonen und ganzen studentischen Gemeinschaften, die mit Altherrenschaften ehemaliger Verbindungen zusammenfanden.[224] Mit der Rekonstitution der alten Statuten und Symbole des Corps Saxo-Borussia gaben dessen Alte Herren 1952 die Unterstützung auf, die sie in den Vorjahren dem Heidelberger Kreis als würdigen Nachfolger im zeitgemässen Gewandt hatten zukomme lassen.[225] Erst mit Politisierung Ende der 1960er Jahre änderte sich diese Entwicklung. Nun schienen die Studentenverbindungen aufgrund der personellen Konstanz der Alten Herren in die NS-Zeit sowie ihrer vermeintlich konservativ-reaktionärer Ansichten so diskreditiert, dass sie zunehmend weniger Zulauf hatten. Die Kollegiaten des CA grenzten sich von den Korporationen scharf ab, so dass sie 1952 die Mitgliedschaft in einer Traditionscorporation als unvereinbar mit der Mitgliedschaft im CA erklärten. Da nur ein Teil dieser Studentenverbindungen das Schlagen von Mensuren oder die Trinkexzesse der Kneipen als Teil ihrer Traditionen sah, erstaunt diese eindeutige Absage an alle studentischen Gemeinschaften, die in der einen oder anderen Form traditionelle

222 Hess: *Bericht von der Universität Heidelberg*, 516 f.

223 Vgl. Ebd. 511 f.

224 W. Schmitthenner: „Studentenschaft und Studentenverbindungen nach 1945", in: W. Doerr (Hg.): *Semper apertus*, Berlin 1986, 569–616.

225 Gemmingen: *Heidelberger Kreis*, 228.

Formen übernommen hatten.[226] So ist zu vermuten, dass das Wiedererstehen der Studentenverbindungen mit einer als „Reaktion“ empfundenen Trennung nach sozialer Herkunft einherging. In den alten Korporationen taten sich ja auch die Söhne bildungsbürgerlicher Herkunft zusammen, während das CA aufgrund der sehr günstigen Lebensbedingungen ein begehrter Wohnort für materiell schlechter gestellte Studenten wurde. Die von Schweitzer benannten „Zorn und Sorge“, mit der die „damals deutlich werdenden Züge einer Restauration in der Bundesrepublik, und das damit verbundene Wiedererscheinen der traditionellen Korporationen“ betrachtet wurden, lassen sich so auch als die Enttäuschung des beiderseitigen Aufkündigen der durch Kriegs- und Nachkriegsnot geeinten Generationensolidarität verstehen. Im Mai 1952 hatte sich das CA zusammen mit anderen Studentengruppen nach einem öffentlichen Gesangsauftritt der farbentragenden Burschenschaften Allemania und Franconia mit einer Erklärung an die Öffentlichkeit gewandt, in der sie sich von diesen Vorkommnissen scharf distanzierten und sie verurteilten. Das öffentliche Farbentragen empfanden sie als problematische Separation von der nicht-akademischen Bevölkerung: „Um den in der Öffentlichkeit entstehenden Eindruck zu vermieden, dass ein derartiges verhalten die innere Einstellung der gesamten Studentenschaft wiederspiegelt, distanzieren wir uns scharf von diesen Vorgängen.“ [227] Die Allianz der Unterzeichner zeigte das CA als einen Akteur neben anderen Studentengruppen, die sich einen Gegenentwurf zu den traditionellen Korporationen vorgenommen hatten: Die auf inhaltliche Diskussion setzende Zirkel *Friesenberg* und die *alpach-Gruppe* aus Studenten und Studentinnen ähnelten mit ihrer gemischt-geschlechtlichen Zusammensetzung viel weniger den Verbindungen als das Männerhaus CA.[228] Der Sozialistische Deutsche Studentenbund (SDS) hatte sich den Kampf gegen die Studentenverbindungen als explizites Ziel gesetzt.[229] Diesen Partnern erschien das CA im Vergleich zu den politischen Vereinigungen als Institution mit gering ausgeprägtem Profil.[230] Als Anfang der 1960er Jahren mit der Wohnheimsiedlung am Klausen-

226 Vgl. Schweitzer: *Kollegienhaus in der Krise*, 233

227 „Erklärung zum Mai-Singen der Burschenschaften Allemania und Franconia, abgegeben vo der alpach-Gruppe, dem Collegium Academicum, der Gruppe ‚Friesenberg‘, der Jungen Presse, der Gruppe ‚Semper Apertus‘ und dem SDS“, *Rhein-Neckar-Zeitung*, 19.5.1952, in Ebd.233.

228 Zum Friesenberg: Lauterer: *Das andere Deutschland*, 304 ff.

229 Der zu dem Zeitpunkt noch eng an die SPD angelehnte SDS konnte auch als seinen Erfolg verbuchen, dass auf Antrag Erich Ollenhauers der SPD-Parteitag am 4.1.1954 die Unvereinbarkeit der SPD-Mitgliedschaft mit der aktiven Mitgliedschaft in einer der Studentenverbindungen, die dem Convent Deutscher Korporationsverbände angehörten, beschloss. Vgl. F. Osterroth; D. Schuster: *Chronik der deutschen Sozialdemokratie* (1978), Bonn 2001.

230 Die recht allgemein gehaltene Beschreibung dieses Konflikts bei Schweitzer lässt auf die letztendlich diffus Eingrenzung des Kampfes des CA gegen die alten Korporationen schliessen: „Der Kampf gegen die Korporationen flammte von Zeit zu Zeit heftig auf, das CA wandte sich in diese Frage mehrmals an die Öffentlichkeit. Da ein Erfolg nicht zu verzeichnen war, versuchte man durch direkte Gespräche die Korporationen zu beeinflussen und zu ändern. Wieweit hier Erfolge zu verzeichnen waren, lässt sich natürlich nicht sagen. Über die allge-

pfad günstige Wohnmöglichkeiten mit weitaus besseren Standard hinzugekommen waren, waren die Kollegiaten des CA in eine ähnliche Situation wie die Studentenverbindungen gedrängt: Wie Studentenverbindungen mussten sie nun die potentiellen Bewerber für das karge CA anwerben, da wegen der umgelegten Mietkosten jeder Platz belegt werden musste.[231] Im Heidelberger Studentenleben war das CA nur ein Akteur unter vielen geworden. In seiner Rolle musste es sich wie alle anderen Gruppierungen an der Universität, die sich aus unterschiedlichsten Gründen zusammengetan hatten, behaupten. So lässt sich Wolgast mit der Einschätzung zustimmen, dass das CA seine Funktion, ein Wiederaufleben der alten Korporationen zu verhindern, nur für kurze Zeit erfüllen konnte. Wo eigentlich nun noch die charakteristischen Unterschiede zu den außeruniversitär organisierten studentischen Gemeinschaften lagen, war nicht mehr klar erkennbar.[232]

9. SCHEITERN DES KONZEPTS IN DEN 1960ER JAHREN

Durch die Differenzen um die Durchsetzung der Vorstellungen des ersten Leiters Boeckh war die Geschichte des CA von Anfang an voller interner Konflikte gewesen. Seit Mitte der 1950er Jahre zeigte sich aber eine grundsätzliche Krisenwahrnehmung, das CA oder auch die Kollegienheime allgemein befänden sich in einer Krise.[233] Zunehmend wurde die Sinnhaftigkeit des Gesamtkonstrukts als Einrichtung der Universität in Frage gestellt. Das Leben im CA hatte freilich unter Henrich noch einen Aufschwung genommen. Vor allem die politische Bildung durch Austausch mit Studierenden der DDR war auf reges Interesse der Kollegiaten gestoßen. Die damit verbundene Auseinandersetzung mit Fragen des Marxismus-Leninismus und des Sozialismus brachte tatsächlich auch systematische politische Bildung mit sich. Bei Besuchen in Ost-Berlin und Leipzig und Gegenbesuchen von Dozenten und Studenten der Humboldt-Universität und der Leipziger Hochschule für Binnenhandel wurde intensiv Diskussionen geführt. Diese Verbindung von Politik und Wissenschaft sollte nun „Abschluss und Ziel aller Bemühungen" des CA darzustellen. Mit dem jähen Abbruch der Kontakt durch den Mauerbau 1961 war diese einende Idee allerdings jäh abgebrochen und es fand sich kein adäquates Nachfolgeprojekt, das das CA als gemeinsame Aufgabe ansehen konnte.[234] In den Folgejahren gab es zwar ein durchaus auch von der breiteren Öffentlichkeit angenommenes studentisches Theater im Haus, ebenso eine Band, aber bezüglich einer einenden Idee als universitären Reformprojekts war eine Stagnation eingetreten. Die beiden Nachfolger Henrichs Ohl und Breitling wurden von studentischer Seite eher mit dem Vorwurf der Tatenlosigkeit bedacht, da sie

meine Feststellung hinaus, auch die Korporationen hätten sich geändert, lässt sich hier nichts aussagen." Schweitzer: *Kollegienhaus in der Krise*, 35.

231 Ebd. 27.

232 Vgl. Wolgast: *Karl Heinrich Bauer*, 120.

233 Schweitzer: *Kollegienhaus in der Krise*, 35.

234 A. Leisen: „20 Jahre Collegium Academicum", 38, zitiert nach Ebd. 36.

die gegebene Atmosphäre der Studenten und die scharfe Abgrenzung der Satzung des CA als fest gegeben akzeptiert hatten. Für die unmöglich gewordenen Kontakte in die DDR versuchte das CA 1964 durch Kontakte in die CSSR ein neues Betätigungsfeld zu finden, welche schon bald zu einem Besuch von Dozenten und Assistenten der Prager Karls-Universität in Heidelberg führte. Bis zum Prager Frühling bestanden diese lebendigen Kontakte zumindest für eine kleine engagierte Gruppe innerhalb des CA.[235] Aber das Interesse der Kollegiaten an diesem und dem Austausch nach Frankreich schien nicht mehr so ausgeprägt wie bei den Kontakten zu den Kommilitonen aus der DDR.[236]

Im Rahmen dieser Krisenwahrnehmung hatte die studentische Selbstverwaltung des CA 1966 eine der Tutorenstellen für die Bezahlung des jungen Soziologen Hartmut Schweitzer genutzt, der in einer sozialwissenschaftlichen Untersuchung die Schwächen des Hauses aufklären sollte. Durch Auswertung von Fragebögen, Interviews und nach Studium aller gedruckten Dokumente des CA kam Schweitzer zu einer recht pessimistischen Einschätzung des *Kollegienhaus in der Krise*. Vor allem stellte Schweitzer die Widersprüche in den Vorstellungen der Studenten dar, aus denen der fehlende Konsens über die Sinnhaftigkeit des Unternehmens herausklang. Die Argumentationsmuster der Kollegiaten seien dabei nicht eindeutiger Natur. Die Klage über die politischen Konflikte innerhalb der studentischen Selbstverwaltung wurden dabei mit von einem Befragten mit der Kritik an einem „krankhaften Individualismus" benannt: Argumentationsmuster harmoniesüchtiger Gesellschaftsmodelle schienen in den Antworten auf, die wenig Kenntnis von den demokratischen Konfliktaustragungs-Modellen westlicher Prägung verrieten: „Einerseits wird von den Kollegiaten hervorgehoben, man wolle eine Gemeinschaft bilden, aber gleichzeitig wird das politische Element des Collegium Academicum dafür verantwortlich gemacht, dass es zu dieser schönen Eintracht nicht kommet, denn als diese wird Gemeinschaft verstanden. Außerdem findet der Individualismus eine negative Bewertung, die ihn bezeichnenderweise mehrfach in seiner Defizienzform: ‚Krankhafter studentischer Individualismus' ausweist." Exemplarisch nannte Schweitzer eine Antwort auf seinen Fragebogen: Die Gemeinschaft werde „beeinträchtigt durch Parteienbildung und persönliche Interessensgruppen". Auch wurde 1967 über den „übertriebenen Parlamentarismus" geklagt, den der Soziologe angesichts der drei oder vier Versammlungen der Selbstverwaltung im Semester kaum erkennen wollte. Der auch als Politikwissenschaftler ausgebildete Schweitzer war nicht selbst Kollegiat des CA gewesen und gab sich durchaus verwundert über die erlebte Ablehnung parlamentarischer Prozesse. Man könne bei den Studierenden unterscheiden zwischen „der Richtung, die demokratische Spielregeln bejaht und die Selbstverwaltung in Ganzen hält", und der anderen, „die lieber die Gemeinschaft erleben möchte, ohne Fraktionen, ohne ‚Parteiengezänk', ohne parlamentarische Beschlussfassung." Schweitzer benannte die systematische Unmöglichkeit der demokratisch verfassten Selbstverwaltung, dieses Harmoniebedürfnis zu befriedigen. Es werde „nur die eine

235 Ebd. 36 f..
236 Vgl. Störzer: *Das Collegium Academicum der Universität Heidelberg*, 123.

Seite der Gemeinschaft gesehen, nämlich die affektuelle Zusammengehörigkeit, die aber – wider jede Erfahrung im engsten Kreis der Familie – jede Streitigkeit ausschließen soll." Einer psychoanalytischen Begründung folgend, beschrieb der Soziologe die Situation im CA und lies das demokratietheoretische Argument des Anerkennens von Mehrheiten dabei außer Acht:

> Dass aber „tatsächlich Vergewaltigung jeder Art innerhalb auch der intimsten Vergemeinschaftung gegenüber dem seelisch Nachgiebigeren durchaus normal ist", wird dabei außer Acht gelassen. Die negative Einstellung ist auch heute noch anzutreffen, die „Cliquen" sind ein vielgeschmähter Gegenstand. Der Konvent dagegen wird oft mit einer bekannten Vokabel belegt: „Quasselbude".[237]

Schweitzers Befund bezüglich der Studenten erstaunt insofern, dass mit der beschriebenen Demokratiefeindlichkeit und Harmonievorstellung die älteren Denkmuster, die die *Reeducation*-Politik bewusst aufbrechen wollte, scheinbar unberührt von dieser weiterlebten. Als neue Entwicklung war sein Mitte der 1950er Jahre ein mangelnder Konsens über das Zusammenleben gekommen, in dem man das Scheitern auch der aus der deutschen idealistischen Denktradition stammenden Erwartungen eines gewissen Konsenses als gemeinsames Fundament feststellen musste. Schweitzer bezog sich auf die Feststellung des Soziologen George C. Homans, dass eine Gruppe „um sich sozusagen in Gang zu setzen [...] Motive für die Kooperation, einer Reihe auszuübender Aktivitäten und ein Schema von Interaktionen zwischen ihren Mitgliedern" brauche.[238] In der Beobachtung Schweitzer waren die Motive zumindest in seinem Untersuchungszeitraum nicht mehr vorhanden. Sie seien „mit Auf- und Ausbau der Selbstverwaltung verloren gegangen", das Studium generale habe die Funktion nicht übernehmen können. Als die Gründergeneration Mitte der 1950er Jahre die Universität und damit das CA verlassen hatten, seien die neuen Kollegiaten ohne die zuvor einende Kriegserfahrung den Zielen des CA ziemlich verständnislos gegenüber gestanden. Weder Symbole noch ein bestimmter Habitus präge den Zusammenhalt des CA. Schweitzer beschrieb, dass „keine speziellen Verhaltensweisen oder Sprache" das CA von der Außenwelt unterschied, um so den inneren Zusammenhalt zu stärken. Auch die mangelnde soziale Kontrolle sei Ausdruck dieser fehlenden Normenentstehung „durch gegenseitige Interaktion". Als Beispiel führte Schweitzer die Klage des 1956 ausgeschiedenen Leiters Adolf Leisen über den an den „täglichen kleinen unerfreulichen Dingen" sichtbaren Verfall. Täglich ereigneten sich kleine Diebstähle, Verschmutzungen und Beschädigungen, „für die niemand einstehen wolle." Auch das Ansteigen der Fluktuation sah Schweitzer als ein weiteres Indiz dieser mangelnden gemeinsamen Vorstellung eines demokratischen Miteinanders.[239] Aufgrund des geringen Konsens unter den Kollegiaten hatte auch der Kontakt zu den ehemaligen Bewohnern gelitten. Der Verein der Altkollegiaten hatte sich ja ursprünglich der Förderung des CA und seiner Idee des Kollegien-

237 Ebd. 51 f. Schweitzer zitiert hier Max Weber: *Wirtschaft und Gesellschaft*, Köln 1964, 30.

238 Vgl. G. C. Homans: *Theorie der sozialen Gruppe*, Köln 1960, 228. Zitiert nach: Schweitzer: *Kollegienhaus in der Krise*, 53.

239 Ebd.

haus verschrieben. Jährlich hatte man bis Mitte der 1960er Jahre große Stiftungsfeste mit Vorträgen, Konzerten und einem Ball gefeiert. Bei der Mitgliederversammlung des Vereins im Juli 1972 erschien diese Gemeinsamkeit nur noch wie ein ferner Schatten. Der Vereinsvertreter im Hause berichtete von dem Leben des CA, das mit Befremden wahrgenommen wurde. Das Verhältnis zwischen Altkollegiatenverein und den aktuellen Bewohnern wurde als gestört empfunden, die Stiftungsfeste fanden nicht mehr statt. Bei der Jahresversammlung wurde schon die Auflösung des Vereins nach Wegfallen der Grundlage des Zusammenseins erwogen.[240]

Noch schwerer wog, dass die Universität seit Ende der 1950er Jahre das Interesse am Reformprojekt des CA verloren hatte. Jenseits der nach wie vor treu unterstützenden Gründergeneration des CA wie Bauer und Freudenberg gab es unter den Professoren kaum Stimmen für einen Erhalt der Einrichtung. Schweitzer stellte fest, dass es nicht gelungen sei, „das CA in den Verband der Universität zu integrieren.“ Für das Selbstverständnis der Kollegiaten wie engagierten Dozenten wog diese Frage nach der Zugehörigkeit wog schwer. Als Gegenmodell zu den alten Korporationen konnte das CA nicht einfach in einen Privatisierungsprozess zu einer den Studentenverbindungen ähnlichen Institution umgewandelt werden. Schweitzer benannte die „frustrierende Situation: das Selbstverständnis weist die Institution deutlich als Bestandteil – sogar als experimentell-avantgardistischen Bestandteil – der Universität aus; die Universität weiß aber, nach anfänglich starkem Interesse, nichts mehr mit dieser Institution anzufangen und hält sie wohl auch inzwischen für überflüssig, sie wird ihr vielleicht sogar lästig.“ Der besondere Anspruch eines Modells der Studienreform durch die Errichtung des CA bestand 1967 nicht mehr. Die Ziele von Universität und CA klafften auseinander, schrieb Schweitzer, „nur die undeutlichen und nicht definierten Formeln wie Universitätsreform, Bildung usw. täuschen eine Zeitlang über diesen Tatbestand hinweg.“ Die seit Mitte der 1960er gemachten Vorschläge einer Studienreform liefen „auf ein verschultes Lernstudium hinaus, in dem der Anspruch, Allgemeinbildung erwerben zu wollen, dysfunktional ist und den Studenten mit solchen Ambitionen ins Hintertreffen geraten lässt.“[241] Um den Anforderungen der steigenden Studentenzahlen gerecht zu werden, hatte der Akademische Senat 1956 beschlossen, die Geisteswissenschaften in der Altstadt zu belassen während die naturwissenschaftlichen Institute in Neubauten auf dem Neuenheimer Feld an der gegenüberliegenden Neckarseite umziehen sollten.[242] Ein universitätsinterner Verlegungsplan hatte zeitweilig das neu in den Immobilienbestand der Universität gekommene Hotel Victoria in der zentral gelegenen Friedrich-Ebert-Anlage 6 dem CA zuweisen wollen.[243] In der Planung des Universitätsbauamtes von 1962 wurde

240 UAH 8805/6, Protokoll der Mitgliederversammlung des Vereins ehemalige Mitglieder des Collegium Academicum der Universität Heidelberg e.V., Heidelberg, 15.7.1972.
241 Schweitzer: *Kollegienhaus in der Krise*, 54 f.
242 R. Stroux: *Universitätsbauamt Heidelberg. Planen und Bauen 1957–2007*, Heidelberg 2007, 9.
243 Störzer: *Das Collegium Academicum der Universität Heidelberg*, 127 ff.

das Gebäude in der Seminarstrasse schon für eine künftige Unterbringung der geisteswissenschaftlichen Institute eingeplant. Seit Anfang der 1960er Jahr unternahm das Universitätsbauamt nur noch die nötigsten Reparaturen am Gebäude des CA. Durch die Fertigstellung des ersten Studentenwohnheimes am Klausenpfad 1960 sanken die die Bewerberzahlen für das CA enorm. Die moderne Ausstattung der neuen Studentenwohnheime war der des CA deutlich überlegen.[244] CA-Leiter Leisen hatte bemerkt, dass so das CA „viel von seiner Anziehungskraft eingebüßt" hatte.[245] Dennoch war die Auflösung des CA durch die Universität keine beschlossene Sache. Eine Kostenabschätzung des Universitätsbauamts für eine „Totalsanierung" Mitte 1974 berechnete einen Bedarf von knapp 5 Millionen DM. Zu diesem Zeitpunkt galt aber schon die Novellierung des Hochschulgesetzes vom 27. Juli 1973 die grundsätzlich den Status des CA als eine von seinen Mitgliedern verwaltete Einrichtung der Universität Heidelberg in Frage stellte. Unter dem Begriff der Universitätseinrichtung umfasste nun nicht mehr die unter der Geltung des alten Hochschulgesetzes entwickelte „besondere Universitätseinrichtung", unter die das CA bisher subsumiert worden war.[246]

Durch die Politisierung seit den späten 1960er Jahren hatte sich auch die Selbstverwaltung zunehmend von allen Vorgaben der Universität gelöst. Der Soziologe Schweitzer hatte 1967 aus der beobachtenden individellen Passivität der Kollegiaten gefolgert, dass das CA eher eine Nachhut bei den beginnenden politischen Auseinandersetzungen darstelle. 1968 erlebte aber auch das CA eine Politisierung, so dass 1970 die Selbstverwaltungsorgane weitgehend von Sympathisanten der Außerparlamentarischen Opposition (APO) gestellt wurde. 1969 wurden erstmals Frauen als Kollegiaten des CA aufgenommen. Die Räume im Erdgeschoß und die Aula im ersten Stock dienten nun studentischen Gruppen verschiedenster politisch-oppositioneller Provenienz für ihre Treffen. Ein neues CA-Statut von 1971 verpflichtete die Bewohner, „ein kritisches Bewusstsein von Wissenschaft und Gesellschaft [zu] erarbeiten und wirksam [zu] machen". In der Aufnahmekommission des CA hatte sich die Linie durchgesetzt, nur noch „Sozialisten im weitesten Sinne" als Kollegiaten zuzulassen.[247]

Ab Mitte Juni 1974 war in Heidelberg bekannt, dass die Universität die Schließung des CA vorbereitete. Der Jura-Dozent Wolfgang Stäter als Leiter des CA und der Theologie-Student Gottfried Orth als Vorsitzender des Heidelberger AStA hatten auf einer Presskonferenz den Verdacht genannt, „die Universität wolle dieses in der Seminarstrasse 2 in unmittelbarer Nähe der alten Universität gelegene Wohnheim und Zentrum studentischer Aktivitäten auflösen".[248] Gegenüber einer Kommission des Finanz- und Kultusministeriums hatte die Universität bei den Gesprächen über die notwendigen Renovierungsmaßnahmen signalisiert, dass sie ein Verwaltungsgebäude an dieser Stelle einem Studentenwohnheim vor-

244 Schweitzer: *Kollegienhaus in der Krise*, 27.
245 A. Leisen: „20 Jahre Collegium Academicum", 50, zitiert nach Ebd. 36.
246 Störzer: *Das Collegium Academicum der Universität Heidelberg*, 121.
247 Zitiert nach: „So ist aus dem Haus ein Mythos geworden", *Ruprecht* 2/1996.
248 Störzer: *Das Collegium Academicum der Universität Heidelberg*, 121.

ziehen würde. Bewohner des CA und Angehörige der Kommunistischen Hochschulgruppe demonstrierten am 8. Juli 1974 gemeinsam auf einer Sitzung des Großen Senats mit Spruchbändern gegen die geplante Liquidierung des CA. Die Sitzung des Senats, der die Zuständigkeit für die Fragestellung verneinte, musste durch die lautstarke Unmutskundgebung der Studenten abgebrochen werden. Diverse Studentengruppen protestierten gegen die Schließung durch offene Briefe an die Universitätsleitung und Unterstützungsresolutionen an das CA selbst. Manche Gruppen hatten für ihre Aktivitäten die Räumlichkeiten des CA nutzen könne, obwohl sie keinen unmittelbaren Zusammenhang mit der Einrichtung hatten.[249] Bei der Sitzung des engeren Senats der Universität am 16. Juli 1974 waren so als Sachverständige die Betroffenen geladen worden: Der Vorsitzende des Vereins der ehemaligen Mitglieder des CA Professor Lehnert, der CA-Kollegiat Leuchen und der AStA-Vertreter Pradt hinzugezogen. Die bei der Sitzung eingesetzte *ad hoc*-Kommission unter Leitung des Juristen Heinz Leferenz erhielt den Auftrag, die Beschlussfassung über Fortbestand oder Auflösung des CA und über die weitere Nutzung des Hauses vorzubereiten. Die Kommission sichtete umfangreich die Materialien, die der Assistent von Leferenz am Institut für Kriminologie Hans Udo Störzer zusammengestellt hatte, führte Gespräche mit Experten für Hochschulrecht, dem Leiter und mit der Seniorin des CA.[250] Alle Gründlichkeit der Kommission konnte kaum zu einen anderen Ergebnis kommen als das die Position des Rektorats, dass das CA „lediglich eine studentische Wohngemeinschaft" darstellte. Befürworter des CA konterten noch mit einem mehrseitigen Gutachten, welches dem CA den Status als zentraler Einrichtung der Universität im Sinne des Hochschulgesetzes vom 27. Juli 1973 zusprach. Ende November 1974 legte die Kommission dem Rektorat ihren Bericht vor. Am 18. Februar 1975 beschloss der Senat die Auflösung des CA. Nach jahrelangen Protesten wurde 1978 das Gebäude in der Seminarstrasse 2 schließlich als ein unrechtmäßig besetztes Haus von der Polizei geräumt.[251] In den letzten Jahren hatte es als von der Universität geduldetes Biotop des abgeflauten Studentenbewegung überlegt. Studenten betrie-

249 Ebd. 121 f.

250 Diese dienten als Grundlage des zitierten Artikels und ebenso wie eines Aufsatzes von Gunther Gottlieb der über das CA, der in der Dokumentation 7 des Bundes Freiheit der Wissenschaft, Sektion Heidelberg, 1975. Vgl. Störzer: *Das Collegium Academicum der Universität Heidelberg*, 121.

251 Eine journalistische Beschreibung von 1996 setzte dramatische Stilmittel bei der Schilderung der Räumung ein: „Das Ende kommt im Morgengrauen, in Form mehrerer Hundertschaften der Polizei. Gegen 6 Uhr früh dringen Einsatzkräfte des baden–württembergischen ‚Sonder-Einsatzkommandos' und eine Hundertschaft der uniformierten Polizei durch die hinteren Türen in das Wohnheim ein. Weitere vier Hundertschaften riegeln die Umgebung ab. Behelmt und bewaffnet mit Sturmleitern, Äxten und Motorsägen, verwüsten die Polizisten die Räume und kippen die Möbel durch die Fenster. Innerhalb kurzer Zeit ist der Bau geräumt; die gut 150 übermüdeten Bewohner – sie haben die Nacht über im Gebäude gewacht – versammeln sich im Hof und, so will es die RNZ gesehen haben, ziehen ‚im engen Block durch die Seminarstraße liedersingend ab'. ‚Dann', so erinnert sich der Schriftsteller Michael Buselmeier in seinem Buch ‚Der Untergang von Heidelberg', ‚wurden die Fenster mit Latten zugenagelt. Dem lebendigen Geist.'" „So ist aus dem Haus ein Mythos geworden", *Ruprecht* 2/1996.

ben Arbeitskreise zu „Marxismus und Psychoanalyse“ und sahen im Kellerkino Filme, „die im aktuellen Bezug sowohl zur gegenwärtigen Situation in Indochina wie auch zu den momentanen Kämpfen der internat[ionalen] Arbeiterklasse stehen“. Der CA-Bewohner Reinhard Bütikofer, erinnerte sich, dass im CA eine revolutionäre Atmosphäre gepflegt wurde, als die Öffentlich sich längst anderen Themen widmete: „Ich kann mich nicht erinneren, daß wir 1977/1978 irgendwas Intelligentes zustandegebracht hätten. Im CA ließ sich das ein bißchen leichter vergessen.“[252] Gruppen, die auch die Institution der Universität selbst in Frage stellten, hatten eine Nische in ihrer eigenen Einrichtung sich eingerichtet. Nach der Vollsanierung wurde das Gebäude in der Seminarstrasse zum Sitz der der Zentralen Universitätsverwaltung.

Das Ende war kurz, der Nachruf lang. Seit den 1980er Jahren war die Geschichte des CA immer wieder in gut informierten und quellengesättigten Artikeln aufgegriffen worden.[253] Zeitgenössisch waren diese meist von ehemaligen Bewohnern der 1960er Jahre verfasst worden. Diese Artikel reflektierten wissend und durchaus differenziert die Politisierung und letztlich das Ende des CA. Weniger skeptisch hingegen wurde die Gründungsgeschichte von 1945 gesehen. Ein Artikel aus dem *Ruprecht - Heidelberger Studierendenzeitung* von 1996 stellte ausführlich den Werdegang des CA dar und hatte doch den Ausgangspunkt geradezu aus der Konzeption Boeckhs übernommen: „Gegründet in einer Zeit, da sich die Universität nach Weltkrieg und Nationalsozialismus um einen Neubeginn bemühte, sollte das CA der ‚demokratischen Selbsterziehung‘ seiner Bewohner dienen.“ Nicht die schon von den Studierenden der 1950er Jahre als übergriffig empfundene Erziehungsidee des Hauses wurde als Grund des Scheiterns gesehen, sondern vielmehr die Politisierung zu Ende der 1960er Jahre: „Für anderthalb Jahrzehnte gab es akademische wie kulturelle Impulse, bevor es in den Sog der Studentenbewegung geriet, sich zu viele Gegner schuf und – als letzte Bastion der Revolte geradezu demonstrativ – geschliffen wurde. Geblieben von dem einmaligen Experiment ist so gut wie nichts.“[254] Oft wurde nicht das Scheitern des Erziehungskonzeptes einer Universitätsinstitution, sondern eine emanzipatorische Leistung der Studenten wurde in den Vordergrund gerückt. Der Blick auf die ersten 15 Jahre des CA zeigen aber von Anfang an ein großes Missverständnis zwischen den Bedürfnissen der Studierenden und den pädagogisch motivierten Vorstellungen der Leiter. Die Zweitgenannten waren durch staatliche Akteure dabei durchaus kritisch hinterfragt worden. Die in den Beschreibungen des CA gerne als Stifter genannten Amerikaner hingegen blieben auf eine reine Zaungast-Rolle beschränkt, da sie ohne konzeptionell in das CA einzugreifen reine Geldgeber nach den genehmen Stichworten aus der deutschen „Antragsrhetorik“ dienten.

252 Ebd.

253 Schneider: *Hochschulreform, Studium generale und das Collegium Academicum.* Steffens: *Collegium Academicum 1945–1978.* Störzer: *Das Collegium Academicum der Universität Heidelberg.*

254 „So ist aus dem Haus ein Mythos geworden“, *Ruprecht* 2/1996.

VIII. DAS COLLEGIUM GENTIUM IN MARBURG

1. WIEDERERÖFFNUNG DER UNIVERSITÄT MARBURG

Am 1. Mai 1945 erreichte Edward Y. Hartshorne als Offizier der *Psychological Warfare Branch* die Stadt Marburg.[1] Der Auftrag des Majors bestand darin, sich einen Überblick über die Lage der Schlüssel-Einrichtungen des Kulturlebens zu machen. Sein besonders Augenmerk lag dabei auf den Zeitungshäusern und Verlagen, weniger bei den Universitäten. Vor Ort nahm Hartshorne zuerst Kontakt mit den in Marburg liegenden Teilen der 78. US-Infanteriedivision auf, die die unzerstörte Stadt nach den Kämpfen am Rhein als Ruheort bezogen hatte. Der lokal zuständige Major Westerman hatte Hartshorne über die Kriegsschäden an Gebäuden der Universität und über die Gefahr, eines feindlichen Stimmungsumschwungs der Bevölkerung informiert. Eher Zufällig begegnete Hartshorne anschließend in einem Büro des US-Militärs dem Marburger Professor für Philosophie Julius Ebbinghaus. In der Erinnerung Hartshornes war der Philosoph gekommen, um sich wegen der Beschlagnahmung einiger seiner Bücher durch Angehörige der US-Armee zu beschweren. Bei dieser Gelegenheit konnte Hartshorne den Professor über die Lage der Universität befragen. Dabei begegnete der E&RA-Offizier Ebbinghaus gegenüber durchaus wohlwollend, auch da er sich an die Studienzeit eines Vetters bei dem Kantianer erinnerte. Das Forschungsprofil von Ebbinghaus, der sich auch mit englischen und französischen Autoren des siebzehnten und achtzehnten Jahrhunderts auseinandergesetzt hatte, schien einen Anschluss an die westliche Geisteswelt zu versprechen. Im Gespräch begeisterte Ebbinghaus sich sofort für die Idee der Gründung einer neuen Zeitschrift, in der Denker und Schriftsteller sich mit grundsätzlichen ethischen Fragen auseinandersetzen sollten. Ebbinghaus erschien für Hartshorne als der geeignete Partner für den gesellschaftlichen Erneuerungsprozess.[2]

In Deutschland sah nun Hartshorne seine Aufgabe in der Wiederherstellung der Universitäten. Seine Mission in Deutschland könne sein, seine „Rolle als kultureller Vermittler zu nutzen, um die Deutschen zur Vernunft zu bringen." Er war sich sicher, dass die Deutschen seinen Inhalten nun bereitwilliger zuhörten, „als einerseits die Deutschamerikaner und andererseits die Amerikaner, die Deutschland gar nicht kennen." Marburg sah Hartshorne als den geeigneten ersten Ort, seine Aktivitäten als Hochschuloffizier der neu gegründeten *Education & Religi-*

1 Vgl. Tent (Hg.): *Academic Proconsul*, v–ix.
2 Vgl. Ebd. 38 f.

ous Affairs (E&RA) Abteilung von SHAEF zu entfalten.[3] Schon nach seinem ersten Besuch in der Universitätsstadt und den Gesprächen über eine zu gründende Zeitschrift, berichtete er begeistert dem mit dem Aufbau der Presse betrauten Shepard Stone und anderen Offizierskollegen von dem Potential, das er in der wegen ihrer geringen Größe von den Amerikanern bislang wenig beachteten Stadt sah. Bis er im Juni dann offiziell in die Einheit mit der Verantwortung für das Bildungssystem versetzt wurde, konnte er Ende Mai nochmal im Auftrag der Medienaufsicht auch Marburg besuchen und dabei auch die Gesinnung von Ebbinghaus abprüfen. Die Frage nach der deutschen Schuld am Nationalsozialismus, bezeichnete Ebbinghaus als „sehr komplexe Frage".[4] Für Hartshorne schien der knapp sechzigjährige Philosoph nach wie vor der beste Ansprechpartner für die Angelegenheiten der Universität zu sein.[5] Ebbinghaus sagte nun seine Kooperation für das alliierte Programm zu, ohne dass Hartshorne ihm Zusagen zu einer Eröffnung der Universität gemacht hatte. Und so wurde er beauftragt, ein Komitee aus seinen Kollegen zu formen, „wenn er überhaupt welche finde, auf deren Kooperation er sich verlassen könne." Nach Vorstellung Hartshornes sollte dieses Komitee nach außen als universitärere Ansprechpartner der Militärregierung dienen; nach innen aber auch als Forum, in dem die Überwindung des NS-Einflusses in der Hochschule beraten werden sollte „und andere Angelegenheiten im Zusammenhang mit der Wiederherstellung, Rehabilitierung und selbst der Reform des deutschen Studentenlebens."[6]

Das geringe Personal der Abteilung und die fehlende Strategie gaben dem einzelnen Offizier ein hohes Maß an Gestaltungsspielraum. Universitätsoffizier Hartshorne persönlich hatte konkrete Vorstellungen, sowohl von der deutschen Universität wie auch von nun anstehenden Reformen. Wie sollte aber der neue Geist der Universität den deutschen Professoren vermittelt werden? Schon bei einem der ersten Gespräche mit Ebbinghaus erzählte ihm Hartshorne über die Arbeit der Universitätsreform-Komitees an amerikanischen Institutionen und drückte ihm zwei Büchlein in die Hand, die beide von Kommissionen der Universität Harvard stammten. Das eine Büchlein von 1938 befasste sich mit Personalfragen, der Bericht *General Education in a Free Society* riss aber wesentlich grundsätzlichere Fragen des universitären Auftrages an.[7] Nach dieser Einführung ließ Harts-

3 Vgl. Ebd. viii
4 Vgl. Ebd. 59 f.
5 In seinem Bericht an die Militärregierung stellte Hartshorne die Bereitschaft von Ebbinghaus etwas stringenter dar. Vgl. E. Y. Hartshorne: "Reopening German Universities, Weekly Information Bulletin", OMGUS, No 43, 27.5.1946, 5. Zitiert nach Gerhardt: *Die Wiederanfänge der Soziologie nach 1945*.
6 OMGUS RC 260 E&CR Div, Box 5, E&RA Division OMGH: Annual History, Juni 1946, Annex H – Report I. Edward Y. Hartshorne: Reopening German Universities.
7 Ebd. Hartshorne nennt einen Titel des Berichts "Tenure and Personnel" (1938) unter dem sich der Bericht nicht auffinden läßt. Es handelt sich wohl um den Bericht des Achterkommission der Harvard University von 1938. Vgl. Harvard University Archives, Harvard University, President's Office: Records of the President of Harvard University, James Bryant Conant, 1933–1955, Box 105, Committee of Eight Problems of Personnel, 1938.

horne dann aber Ebbinghaus und sein Kommitee unabhängig agieren. Dies mag wohl vor allem praktische Gründe der zahlreichen überregionalen Verpflichtungen des Universitätsoffiziers gehabt haben, er selbst stellt es aber als bewusste Strategie dar, um die Eigeninitiative zu wecken. Gegenüber seinen Vorgesetzten der Militärregierung begründete Hartshorne sein Vorgehen mit einem Zitat aus einer 1945 erschienenen Veröffentlichung: „Man kann Deutschland nicht gleichzeitig unterjochen und zum Frieden erziehen.“[8] Ohne den Überblick über die Geschehnisse zu verlieren müssten die Amerikaner bestrebt sein für diese „Hochschulen der Demokratie“ eine größtmögliche demokratische Praxis zu gewähren. Diese Freiheit müsse gepaart sein mit Vertrauen gegenüber denen, die sich im ersten Besatzungsjahr dessen für würdig erwiesen haben, respektablen Verhalten und einen Rahmen der Sicherheit.[9]

Tatsächlich gelang es Ebbinghaus, in dem neuen Gremium von Mitgliedschaften der NS-Organisationen unbelastete Vertreterr aller vier Fakultäten zusammenzubringen.[10] Erst bei der dritten Sitzung des Komitees nahm Hartshorne selbst teil, um den Professoren kurz die Ziele der Besatzungspolitik zu umschreiben. Schon in der ersten Zeit, ohne Zutun der Amerikaner, entstanden mehrere Memoranden zur Entnazifizierung des Lehrkörpers, der Stellung des Professors zwischen Staatsdienst und wissenschaftlicher Freiheit und zur Funktion der Kolleggelder: Insbesondere Betonung der akademischen Freiheit durch die Deutschen wertet Harsthorne er als ersten Erfolg. [11] Die Ereignisse überholten in den folgen Wochen die bedächtige Planung und den langsamen Prozess des Durchdenkens. Die medizinischen Fakultäten aller Universitäten der US-Zone sollte auf Bestreben des Arztgenerals Stayer wieder eröffnet werden, um einen Gesundheitsnotstand zu verhindern.[12] So blieb die Minimalbedingung der Entnazifizierung, die

8 "One cannot simultaneously enslave, and educate for freedom" Wohl aus Versehen hat Hartshorne oder seine Sekretärin das Zitat mit einem Tippfehler "enslave" sinnentstellend zu "eslave" verwandelt. Das Zitat stammt von Werner Richter: *Re-Educating Germany*, 133. Vgl. C. König; B. Wägenbaur (Hg.): *Internationales Germanistenlexikon 1800–1950*, Band 2, Berlin 2003, 1621, 2154, 923.

9 NA OMGUS RC 260 E&CR Div, Box 5, E&RA Division OMGH: Annual History, Juni 1946, Annex H – Report I. Edward Y. Hartshorne: Reopening German Universities.

10 Die Mitglieder des Gremiums waren zusätzlich zu Ebbinghaus der Theologe Rudolf Bultmann, der Mediziner Ernst Kretschmar, der Mathematiker Kurt Reidemeister, Physiochemiker Wilhelm Jost; hinzu kamen später der Romanist Werner Krauss, der Theologe Friedrich Heiler, der Theologe und Orientalist Emil Balla und der Kunsthistoriker Richard Hamann. In seinem Bericht bemerkt Hartshorne teilweise ihre Distanz zum Nationalsozialismus. So sei der Theologe Bultmann schon vor Kriegsende auf einer 'white list' der Allierten gestanden, sei von Hippel das einziges Nicht-Parteimitglied der juristischen Fakultät, habe Jost ein Jahr am MIT verbracht, hatte Reidemeister schon 1934 (tatsächlich: 1933) seine Professur in Königsberg verloren. Vgl. NA OMGUS RC 260 E&CR Div, Box 5, E&RA Division OMGH: Annual History, Juni 1946, Annex H, Report I. Edward Y. Hartshorne: Reopening German Universities.

11 NA OMGUS RC 260 E&CR Div, Box 5, E&RA Division OMGH: Annual History, Juni 1946, Annex H – Report I. Edward Y. Hartshorne: Reopening German Universities.

12 Tent: *Mission on the Rhine*,. 58. Auch auf der Potsdamer Konferenz hatte Stayer auf den durch die Unterernährung drohenden Gesundheitsnotstand in Deutschland hingewiesen. Vgl.

auf jeden Fall durchgeführt werden musste. Dafür bekam der Universitätsoffizier Verstärkung vom Überprüfungspersonal der *G-2 Special Branch* und des CIC. In Marburg begannen die Medizinerkurse am 3. September 1945, Theologen und Philosophen durften im November wiedereröffnen, 1946 dann als letzte Fakultät die Juristische.[13] Der Beginn der Lehre, selbst auf begrenzter Basis, änderte die ganze Atmosphäre. „Die Katze war nun aus dem Sack“, kommentierte Hartshorne. Nun kamen die Vielen mit Plänen, Vorschlägen und Argumenten, warum ihr Fach und die komplette Universität wieder hergestellt werden solle.[14] Konsequent blieb ob der drängenden Situation nur die Strenge der Überprüfung der NS-Vergangenheit der Dozenten, an der die Amerikaner entschieden festhielten.[15] Ebbinghaus malte bei seinen öffentlichen Äußerungen anlässlich der Wiedereröffnung ein selbstkritisches Bild der Rolle der Universität und besonders der eigenen in Marburg während der NS-Zeit. „Erschüttert vom Kriege“ und den Nationalsozialismus benannte Ebbinghaus das Versagen der Wissenschaft vor der totalitären Ideologie. Gerade deshalb sah er in der Aufgabe der Wissenschaft der Zukunft eine Verpflichtung zur wissenschaftlichen Wahrheit, für die es der Wiedererrichtung des gewachsenen Schutzraumes der durch die Ordinarien selbstverwalteten Universität nach altem Muster.[16]

Unmittelbar zeigten sich die amerikanischen Bemühungen um *Reeducation* in der ersten überregionalen Hochschultagung nach dem Krieg. Hartshorne machte 1946 Marburg zum Ort der ersten Hochschulgespräche, auf denen sich verschiedenste bildungspolitische Akteure informell über den Bildungs- und Wissenschaftsauftrag in einer Zeit nach der NS-Diktatur austauschen konnten.[17] Auch die internationalen Ferienkursen hatten seit 1946 zahlreiche Studenten nach Marburg gebracht, Professoren und Studenten schienen den Austausch geschätzt haben.[18] Diese Sonderrolle, inhaltlich und durch amerikanische Sonderbudgets auch finanziell, schien den Marburger Professoren zu gefallen. Die Philipps-Universität wollte in der Nachkriegszeit gerne an die guten Kontakte der Zeit vor 1933 anknüpfen.[19] So empfand die Universität auch den ersten Projektvorschlag für ein

Earl F. Ziemke: *The U.S. Army in the Occupation of Germany 1944–1946*, Washington 1990, 352.

13 „Von der Philipps-Universität“, *Marburger Presse*, 20.11.1945. „Vier deutsche Hochschulen“, *Die Neue Zeitung*, 4.11.1945.

14 NA OMGUS RC 260 E&CR Div, Box 5, E&RA Division OMGH: Annual History, Juni 1946, Annex H – Report I. Edward Y. Hartshorne: Reopening German Universities.

15 UAM, 305a/27, E. Y. Hartshorne, University Officer, Land Gross-Hesse, an Rektor Ebbinghaus: Opening of Law Faculty, Marburg, 9.1.1946.

16 UAM, 305a/27, Julius Ebbinghaus: Ansprache zur Wiedereröffnung der Universität, Marburg, 19.9.1945. Vgl. „Neuer Staat und neue Hochschule“, *Marburger Presse*, 5.10.1945.

17 *Marburger Hochschulgespräche, 12. bis 15. Juni 1946. Referate und Diskussionen*. Rüegg: *Marburger Hochschulgespräche*. Vgl. Hammerstein: *Die Johann-Wolfgang-Goethe-Universität Frankfurt am Main, Teil 1*, 672 ff. vom Bruch: *Marburger Hochschulgespräche*.

18 „Internationale Ferienkurse Marburg 1.–14.9.1946“, in: *Diogenes* 3/1946, 38–39.

19 Etwa Hermann Cohen hatte um die Jahrhundertwende zahlreiche Schüler aus aller Welt um sich gesammelt. Auch noch 1932 hatte der damalige Rektor das Interesse der Universität, an guten Kontakten in die USA betont. UAM, 305a/1862, Dr. Erwin Wiskemann: Bericht über

internationales Studentenwohnheim als eine Fortsetzung einer alten Tradition ebenso wie durch Institutionalisierung ein Festhalten an dem durch die Ferienkurse entstandenen Sonderstatus. Eine allgemeine Aussprache Marburger Professoren im Frühjahr 1947 versuchte die Stimmungslage der Studenten bezüglich allgemeiner politischer Fragen zu erfassen. Während der Kunsthistoriker Richard Hamann von einem nun stärker ausgeprägten politischen Interesse nichts gemerkt haben wollte, bezeugte eine Mehrheit der Professoren dieses zunehmende Interesse. Rektor Matz bemerkte in der Öffentlichkeit, „dass die demokratisch eingestellten Studenten ihm in ihrer Orientierung bestärkt erscheinen.“ Was die Durchdringung der gesamten Studentenschaft mit demokratischem Geist betreffe, so handele es sich „um eine in ständiger Bewegung befindliche Angelegenheit.“ Unter keinen Umständen könnte davon gesprochen werden, dass sich schon feste und klar gegeneinander abgegrenzte Fronten gebildet hätten. Im Allgemeinen sei die Haltung der Studenten eine kritische und abwartende.[20] Marburg war weder bei Studierenden noch bei den Professoren ein Hort der bildungspolitischen Innovation; die durch die Zugewandtheit Hartshornes entstandene Rolle aber gefiel, wurde gerne angenommen und auch weiterentwickelt.

2. AMERIKANISCHE IMPULSE BEI DER PROJEKTIERUNG DES CG

Als Hartshorne unter tragischen Umständen am 30. August 1946 auf einer Dienstfahrt nach Bayern umkam, konnte die Militärregierung die Lücke nicht gleich mit ihrem Personal schließen. Im Februar 1947 erst kam der Nachfolger Hartshornes, Howard P. Becker, als Universitätsoffizier für Hessen nach Marburg. Der aus New York stammende Soziologe Becker stammte aus der Chicago School, die sich den soziologischen Fragen der modernen Industriegesellschaft verschrieben hatte. Becker hatte selbst 1913 bis 1922 als Industriearbeiter gearbeitet.[21] Ab 1922 hatte Becker an der Northwestern University in Illinois Sozialwissenschaften studiert, von wo aus er 1926/27 ein Auslandsjahr an der Universität Köln verbracht hatte. Seit 1928 lehrte er Soziologie an der University of Chicago, die ihn 1930 promoviert hatte. Ab 1937 war er Professor an der University of Wisconsin, wo er für die Aufgabe als Universitätsoffizier gezielt angeworben worden war. Für Becker war Deutschland nicht nur Untersuchungsobjekt gewesen, sondern auch wertvolle Anregung. Bei seinem Kölner Aufenthalt hatte er vor allem von Leo-

meine Berliner Besprechungen in Angelegenheiten der Pressestelle der Philipps-Universität in der Woche vom 21.–27. März 1932, Marburg.

20 „Professoren der Marburger Universität über das politische Interesse der Studenten“, *DENA Innenpolitischer Dienst*, 9.4.1947.

21 Als Jugendlicher hatte Becker einen sozialen Abstieg aus dem bürgerlichen Milieu New Yorks erlebt. Sein Vater war der führende New Yorker Polizeioffizier Charles Becker, der 1912 verhaftet und in einem aufsehenerregenden Prozess wegen Mordes verurteilt und hingerichtet worden war. Vgl. S. Cohen: *The Execution of Officer Becker*, New York, 2006. M. Dash: *Satan's Circus*, New York 2007.

pold von Wiese die Entwicklung der deutschen Soziologie der 20er Jahre kennen und schätzen gelernt.[22]

Im Hungerwinter 1946/47 hatte sich die materielle Not der Nachkriegsjahre noch einmal besonders verschärft, es herrscht Mangel an fast allem. Sowohl die Universität aber wie auch das Land Hessen hatten inzwischen zu einer Form gefunden, in der sie dem Universitätsoffizier selbstbewusst entgegen treten konnten. Die amerikanische Militärregierung hatte aber immer noch nicht komplett die Strategielücke bezüglich der Hochschulen schließen können. Das Amt des Universitätsoffiziers war zwischenzeitlich von den vorgesetzten, eigentlich mit zahlreichen anderen Aufgaben betreuten Offiziere DeLong und Bahn vertreten worden.[23] Da das Amt nur kommissarisch verwaltet worden war, wurde Becker von einem Berg unerledigter Post begrüßt; Vorgänge, die nach dem Tod Hartshornes liegen geblieben waren. Zwar lagen nun Vorgaben für das Handeln des Universitätsoffiziers vor, aber immer noch wurden die Angelegenheiten der Hochschulen auf der letzten Priorität der Erziehungsabteilung E&RA der Militärregierung geführt. Unter den vielen amerikanischen Fachleuten, die im Frühjahr 1947 auf Kosten des State Department für bis zu drei Monate als Berater der Erziehungsabteilung von OMGUS in Deutschland weilten, gab es gerade mal zwei Universitäts-Spezialisten.[24]

Becker misstraute den Ordinarien, schenkte den Studierenden aber Vertrauen. Bezüglich der Professoren beschrieb er in einem internen Vermerk, „dass viele dieser Männer auch extrem konservativ sind, nicht nur akademisch, sondern auch politisch." Ihr akademischer Konservativismus zeige sich in ihrer großen Unwilligkeit, sich mit Innovationen im Lehrplan oder der Auswahl der Studenten zu befassen. Alles, was sie machten, scheine auf der Annahme zu basieren, dass die deutsche Universitäten nur zurückkehren müssten in die Zeit vor 1933, ober selbst vor 1914, um die Herausforderungen der neuen Zeit zu meistern. Sowohl die Nachwuchspolitik dieser vollkommen überalterten Professoren, wie auch deren Selbstverständnis, angeblich „unpolitisch" zu sein, erschienen für Becker problematisch. Becker sprach sich für eine wiederholte Überprüfung der Professoren aus, in der über die Mitgliedschaften in NS-Organisationen hinaus auch das militaristische Denken geprüft werden solle. [25] Eine Erkundungsreise im ersten Monat seiner Verwendung als Universitätsoffizier in die britische Zone hatte Becker auch gezeigt, in welchem Rahmen ein Universitätsoffizier konstruktiv gestalten konnte. Bei seinem Besuch in Göttingen waren ihm aber auch die Gegensätze zu den Interessen der Professoren durchaus bewusst aufgezeigt worden.[26] Die Intensivierung des Denazifizierungsprogramms, die im November 1946 begann, emp-

22 Vgl. K. H. Wolff: „Howard Becker", in: W. Bernsdorf; H. Knospe (Hg.): *Internationales Soziologenlexikon*, Band 1, Stuttgart 1980, 25 f.

23 NA OMGUS Hesse RC 260 E&CR Div, Box 691, Howard P. Becker: Quarterly History, 1947.

24 Ebd.

25 Ebd.

26 Ebd. Zu Götttingen: Kröning: *Nachkriegssemester*, 91 f. Vgl. Heinemann (Hg.): *Hochschuloffiziere und Wiederaufbau. Die US-Zone*, 157–159, 166 f.

fand das ganze E&RA Persona als Bürde, da kaum Ressourcen außer für die Routineangelegenheiten zur Verfügung standen. So äußerte sich Becker überrascht, dass dennoch einiges an konstruktiver Arbeit gelang.[27]

Der Universitätsoffizier sah sich in Marburg einer zunehmend konsolidierten Universität gegenüber. In der ersten regulären Rektoratswahl nach dem Krieg war im Sommer 1946 Ebbinghaus durch den Archäologen Friedrich Matz abgelöst worden, der ab 1941 das Ordinariat in Marburg innegehabt hatte.[28] Mit der Wahl war auch die Hoffnung auf eine Beruhigung der aufgeheizten Atmosphäre innerhalb der Professorenschaft verbunden. An der Person des von den Amerikanern in Person Hartshorne so favorisierten Philosophen Ebbinghaus, hatten sich mehrere Konflikte entzündet. In seiner ersten Dienstwoche im März 1947 sah sich der neue Universitätsoffizier Becker schon mit den heftigen persönlichen Auseinandersetzungen zwischen Ebbinghaus und dem Sprachwissenschaftler Walther Mitzka konfrontiert. Die Vorwürfe der Zusammenarbeit mit dem NS-Staat führten schließlich zur Entlassung Mitzkas durch das Hessische Kultusministerium.[29] Ebbinghaus autoritärer Führungsstil und eine Einseitigkeit der Beurteilung wurden nun aber auch von professoralen Kollegen offen kritisiert.[30] Bezüglich der Querelen in der Universität konnte sich Becker aber nicht mehr mit der Machtfülle durchsetzen, mit der die Amerikaner 1945 regierten. Im Bericht an seine vorgesetzte Dienststelle E&CR Division der US-Militärregierung in Hessen bemerkt er seine durch die „Ebbinghaus-Mitzka-Affäre" geschürten Zweifel an der Person Ebbinghaus, die er aber gegenüber der Universität nicht formulierte. Es gebe sicher viele politische Standpunkte, aber es seien doch auch persönliche Fehden zwischen Fakultätsmitgliedern und eine damit eingehgehende Spaltungen zwischen Studenten und Bewohnern der Stadt, die eine große Rolle spielten. Becker überlegt, ob man nach der Entlassung Mitzkas nicht besser Ebbinghaus auch gleich von der Universität entfernen solle. In der Formulierung, dass er empfinde

27 NA OMGUS Hesse RC 260 E&CR Div, Box 691, Howard P. Becker: Quarterly History, 1947.

28 Vgl. B. Andreae: „Friedrich Matz d. J. 1890–1974", in: R. Lullies; W. Schiering (Hg.): *Archäologenbildnisse. Porträts und Kurzbiographien von Klassischen Archäologen deutscher Sprache*, Mainz 1988, 250–251. A. E. Furtwängler: „Friedrich Matz", *Neue Deutsche Biographie (NDB)*, Berlin 1990, 419 f.

29 NA OMGUS Hesse RC 260 E&CR Div, Box 691, Howard P. Becker: Weekly Summary, 31.3.1947. Der Sprachwissenschaftler Walther Mitzka hatte von 1933–1937 der NSDAP angehört. Vgl. Klee: *Personenlexikon,* 413.

30 Dies stützt auch die Erinnerung des Historikers Hans Mommsen, dessen Vater Wilhelm Mommsen 1945 seinen Marburger Lehrstuhl für Geschichte verloren hatte: „Unter der Führung von Julius Ebbinghaus hatte sich damals in Marburg eine Art Mafia gebildet, man kann auch sagen: ein Antifa-Ausschuss, der über die Kollegen Gericht hielt und die Amerikaner beeinflusste." Vgl. J. Hacke; J. Schäfer; M. Steinbach-Reimann: „Interview mit Hans Mommsen zum Thema: ‚Neubeginn und Entwicklung der deutschen Geschichtswissenschaft in den 1950/60er Jahren'", in: *H-Soz-u-Kult*, http://hsozkult.geschichte.hu-berlin.de/beitrag/intervie/hmommsen.htm. Vgl. aber: A. C. Nagel: „‚Der Prototyp der Leute, die man entfernen soll, ist Mommsen': Entnazifizierung in der Provinz oder die Ambiguität moralischer Gewissheit", in: *Jahrbuch zur Liberalismus-Forschung* 10, Baden Baden 1998, 55–91.

„dass so ein drastischer Schritt auch gegenwärtig noch erlaubt“ sei, schien aber Becker schon die Beschränktheit der Macht des Universitätsoffiziers einzuleuchten.[31] Als Ebbinghaus sich im Vorbereitungsgremium der Marburger Hochschulgespräche in einen Konflikt verstrickte, war es das Kultusministerium, das ihn nach erfolgloser Intervention der Militärregierung in seine Schranken wies.[32] Der Gestaltungsraum des Universitätsoffiziers war kleiner geworden. Dennoch ging er seine Aufgabe offensiv an. Frei handeln konnte der Universitätsoffizier in den Bereichen, welche nicht von den Deutschen schon abgedeckt worden waren. Die Wiederherstellung des Austausches der deutschen Wissenschaftler mit dem Rest der Welt lag Becker am Herzen. Über seine persönlichen Kontakte mit amerikanischen Universitäten und Verlagen bemühte er sich um die Spende von aktuellen Büchern und Zeitschriften für die hessischen Universitäten.[33]

Universitätsoffizier Howard Becker wurde von den deutschen Universitätsgremien als amerikanischer Gewährsmann für ihre Interessen gebraucht: Den Marburger Professoren schien die Sonderrolle ihrer Universität als Ausrichtungsort der Internationalen Hochschulkurse 1945/46 gefallen zu haben. Hartshorne hatte durch Sommerkurse und Hochschulgespräche der Universität nicht nur einen besonderen Glanz gegeben, sondern auch durch amerikanische Sondermittel diese überhaupt erst ermöglicht. Als Becker nach mehreren Monaten Vakanz den Posten Hartshornes übernahm, hatte das 1946 gebildete Gremium bereits den Großteil der Organisationsarbeit getan. Der Leiter der Erziehungsabteilung, Harry A. Wann.hatte dabei Kontakte zu amerikanischen Wissenschaftlern hergestellt.[34] Bei seiner Ankunft wusste Becker schon um den Erfolg des Vorjahres und stand dem Ansinnen selbstverständlich positiv gegenüber, auch wenn er in Inhalten und Einladungen für das laufende Jahr wegen der kurzen Vorlaufzeit keinen Einfluss mehr nehmen konnte.[35] Ebenso sollten im Spätsommer wieder die Internationalen Ferienkurse in Marburg stattfinden: Beide Projekte brauchen nicht nur die Erlaubnis der amerikanischen Besatzungsbehörden, sondern auch Geld und Logistik für deren Durchführung.

Becker wurde zu Beginn seiner Amtszeit nun nicht nur mit den Planungen der beiden Veranstaltungen konfrontiert, sondern auch mit einem vollkommen neuen Plan, der das Ergebnis von Internationalen Ferienkursen und der Konferenz der Universitätsplaner in eine institutionelle Form gießen sollte. So wurde erstmals der Plan eines „Internationalen College“ genannt, in dem internationale Studenten während ihres Studiums in Marburg zusammenleben sollen. In seinem Bericht sprach Becker von „vielen Mitgliedern des Marburger Professorenkollegiums“,

31 NA OMGUS Hesse RC 260 E&CR Div, Box 691, Howard P. Becker: Quarterly History, 1947.

32 Ebd.

33 NA OMGUS Hesse RC 260 E&CR Div, Box 691, Howard P. Becker: University Officer's Report, 10.3.1947.

34 z.B. in Referenzschreiben: NA OMGUS Hesse RC 260 E&CR Div, Box 683, Harry A. Wann, Director E&RA Division, an Dr. Charles A. Dilley, Asst Chief of Branch of Deconcentration, Decartelization Branch OMGUS, Wiesbaden, 16.5.1947.

35 Becker: Quarterly History, 1947.

die „hoffen, dass die Beispiele der Konferenz und der internationalen Semester den Grundstein legen für ein Internationales College." Becker äußerte sich intern anfangs skeptisch, da er für so ein College die Zeit noch nicht als reif erachtete, „zumal auch ein geeignetes Gebäude noch nicht in Marburg zur Verfügung" stand.[36]

Die Professoren wussten, dass kein Vorhaben ohne Erlaubnis und finanzielle Unterstützung der Amerikaner realisiert werden konnte. Um Becker als Unterstützer zu mobilisieren, weisen sie – „etwas aufdringlich", wie Becker bemerkte – auf vergleichbare Institutionen in der britischen und französischen Besatzungszone hin. In Göttingen und Mainz seien entsprechende Projekte schon wesentlich weiter gediehen. Ein scharfer Wettbewerb, in dem die Amerikaner mit den anderen Besatzungsmächten ob ihrer Aktivitäten in Deutschland ständen, wurde von den Professoren konstruiert.[37] Vor allem in Göttingen hätten die Briten ein großes *Commonwealth and Empire College* geplant, in dem Studenten aus dem ganzen ehemaligen britischen Weltreich während einer Studienzeit in Göttingen wohnen sollten. Bei seiner Visite in Göttingen informierte sich Becker noch im März 1947 bei dem dortigen Universitätsoffizier Geoffrey Bird über das Projekt.[38] Nach den Gerüchte in Marburg, dass dieses College bald eröffnen würde, wurde Becker von Bird über den Stand der Planung informiert, die in keiner Weise konkret geworden waren. Wenn es errichtet sei, würden die Mitarbeiter und die meisten der Studenten aus dem britischen Weltreich kommen. So ein College solle aber auch bestrebt sein, die Vertreter anderer nationaler Gruppen für so ein Projekt zu interessieren, dadurch möglichen Wettbewerb für das projektierte Internationale College in Marburg bieten.[39]

Recht schnell schien Becker gefallen an der Idee des internationalen College gefunden zu haben. Bei den lokalen Vertretern der US-Armee, die immer noch zahlreiche Gebäude in Beschlag hielt, bemühte er sich um ein zentral gelegenes ehemaliges Kasernengebäude. In der Alten Jägerkaserne aus rotem Sandstein sollten einige ausgebombte Institute untergebracht werden und, so Becker, „eventuell, vielleicht, den Kern des International College" bilden. Ohne einen konkreten Termin zu benennen, sagten die verantwortlichen Offiziere zu, das Gebäude so früh als möglich freizugeben.[40] Die von Ebene zu Ebene weitergegebene Begründung innerhalb der US-Militäradministration sprechen dem Projekt schon einen Pilotcharakter für das Ziel zu, „die deutschen Universitäten so weit und so schnell wie möglich aus ihrer Enge hinauszuführen." Die Errichtung eines solchen Instituts diene als „sehr deutlichen Schritt in dieses Richtung, da er dazu beitragen wird, den Horizont der gesamten Universität wesentlich zu erweitern." Diffus

36 Ebd.

37 Ebd.

38 Vgl. Birds Erinnerungen: G. Bird: *The Universities. The British in Germany*, London 1978. Vgl. Kröning: *Nachkriegssemester*, 91 f.

39 Becker: University Officer's Report, 17.3.1947.

40 Becker: Quarterly History, 1947.

bleiben dabei allerdings noch die Vorstellungen von den abzuhaltenden Kursen, die in irgendeiner Form eine völkerverbindende Funktion ausfüllen sollten:

> Dieses College soll eine Stätte für Kurse über fremde Länder, Kurse über Weltprobleme und die Herbeiführung des Kontakts von Fachleuten mit anderen Ländern werden. Die Jägerkaserne würde für diese Pläne den notwendigen Raum bieten und darüber hinaus Schlafgelegenheit für die ausländischen Studenten bieten, die diese Kurse besuchen werden.[41]

Verhandlungspartner der Universitätsoffiziers war der Rektor, Matz und ab Sommer 1947 sein Nachfolger Heinrich Frick. Ob sie wirklich hinter dem Projekt des Internationalen Wohnheims standen, oder das Interesse des Universitätsoffiziers nur nutzten, um das Gebäude für die Universität zu gewinnen, ist nicht zu rekonstruieren. Einzelne Institute hatten nach Kriegsschäden immer noch keine festen Räumlichkeiten und nach wie vor herrschte in der Stadt große Wohnungsnot. Die Korrespondenz der Rektoren mit der Stadt Marburg und dem Land Hessen lässt zumindest nicht auf eine Vision neuer universitären Lebens schließen. Das leer stehende Gebäude „in einem vollkommen verwahrlosten Zustand und völlig ohne Mobiliar" hatte aufgrund der allgemeinen Raumnot auch Begehrlichkeiten der Stadt geweckt.[42] Um die Zuteilung des Gebäudes zu erreichen, hatten Rektor Matz und sein Nachfolger auf allen Ebenen die Interessen der Universität mit jeweils anderer Gewichtung darstellen müssen: Kultusministerium und universitätsinterne Gremien hatte man mit den Platzbedarf der ausgebombten Institute überzeugt. Gegenüber Stadtrat und Öffentlichkeit hatte der Rektor die Übergabe des Gebäudes an die Universität als einzige Möglichkeit einer zivilen Nutzung dargestellt und den Bedarf der Institute betont.[43]

3. ERRICHTUNG DES COLLEGIUM GENTIUM 1949–1955

Während das CG im Sommersemester 1949 mit dem Einzug der ersten Studenten und den Beginn der Aktivitäten des Protektors Schwinge seine Tätigkeit aufnahm, wurde in den universitären Gremien noch an der rechtlichen Trägerschaft der neuen Institution gearbeitet. Da man dem CG eine besondere Rolle zu schreiben wollte, sollte es nicht wie andere Wohnheime von dem Studentenwerk verwaltet werden. Bewusst wurde mit einer eigenen Stiftung ein unabhängiger Corpus geschaffen, der mit der Universität durch die Personalunion der Verwaltungsratsmitglieder und den Protektor verbunden sein sollte. Vertreter aus der Stadtverwaltung und dem Regierungspräsidium im Stiftungsrat sollten auch die Einbindung der finanzverantwortlichen Stellen sicherstellen. Die neue Satzung der Stiftung *Collegium Gentium Marburg/L.* wurde im Herbst 1950 durch das Hessische Innenmi-

41 UAM, 305a/487, gez. Asst Ex O Robert Wallach, for the Director Dr. Newman, Office of Military Government for Hesse to CG, European Command, APO 757, US Army: Release of the Jaeger Kaserne in Marburg, Wiesbaden, 11.7.1947, Übersetzung.

42 Vgl. Chronik der Philipps-Universität Marburg, September 1947 bis 3. März 1950, S. 29.

43 UAM, 305a/487, Rektor Matz an Oberbürgermeister Bleek, Marburg, 3.9.1947.

nisterium bestätigt.[44] Ausschließlich und unmittelbar sei der gemeinnützige Zweck der Stiftung, das Studentenwohnheim *Collegium Gentium* zu unterhalten. Sowohl in Finanzierung wie auch in den Organen sollte das Collegium dabei von der Universität unabhängig sein. Laut dieser Satzung bestehe das Stiftungsvermögen aus dem Inventar des Hauses im Werte von 6.000,- DM. Die Einnahmen generiere das Collegium aus „a) Einnahmen aus eigenem Geschäftsbetrieb, b) Zuschuss des Hessischen Staates, c) laufende Beiträge und Zuwendungen der Freunde und Förderer". Die drei Organe der Stiftung aus Verwaltungsrat der Stiftung, Vorstand und Protektor sollten zu unabhängiger Beschlussfassung fähig sein. Auf Vorschlag des Vorstandes vom Verwaltungsrat der Stiftung sollten Heimleiter, bzw. die Heimleiterin bestellt werden. Der Heimausschuss und ein „Kreis von Förderern und Freunden" wurden für interne Funktionen vorgesehen.[45] Wohl um kein neues langwieriges Verfahren der Gemeinnützigkeits-Anerkennung durchlaufen zu müssen, war die Stiftung nicht komplett neu erschaffen worden, sondern durch Umwidmung einer bestehenden Stiftung *Deutsche Burse* entstanden. Wenn auch mit neuer Besetzung hatte der Verwaltungsrat der alten Stiftung nach Gehör des Senats der Philipps-Universität Marburg 1950 die neue Satzung samt der Umbenennung angenommen.

Die bisherige Stiftung hatte zwar mit dem Wohnheim für Auslandsstudenten einen ähnlichen Auftrag der Bereitstellung des Wohnraumes für Studenten und ausländische Studenten gehabt, war aber durch ihre Zielsetzung in der deutschen Volkstumsarbeit nach 1945 nicht mehr aktiv gewesen. Als Universitätsinstitut innerhalb der Philosophischen Fakultät war das Institut für das Deutschtum im Ausland (Deutsche Burse), im Sommersemester 1918 gegründet worden. Die seit 1920 als Institut für Grenz- und Auslandsdeutschtum an der Universität Marburg (Deutsche Burse) benannte Einrichtung hatte „die wissenschaftliche Durchbildung der akademischen Jugend auf dem Gebiet der Volkstums- und Seelenkunde durch Vorlesungen und Arbeitsgemeinschaften, die von Dozenten der verschiedenen Fachgebiete für Hörer aller Fakultäten gehalten werden und durch Anleitung zu wissenschaftlichen Arbeiten" leisten sollen. Konzeptionell prägend war Wilhelm Mannhardt gewesen, anfangs als Geschäftsführer und Assistent, später als außerplanmäßiger Professor für Volkskunde im Ausland. Mit dem preußischen Kultusminister Carl Heinrich Becker, mit dem Mannhardt als Verbindungsbruder schon vor dem Ersten Weltkrieg in regem Kontakt gestanden und die Konzeption des Instituts schon 1913 vorgestellt hatte, hatte es einen mächtigen Förderer des Instituts gegeben. In den 1920er Jahren hatte Mannhardt sich im Kreis des rechtskonservativen Politischen Kollegs engagiert, einem Gegenentwurf zur republik-

44 UAM, 305a/519, Zinkmann, Der Hessische Minister des Inneren: Genehmigung, Wiesbaden, 11.11.1950, Abschrift.

45 Dem auf drei Jahre bestellten Vorstand sollten insbesondere der Abschluss der Heimaufnahmeverträge und die Anstellung des Personals obliegen. Der Protektor sollte von dem Verwaltungsrat auf Vorschlag des Universitäts-Senats aus dem Lehrkörper bestellt werden. UAM, 305a/519, Rektor Albrecht, Landeshauptmann Häring, Oberbürgermeister Bleek, Regierungspräsident gez. Hach, Verwaltungsdirektor gez. Ranft: Satzung der Stiftung Collegium Gentium, Marburg, 10.7.1950.

freundlichen Berliner Hochschule für Politik.46 Schon im April 1919 hatte er dem wissenschaftlichen Institut in Marburg ein Wohnheim angliedern wollen, um eine politische Erziehung „im Rahmen einer Gemeinschaft“ zu verwirklichen. Ein Studenteninternat sollte „den Blick der Marburger Studentenschaft durch Vermittlung des Grenz- und Auslandsdeutschtums auf das Ausland und seine vielfältigen Beziehungen zum Reiche lenken, um dadurch die verderbliche, einseitig-parteipolitische Einstellung des Deutschen zu bekämpfen.“ Zu diesem Zwecke sollte ein „enger Kreis von inlands-, grenz- und auslandsdeutschen Studenten [...] in wissenschaftlicher Arbeit und Hausgemeinschaft sich selbst [...] erziehen.“ Dieses Wohnheim war von der Burse als eingetragenem Förderverein *Freunde des Marburger Instituts für Grenz- und Auslandsdeutschtums* im eigenen Haus am Rotenberg 21 eingerichtet worden. Die laufenden Kosten des Wohnheims wurden durch staatliche Mittel aus dem preußischen Kultusministerium bestritten.[47] Nach Richtungsstreitigkeiten über die Ausrichtung, war die *Deutsche Burse* am 15. Mai 1942 in eine Stiftung überführt worden.[48] Deren Präambel hatte den Zweck des

46 B. Petzinna: *Erziehung zum deutschen Lebensstil*, Berlin 2000, 144 ff, hier: 156. Das „Politische Kolleg für nationalpolitische Schulungs- und Bildungsarbeit“ wurde am 1.11.1920 gebildet und nutzte die Räume im Haus des „Deutschen Schutzbundes für das Grenz- und Auslandsdeutschtum“ in der Motzstrasse 22, Berlin. Politiker aus DVP und DNVP stellten den Verwaltungsrat. Sponsor war Alfred Hugenberg, der zwar nicht mit dem gesamten Programm des „Ring-Kreises“ übereinstimmte, aber wahrscheinlich hoffte, das Kolleg als Schulungsstätte der DNVP auszugestalten. Vgl. Petzinna: *Erziehung zum deutschen Lebensstil*, 147.

47 Ebd. 170 ff.

48 Der 1927 zum Professor ernannte Mannhardt warb als Übersee-Referent des Verein für das Deutschtum im Ausland (VDA) weltweit Studenten für das Studium in Marburg. Nach 1933 hatte Mannhardt die Burse aus dem ideologischen Zugriff des NS-Staates herauszuhalten versucht, da er die Auffassung vertrat, dass das Auslandsdeutschtum aus parteipolitischen Zielsetzungen des Dritten Reiches herausgehalten werden müsse. Vgl. A. Schwob: „Johann Wilhelm Mannhardt“, *Neue Deutsche Biographie*, 1990, 65 f. Innerhalb der NSDAP war ebenfalls ein Richtungsstreit bezüglich Besitz und Funktion der Burse entbrannt, in der seit Kriegsbeginn saarländische Flüchtlinge untergebracht wurden. An der einen Seite stand der Volkskundler Heinrich Harmjanz, der als frühes NSDAP- und SS-Mitglied als Sachbearbeiter im Amt Wissenschaft des Reichswissenschaftsministeriums arbeitete. Vgl. Klee: *Personenlexikon,* 226. Harmjanz wollte sowohl den 1935 nach Breslau versetzten Mannhardt als auch die Institution ausschalten, auf die das Ministerium keinen vollen Zugriff hatte. Harmjanz in einem Schreiben 1941: „Zusammenfassend ist zu sagen, dass Marburg nie ein Zentrum wissenschaftlicher volksdeutscher Arbeit gewesen ist, weil Prof. Mannhardt auf diesem gebiet unbedeutend war und seine charakterlichen Schwächen jede erspriessliche Arbeit gehemmt haben. Die Behauptung des Gauleiters, dass der Ruf und die Tradition der Universität Marburg auf dem Spiel stände, kann nur der ernst nehmen, der das übrige wissenschaftliche Leben Marburgs nicht kennt. An eine Wiedereröffnung der Burse ist aus besitzrechtlicghen Verhältnissen z.Zt. überhaupt nicht zu denken und ist aus sachlichen Gründen z.Zt. unmöglich, weil auch die anderen auslandsdeutschen Studentenheime keinerlei Insassen schon seit Beginn des Krieses besitzen.“ Zitiert nach Nagel (Hg.): D*ie Philipps-Universität Marburg im Nationalsozialismus*, 389. An der anderen Seite stand der langjährige Marburger Universitätskurator Ernst von Hülsen, der sich 1940 zusammen mit dem Absolventen des Instituts Fritz Menn um eine Wiederbelebung der Verschränkung von Wissenschaft und Zusammenleben in der Burse bemühte. Der in der NSDAP-Gaupropagandaleitung Kurhessen tätige Menn

Wohnheims nun nicht mehr in einer Verschränkung mit der Wissenschaft formuliert, sondern sollte „volksdeutschen und auslandsdeutschen jungen Männern den Besuch der Universität und der Fachschulen Marburgs zu erleichtern und sie zu tatkräftigen Mitgliedern der deutschen Volksgemeinschaft heranzubilden und um jungen Männern, die germanischen Völkern angehörten, den Besuch der Universität Marburg zu erleichtern." Dadurch sollte die „Kameradschaft zwischen der deutschen Jugend und der Jugend der germanischen Völker" vertieft werden.[49]

Dass die universitären Gremien Marburgs nach 1945 nun an die Deutsche Burse anknüpften, ist nur teilweise verständlich. Trotz der Parallelen des Wohnheimkonzepts scheint keine Konstanz von der alten Einrichtung in das CG gegeben zu sein. Unter Umständen lag in der Umwidmung das Interesse an den Ansprüchen der Stiftung auf die Immobile Rotenberg 21, die schon am Kriegsende nicht mehr unmittelbar von der Stiftung genutzt worden war. So hatte Mannhardt die Umwidmung von 1950 angefochten und 1952 eine Einrichtung Deutsche Burse gegründet, die den Anspruch des CG in Frage stellte. Auch das Hessische Innenministerium und das Bundesinnenministerium hinterfragten 1956 die Umwidmung der Stiftung. [50] Das Hessische Ministerium für Erziehung und Volksbildung vertrat den Standpunkt, dass die Überführung der Stiftung in den neuen Zweck und das neue Kuratorium rechtens gewesen war. Ministerialdirigentin Helen von Bila schrieb an das Innenministerium, dass der in der Präambel der Stiftungsurkunde vom 15. Mai 1942 festgeschriebene Zweck der Stiftung Deutsche Burse „nach dem Zusammenbruch des nationalsozialistischen Regimes unmöglich geworden [sei], weder die Bundesrepublik noch das Land Hessen verfolgen großdeutsche oder pangermanische Ziele."[51] Letztendlich wurde die Übertragung der

hatte auch Anfangs den dortigen Gauleiter für diesen Plan gewinnen können, der sich für die Wiedereröffnung eingesetzt hatte. Harmjanz in seinem Entwurf für ein Antwortschreiben des Reichsministers an Gauleiter Weinrich: „Kurator von Hülsen betrieb 1941 wieder energisch die Wiedergründung der Burse. Hülsen behauptete, 15 Studenten zur Verfügung zu haben und verlange vom REM die Übernahme des von Mannhardt geforderten Mietzineses in Höhe von 6000,- RM, womit „entsprechend den Räumlichkeiten der Burse [...] jeder Student dann etwa vier Räume zru Verfügung [hätte]," Zur Durchsetzung seiner Vorstellungen bediene sich der Kurator der Hilfe des Auswärtigen Amtes. Gleich sei es in dieser Frage auch zu einem Streit mit dem Marburger Rektor Mayer gekommen, der die Ansicht des REM teile, „dass die Burse unter den vom Kurator vorgebrachten Gesichtspunkten nicht eröffnet zu werden brauche, da volksdeutsche Studenten überhaupt nicht vorhanden seien, sondern zunächste nur Norweger." Der Kurator habe eigenmächtig und unter Umgehung aller Diensstellen gehandelt. Nagel (Hg.): D*ie Philipps-Universität Marburg im Nationalsozialismus*, 389. Letztendlich hatte sich Kurator Hülsen gegen die Einwände des Ministeriums durchsetzen können und die *Deutsche Burse* am 1. November 1941 wieder eröffnet. Ebd, 340.

49 Vgl. UAM 305a/2320, Dr. von Bila an den Hessischen Minister des Innern: Die rechtsfähige Stiftung Collegium Gentium, Wiesbaden, 12.11.1956.

50 Entweder war die Stiftungsurkunde von 1942 bei einer Überprüfung alter Unterlagen aufgefallen oder es war Mannhardt gewesen, der wiederholt auf die „Wegnahme" der Stiftung hingewiesen hatte. Ebd.

51 Ebd. Vgl. auch UAM, 305a/2316, Ministerialrat Dr. Scheidemann, Bundesministerium des Innern, an den Regierungspräsienten in Kassel, Herrn Dr. Hoch, Bonn, 25.7.1957.

alten Stiftung in die neue rechtliche Hülle des CG anerkannt.[52] Das Haus Rotenberg 21 hatte zwar den Krieg überdauert, war in den letzten Kriegsjahren für verschiedene Zwecken im Umfeld der Universität genutzt worden.[53] Die Stiftungsverwaltung nahm keinen inhaltlichen Einfluss auf die Konzeption des CG. Die Stiftung zeigte außer in der rechtlichen Hülle keine Konstanz zu der inhaltlichen und ideologischen Ausrichtung der Stiftung Deutschen Burse vor 1945.

Im Sommersemester 1949, mit Einzug der ersten Studenten in den einen Flügel des Hauses, entfaltet sich in großer Geschwindigkeit eine auf demokratischen Verfahren fußende Selbstverwaltung. Scheinbar hatte der erste von der Stiftung bestellte Protektor des Heimes, der Jura-Ordinarius Erich Schwinge, im ersten Semester noch Mühe gehabt, genügend Interessenten für das neue Wohnen zusammenzukriegen.[54] Ab dem zweiten Semester gab es genügend Bewerber, die der Protektor unter Mitarbeit des gewählten Seniors auswählte. Im Herbst 1949 übernahm der der Jurist Gerhard Wacke das Amt des Protektors des nun als *Collegium Gentium* (CG) bennanten neuen Wohnheims.[55] Im Januar 1950 erließ der Protektor eine Heimordnung.[56] So hatte er einen Rahmen geschaffen, nahm aber folgend so gut wie keinen aktiven Einfluss mehr auf die weitere interne Entwicklung der Studentenschaft.

Von Anfang an war das CG als Wohnheim für männliche und weibliche Studierende vorgesehen. Im Ostflügel sollten 40 Studentinnen untergebracht werden.

52 Als sich Mannhardt nach Entlassung aus der Kriegsgefangenschaft für die Wiedererrichtung seiner Deutschen Burse stark gemacht hatte, die ja auch in einer eigentümlichen Verbindung aus einem Studienprogramm und dem Wohnheim bestand, war im letztendlich kein Erfolg beschienen. Fragen der „Förderung des Auslandsdeutschtums" lagen zu nahe an der NS-Ideologie. Dennoch zeigte sich in der Nutzung des Hauses Rotenberg 21 durch die folgenden zwei Jahrzente eine estaunliche Korrespondenz mit den Zielen Mannhardts, der bis zu seinem Tod 1969 in Freiburg sich der „Föderalistischen Union Europäischer Volksgruppen" widmete und die Zeitschrift *Europa Ethnica* mit herausgab. Das Haus in Marburg wurden zeitweilig von dem 1950 geschaffenem Johann-Gottfried-Herder-Institut für die historische Ostmitteleuropa-Forschung mit besonderem Fokus auf die deutschen Minderheiten genutzt. Vgl. G. Rhode; H. Hassbargen: „Übersicht über ausländische Institute auf dem Gebiet zeitgeschichtlicher Forschung", in: *Vierteljahrshefte für Zeitgeschichte* 1/3/1953, 297–300. In den 1960er Jahre arbeitete in dem Haus die von Heinz Kloss geleitete „Forschungsstelle für Sprachen- und Nationalitätenfragen", die 1971 in das „Institut für Deutsche Sprache" in Mannheim eingegliedert wurde. Vgl. M. Zoeppritz: „Heinz Kloss", in: *Kulturimpuls*, http://biographien.kulturimpuls.org/detail.php?&id=195, abgerufen 6.11.2010.

53 Der aus der zerbomten Universität Köln nach Marburg ausgelagerte Schriftsteller Ernst Bertram, einst einer der engsten Gefährten des Dichters Stefan George, lebte 1945 neben anderen in dem Haus. Vgl. Nagel (Hg.): D*ie Philipps-Universität Marburg im Nationalsozialismus*, 499.

54 Der Jurist Erich Schwinge war seit 1931 Professor an der Universität Halle, 1936–1939 in Marburg und 1940–1945 in Wien. Seit 1933 hatt Schwinges die Rechtspolitik des NS-Staates durch seinen Gesetzeskommentar zum Militärrecht mitgeprägt. Ab 1948 wieder Oridarius , fungierte er 1954/55 als Rektor der Philipps-Universität. Vgl. Klee: *Personenlexikon.*

55 Vgl. zu Wacke: Auerbach: *Catalogus professorum Academiae Marburgensis.*

56 UAM, 305a/487, Verwaltungsrat der Stiftung Deutsche Burse: Heimordnung für das Studentenheim „collegium gentium", Marburg, 27.1.1950

Als Verbindung zwischen den beiden geschlechtsgetrennten Seitenflügeln des Hauses sollte ein Saal dienen, der auch für Vorträge und musikalische Darbietungen zur Verfügung stehe.[57] In der Zeitung wurde der Bevorstehende Einzug schon ausgiebig angekündigt:

> Mit Spannung erwarten die Studenten, die einen Flügel im oberen Stockwerk des Gebäudes bewohnen, den Einzug ihrer weiblichen Kollegen. Hinter einer Glastür am Ende des Studentenwohnheims ist inzwischen vom Hochbauamt der Universität das entzückende Heim für Studentinnen fertig gestellt worden. (Der Schlüssel zur Glastür soll wie uns zuverlässig berichtet wird, in sicherem Gewahrsam sein).[58]

Die ersten 45 Bewohner des Collegium Gentium waren dann aber doch nur Männer. Da im Winter 1949 für die männlichen Studenten eine weitaus größere Wohnungsnot herrschte, war die Entscheidung von Protektor und studentischem Wohnungsamt rein pragmatisch gefällt worden. Der Senat der Universität beschloss kurzfristig, den für die Damen vorgesehenen Teil des Gebäudes auch für männliche Studenten zur Verfügung zu stellen.[59] Die *Marburger Nachrichten* kommentierten, dass die Frage, ob das neuerrichtete Wohnheim nun von Studentinnen oder Studenten bezogen werden soll, „jetzt endgültig zugunsten der Herren der Schöpfung entschieden worden“ sei. Der Entschluss wurde damit begründet, dass die Unterbringung der Studenten sehr viel größere Schwierigkeiten biete. Etwa 75 Prozent der Studentinnen, die sich für das Heim angemeldet hatten, hätten schon über Wohnraum in der Stadt verfügt und nur eine Verbesserung ihrer Wohnverhältnisse angestrebt. Die getroffene Regelung galt nur für das WS 1949/50, danach zogen die Damen ein.[60] Nach dem ersten Jahr des Zusammenlebens wurde gerade dieses Alleinstellungsmerkmal sehr betont. In der *Oberhessischen Zeitung* wurde das CG als „einzige westdeutsche Wohnheim für Studentinnen und Studenten“ bezeichnet.[61] Innerhalb des CG schien der Konsens für das in seiner Zeit außergewöhnliche Wohnheim zu geben. Als Protektor Wacke 1951 schrieb, dass es nicht leicht gewesen sei, zu erreichen, dass auch Studentinnen neu aufgenommen werden konnten, meint er wohl die externen Vorurteile gegen das Zusammenwohnen der Geschlechter in einem Haus. Die Regeln für das Zusammenleben beider Geschlechter seien „von Anfang an ganz unvoreingenommen entwickelt worden.“ Die Anwesenheit von Studentinnen charakterisiere das Heim, sie gebe jeder musischen und geselligen Veranstaltung, aber auch jeder Aussprache, das Gepräge. Es herrsche „ein heiteres, unbefangen freundliches Leben“. So erklängen schon frühmorgens die Geburtstagsständchen des Mädchenchores im Herrenflügel. Jeder, der das Heim betrete, spüre es alsbald an der Atmosphäre: „Das ist keine Kaserne, hier wohnen auch junge Damen.“[62]

57 H. Sch.: „Collegium Gentium“, *Marburger Presse*, 2.9.1949.
58 Ph.: „Studentinnen wohnen hinter Glastür“, *Marburger Nachrichten*, 15.10.1949.
59 UAM, 305a/487, Auszug aus dem Senatsprotokoll, Marburg, 17.10.1949.
60 Ph.: 1:0 für die Studenten, *Marburger Nachrichten*, 4.11.1949.
61 „Neue Heimgemeinschaft bewährt sich“, *Oberhessische Zeitung*, 2.2.1951.
62 UAM, 308/9–1, Tafel 12, G. Wacke: Das Collegium Gentium in Marburg, (1951).

Ein weiteres wesesentliches Charakteristikum des CG sollten die ausländischen Studenten als Bewohner sein. Als die studentische Selbstverwaltung sich formiert hatte, entfaltete sie auch konsequent Aktivitäten in diese Richtung. Die Prospekte mit Grundgedanken und Selbstdarstellung des Collegium Academicum sollten von der zuständigen Stelle der Universität der Erstkorrespondenz mit ausländischen Studenten beigelegt werden. Parallel wurde der Prospekt an 40 europäische, zehn amerikanische und alle deutschen Universitäten verschickt. Der erste Senior des Collegiums erhoffte sich den Beginn eines Studentenaustausches. Die Studenten wollten mit diesen Bemühungen „einen bescheidenen Beitrag zu der für unser Volk so wichtigen Verständigung mit anderen Völkern leisten." Allerdings blieben die Wohnheimplätze aufgrund der räumlichen Möglichkeiten beschränkt. So wies das gleiche Anschreiben, in dem um das Versenden des Prospektes gebeten wurde, schon die Einschränkung auf, dass für das kommende Semester das Haus schon voll belegt sei. Im Wintersemester waren eine Amerikanerin, je ein Amerikaner, Türke und Schweizer zur Hausgemeinschaft hinzugekommen.[63] 1951 äußert sich Protektor Wacke freudig über die „bewusst vielseitig zusammengesetzte" Bewohnerschaft: „grundsätzlich Angehörige aller Fakultäten und Semester, und darunter Deutsche jeden Schicksals, aus dem Ausland, Polen, der CSR, Ostdeutschland, Mitteldeutschland, Ost- und Westberlin, Westdeutschland, dem Saarland, und Ausländer aus Europa und Übersee, insgesamt das Modell einer Universität im Kleinen." Das freudige Mitwirken der Ausländer weite den Horizont der deutschen Bewohner in ungeahnter Weise. Jede Fragestellung der Debatten werde durch sie klarer und ergiebiger.[64] Nicht nur der Austausch, sondern auch die Identifikation mit Geschehnissen im Ausland hat dieser Anspruch hervorgebracht. Bei der Flutkatastrophe 1953 in Holland initiierten die Studenten selbst eine Spendensammlung.[65]

Das Collegium Gentium sollte „nicht mit hotelartigen Heimen gleichgesetzt werden, in denen ein Miete einziehender und postverteilender Zerberus die einzige Verbindung der Bewohner darstellt", hatte Protektor Wacke in der Darstellung des Heimes als Abgrenzung zu üblichen Studentenwohnheimen geschrieben.[66] Die Räume des Collegium Gentium wollten Geborgenheit ausstrahlen und bewusst die Strukturen der Kaserne vermeiden, um einen Rahmen für dieses Zusammenleben zu bieten. Dieser Charakter des Hauses, den Protektor Wacke später so oft betont, bestand von Anfang an. Schon währen des Ausbaus der Räume im Dachgeschoss der ehemaligen Jägerkaserne bemerkt ein Zeitungsartikel die Kleinteiligkeit des Baus. In dem Ostflügel sollten 40 Studentinnen ein Heim finden, „wie es wohl schöner nicht erstellt werden könnte." „Von der Kaminecke bis zur Türklinke, von den Wasch- und Brauseräumen bis zur Teeküche" sei „alles in gediegener Handwerksarbeit und mit großer Liebe zur Sache durch das Universi-

63 UAM, 305a/487, Senior Karl-August Schroeder an Amtmann Michel, Marburg, 20.10.1950.

64 UAM, 308/9–1, Tafel 12, G. Wacke: Das Collegium Gentium in Marburg, (1951).

65 UAM, 308/9–1, Klaus Müller: Tafel 13, Marburg, Mai 1964.

66 UAM, 308/9–1, Tafel 12, Prof. Dr. Gerhard Wacke: Das Collegium Gentium in Marburg, undatiert (1951).

tätsbauamt geschaffen worden."[67] Und so fasste Protektor Wacke den äußeren Rahmen von 1951 zusammen:

> Im obersten Stock des großen Institutsgebäudes 32 neu erbaute, angenehm eingerichtete Wohnräume für je einen bis fünf Bewohner, zusammen 80 Plätze, ein Wohnflügel für Damen und einer für Herren, dazwischen die Gemeinschaftsräume, vier Kamin- und Wohndielen, eine mit Oberlicht, Musikzimmer, Vortragssaal, Studierzimmer, spiegelnde Fußböden, geschmiedete Leuchten, gebrannte Majoliken, Gemälde aus dem Museum, Flügel, Klavier, Rundfunk, Streich-, Zupf- und Blasinstrumente, Tischtennisspiele, Billard, Tageszeitungen, entstehende Bibliothek, eine weibliche und eine männliche Küche mit vielen Gaskochern (gemeinsame Großküche noch nicht eingerichtet), Duschräumen, Zentralheizung, Mietpreis 17-26 DM je Monat, einschließlich Licht, Gas, Heizung und Reinigung, Feriengeld die Hälfte.[68]

Aufgrund allgemeiner Wohnungsnot und der drängenden Zeit waren im Herrenflügel ein Teil der ehemaligen Kasernenzimmer ohne wesentlichen Umbau bezogen worden. Diese „lästigen 5-Bett-Zimmer" konnten dann erst durch Ausbau einzelner Mansardenzimmer 1951 ersetzt werden.[69] Der erste Winter im Collegium war von Heizungsproblemen begleitet.[70] Im Vergleich waren die Wohnbedingungen schlicht, aber dennoch kultiviert. Die Rückkehr bürgerlicher Formen schien auch den Journalisten zu gefallen, die den Besuch von Mrs. McCloy kommentierten. „Aber hier riecht es ja gar nicht nach Soldaten", soll die Frau des Hohen Kommissars schon zur Begrüßung gesagt haben. Gäste und Honoratioren der Universität hätten sich „augenscheinlich wohl gefühlt", „an den weiß gedeckten Tischen mit einem einfachen Essen, dem man nicht ansehen konnte, dass die Studentinnen – diesmal als Hausfrauen – bis tief in die Nacht hinein geschafft haben, um ihren Gästen eine schöne Stunde zu bereiten." Bei „Plätzchen und Grapefruit-Saft" herrschte eine fröhliche, natürliche Stimmung."[71] Die Verwendung der amerikanischen Spende zeigt aber auch, wie sehr es noch 1951 an nötigsten Dingen mangelte. Das Geld sollte „in erster Linie für die Küche des Heims" verwendet werden, „um die Verpflegung der Studierenden sicherzustellen." Betten, Wäsche und Geschirr sollen auch noch angeschafft werden.[72] Eine Professionalisierung des Alltagsbetriebs sollte grundsätzlich aber die Studenten entlasten. Die geschäftlichen Angelegenheiten des Heims wurden durch den Heimleiter besorgt, dem

67 H. Sch.: „Collegium Gentium", *Marburger Presse*, 2.9.1949.

68 UAM, 308/9–1, Tafel 12, G. Wacke: Das Collegium Gentium in Marburg, (1951).

69 UAM, 305a/487, Gerhard Wacke an den Verwaltungsdirektor: Sitzung des Verwaltungsrates des Collegium gentium, Ausbau der Küchenanlage, Marburg, 13.1.1951.

70 UAM, 305a/487, Kautsky, Verwaltungsdirektor des Institutsgebäudes, an den Verwaltungsdirektor der Universität, Marburg, 21.12.1950.

71 „Hoher Gast im Collegium gentium", *Marburger Presse*, 26.5.1950. Johannes Plate ist der Hinweis auf die Symbolik des genannten Getränkes zu verdanken: Das Grapefruit-Saft angeboten wird, bzw. in dem Artikel ausdrücklich genannt wird, suggeriert Nähe zum amerikanischen Lebensstil. Ähnlich der Erdnußbutter war die zuvor als Pampelmuse bekannte aber wenig verbreitete Grapefruit erst mit dem amerikanischen Einfluss nach dem Krieg populär geworden. Vgl. M. Behmer; B. Hasselbring: *Radiotage, Fernsehjahre*, Münster 2006, 165.

72 „51.000 DM für Studentenwohnungen", *Marburger Presse*, 2.2.1951.

auch das Hauspersonal unterstand.[73] Der Speisungsbetrieb in den Räumen des Collegium war ein Anliegen, das im Verwaltungsrat von Staatsvertretern mehrfach geäußert worden war. 1951 stand der Vorschlag, im Dachgeschoss auch eine Großküche unterzubringen.[74] Die Universität entschied sich dann aber zum Ausbau des Hofflügels des Institutsgebäudes. Dort sollte ein von einem Gastwirt in eigener Regie geleiteter Küchenbetrieb eingerichtet werden. In einem gemeinschaftlichen Speiseraum sollten die Bewohner des Collegium Gentium Mittag essen können. Zwei weitere Räum sollten auch für Abendveranstaltungen anderer studentischer Gruppen, die keine eigenen Häuser oder Räume besitzen, zur Verfügung gestellt werden können.[75]

In einer Übersicht über die Marburger Universität von 1952 wird das CG als konsolidierte Institution beschrieben. Professor Goldammer stellte das CG als „kein Studentenwohnheim im bisher üblichen Sinne“ dar:

> Es stellt eine Institution dar, in der Bewusst das gemeinsame Wohnen und Leben der Studierenden zur Intensivierung geistiger und politischer Arbeit und zur gegenseitigen Erziehung benutzt und so eine neue studentische Lebensform praktiziert wird. Ähnliche Einrichtungen sind in den Jahren nach dem Kriege unter verschiedenartigen Umständen und ganz unabhängig voneinander an einer ganzen Reihe deutscher Hochschulen gewachsen. Das Heim, entstanden im Frühjahr 1949, rechtlich getragen von einer gemeinnützigen Stiftung staatlicher und kommunaler Stellen, liegt im Dachgeschoss der ehemaligen Jägerkaserne, Gutenbergstrasse 18. Es verfügt über 35 geschmackvoll eingerichtete Wohnräume, in denen 82 Studentinnen und Studenten leben können. Darüber hinaus gibt es Arbeits- und Musikzimmer, Lese- und Spielzimmer und behagliche Kaminecken für den gemeinsamen Aufenthalt. Für Veranstaltungen der gesamten Heimgemeinschaft dient ein Vortragssaal. In zwei Gasküchen können sich die Heimbewohner kleinere Gerichte selbst zubereiten, das Mittagessen wird gemeinsam eingenommen. Diesen ihnen von der Stiftung zur Verfügung gestellten äußeren Rahmen mit Leben zu erfüllen, war und ist Aufgabe der Bewohner. Die von der Heimgemeinschaft selbst erarbeitetem „Grundgedanken des Collegium Gentium“ Sollen eine verbindende und verbindliche Basis für alle Mitglieder der Heimgemeinschaft darstellen, sie sollen die innere Haltung, aber auch das äußere Handeln der Heimgemeinschaft kennzeichnen.[76]

Bis Mitte der 1950er Jahre entwickelte sich die Heimgemeinschaft des CG im beschriebenen Rahmen. Schon im ersten Jahr des CG war der *Verein der Freunde und Förderer des Collegium Gentium* gegründet worden, der auch ein Mitteilungsblatt von beachtlichem Umfang an seine Mitglieder sendete. In diesem Rundbrief zeigte sich ab 1954 aber auch die Wahrnehmung eines Generationenwechsels durch die Studenten. Senior Bill Coupe betonte in seinem Rückblick besonders die Verbindung mit den Ehemaligen und Fördern. Es sah gegenwärtig das CG in einem Umbruch, da der Konsens der ersten CG-Bewohnergeneration so nicht aufrechtzuerhalten sei:

73 UAM, 305a/487, Verwaltungsrat der Stiftung Deutsche Burse: Heimordnung für das Studentenheim „collegium gentium“, Marburg, 27.1.1950

74 UAM, 305a/487, Gerhard Wacke an den Verwaltungsdirektor, Marburg, 13.1.1951.

75 UAM, 305a/519, Auszug aus dem Senatsprotokoll, Marburg, 12.3.1951.

76 Karl Müller: „Collegium Gentium“, in: K. Goldammer (Hg.): *Marburg. Die Philipps-Universität und ihre Stadt*, Marburg 1952, 152–155, 152.

> Die Grundidee Collegium Gentium ist meines Erachtens eben die, dass Verantwortung zur Verantwortlichkeit erzieht und erziehen soll. Bis jetzt war fast immer so, dass die Leute, die Verantwortung im Heim übernahmen, schon älter waren und ein ausgeprägtes Verantwortlichkeitsgefühl mit sich brachten. Mit dem Verschwinden der Kriegsgeneration sieht die Lage anders aus – es fehlen uns jetzt die erfahrenen, im Leben schon erprobten Leute, die ihr mehr oder weniger fertiges Weltbild mit sich brachten. Das Durchschnittsalter im Heim sinkt immer mehr herab. Die Menschen, die jetzt zu uns kommen und kommen werden, suchen noch immer nach Halt in einer Welt, die sie kaum kennen und desto weniger begreifen können. Die Aufgabe des Collegium Gentium besteht nicht mehr darin, ehemaligen Soldaten, die trotz allem, was sie durchgemacht hatten, Idealisten geblieben waren, die Möglichkeit zu geben, ihren Idealismus praktisch zu verwirklichen. Seine Aufgabe ist jetzt, aus Schülern Menschen zu machen.[77]

Diese Selbstverortung der Studierenden im Gegensatz zum Schuldasein entsprach schon viel mehr den Freiheitsvorstellungen Deweys, die die Amerikaner mitgebracht hatten. Die neue Generation der Bewohner sei laut Coupe nur „Schuldisziplin gewohnt“, während es im CG „lediglich Selbstdisziplin“ geben könne. Diese Schülern seien noch nicht „zu der Erkenntnis durchgedrungen, dass nur das Gesetz, das wir uns selbst geben und halten, uns Freiheit geben kann.“ Den neuen Heimbewohnern müsse von den Mitstudenten klargemacht werden, „dass wir uns selbst beherrschen, damit wir nicht zu Knechten werden, und dass das Selbstbeherrschen mehr Pflichten als Gaben mit sich bringt.“ Das jüngere Collegium stehe in der Ansicht Coupes nun vor der Wahl, „ob es im demokratischen Sinn bestehen oder zu einer billigen Wohnmöglichkeit für Studenten werden“ wolle.[78] Und dabei Spielte Coupe schon auf den Versuch des Protektors Wacke im Juli 1954 an, durch den Entwurf für eine neue Aufnahmeordnung für das Wohnheim formal klarere Verhältnisse zu schaffen.[79] Ein Eingriffsrecht des Protektors in die inneren Angelegenheiten der Hausbewohnerschaft des CG wurde von Coupe klar abgelehnt:

> Man hat gesagt, dass, wenn die letzten Alten uns verlassen, die Disziplinierung von oben kommen muss; so etwas würde aber das gänzliche Versagen unseres Prinzips bedeuten und aus dem Collegium eine Art Pensionat machen. Für uns ist es ausgeschlossen, dass der Protektor , abgesehen davon, dass er *in loco parentes* den einzelnen Heimbewohnern gegenüberstehen und ihnen mit Rat und Tat beistehen soll, dem Heim als Ganzen je mehr als die höchste Instanz sein darf, die nur in jenen Fällen entscheidet, die den Studenten selbst unlösbar sind; aus ihm einen Heimleiter machen zu wollen, wäre eine Herabwürdigung seines Amtes und Einschränkung der Selbstverwaltung.[80]

Diese Abwehr der studentischen Heimverwaltung gegenüber als übergriffig empfundene Maßnahmen der Universität oder von Gremien der Trägerstiftung sollte in den kommenden Jahren des CG in den Vordergrund treten. Auch der Jahresbericht 1955 zeugte aber vor allem von einem sehr lebendigem studentischen Zu-

77 UAH 305a/2318, B. Coupe: „Gedanken zur Entwicklung des CG“, in: Gesellschaft der Freunde und Förderer des Collegium Gentium: *Rundbrief Nr. 8*, Juli 1954, 2–3.

78 Ebd.

79 Vgl. UAM, 305a/2319, G. Wacke: Denkschrift zum Aufnahmeverfahren des Collegium gentium, Marburg, 2.7.1954.

80 UAH 305a/2318, B. Coupe: Gedanken zur Entwicklung des CG, 2–3.

sammenleben, das sich allerdings sehr an die zeitspezifischen Interessen anzulehnen schien. So berichtete der Kulturreferent von 1955 vom Konzert in C-Dur für zwei Klaviere und Orchester von Johann Sebastian Bach, das die Hausbewohner selbst aufgeführt hatten, und vom Malwettbewerb, aber auch vom Kampf um den Fernseher:

> Der zu Semesteranfang eingebrachte Antrag, das Fernsehgerät abzuschaffen, verscheuchte schlagartig alle Ferienmüdigkeit. Leidenschaftliche Diskussion, abfällige Kultur-Banausen-Bemerkungen, grimmig-heimliche Drohungen, kurzum: Leben war plötzlich in der Bude, wie in alten Zeiten. Die Aktualität der Fernseh-Frage beschäftigte selbst oberste Heiminstanzen: Der heilige Antonius zu Padua, derzeit inkarniert in vielen Bewohnern, musste sogar beweiskräftigen dazu herhalten. Die Abstimmung, Abschaffen oder nicht, spannungsgeladen, verlief – hört! Hört! – quer durch alle Fraktionen. Präsident Richard Wagner verlor beim Aufrufen der Namen vor Erstaunen zum ersten Mal die obligate Präsidentenwürde. Ergebnis: Wie's Hornberger Schiessen! Alle Antoniusse waren tief befriedigt, das Fernsehgerät flimmerte vor Vergnügen.[81]

Das Engagement der Bewohnerinnen und Bewohner des CG zeigte sich aber erstaunlich vielseitig. Eine Frankreichfahrt war unternommen worden, Sportgruppen hatten sich betätigt ebenso wie eine Gruppe zur Pflege der englischen Sprache. Der Bericht des Politikreferenten von 1955 zeigte auch, dass diese Entwicklung nicht unbedingt weitergehende Studium generale-Konzepte der Universität mit einschloss. Der Politikreferent des CG Wolfgang Germer war zeitgleich auch der AStA-Referent „für staatsbürgerliche Erziehung" der Gesamtuniversität gewesen. Germer klagte über mangelndes Interesse an seinen Veranstaltungen, die er mit einem „Aufgeben des politischen Gewissens" gleichsetzte.[82] Seine Veranstaltungen waren schwach besucht gewesen. Das CG-Seminar zu den „Problemen um die deutsche Wiedervereinigung" hatte nur sehr wenige Teilnehmer gehabt, so dass es den eigens angereisten Referenten gegenüber peinlich gewesen wäre. Nur

81 UAM 305a/2318, Friedrich von Rosen: Kulturreferat, Gesellschaft der Freunde und Förderer des Collegium Gentium, Ursula Stadelmann: Rundbrief Nr. 10, Marburg, Juli 1955, 17–19.

82 Germer begründete eine Politik-Verdrossenheit: „Politik? In Verbindung mit der Wissenschaft? Das geht vielleicht gerade nicht die Politikstudenten an, im äußersten Falle die Juristen. Im übrigen bleiben die Chemiker bei ihren Präparaten, die Mediziner bei ihren Kranken, die Philologen bei den Klassikern und den modernen Dichtern, je nach Studienrichtung und Interesse, Und das politische Geschehen, das oft erst die Möglichkeiten prägt, die o.a. Tätigkeiten auszuüben, wird resignierend, geringschätzig beiseitegeschoben. So scheint heute das Verhältnis der großen Menge der Studenten gegenüber politischen Dingen zu sein. Vor einigen Jahrzehnten war das politische Interesse der Studentenschaft der Grund zu vielen, man könnte sagen revolutionären Reaktionen. Es war beinahe ein Seismograph der politischen Entwicklung. Diese Haltung war möglich auf Grund einer weitgehenden Unabhängigkeit Sie war außerdem möglich wegen einer anderen Vorstellung dem Studium. Das damalige Streben nach einer möglichst umfassenden Bildung bei Beherrschung des eigentlichen Fachgebietes ist heute abgelöst worden durch das oft und mit Recht kritisierte Brotstudium. Diese Entwicklung ist sicher bestimmt durch die wirtschaftliche Not einerseits, in der sich der größte Teil der Studentenschaft befindet, um anderen durch die Überfülle des Stoffes, den der Student heute bewältigen muss." UAM 305a/2318, W. Germer: „Studenten und Politik", Gesellschaft der Freunde und Förderer des Collegium Gentium, Ursula Stadelmann: *Rundbrief Nr. 10*, Marburg, Juli 1955, 19–21.

beim Abendvortrag des Seminars des bekannten Politikwissenschaftlers Adolf Grabowski waren mit 45 Besuchern annehmbar viele Menschen dagewesen. Dem Gastvortrag des aus München angereisten Fedor Stepun hatten immerhin mit dem Rektor 300 Gäste gelauscht.[83] Dennoch schien aber auch 1955 die Mission des CG als eine besondere Institution noch ungebrochen, wie der Senior Lothar Walgarth bilanzierte.

> Ich glaube, dass wir auf dem Wege sind, den im Heim noch stellenweise stark herrschenden Formalismus zugunsten einer dynamischeren Arbeit zu verdrängen. Ich glaube ferner, dass wir als Institution der Universität dieser gegenüber im großen Ganzen zufriedenstellend gehandelt haben, wenn auch betont werden muss, dass es in den kommenden Semestern unsere Pflicht ist, und das Wintersemester ist dazu besonders angetan, hochschulpolitisch noch stärker in Erscheinung zu treten. Wir wollen nicht nur neuen studentischen Gemeinschaftsformen leben, sondern darüberhinaus auch für die Privilegien, die wir im Heim genießen, zugunsten der gesamten Studentenschaft im Sinne einer echten Universitas arbeiten.[84]

4. DEMOKRATIE, KOEDUKATION UND INTEGRATION

Im Januar 1950 erließ während des laufenden zweiten Semesters des CG der Verwaltungsrat der Stiftung eine Satzung, die das Verhältnis des Protektors und der Hausbewohner regelt. In dieser „Heimordnung" wurde der Zweck der neuen Einrichtung festgeschrieben, sowie klare Zuständigkeiten des Leiters und der Studenten formuliert. Das CG solle „ausländische und deutsche Studenten der Philipps-Universität, die sich besonders für das Studium der wissenschaftlichen Politik und ausländischen Wissenschaften interessieren zu einer kameradschaftlichen Arbeits- und Wohngemeinschaft zusammenschließen." Der Protektor soll als Leiter des Heimes auch Mitglied des Lehrkörpers der Universität sein, deren Senat ihn zusammen mit dem Verwaltungsrat der Stiftung bestellt. Väterlich soll der Protektor „einzelnen Studenten mit Rat und Tat zur Seite" stehen und sich für die Förderung der Zwecke des Wohnheimes einsetzen. Von Anfang an hatte die Heimordnung einem „Heimausschuss" der studierenden Bewohner die Verantwortung für „die Ordnung innerhalb des Heimes" zugesprochen. Der fünfköpfige Heimausschuss und der ihm angehörende Senior sollten für den internen Betrieb verantwortlich sein. Dieser Heimausschuss sollte sich aus fünf Mitgliedern zusammensetzen, drei davon aus dem Westflügel und zwei aus dem Ostflügel. Zu Beginn jeden Semesters solle der Ausschuss „in allgemeiner und gleicher Wahl durch Zuruf gewählt" werden. Aus seiner Mitte solle der Ausschuss dann anschließend den Senior der Studentenschaft des Heimes wählen. Die vielen Detailregelungen praktischer Natur folgten dabei keinem pädagogischen Programm,

83 Ebd.

84 UAM 305a/2318, Lothar Walgarth: Bericht des scheidenden Seniors über das Sommersemester 1955, *Rundbrief Nr. 10*, Juli 1955, 3–7.

sondern lediglich dem Grundsatz, dass das Heim „eine Wohn- und Arbeitsstätte geistig tätiger Bürger" sei.[85]

Der Stiftungsrat wollte bewusst keine wertsetzende Instanz sein, sondern einen Rahmen setzen, der dem anderer Wohnheime der Universität glich. Als im Mai der Amerikanische Hochkommissar John J. McCloy das CG besuchte, betonte Protektor Wacke, dass ein „geistiges Fundament" des Heims noch nicht feststehe. Es fanden aber schon „große wöchentliche Heimabende" statt, bei denen „hervorragende Persönlichkeiten aus Politik und Wirtschaft" zu den Heimbewohnern sprachen und sich einer Diskussion stellten. Gegenüber der Marburger Presse begründete der Protektor diese Aktivitäten des CG vor allem mit dem gemeinschaftsfördernden Geist: „Interne Gespräche, literarische und musikalische Arbeitsgemeinschaften und gemeinsame sportliche Betätigung sollen ein freundschaftlich-kameradschaftliches Band knüpfen, das auch noch lange über die Studienzeit hinaus sich fördernd und befruchtend auswirken soll."[86] Das CG wolle „seinen Bewohnern Gelegenheit geben, die in den Vorlesungen empfangenen Anregungen in regelmäßiger Aussprache zu vertiefen und so das Verständnis für internationale Probleme und die Kenntnis des Auslandes zu fördern."[87] Die in der Planungsphase geäußerte Idee einer Verknüpfung des Wohnens im Collegium mit einer intensiveren wissenschaftlichen Ausbildung bezüglich politischer Fragen scheint 1950 bei den Praktikern nicht mehr aktuell zu sein. In der Planungsphase war die angedachte Einrichtung eines Lehrstuhles für wissenschaftliche Politik an der Universität Marburg in einer Kombination mit der praktischen Zusammenleben im College als „der Rahmen für eine fruchtbare Arbeit der Völkerverständigung" bezeichnet worden. 88 Ein Wertekonzept hingegen müsse in einem Prozess entstehen und könne nicht oktroyiert werden. Es sei eine Aufgabe, „allmählich erst die geistigen Grundlagen zu erarbeiten."[89]

Die demokratische Praxis innerhalb der Bewohnerschaft hatte mit der Wahl des Studenten Karl-August Schröder an die Spitze des Heimausschusses begonnen. Männliche und weibliche Heimbewohner hatten Ende April 1950 bei der ersten Wahl zur Selbstverwaltung gewählt und hatten dann Mitte Juni über die von dem gewählten Gremium formulierten „Grundgedanken" abgestimmt. Der formalen Würde der Demokratie bewusst, wurde nach drei Lesungen nun schriftlich über die Formulierung der „Grundgedanken" als Verfassung eines Zusammenlebens des CG ohne Enthaltungen abgestimmt.[90] Zwei Jahre nach dem Verfassungskonvent auf Herrenchiemsee war die Begeisterung der Studenten für den Parlamentarismus noch frisch, so dass die „Grundgedanken" des CG nach einer feierlichen 3. Lesung am 13. Juni 1950 von der Vollversammlung der Heimge-

85 UAM 305a/487, Verwaltungsrat der Stiftung Deutsche Burse: Heimordnung für das Studentenheim „collegium gentium", Marburg, 27.1.1950

86 „Hoher Gast im Collegium gentium", *Marburger Presse*, 26.5.1950.

87 UAM, 305a/487, Verwaltungsrat der Stiftung Deutsche Burse: Heimordnung für das Studentenheim „collegium gentium", Marburg, 27.1.1950.

88 H. Sch.: „Collegium Gentium", *Marburger Presse*, 2.9.1949.

89 „Hoher Gast im Collegium gentium", *Marburger Presse*, 26.5.1950.

90 UAM, 308/9-1, Klaus Müller: Tafel 5, Marburg, Mai 1964.

meinschaft verabschiedet wurden. Von den 65 anwesenden Heimbewohnern stimmen 63 für und zwei gegen die Formulierungen. Die von den Studenten verabschiedeten „Grundgedanken“ gingen dabei weit über die praktischen Fragen der Selbstverwaltung hinaus und stellten ein allgemeines Bekenntnis dar. Die Satzung legte fest, dass das CG „in einem Wohnheim deutsche und ausländische Studentinnen und Studenten [vereinigt], die sich neben ihrem Fachstudium der Pflege und Förderung zwischenvölkischer Beziehungen widmen wollen“. Dabei beschreite das CG „bewusst in Geist und Form einen Weg zu neuem studentischen Gemeinschaftsleben.“ Acht Grundsätze sollten die Heimgemeinschaft leiten:[91]

> 1.) Wir stellen den Menschen in den Mittelpunkt des Lebens. Nur verantwortungsbewusste Persönlichkeiten können einer kulturellen, wirtschaftlichen und politischen Vermassung entgegenwirken. 2.) Wir glauben die Würde des Menschen nur im Zustand der persönlichen Freiheit gewahrt. Freiheit erfordert Verantwortlichkeit vor sich selbst und in der Mitwelt. 3.) Wir glauben, dass jeder Mensch eine Pflicht zum sozialen Handeln hat. 4.) Wir bekennen uns zur Gleichberechtigung der Völker, Rassen, Religionen und Geschlechter. 5.) Wir wenden uns gegen alle Ressentiments, die Missverständnisse, Unvernunft und Hass zwischen den Völkern entstehen lassen. 6.) Wir bekennen uns zur Bildung von umfassenderen politischen und wirtschaftlichen Einheiten im staatlichen Leben der Völker, wie sie im Gedanken eines geeinten Europas ausgedrückt werden. 7.) Wir bekennen uns zum Frieden und wollen alles tun, Kriege zu vermeiden. Wir glauben, dass alle Streitfragen zwischen den Völkern und Staaten ohne Kriege gelöst werden können. 8.) Wir erstreben eine enge Verbindung und Zusammenarbeit mit ausländischen und deutschen Studenten, Universitäten und Institutionen, um diese Grundgedanken zu verwirklichen.[92]

Die Präambel formulierte den Zweck des CG nicht in einem Bildungskanon, sondern stellte die Gemeinschaft in den Mittelpunkt, die durch die Integration ausländischer Studenten einen für alle Beteiligten bildenden Effekt entfalten sollte. Als die Studenten sich dann konstituiert haben, entfalten sie eine umfangreiche gesetzgeberische Tätigkeit in ihren eigenen Angelegenheiten: Es wurde eine Verfassung der Heimgemeinschaft erlassen, eine detailliertere Selbstverwaltungsordnung und eine Neuaufnahmeordnung.[93] Für die Instanzen der Universität vertrat der erste gewählte Seniors Karl-August Schröder nun die Feinheiten der neuen Verfassung:

> Den Kern unserer Verfassung dürfte neben vielen technischen Regelungen die Bestimmung des § 7 der Selbstverwaltungsordnung, Teil A, bilden, nach der unser ganzes Leben grundsätzlich von allen Bewohnern gestaltet wird. Jeder hat das Recht, zu allen Versammlungen und Sitzungen zu erscheinen, um an ihnen mit Sitz und Stimme teilzunehmen. Wir haben bewusst auf irgendein Gremium verzichtet, welches als gewähltes Organ alle Fragen für die Wähler entscheiden darf und soll. Wir glauben, diese Regelung ist die ideale Regierungsform einer menschlichen Gemeinschaft, weil jeder mit gleichem Recht und gleicher Pflicht an ihrer

91 UAM, 308/9-1, Tafel 5, Collegium Gentium: Grundgedanken, 3. Lesung und endgültige Fassung, Marburg, 13.6.1950.

92 Ebd.

93 UAM, 305a/519, Verfassung der Heimgemeinschaft, undatiert. Selbstverwaltungsordnung, undatiert. Wahlordnung, undatiert. Neuaufnahmeordnung, undatiert.

> Gestaltung mitwirkt. Sie ist praktisch uns durchführbar, weil unsere Zahl beschränkt ist, und der zu lösende Problemkreis keine großen Fachkenntnisse erfordert.[94]

In einem mehrstufigen parlamentarischen Ritual war die Satzung nach drei Lesungen in sechs Sitzungen mit 70 Ja-Stimmen und fünf Stimmenenthaltungen angenommen worden. Nach durchaus „heftigen Debatten über manche Fragen unserer Selbstverwaltung" glaubten die Studenten nun, eine Lösung gefunden zu haben, „die sowohl dem Wesen jeder Selbstverwaltung, nämlich der Freiheit der einzelnen Entscheidung, als aber auch den Rechten einer übergeordneten Instanz gerecht wird."[95] Mit den Komponenten Selbstverwaltung, Koedukation und Ausländer-Integration hatte sich das CG in eine differenzierte und scheinbar stabile Konstellation konsolidiert. Eine Darstellung des CG-Bewohners Karl Müller für eine Übersicht über alle Einrichtungen im Kontext der Universität Marburg stellte selbstbewusst den Anspruch der konsolidierten Institution dar: Die gemeinsame Beherbergung männlicher und weiblicher Studierender sei „ein Versuch, wie er bisher kaum gemacht worden ist." Die „Gemeinsamkeit von Studierenden und Studenten in Hörsälen, Instituten und Seminaren" werde im CG „unter einem gemeinsamen Dach und mit gemeinsamen Zielen und Idealen" fortgesetzt und erweitert. „Jeder musischen und geselligen Veranstaltung, aber auch jeder sachlichen Aussprache" sei „die Anwesenheit von Studentinnen stets sehr zustatten gekommen." Das Vertrauen, in das Heim Damen und Herren gemeinsam aufzunehmen, sei „bisher durchaus belohnt worden." Ebenso stehe das CG für die Integration ausländischer Studenten. Es wolle künftig „eine größere Anzahl von ausländischen Studentinnen und Studenten aufnehmen. Im gemeinsamen Erleben, im Gespräch und im Zusammenwohnen mit Ausländern aus vielen Ländern sucht das Heim eine enge persönliche Verbindung mit jungen Menschen anderer Völker und leistet somit einen Beitrag zu der so notwendigen Verständigung über die Grenzen hinaus." Die „ausländischen Freunde" sollten dabei „keineswegs bloße Gäste sein, die sich bescheiden in einen vorhandenen Rahmen einordnen, sondern sie sollen als voll verantwortliche, gleichberechtigte Glieder der Gemeinschaft mithelfen, deren Wesen zu formen." Durch die „Vielseitigkeit der Zusammensetzung der Heimgemeinschaft nach Heimat, Alter, Geschlecht und Fakultät" könnte im CG „ein austauschendes Gespräch über alle Grenzen der Fachstudien hinaus entstehen und fruchtbar werden." Der Autor der Ausstellung Müller sah im CG die „Idee der Einheit der Universitäten" gepflegt und wieder neu belebt. So komme dem Heim „auch für die Charakterbildung und Persönlichkeitsformung des Studenten ein besonderer Wert zu." Als besonderes Mittel hierzu diene „die weitest gehende Selbstverwaltung" des Heimes durch seine Bewohner.[96]

Ein Chronist warb zwanzig Jahre später um Verständnis für den einsetzenden Missionseifer der Studenten in dem Jahr, in dem auch das Grundgesetz der Bundesrepublik noch kein Jahr alt war. „Um dies voll würdigen zu können," müsse „man stets berücksichtigen, dass das öffentliche Bekenntnis zu diesen Prinzipien

94 UAM, 305a/519, Senior Karl-August Schroeder an Rektor Benninghoff, Marburg, 31.1.1951.

95 Ebd.

96 Müller: *Collegium Gentium*, 154.

in der damaligen Zeit durchaus von einer sehr avantgardistischen Haltung zeugte, ja durchaus etwas Revolutionäres an sich hatte.“ Die Studenten arbeiteten nun mit „einem gewissen Missionsbewusstsein“ an der Verbreitung ihrer Grundgedanken.[97] Die formulierten Prinzipien wurden ins Englische und Französische übersetzt. Den gedruckten dreisprachigen Prospekt versendeten sie an alle deutschen Universitäten, zehn in den USA, acht in England, sieben in Frankreich und Italien. 98 Die Studenten hofften, „dass sich aus dieser Anregung ein Briefwechsel mit den Angehörigen mancher dieser ausländischen Universitäten anbahnen wird, der sich dann in weiterer Folge zu einem Studentenaustausch entwickeln soll.“ Neben dem Kontakt mit ausländischen Studierenden innerhalb des Wohnheim, suchte man so, einer Reihe von deutschen Heimbewohnern einen Auslandsaufenthalt im Wege des Tausches auf privater Basis zu ermöglichen.[99]

Als Protektor Wacke den Verfassungsentwurf der Studenten dem Verwaltungsrat zur Genehmigung vorlegte, warb er sehr für das studentische Eigenengagement. Diese Verfassung mit ihren Anlagen sei „aus monatelangen intensiven Bemühungen der gesamten Heimgemeinschaft, aus Ausschussberatungen und Plenarsitzungen in mehreren Lesungen entstanden.“ Alle Beratungen seien in Fühlungnahme mit dem Prorektor durchgeführt worden. Vor allem hätten die Studenten sich durch das gleichartige Collegium Academicum der Universität Heidelberg anregen lassen, dessen Leiter und Senior wiederholt Marburg besucht hatten. Die von der Stiftung dem Heim gegebenen Bestimmung, als „Lebens- und Arbeitsgemeinschaft“ bedingten, „dass die Bewohnerschaft des Heimes mehr ist als eine Anhäufung von Untermietern, dass sie sich vielmehr in ähnlicher Weise konstituiert wie ein studentischer Bund.“ Dieser Zusammenschluss von Studentinnen und Studenten, die „Heimgemeinschaft“, sei „vom Heim als solchen, d.h. dem Gesamtbestand der durch die Stiftung materiellen Mittel, und von den durch die Stiftung eingesetzten Organen zu scheiden. Diese Heimgemeinschaft müsse für ihre eigenen Aufgaben und die Wahl ihrer eigenen Organe (Heimversammlung, Heimausschuss, Senior) weitgehende Selbstverwaltung haben. Sie zu entwickeln, sei, so Wacker, in den vergangenen zwei Jahren in erfreulichem Masse gelungen. Dies spiegele jetzt der Verfassungsentwurf wieder und den einzelnen Ordnungen, welche die bisher schon nach der Hausordnung dem Heimausschuss übertragene Tätigkeit als Disziplinarorgan erster Instanz regelten.[100] Kennzeichnend sei, „dass die Bewohner ihr Leben grundsätzlich selbst in eigener Verantwortung gestalten, dass die Spielregeln demokratischer Willensbildung bei allen oft schwierigen Entscheidungen, die das Zusammenleben von 80 männlichen und weiblichen Studentinnen mit sich bringt, aus echter Überzeugung befolgt werden;

97 UAM, 308/9-1, Klaus Müller: Tafel 5, Marburg, Mai 1964.

98 UAM, 305a/487, Senior Karl-August Schroeder an den Rektor, Marburg, 20.10.1950. Üblicherweise versendeten die Studenten zusammen mit einem Bildprospekt der Marburger Altstadt je drei Exemplare an die Universitäten, davon eines für die jeweiligen Universitätsmitteilungen, eines für den Rektor und eines für ein interessiertes Studentenheim. Vgl. UAM, 305a/487, Schröder: The Collegium Gentium, Marburg, September 1950.

99 UAM, 305a/487, Senior Karl-August Schroeder an den Rektor, Marburg, 20.10.1950.

100 UAM, 305a/519, Gerhard Wacke an den Rektor: Hausordnung, 8.2.1951.

hier gilt kein Kommando." Es gehöre für ihn, so Wacker, zu den schönsten Erfahrungen, dass immer wieder einzelne, nicht mit Ämtern belehnte Bewohner sich aus eigenem Drange für bestimmte Aufgaben restlos einsetzen: „In echter Selbstverwaltung" versuche die Heimgemeinschaft, die Gesetze ihres Zusammenlebens selbst zu finden, „damit ihre Lebensform nicht von außen diktiert, sondern von innen bejaht, sich frei entfalten kann." Der Grundsatz absoluter Freiwilligkeit als „Experiment der Freiheit" wurde dabei von den Studenten noch erprobt. Die Frage, ob die Heimgemeinschaft selbst durch Beschluss für gewisse Veranstaltungen Verbindlichkeiten einführen solle, sei leidenschaftlich erörtert worden, da das Heim sich „nicht an der Freiheit verbluten" wolle.[101]

Die selbstverwaltete Heimgemeinschaft zeigte eine durchaus dynamische Entwicklung. Bald hatte der „Studentenstaat" im CG schon einen beachtlichen Apparat aufgebaut. Schon im zweiten Jahr des Bestehens des Collegium Gentium war von den Studenten der Heimausschuss auf drei Mitglieder verkleinert worden, dazu waren aber Referate zu acht Themenbereichen geschaffen worden: Soziales, Kultur, Politik, Finanzen, Deutschland, Ausland, die *Gesellschaft der Freunde und Förderer des Collegium Gentium* und der *Arbeitskreis freier Studentengruppen an der Universität Marburg* wurden von je einem durch den Senior benannten Referenten betreut.[102] Protektor Wacke hatte die geringen formalen Vorgaben durch Protektor und Stiftung immer wieder betont. „Frei von jeglichen überholten studentischen Formen" bemühe man sich „vorurteilsfrei um einen neuen Weg studentischen Gemeinschaftslebens, das über nationalgebundene Interessen hinausgehend, besonders den persönlichen Kontakt mit Ausländern pflegt und fördert."[103] Die Institutionalisierung der studentischen Selbstverwaltung ging aber durchaus mit Schaffen besonderer Rituale einher. In der zweiten Heimausschusswahl 1951 verliehen die Studenten ihren demokratischen Institutionen schon eine gewisse rituelle Tradition. Alle ständigen Heimbewohner waren nun stimm- und wahlberechtigt. Anstatt eines vorher vereinbarten Kandidaten für das Seniorat gab es nun mehrere Bewerber auf das Amt: „In allen Gesprächen, bei denen die Opposition anwesend war, gingen die Wogen hoch, und die Köpfe erhitzten sich sehr. Bei diesen Wortgefechten wurden leider die negativen Seiten des Gegners zu stark ins Licht gerückt und zu wenig das positive Gemeinsame betont." Am Tage vor der Wahl hatten Wahlplakate „mit zum Teil sehr zugkräftigen Parolen an allen (un)möglichen Stellen" die Kandidaten unterstützt. „Sogar im Waschraum leuchteten uns von den Spiegeln die Schlagworte entgegen, ebenso von den Küchentüren." Am Wahltag wurde, wie von den Studenten beschlossen, nun geheim und schriftlich gewählt. Ein Wahlausschuss betreute das Wahllokal. Am Wahltag selbst hatte sich der Wahlkampf noch fortgesetzt. Mittels einer gestellten Lautsprecheranlage hatten die Kandidaten „von früh morgens bis spät in die Nacht

101 Gerhard Wacke: „Das Collegium Gentiurn in Marburg", *DUZ*, Nr. 2, 26.1.1951.

102 UAM, 305a/519, Werner Senf: „Das Heimleben zwischen WS 1950/51 und SS 1951", Gesellschaft der Freunde und Förderder des Collegium Gentium: *Rundbrief Nr. 2*, Berleburg-Marburg, Mai 1951.

103 „Hoher Gast im Collegium gentium", *Marburger Presse*, 26.5.1950.

hinein" zu ihren Wählern sprechen können und diesen „die Ohren heiß [gemacht] mit betäubenden Jazz." Kurz darauf fand die Semesterabschlussversammlung mit der feierlichen Übergabe des Seniorats an den neu gewählten Herrn Fontana statt, zusammen mit der zeremoniellen Aufnahme der neuen ständigen Bewohner in die Gemeinschaft, wozu sich „ein Femegericht" ermächtigt hatte:

> Das Femegericht, bestehend auch dem Richter alias Fuchs jr., zwei Ehrenjungfrauen, sonst als Frl. Schuette und Wolff all hier bekannt, und dem Büttel, im Alltag als „Gestatten, Lange" auftretend, zog feierlich und würdig ein, während wie stillschweigend und stehend vor dem hohen Gericht verharren mussten. Nach Verlesung einer huldvollen Urkunde hängte der Büttel Herrn Schroeder als Senior einen riesigen Hausschlüssel als Symbol seines Amtes um. Der Richter selbst trat mit dem „Apfel der Weisheit" auf. Sodann wurden die Kandidaten einzeln, in eine Kutte gehüllt, hereingeführt und bekamen den „Trunk der Lauterkeit" und die „Pille der Erkenntnis". Diese nach bestem Wissen zusammengestellten Gaben hat aber fast kein Kandidat gewürdigt. Jeder sprach nur vom Salzwasser und vom Brot mit Zwiebel, Marmelade etc. Nach dieser inneren Prozedur waren sie gnädig in unsere Gemeinschaft aufgenommen. Ebenso zeremoniell verlief die Übergabe des Seniorats in der mystischen Atmosphäre, die einige brennende Kerzen verbreiteten. Während der Gerichtshandlung wurde jede vorlaute Äußerung eines jeden Zuschauers streng bestraft.[104]

Der neu gewählte Senior Fontana, ein Schweizer Student, wurde nun gefeiert und benannte die Referenten. Symbolisch überreichten zwei Damen dem scheidenden Senior einen Lorbeerkranz mit Schleife, „worauf ihm seine Kinder, die Grundgedanken und die Verfassung, dankten." Mit Ironie wurden danach Würstchen gereicht, „Lieblingsgericht und -ausdruck" des ehemaligen Seniors Schroeder.[105]

Die selbstverwaltete „Welt" der Studenten hatte ihre Grenzen in der finanziellen Abhängigkeit. Um den die zahlreichen Aktivitäten der Referenten zu ermöglichen, benötigten die Studenten regelmäßige finanzielle Unterstützung. Diese beantragten sie bei der Stiftung im Frühjahr 1951. Schon bei früheren Gesprächen hatte Verwaltungsdirektor Ranft dieser Forderung zugestimmt. Die grundsätzliche Notwendigkeit dieser Unterstützung war bei früheren Gesprächen von Verwaltungsdirektor Ranft schon anerkannt worden. Die gesamt Finanzlage der Stiftung habe nur bisher keine praktische Verwirklichung zugelassen. Nun hofften die Studenten, dass sich nach weitgehender Stabilisierung der Finanzlage jetzt die Möglichkeit ergebe, einen derartigen Betrag in den Haushaltsplan der Stiftung aufzunehmen. So bat die Selbstverwaltung um einen monatlichen Betrag von 150,- DM, von dem 50,- DM der Bibliothek, 100,- DM für alle anderen Ausgaben verwendet werden sollten.[106] Die Heimgemeinschaft und das ganze Leben des Heimes können nicht gedeihen, wenn dafür nicht gewisse Geldmittel zur Verfügung stehen. Ohnehin gewänne die Heimgesellschaft durch eigene Beiträge und Umlagen Mittel für ihre Zwecke. Da der Haushaltsplan der Stiftung aber außerdem gewisse Mittel für Zwecke des reinen Heimlebens vorsehe, wolle man sie nutzen. Es sollten dabei, so die Vertreter der Studentenschaft, keinerlei Bedenken bestehen, diese Mittel der Heimgemeinschaft zur Bewirtschaftung zuzuweisen, weil es der

104 UAM,305a/519, Senf: Das Heimleben zwischen WS 1950/51 und SS 1951
105 Ebd.
106 Vgl. Ebd.

Stiftung gleichgültig sein kann, für welche Veranstaltung im Einzelnen die Mittel verwendet werden, wenn nur die Verwendung im Einvernehmen mit dem Protektor geschehe.[107]

Und in die andere Richtung, gegenüber den Bewerbern, grenzte sich die Studentenschaft des Collegium Gentium selbst ab. Da, wie der Protektor zustimmte, das Heim „keine karitative Einrichtung“ sei, könne für die Aufnahme „nicht die Bedürftigkeit entscheiden, sondern nur die innere Bereitschaft und Eignung, eine neue Heimat akademischer Bürger zu schaffen.“ Die Aufnahme solle zunächst auf Probe für ein Semester erfolgen, danach müsse sich der Kandidat einer Abstimmung der Hausgemeinschaft stellen. Dies sah Wacke als ein wesentliches Mittel der Gemeinschaftsbildung.[108] Die „Heimgemeinschaft“ könne nur dann „Form gewinnen“, wenn sie sich aus der Zahl der Bewerber, „die zu ihr passen, selbst auswähle.“ Dieses Selbstausleseprinzip sei das wesentliche Mittel der Gemeinschaftsbildung.[109] Nach der Neuaufnahmeordnung wurde durch die Heimgemeinschaft am Ende des Probesemesters in einer allgemeinen gleichen und geheimen Wahl über die endgültige Aufnahme jedes neuen Bewohners entschieden. Danach wurde jeder ständig in das Collegium aufgenommen, der von den bisherigen Bewohnern mit absoluter Mehrheit gewählt wurde.[110] Dabei bestand Klarheit darüber, dass die Beschlüsse der Heimgemeinschaft rechtlich gesehen nur Vorschläge an die Stiftung sind, mit den Kandidaten Mietverträge abzuschließen. In § 10 der Neuaufnahmeordnung wird zur Vereinfachung vorgeschlagen, den Abschluss der Mietverträge durch den Protektor vornehmen zu lassen, alternativ könnte der Vorstand weiterhin die Verträge abschließen.[111] Die vielen Kompetenzen der Heimgemeinschaft waren also ein bewusst durch die Universität in Form der Stiftung gewährter Freiraum. Waren Koedukation und der internationale Charakter von Anfang an durch die mit äußeren Bedürfnissen korrespondierende Stiftung gesetzt worden, entstand die gesamte Ausdifferenzierung innerhalb des Hauses durch die Selbstverwaltung, der aber der Protektor durchaus zustimmen musste.

5. EINFLUSSNAHME DER AMERIKANER

Schon bei der Übergabe des Gebäude 1947 beschrieb eine Dankesadresse des Rektors, was für ein Räderwerk an Zuständigkeiten durch den amerikanischen Universitätsoffizier Becker in Bewegung gesetzt worden war:

> Unter Zustimmung und freundlicher Mitwirkung des früheren Gouverneurs Oberst Reed, sowie seines Nachfolgers, des jetzt hier amtierenden Oberst Skarry ist es Professor Becker gelungen, die zuständigen hohen und höchsten Stellen der Militärregierung für die nunmehrige Zweckbestimmung zu gewinnen. Der Direktor der amerikanischen Militärregierung in Hes-

107 UAM, 305a/519, Gerhard Wacke an den Rektor der Philipps-Universität: Hausordnung, Verfassung der Heimgemeinschaft des Collegium gentium, Marburg, 8.2.1951.

108 UAM, 308/9-1, Tafel 12, Gerhard Wacke: Das Collegium Gentium in Marburg, (1951).

109 UAM, 305a/519, Wacke an Rektor: Hausordnung, 8.2.1951.

110 UAM,305a/519, Senf: Das Heimleben zwischen WS 1950/51 und SS 1951.

111 UAM, 305a/519, Wacke an Rektor: Hausordnung, 8.2.1951.

> sen, Dr. Newman, hat durch direkte Verhandlungen General Clay für den Plan interessiert, der wiederum persönlich dafür eintrat, so dass auch der in dieser Angelegenheit zuständige General Huebner zustimmte. Alle genannten Herren haben bei der Genehmigung dem größten Nachdruck darauf gelegt, dass es sich auf keinen Fall um eine Freigabe der Jägerkaserne überhaupt, sondern einzig und allein um Unterbringung von Universitätsinstituten, in erster Linie von ausgebombten, sowie des International College handeln könne.[112]

Der explizite Hinweis des Rektors auf die Initiative der Amerikaner war auch nötig geworden, um einen in der Öffentlichkeit ausgetragenen Konflikt mit dem Stadtrat zu entschärfen. In einem Zeitungsartikel stellt der SPD-Abgeordnete Dr. Rambeau die Sorge der Sozialdemokraten bezüglich des Wohnraummangels dar. Die Universität habe seit 1919, dem offensichtlich oftmals bemühten Vergleichsjahr einer ähnlichen Not, zahlreiche Gebäude hinzugewonnen. Die ohnehin angespannte Wohnsituation der Stadt habe sich durch die Flüchtlinge aus den zerstörten Städten aber wesentlich verschlechtert. So heiße man jede Möglichkeit, diese Wohnungsnot „durch Freigabe von Kasernen oder größeren Gebäudekomplexen zu lindern“ sehr willkommen. Das „katastrophale Wohnungselend“ mache es „aber jedem Unternehmen, auch der Universität zur selbstverständlichen Pflicht, allergrößte Bescheidenheit bei der Raumbeanspruchung von Neuorganisationen oder Instituten zu zeigen.“ Trotz einer harmonischen „Round-Table-Konferenz“ zwischen Stadt und Universität waren die Emotionen in der SPD-Fraktionssitzung noch einmal hochgekocht. Erst die Erklärung des Rektors, dass die Besatzungsmacht die Gebäude nur für die Uni freigegeben habe, konnte eine Entspannung der Situation beibringen. Offensichtlich war dieser Verweis auf den amerikanischen Wunsch erst im Laufe der Auseinandersetzung mit dem Stadtrat nachgeschoben worden.[113]

Entlang der gleichen Konfliktlinie lief der zum Teil mit persönlichen Angriffen ausgetragene Konflikt zwischen dem mit der Planung befassten Verwaltungsdirektor der Universität und einem Professor für Medizin. Professor Kautzky hatte sich über die Vergabe der Räume schon beschwert. Der Verwaltungsdirektor wiegelte die Vorwürfe ab: Von einer „luxuriösen“ Einrichtung könne man wohl nicht sprechen. Im Übrigen sei der Ausbau des Studentenwohnheimes nicht vom Verwaltungsdirektor angeordnet worden, sondern auf ausdrücklichen Wunsch der amerikanischen Militärregierung und den Ministerialbehörden. „Der Herr Finanzminister hat die erforderlichen Mittel aus einem ihm zur Verfügung stehenden Sonderfonds (Verwertung von Wehrmachtsgut) bewilligt. Es kann demzufolge keine Rede davon sein, dass der Ausbau des Studentenwohnheimes auf Kosten der Institute erfolgt ist.“[114] Als die Pläne für die Jägerkaserne dann im Januar 1948 öffentlich wurden, kritisierte der Kommentar der *Marburger Presse* die ge-

112 Rektor Frick: „Die neue Bestimmung der Jägerkaserne“, *Marburger Presse*, 3.11.1947.

113 UAM, 305a/487, Dr. Rambeau: „Die neue Bestimmung der Jäger-Kaserne“, *Marburger Presse*, November 1947. Beim Autor der Erklärung handelt es sich wahrscheinlich um Dr. Viktor Rambeau, dem auch in der Medizinerausbildung politisch aktiven Vorsitzenden der Marburger Ärzteschaft. Vgl. Gerz: *Die Situation der Medizinischen Fakultät. Marburg,* 37, 97.

114 UAM, 305a/487, Ranft, Verwaltungsdirektor, an den Rektor: Eingabe des Herrn Prof. Kautzky vom 31.8.49, Marburg, 12.10.1949.

ringe Information an die Öffentlichkeit durch die Universität, übernahm aber genau die Argumentationslinie des Rektors. Nun erschien das projektierte Kollegienhaus als rein amerikanisches Unternehmen:

> Am Dienstag, dem 6. Januar, weilte der Chef der amerikanischen Militärregierung, Dr. James Newman, zu einem kurzen Besuch in Marburg, um in Begleitung des Univ.-Offiziers Prof. Dr. Becker die vor einiger Zeit der Universität übergebene ehemalige Jägerkaserne zu besichtigen. Wie wir dazu erst heute erfahren (eine Information der Presse seitens der zuständigen Stellen der Philipps-Universität unterblieb, was in Anbetracht der Wichtigkeit des Besuches besonders bedauerlich ist), besteht der Plan, in der Kaserne eine College einzurichten, in dem rund 100 ausländische und deutsche Studenten und Studentinnen zusammen studieren sollen. Lehrkräfte für Gebiete der Sozial- und Wirtschaftswissenschaften, der Geschichte und Soziologie werden für dieses College aus den Vereinigten Staaten erwartet. Auch Professoren der Marburger Universität sollen hinzugezogen werden. Die Unkosten hofft man aus Spenden von verschiedenen amerikanischen Universitäts- und Studienstiftungen bestreiten zu können. In enger Verbindung mit dem College ist die Gründung eines Institutes für zentraleuropäische Forschungen geplant. Man hofft, dass das College bereits beim nächsten Internationalen Ferienkurs im September in Erscheinung treten kann. Dr. Newman sprach sich weiter sehr wohlwollend über die Pläne der Philipps Universität aus und hofft, während des Semesters einmal einen ganzen Tag lang am Universitätsbetrieb teilnehmen zu können.[115]

Hatte der Zuspruch der Amerikaner der Universität das neue Gebäude eingebracht, war sie kaum in der Lage die Folgeverantwortung zu tragen. Der von dem OMGH-Landesdirektor geäußerte Wunsch, dass das neue internationale Wohnheim dann auch schon im Sommer für die Besucher der Ferienkurse als Unterkunft dienen solle, setzte die Universität gewaltig unter Zeitdruck. Im Juni fand eine Krisensitzung des Rektors mit dem Staatsbauamt und Vertretern der Institute, die sich die ehemalige Kaserne mit dem neuen Wohnheim teilen sollten, statt: „Das Gebäude sei, wie bekannt, von der Militärregierung mit der Bedingung für die Universität freigegeben worden, darin das Institut für Europaforschung und ein Internationalen College unterzubringen." Ausdrücklich habe die Militärregierung gewünscht, „dass die Räume des College im Dachgeschoss bis zum Beginn der von ihr stark geförderten internationalen Ferienkurse fertig gestellt würden." Für die Universitätsverwaltung und das Staatsbauamt sei bei dieser Sachlage keine Wahl geblieben. Sie hätten die Wünsche der Militärregierung beachten müssen. Sie hätten dies auch deshalb getan, „um die nachhaltige Unterstützung der Militärregierung für die Durchführung des Gesamtbaus zu gewinnen. Die Entwicklung der Dinge habe die Richtigkeit dieses Entschlusses bestätigt."[116]

Trotz des engen Terminplans stockten die Bauarbeiten. Im Juni trafen sich deshalb alle universitären Akteure zu einer Krisensitzung. Der Rektor wies darauf hin, dass die Einrichtung des Institutsgebäudes von Anfang an darunter gelitten habe, dass vor Beginn der Bauarbeiten kein ausgearbeitetes Projekt nebst Kostenvoranschlag vorgelegen hatte, die beide die erforderliche Genehmigung der Mi-

115 „Dr. Newman in Marburg", *Marburger Presse*, 9.1.1948.

116 UAM 305a/487, Ranft, Verwaltungsdirektor der Philipps-Universität: Besprechung des vom Staatsbauamt vorgelegten Projekts betr. Ausbau und Einrichtung des Institutsgebäudes Gutenbergstrasse, Marburg, 24.6.1948.

nisterien gefunden hätte. „Bedingt durch die Zeitumstände und die Wünsche der amerikanischen Militärregierung sei bisher alles improvisiert worden." Vom Ministerium waren für den Umbau im Rechnungsjahr 1947 nur 100.000,- RM als Vorgriff für 1948 bewilligt worden. Für das Rechnungsjahr 1948 hatte die Verwaltungsdirektion der Universität 500.000,- RM vom Staat beantragt. Nachdem das Ministerium diesen Betrag auf 150.000,- herabgesetzt hatte, erhöhte der Landtag ihn wieder auf 300.000,- RM, von denen allerdings der Betrag des Vorjahres wieder abgezogen werden sollte. Das Interesse an dem Projekt der Universität durch das Hessische Kultusministerium schien also nicht besonders hoch. Und auch der Landtagsbeschluss war erst durch die Bitte des Marburger Verwaltungsdirektor Ranft an die Militärregierung zustande gekommen, dort auf die Einrichtung des Institutsgebäudes als eine besonders dringliche Angelegenheit hinzuweisen.[117]

Als das Hessische Kabinett zwei Monate später die feste Rechtsform der Institution beschloss, hatte das Projekt des internationalen Colleges schon den Namen „Collegium Gentium" und eine Form bekommen. Das Projekt schien nun von solcher Modellhaftigkeit, dass seine Errichtung auf jeden Fall beschlossen werden sollte, aber nun der Standort Marburg für ein derart wichtiges Projekt noch einmal geprüft werden sollte. Als zweite Realisierung des Gedankens der Völkerverständigung wurde im gleichen Tagesordnungspunkt das Institut für Europa-Forschung in Marburg errichtet, das „durch gemeinschaftliche wissenschaftliche Arbeit von Forschern und Studierenden aller Nationen den europäischen Raum und seine Völker in kultureller, soziologischer und politischer Hinsicht" erforschen sollte. Unklar schien dem Kabinett noch die Art der Realisation als eine Lehranstalt zu sein, da die Frage noch im Raum stehen blieb, „ob die vorgeschlagenen Einrichtungen mit der geplanten Akademie für Völkerrecht […] in Gießen und der geplanten Hochschule für Politik in Einklang zu bringen sind."[118] Die Kabinettsvorlage benannte vor allem einen Vertreter der amerikanischen Besatzungsmacht als Ideengeber des Projekts: Das Collegium Gentium werde errichtet einer „Anregung des Herrn Universitätsoffiziers der amerikanischen Militärregierung, Professor Dr. Becker, folgend und zur Ausführung seiner Pläne und Vorarbeiten für ein International College an der Universität Marburg/Lahn". Aufgabe des Collegium Gentium sei „der Zusammenschluss von Studierenden der Philipps-Universität Marburg/Lahn verschiedener Staatsangehörigkeit zu einer Arbeits- und Lebensgemeinschaft in einem Wohnheim mit dem Ziele, das gegenseitige Verständnis für die Besonderheiten der einzelnen Völker und die gemeinsamen Interessen der europäischen und der amerikanischen Staaten zu wecken und zu fördern." Das Collegium Gentium sollte als rechtsfähiger Träger mit eigenen Einnahmen, Zu-

117 Land-Direktor OMGH Harry D. Wann hatte sich am 13.4.1948 in einem Brief an den Landtag gewandt. Vgl. UAM 305a/487, Ranft, Verwaltungsdirektor der Philipps-Universität: Besprechung des vom Staatsbauamt vorgelegten Projekts betr. Ausbau und Einrichtung des Institutsgebäudes Gutenbergstrasse, Marburg, 24.6.1948.

118 HHStAW, 1178/34, An Referat IX: Auszug aus dem Beschluss-Protokoll vom 25.8.1948.

wendungen des Hessischen Staates und durch amerikanische Stiftungsmittel finanziert werden.[119]

Als sich die Hessische Staatsregierung beim Gründungsbeschluss der Stiftung 1950 auf die „Pläne und Vorarbeiten für ein International College" des Universitätsoffiziers Becker bezog, hatte sie auch die künftige Finanzierung im Auge.[120] Das Collegium Gentium sollte als rechtsfähiger Träger mit eigenen Einnahmen, Zuwendungen des Hessischen Staates und durch amerikanische Stiftungsmittel finanziert werden.[121] Das Bemühen um eine solche Finanzierung aus den USA hatte Becker schon bei den ersten Überlegungen zugesagt. Die Universität nutze dieses noch vage Versprechen auch, um gegenüber der an dem Gebäude interessierten Stadt das besondere amerikanische Interesse an dem Projekt herauszustellen.[122] Die Errichtung des Collegium Gentium wäre ohne die Fürsprache des Universitätsoffizier Becker nicht möglich gewesen. Erst bei Betrachtung seiner Instrumentalisierung durch die interessierten deutschen Akteure, lässt sich verstehen, warum nicht auch inhaltlich die neue Institution in einer Weise prägte, wie sein Vorgänger Hartshorne es in anderen Bereichen versucht hatte. Tatsächlich wurden dem Collegium Gentium dann aber erst 1951 durch eine größere Spende aus dem McCloy Fonds amerikanische Gelder zugedacht. Zu Beginn des Sommersemesters 1950 konnte das Collegium Gentium nun den amerikanischen Hohe Kommissar John McCloy mit seiner Frau Ellen empfangen. Nach Gründung der Bundesrepublik war die mächtige Militärregierung OMGUS im Dezember 1949 aufgelöst und durch die nicht mehr im politischen Tagesgeschäft involvierten Hohen Kommissionen ersetzt worden.[123] In Begleitung von Universitätsoffizier Bahn besuchten sie das Collegium Gentium. Der Besuch bildete den Anlass für die im folgenden Jahr erfolgende MyCloy-Spende zum Ausbau des Heimes.[124] Laut Zeitungbericht hatte sich McCloy jeden offiziellen Empfang verbeten, sondern wollte sich „lediglich ganz privat mit Studenten der Philipps-Universität unterhalten, wollte sie bei der Arbeit und in der Freizeit sehen und mit ihnen über ihre Wünsche und Sorgen sprechen." Deshalb war der Besuch auch nicht öffentlich angekündigt worden. Natürlich war er dennoch von Rektor Benninghoff[125] halboffiziell begrüßt worden. Das bewusst informelle Auftreten des Ehepaar Mc-

119 HHStAW, 1178/34, Hessische Staatsministerium, Der Minister für Kultus und Unterricht an den Herrn Ministerpräsidenten: Kabinettsvorlage zwecks Errichtung des Instituts für Europa–Forschung und des collegium gentium, Wiesbaden, 19.8.1948.

120 Vgl. UAM, 305a/487, Aus dem Senatsprotokoll, Marburg, 3.4.1950. Genehmigung durch das Innenministerium: UAM, 308/9-1, Tafel 10, Der Hessische Minister des Inneren, gez. Zinnkann: Genehmigung, Wiesbaden, 11.11.1950.

121 HHStAW, 1178/34, Hessische Staatsministerium, Der Minister für Kultus und Unterricht an den Herrn Ministerpräsidenten: Kabinettsvorlage zwecks Errichtung des Instituts für Europa-Forschung und des collegium gentium, Wiesbaden, 19.8.1948.

122 UAM, 305a/487, Rektor Matz an Oberbürgermeister Bleek, Marburg, 3.9.1947.

123 Zu den Rechten der Hohen Komissare: Vgl. H. Vogt: *Wächter der Bonner Republik*, Paderborn 2004.

124 UAM, 308/9-1, Klaus Müller: Tafel 4, Marburg, Mai 1964.

125 Vgl. B. I. Tshisuaka: „Benninghoff, Alfred", in: W. E. Gerabek (Hg.): *Enzyklopädie Medizingeschichte*, Berlin/New York 2004, 165.

Cloy in der Universität schien eine ungewohnte angelsächsische Lässigkeit nach Marburg zu bringen. Selbst als er vor den Professoren beschrieb, dass er schon einmal in Marburg gewesen sei, im Jahr 1945. Die Marburger Presse zitierte McCloy, dass er damals „allerdings von einem schießenden Tiger-Panzer begrüßt worden“ war. „Der heutige Empfang in Marburg sei doch wesentlich herzlicher. ‚Aber schon damals war ich von der Schönheit Marburgs begeistert‘, sagte McCloy. Er machte eine kurze Pause um dann fortzufahren: ‚Meine Frau meinte eben zu mir, ich müsste sagen, ich sei von der Schönheit der Marburger Studentinnen entzückt gewesen. Aber das stimmt nicht. Ich habe keine gesehen.‘“ Ähnlich informell gestalteten sich auch die zwei Stunden, die McCloy im CG verbrachte. Das Hauptanliegen der AStA-Mitglieder, Vertreter der Gesamtstudentenschaft, schien der neue Erziehungsauftrag an der Universität zu sein. Der AStA-Vorsitzende Heimlich erklärte gegenüber dem Hohen Kommissar seine Auffassung, dass die Suche nach neuen Formen studentischer Gemeinschaften und einer Verbesserung des Kontakts zwischen den Dozenten und Studenten am Mangel finanzieller Mittel scheiterten. Besonders benötigt seien Diskussionsräume oder ein Studentenhaus. 126 Das Ehepaar war vom studentischen Eifer und der durchaus offenen Aussprache angetan. Während ihr Mann mit Doktoranden der juristischen Fakultät über Demokratie sprach, besuchte Mrs. McCloy den Damenflügel des Collegium. Sie betonte, nicht wegen „eine gesellschaftlichen Ereignisses“ nach Marburg zu kommen, „sondern einfach, weil mich Studenten eingeladen haben.“ Die Studentinnen hatten die Besucherin und ihre Begleiter selbst bewirtet, Rektor und Protektor sprachen über den Modellcharakter. Die Marburger Presse berichtete von einer begeisterten Mrs. McCloy.[127] Der Bedanke-mich-Brief sprach von einem reizenden Erlebnis: „Dear Girls and Boys: Thank you so much for your charming letter, the splendid „Grundgedanken” and last, not least, my delicious box of cookies. I cannot thank you enough for having thought of me, and you cookies brought back very vividly the very delightful evening you made possible for me in Marburg. I shall never forget it nor all the trouble you took to give me such a very good time.”[128] In Folge überreichte der Resident Officer Mr. Didlo dann Anfang Februar 1951 eine amerikanische Spende von 51.000,- DM für das Collegium Academicum an die Universität . 129 In seinem Dankschreiben dankt der Rektor sehr „denjenigen Stellen und Persönlichkeiten […], die an der Vorbereitung der Spende beteiligt waren.“ Insbesondere dankt der Rektor dem Universitätsoffizier Eugene Bahn. Er habe so „unermüdlich und verständnisvoll an der Vorbereitung des Projektes mitgewirkt und durch so viel Freundlichkeiten sein Interesse für unsere Universität bewiesen und bestätigt“. Der Dank des Rektors

126 R.P.: „McCloy ‚ganz privat‘ in Marburg“, *Marburger Presse*, 26.5.1950.
127 „Hoher Gast im Collegium gentium“, *Marburger Presse*, 26.5.1950.
128 UAM, 308/9-1, Tafel 4, Ellen McCloy an das Collegium Gentium, Bad Homburg, 3.8.1950.
129 „51 000 DM für Studentenwohnungen“, *Marburger Presse*, 2.2.1951. Im gleichen Zeitraum erfolgten auch andere, wesentlich größere Spenden von HICOG für die Universität Marburg: 445.600,- DM an die medizinische Fakultät zur errichtung einer Erziehungsberatungsstelle und zur Einrichtung einer kinderpsychiatrischen Forschung. Vgl. Gerz: *Die Situation der Medizinischen Fakultät*, 25.

beschreibt das Collegium Gentium nun geradezu pathetisch als ein großes Zukunftsprojekt, das nun nicht mehr aus der Nachkriegsnot geboren zu sein scheint, sondern als westliches Bollwerk der Universität Marburg errichtet ist:[130]

> Das, was mit diesen Mitteln geschaffen werden soll, ist ein Werk des Friedens. Die Ermöglichung seiner Finanzierung durch die Spende wird in allen Angehörigen der Philipps-Universität und besonders in denen, die jetzt und in Zukunft im Collegium Gentium Unterkunft und Gelegenheit zu studentischem Gemeinschaftsleben in ständiger persönlicher Berührung mit Studierenden des Auslandes finden, das Bewusstsein erneuern und bestärken, dass die aufrichtige Freundschaft zwischen den Vereinigten Staaten und Deutschland im Sinne des gemeinsamen Strebens liegt, den Frieden und in dauernder Friedenszeit die westliche Kultur gegen diejenigen Gefahren zu bewahren, die ihr in der Gegenwart drohen.[131]

James R. Newman, bisheriger Direktor von OMGH und nun Landeskommissar von Hessen, dankte herzlich für die Ansprache des Rektors. Er gab sich beeindruckt von der Verwendung des Geldes: „In dieser äußerst verworrenen Zeit kann es keine bessere Widmung von Geld, Arbeit und Intelligenz geben, als für den Zweck, die Jugend in jeder möglichen Weise zur vollen Teilnahme als nützliche Staatsbürger vorzubereiten, um in gemeinsamer Mühe Frieden und Freiheit zu jedem Land und zu jedem Volks zu bringen." Newman sehe seine Aufgabe „im Auftrag des amerikanischen Volkes, um Ihnen und Ihrem Volk zu der Wirksamkeit zu verhelfen, mit der uns das gemeinsame Gut der die Freiheit liebenden Völker überall gefördert werden kann. Wir freuen uns, dass wir Ihnen behilflich sein könnten, und ich werde anderen das mitteilen, was sie so nett über unsere Bemühungen zu sagen wussten."[132] Ohne diese amerikanische Unterstützung hätte das CG nicht errichtet und ausgebaut werden können. Die McCloy-Spende von 1951 galt freilich nicht alleine dem CG. Im gleichen Vorgang ging ein ungleich höherer Betrag von 240.000,- DM an das Dr.-Carl-Duisberg-Haus als Studentenwohnheim ohne ein besonderes pädagogisches Profil.[133] Die Amerikaner unterstützten das CG also nur als eines von mehreren Projekten, ermöglichten den Befürworten des CG aber durch ihre finanziellen Mittel und eine legitimierende Wirkung überhaupt erst den Betrieb. Inhaltlich übten die Amerikaner keinen Einfluss auf die Errichtung des CG, stimmten aber wohlwollend den deutschen Vorschlägen zu. Nur ein einziges Mal versuchte der Universitätsoffizier Eugene Bahn direkt in die Aufnahmepraxis des CG einzugreifen. Er hatte die Selbstbeschreibung als Ausländerwohnheim aufgegriffen, als er sich im Juni 1950 an den Rektor wandte.

130 UAM, 305a/519, Rektor der Philipps-Universität an Office of the Land Commissioner for Hesse, Marburg, 3.2.1951.

131 Ebd.

132 UAM, 305a/519, J. R. Newman an Gerhard Albrecht, Pro-Rektor der Philipps-Universität, Wiesbaden, 14.2.1951, Übersetzung.

133 Das Studentenwohnheim Duisberg-Haus bestand bereits seit 1927 und hatte Sanierungsbedarf. Mit einem eigenem Darlehen von 100.000,- DM zusammen sollte der Betrag zum Bau eines neuen Hauses am Schloßberg verwendet werden. Vgl.: 51.000 DM für Studentenwohnungen, Marburger Presse, 2.2.1951. Vgl. zur Errichtung des Duisberg-Hauses: *Denkschriften zur vierhundertjährigen Jubelfeier der Universität Marburg am 29.–31.7.1927, Teil 10*, Marburg, 1927, C. Duisberg; H. Hermelink: *Dr. Carl Duisberg-Haus*, Leverkusen 1930.

Bahn war aufgefallen, dass es für ausländische Studenten, die neu nach Marburg kommen, schwierig sei, ein Zimmer zu finden. Nur durch Zufall würden sie erfahren, dass ein Haus wie das CG oder die Wohnmöglichkeiten im Studentinnenwohnheim Bettinahaus bestünden. Bahn schlug nun vor, dass der Rektor jedem neuen ausländischen Studenten in einem Brief das CG vorstellen solle. Eindringlich erinnert der Universitätsoffizier an den Stiftungszeck: „Wenn die ausländischen Studenten nicht kommen sollten, kann das Zimmer an deutsche Studenten vergeben werden. Da es der Sinn des Collegium Gentium und des Bettinahauses ist, allen Völkern zu dienen, so sollte ihr Bestehen, wie mir scheint, Ausländern mitgeteilt werden, die vielleicht den Wunsch haben, dort zu wohnen.“[134] Der Vorschlag Bahns lag zum einen in der Linie der Heimgemeinschaft des CG, welche in Folge tatsächlich ihre Prospekte über den Auslandsbeauftragten der Universität versenden ließ. Andererseits wurde aber seine Forderung einer privilegierten Vergabe der Wohnheimplätze an Ausländer schlichtweg ignorierte. Die Amerikaner übten wirklich keinen unmittelbaren Einfluss auf die Konzeption des CG aus.

6. STELLUNG ALS MODELLPROJEKT DER HOCHSCHULREFORM

Die verabschiedeten Beschlüsse der Heimgemeinschaft des CG und die Korrespondenzen ins In- und Ausland waren Ausdruck eines geradezu missionarischen Eifers für die Idee des Kollegienhauses. 1952 wurde diese Mission auch von Personen außerhalb des CG geteilt und nicht mit der Institution CG unbedingt in Verbindung gebracht. In der Übersichtsdarstellung über die universitären Sozialeinrichtungen Marburgs beschrieb der Studentenwerk-Beauftragte Rudolf Herrmann die Errichtung des CG als Teil einer Entwicklung der Universitäten:

> Die Entwicklung vom Studentenhotel zum Gemeinschaftshaus ist überall zu sehen und oft fehlt es nur an Mitteln, um den Interessen der Studierenden für den Ausbau und die Ausgestaltung dieser Heime gerecht werden zu können. Diese studentischen Heime sind oft ein Test auf die Haltung und Einstellung unserer akademischen Jugend, sie sind Versuche, bei denen ein Scheitern in einzelnen Fällen mit eine Negierung des ganzen Gedankens bedeuten darf, sondern ein Fortschreiten auf dem eingeschlagenen Weg unter Beachtung aller gemachten Erfahrungen. Es müssen hier neue Wege gefunden werden. Wir selbst dürfen hier nicht träge werden und nachlassen, besonders wenn fast alle finanziellen Mittel fehlen, sondern wir müssen mit entsprechender Beharrlichkeit die Öffentlichkeit, besonders die Unterrichtsverwaltungen, auf diese große Aufgabe hinweisen, um auch von dieser Seite die ideelle und materielle Hilfe zu erhalten, die wir brauchen. Wenn auch noch heute die wirtschaftliche und gesundheitliche Betreuung der Studierenden die Hauptsorge des Studentenwerkes sein muss, so soll doch auch die kulturelle Betreuung nunmehr gepflegt und vervollkommnet werden. Eingeordnet in das Dreiecke Universität, AStA, Studentenwerk will letzteres seiner Aufgabe gerecht werden und bittet um die Hilfe und Mitarbeit aller, die wissen, welche große Verant-

134 UAM, 305a/487, Eugene Bahn, Universitätsoffizier Marburg, an Rektor Albrecht, Marburg, 8.6.1950.

wortung diese Institutionen für die Förderung des Nachwuchses in den leitenden Positionen unseres Staates haben.[135]

Tatsächlich hatte es auch vor der Errichtung des CG Wohnheime gegeben, die ein besonderes Profil auswiesen, so dass die neue Einrichtung von universitären Stellen bei weitem nicht als so neu und einzigartig empfunden wurde, wie es die CG-Bewohner selbst empfunden. Weder in seiner Größe noch in seinem Profil ragte das CG besonders hervor. Das älteste und prominenteste Wohnheim war das *Collegium Philippinum*. Die *Hessische Stipendiatenanstalt* als Träger war mit der Gründung der Universität 1529 von Landgraf Philipp von Hessen erlassen worden und hatte sei 1546 einen an Klosterstrukturen angelehnten Bursenbetrieb unterhalten. Auch wenn das gemeinsame Wohnen im 19. Jahrhundert nicht mehr bestand, hatten die Stipendiatenanstalt sich in Verbindung mit der Universität beständig halten können und u.a. durch die Förderung der Brüder Jakob und Wilhelm Grimm einen gestaltenden Beitrag zur Geschichte der Universität machen können. An die mittelalterliche Wohntradition anschließend, hatte die Stipendiatenanstalt ab 1927 im *Forsthof* am Schlossberg wieder ein gemeinsames Wohnen für die Stipendiaten aus den hessischen Städten eingeführt.[136] 1946 war das Wohnheime *Collegium Philippinum* der Stipendiatenanstalt für gut 20 Studenten im Marstall des Landgrafenschlosses eingerichtet worden. Im Marburger Studentenwerk waren darüber hinaus zahlreiche weitere Wohnheime zusammengefasst worden, die in jeweils sehr individuellen Profilen versuchten, die studentischen Bedürfnisse zu erfüllen. Eine Übersicht des Studentenwerkes von 1952 gibt einen Eindruck in die Vielfalt der Landschaft: Im gemieteten *Rhenanenhaus* hatte das Studentenwerk ein Wohnheim für gesundheitsgefährdete Studierende unter den Betreuung des Studentenarztes eingerichtet. Dieses Heim sei, so der Prospekt des Studentenwerkes, „das einzige dieser Art in Westdeutschland, liegt 30 Meter über der Stadt und ermöglicht Genesung von überstandenen und Vorbeugung gegen drohende Erkrankungen. Das Studentenwerk will alles versuchen, um dieses Heim, das natürlich ein Zuschussbetrieb bleiben wird, weiterhin zugunsten der gesundheitsgefährdenden Studierenden zu erhalten."[137] Das Studentenwerk besaß im *Dr.-Carl-Duisberg-Haus* „in idealer Lage unterhalb des Schlosses" ein weiteres Heim für ca. 50 Studenten, wobei in erster Linie Blinde und Schwerstbeschädigte berücksichtigt wurden. „Der gemeinsame Mittagstisch, die eigene Heimordnung und die Selbstverwaltung unter einem gewählten Hausausschuss zusammen mit einem Protektor ermöglichen ein zwangsloses, aber gern gepflegtes Gemeinschaftsleben." Das internationale Studentinnenwohnheim *Bettinahaus* konnte ca. 25 Studentinnen, „möglichst auch Ausländerinnen, in netten Zimmern unterbringen." Der Prospekt des Studentenwerkes betonte auch das gemeinschaftsbildende Element: „Im Sommer macht die herrliche Lage sowie die Gartenanlage das Wohnen dort zu einem Ferienaufenthalt. Auch hier hat sich unter Heimleiterin, Hausaus-

135 R. Herrmann: „Alles für den Studenten!", in: K. Goldammer (Hg.): *Marburg. Die Philipps-Universität und ihre Stadt,* Marburg 1952, 147–152, 151.

136 L. Hillebold: *Aufgeschlossen*, Marburg 2004.

137 Herrmann: *Alles für den Studenten!*, 149 f.

schuss und durch den gemeinsamen Mittagstisch und gelegentliche Heimveranstaltungen einer sehr nette Gemeinschaft gebildet." 138 Auch im Forsthof konnten noch weitere 50 Studenten untergebracht, denen dort aber kein gemeinsamer Mittagstisch geboten werden könne. Die beschriebenen Heime standen untereinander durch Gartenanlagen in Verbindung. Ebenso wie das *Collegium Philippinum* waren das *Dr.-Carl-Duisberg-Haus* und der *Forsthof* 1927 als Wohnheime errichtet worden. Im Zusammenhang mit einer gestiegenen öffentlichen Aufmerksamkeit für die soziale Situation der Studierenden hatte der Industrielle Carl Duisberg für die Errichtung des nach ihm benannten Hauses gestiftet, so wie die Landeskirche für den *Forsthof*.[139] Die aus einer sozialen Idee heraus errichteten Häuser waren nach 1933 und vor allem nach der Eingliederung des Marburger Studentenwerkes in das Reichsstudentenwerk 1938 im Sinne der NS-Ideologie betrieben worden. Die nationalsozialistischen Wohnkameradschaften hatten einen Eingriff in die Privatsphäre des Einzelnen zugelassen, von dem sich die Studentenwerksarbeit nach 1945 klar abgrenzte.[140] Dennoch wollte die Selbstdarstellung von 1952 die Arbeit des Studentenwerkes bezüglich der studentischen Wohnheime auf keinen Fall auf rein soziale Angelegenheiten beschränkt sehen:

> Wenn der soziale, caritative Zweck, der bei der Entstehung dieser Häuser meist Pate gestanden hätte, der einzige oder der primäre Grund für die Schaffung dieser Wohnheime gewesen wäre, so hätten die Stellen recht, die eine weitere Förderung und Unterstützung dieser Häuser ablehnen mit dem Hinweis, das jetzt die besseren sozialen und wirtschaftlichen Verhältnisse von selbst eine Auflösung dieser Institutionen herbeiführen werden. Doch darf gerade das Gegenteil behauptet werden und muss alles versucht werden um dieser neuen Form studentischen Gemeinschaftslebens die Unterstützung und Weiterbildung zu geben, die sie im Hinblick auf ihre gar nicht übersehbare Aufgabe in der „Erziehungsfunktion" der Universität verdient.[141]

Bezüglich der Durchführung dieses Anspruches stellte das Studentenwerk Marburg solche Unternehmungen wie das CG dabei 1953 grundsätzlich in Frage. Für die ihm unterstellten und assoziierten Wohnheime als „eigentliche Studenten-Wohnheime" in Abgrenzung zu „Studentenhotels" sah das Studentenwerk den gleichen Auftrag der allgemeinbildenden Erziehung. Die weitreichenden Kompetenzen der studentischen Selbstverwaltungen eines CG sah der Leiter des Marburger Studentenwerkes Herrmann als hochproblematisch: Es beständen keine Strukturen der Verantwortung zur Verwendung von finanziellen Zuschüssen von Bund und Land. Insbesondere das Werben für die Zuschüsse für die Kollegienhäuser durch den Wohnheim-Referenten des VDS und zugleich Sekretär der WRK Fischer sah Herrmann als unangemessen an. Insbesondere ein Vorstoß Fischers, der die weitgehende Selbstverwaltung der Kollegienhäuser durch die Studenten auf

138 Ebd. 150. Vgl. Studentenwerk Marburg: *Das Studentenwerk Marburg*, Marburg 1952.

139 Vgl. Studentenwerk Marburg: *Unser Nahziel waren Kartoffelpuffer mit Apfelmus*, Marburg 1996.

140 Zinn: *Zwischen Republik und Diktatur*, 340 ff.

141 Herrmann: *Alles für den Studenten!*, 150

dem Wege einer Verpflichtungserklärung der Universitäten bei Antrag der Bundesmittel regeln wollte, stieg auf entschiedenen Widerstand.[142]

Das Alleinstellungsmerkmal des CG als besonderes, inhaltlich und materiell von den Amerikanern unterstütztes Demokratisierungsprojekt hatte nur kurz gehalten. Dass das CG als nur eines unter mehreren Projekten ähnlicher Natur wahrgenommen wurde, zeigten auch die Projektanträge für die 1955 durch den Bundestag geschaffene Möglichkeit, durch Mittel aus dem Bundesjugendplan zusätzliche Tutorenstellen als experimenteller Teil der Studienreform zu schaffen. Gerade die weitgehende Betreuung sollte ja eine Besonderheit des Kollegienhaus-Konzeptes sein, das nun durch die Mittel des Bundesjugendplans ausdrücklich gefördert werden sollte. In der universitätsinternen Öffentlichkeit wurde das CG keinesfalls als die eine, besondere Institution wahrgenommen, deren Betrieb in irgendeiner Form zukunftsweisend sein könne. Als Vorsitzender des Kuratoriums des Studentenwerks Marburg fragte der Physiker Wilhelm Walcher bei der WRK an, ob die Mittel nicht auch anderweitig verwendet werden könnten. Die Tutorenaufgabe in den betreuten Wohnheimen zeigte große Parallelen zu der schon vorhandenen des Protektors. So sei die Universität Marburg, beziehungsweise deren Studentenwerk, daran interessiert, anstatt in eine zusätzliche Stelle die Mittel als den Marburger Wohnheimen allgemein zur Durchführung von Veranstaltungen zur Verfügung zu stellen.[143] 1955 nutze das Marburger Studentenwerk die 2 Millionen DM vor allem für die Projektierung eines Studentenhauses, das allen Studierenden als Veranstaltungsraum und Mensa zugute kommen sollte.[144] Schon im Juni 1954 war der Antrag für den Zuschuss zum Bau des Studentenhauses *Am Pigrimstein* mit den sozialen Problemen der steigenden Studentenzahlen begründet worden. Der Sprung von den 3.400 Studenten des WS 1953/54 auf 4.100 Studenten des folgenden Sommersemesters machte den Bedarf an „preiswerten, hygienisch einwandfreien Studentenunterkünften" deutlich.[145] Schon zur Erfüllung dieser der Universität weitaus drängenderen Aufgaben waren im 1954 nicht genügende finanzielle Mittel vorhanden gewesen. Auch die anderen Wohnheime des Studentenwerkes hatten Mittel zur Modernisierung beantragt.[146] Schon beim Antrag auf Fördermittel für den Umbau des Duisberg-Hauses war von der Universität im Einvernehmen mit dem Studentenwerk neben sozialen Gründen für die Er-

142 UAM 305a/1916. Hermann, Leiter des Studentenwerkes Marburg an Rektor Walcher: Studentenwohnheime, Marburg, 29.12.1953. Vgl. die konzertierte Aktion mit anderen Studentenwerken: UAM 305a/1916, Geschäftsführer des Studentenwerkes Darmstadt Bach an Rektor der TH Darmstadt Klöppel, Darmstadt, 3.12.1953.

143 UAM 305a/1916, W. Walcher, Vorsitzender des Kuratoriums des Studentenwerks Marburg, an die Westdeutsche Rektorenkonferenz über den Rektor: Tutorenprogramm 1955, Marburg, 31.3.1955.

144 R.Z.: „Marburg braucht ein Studentenhaus", *Oberhessische Presse*, 22.3.1955.

145 UAM 305a/1916, Studentenwerk Marburg an das Bundesministerium des Innern, Abt. III: Mittel aus dem 5. Bundesjugendplan für den Bau von Studentenwohnheimen, Marburg, 21.6.1954. Vgl. auch Umbau des Forsthofes: UAM 305a/1916, Studentenwerk Marburg an den Rektor: Studentenwohnheim 1954, Marburg, 20.3.1954.

146 Vgl. UAM 305a/1916, Der Rektor an den Minister für Erziehung und Volksbildung: Erlass vom 5.4.1954, Studentenwohnheime, Marburg, 10.4.1954.

weiterung der Wohnheimplätze, die Förderung des studentischen Gemeinschaftslebens genannt worden.[147]

Parallel dazu meldeten andere Wohnheime ihr Interesse an solchen Tutorenstellen an, die damit den Modellcharakter des CG in Frage stellten. Der VDS hatte schon angeregt, etwaige neue Mittel für „Projekte für die staatsbürgerliche Erziehung“ durch einen Koordinierungsausschuss aller örtlichen Studentenheime, des AStAs und der universitären Selbstverwaltung zu verteilen.[148] Als Ephorus der Hessischen Stipendiatenanstalt meldete der Theologe Theodor Siegfried den Anspruch seines Hauses auf eine der zu schaffenden Tutorenstellen. Das Collegium Philippinum werde mit dem Ausbau des Zeughausflügels zurzeit vergrößert, so dass die künftige Belegung auf 40 bis 45 Studenten wachse. Auch Siegfried sah es „als unsere besondere Aufgabe, […] eine akademische Lebensgemeinschaft aufzubauen, um neue Formen des Gemeinschaftslebens zu finden.“ Da mit dem Anwachsen des Hauses der einzige Repetent überbelastet sei, wolle er nun um die Zuweisung der neuen Stelle bitten. In Übereinstimmung mit der Heimgemeinschaft könne er auch gleich den frisch promovierten Theologen Eberhard Amelung als ideale Besetzung für diese Stelle vorschlagen.[149] Während Siegfried auf die wissenschaftlichen Qualitäten des vorgeschlagenen Tutors verwies, hatte sich dieser selbst vollkommen auf einen nicht-wissenschaftlichen Auftrag festgelegt. Da die Beschreibung der Tutorenstelle noch einer Ausgestaltung durch die Praxis harrte, war Amelung gebeten worden, seine Vorstellungen auszuformulieren. Der Gemeinschaftsgedanke stand dabei für Amelung im Vordergrund. So wie die Flüchtlinge seien auch die Studierenden nun „nüchtern und materialistisch“. Deshalb müsse ein Tutor „an alles Gestalten nur sehr behutsam herangehen.“ „Dienstpläne“ seien bei der studentischen Jugend nicht beliebt und „alles Reglementieren stößt auf den geheimen und manchmal auch offenen Widerstand des Menschen, der auch in einem Wohnheim nur ungern von außen über seine Freizeit verfügen lässt. Deshalb wird der Tutor nicht sehr weit kommen, wenn er versucht, in dem haus ein Programm aufzuziehen. Das gilt auch dann noch, wenn das

147 UAM 305a/1916, Rektor der Philipps-Universität an den Bundesminister des Innern: Stellungnahme des Rektors zu dem Antrag des Studentenwerkes Marburg auf Bewilligung eines Zuschusses für die restliche Finanzierung des Dr. Carl Duisberg–Hauses, Marburg, 21.5.1953.

148 UAM 305a/1916, Prof. Dr. Helmut Beumann, Protektor des Studentenwohnheimes Forsthof, an Rektor Walcher, Marburg, 5.2.1954.

149 Dieser habe nach vollem theologischen Studium und magna cum laude–Promotion nun das Studium der Nationalökonomie begonnen. Gerade dieses Doppelstudium mache ihn für das Collegium Philippinum besonders geeignet. Seine Aufgabe sollte sein, sich vor allem den Nichttheologen im Collegium Philippinum zu widmen. Der ursprünglichen Stiftung gemäß sei es die Aufgabe der Stipendienanstalt, „Männer heranzubilden, welche in ihren Wirkungskreisen die evangelische Sache vertreten.“ Amelung sei als ehemaliger Stipendiat mit dem Haus bestens vertraut und werde im Heim freie Unterkunft haben. UAM 305a/1916, Ephorus, Verwaltungs-Kommission der Stipendienanstalt an Rektor: Nomination eines Tutors für das Wohnheim der Hessischen Stipendienanstalt, Marburg, 7.4.1955. Vgl. G. Küenzlen: „Trauer um Professor Eberhard Amelung, Nachruf“, *Hochschulkurier der Universität der Bundeswehr München* 34, April 2009.

gebotene auf hohem Niveau liegt."[150] Die Einrichtung von Arbeitskreisen sah Amelung als ein geeignetes Mittel. Sie hätten eine höhere Berechtigung als „zu häufige gemeinsame Veranstaltungen", denn in ihnen fänden sich nun die thematisch Interessierten zusammen. Wichtig sei aber, dass der Tutor sich hier nicht für allemal auf bestimmte Themenkreise festlegen sollte, um diese dann unter allen Umständen durchzuführen. „von Semester zu Semester" sollten die Interessen neu aufgespürt werden, um dann den studentischen „Tätigkeitsdrang in die richtige Richtung zu lenken". Themen aus Musik und Politik seien dann aufgrund des großen Interesses auch für kontinuierliche Tutorien geeignet. Aktivitäten „im Sinne einer staatsbürgerlichen Erziehung" sah Amelung als wesentliche Aufgabe. „Bei dem nicht zu unterschätzenden Widerwillen eines Teiles der Studentenschaft gegen alles Politische" sah er ein informelles Vorgehen geboten durch „Möglichkeit zu einer ständigen Orientierung und gelegentlichen Aussprache über aktuelle Fragen". Der Tutor sollte sich dementsprechend darum kümmern, „dass immer Zeitungen vorhanden sind und dass man von Zeit zu Zeit mit dem politischen Leben durch die Begegnung mit Politikern und Beamten in Berührung kommt." Vor allem sah Amelung seine Aufgaben in der Schaffung des Gemeinschaftslebens:

> Ein Tutor wird jedoch am stärksten auf dem Geist eines Hauses einwirken können, wenn er sich mit den Einzelnen möglichst intensiv beschäftigt. Ganz abgesehen davon, dass die jungen Studenten in ihren ersten Semestern sehr viel Beratung brauchen, zu der Professoren und Dozenten heute nirgendwo genügend Zeit finden, hat ein jeder Fragen und Probleme, die gelöst und besprochen, das Zusammenleben in den einzelnen Zimmern und im Haus wesentlich fördern können. Die Studenten sollten das Gefühl haben, dass sie den Tutor jederzeit und mit allen Dinge behelligen dürfen und dass diese bei ihm auch gut aufgehoben sind. Zu alle dem ist notwendig, dass der Tutor die einzelnen Studenten gut kennt und über ihre persönlichen Verhältnisse orientiert ist. Nicht zuletzt gehört es zu den Aufgaben des Tutors, Spannungen, die im Hause entstehen, stillschweigend beizulegen. Es wäre unnatürlich, wenn sich in einer Hausgemeinschaft alle gleich gut verständen, denn es wird immer Menschen geben, die sich sympathisch sind und sich deshalb enger zusammenschließen. Auch Einzelgänger, die nie zu einem organischen Glied des Hauses werden, tauchen gelegentlich in den Wohngemeinschaften auf. All das ist die Ursache von nicht zu umgehenden Spannungen, die jedoch niemals zu einer erstarrten Frontenbildung führen dürfen. Um ein Haus wohnlich zu machen, dazu gehörte auch die Geselligkeit. Sie recht zu pflegen und ihr einen guten Rahmen zu geben, das wir ein wesentlicher Teil der Arbeit des Tutors sein. Nur dort, wo auch die Entspannung im hause gewährt wird, kann der Tutor die Studenten einmal zur Arbeit anhalten und ist die Möglichkeit gegeben, dem Ausweichen der Studenten in Formen, die nicht mehr zeitgemäß erscheinen, mit Erfolg entgegenzutreten. Dazu wiederum bietet ein studentisches Wohnheim seinerseits die besten Voraussetzungen.[151]

Im Entwurf für das Amt des Tutoren im Collegium Philippinum durch den Tutoren Amelung spiegelte sich die Rolle des CG. Dem Jahrgang 1926 zugehörig, liegt die Alterskohorte Amelungs eher in der später von Schelsky apostrophierten „skeptischen Generation".[152] Die von Amelungs empfohlene Zurückhaltung zeigte

150 UAM 305a/1916, E. Amelung: Gedanken über die Aufgaben eine Tutors in einem Studentenheim, Marburg, 1955.

151 Ebd.

152 Vgl. H. Schelsky: *Die skeptische Generation.*

Verständnis des Tutoriats, das sich von einer pädagogischen Rollenzuschreibung unterschied.[153] Andererseits schien der Konsens der beiden Theologen Siegfried und Amelung in der alten Stiftung für aus Hessen stammende Stipendiaten durchaus positiv aufgenommen worden zu sein. Die theologisch geprägte Stipendiatenanstalt hatte sich bislang kein Konzept zum Erlernen demokratischen Verhaltens explizit auf die Fahnen geschrieben. Vollkommen anders lag der Fall beim CG, dessen Anspruch als Reformmodell doch viel eher ein Anrecht auf die neue Finanzierung von Tutorenstellen begründet hätte. Im Rahmen der gesetzten Frist hatte auch CG-Protektor Kurt Goldammer eine Tutorenstelle beantragt und mit dem Germanistik-Doktoranden Hans Georgi einen Kandidaten für die Stelle.[154] Aufgrund der Antragsfrist sollte der Tutor aus dem Haus kommen, da eine Bestellung eines Tutors von außen so kurzfristig nicht möglich gewesen sei. Der Vorschlag sei im Einvernehmen mit dem CG-Senior Lothar Walgarth und einer kurzfristig anberaumten Semesterferien-Versammlung der Heimmitglieder erstanden.[155] Auch Georgi hatte seine Vorstellungen von den Aufgaben eines Tutors ausgearbeitet, dabei aber seine eigene Aufgabe gar nicht eindeutig formuliert. Da bereits die Selbstverwaltung mit Senior und zehn Referenten das Programm des CG gestalteten, müsste sich ein Tutor „diesem Gefüge nach Möglichkeit einpassen". So sollte er den Referenten „weniger ein starr-eigenwilliges zusätzliches Programm entgegenstellen, als vielmehr soweit wie möglich auf bereits vorhandene Ansätze im Heimleben zurückgreifen und deren organische Ausbildung zu fördern suchen." Georgi sah die Aufgabe des Tutors nur in einer Unterstützung des Referenten, unter umständen bei größeren Unternehmen wie langfristigen Vortragsplanungen könnte er über die Amtszeit des Referenten hinaus haben. Sowohl für die ausländischen Neuankömmlinge wie auch für Studienanfänger wollte Georgi ein offenes Ohr haben, allerdings ohne „Zudringlichkeit und beamtenmäßige Routine" durch ein eigenes Programm zu zeigen. Als eigene Veranstaltungen sah Georgi nur „ein bis zwei fortlaufende Veranstaltungen", die er aus seinem eigenen Studienfach heraus anbieten könnte. Die verbleibenden Gelder aus dem Bundesjugendplan könnten für „kleinere, gemeinschaftsfördernde Wochenendfahrten", Theater- oder Ausstellungsbesuche genutzt werden.[156] So vage und zurückhaltend Amelung seine Vorstellungen für das Collegium Philippinum formuliert hatte, so wenig Gestaltend wirkte die Beschreibung Georgis. Die mit Begutachtung und Genehmigung befasste Beratungsstelle für Wohnheimfragen des

153 Zu dieser Rolle passt auch das Dissertationsthema: E. Amelung: *Die demokratischen Bewegungen des Jahres 1848 im Urteil der protestantischen Theologie*, Marburg 1954.

154 UAM 305a/1916, Hans Georgi: Lebenslauf, 1955. Georgi arbeitet über Thomas Mann. Vgl. H. Georgi: *Die Gestalt des Deutschen bei Thomas Mann*, Marburg 1955.

155 UAM 305a/1916, Goldammer, Protektor des Collegium Gentium, an W. Eltester, Vorstand der Stiftung Collegium Gentium: Tutorenprogramm aus dem Bundesjugendplan, Marburg, 17.3.1955.

156 UAM 305a/1916, Hans Georgi: Vorschläge zur Arbeit eines Tutors im Collegium Gentium, Marburg, März 1955.

Verbandes der Deutschen Studentenwerke genehmigte beide Stellen für 1955.[157] Das CG schien aber keine grundsätzlichen Unterschiede zum *Collegium Philippinum* aufzuweisen.

Andere Alleinstellungsmerkmale des CG waren nicht realisiert worden. In der Planungsphase war die angedachte Einrichtung eines Lehrstuhles für wissenschaftliche Politik an der Universität Marburg in einer Kombination mit der praktischen Zusammenleben im College als „der Rahmen für eine fruchtbare Arbeit der Völkerverständigung" bezeichnet worden.[158] Diese Idee einer Verknüpfung des Wohnens im Collegium mit einer intensiveren wissenschaftlichen Ausbildung bezüglich politischer Fragen war in der Errichtungsphase nicht mehr weiter erörtert worden. Und auch in der Durchführung studentischer Vortragsreihen steht das Collegium Gentium im Marburg allerdings nicht allein dar. Das Studentische Auslandsamt des AStA versuchte sich ebenfalls seit 1950 an einer Reihe „Studenten sprechen zu Studenten". Dabei war vorgesehen, „alle 14 Tage einen Abend dem Gedanken der Universitas an unseren Hochschulen zu widmen". Amerikanische und deutsche Studenten sollten Kurzvorträge über die neuesten Errungenschaften auf allen Wissensgebieten halten. Diese Initiative des AStA war ebenfalls entstanden, „um über die Einseitigkeit eines Fachstudiums hinwegzukommen und dem Studenten zu ermöglichen, auch auf anderen Gebieten bewandert zu sein." Ein solcher Kurzvortrag sollte nur etwa zehn Minuten dauern und „im Allgemeinen informatorischen Zwecken in möglichst ansprechender Form dienen – denn es ist selbstverständlich, dass ein Lernender sich nicht die Bedeutung eines wissenschaftlichen Forschers anzumaßen gedenkt." Aufgrund des mangels deutscher Literatur solle man dabei auf neueste amerikanische Bücher zurückgreifen. Durch die American Library in Marburg sei ausreichend Material zugesagt worden. Die Themenauswahl zeigte eine weite Spreizung von „Die Atombombe" über „Psychologie und Alltag" hin zu „American. Jazz".[159] Das CG hatte mit dem gemeinsamen Zusammenwohnen von Männern und Frauen, de, bewussten Zusammenwohnen mit Ausländern und der starken Selbstverwaltung im Rahmen dieser Landschaft ein Profil, aber unterschied sich doch nicht grundsätzlich von ähnlichen Einrichtungen. Die Unterschiede vor allem der Trägerschaft durch die eigene Stiftung waren eher formaler Natur, die in der täglichen Wahrnehmung kaum auffiel. Der missionarischen Öffentlichkeitsarbeit der letztendlich doch recht überschaubaren Studentenschaft des CG stand der Alltag an der Marburger Universität gegenüber. Von Seiten der Universität wurde das CG weniger revolutionär wahrgenommen, seinem Ansinnen stand man aber wohlwollend gegenüber.

157 „Tutorenstelle für Studentenheim Collegium Gentium Tutorand Phil Hans Georgi und Tutorenstelle für Studentenheim Collegium Philippinium Tutor Der Eberhard Amelung bewilligt Stopp bitte Heime umgehend Benachrichtigung Stopp Bescheide folgen stepp Erste Zahlung voraussichtlich Mitte August + Beratungsstelle für Wohnheimfragen Fischer." UAM, 305a/1916, Beratungsstelle für Wohnheimfragen Fischer: LT = Rektorat der Universitaet Marburglahn, Telegramm, Göttingen, 27.7.1955.

158 H. Sch.: „Collegium Gentium", *Marburger Presse*, 2.9.1949.

159 UAM, 305a/1367, Walter O.C. Zuschke, Leiter des Stud. Auslandsamtes: Universitas – Universitatis

7. ABGRENZUNG ZU DEN STUDENTENVERBINDUNGEN

Auch jenseits des CG schien Anfang der 1950er Jahre die Förderung eines studentischen Gemeinschaftslebens ein ausgemachtes Ziel der Gremien der Philipps-Universität. Diese Förderung sah das CG in keiner Weise gegenüber anderem Engagement hervorgehoben. Als Rektor Alfred Benninghoff im August 1950 den CG-Heimbewohnern die Nutzung des Mensa-Saals im Erdgeschoss des Institutsgebäudes genehmigte, tat er dies generell für alle studentische Gruppen: „Solange der große Speisesaal im Institutsgebäude keine andere Verwendung findet, ist es durchaus angebracht, ihn studentischen Vereinigungen für deren Veranstaltungen zur Verfügung zu stellen."[160] Als sein Nachfolger Wilhelm Walcher 1953 zum Antrag des Studentenwerkes Marburg auf Bewilligung von Wohnheim-Bau-Geldern aus dem Bundesjugendplan Stellung nahm, nannte er ausdrücklich ein dezentral organisiertes Gemeinschaftsleben im Interesser der Universität. Das vom Studentenwerk auszubauende *Dr. Carl Duisberg-Haus* sollte nicht nur Wohnheim sein, sondern darüber hinaus verschiedensten Studentischen Gruppen Raum zur Verfügung stellen können:

> Darüberhinaus soll durch die Einrichtung von Club- und Gemeinschaftsräumen das studentische Gemeinschaftsleben, vor allem der studentischen Gemeinschaften, die nicht durch eine Altherrenschaft getragen werden oder über ein eigenes Haus verfügen, belebt werden. Denn bisher sind die Möglichkeiten dazu, in kleineren Wohnheimen, die kaum die Bedürfnisse der jeweiligen Heimbewohner befriedigen. Und im Studentenhaus, das gleichfalls weder ausreicht, noch in seiner Eigenart als Mensa nicht den geeigneten Rahmen für Zusammenkünfte wissenschaftlicher Art oder zu Diskussionen oder Clubgeselligkeit abgeben kann, für die Universität Marburg und ihre Studentenschaft als ungenügend zu bezeichnen. Es ist auch daran gedacht, den Zusammenschlüssen der Dozentenschaft (Dozenten Club usw.) mit der Studentenschaft im Duisberg-Haus einen von Lokalen unabhängigen Treffpunkt zu geben. Schließlich gäbe der vollendete Umbau dieses Hauses der Universität die Möglichkeit, die Ferienkurse, die eine lange Tradition in Marburg haben und die viele ausländische Studenten anziehen, an einen würdigen, schönen Platz zu konzentrieren und damit die deutsche studentische Jugend mit der Jugend andere Länder zusammenzuführen.[161]

Auch die 1954 ausgeschütteten Mittel für dem Bau eines „studentischen Wohn- und Gemeinschaftsheims" am Pilgrimsteig sollte „dem neuen studentischen Gemeinschaftsleben weiteren Auftrieb geben."[162] Dieses Engagement stand im Kontext mit dem Wiederauftrieb der studentischen Korporationen, die vor 1933 das Marburger Stadtbild noch mehr als an anderen Universitätsorten beherrscht hatten und seit Ende der 1940er Jahre wieder großen Zulauf jüngerer Studenten erlebten. Rektor Walcher sah im Einklang mit den Tübinger Beschlüssen der Rektorenkonferenz 1949 diese Entwicklung als ein Problem, dem die Universität entgegen

160 UAM, 305a/487, Rektor an Kautzky, Marburg, 10.8.1950.

161 UAM 305a/1916, Rektor der Philipps-Universität an den Bundesminister des Innern: Stellungnahme des Rektors zu dem Antrag des Studentenwerkes Marburg auf Bewilligung eines Zuschusses für die restliche Finanzierung des Dr. Carl Duisberg-Hauses, Marburg, 21.5.1953.

162 R.Z.: Marburg braucht ein Studentenhaus, *Oberhessische Presse*, 22.3.1955. Vgl. UAM 305a/1916, Studentenwerk Marburg an das Bundesministerium des Innern, Abt. III: Mittel aus dem 5. Bundesjugendplan für den Bau von Studentenwohnheimen, Marburg, 21.6.1954.

wirken solle. Diese Auffassung vertrat Walcher auch öffentlich, sogar im Januar 1953 bei einer hessischen „Altakademiker"-Tagung in Kassel. Die dort unter dem Thema „Hochschule und Akademikerschaft" versammelten 2.000 Herren hatten sich über die wieder erstehenden Studentenverbindungs-Verbände organisiert und traten in Couleur für die volle Anerkennung der alten Korporationen an den Universitäten ein. Gab es über eine Wiederzulassung des studentischen Mensurwesens unter den Alten Herren durchaus geteilte Meinungen, lehnten sie doch einhellig die Ächtung der Korporationen durch das Verbot des öffentlichen Farbentragens ab. Innenminister Robert Lehr, selbst Alter Herr des großbürgerlich geprägten Marburger *Corps Teutonia*, hatte in seiner Rede unter großer Zustimmung der anwesenden die positiven Werte des Korporations-Studententums beschworen.[163] Ihm Antwortete Walcher nun mit einer Gegenposition, die auf die Wechselbeziehungen zwischen Hochschule und Öffentlichkeit ansprach. Um die den Universitäten vorgeworfene Abgeschiedenheit von gesellschaftlichen Problemen zu lösen, versuche die Philipps-Universität einen Austausch mit der breiten Öffentlichkeit in Stadt und Land. Die Universität suche und baue „Brücken auf denen Probleme und Anregungen aus ihrer Umwelt ein uns ausströmen können; sie sucht Freunde, die sie bei der Lösung ihrer Aufgaben unterstützen." Der *Marburger Universitätsbund* habe als Zusammenschluss der Altakademiker der Universität seit 1945 schon massive helfen können. In Zuschriften habe Walcher aber auch die ablehnende Haltung ehemaliger Marburger Studenten erlebt, die „sich nicht zu den Freunden dieser Hochschule mehr zählen könnten, welche [ihre] Korporation, oder die Korporationen schlechthin, Freiheitsbeschränkungen unterwirft oder gar unterdrückt." So verteidigte Walcher die Ablehnung der alten Korporationen mit der Unterstützung eines neuen studentischen Gemeinschaftslebens: „Die Tatsache, dass heute auch an der Universität die große Zahl regiert, die drohende Vermassung, fordert mehr denn je und in noch stärkeren Maße den Zusammenschluss von Gleichgesinnten in Gruppen und Vereinigungen." Die Bildung von studentischen Gemeinschaften sei „ein echtes Bedürfnis und wird von der Universität warm begrüßt." Die Anknüpfung an die alte Tradition allein sei auch nicht Gegenstand der Diskussion, deren „ideellen Werte" Walcher auch eine dauernde Gültigkeitr zusprechen wollte. Vor den Altakademikern bezeichnete Wacker nun „äußere Erscheinungsformen" der Traditionen als problematisches Erbe an, das vor allem von den Studierenden selbst angezweifelt werde: „Hinter diesen Erscheinungsformen sieht man das Gespenst der Kastenbildung, der sozialen Absonderung, der Exklusivität, der Beanspruchung von Sonderrechten, des Snobismus und der fossilen Erstarrung, weil manche dieser Eigenschaften in der Geschichte Attribute der Studentischen Vereinigungen waren." Über die gemeinsam sicherlich vorhandenen Inhalte sah der Rektor einen Anknüpfungspunkt mit den Alten Herren, deren Fixierung auf die alten Formen Wacker als verfehlt ansah.[164]

163 Ih: „Dr. Lehr brach eine Lanze für Korporationen", *Fuldaer Zeitung*, 13.1.1953.

164 UAM 305a/2135, Rede von Rektor Walcher bei dem Treffen der Altakademiker in Kassel vom 11.1.1953.

In dieser Linie der Ablehnung der alten Korporationen konnte sich Walcher auch mit dem Frankfurter Rektor Max Horkheimer und dem Rektor der TH Darmstadt Hans Wolfgang Kohlschütter einig wissen. Sie hatten sich eigens im Mai 1953 zu einer Abstimmung der gemeinsamen Position gegenüber den Korporationen getroffen. In einem Schreiben an den Rektor der Justus-Liebig-Hochschule Gießen versuchte Walcher eine gemeinsame Position der Hessischen Hochschulen bezüglich der Korporationen abzustimmen. Alls drei Senate der Universitäten Marburg und Frankfurt sowie der TH Darmstadt verträten die Ansicht, „dass Farbentragen in der Öffentlichkeit und Mensur Fechten mit dem Studium an unseren Hochschulen nicht vereinbar sei." Bei einer gemeinsamen „hessischen Haltung" sah Walcher die Möglichkeit für die Einführung eines gleichmäßigen Disziplinarverfahren etwa in der folgenden Form: „Wird dem Rektor ein Verstoß gegen die erwähnet Bestimmung bekannt, so empfiehlt er dem Studenten, sich bis spätestens zum Ende des laufenden Semesters ordnungsgemäß zu exmatrikulieren." Bei Nichtbefolgen dieser Empfehlung sollte der Rektor den Fall an das Disziplinargericht „mit dem Ziel der Entfernung von der Hochschule" weiterleiten. Walcher wollte die Verbindungen aufs Neue auffordern, „zu dem Grundsatz der Universitäten und der Hochschule bezüglich des Farbentragens und der Mensuren Stellung zu nehmen. Lehnen sie den Grundsatz ab, so können sie nicht zugelassen werden."[165] Insbesondere der Marburger Rektor setzte sich also mit Unterstützung des Akademischen Senats für eine harte Linie gegen die Studentenverbindungen ein.

Am 29. Januar 1953 hatte der Bundesgerichtshof in Berlin das Mensurverbot aufgehoben. Das Urteil des Verwaltungsgerichts Marburg zur Aufhebung des Verbots des Farbetragens im Mai 1953 war natürlich auch in Marburg besonders beachtet worden.[166] Ehemalige Verbindungsstudenten erkundigten sich bei der Universität Marburg über die Anerkennungspraxis von den Verbindungen und der Aufrechterhaltung des Mensurverbots. So hatte beim Rektor auch der Frankfurter Oberlandesgerichtspräsident Curt Staff angefragt, der als Sozialdemokrat und Verfolgter des NS-Regimes über den Verdacht reaktionärer Gesellschaftsutopien erhaben war. Rektor Walcher antwortet eindeutig, dass die Universität an der bisherigen Praxis in Einklang mit der Linie der Bonner Rektorenkonferenz von August 1950 festhalte: „Mensuren und öffentliches Farbentragen würden erneut eine Spaltung in die *civitas academica* hineintragen und eine Kluft zwischen den Studenten und weiten kreisen unseres Volkes aufreißen in einer Zeit, in der ein schweres gemeinsames Schicksal die Gegensätze ausgelöscht hat." Dass nun eine Minderheit von Studierenden diese Bemühungen konterkariere, müssten die Universitäten verhindern. Noch eindeutiger war die Ablehnung des „Fechten mit scharfer Waffe" durch den Marburger Senat am 2. Juli 1951 gewesen. Nach Bekanntmachung des Bundesgerichtshof-Urteils hatte der Marburger Senat am 3. Februar 1953 erklärt, dass „seine Stellung zur Bestimmungsmensur, die er aus den

165 UAM 305a/2135, Rektor der Philipps-Universität an Rektor der Justus-Liebig-Hochschule Giessen, Marburg, 30.5.1953.
166 Nl: „Studenten dürfen Farben tragen", *Frankfurter Rundschau*, 30.5.1953.

mehrfach geäußerten moralischen Gründen ablehnt, [...] sich nicht geändert [hat]. Er weiß sich einig mit der Mehrzahl der Studierenden". Bezüglich des Farbentragens waren sich hingegen die Studentenverbindungen in der Brechung des Verbots einig. Nach Besuch des 44. Wartburgfestes des gesamten Wingolfbundes in Weilburg an der Lahn, erklärte im Juli der Marburger Wingolf in einer „Loyalitätserklärung" dem Rektor, das Verbot nicht mehr akzeptieren zu wollen. Dementsprechend werde der Marburger Wingolf in Zukunft „zu besonderen Anlässen seine Farben wieder öffentlich anlegen, ohne Eure Magnifizenz jedes Mal davor in Kenntnis zu setzen." Die Wiederaufnahme dieses alten Brauchs ändere jedoch nichts an der bisherigen Einstellung des Wingolfs in hochschulpolitischen Fragen: „Es liegt uns daran, Eurer Magnifizenz zu versichern, dass damit in keiner Weise ein Protest oder eine Stellungnahmen gegenüber akademischen Instanzen beabsichtigt ist."[167]

Der Wiederaufstieg der Korporationen im CG klar abgelehnt. Im Juli 1953 nahm die Selbstverwaltung des CG an einer mit anderen Gruppen an der Universität konzertierten Aktion gegen die Studentenverbindungen durch Schreiben an den Rektor, die zum Teil wortwörtlich übereinstimmten. „Ohne die bedauerlicherweise vorhandene Kluft innerhalb der Studentenschaft unnötigerweise vertiefen zu wollen" wollte dieses Schreiben doch auf den mangelnden Vollzug der bisherigen Beschlüsse des Senats bezüglich des Farbentragens hinweisen. Vor allem die Symbolik der Korporationen als soziale Abgrenzung eines exklusiven Standesdenkens der Akademiker wurde als Gefahr bezeichnet. „Diese allgemeine Tendenz lässt uns befürchten, dass eine akute Gefahr besteht sowohl für den äußeren als auch den inneren Bestand der Studentenschaft; und das in einer Zeit, in der die deutsche Studentenschaft es wahrlich nötig hätte, sich von einer derartigen Problematik nicht von ihren eigentlichen Aufgaben ablenken zu lassen." Dehalb bat CG-Senior Neie nun den Rektor um ein aktives Einschreiten gegen das Aufblühen der Korporationen, wie es etwa an der Münchner Universität schon geschehen sei.[168] In dem Schreiben zeigte sich, mit welch harten Bandagen auch die Studenten des CG gegen die alten Korporationen vorgingen, so dass sie sich nicht scheuten, in dem denunzierenden Tonfall den Rektor zum Handeln aufzufordern. In die gleiche Richtung stieß ein Schreiben des *Rings freier Studenten*, dem die CG-Heimgemeinschaft beigetreten war.[169] Als Vorsitzender der *Demokratischen Studentengruppe* im *Bund Demokratischer Studentenvereinigungen* (BDSV) richtete der CG-Bewohner Helmut Schwing ein noch weitaus schärferes Schreiben an Rektor und Senat.[170] Auch dieses Schreiben begnügte sich nicht nur mit einem Anprangern der neuen Entwicklungen, sondern denunzierte geplante Veranstaltungen der Korporationen. Das Schreiben sah „dass die freien Studenten durch

167 UAM 305a/2135, Martin Ruim i.N.d.C., Marburger Wingolf, an den Rektor, Marburg, 3.7.1953

168 UAM 305a/2135, Senior Herbert Neie, Collegium Gentium, an Rektor Walcher, Marburg, 14.7.1953.

169 UAM 305a/2135, Ring freier Studenten an den Rektor, Marburg, 9.7.1953.

170 UAM 305a/2135, Helmut Schwing, Vorsitzender, Demokratische Studentengruppe im BDSV an den Senat der Philipps-Universität, Marburg, 14.7.1953.

derartige, keineswegs vereinzelte, Vorkommnisse diskriminiert [...],da die Korporationen immer mehr in der Öffentlichkeit als für die gesamte Studentenschaft handelnd angesehen werden und sich selber ansehen.“ Sogar der 1. AStA-Vorsitzende habe sich öffentlich mit Mand und Mütze seiner Korporation gezeigt und damit den Anschein geweckt, er spreche zugleich für AStA und Korporationen. Die Schreiben versuchten, Rektor und Senat der Universität gegen die studentischen Korporationen zu aktivieren. Auch lassen sie aber vermuten, dass es sich bei dem CG schon selbst um eine studentische Vereinigung von mehreren handelt, die ihre besondere Legitimation aus der Ablehnung der Korporationen zieht. Ein Absatz aus dem Schreiben Schwings erwähnt eine Dame, „die einer uns befreundeten Gruppe angehört.“[171] In Marburg wurde wohl in einem höheren Maße als an anderen Hochschulorten – und ironischerweise somit ganz in Linie der korporativen Tradition – die Studenten als Angehörige von „Gruppen“ gesehen. Ob das CG mit seiner eigenen Willensbildung und der *Gesellschaft der Freunde und Förderer des Collegium Gentium* nicht längst selbst die Form einer Korporation angenommen hat, ist ein Verdacht, der auch zeitgenössisch geäußert wurde. Der neu als Protektor eingesetzte Theologe Kurt Goldammer formulierte diesen Gedanken im Artikel „Korporation neuer Ordnung?“ aus, der in der Juliausgabe 1955 des Rundbriefes der Fördergesellschaft des CG erschienen war. Die „positiv Umgestaltung des studentischen Gemeinschaftslebens“ sag Goldammer in einem Zusammenhang mit dem „Wiederaufleben der alten studentischen Bünde“. Deren Geist und Form sei weitgehend bestimmt von der Altherrenschaft, also von Gruppen außerhalb der Universität, welche „als Traditionsträger die Weiterführung einer generationenalten Überlieferung in der jeweiligen studentischen Gegenwart garantieren.“ Diese Traditionsweitergabe lege aber die jeweilige studentische Gemeinschaft auf Formen und Inhalte fest, welche „sie vorfindet, an deren Weiterentwicklung sie sich vielleicht beteiligt, an denen sie aber im Grunde nicht viel ändern kann und will.“ Im CG sah Goldammer ein Gegenmodell verwirklicht, dass aber durch die Übernahme ähnlicher Strukturmerkmale wie die Korporationen durchaus gefährdet sei, eine ähnlich problematische Entwicklung zu nehmen:

> Sicher ist soviel, dass der Kampf von verschiedenen Seiten gegen die alten formgebundenen studentischen Gruppen, die sich soziologisch durch Exklusivität auf der Grundlage der Kooptation auszeichnen, verloren ist, ja von vorherein verloren war. Jede Kenntnis soziologischer Gesetzmäßigkeiten musste das klar sein lassen. Wenn de Universitäten in der Schaffung eines bestimmten Wohnheimtyps, meist als „akademische Kollegienhäuser“ bezeichnet, dem auf diese Weise Vorhandenen etwas nach Prinzip und Inhalt Neues entgegenzusetzen versuchten, und zwar im Rückgriff auf Formen aus der Frühzeit der europäischen Universitäts- und Studentenlebens, so konnte es nicht ihre Absicht sein, konkurrierende Institutionen zu schaffen, die die Korporationen alten Stils verdrängen sollten. Vielmehr war es der Versuch der Aufstellung einer neuen Form des Lebens, des Arbeitens und der Gesinnung, einer dynamischen Grundhaltung an Stelle der statischen, oder besser: In Ergänzung zu der letzeren.[172]

171 UAM 305a/2135, Schwing an Rektor Walcher, Marburg, 8.7.1953.

172 UAM 305a/2318, Goldammer: „Korporation neuer Ordnung?“, Gesellschaft der Freunde und Förderer des Collegium Gentium: *Rundbrief Nr. 10*, Marburg, Juli 1955, 1–3.

Goldammer wollte diese Dynamik im Gedanken der „studentischen Selbstverwaltung in demokratischen Formen“ erhalten sehen. Nicht etwa als „Stilübung in Demokratie“ sei er gedacht, sondern nur für diesen Zweck. Dennoch sah Goldammer viele „derartige Häuser“ nun wenige Jahre nach ihrer Begründung „unverkennbar in einer inneren Krise oder doch zumindest in schwierigen Problemstellungen“: Entweder hätten sie sich n den typ des „Studentenhotels“ angenähert, „der in seiner völligen Unverbindlichkeit dem Heimträger nur die Rolle eines öffentlichen Zimmervermieters zuweist, oder es ist allenfalls noch die Pflege einer gewissen Geselligkeit und social activity das Zusammenhaltende des Heims.“

Auf der anderen Seite sah Goldammer die Möglichkeiten „einer starken Formverfestigung“ und dem Ausbau des Selbstverwaltungsprinzips, „die eine solche Gemeinschaft gegenüber der Universität in dem Maße verselbständigen, dass sie nicht weniger an Eigenwert, Selbstbewusstsein und Traditionsgeformtheit gewinnt als die alten Korporationen.“ Die Gefahr von „Korporationen neuer Ordnung“, diesmal vom Staat und mit öffentlichen Mitteln anstelle von Altherrenschaften getragen, sei dabei durchaus gerechtfertigt. Goldammer wollte das CG aber auf keinen Fall in diese Rolle abgleiten sehen. Das CG sei „von der Universität her gegründet und hat seinen Sinn nicht in sich selbst, sondern ausschließlich in der dauernden engen Beziehung zur Universität und zum Studium.“ Nur aus diesem Grunde sei an die Spitze seines Verwaltungsapparats der jeweilige Rektor der Alma Mater getreten und werde ein Universitätslehrer zu seinem Protektor ernannt. „Nur solange seien Bewohner das studentische Ethos des wissenschaftlichen Lernen und Forschens in Verbindung mit der Universität zum Mittelpunkt des Heimlebens machen, an den sich alles andere organisch ankristallisiert, hat daher das Heim von der Universität her gesehen seine Daseinsberechtigung.“ Solange es die Dynamik der beweglichen Form, „das ‚unstarre Prinzip‘ und den Verzicht auf ein exklusives Sonderdasein sich zu eigen macht, kann die Universität ihm ihre Aufmerksamkeit und die Kraft ihrer so überaus stark beanspruchten Lehrkräfte zuwenden, denn die Universität hat ja heute nicht etwa mehr die Aufgabe, bloßen Wohnraum zu erstellen und zu vermieten.“ 173 Als neuer Protektor wollte Goldammer seine Initiative für diese im CG angelegte „gesunde Grundhaltung“ und für ihre Weiterentwicklung einsetzen. Abschließend beschwichtigte Goldammer, dass das CG ja erfreuliche Weise an der angedeuteten Krisensituation nicht teilnehme. Goldammer sehe im CG „die Möglichkeit, einen nach allen Seiten hin aufgeschlossenen Studententyp zu fördern, wie er für die Ergänzung unserer geistigen Elite nötig ist und wie er vor allem auch nur im übernationalen Rahmen heranwachsen kann, an dessen Sicherung und hoher Qualität der Protektor besonders interessiert ist.“ Die Weiterentwicklung einer „gesunden und innerlich festen Selbstverwaltung“ sollte diesem Ziele ebenso wie die „Vertiefung der geistigen und kulturellen Arbeit“ dienen.[174] Der Verdacht, dass im CG während der Auseinandersetzung mit den Korporationen nun doch eine eigene, neue Korporation entstanden war, ist nicht ganz von der Hand zu weisen. Zumindest stellte

173 Ebd.
174 Ebd.

die klare Abgrenzung der studentischen Selbstverwaltung des CG gegen Eingriffe durch die Universität die Stellung als Pilotprojekt mit einem besonderen Modellcharakter einer künftigen Universitätsreform in Frage.

8. INFRAGESTELLUNG DES STATUS ALS UNIVERSITÄRE EINRICHTUNG 1955

Die weitgehende Autonomie des CG stellte zunehmend seine Rolle als positives Beispiel einer von der Universität ausdrücklich gewünschten und geförderten Einrichtung in Frage. Im Sommer 1954 hatte der Jurist Rudolf Reinhardt sein Amt als Vorsitzender der Stiftung niedergelegt, das von seinem Juristenkollegen Emil Kießling übernommen worden war. Im gleichen Jahr war der Protektor mit dem Religionswissenschaftler Kurt Goldammer neu besetzt worden. In einem Rückblick sah Kießling von Anfang an die Herausforderung, eine „Anerkennung der in voller Geltung befindlichen Satzung zu fordern, um eine Rechtsgrundlage für eine organische Weiterentwicklung des Heims zu finden." Für den Protektor habe sich 1954 ebenso wir für den Vorstand die Erkenntnis ergeben, „dass die Rückkehr zum geltenden Satzungsrecht und seine Einhaltung durch die Heimbewohner zunächst erforderlich sei, schon im elementaren Interesse der Anerkennung demokratischer und staatsrechtlicher Grundsätze, die die Bewohner dieses Heimes in der Heimgemeinschaft erlernen und übern sollen."[175] An der Besetzung der 1955 vom Bundesjugendplan geförderten Tutorenstelle hatte sich innerhalb CG der erste schwere Konflikt zwischen Heimleitung und Heimgemeinschaft entzündet. Seit August war die Stelle mit dem Germanistik-Doktoranden Georgi besetzt worden. Protektor Goldammer hatte die Stelle im Einvernehmen mit dem CG-Senior Lothar Walgarth und einer kurzfristig anberaumten Semesterferien-Versammlung der Heimmitglieder beantragt.[176] Diese Besetzungspraxis wurde aber schon 1955 von einer Reihe von Studenten als gegen den Geist des Hauses verstoßend angezweifelt. Sie hatten einen vollen Zugriff auf die neue Planstelle durch die Selbstverwaltung gefordert. Als im August 1956 die Neubesetzung der auf ein Jahr befristeten Tutorenstelle des CG ansteht, schien es äußerlich einen Konsens für die Neubesetzung zu geben. Rektor Werner Villinger hatte „die Bewerbung des cand. jur. Helmut Schwing, wohnhaft im Collegium Gentium, zusammen mit dem Vorschlag der Heimgemeinschaft für die Besetzung […] und die befürwortende Stellungnahme des Protektoren" mit der Bitte um Bestätigung an das Hessische Kultusministerium weitergeleitet. Entsprechend dem Vorschlagsverfahren stimmte auch der Rektor dem Vorschlag der Heimgemeinschaft zu und

175 UAM, 305a/2315, E. Kiessling, Vorstand des Collegium Gentium, an den Rektor, Marburg, 3.10.1957.

176 UAM 305a/1916, Goldammer an W. Eltester, Vorstand der Stiftung Collegium Gentium: Tutorenprogramm aus dem Bundesjugendplan, Marburg, 17.3.1955.

wäre für eine baldige Bestätigung dankbar.[177] Nach einem Gespräch des Rektors mit der Hochschulreferentin im Wiesbadener Kultusministerium von Bila klar geworden, dass die Mitbestimmungspraxis bei der Stellenbesetzung sich als möglicher Konfliktherd erweisen könnte und durch keine Satzung außerhalb des CG legitimiert sei. Letztendlich wollten aber weder Universität noch Kultusministerium etwa bei der Rektorenkonferenz die Marburger Umsetzung des Tutorenprogramms als besonderes Problem erscheinen lassen.[178] Der Konflikt über die Besetzung der Tutorenstellen entstand innerhalb des CG und sollte einen Sog entwickeln, der das gesamte Konstrukt in Frage stellte. In einem als „streng vertraulich" klassifizierten Schreiben hatte Goldammer sich im November 1956 an den Rektor der Universität und das Kuratorium des CG über den Widerstand der CG-Bewohner beschwert. Goldammer sah den Widerstand der Studierenden gegen das Procedere der Stellenbesetzung als ein Missverständnis des gewährten Mitspracherechts:

> Die Einschaltung der Heimgemeinschaft in das Antrags- und Einsetzungsverfahren hat es mich sich gebracht, dass von vornherein die Studenten sich auf den Standpunkt stellten, das Tutorenamt sei ihre eigene Angelegenheit. In zunehmendem Maß wurde versucht, die Heimleitung von der Vorbereitung der Tutorenbestellung auszuschalten. Zunächst waren seitens der Heimgemeinschaft starke Bedenken vorhanden, überhaupt einen Tutor zu bestellen, weil man eine Einschränkung der Selbstverwaltungsaktivität durch eine bezahlte Kraft fürchtete, bzw. das innere Gefüge des Heimes bedroht sah. Sehr anziehend haben jedoch die Geldmittel gewirkt, mit denen der Tutor zum Zwecke der Durchführung von Veranstaltungen ausgestattet ist, so dass man sich schließlich in Verbindung mit der sich ergebenden Versorgungsmöglichkeit eines Heimmitgliedes doch zur Annahme des Amtes entschlossen hat. Dabei hat die Heimgemeinschaft zweimal den Entschluss gefasst, dass der jeweils zu bestellende Tutor ein Heimmitglied sein müsse. Es wurde sogar versucht, einen Heimbeschluss herbeizuführen, wonach der Tutor nur ein Heimmitglied sein dürfe. Man wollte auf diese Weise verhindern, dass Außenstehende Kompetenzen in der Heimgemeinschaft erhielten. Der Idee, dass z.B. ein Assistent oder eine sonstige wissenschaftliche Kraft der Universität in dieser Halbtagesstelle eine Existenzgrundlage für seine wissenschaftliche Weiterarbeit bei gleichzeitiger Betätigung im Interesse der Heimgemeinschaft finden könne, steht die Heimgemeinschaft völlig ablehnend gegenüber.[179]

Auch die geplante kostenfreie Unterbringung für einen Tutor als Eigenleistung des Heimes stellte ein Problem dar. Da die Selbstverwaltung der CG-Heimgemeinschaft aus dem Etat mitverwaltete, sah sie die „Gefährdungen des mühsam ausbalancierten Etats". Auch aus diesem Grund forderte die Heimgemeinschaft, ein Heimmitglied für das Amt zu nominieren. In seinem Klageschreiben sah Goldammer das gesamte Konzept einer besonderen Betreuung durch die Universität in Frage gestellt. Es bestehe die Neigung, so Goldammer, „den Tutor

177 UAM Marburg, 305a/2320, Rektor Villinger an Minister für Erziehung und Volksbildung: Gemeinschaftsbildung und staatsbürgerliche Bildung in Studentenwohnheimen: Bestellung eines Tutors für das Collegium gentium im Wintersemester 1956/57, Marburg, 9.8.1956.

178 UAM, 305a/2320, Rektor: Auszugsweise Abschrift aus der Aktennotz über die Unterredung mit Frau Min.Rätin Dr. v. Bila am 2.8.1956 in Wiesbaden, Marburg, 13.8.1956.

179 UAM 305a/1916, Goldammer, Protektor des Collegium Gentium: Erfahrungen mit dem Tutorenamt, streng vertraulich, Marburg, 16.11.1956

als ein bezahltes Organ der Heimselbstverwaltung in diese einzubauen und von vornherein vom Wohlwollen der Heimgemeinschaft abhängig zu machen.“ Das ausgeübte Vorschlagsverfahren unter Beteiligung der Heimgemeinschaft habe zu der Auffassung veranlasst, dass der Tutor ein Funktionär der Heimgemeinschaft sei. Ob bei diesem starken Abhängigkeitsverhältnis ein wirksames Arbeiten des Tutors überhaupt möglich sein könne, erschien Goldammer als fraglich. Und auch seine eigene Aufgabe sah der Protektor im Rahmen der Auseinandersetzung in Frage gestellt. Ohne sein Wissen hatte die Heimselbstverwaltung des CG längst eine Korrespondenz mit dem Wohnheimreferat des Verbandes Deutscher Studentenschaften (VDS) geführt. „Da es die Heimgemeinschaft verstanden hat, auch den Briefwechsel in dieser Frage an sich zu reißen“, sah Goldammer eine „Kontrolle über die Absichten der Studenten nur noch schwer möglich.“ Und so beurteilte Goldammer auch die Arbeit der auf diesem Wege eingesetzten Tutoren als nicht mehr dem Bildungsauftrag des CG gemäß. Aufgrund der von der Selbstverwaltung erstrittenen Machtstellung hatte sich ergeben, „dass der Tutor wohl mit der Heimgemeinschaft zusammenzuarbeiten versuchte, aber so gut wie gar keine Fühlung mit der Heimleitung gehalten hat.“ Bei auftretenden Schwierigkeiten musste Goldammer so immer damit rechnen, „dass der Tutor auf Seiten der Heimbewohner stand oder eine undurchsichtige Politik entwickelte.“ Er befürchtete, dass ein Tutor, der von denen der Heimgemeinschaft abweichende Auffassungen vertritt, sich im CG nicht halten könnte. Dadurch sah Goldammer auch in der Praxis seit 1955 das Tutorenamt als beschädigt an. Der erste Tutor Georgi sei „eine menschlich wertvolle, selbstkritische und wissenschaftlich begabte Persönlichkeit“ gewesen, die aber „mit sich selbst viel zu uneins war, um eine Leitungsaufgabe erfolgreich durchführen zu können.“ Da er zunächst große Widerstände seitens zahlreicher Heimbewohner zu überwinden hatte, die das Amt überhaupt ablehnten, habe er versucht, „durch eine gewisse Servilität und durch ein ‚Mitmachen‘ bei allem Unfug, der gelegentlich getrieben wird, sich das Vertrauen der Heimbewohner zu erwerben.“ Dies sei ihm auch gelungen „mit der Nebenwirkung, dass er seiner Zusammenarbeit mit der Heimleitung aus dem Wege ging und seine Entschlüsse alleine fasste.“ Durchaus empfang Goldammer die durchgeführten Veranstaltungen als Wertvoll. Mehrfach habe sich aber auch die Gefahr ergeben, „dass an ihn Ansinnen aus der Heimgemeinschaft herangetragen wurden, auch seinen Sachmitteln im Kopplungsverfahren Unternehmungen zu bestreiten, die fremdartigen Nebenzwecken dienten.“ Durch Eingreifen des Protektors habe dies zwar zu verhindern gewusst, aber „unnötige Aufregungen und Zeitverluste“ verursacht. Auch das Programm des neuen Tutors Schwing sah Goldammer als geeignet an. Jedoch werde sich auch im laufenden Jahr der Tutor von der Heimgemeinschaft stark abhängig wissen „und sich eine einseitige Stärkung einer Heimselbstverwaltung darstellen, die völlig autonom sein möchte.“ Bereits seit den ersten Semestertagen habe sich diese Entwicklung abgezeichnet. Aufgrund der beschriebenen Abhängigkeiten sah Goldammer eine Fortführung des Tutorenprogramms im CG als nicht mehr empfehlenswert an:

> Aufs Ganze gesehen würde ich den Schluss ziehen, dass in Heimen mit einer ohnehin sehr starken Selbstverwaltung der Bewohnerschaft das Tutorenamt zu einer Belastung für das Verhältnis zwischen Heimbewohnern und Heimleitung werden kann. Jedenfalls ist zu fragen, ob der erzielte Gewinn in einem vernünftigen Verhältnis zu dem Aufwand an Kraft und Zeit steht, den das Amt in seiner ambivalenten Haltung zu Heimgemeinschaft und Heimleitung mit sich bringt. Wenn das Tutorenamt nicht eindeutig als eine Einrichtung der Universität und als Teil der Erziehungsorgane der Universität definiert wird, das auch unter der unmittelbaren Dienstaufsicht der von der Universität bestellten Heimleitungsorgans entsteht, ist seine Beibehaltung sinnlos.[180]

Aufgrund der Konflikte um die Stellenbesetzung und geeignet erscheinender Anträge anderer Institutionen hatte die begutachtende Beratungsstelle für Wohnheimfragen dem CG keine Mittel für eine Verlängerung des Programms für das Rechnungsjahr 1957/58 zugesprochen. Der mit der Begutachtung für die WRK befasste Walther Peter Fuchs begründete diesen Schritt in einem persönlichen Schreiben an Goldammer:

> Da ich Ihr Haus zum Kreis der akademischen Kollegien rechnete, ist es mir besonders schmerzlich, dass in der Tutorenfrage das Collegium Philippinum und das Carl-Duisberg-Haus Ihnen im kommenden Jahr den Rang abgelaufen haben. Die beiden vorliegenden Anträge waren aber, verglichen mit den anderen, so, dass wir auch nach ernstlicher Prüfung nur zu einer Ablehnung kommen konnten, da die zur Verfügung stehenden Mittel bei weitem nicht ausreichen, um alle Anträge zu bewilligen.[181]

Trotzdem sich die Gutachter um eine wohlwollende Beurteilung bemüht hatten, habe die schriftliche Beurteilungsgrundlage doch das negative Votum provoziert. Bereits der Bericht des Tutors des ersten Jahres habe „von soviel Widerstand und Indolenz in Ihrem Hause“ gezeigt, „dass schwer zu übersehen war, wie dieses Problem gelöst werden sollte.“ Für das zweite Tutorenjahr des Wintersemester

180 Ebd. Die Idee der Tutorien sah Goldammer nur bei Heimen „ohne starke studentische Selbstverwaltung“ durchführbar. Bei diesen sei es dann auch leichter, „eine echte Mittlerstellung zwischen der Heimleitung bzw. dem von der Universität zur Aufsicht bestellten Dozenten und der Heimgemeinschaft zu erzielen sein.“ Die verfahrende Situation sei durch die besondere Lage des CG bedingt, dessen Heimgemeinschaft ein ausgeprägtes Selbstbewusstsein besitze und „argwöhnisch seine Selbstverwaltung im Sinne einer totalen Autonomie“ hüte.[180] Nicht nur bezüglich der Stellung des Tutoren schien während des Jahres sich das Verhältnis des Protektors zur Heimselbstverwaltung verschlechtert zu haben. Im Juni 1957 berichtete er an das Kuratorium, dass er als Protektor „von Heimveranstaltungen […] meist erst durch eine ihm zugeschickte Einladungskarte“ erfahre. 1956 habe der von „der Heimgemeinschaft völlig abhängige Tutor ohne Wissen eines Heimorganes beim hiesigen Studentenwerk ein Darlehn von DM 2000,- auf den Namen des Collegium Gentium“ aufgenommen, von dem Goldammer als Protektor nur zufällig erfahren habe. Seit Jahren werde durch die Heimbewohner die an das CG, d.h. die an Stiftung und Heimleitung gerichtete Post kontrolliert, teilweise überhaupt nicht ausgehändigt, teilweise geöffnet übergeben.“ Auch die Bankkontenauszüge der Stiftung gelangten häufig erst nach Öffnung auf dem Wege über die Heimbewohner an die Heimleitung. Auch konnte der Protektor auswärtige Einladungen nicht wahrnehmen, weil die Heimbewohner nicht oder zu spät die Einladungen aushändigten. UAM 305a/2316, Goldammer: Bemerkungen zu dem Programm des Collegium Gentium, Marburg, Juni 1957.

181 UAM 305a/2317, Walter-Peter Fuchs an Kurt Goldammer, Karlsruhe, 2.5.1957.

1956/57 hatten der Stelle noch gar keine Berichte vorgelegen.[182] Aufgrund der Erfahrungen mit dem CG wurde das System der Ernennung und des Zugriffs auf die Gelder des Bundesjugendplans im Akademischen Senat der Philipps-Universität besprochen. Schon Mitte Mai 1957 beschloss der Senat eine eindeutige Verpflichtung der Tutoren „auf die Ordnung der Universität verpflichtet, deren Disziplinargewalt sie unterstehen". Die Tutorenstellen sollten „nach Anhörung der Heimgemeinschaft und des Heimleiters von den Heimträgern zur Einstellung vorgeschlagen" werden und vom Rektor ernannt werden.[183] Auch der Verwaltungsrat der Stiftung Collegium Gentium versuchte unter Vorsitz von Rektor Fritz Wagner grundsätzlich auf die konfliktreiche Entwicklung zu reagieren. Da die Stellung der Tutoren unklar sei, behalte sich der Verwaltungsrat grundsätzlich seine Zustimmung zu den vorgeschlagenen Tutoren vor. Der Verwaltungsrat stimmte auch den vom Akademischen Senat zu, die Immatrikulation als Bedingung des Wohnrechts im CG zu bewahren, ebenso wie einer Wohnrechtsbeschränkung auf maximal 6 Semester. Mit einer Stimmenthaltung stimmte der Verwaltungsrat schließlich auch dem Vorschlag zu, allen Bewohnern, die diese Bedingungen nicht erfüllen, das Mietverhältnis zu kündigen. Im CG bestanden ganz eindeutige Gegenvorstellungen, die von den Vertretern der Selbstverwaltung Schäfer und Walgarth wiederholt erhoben wurden.[184]

Aus ihrem Anspruch heraus, ein eigenständiger Akteur auch im Außenauftritt zu sein, hatte die Heimgemeinschaft des CG im Frühjahr 1957 einen Konflikt über diese Unabhängigkeit von Vorgaben der Universität verursacht. Ohne die Universitätsleitung einzubinden, hatte die Gesellschaft der Freunde und Förderer des Collegium Gentium ein Stipendium für eine ungarische Studentin erhalten, beiwelchem sich später Unregelmäßigkeiten zeigten.[185] Von Seiten der Universität sah Rektor Wagner nach Prüfung der Angelegenheit keinen Handlungsbedarf. Die Vorspiegelung falscher Tatsachen sei durch nicht mehr Studierende Mitglieder des CG-Förderkreises, und damit außerhalb der universitären Disziplinargewalt stehenden Personen, vorgenommen worden. Bei einem strafrechtlich relevanten Verhalten sei es Goldammer vorbehalten, ebenso wie den Farbwerken Hoechst, eine Anzeige bei der Justiz zu erstatten.[186] Der gesamte Vorgang zeigte die drei Entwicklungen, die seit Mitte der 1950er Jahre zunehmend zu einer Auflösung des Status des CG als besonderes universitäres Reformprojekt führten: Die CG-Heimgemeinschaft handelte – mit Hilfe ihres Förderkreises – zunehmend eigenmächtig, die Universität sah die Verbindung mit dem CG zunehmend als

182 Ebd.

183 UAM 305a/2316, Beschluss des Senats der Philipps-Universität betr. Studentische Wohnheime, Marburg, 13.5.1957.

184 UAM 305a/2316, Rektor als Vorsitzender des Verwaltungsrates der Stiftung Collegium Gentium: Niederschrift über die Sitzung des Verwaltungsrates am 8.7.1957, Marburg, 8.7.1957.

185 UAM, 305a/2317. Rektor Wagner an die Gesellschaft der Freunde und Förderer des Collegium Gentium, Marburg, 28.2.1957. UAM, 305a/2315, Erlenbach, Farbwerke Hoechst, an Prof. Dr. Dimroth, Frankfurt–Hoechst, 26.6.1957. UAM, 305a/2315, Prof. Dr. Kurt Goldammer an Rektor, Marburg, 16.11.1957.

186 UAM, 305a/2315, Rektor an Prof. Dr. Goldammer, Marburg, 25.11.1957.

schwächer an und der Protektor sah seine Rolle als Bindeglied zwischen den beiden in Frage gestellt. Zusammen mit dem Rechtshistoriker Emil Kießling als Vorstand der Stiftung versuchte Goldammer im Juni 1957 dieser Verhältnis der CG-Heimgemeinschaft zur Universität zu klären. Ende 1956 war eine Erhöhung der sehr gering veranschlagten Mieten diskutiert worden, die auch Sicht der Finanzen der Stiftung dringen geboten war, aber von der Hausgemeinschaft abgelehnt worden war.[187] Im Zusammenspiel mit dem Protektor hatte der als Vorstand der Stiftung für die Geschäftsführung verantwortliche Kießling so allen Bewohnern des CG im Juni die Mietverträge gekündigt. Die Stiftung bot den einzelnen Bewohnern des CG einen neuen Mietvertrag an, der auch die Unterzeichnung einer Erklärung beinhaltete, in welcher die rechtliche Stellung der Heimselbstverwaltung als Bestandteil der Universität eindeutig geklärt werden sollte.[188] Die Erklärung verlangte eine Anerkennung der Universität als rahmengebende Institution des CG. Die Studenten sollten ausdrücklich den „den Senatsbeschluss der Philipps-Universität in Wohnheimangelegenheiten vom 13.5.1957 in vollem Umfang anerkennen, ebenso die letztinstanzliche Zuständigkeit des Senats für die Regelung der Fragen der offiziell bei der Universität geführten studentischen Wohnheime. Weiterhin verlangte Goldammer einen Ausschluss der Doppelmitgliedschaft mit der *Gesellschaft der Freunde und Förderer des Collegium Gentium*:

> Mitgliedern der Gesellschaft oder ihren Vertretern werde ich weder Kenntnis von Vorgängen im Heim und in der Heimgemeinschaft ermöglichen, noch ihnen irgendeinen Einfluss auf Vorgänge im Heim und in der Heimgemeinschaft ermöglichen. Ich werde mich meinerseits nach Abschluss meines Studiums bzw. nach meinem Auszug aus dem Heim jeder Einflussnahme auf die innere Angelegenheit des Heimes und der Heimleitung enthalten.[189]

Ausdrücklich verlangte die Erklärung, dass man „Heimfremden" wie der *Gesellschaft* keinen Zutritt und Zugriff auf das CG gewähren wolle und sich gegegenüber der Heimleitung „loyal verhalten" verhalten solle.[190] Am 24. Juli 1957 hatte der Verwaltungsrat dem Beschluss des Senats vom 13. Mai bezüglich einer einheitlichen Regelung der mit der Universität verbundenen Wohnheime zugestimmt. So hatte der Verwaltungsrat auch die Fördergesellschaft gebeten, eine Änderung ihrer Satzung dahingehend vorzunehmen, dass nur ein an der Philipps-Universität nicht immatrikuliertes Mitglied der Fördergesellschaft angehören dürften. Ebenso war der Linie des Senats folgend beschlossen worden, das Wohnrecht auf sechs Semester und immatrikulierte Studenten zu begrenzen.[191] Die durch Kündigung und Erklärung von Goldammer und Kießling eingegangene offene Konfrontation mit der CG-Heimgemeinschaft hatte den Verwaltungsrat der

187 UAM, 305a/2317, Protokoll über die Sitzungs des Verwaltungsrates der Stiftung Collegium Gentium am 15.12.1956.

188 UAM, 305a/2315, Kiessling, Goldammer, Vorstand des Collegium Gentium, an …, Marburg, 16.6.1957.

189 UAM, 305a/2315, Erklärung, Vorlage, 1957.

190 Ebd.

191 Vgl. UAM, 305a/2315, Auszug aus der Niederschrift über die 9. Sitzung des Senats im Amtsjahr 1956/57 am 14.10.1957, 17 Uhr c.t.

Stiftung überrascht, der einen Ausweg in einem Kompromiss mit den Studierenden sah. Der Verwaltungsrat sah sich zwar einig, dass in jedem Fall nur die eine Satzung rechtsverbindlich sein könne, empfahl aber eine großzügige Auslegung, soweit das interne Heimleben und die Beziehungen von Heimgemeinschaften und Vorstand zur Debatte stünden.[192]

Der Konflikt verschärfte sich dennoch zunehmend, als Stiftungsvorstand und Protektor sich weigerten, die von der CG-Heimgemeinschaft vorgenommene Wahl des Seniors vom 24. Juli anzuerkennen. Aus Sicht der Heimgemeinschaft sei die Senioratswahl ordnungsgemäß nach demokratischen Usus durchführt worden, es hätten nur vollaufgenommene Heimbewohner teilgenommen. Senior Burkhard Tuschling protestierte gegen die durch Goldammer verkörperten Versuche der Einbildung des CG in die universitären Strukturen. Vor allem aber wurde der Konflikt durch die Heimgemeinschaft auf ein persönliches Versagen Goldammers zurückgeführt. Die Heimgemeinschaft künfigte an, vom 1. August 1957 nach „acht Jahren ausgeübten Selbstverwaltung“ einzustellen „bis zur satzungsmäßigen Entscheidung des Verwaltungsrates über die Aufgabenbereiche von Protektor und Heimgemeinschaft“. Dieser Schritt der Heimgemeinschaft erfolge „nach reiflicher Überlegung, [...] weil für sie eine persönliche, satzungsmäßig nicht fest umrissene, Arbeit mit Herrn Professor Dr. Goldammer als Protektor nicht mehr möglich“ sei. Fünfzig Heimbewohnern hatten die Erklärung unterzeichnet. Da die Zusammenarbeit mit Goldammer auch auf persönlicher Ebene zerrüttet sei, sehe die Heimgemeinschaft keinen anderen Ausweg mehr, als ihre Arbeit vom 1. August 1957 an einzustellen. Geleichzeitige bat die Heimgemeinschaft die Mitglieder des Verwaltungsrates „sehr herzlich [...], diese, Idee und Verwirklichung des CG schädigende Situation baldmöglichst zu beenden.“[193] Durch die folgenden Gespräche löste sich die Selbstverwaltung der CG-Heimgemeinschaft vorerst nicht auf, sondern formierte sich umso enger. Die Mitglieder des Verwaltungsrates waren durch die Heftigkeit der Auseinandersetzung überrascht worden und empfanden insbesondere die Kollektivkündigung als eine überzogene Maßnahme. [194] Der durch Gerhard Rudolf vertretende Förderverein des CG protestierte Mitte September gegen die weiterhin schwebende Kündigung.[195] Die Mitglieder des Verwaltungsrates schienen „um des lieben Friedens willen“ dieser Auffassung der Studierenden zugeneigt. Goldammer und Kießling drückten in einem Brief an den Rektor ihr befremden aus, dass der Verwaltungsrat

192 UAM, 305a/2315, Prof. Dr. K. Brandt, Staatswissenschaftliches Seminar der Universität Marburg, an Rektor Wagner, Marburg, 9.7.1957.

193 UAM, 305a/2315, Senior Burkhard Tuschling, i.A. der Heimgemeinschaft des Collegium Gentium, an den Verwaltungsrat der Stiftung Collegium Gentium, Marburg. 27.7.1957.

194 UAM, 305a/2315, Oberbürgermeister Gaßmann an Rektor, Marburg, 29.8.1957. UAM, 305a/2315, Dr. Hoch, der Regierungspräsident in Kassel, an den Rektor als Vorsitzender des Verwaltungsrates der Stiftung Collegium Gentium, Kassel, 30.9.1957. UAM, 305a/2315, Oberbürgermeister Gaßmann an den Rektor als Vorsitzender des Verwaltungsrates der Stiftung Collegium Gentium, Marburg, 2.10.1957.

195 UAM, 305a/2315, Gerhard Rudolph, Vorsitzender der Gesellschaft der Freunde und Förderer des Collegium Gentium, an Rektor Wagner, Marburg, 12.9.1957.

sich einseitig von jungen Leuten unterrichten lasse und das ehrenamtliche Engagement von Professoren im Namen der Universität nicht anerkenne.[196] Gegenüber dem Rektor als Vorsitzenden des Verwaltungsrates fassten Kießling und Goldammer die Klage des Vorstandes in einem längeren Memorandum zum Stand des CG zusammen. Vom Verwaltungsrat fühlten er und Goldammer sich im Stich gelassen, weil er „immer wieder auf die eingerissenen Übungen der Heimbewohner zurückgegriffen und auch in seiner letzten Sitzung vom 24.7.1957 wiederum satzungswidrige Gewohnheiten der Heimbewohner anerkannt" habe. Die von den Heimbewohner immer wieder vorgetragene Idee der Selbstverwaltung habe „in Wirklichkeit zu einer vollständigen Anarchie geführt" und sei „nach den von den Heimbewohnern mitgebrachten Voraussetzungen nicht durchführbar, wie die Erfahrungen der letzten Jahre unzweideutig bewiesen haben." Das jugendliche Alter der meisten Heimbewohner könne nicht „jenes Verantwortungsbewusstsein erwarten lassen, das die Voraussetzung einer jeden echten Selbstverwaltung ist." Auch sah Kießling in dem „naturgemäß vorübergehenden Zustand des Heimaufenthaltes" nicht die Möglichkeit der Herausbildung einer „im Vollsinne verantwortlichen Mitwirkung an den Geschäften des Heimes und der Stiftung." Der von der Universität anfangs und auch dem Bundesjugendplan geäußerte Anspruch der Erziehung sei „durch die Usurpation voller Selbstverwaltungsrechte seitens der Heimbewohner" undurchführbar geworden. [197] Das Memorandum sah vor allem in der eigenen Willensbildung der Fördergesellschaft außerhalb des Einflussbereichs der Universität den Bruch zu dem ursprünglichen Vorhaben der Universität. Als Mitglieder der Fördergesellschaft seien „ursprünglich finanzkräftige Persönlichkeiten vorgesehen [gewesen] , welche das CG durch Spenden unterstützen sollten und nur aus diesem Grund hat ihr Geschäftsführer Sitz und Stimme im Verwaltungsrat erlangt." In Wirklichkeit sei die Fördergesellschaft nun aber zu einer reinen „Interessenvertretung ehemaliger und sogar aktiver Heimbewohner, die ständig in die inneren Angelegenheiten des Heimes und der Universität eingreift und sogar einseitig gefärbte Berichte über das Verhalten von Professoren dem Heim gegenüber im In- und Ausland zu verbreiten pflegt." Die Auseinandersetzungen um Satzung und „Brauch" empfand Kießling als „Zustände, die an die Schülerräte der Spartakistenzeit erinnern." Es liege auf der Hand, dass durch „derartige Machtmittel in der Hand junger Menschen eine Selbstherrlichkeit und Respektlosigkeit gegen Professoren groß gezogen wird, welche mit dem Ansehen der Philipps-Universität nicht zu vereinbaren sind." Da die Förderergesellschaft außerhalb der Universität stand und disziplinarisch nicht zur Verantwortung gezogen werden konnte, sah Kießling ihre Auflösung bzw. Aberkennung eines tragen-

196 UAM, 305a/2315, Kiessling, Goldammer, Vorstand des Collegium Gentium, an den Rektor: Schreiben des Herrn Oberbürgermeistes Gaßmann vom 29.8.1957, Marburg, 20.9.1957.

197 Im CG seien die Beschlüsse des Akademischen Senats der Universität bezüglich einer einheitlichen Regelung der Aufsicht über die Wohnheime nicht vollständig akzeptiert damit der Versuch unternommen, dem CG „eine privilegierte Sonderstellung unter den Wohnheimen in Marburg zu verschaffen." UAM, 305a/2315, E. Kiessling, Vorstand des Collegium Gentium, an den Rektor, Marburg, 3.10.1957.

den Status als zwingend.[198] Dem Senat empfahl das Memorandum, die Anerkennung des CG als Studentenheim der Philipps-Universität ist von der Voraussetzung der Anerkennung der Senatsbeschlüsse und einer Besetzung von mindestens der Hälfte der Verwaltungsrats-Mitglieder „aufgrund der personellen und sachlichen Leistung der Philipps-Universität" durch Professoren. Wenn diese Bedingungen nicht erfüllt würden, empfahl der Vorstand dem Senat, dem Verwaltungsrat des CG,

> a) entweder sich als selbständige Stiftung außerhalb der Universität zu etablieren und in eigener Verantwortung ohne Befassung von Lehrpersonen der Universität und ohne Inanspruchnahme von Universitätsräumen und -einrichtungen ein seinen Vorstellungen entsprechendes Studentenwohnheim zu betreiben, b) oder - und das wäre das Beste – die Stiftung aufzulösen und das Heim der unmittelbaren Aufsicht der Universität zu unterstellen, eine beträchtliche verwaltungsmäßige Vereinfachung erzielt werden könnte, insbesondere dann, wenn das Studentenwerk die Regelung der wirtschaftlichen Heimangelegenheiten übernehmen sollte, Die Eigenart des CG (Aktivierung der studentischen Heimgemeinschaft in einer mitverantwortlichen Teilnehme an der Gestaltung des Heimlebens) könnte dabei selbstverständlich unangetastet bleiben.[199]

Weder Senat noch Verwaltungsrat wollten allerdings dieser Linie folgen. In der Senatssitzung am 14. Oktober vertrat Rektor Wagner die Ansicht, dass in Beharren auf der Forderung nach uneingeschränkter Annahme des Wohnheimbeschlusses durch den Verwaltungsrat der Stiftung CG den Weiterbestand des Heimes ernstlich gefährden könnte und dass in einem solchen Fall nach außen hin die Universität dafür verantwortlich gemacht würde. Die Professoren Walcher und der Jurist Ernst Wolf sprachen sich dafür aus, das CG als universitäre Einrichtung und zumindest in dem Status vergleichbar den Wohnheimen des Studentenwerkes zu halten, allerdings in klarer Abgrenzung der Fördergesellschaft zu Bewohnerschaft sowie die Neugründung eines „Vereins der Ehemaligen" ohne Vertretung im Verwaltungsrat. An der anderen Seite vertat der Historiker Friedrich Sengle die Ansicht, dass man versuchen müsse, das Collegium Gentium langsam aus der Betreuung der Universität herauszulösen, denn gerade dort sei „die Entwicklung einer neuen Art von Verbindung" festzustellen, die sich nicht mehr nach den bisher in einem Wohnheim üblichen Methoden führen lasse. Letztendlich beschloss der Senat trotz der Vielstimmigkeit der Meinungen, dem Verwaltungsrat die Verantwortung der Stiftung zu Übertragen und lehnte somit die von Goldammer und Kießling geforderten Änderungen ab.[200] Auch das Bundesinnenministerium hatte

198 Ebd. Aus diesen Gründen forderte das Memorandum einen Ausschluss des Vertreters der Fördergesellschaft von den Geschäften der Stiftung. Die Gesamtorganisation der Stiftung sei „derartig schwerfällig und unübersichtlich, dass eine geordnete Geschäftsführung, dazu noch in Nebenamt, völlig ausgeschlossen" sei. Eine „zentrale Leitung durch den Vorstand, der satzungsgemäß die alleinige Vertretung nach außen hat, [sei] bei diesem Wirrwarr von Instanzen völlig unmöglich." Zweitschriften von Akten könnten nicht angefertigt werden, da dem Vorstand keine Schreibkraft zur Verfügung stehe. UAM, 305a/2315, E. Kiessling an den Rektor, Marburg, 3.10.1957.

199 Ebd.

200 UAM, 305a/2315, Sitzung des Senats am 14.10.1957. UAM, 305a/2315, Sitzung des Verwaltungsrates der Stiftung CG am 28.10.1957. Um Rechtssicherheit zu schaffen wurden zwar

empfohlen, „die Stiftung aus dem Vorlesungsverzeichnis zu streichen [...] um die Selbstständigkeit des Collegium Gentium zu wahren.“[201] In seinem Demissionsschreiben stellte Goldammer nun den „Charakter des Heimes als Universitätsinstitution entscheidend in Frage gestellt.“ Der Verwaltungsrat der Stiftung habe in der Praxis die geltende Satzung der Stiftung an wichtiger Stelle außer Kraft gesetzt. Die im Verwaltungsrat vertretene „Gesellschaft der Freunde und Förderer“ stellte nach Ansicht Goldammers „in Wirklichkeit eine studentische Altherrenschaft“ dar, welche „in die inneren Angelegenheiten des Heimes durch ihre Vertreter unmittelbar Einfluss [nehme] und die Arbeit des Protektors[störe].“ Weder sei die Durchführung des Senatsbeschlusses zur Wohnheimfrage möglich gewesen, noch die in dem Memorandum vorgeschlagenen Satzungsänderungen. So könne das CG „nicht mehr als ein von der Universität anerkanntes Studentenwohnheim“ gelten.[202] Mit dem Rücktritt von Goldammer und Kießling endete die Vision, die neue Erziehungsaufgabe der Universität im CG zu verwirklichen.

9. WEITERBESTEHEN ALS GEDULTETE EINRICHTUNG BIS 2006.

Der Anspruch des Collegium Gentium als Reformprojekt der Universität war spätestens 1957 gekappt worden, auch wenn die folgenden Jahre mehrheitlich friedlich und im Einvernehmen mit der Universität verliefen.[203] Zu den Veranstaltungen des CG wurden offizielle Vertreter der Universität geladen und folgten diesen Einladungen durchaus mit Sympathie.[204] 1958 wurden wieder Mittel für eine Tutorenstelle bewilligt, welche nach dem Zustimmungsverfahren der CG-Heimgemeinschaft allerdings der ehemalige Senior Lothar Walgarth einnehmen konnte. Da das Heim seit 1956/57 keinen Tutor mehr gehabt hatte, die Heimge-

Kündigungen und abgegebenen Aufnahmebewilligungen als verbindlich anerkannt, vor allem die Verpflichtungserklärungen als gegenstandslos erklärt. Da die Wahl des Senior gleichzeitig mit der Verwaltungsratssitzung am 24. Juli stattfand, in der der Beschluss gefasst wurde, hatte der Beschluss der Heimgemeinschaft nicht bekannt sein können. So sei die Seniorenwahl als gültig anerkannt. Da man nun mit dem angekündigten Rücktritt Goldammers und Kießlings rechnen musste, bestellte der Verwaltungsrat auch gleich deren beiden Ämter neu. Als Person außerhalb der Universität sollte der Marburger Rechtsanwalt Dr. Rautenberg wegen des Vorsitzes der Stiftung angefragt werden. Als Protektor stellte sich der Professor für Wirtschaftswissenschaften Joachim Grunau zu Verfügung. UAM, 305a/2315, Sitzung des Verwaltungsrates der Stiftung Collegium Gentium am Montag, den 28.10.1957, 10.15. Uhr im Übellohzimmer des Landgrafenhauses, Marburg, 28.10.1957.

201 Ebd.

202 Mit sofortiger Wirkung sah aus diesem Grund Goldammer sich seiner Aufgabe als Protektor entbunden, da er „sie nicht mit den Funktionen eines Hochschullehrers in Einklang bringen“ könne. UAM, 305a/2315, Protektor Goldammer an Rektor, Marburg, 23.10.1957.

203 Auch die Heimordnung war mit geringen Änderungen versehen worden. Vgl. UAM, 305a/2315, Notar Dr. Hans Rautenberg an Prof. Dr. Wagner, Verwaltungsdirektor Ranft, Prof. Dr. Grunau, Stud. Tuschling; Entwurf der Heimordnung, Marburg, 31.12.1957.

204 UAM, 305a/2315, Rektor Wagner an die Heimgemeinschaft des Collegium Gentium, Marburg, 1.7.1958.

meinschaft sich seitdem stark verjüngt hatte und auch Protektor und Stiftungsvorstand ausgewechselt worden waren, verkörperte Walgarth geradezu eine Konstante in den Leben des CG. In seinem rückblickenden Bericht über sein Tutorenjahr beschrieb Walgarth den Versuch, das Amt des Tutors mit einem Anspruch zu Füllen, der über die Stellung eines Angestellten der Heimgemeinschaft hinaus ging und dabei durchaus im Sinne einer Studienreform zu handeln:

Der Posten des Tutors ist weitgehend unbekannt und wird zunächst misstrauisch behandelt. Er passt nicht in die noch bei Vielen als Ideal herum spukende Vorstellung von der ‚Gründergeneration' des Heimes. Die Einsicht, dass der Tutor eine neue Erscheinung in der Entwicklung der Studentenwohnheime zu gemäßen und dauerhaften Formen ist, dringt erst langsam durch.[205]

Aber der Tutor sollte in der Vorstellung Walgarths auch kein Organ der Heimleitung sein, sondern mit der Förderung des guten Kontaktes zwischen Heimleitung und Heimgemeinschaft betraut sein. Den CG-Bewohnern sollte der Tutor 1958 vermitteln, dass er „in keiner Weise die Einzelinitiative der Heimmitglieder beschränkt" und dass er „nicht die Selbstverwaltung überflüssig macht, sondern sie unterstützt, ohne sich selbst ihre Aufgaben anzumaßen". Auch wenn Walgarth „persönliche Studienberatung" und propädeutische Einführung leistete sowie einzelne Vortragsveranstaltungen durchführte, lag der Schwerpunkt seines Engagements doch in der Beratung der Heimgemeinschaft zum Betrieb der Selbstverwaltung.[206] Da auch Vorstand der Stiftung und Protektor das Amt des Tutoren neu waren, konnte es Walgarth mit einer kooperativen Art vollkommen frei gestalten. Sie ließen, so der Bericht des Tutors, „mir bei meiner Arbeit dankenswerterweise völlig freie Hand und unterstützten mich großzügig, wo es möglich und nötig war." So habe er eine „gute Mittlerstellung zwischen der Heimleitung und der Heimgemeinschaft" gefunden. Durch praktische Tätigkeiten, etwa der Aufnahme oder Ablehnung von Heimmitgliedern, bei der Zimmerverteilung oder der Mietkalkulation habe Walgarth seine Stelle sowohl bei der Heimgemeinschaft wie auch bei der Heimleitung festigen können. Trotz der Teilnahme an einer Tutorentagung in Hannover und eines gewissen Austausches mit den anderen Marburger Tutoren hatte Walgarth das Amt aber weniger in einem an die Universität angelehnten, erziehend-allgemeinbildenden Sinne genutzt, als vielmehr zu einer Fortsetzung seiner aktiven Zeit in der CG-Heimgemeinschaft.[207] Aber auch diese Praxis wurde von der Universität grundsätzliche gebilligt, da sie auch die Förderan-

205 UAM, 305a/2315, Lothar Walgarth, Tutor des Collegium Gentium: Tätigkeitsbericht über das SS 1958, Marburg, 17.8.1958.

206 Walgarth beschrieb die Befürchtung der Studierenden, dass die seine Position „von einem späteren Tutor gegen die Interessen der Heimgemeinschaft ausgenutzt" werden könnte. Dass er dennoch eine beratende Stimme im Heimausschuss erhalten habe, sei nur auf seine Person und nicht auf sein Amt zurückgeführt gewesen. „Wir haben im Gegenteil von vornherein darauf geachtet, dass der Tutor ausschließlich durch seine Persönlichkeit, durch das, War er aus dem Amt macht, Autorität gewinnen kann." Ebd.

207 Vgl. Ebd.

träge an das Kultusministerium für „staatsbürgerliche Erziehung" im Folgejahr unterstützte.[208]

Zum zehnjährigen Jubiläum feierte das CG zu Pfingsten 1959 ein großes Fest, welches die *Oberhessische Presse* mit einem durchwegs wohlwollender Artikel bedachte. Das Charakteristikum des Hauses als Ort des Gemeinsamen Lebens mit Ausländern wurde beschrieben und der Anspruch der Selbstverwaltung. Professor Dimroth betonte in seiner Jubiläumsrede dass das CG bestrebt sei, „die in Deutschland noch wenig bekannte Demokratie im täglichen Zusammenleben praktisch zu erproben." Bis zu diesem Zeitpunkt seien insgesamt knapp 250 Wohnheimgemeinschaften mit ähnlicher Zielsetzung an den Hochschulen der Bundesrepublik entstanden, wenn auch der Bestand mancher dieser Heime durch die mit dem steigenden Wohlstand veränderten Wohnansprüche der Studenten gefährdet sei. Das CG hingegen plane schon zusammen mit dem Marburger Bürgermeister Gaßmann an einer Erweiterung in einem Neubau, „da die derzeitige Unterbringung im obersten Stockwerk der reparaturbedürftigen alten Jägerkaserne völlig unzureichend sei." Senior Hans-J. Schütz grenzte das CG klar gegen die Idee der Korporationen ab und betonte das Ziel der Entwicklung neuer internationaler Lebensformen. Das CG schien seinem Anspruch gerecht zu werden, dem auch der aus Karlsruhe angereiste Walther Peter Fuchs in seinem Festvortrag zustimmen wollte: Er wies dem CG eine Zukunftsaufgabe zu. Während der Bedarf nach dem Gemeinschaftsleben der „Heimkehrergeneration" nun abgeebbt sei, falle den Universitäten durch den immer größer werdenden Ansturm von Studierenden eine neue Aufgabe zu. Kollegienhäuser wie das CG seien in erster Linie dazu berufen, aus ihren Erfahrungen heraus die Universitäten auf diesem Gebiet zu beraten und dazu beizutragen, dass echte Formen gemeinschaftlichen Zusammenlebens gefunden werden.[209] In den zwei verschiedenen Flügeln der oberen Etage des Institutsgebäudes wohnten nun insgesamt 61 Heimbewohner, 34 davon Studenten und 27 Studentinnen. Der Artikel beschrieb ein Funktionieren der Prinzipen des CG, vor allem als Integrationsagentur für ausländische Studierende: „Das Gemeinschaftsleben wickelt sich auf der Basis der Freiwilligkeit ab. Ein Zwang zur Teilnahme an bestimmten Veranstaltungen wird nicht ausgeübt, doch haben sich - von unvermeidlichen Schwierigkeiten kleineren Umfangs abgesehen, die es überall gibt - all die vielen ausländischen und deutschen Kommilitonen dort immer sehr wohl gefühlt, was wohl am besten dadurch bewiesen wird. Dass manche während ihres gesamten Studiums im Heim gewohnt haben." Der Artikel zählte begeistert die Bationen auf, die „dort friedlich unter einem Dach" wohnten und „eine große Gemeinschaft der Völker" bildeten: Japaner und Inder, Koreaner und Ungarn, Araber und Kanadier, Franzosen und Amerikaner, Deutsche und Engländer. „Wen wir auch besuchten, sie alle erzählten uns offenmütig und herzlich von ihrem Leben in Deutschland, von ihren Studien und Plänen."[210] Zahlrei-

208 UAM 305a/2414, Rektor an den Hessischen Minister für Erziehung und Volksbildung, Marburg, 20.11.1959

209 „Zehn Jahre Collegium gentium", *Oberhessische Presse*, 19.5.1959.

210 „Das Collegium Gentium – eine Völkergemeinschaft", *Oberhessische Presse*, 28.1.1960.

che biographische Beispiele der Studierenden aus dem Ausland schmückten den Artikel lebendig aus. Es schien also zu Beginn der 1960er Jahre, dass das CG durchaus ohne die feste Einbindung in die universitären Strukturen seine Rolle gefunden hatte. Die Briefe des ehemaligen Protektors Goldammer Mitte 1960 an den Rektor lassen sich auch als Stimme eines persönlich enttäuschten lesen, wenn er vor der Besetzung der Tutorenstellen durch ehemalige CG-Bewohner warnte.[211]

Tatsächlich aber sollte die Stellung des CG zur Universität, die Frage also ob es ein im weiteren Sinne universitäres Projekt ist oder ein privates Wohnheim, in diesem Jahr durchaus noch für eine größere Debatte sorgen. Nachdem Adresse und Beschreibung des CG seit 1957 nicht mehr im Vorlesungsverzeichnis erschienen waren, um die klare Grenzziehung als nicht-universitäre Einrichtung zu kennzeichnen, hatte der Senat im Juli 1960 einer erneuten Aufnahme in das Verzeichnis beschlossen.[212] Dimroth hatte den Antrag damit begründet, dass sich die Verhältnisse im CG entscheidend geändert hätten und dass seine Bestrebungen, der Universität im Collegium Gentium eine größeren Einfluss zugedeihen zu lassen, dadurch behindert wurden, dass die Universität die Aufnahm in das Vorlesungsverzeichnis verweigerte. Goldammer, der keinerlei Veränderung im Wesen der CG-Haugemeinschaft erkennen wollte, sah sich und Kießling durch diese inkonsequente Haltung in eine „unmögliche Lage“ gebracht und beschwerte sich beim Senat. Der Jurist Rudolf Reinhardt antwortete ihm im Namen des Senates beschwichtigend, aber vertrat die Linie der Wiederaufnahme des CG in das Vorlesungsverzeichnis.[213] Die Kassandrarufe Goldammers sollten sich durch die politische Betätigung der CG-Heimgemeinschaft durchaus bestätigen. Die Heimgemeinschaft war schon 1958 dem *Ring freier Studenten* beigetreten, einer seit 1954 bestehenden Vereinigung verschiedener außerhalb des Korporationswesens stehender studentischer Vereinen. Im Rahmen der „staatspolitischen Erziehung“ hatte der Ring seitdem regelmäßig Veranstaltungen durchgeführt, die vom *Hessischen Ministerium für Erziehung und Volksbildung* finanziell unterstützt wurden. Im Mai 1960 initiierte der Ring die von verschiedenen Hochschulgruppen kritisierte, aber vom Ministerium finanziell unterstützte Einladung von 15 Studenten der Universität Leipzig. Das Zustandekommen dieser Einladung wurde innerhalb des Ringes von verschiedenen Mitgliedervereinigungen in seiner rechtlichen Gültigkeit bezweifelt, da die Einladung nicht von den Mitgliedervereinigungen ordnungsgemäß beschlossen worden sei, sondern vom Vorstandsmitglied des *Ringes*

211 „Wie Heimträger und Heimleitung ihre Aufgabe sehen, ist daraus erkenntlich, dass einer der Hauptakteure in den Vorgängen von 1957 schon vor längerer Zeit zum Tutor gemacht wurde, und dass der bereits genannte heutige Tutor ebenfalls einer jener Drahtzieher der Ereignisse von 1957 war. Letzterer war damals bereits – etwa im 13. Semester – exmatrikuliert und dürfte gegenwärtig seit nahezu zehn Jahren seiner Betätigung an der Universität obliegen. Gerade in der Betrauung dieser Leute mit Aufgaben in der Heimgemeinschaft kommt eine klare Linie zum Ausdruck“ UAM 305a/2414, Kurt Goldammer an den Rektor, Marburg, 30.7.1960. Vgl. UAM 305a/2414, Kurt Goldammer an den Rektor: Collegium Gentium, Marburg, 19.8.1960. Vgl. UAM 305a/2414, Reinhardt an Goldammer, Marburg, 15.8.1960.

212 UAM 305a/2414, Senat am 4.7.1960.

213 UAM 305s/2414, Reinhardt an Goldammer, Marburg, 15.8.1960.

freier Studenten Klaus Horn im Alleingang erteilt worden war.[214] Die dadurch in dem Ring auftretenden Spannungen hatten zum Austritt der Vereinigung *Albertus Magnus*, der Vereinigung *Bund Neudeutschland* und des *Christlich-demokratischen Hochschulrings* geführt. Auch angesichts der anhaltenden finanziellen Förderung hatte der Senat der Universität Ende 1960 eine Untersuchung über den Vertretungsanspruches des Ringes einer Mehrheit der „freien Studenten" eingeleitet und war zu einer negativen Einschätzung gekommen. Um den Mitgliederschwund gegenüber den fördernden staatlichen Stellen zu verschleiern, waren die Mitgliederlisten auf dem Stand von 1954 geblieben.[215] Die nun erkennbare politische Ausrichtung des *Rings* schien für den Senat am 12. Dezember 1960 mit der Anbindung an die Universität unvereinbar. Nach einem Bericht über die Befragung der Studierenden und Diskussion vertrat der Senat die Meinung, dass die CG-Heimgemeinschaft einen Zusammenschluss mit einer Vereinigung einer bestimmten politischen Richtung nicht eingehen sollte, da damit die Gefahr bestehe, dass in die Heimgemeinschaften nur noch Studierende aufgenommen werden, welche „sich mit den politischen Zielen dieser Vereinigung identifizieren."[216] Die Heimgemeinschaft betonte zwar, dass die Mitgliedschaft im *Ring freier Studenten* und dessen politische Ausrichtung keinerlei Einfluss auf die Entscheidung bei der Aufnahme neuer Heimbewohner habe, das Haus war aber längst nicht mehr eine grundsätzlich liberal ausgerichtete Einrichtung der Universität.[217] Dimroth versuchte, die Situation zu bereinigen da durch die Anordnung von Rektor und Senat, die Stiftung CG vom Sommersemester 1961 ab nicht mehr als ein mit unserer Universität verbundenes Wohnheim im Vorlesungsverzeichnis zu führen, eine Situation entstanden sei, die ihn „schwer beunruhigte". Er „sehe hierin einerseits

214 Unter anderem soll eine Einladung nach Marburg an dem Volkskammerpräsidenten Johannes Diekmann ergangen sein. UAM 305a/2414, Rektor an Dimroth: Ring Freier Studenten und Heimgemeinschaft des Collegium Gentium, Marburg, 30.1.1961. Kubitza spricht von einer Delegation der „Freien Deutschen Jugend" (FDJ), deren Einladung vom Marburger AStA auf einer Vollversammlung missbilligt wurde. H.-W. Kubitza: *Geschichte der Evangelischen Studentengemeinde Marburg*, Marburg, 1992. 242. Zu Klaus Horns Rolle in der Marburger Hochschulpolitik Anfang der 1960er gibt es bislang keine systematische Aufarbeitung. Vgl. N. Nail: „Deutschlandpolitik in der Marbach. Wer waren diese beiden Herren? – Das biografische Rätsel rund um die Philipps-Universität", in: *Marburger UniJournal* 28/2007, 64.

215 Laut einem Schreiben der Studierenden am 1. Dezember 1960 waren im Ringe freier Studenten nun noch der Liberale Studentenbund (LSD), der Sozialistische Studentenbund (SDS), die Arbeitsgemeinschaft für Gewerkschaftsfragen (AGF), die Studentengruppe für Raketen– und Raumfahrttechnik, der Republikanische Club sowie die die Heimgemeinschaft des CG.

216 UAM 305a/2414, Rektor an Dimroth: Ring Freier Studenten und Heimgemeinschaft des Collegium Gentium, Marburg, 30.1.1961

217 UAM 305a/2414, Heimgemeinschaft des Collegium Gentieum an Prof. Dr. Dimroth, Marburg, 10.2.1961. Ein Aktenvermerk des Rektorats zeigte das Ringen um eine einvernehmliche Lösung. So war es eine Überlegung, die CG-Mitgliedschaft beim *Ring freier Studenten* auch als Akkumulation von Einzelmitgliedschaften zu interpretieren, welche im Rahmen der politischen Betätigungsfreiheit des Einzelnen erlaubt sei. UAM 305a/2414, Jung, Aktenvermerk, Marburg, 23.1.1961. Erst am 6.11.1961 beschloss der Senat einstimmig „in Überstimmung mit seiner bisherigen Auffassung", dass eine Heimgemeinschaft wie das CG eine korporative Mitgliedschaft nicht erwerben kann. UAM 305a/2414, Sitzung des Senats a, 6.11.1961.

eine öffentliche Herabsetzung der Heimgemeinschaft des Collegium Gentium, deren Mitglieder sich [...] seit einer Reihe von Jahren mit bestem Willen darum bemühen, die für ein Wohnheim unserer Universität erforderlichen Bedingungen zu erfüllen und bestrebt sind, wertvolle kulturpolitische Arbeit zu leisten."[218] Andererseits empfahl Dimroth eine konsequente Trennung der Universität vom CG, für die er persönlich aber keinen Anlass sah. Der Verwaltungsrat hatte schon bei seiner Sitzung im Sommer 1961 einhellig die Meinung vertreten, „dass es unter solchen Umständen besser wäre, wenn das Collegium Gentium nicht mehr im Vorlesungsverzeichnis erscheint und die Bindung zur Universität so weit wie möglich gelöst würde." Die Streichung wurde zwar noch einmal revidiert, kann aber symptomatisch gedeutet werden.[219] Die Anbindung der Selbstverwaltung des CG mit einem vollen Zugriff an die Universität erfolgte nur noch rudimentär durch den wohlwollenden Professor Dimroth und den eher symbolischen Eintrag in das Vorlesungsverzeichnis. Hatte das CG durchaus durch ein lebendiges Zusammenleben mit den Ausländern und durch die nach wie vor vielseitigen Aktivitäten im Haus einen besonderen Charakter des Hauses als positives Ergebnis des Engagements vorzuweisen, so bestand doch der Charakter eines universitären Reformprojekts mit einer inhaltlichen Implikation nicht mehr. Der Untersuchungsbericht zur Rolle der CG-Hausgemeinschaft im *Ring freier Studenten* hatte die Gefahr benannt, dass die Auswahl der Studierenden aufgrund politischer Gesichtspunkte erfolgen könnte und damit einen Ausblick auf die kommenden Jahre gegeben.[220] Schon 1960 zeichnete sich also auch im CG die Politisierung der Studenten ab, welche vor allem das Ende des Jahrzehnts an der Marburger Universität bestimmen sollte.[221] Ohne an dieser Stelle die Entwicklungslinien der politisierten 1960er Jahre im CG nachzeichnen zu können, sei doch auf das Ende der Institution im Jahre 2006 hingewiesen. Als Bewohner 1957 bis 1960 und Tutor 1963 bis 1965 hatte Klaus Müller das CG aktiv mitgestaltet und in den Folgejahren die zunehmende Politisierung als befremdlich erlebt: „Als in den späten 60er Jahren die studentische Selbstverwaltung die Prinzipien der Stiftung missachtete und die Zeichen der Intoleranz deutlicher wurden, bin ich aus der Gesellschaft der Freunde und Förderer ausgetreten und habe jede Verbindung zur Heimgemeinschaft abgebrochen." Angesichts der Übergabe einiger bei ihm gelagerter Dokumente an das Marburger Universitätsarchiv im Jahr 2007 beschrieb Müller seinen Eindruck des CG der nachfolgenden Jahre, welches weder zur Universität, in dessen Institutsgebäude es nach wie vor untergebracht war, noch zu den für die

218 UAM 305a/2414, Prof. Dr. K. Dimroth, Chemisches Institut der Universität Marburg, an Rektor Böhme, Marburg, 8.11.1961.

219 Vgl. UAM 305a/2414, Prof. Dr. K. Dimroth, Chemisches Institut der Universität Marburg, an Rektor Böhme, Marburg, 8.11.1961. Sitzung des Senats am 11.12.1961. Vgl. Rektor Böhme an Dimroth, Marburg, 4.12.1961

220 UAM 305a/2414, Jung an Rektor; Collegium gentium, Ring Freier Studenten und Vorlesungsverzeichnis, Marburg, 24.11.1961.

221 UAM 305a/2414, Rektor an Dimroth: Ring Freier Studenten und Heimgemeinschaft des Collegium Gentium, Marburg, 30.1.1961. Vgl. W. R. Krabbe: *Kritische Anhänger*, Berlin 2010, 195 ff.

„Heimdemokratie" engagierten ehemaligen Bewohnern einen Zugang mehr suchte.[222] Aus dem CG heraus gab es noch vereinzelte Äußerungen zu politischen Theme sowie ein politisch eingefärbtes Engagement gegen Studentenverbindungen.[223] Das bei der Gründung des CG besonders betonte Zusammenleben mit ausländischen Studenten war dabei ein prägender Wesenszug des Wohnheims geblieben. Die Stiftung Collegium Gentium existierte in unveränderter Zusammensetzung mit den Stiftungsratsmitgliedern Oberbürgermeister, Regierungspräsidenten, dem Kanzler der Universität und den Vertretern aus Förderkreis und Heimselbstverwaltung. Auch 2003 wurde der jährlich in den Haushaltsplan des Landes Hessens eingestellte Posten des Produkthaushalts der Universität Marburg erneuert, der dem CG die „Nutzfläche von 1.301 qm unentgeltlich zur Nutzung" zusprach. Nach wie vor wurde das CG als universitätsuntypische Wohnnutzung im Dachgeschoss der ehemaligen Jägerkaserne geduldet, dem „Institutsgebäude", in dessen anderen Stockwerken mittlerweile der Fachbereich Psychologie untergekommen waren.[224] Erst im Jahr 2005 genügten die bisherigen Räume nicht mehr den baulichen Vorschriften eines Universitätsgebäudes. An einem brandschutzgerechten Umbau schienen weder Mittel noch Interesse zu bestehen.[225] Die Universität zeigte sich zwar grundsätzlich einem Erhalt der Institution nicht abgeneigt, der Dissenz um Detailfragen aber führte zum Entschluss, das CG zum 1. April 2006 aufzulösen.[226] Die Bewohner des CG selbst gaben sich naturgemäß

222 Die Dokumente waren ihm durch die ehemalige Leiterin und Stellvertreterin der Stiftung Hilgard Lauber übergeben worden. Als sie „ihre Stelle aufgab, hat sie versucht, erhaltenswerte Objekte aus den chaotischen Zuständen zu retten." Die Akten hatte Müller von ihr mit der Bitte erhalten, „sie für geordnetere Zeiten zu verwahren." Diese geordneten Zeiten sollten bis zum Ende des CG nicht mehr eintreten, so Müller: „Der Geist der Zeit und seine Dogmatik hatten andere Tendenzen. Frau Lauber starb und meine Information über die jeweilige Heimgemeinschaft (jetzt wohl mehr Wohnkollektiv) veranlassten mich, die Mappe über zwei Umzüge mitzunehmen." UAM 308/9, K. Müller: Erläuternde Angaben zu den Tafeln der Aussstellung des CG 1964, Marburg, 2.5.2007.

223 z.B. 1971 durch ein Flugblatt gegen die Beteiligung deutscher Unternehmen beim Bau des Cabora Bassa Staudamm in Mosambik..*Marburger Betriebsbote*, 3, Marburg, 11.2.1971. Gemeinsam mit anderen linkspolitischen Alternativeb organisierte das CG imJuli 2003 eine Tagung zur Rolle der Studentenverbindungen. Vgl. AStA Giessen: *Verbindungen kappen! Nationalismus, Rassismus, Sexismus, Eliten müssen Weg!*, Giessen, 2003.

224 Vgl. *Hessische Landesregierung*: Haushaltsplan 2003, Produkthaushalt der Universität Marburg, Wiesbaden, 2003. 45.

225 Vgl. Udo Corts: *Vorbemerkung des Ministers für Wissenschaft und Kunst, Hessischer Landtag: Kleine Anfrage des Abg. Dr. Spies (SPD) vom 29.08.2006 betreffend Zukunft des internationalen Studentenwohnheims Collegium Gentium und Antwort des Ministers für Wissenschaft und Kunst, Drucksache 16/5916*, 1.11.2006. Die Darstellung des gegen die Schliessung protestierenden AStAs sah die Begründung nur als Vorwand. R. George: „Dem Collegium Gentium droht die endgültige Schließung", *Homepage des AStA Marburg*, 26.1.2006, www-old.asta-marburg.de/, abgerufen 7.11.2010.

226 In den Verhandlungen mit der Stiftung wurden in Kooperation mit der Stadt mehrere Objekte angeboten, welche von den CG-Hausbewohnern aber mit unterschiedlicher Begründung (Lage, Zuschnitt der Wohneinheiten, Mietkosten) abgelehnt wurden. Mit Schreiben vom 29.3. 2005 kündigte die Philipps-Universität das Mietverhältnis zum 1.4.2006. Am Donnerstag, dem 19.1.2006 beschloss der Verwaltungsrat mit den Stimmen von Universität, Stadt und

enttäuscht, dass Universität und Verwaltungsrat der Stiftung kein Interesse an einem Weiterbetrieb des Wohnheimes zeigten. Ein Artikel von Website des AStA-Marburg zitierte als Stimme des CG dessen Bewohner Fabian Rehm: Es sei „schon traurig und bezeichnend, dass die BewohnerInnen die einzigen sind, die das internationale Wohnheim nicht aufgeben wollen.“[227] Tatsächlich kann diese Aussage aber als Ergebnis der schon Ende der 1950er Jahre begonnenen Privatisierung des Wohnheimes gesehen werden. Mit öffentlicher Duldung hatte das CG zum einen Strukturen privater Vereinigungen – oder naheliegender: Studentenverbindungen – praktiziert, sich zum anderem ähnlich einer politischen Studentengruppe verhalten. Beide Betätigungen der Heimgemeinschaft hatten mit dem universitärem Ziel keinen unmittelbaren Zusammenhang. Zahlreiche andere Wohnheime stellten Wohnheim auch für ausländische Studenten zur Verfügung, so dass auch in dieser Beziehung kein Alleinstellungsmerkmal vorhanden war.[228] Hatte die Politisierung der 1960er Jahre zwar die Trennlinie gezogen zwischen universitärem Auftrag und der Selbstverwaltung des CG, waren es nun pragmatische Gründe der prioritären Finanzierung der eigentlichen Universitätsaufgaben.[229] Das CG hatte als ein deutsches Projekt große materielle Unterstützung amerikanischer Stellen erfahren, während die inhaltlichen Überlegungen großzügig ausgelegt wurden.[230] Das Konzept einer „universitären Alternative“ des studentischen Lebens war schon Mitte der 1950er Jahre in Frage gestellt worden und hatte ab Mitte des folgenden Jahrzehnts faktisch nicht mehr bestanden.

Regierungspräsidium das Wohnheim „endgültig und ohne Übergangs- oder Ersatzobjekt zu schließen.“ Vgl. U. Corts: *Vorbemerkung des Ministers*, 1.11.2006.

227 Vgl. R. George: *Dem Collegium Gentium droht die endgültige Schließung*

228 Im November 2010 unterhielt das Studentenwerk Marburg insgesamt rund 2.093 Wohnplätze in größeren und kleineren Wohnheimen und -anlagen. Vgl. http://www.studentenwerk-marburg.de/wohnen.html, abgerufen am 9.11.2010.

229 U. Corts: Antwort des Ministers für Wissenschaft und Kunst, *Kleine Anfrage*, 1.11.2006.

230 Der Protestartikel des AStA die besondere Gründungsgeschichte des CG hervorgehoben: „Das gesamte Gebäude ist eine amerikanische Schenkung nach dem zweiten Weltkrieg an die Philipps-Universität Marburg, mit der Bedingung, ein internationales Studentenwohnheim dort einzurichten, um Demokratie und Antifaschismus als Gegenentwurf zu den Burschenschaften, fest im studentischen Umfeld zu etablieren.“ R. George: *Dem Collegium Gentium droht die endgültige Schließung*.

IX. DAS STUDENTENHAUS AN DER GOETHE-UNIVERSITÄT IN FRANKFURT AM MAIN

1. PRAGMATISCHER NEUSTART MIT AMERIKANISCHER UNTERSTÜTZUNG

Die Johann Wolfgang Goethe-Universität in Frankfurt am Main stand 1945 vor Herausforderungen, die äußerlich die Probleme in Heidelberg und Marburg weit überstiegen. Ihre Gebäude befanden sich anders als in den weitgehend unzerstörten Universitätsstädten inmitten einer im Bombenkrieg großflächig zerstörten Stadtlandschaft. Andererseits lag die Universität in prominenter Nähe zur amerikanischen Militärregierung. Seit Juli 1945 war das Hauptquartier USGCC der amerikanischen Kampfeinheiten von Versailles nach Frankfurt-Hoechst verlegt worden. Im Oktober wurde die zuvor von Berlin aus kommandierte amerikanische Gruppe des Kontrollrats für die Verwaltung der Besatzungszone in das *Office of Military Government for Germany (US Zone)* (OMGUS) umgewandelt und dessen Hauptquartier nach Frankfurt verlegt.[1] Diese Nähe zu den Entscheidungsträgern der amerikanischen Stellen, die geographisch sogar näher als die Hessische Landesregierung in Wiesbaden lagen, sollte der Universität eine eigene Prägung geben. Treibende Kraft dieser Nähe zu den Amerikanern waren einzelne Professoren und die ersten Rektoren nach der Wiedereröffnung der Universität am 1. Februar 1946. Einer dieser Erstkontakte für den amerikanischen Universitätsoffizier Edward Y. Hartshorne war der Physiker und Wissenschaftshistoriker Willy Hartner, der 1935 als Gastprofessor in Harvard gewesen war. Hartner, der 1943 durch geschicktes Taktieren sein städtisches Institut der Geschichte der Naturwissenschaften hatte gründen können, wurde nun grundsätzlich als Gegner des NS-Staates anerkannt. Für Hartshorne war der Physiker der einzige ihm bekannte Professor vor Ort, der amerikanische Referenzen hatte.[2] Mit Unterstützung des einflussreichen NS-Gegner Hans Deichmann initiierte Hartner ab Herbst 1945 die Vortragsreihe *Forum Academicum* unter dem Motto „Deutschland, Europa und die Welt".[3] Die anfangs in Frankfurt, später auch in anderen Städten stattfindende

1 Henke: *Office of Military Government for Germany (US)*, 18.

2 Hartner hatte ab September 1935 den vom NS-Staat verfolgten Kollegen Max Dehn in seinem Haus versteckt. M. Schramm: „Willy Hartner 1905–1981", in: K. Bethge; H. Klein (Hg.): *Physiker und Astronomen in Frankfurt*, Neuwied 1989, 170–180, 174 f.

3 Vgl. N. Hammerstein: *Die Johann Wolfgang Goethe-Universität. Band 1*, 664 ff. Zu Deichmann: A. Cordes: „Nachruf Dr. Hans Deichmann (1907–2004)", in: Kreisau-Initiative Berlin e.V., Stiftung Kreisau: *Jahresrundbrief 2004*, 43–44.

Vortragsreihe sollte einem breiten Hörerkreis „Vorträge international anerkannter Vertreter des geistigen Lebens über die brennenden Fragen der Zeit“ vermitteln. Die Initiatoren wollten damit erreichen, dass „der von den Nationalsozialisten um Deutschland gelegte Ring gesprengt und der einzelne wieder zum Bewusstsein der Mitverantwortung an allen gemeinsamen Problemen der Politik und der Kultur zurückgeführt wird.“ Die Zuhörerschaft sollte in der jedem Vortrag anschließenden Diskussion zu allen aufgeworfenen wesentlichen Fragen Stellung nehmen können. Besonders Referenten aus dem Ausland sollten dabei helfen, „die kulturellen Wechselbeziehungen zwischen Deutschland und den anderen Ländern systematisch zu pflegen und dem verlorengegangenen Gefühl für die bei allen scheinbaren Gegensätzen bestehende Einheitlichkeit der abendländischen Kultur erneut zum Durchbruch zu verhelfen.“ Für das Vortragsprogramm in den folgenden Jahren wurden nicht nur die deutschen Existenzphilosophen der Zeit wie etwa Karl Jaspers eigenladen, sondern ebenso Naturwissenschaftler, für die Hartner aus seiner Profession heraus ein gutes Gespür zeigte.[4] Als einen seiner ersten Referenten hatte Hartner auch Universitätsoffizier Hartshorne gewinnen können, der Anfang 1946 an der Goethe-Universität über „Studentenleben und Hochschulideale in den Vereinigten Staaten“ sprach.[5]

Hartners Engagement sei an dieser Stelle exemplarisch für einen weitaus liberaleren, weniger auf die idealistische Tradition und mehr auf den Austausch mit ausländischen Strömungen setzenden Ansatz der prägenden Figuren der Frankfurter Universität in der Nachkriegszeit genannt. Die drei Rektoren Walter Hallstein, Franz Böhm und Max Horkheimer waren an diesem Gepräge wesentlich beteiligt, welches die Universität für die Vertreter amerikanischer Behörden und der amerikanischen Zivilgesellschaft weitaus offener und auf die angelsächsische Welt ausgerichtet erscheinen ließ als die meisten vergleichbaren Institutionen. Der Anfang freilich war holprig und ähnelte in dem professoralen Abwehrreflex gegen die Entnazifizierung der Reaktion anderer Universitäten. Bevor Hartshorne als Universitätsoffizier von Großhessen in Frankfurt einen anerkannten Gegner des NS-Regimes als *acting rector* auswählen konnte, der in Folge mit einem Gremium ebenso unbelasteter Professoren durch einen amerikanisch kontrollierten Entnazifizierungsprozess die Wiedereröffnung der Universität vorbereiten sollte, hatten die Deutschen schon Tatsachen geschaffen.[6] Die ungewöhnliche Verfassung der Stiftungsuniversität von 1912 hatte das Kuratorium der Universität zur frühen Wiederaufnahme seiner Tätigkeit ermutigt, ohne die Order der Besatzungsmacht abzuwarten. Ordentlicher Vorsitzende des Kuratoriums war der von der Militärregierung als Oberbürgermeister der Stadt eingesetzte Journalist Wilhelm Hollbach.[7] Hollbach hatte sogleich den Mediziner Georg Hohmann als Rektor der

4 Klappentext von W. Röpke: *Kulturideal des Liberalismus*, Frankfurt 1947, 29.

5 Hartshorne: *Studentenleben und Hochschulideale in den Vereinigten Staaten von Amerika.*

6 Vgl. das von Hartshorne geplante systematische Vorgehen: Gerhardt: *Die Wiederanfänge der Soziologie nach 1945,* 42.

7 Die Biographie des Journalisten der Frankfurter Zeitung und unkonventionellen ersten Nachkriegsbürgermeisters Wilhelm Hollbach, der unter unglücklichen Umständen schon am 4. Juli 1945 seines Amtes enthoben wurde, ist ein Desiderat. Vgl. Serie „Frankfurter Stadtoberhäup-

Universität bestellt. Ein Mediziner an die Spitze der Universität machte Sinn aufgrund des besonderen Interesses der Militärregierung an einer Wiederaufnahme der medizinischen Ausbildung. Als Anhänger einer den ganzen Menschen umfassenden Medizin hatte sich Hohmann seit seiner Studienzeit mit der Ideenwelt des Nationalliberalen Friedrich Naumann auseinandergesetzt, hatte sich fachlich aber in der Orthopädie profiliert.[8] Nach seiner Einschätzung fühlte er sich sogleich als Vorsitzender des Wiedereröffnungs-Ausschusses. Zusammen mit dem Kuratorium regte Hohmann die Bildung von Fakultätsausschüssen an, deren Aufgabe in der Entpflichtung NS-belasteter Mitglieder des Lehrkörpers bestehen sollte. Am 9. September 1945 leitete der Rektor die Liste der „Selbst-Säuberung" mit 104 Entlassungen, etwa einem Drittel der Professoren, via dem lokalen Universitätsoffizier Jones dem US Hauptquartier zu: „Als Chairman des Planungs-Komitees der Universität stelle ich den Antrag der Wiedereröffnung [...] und zwar bitte ich, die gesamte Universität wieder zu öffnen [...]." Der seit Juli amtierende Oberbürgermeister Kurt Blaum sekundierte in Begleitschreiben „Ich versichere, dass nach bestem Wissen und Gewissen gemäß den Bestimmungen der Militärregierung die Universität denazifiziert worden ist."[9] Am 1. Februar 1946 wurde die Goethe-Universität wieder eröffnet. Zur „Bildungs- und Erziehungsaufgaben der heutigen Universität" – so der Titel der die drei Reden zusammenfassenden Broschüre – sprachen Blaum, Hohmann und der amtierende Ministerpräsident von Groß-Hessen Karl Geiler.[10] Im Sinne der moralischen Erneuerung wurde nun auch die Gründung einer neuen theologischen Fakultät als Antwort auf die aktuellen moralisch implizierten Fragen beschlossen.[11]

Erst mit der Wahl der Juristen Walter Hallstein zum Rektor im April 1946 entwickelte die Hochschulpolitik der Goethe-Universität ihr spezifisches amerikafreundliches und liberales Profil. Hallstein war im November 1945 auf der Kriegsgefangenschaft zurückgekehrt, während der er in *Camp Como* im US-Bundesstaat Mississippi eine Lageruniversität mitgeleitet hatte.[12] Seit Wiederaufnahme seiner rechtwissenschaftlichen Arbeit hatte sich Hallstein nicht nur durch Publikationen für die Wiederherstellung des Privatrechts, sondern auch explizit für eine Reform der Hochschulverfassungen im Sinne einer Unabhängigkeit der Universitäten von staatlicher Gängelung stark gemacht.[13] Nicht zuletzt aus der

ter", *Frankfurter Neue Presse*, Oktober 2008. Hollbach hatte z.B. den Besuch von Marlene Dietrich in Frankfurt genutzt, um die Erlaubnis für die Wiedereröffnung der Geschäfte zu erwirken. Vgl. Cz: „Wiedersehen mit Marlene", *Frankfurter Rundschau*, 14.5.1960.

8 E. Güntz: „Georg Hohmann", *Neue Deutsche Biographie (NDB)* 9, Berlin 1972, 507 f.

9 Hammerstein: *Die Johann-Wolfgang-Goethe-Universität, Teil 1,* 590. Vgl. Gerhardt: *Die Wiederanfänge der Soziologie*, 43.

10 G. Hohmann: „Rektoratsrede zur Eröffnung der Frankfurter Universität", in: *Die Bildungs- und Erziehungsaufgabe der heutigen Universität*, Frankfurt 1946.

11 Hammerstein: *Die Johann-Wolfgang-Goethe-Universität, Teil 1,* 686 ff.

12 Vgl. M. Schönwald: „Hinter Stacheldraht – vor Studenten. Die ‚amerikanischen Jahre' Walter Hallsteins, 1944–1949", in: R. Dietl; F. Knipping (Hg.): *Begegnung zweier Kontinente. Die Vereinigten Staaten und Europa seit dem Ersten Weltkrieg*, Trier 1999, 31–54.

13 Vgl. W. Hallstein: *Wiederherstellung des Privatrechts*, Heidelberg 1946.

Zeit seiner Gefangenschaft verfügte Hallstein über beste Verbindungen in die USA. So hatte er schon früh Kontakt mit emigrierten Wissenschaftlern aufgenommen. Bei seiner USA-Reise 1946 hatte er auch Max Horkheimer in Kalifornien besucht, um mit ihm über eine Rückkehr seines Instituts für Sozialforschung zu sprechen.[14] Hallsteins Beziehungen mit amerikanischen Universitäten entwickelten sich so gut, dass er im September 1948 vorzeitig sein Rektorat übergab, um einer Einladung der Georgetown University zu einem zweisemestrigen Aufenthalt zu folgen. Dort hoffte er „insbesondere auf dem Gebiet des Rechtsvergleichung, ferner das amerikanische Unterrichtswesen an Ort und Stelle zu studieren sowie Auskünfte über deutsche Hochschulverhältnisse zu geben."[15] Mit Unterstützung des Universitätsoffizier Howard Becker konnte Hallstein Beziehungen mit einflussreichen Menschen knüpfen und „eine wirkliche Beziehung zu Amerika und seiner Demokratie entwickeln."[16] Durch Zeitungsartikel und Aufsätze versuchte er, die amerikanische Öffentlichkeit für die Anliegen der deutschen Universität zu sensibilisieren.[17]

Die Selbstzuschreibung der Universität als „geistige Elite" ist in dieser frühen Phase des Rektorats Hallstein kaum zu erkennen. Ende April 1946 widmete sich der Senat der Universität der Frage einer erneuten Überprüfung der immatrikulierten Studenten. Zum einen hatte die Militärbehörde aus Misstrauen gegenüber der bisherigen Entnazifizierung der Maßnahme angeordnet; zum anderem stimmte auch der Senat der Maßnahme zu, um der erwarteten Überfüllung der Universität entgegenzuwirken. Die anschließende Aussprache des Senats ergab eine Zustimmung für eine grundsätzliche Öffnung der Universität, durch Verbreiterung der gesellschaftlichen Herkunft der Studierendenschaft.[18] Bei der Senatssitzung ver-

14 Gerhardt: *Die Wiederanfänge der Soziologie*, 46.

15 Das Protokoll zitiert Hallstein: „Er habe sich trotz mancher Bedenken entschlossen, die Einladung anzunehmen. Da der Abflug in Kürze erfolge, sei eine Vorverlegung des Zeitpunktes der Rektoratsübergabe erforderlich." UAF, Senatsprotokolle SS 1946–WS 1948/49, Sitzung des Akademischen Senats, 23.9.1948.

16 Hallstein kehrte nach seinem USA-Aufenthalt nur noch für ungefähr ein Jahr an die Goethe-Universität zurück, da sein politisches Engagement für die Westbindung ihm die Berufung in das Auswärtige Amt einbrachte. Vgl. L. Späth: *Ein Politiker, der Notwendiges möglich machte,* Brüssel 1982, 23–26. Wessels (Hg.): *Walter Hallstein: der vergessene Europäer?*

17 Vgl. W. Hallstein: "The Universities", in: *The Annals of the American Academy of Political and Social Science* 260/1948, 155–167. In seinem Brief an Paul Klingelhöfer bedauerte Hallstein, die Interessen der Universität hinter seinen persönlichen Entwicklungsprozess der Bildungsreise zurückgestellt zu haben. UAF 14/191, Walter Hallstein an Ministerialrat Dr. Dr. Paul Klingelhöfer, Vernon Center, Minnesota, 26.8.1949.

18 Im März hatte Rektor Hallstein dem Senat ausführlich von seinen Gesprächen mit der Regierung Groß-Hessens in Darmstadt berichtet, die sich um die Verbreiterung der Herkunft künftiger Akademiker sorgten. In Groß-Hessen seinen von den Vätern der Studenten 6,2 Prozent Handwerker, insgesamt 80 Prozent aus nicht-akademischen Berufen. Nur aufgrund des Raummangels dürfte die Zahl der Gasthörer 5 Prozent an den Universitäten nicht übersteigen. Zur Zulassung von Nichtabiturienten plante das Groß-Hessische Kultusministerium die Einführung einer Begabtenprüfung. Hinsichtlich des Frauenstudium waren seitens der Vertreter der KPD Befürchtungen laut geworden, dass weibliche Studierende bisher benachteiligt wur-

traten Vertreter der Medizinischen Fakultät die Auffassung, dass die bislang von dem Fakultätsreferenten im Aufnahmeausschuss genannte Höchstzahl der zugelassenen Studenten als zu niedrig anzusehen sei. Auch andere Fakultäten schlossen sich der Meinung an, durchaus großzügiger als bisher Studierende aufnehmen zu können. So bat Hallstein um eine Zusammenstellung der Vorstellungen durch die einzelnen Fakultäten: „Bei der wissenschaftlichen Überprüfung möge man wohl einen strengen Maßstab anlegen, jedoch nicht zu streng, dass die Studierenden abgeschreckt würden." Eine Angst vor einem „akademischen Proletariat" schien in der Ansicht Hallsteins unbegründet. Es schade nichts, wenn „auch solche Berufe, die nicht zu den akademischen zählten, von Akademikern durchsetzt würden", und im Übrigen müsse man „den Studierenden die Wahl ihres Lebensberufes und die sich aus der Wahl ergebenden Folgen überlassen."[19] Von einer Verschärfung der Auslese oder ein Bildungs-Kanon des humanistischen Gymnasiums als *conditio sine qua non* jedes Studiums wie bei der Wiedereröffnung Marburgs und Heidelbergs war keine Rede. Freilich waren dieser Öffnung die Grenzen der materiellen Möglichkeiten gesetzt, wie die Entscheidung im April 1947 zeigte, freiwerdende Studienplätze von Ausländern grundsätzlich nun „ohne weiter Einschränkung für Inländer zur Verfügung" zu stellen, „da die Überfüllung doch bestehen bleibe und bei den Zurückgewiesenen eine unangenehme Verstimmung eintreten müsste".[20] Grundsätzlich beschloss der Senat aber im November 1948, schon unter Leitung von Rektor Franz Böhm, „die Zulassungsquoten der Fakultäten künftig ausschließlich nach der Aufnahmefähigkeit der einzelnen Fakultäten zu bemessen und den Gesichtspunkt der Berufslenkung fallen zu lassen."[21] Diese liberale Herangehensweise an die Universitätsplanung hing auch mit Boehms wissenschaftlichen Profil zusammen, der als Vertreter des Ordoliberalismus sich wissenschaftlich mit grundsätzlichen Fragen der Sozialen Marktwirtschaft auseinandersetzte.[22] Während Böhms Rektorat schuf die Universität im Januar 1949 an der Wirtschafts- und Sozialwissenschaftlichen Fakultät einen Lehrstuhls für wissenschaftliche Politik.[23] Entsprechend dem Erlass des Hessischen Kultusministers konnte die Goethe-Universität durch die von OMGUS zugesagten jährlichen 50.000 Dollar Unterstützung für die Einführung der politischen Wissenschaften dabei vergleichsweise großzügig agieren.[24]

Der 1950 nachfolgende Rektor war Boris Rajewsky, der zwar durch sein Forschungsgebiet Biophysik international vernetzt, aber doch auch NSDAP-Mitglied gewesen war. In der Reihe der Nachkriegsrektoren ließ der in der Ukraine gebore-

den. UAF, Senatsprotokolle SS 1946–WS 1948/49, Sitzung des Akademischen Senats, 15.3.1946.

19 UAF, Senatsprotokolle SS 1946–WS 1948/49, Sitzung des Planungs-Ausschusses, 24.4.1946.

20 UAF, Senatsprotokolle SS 1946–WS 1948/49, Akademischer Senat, 23.4.1947.

21 Die Zulassungsquote der Philosophischen Fakultät wurde so für das laufende Semester auf 800 Studierende erhöht. UAF, Senatsprotokolle SS 1946–WS 1948/49, Sitzung des Akademischen Senats, 10.11.1948.

22 Vgl. Blumenberg-Lampe: *Franz Böhm (1895–1977)*. Hollerbach: *Wissenschaft und Politik*.

23 UAF, Senatsprotokolle SS 1946–WS 1948/49, Akademischer Senat, Frankfurt, 12.1.1949.

24 UAF, Senatsprotokolle SS 1946–WS 1948/49, Akademischer Senat, Frankfurt, 2.2.1949.

ne Biophysiker sich wohl am ehesten in die Reihe der konservativen Professoren einordnen, die an vielen anderen Universitäten die Hochschulpolitik bestimmten. Rajewsky war auch Teilnehmer der Tübinger Kollegienhaus-Enthusiasten-Tagung im Oktober 1950 gewesen und hatte sich als gewandter Organisator gezeigt, nicht aber als konzeptioneller Impulsgeber.[25] Weitaus prägender sollte Max Horkheimer für die Universität werden, wobei seine Rektoratsrolle im Vergleich mit seinem weitaus mehr in der öffentlichen Wahrnehmung stehenden Einfluss auf die politische Philosophie und Soziologie weniger bekannt ist. Horkheimer hatte sein ehemals der Frankfurter Universität angeschlossenes *Institut für Sozialforschung* (IfS) seit den 1930er Jahren in New York und seit 1941 in Kalifornien betrieben. Horkheimers Programm als Rektor der Goethe-Universität ab 1951 war weniger von seiner marxistisch ausgerichteten wissenschaftlichen Arbeit geprägt als von der positiven Demokratieerfahrung in den USA. Bei aller kritischen Distanz zu Entwicklungen in der amerikanischen Gesellschaft war Horkheimer doch als Amerikaner nach Frankfurt zurückgekehrt.[26] Im Rahmen des IfS waren unter Leitung Horkheimers schon 1942 eine Reihe von Überlegungen für die Einflussnahme zugunsten eines demokratischen Nachkriegsdeutschland entstanden, an die er nach seiner Rückkehr anknüpfen konnte. Nachdem der Projektantrag *Cultural Aspects of National Socialism* bei der Rockefeller Foundation gescheitert war, hatte ab 1942 auch die mittlerweile nach Kalifornien übergesiedelte verbliebene Gruppe des IfS sich praktischen Fragen der amerikanischen Besatzungspolitik zugewandt.[27] Aus einer Reihe von Vorstudien war im August 1942 ein Memorandum *On the Elimination of German Chauvinism* für das State Department entstanden.[28] Der in Harvard lehrende Soziologe Edward Y. Hartshorne hatte den

25 Klee: *Personenlexikon*, 477–478.

26 Gegenüber dem amerikanischen Generalkonsulat beschrieb Horkheimer 1952 seinen Patriotismus zur USA: "I have undertaken my stay in Germany for American organizations and on behalf of American ideals and American policies. How much I have been able to accomplish form my country, the United States, it is not for me to say." Horkheimer an A. M. Doyle, 6.3.1952. Zitiert nach C. Albrecht: „‚Das Allerwichtigste ist, dass man die Jugend für sich gewinnt': Die kultur- und bildungspolitische Pläne des Horkheimer-Kreises bei der Remigration", in: C. Albrecht et al. (Hg.): *Die intellektuelle Gründung der Bundesrepublik*, 97–131, 113. Albrecht weist auf die ebenfalls starke Bindung Theodor W. Adornos an die USA hin. Trotz aller Distanz zur kritisch betrachteten amerikanischen Kultur gründeten vor allem Adornos pädagogisch-politische Arbeiten auf einer Loyalität zur amerikanischen Form von Demokratie, wenn sie sich überhaupt auf politisch-institutionelle Fragen einliessen. Ebd. 112 f.

27 Vgl. zu dem unvollendeten Projekt des IfS von 1941: R. Stackelberg: "Cultural Aspects of National Socialism", in: *Dialectical Anthropology* 12/ 2/1988, 253–260. Zahlreiche der ehemaligen wissenschaftlichen Mitstreiter des IfS arbeiteten nun in der New School-Gruppe oder als Mitarbeiter in der Analyseabteilung des amerikanischen Militärgeheimdienstes OSS. Vgl. Albrecht: *Das Allerwichtigste ist*, 120.

28 Der Zeitpunkt, an dem die Schrift an das State Department ging, lag in Zusammenhang mit dem Übertritt der MfS-Mitarbeiter Neumann, Marcuse und Kirchheimer in die Geheimdienstabteilung des State Department Anfang 1943. Als Beitrag des IfS zur Reeducation-Politik nimmt das Papier eine Sonderrolle ein, weil Horkheimer, Pollock und Adorno im Gegensatz zu den meisten New School- und OSS-Analysten später in Deutschland eine unge-

IfS-Leuten zur einer Fokussierung auf die Stärken des Instituts geraten. So begrenzte sich das Memorandum konsequent auf die Kultur und dabei auf die drei Bereiche Bildung, Freizeit und Religion. Erziehung erschien in der Projektskizze des IfS als das wichtigstes Mittel zur Bekämpfung des Nationalsozialismus:

> Es ist die Absicht dieses Memorandums, dazu anzuregen, die Fragen der Bekämpfung eines Nachkriegschauvinismus in Deutschland zu studieren. Nicht durch Gewalt, sondern durch Erziehung. Diejenigen sozialen und kulturellen Maßnahmen, die pädagogisch geregelt werden können, müssen sofort in Angriff genommen werden. [...] Alle Maßnahmen, die nicht mit Gewalt zusammenhängen, müssen die Erziehung zur Demokratie betreffen, Der Defaitismus und die einfache Gegenreaktion sind keine Gewähr für eine richtige Wandlung. [...] Die sozialen Sektoren, in denen so eine Erziehung geleistet werden kann. Religion, Schule, Hochschule, Sport, community life, Kunst, Massenkunst.[29]

In einem weiteren Memorandum waren die Eckpunkte für wesentliche Veränderungen der deutschen Gesellschaft fixiert worden: Das deutsche Schulwesen sollte auf die amerikanischen Schulen abgestimmt werden, dabei „aber die negativen Erfahrungen [...] eliminiert werden". Außerdem sollte dafür gesorgt werden, „dass die Dinge nicht übernommen werden, die für Deutschland nicht passen." Der Horkheimer-Kreis wollte vor allem durch ein 13. Schuljahr oder ein College einen reiferen Eintritt der Studierenden in die Universität bezwecken. In diesem College sah das Papier auch einen Weg, „die Universitäten weniger Reaktionär zu machen." Eine neue deutsche Elite sollte amerikafreundlich eingestellt sein, so sei es am Wichtigsten, „dass man die Jugend für sich gewinnt." Diese bislang noch nie in Deutschland gelebte Demokratie bestehe eben „nicht bloß in einer allgemeinen politischen Form, sondern in der allgemeinen Durchdringung des Lebens." Aus diesem Grund dürften auch „die Intellektuellen [...] kein selbstständiger Stand" mehr sein. Als Zugang zur breiten Bevölkerung sah das Horkheimer-Papier eine Umwidmung der auch vom NS-Staat genutzten Institutionen der Massenkultur zum neuen Geiste als geeignet an: „KdF muss durch etwas anderes ersetzt werden, z.B. durch Reisen nach Amerika." Die Kultur müsse privatisiert und demokratisiert werden. Die deutsche *clannishness* sollte dazu „durch das amerikanische Modell der Gemeinsamkeit der Arbeit" ersetzt werden. Die Aufrechterhaltung der Camps, die Massenkultur könnte in diese Ausrichtung umgewidmet werden. Etwa die deutsche Jugendbewegung sei durchaus als Träger des neuen geeignet, könnte „unter Eliminierung der reaktionären Tendenzen" reaktiviert werden.[30] Auf der Basis weiterer Vorstudien *Reeducation*, *leisure time* und zur

heure Wirkung erzielten. Insofern sieht Albrecht das Memorandum als eine Programmschrift für diese Wirkung. Albrecht: *Das Allerwichtigste ist*, 120.

29 Die kulturellen Ursachen des Nationalsozialismus wurden in der Skizze nicht klar ausgeführt: „Deutschlands Barbarei auf der einen Seite seiner Kultur. Der Nazismus ist nicht aus der Pistole geschossen, sondern aus den deutschen und europäischen Verhältnissen. In den letzten Jahren hat man immer nur die scheußliche Seite der Deutschen zu sehen bekommen. Es gibt aber auch noch eine andere Seite. Das andere Extrem ist so, dass Deutschland mehr zur Kultur beigetragen hat als die anderen Länder." Zitiert Albrecht: *Das Allerwichtigste ist*, 120 f.

30 Auch zur religiösen Ausrichtung äußere sich das Papier: „Die Religion darf nicht den deutschen Lutheranern überlassen bleiben, dann geht wieder alles schief. Die vereinigten ameri-

Religion wurde im August 1942 ein vierzigseitiges Memorandum fertiggestellt, in dem die beiden Kernthemen Erziehung und Freizeit im Vordergrund standen:

> After the destruction of the Nazi regime by force of arms, the United Nations will be faced with the task of eradicating National Socialist influence over the minds of German youth. This memorandum discusses some of the methods to be employed in the fields of education and leisure time activities.[31]

Im Begleitschreiben an Shepard Stone und Ralph Turner im State Department hatte Horkheimer die Einbindung des IfS in die amerikanischen Kriegsziele betont.[32] Der Historiker Albrecht beschrieb die Deutschlandreise Horkheimers von 1948 in einem unmittelbaren Zusammenhang mit dem Memoranden von 1942. Horkheimer hatte die persönliche Erkundungsreise mit einer vom *American Jewish Comittee* (AJC) finanziell ermöglichten Studie über die Chancen der 1947 in den USA bereits als scheiternd wahrgenommenen Reeducation verbunden. Bei der Deutschlandreise der beiden AJC-Mitarbeiter David Bernstein und Zachariah Shuster im Sommer 1947 waren sie von US-Militärgouverneur Lucius D. Clay mit der geplanten neuen Phase der *Reorientation* vertraut gemacht worden. Nun sollte die *Reeducation* von den staatlichen amerikanischen auf zivile und nach Möglichkeit von Deutschen getragene Organisationen übergehen sollte. Da in Frankfurt auch mit Radio Frankfurt und den Frankfurter Heften ein Zentrum der neuen Publizistik entstanden war, sollte der Stadt eine zentrale Rolle zukommen. Insbesondere die Bekämpfung des Antisemitismus sahen AJC und Horkheimer als einen Schlüssel der *Reeducation*.[33]

Auf Einladung des US-Hochschuloffiziers Howard Becker und der UNESCO hatte der Emigrant 1948 bei seiner Informationsreise durch Deutschland auch seine ehemalige Wirkungsstätte Frankfurt besucht.[34] Horkheimers Aufmerksamkeit galt dabei dem Wiederaufbau der Sozialwissenschaften an der Goethe-Universität. In Hessen fand er nicht nur mit Eugen Kogon, Gabriele Stecker, Heinz Maus und Walter Kolb kooperationswillige Partner, sondern vor allem durch den hessischen Kultusminister Erwin Stein auch konkrete finanzielle Zusagen.[35] 1949 kehrte Horkheimer dann wirklich auf einen Doppellehrstuhl für Philosophie und Soziologie nach Frankfurt zurück und mit ihm das IfS. Natürlich blieben die Sozialwissenschaften als „Demokratiewissenschaften“ Horkheimers Hauptbetätigungsfeld. Aber er entwarf auch weitere Konzepte für das deutsche Erziehungswesen, dessen

kanischen Bekenntnisse müssten in Deutschland ein praktisches Betätigungsfeld haben. Religiöse Erziehung durch amerikanische Kirchenbewegung.“ Ebd. 121.

31 “Institute of Social Research: Memorandum on The Elimination of German Chauvinism”, Max-Horkheimer-Archiv IX/172/27. Albrecht weist darauf hin, dass die positive Reaktion des State Department auf das Memorandum nicht ganz im Sinne Horkheimers ausgefallen war: Die IfS-Mitarbeiter Neumann, Kirchheuer und Marcuse wurden mit der Empfehlung in den OSS übernommen, die erhoffte direkte Finanzierung der IfS-Studie blieb aber aus. Ebd. 122.

32 Ebd.

33 Ebd. 124 f.

34 Vgl. Gerhardt: *Die Wiederanfänge der Soziologie nach 1945*, 46.

35 Albrecht: *Das Allerwichtigste ist*, 127.

Entwicklung er „gerade als Front des Westens in der militärischen und politischen Planung“ (Albrecht) sich nicht sich selbst überlassen sehen wollte. Konkrete Vorschläge entwarf Horkheimer für die Lehrerausbildung und für die Universitäten:

> In America the student takes from his professors the facts and intellectual tools of his future profession, in Germany he takes from him his beliefs. In my opinion the spirit at the German universities today is more important for the intellectual atmosphere in the country than even the political parties. There is no sphere of intellectual activity including the mass-media of communication which is not largely determined by university teachers and academic trends.[36]

Besondere Bedeutung für den Wandel der Erziehung komme den Universitäten zu, da in Deutschland nicht nur die Lehrer zu ihren ehemaligen Professoren auf schauten, sondern alle Führungsschichten weit mehr als in den demokratischen Ländern an die Macht der Wissenschaft glaubten. Die Überlegungen jenseits seiner sozialwissenschaftlichen Arbeit und Philosophie-Politik sollten für den Hochschulpolitiker Horkheimer wesentlich werden.[37]

Auch Horkheimers Nachfolger als Rektoren der Folgejahre waren Emigranten. Der Dermatologe Oscar Gans war Mitte der 1920er Jahre Gastprofessor in den USA gewesen, und hatte nach dem Verlust seiner Ämter in Frankfurt aufgrund der jüdischen Herkunft von 1935 bis 1946 im indischen Bombay praktiziert.[38] Während der NS-Zeit hatte Fritz Neumark an der türkischen Universität Istanbul gelehrt und bewegte sich mit seinem Fach der Finanzwissenschaften ohnehin in einem stark angelsächsisch geprägten Wissenschaftsumfeld.[39] Diesen folgten In der zweiten Häfte der 1950er Jahre der nicht-emigrierte Jurist Helmut Coing, der Chirurg Rudolf Geißendörfer, der Anglist Helmut Viebrock und dann 1960 Willy Hartner.[40] Notker Hammerstein, der Historiograph der Goethe-Universität, beurteilte 1992 die Maßnahmen seiner *Alma Mater* in den ersten Nachkriegsjahren in einer für die deutschen Universitäten der Zeit sehr ähnlichen

36 z.B. im Projektplan Horkheimer 1949; “Project to Survey Present German Educational Practices in the Field of Social Sciences as a Means for Democratization”, Max-Horkheimer-Archiv IX/172/1c. Zitiert nach Ebd. 129.

37 Albrecht wies darauf hin, dass diese Überlegungen Horkheimers in seiner Unterscheidung in „intérieur“ und „extérieur“ alle als extériur kategorisiert waren, also nicht „das Eigentliche betreffende“ Außenbeziehungen. Innerhalb des IfS-Kreises wurde eine deutlich andere Sprache gepflegt, die in Abstraktionsniveau, Diktion und Differenzieungsvermögen weit eher an die kritische Theorie erinnerte. Albrecht wies den Verdacht eines angepassten Verhaltens Horkheimers an die Äußeren Umstände zurück. Vielmehr vermutet Albrecht, dass die beschriebenen Pläne zumindest seit Mitte der 1950er Jahre zum Kern des eigentlichen Wirkungsplans gehörten. „Die Legende ist widerlegt, dass die Frankfurter Schule seit der Dialektik der Aufklärung keine ‚Praxis‘ mehr empfehlen könnte.“ Ebd. 129 f.

38 W. Krücke et al: *Nachrufe auf Hubert Harbauer, Heinz Sauermann, Gottfried Weber, Guido Sartori, August Oswalt, Oscar Gans, Adolf Wacker, Hermann Hartmann, Hermann Strasburger*, Stuttgart 1987.

39 V. Wolf: *Fritz Neumark*, Frankfurt 2006. *Nachrufe auf Marianus Czerny et al.*, Stuttgart 1992.

40 Zu den Personen: K. Luig: „Helmut Coing“, in: *Juristen im Portrait*, München 1988, 215–224. Zu Viebrock: F.-R. Hausmann: *Anglistik und Amerikanistik im „Dritten Reich“*, Frankfurt 2003, 512 f.

Linie. Die Frage, „wie die nationalsozialistische Pervertierung mancher Wissenschaften rückgängig zu machen sei und wie zum anderen eine geistige Erneuerung auszusehen habe“ wurde in Frankfurt wie anderswo mit der Förderung (und im Frankfurter Fall: Neueinrichtung) der Theologischen Fakultät, mit allgemein verbindliche ethisch-moralischen Vorlesungen und der Einführung der politischen Wissenschaften beantwortet. Hammerstein wies darauf hin, dass man gerade hinsichtlich der von den Amerikanern erhobenen „ständigen Forderung nach mehr Demokratisierung“ auch in Frankfurt viel aneinander vorbeiredete: „Die völlig andere Tradition erlaubte [...] gar nicht, eine zutreffende Einsicht in diese Anregungen zu gewinnen.“[41] Dennoch zeigten sich an der Goethe-Universität durch die führenden Professoren eine noch andere Tendenz, die neben der deutschen Universitätstradition auch neue Einflüsse und Austausch zuließ. Die Goethe-Universität zeigte von 1946 bis Mitte der 1950er Jahre durch ihre in einem hohen Maße der internationalen Welt und den Amerikanern zugeneigten Rektoren eine Ausrichtung, die sich doch wesentlich von anderen deutschen Universitäten unterschied. Insbesondere Horkheimer stand bezüglich der *Reeducation* durch seine eigene Konzeption an Seiten der Amerikaner. Und auch dort, wo die deutschen Professoren ihren Besitzstand zu verteidigen suchten, hatten sie doch durch die physische Nähe des Hauptquartiers der US-Militärregierung und den steten Kontakt mit Vertretern der amerikanischen Zivilgesellschaft einen anderen Rahmen der Kommunikation.

Von Seiten der amerikanischen Verwaltung bestand aufgrund der nahen geographischen Lage des OMGUS-Hauptquartiers früh ein Interesse an der Universität, welches sich allerdings in klaren Grenzen bewegte. Als das Misstrauen ob einer nicht konsequenten Entnazifizierung wieder erwacht war, musste Ende 1947 Rektor Hallstein den Senat an die strengen Vorgaben erinnern, da er „von der Militär-Regierung für die personelle Zusammensetzung des Lehrkörpers im weitesten Sinne verantwortlich gemacht werde, mindestens in dem Sinne, dass er für die politische Prüfung der Lehrenden einstehe.“ Dies habe zur Folge, dass die Beteiligung von Assistenten an Vorlesungen und Übungen von seiner Genehmigung abhängig gemacht werden müsste.[42] Andererseits ermöglichte die geographische Nähe einiges an Aufmerksamkeit der Amerikaner, die der Universität angesichts der Not in den Nachkriegsjahren zugute kommen sollte. Der Soziologe Heinz Sauermann konnte im April für die von hohen Verlusten betroffene Universitätsbibliothek aus den von Universitätsoffizier Hartshorne vermittelten Restbeständen amerikanischer Bibliotheken geeignete Bücher auswählen.[43] Schon früh gab es dabei auch Kontakte, die subtiler und informeller über die offizielle Kooperation mit der Militärregierung hinausging. So war die Anfrage eines von der Militärregierung geförderten Films über das Leben und Arbeiten an den deutschen Nachkriegsuniversitäten im Oktober 1946 an die Goethe-Universität ergangen. Der

41 Hammerstein: „Zur Geschichte der Johann Wolfgang Goethe-Universität zu Frankfurt am Main“, in: H. Coing (Hg.): *Wissenschaftsgeschichte seit 1900*, 124–142, 138 f.

42 UAF, Senatsprotokolle SS 1946–WS 1948/49, Sitzung des Akad. Senats, 10.12.1947.

43 UAF, Senatsprotokolle SS 1946–WS 1948/49, Planungs-Ausschuss, 24.4.1946.

Senat sah eine Möglichkeit, die „heutigen erschwerten Umstände“ der Studenten und Dozenten einer amerikanischen Öffentlichkeit zu präsentieren und betraute eine Rechtsassessorin mit der Betreuung der amerikanischen Journalisten.[44]

Die Programme der Militärregierung für die Unterstützung bestimmter Entwicklungen hielten sich auch in Frankfurt dabei in ihren formalen Grenzen. Wie in Marburg auch, hatte die Goethe-Universität in Zusammenarbeit mit der TH Darmstadt 1947 auf amerikanische Anregungen hin zwei bis vier Wochen dauernde Ferienkurse durchgeführt.[45] Aus dem Rahmen fiel hingegen die 1949 geplante OMGUS-Förderung von jährlichen 50.000 Dollar für die Einführung der politischen Wissenschaften durch eine entsprechende direkte Förderung der Universitäten. Laut dem Plan von 1949 sollte das Geld für die Einrichtung einer *political science*-Gruppe an der Goethe-Universität verwendet werden. Von den fünf Professoren dieser Gruppe sollten wenigstens drei Amerikaner sein, während die übrigen europäischen Ländern entstammen sollen. Die Gruppe soll ein ergänzendes Vorlesungsprogramm auf dem Gebiet der *political science* einleiten.[46] Im September 1948 informierte der in der Wiesbadener Landes-Militärregierung für die Hochschulen zuständige Offizier Franz Montgomery die Hessischen Rektoren über die Möglichkeiten für deutsche Universitäten, einzelne Mitglieder in die USA zu entsenden. Das OMGUS-Hauptquartier hatte nun eine gewisse Geldsumme zur Verfügung, um Deutsche an amerikanische Universitäten zu entsenden, ebenso aber auch amerikanische Experten als Berater in die europäischen Länder zu holen. Der Hauptzweck dieses Plans sie, den Austausch von kulturellen und erzieherischen Ideen zwischen Deutschland und den vereinigten Staaten, sowie Deutschland und Europa zu ermöglichen. Wenn auch die genaue Höhe des Betrages, der für die Interessen höherer Bildungsanstalten im Lande Hessen verwendet werden kann, noch nicht bekannt sei, so hegte der Montgomery in seinem Schreiben an die Rektoren doch die Hoffnung, dass das Land Hessen mit der Unterstützung der Rektoren eine Reihe von so vielversprechenden Vorschlägen in so klarer Ausarbeitung vorlegen könnte, dass das Berliner Hauptquartier diesem Land einen weit größeren Anteil aus dem Fonds zubilligen könnte. Ziel des Programms sollte eine Öffnung des geistigen Horizontes der Deutschen in der noch durch eine enorme Knappheit an allem geprägten Nachkriegszeit sein. Besonders der Austausch von frischen Ideen im Bereich der Erziehung sollte gefördert werden.[47] Tatsächlich konnte die Universität in den Folgejahren vor allem durch die

44 UAF, Senatsprotokolle SS 1946–WS 1948/49, Sitzung des Akad. Senats, 23.10.1946.

45 UAF, Abt. 1, Nr. 156(a), Bl. 83, Rektor an die Dekane, 5.5.1947. Bis zu einem finanziellen Engpass durch ein Neuausrichtung der Vergabepraxis amerikanischer Sponsorengelder 1950 fanden diese Kurse jährlich statt. UAF, Abt 1, Nr. 156, Der Rektor der Philipps-Universität an die Rektoren der hessischen Hochschulen: Internationaler Ferienkurs der hessischen Hochschulen 1951, Marburg, 15.6.1950. Vgl. UAF, Senatsprotokolle SS 1946–WS 1948/49, Sitzung des Akad. Senats, 16.2.1949.

46 UAF, Senatsprotokolle SS 1946–WS 1948/49, Sitzung des Akademischen Senats, 2.2.1949.

47 UAF, 150/345, Franz Montgomery, Chief Higher Education Branch, OMGH E&CR Division, an Rektor Hallstein: Funds for Education and Cultural Exchange, Wiesbaden, 23.9.1948.

finanzielle Ermöglichung von Reisen der führenden Professoren in die USA von diesem Programm profitieren.

2. ANREGUNGEN VON DER UNIVERSITY OF CHICAGO

Die Frankfurter Universitätsplanung erhielt in einem weitaus höheren Maße Anregungen aus den USA. Weitaus wichtiger als aller staatlichen Programme wurde aber ein ganz auf gesellschaftlicher Ebene stattfindender deutsch-amerikanischer Universitätsaustausch, den es in dieser Intensität an keiner anderen deutschen Universität gab. In einem Schreiben vom 23. Januar 1948 hatte der Kanzler der University of Chicago Robert Maynard Hutchins der Frankfurter Universität ein Austauschprogramm für Professoren angeboten. Angesichts der schwierigen Situation in Deutschland, sollte die Entsendung zugunsten dieser engeren wissenschaftlichen Verbindung zwischen den USA und Deutschland anfangs einseitig aus den USA erfolgen. Hutchins glaubte, dass die Anwesenheit einer solchen Gruppe amerikanischer Forscher als wesentliche Hilfe bei der Herstellung des deutschen Hochschulsystems gesehen wird, nicht nur durch die Lehre, die sie an die Studenten geben, sondern auch „durch die persönlichen Kontakte, die sie mit ihren Kollegen etablieren werden.“[48] Hutchins verfolgte seine eigene kulturpolitische Mission, in welche die Idee des Frankfurter Programms gut reinpasste. Zum einen stand Hutchins mit seiner Forderung nach einem moralisch unterfütterten Bildungskanon dem traditionellen deutschen Bildungsstandard des humanistischen Gymnasiums nahe. Aus einer grundsätzlich kulturkritischen Haltung heraus, hatte Hutchins bei der Gestaltung des Lehrplans der *undergraduate*-Studenten wieder besonderen Wert auf einen klassischen Bildungskanon gelegt. Hutchins hatte für einen philosophischen Bildungskanon das Studium der *great books* als Basis aller wissenschaftlichen Arbeit geworben.[49] Da die Professionalisierung vieler Wissenschaften sich im 19. Jahrhundert an deutschen Universitäten entwickelt hatte, stellte die Idee eines Austausches mit Deutschland ebenfalls eine willkommene Fördermöglichkeit für die Wissenschaften dar. Mit Beginn der NS-Zeit hatten zwar viele führende Wissenschaftler das Land verlassen, aber das Interesse an Deutschland war von Amerikanischer Seite immer noch vorhanden. Eine Erkundung des aktuellen Zustandes des alten Wissenschaftslandes schien Hutchins auf jeden Fall sinnvoll. Hutchins hatte ein missionarisches Programm. Dies konkretisierte sich nicht nur in seinem Engagement für eine utopische Weltregierung föderalistischer Struktur, sondern auch in dem nun beginnenden Austauschprogramm mit der Goethe-Universität. Die Reaktionen auf Hutchins Rede anläss-

48 Hutchins an Colonel McRay, August 1947, Zitiert nach: Boyer:*We are all Islanders to begin with*, Chicago 2007, 131 f.

49 1936 hatte Hutchins die zentrale Stellung der Metaphysik in einer grundsätzlichen Schrift zur Rolle der Universität hervorgehoben: R. M. Hutchins: *Higher Learning in America*, 1936. Vgl. Dzuback: *Robert M. Hutchins*, 186 ff. Dies hatte auch seine Kritik am Zook-Plan motiviert und ihn in einen publizistischen Kampf mit dem Philosophen des Pragmatismus John Dewey geführt. Vgl. Schlander: *Reeducation*, 124 f.

lich der Eröffnung des Programms zur anlässlich der Hundertjahrfeier der Nationalversammlung in der Frankfurter Paulskirche 1948 zeigte aber auch, dass er für seine Mission und seine Verbindung zu Deutschland nicht nur Freunde hatte. Durchaus konsequent in seiner Position innerhalb der amerikanischen Bildungsdebatte, hatte Hutchins in Frankfurt gesprochen. Seine Aussage, dass das amerikanische Erziehungssystem ein „schlechtes Beispiel für die Deutschen“ sei, war von Hutchins Gegnern heftig kritisiert worden.[50]

Auf Informeller Ebene waren die Anregungen zum Austausch früh kommuniziert worden. Durch den Chicagoer Trustee Laird Bell hatte Edward Y. Hartshorne noch vor Antritt seiner Position als Universitätsoffizier in Hessen von den Vorschlägen erfahren.[51] Die Gerüchte, die über ein solches Engagement in Washington seit April 1947 kursierten, waren schon in ganz unabhängig von Washington verwendet worden. Richard T. Alexander, der Chef der Hochschulabteilung bei OMGUS E&CR, hatte schon länger versucht, die Columbia University, an der er selbst lehrte, für ein ähnliches Engagement zu gewinnen.[52] Das Gerücht, dass Präsident Hutchins von der University of Chicago dabei sei, acht Professoren gemeinsam einer großen deutschen Universität anzubieten diente Alexander nun als Vorlage. An den Sekretär der Columbia University, schrieb Alexander, dass er es sehr bedaure, „dass die Columbia University bisher wenig Interesse an unserem gewaltigen Problem hier gezeigt hat.“ Alexander hoffe, „dass dieser Austausch uns zu einem aktiveren Interesse von Seiten der Universität führt.“ „Eine große

50 Dean William Russell vom Columbia Teachers College beschrieb in einer Rede in New York die mangelhafte Ausbildung der deutschen Politikwissenschaften, der demokratischen Regierungsform und der Theorie der Gewaltenteilung. „Es ist leider eine Tatsache“, merkte Russell an, „dass diese Idee nie bei den Deutschen gegriffen hat, wie auch diese Sicht von manchen heutigen Besuchern in Deutschland missachtet wird.“ Und damit meinte er einen ungenannten „amerikanischen Universitätspräsidenten“. Vgl. Tent: *Mission on the Rhine,* 272. Der Kalte Krieg begann unmittelbar mit dem Kriegsende und beeinflusste die Zustimmung zu Hutchins Engagement negativ. Der Diplomat George H. Earle drängte im April 1946 in einer öffentlichen Debatte mit Hutchins, dass die amerikanische Regierung umgehend zwei Milliarden Dollar pro Jahr für die Entwicklung der Atombombe genehmigen sollte. Der Besitz einer großen Flotte von Atombombern würde den Bolschewiken schon zu verstehen geben, dass ein Vergeltungsakt jede Russische Studt vernichten könne. „Wenn wir die Atombombe haben“, antwortete Hutchins, „ist Russland ohne Verteidigung und diese Macht ist unnötig. Wenn Russland die Atombombe hat, sollten wir auch ohne Verteidigung und diese Macht nutzt uns wenig.“ Vgl. M. Mayer: *Robert Maynard Hutchins*, Berkeley et al. 1993, 387.

51 Hartshorne notierte in sein Tagebuch am 13.10.1945: “I saw Mr. Laird Bell, Trustee oft he Universit of Chicago, about Kleitman's hare-brained scheme tos et up a ‘Midway in Munich.’ A good point ist he possibility of getting some Chicago teachers over on rotation. I must get my idea spread around quick!” Tent (Hg.): *Academic Proconsul*, 133 ff.

52 Der Professor für Erziehungswissenschaften Richard Thomas Alexander von der Columbia University leitete seit 1947 die Abteilung Education & Religious Affairs (E&RA) bei OMGUS. Er kannte Deutschland gut aus seinem Studium in Jena und Heidelberg sowie seiner Lehrtätigkeit in Berlin und Stettin von 1926 bis 1935. Vgl. Tent: *Mission on the Rhine*. Alexander hatte auch schon in der amerikanischen Öffentlichkeit für Austauschprogramme von Studenten geworben NA OMGUS E&CR RG 260 Box 103. Vgl. “Educator Asks Chance For Hitler Children”, *Chattanooga Times Free Press*, 24.4.1947.

Universität des Mittleren Westens“ fügte er hinzu, „überlegt sich, die Patenschaft der Universität München zu übernehmen.“ Er berichtete auch, dass zum ersten Mal Vertreter der Rockefeller Foundation in der US-Zone seien, die Möglichkeiten auszuloten.[53] Am 4. Juni 1947 vertrat Max Rheinstein Hutchins bei einer Reihe von Treffen mit der *Civil Affairs Division* (CAD) in Washington. Wahrscheinlich war die Chicagoer Delegation über die Entwicklungen in Washington bestens im Bilde, zumal ja Eugene Anderson vor seiner Verwendung im State Department als Historiker an der University of Chicago gearbeitet hatte.[54] Nach vorausgegangenen Besprechungen, schlug nun Hutchins offiziell vor, „an einer Universität eine spezielle Gruppe zu bilden, deren Einzelmitglieder an der deutschen Universität für ein oder zwei Semester bleiben, so dass eine Gruppe von acht bis zehn Professoren an der deutschen Universität für einen Zeitraum von bis zu drei Jahren anwesend wäre.“ Die acht Professoren sollten vor allem auch dem Gebieten der Sozialwissenschaften und den Geisteswissenschaften stammen. Anders als die zurückhaltenden *visiting experts*, sollten die Besuchs-Wissenschaftler aus Chicago viel lehren und sehr sichtbar sich zeigen. „Ihre Hauptsorge wäre, mit jungen Deutschen zu arbeiten, die eine wissenschaftliche Laufbahn anstreben“ sagte Hutchins.[55] Ursprünglich war vorgesehen worden, die Dozenten jeweils für ein ganzes Jahr zu entsenden; als Zugeständnis an die Bedenken von OMGUS war daraus im endgültigen Plan nur ein Semester geworden.[56] Ende Dezember beantragte die University of Chicago bei der Rockefeller Foundation die finanzielle Unterstützung der Initiative, die bald gewährt wurde, ebenso wie die logistische Hilfe durch die US-Armee in Deutschland.[57] Frankfurt war zentral gelegen, als eine jüngere und kleinere Universität, die erst 1919 gegründet worden war, hatte sie im Krieg ungeheure Verluste erlitten, brauchte dringend Hilfe von außen. Havighurst sah die Universität Frankfurt als „das gewagteste Unternehmen und vielleicht langfristig lohnendste“. Die Gründe dafür sah er darin, dass Frankfurt „wahrscheinlich die wirtschaftliche und vielleicht die politische Hauptstadt Westdeutschlands“ werde; als große Stadt biete Frankfurt auch „Möglichkeiten für die Art des Ansatzes zu Problemen einer modernen Stadtkultur“ wie sie die Chicagoer Soziologen verfolgten. Havighurst betonte die strukturell Ähnlichkeit der Universität Frankfurt und der University of Chicago, die sich ähnlicher seien als jede andere der deutschen Universitäten.[58] Letztendlich war konnte auch die Vernetzung einzelner

53 Tent: *Mission on the Rhine*, 270.

54 Vgl. B. Braun: *Umerziehung in der amerikanischen Besatzungszone*, Berlin 2004, 30.

55 R. Hutchins an Robert McRae, 23.6.1947. Zitiert nach Tent: *Mission on the Rhine*, 269.

56 Vgl. Boyer: *We are all Islanders to begin with*, 131 f. Boyer verweist auch auf die Darstellung der Bedenken Clays in dem Bericht. SCARC UoC, Richard McKeon Papers 36/8, Report of Thomas B. Stauffers an US ambassador, 16.7.1947.

57 Vgl. Boyer: *We are all Islanders to begin with*, 132. Vgl. Tent: *Mission on the Rhine*, 269.

58 R. J. Havighurst an E. C. Colwell, 28.9.1947. Zitiert nach Boyer: *We are all Islanders to begin with*, 133. Auch die Universitäten in München, Göttingen und Heidelberg waren als mögliche Partner im Gespräch gewesen. Nach heftigen internen Diskussionen hatte sich das Komitee im Januar 1948 für Frankfurt entschieden. Ebd.

Persönlichkeiten der Frankfurter Universität wie Hartner und Hallstein durch ihre persönliche Reputation als zuverlässige Austauschpartner erscheinen.[59]

Als im September dem OMGUS-Budget ein Posten für *Education and Cultural Exchange* genehmigt worden war, wurden die deutschen Bildungsinstitutionen über die Fördermöglichkeiten informiert. Franz Montgomery, Chef der Hochschulabteilung von OMGUS Hessen, informierte den Frankfurter Rektor Hallstein im September 1948 über die neuen Möglichkeiten. Dem Berliner Hauptquartier der Militärregierung sei nun eine bestimmte Geldsumme zugeteilt worden für die Entsendung von Deutschen an Universitäten der Vereinigten Staaten sowie die Entsendung von Experten und Beratern von den Vereinigten Staaten und europäischen Ländern nach Deutschland. Hauptzweck des Plans sei, „den Austausch von kulturellen und erzieherischen Ideen zwischen Deutschland und den vereinigten Staaten, sowie Deutschland und Europa zu ermöglichen.“ Der Fonds stehe für unterschiedliche Zwecke zur Verfügung: a) Die Entsendung von Beratern und Experten von den Vereinigten Staaten und von Europa nach Deutschland für eine kurze Zeitspanne von einigen Tagen bis einige Wochen, um in Deutschland und in den USA die zuständigen Instanzen z.B. beim Curriculum, der Verwaltung oder der Lehre zu beraten. Auch seien Gastvorträge von amerikanischen Professoren denkbar. b) Auch sei die Entsendung von Professoren aus den USA für das ganze Sommersemester 1949 durch die Finanzierung möglich, vor allem für die Lehre in den zurzeit nicht abgedeckten Studienfächern. Und c) werde auch die Entsendung deutscher Professoren, Experten und Forscher in die USA für eine Zeit von etwa drei Monaten möglich, um die die dortigen Methoden ihres Faches kennenlernen und in Deutschland bekannt zu machen. Somit bat Montgomery die hessischen Rektoren um die Benennung von jüngeren Wissenschaftlern, die bislang über keine Kontakte in die USA verfügten. Da OMGUS sich nun dieser Angelegenheit angenommen hatte, wurde aber dringend gebeten, auf weitere direkte Einladungen mehr an Professoren in den Vereinigten Staaten durch die deutschen Einrichtungen zu verzichten.[60] Die University of Chicago widerstand formal der Verlockung, in die offizielle *Reorientation*-Politik der Militärregierung und des ihr nachfolgenden Hochkommissars eingebunden zu werden. Der Rockefeller-Vertreter Edward F. D’Arms beurteilte diese Entscheidung sicherlich als langfristig sinnvoll, bedauert aber, dass die Chicagoer Gruppe sich mit dieser Unabhängigkeit bei OMGUS du HICOG nicht gerade beliebt gemacht habe. Besonders die Idealisierung der deutschen Universitäten in Hutchins Rede habe dem Reorientation-Programm oder seinem Prestige eher geschadet.[61] In der Beurteilung Helmut

59 Vgl. Heinemann (Hg.): *Hochschuloffiziere und Wiederaufbau. Die US-Zone*, 135. Vgl. "Education: Chicago-in-Frankfurt", *Time*, 12.4.1948.

60 UAF, 150/345, Franz Montgomery, Chief Higher Education Branch, OMGH E&CR Division, an Rektor Hallstein: Funds for Education and Cultural Exchange, 23.9.1948.

61 Einige der derzeitigen Gruppe hatten scheinbar gegen jeden Verstoß gegen die Macht des deutschen Universitätssenats protestiert, was sicherlich langfristig korrekt sinnvol sei, nicht aber die Bemühungen von HICOG unterstützt, die Universitäten selbst in die Lange zu setzen, sich selbst in mancher Hinsicht zu ändern. Die Einschätzung teilte auch der von der Stif-

Coings war es hingegen besonder freie Austausch der Hochschulen, der größere Wirkung als in einem staatsfinanzierten oder -geführten Programm entfaltete.[62]

Vor Ort unterstützten die Stellen der Militärregierung ohnehin halboffiziell das Austauschprogramm. So lebten die Chicagoer Professoren in einem von der Armee beschlagnahmten Haus im Frankfurter Nordend. Da die Hilfe für solche zivile Unternehmungen in einem Graubereich des Mandats der Militärregierung stattfand, war es im Frankfurter Fall wieder der Hochschuloffizier Montgomery, der durch seinen leidenschaftlichen Einsatz erreichte, dass die Chicagoer Professoren die Transportkapazitäten der US-Armee nutzen durften. Intern begründete er die Sinnhaftigkeit des Austauschprogramms in den Vorlesungen an Universitäten sowie vor öffentlicher und offizieller Zuhörerschaften in allen Zonen. Deshalb sah Montgomery die Bereitstellung der Armee-Transportkapazitäten für die Professoren als vollkommen gerechtfertigt.[63] Ohne die Unterstützung der Militärregierung hätte der Austausch nicht stattfinden können. In der Klettenbergstrasse 18 stand den Chicagoer Professoren seit Beginn des Austausches ein komfortables eigenes Haus zu Verfügung. Das Ende des 19. Jahrhunderts erbaute Bürgerhaus war großzügig geschnitten und lag an einem eleganten Platz im Frankfurter Nordend. Das Haus war 1945 von der US-Armee beschlagnahmt worden, die es nun der University of Chicago für eine nominale Miete überlassen hatte.[64] Hauswirtschaftlerin und Gastgeberin des Hauses war Dorothea von Stetten, eine ursprünglich aus gehobenen Berliner Verhältnissen stammende Endzwanzigerin.[65] Vor Antritt der Reise versorgte sie von Frankfurt aus die Chicagoer Professoren mit allen möglichen Informationen.[66] Die luxuriöse Ausgestaltung des Austausches durch das eigene Haus wurde auch von den Teilnehmern im Vorfeld skeptisch gesehen. Das *Chicago House* bildete zumindest in den ersten Jahren eine Basis für den Austausch mit den deutschen Professoren, indem es auch Räume für private Begegnungen ermöglichte. Ab Sommer 1950 zahlte die Universität regulär Miete, und dachte ob der finanziellen Belastung bald an die Aufgabe des Hauses.[67]

Hallstein hatte sich gleich zur Wiedereröffnung um Einladungen aus den USA nach Frankfurt bemüht, dabei aber kaum Möglichkeiten gehabt, eigene Mittel dafür anzubieten. Nur den Universitätsoffizier Hartshorne hatte Sauermann als

tung befragte Helmut Coing. RAC, RF 1.2 216/1/2, Edward F. D'Arms an Flora M. Rhind, Paris, 28.2.1950.

62 RAC, RF 1.2/216/1/2, Leland DeVinney: Interview with Helmut Coing, 22.3.1950.

63 NA, OMGUS Hesse, RC 260 E&CR Div Box 693, Franz Montgomery, Chief Higher Education Branch, OMGH E&CR Division, an Deputy Director, OMGH: Memorandum, Transportation for University of Chicago Professors, Wiesbaden, 21.6.1949.

64 SCRS UoC, Chauncy Harris Papers 3/5, Chauncy D. Harris an R. W. Harrison, VicePresident of the University of Chicago, Frankfurt, 21.8.1950.

65 Vgl. T. Kliemann: „Dorothea von Stetten: ‚Man muss sich mit dem Neuen auseinandersetzen'. Bonner Mäzenin und Preis-Stifterin wird am Mittwoch 95 Jahre alt", *General Anzeiger*, 9.4.2008

66 SCRC UoC, Chauncy Harris Papers 3/5, Dorothea von Stetten, Assistant to the Dean, an All member oft he new group: University of Chicago at Frankfurt, Frankfurt, 3.3.1950.

67 SCRS UoC, Chauncy Harris Papers 3/5, Chauncy D. Harris an R. W. Harrison, VicePresident of the University of Chicago, Frankfurt, 21.8.1950.

Amerikaner vor Ort recht problemlos für die Abhaltung von soziologischen „Vorlesungen und Übungen im Rahmen einer Gastprofessur“ gewinnen können.[68] Natürlich hieß die Goethe-Universität die neue Möglichkeit für Unterstützung hochwillkommen. Die Dekane der Frankfurter Fakultäten reichten auch ihrem Rektor Wunschlisten ein, welche Professoren man gerne an der Goethe-Universität sehen wollte. Begründet wurden die Anträge mit der Abdeckung neuer oder lückenhaft besetzter Wissenschaftsgebiete.[69] Als Hallstein den Vorschlag dem Frankfurter Universitätssenat präsentierte, sprach er von jährlich an die Universität Frankfurt entsandten acht bis zehn Professoren der University of Chicago, so dass je Semester sechs Professoren gleichzeitig zur Verfügung stehen sollten.[70] Die Goethe-Universität hatte gleich 1948 beschlossen, die Gastprofessoren voll in den eigenen Lehrkörper einzugliedern, d.h. sie auch an den Fakultätsgeschäften zu beteiligen. Die Fakultäten sahen dies als eine seltene Möglichkeit zur Herstellung eines engeren Kontakts, da kaum andere Einladungen der Universität ausgesprochen werden konnten. Als Leiter der Chicagoer Gruppe wurde Pauck auch zu den Senatssitzungen eingeladen, womit ihm gleichzeitig die Möglichkeit gegeben werden sollte, die „Wünsche der amerikanischen Herren vorzubringen.“[71] Obwohl die zum Teil auf Englisch gehaltenen Vorlesungen nicht alle von den Studenten in großer Zahl frequentiert wurden, wurde der Austausch schnell als Erfolg gewertet. Vor allem, da die Gäste aus Chicago manche Lücke im Forschungsstand oder ganzen Fachrichtungen Schließen konnten. Schon zum Wintersemester 1948/49 baten so die Frankfurter darum, zwei der bisherigen Professoren ein weiteres Semester in Frankfurt zu belassen.[72] Durch das Austauschprogramm kam auch Max Horkheimer aus Kalifornien im Sommersemester 1949 als Gastprofessor nach Frankfurt.[73]

Angesichts der Verlängerungsanträge für die von der Rockefeller Foundation grundsätzlich auf drei Jahre begrenzten Mittel, ebenso wie für die deutsche Teilfinanzierung durch das Hessische Kultusministerium musste das Programm immer wieder mit tragenden Argumenten begründet werden.[74] Dabei trat vor allen fachlichen Vorteilen das Kennenlernen der amerikanischen Hochschulpädagogik als das am stärksten betonte Argument hervor. Im August 1949 begründete Rektor Böhm gegenüber dem Hessischen Finanzminister Hilpert die Bestrebungen, den „den beiderseitigen Professorenaustausch (der später durch einen Austausch besonders

68 „Nach Rücksprache mit seiner Berliner Dienststelle bittet Dr. Hartshorne, dass in seinem möglicherweise erscheinenden Vorlesungsverzeichnis sein Name nicht erscheint, während gegen den Anschlag am Schwarzen Brett keine Bedenken besteht.“ UAF, 150/345, Sauermann an Rektor, Frankfurt, 11.4.1946. Hartshorne kam allerdings schon am 30.8.1946 um.

69 z.B. der Soziologie, Wirtschaftsgeschichte, internationale Arbeitsfragen, Finanzwissenschaft, Betriebswirtschaftslehre UAF, 150/345, Dekan der Wirtschafts- und Sozialwissenschaftlichen Fakultät an den Rektor: Tagebuch-Nr. 3116/1948, Frankfurt, 2.10.1948.

70 UAF, Senatsprotokolle SS 1946–WS 1948/49, Sitzung des Akademischen Senats, 28.1.1948.

71 UAF, Senatsprotokolle SS 1946–WS 1948/49, Sitzung des Akademischen Senats, 21.4.1948.

72 UAF, Senatsprotokolle SS 1946–WS 1948/49, Sitzung des Akademischen Senats, 9.6.1948.

73 UAF, 150/345, Rektor Böhm an die Dekane, Frankfurt, 22.2.1949.

74 Die Finanzierung von der deutschen Seite wurde zu einem Dauerthema des Austausches. Vgl. UAF, 1/242, Klingelhöfer, Kuratorium, an Rektor, Frankfurt, 9.12.1948.

begabter Studenten ergänzt werden soll) zu einer Dauereinrichtung auszugestalten." Es würde dies die erste auf Dauer berechnete internationale Austauschbeziehung zwischen Universitäten verschiedener Nationen sein, von dem vor allem die Frankfurter Universität als deutscher Partner profitiere, da der Austausch die Lücken zu beheben suche der Zeit, da „die deutsche Forschung zehn Jahre fast völlig von der ausländischen Wissenschaft abgeschnitten war". Böhm sah in seinem Antrag auch den pädagogische Vorteil, da in den Vereinigten Staaten und insbesondere an der Universität Chicago „die Studentenbetreuung in vorbildlicher Weise" gepflegt werde. „Die deutschen Universitäten haben auf diesem Gebiet viel zu lernen und einen beträchtlichen Vorsprung aufzuholen."[75] Chicagoer Professoren halfen wiederum beim Wiederaufbau der Frankfurter Universitätsbibliothek.[76]

Das Thema der Hochschulreform war im Zusammenhang mit den überregionalen Reformkonferenzen in Frankfurt auch im Frühjahr 1948 auf der Tagesordnung gestanden, aber für die deutschen Professoren nicht vorrangig gewesen.[77] In Frankfurt waren die Überlegungen aber weniger von Innovationen in der Lehre geprägt gewesen als von der Abwehr gegen Eingriffe in die Autonomie der Hochschule. Rektor Hallstein hatte Anfang 1948 dem Senat über den Verlauf der Hessischen Rektoren-Konferenz. Berichtet. „Mit besonderem Ernst" hatte er auf die Folgen hingewiesen, die sich aus der – politisch bedingten – Tatsache ergeben, dass sich jetzt das hessische Gesamtkabinett stärker in die Hochschulpolitik, so z.B. bei der Besetzung von Lehrstühlen, eingeschaltet" habe. Der Senat sah diese Eingriffe „im Hinblick auf die weitere Wettbewerbsfähigkeit der hessischen Hochschulen" als problematisch und entwickelte eine Abwehrstrategie gegen Initiativen der Landesregierung.[78] Vor allem durch eine „Denkschrift gegen die Landtagsrede des Kultusministers Dr. Erwin Stein vom 28.7.48" hatte die Universität unter der Federführung von Rektor Rajewsky 1948 und in den Folgejahren

75 UAF, 13/93, Rektor Böhm an Finanzminister Dr. Hilpert, Frankfurt, 1.8.1949. Vgl. UAF, Senatsprotokolle SS 1949–WS 1950/51, Sitzung des Akad. Senats am 20.7.1949.

76 Der Psychologe Leon Thurstone, schrieb später über seinen Frankfurter Aufenthalt:„Wir finden überall sehr großes Verständnis für die deutschen Wiederaufbauprobleme und insbesondere für die Erziehungsprobleme, Wir erkennen dankbar die freundliche Aufnahme an, die wir sowohl von Seiten der Fakultät wie von den Studenten nicht nur in Frankfurt sondern von alle jenen Universitäten erfahren haben, die zu besuchen wir Zeit und Gelegenheit hatten." „Auf unserm eigenen Fachgebieten bemühen wir uns, die deutschen Universitäten mit wissenschaftlichen Zeitschriften seit 1938 zu versorgen. Falls wir dazu nicht immer in der Lage sein sollten, wollen wir versuchen, Mikro-Filmabzüge von den wichtigsten wissenschaftlichen Zeitschriften für die 10-Jahres-Periode anfertigen zu lassen, Wir werden uns in dieser Hinsicht sehr bemühen und hoffen, dass uns Erfolg beschieden sein wird. Wir würden uns sehr freuen, wenn Sie uns von Zeit zu Zeit wissen ließen, in welcher Weise Einzelne von uns auf bestimmten Fachgebieten bei der gewaltigen Wiederaufbauarbeit innerhalb der deutschen Universitäten Hilfe leisten können." UAF, 150/345, L. L. Thurstone, Dept. of Psychologie, University of Chicago, an Rektor Hallstein, Chicago, 17.9.1948.

77 UAF, Senatsprotokolle SS 1946–WS 1948/49, Sitzung des Akademischen Senats, 26.5.1948.

78 UAF, Senatsprotokolle SS 1946–WS 1948/49, Sitzung des Akademischen Senats, 28.1.1948.

einen offenen Konflikt gegen das Ministerium ausgetragen.[79] Die Chicagoer Professoren hatten nun im November 1948 in Frankfurt „die Erörterung von Universitätsfragen“ als Thema der neu eingeführten Diskussionsabende angeregt. Thematisch wie auch in der Art der Vorträge selbst war die von den Amerikanern angeregten informellen Abende ein Novum in Frankfurt. Es wurden keine in Einzeln gehende Disposition aufgestellt, jeder der Beteiligten konnte in seinem Referat „denjenigen Ausschnitt aus dem Fragenkreis der Universitätspolitik oder der Wissenschaftspolitik [auswählen], der ihm besonders am Herzen“ lag.[80] Im Kreis der Professoren referierte so der deutsche Professor Wolf „Zur Frage der Hochschulreform“, ebenso wie Professor Buchanan aus Chicago über „Staats- und Bundesregierung im Verhältnis zur amerikanischen Universität“ – also zu den aktuellen Themen der Goethe-Universität.[81] Auch wenn sich die Themen später auf abstraktere Fragen der Wissenschaft verlagerten, wurden hier auch die Allgemeinbildungsprinzipen der Hutchinschen Reformen bekannt gemacht.[82] Als Austauschprofessor war so auch Arnold Bergstraesser im WS 1950/51 nach Deutschland gekommen und im Namen der Universität Frankfurt aktiv geworden. Von dort aus hatte er die Tagung der Kollegienhausenthusiasten in Tübingen besucht und bei Wiesbadener sowie Bonner Ministerien für Mittel zum Frankfurter Wohnheimbau geworben.[83] Als die Ford Foundation die Förderung des Austausches ab 1951 übernahm, wurde die Zusammenarbeit der Universitäten an konkrete Projekte gebunden. Mehrere Seminar wie die „Naturwissenschaften in der modernen Gesellschaft“ (Chicago 1953-54) befassten sich mit grundsätzlichen Fragen der Verantwortung der Universität, vor allem das in Frankfurt und Chicago durchgeführte Seminar zum Studium generale (1952-53) mit der Umsetzung in der universitären Lehre.[84]

79 UAF, Senatsprotokolle SS 1949–WS 1950/51, Sitzung des Akademischen Senats am 1.2.1950, 3.2.1950. Vgl. Senatsprotokolle SS 1946–WS 1948/49, 26.5.1948.

80 UAF, 150/345, Rektor Böhm an die Dekane und Prof. Pauck, Frankfurt, 22.11.1948.

81 UAF, 1/242, Rektor: Rundschreiben Nr. 8/49, Frankfurt, 8.11.1949. UAF, 1/242, Rektor: Rundschreiben Nr. 1/50, Frankfurt, 20.1.1950.

82 Grundthema im SS 1949 war „Begriff und Wirklichkeit der Freiheit“. UAF, 1/242, Rektor an Dekane und Professoren der Universität Chicago, Frankfurt, 7.5.1949.

83 „Professor Bergsträsser, Universität Chicago, teilt am 6.10.1950 EW Mag folgendes mit: 1. In Tübingen sei alles – auch nach Ihren Wünschen – gut verlaufen, 2. Herr Prof Kuhn, Erlangen, leitet ein Komitee. Innerhalb der nächsten 4 Wochen würde eine Sitzung mit dem Kultusminister wegen Beschleunigung des Baues von Studentenheimen Stattfinden. 3. Herr Prof Bergsträsser wird voraussichtlich nächste Woche selbst erneut nach Bonn zu Minister Wildermuth fahren; er wird vor seiner Abreise hierher Nachricht geben, damit Magnifizenz evtl. mitfahren kann.“ UAF, 1/163, Aktennotiz für Magnifizenz, Frankfurt, 6.10.1950

84 UAF, 13/93, Chicago.Frankfurt Interuniversity Project, Summary of Expenditures January 1, 1952–August 17, 1953.

3. DIE STUDIA HUMANITATIS DES FRANKFURT-CHICAGO-SEMINARS

Immer wieder waren Diskussionen und andere außerwissenschaftliche Veranstaltungen an der Goethe-Universität nach 1945 auffallend ergebnisoffen und mit weitaus weniger moralischem Duktus beschrieben worden als an anderen Universitäten der Zeit. Rektor Böhm hatte die geplanten Diskussionsabende mit Chicagoer Austauschprofessoren 1948 als „Anbahnung der wissenschaftlichen Zusammenarbeit" gedeutet.[85] Auch hatte sich der Senat gegen einen Eingriff in das private Leben der Studierenden ausgesprochen, als er etwa die Institution eines Universitäts-Tanzlehrer als „nicht mehr zeitentsprechend" ansah.[86] Andererseits schien die Universität tatsächlich an der pädagogischen Aufgabe der amerikanischen Universitäten interessiert. Anlässlich eines Antrags an das Hessische Finanzministerium auf Förderung des Austausches nach Chicago benannte Rektor Böhm 1949 die „intensive pädagogische Zusammenarbeit" als ein Kernelement des Austauschprogrammes: Ganz besonders ins Gewicht falle „der pädagogische Vorteil". „In den Vereinigten Staaten und insbesondere an der Universität Chicago wird die Studentenbetreuung in vorbildlicher Weise gepflegt. Die deutschen Universitäten haben auf diesem Gebiet viel zu lernen und einen beträchtlichen Vorsprung aufzuholen."[87] 1951 hatte auch die WRK im Rahmen ihrer Studium generale-Empfehlungen „akademische Kollegien" als „ganz besonders günstig sowohl zur Förderung wissenschaftlicher Bildung, wie zur Einübung in staatsbürgerliche Verantwortlichkeiten" empfohlen.[88] Die Überlegungen in den Frankfurter Gremien schienen von diesen Überlegungen unberührt. Erst Bundespräsident Heuss hatte bei seiner Eröffnungsansprache vor einem größeren Auditorium aller Beteiligten eine inhaltliche Sinndeutung des Hauses gegeben: „Jene allgemeinen Studentenhäuser" sollten „wenn nicht etwas wie Trutz-, so doch Schutzburgen werden für das Werden neuer Konventionen und Gesinnungen." Als die zentrale Aufgabe des Hauses wollte Heuss sehen, dass in ihm „nicht bloß gewohnt und gearbeitet werden wird" sondern ein über die bisherige Aufgabe der Universität hinausgehender Erziehungseffekt bei den Studenten einsetzen sollte:

> Hier soll ein Geist der Kameradschaft, der schöpferischen Gruppenbildung, des wissenschaftlichen Ernstes, der Demut und der erfinderischen Kraft geselliger Freudigkeit eine Wohnstatt finden, in der Selbstverwaltung, die tätig ist, aber nicht den Befehl erwartet, die Chancen gibt und zugleich Geduld besitzt, die sich nicht ins Selbstgerechte verkrampft, sondern in freier Weise dankbar zu sein versteht.[89]

Für den Senat standen bei der Errichtung des Hauses solche pädagogischen Überlegungen nicht im Vordergrund. Die Besetzung des Beirates für das Studentenhaus im Februar 1953 war pragmatisch mit Vertretern der verschiedenen beteilig-

85 UAF, 150/345, Rektor Böhm an die Dekane und Prof. Pauck, Frankfurt, 22.11.1948.
86 UAF, Senatsprotokolle SS 1946–WS 1948/49, Sitzung des Akademischen Senats, 3.3.1948.
87 UAF, 13/93, Rektor Böhn an Finanzminister Dr. Hilpert, Frankfurt, 1.8.1949.
88 UAF, 1/91, Entschließung der WRK in Köln am 30./31.7.1951.
89 UAM, 305a/1918, Ansprache von Bundespräsident Theodor Heuss bei der Einweihung des Internationalen Studentenwohnheimes am 21.2.1953 in Frankfurt am Main.

ten Gruppen und Institutionen besetzt worden: Drei Vertreter der Universität, drei Vertreter des AStA, je ein Vertreter von Studentenwerk und Stadt Frankfurt.[90]

Eine inhaltliche Zuschreibung des Projekts kam aus einer ganz anderen, weitaus grundsätzlicheren Ecke, welche überregional weithin rezipiert wurde, in Frankfurt aber keinen Einfluss auf die Konzeption des Studentenhauses nehmen sollte. Im Rahmen des Austausches mit Chicago waren unter dem Titel *Frankfurt-Chicago-Seminar* mehrere Projekte in unterschiedlichsten Fächern unternommen worden. An ihnen waren Professoren der jeweils beiden Universitäten im Rahmen einer gemeinsamen Forschungsarbeit beteiligt, die dann daneben mindestens ein normales Studienseminar für Studenten in ihrem Feld anboten. Da es 1951/52 ein in der Hochschuldebatte oft diskutiertes Thema war, war der Vorschlag eines solchen Seminars zum Thema „Studium generale" durchaus naheliegend. Horkheimer hatte das gemeinsame Seminarthema, nach dem dann erst die teilnehmenden Professoren ausgewählt wurden, in einem Schreiben an Pauck in Chicago vorgeschlagen. Aus Chicago kam sofort Zustimmung, dass sich das Projekt an der Universität Frankfurt im Sommersemester 1952 sich den Problemen des Studium General und der *liberal education* widmen sollte. Aus Chicago wurden als Teilnehmer der inzwischen in Kalifornien lehrende Arabist Gustav E. von Grunebaum vorgeschlagen, der am für die undergraduate-Ausbildung zuständigen College Geisteswissenschaften lehrende Charles G. Bell und der Neurophysiologe Ralph W. Gerard. Dazu sollte noch eine vierte Person, unter Umständen ein Studenten im fortgeschrittenen Stadium kommen. Gemeinsam war ihnen das Interesse an dem Problem der Allgemeinbildung an der Universität und Pauck sah sie alle als kompetent, einen Beitrag zu seiner Lösung zu geben.[91] Chicago stimmte dem Frankfurter Vorschlag für das Seminar bezüglich der Probleme des Studium generale und der *liberal education* zu. Die von Chicago vorgeschlagenen Professoren wurden sehr willkommen geheißen.[92] Die deutsche Seite sollte bei dem Projekt von Willy Hartner vertreten werden, der sich mit der Geschichte der Naturwissenschaften schon lange auf Fragen der allgemeine Vermittlung von Spezialwissenschaften spezialisiert hatte.[93] Hinzu sollte Jürg Zutt, der Leiter der ersten Sozialpsychiatrischen Abteilung des Frankfurter Universitätsklinikums kommen und ein noch unbenannter jüngerer Kollege entweder der juristischen oder philosophischen Fakultät. Mit Walter Rüegg, einem jungen Privatdozenten aus Zürich, hatte man Verhandlungen aufgenommen. Zu diesem Zeitpunkt weilte er als Gastprofessor in Köln und man sah ihn als „eine der hervorragendsten Autoritäten in dem spezifischen Problem". Rüegg sei zu einer Teilnahme gewillt, wenn die Chicagoer Seite einem nicht-Frankfurter Forscher zustimme. Hartner sollte in Frankfurt das

90 UAF, Senatsprotokolle SS 1951–WS 1952/53, Sitzung des Akademischen Senats, 18.2.1953.

91 UAF, 1/242/40, Wilhelm Pauck an Max Horkheimer, Chicago, 9.11.1951.

92 In seinem Schreiben an Pauck fragte Horkheimer auch dringend an, ob nicht auch ein Psychologe Teil der Delegation aus Chicago sein könne. Ein Psychologe sei in Frankfurt sehr gebraucht, so dass Horkheimer Bruno Bettelheim, den Direktor der Orthogenic School, vorschlug. Aber jeder andere Vertreter dieser Wissenschaft sei ebenfalls sehr willkommen. UAF, 1/242/34, Rektor Horkheimer an Wilhelm Pauck, Frankfurt, 12.12.1951.

93 Schramm: *Willy Hartner 1905–1981*.

verantwortliche Mitglied für die Planung des Projekts sein. Die Zusammenstellung aus Geistes- und Naturwissenschaftlern für das Projektteam stellte eine Besonderheit dar.[94] Anders als die meisten anderen Projekte des Chicago-Frankfurt-Austausches sah Pauck das Thema der humanistischen Erziehung als so wesentlich an, dass er es gerne im folgenden Semester in Chicago fortgesetzt sehen wollte. Ebenso wie das parallel in Chicago begonnene Projekt zu natürlichen Ressourcen, das man unter Umständen in Frankfurt fortführen könne. Das Ergebnis der Arbeit wollte er in der Form eines extensiven Memorandums oder eines Berichts in Buchform, oder in Form individueller Schriften der Teilnehmer fixiert wissen. Ein Bericht über die gemeinsame Arbeit dieser Art hätte nicht nur auf das involvierte Personal der beiden involvierten Universitäten Auswirkung, sondern die interessierte Öffentlichkeit könnte auch von dieser Zusammenarbeit profitieren.[95] Horkheimer konnte dem gleich zustimmen, letztendlich hing aber alles von einer Finanzierung ab, welche die Chicagoer besorgen sollten.[96] Letztendlich kamen 1952/53 in Frankfurt, unterstützt durch Beiträge des Landes Hessen und der Ford Foundation, fünf Chicagoer Dozenten, sieben Frankfurter sowie der eine Schweizer, dazu 15 bis 20 Studenten verschiedenster Nationalität zusammen, um über das Studium generale als wissenschaftliche Forschungsproblem zu beraten. Der Anspruch des Seminars war, Erfahrungen der deutschen und der amerikanischen Bestrebungen empirisch zu vergleichen und in einen wissenschaftsgeschichtlichen sowie bildungstheoretischen Zusammenhang zu stellen.[97]

Tatsächlich war es der extern hinzugekommene Rüegg, der die Ergebnisse der über ein Jahr tagenden Arbeitsgruppe 1954 in eine Veröffentlichung einfliessen liess. Rüegg sah die Einbeziehung in das Projekt rückblickend als Folge seines frühen Engagements bei der Studium generale-Frage seit den Marburger Hochschulgesprächen 1946, bei denen er als Schweizer Vertreter teilgenommen hatte. Im gleichen Jahr hatte er auch beim ersten internationalen Ferienkurs an der Universität Marburg eine Vortragsreihe über „Probleme des Humanismus" gehalten. 1948 in Köln, dann in Tübingen, Erlangen, Hamburg, Kiel, Bonn und Berlin hatte Rüegg Gastvorlesungen über kultusphilosophische und pädagogische Themata gehalten. Im Wintersemester 1951 hatte er wiederum als Gastdozent an der Universität Köln in einem Seminar das – wie er es selbst rückblickend bezeichnete – „damals aktuelle Problem des Studium generale in Verbindung mit einer Vorle-

94 UAF, 1/242/58, Max Horkheimer: Sitzung des Chicago-Ausschusses, Frankfurt, 27.11.1951. Organsiatorisch gab es noch einige Schwierigkeiten, die sich aus einer „Normalisierung" der Frankfurter Verhältnisse ergeben hatten. Die Unterbringung schien noch ein Problem zu sein. Chicago hatte gehofft, langfristig zwei Wohnungen mieten zu können, die von HICOG geräumt wurden. Wohnungen von HICOG, deren Nutzung man erhofft hatte, waren nicht mehr verfügbar. Nicht mehr genutzten Wohnraum gab die amerikanische Verwaltung in Frankfurt zunehmend den deutschen Besitzern zurück, von denen man die Wohnungen ursprünglich beschlagnahmt hatte. UAF, 1/242/34, Rektor Horkheiner an Wilhelm Pauck, Frankfurt, 12.12.1951.

95 UAF, 1/242/40, Wilhelm Pauck an Max Horkheimer, Chicago, 9.11.1951.

96 UAF, 1/242/34, Rektor Horkheimer an Wilhelm Pauck, Frankfurt, 12.12.1951.

97 Rüegg: *Humanismus, Studium Generale und Studia Humanitatis*, 48.

sung über Bildungstheorie" behandelt. Diese Tätigkeit veranlasste das *Chicago-Frankfurt-Interuniversity-Exchange-Commitee*, ihn mit der Leitung eines zweisemestrigen Forschungsprojekts über „Humanismus und Studium generale in Deutschland" zu betrauen."[98] Rüegg hatte sich in den Jahren konsequent mit der Weltsicht des Humanismus in Beziehung zu den aktuellen Geistesströmungen und gesellschaftlichen Herausforderungen befasst. Er hatte sowohl zum „historischen" Humanimus über Erasmus von Rotterdam, Petrarca und römischer Satiere publiziert, als auch zu der zeitgenössischen Bezugnahme auf einen doch recht weit gefassten Humanismusbegriff.[99] Mag das Schlagwort eines humanistischen Erziehungsideals in der unmittelbaren Nachkriegszeit in Deutschland inflationär gebraucht worden sein, stellte der Schweizer Rüegg mit seiner systematischen Auseinandersetzung doch eine Ausnahme dar. 1944 hatte er den Begriff Humanismus bezeichnet als „die in die Defensive gedrängte Bildungstendenz, welche das Programm der Humanisten fortsetzen will." Historisch bewandert sah Rüegg im „Humanismus" aber nicht nur das humanistische Bildungsprogramm, sondern auch die Zeit, in der er vorherrschend war. So hatte er schon vor 1945 die „Verwässerung des Begriffs" prognostiziert, wie er in der deutschen Nachkriegszeit verwendet wurde. Die eine Bedeutung habe sich entwicket als ein philosophischer Standpunkt, der „den Menschen ins Zentrum des Interessens stelle" und nach welchem alle Erkenntnis und Wahrheit auf den Menschen bezogen ist. Andererseits sah Rüegg in der mit der Antike verknüpfte Begründung eine Bezugnahme zu weittragenden Entwicklungen, die vielen nicht bewusst sei: „Es leuchtet ein, dass ein Begriff, der dermaßen farblos und unscharf geworden ist, für die wissenschaftliche Diskussion nichts mehr taugt und jede Arbeit, die irgendwie mit dem Humanismusproblem zusammenhängt, mit einer möglichst starken Abgrenzung des Humanistischen zu beginnen hat." Letztendlich war auch Rüegg zu Beginn seiner Frankfurter Tätigkeit schon klar, dass der Begriff des Humanismus grob eine „bestimmte Haltung" beschrieb, die über die Besinnung auf die Antike hinausging.[100]

Im Anschluss an das Jahr in Frankfurt war Rüegg im Frühjahr 1953 zu einer zweisemestrigen Gastprofessur an die University of Chicago eingeladen worden. Dort hielt er Vorlesungen über „Humanism in European Civilization", widmete aber den Großteil seiner Zeit dem Studium verschiedener Reformversuche inner-

98 UAF, Abt. 150, Nr. 293, Walter Rüegg: Lebenslauf, Zollikon, 10.1.1960

99 Vgl. W. Rüegg: „Über den Wandel in der Deutung der römischen Kultur", *Neue Zürcher Zeitung*, 30.10. 1942. „Verteidigung des Humanismus", *Neue Zürcher Zeitung*, 29.10. 1943, „Cicero, Deutschland und der europäische Mensch", *Neue Zürcher Zeitung*, 27.2. 1944. „Das christlich-humanistische Programm des Erasmus von Rotterdam" (1944), in: Ders. (Hg.): *Anstöße*, Frankfurt 1973, 29–48. „Die humanistische Lebensform des Gespächs bei Petrarca" (1944), in: Edb. 9–28. „Römische Satire und humanistisches Gesellschaftsideal" (1949), in: Ebd. 49–56. „Die klassischen Studien im heutigen Kulturleben" (1950), in: Ebd, 198–202. „Humanismus und Erotik" (1945), in: Ebd. 176–180. „Zur Vorgeschichte des marxistischen Humanismusbegriff" (1950), in: Ebd. 181–197.

100 W. Rüegg: „Der Begriff ‚Humanismus'" (1944), in: Ders. (Hg.): *Anstöße*, Frankfurt 1973, 171–175.

halb des höheren Bildungswesens der USA.[101] Im Sommer 1953 fasste er mit diesem Unterbau die Arbeit des Chicago-Commitee zusammen und ließ dabei seine Beobachtungen und Untersuchungen der deutschen Bemühungen seit 1946 einfließen. Im Auftrag des *Chicago-Commitee on the Chicago-Frankfurt-Interuniversity-Project* hatte er für das amerikanische *Journal of General Education* eine knappe kritische Übersicht über die ideologischen und soziologischen Voraussetzungen der deutschen Hochschulreformen nach dem Zweiten Weltkrieg gegeben, wie sie unter den Schlagwörtern „Humanismus" und „Studium generale" bekannt geworden waren.[102] Rüegg stellte die Bemühungen in Deutschland und den USA nebeneinander. „Hier wie dort" bestehe die Aufgabe der *general education* oder des Studium generale darin, den Studenten „zu ganzheitlicher Selbstverständigung, d.h. dialogischen Integration, und Verwirklichung der eigenen partikularen Erkenntnisse und Ziele der mitmenschlichen Gesellschaft zu erziehen." Diese Universitätsvorbildung liege, soweit sie durch Lehre vermittelt werden könne, in Deutschland in der Oberstufe des Gymnasiums, in den USA in High School und College.[103] „Studia Humanitatis" bedeute „Bemühungen um Menschlichkeit als verantwortliche Begegnung des Akademikers mit seiner konkreten Umwelt", die sich zunächst auf das personale Verhältnis der Studenten und Dozenten untereinander zurückführe. Rüegg sah die Verwirklichung der Forderung vor allem in Räumen persönlicher Begegnung, denen er einen Mangel an der deutschen Universität attestierte:

> Nur die deutsche Universität sucht seit 150 Jahren die Einheit von der Idee einer „Universitas Litterarum" her. Weil diese Einheit heute unmöglich zu verwirklichen ist, fehlt der Universität die Sinngebung in der personalen Ganzheit. Diese Sinngebung ist der abendländischen Universität seit ihren Ursprüngen gemein, wenn sie auch überall durch die Eigengesetzlichkeiten der Institutionen an Kraft verloren hat. Die bildende Bedeutung personaler Beziehungen ist auch einem zu intellektuellen Gesellschaftsbegriff heraus von den westeuropäischen Universitäten nach der französischen Revolution unterschätzt worden und blieb in Deutschland einzelnen Gesellschaftsformen, die Korporation oder die Privatatmosphäre des Professorenhaushaltes beschränkt. Dadurch entwickelte sich in der Universität eine Exklusivität, welche zunächst gegenüber der übrigen Gesellschaft, dann aber beim Anwachsen der Universität auch in ihre selbst, eine humanistische Begegnung erschwerte oder verunmöglichte. Es geht also darum, in der technisierten Gesellschaftsform auch der Universität demokratische Gemeinschaftsformen des akademischen Lebens zu finden, in denen Studenten und Dozenten such humanistisch begegnen können. Von den Korporationen feudalen Stils und von der familiären Bildungsform des Professorenhauses oder des College müssen bewährte Bildungselemente in ihrer Wirkungsmöglichkeit für das Gesamtleben der heutigen Universität ausge-

101 UAF, 150/293, Walter Rüegg: Lebenslauf, Zollikon, 10.1.1960

102 Rüegg benannte das Schlagwort der „Allgemeinbildung" und trennte schon in seiner Gliederung die voneinander divergierenden Ausformungen der Humanismusdiskussion auf: Der idealistische Humanismus, der liberaldemokratische Humanismus dialektischer, positivistischer und pragmatischer Färbung, der marxistische Humanismus, der integrale Humanismus, der biblizistische Humanismus, der existenzialistische Humanismus. *Rüegg*: Humanismus, Studium Generale und Studia Humanitatis in Deutschland. 6 f. Vgl. W. Rüegg: "Humanism and Studium Generale in German Higher Education", in: *The Journal of General Education* 8/3/1955.

103 Rüegg: *Humanismus, Studium Generale und Studia Humanitatis,* 48.

> nützt werden. Dazu gehört der Einfluss, der von der natürlichen oder künstlerisch gestalteten Schönheit der Umgebung ausgeht, die verbindende Wirkung gemeinsam entwickelter Regeln und Symbole, das Erlebnis der Zusammenarbeit und des Wettbewerbs zwischen verschiedenen Individuen, Gruppen, Altersstufen und Interessen, die bildenden Möglichkeiten der Essens- und Wohngemeinschaft.[104]

Diese Lerngemeinschaft müsse auf dem Fachstudium aufbauen, da die demokratische Gesellschaft auf der Arbeitsteilung beruhe. Sowohl die emotionale Bindung wie in den alten Studentenverbindungen als auch die politische Verantwortung der studentischen Selbstverwaltung könnten sich erst in der Bindung an die wissenschaftliche Fachausbildung im besten Sinne entfalten.[105] Durch eine „Kombination von Gruppenarbeit und Mentorensystem“ sollte dabei „die menschliche Verantwortung für die eigene fachliche Tätigkeit den Älteren, Jüngeren und Gleichaltrigen gegenüber geübt und zum bildenden Erlebnis gemacht werden.“ Eine solche „Verwandlung der studentischen Masse in lebendige, mitverantwortliche kleine Gruppen“ diene als „notwendige Voraussetzung für jede bildende Begegnung in der höheren Schule und der Hochschule. Sie führt vom Fachlichen aus zur humanistischen Bildung überhaupt.“ Rüegg diagnostizierte, dass an der Oberstufe deutscher Gymnasien und auch in Universitäten solche Versuche schon mit Erfolg durchgeführt worden waren.[106] Er folgerte, dass eine Ausgestaltung solcher fachlicher Gruppenarbeit dem Studium generale ganz neue Wege zeugen und sich zu einer Strukturreform der europäischen Universität entwickeln könnte. Im Namen des Chicago-Frankfurt-Projekts gab er Empfehlungen in drei Richtungen: 1.) Sollten die Studenten durch eine Strukturierung der Fachschaften in selbsttragenden Gruppen eine Mitverantwortung am Leben der Universität erleben, „welche der demokratischen Form der Gesellschaft gerecht wird und gleichzeitig die natürliche Autorität des fachlichen Könnens bei älteren Studenten, Assistenten und Dozenten in verantwortlicher Beziehung erleben lässt.“ 2.) Die Gruppenstruktur in den Studia Humanitatis ermöglich einen „Mittelweg zwischen prüfungsmäßigem Obligatorium und unverbindlichen Fakultativum“. Eine für alle Gruppen der Hochschule „einheitliche, fest umrissene, periodische Themastellung aus dem Gebiet philosophischer, psychologischer, theologischer, sozialer Grund- und Grenzfragen mit einem Ausscheidungskampf in Form von schriftlichen Referaten

104 Ebd. 56 f.

105 „Gewiss vermag die Lebensfreude von konfessionellen oder landsmannschaftlichen Korporationen und das Zusammenleben in einem Gemeinschaftshaus ebenso oder noch mehr zur Verantwortung zu erziehen; auch die Mitarbeit in studentischer Selbstverwaltung vermittelt eine bessere politische Bildung als Vorlesungen über Politik, aber das eigentliche Anliegen des Studenten, seine fachwissenschaftliche Bemühung, bleibt dadurch unberührt. Die erzieherischen Möglichkeiten der Korporation, die Gruppenbildung und die Orientierung an älteren Vorbildern, müssen darum in das Fachstudium hineingenommen werden.“ Ebd. 57.

106 Die angeführten Belege blieben hingegen blass: „In der Berliner Gymnasialvereinigung ‚Humanitas‘ kommen in selbstverantwortlichen Arbeitsgemeinschaften Schüler mit ihren Vätern und durch sie mit anderen Männern des praktischen Lebens zusammen. Historikervereinigungen in Hamburg, Göttingen, Berlin haben, zum Teil unterstützt durch besonders angestellte Tutoren, den Schritt von der Fachausbildung ins Gemeinschaftsleben und in die Auseinandersetzung mit verwandten Fächern einigermaßen schnell getan.“ Ebd. 57.

und mündlichen Debatten vermöchte dem Studium generale den für das menschliche Wirklichkeitserlebnis so wichtigen Wettbewerbscharakter zu geben." 3.) Durch „Heranziehen fachlich interessierter, persönlich qualifizierter Altakademiker zur freiwilligen Mitwirkung als Mentoren" sollte die Vernetzung der Studierenden in die Gesellschaft verbessert werde. Die Altakademiker könnten „in verantwortlichen Kontakt mit dem Leben der Universität [treten], aber nicht auf der gefährlichen institutionellen Basis von Parteien, Kirchen und Behörden, sondern auf personaler Ebene." Insbesondere beim letztgenannten Punkt knüpfte Rüegg also an das Altherrenprinzip des intergenerationellen Austausches der Studentenverbindungen an:

> Das Bedürfnis des Alters, sich durch die Jugend bestätigt zu finden, wird für die gesamte Universität und nicht nur für einzelne Korporationen fruchtbar gemacht. Umgekehrt wird dem Bedürfnis der Jugend, such auch für ihre berufliche Zukunft an Vorbildern zu orientieren, besser Rechnung getragen, indem neben den Professoren, Männer der wissenschaftlichen Praxis in ihren Erlebniskreis treten. Damit gewinnt der Student ein freieres Verhältnis zu den Dozenten; die Dozententätigkeit ist nicht mehr ein einziges Sinnbild des eigenen Studiums, wie dies heute dort der Fall ist, wo der akademische Lehrer als einziges akademisches Vorbild erlebt wird. Der Student tritt dem Dozenten aber auch freier gegenüber, weil er dazu geführt wird, den Standpunkt der Forschung und der Praxis bereits während des Studiums zu vereinigen. Der Student wird auch gesellschaftlich durch den Kontakt zu dem Mentor in freier Weise geformt. Kurz, er lernt sich gegenüber konkreten Sinnbildern seiner Zukunft zu verantworten und damit seine Gegenwart sinnvoller zu gestalten. Die formende Bedeutung der „Alten Herren" in den Korporationen wird in eine demokratische Form überführt, indem die dabei entstehenden Beziehungen und „Beziehungen" zwischen Studenten und Persönlichkeiten der Praxis auf fachlicher Grundlage erfolgen.[107]

Diese persönlichen Kontakte ermöglichten eine „demokratische Elitenbildung", in welcher der Fachmann „nicht nur in feudalen Gemeinschaften, sondern in humanistischer Verantwortung sich mitmenschlich verwirklicht und gesellschaftlich behauptet." Insbesondere durch die Auseinandersetzung des Studenten mit der Verantwortung beruflicher Praxis.[108] Wenn die Hochschule „den akademischen Facharbeiter, den spezialisiertesten der modernen Gesellschaft, durch die humanistischen Formen ihrer geschichtlichen und gegenwärtigen Wirklichkeit zu mitmenschlicher Verantwortung formt", könnte sie dazu beitragen, „als Universitas magistorum et scholarium Pflanzschule der Menschlichkeit in einer Welt der sinnlos und unmenschlich gewordenen Werke menschlicher Wirklichkeit zu sein."[109] Zur Umsetzung seinen grundsätzliche Strukturveränderungen an den Universitä-

107 Ebd. 58 f.

108 Hier nutzte Rüegg Beispiele des unmittelbaren Frankfurter Umfeldes: „Auch für diese Aufgabe gibt es wertvolle Ansätze an den deutschen Hochschulen, wie im Frankfurter Seminar für Erwachsenenbildung, das durch sozialkundliche und sozialerzieherische Arbeit in der ländlichen und städtischen Umgebung eine bildende Begegnung von studentischen Gruppen, Dozenten und anderen Berufsgruppen herbeiführt. Eine Ausgestaltung des Werkstudiums zu einer Bildungswirklichkeit, in welcher der Student die Wirkungsmöglichkeit seines Spezialfaches in der Werktätigkeit des Alltags erlebt, bildet ebenfalls einen Hauptprogrammpunkt des Chicago-Frankfurt-Projekts." Ebd. 59 f.

109 Ebd. 60.

ten vonnöten, damit die Zersplitterung der Einzelfächer wieder zur „wesentlichen personalen Vereinigung verschiedenster Fachforscher in- und außerhalb der Hochschule“ werden könne. „Nur so“ könne das „humanistische Hauptproblem unserer Zeit, die Selbstbehauptung der menschlichen Person gegenüber den anonymen Mächten der Technik und Bürokratie, auf der Hochschule gelöst werden.“[110] Als Grund, warum die angedachten Reformen nicht schon längst ungesetzt worden seinen, vermeinte Rüegg eine gleichgültige Haltung der deutschen Dozenten auszumachen.[111] An den Universitäten der Westalliierten und allen voran denen der französischen Zone habe sich ein Teil der Forderungen in Reformprojekten bereits konkretisiert, und auch die Engländer hatten, obwohl wesentlich langsamer, durch das Blaue Gutachten einen wesentlichen Beitrag in die Ideenfindung gegeben.[112] Die Bildungsabteilung von HICOG hingegen sah Rüegg als den geeigneten Initiator dieser Reformen. Insbesondere der Leiter der Hochschulabteilung Julius J. Oppenheimer habe mit der Initiierung der Tagungen in Weilburg 1952 und weiterem Engagement das Thema breiter bekannt zu machen. Mit diesen intensiven Arbeitskonferenzen sowie durch einige von ihm finanzierte Publikationen und Untersuchungen habe HICOG erreicht, dass das Grundanliegen des Studium generale in kurzer Zeit aus dem Stadium vereinzelter Pläne in eine allgemeine, lebendige Versuchsperiode geraten sei. Nun sei das Studium generale „in Deutschland fast eine modeähnliches Erfordernis geworden. Es wird zwar noch stark bekämpft, bildet aber doch in der einen oder anderen Form Bestandteil des Vorlesungsverzeichnisses, weil man sich nicht mehr dem Odium der Rückständigkeit aussetzen will.“[113] Mit dem Etikett des Studium generale für wahllose Nebenveranstaltungen dürfe es nicht getan sein. Da aber die westdeutschen Universität „nicht auf einem bestimmten Humanismus aufbauen kann, so erhebt sich die Frage, wie eine Sinngebung des Studium, eine Bildung zur Menschlichkeit im Fachstudium erreicht werden kann, wenn nicht alle Partner das gleiche theoreti-

110 Durch das Chicago-Frankfurt-Projekt wollte Rüegg, „das Problem der humanistischen Bildung und des ‚Studium Generale‘ […] von den Wurzeln her“ anpacken: „Dies sind die unerbittliche Frage nach Wahrheit, die wissenschaftliche Spezialforschung als Grundlage der humanistischen Bildung und die verantwortliche Zusammenarbeit von Persönlichkeiten als ihre Verwirklichung.“ Dieses Anliegen sie nicht mit „einzelnen Pallativmaßnahmen zu erreichen, sondern durch eine Strukturänderung der Hochschule von einer weitgehend institutionellen Organisation verschiedener Fachschulen zu einer im wesentlichen personalen Vereinigung verschiedenster Fachforscher in- und außerhalb der Hochschule.“ Ebd. 60.

111 Ebd. 7.

112 Der französischenBesatzungsmacht hielt Rüegg die von Anfang an „aktivste und realistischste Kulturpolitik“ zugute. „Der Nationalsozialismus wurde weniger als Problem einer persönlichen Schuld, denn als Ausdruck einer falschen Kulturform behandelt.“ So wurden die Entnazifizierungsverfahren von Professoren weniger formal durchgeführt. Neue vereinsartige Zusammenschlüsse wurden gefördert, „welche die deutsche Universität zu einem europäischen Kulturbewusstsein zurückführen könnten. Darum standen in der französischen Zone solche praktischen Experimente wie die geschilderten im Vordergrund, wobei die ideologische Grundhaltung des Résistance-Humanismus nachwirkte.“ Die Neugründung der Universität Mainz sah Rüegg als Ausdruck dieses „christlich-katholischen Humanismus“. Ebd. 44 f.

113 Ebd. 47.

sche Menschenbild, den gleichen Humanismus besitzen." Nach wie vor sah Rüegg dabei die Amerikaner als die wesentliche Injektion, um diese Entwicklung voranzutreiben.[114]

Das von Rüegg ausgearbeitete Ergebnis des Frankfurt-Chicago-Projekts wurde zur reichen Zitatquelle späterer Ausarbeitungen zum Thema des Studium generale. Von den nachfolgenden Autoren wurde Teile der Kategorisierungen oder Einschätzungen übernommen.[115] Die Einschätzung der Reformbewegung erfolgte zeitgenössisch und wurde durch die spätere Entwicklung wiederlegt. Vor allem aber waren die Reformüberlegungen des Projekts doch in der Vorplanung als Beitrag der Entwicklung der eigenen Frankfurter Goethe-Universität angedacht worden. Das Interesse in Frankfurt schien 1954 an dem gesamten Entwurf eines neuen Gemeinschaftslebens an der Universität nicht mehr vorhanden zu sein. Etwa Horkheimer hatte 1952 den Widerspruch zur Idee der „Bildung durch Wissenschaft" benannt, die aller systematischen Einbindung des privaten Lebens der Studenten wiedersprechen musste.[116] Das in dem Buch so ausführliche Projekt blieb ein reiner Ideenaustausch, der nicht auf die reale Planung des Frankfurter Campus Bockenheim durchgriff.

4. PLANUNG UND ERRICHTUNG DES STUDENTENHAUSES

Aufgrund des großen Bedarfs an Wohnraum in der zerstörten Stadt war die Universität seit ihrer Wiedereröffnung an dem Bau von Wohnheimen interessiert, wiewohl kaum eigene Mittel zur Verfügung standen. Eine Aufstellung der noch vorhandenen Wohnheimplätze durch das Frankfurter Studentenwerk stellte eine fast komplette Zerstörung der bisherigen Häuser fest.[117] Noch im April 1950 gab es inklusive der geplanten Neubauten nur 100 Wohnheimplätze. Die Gesamtzahl der Studierenden einschließlich der Gasthörer lag zu diesem Zeitpunkt schon bei 4.565, von denen 598 als „Flüchtlingsstudenten" unmittelbaren Bedarf an sozialem Wohnraum hatten. Vor 1945 hatte es sieben „Studentenhäuser" der Studentenverbindungen gegeben, von denen nun fünf zerstört und zwei von der US-Armee beschlagnahmt worden waren.[118] Aufgrund ihrer eigenen Gründungsgeschichte und der traditionell engagierten Frankfurter Kaufmannschaft hoffte die Goethe-Universität, aus dem privaten Mäzenatentum die Unterstützung für solche am Rande des universitären Auftrags stehende Angebote zu finden. Aus diesem Grunde zeigten Rektor und Senat ein offenes Ohr für Zuschriften von Privatleuten, die sich in der einen oder anderen Form für die Errichtung von Wohnheimen oder einem Studentenhaus als sozialer Mittelpunkt der Studentenschaft engagieren

114 Ebd. 47.
115 z.B.: W. Nitsch et al. (Hg.): *Hochschule in der Demokratie*, Berlin 1961, 338.
116 Horkheimer: *Gegenwärtige Probleme der Universität*, 24.
117 Vgl. UAF, 1/163, Studentenwerk Frankfurt an den Rektor: Studentenheime, Frankfurt, 5.12.1949.
118 UAF, 1/164, Dr. Stakelbeck, Studentenwerk, an Rektorat, Frankfurt, 20.4.1950.

wollten. Nicht nur die hohen materiellen Forderungen dieser Privatpersonen führten aber in den meisten Fällen zu einem Scheitern, so dass die Universität ein solches größeres Projekt zunehmend selbst in die Hand nehmen wollte. Anfang April 1949 hatte sich der Franzose Jean Durignieux mit einem solchen Projektplan an den Frankfurter Oberbürgermeister gewendet.[119] Der Plan, eines der universitätseigenen, während des Krieges fast völlig zerstörten Gebäude durch ein internationale Konsortium zu einem „Internationalen Studentenhaus" auszubauen, schien der Universität hochwillkommen. Auch 1949 bestanden noch nicht genügend Unterkünfte, um etwa die Unterbringung der aus Anlass der Goethe-Veranstaltungen in Sommer zusätzlich nach Frankfurt kommenden Studierenden unterzubringen. Allerdings musste auch der Prorektor in seinem Schreiben an den Oberbürgermeister am 22. April zugeben, dass die Angelegenheit „sich indes noch im Stadium der Erwägung [befinde], da die Finanzierung noch nicht gesichert ist, jedenfalls besteht zurzeit und auch bis August 1949 noch kein derartiges Haus für Studenten."[120] Die Hoffnung auf die privaten Stifter eines „internationalen Konsortiums" verliefen im Sand, ebenso die so konkret klingenden Pläne des Hans A. Kierski, der sich im September 1949 als Verleger einer Internationalen Schülerzeitschrift *Das Offene Tor* eingeführt hatte.[121] Mit Dem Ziel, „für die Durchsetzung wirklich demokratischen, weltoffenen, humanitären Gedankengutes und die Völkerannäherung zu wirken", hatte Kierski konkrete Vorschläge für ein internationales Studentenhaus unterbreitet. Ein Mr. Nussbaum aus New York, womöglich ein Frankfurter Emigrant, habe sei Hausgrundstück Kuranlage 3 in Bad Homburg für diesen Zweck zu günstigen Bedingungen zur Verfügung gestellt. Kierski hatte angekündigt, diese Planung noch während des Wintersemesters 1950/51 zu verwirklichen. Konkret legte Kierski seine Vorstellungen vom Auftrag eines solchen Hauses dar:

> Wahrscheinlich ab Mitte Dezember 1950 wird das Haus, zunächst etwa 40, Studierende der Frankfurter Universität aufnehmen können. Deren Auswahl soll ohne Rücksicht auf ihre Nationalität, Rassen, Religion und parteipolitische Einstellung erfolgen. In ungezwungenen Miteinanderleben sollen di Studenten und Studentinnen die Einstellung, Lebensauffassung und die Probleme anderer Nationen kennen lernen, wobei auch immer enger Kontakt mit der Dozentenschaft gepflegt werden soll. Mindestens ein Mal monatlich, möglichst aber vierzehntägig, sollen Wochenendveranstaltungen mit Gästen Gelegenheit zu Diskussionen bieten, als deren Umrahmung musikalische und ähnliche Darbietungen die kulturelle Eigenart der verschiedenen Völker kennzeichnen werden. Eine ständige Kunstausstellung in den Gesellschaftsräumen mit wechselnden Themen und Künstlern soll mit den internationalen zeitgenössischen Kunstschaffenden bekannt machen. Auch zu gemeinsamen Besichtigungsfahrten, gemeinsamer Teilnahen an Tagungen und sonstigen Veranstaltungen sowie gemeinsamen Ausflugsfahrten wird Gelegenheit gegeben sein, Während der Semesterferien sollen interna-

119 UAF, 1/163, Jean Durignieux an Oberbürgermeister Walter Kolb, Paris, 1.4.1949.

120 UAF, 1/163, Prorektor an das Kulturamt der Stadt Frankfurt, Frankfurt, 22.4.1949.

121 Die deutsch-englische Schülerzeitschrift *Das Offene Tor/ the open gate* bestand 1950 und 1951 und wurde von Kierskis Rheinlandverlag mit Sitz in Viersen und London herausgebracht.

tionale Arbeitskreise zu gemeinsamer Arbeit und Erholung in dem Hause zusammengefasst werden.[122]

Kierski habe schon mit UNESCO-Vertretern über entsprechende Stipendien für „Freiplätzen in dem Homburger Haus und auch an der Universität für minderbemittelte, insbesondere DP- und Flüchtlingsstudenten“ gesprochen. „Die Unterstützung dieses Unternehmens durch die UNESCO, die Alliierte Hochkommission, Deutscher Behörden und interessierte in- und ausländische Organisationen und Einzelpersönlichkeiten wird erwartet und ist teilweise schon zugesagt.“ Mit schon bestehenden oder noch zu Errichtung kommenden ähnlichen Häusern in allen Ländern sollte laut dem Entwurf Kierskis enge Verbindung gepflegt und ein Austausch erstrebt werden. Zur Verwaltung des Hauses und dafür zur Verfügung gestellter Mittel und Spenden solle ein Kuratorium berufen werden, dem Vertreter der UNESCO, der alliierten Hochkommission, deutscher Behörden, der jeweilige Rektor der Goethe-Universität und „um die gemeinsame Arbeit verdiente Persönlichkeiten“ angehören sollen.[123] Als er an Rektor Rajewsky die Bitte um den Beitritt in das Kuratorium zwei Tage nach dem ersten Schreiben unterbreitete, bezog sich Kierski schon auf die Zusagen der UNESCO und von dem OMGUS-Erziehungsbeauftragten Read aufgenommenen Vorschläge, auch einen Dozenten im Haus wohnen zu lassen.[124] Tatsächlich schien die Universität interessiert, auch wenn Rektor Rajewsky intern an den Vorsitzenden des Universitätskuratorium Klingelhöfer vermerke, dass „die ganze Angelegenheit“ ihm „noch recht unklar“ erscheine und er „empfehle, zunächst zurückhalten zu sein.“[125] Eine Besprechung der Universitätsgremien mit Kierski kam nicht zustande, der beteuerte, dass es „immer noch nicht zu spät [sei], das enge Zusammenwirken mit der Universität Frankfurt, das wir von Anfang an erstrebt haben, zustande zu bringen.“[126] Insbesondere das besondere Interesse der amerikanischen Stellen hatte Kierski betont.[127] Letztendlich kam das Projekt nicht zustande.[128] Im März 1949 hatte die

122 UAF, 1/163, Hans A. Kierski, Rheinland Verlag an den Rektor der Goethe-Universität: Internationales Studentenhaus in Bad Homburg, Viersen, 4.9.1950

123 Ebd.

124 UAF, 1/163, Kierski an Rektor Rajewsky, Viersen, 6.9.1950.

125 UAF, 1/163, Rektor an den Vorsitzenden des Universitätskuratorium, Dr. Klingelhöfer, Frankfurt, 17.10.1950.

126 UAF, 1/163, Kierski an Rektor Rajewsky, Viersen, 21.10.1950. Kierski an das Rektorat, Viersen, 28.9.1950.

127 „Als ich durch das großzügige Entgegenkommen von Mr. Nussbaum sr. Zt. die Möglichkeit bekam, den lange gehegten Plan eines solchen Studentenhauses verwirklichen zu können, hatte ich zunächst Bedenken, dass wir in den Verdacht kommen könnten, anderen Projekten damit Konkurrenz machen zu wollen. Zu meiner Freude wurden diese Bedenken jedoch anlässlich einer Unterredung mit Dr. James M. Read, Chief E&CR Div. HICOG, im Sommer des Jahres zerstreut, der meine Ansicht bestätigte, dass ‚es gar nicht genug derartige Häuser geben könnte, und mir auch versicherte, dass die US-Stellen unser Homburger Haus weder als eine ‚Konkurrenz‘ ihrer eigenen derartigen Planungen ansehen, noch die evtl. in Aussicht genommene Unterstützung anderer Projekte dadurch verringern würden. Da unsere Planungen, wie auch die übrigen, ja noch weiter gehenden, der Internationalen Gesellschaft zur Förderung des Jugendaustausches dann in Folge bei maßgeblichen und urteilsfähigen Stellen des

Universität auch bei einem ähnlichen Plan des dänischen Widerstandskämpfers und Nachkriegs-Kultusministers Arne Sørensen angebissen. Leider aber hatte sich auch dessen Planung als unzuverlässig herausgestellt. Die Universität blieb auf den Kosten der durch das Universitätsbauamt durchgeführten Vorbereitungsarbeiten an einem Grundstück sitzen, auf dem Sørensen sein Wohnheim projektiert hatte.[129]

Durch diese schwierigen Erfahrungen für derartige Unternehmungen mit privaten Partnern zukünftig eher abgeschreckt, wagte die Goethe-Universität sich an ein eigenes Vorhaben für ein Studentenhaus und Wohnheim. Ende 1949 hatte sich Rektor Rajewsky an Universitätsbauamt mit Bitte einer ersten Projektierung gewandt. Vielleicht könne ja eines der Grundstücke der im Krieg zerstörten ehemaligen Studentenheime für einen solchen Ausbau vorgeschlagen werden.[130] In dem Neubau sollten die dringend benötigten Wohnheimplätze ebenso bedacht werden wie die Funktionen eines allgemeinen „Studentenhauses" für die Sozialeinrichtungen des Studentenwerkes. Im März 1950 fasste das Frankfurter Universitätsbauamt die bislang geäußerten Anforderungen zusammen. Nach den vorliegenden Angaben für das Raumprogramm müsse sich das Projekt im Wesentlichen in drei Bauteile gliedern: 1.) Das Studentenhaus – „ein Baukörper mit Aufenthalts und Lesezimmern, mit Gesellschaftsräumen von verschiedener Größe, schließlich einem Saal von etwa 12x24m mit Bühne bzw. Podium und Nebenräumen – kurz für eine klubartige Benutzung, aber auch geeignet im ganzen oder in einzelnen Raumgruppen an einzelne Kreise der Studentenschaft, der Universität oder der Stadt verliehen zu werden." 2.) Das Studentenheim, das „in typisierten kleine, doch zweckmäßig und behaglich einzurichtenden Einzelzimmern einer größeren Zahl in- und ausländischer Studenten Unterkunft bieten soll." 3.) Die Verwaltungs- und Büroräumlichkeiten für die gesamten Wohlfahrtseinrichtungen des Studentenwerks.[131] Bei der Planung des Studentenhauses gab es von Seiten des Senats zu diesem Zeitpunkt keine Überlegungen eines pädagogischen oder auf ein bestimmtes Lernziel ausgerichteten Auftrages des Hauses. Von den Chicagoer Austauschprofessoren wurde im September 1950 erstmals vorschlagen, dieses Studentenhaus auch als „Internationales Collegium" mit einem eigenen Studienprogramm zu versehen. Der Bau des Studentenhause sollte diese Pläne von vornherein in Rechnung stellen. Es wäre außerdem zweckmäßig, das Studentenhaus so einzurichten, dass Räume für auswärtige Gastprofessoren zur Verfügung ste-

In- Und Auslandes Zustimmung fanden […]." UAF, 1/163, Kierski an Rektor Rajewsky, Viersen, 21.10.1950.

128 UAF, 1/163, Rektor Rajewsky an das Universitätskuratorium: Plan der Errichtung eines Studentenhauses in Bad-Homburg, Frankfurt, 2.11.1950

129 UAF, 1/163, Minister a.D. Arne Sørensen an Rektor Böhm, Frankfurt, 5.3.1949. UAF, Abr. 1, Nr. 163, i.A.

130 UAF, 1/163, Rektor an Universitätsbauamt: Errichtung eines Studentenheims, 16.12.1949.

131 UAF, 1/163, Lüdke, Universitätsbauamt, an das Kuratorium, Frankfurt, 14.3.1950.

hen.[132] Ein Zeitungsartikel der *Frankfurter Neuen Presse* stellte hingegen den Aspekt der studentischen Sozialeinrichtungen heraus, betonte aber den Zweck eines demokratischen Zusammenlebens in dem neuen Haus. Das Wohnheim für 80 bis 90 Studenten werde sicherlich durch die unmittelbare Nähe der Universität, eine niedrige Miete und die Annehmlichkeiten des Hauses begehrenswert sein. In den Räumen des Erdgeschosses sollten die Möglichkeiten für die Nutzung aller möglichen studentischen Gruppen bestehen:

> Der Sinn, den es erfüllen soll, fasste Oberkommissar McCloy in die Worte, dass sich „der demokratische Geist der studentischen Jugend erneuern" kann. Dazu dienen die Leseräume mit Zeitungen und aktuellen Büchern, die Spielzimmer und Klubräume, in denen Studenten und studentische Verbindungen zu Gespräch, Vortrag und Diskussion zusammenkommen werden. Im Erdgeschoß sieht der Bauplan eine moderne Küche mit Speiseräumen vor, die auch der Öffentlichkeit zugänglich sein sollen. Ferner ist eine Aula geplant, die nach den modernsten Gesichtspunkten eingerichtet, nahezu tausend Personen Platz bieten wird. Das Studentenhaus wird aber kein luxuriöser Prachtbau werden, sondern modern und zweckmäßig aussehen. Die laufenden Ausgaben sollen von den Mieten der Studentenwohnungen, aus dem Überschuss des Restaurants und aus der Vermietung der Aula gedeckt werden.[133]

Tatsächlich hatte die Universität mit dem amerikanischen Hochkommissar John J. McCloy einen prominenten Fürsprecher gefunden, dem das Vorhaben zu gefallen schien. Aus seinem im Zweck großzügig auslegbaren Fonds für die Unterstützung von Demokratieprojekten in Deutschland hatte er Ende Oktober 560.000,- DM gestiftet, den größeren Teil der zu Beginn der Planungen vom Universitätsbauamt auf 940.500,- DM geschätzten Gesamtkosten.[134] Die Hessische Landesregierung genehmigte kurze Zeit später 250.000,- DM für den Neubau, die Frankfurter Stadtverordnetenversammlung gab weitere 250.000,- DM dazu.[135]

Mit der Schenkung McCloys war schon Ende 1950 eine Kommission zur Entscheidung über die Architektenausschreibung einberufen worden. Zwei Vorentwürfe der Architektengruppe Apel-Letocha-Rohrer und Fromm-v.Schauroth waren im Dienstzimmer des Rektors zur Anschauung der Professorengremien aufgebaut. Nach eingehender Aussprache, in der das Für und Wider der einzelnen Pläne erörtert wurde, wurde der Rektor beauftragt, die Architektengruppe Apel-Letocha-Roher aufzufordern, einen neuen abgeänderten Entwurf binnen weniger Tage vorzulegen. Falls eine befriedigende Lösung des Entwurfs dieser Gruppe nicht erreicht werde, müsse auf den Entwurf der Gruppe v.Schauroth-Fromm zurückgegriffen werden.[136] Letztendlich wurde der modifizierte Entwurf von Apel-

132 UAF, 1/163, The University of Chicago, The University of Chicago House Frankfurt am Main: Das Studium Internationaler Kulturbeziehungen in Verbindung mit Soziologie und Kulturwissenschaft an der Universität Frankfurt, Frankfurt, 12.9.1950.

133 „McCloy stiftet 560 000 Mark", *Frankfurter Neue Presse*, 23.10.1950.

134 Ebd. UAF, Abt. 1, Nr. 163, Lüdke, Universitätsbauamt, an das Kuratorium, Frankfurt, 14.3.1950. Vgl. „Ein unscheinbares, grüne Papier", *Frankfurter Neue Presse*, 26.10.1950. „Manifestation des guten Willens", *Frankfurter Rundschau*, 26.10.1950.

135 UAF, 1/164, Staatssekretär Bach an Rektor, Wiesbaden, 8.12.1950. UAF, Abt. 1, Nr. 164, vom Rath, Kulturreferat, Stadt Frankfurt, an Rektor, Frankfurt, 13.12.1950.

136 UAF, Senatsprotokolle SS 1951–WS 1952/53, Sitzung des Akademischen Senats, 9.5.1951.

Letocha-Rohrer gewählt. Erst bei der Durchführung hatten diverse Probleme zu einem enormen Kostenanstieg geführt. Im Sommer 1952 waren die im Vorjahr begonnenen Arbeiten wegen Geldmangels zeitweise zum Erliegen gekommen. Nach Einspringen von Stadt und Land konnte auch Verglasung und Innenausstattung unternommen werden. Insgesamt wurden in den 21 Monaten 3,6 Millionen DM für das Studentenhaus verbaut. Im November 1952 war ein Abschluss der Bauarbeiten an dem Studentenhaus in Sicht, so dass man Anfang Februar eine Einweihung planen konnte. Rektor Horkheimer war dem Plan des AStA zugetan, dass dies in einem festlichen Rahmen erfolgen sollte. Dabei dachte Horkheimer an die Einladung „einiger prominenter Persönlichkeiten, so z.B. Herrn und Frau McCloy", und bat um weitere Vorschläge. Auch musste die Bildung eines Kuratoriums für das Studentenhaus angegangen werden.[137] Trotz der internen Unstimmigkeiten durch die Begrenzung der teilnehmenden Mitglieder des Lehrkörpers auf 30 Personen aufgrund der wenigen Plätze, sah die Universität grundsätzlich dieser Eröffnung positiv entgegen.[138]

Die lange Wunschliste der Einrichtungen in dem Haus und der Wunsch nach moderner Ausgestaltung, hatten nach vier Monaten die benötigten Summen aber schon exponentiell ansteigen lassen. Die Zusage einer Spende durch die beiden großen Konfessionen verlangte dafür die dauerhafte Zusage eines Andachtsraumes für die Studentenpfarreien.[139] Auch sollte die Mensa, deren Anforderungen die bisherigen Kellerräume des Hauptgebäudes nicht mehr entsprachen, voll in das Studentenhaus zu verlegt werden.[140] Vor allem sollte aber Platz für das studentische Engagement in dem Haus sein. Der AStA plante, zwei Räume des Studentenhauses als „internationalen Treffpunkt" einzurichten. Eine amerikanische Spende sollte dem AStA zusammen mit dem *Welt University Service* (WUS) ermöglichen, die Einrichtung zu bestreiten. Die Räume, in denen Bücher und Zeitschriften ausgelegt werden, sollten allen deutschen und ausländischen Studenten offen stehen.[141] In Zusammenarbeit mit der Universitätsbibliothek sollte eine Studentenbücherei eingerichtet werden.[142] Darüberhinaus hatten sich zahlreiche studentische Vereinigungen an das Rektorat wegen Zuteilung entsprechender Räume gewandt. Die Vereinigung *Collegium Studentischer Club* begründete den Bedarf auch damit, dass die Vereinigung ohne festen Ort sich nicht erhalten könne.[143]

137 UAF, Senatsprotokolle SS 1951–WS 1952/53, Sitzung des Akad. Senats, 26.11.1952.

138 UAF, Senatsprotokolle SS 1951–WS 1952/53, Sitzung des Akad. Senats am 28.1.1953.

139 UAF, 1/165, Aktenvermerk: Finanzierung des Sakralraues und der Räume für die Studentengemeinde sowie des Lehrstuhles für Kirchengeschichte, Frankfurt, 12.12.1951. Vgl. UAF, Abt.1, Nr. 165, Stadt Frankfurt am Main, Bauverwaltung – Tiefbau Liegenschaftsamt, an das Kuratorium: Erbbauvertrag für das Studentenhaus, Frankfurt, 13.6.1952.

140 UAF, Senatsprotokolle SS 1951–WS 1952/53, Niederschrift über die Sitzung des Akademischen Senats, Frankfurt, 14.5.1952.

141 UAF, 1/165, Veith, AStA Referat Studentenhaus, an Rektor und Kurator, Frankfurt, 28.5.1952.

142 UAF, 1/165,Aktenvermerk, Frankfurt, 25.6.1952.

143 UAF, 1/165, Richard zur Strassen, Collegium Studentischer Club, an das Rektorat, Frankfurt, 9.12.1952.

Das studentische *Film-Studio an der Goethe-Universität* verlangte einen eigenen Raum, da die Nutzung zusammen mit anderen Gruppen Schwierigkeiten bereiteten.[144] Das *Studentinnen-Tagesheim* beantragte zwei Räume zur ausschließlichen Nutzung, ebenso wie die Jobvermittlung des *studentischen Schnelldiensts* zwei oder drei geeignete Räume verlangte.[145]

Die Wohnheimplätze im Studentenhaus schienen ebenso heiß begehrt. Im November 1952 teilte der AStA mit, dass die 125 Betten für Studenten in Zwei-Bett-Zimmern wohl Anfang Februar des Folgejahres bezogen werden könnten. Der Bettenpreis sollte bei 25,- DM incl. Heizung und Licht liegen. Die Vormerkliste für Studentinnen und Studenten lag beim AStA aus, der auch die besonderen Ansprüche, etwa von Schwerbeschädigten, zu berücksichtigen zusagte. Die künftigen Bewohner sollten mindestens im dritten Semester sein, Ausländische Studierende sollten sich über die akademische Auslandsstelle bewerben.[146] Ein halbes Jahr später hatte es ob der „prinzipienlosen" Vergabepraxis zahlreiche Beschwerden gegeben. Ein leer ausgegangener Examenskandidat beschwerte sich, dass die weniger ruhebedürftigen jüngeren Semester bevorzugt worden seinen und dass es überhaupt den Anschein machte, dass eher „persönliche Beziehungen statt sachlicher Prüfung" die Entscheidung beeinflusst hatten.[147] Auch die ursprüngliche Garantie von mindestens 30 Betten für ausländische Studenten war nicht eingehalten worden, nur 19 Ausländer waren untergekommen. In Namen des Akademischen Auslandsamtes wendete sich im Juli 1953 Willy Hartner an den Rektor mit dem Fall zweier jugoslawischer Medizinstudenten, die nirgends untergekommen waren. Hartner wollte „daher darum bitten, im Studentenhaus Notquartiere erstellen zu lassen, in denen man sowohl unerwartet eintreffende Ausländer, speziell Stipendiaten, unterbringen kann, bis sie ordnungsgemäß in ein Zimmer eingewiesen werden können, als auch für durchreisende Studentengruppen."[148] Von einen pädagogischen Prinzip war bei der Besetzung des Wohnheimes nicht mehr zu erkennen. Aufgrund der großen Anfrage war auch die Überlegung von 1951 über ein gemeinsames Wohnen von Studierenden und jungen Arbeitern obsolet geworden, für deren gesellschaftlichen Lerneffekt sich auch Horkheimer ausgesprochen hatte.[149]

Am 21. Februar 1953 fand die offizielle Einweihung des Studentenhauses statt. Stifter John J. McCloy konnte selbst nicht anwesend sein, da er nach Beendigung seiner Tätigkeit als Hochkommissar am 1. August 1952 in die USA zu-

144 UAF, 1/165, Ivar Rabeneck, Film-Studio an der Goethe-Universität, an Rektor Horkheimer: Arbeitsraum für Filmstudio, Frankfurt, 23.7.1952.

145 UAF, 1/165, Elisabeth Rompel, Studentinnen-Tagesheim, an Rektor, Frankfurt, 21.7.1952. UAF, Abt.1, Nr. 165, Belzer, Studentischer Schnelldienst, an Rektor: Zuweisung von Räumen für den Studentischen Schnelldienst, Frankfurt, 25.7.1952. Vgl. weitere Anträge: UAF, Abt.1, Nr. 165, Aktenvermerk, zum Studentenhaus-Bauausschuss, Frankfurt, 28.7.1952.

146 UAF, Abt.1, Nr. 165, Günther Gruppe, 1. Vorsitzender, AStA: Zimmer im Studentenhaus, Frankfurt, 21.11.1952.

147 UAF, 1/165, cand.rer.pol. Leo P. Sand an Rektor, Frankfurt, 16.3.1953.

148 UAF, 1/165, Willy Hartner an Rektor Horkheimer, Frankfurt, 8.7.1953.

149 UAF, 1/165, Rektor Horkeimer an Amtsgerichtsrat Dr. Frey in Bonn, Frankfurt, 8.1.1952.

rückgekehrt war. Stattdessen war Bundespräsident Theodor Heuss persönlich erschienen und gab damit der Rolle der neuen Einrichtung eine hervorgehobene Bedeutung.[150] Wie die Chicagoer Austauschprofessoren in ihrem Konzept von September 1950, setzte der Bundespräsident in seiner Ansprache das Studentenhaus in den größeren Zusammenhang einer Universitätsreform, der bei der Planung des Hauses durch den Akademischen Senat der Goethe-Universität kaum debattiert wurde. Explizit bezog sich Heuss dabei zum einen auf das Heidelberger Collegium Academicum als paralleles Projekt zu einem frühen Zeitpunkt nach dem Krieg:

> Wir haben dann doch, soweit ich sehe, zum ersten Mal in Deutschland nach dem Krieg, den Versuch gemacht, einer neuen Gemeinschaftsform für das studentische Leben den Körper zu geben, Es gehört zu meinen eigenen guten Erinnerungen aus dieser bösen Zeit Ende 1945/46, dass ich in diesen Kreis junger Menschen mit hineintrat, einige Male redete und beim Reden selber lernet; wir selber mussten erst von den jugendlichen Menschen, die aus dem Krieg zurückgekommen waren, das innerliche Angesprochen Werden erfahren.[151]

Zum anderem aber sah Haus die Errichtung eines solchen Studentenhauses und Wohnheimes als Ausgang für „die neue Form des studentischen Gemeinschaftslebens" als Gegenpol zu den alten studentischen Korporationen. Diese Aufgabe begründete Heuss mit einem Versagen der „Studentenpolitik" vor und nach dem Ersten Weltkrieg, die ohne einen gemeinsamen Geist der Studentenschaft im Taktieren sich erschöpft habe und deshalb in der richtigen Politik versagt habe. Als positives Beispiel Politik studierender Jugend erinnerte Heuss in seiner Ansprache an die Geschwister Scholl und Christian Probst, die am Folgetag genau vor zehn Jahren hingerichtet worden waren.[152] Erst der Bundespräsident hatte bei seiner Eröffnungsansprache dem Haus eine große moralische Aufgabe zugesprochen, die bei den nüchternen Planungen des Senats keine Rolle gespielt hatte. Weder die gescheiterten Initiative der Privatleute mit ihren hoch gesteckten Zielsetzungen der Völkerverständigung, noch die von den Chicagoer Austauschprofessoren vorgeschlagene Einbindung der Wohnheimaufgabe in ein Studienprogramm hatte für den Akademischen Senat bei seinen Beratungen eine wesentliche Rolle gespielt.

Am 27. Februar 1953 zogen dann die 125 ersten Studierenden in das neue Studentenhaus. Im Erdgeschoss des Hauses wurden die zahlreichen sozialen Einrichtungen von AStA und Studentenwerk untergebracht, ebenso wie Räume für weiteres studentisches Engagement. Pingpongsaal, Mensa, Klubräume und Filmstudio waren die Verwirklichung der „neuen Form des studentischen Gemeinschaftslebens". Im Wohnheim hingegen gab es kein explizites Programm einer weitergehenden Einbeziehung. Die Räume des Studentenhauses konnten aber schon im Sommer den Rahmen für die Internationalen Ferienkurse unter dem

150 UAM 305a/1918, Ansprache von Bundespräsident Theodor Heuss bei der Einweihung des Internationalen Studentenwohnheimes am 21.2.1953 in Frankfurt am Main.

151 Ebd.

152 Ebd.

Oberthema „Goethe und seine Sprache" bieten. Bei den teilnehmenden Nationen spielen die Amerikaner nunmehr nur noch eine Rolle von vielen Nationen.[153]

5. ANTRAGSRHETORIK DER GOETHE-UNIVERSITÄT

Aufgrund der großen Zerstörungen war Frankfurt in einem höheren Maße als Heidelberg oder Marburg auf Gelder jenseits der regelmäßigen staatlichen Zuweisungen für den laufenden Betrieb angewiesen, um den Wiederaufbau bewerkstelligen zu können. Hinzu kamen Versuche, trotz der Armut der Studenten diesen die Minimalbedingungen für ein Studium zu ermöglichen. Exemplarisch für die einfachsten Mittel die fehlten, kann die Vereinbarung des Kultusministers mit dem Landeswirtschaftsverband im März 1948 gesehen werden, dass vom 1. Mai an jeder Student je Monat 50 Blatt Schreibpapier erhalten soll. Die Verteilung an die Bezugsberechtigten sollten via die Dekane durch die Fachschaften in die Wege geleitet werden.[154] Bei einer Tagung der Hochschulverwaltungen am 19. und 20. November des Jahres in Ravensburg konnte Rektor Böhm als einer der entschiedensten Gegner eines im Zusammenhang mit der Währungsreform im Sommer drängendes Sparprogramm die Interessen einer so zerstörten Universität vertreten. Der Frankfurter Akademische Senat hatte die Auffassung vertreten, dass „auf die außerordentlich gehäuften Kürzungen des letzten Jahrzehnts und insbesondere seit 1933 hingewiesen werden solle, vor allem aber auch darauf, dass alle von privaten und industriellen Kreisen bislang gezahlten Zuschüsse jetzt wegfallen." So sollte in Ravensburg vielmehr der Gesichtspunkt geltend gemacht werden, dass die Haushalte der Institute zu ihrer Erhaltung eher einer Erhöhung bedürfen, keinesfalls aber einer schematische Kürzung der Universitätshaushalte.[155] Zusätzlich zu der notorischen Mittelknappheit hatte eine Konflikt mit dem Kultusminister Erwin Stein über Eingriffe in die universitäre Berufungspolitik die Situation noch verschärft, in dessen Verlauf die Universität ihre Haltung in einem gedruckten Memorandum dargelegt hatte. Im März 1949 hatte der Haushaltsausschuss des Hessischen Landtages bei Beratungen des Kultusministeriums-Etats für 1949/50 den Zuschuss für die Frankfurter Universität um 10.000,- DM gekürzt. „Wenn die Universität so viel Geld für die Ausfertigung von Denkschriften habe, [sei dies] dies ein Zeichen dafür sei, dass sie noch über genügend Geld verfüge."[156] Diese Kürzung wurde rückgängig gemacht, dem Vertrauen der universitären Gremien war die Auseinandersetzung aber nicht gerade förderlich.[157]

153 Mit 80 Studierenden war die französische Studentengruppe in Frankfurt die zahlenmäßig grösste. Vgl. „Universität fördert Beziehungen zwischen den Nationen", *Frankfurter Rundschau*, 4.8.1953.

154 UAF, Senatsprotokolle SS 1946–WS 1948/49, Sitzung des Akademischen Senats, 3.3.1948.

155 UAF, Senatsprotokolle SS 1946–WS 1948/49, Sitzung des Akad. Senats, 13.10.1948.

156 UAF, Senatsprotokolle SS 1949–WS 1950/51, Sitzung des Akademischen Senats, 29.3.1949. Vgl. Pressenotiz, *Frankfurter Rundschau*, 26.3.1949.

157 Vgl. UAF, Senatsprotokolle SS 1949–WS 1950/51, Sitzung des Akad. Senats am 1.6.1949.

Die Goethe-Universität empfand für sich einen besonderen Geldbedarf, der am besten über wohlwollende Dritte gedeckt werden sollte. Dabei suchte sie sehr pragmatisch an die Vorkriegszeit anzuknüpfen. In der NS-Zeit war Richard Merton, dem liberalen Politiker der Weimarer Republik und Sohn des wesentlichsten Förderers der Universitätsgründung Wilhelm Merton, mit allen seinen Ämtern auch die der „Ehrenbürgerschaft der Universität" aberkannt worden. Unter Hallstein hatte nun der Senat im Januar 1948 entschieden, dass der gerade aus der Emigration in England nach Frankfurt zurückgekehrte Merton selbstverständlich nach wie vor der Ehrenbürger der Universität sei. Und tatsächlich zahlte sich diese Wieder-Annäherung aus. Im Dezember konnte Rektor Böhm dem Senat von einer Mitteilung des wohlhabenden und gut vernetzten Merton berichten, „wonach von führenden Persönlichkeiten aus der deutschen Industrie und dem Handel die Errichtung einer Gesellschaft in Aussicht genommen sei, die der Förderung wissenschaftlicher Ausbildung und Arbeit dienen soll."[158] Als nun 1950 die Planungen für die Finanzierung des Studentenhauses begannen, wurden die Universitätsgremien sehr aktiv, um jenseits der staatlichen Mittel Gelder für die Finanzierung aufzutreiben. Das Angebot einer Lotteriegesellschaft, bei der die Studenten Lose zugunsten ihrer Universität kaufen sollte, hatte Rektor Rajewsky allerdings im November 1950 als zu unseriös empfunden und abgelehnt.[159] Im März hatte sich Kurator Paul Klingelhöfer im Namen des Kuratoriums der Goethe-Universität an den Frankfurter Oberbürgermeister Walter Kolb gewandt. In einer Besprechung über Schulraumfragen hatten Oberbürgermeister und Kurator am 14. März gemeinsam mit den amerikanischen Senior Resident-Offizieren H. P. Radigan und Jalouk den Raumbedarf in der Stadt besprochen. Klingelhöfer stellte fest, dass die Universität weder an die Besatzungsmacht noch an die Stadt Wünsche auf Freigabe von beschlagnahmten oder besetzten Räumen stellen könnte. Die Besatzungsmacht hatte seit seinem Dienstantritt überhaupt nie Universitätsräume in Anspruch genommen, die von der Stadt besetzt gewesenen Räume seien seit längerer Zeit freigegeben. Was der Universität aber fehle, seien „Unterbringungsmöglichkeiten für Studenten, also ein Studentenhaus." Bei der anschließenden Erörterung wurde von amerikanischer Seite festgestellt, dass die Häuser Zeppelin-Allee Nr. 15 nicht freigegeben werden könnten, wie sie nach wie vor dienstlich gebraucht würden. So trug Klingelhöfer in diesem Kreis erstmals den Plan vor, dass die Universität selbst ein Studentenhaus erbauen sollte.[160] Da der Sozialdemokrat Kolb schon eher unbürokratisch bei der Unterbringung von Flüchtlingsstudenten hatte helfen könne, erhoffte sich die Universität wesentliche Hilfe für einen Neubau in der Mertonstrasse, gegenüber des Haupteinganges der Universität: „Wie Ihnen bekannt ist, besitz die Universität Frankfurt/Main kein Studentenhaus und

158 UAF, Senatsprotokolle SS 1946–WS 1948/49, Sitzung des Akad. Senats, 18.12.1948.

159 UAF, 1/163, Rektor an Singer, Deutsches Lotteriekontor, Frankfurt, 15.11.1950. Vgl. UAF, Abt. 1, Nr. 163, Singer, Deutsches Lotteriekontor Frankfurt an Rektor: Vorschlag zur Durchführung einer Lotterie zwecks Beschaffung von Mitteln für den Wiederaufbau eines Studentenhauses, Frankfurt, 4.11.1950.

160 UAF, 1/163, Klingelhöfer, Universitätskuratorium: Vermerk, Frankfurt, 14.3.1950.

auch somit nicht die Möglichkeit, Studenten irgendwie wohnungsmäßig zusammenzufassen, um ihnen die Gelegenheit zu gemeinsamen Arbeiten und Studieren wie auch zur gemeinsamen Freizeitgestaltung zu geben." Diese Nachteile lägen auf der Hand, so Klingelhöfer: „Wie ich in der Besprechung darlegen konnte, sind im weiteren Umkreis der Universität, in dem natürlich ein solches Studentenhaus liegen müsste, geeignete Baulichkeiten nicht vorhaben."[161]

Angesichts der vielen anderen anstehenden Neubauten in der Trümmerstadt, schien das Studentenhaus aber lange nicht die von den universitären Gremien erwünschte Priorität zu genießen, aus der heraus bald entsprechende finanzielle Mittel fließen sollten. Schon gegenüber dem Oberbürgermeister hatte Kurator Klingelhöfer im März die Hoffnung geäußert, für den Neubau Gelder des Marshall-Plans nutzen zu können. Die amerikanischen Vertreter hatten ihn durchaus ermutigt, über den Oberbürgermeister einen Antrag zu stellen, über dessen Erfolgschancen sie allerdings keine Aussagen machen konnten.[162] Für den Kontakt zu den amerikanischen Stellen gereichte es der Universität zum Vorteil, dass die in jenem Jahr in Frankfurt weilenden Professoren aus Chicago nun persönlich Interesse an dem Projekt bekundeten. Dem auf die Französische Revolution spezialisierten Historiker Louis R. Gottschalk schien das Projekt ebenso besonders zu interessieren, wie dem Politikwissenschaftler Arnold Bergstraesser. Schon vor seiner Emigration waren für Bergstraesser die Angelegenheiten der Studenten ein persönliches Anliegen gewesen. Aus seinem Engagement in der Freistudentenschaft war er als Heidelberger Student 1919 Mitbegründer und Vorstandsmitglied der Deutschen Studentenschaft gewesen.[163] Bei seinen Vortrags- und Informationsreisen durch die ganze Bundesrepublik hatte Bergstraesser die in Frankfurt gehörten Gedanken entwickelt und mit zahlreichen Institutionen und Privatpersonen den Austausch über so ein Studentenhaus gesucht. Er hatte mit dem Hochschulreferenten von Süd-Württemberg Rupp gesprochen, mit dem Tübinger Rektor Walter Erbe, ebenso mit dem Hochschulreferenten für Schleswig-Holstein Fehling. Bergstraesser hatte die Idee eines Studentenhauses zu seinem Thema gemacht und von sich aus schon die Errichtung eines Komitees zur Vorbereitung der „Errichtung eines Internationalen Collegium an der hiesigen Universität" vorgeschlagen.[164] Sofort hatten die beiden Professoren auch Hallstein und Rektor Böhm als Mitglieder des Komitees gewonnen, das sich der Errichtung des Studentenhauses zum Ziel setzen sollte. Nicht nur mit Hallstein, der in dem Jahr als Vorsitzender des deutschen UNESCO-Ausschusses wirkte, sondern auch mit den beiden weiteren Mitgliedern Böhm und Karl Ludwig Reinhardt waren in dem Gremien auch von Seite der deutschen Professoren Menschen mit Einfluss vertreten. Der Jurist Franz Böhm hatte während seines Rektorats seine gute Vernetzung mit

161 UAF, 1/163, Dr. Klingelhöfer, Kuratorium der Goethe-Universität, an Oberbürgermeister Kolb: Sozialer Wohnungsbau für Flüchtlingsstudenten, Frankfurt, 18.3.1950

162 UAF, 1/163, Klingelhöfer, Universitätskuratorium: Vermerk, Frankfurt, 14.3.1950.

163 Vgl. Schmitt: *Ein typischer Heidelberger im Guten wie im Gefährlichen*, 300–311.

164 UAF, 1/163, Prof. Arnold Bergstraesser an Ministerialdirigenten Blankenhorn, Bundeskanzleramt, o.O., 24.5.1950.

anderen bildungspolitischen Akteuren sowie insbesondere den amerikanischen Stellen bewiesen. Der Altphilologe Reinhardt, Sohn des gleichnamigem Schulreformers, war durch die Arbeit seines Vaters wahrscheinlich schon früh mit Fragen der gemeinschaftsbildenden Pädagogik vertraut gewesen, durch seine verwandtschaftliche Verbindung mit den Weinheimer Unternehmern Freudenberg und deren für das Collegium Academicum engagierten Karl Freudenberg mit aktuellen Entwicklungen in Heidelberg vertraut.[165]

Für Rektor Rajewsky schien es aber vor allem wichtig, aus legitimatorischen Gründen die Amerikaner mit ins Boot zu holen und das gemeinsame Komitee so schnell wie möglich zu gründen, so dass die erste Sitzung des Komitees am 14. Juni 1950 ohne Terminabstimmung mit Reinhardt und Böhm ohne diese stattfinden musste. Bei der Zusammenkunft beschlossen die vier Professoren die Gründung eines „deutsch-amerikanischen Komitees zur Gestaltung und Förderung eines internationalen Studentenhauses und -heims". Einleitend hatte Rajewsky die allgemeinen Probleme der Errichtung studentischer Wohnhäuser erörtert und über den Stand der bisherigen Verhandlungen der Universität Frankfurt am Main zu dieser Frage berichtet. Vor allem betonte er, dass bei den Unterredungen, die Bergstraesser mit dem interessierten Bundes-Regierungsstellen geführt hatte, „sich gewisse Hoffnungen ergeben haben, dass der langjährige Gedanke, an der Universität Frankfurt ein internationale Studentenhaus zu errichten, bestünde." Bergstraesser hatte die Anregung gegeben, zur weitern Verfolgung dieser Gedanken, ein deutsch-amerikanisches Komitee zu bilden, das gewissermaßen die Federführung dafür übernehmen sollte. Der Rektor wollte es ganz besonders begrüßen, wenn die Errichtung eines internationalen Studentenhauses als Resultat der Zusammenarbeit der befreundeten Universitäten Chicago und Frankfurt am Main erfolgen würde. Tatsächlich hatten sowohl der Chicagoer Bergstraesser als auch der Frankfurter Hallstein – beide mit transatlantischen Biographien – schon an verschiedenen Stellen möglicher Geldgeber die Lage sondiert. Bergstraesser berichte von einer Unterredung in Bonn, aus der er gefolgerte hatte, dass bei der Bundesregierung ein Interesse zur Errichtung eines internationalen Kollegiums in Verbindung mit einem internationalen Studentenhaus bestehe. Hallstein konnte berichten, dass in den UNESCO-Beratungen in Florenz, die Frage des internationalen Studentenhaus in das Deutschland-Programm der UNESCO aufgenommen worden war. So wollte Hallstein auch dem zu gründenden deutsch-amerikanischen Komitee einen offiziellen Charakter zuschreiben. Nach eingehender Diskussion zahlreicher Fragen wurde einstimmig die Bildung des Komitees beschlossen, vorbehaltlich der Zustimmung des Akademischen Senats. Zu den bisherigen Mitgliedern sollten bei Interesse weitere Persönlichkeiten kooptiert werden. Ein von Rajewsky und Bergstraesser zu erarbeitendes Memorandum des Komitees sollte als Grundlage für die weiteren Verhandlungen mit den Bonner

165 Wolfhart Unte: „Karl Reinhardt", *Neue Deutsche Biographie (NDB)* 21, Berlin 2003, 361–363.

Stellen, sowie für einen Bericht nach Chicago dienen.[166] Der Senat stimmte dem Vorhaben zehn Tage später zu. Da Hallstein und Böhm aufgrund anderer Verpflichtungen nicht ständig in Frankfurt anwesend sein konnten, wurde Willy Hartner als deren Ersatz vorgeschlagen. Mit diesem Komitee erhoffte sich die Universität vor allem eine Verbesserung des Werbens um finanzielle Unterstützung. In diesem Sinne lassen sich auch die Schlussworte Rektor Rajewskys verstehen, der seine Hoffnung betonte, „in Kürze positive Nachrichten über die Bewilligung von Mittel für das Studentenhaus“ geben zu können.[167] Das „deutsch-amerikanische“ Komitee diente vor allem dazu die potentiellen staatlichen und privaten Geldgeber von der Wichtigkeit des Projekts zu überzeugen. Die praktischen Planungen des Studentenhauses machte ab November 1950 ein Bauausschuss, in dem mit Rektorat, Kuratorium, Studentenwerk und AStA die Nutznießer der Einrichtung sein sollten. Auf zahlreichen Sitzungen setzte sich dieser Bauausschuss mit den praktischen Fragen, den Details von Bau und Finanzierung auseinander.[168] Das „deutsch-amerikanische“ Komitee konnte inzwischen große Erfolge verzeichnen. Anfang November konnte Rektor Rajewsky dem Senat berichten, dass mit der Bewilligung der McCloy-Spende in Höhe von 550.000,- DM die Grundlage für die Errichtung des Studentenhauses geschaffen worden sei. Dieser Betrag stellte etwa ein Drittel der benötigten Bausumme dar, so dass weitere Mittel von deutscher Seite noch zu beschaffen seien.[169] Einen Monat später schien mit der Zusage der Hessischen Landesregierung auf Veranlassung von Ministerpräsidenten Christian Stock von 250.000,- DM und jener der Stadt Frankfurt am Main über weitere 250.000,- DM die Finanzierung gesichert.[170]

Die weitere Herstellung der Pläne für das Studentenhaus hatte in den folgenden vier Monaten eine Verzögerung erfahren, da auf Wunsch der Stadt ein städtebaulicher Ideenwettbewerb ausgeschrieben worden war, um Vorschläge für die Gesamt-Gruppierung und die städtebauliche Gestaltung einiger Neubauten der Universität, darunter des Studentenhauses, zu erhalten. Nach Abschluss dieser Planungen sollte der Beginn des Baus im Mai erfolgen. Am 25. Mai 1951 war die Grundsteinlegung durch den Hohen Kommissar John J. McCloy erfolgt. Die Philipp Holzmann AG war mit dem Bau beauftragt worden, als unterstützende Maßnahmen war aber auch eine Beteiligung von Studenten an den Bauarbeiten nach Abschluss des Sommersemesters vorgesehen.[171] Der Geldbedarf der Universität für den Aufbau der Institut und anderer Gebäude war in dieser Zeit lange nicht

166 UAF, 1/163, Protokoll über die Gründung eines deutsch-amerikanischen Komitees zur Gestaltung und Förderung eines internationalen Studentenhauses, Frankfurt, 14.6.1950.

167 UAF, Senatsprotokolle SS 1949–WS 1950/51, Niederschrift über die Sitzung des Akademischen Senats am 21.6.1950, Frankfurt, 24.6.1950.

168 UAF, 1/163.

169 UAF, Senatsprotokolle SS 1949–WS 1950/51, Sitzung des Akad. Senats, 1.11.1950.

170 UAF, Senatsprotokolle SS 1949–WS 1950/51, Sitzung des Akad. Senats, 5.12.1950. Vgl. UAF, Abt. 1, Nr. 119, Rektor Rajewsky and Office of the Land Commissioner for Hesse: 1. Vierteljahresbericht, Frankfurt, 9.1.1951.

171 UAF, 1/119, Rektor Rajewsky and Office of the Land Commissioner for Hesse: 3. Vierteljahresbericht, Frankfurt, 10.7.1951.

gestillt. So hatte die Universität es nach langwierigen Verhandlungen im März 1951 geschafft, einen Bankkredit in Höhe von 5 Millionen DM genehmigt zu bekommen, der sofort zur Verfügung stehen sollte und dessen Garantie als auch die Verzinsung und Tilgung Staat und Stadt übernehmen sollten.[172] Bei seiner Bilanz der vergangenen zwei Jahre seines Rektorats sah Rajewsky die Gewährung des Kredits als großen Erfolg, da der Wiederaufbau der Universität „bisher infolge sehr geringer Mittel nur sehr zögernd“ erfolgt war. Da jedoch auch mit diesen Mitteln voraussichtlich nur etwa ein Dritte des Wiederaufbaus ermöglich werden könne, sei es weiterhin wichtig, die in Betracht kommenden Finanzkreise und andere möglichen Sponsoren „für eine weitere Hilfe zu gewinnen, um den gesamten Aufbau in den nächsten zwei bis drei Jahren vollenden zu können.“[173] Nach wie vor blieb die Universität über alle Formen an Spenden dankbar, so auch die anderen Geldspenden von McCloy, die für Anschaffungen von Apparaten für die Institute genutzt wurden.[174]

Ende 1951 wurde deutlich, dass der Neubau des Studentenhauses wesentlich mehr Geld kosten würde, als ursprünglich veranschlagt. Die zusätzlich von den Kirchen eingeworbenen 30.000,- DM, deren Studentengemeinden ebenfalls die Räume des Hauses nutzen wollten, blieben nur ein Tropfen auf dem heißen Stein.[175] Im Januar wurde die enorme Finanzlücke deutlich. Mitte Januar 1952 lotete Rektor Horkheimer zusammen mit Amtsgerichtsrat Frey die Möglichkeiten weiterer Finanzierungsquellen aus. Es sei den Studentenwerken gelungen, beim Bundesjugendplan des Bundesinnenministeriums „einen Einstieg zu finden“ und eine Beteiligungsquote zu erhalten. Über die Höhe der Beteiligung könne noch nichts abschließend gesagt werden, Frey rechnete jedoch mit etwa 800.000,- DM. Da etwa 20 Studentenhaus-Projekte in Westdeutschland bestünden, könnte auch bei der zentralen Lage Frankfurts und der Größe des Frankfurter Projekts keine größere Summe als maximal 100.000,- DM herausspringen. Diese Mittel des Bundesjungendplanes müssten aber auch bei der ebenfalls anstehenden Finanzierung eines Lehrlingsheimes in Betracht genommen werden. Eine zweite Möglichkeit sei die Soforthilfe. Man müsse unbedingt versuchen, die Anrechnung der Soforthilfekartei durch die Hessische Regierung in der von Ihr zugesagten Beteiligungssumme von 250.000,- DM rückgängig zu machen. Beim Soforthilfeamt könne Frey sich zweckmäßigerweise an Herrn von Pfuhlstein wenden, der der Universität sicherlich auch den richtigen Weg weisen könne, der eventuell zur Bewilligung weiterer Mittel führe. Als dritte Möglichkeit schlug Frey die Werbereise eines Universitätsvertreters durch Westdeutschland und in die USA vor. Dieser Vertreter müsse sich für einen längeren Zeitraum mit der Finanzierung des Studentenhauses befassen können und mit den entsprechenden Geldmitteln ausge-

172 UAF, Senatsprotokolle SS 1951–WS 1952/53, Sitzung des Akademischen Senats, 9.5.1951.

173 UAF, Senatsprotokolle SS 1951–WS 1952/53, Sitzung des Akademischen Senats, 25.7.1951.

174 UAF, 1/119, Rektor Rajewsky: Beschaffung von Apparaten usw. aus Mitteln der McCloy-Spende, Frankfurt, 20.3.1951.

175 Vgl. UAF, 1/165, Aktenvermerk: Finanzierung des Sakralraumes und der Räume für die Studentengemeinde sowie des Lehrstuhles für Kirchengeschichte, Frankfurt, 12.12.1951.

rüstet werden. Gerade der letzte Vorschlag, in den USA ganz neue Finanzierungsquellen aufzutun, erschien der am geeignetste. Horkheimer vermutete zwar, dass das Jahr 1952 für eine derartige Aktion in Amerika sehr ungünstig gewählt sei und dass, falls jemand wirklich „nach drüben" fahren sollte, er dies wohl selbst tun müsse. Horkheimer sah sich jedoch in Frankfurt kaum abkömmlich. Auch kamen Horkheimer und Frey noch einmal überein, den Hessischen Staat und vor allem auch an die Frankfurter Banken und Versicherungskonzerne noch einmal um Mittel für das Studentenhaus zu fragen. Die groß aufgezogene Finanzierungsaktion des Hauses müsste auf jeden Fall mit entsprechender „Propaganda" unterlegt sein.[176] Der pragmatische Horkheimer versuchte beim Intendanten des Hessischen Rundfunks Eberhard Beckmann auch an Ausschüttungen aus der Funklotterie zu gelangen. Seine guten Kontakte zum Intendanten zahlten sich aber nur in der Zusage eines geschenkten Fernsehempfänger samt Antenne für das Studentenhaus aus, während das zuständige Gremium angesichts der 800 vorliegenden Anträge das Interesse der Universität nicht besichtigen konnte.[177]

Anfang 1952 war dann das Geld für den Bau tatsächlich ausgegangen. Der gesamte Rohbau des Studentenhauses war nun fertiggestellt und sollte den Rest des Winters über austrocknen. Gegenüber dem Frankfurter Resident Officer Harold P. Radigan stellte Rektor Horkheimer in einem Schreiben vom 9. Januar die „erheblichen finanziellen Schwierigkeiten" für den weiteren Ausbau dar und warb mit Sinnzuschreibung für das Projekt als „Zentrum des internationalen studentischen Lebens in Deutschland". Externe Gründe hätten die enorme Steigerung des ursprünglichen Kostenvoranschlags verursacht. Der moorige Untergrund habe umfangreichere Fundamentarbeiten verlangt und Lohnsteigerungen hätten die Kosten nach oben getrieben. Während des Baues selbst hätte sich die Notwendigkeit gewisser baulicher Erweiterungen ergeben, die im ursprünglichen Entwurf nicht vorgesehen waren, „aber für den Betrieb des Studentenhauses unerlässlich" seien. Insbesondere mit den auf internationalen Studentenaustausch hin orientierten Aufgaben sei eine Kostensteigerung verbunden gewesen. Es habe sich herausgestellt, dass die im ursprünglichen Entwurf vorgesehenen Räumlichkeiten für die Unterkunft der ausländischen Gäste und die Gestaltung des internationalen Gemeinschaftslebens unzureichend gewesen wäre. Nachdem er Probleme und die weite Tragweite des Projekts beschrieben hatte, fragte Horkheimer indirekt wieder nach weitern Finanzierungsmöglichkeiten durch die Amerikaner. Die aus der McCloy-Spende zur Verfügung gestellten Mittel einschließlich der aufgelaufenen Zinsen seien nun verbraucht, die noch verfügbaren deutschen Mittel reichen nicht aus, um die weiteren Ausbaukosten zu decken:

> Aus allen diesen Gründen ist die Universität zur Zeit bemüht, weitere zusätzliche Mittel zu beschaffen, um den Innenausbau durchführen zu können. Die Universität betreibt diese Bemühungen mit allem Nachdruck, das dieser Bau des Studentenhauses in Frankfurt mit freund-

176 UAF, 1/165, Aktenvermerk, Frankfurt, 16.1.1952.

177 UAF, 1/165, Rektor Horkheimer an General-Intendaten des Hessischen Rundfunks, Eberhard Beckmann, Frankfurt, 22.3.1952. UAF, 1/165, i.V. Heckroth, Schmorl, Hessischer Rundfunk, Verteilungsausschuss der Lotterie, an Rektor, Frankfurt, 11.9.1952.

> lichem Interesse verfolgt wird und es untunlich erscheint, dieses schöne Werk deutsch-amerikanischer Gemeinschaftsarbeit längere Zeit unvollendet stehen zu lassen. [...] Es muss damit gerechnet werden, dass, um den Bau vollständig fertigzustellen, nach den Angaben unserer Fachleute noch 1,5 Millionen DM notwendig sind. Dann wird freilich ein internationales Studentenzentrum erstanden sein, das endlich den Bedürfnissen der Verständigung der ausländischen und deutschen studentischen Jugend in ausreichendem Masse dienen kann.[178]

Im Frühjahr 1952 verhandelte Horkheimer mit Holzmann wegen eines Aufschubs der vereinbarten Zahlungen.[179] Die Bauaufsichtsbehörde war bereit eine gewisse Erleichterung durch eine Befreiung für die Abweichung von Bau-Vorschriften zu gewähren.[180] Erst im Mai 1952 konnte Horkheimer den Senat davon unterrichten, dass der weitere Ausbau des Studentenhauses nun fortgeführt werden könne, nachdem die Stadt Frankfurt am Main und der Hessische Staat je 1 Million D-Mark für den weiteren Ausbau zur Verfügung gestellt hatten. Der Senat sprach Horkheimer für sein Engagement beim Einwerben der Gelder einen besonderen Dank aus. 181 Hinzu kamen weitere 500.000,- DM, die der Hohe Kommissar als Hilfsstiftung „für ein Vorhaben zuerkennt, das die Ziele der Vereinigten Staaten in Deutschland fördern wird."[182] Die Finanzierung des Gebäudes wurde so bis zur Einweihung 1953 gesichert. Die „deutsch-amerikanische" Kommission mit dem tatsächlich auch inhaltlich engagierten Bergstraesser stellte sich nur als eine Maßnahme einer über längere Zeit und von den Rektoren der Zeit aktiv mitgetragene Geldsammel-Aktion dar. Die umfangreiche Begründung einer inhaltlichen Nähe zu amerikanischen Konzepten im Kontext dieses Einwerbens ist wohl vor allem als „Antragsrhetorik" zu werten.

6. STUDENTENVERBINDUNGEN IN DER GROSSSTADT

Die Überlegungen der Universitätsgremien der Goethe-Universität folgten in der unmittelbaren Nachkriegszeit dem gleichen Reflex wie an anderen Universitäten auch, indem man versuchte, die als negativ empfundene Politisierung der Studenenschaft wie in den 1920er Jahre zu vermeiden. Im Juli 1946 beschloss der Akademische Senat, die die Universität grundsätzlich „von jeglicher politischer Agitation fernzuhalten." Aula und Hörsäle sollten deshalb für politische Parteiveranstaltungen nicht freigegeben werden. Nur rein kulturelle Veranstaltungen der Parteien sollten genehmigt werden. Rektor Hallstein hatte im Einvernehmen mit

178 UAF, 1/119, Rektor Horkheimer an Harold P. Radigan, Resident Officer Frankfurt District: 5. Vierteljahresbericht, Frankfurt, 9.1.1952.

179 UAF, 1/165, Aktenvermerk: Neubau des Studentenhauses, Frankfurt, 3.3.1952.

180 UAF, 1/165, Baudirektor Simon, Oberbürgermeister als Bauaufsichtsbehörde, an Rektor: Befreiungsbeschluss, Frankfurt, 26.3.1952.

181 UAF, Senatsprotokolle SS 1951–WS 1952/53, Sitzung des Akad. Senats, 14.5.1952.

182 UAF, 1/119, John J. McCloy, Hoher Kommisar der Vereinigten Staaten für Deutschland, an Rektor Horkheimer: Zusätzliche Hilfsstiftung zur Fertigstellung eines Studentenhauses, Übersetzung, 16.7.1952. Vgl. UAF, Abt. 1, Nr. 119, Rektor Horkheimer an American Consulate General: Tätigkeitsbericht ,Frankfurt, 3.10.1952

Kultusminister Franz Schramm und Ministerpräsidenten Karl Geiler eine von der Geschäftsführung der CDU eingebrachte Beschwerde gegen diesen Beschluss abschlägig beschieden.[183] Auch agierte Hallstein vorsichtig gegenüber den amerikanischen Wünschen, die angesichts des Misstrauens in die bisherigen Entnazifizierungsmaßnahmen auch Ende 1947 „erneut auf das Verbot der Bildung und Duldung von politischen Studentengruppen" hinwiesen. Hallstein empfahl, „in Zweifelsfällen Veranstaltungen außerhalb der Universität abhalten zu lassen."[184]

Ganz anders verhielt es sich mit den Studentenverbindungen, denen gegenüber die Goethe-Universität eine erstaunlich liberal-gelassene Duldung zeigte. Anfang 1948 beriet der Senat die Frage der Zulassung von Studenten-Vereinigungen aller Art, die bisher durch einen Ministererlass vom 15. Februar 1947 streng limitiert worden war. Rektor Hallstein vertrat die Auffassung, dass dieser typische Ermessensentscheid dem Rektor einen großen Spielraum einräume. Hallstein hatte für diese Auffassung aus das Ministerium gewinnen können, dass es nun für ausreichend hielt, „wenn der Rektor im Einzelfall entscheide und anschließend dem Ministerium berichte."[185] Ein Erlass des Kultusministerium vom 20. Februar 1948 hatte den Rektoren und Senaten der hessischen Hochschulen die Ermächtigung zur vorläufigen Genehmigung studentischer Vereinigungen dann offiziell erteilt, der sich am 30. März der Chef der Erziehungsabteilung der Militärregierung Hessens angeschlossen hatte – unter Vorbehalt einer endgültigen Entscheidung. Die von der Universitätsbehörde vorläufig genehmigten Vereinigungen durften ihre Betätigung aufnehmen.[186] Im Mai 1948 genehmigte der Senat den vom Universitätsrat im Einvernehmen mit dem AStA ausgearbeiteten Entwurf einer „Ordnung für studentische Vereinigungen an der Universität Frankfurt a.M.".[187] Diese Betätigung der Studenten und studentischen Gruppen spielte sich in der Großstadt Frankfurt viel weniger in einem von der Universität überblickbaren Rahmen ab. Nicht nur die schwierige materielle Situation, sondern auch das Kulturleben jenseits der Universität schienen mit ihrer Anziehungskraft manche zusätzlichen Angebote im Hochschulrahmen nicht so attraktiv erscheinen. Im Dezember 1948 bedauerte Rektor Böhm gegenüber dem Senat die geringe Besucherzahl beim Vortrag der beiden Studenten, die als Zuhörer zu den Verhandlungen des Parlamentarischen Rates in Bonn entsendet worden waren. Dringend bat Böhm um Werbung bei den Fakultäten für eine kommende ähnliche Veranstaltung sei mit den beiden Austauschstudenten der Universität Chicago.[188] Die Universität und die in ihrem Rahmen stattfindenden Veranstaltungen waren nur ein Angebot unter vielen in der Großstadt.

183 UAF, Senatsprotokolle SS 1946–WS 1948/49, Sitzung des Planungs-Ausschusses, 3.7.1946.

184 UAF, Senatsprotokolle SS 1946–WS 1948/49, Sitzung des Akad. Senats, 10.12.1947.

185 UAF, Senatsprotokolle SS 1946–WS 1948/49, Sitzung des Akad. Senats, 28.1.1948.

186 UAF, Senatsprotokolle SS 1946–WS 1948/49, Sitzung des Akad. Senats, 18.12.1948. Vgl. Minister-Erlass IX/60419/48 zum 20.2.1948. Vgl. UAF, Senatsprotokolle SS 1946–WS 1948/49, Niederschrift über die Sitzung des Akad. Senats, 3.3.1948.

187 UAF, Senatsprotokolle SS 1946–WS 1948/49, Sitzung des Akad. Senats, 26.5.1948.

188 UAF, Senatsprotokolle SS 1946–WS 1948/49, Sitzung des Akad. Senats, 18.12.1948.

„Studentische Vereinigungen aller Art" wollte die Universität gerne fördern. Rektor Böhm hatte vor dem Senat im Oktober die Notwendigkeit der Bildung studentischer Vereinigungen betont. Als AStA-Vorsitzender sprach auch der Jurastudent Ernst Steindorff über die Lage der Studentenschaft.[189] Auch Steindorff sah die Notwendigkeit eines Zusammenschlusses der Studenten, sowie die Notwendigkeit, von Seiten der Universität hierbei mitzuhelfen. Die im Senat folgende „rege Aussprache" ergab eine Zustimmung zu dieser Aufgabe der Universität. Der Zusammenschluss und gleichzeitig der noch unbefriedigende Kontakt mit den Dozenten könnte zunächst am besten von den Seminaren und Fachschaften aus gefördert werden, wie es in der Philosophischen Fakultät schon geschehen sei. Dem vom AStA vorgestellten Plan eines größeren Sommerfestes 1949 stimmte der Senat zu.[190] Aufgrund der ohnehin schwierigen Lage in der Stadt stieß natürlich die Planung des Studentenhauses ab 1949 auf reges Interesse bei allen möglichen studentischen Gruppen. Eine dieser Gruppen war der *Collegium Studentischer Club* (CSC), der sich nach dem ersten Universitätsball 1947 aus studentischer Initiative gegründet hatte, die nun vor allem Vortrags- und Diskussionsabende organisierten. Der Vorsitzende des CSC Michael zur Strassen bat so an Rektor Rajewsky im März 1950 um Hilfe bei „der Raumbeschaffung für die Arbeit unserer Gemeinschaft":

> Trotz aller Bemühungen ist es uns aber leider bis heute nicht gelungen, diese für uns lebenswichtige Frage einer tragbaren Lösung näherzubringen. Wir möchten deshalb heute erneut um Ihre Unterstützung bitten. Das „Collegium" ist wie bekannt vor zwei Jahren auf Grund der Initiative einiger Studenten entstanden, die eine neue Form des studentischen Gemeinschaftslebens erstrebten. Wir glauben, diese neue Form gefunden zu haben in einem von allen alten Verbindungsbräuchen freien, gleichberechtigten Zusammenwirken von Student und Studentin, einem Zusammenwirken, das wissenschaftliches, kulturelles und gesellschaftliches Leben umfasst. Die Verwirklichung dieser Anstrengungen droht jedoch zunichte zu werden, wenn es nicht gelingt, für unsere Zusammenkünfte einenden jederzeit verfügbaren eigenen Raum zu finden. Dabei ist aber zu berücksichtigen, dass dem „Collegium", einer jungen Vereinigung, nicht die materiellen Mittel zur Verfügung stehen, auf die Korporationen mit alter Tradition zurückgreifen können. Unsere Situation ist deshalb besonders prekär, weil unsere Bestrebungen scheitern müssen, wenn nicht ein Minimum an Existenzmöglichkeit garantiert ist. Daher ist die Lösung der Raumfrage unser dringendstes Anliegen.[191]

189 Zu Steindorff: Klaus J. Hopt; K. Peter Mailänder Jürgen F. Baur: *Festschrift für Ernst Steindorff zum 70. Geburtstag am 13.3.1990*, Berlin/New York 1990, V–VI.

190 UAF, Senatsprotokolle SS 1946–WS 1948/49, Sitzung des Akad. Senats, 10.11.1948.

191 UAF, 1/163, Michael zur Strassen, 1. Vorsitzender, Collegium Studentischer Club, an Rektor Rajewsky, Frankfurt, 15.3.1950. Die ehemalige Frankfurter Studentin Anneliese von Versen erinnerte sich 2008 an den 1. Universitätsball als eines der prägenden Ereignisse ihrer Studienzeit. Der Ball fand im Palmengarten statt, „obwohl dieser von den Amerikanern besetzt war, aber durch gute Beziehungen unseres Rektors Hallstein wurde er uns freigegeben. An diesem Abend vergaßen wir unsere Sorgen, es wurde getanzt und es gab ein ‚Festessen' – Erbsensuppe mit Würstchen! In Folge gründeten wir das ‚Collegium Studentischer Club' (CSC) in dem wir Veranstaltungen und Reisen organisierten. Und das wirklich Schöne ist: Auch heute treffen wir uns noch und haben 2007 unseren 60. Jahrestag der Gründung gefeiert. […] Ich glaube der CSC und die Veranstaltungen, die wir dort geplant haben, waren meine liebste Freizeitbeschäftigung während des Studiums. Beispielsweise hatten wir auch Vor-

Der studentische Antrag um Unterstützung begründete seine Initiative mit dem erwünschten Gegenmodel zu den alten Korporationen. Anders als in Marburg oder Heidelberg spielte der Wiederaufstieg der studentischen Korporationen nur eine nachgeordnete Rolle, da sie auch vor 1933 in Frankfurt keine dominante Rolle gespielt hatten. Die mächtigen Korporationshäuser, die das Stadtbild in den traditionellen Universitätsstädten prägten, gab es in Frankfurt nicht. Im Juli 1948 versuchte das Hessische Kultusministerium zu sondieren, welche Strukturen noch vorhanden waren und welche Immobilien der noch nicht wieder errichteten Korporationen man im Interesse des Staates nutzen könnte.[192] Die Anfrage an das Studentenwerk nach einem „Verzeichnis aller im Bereiche Ihrer Hochschule befindlichen Häuser zu übersenden, die ehemaligen studentischen Organisationen oder Verbindungen gehört haben oder noch gehören" zeigte, dass es in Frankfurt keinerlei solche Strukturen mehr gab. Das Rektorat meldete, dass von den 1933 vorhandenen Frankfurter Korporationen nur das Corps Austria im Kösener SC ein ihm als Eigentum gehörendes Haus in der Rheingau-Allee 31 besaß, welches aber durch Kriegseinwirkungen vollständig ausgebrannt sei.[193] Ebenso wie alle Wohnheime des Studentenwerkes von vor 1945 existierte die gesamte ehemalige private wie öffentliche Infrastruktur eines traditionellen studentischen Soziallebens nicht mehr.[194]

Der Frankfurter Senat folgte dabei konsequent den seit der Tübinger Rektorenkonferenz beschlossenen Richtlinien zur Eingrenzung der Korporationen, als heftig debattiertes und mit Gegenmodellen erwidertes Bild hingegen taugten sie in der Großstadt nicht. Im Februar 1950 hatte das Corps Austria dem Senat angezeigt, sich bald wiedergründen zu wollen, ebenso wie acht weitere Korporationen, mit denen eine Zusammenarbeit geplant sei. 195 Die Goethe-Universität duldete diese Wiedererrichtung ohne große Begleitklänge. Im Einklang mit der erneuten Bekräftigung der Tübinger Beschlüsse auf der Rektorenkonferenz – auf der die Verbindungen zum Dauerthema geworden waren – und aufgrund des Gerüchtes, dass wohl in Gießen auch das Corps Austria in scharfe Mensuren verwickelt sei, beschloss der Senat im Januar 1951 eine Ergänzung der „Ordnung betreffend Studentische Vereinigungen an der Universität Frankfurt": Das Farbentragen sollte nur bei geschlossenen Veranstaltungen im Verbindungsraum gestattet sein. Men-

träge von Max Horkheimer und Theodor W. Adorno. […] Mit dem CSC haben wir uns immer in einem kleinen, doch benutzbaren Raum im Keller der Mensa getroffen und unsere größeren Veranstaltung wie die Club Feste hatten wir in der Villa Bonn." Vgl. Goethe-Universität Frankfurt am Main, Koordinierungsstelle Förderer und Alumni: *Alumni im Profil*, http://www.alumni.uni-frankfurt.de/Alumni_im_Portrait/Anneliese_von_Versen.html, Zugriff 11.11.2010

192 UAF, 1/163, Ministerialrat Hoffmann, Hessisches Staatsministerium, Minister für Kultus und Unterricht, an die Rektoren der hessischen Hochschulen, Wiesbaden, 29.7.1948.

193 UAF, 1/163, Rektor der Goethe-Universität, i.V. Gelzer, an das Hessische Staatsministerium, Herren Minister für Kultus und Unterricht, Frankfurt, 8.8.1948.

194 UAF, 1/163, Studentenwerk Frankfurt an den Rektor: Studentenheime, Frankfurt, 5.12.1949.

195 UAF, Senatsprotokolle SS 1949–WS 1950/51, Sitzung des Akad. Senats am 15.2.1950.

suren durften nicht scharf ausgetragen werden.[196] Auch unter Rektor Horkheimer hielt die Universität im Februar 1953 an dieser Linie fest, als ein Urteil des Bundesgerichts das Farbentrage-Verbot aufgehoben hatte.[197] Grundsätzlich aber zeichnete sich die Universität durch eine liberale Entspanntheit gegenüber den Korporationen aus. Horkheimer empfand, dass in Frankfurt „eine gute Fühlungnahme mit den Studenten der Korporationen vorhanden sei", und hoffte, „dass hier das Vertrauensverhältnis bestehen bleibe."[198] So war Horkheimer 1953 durchaus zum Erstaunen der Korporierten selbst auf dem 73. Stiftungsfest der alten Straßburgers Landsmannschaft im CC „Teutonia auf der Schanz" erschienen und hatte dort als Rektor ein Grußwort gegeben.[199] Auch der Artikel der *Frankfurter Neuen Presse* zu den Planungen der Studentenhauses im Oktober 1952 sah zwar das neue Gebäude im Gegensatz zu den alten Korporationshäusern als „allen Studenten offen stehend", verzichtete aber darauf, das neue studentische Gemeinschaftsleben als den klaren Gegenentwurf zu dem der alten Korporationen zu beschreiben:

> Ein eigenes Haus zu besitzen, ist seit langem der Wunsch aller Frankfurter Studierenden. Die Universität ist nüchtern und sachlich – dort wird gearbeitet. Ein Studentenhaus aber ist das eigentliche Heim der Studenten, in dem sie sich wohlfühlen sollen. Die Verbindungen, die wieder in großer Zahl an der Frankfurter Universität entstanden sind, können heute nur schwer einen Raum für ihre Zusammenkünfte finden. Das Studentenhaus würde sie von solchen Sorgen befreien. Vor dem Krieg besaß die Universität sieben Studentenhäuser, davon wurden fünf durch Bomben vernichtet, eines ist noch von der Besatzungsmacht beschlagnahmt. Im siebten finden sich heute die heiratslustigen Paare zusammen: das Standesamt in der Wieshüttenstrasse ist darin untergebracht. Die alten Häuser gehörten zum Teil studentischen Korpsverbindungen. Das neue Gebäude wird allen Studenten offen stehen.[200]

Den Sinn sah McCloy darin, dass sich so „der demokratische Geist der studentischen Jugend erneuern" sollte. Die *Frankfurter Neue Presse* beschrieb die Leseräume mit Zeitungen und aktuellen Büchern, die Spielzimmer und Klubräume, „in denen Studenten und studentische Verbindungen zu Gespräch, Vortrag und Diskussion zusammenkommen werden." Für 80 bis 90 Studenten sollte in dem Wohnraum geschaffen werden, in unmittelbarer Nähe der Universität und mit niedriger Miete. Im Erdgeschoß sah der Bauplan eine moderne Küche mit Speiseräumen vor, die auch der Öffentlichkeit zugänglich sein sollen. Eine Aula sollte bis zu tausend Personen Platz bieten. Der Zeitungsartikel betonte aber auch die realistischer Erdung des Projekts: „Das Studentenhaus wird aber kein luxuriöser Prachtbau werden, sondern modern und zweckmäßig aussehen. Die laufenden Ausgaben sollen von den Mieten der Studentenwohnungen, aus dem Überschuss

196 UAF, Senatsprotokolle SS 1949–WS 1950/51, Sitzung des Akad. Senats, 17.1.1951.

197 UAF, Senatsprotokolle SS 1951–WS 1952/53, Sitzung des Akad. Senats, 18.2.1953. Vgl. UAM 305a/2369, Rektor Horkheimer an den Präsidenten der WRK, Rektor Fues der TH Stuttgart, Frankfurt, 19.12.1952.

198 UAF, 1/91, Auszug aus der Senatsniederschrift, Frankfurt, 14.5.1952.

199 Knab, Teutonia: „Völlig unerwartet: Frankfurts Rektor kam", *CC Blätter* 69/2/1953, 16.

200 „McCloy stiftet 560 000 Mark", *Frankfurter Neue Presse*, 23.10.1950.

des Restaurants und aus der Vermietung der Aula gedeckt werden."[201] Unter diesem Aspekt erschien die Rede von Bundespräsident Heuss bei der Einweihung des Studentenhauses am 21. Februar 1953 sehr von seiner Kenntnis der Heidelberger Verhältnisse geprägt, wo die Studentenverbindungen der zentrale Bezugspunkt der Reformbemühungen des studentischen Gemeinschaftslebens geblieben waren. Heuss nahm unmittelbar auf am 29. Januar vom Karlsruher Bundesgericht getroffene Entscheidung für die Straffreiheit von studentischen Mensuren Stellung:

> Die Sachfrage liegt in einem ganz anderen Bezirk als in dem Raum eines Strafsenats. In welchem denn? Ich habe einmal – vielleicht etwas zu pathetisch – davon gesprochen, dass das Ganze eine Frage des „historischen Stilgefühls" sei. Ganz banal heißt das so: wir schreiben nicht 1853 und nicht 1903, sondern 1953. Die Zeiten verlangen ihre Entsprechung in den Gesinnungen. […] Das Ärgerliche im Zeittypischen ist aber, dass wir in den Neubeginn eines akademischen Pharisäertums hineingeraten und zwar doppelseitig. Das hat manchmal ganz reizende Züge. Ich habe also kürzlich eine Einladung bekommen zur Schlußkneipe einer farbentragenden schlagenden Verbindung. Die wollte mir klar machen, dass sie nicht – wie sie sich ganz farbig ausdrückten – „Schlusslichter" seien, sondern „Fahnenträger". Nichts dagegen zu sagen, dass das eine hübsche Beschäftigung ist. Zur gleichen Zeit haben andere Studenten, die sich „progressistisch" genannte haben, vergeblich auf meinen Beifall gewartet, als sie mir den Durchschlag eines heftig entrüsteten „Offenen Briefes" sandten, den sie an Männer des öffentlichen Lebens losließen, die sich heute noch, heute wieder zu ihren alten Studentenverbindungen bekennen. Das ist auch nicht die rechte Art.[202]

Heuss hatte bei seiner Rede den Applaus und auch die Lacher an seiner Seite. Auch in Frankfurt empfand man Studentenverbindungen als nicht mehr zeitgemäß. Aber als zentraler Referenzpunkt für universitäre Reformen durch die Übernahme der Sozialisierungsaufgabe durch die Universität taugten sie nicht. Insofern irrte Heuss, als er in der Rede das nun eröffnete Studentenhaus in eine Reihe mit dem Heidelberger Collegium Academicum stellte. Dort hätten sie „zum ersten Mal in Deutschland nach dem Krieg den Versuch gemacht, einer neuen Gemeinschaftsform für das studentische Leben den Körper zu geben." Heuss bezog sich hier auf seine „eigenen guten Erinnerungen aus dieser bösen Zeit Ende 1945/46, dass [er] in diesen Kreis junger Menschen mit hineintrat, einige Male redete und beim Reden selber lernte; wir selber mussten erst von den jugendlichen Menschen, die aus dem Krieg zurückgekommen waren, das innerliche Angesprochen Werden erfahren."[203] Auch da in Frankfurt das starke Gegenbild fehlte, verzichtete die Universität auf eine Zuschreibung des neuen Wohnheimes als zentrales Reformprojekt. Die Gelder aus dem Tutorenprogramm 1955 wurden in Frankfurt so auch nicht im Rahmen des Studentenheimes eingesetzt, sondern in extracurriculare Aktivitäten, die von Seiten der Institute organisiert wurden.[204]

201 Ebd.

202 UAM 305a/1918, Ansprache von Bundespräsident Theodor Heuss bei der Einweihung des Internationalen Studentenwohnheimes am 21.2.1953 in Frankfurt am Main.

203 Ebd.

204 UAF 13/102, i.A. Lindner, Der Hessische Minister für Erziehung und Volksbildung, an den Kurator, Wiesbaden, 4.11.1955. Vgl. UAF, Abt. 13, Nr. 102, Kurator an Minister für Erziehung und Volksbildung, Frankfurt, 7.3.1956. UAF, Abt. 13, Nr. 102, Annelise Krenzlin,

7. TREFFPUNKT OHNE ERZIEHUNGSPROGRAMM

Aufgrund der beschriebenen geringen Erwartung einer inhaltlichen oder reformerischen Mission, die sich im 1953 eingeweihten Studentenhaus erfüllen sollte, ist auch kein Scheitern dieser Konzeption festzustellen. Eine Umsetzung der von Rüegg konzipierten Studia Humanitatis wurde nicht erwogen. Das Studentenhaus bzw. „Studierendenhaus", wie es einer politisch korrekten Geschlechtsneutralität in späteren Jahren genannt wurde, stand als Treffpunkt aller möglichen studentischen Initiativen in Frankfurt in den 1960er Jahren als Ort oftmals im Mittelpunkt. Eine vom Frankfurter AStA erstellte Zeitleiste zur Geschichte des Hauses von 2003 beschrieb für die erste Hälfte der 1960er Jahre ein lebendiges Studentenleben mit hochschulpolitischen Aktivitäten (1960: Protest gegen Hochschulrahmengesetz, 1961: Mensa-Essen) und ersten darüber hinaus gehenden politischen Äußerungen (1956: Proteste gegen Suezkrise). Nach 1967 war das Haus als Sitz des AStA Mittelpunkt vielfältiger Aktivitäten im Zusammenhang mit der Politisierung der Hochschule. Die Unterstützung des studentischen Eigenengagements kann – bei allem Bedauern über den Verlust eines einenden, liberalen Konsenses der Universitätsgemeinschaft Ende der 1960er Jahre – als Erfolg gewertet werden. Diese Entwicklung des Frankfurter AStA seit den 1960er ist als Ausdruck studentischen Selbstbewusstseins und politischen Engagements im Zusammenhang mit einer zeitweiligen Radikalisierung der politischen Jugend eine eigene Untersuchung wert. Für die Frage nach einer Änderung des Wohnheimkonzeptes spielt sie hingegeben keine Rolle: Das durch einen eigenen Eingang separierte Wohnheim im Studierendenhaus erfuhr keine weitere Sinnzuschreibung als eben das günstige Wohnen in unmittelbarer Nähe der Universität. Anlässlich einer Renovierungsmaßnahme 1989 hatte der Universitätspräsident eine Ausweitung der Wohnheimzimmer auf Kosten der dem AStA und studentischen Gruppen zur Nutzung überlassenen Räumen vorgeschlagen und damit heftigen Protest geerntet.[205] Mit dem seit 1998 geplanten und 2000 begonnenen Umzug der gesamten Universität auf dem neuen „Campus Westend", auf das ehemalige IG-Farben-Gelände, auf dem nachdem Krieg die Amerikaner ihr Hauptquartier hatten, wurde die Erhaltung des Hauses in Frage gestellt. Eine Initiative setzte sich seitdem für den Erhalt des Hauses über 2014 hinaus ein, wenn das ehemalige Gelände an der Bockenheimer Warte einer privatwirtschaftlichen Nutzung und Neubebauung übergeben werden soll.[206] In einem Bereich zeigte die Goethe-Universität eine erstaunliche Konstanz seit 1914, in die auch die wortmächtig unterfütterte Errichtung des Studentenhauses eingeordnet werden kann. Durch die Lage mitten in der Handels- und Banken-

Geographisches Institut, an Minister für Erziehung und Volksbildung: Exkursion der JGoethe-Universität nach Berlin 25.11.–1.12.1956, Frankfurt, 12.1.1957.

205 Vgl. „Studierendenhaus für Alle! – Das Studierendenhaus gestern, heute und morgen", http:/www.frankfurter-info.org/Nachrichten/studierendenhaus-fur-alle-das-studierendenhaus, abgerufen 11.11.2010.

206 Initiative Zukunft Bockenheim, A. Mönich: *Uni-Campus Bockenheim, Darstellung des Bebauungsplans Nr. 569*, http://www.zukunft-bockenheim.de/bilder/Neuplanung.pdf, 2, abgerufen 11.11.2010.

stadt Frankfurt hatten sich in allen Zeiten enge Kontakte mit Förderern der Universität aus der Zivilgesellschaft ergeben. Die 2008 angesichts der Wieder-Umwandlung in eine Stiftungsuniversität veröffentlichte Aufzählung privater Mäzene zeigte eine eindrucksvolle Unterstützung der Universität aus der Zivilgesellschaft.[207] Das Einwerben von Mitteln beherrschte die Hochschule auch in den Wandeljahren der unmittelbaren Nachkriegszeit bestens: Die gewichtige Rhetorik ohne eigentliches Interesse an einer vollen Umsetzung durch die eigene Institution, die sowohl bei der Errichtung des Studentenhauses als auch beim „Studia Humanitatis"-Projekt eingesetzt wurde, ist somit zu einem großen Teil auch als „Antragsrhetorik" zu werten.

Bemerkenswert ist, dass zeitgleich mit der Errichtung des Hauses das Chicago-Frankfurt-Seminar an der später von Walter Rüegg veröffentlichten und weithin perzipierten Konzeption eines neuen Studium generale arbeitete, keinerlei Rückmeldung aber auf das Konzept des von der Goethe-Universität betriebenen Studentenhauses erfolgte. 1950 fand in Frankfurt eine große Tagung zur Hochschulreform statt, die wieder aus dem Frankfurt-Chicago-Programm unterstützt wurde. Als Herausgeber der zusammenfassenden Schrift fungierten Horkheimer und der besonders für den Austausch engagierte Chicagoer Geograph Chauncy D. Harris. An den Tagungsbeiträgen lässt sich gut das Beibehalten der traditionellen deutschen Konzeption einer „Bildung durch Wissenschaft" ablesen – und damit die Ablehnung neuer, als lehrerhaft und übergriffig empfundener Lehrverhältnisse. Der Brite Peter S. Noble hatte in seinem Referat das alte englische College vorgestellt und vor allem für das Tutorensystem geworben:

> There is another point in this connection that is I think important. The great strength of the universities of Oxford and Cambridge in the past has been derived, even more than from their residential system, from their tutorial system by which virtually every teacher had allocated to him a small number of students, each of whom was seen by his tutor individually every week when his weekly exercises were considered together. This is, of course, the most expensive form of university education there is, but we in England think it is also the best and the other universities have been striving for a number of years to introduce a similar system as far as they possibly can. This movement has made considerable progress in some of them, but with increased numbers of students and not equally increased staff the tutorial system will inevitably be seriously impeded.[208]

Durch den enormen Anstieg der Studentenzahlen auch in Oxbridge sei das System teilweise in Frage gestellt worden, grundsätzlich aber habe es sich in einem hohen Maße bewährt.[209] Seit Mitte der 1950er Jahre war insbesondere durch die Förderung aus dem Bundesjugendplan in Deutschland mit Tutoren rumexperimentiert worden. Die klare Ablehnung dieser Versuche bei der Frankfurter Tagung vertrat der an der Universität des Saarlandes lehrende Jurist Werner Thieme. Er sah es als problematisch an, wenn „die Helfer des Professors" Anteil am Lehrbetrieb erhiel-

207 D. Schneider-Pieck: *Der Weg zur Stiftungsuniversität, Johann Wolfgang Goethe-Universität*, Frankfurt 2008, 3

208 P. S. Noble: "British University Education", in: C. D. Harris; M. Horkheimer (Hg.): *Universität und moderne Gesellschaft*, Frankfurt 1959, 15–30.

209 Ebd.

ten. Die Auswirkungen in der Verwirklichung des Bildungsziels entsprächen nicht mehr einer „Bildung durch Wissenschaft“:

> Es ist ein Unterschied, ob ein unhabilitierter Assistent oder ein berufener Ordinarius den Unterricht gibt. Der Stand der Erörterungen und die Möglichkeit der Ausbildung wird in aller Regel anders sein. Diese Entwicklung geht heute noch einen Schritt weiter: mit der Einführung der Tutoren hat sie sogar eine neue Richtung eingeschlagen. Jetzt tritt nicht nur der fachlich beschränkte, von seinem Professor geleitete und beaufsichtigte Assistent ein, sondern der zum Allgemeinen strebende, vom Fachordinarius unabhängige Lehrer niederen Grades, der aber wegen seiner Aufgabe, nämlich Kontakt mit dem Studenten zu pflegen, einen besonders starken Einfluss gewinnen kann. Durch die beginnende Einführung des Tutorensystems hat die deutsche Hochschule einen völlig neuen Weg beschritten. Wenn man weiß, woher dieses System kommt, nämlich aus dem gänzlich anders gearteten und mit anderen Vorstellungen vom Bildungsziel begabten College-System der angelsächsischen Hochschulen, sollte man zunächst einmal abwarten, wie sich diese Transplantation auf die deutschen Hochschulen bewahrt, ehe man dieses Experiment freudig begrüßt – wie es fast regelmäßig in der Diskussion um die Hochschulreform geschieht. Hier ist eine Auswirkung des veränderten Zahlenverhältnisses von Studenten und Dozenten auf das Bildungsziel der Hochschulen, die mir unverkennbar erscheint. Die deutsche Hochschule befindet sieb in einem Umbruch; das zeigt sich gerade hier. Der Ordinarius ist weitgehend mit der Fortbildung seiner Assistenten beschäftigt, während der Student zum großen Teil nichthabilitierten Kräften anvertraut ist. Die Entwicklung ist in den verschiedenen Fächern verschieden weit fortgeschritten, der Trend aber ist einheitlich und unverkennbar.[210]

Wenn man die aus dem Chicago-Frankfurt entsprungene Tagung als Ort der besonderen deutsch-amerikanischen Debatte über den erzieherischen Auftrag der Universität betrachtet, ist die deutsche Antwort hier nun klar formuliert. Mit klaren Argumenten einer Tradition der „Bildung durch Wissenschaft“ wurde hier eine Verschulung des Studiums abgelehnt und blieb auch von Herausgeber Horkheimer unwidersprochen. Frankfurt, das in anderen Wissenschaftsbereichen und vor allem durch seine Sozialwissenschaften auch eine besonders innovative Kraft für eine politische Allgemeinbildung entfaltete, erlaubet sich kein Schwanken in der Klarheit des universitären Auftrags „Bildung durch Wissenschaft“. Nach seinem Rektorat war Max Horkheimer zwar weiterhin hochschulpolitisch tätig und nahm etwa regen Einfluss auf die Berufungen der Universität, Themen wie studentisches Leben in Wohnheimen interessierten ihn aber nicht. Überhaupt standen in den Folgejahren auch für die professoralen Kollegien andere Themen im Vordergrund.[211]

210 W. Thieme: „Der Einfluss des Staates auf das Ausbildungsziel der Universitäten“, in: Ebd., 58–76.

211 z.B. die Frage nach dem Status der Nicht-Ordinarien und Dozenten: K. Müller: „Die Assistenten an der Goethe Universität Frankfurt in den 1960er Jahren“, in: F. Herrschaft; K. Lichtblau (Hg.): *Soziologie in Frankfurt. Eine Zwischenbilanz, Teil 1*, Wiesbaden 2010, 239–254.

X. INSTRUMENTALISIERUNG STUDENTISCHER GRUPPEN AN DER FREIEN UNIVERSITÄT BERLIN

1. „FREIHEIT“ ALS EINENDE IDEE 1948

Die Gründung der *Freien Universität zu Berlin* (FU) im Jahr 1948 stand im unmittelbaren Zusammenhang mit der Frontstellung, die sich im Ost-West-Gegensatz in Berlin konkretisiert hatte.[1] Die Negativ-Referenz der „unfreien“ alten Berliner Universität – 1949 dann neu benannt als *Humboldt Universität* (HU) – im sowjetisch besetzten Ost-Berlin brachte einen erstaunlichen Konsens aller bei der Gründung beteiligten Gruppen hervor: Die Freie Universität sollte das Gegenstück sein, ein Symbol des „freien Westens“. Die genaue Ausdeutung dieses Freiheits-Anspruches hingegen folgte den unterschiedlichen Perspektiven von Wissenschaftlern, Politikern und den Studierenden. Als Oberbürgermeister Ernst Reuter die Gründung der „freien“ Universität 1948 zu seiner Sache machte, waren Zwangsmaßnahmen der sowjetischen Militärregierung gegenüber Studenten der „Linden-Universität“ vorausgegangen. Auf Antrag der SPD ermächtigte das West-Berliner Stadtparlament am 11. Mai mit großer Mehrheit den Magistrat, Maßnahmen zur Gründung einer „freien“ Universität einzuleiten.[2] Der zehnköpfige Gründungsausschuss bildete sich am 19. Juni, um die Vorbereitungen zu koordinieren. Der sozialdemokratische Oberbürgermeister West-Berlins Ernst Reuter hatte den Vorsitz des Gremiums übernommen. In dem Gremium fanden sich die politischen Akteure Edwin Redslob, Kurt Landsberg und Carl-Hubert Schwennicke wieder, welche auch schon den Aufruf zu einem ersten informellen Vorbereitungstreffen am Wannsee unterzeichnet hatten. Hinzu kamen nun mit Otto Hess und Hans Ringmann zwei Studentenvertreter, Bürgermeister Karl Kleikamp sowie als Vertreter der Professorenstandes der Musiker Theodor Jakobi, der Mediziner Hermann Bermann und der Literaturwissenschaftler Paul Altenberg. Diese zehn unterzeichneten den „Aufruf zur Gründung einer freien Universität Berlin“ vom 23. Juli 1948. Tragender Gedanke war die Freiheit in dem Manifest, das um Unterstützung durch die deutsche und internationale Öffentlichkeit warb: „Jeder Stu-

1 Die wagemutige Gründungsgeschichte wurde ausführlich beschrieben. Tent: *Freie Universität Berlin*, 104–197. Paulus: *Vorbild USA?*, 171–203. Von Zeitzeugen: G. Kotowski: „Freiheit. Die Gründung der Freien Universität Berlin 1948“, in: U. Prell; L. Wilker (Hg.): *Die Freie Universität Berlin 1948–1968–1988*, Berlin 1988, 16–30.

2 L. von Friedeburg; J. Hörlemann; P. Hübner: *Freie Universität und politisches Potential der Studenten: über die Entwicklung des Berliner Modells und den Anfang der Studentenbewegung in Deutschland*, Neuwied 1968, 41 f., Paulus: *Vorbild USA?*, 181.

dierende soll wissen, dass er sich dort im Sinne echter Demokratie frei zur Persönlichkeit entfalten kann und nicht zum Objekt einseitiger Propaganda wird. Jeder Dozent soll hier frei von Furcht und ohne einseitige Bindung an parteipolitische Doktrin lehren und forschen können."[3] Mit einem geradezu missionarischen Eifer wurde die Gründung als ein Projekt von weit über Berlin heraus gehender Tragweite bezeichnet. „Aus dem Geist des Selbstbehauptung heraus", der auch den Widerstand gegen die Berlin-Blockade getragen hatte, sollte die neue Universität „entstehen und als geistiger Mittelpunkt des freiheitlichen Berlins der Gesundung Deutschlands dienen."[4] Persönliche Erfahrungen hatten dieses Freiheits-Bekenntnis motiviert. Neben den von allen Gründungsausschussmitgliedern erlebten Einschränkungen unter dem NS-Staat vor 1945 hatten einige der Unterzeichnenden auch die unter den ganz aktuellen Zwangsmaßnahmen von sowjetischer Besatzungsmacht und SED erlebt.[5]

Schon der Status als Körperschaft gestand der künftigen Universität eine besondere Unabhängigkeit von etwaigen staatlichen Eingriffen zu, die man als Gegenpol zu den Eingriffsmöglichkeiten in der SBZ sehen wollte.[6] Als die Stadtverordnetenversammlung am 4. November die Satzung der Freien Universität verabschiedete, hatte sie im Sinne des Demokratiegedankens den Studenten ein bisher nie dagewesenes Mitspracherecht an den Angelegenheiten der Universität eingeräumt. Mit Fakultäten, Kuratorium, dem Rektorat zeigte die FU äußerlich die üblichen Gremien einer deutschen Universität, im Detail jedoch Neuerungen, die eine demokratische Beteiligung der Studenten garantieren sollten. Die bis 1969 gültige Verfassung gliederte die Selbstverwaltung der Freien Universität in drei

3 S. Lönnendonker; T. Fichter (Hg.): *Freie Universität Berlin 1948–1973, Teil I 1945–1949*, Berlin 1973, 42. zitiert nach Paulus: *Vorbild USA?*, 182.

4 Lönnendonker; Fichter (Hg.): *Freie Universität, Teil I*, 42 f, Paulus: *Vorbild USA?*, 183.

5 Der stellvertretende Vorsitzender des ersten HU-Studentenrates und Herausgeber der studentischen Zeitung Colloquium Otto Hess war selbst einer der drei von der Linden-Universität relegierten Studenten gewesen. Der sozialdemokratische Jurist Karl Kleikamp hatte sich nach dem Krieg um den Aufbau des Justizwesens in der SBZ bemüht, war aber schon 1946 von der sowjetischen Militärregierung aus seinen Ämtern entfernt worden. H. Wentker: *Justiz in der SBZ/DDR 1945–1953*, München. 50 ff. H. A. Welsh: „Deutsche Zentralverwaltung für Justiz (DJV)", in: M. Broszat; H. Weber (Hg.): *SBZ-Handbuch*, München 1990, 218–228, 219 f.

6 Vgl. eine Erläuterung aus *Der Spiegel* von 1955: „Eine Körperschaft des öffentlichen Rechtes ist eine aus einer Vielzahl von Mitgliedern bestehende juristische Person. Im Gegensatz dazu kennt die Anstalt des öffentlichen Rechtes keine Mitglieder, sondern nur Benutzer. Sie ist eine von einem Träger öffentlicher Gewalt zur Erfüllung öffentlich-rechtlicher Aufgaben geschaffene Einrichtung. Nun haben die meisten Universitäten der Bundesrepublik, genauso wie (de jure) die Universitäten der Sowjetzone, den Status von Anstalten öffentlichen Rechts. Das bedeutet: Die Professoren der Freien Universität Berlin sind ‚mittelbare' Beamte, unterstehen also der Universität. Die Professoren der Universitäten aber, die ‚Anstalten' des öffentlichen Rechtes sind, haben den Status ‚unmittelbarer' Staatsbeamter und sind also dem Zugriff des Staates direkt ausgesetzt. […] Professoren, die gegen ihren Kultusminister aufstehen, sind – solange sie unmittelbare Beamte bleiben – etwaigen späteren disziplinarischen Maßnahmen des Staates ausgeliefert. Als ‚mittelbare' Beamte unterstehen sie nur der Körperschaft, von der solche nachträglichen disziplinarischen Eingriffe nicht zu befürchten sind." „Freiheit steckt an", *Der Spiegel* 39/1955, 21.9.1955.

Stränge: a) Die Wirtschaftsverwaltung über die Universität sollte nicht durch einen Kurator direkt aus dem Magistrat erfolgen, sondern durch ein Kuratorium. Diesem sollten als Vertreter der Magistrats der Oberbürgermeister Berlins, der Leiter der Finanz- und Volksbildungsabteilung und vier weitere Vertreter angehören sowie für die Universität der Rektor, Prorektor und ein Vertreter der Studentenschaft. b) Die Selbstverwaltung der Lehrenden in akademischen Angelegenheiten, kurz akademische Selbstverwaltung genannt, glich dem üblichen deutschen Universitätsmodell. An ihre Spitze sollte der aus dem Kreis der Lehrstuhlinhaber gewählte und maximal zwei Jahre amtierende Rektor sowie sein Amtsvorgänger, der Prorektor, stehen. c) Die Studentische Selbstverwaltung sollte in alle Gremien der akademischen Selbstverwaltung, den Fakultätsrat und den Senat, stimmberechtigte Vertreter entstehen. An Spitze der Studentenschaft stand der vom Studentenparlament (Konvent) gewählte *Allgemeine Studentenausschuss* (AStA).[7]

Aus der wissenschaftspolitischen Erwägungen, die altehrwürdige Berliner Universität Unter den Linden als gemeinsamen Ort zu erhalten, hatte die zwei Tage später vom 6. bis 7. November 1948 in Würzburg tagende *Süddeutsche Hochschulrektorenkonferenz* die Gründung der Freien Universität abgelehnt.[8] Als direkte Konsequenz aus dieser Haltung der Rektorenkonferenz gegenüber der FU folgte, dass mehrere Hochschullehrer, ihre ursprünglich schon erfolgte Zusage zur Teilnahme am Aufbau der FU nun wieder zurücknahmen. In der Begründung dieser Professoren findet sich die Empörung über die Gremienstruktur, die der herkömmlichen Vorstellungen einer deutschen Universität widerspreche.[9] Das in Hamburg erscheinende Wochenmagazin *Der Spiegel* würdigte hingegen ausdrücklich die Rolle der Studenten, die aktiv die Universität trugen und von sich aus etwa die Bibliothek aufbauten.[10] Die Begründung für die weitreichenden Rechte der Studenten lag wohl vor allem an der aktiven Rolle der Studenten bei Gründung der Universität[11] Die konstruktive Rolle der Studentenschaft bei Grün-

7 C. Rietzschel: *Freie Universität Berlin, auf die Finger Gesehen*, Berlin 1974, 16 f. Paulus: *Vorbild USA?*, 184. Im Verbund mit seinem Parteifreund Walter May, Volksbildungsstadtrat von Berlin, hatte Oberbürgermeister Reuter versucht, den Statuten-Entwurf schnell durch alle Instanzen zu bringen. Dies gelang, obwohl Hochschulreferent Friedrich Kruspi sich quergestellt hatte. Ein Artikel des Hamburger Wochenmagazin des Spiegel nannte als Ursache, dass der LDP-Mann sich in dem Verfahren übergangen fühlte. Auch wurden seine Vorbehalte gegen die vorgesehene Studentenvertretung im Senat genannt. Schon in der Weimarer Zeit hatte der Maschinenbauingenieur Kruspi als DVP-Hochschulpolitiker den Vorsitz des Reichsausschusses der Hochschulgruppen inne.Vgl. „Zwei Millionen von der Neuen Zeitung“, *Der Spiegel* 46/1948, 13.11.1948. Vgl. zur Verfassung der FU: P. Müller: „Studenten gründeten – Studenten regieren. Das Berliner Modell an der Freien Universität Berlin“, in: AStA der FU Berlin (Hg.): *Fünfzehn Jahre Freie Universität Berlin*, Berlin 1963, 28–31. Hübner: *Freie Universität und politisches Potential der Studenten*, 65–196; 483–562. Tent: *Freie Universität Berlin: 1948–1988*, 208–213, 341–344. E. Lämmert: „Freie Universität Berlin. Veritas – Iustitia – Libertas“, in: A. Demandt (Hg.): *Stätten des Geistes*, Köln et al. 1999, 279–302.

8 Paulus: *Vorbild USA?*, 184.

9 Ebd. 184.

10 „Zwei Millionen von der Neuen Zeitung“, *Der Spiegel* 46/1948, 13.11.1948.

11 Paulus: *Vorbild USA?*, 184.

dung der Universität hatte zu einer Vorstellung eines starken gemeinsamen Zieles geführt, welches Politiker, Professoren und Studenten zum gemeinsamen Vorhaben zusammengeführt hatte. Die Realisierung der demokratischen Freiheiten sollte in einem „Universitätsstaat“ geschehen, in denen es korporatistische Mitspracherechte der Studenten gab. „Die modernste und demokratischste Verfassung erhalten, die es in der deutschen Universitätsgeschichte je gegeben hatte“. Prell und Wilker interpretierten in einem Rückblick von 1988 die Zielabsicht auch in einem hohen Maße, eine „Gemeinschaft von Lehrenden und Lernenden“ zu schaffen.[12] Der schon im Namen der Neugründung verankerte Freiheitsgedanke trug die Universitätsgründung. Der Bezug zur Freiheit fand sich auch in der Erklärung von General Lucius D. Clay, die der Gründung die amerikanische Unterstützung zusicherte. In einem Brief an den Berliner Oberbürgermeister Ernst Reuter Ende August 1948 bekräftigte er sein lebhaftes Interesse an der Universitätsgründunge. Bereitwillig wolle Clay „auf jede nur mögliche Weise helfen“. Die Ziele der neuen Hochschule verdienten, so Clay, „das entschiedene Interesse aller, die an die akademische Freiheit glauben.“[13]

Am 15. November 1948 begann der Vorlesungsbetrieb mit 2.140 Studierenden und 26 ordentlichen Professoren. Die Studentenvertretung hatte wesentliche Verwaltungsaufgaben übernommen. Ohnehin musste der gesamte Betrieb in den meisten Teilen improvisiert werden, da es nach wie vor an Räumlichkeiten und Gerät aller Art mangelte. Drei Wochen fand am 4. Dezember 1948 die offizielle Eröffnung der FU im Steglitzer Titania Palast statt.[14] In den Reden wurde von allen Akteuren die Freiheitsidee der jungen Universität betont. Edwin Redslob erläuterte als erster Prorektor die Devise der FU: „Das Wappen der Freien Universität Berlin bedeutet ein Bekenntnis zu Berlin als zu der Stadt, die in Zeiten äußerster Bedrängnis erst recht die Fackel des Geistes erhebt. Die drei aufgeschlagenen Bücher bezeichnen drei Fakultäten, auf denen die Universität in ihrem Gründungsjahr 1948 besteht. Sie nennen die drei Worte, die unsere Devise verkünden: Veritas […], Justitia […], Libertas.“[15] Die Verteidigung der Freiheit war auch das Thema der vom heimischen Krankenbett aus über Rundfunk übertragenen Ansprache Friedrich Meineckes, der mit hoher Symbolkraft zum ersten Rektor der FU gewählt worden war.[16] Als „Vernunftrepublikaner“ der Weimarer Republik stand er für das demokratische Deutschland, als weithin geachteter Histori-

12 U. Prell; L. Wilker: „Gründungsanspruch und Wirklichkeit 1948–1968–1988“, in: Dies. (Hg.): *Die Freie Universität Berlin*, Berlin 1988, 10–14. 10.

13 Militärgouverneur Lucius D. Clay an Dr. Ernst Reuter, Berlin, 30.8.1948, in Lönnendonker; Fichter (Hg.): *Freie Universität, Teil I*, 45.

14 Paulus: *Vorbild USA?*, 186.

15 Zitiert nach Ebd.186.

16 Ebd. 186. Oberbürgermeister Ernst Reuter und Professor Edwin Redslob, der als Prorektor die Geschäfte führte, hatten den berühmten Meinecke wegen dieser legitimierenden Wirkung für die unsichere Universitätsgründung um die Übernahme des Amtes gebeten. Vgl. G. A. Ritter: „Friedrich Meinecke, die Gründung der Freien Universität und das Friedrich-Meinecke-Institut“, in: G. Bock; D. Schönpflug (Hg.): *Friedrich Meinecke in seiner Zeit*, Stuttgart 2006, 193–210, 202 f.

ker und Ordinarius der alten Berliner Universität aber auch für eine Konstanz zur Wissenschaftstradition des Kaiserreiches.[17] Vom Krankenbett aus war seine Ansprache mit dem Rundfunk in den Titaniapalast übertragen worden, wo der Festakt zur Gründung der FU stattfand. Meinecke versuchte diese legitimierende Herleitung in einer deutschen Tradition Freiheit zu sehen, die es mit der westlichen „abendländischen“ Welt gemein habe und die nun hier verteidigt werden müsse: Mit Bezugnahme auf die Weiterführung der von der Universität Unter den Linden geerbten „Macht und [...] Segen der Tradition“ sah Meinecke „Großvater und Enkel [...} durch ein geheimes Band miteinander verbunden“. Das Gemeinsame im Wandel der Generationen werde meist schon unbewusst stärker empfunden. Gewiss sei dabei „nicht jede Tradition [...] von Segen. Aber das empfinden wir doch heute übermächtig, dass die segensreiche Tradition Deutschlands und des ganzen Abendlandes heute verteidigt werden muss gegen tödliche Gefahren: Die Idee der Freiheit und eng mit ihr verbunden: Die Idee der Persönlichkeit. Aus Freiheit und Persönlichkeit wächst nun auch wahre Wissenschaft und ihre Lehre hervor.“ Mit der Frage nach dem Wesen der Freiheit und dem Wesen der Persönlichkeit, schlug Meinecke gleich im Anschluss aber wieder den Bogen zu der aktuellen Abgrenzung:

> Freiheit im innerlichsten Sinne ist die geistig-sittliche Selbstbestimmung durch die Stimme des Gewissens. Persönlichkeit ist Formung des eigenen Lebens durch Freiheit. Freiheit führt sofort zur Selbstbestimmung, zur Selbstzucht – nicht etwa Selbstsucht. Selbstzucht – nicht Züchtung und Dressur durch fremde Gewalt nach einem Massenmodell autoritativertotalitärer Prägung. Diese Ideen der Freiheit und Persönlichkeit sind, universalhistorisch gesehen, die Herzwurzeln der Ideen Europa und christliches Abendland.[18]

Meinecke sah den aktuellen weltpolitischen Konflikt zwischen diesen Ideenpolen. „Nur ein einzelner Punkt auf dem großen Schlachtfeld der Welt“ sei der Versuch der neuen freien Universität. Den Kampf sah Meinecke von den Geistern und den realen Mächten ausgetragen. Bei seiner Rede hatte Redslob diese Selbstzucht zur Freiheit konkretisiert. Er sah das Mittel für dieses Ziel vor allem in der Gemeinschaft der Lehrenden und Lernenden der Universität, der *Universitas magistrorum et scholarium*. Ohnehin sei erst später sei die Bezeichnung *Universitas litterarum* hinzugekommen. Beide Ausdeutungen der *Universitas* sollten nun für die Freie Universität gelten. Die besonderen Gründungsumstände verlangten diese besondere Betonung der Gemeinschaft: „Uns, die wir uns heute die Gründung der aus dem Willen der Studierenden, vor allem aber schicksalhaft aus geschichtlicher Notwendigkeit entstandenen Freien Universität Berlin festlich begehen, geben beide Deutungen Richtung und Gebot: Einheit der Dozenten und Studenten und damit

17 Vgl. zu Meinecke: R. vom Bruch: „Ein Gelehrtenleben zwischen Bismarck und Adenauer“, in: Bock; Schönpflug (Hg.): *Friedrich Meinecke in seiner Zeit*, 9–19. S. Meineke: „Parteien und Parlamentarismus im Urteil von Friedrich Meinecke“, in: Ebd. 51–94. N. Wehrs: „Demokratie durch Diktatur? Meinecke als Vernunftrepublikaner in der Weimarer Republik“, in: Ebd. 95–118.

18 F. Meinecke: „Die Stimme des Gewissens“, *Colloquium* 1/1949, 1 f. Abgedruckt in: Lönnendonker; Fichter (Hg.): *Freie Universität Berlin, Teil I*, 55 f.

im Sinne Goethes ‚Ganzheit' der Körperschaft, Universalität der Studien, die über das Fachliche und Technische hinaus auf die höchsten Ziele der Bildung auf Humanismus und Humanität gerichtet sind." In dieser Gemeinschaft sah Redslob in einem „Dreiklang der Generationen, deren Wechselbeziehungen den Lehrbetrieb einer Hochschule" bestimme. Der alten Generation schrieb dabei Redslob eine besondere „Vergeistigung und Deutung" zu, der mittleren die „Tatenreife und Formungskraft" und der jüngsten Generation „Gefühl und Wille". Das gemeinsame Ziel sah Redslob aber in der „Bildung der Jugend, die danach verlangt, zur Wahrheit, zur Gerechtigkeit und Freiheit und damit zur Selbstzucht im Dienste der Allgemeinheit geführt zu werden." Er glaube an die Kraft dieser Jugend, auf „deren Verlangen Hörsäle und Institute sich öffnen". „Zwei scheinbare Gegensätze" sah Redslob in Haltung der Jugend: „Kritik und Hingabe" bildeten aber seit der Antike ohnehin die Basis der Wissenschaften. In der jungen Generation sah Redslob dafür, „ob auch die Voraussetzungen ihres Wissens im Vergleich zu früheren Zeiten meist erschreckend gering sind, dafür charakterlich die beste Voraussetzungen." Die nachwachsende Generation habe „das Recht auf eine Lehre, welche die Wahrheit um ihrer selbst willen sucht, das Denken über Zweck und Nützlichkeit, über Sehnsucht und engende Doktrin erhebt und durch Humanismus zur Humanität gelangt." Die FU könne bei der Erfüllung der Forderung helfen, „in fruchtbare Verbindung mit der geistigen Kultur aller freiheitlich denkenden und schaffenden Völker zu kommen. Die Jugend will und soll durch die Wissenschaft zum Ewigen geführt werden und Ehrfurcht vor dem gewinnen, was sich über das Irdische in die Sphäre der Geistigkeit erhebt."[19] Von Anfang an war den an der Gründung beteiligten Akteuren bewusst, dass sie mit diesem Anspruch neue Wege begingen. Schon beim Vorbereitungstreffen der Gründung in Wannsee im Juni 1948 hatte Redslob in seiner Ansprache die Frontstellung gegen die Unterdrückung in der SBZ mit dem versagen der Eliten im NS-Deutschland verknüpft und darauf die Forderung nach Universitätsreform abgeleitet:

> Allenfalls richten wir uns gegen Methoden des Gestern, die dem Ziele einer Universität, die Wahrheit zu erforschen und ihr zu dienen, entgegengesetzt sind und den Hörenden statt zum Subjekt zum Objekt machen. Wo dieses System weiterwirkt – das kann ebenso gut im Osten wie im Westen sein – widerspricht es dem Grundgedanken des akademischen Lebens. [...] Gerade weil wir den Universitäten eine wesentliche Mitschuld an der Durchsetzung des Nazismus beimessen, interessiert uns die Frage, inwieweit der ganze Universitätsbetrieb geordnet und modernisiert werden kann.[20]

Die in der Satzung der FU gewährten Studierendenrechte wurden nicht nur von der Kultusministerkonferenz, sondern auch vom Berliner Senat zunehmend als Problem gesehen. An dem Satzungskonflikt zwischen dem Hochschulamt und der Universitätsleitung der Technischen Universität in Berlin-Charlottenburg lässt sich die Strahlkraft des Vorbildes der Freien Universität ablesen. 1949 war die

19 E. Redslob: „Veritas Justitia Libertas. Aus der Festrede zur Eröffnung der Freien Universität", *Colloquium* 1/1949, 4 f. in: Lönnendonker; Fichter (Hg.): *Freie Universität Berlin I*, 56.

20 Protokoll der Sitzung im Haus der „Freunde der Natur- und Geisteswissenschaften" am 19.6.1948 in Berlin-Wannsee, in Ebd. 39 f.

von den britischen Besatzungsbehörden wiedereröffnete TU an den Senat zurückübertragen worden. Im Mai 1952 hatten die Vertreter der TU auch der 14. Neuentwurf der Verwaltung für eine Satzung abgelehnt. Als Hochschulreferent Kruspi die Differenzen über die Satzung per Hochschulgesetz für die West-Berliner Universitäten beenden wollte, rief er die Studentenschaft der FU auf den Plan. Durch die einheitliche Regelung als Anstalt des Öffentlichen Rechts plante der Gesetzentwurf, die Freien Universität wieder ihre gewährten Selbstverwaltungsrechte nehmen, die Kruspi schon 1948 abgelehnt hatte. Der Berliner Landesverband des Verbandes Deutscher Studentenschaften protestierte in einem Brief an den auch schon unter Reuter ab 1951 zuständigen CDU-Senator für Volksbildung Joachim Tiburtius: „die Studentenschaften aller Westberliner Hochschulen lehnen es grundsätzlich ab, über Einzelheiten des Gesetzentwurfes zu diskutieren, da der Geist des Entwurfes von völlig unzeitgemäßen obrigkeitsstaatlichen Prinzipien bestimmt" sei. Die Rektoren von TU und FU äußerten sich eindeutig gegen den Gesetzentwurf Kruspis: „Grundsätzlich sehen die Universitäten keine Notwendigkeit, ein Hochschulgesetz zu schaffen. Die Freie Universität besitzt bereits eine gültige Verfassung. Es ist also nur erforderlich, der Technischen Universität eine Verfassung im gleichen Geiste zu geben." Das Verfassungsmodell der FU wurde hingegen von den Gegnern als nicht zu verallgemeinernder Sonderfall gesehen. Bei einer FDP-Veranstaltung soll Kruspi das Bild genutzt haben, dass die Freie Universität von einem symbolischen Gartenzaun umgeben sei, dessen Tor für den Senat versperrt wäre. Nur der Geldbriefträger habe Zutritt. Als Rektor der FU verfasste der Jurist Ernst Hirsch eine Grundsatzerklärung zu den der Universität gewährten Rechten. Da die im Grundgesetz gewährten Freiheiten für Körperschaften öffentlichem Rechte gelten, so Hirsch, dürften „Gesetze oder Verwaltungsmaßnahmen [...] dieses Freiheitsrecht der Wissenschaft, Forschung und Lehre in seinem Kern nicht antasten." Würde Kruspis Entwurf zum Gesetz werden, hätte das Wort „frei" im Namen der Freien Universität nur noch die gleichen Funktionen wie das Wort „demokratisch" in der Bezeichnung „Deutsche Demokratische Republik". Damit war die Einschränkung der universitären Unabhängigkeit abgewehrt. Der selbst an der FU als Jurist lehrende Senator Tiburtius legte dem Westberliner Abgeordnetenhaus am 8. März 1954 einen neuen Gesetzentwurf vor, der auch der TU der Status einer Körperschaft öffentlichen Rechts zugestand. Universität, Fakultäten und Studentenschaft sollten das „Recht auf eine ihrem besonderen Charakter entsprechende Selbstverwaltung" haben und folglich auf eine eigene Satzung, die „insbesondere Bestimmungen über die Berufung der Universitätslehrer, über die Zusammensetzung des Lehrkörpers und über die Mitwirkung der Studentenschaft trifft." Die Angestellten der Universität sollten im Dienst dieser Körperschaft stehen, die Finanzmittel wie üblich durch den Haushaltplan des Landes Berlin festgelegt werden.[21]

21 „Freiheit steckt an", *Der Spiegel* 39/1955, 21.9.1955.

2. UNTERSTÜTZUNG DURCH DAS STATE DEPARTMENT

„Die Amerikaner" spielten eine außerordentlich wichtige Rolle bei der Gründung und in den ersten Jahren der Freien Universität.[22] Die Frage drängt sich dabei auf, inwieweit die Vertreter des amerikanischen Staates oder der Zivilgesellschaft auch inhaltlich das neue Konzept des Lernens demokratischer Umgangsformen durch die Übung an der FU mitgestalten konnten. Zentral bei dem Werben für die amerikanischen Positionen blieben es aber Einzelpersonen in diesen Institutionen. In den ersten Nachkriegsjahren 1945 bis 1947 verfolgte die für Berlin zuständige Einheit der US-Militärregierung (OMGB) keinen spezifischen Plan bezüglich der Hochschuleinrichtungen im amerikanischen Sektor. Die alte Berliner Universität lag Unter den Linden im sowjetischen Sektor, die Briten hatten sich der Technischen Hochschule in Berlin-Charlottenburg in ihrem Sektor angenommen. Sowohl Engländer als auch Sowjets verfolgten ihre jeweiligen Konzeptionen für die Hochschule, hinter denen in beiden Fällen – und bei aller Unterschiedlichkeit der Grundsätze – ein bewusst propagiertes Gesellschaftsbild stand. Beide alliierten Besatzungsmächte hatten unmittelbar nach dem Krieg massive Eingriffe in die Hochschule vorgenommen. An der im britischen Sektor Berlins gelegenen Technischen Hochschule sollte ein „Humanistisches Studium" angehende Ingenieure und Naturwissenschaftler mit den historischen, kulturellen und philosophischen Fragen vertraut machen. Mit diesem Anspruch wurde die TH 1946 zur Technischen Universität umgewidmet und im März 1950 eine eigene *Humanistische Fakultät* gegründet.[23] Die Sowjets hingegen verfolgten von Anfang an einen Plan der sozialistischen Umgestaltung der deutschen Gesellschaft in ihrer Besatzungszone. Der bei der Sowjetischen Militäradministration für das Berliner Bildungswesen zuständige General Pjotr Wassiljewitsch Solotuchin hatte die Eröffnung der Hochschulen als die zweite Priorität nach der Neuausrichtung der Schulen gesehen. Um den „antifaschistisch-demokratischen Aufbau" nach sozialistischem Muster zu bewältigen, sollten die Universitäten „Zentren der Ausbildung der neuen Intelligenz" werden.[24] Mit Sorge verfolgten die Westmächte seit 1947 die Ideologisierungsbemühungen der Besatzungsmacht im Ostsektor. Dennoch scheute man auf amerikanischer Seite noch einen offenen Konflikt mit den Sowjets. Vor allem aber besaßen die Amerikaner noch keine klaren Vorstellungen davon, wie die Berliner Hochschullandschaft der Zukunft auszusehen habe.[25] Dabei waren die Amerikaner durchaus unmittelbar betroffen: Auch in ihrem Berliner Sektor befanden sich einige Institute der alten Universität sowie zahlreiche außeruniversitä-

22 Vgl. Tent: *Freie Universität Berlin*, 104–197.

23 Die zusätzlichen Studienverpflichtungen für alle Studiengänge blieben bis 1968 bestehen. W. König: *Neugier und Nutzen*, Berlin 1996, 102–103.

24 P. W. Zolotuchin: „Über den tiefen Humanismus der Befreiungstat der Sowjetunion", in: Roland Köhler (Hg.): *Erinnerungen sowjetischer Hochschuloffiziere 1945–1949*, Berlin 1977, 4–7.

25 Paulus: *Vorbild USA?*, 176.

re Forschungseinrichtung der Kaiser-Wilhelm-Gesellschaft. Für die Zukunft der über 40 Einrichtungen musste dringend eine Strategie entworfen werden.[26]

Ein erstes Zukunftskonzept für die im US-Sektor gelegenen Einrichtungen war 1946 vom Leiter der Hochschulabteilung der E&RA Branch OMGUS Fritz Karsen vorgelegt worden. Nach dem Vorbild des *Institute for Advanced Study* in Princeton wollte Karsen in Berlin ein „Institut für Fortgeschrittene Studien" errichten.[27] Das Konzept sah vor, dass die künftige Berliner Forschungshochschule Studierende aufnehmen sollte, die bereits ein Universitätsstudium abgeschlossen hatten. Das Postgraduiertenstudium vor allem in naturwissenschaftlichen Fächern sollte durch gesellschaftspolitisch relevante Disziplinen ergänzt werden. Dieses zusätzliche Fächerangebot aus Soziologie, Politikwissenschaft, Pädagogik und *American Studies* sollte dem Ziel dienen, an der Forschungshochschule eine neue, demokratisch geprägte Professorengeneration heranzuziehen. Das Konzept Karsens, der als sozialdemokratischer Schulreformer in den 1920er Jahren in Berlin gewirkt hatte, wollte über die inhaltliche Unterrichtung hinaus die Postgraduierten für die Fragestellungen einer demokratischen Gesellschaft sensibilisieren. Um den offenen Konflikt mit der Sowjetmacht zu vermeiden, hatte Karsen allen Anschein einer konkurrierenden Unternehmung durch die Forschungshochschule vermeiden wollen. In diesem Sinne lagen auch die Zeilen, die der Direktor des im US-Sektor gelegenen Botanischen Gartens Kurt Noack im September 1946 an den Rektor der Linden-Universität schrieb: „Es soll versucht werden, eine *post-graduated-high-school* zu machen. Ohne die Bindung mit der Universität im anderen Sektor völlig aufzugeben. Sehr erfreulich ist es, dass die Amerikaner Berlin wieder zum Zentrum der deutschen Wissenschaften machen wollen. Da dies die Russen ja auch vorhaben, kann es uns an nichts mangeln."[28] Tatsächlich konnte im Mai 1948 die Forscherhochschule formal gegründet werden, die Realisierung kam aber angesichts der sich überschlagenen Ereignisse bis zur Neugründung der Freien Universität nicht mehr zustande. Aus Vertretern der Länder in den westlichen Besatzungszonen und Berlin sowie aus Persönlichkeiten des öffentlichen Lebens hatte zwei Jahre lang ein Stiftungsrat das Konzept ausgearbeitet, da die US-Besatzungsmacht dem Anschein einer amerikanischen Gründung begegnen wollte. Bis Februar 1948 hatten der Bayerische Kultusminister Hundhammer eine Planungsunterbrechung verursacht, da er den Sitz der zuständigen Länderstiftung nach München gelegt haben wollte.[29]

Unmittelbar nach der studentischen Protestkundgebung im Hotel Esplanade am 23. April 1948, bei der Forderung nach Gründung einer „freien" Universität

26 Hübner: *Freie Universität und politisches Potential der Studenten,* 38. Tent: *Freie Universität Berlin*, 76–87. Paulus: *Vorbild USA?*, 176

27 Tent: *Freie Universität Berlin*, 82 f. Paulus wies darauf hin, dass der geistige Vater des 1937 in Princeton gegründeten Instituts Abraham Flexner sich selbst an den außeruniversitären Forschungsinstituten der Kaiser-Wilhelm-Gesellschaft orientiert hatte. Ob Fritz Karsen dieser Zusammenhang bewusst war, konnte nicht rekonstruiert werden. Vgl. Paulus: *Vorbild USA?*, 176 f.

28 Zitiert nach Tent: *Freie Universität Berlin*, 83.

29 Paulus: *Vorbild USA?*, 176 ff.

gestellt worden waren, hatten sich Akteure aus dem Umfeld der Militärregierung mit vollem Engagement dem Ansinnen gewidmet. Schon früh hatten die bei den Studenten führenden Herausgeber des *Colloquium* Hess, Schwarz und Stolz über das Ehepaar Fritz und Herta Epstein Kontakte zur Militärregierung knüpfen können. Im Auftrag des State Department war der aus Deutschland emigrierte Historiker Fritz T. Epstein zusammen mit seiner Frau Herta Epstein nach Berlin gekommen, wo sie regen Anteil am Schicksal der Berliner Studenten nahmen. Das Ehepaar interessierte sich für die Studenten und die Entwicklung ihres Wertesystems nach dem Krieg. In ihrem Privathaus boten sie den Studenten die Möglichkeit zu unbeobachteten Aussprachen und informellen Kontakten mit Amerikanern.[30] Zentrale Figur der amerikanischen Unterstützung der Universitätsneugründung war der amerikanische Journalist Kendall Foss. Als Mitarbeiter der in München herausgegebenen *Neuen Zeitung* war Foss im Auftrag von OMGUS nach Berlin gereist, um die Vorgänge an der Linden-Universität zu beobachten. Nach der Versammlung im Esplanade hatte Foss beim Treffen mit einigen Studenten diesen die Kontaktaufnahme mit Militärgouverneur General Lucius D. Clay, dem höchsten Repräsentanten der Vereinigten Staaten in Deutschland, in Aussicht gestellt.[31] Am 4. Mai 1948 wurde das *Commitee on the Establishment of a German University in the U.S. Sector of Berlin* gegründet, zu dessen Vorsitzenden Foss ernannt wurde. Herman B. Wells übernahm eine Art Aufsichtsfunktion über die Arbeit des Komitees. Schon fünf Tage nach der Versammlung im Hotel Esplanade konnten Foss und Wells bei Clay bereits erste Ergebnisse präsentieren. Schon für den Herbst 1948 gingen sie von dem Beginn des Lehrbetriebs aus.[32] Das amerikanische Komitee war aber dabei nicht konzeptionell stärker hervorgetreten. Seit 1938 hatte Clays Berater Herman B. Wells als Präsident der Indiana University zahlreiche moderne Universitätskonzepte in Bloomington umsetzen können. Wells, der ursprünglich als Finanzfachmann an die Universität gekommen war, hatte sich seit 1940 vor allem für das Erlernen demokratischer Verhaltensweisen auf seinem Campus und gegen Rassendiskriminierung eingesetzt. 1944 hatte er eine Satzung für die Studentenvertretung der Indiana University erfolgreich durch

30 Tent: *Freie Universität Berlin*, 84–85.

31 Paulus: *Vorbild USA?*, 178. Hier Hinweise auf weitere Darstellungen der Rolle von Foss: K. Foss: "A New Freedom for Education", *New York Post*, 24.2.1947. Tent: *Freie Universität Berlin*, 106–108. Herman B. Wells: "Higher Education Reconstruction in Postwar Germany", in: Heinemann (Hg.): *Hochschuloffiziere und Wiederaufbau des Hochschulwesens in Westdeutschland 1945–1952. Die US-Zone*, 43–52, 48. Am Telefon konnte Foss am Morgen des folgenden Tages schon Clay informieren. Foss bat den Militärgouverneur, „ihn mit der Prüfung der Möglichkeiten der Errichtung und Unterstützung einer freien Universität im Westen Berlins zu beauftragen."[31] Clay hatte spontan seine Zusage gegeben, so dass Foss unmittelbar anfangen konnte, entscheidende Akteure zusammenzubringen. Mit einer Abordnung Studenten zusammen beriet Foss das weitere Vorgehen mit Hermann B. Wells, dem kulturpolitischen Berater Clays, und mit dem Berliner Oberbürgermeister Ernst Reuter. Wesentlichste Aufgabe von Foss war es, die Deutschen für Vertrauen in die Ernsthaftigkeit der amerikanischen Absichten zu gewinnen. Kotowski: *Der Kampf um Berlins Universität*, 27. Paulus: *Vorbild USA?*, 179

32 Vgl. Paulus: *Vorbild USA?*, 179 f.

die Gremien gebracht.[33] Dem nun in Berlin tagenden Komitee war aber vor allem wichtig, dass die neue Hochschule von den Deutschen gegründet werden solle und eben nicht amerikanisch initiiert sein dürfe. Die Amerikaner selbst sahen sich lediglich „in der Rolle eines Geburtshelfers, der die finanziellen und logistischen Voraussetzungen für ein solche Unterfangen schaffen sollte, welche von deutscher Seite unmöglich hätten alleine geleistet werden könne."[34] Neben der zurückhaltenden Rolle ist auch bemerkenswert, dass nicht auch Fritz Karsen im amerikanischen Komitee mitwirkte. Er war als Leiter der Hochschulabteilung der E&RA Branch ebenfalls in Berlin stationiert und bestens mit den lokalen Verhältnissen vertraut. Aufgrund seiner bisherigen Bemühungen um eine Hochschulreform sowie der Errichtung der Forschungshochschule wäre Karsen die prädestinierte Figur gewesen. Als Grund für die diese mangelnde Berücksichtigung Karsens vermutete Paulus, dass die Spitze der Militärregierung dessen Einfluss auf das neue Universitätsprojekt offensichtlich begrenzt halten wollte. Genauso wie der Leiter der E&RA Branch Richard T. Alexander war Karsen als Skeptiker gegen das Unternehmen aufgetreten, indem er auf die praktischen Schwierigkeiten und die „möglichen politischen Konsequenzen eines solch brisanten Unterfangens hingewiesen hatte".[35] In seiner Geschichte der FU von 1988 vertrat Tent die These, dass Karsen nach anderen gescheiterten Projekten womöglich nicht mehr zugetraut wurde, sich der Herausforderung zu stellen. Etwa die Verbesserung des Kontaktes mit der Öffentlichkeit durch die Einrichtung von Hochschulräten war ein Anliegen Karsens gewesen, das bei den deutschen Professoren auf Unverständnis und Widerstand gestoßen war. „Relative Neulinge" wie Kendall Foss brachten hingegen den „für ein solches Vorhaben erforderlichen Optimismus mit."[36]

Clay wollte die Universitätsgründung. Auch Bedenken von Wells bezüglich logistischer Probleme, wischte der Militärgouverneur beiseite. Clay beauftragte Wells, mit der aktiven Unterstützung des Vorhabens zu beginnen.[37] Mit der zugesagten Unterstützung der Amerikaner konnte das das Berliner Stadtparlament am 11. Mai 1948 offiziell den Magistrat mit der Gründung der „freien" Universität beauftragen.[38] Die in der Berlin-Blockade ab 24. Juni gipfelnde Krise unter den Besatzungsmächten gefährdete das ganze Projekt. Paulus stellte in seiner Analyse der amerikanischen Rolle fest, dass kaum überraschen könne, dass das Neugründungsprojekt im Zuge der Abriegelung Berlins eine unglaublich politische Di-

33 J. H. Capshew: "Alma Pater: Herman B Wells and the Rise of Indiana University", in: *University of Indiana*, http://www.indiana.edu/~libarch/Wells/wellsbio.html., Zugriff 20.4.2009. Vgl. Wells: *Higher Education Reconstruction in Postwar Germany*, 48. Paulus: *Vorbild USA?*, 180.

34 R. H. Pells: *Not like us*, New York 1997, 49. Zitiert nach Paulus: *Vorbild USA?*, 181. Vgl. Ebd. 180 f. Tent: *Freie Universität Berlin*, 109 f.

35 Paulus: *Vorbild USA?*, 179 f.

36 Tent: *Freie Universität Berlin*, 125. Vgl. Paulus: *Vorbild USA?*, 180.

37 Wells: *Higher Education Reconstruction in Postwar Germany*, 48. Paulus: *Vorbild USA?*, 180.

38 Hübner: *Freie Universität und politisches Potential der Studenten*, 41 f., Paulus: *Vorbild USA?*, 181.

mension in der ideologischen Auseinandersetzung zwischen Ost und West erhielt.[39] Der Einsatz des vorbereitenden Gründungsausschusses bestärkte General Clay in seiner Haltung, das Projekt von amerikanischer Seite bestmöglich zu unterstützen und entsprechend voranzutreiben. In einem Brief an Oberbürgermeister Reuter schrieb Clay am 30. August 1948: „Ich werde die Entwicklung dieser Universität mit lebhaftem Interesse verfolgen, und ich werde bereitwillig auf jede nur mögliche Weise helfen. Die Ziele, die sie verfolgt, verfolgt, verdienen das entschiedene Interesse aller, die an die akademische Freiheit glauben."[40] Die Amerikaner zeigten Ihre Unterstützung im Großen, vor allem aber durch praktische und informelle Hilfe an vielen Stellen. Unkonventionell verhalf der Militärgouverneur der Freien Universität zu einem Startkapital. Drei Tage vor dem offiziellen Inkrafttreten der Währungsreform hatte Clay am 16. Juni Foss in geheimer Mission nach München geschickt. Foss konnte dort insgesamt 19 Millionen Reichsmark aus dem Erlös der *Neuen Zeitung* für den Aufbau der Universität sichern, indem er das Geld noch vor der Währungsumstellung auf ein deutsches Konto transferierte. Anstatt dass dem Geld seinen Wert auf einem amerikanischen Konto komplett verloren ging, konnte es nach Einführung der neuen Währung zu einem Kurs von 10:1 noch in 1,9 Millionen Deutsche Mark umgetauscht werden.[41] Beim Gründungsfestakt der FU nahm Oberbürgermeister Reuter schon dankbar Bezug auf diese Anschubfinanzierung sowie die zahlreichen kleinen Hilfestellungen: „Ohne die großzügige Unterstützung der Militärregierung wären wir nicht im Stande gewesen, den ersten Schritt zu tun und die Mittel zu finden, so dass wir bei aller gebotener Sparsamkeit, die uns die Zeit auferlegt, in der ersten Zeit ohne die drückende Sorge der täglichen Mittelbeschaffung uns an die Arbeit haben begeben könne."[42] Für Möbel- und Büchertransporte stellte OMGUS Militärlastwagen bereit und gab bislang von amerikanischen Dienststellen requirierte Gebäude in Berlin-Dahlem frei.[43] Unmittelbar für die Universität zuständig war junge Offizier Howard W. Johnston. Johnston zeigte in Beschaffung von Büchern und Sicherung von alten Bibliotheksbeständen ein großes Engagement, was wesentlich zu dem beachtlichen Bestand von 350.000 Bänden bei der Gründung der Universität beitrug.[44] Die Zustimmung der Militärregierung zur Gründung war so groß, weil die

39 Paulus: *Vorbild USA?*, 183.

40 Ebd. 183.

41 F. von Bergmann: „Die Hilfe der USA für die Freie Universität", in: Lönnendonker; Fichter (Hg.): *Freie Universität Berlin 1948–1973, Teil II*, Berlin 1974, 127 f. Paulus: *Vorbild USA?*, 182.

42 E. Reuter: *Schriften und Reden*, Berlin, 1974, 543–549, Zitiert nach Paulus: *Vorbild USA?*, 185 f.

43 Paulus: *Vorbild USA?*, 183. Vgl. Bergmann: *Die Hilfe der USA für die Freie Universität*, 190

44 Paulus: *Vorbild USA?*, 188. Der Einsatz von Johnston war so intensiv, dass eine Laudatio anlässlich seiner Verabschiedung aus Berlin 1950 seine besondere Rolle hervorhob: „Am 24. Juli 1948 bezogen zukünftige Studenten der Freien Universität das erste, völlig unmöblierte Haus in der Boltzmannstr. 4 und begannen mit der Arbeit, aus der jetzt eine Universität mit 5000 Studenten geworden ist. Zwei Stunden später stürzte mit großem Gepolter die eiserne Gartentür ein und darüber schritt verblüfft, aber strahlen der amerikanische Education Officer Mr. Howard Johnston, in jedem Arm ein Pfund Kaffee als erste aufmunternde Spende für die

Freiheitsidee sich mit den eigenen Vorstellungen im hohen Maße überschnitt und die geeignete Propaganda für den Gegensatz zur Sowjetunion bot. Bei der Eröffnungsfeier im Titania-Palast betonte der US-Stadtkommandant Oberst Frank L. Howley diese Rollenzuschreibung ausdrücklich: „Ich bin genauso wie Sie besonders an dem Teil des Namens interessiert, der die Freiheit betont [...]. Einer der größten Kämpfe unserer Epoche ist der Kampf zwischen Geist und Propaganda, und ich bin gewiss, dass Sie an Ihrer Universität Gedankenfreiheit haben werden, um das durchzuführen, wozu auch Sie aufgerufen ist.“[45] Und auch im Detail hatten die Vertreter der Militärregierung zustimmen können. In der Satzung der FU vom 4. November 1948 waren viele Reformvorschläge verwirklicht worden, die von Vertretern westdeutscher Universitäten bei den Bildungskonferenzen wortreich abgelehnt worden waren. In wesentlichen Punkten entsprach das „Berliner Modell“ den amerikanischen Reformvorstellungen. An der FU war etwas verwirklicht worden, was die Amerikaner sich für alle deutschen Universitäten wünschten. In diesem Sinne berichtete am 20. November auch der Spitzendiplomat Robert Murphy an Außenminister George C. Marshall: „Die Freie Universität gehört zu den am demokratischen verwalteten Hochschulen in Europa, und einige ihrer Grundsätze können gut als Leitfaden für andere Universitäten Deutschlands dienen.“[46] So finanzierten amerikanische staatliche Stellen die FU bereitwillig mit einem regelmäßigen Zuschuss von 2 Millionen DM, über die das Kuratorium nach eigenem Belieben und unabhängig von den deutschen Aufwendungen verfügt werden konnte. Diese Zahlungen liefen bis Mitte der 1950er Jahre, als Deutschland durch den wirtschaftlichen Aufschwung wieder über ausreichend eigene Mittel verfügte. Der Historiker Paulus wies auf den enormen Stellenwert die amerikanischen Gelder für die Aufrechterhaltung des Universitätsbetriebs hin, da der Berliner Magistrat in den ersten eineinhalb Jahren der FU lediglich 3,3 Millionen DM zuteilte.[47] Dazu kamen über die Jahre zahlreiche Sachmittelleistungen und

Aufbauarbeit der Studenten. So fiel er uns mit der Tür ins Haus, und immer wieder, wenn er zu uns kam, verstand er es, Freude zu bereiten und zu helfen. Als er vor Weihnachten 1948 uns die Anordnung geben musste, dass die Universität ihren schwer arbeitenden Angestellten keine Weihnachtsgratifikation auszahlen könne, stiftete er gleichzeitig Kaffee und die damals in der Blockade so ungeheuer ersehnten Doughnuts, für uns alle ein Gaumengenuß, und erst nach Monaten erfuhren wir, dass er sie aus seiner eigenen Tasche bezahlt hat. Die Wände seines Dienstzimmers waren mit den ersten Bilddokumenten der Freien Universität tapeziert, deren Förderung ihm nicht nur dienstliche Pflicht, sondern eine Angelegenheit seines warmen Herzens war; und wenn er über die Freie Universität sprach oder sie besuchte, leuchtete aus seinen Augen der frohe Stolz über die Erfolge der Universität und über seine eigene Beteiligung bei der Aufbauarbeit. Gerade im ersten Jahr unter den erschwerten Bedingungen der Blockade gab es keine Schwierigkeit, bei der er sich nicht bemühte, eine Abhilfe zu schaffen. Voriges Jahr im Herbst war die Universität unter großen finanziellen Schwierigkeiten, und Mr Johnston bemühte sich wochenlang bei seinen Vorgesetzten um Unterstützung.“ FUB UA, Howard Johnston verlässt Berlin, Berlin, 7.6.1950.

45 Zitiert nach Paulus: Vorbild USA?, 186 f.

46 Robert Murphy an State Department am 20.11.1948. Zitiert nach Tent: *Freie Universität Berlin*, 186. Paulus: *Vorbild USA?*, 184.

47 Paulus: *Vorbild USA?*, 188 f.

Baukostenzuschüsse. Nach Angaben des ersten Kurators Fritz von Bergmann stammten 82,8 Millionen Dollar der zwischen 1948 und 1967 an die FU erfolgten rund 98,l Millionen DM Zuwendungen vom State Department.[48] Die Freie Universität konnte in der Anfangsphase jede Unterstützung gebrauchen, da der Berliner Magistrat mit der vollen Finanzierung vollkommen überfordert gewesen wäre.

3. US-SPENDEN MIT GESTALTUNGSANSPRUCH

Der Gründungsausschuss der FU hatte sich in seinem Aufruf am 23. Juli 1948 mit der Bitte um Unterstützung insbesondere an die weltweite Zivilgesellschaft gewandt, mit der aufgrund der dort vorhandenen Mittel primär die amerikanische Zivilgesellschaft gemeint war.[49] Gleich zu Beginn der Aktivitäten waren einzelne Amerikaner aktiv geworden, um für die FU Kontakte in die amerikanische Zivilgesellschaft herzustellen. In einem Schreiben an das State Department vom 20. April 1949 begründete Hochschuloffizier Howard W. Johnston diese Vernetzung als sinnvolle Strategie im Interesse der amerikanischen Staates:

> In Anbetracht der Umstände, unter denen die Freie Universität gegründet wurde, glaube Ich, dass dem Department of State daran liegen wird, interessierte Universitäts- und Erziehungsvereinigungen und Organisationen in den Vereinigten Staaten mit der Geschichte dieses Unternehmens vertraut zu machen, insbesondere mit dem Ziele, Interesse und Hilfe für die neue Universität in amerikanischen akademischen Kreisen zu erwecken. Die Einzigartige Stellung diese Universität als eines aktiven Zentrums geistiger und akademischer Freiheit in Berlin und als Symbol konstruktiver demokratischer Opposition gegen die Kräfte, die gegenwärtig die Stadt politisch, wirtschaftlich und kulturell unter ihre Herrschaft zu bringen versuchten, müsste von amerikanischen Hochschuleinrichtungen und deren führenden Männern gewürdigt werden.[50]

Von Anfang an hatten die staatlichen amerikanischen Akteure bei ihren Plänen auf die finanzielle Kraft der philanthropischen Stiftungen gehofft. Tatsächlich zeigten diese auch großes Interesse an den Vorgängen. Die Vertreter der Rockefeller Stiftung hatten schon 1946 bei einem Besuch des deutschen Pädagogen Erich Hylla in New York schon großes Interesse an der Entwicklung der Hoch-

48 Ebd. 187.

49 „Wir rufen alle Menschen des Inlandes und des Auslandes, die sich dem Geist der Freiheit und der Wahrheit verpflichtet fühlen. Wir rufen die Vertreter der deutschen und allierten Behörden, und damit alle, denen der Schutz des Individuums und seiner Rechte anvertraut ist. Wir rufen die Jugend aller Länder, insbesondere die Studierenden der freiheitlich wirkenden Universitäten, Akademien und Hochschulen. Wir rufen die deutschen Professoren und Dozenten und ebenso die akademischen Lehrer im Ausland, uns ihre Mitwirkung durch Gastvorlesungen oder in anderer Form zu gewähren, Wir rufen Freunde und Gönner in aller Welt und bitten, die Gründung mit Geld und Lehrmitteln zu unterstützen.“ Lönnendonker; Fichter (Hg.): *Freie Universität Berlin 1948–1973, Teil I*, 42, Dok 41; zitiert nach Paulus: *Vorbild USA?*, 182.

50 Paulus: *Vorbild USA?*, 188.

schulen in der geteilten Stadt gezeigt.[51] Der seit 1953 für die Ford Foundation tätige Shepard Stone hatte den Beginn des studentischen Engagements für die neue Universität seit dem ersten Gründungsaufruf der Studenten persönlich miterlebt.[52] So hatte er sich innerhalb der Stiftung schon für die FU eingesetzt. Die Stiftungsgremien in New York wollten aber ob eines solchen Engagements vor Ort Erkundigungen einholen. So reisten im Juni 1951 Henry Ford II. mit seiner Frau sowie dem Präsidenten der Stiftung Paul G. Hoffman nach Deutschland. Die beiden Automobilmanager wollten sich selbst ein Bild von Berlin und der FU machen. Schon vor der Ankunft in Tempelhof war bekannt geworden, dass Ford sich eine Unterstützung der FU aus Mitteln der Ford-Stiftung vorstellen könne. Den von der Öffentlichkeit weithin wahrgenommenen Besuch nutzten sie aber zu einer Erkundung der Lage vor Ort. Vor dem Besuch beim Dahlemer Campus konsultierten die Besucher deshalb vor allem die amerikanischen Dienststellen, um ein ausgewogenes Bild zu kriegen.[53] Stone erinnerte sich 1988 an den tiefen Eindruck, den die Studenten und der Oberbürgermeister Reuter auf die amerikanischen Besucher gemacht hatten. An die emotionale Initialzündung erinnerte sich Stone, dass „Henry Ford und seine Frau, Paul Hoffman und ich in einer Ecke standen. Und Frau Ford sagte mit Tränen in den Augen: ‘Henry, you must do something right away’.“[54] Wenige Wochen nach dem Besuch sagte die Ford Foundation der FU eine Spende von rund 1,3 Millionen Dollar zu. Die hohe emotionale Einbindung hatte die Entscheider der Stiftung dazu bewogen, von den eigenen Satzungskriterien für Geldgaben abzuweichen. Bis dahin hatte die Stiftung nur einzelne Forschungsprojekte gefördert, nun aber hatte sie Geld für ein konkretes Bauvorhaben gestiftet.[55] Diese Ford-Spende war zweckgebunden für den Bau von drei zentralen Universitätsgebäuden: dem Auditorium Maximum, der Mensa und einer zentralen Universitätsbibliothek. Die von Ford bis Mitte der 1950er Jahre für den Gebäudekomplex gegebene 8,1 Millionen DM halfen dem Missstand ab, dass die Universität seit der Gründung in unterschiedlichsten und oft kaum geeigneten Gebäuden nur provisorisch untergebracht worden war. Von Bergmann bezifferte die Spenden der Ford Foundation auf insgesamt 15,3 Millionen DM.[56] Durch die Gebäude sollte „die Berliner Neugründung einen geistig-sozialen Mittelpunkt,

51 RAC RF 1.1 717/5/24 Report on Educational Conditions in Postwar Germany, based on the Notes made by A. R. Mann during trip to Germany, 56.

52 Gespräch mit Zeitzeugen: Shepard Stone, in Prell; Wilker (Hg.): *Die Freie Universität Berlin 1948–1968–1988: Ansichten und Einsichten*, 142–147.

53 *Berliner Tagesspiegel*, 10.6.1951, in: Lönnendonker; Fichter (Hg.): *Freie Universität Berlin, Teil II*, 69 f. Zitiert nach Paulus: *Vorbild USA?*, 190.

54 „Wir kamen nach Berlin, und der Rektor hat uns empfangen. Er gab in einfacher Weise, aber sehr eindrucksvoll, eine kleine Einführung, was die Universität wollte, warum es nötig sei, sie zu haben, und warum er hoffe, daß die Ford-Stiftung helfen werde. Dann sind wir im Wagen nach Dahlem gefahren und hatten eine Tagung mit Studenten. [...]. Und wir haben noch mit einigen Fakultätsleuten gesprochen. Das alles hat sehr großen Eindruck gemacht. Am meisten beeindruckten Reuter und die Studenten.“ Gespräch abgedruckt in Prell; Wilker (Hg.): *Die Freie Universität Berlin*. Zitiert nach Paulus: *Vorbild USA?*, 190 f.

55 Paulus: *Vorbild USA?*, 191.

56 Ebd. 187.

also ein räumlich erfahrbares universitäres Zentrum" bekommen, dessen Ähnlichkeit zu amerikanische Campus-Universitäten Paulus bemerkte.[57] Kurator von Bergmann erinnerte sich Rückblickend, dass die Begründung für die Bewilligung der Baugelder „im Geistigen" lag. „Hier sollte ein Zentrum geschaffen werden, ein Campus, und dieses Ziel ist gelungen."[58]

Als Rektor Ernst Hirsch am 19. Juni 1954 bei der Eröffnung des Henry-Ford-Baus sprach, betonte er, wie bedeutsam die neuen Gebäude als integrativer Ort für das Selbstverständnis der jungen Universität seien. Nach den Provisorien habe die Universität jetzt nicht nur ein Dach über dem Kopf, sondern endlich ein Zentralgebäude, welches „für die in mehr als drei Dutzend Häusern und Villen untergebrachten Fakultäten und Institute als einender Raum Symbol nach innen für unsere Gemeinschaft der Lehrenden und Lernenden und Repräsentativbau für die Gesamtuniversität nach außen gegenüber der Öffentlichkeit sein wird."[59] Zur Einweihung des Henry-Ford-Baus wurde auch ein Grußwort des US-Außenministers John Foster Dulles verlesen, in dem er die Rolle der Freien Universität als „wissenschaftliche Speerspitze gegen den Kommunismus" formulierte:

> Wie Berlin als Synonym für politische Freiheit bekannt wurde, wurde auch die Freie Universität zu einem Symbol akademischer Freiheit und zu einem Leitstern für diejenigen, die sich bemühen, der östlichen Auffassung der Demokratie ein Beispiel der Überlegenheit zu bieten. Dazu ausersehen, die Wahrheit zu hüten und die Wissenschaft zu fördern, gibt die Freie Universität der kulturellen Gemeinschaft deren sich alle freien Völker erfreuen, Bedeutung und Wahrhaftigkeit. [...] Durch seine Hilfe für den Aufbau dieser schönen Gebäude hat das amerikanische Volk sich mit der Berliner Bevölkerung vereinigt in der Absicht, der Zusammengehörigkeit der westlichen Zivilisation sichtbaren Ausdruck zu verleihen.[60]

Ein zweiter Strang der vielfältigen Verbindungen mit der amerikanischen Zivilgesellschaft führte über die Partnerschaften mit Hochschulen in den USA. Diese Partnerschaft fand scheinbar auf Augenhöhe statt, wobei die Bedürftigkeit des Empfangenden eindeutig bei der Freien Universität lag. In Ansprachen wurde in diesen Partnerschaften, die oft auf die Initiative von Einzelpersonen zurückging, großen Wert gelegt. Schon 1948, bei der Eröffnungsveranstaltung der FU hatte der im Nachkriegsdeutschland vielgelesene Dramatiker Thornton Wilder die Wiederbelebung der deutsch-amerikanischen Wissenschaftsbeziehungen angeregt. Er werde „das, was ich hier gesehen habe, den amerikanischen Universitäten übermitteln, der Princeton University und der Yale University, mit denen ich verbunden bin", versicherte Wilder. Es sei schwer zu vermitteln, „mit wie viel aufrichtiger Anteilnahme und mit wie viel Interesse die amerikanischen Universitäten die Umstände verfolgen, unter denen hier in der Stadt eine neue Universität entsteht."[61] Mit James B. Conant war 1953 ohnehin ein Mann der Wissenschaft

57 Ebd. 191.

58 Bergmann: *Die Hilfe der USA für die Freie Universität,* 190. Zitiert nach Paulus: *Vorbild USA?*, 191.

59 *Ansprachen und Reden zur Einweihung des aus Mitteln der Ford-Foundation errichteten Henry-Ford-Baus der Freien Universität Berlin*, Berlin 1955, 13. Paulus: *Vorbild USA?*, 192.

60 *Ansprachen und Reden zur Einweihung,* 10.

61 Zitiert nach Paulus: *Vorbild USA?*, 187.

Nachfolger von John J. McCloy im Amt des Hohen Kommissars geworden. Conant erwähnte bei seiner Grußadresse zur Eröffnung des Ford-Baus explizit die amerikanisch-deutschen Wissenschafts- und Hochschulbeziehungen. Über viele Jahre hätte Amerika sich an den Innovationen deutscher Hochschulen orientiert. Sein Eindruck sei, so Conant, „dass Sie sich hier an der Freien Berliner Universität mit gleichem Eifer den Problemen der Gegenwart widmen, schon deshalb, weil Ihnen durch ihre geographische Lage in allernächster Nähe einer unfreien Universität eine ganz besonders dringliche Aufgabe gestellt wird."[62] In seiner Erinnerung vermutete auch Stone diesen Respekt vor den deutschen Universitäten im 19. Jahrhundert, in dessen Reihe die Amerikaner nun auch die FU stellten, als Motivation für die Ford-Spende.[63]

1954 hatte die Ford Foundation bereits ungeheure Summen nach Berlin gegeben und überprüfte Ihr Engagement, dessen größter Posten in Deutschland die Freie Universität war. 1956 sollte das Engagement überprüft werden und weitere Möglichkeiten ausgelotet werden. Als Gutachter bestellte die Stiftung schließlich den Präsidenten des Hunter College in New York George N. Shuster. Nicht erst seit seinem Einsatz als OMGUS Landeskommissar von Bayern unmittelbar nach Kriegsende kannte Shuster Deutschland gut.[64] Schon während des Krieges hatte der Katholik zahlreiche Beziehungen zu katholischen Exilanten sowie den Wissenschaftlern der New School of Social Research in New York gepflegt.[65] 1944 hatte Shuster zusammen mit dem Politikwissenschaftler Arnold Bergstraesser mit *Germany. A Short History* die erste griffige Darstellung der deutschen Geschichte für die amerikanischen Leser geschrieben, die auch kulturelle Aspekte und soziologisch erfasste Phänomene mit einbezog.[66] Als moralisch rigider Collegepräsident „on the side of truth" (Blantz) hatte Shuster einen besonderen Blick auf die erzieherischen Maßnahmen der Freien Universität. Shuster selbst war dabei immer in der Spannung von moralischem Anspruch und liberalem Zusammenleben gestanden, wie er später in einem Vorwort zu einer Neuausgabe der *Idea of a University* des Kardinals John Henry Newman von 1852 schrieb.[67] Als Präsident des staatlichen Hunter College in New York hatte sich Shuster für eine liberales gesellschaftliches Lernen eingesetzt. Das anfangs noch reine Mädchencollege war Anfang der 1930er Jahre nicht nur durch sein proletarisches Image, sondern auch wegen kommunistischer Strömungen in Verruf geraten. Shuster hatte den ameri-

62 *Ansprachen und Reden zur Einweihung*, 17. Paulus: *Vorbild USA?*, 193.

63 Prell; Wilker: *Die Freie Universität Berlin*, 146. Zitiert nach Paulus: *Vorbild USA?*, 193..

64 T. E. Blantz: *George N. Shuster: On the Side of the Truth.*

65 W. Kaiser: "Co-Operation of European Catholic Politicians in Exile in Britain and the USA during the Second World War", in: *Journal of Contemporary History* 35/3/2000, 439–465, 448. G. N. Shuster: *In Amerika und Deutschland*, Frankfurt 1965. 136 ff., 146.

66 Ge. N. Shuster; A. Bergstraesser: *Germany. A Short History*, New York 1944.

67 Zu John Henry Kardinal Newman: Sheridan Gilley: *Newman and his age*, London 1990. Die bei der Gründung der der Catholic University of Ireland geäußerten Überlegungen Newmans zur Verbindung von liberal education und christlicher Erziehung hatten Shuster angeregt. Vgl. G. N. Shuster: *Introduction, John Henry Cardinal Newman*, Garden City 1959, 21–43, 22, 27.

kanischen Liberalismus dagegengesetzt. Sein Motto aus der Lebensführung von Ralph Waldo Emerson wurde als in Stein gemeißelter Spruch an den Collegegebäude angebracht: „Wir sind in verschiedenen Stunden verschiedener Meinung, aber man kann immer von uns sagen, wir sind mit dem Herzen auf der Seite der Wahrheit.“[68] Im ehemaligen Stadthaus des Präsidentenehepaars Roosevelt hatte Shuster ein Konzept für ein studentisches Gemeinschaftsleben seiner Universität mitten in der Großstadt entwickelt, das von der liberalen Gleichberechtigung auch verschiedener religiöser Entwürfe leben sollte.[69] Shuster war als Deutschlandexperte ausgewählt worden, solchen Räumen für studentisches Engagement aber galt seine Sympathie. Der Abschlussbericht seiner umfangreichen Untersuchung der FU, bei der er auch abgelegene Gebäude und Fachbereiche besuchte, gab schließlich den Anstoß für das weitere Engagement der Ford Foundation in Berlin.[70] Bezüglich der pädagogischen Einbindung der Berliner Studenten empfahl Shuster die Förderung der von der FU entwickelten Pläne für die Einführung eines Tutorenprogramms und die Errichtung eines Studentendorfes.[71] Shuster warb dafür, weil damit insbesondere den Studienanfängern eine wünschenswerte Orientierungshilfe und ein soziales Umfeld geboten werden könne, das auch den Zulauf zu den studentischen Verbindungen eindämmen könne: „Man bedenke, dass diese Studenten normalerweise zwei Jahre jünger sind als amerikanische College-Absolventen und dass sie von einem Campusleben nicht die geringste Ahnung haben. Sie leben in meistens primitiven und isolierten möblierten Zimmern in allen Teilen Berlins.“ Infolgedessen sei die Versuchung für sie, „sich einer ‚Korporation‘, manchmal sogar einer schlagenden Verbindung o.ä., anzuschließen groß. Weibliche Studenten sind einer großen Anzahl moralischer und anderer Gefahren ausgesetzt.“[72] Auch andere Maßnahmen empfahl Shuster wärmstes, wie die Finanzierung von Professoren- und Studentenaustauschprogrammen. Die der Anregung Shusters folgende Unterstützung von Austauschprogrammen der FU mit dem Ausland entfaltete in den Folgejahren ein beachtliches Ausmaß.[73] Konkret für das Studentendorf wollte die Stiftung aber nicht geben.

Als Befürworterin der Finanzierung von Projekten der Freien Universität aus amerikanischen Steuergeldern, spielte die Diplomatin Eleanor Lansing Dulles eine wesentliche Rolle. 1957 war sie nicht nur Überbringerin, sondern auch Initiatorin der großen Spende des State Department, um damit das Studentendorf am Schlachtensee zu errichten. Die Idee des „Erlernens der Freiheit“ im Studentendorf und die Behebung des Missstandes der Wohnraumknappheit passte in ihre Aufgabe, den „freien Westen“ in Berlin zu schaffen. Schon lange war der Wiederaufbau Berlins im Rahmen der von ihr vertretenen *roll back*-Strategie vorgesehen gewesen. Seit 1945 hatte sie sich zusammen mit ihren Brüdern in Washington für

68 Shuster: *In Amerika und Deutschland*, 59 f.
69 Ebd. 61 ff.
70 Paulus: *Vorbild USA?*, 193.
71 Ebd. 194.
72 Zitiert nach Ebd. 194.
73 Tent: *Freie Universität Berlin*,. 289 f. Paulus: *Vorbild USA?*, 195.

eine amerikanische Strategie gegen den Kommunismus engagiert, die sie vor allem seit der Amtsübernahme des 34. US-Präsident Dwight D. Eisenhower 1953 in mächtigen Positionen fortführen konnten. Als Außenminister der Vereinigten Staaten von 1953 bis 1959 war John Foster Dulles der Amtschef des State Department geworden, Allen Welsh Dulles stand als Direktor von 1953 bis 1961 dem Auslandsgeheimdienst CIA vor. Nach ihrem wirtschaftswissenschaftlichen Studium in London, Boston und Paris war Eleanor Lansing Dulles schon 1930 in Berlin gewesen, um über die Praxis der im Rahmen des Young-Plans geschaffene *Bank für Internationalen Zahlungsausgleich* zu forschen und hatte dabei den aufkommenden Nationalsozialismus als ablehnende Beobachterin miterlebt.[74] Nach wirtschaftswissenschaftlicher Forschungs- und Lehrtätigkeit arbeitete sie seit 1942 in der Deutschland- Abteilung des State Departments. Die Diplomatin gehörte dabei früh zu den Fürsprechern eines „von extremen Ideen gesäubert[en] und unter Führung von gemäßigten Politikern" wiederaufgebauten Nachkriegsdeutschlands". Als Leiterin des *Berlin Desk im Bureau of German Affairs* war Eleanor Lansing Dulles unmittelbar für die Mittelvergabe in Deutschland zuständig. Seit 1952 sollte dieses Ressort die bisher von unterschiedlichsten Stellen geleiteten Arbeiten koordinieren und effektiver machen. Für Lansing Dulles war Berlin die „Schlüsselstadt für das Aufhalten der kommunistischen Flut, so wichtig für die Amerikaner wie eine ihrer eigenen Städte", was sie zu verschiedensten Engagement und verschiedensten Reisen nach Deutschland anregte. Von den bis 1961 mehr als eine Milliarde Dollar US-Unterstützung für West-Berlin sollten nach dem Willen der Diplomatin vor allem Projekte als „Schaufenster für den Osten" den antikommunistischen Widerstandsgeist stärken.[75] Zur Ford Foundation pflegte sie beste Beziehungen und versuchte, das Engagement der privaten Stiftung in die auf den Kalten Krieg ausgerichtete Strategie des State Department einzubinden. Lansing Dulles bewog letztendlich die Ford Foundation, ihre Zuwendungen für die Freie Universität zu erhöhen.[76]

4. STUDENTENSCHAFT ALS MOTOR DER REFORMVORSTELLUNGEN

Das starke Selbstbewusstsein der Studentenschaft und ihrer Vertreter an der Freien Universität speiste sich aus der tragenden Rolle bei der Gründung. Erst durch die Repressionen an der im Ost-Sektor Berlins gelegenen ehemaligen Friedrich-Wilhelms-Universität waren die Studenten in die aktive Rolle gedrängt worden. In dem deprimierenden Stimmungsbild der Studentenschaft, das der Journalist Ed-

74 G. Keiderling: „The Mother of Berlin", in: *Berlinische Monatsschrift beim Luisenstädtischen Bildungsverein* 3/2001, 94.

75 Ebd. 95. Dazu gehörten auch Später die Bauten der Kongresshalle im Tiergarten 1957 und das Klinikum in Steglitz 1959 sowie die Finanzierung von „RIAS Berlin – Eine freie Stimme der freien Welt". Keiderling: *The Mother of Berlin*, 95 ff.

76 Keiderling: *The Mother of Berlin*, 96.

win Montijo im November 1947 in einem Artikel des *Tagesspiegels* zeichnete, sah er noch keine aktive Rolle der Studenten in der zerstörten Stadt.

> Die Studentenschaft, die zu diesem von professoraler Altersweisheit und klüngelnder Diplomatie bestimmten Dozentenkollegium nicht den geringsten menschlichen Kontakt findet, kümmert sich in der überwiegenden Mehrheit nicht mehr um das Schicksal der Universität. Die akademische Jugend war jahrelang „weltgeschichtlich" beschäftigt. Wenn sie nun das hindernisreiche Verfahren der Zulassung überstanden hat, ist sie froh, endlich arbeiten zu dürfen. Sie arbeitet besessen mit dem Ziel, die Prüfungen abzulegen und der Hochschule wieder zu entrinnen. Selbst die geringe Möglichkeit, sich innerhalb eines Studentenrats zu betätigen und sich so einige akademische Freiheit zu wahren, wird von ihr nicht ausgenützt. Sie ist, durch die Zeitereignisse selbst überaltert, unjugendlich inaktiv. Dass sie so ist, fällt zuletzt auf ihre Lehrer zurück. Sie sind den Studierenden keine Vorbilder.[77]

Montijo bemängelte auch den mangelnden Widerstandswillen gegen die von sowjetischen und deutschen Sozialisten durchgeführten Maßnahmen an der gerade neu benannten Humboldt-Universität.[78] In diesem Punkt sollte er aber nicht Recht behalten. Das Initial-Ereignis des studentischen Gestaltungswillens wurde die Relegation der drei Studenten Otto Hess, Joachim Schwarz und Otto Stolz von der Universität am 16. April 1948. [79] Die folgende Protestversammlung der Studenten im Esplanade war der Initialfunke, nach dem nach Meinung des bei dem Aufruf anwesenden Studenten Georg Kotowski „die verschiedenen Strömungen, die dasselbe Ziel schon seit längerer Zeit anstrebten, zusammenzufließen" begannen und dadurch die Kraft für das große Unternehmen erlangten.[80] Von da an hatten die Politiker um Oberbürgermeister Ernst Reuter und die Professoren um Edwin Redslob sich offen für das Projekt eingesetzt. Und diese Versammlung hatte auch die Aktivitäten des amerikanischen Journalisten Kendall Foss geweckt, der in der Vermittlung des Projekts an die amerikanische Militärregierung wesentlich werden sollte. In dem vorbereitenden Ausschuss zur Universitätsgründung waren mit Otto Hess und Hans Ringmann zwei Vertreter der Studenten beteiligt gewesen.

77 E. Montijo: „Universitas oder Parteihochschule?", *Tagesspiegel*, 8.11.1947, in: Lönnendonker; Fichter (Hg.): *Freie Universität Berlin*, 25f.

78 Ebd.

79 Die drei schon älteren Studenten waren – wie andere Angehörige dieser Generation auch – aus der eigenen Erfahrung in NS-Diktatur und Krieg gegen politische Einflussnahme sensibilisiert worden. Tent: *Freie Universität Berlin*, 44 f. Paulus: *Vorbild USA?*, 174. Von Verlusten der Sozialisten bei den Studentenratswahlen am 11.12.1947 ermutigt, übten die Studenten nun offene Kritik an den undemokratischen und aggressiven Wahlkampfmethoden der SED. Als wesentliches Medium diente dabei die von Hess und Schwarz herausgegebene Studentenzeitung *Colloquium*, die aufgrund der amerikanischen Lizensierung nicht von den Sowjets verboten werden konnte. In Zeitungsartikeln des westberliner Tagesspiegel schlug die Relegation öffentliche Wellen. Im Rahmen eines Vorlesungsstreiks im Protest gegen die Maßnahmen hatten sich 2000 Studenten am 23. April im westberliner Hotel Esplanade versammelt, wo Otto Stolz zur Gründung einer neuen und von jeglichen politisch-ideologischen Einflussnahmen „freien" Universität aufgerufen hatte. Ausführlich zu den Konflikten im Vorfeld der Gründung der Freien Universität: Paulus: *Vorbild USA?*, 173 ff. Tent: *Freie Universität Berlin*, 44 f, 28, 96.

80 Kotowski: *Der Kampf um Berlins Universität*, 26. Zitiert nach Paulus: *Vorbild USA?*, 175. Vgl. auch Tent: *Freie Universität Berlin*, 99.

Vor allem hatte sich die Rolle der Studentenschaft in der Satzung verwirklicht, die am 4. November 1948 von der Stadtverordnetenversammlung verabschiedet worden war. Der gestaltende Anspruch auf die Form der neugegründeten *Freien Universität* (FU) zeigte sich ein einem Schreiben, das der noch provisorische erste AStA der FU zusammen mit der Assistentenschaft der Philosophischen und Rechts- und Wirtschaftswissenschaftlichen Fakultät gegen Ende des ersten Semesters an die Universitätsleitung gerichtet hatte: „Mag die Abwehr der totalitären Ansprüche des Ostens auf kulturellen Gebiet, auch den äußeren Anlass zur Gründung der FU Berlin gegeben haben, so waren bei den Studenten und bei den Gründern, sowie bei der interessierten Öffentlichkeit mit dieser Neuschöpfung doch zugleich Erwartungen weitergehender Art verbunden: die Hoffnung, dass hier in Berlin etwas wirklich Neues Gestalt gewinnen würden um die mannigfachen Anregungen zu einer Universitätsreform, wie sie seit Jahren vertreten werden, wenigstens zu einem Teil eine Verwirklichung finden sollten." In seinem Bericht über die Teilnahme an der Hamburger Tagung der Studentenvertreter der westdeutschen Hochschulen vom 2. bis 4. Oktober 1948 beschrieb Hess die positiven Reaktionen der Studentenvertreter auf die Gründung der FU. In seinen Bericht an das Dekanat hatte er die Vorstellungen der FU-Studentenvertreter gut verpackt. Sein Bericht über den Fortschritt der FU sei mit größtem Interesse aufgenommen worden. Es werde besonders begrüßt, „dass hier zum ersten Male eine Möglichkeit gegeben ist, eine neue Universität von Grund auf nach modernen Gesichtspunkten aufzubauen und die Wünsche der jungen Generation dabei zur Geltung zu bringen. Bei der allgemeinen Stagnation des deutschen Universitätslebens richten sich die Augen der Studenten weit über den aktuellen Anlass der Gründung der FU hinaus voll Hoffnung auf das neue Unternehmen." In dreifacher Hinsicht bestehe, so Hess in seinem Bericht, Hoffnung, „die herkömmlichen Formen des akademischen Lebens zu durchbrechen und umzugestalten":

> 1.) Die FU sollte von vornherein den Versuch unternehmen, die unheilvolle Abkapselung der deutschen Universitäten vom umgebenden gesellschaftlich-politischen Leben zu überwinden. 2.) Die FU sollte den Versuch unternehmen, die Verbundenheit von Lehrenden und Lernenden über den rahmen des reinen Unterrichtsbetriebes hinaus in lebensgemeinschaftlicher Form umzubilden. 3.) Die FU sollte den Versuch unternehmen, die akademischen Selbstverwaltungsorgane auf eine wesentlich breitere Basis zu stellen, um den demokratischen Grundsätzen entsprechend einer möglichst großen Anzahl von Universitätsangehörigen eine mitbestimmende Funktion für die Gestaltung ihrer Universität zu gewähren.[81]

Die aus diesen drei Punkten gefolgerten Forderungen waren wesentlich weitreichender als diejenigen von vergleichbaren Studentenvertretungen in Westdeutschland. Der erstgenannte Anspruch nahm die auf den westdeutschen Hochschulkonferenzen laufenden Reformdebatten auf, dass die Universität sich mit den anderen Einrichtungen des kulturellen Lebens verbinden solle. Da die FU „gerade in der gegenwärtigen Situation Berlins eine Aufgabe" habe, „die über den herkömmli-

81 AStA der FU Berlin, Assistentenschaft der Philosophischen und Rechts- und Wirtschaftswissenschaftlichen Fakultät an den Dekan, Berlin-Dahlem, undatiert (Ende Januar/ Anfang Februar 1949), in: Lönnendonker; Fichter (Hg.): *Freie Universität Berlin, Teil I*, 59 f.

chen Rahmen einer bloßen Lehr- und Forschungsstätte weit hinausgeht“, sei sie besonders in der Pflicht, eine führende Rolle zu übernehmen. In der unmittelbaren Auseinandersetzung solle die FU als Gegenentwurf zur SBZ „die geistige Führung im Kampf unserer Stadt und die Abwehr einer Kultur vernichtenden Staats- und Lebensform“ übernehmen und so „die Verbindung und Auseinandersetzung der Universität mit der sie umgebenden und tragenden politisch-sozialen Wirklichkeit nie abreißen lassen.“ Diese Verbindung sollte aber ebenfalls innerhalb der „höchste Bildungsstätte“ geschehen, wie die zweite Forderung postulierte. Als wesentliches Vehikel sah das Exposé ein Gemeinschaftsgefühl aller Akteure der Universität, aus dem die einzelnen ein soziales Handeln lernen könnten:

> Die Funktion der Personbildung kann die Universität nur erfüllen, wenn die Unheilvolle Trennung von Leben und Studium, wie sie in ähnlicher Weise eine Kennzeichen unseres ganzen Zeitalters ist, im jungen Studenten überwunden wird uns er in der Universität seine geistige Heimat findet, und das herkömmliche Nebeneinander der einzelnen Fakultäten und das herkömmliche Lehrer-Schüler-Verhältnis zwischen Dozenten und Studenten im Sinne einer Lebensgemeinschaft der Lehrenden und Lernenden umgestaltet wird. Nur dann erscheint es uns möglich, dass jeden Universitätsangehörigen ein Gefühl der Mitverantwortung für Leben und Gestalt seiner Hochschule erwächst und er in Verwirklichung seines Selbst im Dienst und in der Hingabe an das umfassende Ganze erstrebt. Denn die Personwerdung des Gesamtkörpers erleichtert den Weg zum letzten Sinn und Ziel aller Bildung, zur Personwerdung des Individuums.[82]

In dem bis dato üblichen und nun auch an der FU „fast ausschließlich geübten Vorlesungs- und Seminarbetriebs“ erschien nach dem Papier „diese Umbildung der Universität zu einer wahren Lebensgemeinschaft“ noch nicht möglich. Die Einführung neuer Lernformen sollte diese Vertiefung bringen. Die Einrichtung von „ständigen Diskussions- und Arbeitszirkeln“ solle dabei helfen, „über die rein fachliche Ausbildung“ hinaus, „einen Weg zur Herstellung jener engen lebensgemeinschaftlichen Verbindung zwischen Dozenten und Studenten“ zu finden. Zur gemeinsamen Meinungsbildung sollte eine Zeitschrift der Universitätsöffentlichkeit geschaffen werden und die westdeutschen Vorschläge des Studium generale umgesetzt werden.[83] Der dritte Punkt forderte eine demokratische Erweiterung der Mitspracherechte in den Universitätsgremien. Nicht wolle man die wesentliche Verantwortung der Ordinarien beschneiden, doch aber vermisse man „eine Beteiligung der nachwachsenden jungen Wissenschaftler, der Assistenten der Universität“. Bereits zu einem früheren Zeitpunkt war die Forderung an den Rektor herangetragen worden und wurde nun wiederholt, nun auch einen Vertreter der Assistentenschaft in die akademischer Selbstverwaltung aufzunehmen. Zu eklatant führe dieser „Ausschluss der jüngeren intellektuellen Kreise von der Gestaltung des Universitätslebens“ dazu, dass man „der nachrückenden Jugend der deutschen Intelligenz erneut die Entfaltung sinnvoller, positiv gerichteter Anteilnahme des Einzelnen“ unterbinde. Die Begründung für die Forderung wurde grundsätzlich: „In den Gründungsmonaten der FU bestand die feste Überzeugung, dass die deut-

82 Ebd.
83 Ebd.

sche Universität in der Zusammensetzung und dem Aufbau ihrer Selbstverwaltungsorgane nicht in Formen verharren darf, die an den preußischen Obrigkeitsstaat erinnern." Aus diesem Grund hatten die Gründer der FU „stets mit Entschiedenheit der Gedanke vertreten, dass Senat und Fakultäten in ihrer Zusammensetzung erweitert und auf eine breitere Basis gestellt werden müssen, um der Lebendigkeit des demokratischen Gedankens gerade im Aufbau der Hochschule Raum zu geben." Zum Schluss des Papiers mit den drei Forderungen wurde darauf hingewiesen, dass schon während dieses ersten laufenden Semesters „unsere Universität jetzt Gefahr läuft, diese ihr ursprünglich eigenen Impuls erlahmen zu lassen und im Überkommenen festzufahren". Die nun formulierten Forderungen entsprächen dabei „im Wesentlichen den bewegenden Motiven und Impulsen der die Universitätsgründung tragenden Kreise".[84] Das Exposé drückte ein Unbehagen aus, das die Studentenschaft nach dem Gründungsschwung schon erfasst hatte. Schon im Februar 1949 hatte der Student Walter Rosinski im Tagesspiegel die verbale Bezugnahme auf einen doch hohlen Freiheitsbegriff kritisiert. Rosinski empfahl eine allgemein politische Betätigung der Studierenden als wirklichen Weg der Freiheit:

> Die meisten Studenten machen einen großen Bogen um die „Politik". Das Schreckgespenst der „politisierten Wissenschaften" geistert umher, und die meisten Studenten vergessen die Lehre der jüngsten Vergangenheit: gerade eine „unpolitische Wissenschaft" kann den Einbruch der Parteipolitik nicht verhindern. Für manche mag die Politik zu „niedrig" sein, für die meisten ist sie zu „hoch". Dass ein kommunistischer Funktionär viele Studenten schon nach einem kurzen Gespräch n die Klemme bringen kann, liegt nicht etwa am Mangel an demagogischer Geschicklichkeit, sondern an einer charakteristischen Unsicherheit. Zwar ist die Freie Universität zu einem beträchtlichen Teil die Schöpfung der Berliner Studenten, aber nicht das Werk aller Berliner Studenten. Dazu gehört nämlich mehr als Fragebogen verteilen, Bänke tragen und Bücher schleppen. Die Studenten wissen jedoch, dass die eigentliche Arbeit jetzt erst beginnt. Sie wissen, dass „nasse Füße" nicht so schlimm sind wie trockene Seelen. Sie wissen auch, dass der Freien Universität wegen der bereits geschilderten Aufgabe, die geistigen Voraussetzungen zur Überwindung des östlichen Totalitarismus und der damit verbundenen „universitätsfremden Tendenzen" zu schaffen, zugleich auch eine andere gestellt ist: Die Kluft, die jahrhundertelang in Deutschland Kultur und Politik trennte, muss geschlossen werden.[85]

Die Kritik des Studenten greift einer späteren Entwicklung der 1960er Jahre vor, in denen sich die Studentenvertretung der FU in einem hohen Maße mit „allgemeinpolitischem Mandat" für eigene politische Ziele einsetzte und damit die Funktion des geschützten Raumes der Hochschule in Frage stellte.[86] Rückblickend auf seine Studentenzeit hatte 1967 der an der FU lehrende Religionswissenschaftler Klaus Heinrich das gemeinsame Ziel bei der Universitätsgründung als Illusion bezeichnet. Die wissenschaftliche Sachlichkeit der Universität sei „entstanden auf dem Boden einer Indifferenz, die sich durch nichts erschüttern lassen will, und übertrug deren Standpunkt auf Forschung und Lehre." Im zeitgeistgefärbten Blick

84 Ebd.
85 W. Rosinski: „Von Berliner Studenten", *Der Tagesspiegel*, 19.2.1949, in Ebd. 60.
86 Zur Krise der FU in den 1960er Jahren: Tent: *Freie Universität Berlin*, 296–486.

Ende der 1960er Jahre sah Heinrich, dass an der apolitischen „Atmosphäre dieser Sachlichkeit" die Universitäten „ersticke".[87] Eine vergleichende Beurteilung der Forderungen aus dem Wintersemester 1948/49 zeigt aber eher die Ausgewogenheit der studentischen Forderungen: Zum einen wurden erkannte Mängel und uneingelöste Versprechungen klar benannt, zum anderem scheinen die Forderungen bezüglich struktureller Änderungen moderat und konstruktiv zu sein. Auch wenn das Thema der Vertretung des universitären Mittelbaus bis Ende der 1960er Jahre ungelöst blieb, setzten sich schnelle viele der genannten Forderungen um. Die bis dato unabhängig herausgegebene Studentenzeitschrift *Colloquium* wurde als „offizielle Zeitschrift der Studentenschaft der Freien Universität Berlin" ab November 1949 zu einem weithin wahrgenommenen Medium der Debatten an der Freien Universität.[88]

Die Formalisierung der studentischen Repräsentation führte am 13. Dezember 1949 zur Wahl zur studentischen Selbstverwaltung, dem 1. Konvent. Gleichzeitig fand die Urabstimmung über das Studentenstatut der Freien Universität. Das an dem Tag angenommene studentische Statut für die Freie Universität Berlin formulierte eine Verfassung der Studentenschaft der FU im Rahmen der studentischen Selbstverwaltung „im Bewusstsein der Verantwortung für das Gedeihen ihrer Universität und die staatsbürgerliche Erziehung der jungen Akademiker"[89] Ein Verfassungsausschuss des bis dahin als provisorischen AStA handelnden vorläufigen „Ausschusses der 25" hatte das Statut schon im November 1948 ausgearbeitet.[90] Den Studenten war bewusst, wie sehr sich diese Verfassung „wesentlich von den Studentenverfassungen der anderen deutschen Hochschulen" unterschied. Die Präambel betonte, dass die Prinzipien der staatlichen Gewaltenteilung und Demokratie aus einem pädagogischen Gedanken heraus eingeführt wurden:

> Sie [die Verfassung, Anm. KFL] ist, wie aus dem folgenden zu ersehen sein wird, in ihrem Aufbau bestimmt durch den von Montesquieu entwickelten und seither im Staatsrechtsleben der Völker allgemein anerkannten Grundsatz der Trennung von Gewalten in die gesetzgebende und gesetzausführende Funktion: Legislative und Executive. Die diesem Prinzip in unserem Falle zugrunde liegende Erkenntnis hat sich aus zwei Hauptgesichtspunkten ergeben, die eng miteinander verknüpft sind. Erstens aus der Notwendigkeit, den in diesem Prinzip verwurzelten demokratischen Formen zu genügen und sie weitgehend zu sichern. Ferner die Studentenschaft im größtmöglichen Umfang an ihrer Selbstverwaltung zu beteiligen und so praktisch in die Interessenssphäre der hochschulpolitischen Fragen ihrer Universität einzubeziehen. Also ein erzieherisches Moment, das dann über den rein technischen Rahmen der studen-

87 K. Heinrich: „2008", in: AStA FU Berlin (Hg.): *fu60: gegendarstellungenm asta–magazin der FU-Berlin*. Erinnerungen an das Problem einer Freien Universität (1967), 6–11. Die Reflexion wird auch in dem politisch motivierten Artikel aufgegriffen. R. Hutter: „Zu Gründungsgeschichte und Image der Freien Universität Berlin", in: *Jungle World* 22/2010.

88 D. E. Otto: „Das Gespräch 1947–1963: ‚colloquium'", in: AStA der Freien Universität Berlin (Hg.): *Fünfzehn Jahre Freie Universität Berlin*, Berlin 1963, 42. Lönnendonker (Hg.): *Freie Universität Berlin 1948–1973,Teil II*, 6.

89 „Das studentische Statut für die Freie Universität Berlin", *Colloquium*, Heft 2, 1949, 6f.

90 Zur Arbeit des Gremiums: Tent: *Freie Universität Berlin*,.158–160.

tischen Selbstverwaltung hinaus seinen weiteren Ausdruck im gesellschaftlichen Leben der Studenten finden sollte.[91]

Die „Regelung des studentischen Lebens, die ihren formalen Ausdruck im […] Studentenstatut finden soll" begründete für die Studenten nicht nur aus der Gegengründung zur „Terrorisierung der Universität Unter den Linden", sondern auch durch den Anspruch einer Reform der Universität. Dieser noch lange nicht eingelöste Anspruch entstehe auf einem Grund, der „Schutt und Staub der deutschen Universitätstradition dicht besät" sei. Im Sinne des der schon während der Gründungsphase 1948 früher erhobenen Forderungen, gelte es, die positiven Traditionen der deutschen Universitäten „herauszuarbeiten und mit dem in Einklang zu bringen, was wir unter einer wirklich lebendigen Universität zu verstehen glauben." Die „Trägheit der Tradition und [die] fast schon zur Tradition gewordenen Trägheit" sei den Studenten dabei wohl bewusst und sie wollten dagegen angehen. [92] Der Geist der FU sollte grundsätzlich auf das Ziel der Übernahme gesellschaftlicher Verantwortung ausgerichtet sein. Rückblickend beschrieb der 1949 zum 1. AStA-Vorsitzenden gewählte Helmut Coper die Forderung nach einem Lernen der gesellschaftlichen Verantwortung im Zusammenleben: „In der Vergangenheit haben wir erfahren, wie der akademisch gebildete Mensch, auch wenn er sich zu Lebensidealen wie Ehre, Freiheit, Vaterland bekannt hatte, in Situationen der Bewährung versagte." So glaubte Coper, dass „den damaligen Studenten während ihres Studiums nie recht bewusst gemacht worden ist, dass Gerechtigkeit den Sinn für das Recht anderer voraussetzt, dass Wahrheit und Menschenwürde höhere Werte sind als Macht." Kaum einer habe sie „durch Bekenntnis und Tat gelehrt, die Freiheit über das eigene Wohl zu stellen." Aus dieser Erkenntnis heraus habe nun die FU „die Verpflichtung übernommen, ihre Studenten an Verantwortung, an Pflichten und Aufgaben ihrer Gemeinschaft heranzuführen, sie durch Vorbild zu bilden und ihnen das Fundament einer freiheitlich demokratischen Grundhaltung zu geben."[93] In einer Broschüre für die neu mit dem Studium beginnenden Studierenden formulierte der AStA die Idee des gemeinschaftlichen „Studentenstaates" an der Freien Universität: Mit der Immatrikulation sei der Student nun „eingetreten in die große Gemeinschaft der rund 6.000 Studenten der Freien Universität." Neben der Orientierung in der „fast beängstigenden Vielfalt der Vorlesungen" sollte der Neuankömmling auch den besonderen Geist der demokratisch verfassten Studentenschaft der FU kennenlernen: „Es geht aber nicht nur um Vorlesungen. In dieser großen Gemeinschaft – bildet die Universität mit ihren 6.000 Stu-

91 „Das studentische Statut für die Freie Universität Berlin", *Colloquium*, Heft 2, 1949, 6 f.

92 Ebd.

93 H. Coper: „Gegründet als Gemeinschaft der Lehrenden und Lernenden", in: AStA der Freien Universiät Berlin (Hg.): *Fünfzehn Jahre Freie Universität Berlin 1948–1963*, Berlin 1963, 19–21. 19. Die Veröffentlichung benennt den Autor der Artikels und ersten AStA-Vorsitzenden mit dem Vornamen „Gerhard", es handelt sich jedoch um Helmut Coper, den späteren Professor für Neuropharmakologie an der FU. Vgl. Tent: *Freie Universität Berlin*, 282. Neben seiner Arbeit als Mediziner blieb Coper dem Thema des gesellschaftlichen Lernens an der Universität auch in späteren Jahren treu: Helmut Coper: *Universität als Experimentierobjekt*, Wilhelmshaven 1970.

denten doch fast eine kleine Stadt für sich – gibt es immer wieder und in vieler Hinsicht Probleme, die besprochen und Belange, die vertreten sein wollen – Ihre auch! Unsere – nennen wir es so – ‚Studentenstadt' lebt und wird ‚regiert' auf der Basis einer Satzung, die sich die Studenten bei der Gründung ihrer Universität 1948 selbst gegeben haben." Genau beschrieb der Prospekt dann den Konvent mit seinen Aufgaben als gesetzgebende und beschlussfassende Versammlung sowie dem AStA als Regierung.[94] Eine Aufzählung der vielen sozialen Einrichtungen der Studentenschaft und Austauschmöglichkeiten folgte. „Werden Sie so ein guter Bürger unserer Universität", forderte der AStA 1954 den neu eintretenden Studierenden auf.[95]

Zunehmend wurde Mitte der 1950er Jahre aber genau dieser Anspruch in Frage gestellt. Bildungssenator Tiburtius sah die weitgehende Unabhängigkeit auch von der staatlichen Aufsicht als ein Problem dem durch das Genehmigungsrecht des Senators begegnet werden sollte.[96] Schwerer aber wog, dass die Studenten selbst durch die alltägliche Praxis ihre Gremien in Frage stellten. Der inzwischen promovierte und nun an der FU lehrende Coper bemerkte in seinem Rückblick von 1963, dass „dieses Leitmotiv […] zwar noch in vieler Munde" sei, aber es wenig gebe, „woran man es erkennen kann."[97] Fünfzehn Jahre nach der FU-Gründung glaubte Coper, dass der gemeinsame Glauben an diese Mission für eine demokratische Gesellschaft nicht mehr trug. Ein Grund mag der Erfolg der politischen Aktivität der Studentenschaft gewesen sein. Zum einen kümmerten sich Konvent und AStA mit großer Intensität um die üblichen Aufgaben der Studentenvertretung in fachschaftlicher Vertretung und einer Vielzahl sozialer Angelegenheiten.[98] Zum anderem aber entfaltete der Konvent schnell politische Aktivitäten, von denen der ebenfalls von den westdeutsche demokratischen Parteien getragene Aufruf zur Teilnahme an der 1. Mai-Demonstration noch mitten in der Gesellschaft stand.[99] Anders verhielt es sich mit der Aufführung um den Koch

94 „In diesem Konvent werden in öffentlichen Sitzungen (Termine stehen an einem der vielen Schwarzen Bretter!) all die Dinge Besprochen, die Studenten im Besonderen und die Universität im Allgemeinen angehen. Der Konvent zur Seite steht als ‚Regierung' der AStA (Allgemeiner Studentenausschuss) mit seinen beiden Vorsitzenden und den Referenten. Der AStA vertritt Ihre Belange gegenüber der Universität und der Öffentlichkeit (Behörde). Sie werden selbst bald mit dem AStA auf dem einen oder anderen Weg in Kontakt kommen." FU Berlin AStA: „Die Studentenvertretung stellt sich vor", in: Beauftragter für das studentische Gemeinschaftsleben (Hg.): *Studentisches Gemeinschaftsleben*, 4–5.

95 Ebd.

96 Vgl. FUB UA, R 1140, Prof. Dr. Tiburtius, Der Senator für Volksbildung, an den Rektor der FU: Universitätsordnung, Berlin-Charlottenburg, 15.10.1954.

97 Coper: *Gegründet als Gemeinschaft der Lehrenden und Lernenden*, 19.

98 z.B. Büroräume für den Fachschaftsrat, Gesundheitsdienst durch das Studentenwerk, Studienstipendien für In- und Ausländer, vergünstigten Eintritt in westberliner Kulturreinrichtungen. FUB UA, Rep. 6.2, 1. Konvent 1949/1950, Protokoll über die 12. ordentliche Konventssitzung, Berlin, 20.4.1950. FU Bibliothek, Krista Kaniss, die Sozialreferentin, *Mitteilungen aus AStA, Konvent und Fakultäten der Freien Universität Berlin, 1. Folge*, Februar 1955, 4.

99 FUB UA, Rep. 6.2, 1. Konvent 1949/1950, Protokoll über die 12. ordentliche Konventssitzung, Berlin, 20.4.1950.

Jakob Kuny, den man zu späterer Zeit wohl als Event-Künstler bezeichnet hätte. Mit Sinnsprüchen wie „Die Liebe ist der gewaltige Motor“ propagierte Kuny eine selbstentwickelte Lehre. Wohl aus Scherz, vielleicht als post-dadaistische Entzauberung politisch-religiöser Manifeste deutbar, hatten schon im Februar 1948 fast 1000 Menschen auf dem Kurfürstendamm für die „Kunylogie“ demonstriert. *Der Spiegel* kommentierte, dass „die schiefen Baskenmützen der Berliner Hochschule [...] sich diebisch [freuten], dass sie eine amüsante Sensation haben.“ [100] 1948 befürchtete *Der Spiegel*, dass „den Besatzungsmächten nun der demokratische Geduldsfaden gerissen ist“, doch es waren die eigenen westberliner Behörden, die in der Demonstration eine Gefahr witterten.[101] Anlässlich einer weiteren Kuny-Demonstration im November 1949 kam es zu 30 Festnahmen und 19 Gerichtsverfahren wegen Landfriedensbruchs, die allerdings später fallengelassen wurden. Die Angst von einer kommunistischen Unterwanderung durch die aus der DDR gesteuerte FDJ ließ von Seite des Magistrats Misstrauen gegen studentische Großveranstaltungen aufkommen.[102]

Die FU-Studentenschaft wiederum hatte ähnliche Befürchtungen und war zunehmend gezwungen, als eigener Akteur in der „großen Politik“ sich zu positionieren. Anlässlich der Konstituierung des 6. Konvents Anfang 1955, erstmals im neuen Henry-Ford-Bau tagend, „sah sich der Konvent gezwungen, in weit stärkerem Maße zu politischen Tagesereignissen Stellung zu nehmen, als dies zum Teil vorher geschehen war.“[103] DDR und Sowjetunion hatten Anfang der 1950er Jahre durch Verhaftungen von in der Ostzone lebenden Studenten den Druck erhöht. Unter den über tausend von Sowjetischen Militärtribunalen zum Tod verurteilten Oppositionellen befanden sich auch Studenten der Freien Universität.[104] 1951 und 1952 wurde in der Rubrik „Vergesst sie nicht“ an die verschleppten Kommilitonen gedacht. Und ab 1950 koordinierte ein von Studenten geführtes *Amt für gesamtdeutsche Studentenfragen des Verbandes Deutscher Studentenschaften* an der FU Informationen und Rechtshilfe der Verfolgten.[105] Auch 1955, also schon in der „Tauwetter-Periode“ zwei Jahre nach Stalins Tod, hielt die Konfrontation an. Der Semesterbericht des AStA von Februar 1955 vermerkte die als Angriffe empfundenen Versuche von Studenten der Ostberliner Humboldt-Universität, vor in

100 „Ein Mann dachte 30 Jahr nach. Das Ergebnis: Die Kunylogie“, *Der Spiegel*, 30/1947. 26.7.1947. „Kunylogie. Viel Lärm um Kuny“, *Der Spiegel*, 10/1948, 6.3.1948.

101 „Kunylogie. Viel Lärm um Kuny“, *Der Spiegel*, 10/1948, 6.3.1948,

102 Vgl. H. Drescher: *Genese und Hintergründe der Demonstrationsstrafrechtsreform von 1970*, Düsseldor 2005, 78.

103 FU Bibliothek, K.-A. Rossber, H.-J. Zilesch: *Der Konventsvorsitzende, Mitteilungen aus AStA, Konvent und Fakultäten der Freien Universität Berlin*, Berlin, Februar 1955, 10–11.

104 J. Staadt: *Für die Freiheit*, Berlin, 2007. 27–33. Mit einer am 6.9.2007 eingeweihten Skulptur „Perspektiven“ wird auf dem Dahlemer Campus der FU an die in Moskau hingerichteten Studenten gedacht. Vgl. A. Hilger (Hg.): *Sowjetische Militärtribunale, 2*, Köln 2003.

105 Die bis 1958 vom Gründungsstudenten, zeitweiligen 1. AStA–Vorsitzenden und späteren SPD-Politiker Dietrich Spangenberg geleitete Institution des VDS fungierte auch als Herausgeber eines Gedenkbuches: *Namen und Schicksale der seit 1945 in der sowjetischen Besatzungszone Deutschlands verhafteten und verschleppten Professoren und Studenten*, Berlin 1953.

Dahlem auf der Straße Gespräche mit FU-Studenten „über gesamtdeutsche Probleme“ zu führen. Einer Vorlage des AStA folgend, beschloss der Konvent, „jegliche offizielle Diskussionen mit den Vertretern der Universitäten und Hochschulen der Sowjetischen Besatzungszone abzulehnen“, solange noch Kommilitonen und Professoren der sowjetischen Besatzungszone inhaftiert seien. Der Konvent der FU forderte, dass diese politischen Häftlinge entlassen werden sollten und „alle demokratischen studentischen Gemeinschaften ohne jegliche Beschränkung an den Universitäten und Hochschulen der SBZ zugelassen“ werden.[106] In einer „jährlichen Weihnachtsaktion“ wurde auch 1954 wieder für Studenten in der SBZ gesammelt. Freunde und Gönner der FU hatten 5.591,50 DM gestiftet, eine Solidaritätssammlung bei den Studenten 500,- DM zusammen gebracht, mit denen Geschenkpakete für 100 Kommilitonen möglich wurden. 1954 war es dabei erstmals gelungen, Kontakt mit den verhafteten Studenten in den sowjetischen Arbeitslagern von Workuta aufzunehmen.[107]

Die Studentenvertretung der Freien Universität war von Anfang an ein echter politischer Akteur gewesen, dessen Beschlussfassungen wesentlich weiter als die Hochschulpolitik wirken sollten. In dem politischen Engagement war aber zunehmend die Frontstellung gegen „den Osten“ in den Vordergrund getreten, die zwar auch den progressiven Satzungsentwurf ermöglicht hatte, nun aber das zarte Pflänzlein pädagogisch implizierter Demokratie-Lern-Konzeptionen überrollte. Die Kritik daran wurde auch von Innen geäußert: 1954 erschien der Roman „Die Studenten von Berlin“ von Dieter Meichsner, der selbst an der FU studiert hatte. Der Generationenroman beschrieb nicht nur anhand von Einzelschicksalen die Vorgeschichte und Gründung der FU, sondern auch das Problem der politischen Rolle als Bollwerk des Westens.[108] In der Rezension des Buches im Wochenmagazin *Der Spiegel* wurde anhand dieser Frontstellung „eine Erstarrung“ diagnostiziert.

> Aber der Schwung der Pioniertage, in denen die Universität aus nicht viel mehr als dem Willen ihrer Gründer bestand, beginnt zu erlahmen. Die Fronten erstarren, die Freiheit relativiert sich, das Denken wird düster, in zunehmendem Maße von der Einheitsfront des Westens an die Kandare genommen, und wahre Unabhängigkeit droht zwischen den Mahlsteinen von West und Ost zerrieben zu werden. Zwischen den „Studenten von Berlin“ kommt es zu dramatischen Auftritten und wiederum zu endlosen Diskussionen, die wie zuvor in Ratlosigkeit und diesmal auch in Resignation und Enttäuschung enden. Das Unbehagen an dieser Entwicklung, an einer wie immer gearteten „westlichen Kollektivität“, an selbstgefälligem Pharisäertum, das in der Frontstellung gegen den Osten jede unbequeme Kritik am Westen als taktisch inopportun verpönt, das Unbehagen schließlich an einem „Freiheitskampf“, der für manche Westberliner Prominenz und auch für manchen Dahlemer Studenten zu einem auskömmlich finanzierten, wenn auch etwas zwielichtigen Beruf geworden ist, wird immer mehr zum zentralen Thema des Romans. In den zweiten dreihundert Seiten der „Studenten von Berlin“

106 FU Bibliothek, Klaus Kundt, 1. AStA Vorsitzener; Dr. Bernd Mäuser, 2. AStA-Vorsitzender, in Mitteilungen aus AStA, Konvent und Fakultäten der Freien Universität Berlin, Berlin, 1. Folge, Februar 1955. 2–3. 2.

107 Ebd.

108 D. Meichsner: *Die Studenten von Berlin*, Hamburg 1954.

> wittert die Angst, dass eines Tages jeder für einen guten Demokraten gehalten werden könnte, der nachweislich ein strammer Antikommunist ist..[109]

Auch aus anderen Gründen schien innerhalb der Universität das Erlernen der demokratischen Praxis schon bald kein Hauptthema zu sein. In seinem Jahresbericht Ende 1950, zwei Jahre nach der Gründung, beklagt der 1. AStA Vorsitzende Dietrich Spangenberg schon das nachlassende politische Engagement der Studenten: „Es wächst die Zahl derer – auch unter den Dozenten –, denen die Erinnerung an die Zeit gleichberechtigter Zusammenarbeit recht lästig wird."[110] Im Februar 1955 startet der AStA nach einer einjährigen Unterbrechung wieder die Herausgabe eines regelmäßigen Mitteilungsblattes, in dem bei der Studentenschaft geworben wird, „dass sie das Recht, das ihr unsere Vorgänger erkämpft haben, auch voll in Anspruch nimmt." Die „Mitverantwortung und Selbstverwaltung der Studentenschaft in einer Universität" könne nur so lange fruchtbar sein, „solange die gesamte Studentenschaft sich für diese interessiert und durch rege Anteilnahme ihre gewählten Vertreter unterstützt."[111] Die einführenden Worte des 1963 bis 65 als Rektor fungierenden Biologen Herbert Lüers in dem Heftchen erinnerten besonders eindringlich an das Versprechen des akademischen Bürgers, „sich in Haltung und Gesinnung der im Dienst an der Wahrheit verbundenen Gemeinschaft von Lehrenden und Lernenden würdig zu erweisen." Die universitäre Freiheit sei dabei keine Befreiung von lästigen Verpflichtungen, „sondern eine Freiheit für den Dienst an der Wissenschaft." Unter Bezugnahme auf Wilhelm von Humboldt und Fichte schien Lürs noch einmal für ein liberales Miteinander an der Universität zu werben und einer sich anbahnenden Politisierung eine Absage zu erteilen. Lürs erwähnte auch die von Fichtes Rektoratsrede im Oktober 1811 vorausgesagte Bedrohung der akademischen Freiheit durch den Studenten selbst. Fichte habe jene Studenten kritisiert, „die im Studieren ein Privileg sagen und davon ausgehend das Studium als Beruf, als Selbstzweck, und daher al sein von den normalen Bürgerpflichten Befreitsein auffassten." Lürs versicherte folgend das ernsthafte Bemühen der Universität, alle gewachsenen Strukturen kritisch zu Hinterfragen und keine Traditionen ungefragt zu übernehmen. Die Gründunggeschichte der FU habe zu den außergewöhnlichen Mitspracherechten und Selbstverwaltungsrechten der Studentenschaft geführt, die aber vom Verpflichtetfühlen jedes Einzelnen lebe.[112]

> Die Mitarbeit an Ihrer studentischen Selbstverwaltung, am aktiven wie auch am passiven Wahlrecht, sollte Ihnen stets als selbstverständliche Pflicht erscheinen, denn hier können Sie jene Tugend üben, die sich aus der akademischen Freiheit ergibt, nämlich die Toleranz gegenüber Andersdenkenden. Neben der Arbeit in der Studentenvertretung können Sie auch in einer der etwa 60 studentischen Gemeinschaften mitarbeiten, die sich Ihnen in diesem Heft vorstellen, angefangen bei den religiös orientierten über die politischen bis zu den Interes-

109 „Studenten-Roman: Ernüchterung in Dahlem", *Der Spiegel*, 18/1954, 28.4.1954.

110 Lönnendonker (Hg.): *Freie Universität Berlin, Teil II*, 14.

111 FU Bibliothek, Klaus Kundt, AStA Vorsitzener, *Mitteilungen aus AStA, Konvent und Fakultäten der Freien Universität Berlin*, Berlin, Februar 1955, 2–3, 3.

112 FU Bibliothek, Rektor Herbert Lüers, *Mitteilungen aus AStA, Konvent und Fakultäten der Freien Universität Berlin*, Berlin, , Februar 1955, 3–4, 3.

> sensgruppen. Hier Ihre Freizeit zu gestalten und auch hier – abseits der wissenschaftlichen Arbeit – jenen Sinnspruch wirksam werden zu lassen, der sich in unserem Wappen befindet – Veritas, Iustitia, Libertas – sollte Ihrem Studium eine angenehme und notwendige Ergänzung geben. Damit ist aber auch gesagt, dass Sie in erster Linie Ihrem Studium verpflichtet sein und die Beteiligung am Gemeinschaftsleben nie „beruflich" werden darf. Die Universität hat kein Interesse daran, tatenhungrigen Funktionären und Managern Arbeit zu verschaffen. Sie ist lediglich daran interessiert, wie es der verstorbene Ehrenbürger unserer Universität, Präsident Kennedy, bei einem Besuch 1963 ausdrückte, „Weltbürger" auszubilden. Menschen, die schwierige und heikle Aufgaben meistern, vor denen wir als freie Männer und Frauen stehen, sowie Menschen, die bereit sind, ihre Kraft in den Dienst des Fortschritts einer freien Gesellschaft zu stellen.[113]

Die Worte Lürs sind für den Konsens, das studentische Gemeinschaftsleben als integrales Element der Universität zu nutzen, dabei aber schon als Abgesang zu sehen. In der „Affäre Kuby" musste Lürs sich als Rektor im Mai 1965 erstmals mit politisch motivierten Blockade und Boykotts auseinandersetzten, die drei Jahre später dann nahezu zum Standardinstrument der inneruniversitären Auseinandersetzungen werden sollten.[114]

5. STUDENTISCHE GRUPPEN ALS ELEMENT DES STUDENTENSTAATES

Wie an anderen Universitäten in Westdeutschland waren mit der Gründung der Universität zahlreiche studentische Gruppen entstanden. Wie der Herausgeberkreis der studentischen Zeitschrift *Colloquium* hatten sie zum Teil ihre Ursprünge auch noch an der Humboldt-Universität von der Gründung der FU. Außer dem *Colloqium Club* und dem *Klinker Klub* existierten auch schon die politischen Studentenorganisationen im Vorfeld von SPD, CDU und FDP. Aufgrund der oppositionellen Rolle gegen die Zwangsmaßnahmen an der Humboldt-Universität, wurde ihnen von Anfang an eine Rolle an der FU zugebilligt. Diese ersten Zusammenschlüsse waren alle bewusst nicht exklusiv gehalten und waren meist an einen Zweck gebunden. Auch wenn die Großzahl der Studierenden sowie der in den Zusammenschlüssen engagierten Personen männlich war, folgte die Mehrheit dieser studentischen Gruppen keiner Geschlechtertrennung. Im WS 1950/51 waren 24 Gruppen erfasst, die gut das Stimmungsbild der ersten Studentengeneration der FU zeigen. Für die Förderung internationalen Austausch bekannten sich die *Europa-Union*, der *Internationale Bund für Kultur und Sozialarbeit* und die Berliner Sektion des internationalen Studentenbundes *ISSF*. In dem durch Unsicherheit geprägten Zeitkontext waren auch die Zielsetzungen der Gemeinschaften *Arbeitsgruppe der Weltbürger für Weltparlament und Weltregierung an der Freien Universität Berlin* und der *Arbeitsgemeinschaft für Welt-Föderation* dabei durchaus ernsthafter Natur. Als Sammelpunkte, Selbsthilfegruppe und Interessensvertretung dienten der *Bund politisch vertriebener Studenten* sowie die *Vereinigung auslän-*

113 Vgl. Ebd. 4.

114 Freie Universität: Berliner Blockade, *Der Spiegel* 22/1965, 26.5.1965. Tent: Freie Universität Berlin,. 311–318.

discher Studenten an der FU. Es gab Kränzchen mit nach innen gerichteten Bildungsziel wie *Symposium, personalistischer Krei*s oder *The Seminar Club* und Anbieter für gemeinsamen Sport wie der *Akademische Ruderclub zu Berlin* oder der studentische Reitverein. Von Anfang an existierten Studentengemeinden der großen Konfessionen und kleinere konfessionell gebundene Zusammenschlüsse. Im Sommersemester 1951 mit der *Hochschulgruppe der Gesellschaft für Christlich-Jüdische Zusammenarbeit in Berlin*, der *Deutsch-Französischen Studentengruppe*, dem *Studentenklub Oikos* und weiteren insgesamt neun Vereinigungen hinzugekommen.[115] Das durch die Gründungsgeschichte besonders ausgeprägte Selbstbewusstsein der Studentenvertreter hatte sich auch im Zulassungsverfahren für die studentische Vereinigungen realisiert. Die Vereinigung sollte nicht beim Rektor, sondern beim studentischen Konvent einen Antrag auf Zulassung stellen. Der Konventsvorstand sollte den Antrag folgend zur Überprüfung an den Geschäftsführungs- und Satzungsausschuss des Konvents überweisen. Nach einer verpflichteten Anhörung eines Vertreters der antragstellenden Vereinigung, sollte der Ausschuss eine Beschlussvorlage für den Konvent geben, über die dieser dann abstimmte. Erst anschließend musste dieser Entschluss dann an den Akademischen Senat der Universität übergeben werden. Der Senat sollte ebenfalls abstimmen und die Entscheidung an den Konvent mitteilen. Dieser sollte nun den AStA, die Exekutive der Studenten, mit der Verkündigung der Zulassung beauftragen und die Unterlagen in die eigene Verwahrung nehmen.[116]

Als zu diesen studentischen Zusammenschlüssen noch die Tutorengruppen hinzugekommen waren, formalisierte die Studentenvertretung im WS 1952/53 die Koordinierung dieser Gruppen. Am 22. Oktober 1952 beschloss der 3. Konvent der FU die Einrichtung eines eigenen AStA-Referats „zur Förderung des studentischen Gemeinschaftslebens".[117] Auch die Universitätsverwaltung nahm sich mit dem Beginn des Tutorenprogramms der bisher vorhandenen studentischen Gruppen an. Im Sinne der an der FU gepflegten Idee, gemeinschaftsfördernde Maßnahmen als integralen Bestandteil der Universität zu sehen, sollten die studentischen Gruppen als Angebot auch im Vorlesungsverzeichnis vorgestellt werden. Dem „Beauftragten des Rektors und Senats für das studentische Gemeinschaftsleben" fiel neben der Koordinierung der Tutorengruppen eine weitere Aufgabe zu. Er sollte in der Moderation der dezentral entstandenen studentischen Gemeinschaften ihre Einbindung in die größere Gemeinschaft der Universität sicherstellen. In seinen Erinnerungen aus den 1980er Jahren begründete Hans-Joachim Lieber seine Aufgabe mit der Erfüllung des Erziehungsanspruches, der nicht den jenseits des Organismus der Universität agierenden Studentenverbindungen überlassen werden sollte:

> Eine Ablehnung des Korporationswesens war in der Öffentlichkeit nur glaubhaft politisch zu vertreten, wenn die Universität der Frage der an ihr agierenden studentischen Gemeinschaften

115 Vgl. die Aufzählung in Lönnendonker: *Die Freie Universität Berlin 1948–2007*, 40 f.
116 FUB UA, R 1140, Studenten-Konvent der FU an RA Grüner, Syndikus der FU: Zulassungsverfahren studentischer Vereinigungen, Berlin-Dahlem, 10.1.1951.
117 Lönnendonker (Hg.): *50 Jahre Freie Universität Berlin aus der Sicht von Zeitzeugen*, 310 f.

> gegenüber nicht einfach neutral blieb, sondern wenn es ihr gelang, die Entwicklung eigener, ihrer Aufgaben stärker entsprechender Organisationsformen eine zeitgemäßen studentischen Gemeinschaftslebens zumindest zu initiieren. Es misste einerseits geeignet sein, Studienanfänger über die zunächst als anonym erlebte Welt der Universität hinauszuführen und ihnen soziale Kontakte zu garantieren, andererseits sollten diese zu entwickelnden neuen Formen des Gemeinschaftslebens ihr geistiges Zentrum im Studium selber haben und durch die räumliche Anbindung an Seminare bzw. Institute auch den Lehrkörper partiell in ihr Leben einbeziehen.[118]

Dieser gestaltende Anspruch der Universität auf die dezentralen und in ihrem internen Wesen schwer einsehbaren studentischen Vereinigungen kollidierte auch mit dem Anspruch des Berliner Magistrats, insbesondere politische Vereinigungen einer staatlichen Kontrolle und Lizensierung zu unterwerfen. Das Bezirksamt Zehlendorf meldete beim Rektor diesen Anspruch an. Gemäß dem *Gesetz über die Vereins- und Versammlungsfreiheit* (VVG) vom 29. September 1950 hatten „sich alle Vereine bzw. Vereinigungen, die begründet oder in Berlin tätig werden, innerhalb von 14 Tagen nach der Gründung bzw. Aufnahme der Tätigkeit bei dem für den Sitz zuständigen Bezirksamt anzumelden." Alle Idealvereine nach §21 BGB unterlägen der Registrierungspflicht und könnten entscheiden, ob sie sich mit einer Rechtsfähigkeit ausstatten wollten.[119] Der außerordentliche Professor für theoretische Physik Günther Ludwig bekleidete im WS 1953/54 noch als Senatsbeauftragter und versuchte diesen Eingriff in die Universitätshoheit abzuwehren.[120] Gegenüber dem Rektor begründete Ludwig seinen Standpunkt: Die Prozedur bei den städtischen Behörden würde „nicht nur einen Eingriff in das Leben der Gemeinschaften möglich machen sondern stellt auch einen Einschränkung des Lizensierungsverfahrens der Universität dar, die vor allem in der Frage der Korporationen missliche Folgen haben könnte." Angesichts dieser Lage sah er sich nicht imstande, ohne eine Weisung des Rektors die in dem Brief des Bezirksamtes enthaltene Bitten zu erfüllen.[121] Offensichtlich spielte es für die Universität eine entscheidende Rolle, ob sie selbst die Kontrolle über die Vereine hatte oder die Stadtverwaltung dabei mitbestimmen sollte. Der Justitiar der FU beantwortete die Anfrage des Bezirksamt Steglitz selbst: [122] „Die Auffassung, dass es sich bei dieser Anmeldung und der Erteilung der Bescheinigung darüber um eine Lizensierung des Bezirksamtes handele, ist irrig. Der Gesetzgeber und die Verwaltung können das Tätigwerden von Vereinigungen, die von Deutschen begründet werden, nicht von einer Zulassung abhängig machen, ohne gegen das Grundgesetzt zu verstoßen." Anmeldung und Erteilung einer Registraturbescheinigung seien daher keine rechtsbegründenden Akte, sondern dienten nur der Erfüllung von Ord-

118 H.-J. Lieber: *Blick zurück*, Berlin 1989, 20.

119 FUB UA, R 1140, i.A. Dr. Lüttge, Bezirksamt Steglitz von Berlin an den Beauftragten der studentischen Arbeitsgemeinschaften z.Hd. Herrn Dr. Killy: Anmeldung von Vereinen bzw. Vereinigungen, Berlin-Steglitz, 4.11.1953.

120 Zu Person und wissenschaftlichem Werk von Ludwig: A. Freter: *Präparation und Registrierung*, Kiel 2004.

121 FUB UA, R 1140, G. Ludwig, Beauftragter der FU für das studentische Gemeinschaftsleben, an Rektor, Berlin-Dahlem, 6.11.1953.

122 FUB UA, R 1140, Hoppe: Vfg., Vermerk, Berlin-Dahlem, 19.11.1953.

nungsvorschriften. Bei den Tutorengruppen handele es sich ohnehin nicht um Vereinigungen, „da es bei ihnen an den rechtlichen Erfordernissen für eine Vereinsbildung" mangele. Von den genannten Kriterien fehle ihnen an einem organisatorischen Aufbau, auch wollten sich diese seminaristischen Gruppen wollten so eine körperschaftliche Verfassung nicht geben. Um sie als Verein ansprechen zu können, müssten sie auch nach vereinsrechtlichen Erfordernissen einen Vorstand haben.[123] Der Anfang 1954 vom Bezirksamt Zehlendorf verlangten Anmeldepflicht der Vereinigungen nach dem Vereinsgesetz stimmte die Universität also nur zögernd zu.[124] Das Rektorat wollte nicht mit dem Magistrat in einen Konflikt kommen und ermahnte über den Senatsbeauftragten nachdrücklich die studentischen Gemeinschaften, dieser Anmeldepflicht nachzukommen.[125] Im Rahmen der Anfrage offenbarten sich zahlreiche Schwachpunkte der Einbindung formaler Studentengruppen im Universitätsbetrieb. Manche Gruppen gab es gar nicht mehr, da sie mit dem Studienabschluss ihrer Gründungsmitglieder sich nicht fortgeführt hatten; andere Gruppen hatten ein solches institutionelles Eigenleben entwickelt, das sie an der FU nicht mehr zugelassen worden waren. Gut passte es, dass mit Herrmann Ludwig, dem späteren Hochschulreferenten des Senats und Kanzler der FU, ab Sommersemester 1954 ein Jurist als der neue Beauftragte für das studentische Gemeinschaftswesen fungierte. Er versuchte eine gewisse formale Ordnung in den Wildwuchs der studentischen Gemeinschaften zu bringen, um feste Ansprechpartner zu haben.

> Nach unseren Erfahrungen bestehen von den durch das Bezirksamt Ew. Magnifizenz als studentische Gemeinschaften an der Freien Universität gemeldeten Gruppen eine ganze Reihe nur auf dem Papier. Mit diesen Gruppen ist im Laufe des letzten Jahres kein Kontakt mehr zu bekommen gewesen; von einigen ist es ganz gewiss, dass sie sich aufgelöst haben. Es läge im Interesse der Universität, wenn einmal in der Angelegenheit dieser Gruppen eine „Flurbereinigung" erfolgen könnte. Die Universität müsste eine Mindestzahl von Mitgliedern festset-

123 FUB UA, R 1140, Hoppe an den Bauftragten für das Studentische Gemeinschaftsleben, Prof. Dr. Ludwig, Berlin-Dahlem, 19.11.1953.

124 FUB UA, R 1140, Dr. Wasmund, Abt. Recht und Verwaltung, Bezirksamt Zehlendorf von Berlin an die FU Berlin: Anmeldung der studentischen Vereinigungen nach dem Vereinsgesetz, Berlin-Zehlendorf, 23.2.1954.

125 FUB UA, R 1140, Hoppe, FU Rektorat an den Beauftragten für das studentische Gemeinschaftsleben, Prof. Dr. Ludwig, Berlin-Dahlem, 5.3.1954. Die erfassten und noch nicht beim Bezirksamt angemeldeten studentischen Gruppen waren: „Liberale Hochschulgruppe", „The Seminar Club", „Internationaler Bund für Kultur- und Sozialarbeit", „Europa-Union", „Musikantengilde", „Akademiker-Verband Berlin", „Studentenvereinigung Wartburg", „Vereinigung Atlantropa", „Katholische Studentenvereinigung Berolina", „Deutsch-Französische Studentengruppe", „Akademisch-Wissenschaftlicher Klub", „Reitverein der Berliner Studenten", „Studentenklub ‚Oikos'", „Akademische Vereinigung Berlin e.V.", „World University Service, Gruppe Berlin" (früher ISS), „Studentenklub ‚Berojena'", „Neudeutschland Hochschulring", „Gemeinschaft mitteldeutscher Studenten", „Freie jagdliche Gemeinschaft", „Studentengruppe des Hochschularbeitskreises für Tierschutz", „Gewerkschaftliche Studentengemeinschaft", „Katholischer Studentenverein Tannenberg-Königsberg im KV", „Mathematisch-naturwissenschaftliche Vereinigung", „Akademischer Luftsportklub Berlin". FUB UA, R 1140, Dr. Hildebrandt, Beauftragter für das student. Gemeinschaftsleben: Rundschreiben an die Vorsitzenden studentischer Gemeinschaften, Berlin-Dahlem, 9.3.1954.

> zen, so dass die Möglichkeit bestünde, nicht mehr lebende Gruppen aus dem Verzeichnis der Freien Universität zu streichen. Nach unserer Meinung haben sich die im Folgenden genannten Gruppen entweder aus Mangel an Mitgliedern und Interesse selbst aufgelöst oder sie sind, wie der Akademisch-Wissenschaftliche Klub, Teile einer anderen Gemeinschaft (VDSt) geworden, die wegen ihrer Satzung an der Freien Universität nicht zugelassen werden konnte..[126]

Aber die formale Erfassung ließ eine stillschweigende „Flurbereinigung" der Vereine nicht zu. Der Justitiar der FU erinnerte daran, dass die Universität an die Vorschriften des Bürgerlichen Gesetzesbuches über Vereine gebunden sei. So empfahl er, den Vorsitzenden derjenigen Gruppen, „von denen angenommen wird, dass sie eine Tätigkeit an der Freien Universität Berlin nicht mehr ausüben", unter Hinweis auf diesen Umstand mitzuteilen, dass die Gemeinschaft von Sommersemester 1954 an nicht mehr im Vorlesungsverzeichnis geführt wird, wenn nicht in Frist begründete Einwände dagegen erhoben würden.[127] Manche institutionell gewandelte Zusammenschlüsse melden sich wieder an, so der inzwischen im *Bund Berliner Studentischer Vereinigungen für Internationale Zusammenarbeit e.V.* (BBS) organisierte *The Seminar Club.*[128] Andere Gruppen wie die *Deutsch-französische Studentengruppe*, die *Gemeinschaft mitteldeutscher Studenten* oder die *Studentische Vereinigung Wartburg* existierten nicht mehr. [129] Nachdem acht Gemeinschaften keine begründeten Einsprüche gemacht hatten, umfasste die Liste nur noch 15 Gruppen.[130] Der ehemalige Vorsitzende einer offensichtlich in Auflösung begriffenen studentischen Gemeinschaft beschrieb an den Senatsbeauftragten den Auflösungsprozess seiner Vereinigung, deren Anspruch gar nicht auf eine institutionelle Stetigkeit gerichtet schien. [131]

126 FUB UA, R 1140, Dr. Hildebrandt, Beauftragter für das student. Gemeinschaftsleben, an Rektor, Berlin-Dahlem, 9.3.1954. Als diese mittlerweise aufgelösten oder fusionierten Zusammenschlüsse zählte Hildebrandt auf: „Internationaler Bund für Kultur und Sozialarbeit", „Europa-Union", „Musikanten-Gilde", „Akademiker-Verband Berlin", „Studentenverein Wartburg", „Vereinigung Atlandropa", „Deutsch-französische Studentengruppe", „Akademisch-Wissenschaftlicher Klub", „Akademische Vereinigung Berlin e.V.", „Wold University Service", „Gemeinschaft mitteldeutscher Studenten".

127 FUB UA, R 1140, Rektorat an den Beauftragten für das student. Gemeinschaftsleben, Prof. Dr. Ludwig, Berlin-Dahlem, 11.3.1954.

128 FUB UA, R 1140, R. Deihne, The Seminar Club, an den Beauftragten für das studentische Gemeinschaftsleben, Berlin, undatiert (nach 9.7.1954).

129 FUB UA, R 1140, Dr. Hildebrandt, Beauftragter für das student. Gemeinschaftsleben, an den Rektor, Berlin-Dahlem, 22.3.1954.

130 FUB UA, R 1140, Dr. Ludwig, Beauftragter für das student. Gemeinschaftsleben, an den Rektor, Berlin-Dahlem, 28.5.1954.

131 „Ferner wurde die Registrierung beim Bezirksamt nicht vorgenommen, da zum Schluss des vergangenen Semesters eine Neuwahl eines Vorstandes nicht mehr zustande gekommen ist. Unter diesen Umständen erschien es mir zu unsicher, ob die St.H.A.T. überhaupt in der Lage sein würde, ihre Arbeit fortzusetzen. Es frägt sich nun ob eine formelle Auflösung der St.H.A.T. überhaupt notwendig ist, oder ob man nicht die wenigen jüngeren Kommilitonen des Nachwuchses sich selber überlassen kann, damit sie evtl. sich erneut zu einer Arbeitsgemeinschaft konstituieren. Ich selber bin zu sehr mit meinem Staatsexamen beschäftigt, als

1954 veröffentlichte der Beauftragte für das studentische Gemeinschaftsleben ein Büchlein, in dem alle studentischen Gemeinschaften vorgestellt wurden. Rektor Ernst Hirsch begründete die offizielle Förderung des studentischen Gemeinschaftslebens durch die Universität als Mittel des demokratischen Lernens: „So ist ein richtig entwickeltes studentisches Gemeinschafsleben ein umso wichtigerer Faktor, als Freiheit und Toleranz welche die Würde des Menschen ausmachen, sich nur auf diesem Wege erproben und begreifen lassen." Aber Freiheit bedeute „nicht die Befugnis, alles tun und lassen zu dürfen, Toleranz nicht den Zwang, alle dulden und mit ansehen zu müssen." Über aller Vielgestaltigkeit und Mannigfaltigkeit der studentischen Vereinigungen und Gemeinschaften stehe der Korpsgeist der gesamten Universität als einer „durch das korporative Bewusstsein zu einer Einheit verschmolzenen wissenschaftlichen Gemeinde." Hirsch leitete aus diesem Anspruch auch eine Aufsichtspflicht der FU. Deshalb wache „die aus den besonderen Verhältnissen Berlins geborene Freie Universität mit behutsamer Gewissenhaftigkeit, mit Argwohn und stärksten Verantwortungsgefühl darüber, dass der Geist, dem sie ihre Gründung verdankt, nicht durch Gemeinschaften überfremdet und verfälscht wird, deren Wege und Ziele nach der übereinstimmenden Auffassung von akademischem Senat und Studentenschaft mit diesem Geiste vereinbar sind."[132] Die Betonung der Gemeinschaft als Raum des Freiheitslernens betont Hirsch schon in seiner Anrede „neu eintretende Kommilitonen" tituliert baute Hirsch in seiner Anrede schon einen Kreis des Gemeinsamen auf: „Wer durch die feierliche Immatrikulation als akademischer Bürger in die wissenschaftliche Gemeinde ‚Freie Universität Berlin' aufgenommen wird, muss sich vom ersten Tag an darüber im klaren sein, dass die Universität als soziale Institution und die in ihr wirkenden Menschen als soziale Gruppe wesensverschieden sind von der Höheren Schule und ihrer Lehrer- und Schülerschaft." [133] Am 2. Januar 1950 übergab der Rektor der FU dem AStA ein eigenes Gebäude in der Goethestr. 47–49 als Club-Haus der Studentenschaft zur Nutzung durch alle möglichen interessierten Studierenden-Gruppen. Bei den nächsten ordentlichen Sitzungen beschloss der studentische Konvent, dass Verwaltung und Bewirtschaftung des Hauses dem Studentenwerk übergeben werde, das Hausrecht aber grundsätzlich beim AStA bleiben sollte.[134] Eine Hausordnung und ein halbe Jahr später auch deren Verschärfung bezüglich Ruhezeiten zur Schonung der Nachbarschaft wurde durch den Konvent beschlossen.[135] Der Konvent sorgte sich dabei stets um die Bewah-

dass ich mich noch wesentlich um diese Dinge kümmern könnte." FUB UA, R 1140, Harald H. Roth an den Beauftragten für das studentische Gemeinschaftsleben, Berlin, 9.7.1954.

132 Ernst E. Hirsch: „Ein Wort des Rektors an die neu eintretenden Kommilitonen", in: Beauftragter für das studentische Gemeinschaftsleben (Hg.): *Studentisches Gemeinschaftsleben an der Freien Universität Berlin*, Berlin-Dahlem 1954, 2–3.

133 Ebd.

134 FUB UA, R 6.2, 1. Konvent 1949/1950, Protokoll über die 4. ordentliche Konventssitzung, Berlin, 19.1.1950.

135 FUB UA, R 6.2, 1. Konvent 1949/1950, Protokoll über die 5. ordentliche Konventssitzung, Berlin, 2.2.1950. FUB UA, Rep. 6.2, 1. Konvent 1949/1950, Protokoll der 15. ordentlichen Sitzung des Konvents am 14.6.1950, Berlin.

rung des studentischen Gemeinschaftslebens. Am 23. Januar 1951 etwa erhob er Bedenken gegen die Einrichtungen von Abendkursen und Vorlesungen unter den gegebenen Bedingungen, „da eine Ausweitung des Lehrbetriebs in die Abendstunden der Förderung der studentischen Gemeinschaften nicht dienlich sei."[136]

Das Zulassungsverfahren für studentische Gemeinschaften unterstand ebenfalls dem studentischen Konvent. Anfang 1951 war das Verfahren in einer Satzung formalisiert worden und mit dem Justitiar der Universität abgeglichen worden. Der durch die Vereinigungen beim Konvent gestellte Antrag sollte vom Konventsvorstand zur Überprüfung an Geschäftsführungs- und Satzungsausschuss weitergeleitet werden. Nach der Anhörung eines Mitgliedes des Vorstand oder des Gründers der Vereinigung sollte der Ausschuss eine Entscheidungsvorlage an den Konvent geben. Erst nach der Entscheidung sollten die Unterlagen dann an den Akademischen Senat der FU weitergeleitet werden, nach dessen zustimmender Entscheidung sollte der Vorgang an den Konvent und dessen Regierung AStA zurückgegeben werden. Der AStA sollte dann der Vereinigung die Zulassung erteilen und bei sich alle relevanten Unterklagen verwahren.[137] Die Universität bemängelte, dass bei Zustimmungspflicht von Senat und Konvent keine Reihenfolge stattfinden dürfe. [138] Die Kompliziertheit des Verfahrens und die doppelte Vetomöglichkeit zeigten das starke Selbstverständnis der Studentenschaft, aber auch, was für ein bürokratischer Apparat sich bereits aufgebaut hatte. In der Praxis entzündeten sich bei der von den Studierenden und den Universitätsgremien mit Ernst betriebenen Zulassungspraxis nicht wesentliche Konflikte. Die FU handhabte die Zulassung der studentischen Gruppen grundsätzlich im Sinne einer pluralistischen Landschaft. Dies zweit die Anfrage des juristischen Dekans der Marburger Universität von 1957, in der er um einen Erfahrungsaustausch zur Zulassungspraxis der FU bat. Eher problematisch sah man in Marburg den Antrag einer gewerkschaftlichen Arbeitsgemeinschaft zur Zulassung als studentische Gruppe, die ihrer Selbstauskunft nach unabhängig von Parteien und der „Organisation des DGB" stand. Für den Senat äußerte der Dekan der juristischen Fakultät Bedenken, da „es sich um eine Koalition zur Wahrung von Gruppeninteressen handelt, um sich damit natürlicherweise eine einseitige Gebundenheit der Auffassung verbindet." Bei politischen und religiösen Vereinigungen liegt dies insofern anders, als deren Zielsetzung auf das Ganze des Staates, der Gesellschaft oder dem Menschen gerichtet bleibt."[139] Rektor Andreas Paulsen hingegen konnte von der liberalen Praxis im Rahmen des studentischen Gruppenlebens der FU berichten. Seit 1953 bestehe an der FU eine solche Gruppe. Der vom Akademischen Senat und vom Konvent gebilligten Satzung der Gewerkschaftlichen Studentengemeinschaft sei

136 Lönnendonker (Hg.): *Freie Universität Berlin, Teil II*, 17.

137 FUB UA, R 1140, Studenten-Konvent der FU an RA Grüner, Syndikus der FU: Zulassungsverfahren studentischer Vereinigungen, Berlin-Dahlem, 10.1.1951.

138 FUB UA, R 1140, Zielesch, 2. Vorsitzender des Konvents: Auszug aus dem Protokoll der Sitzung des Hauptausschusses am 17.2.1954.

139 FUB UA, R 1140, Prof. Dr. Ernst Wolf, Dekan der Rechts- und Staatswissenschaftlichen Fakultät der Universität Marburg, an den Dekan der Juristischen Fakultät der FU Berlin, Marburg, 28.3.1957.

zu entnehmen, dass diese Gruppe sich betrachtet als eine „unabhängige Vereinigung von Studenten, in den demokratischen Gewerkschaften einen notwendigen Bestandteil unserer Geschäftsordnung sehen und [sich] im gemeinsamer Arbeit bemüht, das Verständnis für die gewerkschaftlichen Probleme an der Hochschule zu fördern." Die Arbeit der Gewerkschaftlichen Studentengemeinschaft habe bisher an der FU zu keinerlei Beanstandungen Anlass gegeben. Wie ihm der für die Betreuung studentischer Vereinigungen zuständige Sachbearbeiter mitgeteilt habe, konnte Paulsen berichten, besitze die Gemeinschaft sogar ein eigenen kleines Wohnheim, führte in jedem Semester unter lebhafter Beteiligung andere studentischer Gruppen Bildungsprogramme durch, von letztens eines auch der Auseinandersetzung mit der Zeit des Nationalsozialismus diente und förderte regelmäßige Begegnungen zwischen Jungarbeitern und Studenten.[140] Die Antwort auf an die Marburger Kollegen zeigte, wie selbstbewusst die FU ihr eigenes Modell der Einbindung studentischer Gruppen sah.

6. DAS BERLINER TUTORENSYSTEM IN DEN 1950ER JAHREN

Wohl am ehesten aus ganz praktischen und weithin unideologischen Gründen war Anfang der 1950er Jahre das Tutorenprogramm an der Freien Universität aus der Taufe gehoben worden. Dieses Programm lebte von dem liberal orientierten Umfeld der frühen 1950er Jahre und wurde dementsprechend auch bis Anfang der 1960er zunehmend mit ideologischen Vorstellungen und politischen Assoziationen aufgeladen, bis es Ende der 1960er in der Form nicht mehr existieren konnte. Aus dem an der FU in den ersten Jahren bei allen beteiligten Gruppen vorhandenen Konsens, die „Gemeinschaft der Lehrenden und Lernenden" zu schaffen, waren die Tutorengruppen entstanden. Vor allem an der Philosophischen Fakultät waren ja traditionell die Anforderungen an eine Selbstorganisation des Studiums besonders hoch, dass Modellstudienpläne nicht vorhanden waren. So hatten Studenten des *Friedrich-Meinecke-Instituts für Geschichte* (FMI) die Einrichtung der Tutorengruppen als studentische Selbsthilfe in der Studienorganisation angeregt.[141] Besonders durch die Professoren Wilhelm Berges und Hans Herzfeld fand die Initiative von Anfang an Unterstützung. Herzfeld und Berges waren in ihren unterschiedlichen Forschungsepochen beide im hohen Maße der Lehre zugetan. Der Mediävist Berges hatte sich so sehr auf die Lehre fokussiert, dass er trotz hoher Anerkennung der Fachwelt nach der Dissertation keine weitere Monographie mehr vollendete. Sein breites Themenspektrum zeigte sich aber in der „von überschäumenden Elan getragenen Lehrtätigkeit".[142] Das zeithistorische Forschungs-

140 FUB UA, R 1140, Rektor Paulsen an Prof. Dr. Ernst Wolf, Dekan der Rechts– und Staatswissenschaftlichen Fakultät der Univ. Marburg, Berlin, 8.4.1957.

141 B. Berendt: „Studenten helfen Studenten. Elf Jahre Tutorenarbeit an der Freien Universität", in: AStA der Freien Universität Berlin (Hg.): *Fünfzehn Jahre Freie Universität Berlin 1948–1963*, Berlin 1963, 40–41.

142 L. Schmugge: „Wilhelm Berges (1909–1978)", *Historisches Jahrbuch* 1979, 517–518, 517.

interesse Herzfelds lag im Untergang der „alten Welt“ vor dem Ersten Weltkrieg, die er noch in Halle an der Saale miterlebt hat. So hatte er auch an der FU besonders für sächsische Studenten, die aus der DDR geflohen waren, ein offenes Ohr. Herzfeld war selbst durch ein Gemeinschafts- und Naturerlebnis wesentlich geprägt, das er Mitglied des Wandervogels in seiner Schul- und Studienzeit in Halle und Freiburg gemacht hatte.[143] Es ist zu vermuten, dass seine Unterstützung der weitgehenden Eigenverantwortung der studentischen Tutoren auch aus dieser Quelle des eigenen Erlebens stammte. 1962 sprach Herzfeld rückblickend vor ehemaligen Tutoren des FMI von der „lebendigen Rendite“ dieser Betreuung, die ihm im Grunde wichtiger sei als alle seine wissenschaftlichen Leistungen.[144]

Die ersten acht Tutorengruppen am FMI wurden ab Wintersemester 1951/52 eingerichtet „um der Isolierung der Studenten zu begegnen und die Eingewöhnung in das Studium und das wissenschaftliche Arbeiten zu erleichtern“. Ein Kreis von fünf bis zwölf Studienanfängern traf sich einmal wöchentlich mit einem älteren Studenten ihres Fachgebietes, der als Tutor fungierte. Er sollte ihnen über die ersten Orientierungsschwierigkeiten an der Universität hinweghelfen: die Auswahl der Vorlesungen, die Nutzung der Bibliothek und das Einüben der wissenschaftlichen Propädeutik.[145] Anscheinend fanden die Tutorengruppen dabei sich schnell auch zu außerwissenschaftlichen Aktivitäten zusammen. Gemeinsame Unternehmung wie Theaterbesuche, oder Tanzabende vertieften die Kontakte, so dass schon am Ende des ersten Semesters eine positive Bilanz gezogen werden konnte. Brigitte Berendt beschrieb 1963 in Ihrem Rückblick auf elf Jahre Tutorenarbeit, dass schon am Ende eines Semesters „befriedigt festgestellt werden [konnte], dass es gelungen war, dem einzelnen jüngeren Studenten seine anfängliche Unsicherheit zu nehmen und ihm das Gefühl zu geben, einem Kreis anzugehören, den er selbst mitgestalten durfte.“[146]

Der schnelle Erfolg des Tutorenprogramms bei den Historikern animierte die Universität schon im kommenden Jahr zur großflächigen Einrichtung eines Tutorensystems. Nun sollten an allen Fakultäten Studenten höherer Semester eine begrenzte Zahl von maximal zehn Studienanfängern um sich versammelten. Von der Hilfe bei der Bewältigung der Anfangsschwierigkeiten des Studiums ausgehend, sollten sich Gruppen von relativer Konstanz bilden. An den einzelnen Instituten wurden die Assistentenschaft und die Professoren an der Auswahl der Tutoren und der Koordinierung der Gruppenarbeit beteiligt.[147] Zentral wurde das Tutorensystem von der neugeschaffenen Position des *Beauftragten des Rektors und Senats für das studentische Gemeinschaftsleben* koordiniert. Für das in der Folgezeit meist von einem Professor versehene Amt standen ein kleiner Verwaltungsapparat

143 H. Herzfeld: *Aus den Lebenserinnerungen*, Berlin et al. 1992, 41, 66 ff. G. A. Ritter: „Hans Herzfeld – Persönlichkeit und Werk“, in: O. Büsch (Hg.): *Hans Herzfeld*, Berlin 1983, 13–91, 18.

144 Ritter: *Hans Herzfeld*, 84 f.

145 Berendt: *Studenten helfen Studenten*, 40.

146 Ebd.

147 H.-J. Lieber: *Blick zurück*, 21.

und ein eigenes kleines Budget zur Verfügung.[148] Der erste Beauftragte des Rektors für das Tutorenprogramm wurde Wilhelm Berges, dem ein Sekretär für die eigentliche Geschäftsführung des Programms beigegeben wurde. Diesen Posten füllte anfangs der aus Tübingen an die FU gewechselte Germanist Walther Killy aus. Nach seiner Habilitation an der FU 1951 über Hölderlins Hyperion war Killy bis zur Ernennung zum Professor 1955 noch nicht beruflich gefestigt, konnte sich also über die zusätzlichen 150,- DM als monatliche Aufwandsentschädigung des Postens freuen.[149] Viel schwerer wog aber, dass der Kollegienhausenthusiast Killy mit dem Posten an der FU nun endlich seine Vorstellungen von studentischem Gemeinschaftsleben umsetzen konnte, an der er als Tübinger Assistent beim Aufbau des dortigen Leibniz Kollegs mitgewirkt hatte.[150] Als führender Kollegienhaus-Enthusiast hatte er auf Konferenzen gesprochen und fungierte 1952 auch als der Herausgeber einer grundlegenden Schrift zu dem studentischen Gemeinschaftsleben.[151] Das Amt als Beauftragter für das studentische Gemeinschaftsleben behielt Killy nur ein Jahr, seinen Nachfolger, den Philosophiedozenten Hans-Joachim Lieber wollte Killy in einer Doppelbesetzung des Amtes im Dezember 1953 aber noch persönlich einarbeiten.[152] Mit Lieber bestanden ohnehin mehrere Verbindungen zu Killy und der im Leibniz Kolleg praktizierten „Tübinger Pädagogik“. Unter Betreuung von Eduard Spranger war Lieber 1945 in Berlin mit einer Arbeit über die Struktur des Seelenlebens bei Dilthey promoviert worden.[153] Bevor Lieber zum Erforscher des Marxismus wurde, hatte er sich vor allem mit pädagogischen Fragen befasst. Die Kulturpädagogik seines Doktorvaters Spranger hatte sich auch mit den „funktionellen Abhängigkeitsverhältnissen […], die zwischen Kultur und Erziehung bestehen“ auseinandergesetzt.[154] Nachdem sein Rektorat der alten Berliner Universität 1945 gescheitert war, hatte Spranger den Ruf nach Tübingen angenommen. Dort war er als Ideengeber an der Konzeption des propädeutischen Leibniz-Kollegs beteiligt gewesen.[155] Lieber erinnerte sich

148 Ebd. 21.

149 FUB UA, PA Walter Killy, Kurator der FU Berlin an Herrn Markert im Hause: Verfügung, Berlin-Dahlem, 29.7.1952.

150 Kröning: *Nachkriegssemester*, 136.

151 Vgl. Killy: *Studium Generale und studentisches Gemeinschaftsleben.*

152 FUB UA, PA Walter Killy, G. Ludwig, Kurator der FU Berlin, ab den Kuratorialdirektor: Der Beauftragte der FU Berlin für das studentische Gemeinschaftsleben, Berlin–Dahlem, 7.12.1953. Kurator der FU Berlin an Walter Killy, an die Kasse der FU: Schlußanweisung, Berlin-Dahlem, 9.12.1953.

153 H.-J. Lieber: *Die psychische Struktur*, Berlin 1945.

154 K.-P. Horn: „Erziehungswissenschaften an der Berliner Universität“, in: Rüdiger vom Bruch (Hg.): *Die Berliner Universität in der NS-Zeit, II: Fachbereiche und Fakultäten*, Stuttgart 2005, 215–228, 225 f. Die Idee der Geisteswissenschaften als moralische Wissenschaften mit einer Wirkung auf die Gesamtheit des Menschen war von Sprangers Lehrer Wilhelm Dilthey beschrieben worden. Tenorth: *Geschichte der Erziehung,* 229 ff.

155 P. Drewek: „Eduard Spranger (1882–1963)“, in: H.-E. Tenorth (Hg.): *Klassiker der Pädagogik*, München 2003, 137–151. Dass der Kontakt Liebers zu Spranger und Tübingen bestand, zeigt auch, dass er seine Berliner Habilitationsschrift über die Probleme der Wissenssoziolo-

rückblickend an seine durchaus tragende Rolle, wie er „verantwortlich an der Entwicklung dieses Modells mit- und weiterarbeiten“ konnte. [156] In seinen Erinnerungen weist Lieber auch auf sein hochschulpolitisches Engagement hin, mit dem er die Weichen stellte, „dass das Tutorensystem Eingang in das Berliner Hochschulgesetz fand und die Figur des studentischen Tutors um die des wissenschaftlichen Tutors erweitert wurde.“[157]

So lässt sich dem Urteil des Historikers Henning Köhler zustimmen, dass das Tutorensystem der FU von der „englischen Einrichtung nur den Namen übernommen“ hatte.[158] Das Tutorensystem der FU war eine eigene Entwicklung ohne angelsächsische Referenzen, eher korrespondierend mit den Ideenwelten von Spranger und Hölderlin. „Die Angelsachsen“ hingegen waren begeistert, da sie in dem Tutorensystem der FU genau ihre Forderungen nach einer Verbreiterung des Lehrpersonals verwirklicht sahen. Der über die FU berichtende New Yorker Collegepräsident George N. Shuster stimmte den Vorstellungen des FU-Tutorenprogramms zu und empfahl der Ford Foundation die finanzielle Förderung des Projekts. [159] Eigens zur Förderung des Tutorenprogramms stellte die Ford Foundation eine Million US-Dollar zur Verfügung. Mit den Geldern von Ford erlebte das Tutorensystem einen enormen Aufschwung. Nun waren sogar genügende Mittel vorhanden, studentische Exkursionen ins Ausland zu unterstützen und die Kontakte mit auswärtigen Studenten zu fördern.[160] Ende der 1950er Jahre schien das Tutorensystem der FU die konsequente Umsetzung der Erneuerung der Gemeinschaft von Lehrenden und Lernenden zu sein, die auf den Konferenzen Anfang des Jahrzehnts in Hinterzarten, Weilburg oder Göttingen besprochen worden waren.[161] Hochschulpolitisch strahlte der Berliner Versuch als Modell auch für die Erprobung neuer Formen der Hochschuldidaktik aus. Die 1966 erschienenen Empfehlungen des *Verbandes Deutscher Studentenschaften* (VDS) empfahlen das Tutorenmodell als wesentliches Strukturmerkmal der projektierten Universitätsneugründungen.[162] Einige der Mitglieder der herausgebenden Kommission des VDS zur Neugründung von wissenschaftlichen Hochschulen waren selbst studentische Tutoren der FU und brachten so unmittelbar ihre Erfahrungen mit ein.[163]

gie auch in der Universitätsstadt am Neckar verlegen ließ. Vgl. H.-J. Lieber: *Wissen und Gesellschaft*, Tübingen, 1952.

156 Lieber: *Blick zurück*, 21.

157 Ders.: *Feier der Rektoratsübergabe der Freien Universität Berlin 27.11.1965*, Berlin, 1966.

157 Ders.: *Blick zurück*, 21.

158 H. Köhler: „Die neuere Geschichte am Friedrich.Meinecke-Institut“, in: S. Lönnendonker K. Kubicki (Hg.): *Die Geschichtswissenschaften an der Freien Universität Berlin*, Göttingen 2008, 63–76, 65 f.

159 Paulus: *Vorbild USA?*, 194.

160 Vgl. S. Bauer; P. Saro: „Universitas: Die ersten Jahre 1950 bis 1961“, in: J. Hoffmann; H. Seidel; N. Baratella (Hg.): *Geschichte der Freien Universität Berlin*, Berlin 1988, 55–60.

161 Gerhardt: *Die Wiederanfänge der Soziologie*, 88. Vgl. Heinemann (Hg.): *Hochschuloffiziere und Wiederaufbau. Die US–Zone*, 69 f.

162 P. Müller: *Studenten und die neue Universität, Gutachten einer Komission des Verbandes Deutscher Studentenschaften zur Neugründung Wissenschaftlicher Hochschulen*, Bonn 1962.

163 Lieber: *Feier der Rektoratsübergabe.*

Die promovierte Juristin Brigitte Behrendt, als Mitarbeiterin des Senatsbeauftragten tragende Säule des Tutorensystems, zog in der vom AStA der FU herausgegebenen Festschrift von 1963 ebenfalls eine positive Bilanz. Da „Berliner Tutorensystem" sei nun zu einem besten Bestandteil der Freien Universität geworden, an dem sich inzwischen mehrere westdeutsche Universitäten orientierten. So habe man in Münster und Bonn entsprechende Versuche gemacht und auch in der geplanten Universität Bremen sei die Übernahme des Modells angedacht. An den Universitäten Frankfurt und Freiburg seien Ansätze zu einer Nachahmung gemacht worden.[164] Der enorme Anstieg der Studentenzahlen in den 1960er Jahren machte, so Lieber, den Unterricht in Massenfächern „zum didaktischen Problem ersten Ranges" und unterstrich die Bedeutung des Tutorensystems.[165]

Nicht nur, weil die steigenden Studentenzahlen die finanziellen Mittel verknappten, geriet das System Mitte der 1960er Jahre jedoch ins Straucheln. Mit der Aufkündigung des liberalen Konsenses der Universität als Gemeinschaft änderte sich das Tutorensystem einschneidend. Die Änderungen wurden von den pädagogisch engagierten Dozenten eindeutig als ein Niedergang erlebt. Hans-Joachim Lieber erinnerte sich später an das Ende des bisherigen Tutorensystems durch den mangelnden „Vertrauenskonsens zwischen Rektor/Senat und Studentenvertretung einerseits, Studentenschaft und Professorenschaft andererseits". Zumindest Teile der Studentenschaft hätten das Tutorensystem „als ein Disziplinierungsinstrument in den Händen der Universitätsspitze gegenüber politisch unliebsamen Aktivitäten der Studentenschaft" empfunden und „als solches Instrument auch öffentlich denunziert".[166] Vor allem wurde die Universität in ihrer Funktion als geschützter, der Wissenschaft dienender Raum in Frage gestellt wurde. *Der Beauftragte des Rektors und Senats für das Studentische Gemeinschaftsleben* konzentrierte in dieser Situation seine Aktivitäten vor allem auf das Tutorenwesen. Durch die finanziellen Zuweisungen und die Auswahl der Tutoren war hier noch Gestaltungsmöglichkeit der Universität gegeben. So ist es nicht verwunderlich, dass die 1962 eigentlich als „Beauftragte für das Tutorenwesen" eingestellte Juristin Brigitte Berendt 1965 das gesamte Verzeichnis der studentischen Gemeinschaften herausgab. Nach einer Pause von zwölf Jahren erschien damit zum ersten Mal wieder ein ausführliches Verzeichnis der an der FU zugelassenen studentischen Vereinigungen. Interessierte Neuimmatrikulierte wollte die Broschüre über ihre Möglichkeiten informieren, aber auch „allen Freunden der FUB und den sonstigen Interessierten ein Bild von den vielfältigen Möglichkeiten des studentischen Gemeinschaftslebens an der FUB geben." In einer Selbstdarstellung durften sich die einzelnen Gemeinschaften präsentieren.[167] Schon die Titelbezeichung der Broschüre wurde von studentischen Kritikern angezweifelt: Der schon gedruckte Untertitel

163 Ders.: *Blick zurück*, 21.

164 Berendt: *Studenten helfen Studenten*, 41.

165 Lieber: *Blick zurück*, 21.

166 Ebd. 21 f.

167 Der Beauftragte für das studentische Gemeinschaftsleben (Hg.): *Studentisches Gemeinschaftsleben. Die studentischen Vereinigungen an der FUB*, Berlin (1965).

„Die studentischen Verbindungen der FUB“ musste noch vor der Auslieferung manuell durch „Die studentischen Vereinigungen an der FUB“ überklebt wurde.[168] Die organisierten studentischen Gemeinschaften und Studentenverbindungen schienen schon in der Selbstbezeichnung wenig gemeinsamen Nenner zu finden.

Unter dem Rektorat Herbert Lürs konnte die Universität auch von einem gestiegenen Bewusstsein für die Betreuung der Studenten beim Berliner Senat profitieren. 1965 studierten über 15.000 Studenten an der FU. Angesichts der explodierenden Studentenzahlen wurden die Zahl der Lehrstühle ausgeweitet und im Haushaltsjahr 1965 erstmals 25 feste Stellen für Tutoren bewilligt. Vor allem propädeutisch sollten diese Tutoren als Aufgabe haben, „die elementare und die vertiefende wissenschaftliche Unterrichtung, Betreuung und Beratung kleiner Studentengruppen mit dem Ziel, das Studium zu intensivieren und damit zu verkürzen.“ Für das kommende Jahr war eine Verdoppelung der Tutorenstellen gedacht.[169] Aber genau in diesem Jahr löste sich mit der „Kuby-Affäre“ schon erstmals für die Öffentlichkeit sichtbar der Konsens des universitären Miteinanders auf. Im Rahmen der Politisierung Ende der 1960er Jahre verschärfte sich diese Situation zunehmend, weil das Erkenntnisziel wissenschaftlicher Arbeit grundsätzlich in Frage gestellt wurde. 1968 wurde das Tutorensystem teilweise auch von den marxistisch orientierten Studenten genutzt, um die Politisierung der Universität voranzutreiben. Dies konnte durch das Besetzungsrecht der Tutorenstellen geschehen, die im Rahmen der „demokratischen“ Strukturreformen der Universität oftmals den Professoren entzogen worden waren.[170] In seinem verärgerten Abschiedsschreiben zum Weggang von der FU bezog sich Thomas Nipperdey auch auf das Verschwinden des akademischen Anspruchs in den Tutorien. „Die Lehre“ sei „zum Teil, zumal im Grundstudium, in Freiräumen und Tutorien abgelöst durch revolutionäre und pseudorevolutionäre Indoktrination.“[171]

Trotz dieser wahrnehmbaren Wandlung sollte nach den positiven Befunden von Anfang der 1960er Jahre das Tutorensystem an den westdeutschen Universitäten massiv gefördert werden. Mit mehr als 13 Millionen DM ermöglichte die Stiftung Volkswagenwerk noch 1969 den flächendeckenden Aufbau von Tutorenprogrammen.[172] Auch in Berlin konnten so die Tutorenstellen ausgebaut werden. Fälschlicherweise wurde in einer Informationsbroschüre für die studentischen Tutoren überhaupt erst die Mitte der 1960er Jahre als Beginn des Programms bezeichnet und damit die Arbeit des Jahrzehnts davor schlichtweg ignoriert: „Der steigende Bedarf an qualifizierten Arbeitskräften brachte 1965 als eine Maßnahme der Bildungsreform das Tutorenprogramm für die Berliner Hochschulen. Es galt lange Zeit als einer der Versuche, systematisch Hochschuldidaktik zu betreiben,

168 Ebd. Titelblatt, Mündliche Mitteilung von Dr. Brigitte Berendt an den Verfasser, 20.9.2010.

169 H. Lürs: *Rechenschaftsbericht 1963/1965 des scheidenden Rektors*, Berlin 1966, 5–19, 15.

170 Lieber: *Blick zurück*, 22.

171 Zitiert nach Lönnendonker (Hg.): *50 Jahre Freie Universität Berlin aus der Sicht von Zeitzeugen*, 148.

172 Seit 1962 engagierte sich die Stiftung als Sponsor einer Vielzahl an Projekten. Vgl. R. Nicolaysen: *Der lange Weg zur VolkswagenStiftung*, Göttingen 2002, 425 ff.

d.h. neue Formen und Inhalte des Hochschulunterrichts zu entwickeln." Die Broschüre des Senats sah die Maßnahmen einerseits „den wirtschaftlichen Erfordernissen nach einer effektiven Hochschulausbildung" entsprechen, andererseits dem Anspruch der Studenten, „neue und alte Studieninhalte kritisch aufzuarbeiten, um so das vom VDS und Wissenschaftsrat 1966 formulierte Studienziel erreichbar zu machen: Selbstständiges kritisches Denken durch Wissenschaft zu erlernen." Beide Zielsetzungen sollten durch die Arbeit in Kleingruppen erreicht werden, die von Tutoren betreut werden sollten.[173] Die Begründung für das Tutorenprogramm folgte nun nicht mehr dem Gedanken einer teilweise auch außerwissenschaftlichen Persönlichkeitsförderung, sondern schien allein ein hochschuldidaktisches Instrument. In seinem Antrag auf Finanzierung des Tutorenprogramms im Februar 1972 sah FU-Präsident Rolf Kreibich das laufende Programm als Innovationsinstrument der wissenschaftlichen Ausbildung: Das Tutorenprogramm diene „der ständigen Hochschulreform durch Erprobung und Entwicklung neuer Strukturen, Organisationsformen, Lehrmodellen und Ausbildungsgängen in Kooperation aller am Lernprozess Beteiligten." Ziel der Tutorenarbeit sei es, die Ausbildung der Studenten zu selbstständigem kritischen Denken durch wissenschaftliches Arbeiten zu fördern. Sie liege „also nicht darin, durch bloß organisatorische Maßnahmen die Reaktion von Lehrpersonen und Studenten zu verbessern."[174] Dem folgend sollten Tutorenprogramme in drei Stufen durchgeführt werden, welche die Broschüre von 1976 beschrieb: 1.) Die großen Lehrveranstaltungen sollten sich in kleine Gruppen auflösen, die noch stark vom Hochschullehrer bzw. wissenschaftlichen Mitarbeiten abhängig sind. Diese Kleingruppen sollten dann hauptsächlich von studentischen Hilfskräften betreut werden, „die nach dem alten Hochschullehrergesetz Tutorentätigkeiten auszuführen hatten." 2.) Bei Integration dieser Kleingruppen in die Lehrveranstaltungen, böten diese einen größeren inhaltlichen Spielraum, mit dem die studentischen Interessen berücksichtigt und neue Inhalte und Arbeitsweisen erprobt werden könnten. 3.) Tutoren könnten auch unabhängig von den Professoren lehrplanergänzende eigene Tutorien anbieten.[175] Die Tutorien schienen Mitte der 1970er Jahre ein Instrument der Verlagerung der Lehre geworden zu sein. Von der gemeinschaftsfördernden Konzeption finden sich zu diesem Zeitpunkt keine Spuren mehr.

7. GEMEINSCHAFTSIDEEN IM STUDENTENDORF AM SCHLACHTENSEE

Die auch noch Mitte der 1950er Jahre herrschende Wohnungsknappheit machte die Planung von Studentenwohnheimen notwendig. 1953 standen für die 14.000

173 *Informationsbroschuere der Initiative der Stud. Tutoren, Hilfskräfte und Mitarbeiter d. FUB ueber die Richtlinien des Senators fuer Wissenschaft und Kunst*, Berlin 1976.

174 Präsident der Freien Universität Berlin, Vorlage Nr. 008/72 – zur Beschlußfassung – für die 167. Sitzung des Kuratoriums der Freien Universität Berlin am 14.2.1972, 3. Zitiert nach Ebd. 2.

175 Ebd. 1 ff.

West-Berliner-Studenten höchstens 200 Studentenwohnheimplätze zur Verfügung, für über 20.0000 Studenten gab es 1956 in insgesamt zehn Wohnheimen lediglich 368 Plätze. [176] Für die Vertreter der Studentenschaft war die Schaffung von Wohnraum ein beherrschendes Thema, das freilich in den finanziell knappen Anfangsjahren kaum im großen Maßstab angegangen werden konnte. Auf der konstituierenden Sitzung des 6. Studentischen Konvents hatte der 1. AStA-Vorsitzende Klaus Kundt erklärt, dass er es als seine wesentliche Aufgabe sehe, „endlich auch an der Freien Universität Berlin an Planung von Studentenwohnheimen heranzugehen." So bezeichnete er es als eine Freude, als er im Februar 1955 der Studentenschaft mitteilen konnte, „dass wir bereits an der Planung arbeiten und hoffen, dass die angelaufenen Verhandlungen bald zu einem Erfolg führen." Es sei von Seiten des AStA ein Projekt für 400 bis 500 Studentinnen und Studenten geplant. Die Anlage soll neben Einzelzimmern auch Clubräume und „Vergnügungsstätten" umfassen. Kundt hoffe, dass die damit befasste Arbeitsgruppe des AStA „die in Arbeit befindlichen Pläne in kürze zur Diskussion vorlegen" könne.[177] Ein Sprecher der Studentenschaft hatte 1955 die noch unfertigen Pläne umrissen: „Die FU möchte in der Nähe der Universität, wenn die Grundstückschwierigkeiten überwunden sind, etwa im Pavillonstil oder auch in einem anderen – darüber muss noch entschieden werden – für ca. 600 Studenten ein Wohnheim schaffen, das nicht nur inländischen Studenten sondern auch ausländischen Studenten zur Verfügung stehen soll." Die Art der Finanzierung und die Dringlichkeit des Projekts zeige sich schon darin, dass die Studenten der Universität gegenwärtig „jeder freiwillig einen Beitrag für den Gründungsstock des Finanzplanes" legten.[178] Ab dem WS 1955/56 erhob der AStA von jedem Studierenden eine Wohnheim-Sonderabgabe in Höhe von 2,- DM obwohl ein konkretes Projekt noch gar nicht bekannt war.[179]

Die Gelegenheit auf ausreichend Unterstützung ergab sich erst durch den Besuch eines Vertreters der Ford Foundation. Als im Februar 1956 Georg N. Shuster Berlin besuchte, war die Aufregung ohnehin groß. Sollte der Präsident des New Yorker Hunter College doch im Auftrage der Ford Foundation die Freie Universität evaluieren und Empfehlungen für die künftige Fördermöglichkeiten geben.[180] Schon während seines Besuches zeigte sich Shuster an dem Schicksal der Studen-

176 Zünder: *Studentendorf Schlachtensee 1959 bis 1989. Eine Dokumentation*, 16. Dürftig waren die Wohnheime für die Ostzonenflüchtlinge allemal, wie das erste Wohnheim der TU Berlin in einer ehemaligen Wehrmachtsbaracke: „Das zweistöckige Gebäude hat nur ein Pappdach, auch innen unverputzte Wände, unzulängliche Waschgelegenheiten. Die Mann-Stuben sind auf das dürftigste eingerichtet. In der Baracke wohnen Ostzonenstudenten der TU. Ihr Vorteil ist, dass sie nur 9,– DM Grundmiete zahlen und für den Weg zu Universität kein Fahrgeld brauchen." *Colloquium* 10/1953, 8. Zitiert nach Zünder: *Studentendorf Schlachtensee*, 16.

177 FU Bibliothek, Klaus Kundt, AStA Vorsitzener, Mitteilungen aus AStA, Konvent und Fakultäten der Freien Universität Berlin, Berlin, 1. Folge, Februar 1955. 2–3.3.

178 Sprecher der Studentenschaft Krüger 1955, Zitiert nach J. Häner (Hg.): *20 Jahre Studentendorf Schlachtensee*, Berlin 1979, 8.

179 D. Neidlinger: „Die Höhlen von Schlachtensee", in: AStA FU (Hg.): *50 Jahre FU : Archäologie einer freien Universität*, Berlin 1998, 38–41.

180 Tent: *Freie Universität Berlin*, 287–291. Paulus: *Vorbild USA?* , 194.

ten besonders interessiert. Sein zu Beginn des Besuches geäußertes Interesse an Tutorenprogramm und Studentendorf hatte bei den deutschen Akteuren in Hoffnung auf eine Spende der Stiftung rege Aktivitäten ausgelöst. Wenn Shuster wieder nach New York zurückreiste, sollte er bereits den fertigen Förderantrag im Gepäck haben. Innerhalb eines Monats musste so ein tragfähiges Konzept geschaffen werden, die Pläne für dessen architektonische Umsetzung als auch ein mögliches Grundstück existieren. Nun griffen die verschiedenen Bemühungen ineinander. Mit dem als Wohnheim- Sonderabgabe angesparten Geld konnte der AStA die Option auf das Bauernland an der Potsdamer Chaussee kaufen. Der vom AStA schon vorher in die Überlegungen einbezogene Architekt Hermann Fehling legte innerhalb der vier Wochen einen detaillierten Entwurf der Häuser vor, ebenso wie Walther Killy sein Konzept für das Zusammenleben in den Wohnheimen. Shuster sprach sich in seinem Bericht ausdrücklich für das neue Projekt aus.[181] Bald erklärte sich auch das Land Berlin bereit, durch die Finanzierung des Grundstückes das Projekt zu unterstützen.[182]

Als die Realisierung des Studentendorfes nun in greifbare Nähe gerückt war, begann die Diskussion über eine inhaltliche Ausgestaltung. Das neue Wohnheim sollte in einem Geist der demokratischen Gemeinschaft errichtet werden, der in der rückblickenden Interpretation schon 1948 von Edwin Redslob eingefordert worden war: „Es handelt sich ja auch um eine Betreuung, die es erwünscht sein lässt, dieser Universität eine Art kleiner ‚Studentenstaat‘ möchte ich es nennen, anzuschließen, in der zumindest die beiden ersten Semester eine allgemeine Bildung sich aneignen können in der Gemeinschaft und im Zusammenleben mit ihren Dozenten, so dass aus vielleicht schlecht vorgebildeten Abiturienten dann sehr gut vorbereitete Studenten werden.“[183] Für den demokratischen Anspruch des Zusammenlebens im selbstverwalteten Wohnheim hatte sich im internationalen Studentenwohnheim Eichkamp schon ein Modell entwickelt. Als Gegensatz zu dem erfahrenen Kasernenton hatten diese aus der Not entstandenen und improvisierten Wohngemeinschaften der ersten Nachkriegsjahre oftmals „ein nach den Spielregeln demokratischer Selbstverwaltung geregeltes Zusammenleben“ bereits praktiziert. Die Bewohner des Studentenwohnheimes Eichkamp und des Internationalen Heims am Zehlendorfer Waldsee hatten sich „Aussöhnung, Völkerverständigung, Demokratie und neue Formen studentischer Gemeinschaft“ nahezu selbstverständlich als Ziel gesetzt. Gemeinsam hatten sie mit einfachsten Mitteln „ihr“ Wohnheim aus Trümmern erbaut und verwalteten es eigenverantwortlich. Die erste Generation von Studentenwohnheimbewohnern hatte einen Selbstanspruch von Solidarität und Zusammenhalt formuliert.[184] Dennoch wurden diese frühen Heime kaum als Modell für die geplante neue Studentenstadt genannt. Der Historiograph dieser Berliner Wohnheime Ralf Zünder erklärt sich die geringe

181 Neidlinger: *Die Höhlen von Schlachtensee.*

182 Zitiert nach Häner (Hg.): *20 Jahre Studentendorf Schlachtensee*, 8.

183 Ebd.

184 Zünder: *Studentendorf Schlachtensee*, 17. Zu Eichkamp auch: Ders.: Eichkamp*!: 60 Jahre Internationales Studentenheim in Berlin 1947–2007*, Öhringen 2006.

Vorbildfunktion der bislang gelebten Studentenwohnheime mit dem „Makel ärmlicher Notunterkünfte", der auf den „durch Umbau oder Renovierung zweckentfremdeter Gebäude gewonnenen Heime" haftete.[185] Auch mag ein Grund für die geringe Ideenweitergabe gewesen sein, dass Mitte der 1950er Jahren die erste Generation nach Krieg und FU-Gründung die Universität verlassen hatte. [186] Als der Wohnheimbeauftragte von Rektor und Senat war es der Kollegienhausenthusiast Walther Killy, der mit dem Entwurf eines Konzepts für das künftige Hochschuldorf beauftragt worden war. Da der Rektor seiner Einladung zur Münchner Wohnheimkonferenz des *Verbandes deutscher Studentenwerke* vom 29. Februar bis 3. März 1956 nicht folgen konnte, nutzte Killy auch diese Chance zum Austausch mit den anderen Kollegienhaus-Enthusiasten über die neue Möglichkeit, in Berlin nun endlich das ideale Kollegienhaus zu verwirklichen. Von München aus reiste Killy unmittelbar nach Bonn, um auch Ministerialrat Scheidemann im Bundesfinanzministerium in die neue Entwicklung miteinzubeziehen.[187]

Nach Abreise Shusters passierte in Berlin anfangs nicht mehr viel, da die Ford Foundation sich trotz der Empfehlung Shusters für eine Begrenzung ihres Engagements auf andere Bereiche entschieden hatte und so als Hauptsponsor des Baus ausfiel. Shuster hatte aber auch das State Department von seiner Zustimmung für das Studentendorf informiert und auf die Finanzierungslücke hingewiesen. So machte die mächtige Sonderberaterin für Berliner Angelegenheiten im State Department Eleanor Lansing Dulles das Studentendorf zu ihrem Projekt. Die Konzeption des Studentendorfes schien in ihre Konzeption von Berlin als antikommunistisches und freie „Schaufenster für den Osten" zu passen.[188] Durch die eindeutige Spendenzusage von 7,5 Millionen DM für das Studentendorf, wurden die bis Jahresende fast eingeschlafenen Vorbereitungen der deutschen Akteure wieder geweckt. Bei der offiziellen Übergabe der ersten Spende am 4. April 1957 dankte Rektor Paulsen dem amerikanischen Volk mit einem Verweis auf die Utopie der künftigen Studentengemeinschaft:

> Wir werden 720 Studenten eine sehr schöne Unterkunft schaffen können. Wir werden aber darüber hinausgehend aus diesen Studenten wirklich lebendige Gemeinschaften, kleine überschaubare Gruppen bilden, die dann unter der freundliche Führung der Tutoren und älteren Assistenten, die – sagen wir einmal – ideale Form des Studentenseins zu verwirklichen haben werden.[189]

Aufgrund vieler Unklarheiten bezüglich der Kosten des Betriebs und der Konzeption des Dorfes hatten sich die Entscheidungsgänge verzögert. Erst im September 1958 begannen die Aushubarbeiten, so dass man Eleanor Lansing Dulles bei ihrem erneuten Besuch, „schon immerhin die Baustelle zeigen" konnte. Aufgrund von zwei weiteren Spenden des State Department ging der Bau zügig voran. Und

185 Zünder: *Studentendorf Schlachtensee*, 17.
186 Ebd. 17.
187 FUB UA, PA Walter Killy, Rektor Paulsen an den Universitätskurator, Berlin-Dahlem, 22.2.1956.
188 Keiderling: *The Mother of Berlin*, 96 f.
189 Zitiert nach Häner (Hg.): *20 Jahre Studentendorf Schlachtensee*, 8.

die bestens mit der Ford Foundation vernetzte Eleanor Lansing Dulles konnte die Stiftung nun doch zu einem weiteren Engagement überzeugen, das im Rahmen der auf drei Jahre und weiterführender Projekte begrenzten Förderrichtlinien lag. Eine Spende der Ford Foundation sicherte nun das geplante Tutorensystem des Studentendorfes und den Unterhaltung während der ersten Jahre. [190] Bei der Grundsteinlegung am 10. Oktober in Anwesenheit des Regierenden Bürgermeisters Willy Brandt und der US-Vertreterin Eleanor Lansing Dulles betonte Rektor Paulsen den gemeinschaftlichen Charakter. Er vollziehe die Grundsteinlegung des Studentendorfes „in dem Wunsche, dass hier ein Dorf entstehen möge, dessen Bewohner erfüllt sind von dem Geiste unserer Universität: Veritas, Iustitia, Libertas!“[191] Die Stiftungsurkunde des Studentendorfs vom 21. Oktober 1959 formulierte den Anspruch des Dorfes, der weit über ein gemeinsames Wohnen hinausgehen sollte. Es liege in der Absicht des Stifters:

> a) Studenten der FU eine wohlfeile Unterkunft im Rahmen einer Wohngemeinschaft zu bieten, die ein zeitgemäßes studentisches Gemeinschaftsleben insbesondere auf der Grundlage des Tutorensystems der FUB gewährleistet; b) Studenten aus allen Teilen Deutschlands und aus dem Ausland zusammenzuführen und ihnen Gelegenheit zu geben, in täglicher Begegnung Achtung und Verständnis für eigene und fremde Lebensart im Rahmen des abendländischen Ideals wahrer Humanität zu wecken, zu gewinnen und zu verbreiten; c) Studenten Gelegenheit zu geben, die mit der Wohnheimgemeinschaft verknüpften Verwaltungsaufgaben um weitestmöglichen Umfang nach Maßgabe der vom Stiftungsrat zu erlassenden Rahmenbestimmungen unter eigener Verantwortung zu erledigen und sich hierbei durch praktische Selbstverwaltung politisch zu bilden und zu schulen; d) der Gesamtstudentenschaft der FUB einen Sammelpunkt geselligen und kulturellen Lebens zu bieten.[192]

Ohne explizite Ausschreibung war der Auftrag an die Berliner Architektengemeinschaft von Hermann Fehling, Daniel Gogel und Peter Pfankuch vergeben worden. Als die Planungen konkret wurden und schnell ein Bauplan entworfen werden mussten, hatten sie aufgrund frühzeitiger Gespräche mit dem AStA der Freien Universität bereits entsprechende Entwürfe erstellt. Das Gelände an der Potsdamer Chaussee von etwa 5,3 Hektar sollte komplett nach den Anforderungen des Wohnheimes und des gemeinschaftlichen Lebens der Studierenden umgestaltet werden, wofür auch der alte Gutshof weichen musste. Weitaus mehr als in allen vergleichbaren Projekten sollte bei dem Bau des Studentendorfes der gemeinschaftsbildende Anspruch durch die Architektur selbst verwirklich werden, der sich in allen Detailplanungen ausdrücken sollte. Der Planungsauftrag hatte gefordert, eine Raumordnung für eine demokratisch organisierte Gemeinschaft zu finden.[193] Das seit 1957 bis 1964 in zwei Bauabschnitten errichtete Studentendorf

190 Neidlinger: *Die Höhlen von Schlachtensee.*

191 Zitiert nach Häner (Hg.): *20 Jahre Studentendorf Schlachtensee*, 8.

192 § 5 Abs 2 der Stiftungsurkunde vom 21.10.1959, zitiert nach Ebd. 19.

193 Die Ausarbeitung der Gemeinschafts- und Begegnungsräume als zentralen Kern der Gebäude floss später in das ab 1965 von Fehling und Gogel gebaute Max-Planck-Institut für Bildungsforschung ein. Ein geeignetes Mittel zur Förderung demokratischer Strukturen und zur Bekämpfung hemmender Hierarchien sahen die Architekten ebenso wie Hellmut Becker als Gründungsdirektor des Instituts in der konzeptionellen Ermöglichung von Begegnung und

wurde zur gebauten Verwirklichung der gesellschaftlichen Vision Killys, offensichtlich aber auch der AStA-Mitglieder, welche die ersten Gespräche mit den Architekten geführt hatten. 1957 bis 1959 entstanden im ersten Bauabschnitt die ersten 18 ein- bis zweistöckigen Häuser in einem Bungalow-Stil. In jedem Haus sollten, nach Geschlechtern getrennt, je 30 Studierende wohnen. Die aus fertigen Elementen zusammengesetzten Typenhäuser variierten leicht die Grundrisse. In den Zentren der Häuser lagen größere Gemeinschaftsräume mit Oberlichtfenstern, um die sich die Reihe der kleinen Einzelzimmer ähnlich wie bei einem klösterlichen Kreuzgang legte. Auch äußerlich waren Wohnbereiche durch einen weißen Fassadenputz, Gemeinschaftsbereiche hingegen anthrazitfarben gekennzeichnet. Das Standardzimmern von etwa zehn Quadratmetern war mit Schrank, Bett, Bücherregal und Schreibpult ausgestattet. Die Häuser lagen in einer vom Landschaftsarchitekten Hermann Mattern topographisch modellierten Landschaft, deren Mittelpunkt ein muldenförmiger Anger darstellte. Diese ἀγορά, der Marktplatz, sollte den sozialen Mittelpunkt der Anlage darstellen. Schon im ersten Bauabschnitt war hier die Bürgermeisterei mit einem markanten Turm, ein Ladengeschäft und eine Bibliothek entstanden. 1962 bis 1964 wurde neben einem weiteren Doppelwohnhaus und dem Wohnhaus des Akademischen Direktors hier auch das Gemeinschaftshaus errichtet. In diesem lagen auch der Theatersaal und eine Mensa.[194]

Am 1. November 1959 zogen die ersten 182 Studenten im *Studentendorf der FU Berlin* ein; bis Jahresende wohnten in der neuen Anlage über 550 Studenten. 111 waren Ausländer, 181 stammten aus der DDR und 271 aus West-Berlin und der Bundesrepublik. Mit Fertigstellung aller 20 Häuser der Siedlung lebten dort 630 Studenten.[195] Die erste Generation der „Dorfbewohner" bekam vom Stiftungsrat eine Satzung vorgelegt, in der demokratische Spielregeln eingeübt werden sollten. Der Dorfrat sollte aus Delegierten bestehen, die von jeder Hausgemeinschaft für die Dauer eines Jahres gewählt werden sollten. Aus seiner Mitte sollte dieser Dorfrat den Bürgermeister wählen, der mit seinen Referenten für die internen Angelegenheiten der studentischen Bewohner zuständig sein sollte. Durch den Bürgermeister war die Wohngemeinschaft auch in der Stiftungsverwaltung mit einem Sitz vertreten, der dort weisungsfrei handeln sollte.[196] Kommissarisch führte der Hochschulreferent des AStA Uwe Damm das Bürgermeisteramt nach der Eröffnung. Vor den Studenten begründete er das Recht der Selbstverwaltung, dass „allein durch ausgezeichnete sachliche Arbeit erworben werden" müsse und könne. Zu Illustration bemühte Damm einen Vergleich einer liberalen, gleichberechtigten Partnerschaft: „Stiftung und Dorfbewohner seien zwei Kaufleute, die miteinander einen Vertrag geschlossen haben, an dessen Erfüllung bei-

Kommunikation. G. Klack: „Max-Planck-Institut für Bildungsforschung, 1965–74", in: P. Gruss; G. Klack; M. Seidel (Hg.): *Fehling+Gogel*, Berlin 2009, 24–38, 28. Vgl. U. Frevert: „1974 bis 2009: Qualität und Fantasie, ein immerwährendes Projekt", in: Ebd., 39–42.

194 Zünder: *Studentendorf Schlachtensee*, 20.

195 Häner (Hg.): *20 Jahre Studentendorf Schlachtensee*, 1–2.

196 Rahmenvorschrift des Stiftungsvorstandes über die Organisation der Selbstverwaltung vom 23.2.1960, zitiert nach Häner (Hg.): *20 Jahre Studentendorf Schlachtensee*, 19.

den gleichviel gelegen sei." Das gemeinsame Bestreben „täusche aber keineswegs darüber hinweg, dass sie zwei Partner mit verschiedenen Interessen seien."[197] 1963 wurden die Neubewohner in einem Artikel des Mitteilungsblattes *Dorf Notizen* zum aktiven Einbringen eingeladen:

> Mit ihrem Einzug in das Studentendorf sind Sie Dorfbewohner geworden. Ob Sie ihre 10 qm seit einigen Semestern oder wenigen Stunden bewohnen, es werden Erwartungen an Sie gestellt, wie Sie solche an das Dorf neben der einzigen des Wohnens hoffentlich stellen. Das Universitätsangebot „Begegnungen zwischen Lehrenden und Lernenden außerhalb des Universitätsbereiches" erwartet Sie als drängenden Konsumenten. Das Dorf harrt Ihrer Mithilfe, eine sich selbst verwaltende Gemeinschaft zu bilden. Ihre Flur- und Hausbewohner wünschen einen kameradschaftlichen Mitstreiter sich im täglichen Kleinkrieg gegen küchen- und hausinterne Unbilden. Die Bevölkerung verspricht sich von Ihnen nicht nur „Simpeln" über das Fachstudium, sondern in Ihnen einen aufgeschlossenen und verständnisvollen Mitmenschen.[198]

Die Selbstverwaltung solle dabei in eigener Verantwortung insbesondere zu entscheiden haben über „Aufnahme und Ausschluss von Bewohner und den gesamten Kulturbetrieb."[199] Für die Entfaltung des Gemeinschaftskonzepts wird von Anfang an eine selektive Auswahl der Bewohner angedacht. Der Rektor der FU Ernst Heinitz unterstützte im Sommersemester 1961 das Konzept einer selektiven Auswahl der Bewohner des Studentendorfes, um Das Dorf sei, so Heinitz, „nicht als Studentenhotel gedacht." Um die Erfüllung seiner Aufgabe zu gewährleisten, müssten die Bewohner ausgewählt werden.[200] 1962 erläuterte der Vorsitzende des Dorfrats die Kriterien, nach denen die Mietverträge der nun im 5. Semester im Studentendorf wohnenden Studierenden verlängert werden könnten. Kriterium sei, „ob der einzelne Bewohner des Hauses und im Dorf in Erscheinung getreten ist, ob er die Pflichten des Dorfes, die sich aus der Zielsetzung der Stiftung ergeben, zu nutzen verstand."[201] Gemäß Aufnahmeregeln wurden maximal 25 Prozent nach Aufnahmegespräch aufgenommen werden, die übrigen durch Los unter Berücksichtigung von Quoten: 40 Prozent Ostdeutsche, 40 Prozent Westdeutsche, 20 Prozent Ausländern; ein Drittel Frauen; Fakultäten gemäß dem prozentualen Anteil an der Universität.[202]

Das austarierte Delegiertensystem, das mit so viel pädagogischer Implikation konzipiert worden war, wurde von den neuen Bewohnern von Anfang an in Frage gestellt. Zu sehr war das politische Denken, die Einforderung von echten Rechten zuungunsten eines Machtverzichts in einem System geteilter Verantwortungen fortgeschritten. Ein Assistent im Dorf bedauerte den mangelnden demokratischen Gedanken innerhalb des Dorfes und seiner institutionellen Gestaltung, da der Dorfrat laut Stiftungsurkunde nicht Organ der Stiftung sei. Immer mehr präge sich

197 Hochschulreferent des AStA, kommissarischer Bürgermeister Uwe Damm, Protokoll der konstituierenden Dorfratssitzung vom 1.2.1960, zitiert nach Ebd. 20.
198 *Dorf Notizen* 18/63 für Neueinziehende, in Ebd.18.
199 Dorfrats-Protokoll vom 15.12.1961, zitiert nach Ebd. 20.
200 FU-Rektor Heinitz, 23.6.961, zitiert nach Ebd. 30.
201 Dorfrat-Vorsitzender Offele, Protokoll vom 6.6.1962, zitiert nach Ebd.30.
202 Angaben WS 62/63, zitiert nach Ebd. 30.

der Eindruck auf, „der Dorfrat habe ohnedies nichts zu sagen und man vertue seine Zeit in seinen Sitzungen." So sei es „das dringendste pädagogische Problem innerhalb des Studentendorfes, dem Dorfrat eigene Aufgaben zu geben, die weit über die Verwaltungsaufgaben hinausreichen."[203] Nach seinem Ausscheiden als erster Bürgermeister beschreibt im August 1960 Herman Dechow seine Enttäuschung: „Der Umfang, in dem die studentische Selbstverwaltung im Studentendorf tätig werden konnte, hat für alle diejenigen, die mit den Vorstellungen einer weitgehenden Entscheidungsbefugnis der Studenten in das Studentendorf gekommen sind, desillusionierend gewirkt."[204] Sein Nachfolger Heinz Volkmann legte im Dezember des gleichen Jahres sein Amt nieder, da er „keinen Sinn mehr" in seiner Arbeit sehe, „da sich nun Vorstellungen von Selbstverwaltung nicht im Rahmen der Stiftungsurkunde verwirklichen lassen".[205]

Im Dezember 1960 wurde in der Dorfzeitung die Diskussion über eine neue Satzung angestrengt. Insbesondere die pädagogische Implikation zur Selbstverantwortung wurde durch den Demokratiemangel in Frage gestellt. Nehme man der Selbstverwaltung „jede Möglichkeit einer eigenen Verantwortung, wird sie zu einer Scheinselbstverwaltung, die den erzieherischen Sinn umkehrt, nämlich da zur Gleichgültigkeit führt, wo demokratische Bewusstseinsbildung durch Selbstverwaltung erreicht werden sollte."[206] Ein Artikel im Mitteilungsblättchen kritisierte „bestehenden Satzungen, Ordnungen und Vorschriften" als einen „Dschungel, aus dem offensichtlich auch die Experten nur noch widersprüchliches ans Licht ziehen können".[207] Der Dorfratsvorsitzende von 1962 forderte die Einführung demokratischer Rechte: Die Selbstverwaltung sei „für den Stiftungsrat de jure nicht existent". Die Studentenschaft sei ganz „vom guten Willen des Vorstandes abhängig". Ohne „Fixierung der Rechte der Dorfbewohner" werde das Studentendorf für die Dauer seines Bestehens ein Krisenherd bleiben.[208] Die begrenzte Vertretung im Stiftungsgremium und die Organisation der internen Angelegenheiten wurde als ungenügend empfunden. Der politische Gestaltungsanspruch der Studenten forderte mehr, als ihnen in der Satzung des Studentendorfes zugestanden worden war. Offensichtlich war ein tiefer Graben zwischen dem bei

203 Assistent Kraut, Bericht über Gruppenbildung vom 25.6.1960, zitiert nach Ebd. 19.

204 1. Bürgermeister nach seinem Ausscheiden am 20.7.1960, zitiert nach Ebd.20. Die Bürgermeister des Studentendorfes am Schlachtensee: 1.2.1960–15.8.1960 Herman Dechow, 15.8.1960–31.12.1960 Heinz Volkmann, 1.1.1961–15.7.1961 Martin Schümann, 15.7.1961–30.6.1962 Lutz Schubert, 1.1.1963–19.2.1964 Henning Blombach, 19.2.1964–31.12.1965 Ekkehardt Wesner, 1.1.1966–13.12.1966 Rainer Knigge, 13.12.1966–1.3.1967 Joachim Lenz, 1.3.1967–10.5.1968 Winfried Schulze, 10.5.1968–11.2.1969 Wolf-Dieter Pfützenreuter; Studentische Vertreter: ab 11.2.1969 Helmut Becker, Lothar Czempin, ab 9/69 Jürgen Goecke, Annnette Westphal; ab 27.4.1971 Bodo Pickenpack, Lothar Hamberger, Peter Schütt, ab 1.7.1972 Bodo Pickenpack. Häner (Hg.): *20 Jahre Studentendorf Schlachtensee*, 18.

205 2. Bürgermeister bei seinem Rücktritt am 14.12.1960, zitiert nach Häner (Hg.): *20 Jahre Studentendorf Schlachtensee*, 20.

206 „Vorschläge zu einer Diskussion über die Grundkonzeption des Dorfes", Dezember 1960, zitiert nach Ebd. 20.

207 *Dorfnotizen* Nr. 20, 15.12.1963, zitiert nach Ebd. 22.

208 Dorfratsvorsitzender, Protokoll vom 19.2.1962, zitiert nach Ebd. 21.

seiner Konzeption als großzügig empfundenen Überlegungen zu einer demokratischen Selbstverwaltung und den Ansprüchen Anfang der 1960er Jahre. Die Erhöhung der 1960 noch sehr niedrigen monatlichen Miete von 60,- DM 1963 um 25 Prozent auf 74,- DM wurde mit einem ersten Mietstreik beantwortet. Die ursprüngliche Wohndauer-Beschränkung wurde vom Dorfrat ausdrücklich abgelehnt.[209]

Ein Grund für dieses emanzipatorische Handeln mag die tatsächliche politische Betätigung der Studenten Anfang der 1960er sein. Seit dem Mauerbau am 17. August 1961 hatten sich Studenten des Dorfes aktiv als Fluchthelfer engagiert. Auch war das Studentendorf von Anfang an für die Aufnahme der oft mittellosen Studenten aus der DDR geplant gewesen, die an der FU studieren wollten. Die Bewohner des Studentendorfes waren also Akteure der „großen Politik" geworden. In dieser Funktion prallten sie auch bald mit den Interessen der Universität aneinander. Anscheinend hatten einzelne Studenten auf ihren Buden Waffen und Sprengkörper gelagert und wurden nun von der Universitätsleitung aus dem Studentendorf verwiesen. In Übereinstimmung mit AStA und Akademischen Senat hatte Rektor Heinitz 1963 in einer öffentlichen Stellungnahme klargestellt, dass die Fluchthilfe der Studenten als privates Engagement erfolgte und nichts mit der offiziellen Politik der FU zu tun hatte. Nachdem die *Berliner Morgenpost* Heinitz als Gegner der Fluchthilfe bezeichnete, musste er aus Furcht vor Anschlägen zeitweilig unter Polizeischutz gestellt werden. Der *CDU-Kurier* titelte: „Idealisten, die für die Freiheit arbeiten, sollen Studentendorf verlassen."[210] Heinitz schätzte sein Handeln auch im Rückblick als das Richtige ein: Die Universität habe „sich dem Osten nicht gebeugt". 1962 sei Heinitz zu vertraulichen Gesprächen in Ostberlin gewesen um für die Amnestierung studentischer Fluchthelfer zu bitten. In dem Sinne habe er mäßigend auf die Aktionen eingewirkt.[211] Der Konflikt der Studentendorfbewohner mit den Rektorat illustriert, wie weit das Dorf schon kurz nach der Gründung von den anfänglichen Konzeptionen entfernt war, in dem eine Universität durch die Gewährung von Wohnraum und Freiheiten einen Campus schaffen wollte. Die Selbstverwaltung des Studentendorfs war zu dem Zeitpunkt schon stark beschädigt, auch wenn es der Bürgermeister Lutz Schubert anlässlich der 50. Sitzung des Dorfrates am 28. November 1962 noch als ein Gegenmodell zu einer „da draußen" phlegmatischen Welt darstellte:

> Lassen Sie Sich bitte nicht enttäuschen und von der Lethargie ergreifen, die draußen, in unserer Umwelt, zum Himmel stinkt. Bitte tun Sie das Ihre – und diese Bitte richte ich an alle Bürger – bitte tun Sie das Ihre, dieses Detail von der Umwelt nicht in unser Modell aufzunehmen. Bedenken Sie, dass die Menschen, deren politischer Stil hier im Dorf mitgeprägt wird, in 10 bis 15 Jahren Bosse, Dozenten, Träger von Macht und Einfluss sind. Handeln Sie so, dass die Arbeit der Selbstverwaltung für die Bürger, für Ihre Wähler, wieder interessant

209 Später brachten die Wohngeld-Kampagnen von 1969/70 und die Mietstreiks von 1973 und 1978 die Stiftung finanziell zu Fall, so dass ihre Aufgaben des Unterhalts des Studentendorfs vom Studentenwerk übernommen werden mussten. Ebd. 33–35.

210 „Berlin/Studenten: Nein, nein, nein", *Der Spiegel* 24/1967, 05.06.1967

211 Gespräch mit Prof. Dr. jur. Ernst Heinitz, FU-Rektor 1961–1963, Mitglied des Stiftungsrates, zitiert nach Häner (Hg.): *20 Jahre Studentendorf Schlachtensee*, 38.

wird; reden Sie nicht nur, sondern sagen Sie auch etwas, und wenn Sie sogar mal etwas tun wollen, wäre es schön.[212]

Die Absage an das Konzept Killys konkretisierte sich insbesondere in die Absage an den Erziehungsanspruch des Zusammenlebens, der als ein Übergriff in die Privatsphäre empfunden wurde. In ihren Äußerungen und Emanzipationsbestrebungen erwehrten sich die Dorfbewohner „aller Patenrezepte erziehungsbeflissener Schreibtischköche". Ein Dorfbewohner formulierte diesen Anspruch 1963 in einem Artikel: „Sie wollen wohnen, arbeiten und nach ihren Wünschen zusammenleben, ohne dass sie Objekte irgendwelcher, ihnen nicht zusagender Bildungsversuche fühlen zu müssen. [...] Nach innen wie nach außen muss heute noch ein dauernder Kleinkrieg gegen Tendenzen geführt werden, die das Dorf entweder zum verlängerten Arm akademischen Lernbetrieb umformen oder zum unverbindlichen, der Bequemlichkeit des Einzelnen huldigenden ‚Hotel für Studenten' degradieren wollen."[213] Personifiziert wurden die als übergriffig empfundenen Erziehungsversuche durch Amt und Person des „Akademischen Direktors". Die ursprüngliche Konzeption sah vor, dass ein Dozent mit Familie in einem eigenen Haus im Studentendorf wohnte. Der Akademische Direktor sollte ein allgemeinbildendes Programm für die Bewohner des Studentendorfes gestalten und dazu die Tutoren koordinieren. Das Amt wurde mit dem Mediziner Engel besetzt. Anscheinend muss Engel dabei auch zwischenmenschlich unglücklich gewirkt haben, vor allem durch ein autoritäres Auftreten die Kooperation der Studenten beschädigt haben. Die Rahmenhausordnung hatte vorgesehen, dass zwischen 23 Uhr und 9 Uhr in den Buden und in den angrenzenden Korridoren Ruhe herrschen sollte. Während dieser Zeit sollte Besuch in den Buden nicht gestattet sein, womit unausgesprochen natürlich andersgeschlechtlicher Besuch gemeint war.[214] Die Durchsetzung solcher Regelungen gelang Engel nicht mehr. Auch wenn der damalige Rektor und Kuratoriumsmitglied Heinitz beteuerte, dass „die Episode, als Dr. Engel 1961 einen Jüngling hinter einem Schrank fand [...] damals schmunzelnd die Runde" machte, war das Konzept des Akademischen Direktors zu diesem Zeitpunkt schon gescheitert. Die Studenten ließen sich „Party mit Lärm bis in den Morgen zum Schaden der Kommilitonen, die schlafen wollte", nicht verbieten.[215] Auch die Berufung des norwegischen Pastors Olav Brennhovd als Akademischen Direktor 1961 schien das Amt nicht mehr retten zu können. Brennhovd, der während des Zweiten Weltkrieges in Norwegen jüdischen Verfolgten zur Flucht verholfen hatte und dafür von der NS-Justiz zu Tode verurteilt worden war, schien wie prädestiniert für die Aufgabe in Berlin zu sein. Für die Weltorganisation des *Christlichen Vereins Junger Männer* (YMCA) hatte Brennhovd die Kriegsgefangenenhilfe in Deutschland geleitet und 1948 in Göttingen ein internationales Wohnheim gegründet. Mit der Gründung des Trägervereins *Internationale*

212 Ebd.

213 Schrift des „Konturen"-Verlages 1963, zitiert nach Ebd. 10.

214 Rahmenhausordnung vom 31.3.1960, Ebd. 20.

215 „Gegen restaurative Züge" Gespräch mit Dr. jur. Heinitz, FU-Rektor von 1961–1963, Mitglied des Stiftungsrates, Ebd. 11.

Studentenfreunde e.V. hatte Brennhovd das *Fridtjof-Nansen-Haus* in Göttingen zu einem Ort der demokratischen Gemeinschaftserziehung gemacht.[216] Seine Versuche, das Tutoren- und Allgemeinbildungs-Konzept gemeinsam mit den Studenten noch einmal zu errichten, scheiterten. 1964 gab Brennhovd den Posten auf, der seitdem verwaiste. Der Posten des Akademischen Direktors wurde vom Stiftungsrat des Studentendorfes in der Sitzung vom 15. Juni 1967 durch einstimmige Änderung der Satzung abgeschafft. Ein studentischer Autor kommentierte in Folge das Schicksal des ursprünglich als Residenz des Akademischen Direktors erbauten großen, weißen Wohnhauses am Eingang des Studentendorfes, das nach kurzer Bewohnerschaft eines nun nach Köln berufenen Professors leer stehe. Laut Rechtsanwalt Lothar Bressel, Mitglied des Vorstandes des Studentendorfes, könne es nicht einmal an Dozenten vermietet werden, so der Artikel, „weil keiner von ihnen so nahe bei Studenten wohnen möchte, und weil das Haus so hässlich ist."[217]

Ähnlich wie dem Posten des Akademischen Direktors ging es dem im Vergleich auch finanziell großzügig ausgestatteten Tutorensystem im Studentendorf. Schon im ersten Jahr wurde die „Vergabe der Mittel für die Tutorenarbeit durch den Akademischen Direktor" von dem studentischen Bürgermeister angezweifelt, denn dieser wäre „damit in der Lage, auf lange Sicht die intellektuelle Führung der Studenten [...] vorzunehmen."[218] Bei der Argumentation gegen das Tutorensystem wurden anstatt wissenschaftlichen Argumenten, gesellschaftspolitische Begründungen verwendet. Der im Wohnheim lebende Assistent Franke sah im Tutorensystem „die Verantwortung für den Aufbau und die Regelung des Gemeinschaftslebens auf Funktionäre übertragen", so dass „eine gewisse Verselbständigung zu einer nicht mehr von den Wünschen der Bewohner getragenen Gemeinschaftsvermittlung zu befürchten" sei.[219] Deshalb, so Franke, sollte man im Studentendorf kein planmäßiges Tutorensystem durchführen. „Name und Modus" würden auf Widerstand stoßen.[220] Der als Tutor eingestellte Assistent Scholz fasste seine Erfahrungen im April 1960 zusammen: Die Idee eines „Studiums generale ohne Anonymität, wie sie eine Massenvorlesung bietet", dürfe nicht weiter verfolgt werden, was aber nicht zu Eingriffen in die Privatsphäre der Studenten führen sollte. „Kontinuierliche Arbeit will der Student nur für sein Studium leisten, „Freizeit" im Dorf will er nicht manipuliert sehen. [...] Den zwanglosen Möglichkeiten zur Gesellung (die sich durch seine architektonische Anlage böten) stehen die von uns ‚veranstalteten' Gruppen gegenüber, die auf der Grundlage des Studiums generale und der politischen Bildung auf dem Wege der Einladung oder durch die lancierte Eigeninitiative der Studenten ins Leben gerufen wurden und bald in den Ansätzen erstarben."[221] Mit dieser Ablehnung des Übergriffs universi-

216 Vgl. „Olav Brennhovd (1912–1972), Pastor, Gründer des Göttinger Fridtjof-Nansen-Hauses, Ehrenmedaille der Stadt Göttingen", *www.stadtarchiv.goettingen.de*, abgerufen 12.8.2010.
217 Report, *Der Dorf-Student*, Nr. 24, 28.10.1967.
218 Aktennotiz 8.6.1960, Zitiert nach Häner (Hg.): *20 Jahre Studentendorf Schlachtensee*, 14.
219 Zitiert nach Ebd. 14.
220 Assistent Franke 12.5.1960, Zitiert nach Ebd. 14.
221 Assistent Scholz, April 1960, Zitiert nach Ebd. 13.

tärer Aufgaben auf den Wohnbereich der Studenten durch „Wohnheimtutorien“ berief sich Scholtz auch auf bei den Tutorenkonferenzen am 9. und 10. Oktober 1959 in Darmstadt ausgetauschten Erfahrungen. Auch sei dort die Beurteilung bezüglich einer „teilgegliederte Selbstverwaltung des Dorfes und die Einsetzung von Assistenten mit beratenden Aufgaben“ als nicht mehr geeignet angesehen werden.[222] Andererseits musste Scholz auch zugeben, dass „die Möglichkeit zur interfakultativen Zusammenarbeit von nah beieinander wohnenden Studenten an Aufgaben im öffentlichen Interesse“ bisher „nur gesehen, aber nicht ausgeschöpft worden“ waren.[223] So berichtete ein anderer Bewohner im Juni 1960 durchaus negativ von der geringen Entfaltung des studentischen Lebens als Resultat der Ablehnung der Tutorengruppen: Während des Wintersemester 1959/60 habe so gut wie keine Gruppenbildung stattgefunden, Kontakte hätten sich „lediglich in persönlichen Gesprächen in Küchen sowie auf Feten“ ergeben. „Nach einer kurzen Phase intensiven Meinungsaustausches über politische und Interessensfragen sank das Gesprächsniveau auf den Standard der Kaffee- und Bierunterhaltung. Selbstverständlich gab es einen recht starken aber natürlicherweise nicht zur Gruppenbildung führenden Kontakt zwischen den Damen- und Herrenhäusern… muss der mangelnde Interesse politisch nicht gebundener Studenten an politischen Fragen als Grund für das Versagen (politisch bildender Gruppen) genannt werden.“[224] Antwort auf diese unbefriedigende Situation und Gegenmodell zu den Tutorengruppen sollten Arbeitsgemeinschaften sein, die von den Studenten selbst und ohne Aufsicht konzipiert werden sollten. Laut Franke werde es sich zeigen, dass sich „auch fachliche Arbeitsgemeinschaften, die, wenn man sie einsetzt, gestört werden; zustandekommen, wenn man sie frei wachsen lässt.“[225] Dieses neues „System studentischer Aktivitäten“ müsse möglichst schnell für alle Dorfbewohner sichtbar werden, um als Anreiz neuer Gruppen zu dienen. „Keine diktatorische Werbung, nur Flüsterpropaganda.“[226] Als im Dezember 1960 Mr. Irwin, amerikanisches Mitglied im Stiftungsrat, das Studentendorf besuchte, versuchten die studentischen Vertreter für Ihr Konzept zu werben. Am 13. Dezember bat der Kulturreferent des Bürgermeisters alle Initiatoren von Gruppen, zur positiven Vorstellung der alternativen Studentengruppen beizutragen. „In unser aller Interesse“ liege es, „ihm klar zu machen […] dass es auch ohne die Existenz von Fachtutoren im Dorf aktive Gruppen gibt, die eine finanzielle Unterstützung verdienen.“[227]

Tatsächlich bewilligte das Ford-Komitee ab Sommersemester 1961 5.000,- DM, die pro Semester für die Arbeit der von den studentischen Initiativgruppen zur Verfügung stehen sollten.[228] 1962 stimmte dann der Stiftungsrat der Praxis zu, dass der Kulturausschuss des Studentendorfes über die Gelder verfügen durfte. Diesem Kulturausschuss gehörten ein Mitglied des Lehrkörpers, ein Dorf-

222 Zitiert nach Ebd. 13.
223 Assistent Scholtz 26.6.1960, Zitiert nach Ebd. 15.
224 Assistent Kraut 25.6.1960, Zitiert nach Ebd. 15.
225 Assistent Franke 12.5.1960, Zitiert nach Ebd. 14.
226 Assistent Franke 12.5.1960, Zitiert nach Ebd. 14.
227 Zitiert nach Ebd. 14.
228 Zitiert nach Ebd.

Assistent, ein Dorfratsmitglied, ein Vertreter der Initiatoren und der Kulturreferent des Bürgermeisters als Vorsitzender an. Die Aufgabe des nun von den Studenten dominierten Gremiums sollte darin liegen, „wissenschaftlichen, politische und künstlerische Arbeitsgemeinschaften anzuregen und zu unterstützen.“ [229] Ab Mai 1963 wurden so die Tutoren-Dienstverträge durch diesen Kulturausschuss vorgenommen.[230] Schon für das Sommersemester 1961 konnte Assistent Kraut von einem blühenden kulturellen Leben im Dorf mit nun gebildeten 18 Gruppen berichten. Allerdings profitierten „höchstens die Hälfte aller Bewohner, regelmäßig aber höchstens ein Drittel“ von diesen Veranstaltungen. Man wird vielleicht nicht mehr erwarten dürfen, so Kraut, „denn schließlich wohnt man hier zum Studieren.“[231] Im folgenden Wintersemester sieht er die Entwicklung der Gruppen auf einem guten Weg, auf dem „ein kleiner, gut funktionierender Apparat aufgebaut wurde, der auch den Weiterlauf mit einiger Sicherheit garantiert.“ Ganz klar sei aber die Abgrenzung im intendierten Tutorenprogramm, da „weder Allgemeinbildung noch Studium generale“ das Feld bestimmten. „Diese lockere Form“ sei doch der beste Beweis, „dass diese Gruppen wirklich von den Studenten getragen werden und ihren Ansprüchen folgen, nicht aber denen eines durchorganisierten Kulturbetriebes.“ [232]

Bis Anfang der 1970er Jahre sollte dieses System der selbstverwalteten Arbeitskreise bestehen. Bis zum Auslaufen der Ford-Spende erhielt zumindest ein Teil der Initiatoren als „Tutor“ eine Entschädigung in Form von freier Unterkunft und 125,- DM, später vom Senator für Wissenschaft und Kunst monatlich 300,- DM. [233] Eine Vielzahl von Veranstaltungen wurde durchgeführt, von denen die Theater- und Literaturkreise, Diskussionsrunden, Sport und musikalisch-künstlerische Gruppen sowie Fachtutorien durchaus im Sinne des ursprünglichen Tutorensystems gesehen werden können. Zu einigen öffentlichen Veranstaltungen sprachen bekannte Gastreferenten wie Sebastian Haffner, Günther Grass, Helmut Gollwitzer oder Richard Löwenthal.[234] Mit der Politisierung der Studentenschaft wurden diese Gruppen aber zunehmend zu agitatorischen Zwecken genutzt. Nach 1968 war der Konsens des Gemeinsamen aber vollends geschwunden, die Gruppen existierten bald nicht mehr.[235] Im Roman *Der schöne Vogel Phönix* beschrieb Jochen Schimmang seine Zeit in den „Höhlen von Schlachtensee“ 1969. In dem „Ghetto“ war unter den „Höhlenbewohnern“ eine deprimierende selbstreferentielle Atmosphäre entstanden, die auch von dem Anspruch auf wissenschaftliches Lernen an der Universität entfernt hatte. „Berlin war sehr weit weg.“ Stattdessen traf sich abends der „harte Kern des Ghettos“, „der es nicht mehr schaffte, in die

229 Stiftungsrats-Protokoll 29.6.1962, Zitiert nach Ebd. 14.
230 Zitiert nach Ebd. 14.
231 Bericht Assistent Kraut SS 61 Zitiert nach Ebd. 15.
232 Bericht Assistent Kraut WS 1961/62 Zitiert nach Ebd. 15.
233 Aktivitäten im Dorf Ebd. 12.
234 Aktivitäten im Dorf Ebd.12.
235 J. Häner: *Initiativen heute*, Ebd. 13.

Stadt zu fahren", in der „deprimierenden Kneipe namens ‚Club'"[236] In einer als Tutorium angebotenen „stockenden und unregelmäßigen Kapitalschulung" setzte sich Schimmang mit dem Marxismus auseinander. Die Atmosphäre bezeichnete er als die Trägheit der isolierten Stadt, das „Berliner Gift", das sich im „schäbigen Lachen beim Wort ‚Zukunft'" zeige.[237] Schimmangs Beschreibung ließen von Gemeinschaft der Dorfbewohner oder auch nur irgendeinen gesellschaftlichen Zusammenhang im Studentendorf zu dem Zeitpunkt nichts mehr spüren. Schimmang empfand vielmehr eine zwischenmenschliche Atmosphäre, die sich in einem „enormen Maß an psychischem Elend" immer wieder in kurze Ausbrüche von Gewalt zeigte. „Aber darüber wurde nicht gesprochen. Man hört schon mal Schreie in diesen hellhörigen Häusern, man sah eine Frau mit geschwollenen Augen, von gelungenen oder versuchten Selbstmorden wurde gesprochen, aber all das war kein wirkliches Thema. Gewalt und Elend waren solche Selbstverständlichkeiten im Ghetto, dass es Unsinn gewesen wäre, darüber noch ausführlich zu sprechen." [238]

Auf politischem Terrain entwickelte sich das Studentendorf Mitte der 1960er zu einem offenen Austragungsort. 1966 erfolgte mit dem Sturz eines Bürgermeisters der Auftakt, als 120 Bewohnern wegen nicht rechtzeitig eingereichter Semesterbescheinigungen gekündigt werden sollte. Im Sommer 1968 revoltierten „Damen" und „Herren" das Belegungssystem, indem sie in 13 Häusern durch organisierten Zimmertausch die Mischbelegung einführen. Das Bürgermeisteramt wurde abgeschafft und 1969 durch eine Vollversammlung ersetzt, die wiederum nach ideologischen Auseinandersetzungen 1972 liquidiert werden musste.[239] Von maoistischem *Kommunistischen Studentenverband*, anderen Jungsozialisten und der *Vereinigung Iranischer Studentenverbände* (CISNU) wurden politische Kämpfe durch Aufnahmeausschuss und Verteilung der Tutoriengelder ausgetragen. Nach Mietstreiks ging die Selbstverwaltung 1973 pleite, deren Funktionen von sozialistisch engagierten Studenten übernommen wurden. Auch die Arbeit im Dorf diente wiederum dem großen politischen Ziel: Da die Jusos aus dem Dorf ein Viertel der SPD-Mitglieder in der Abteilung Nikolassee stellten, konnten sie Zehlendorf von einem rechten in einen linken SPD-Bezirk umkrempeln. „Wenn die Genossen im Senat und im Studentenwerk die Selbstverwaltung nicht unterstützt hätten, hätten sie die Arbeit der Jusos im Dorf geschwächte." Konnte die Arbeit im Studentendorf also aus politischer Sicht der involvierten Studierenden durchaus als Erfolg gewertet werden, hatte sich das Leben im Dorf vollkommen von der Idee eines Campuslebens entfernt. Der bei den Jusos aktive Iraner Kianush Mostoffi erinnerte sich an die erfolgreiche politische Tätigkeit, die von der Universität weit entfernt schien: „Wir haben nicht mehr studiert. Von morgens bis abends haben wir

236 J. Schimmang: *Der schöne Vogel Phönix. Erinnerungen eines Dreißigjährigen*, Frankfurt 1979, 105.

237 Ebd. 77 f.

238 Ebd. 109.

239 Beschluss des „antiimperialistischen" Selbstverwaltungskollektivs vom 5.7.1972, zitiert nach Häner (Hg.): *20 Jahre Studentendorf Schlachtensee*, 22.

uns um die Reorganisation der Selbstverwaltungsarbeit gekümmert und um die Flure."[240] Das ursprünglich intendierte Konzept des Studentendorfes eines liberalen Miteinanders war mit der politischen Ausrichtung aber gescheitert.

8. DER ANDAUERNDE KONFLIKT UM DIE KORPORATIONEN

Mitte der 1950er Jahre hatten sich die studentischen Gemeinschaften schon in entgegengesetzte Richtungen entwickelt. Die einen waren aus mangelndem Interesse eingegangen oder von vornherein von ihren Gründen ohne das Ziel institutioneller Konstanz angelegt gewesen. Die anderen hatten sich durch Zusammenschluss mit den Verbänden „Alter Herren" der bis 1935 bestandenen Studentenverbindungen zu Vereinen verwandelt, die es an der FU nach Wunsch von Professoren- und Studentenschaft gar nicht mehr geben sollte. Schon Anfang 1950 beantragte der Gründungsstudent Horst Hartwich beim studentischen Konvent eine Bestätigung des AStA-Beschlusses gegen die Zulassung von Korporationen, „um der Stellung der Studentenvertreter im Senat in dieser Angelegenheit ein größeres Gewicht zu verleihen." Das Thema schien so emotional belegt und von hoher Wichtigkeit, dass man es nicht nur in einem Tagesordnungspunkt abhandeln wollte. Eine Redaktionskommission sollte erneut eine Ablehnung vor allem schlagender Studentenverbindungen formulieren.[241] Tatsächlich zeigte sich in der Zulassung von Korporationen alten Typs die große Angst der FU den Anspruch des Erlernens gesellschaftlicher Verantwortung wieder an Vereine mit außeruniversitären Anreizen zu verlieren. Der Philosoph Hans-Joachim Lieber begründete somit auch die Zulassungspolitik für studentische Gemeinschaften:

> Die Satzung der FU sah eine durch den Senat der Universität zu erfolgende Zulassung lediglich von solchen studentischen Gemeinschaften vor, die in ihrer geistigen und politische Zielsetzung, in ihrer tatsächlichen Bildungsarbeit und ihrer Organisationsstruktur mit den Prinzipien der rechtsstaatlichen Demokratie bzw. mit den verpflichtenden Traditionen und Ideen, die zur Gründung der FU geführt hatten, nicht im Widerspruch standen. Zugelassene studentische Vereinigungen erhielten für ihre Arbeit vielfältige Unterstützung der Universität, die u.a. in der kostenlosen Überlassung von Räumen und Hörsälen für Veranstaltungen bestand. Von den Gründungprinzipien der FU her war es selbstverständlich, dass Vereinigungen, die offen oder versteckt kommunistische oder faschistische Ziele verfolgten, nicht zugelassen wurden. Eine Tätigkeit in der FU Berlin war ihnen damit untersagt. Bestand hierin innerhalb der Freien Universität bis in die Krisenzeit der 2. Hälfte der 60er Jahre weitgehend Konsens, so galt das nicht für die Einschätzung und Wertung der traditionellen Formen studentischer Korporationen.[242]

Gab es zwar durchaus immer wieder Meldungen über rechtextreme oder – von der FDJ aus der DDR gesteuerte – linksextreme Tendenzen bei einzelnen Studenten, waren es doch die Korporationen, die im hohen Maße die Sorge der Universität

240 Das politische Studentendorf, Gespräch mit Kianush Mostoffi, zitiert nach Ebd. 26–27.

241 FUB UA, Rep. 6.2, 1. Konvent 1949/1950, Protokoll über die 3. ordentliche Konventssitzung, Berlin, 5.1.1950.

242 Lieber: *Blick zurück*, 19 f.

weckten. Sie schienen besonders die Idee eines gemeinsamen Studentenstaates in Frage zu stellen, auch da sie sich durch die weithin als überkommen angesehenen Brauchtümer „studentischer Ehre“ von der Mehrheit der Studenten separierten. Wie an den westdeutschen Universitäten erstrebten die Korporationen auch die Zulassung an der FU. In den ersten Jahren der Freien Universität wurde leidenschaftlich über die politische Rolle der studentischen Korporationen in der Geschichte der deutschen Universität und Gesellschaft diskutiert. Der persönlich auch den Korporationen gegenüber kritisch eingestellte Lieber fasste die Diskussionen „über die Zeit- bzw. Unzeitgemäßheit ihrer Organisationsformen und Erziehungsideale“ zusammen mit der Frage über „ihr nachweisbares oder nichtnachweisbares demokratisches Potential.“[243] Der Schüler Sprangers nahm nicht nur als Senatsbeauftragter 1953 an diesen „Diskussion mit mehreren Vorträgen und in vielfachen Wochenendseminaren“ teil, sondern auch aus einem fachlichen Hintergrund. Seine Auffassung kann dabei durchaus als die einer studentischen Mehrheit gelten, „dass zumindest die in den farbentragenden und schlagenden Verbindungen praktizierte Form eines studentischen Gemeinschaftslebens elitären Charakters historisch überholt und also ein unzeitgemäßes Relikt ist.“[244]

Dennoch waren die Berliner Korporationen mit ihren äußern Symbolen wie Fahne, Farbenband und Mütze bald wiedererstanden. Als katholische Studentenbünde, die selbst der von den Außenstehenden als besonders krass empfundener Mensurpflicht ablehnend gegenüberstanden, hatten die Verbindungen des Cartellverbandes (CV) die ersten Anträge auf Wiederzulassung gestellt. [245] In seiner Rückschau auf den Konflikt um die Korporationen sah Rolf Elker 1984, dass die Burschenschaften in den 1950er Jahren „längst in der bürgerlich-demokratischen Gesellschaft Fuß gefasst“ hatten und es ihnen gelungen war, „der Gesellschaft zu suggerieren, dass die Ziele der Burschen mit denen einer bürgerlich-demokratischen Gesellschaft aufs Beste harmonieren würden.“[246] 1953 bündelten die Berliner Studentenverbindungen, bzw. Alten Herren der Studentenverbindungen ihre Argumente gegen das Verbot in einer umfangreichen Schrift. Die Artikel der Schrift lassen die Heftigkeit der Auseinandersetzung erahnen, wenn den Autor eines Artikels in der *Deutschen Universitätszeitung* (DUZ) Gassert Verleumdung und eine DDR-Geisteshaltung vorgeworfen wurde. Die Vertreter der Korporationen zeigten sich missverstanden, dass das Bemühen ihrer Mitglieder um eine Rolle im demokratischen Wiederaufbau durch die FU-Politik ignoriert wurde. Die von AStA und der Universität so besonders geförderten neuen Hochschulgemeinschaften seien nicht aufzufinden: „Falls wir welche anträfen, würden wie sie allerdings nicht zu diffamieren versuchen, sondern wir könnten ihnen nur alles Gute wünschen für ihre zukünftige Entwicklung. Bisher haben wir jedoch keine Stu-

243 Ebd. 20.
244 Ebd. 20.
245 FUB UA, Rep. 6.2, 1. Konvent 1949/1950, Protokoll der 6. außerordentlichen Sitzung des Konvents vom 10.5.1950.
246 R. Elker: „Die Abwahl des AStA-Vorsitzenden Eberhard Diepgen“, *AZ-Magazin. Hochschulpolitische Reihe* 1/1984, 28–30.

dentengruppe kennengelernt, die die Korporationen als ‚überholt' erscheinen lassen könnten!"[247]

Die von den Korporationen herausgegebene Schrift führte weiterhin aus, wie sie die neueren Gemeinschaftsexperimente der FU beurteilte: Die von der Universität besonders geförderten Tutorengruppen seien auf die philosophische und der medizinische Fakultät beschränkt, während die Einführung an den anderen Fakultäten nicht gelungen sei. Schon diese Tatsache habe doch bewiesen, dass die „Tutorengruppen nicht als studentische Gemeinschaften aufzufassen seien, sondern als fachliche Einführungslehrgänge für jüngere Semester an bestimmten dafür besonders geeigneten Fakultäten."[248] Eher seinen die politischen und die konfessionellen Vereinigungen als Gegenkräfte oder Konkurrenten der Korporationen im hochschulpolitischen Leben anzusehen. Die Beschränktheit dieser nach einem Zweck zusammengefundenen Gemeinschaften würde sich bei einem fairen Vergleich mit den Studentenverbindungen schon herausstellen.[249] Das Werben für die Sinnhaftigkeit der Korporationen folgte einer Argumentation, die die Äquivalenz der neueren Einrichtungen anzweifelte. Entschieden wurde dem Berliner Tutorensystem eine Absage erteilt, nun als moderner Ersatz der alten Korporationen zu gelten. Mit der Diskreditierung aller studentischen Korporationen gemeinsam, hatten diese darüber hinaus in eine seltene Einigkeit gefunden: Nicht schlagende katholische Verbindungen hatten einmütig mit den schlagenden Corps sich in der Aufforderung für eine Liberalisierung der Zulassungspraxis zusammengefunden.[250] Parallel dazu kam es auch zu beinah handgreiflichen Auseinandersetzungen, von denen besonders ein Vorfall in der Gaststätte Grunewald-Casino am 14. Juli 1953 zu einer überregionalen Presseresonanz führte.[251] Die Atmosphäre zwi-

247 UAM 305a/2135, *Berliner Korporationen*, 1953.,12–13.

248 Vgl. auch die Zuschrift des des FDP-Mitgliedes des Berliner Abgeordnetenhaus Hans-Günter Hoppe an den Beauftragten des Rektors für das Studentische Gemeinschaftsleben mit ähnlicher Einschätzung: „Bei den studentischen Arbeitsgemeinschaften – den Tutorengruppen – handelt es sich dagegen nicht um Vereinigungen, da es bei ihnen an den rechtlichen Erfordernissen für eine Vereinsbildung mangelt. Von den aufgezählten Kriterien fehlt es zumindest an einem organisatorischen Aufbau. Diese seminaristischen Gruppen wollten sich auch eine körperschaftliche Verfassung niemals geben. Um sie als Verein ansprechen zu können, müssten sie aber neben den weitern Erfordernissen einen Vorstand haben (§26 Absatz 1 BGB)." FUB UA, R 1140, Hoppe an den Beauftragten für das Studentische Gemeinschaftsleben, Prof. Dr. Ludwig, Berlin-Dahlem, 19.11.1953.

249 „Solange die Korporationen gezwungen sind, in der ‚Illegalität' zu leben, wird es schwerfallen, jene zu überflügeln, denn sie genießen nicht nur jeden Schutz, sondern auch jede Unterstützung der Universität bzw. der Hochschule. Sollte es aber einmal möglich sein, mit ihnen die geistigen Waffen zu kreuzen, würden die Korporationen eindeutig im Vorteil sein." UAM 305a/2135, Berliner Korporationen. Vgl. UAM 305a/2135, Siegfried Klaue, Altmark: „Nichtkorporative Vereinigungen", *Berliner Korporationen*, 1953. 10.

250 UAM 305a/2135, Berliner Korporationen, 1953. 9–10.

251 Da er von Gegnern der Korporationen drauf hingewiesen war, dass an dem Ort die verbotenen Bestimmungsmensuren ausgefochten würden, war Rektor Georg Rhode dorthin geeilt. Nicht nur der AStA-Vorsitzende und der Justitiar der Universität waren mit ihm gekommen, sondern auch mehrere Journalisten, die die folgenden unfreundlichen Worte zwischen Rektor und farbetragenden Verbindungsstudenten im Schankraum des Lokals protokollierten. Letzt-

schen Korporationen und Gegnern der „überkommenen Sitten“ war auf jeden Fall vergiftet, auch wenn andere Themen wie die restriktiven Maßnahmen im Ostteil der Stadt ebenfalls die Agenda bestimmten.[252]

Wie sehr das Verbindungsthema die FU beschäftigte zeigt etwa der Beitrag Hans-Joachim Liebers in der 1954 von der FU anlässlich der 200-Jahrfeier der New Yorker Columbia University herausgebrachten Festschrift „Veritas – Iustitia – Libertas“ über genau dieses doch recht deutsche Thema im 19. Jahrhundert: „Ohne Verständnis für die sozial-verantwortliche, kulturell-gesellschaftliche Funktion des Akademikers“ entfalteten diese studentischen Korporationen im zunehmenden Maße ihre sozialen Aktivitäten, welche „primär darauf anzielten, dem Akademiker im Rahmen des bestehenden Sozialgefüges, eben jener obrigkeitsstaatlich-hierarchischen Ordnung, eine ähnliche, gleichsam standesartige soziale Geltung und Wertschätzung zu garantieren, wie sie Adel und Offiziersstand zuerkannt erhielten.“ In den 1920er Jahren hingegen stellte Lieber eine Gegenbewegung in der Gründung wissenschaftlicher Studienvereine und Arbeitsgruppen sowie den politischen und christlichen Studentenvereinigungen. Die Idee einer ständisch-obrigkeitsstaatlichen Gesellschaftsordnung des Verbindungswesens sei aber dominant geblieben und somit „wenn auch nicht durchaus Stütze totalitärer Kräfte, so doch Hort einer konservativen Reaktion“ geworden.[253]

> Es zeigt, dass der deutschen Universität in ihrer Bildungsarbeit etwas Entscheidendes fehlt und dass sie nicht erst in den zwanziger Jahren, sondern schon lange vor dem ersten Weltkrieg versäumt hat, entsprechend ihrer Bildungsidee die Erziehung zur freien und ihrer sozialen Aufgaben bewussten Persönlichkeit in den Mittelpunkt ihrer Bildungsbemühungen zu stellen. Gerade dieses Versäumnis ist es, das die heutigen Versuche der Realisierung eines Studium generale so erschwert, denn das ist doch eben entscheidend: Es kann sich bei diesen versuchen nicht darum handeln, eine irgendwie geartete philosophische oder sozialwissenschaftliche Allgemeinbildung auf das reguläre Studium gleichsam aufzupfropfen.[254]

Lieber forderte, dass es gelingen müsse, in aller fachwissenschaftlich begrenzten Lehr- und Forschungstätigkeit das „Bewusstsein vom Ganzen wissenschaftlicher Arbeit“ wieder anschaulich zu verlebendigen und das „Gefühl für Einheit und Allgemeinheit akademischer Verantwortung gegenüber Wissenschaft wie auch gegenüber der Gesellschaft“ durch den grundsätzlichen Strukturwandel des Unterrichtsvollzugs, genauso wie durch das studentische Gemeinschaftsleben und die Mitverantwortung der Studentenschaft an der Gestaltung der Universität zu we-

endlich nutzte der Wirt sein Hausrecht und bat den Rektor das Lokal zu verlassen, während aus dem verschlossenen Saal die charakteristischen Geräusche studentischen Fechtens klangen. Paul Hühnerfeld kommentierte in der der *Zeit*, dass er prinzipiell der Ablehnung der Korporationstraditionen zustimmte, in dem ganzen Vorgang aber „kein Ruhmesblatt für die Freie Universität Berlin und für die Korporationen“ sehen könne. P. Hühnerfeld: „Schläger, Bandagen, Coleurband“, *Die Zeit*, 23.7.1953.

252 Vgl. UAM 305a/2135, Felix-Erik Laue, Dr. Hartfried Schindler, Ring Politischer und Freier Studentenverbände Berlin: Memorandum, Berlin, 8.7.1953.

253 H.-J. Lieber: „Der deutsche Akademiker als soziologisches Problem“, *Veritas – iustitia – libertas*, Berlin 1954, 247–260, 258 f.

254 Ebd. 259.

cken. Sonst seien alle Versuche zur Realisierung des Studium generale zum Scheitern verurteilt. Bei einer mangelnden Umsetzung müsste die Hoffnung auf „eine über die Erfüllung fachlich begrenzter Berufsaufgaben hinausgehende sozial-bedeutsame und sozial-verantwortliche Haltung und Funktion des Akademikers“ aufgeben werden.[255] Als Dozent war Lieber Mitarbeiter des Beauftragten für das studentische Gemeinschaftsleben gewesen, ab 1955 war er als Professor für Philosophie und Soziologie gerade dem Thema der Ablehnung der Korporationen weiter verbunden. Um das Wiedererstarken der Korporationen zu verhindert, dürfe die Universität der Frage der an ihr agierenden studentischen Gemeinschaften gegenüber nicht einfach neutral bleiben, sondern müsse die Entwicklung „eigener, ihrer Aufgaben stärker entsprechender Organisationsformen eine zeitgemäßen studentischen Gemeinschaftslebens“ zu initiieren versuchen. Dieses Gemeinschaftsleben sollte einerseits geeignet sein, „Studienanfänger über die zunächst als anonym erlebte Welt der Universität hinauszuführen“, andererseits sollten diese zu entwickelnden neuen Formen des Gemeinschaftslebens „ihr geistiges Zentrum im Studium selber haben und durch die räumliche Anbindung an Seminare bzw. Institute auch den Lehrkörper partiell in ihr Leben einbeziehen.“[256] Lieber wurde in den Folgejahren zu einem der wirkmächtigsten Förderer des studentischen Gemeinschaftslebens in Verbindung mit der grundsätzlichen Ablehnung der Korporationen.

Die Frage der Korporationen spaltete zunehmend das Gemeinsame der Studentenschaft. Neben den politischen Aktivitäten der Studentenvertretung schwang die Frage nach „für oder gegen“ ständig mit. Schlagende Studentenverbindungen bestanden bis zur offiziellen Zulassung 1968 durch den vom *Corps Lusatia* angestrengten Musterprozess dabei als vollkommen unabhängige Vereine, deren Mitgliedschaft offiziell mit dem Studentenstatus an der FU unvereinbar war.[257] Inoffiziell aber studierten einige Mitglieder schlagender Korporationen an der FU und spielten sogar politisch eine Rolle. So hob schon 1955 der CDU-nahe *Ring Christlich Demokratischen Studenten* (RCDS) an der FU intern den Unvereinbarkeitsbeschluss der Mitgliedschaften auf.[258] Nach der Wahl des 14. Studentischen Konvents eskalierte der Streit um die Korporationen. Bei der konstituierenden Sitzung am 30. Januar 1962 wurde der Sprecher der juristischen Fakultät Eberhard Diepgen mit 32 von 60 Stimmen zum neuen AStA-Vorsitzenden gewählt. Sein Vorgänger und Gegenkandidat Dietrich Schmidt-Hackenberg hatte nur 18 Stimmen bekommen. Diepgen war Mitglied der schlagenden Burschenschaft Saravia, was nun in der Öffentlichkeit als Skandal empfunden wurde.[259] Eine Darstellung von

255 Ebd. 260.

256 Lieber: *Blick zurück*, 20.

257 Verwaltungsgericht Berlin, *Deutsches Verwaltungsblatt (DVBl)*, 1968, 714.

258 Elker: *Die Abwahl des AStA-Vorsitzenden Eberhard Diepgen.*

259 Ironischerweise war auch Gründungsrektor Friedrich Meinecke seit 1882 Mitglied der Burschenschaft Saravia Berlin gewesen. Meinecke hatte sich kritisch mit seinen Aktivitäten bei den Burschenschaften beschäftigt, aber sich durch die Mitgründung der „Burschenschaftlichen Historischen Kommission“ auch zeitlebens in dem Rahmen engagiert. Vgl. S. Meineke: *Friedrich Meinecke*, 72 ff.

1982 interpretierte die Wahl so, dass „durch geschickte Wahlregie auf stillem Weg gelungen" war, was die Studentenverbindungen seit langem angestrebt hatten: „ihre Anerkennung als gleichberechtigte Studentenvertretung an der FU neben den politischen Studentenverbänden."[260] Der politischen Deutung der Wahl ist wohl weniger zuzustimmen, zumal Diepgen ja als Mitglied des RCDS kandidiert hatte. Dieses den Burschenschaften zugeschriebene Wahlmanöver wirkte so oder so mobilisierend auf die FU-Studenten. Drei Tage nach der Wahl beschloss der „Ältestenrat" eine Urabstimmung über die Wahl Diepgens und die Auflösung des 14. Konvents, der ihn gewählt hatte. In Ihrer Stellungnahme betonte er, dass er „es für unvereinbar mit dem Geist der Freien Universität [halte], dass ein Mitglied einer schlagenden Verbindung die Gesamtheit aller Studenten der Freien Universität vertritt." Der noch amtierende AStA-Vorsitzende Dietrich Schmidt-Hackenberg schloss sich dem an, ebenso ein Teil der studentischen Gründungsmitglieder der FU. Sie forderten, dass an der FU nicht jene Geisteshaltung gepflegt werden dürfe, die dazu beigetragen habe, „die deutsche Demokratie zu zerstören und auf ihren Trümmern das Dritte Reich zu bauen." Hans-Joachim Lieber, in jenem Jahr Dekan Philosophischen Fakultät, weigerte sich, an den Sitzungen des Burschenschaftler-freundlichen Konvents teilzunehmen. Die 1.500 Zuhörer bei der Veranstaltung im Audimax „Die schlagenden Verbindungen und die FU" schienen sich ebenfalls in der Ablehnung der Korporationen einig. Bei der Urabstimmung wurde Diepgen dann mit großer Mehrheit von der Studentenschaft abgewählt. Die Zustimmung der Öffentlichkeit für den Akt schien groß, etwa der *Tagesspiegel* lobte in einem Artikel den „Geist der Freien Universität".[261]

Elisa Peppels Nachruf auf den 2010 verstorbenen Dietrich Schmidt-Hackenberg, der in vor seiner Berliner Zeit bei Adorno in Frankfurt studiert hatte, interpretierte die Frontstellung gegen die Korporationen mit dem kritischen Geist: „Den Korpsgeist wollte man nicht an der FU, man wollte den kritischen Geist."[262] Mit Blick auf die zahlreichen Diskussionsrunden und der Selbstsicht der Studierenden der späteren 1960er Jahre lässt sich dem sicher zustimmen. Im besten Fall wurden die Bräuche als „alte Zöpfe" erlebt, oft aber auch als Ausdruck „chauvinistischer Geisteshaltung" gedeuteten. Die Abwahl Diepgens von 1962 zeigt aber auch sehr deutlich die Klimax einer politisierten Studentenschaft, in der ein liberales Miteinander verschiedenster Gruppierungen als einende Idee der Studentenschaft an der FU nur noch schwer möglich schien. Dass der Anfang der 1960er Jahre noch relativ überschaubare SDS sich „den Kampf gegen die Korporationen zur Hauptaufgabe" gemacht hatte, zeigt die politisierte Sichtweise auf die studentische Folklore, die sich ja gar nicht gegen Außenstehende richtete.[263] So kann man es als ein letztes liberales Miteinander sehen, dass die vom AStA im Dezember 1963 herausgegebene Festschrift zu fünfzehnjährigen Jubiläum der FU sowohl

260 Elker: *Die Abwahl des AStA-Vorsitzenden Eberhard Diepgen.*

261 Ebd.

262 E. Peppel: „Dietrich Schmidt-Hackenberg (Geb. 1925). Bloß nicht dem Offensichtlichen trauen!", *Der Tagesspiegel*, 2.7.2010.

263 Elker: *Die Abwahl des AStA-Vorsitzenden Eberhard Diepgen.*

der Argumente pro- als auch der contra der Korporationen Platz einräumte.[264] Im Rückblick auf die Konflikte der 1950er und frühen 1960er Jahre fragte sich Lieber mehr als dreißig Jahre später, ob man die studentischen Korporationen „in ihrem Anspruch und möglichen politischen Einfluss damals nicht zu ernst genommen [habe] und ihnen damit unsererseits ein Gewicht gegeben haben, dass ihnen faktisch nicht zukam." Relativierend setzte Lieber hinzu, dass diese Frage dann allerdings für die hochschulpolitische Entwicklung der nachfolgenden Jahre wohl weniger von Bedeutung war.[265] So wie die politische Polarisierung den liberalen Konsens der Studentenschaft aufkündigte war auch der Konflikt um die Studentenverbindungen ein Ausdruck des Endes einer gemeinsamen Erziehungsidee der Universität jenseits der wissenschaftlichen Arbeit.

9. AUFLÖSUNG DES KONSENS IN DEN 1960ER JAHREN

Die Verwirklichung des Freiheitgedankens in dem demokratisch strukturierten Gemeinschaftsrahmens der Freien Universität war die Idee, die die Universität die ersten Jahre trug. Gegen Ende des Jahrzehnts, um 1960 hatte sich dieser Konsens von Studenten, Professoren und Politikern hingegen verflüchtigt. Ein Rückblick von 1988 beschrieb die vierzig Jahre seit der FU-Gründung als „Freiheit und Konflikt" [266] – nun stand eher der Konflikt im Mittelpunkt: zwischen diversen Gruppen politischer Extreme, zwischen den Generationen und natürlich unter Korporationsgegnern und -befürwortern. Mit der Separierung der verschiedenen Interessen, war schon Mitte der 1950er Jahre ein schwindendes Interesse an allgemeinbildenden Veranstaltungen gewesen. Eine vom Arbeitskreis studentischer Gemeinschaften organisierte Debatte zur politisch hochaktuellen Wiederbewaffnung mit namhaften Referenten hatte im Mai 1955 vor einem fast leeren Auditorium maximum stattgefunden.[267]

In den 1960er Jahren war das Berliner Mitbestimmungssystem der Studierenden zunehmend in Frage gestellt worden. Die auf der Universitätssebene anfangs verwirklichte Partnerschaft war laut der Beschreibung Alexander Schwans von 1988 bald in den Fakultäten „zur Farce" geworden. Die Zahl der studentischen Stimmen blieb die gleich wie am Anfang, während mit jedem neu hinzukommenden Lehrstuhl die Zahl der stimmberechtigten Professoren gewachsen war. Da auf Institutsebene die Entscheidungen allein von den Lehrstuhlinhabern gefällt wurden, konnte dort von Gleichberechtigung keine Rede sein. Die Mitbestimmungsrechte waren lediglich den Studenten eingeräumt worden. Hochschullehrern, die

264 E. Diepgen: „Korporationen und Freie Universität", in: AStA der Freien Universität Berlin (Hg.): *Fünfzehn Jahre Freie Universität Berlin 1948–1963*, Berlin 1963, 35–39. D. Schmidt-Hackenberg: „Freie Universität und Korporationen", in: AStA der Freien Universität Berlin (Hg.): *Fünfzehn Jahre Freie Universität Berlin*, 32–34.

265 Lieber: *Blick zurück*, 20.

266 Wilker: *Gründungsanspruch und Wirklichkeit 1948–1968–1988*, 10.

267 FUB UA, R 995, Ursula Heymann, Arbeitskreis studentischer Gemeinschaften an der Freien Universität, an Rektor der FU Hirsch, Berlin-Dahlem, 1.6.1955.

es noch nicht zu einer ordentlichen Professur gebracht hatten, seien die Mitspracherechte „lediglich in vorsichtiger Dosierung, Assistenten und anderen Dienstkräften überhaupt nicht gewährt“ worden.[268] Mit 1968 waren die Forderungen nach demokratischen Reformen der FU-Satzung lauter geworden Nach diversen Besetzungen, Streiks und handgreiflichen Konflikten auf dem Campus, hatten sich ausreichend Reformbefürworter gefunden, so dass 1968 am politikwissenschaftlichen Otto-Suhr-Institut ein neues Mitbestimmungsmodell erprobt wurde. Das SPD-geführte Abgeordnetenhaus von Berlin handelte durch neue gesetzliche Bestimmungen.[269] 1969 ersetzte ein neues Berliner Hochschulgesetz die alte Satzung der FU. Nach Abschaffung des Rektorenamtes war im gleichen Jahr mit dem Assistenten Rolf Kreibich ein Nichtordinarius zum ersten Präsidenten der FU gewählt worden. Sein Pressereferent Claus Rietzschel beschrieb in einer Broschüre von 1973 die Missstände, die sich in der Verfassungswirklichkeit seit 1948 ergeben hatten: „Gemeinschaft von Lehrenden und Lernenden“, habe 1948 bedeuten sollen: „Studenten und Professoren sind gleichberechtigte Partner; in den beschlussfassenden Gremien wirken auch die Studenten an den Entscheidungen mit. Diese Euphorie im Gründungsjahr machte schon bald einer bitteren Ernüchterung Platz.“ Entsprechend seiner Aufgabe als Pressereferent des Präsidenten beschrieb Rietzschel in der Broschüre das Hochschulgesetz von 1969 mit der Drittelparität als die Lösung dieser Probleme.[270] Das Hochschulgesetz von 1969 sah sich als demokratischer Gegenentwurf zu der Satzung von 1948, die nun als Verkörperung der „Ordinarienuniversität“ galt. Die Reformforderungen wurden mit sachlicher Kritik der Verschlechterung der Mitbestimmung begründet, waren aber vor allem Ausdruck eines neuen Gesellschaftsbildes. Der einende Konsens der Gründungszeit der Freien Universität existierte nicht mehr. Als einende Idee trug nicht mehr der Gegenentwurf zum „unfreien“ Modell des Ostens, das die Gründergeneration 1948 am eigenen Leib erfahren hatte. Im Zusammenhang mit der Kritik am Vietnamkrieg standen die anti-amerikanische und pro-kommunistische Strömungen bei den Studenten Ende der 1960er dem Gründungszusammenhang der FU nahezu verständnislos gegenüber.

Vollkommen aufgelöst hatte sich der an Erlernen demokratischer Formen orientierte Konsens dann erst 1968, als die Studentenvertretung der FU vollends zu einer politischen Formation geworden war. Der seit Mitte der 1960er Jahre im *Sozialistischen Deutschen Studentenbund* (SDS) engagierte Wolfgang Nitsch

268 A. Schwan: „Reform. Demokratisierung – eine Illusion? 1968“, in: Prell; Wilker (Hg.): *Die Freie Universität Berlin*, 55–69, 58.

269 Ebd. 57 f.

270 Rietzschel: Freie *Universität Berlin, auf die Finger Gesehen*, 17. Durch die Hochschulreform von 1969 wurden Wirtschaftsverwaltung und akademische slebstverwaltung zur Einheitsverwaltung unter der Leitung des Universitätspräsidenten zusammengefasst. Die studentische Selbstverwaltung aufgelöst, ihre Aufgaben in die Einheitsverwaltung integriert. Die folgenden Konflikte der 1970er Jahre sind umfangreich dargestellt worden. Vgl. K. Nevermann: „Revolte. Der Muff von tausend Jahren. 1968“, in: Prell; Wilker (Hg.): *Die Freie Universität Berlin*, 70–82

kommentierte die damalige Perspektive der studentischen Politik rückblickend.[271] Der seit 1962 nicht mehr als Vorfeldorganisation der SPD agierende SDS war bald die dominierende politische Kraft der Studentenschaft geworden und dabei, so Nitsch, „keine typische Studentenorganisation“ mehr gewesen:

> Unser Hauptanliegen war es nicht, studentische Belange oder studentische Interessen zu organisieren, sondern wir verstanden uns als intellektuell ausgebildete oder politisch-journalistisch tätige Leute, die einen Zusammenhang mit den Organisationen der Arbeiterbewegung hatten, die auch mit einer Art ‚politischen Auftrag‘ studierten, und die Universität als ein wichtiges Feld für die journalistische und agitatorische Auseinandersetzung mit den deutschen politischen Organisationen betrachteten.[272]

Mit einem austarierten System innerhalb der Universität, das zum Erlernen demokratischer Verhaltensformen führen sollte, hatte der Anspruch des SDS nichts mehr gemein. Nitsch gab Rückblickend zu, dass das Hauptziel „also auch in der Hochschulpolitik nie Hochschul- oder Studienreform oder so etwas“ gewesen war. Die Hochschulselbstverwaltung war für die politisierten Studenten „nie ein Selbstzweck, sondern nur ein Instrumentarium, über das man sozialistische Politik machen konnte.“[273] Ein Artikel des *Spiegel* von 1966 sah die akademische Gemeinschaft zusehends zerfallen, seit die Studenten „unter dem vermeintlichen Schutzschild ihrer Verfassung eine üppige politische Aktivität entfalteten.“ Studenten warfen Eier an das Berliner Amerika-Haus aus Protest gegen die Vietnam-Politik, bei einem Vortrag im Studentenhaus der TU war eine Miniatur-Bombe gezündet worden, so dass der Akademische Senat unter Vorsitz des Rektors Hans-Joachim Lieber alle Räume der Universität für politische Veranstaltungen sperrte, da er den Lehrbetrieb als gefährdet empfand. Entsprechende Rechtsaufsichtbeschwerden beim Berliner Senat, Rücktritt des AStA und umso heftigere Protestaktionen folgten.[274] Ohne an dieser Stelle die vielfältigen Entwicklungen der 1960er Jahre nachzuzeichnen, sei auf das Ende der Idee des Erlernens der Demokratie im „Studentenstaat“ hingewiesen. Die Forderungen nach Demokratisierung der Hochschule gipfelten 1968 in einem neuen Hochschulgesetz, das aufgrund der eingeführten paritätischen Mitbestimmung den AStA als überflüssig ansah und ihn deshalb auflöste. Nicht nur neue Strukturen, sondern vor allem das Bemühen um Demokratie lernen war einem neuen Kontext gewichen: Es ging um echte Politik, einem Aushandeln gegensätzlicher Interessen mit harten Bandagen. Die antiliberalen Haltungen der politischen Frontstellungen hatte ein übergeordnetes Interesse am Erlernen politischer Auseinandersetzung weggefegt.

1988 blickten Uwe Prell und Lothar Wilker in einem Aufsatz zum Universitätsjubiläum auf vierzig Jahre Freie Universität zurück. Ihre Klage über die „beängstigende Gleichgültigkeit gegenüber den hochschulinternen Problemen“ folgt

271 Zur Rolle des SDS Ende der 1960er Jahre: F. Butollo; P. Kufferath; J. Schalauske: *40 Jahre 1968: die Rolle des SDS. Eine Organisation in Bewegung*, Hamburg, 2008.

272 „Universität vor der Revolte. Diskussionsveranstaltung mit Wolfgang Nitsch“, in: *AZ–Magazin, Hochschulpolitische Reihe* 3, 1984, 5–16, 7.

273 Ebd.

274 „Die Freie Universität in West-Berlin“, in: *Der Spiegel* 21/1966, 150.

dem Denken der politisierten Universität der 1960er Jahre. Der studentische Politikanspruch der 1960er hatte in seinem Gestaltungsanspruch die Universitäten so weit verlassen, dass auch 1988 noch dieses Paradigma zu gelten schien. Wenn nun, Ende der 1980er Jahre, innerhalb der Universität gestritten werde, dann „mit eher desinteressierter Resignation auf Seiten der Studentenschaft."[275] Das gleiche Vorwort erwähnte auch die auch nach zwanzig Jahren noch tiefen Gräben insbesondere zwischen den in der Studentenbewegung involvierten ehemaligen Studenten und Dozenten. Die Herausgeber des Bandes sahen sich damit konfrontiert, dass diese damaligen Akteure bei Hinzuziehung ihnen unliebsamer Personen die eigene Mitwirkung an dem Buch zurückzogen.[276] Mit Außenblick eines amerikanischer Deutschlandkenner erläuterte Shepard Stone anlässlich des gleichen Jubiläums „viele Prüfungen und Krisen" der Freien Universität. Die Universität sei „von Studenten, Professoren und weitsichtigen Politikern" gegründet worden, „die den Willen und Mut hatten, eine Universität zu unterstützen, an der man in Freiheit lernen und arbeiten konnte." Schon bald nach ihrer Gründung sei die FU in politische Probleme verstrickt worden, die sich Stone mit dem mangelnden Willen vieler Beteiligter für ein demokratisches Miteinander erklärte. Für diese seien „Ideologien, Partei- und Fraktionspolitik wichtiger als Wissenschaft, Lehre und Forschung" gewesen, was die neue Universität habe leiden lassen.[277] Die mit antiliberalen Anschauungen vermengte Politisierung der späten 1960er Jahre hatte also den Endpunkt für die Vorstellungen des gemeinsamen Erlernens demokratischer Verhaltensweisen an der Universität markiert. Seit Anfang der 1950er Jahre war diese Vorstellung durch die erfolgreiche Betätigung der Studentenschaft in der „großen Politik" sowie das schwindende Interesse an demokratischen Studenteninstitutionen durch Universitätsleitung und Politik langsam erodiert. Seit Winter 1967/68 hatten linke Gruppen in Berlin die „Kritische Universität" als Gegenhochschule betrieben und ihren eigenen auf marxistischen Schulungen aufbauenden Fächerkanon eingeführt. Anfang der 1970er Jahre hatte die Ideologisierung auch die Professorenschaft und Akademische Selbstverwaltung der FU erfasst. Bei aller Sympathie für die links-aufklärerisch Tendenzen kommentierte ein Artikel des *Spiegel* im Februar 1971 die aggressiven Auseinandersetzungen als negativ. [278] Der Historiker Thomas Nipperdey beschrieb diese Aufkündigung 1971 in einem Brief an den Kultussenator. Er begründete, warum er einen Ruf nach München folge, „ohne in Verhandlungen über mein Hierbleiben einzutreten". 1969 und 1970 habe Nipperdey drei Rufe an auswärtige Universitäten abgelehnt, weil er „glaubte, in der Auseinandersetzung um Freiheit und Reform sei mein Platz in Berlin." Der Zustand der Universität habe sich aber „seither beständig verschlimmert. [...] Das Leistungsprinzip – das einzig sozialgerechte Auswahlprinzip – verfällt, Prüfungsordnungen werden manipuliert und ausgehöhlt, das Bündnis der

275 Wilker (Hg.): *Die Freie Universität Berlin*, Vorwort, 7.

276 Ebd. 8.

277 S. Stone: „Die Freie Universität", in: Der Präsident der Freien Universität Berlin (Hg.): *40 Jahre Freie Universität 1948–1988*, Berlin 1988, 6–7, 5.

278 „Professoren/Marxisten: Kleine Chance", in: *Der Spiegel*, 15.2.1971.

Radikalen mit den Faulen und den weniger Begabten trägt seine Früchte." Nipperdey sah in Folge die wissenschaftlichen Leistungen der Universität verfallen, wie jeder Vergleich mit ausländischen Universitäten belege.

> Unter dem Stichwort der Demokratisierung entzieht sich die Universität der Demokratie und der gesellschaftlichen Verantwortlichkeit. Der Anspruch der Gesellschaft auf freie und effiziente Forschung und Lehre bleibt unerfüllt, stattdessen wird ein roter Elfenbeinturm, wird der Kampf gegen die Gesellschaft in der Universität organisiert.[279]

Der Anspruch eines „demokratischen Lernraumes FU" war gescheitert. Unabhängig von diesen politischen Verwerfungen blieben im Übrigen die zivilgesellschaftlichen Kontakte in die USA beständig. Die Verbindungen liefen nun entlang eines wissenschaftlichen Austausches und hatten die Begründung für ein demokratisches Lernen aufgegeben. Von den 21 bis 1979 abgeschlossenen Partnerschaftsabkommen waren schon zehn mit amerikanischen Universitäten. Der für die Auslandsbeziehungen der FU zuständige Horst W. Hartwich betonte auch noch 1988: „Kernpunkt des internationalen Programms der FU ist und bleibt die Pflege der Beziehungen zu den USA."[280] Der in den Anfangsjahren tatsächlich starke Einfluss amerikanischer Akteure auf die Demokratie-Lern-Konzeption der Freien Universität war aber seit Ende der 1950er Jahre immer schwächer geworden.[281]

279 Zitiert nach Lönnendonker (Hg.): *50 Jahre Freie Universität Berlin aus der Sicht von Zeitzeugen*, 148. Vgl. auch das Interview mit Nipperdey zum Leistungsverfall an der FU. Hochschulen: „Links ist mir ein liebes Wort", *Der Spiegel* 47/1971, 15.11.1971.

280 Zitiert nach Paulus: *Vorbild USA?* , 196.

281 Für die Forschungspolitik ist auch in den 1970er und 1980er Jahren ein starker amerikanischer Vorbildcharakter festzustellen. Vgl. Ebd.

XI. RESÜMEE: SCHEITERN DER KOLLEGIENHAUSIDEE

1. KOLLEGIENHAUSIDEE UND -PRAXIS IN DER DEUTSCHEN BILDUNGSTRADITION

Die Auseinandersetzungen über die Errichtung der Kollegienhäuser in Deutschland liefen entlang gegensätzlicher Vorstellungen bezüglich der Aufgabe der Universität. Obgleich die Akteure ihre Vorschläge zur Errichtung von Kollegienhäusern im Glauben äußerten, nun neue Wege der universitären Erziehung zu gehen, lagen die Wurzeln der Kollegienhausbewegung doch allesamt in der deutschen Hochschultradition und deren Kritik durch verschiedene Lebensreformprojekte seit 1900. Die seit Beginn des 20. Jahrhunderts vielstimmig erhobenen Forderungen nach einer Charaktererziehung durch von der Universität pädagogisch forcierte Gemeinschaftserlebnisse standen in einem Gegensatz zum konstituierenden universitären Prinzip der „Bildung durch Wissenschaft". Individuelle Erfahrungen in der Jugendbewegung, die Reformpädagogik und die Gemeinschaftsvorstellungen aus der ersten Hälfte des 10. Jahrhunderts beeinflussten die Zustimmung oder Ablehnung zu diesen Überlegungen durch die handelnden Personen.

Die deutschen Hochschulpolitiker nach 1945 überboten sich gegenseitig in den Verbalbekenntnissen zur „Demokratie", während sie vor allem die Förderung der „christlich-humanistischen" Werte als Gegenmaßnahme zur NS-Ideologie sahen. Neben der kraftvollen Forderung nach einer Werterziehung blieben die Bekenntnisse zur Demokratie in der Umsetzung zumindest im Hochschulumfeld erstaunlich blass. In zahlreichen Schriften hatten Einzelpersonen einen neuen wertebildenden Erziehungsauftrag der Universitäten als die Antwort gesehen, um künftig eine Degradierung der akademisch ausgebildeten Eliten zu Befehlsempfängern zu verhindern. Im Gegensatz zur nun scharf abgelehnten NS-Ideologie sollte ein Bildungskanon des „Humanismus" stehen, den man in irgendeiner Form den Studenten vermitteln wollte. Insbesondere in der frühsten Nachkriegszeit waren sich die Professoren einig, dass eine Erneuerung des humanistischen Erbes „des Abendlandes" in Kombination mit den „christlichen Werten" die *conditio sine qua non* für eine Rückbesinnung der Gesellschaft auf die wahren Werte darstellten. Der oft beschworene Humanismus-Begriff wurde dabei meist nur undeutlich umrissen. Zum einen war damit eine vom Einzelmenschen ausgehende Weltsicht gemeint, die vor allem als Gegensatz zum Nationalsozialismus gesehen wurde.[1] Die eindeutige und ungebrochen positive Bezugnahme auf die Werte des

1 Der Schweizer Altphilologe Rüegg kritisierte diese historisch ungenaue Unschärfe: „Es leuchtet ein, dass ein Begriff, der dermaßen farblos und unscharf geworden ist, für die wis-

„christlich-humanistischen Abendlandes“, die den Studierenden vermittelt werden sollten, lässt sich nur als Gegenpol zur NS-Ideologie verstehen. Die gewaltverherrlichende, gegen den Eigenwert des menschlichen Individuums und gegen den internationalen Austausch gerichtete Ideologie sollte so überwunden werden. In diesem Sinne war die Errichtung einer theologischen Fakultät einer der ersten Gedanken zur Wiedereröffnung der Frankfurter Universität. Die Heidelberger Professoren beschworen 1945 eine Rückbesinnung auf einen angeblich durch die NS-Zeit unbeschädigten „Heidelberger Geist“ in einer humanistischen Philosophie und einer persönlichen Umgangskultur in der kleinen Universitätsstadt. An der Universität Marburg war ein Professorengremium von den Amerikanern mit der Verantwortung für die Universität betraut worden, welches ähnlich wie in Heidelberg an eine idealistische deutsche Universitätstradition anknüpfen wollte.

Zum anderem war der Stoffkanon des humanistischen Gymnasiums gemeint, dessen Abitur seit Beginn des 19. Jahrhunderts die Grundlage für den Eintritt auf die Universität und überhaupt die Zugehörigkeit zur gebildeten Bevölkerung konstituierte. Alle Überlegungen über einen allgemeinbildenden Lehrplan, der auch in den Kollegienhäusern vermittelt werden sollte, bezweckten eine philosophische Grundausbildung. In dieser sollte letztendlich der Wissensstand der philologischen Ausbildung des humanistischen Gymnasiums nachgeholt werden. In den unmittelbaren Nachkriegsjahren wurde so in den Überlegungen der Professoren immer auch ein Nachholen dieses schulischen Curriculums in die Universitäten verlagert. Die Annahme einer „Krise der Maturität“ ist unmittelbar nach 1945 besonders ausgeprägt und bleibt für die Befürworter des universitären Erziehungsauftrages in den Kollegienhäusern eine Konstante.[2] Die Beschwörung des

senschaftliche Diskussion nichts mehr taugt und jede Arbeit, die irgendwie mit dem Humanismusproblem zusammenhängt, mit einer möglichst starken Abgrenzung des Humanistischen zu beginnen hat.“ Rüegg: *Der Begriff „Humanismus“* (1944). Dies war nicht nur auf die Deutschen beschränkt, sondern gab auch eine Anschlussfähigkeit vor Rhetorik der sowjetischen Besatzungsmacht. Vgl. P. V. Zolotuchin: „Über den tiefen Humanismus der Befreiungstat der Sowjetunion“, in: Köhler (Hg.): *Erinnerungen sowjetischer Hochschuloffiziere 1945–1949*, 4–7. Zur gestaltenden Rolle des Leningrader Hochschullehrers Solotuchin: S. Schlegel: „Die Sowjetische Militäradministration in Deutschland (SMAD) und die Friedrich-Schiller-Universität Jena“, in: U. Hoßfeld; T. Kaiser; M. Mesrup: (Hg.): *Hochschule im Sozialismus*, Köln et al. 2007, 96–118, 103 ff. In der sowejetischen Zone scheint der Begriff geradezu Konjunktur gehabt zu haben. Vgl. auch die Reden zum 150. Geburtstag Puschkins und 200. Geburtstag Goethes 1949. Federov sprach im Gründungsjahr der DDR vom „Jahr des Siegeszuges des Humanismus“, Johannes Stroux vom „Humanismus Goethes“. Vgl. A. V. Federov: „Zur Geschichte der Volks- und Hochschulbildung in der sowjetischen Besatzungszone Deutschlands 1945–1949. Erinnerungen“, in: Köhler (Hg.): *Erinnerungen sowjetischer Hochschuloffiziere*, 31–72. 56 ff.

2 In seiner 1958 gedruckten Aufsatzsammlung verknüpfte Wilhelm Flitner den Sinn wissenschaftlicher Studien und die Aufgabe der gymnasialen Oberstufe und warb für die Stärkung des Abitur als einheitlichen Bezugspunkt: „Das Abiturium war auf die Maturität eingerichtet, die Universität setzte die gymnasiale Bildung voraus; eine Spannung zwischen beiden Bildungsstätten bestand nicht.“ Im Verlauf des 19. Jahrhundert bis zum ersten Weltkrieg sei dies für das deutsche Bildungssystem konstituierend gewesen. Seit den 1920er Jahren sei mit dem Berufsbezug der Verlust des wissenschaftlichen Anspruchs an die Universitäten verloren ge-

humanistischen Bildungskanons ist in die „kurze Renaissance" der „Schlüsselwerte des deutschen Bildungshumanismus" nach 1945 einzuordnen.[3] Auch die Konzepte einer elitären Auswahl der Studenten drehten sich um das gleiche Problem. Die Stimmen im Heidelberger Dreizehnerausschuss hatten sich 1945 noch klar für eine Wiedereinführung des humanistischen Abiturs als einzige Zugangsmöglichkeit zur Universität ausgesprochen. Bei der Hinterzartener Arbeitstagung 1951 formulierte man schon vorsichtiger, dass man die „soziologische Struktur und die wirtschaftliche Lage der Studentenschaft sowie [...] die Richtung und das Niveau der Begabungen" als Entscheidungsgrundlage für die Universitätszulassung sehen wollte.[4] Immer aber blieb die geforderten Voraussetzungen für ein universitäres Studium der Bildungskanon des humanistischen Gymnasiums.

In diesem Zusammenhang wurde an den Einzeluniversitäten sowie durch das in der britischen Besatzungszone 1948 erschienene Gutachten zur Hochschulreform ein allgemeinbildendes Studium generale als geeignetes Instrument propagiert, das gesellschaftliche Verantwortungsgefühl der angehenden Akademiker zu stärken. Parallel zu dieser Betonung der vermeintlich bewährten Werte verlief die Auslegung einer neuen gesellschafts- oder politikwissenschaftlichen Erziehung durch die deutschen Hochschulpolitiker. Die Universitätsplaner der Nachkriegszeit hatten alle selbst die politische Extremisierung der 1920er Jahre miterlebt, deren Gewalttätigkeit und Kompromisslosigkeit der Idee des Studiums entgegen gestanden waren. Aus dieser Erfahrung heraus versuchten sie die polarisierende Parteipolitik aus der Universität auszuschließen, womit sie selbst gesellschaftsharmonische Denkmuster erkennen ließen. Die formal unbelasteten Professoren in Heidelberg und Marburg wollten auf jeden Fall die politischen Auseinandersetzungen aus der Universität fernhalten. Auch noch 1950 tat sich die KMK schwer mit der Zulassung von politischen Hochschulgruppen.[5] Die Kenntnisse von der

gangen, ebenso wie der mit der inhaltlichen und personellen Öffnung einhergende Bildungskanon der Schulen: „Die Reformen 1925, 1937 und nach 1945 ergeben eine abermalige Differenzierung in Schultypen." Die totale Öffnung des Systems habe zu einem „kranken Zustand unserer Universitäten und Gymnasien" geführt. Vgl. W. Flitner: *Hochschulreife und Gymnasium* (1958), Heidelberg 1960, 7 ff. Flitner Folgerungen bezüglich Universität und Fachschule zeigen diese Verknüpfung des Kollegienhaus mit dem Abitur deutlich. Flitner folgerte: 1.) Der Drang nach hochschulmäßigem Studien sei in der heutigen Gesellschaft größer als der Kreis, dem ein universitäres Studium zuzumuten sei. 2.) Auch die spezialisierte Fachschule könne „eine hohe Form menschlicher Bildung – sogenannter ‚humaner' oder ‚humanistischer Allgemeinbildung' – entwickeln, ohne diese auf philosophisch-universitäre Studien zu gründen." [...] „Wohl aber sollten diese Berufe [mit fachwissenschaftlicher Spezialbildung] in ihrer Fachhochschulbildung zugleich die ‚allgemeinbildende', menschliche, geistig erweckende Gesamtförderung erfahren, für die es bisher nur einige Modelle gibt, für die aber Formen anderer Fachhochschulgebiete, besonders der Ingenieurstudien und der betriebswirtschaftlichen, erst gefunden werden müssten." Vgl. Flitner: *Hochschulreife,* 25 f.

3 Vgl. Treiber: *Salon-Geselligkeit und Vortragskultur*.

4 UAF, Abt. 1, Nr. 91, Kommission für Hochschulreformfragen, Arbeitstagung Hinterzarten 4.–7.8.1952: Empfehlung IV: Studium generale.

5 HHStAW, 504/65, Ständige Konferenz der Kultusminister der Länder in der Bundesrepublik Deutschland: Niederschrift über die Tagung des Hochschulausschusses in Marburg, 8.–9.9.1950, S.5.

Politik sollten vor allem von Professoren gelehrt und wissenschaftlich betrieben werden. Die Studenten blieben Objekte der professoralen Überlegungen. Dabei zeigte sich in den Großstädten eine unterschiedliche Entwicklung zu den kleineren, unzerstörten und „geschlossenen" Universitätsstädten. Im von der Lebenskultur einer Großstadt geprägten Frankfurt wurde weniger restriktiv über die gesellschaftliche Erziehung der Studierenden durch Einbindung gedacht. Bei der Gründung der FU Berlin waren die Studierenden in einer Weise beteiligt gewesen, welcher eine Rollenzuschreibung als eine zu belehrenden Schülerschaft nicht mehr angemessen gewesen wäre. Der Gründungsanspruch als Symbol der Freiheit und die Gründungsgeschichte von 1948/49 führten von Anfang an zu einer starken Rolle der studentischen Selbstverwaltung im Gefüge der FU Berlin.

Die Konzeption der Kollegienhäuser als erzieherisch begründeter Bestandteil der deutschen Universität stand in einer Linie mit den jugend- und lebensreformerischen Bewegungen in Deutschland seit 1900. Bei der Selbstverständigung des Bürgertums in den geistigen Auseinandersetzungen der 1950er Jahre stellte sich die Frage nach der spezifischen Beschaffenheit des „kulturellen Kapitals" und der einenden Erfahrungen dieses nicht eindeutig zu bestimmenden Bevölkerungsteils der Nachkriegsgesellschaft. Dabei zeigten sich die geistigen Kontinuitäten des Kulturpessimismus der 1920er Jahren als besonders stark. José Ortega y Gasset war von den 1930er bis zum Ende der 50er Jahre der in Westdeutschland meistverbreitete Philosoph.[6] Die schon Ende des 19. Jahrhunderts entstandene Jugendbewegung war mit ihrer Kritik der städtischen Moderne ebenso Ausdruck der kulturpessimistischen Haltung wie manche Strömungen der Reformpädagogik. Aus diesem Misstrauen gegen die Traditionen der idealistisch begründeten aber auch durch rationale Argumente geprägte Wissenschaftskultur war in den 1920er Jahren die „mehr oder weniger anti-intellektualistische Komponente der westdeutschen Bildungsdiskussion" entstanden. Seit 1919 hatte der zeitweilige preußische Kultusminister C. H. Becker und seine Mitstreiter versucht, durch die Einbindung der Studierenden in die Verantwortung für die Universitäten ein pädagogisches Lernen am unmittelbaren Zusammenleben in der Universität einzuführen. Vereinzelt waren in den 1920er Jahren auch Wohnheime entstanden, die im Bezugnahme auf die Reformpädagogik eine weitergehende Einbindung des Alltagslebens der Studierenden anstrebte, um diese so über die wissenschaftliche Ausbildung hinaus in ihren Persönlichkeiten prägen zu können. Das Autorenkollektiv der 1965 erschienenen Streitschrift *Hochschule in der Demokratie* hatte mit C.H. Becker und Max Scheler zwei der hervorragenden Exponenten dieser Kritik am Bildungssystem benannt. In den Pädagogischen Akademien habe Becker „dem einseitig-intellektuellen Bildungsideal des Universitätsstudiums das ‚nicht wissenschaftlich zu begründende, sondern aus dem wirklichen Sein des Menschen praktisch ge-

6 Schildt: *Zwischen Abendland und Amerika,* 13. Vgl. Sánchez-Blanco: *Ortega y Gasset*. Auch Eduard Sprangers *Psychologie des Jugendalters* von 1924 erlebte ein Vierteljahrhundert später gerade seine 25. Auflage und bestimmte nach wie vor die Vorstellungen vom pädagogisch zu steuernden Sozialisationsprozess der jungen Generation. Schildt: *Zwischen Abendland und Amerika*, 13.

setzte Ideal einer harmonisch alle menschlichen Kräfte entwickelnden Gesamtpersönlichkeit'" entgegengesetzt.[7] Die Klagen über „Vermassung" knüpften unmittelbar an die frühere Kulturkritik an. Die Konzepte zeigten Ähnlichkeit zu denen, die im Ministerium Beckers geplant worden waren. In dieser Denktradition waren schon 1945 an einzelnen Universitäten wie Tübingen und Heidelberg im Rahmen des Studium generale Wohnheime mit einer weitergehenden Erziehungskonzeption errichtet worden, deren gemeinschaftsbildender Anspruch in einem Überblicksbericht von 1950 ausführlich beschrieben wurde.

Auf einem Kongress in Tübingen hatte sich im Oktober 1950 ein Kreis von Kollegienhausenthusiasten aus Professoren und Dozenten sowie weiteren bildungspolitisch Interessierten gebildet. Teilweise waren diese engagierten Hochschullehrer durch Erlebnisse aus der Jugendbewegung geprägt und nahmen reformpädagogische Überlegungen wieder auf. Nach Klärung der gemeinsamen Vorstellungen versuchte dieser Kreis der Kollegienhausenthusiasten gezielt Einfluss auf den Ausbau von Wohnheimen als Kollegienhäuser mit einem pädagogischen Programm an den Universitäten der Bundesrepublik zu nehmen. Anfang der 1950er Jahre war die Idee der Gemeinschaftsbildung in diesen Wohnheimen auf mehreren von den amerikanischen Stellen finanziell unterstützten Bildungskonferenzen zu einem zentralen Thema geworden. Institutioneller Träger der Kollegienhaus-Idee war das Deutsche Studentenwerk durch seine Wohnheimberatungsstelle geworden, der Mitte der 1950er Jahre zunehmend staatliche Mittel für den Ausbau der Kollegienhäuser zur Verfügung standen. Die kleine Gruppe der Kollegienhausenthusiasten zeigte große Gemeinsamkeiten in der biographischen Prägung durch eine Sozialisation in den jugendlich geprägten Bewegungen um die Jahrhundertwende. Die aktivsten Vertreter dieser Bewegung waren der Historiker Walther Peter Fuchs und der Germanist Walther Killy, von denen der eine durch seine Erfahrungen in der Jugendbewegung geprägt worden war, der andere sich als Hölderlinforscher mit dem Jugendbild einer idealisierten Antike befasst hatte. Viele der für die weitergehende Einbindung der Studierenden bemühten Akteure der mittleren Generation hatten selbst eine jugendbewegte Sozialisation erlebt. Konzeption und Leitung der beiden Kollegienhaus-Projekte des 1945 gegründeten Collegium Academicum (CA) in Heidelberg und des 1947 projektierten Collegium Gentium (CG) in Marburg folgten diesem Muster. In Heidelberg wurde diese Linie verkörpert durch den ersten CA-Leiter Joachim G. Boeckh und seinen

7 W. Nitsch; U. Gerhardt; C. Offe: *Hochschule in der Demokratie*, Berlin 1965, 324 ff. Vgl. C. H. Becker: *Gedanken zur Hochschulreform*, Leipzig 1919, 47. Becker habe den „den einseitigen Intellektualismus des Forschers" verworfen und „immer wieder die Entwicklung und Pflege auch der irrationalen Kräfte an der Universität" gefordert. Becker hatte das beklagte Phänomen nicht im Versagen der Höheren Schule oder im Funktionswandel des zur Berufsausbildung dienenden Wissenschaftsbetriebes erklärt, sondern die pädagische Aufgabe der Universität betont. *Hochschule in der Demokratie*, 324 ff. Vgl. Schelsky: *Einsamkeit und Freiheit*, 231. Zugleich nährt sich dieses Argument, besonders bei Becker, der Vermassungsthese der konservativen Kulturkritik an: „Die ungeregelte, wilde Lernfreiheit ist bei dem geistigen Zustande, in dem unsere Studenten auf die Hochschule kommen, ein Unfug, ein Raubbau mit Kraft und Zeit unserer Jugend." Zitiert nach: *Hochschule in der Demokratie*, 26.

Nachfolger Fuchs, in Marburg durch den ersten Protektor Gerhard Wacke. Auch die für das Tutorensystem an der FU Berlin engagierten Ludwig Klages und Hans Herzfeld entstammten der Jugendbewegung. Nicht so eindeutig an den Biographien lassen sich die Verbindungen zur Reformpädagogik nachweisen, die sich etwa in den beruflichen Stationen als Lehrer in Wickersdorf und der Odenwaldschule Boeckhs offensichtlich sind.[8] Der Reformpädagoge Wilhelm Flitner nahm an der Formierung der Kollegienenthusiasten aktiv teil, ebenso der Kunsthistoriker Werner Hager und der Physiker Carl Friedrich von Weizsäcker, die Anfang der 1930er Jahre verschiedene reformpädagogische Ansätze selbst kennengelernt hatten. Alle Kameradschafts-Konzeptionen der Hochschulpolitik des NS-Regimes wurden bei der Nachkriegsdebatte dabei mit keiner Silbe erwähnt und es erscheint glaubwürdig, dass diese Konzepte vor 1945 in keinem Falle als bewusste Referenzmodelle genutzt wurden. Trotz einer vollkommen anderen grundsätzlichen Zielsetzung zugunsten von menschenfreundlichen Werten schwang aber bei den Überlegungen zu den Kollegienhäusern latent das gesellschaftsharmonische Kollektivgefühl mit, welche vom NS-Regime in der „klassenlosen Volksgemeinschaft" propagiert worden war. Die von Führern der Studentenschaft während der NS-Zeit forcierten Versuche, alle Studenten in kasernierten Kameradschaftsheimen im Sinne des NS-Systems zu prägen, waren in den 1930er Jahren nicht nur in der Umsetzung gescheitert. Die mit der Kulturkritik seit 1900 verbundenen harmonischen Gemeinschaftsvorstellungen als Gegenmodelle zur bürgerlichen Individualität dienten aber ebenfalls als Quelle der biographisch geprägten Zustimmung für die Kollegienhaus-Bewegung. Es waren Gemeinschaftsvorstellungen aus der bündischen Jugend in Kombination mit einem humanistisch-christlichen Bildungskanon, die Boeckh für das CA formulierte. Das Marburger CG zeigte eine ähnliche Konzeption und lässt durch die Motivation der beteiligten Professoren auf die gleichen geistigen Wurzeln schließen, doch wich es in wesentlichen Punkten von einem allzu geschlossenen pädagogischen Programm ab: Durch das Zusammenleben von Männern und Frauen sowie des bewussten Zusammenlebens mit ausländischen Studierenden wurden auch neue Wege beschritten, welche über die Gemeinschaftsvorstellungen aus den 1920er Jahren hinaus gingen.

Sowohl in Berlin als auch in Frankfurt ergaben sich Abweichungen von diesen Denkmustern aus der deutschen Lebensreformdebatte. An der FU wurden studentische Gruppierungen durch eine zentrale Betreuungseinrichtung gezielt als durch die Universität gestalteten Lebensraum gefördert. Die mächtige Vertretung der Studentenschaft füllte dabei aber die Universitätsstrukturen mit den eigenen Vorstellungen. Am geschichtswissenschaftlichen Friedrich-Meinecke-Institut der FU waren von zwei älteren und selbst jugendbewegten Professoren auch Tutorengruppen initiiert worden, mit deren Errichtung man Anfang und Mitte der 1950er Jahre große Hoffnungen auf eine inhaltliche Einflussnahme auf das studentische Sozialleben verband. In der Projektierung des 1959 eröffneten Studentendorfes

8 GLAKa, 235/1432, Direktion des Freien Schulgemeinde Wickersdorf: Zeugnis Joachim G. Boeckh, Wickersdorf, 1.11.1931. Odenwaldschule: Zeugnis Joachim G. Boeck Ober-Hambach, 31.8.1944.

am Schlachtensee war eine ideale Campuswelt mit einem pädagogisch motivierten Zusammenleben entworfen worden, die aber zum Zeitpunkt der Eröffnung schon von den Studierenden nicht mehr angenommen wurde. Der in der Konzeption involvierte frühe Kollegienhausenthusiast Killy stieß mit seinen Vorstellungen Anfang der 1960er Jahre auf entschiedenen Widerstand, da nun das Verständnis für solche weitgehenden Eingriffe in die Privatsphäre nicht mehr gegeben war. Frankfurt war schon von Anfang an dieser „liberaleren", „westlicheren" Konzeption gefolgt, die keinen Eingriff in das Privatleben der Studenten vorsah. Das in Frankfurt projektierte Studentenhaus unterschied sich insofern von Anfang an von dieser frühen, vor allem aus deutscher Reformtradition stammenden Konzeption. Trotz ähnlicher Gedankenspiele wie an anderen westdeutschen Universitäten hatte sich die Universität in der großflächig zerstörten Stadt Frankfurt weitaus liberaler und konzeptionell offener gezeigt. Im Zusammenhang mit dem sozialwissenschaftlichen Profil der jungen Universität und der persönlichen Nähe einzelner Akteure wie dem ersten Nachkriegsrektor Walter Hallstein zu den Amerikanern und ihrem liberalen Denken hatte Frankfurt früh ein eigenes Profil gewinnen können. Auch das weitgehende Studia Humanitatis-Konzept zeigte keinen Einfluss auf die Planung des Frankfurter Studentenhauses mit Wohnheimplätzen: Die liberale Frankfurter Universität wollte Raum für studentisches Engagement schaffen, hingegen nicht in die Privatsphäre der Heimbewohner durch weitere Maßnahmen eingreifen.

Mit der Rückbesinnung auf den bildenden Eigenwert der Wissenschaft wurden ab Mitte der 1950er Jahre die Kollegienhauskonzepte zunehmend in Frage gestellt. Mit einer Konsolidierung der Gesellschaft löste sich der Konsens eines erzieherischen Auftrags wieder auf zugunsten des im 19. Jahrhundert gewachsenen positivistischen Weltbildes, welches den Glauben an den erzieherischen Eigenwert der Wissenschaft befördert hatte.[9] In den frühesten Überlegungen zur Wiedereröffnung der Universitäten nach 1945 spielte die „akademische Freiheit" eine zentrale Rolle. Nach der Erfahrung der Totalität des NS-Staates versuchten die professoralen Gremien dabei, die weitgehenden Freiheiten von staatlichen Eingriffen in die Lehre und Forschung wieder herzustellen. Diese Forderungen waren unmittelbar durch die Erfahrung der NS-Zeit geprägt, folgten aber einer langen Tradition der deutschen Universität, deren Beginn man in den zahlreichen Schriften nach 1945 oft auf das Postulat Wilhelm von Humboldts zurückführte. Was diese akademische Freiheit für den einzelnen Studenten heißen sollte, wurde aber erst mit einem erneuten Vertrauen in die „Bildung durch Wissenschaft" ab Mitte der 1950er wieder ausformuliert. Schon in der frühen Phase nach dem Krieg hatten amerikanische Beobachter etwa das im Vergleich zu den USA weitaus größere Lernpensum bemerkt. Nicht nur aufgrund der schwierigen materiellen Lage nach dem Krieg, sondern auch das stark auf die Persönlichkeit des Professors abzielende Lehrverhältnis schien das freie Selbststudium des Studierenden nach Vorlesung und Seminar eine nachgeordnete Rolle zu spielten. Kaum wurde in der

9 Vgl. R. vom Bruch: „Der wissenschaftsgläubige Mensch", in: H.-C. Liess (Hg.): *Bürgerlichkeit, Staat und Kultur im Deutschen Kaiserreich*, Stuttgart 2005, 11–24.

gesamten Debatte auf diese Lernfreiheit und eine innere Ruhe Bezug genommen, die es für eine wissenschaftliche Arbeit doch unabdingbar ist. Wurde beim Bau eines Studentenwohnheimes in den 1920er Jahren noch besondere Wert auf den Rahmen für ungestörtes Lernen gelegt, scheint dieser Aspekt der Ruhe angesichts einer Überfrachtung des Anspruches der Wohnheime in die zweite Reihe gerückt zu sein. Vollkommen aus der Reihe der üblichen Stimmen fiel somit das Bedauern Max Horkheimers über „den Verlust der Muße und Freiheit im Studium der aktuellen Studierenden". Vor den Frankfurter Studierenden ebenso wie vor der Kieler Rektorenkonferenz warb Horkheimer 1952 dafür den Studenten diese Abstinenz vom gesellschaftlichen Leben als Voraussetzung eines freien Denkens und somit des Bildungsprozesses wieder zu ermöglichen.[10] Die Forderungen Horkheimers standen im Gegensatz zu den Ideen der Kollegienhausbewegung, die im gleichen Jahr ihren Höhepunkt erlebte.

Vor allem mit der Einflussnahme auf die Konferenz in Hinterzarten kann 1952 hatte die Kollegienhausbewegung ihren Zenit erreicht. Die Einführung der Kollegienhäuser wurde in den Reformschriften in Verbindung mit dem Studium generale als Strukturmerkmal der neuen Universität empfohlen. Auch wenn in den Folgejahren die Kollegienhäuser-Konzepte weiter in der öffentlichen Meinung und in der Praxis wohlwollend rezipiert wurden, war doch mit diesem Höhepunkt auch die Kritik gesetzt. Auf der Hinterzartener Tagung selbst war es Gerd Tellenbach, der sich in seiner zentralen Ansprache wieder konsequent für die „menschenformende Kraft" durch das wissenschaftliche Arbeiten selbst aussprach.[11] In Hinterzarten mag den Teilnehmern der Gegensatz dieser „Bildung durch Wissenschaft" zu allen Überlegungen des Studium generale und der Kollegienhäuser nicht so bewusst gewesen sein, da sonst die Empfehlungen konsequenter der einen oder anderen Linie gefolgt wären. Durch andere wirkmächtige Akteure wurde ab 1952 hingegen für die herkömmliche Idee der Universität ohne einen pädagogischen Auftrag geworben. Max Horkheimer vermochte „in der Idee, von welcher so viele unter uns heute das Heil erwarten, der des Studium generale, nichts positiv Entscheidendes zu erblicken." Einen wie auch immer gearteten pädagogischen Auftrag sah Horkheimer als einen Gegensatz zu Bildungsidee der Universität: „Die Bildung, als Bewusstsein des wissenschaftlichen Geistes von sich selber, als Ausdruck von dessen Durchsichtig, ist nichts, was zu dem Fachstudium im Verhältnis des Allgemeinen zum Besonderen stünde. Sie ist keine Dachorganisation der Kenntnisse."[12] Die Widersprüche der tatsächlichen Welt seien mit einem festen Bildungscurriculum nicht erfassbar.[13] Ähnlich argumentierte Theodor Litt. Bei seinem Vortrag vor dem Hochschulverband im Mai 1952 in Marburg warb Litt für den Bildungsauftrag der Hochschule, der „nicht enzyklopädisch, sondern ein Überblick über die Gesamtheit der wissenschaftlichen Disziplinen im Reich des

10 Ebd. 24.

11 G. Tellenbach: *Probleme der deutschen Hochschulen*, Göttingen 1953. Zitiert nach H. Wenke: *Die deutsche Hochschule vor den Ansprüchen unserer Zeit*, Göttingen 1955, 15.

12 Horkheimer: *Gegenwärtige Probleme der Universität*, 37.

13 Ebd. 11 f.

Wissens" sein sollte. [14] Früher sei Erziehung gesehen worden als „die Tätigkeit, die die Gesamtheit der Hochschullehrerschaft an der ihr zugeführten Schülerschaft ausübt". Dieser Auftrag habe sich nun geweitet, könne aber nur innerhalb der wissenschaftlichen Ausbildung geschehen. „Dass der Lehrer sich nicht als Verwalter und Verteiler eines allseitig gesicherten Bestandes an Wissensschätzen fühlen darf." Litt forderte, dass der akademische Lehrer selbst Lernender sein solle. Desto mehr er sich dazu bekenne, „umso wirksamer entkräftet er den Vorwurf, dass die Hochschule, indem sie sich Erziehungsrechte beilege, sich an der Selbstständigkeit der zu eigener Entscheidung reif gewordenen Jugend versündige."[15]

Mitte der 1950er Jahre wurden sich diese Überlegungen zunehmend ohne den moralisierenden Ton der frühen Nachkriegszeit diskutiert, womit die jeweiligen Konzeptionen deutlicher wurden. Der Hamburger Bildungssenator Hans Wenke hatte 1955 bei der Tagung des Hochschulverbandes in Münster die Überzeugung gefordert, „dass der Umgang mit der Wissenschaft, mit ihren Inhalten, Fragen und gedanklichen Ordnungen in das seelisch-geistige Gefüge des Individuums unvermittelt eingreift, [...] Ausgangspunkt und Fundament unserer Hochschule bleiben" muss. [16] Als grundsätzlichen Bezugspunkt der Hinterzartener Tagung sah Wenke nun im Rückblick vor allem eine Formulierung der „Bildung durch Wissenschaft", während das Thema der Kollegienhäuser nun keiner Erwähnung mehr Wert schien.[17] Bei der Hochschultagung in Bad Honnef 1955 waren soziale Fragen in den Vordergrund gerückt. Anfang der 1960er Jahre wurde dann zunehmend der Gegensatz des wissenschaftlichen Anspruches zu der Erziehungsidee an der Universität klar aufgezeigt. In Folge fiel die Zustimmung durch Universitätsgremien und Studierendenschaften seit Mitte der 1950er Jahre, in denen sich auch die staatliche Förderung für die Kollegienhäuser voll entfaltet hatte, bis Mitte der 1960er massiv ab. Als der Wissenschaftsrat 1962 die Errichtung von Kollegienhäuser als Reformprojekt an Universitätsneugründungen ausdrücklich empfahl, wurde dies nun mehrheitlich abgelehnt. Eindeutig äußerte sich 1963 der 34jährige Jürgen Habermas gegen die „Verschulung der Universität".[18] Angesichts der Überlegungen zu Studium generale und Kollegienhäusern sah Habermas es als erstaunlich, wie sehr an der Universität im Gegensatz zu Spezialschulen festgehalten werde, wenn ihr konstituierendes Merkmal doch nicht sauber abgegrenzt werde. Als ausdrücklich inkonsequent erschien für Habermas die 1956 von Hermann Heimpel erhobene Forderung nach dem außeruniversitären Erziehungsauftrag, den er in einem Atemzug mit dem Postulat der „im Kern gesunden Universität" genannt habe. Damit habe Heimpel widersprüchlicherweise „die traditionellen Aufgaben von Lehre und Forschung durch die Forderung ergänzt, vom Prozess der wissenschaftlichen Ausbildung das Moment der menschlichen Bildung abzuspalten und als autonomen Erziehungsauftrag neben der akademischen Lehre zu

14 Theodor Litt: *Der Bildungsauftrag der Deutschen Hochschule*, Göttingen 1952, 16 f.
15 Ebd. 28 ff.
16 Wenke: *Die deutsche Hochschule vor den Ansprüchen unserer Zeit*, 14.
17 Ebd. 15. Vgl. *Bericht der Deutschen Forschungsgemeinschaft 1952/53*. 16–18.
18 Habermas: *Vom sozialen Wandel akademischer Bildung*, 116 f.

institutionalisieren." Den Vorschlag, „die in Kollegienhäusern kasernierten Anfangssemester zur akademischen Lebensgemeinschaft zu verpflichten", lehnte Habermas rundweg ab, da damit „deren wichtigste Maxime: Bildung durch Wissenschaft, preisgegeben" werde.[19] Er lehnte alle erzieherischen Vorstellungen konsequent ab und sah sich damit in einer Linie mit einem Reformgutachten des Verbandes Deutscher Studentenschaften von 1962.[20] Helmut Schelskys Schrift zum Wesen der Universität schlug in die gleiche Kerbe und benannte konkret seine Bedenken gegen die Kollegienhäuser. In der Lehrerfunktion der Tutoren sah er eine Vernachlässigung des Erlernens des wissenschaftlichen Denkens. Den mit den Bursen des Mittelalters vergleichbaren Paukbetrieb nannte Schelsky eine „Langeweile, das Synonym des Überblicks".[21] Der Niedergang der einzelnen Institutionen geht dieser Debatte analog. In den 1960er Jahren wurde die Relevanz des Heidelberger CA als universitäres Reformprojekt zunehmend in Frage gestellt, während studentische Vertreter sich für die Erhaltung eines von Einflüssen der Universitätsleitung befreiten CA bis zur Schließung Mitte der 1970er Jahre einsetzten. Die in mehreren Konflikten mit den Vertretern der Universität erstrittene Unabhängigkeit der studentischen Selbstverwaltung des CG machte schon in den 1950er Jahren die Rolle des noch bis 2006 bestehenden CG als ein universitäres Reformprojekt obsolet. In Berlin war durch den Mauerbau 1961 früher noch als in Heidelberg oder Marburg eine Politisierung der Studenten hinzugekommen. Der Konsens über einen von der Universität künstlich geschaffenen Raum für ein Zusammenleben der Studierenden war dort mit der neuen Situation verschwunden. Ganz anders in Frankfurt, wo Horkheimer als Rektor selbst an der Errichtung des Studentenhauses mitgewirkt hatte und von vorherein eine solche Sinnzuschreibung vermieden hatte. Das Studentenhaus auf dem Bockenheimer Campus entwickelte sich als Ort des im Wesentlichen von der Universität ungelenken studentischen Engagements mit anhaltender Attraktivität für das politische und gesellschaftliche Leben der Studierenden jenseits des Ausbildungsauftrages der Universität.

Bei den Überlegungen über die Kollegienhäuser klangen als Antipoden immer die traditionsreichen studentischen Korporationen mit, die zu Beginn des 19. Jahrhunderts entstanden waren. Zustimmung und Ablehnung der Wiedererrichtung solcher Korporationen begründete sich oftmals aus den persönlichen Erfahrungen der Akteure. 1945 schien eine Übereinstimmung bei den Professoren zu bestehen, diese Verbindungen abzulehnen, vor allem auch der Erfahrung der nationalistischen und chauvinistischen Ausrichtung der Korporationen vor 1933 heraus. In den traditionsreichen Universitätsstädten Heidelberg und Marburg bilden die Korporationen geradezu die Negativschablone alles Engagements für die Errichtung der Kollegienhäuser. Dort sollten die Kollegienhäuser ausdrücklich als Alternative zu den Korporationen errichtet werden, als sinnvollere und in den Lehrbetrieb der Universität integrierte Alternative zu den außerwissenschaftlich

19 Ebd. 121 f.
20 Ebd. 122.
21 Schelsky: *Einsamkeit und Freiheit*, 255.

begründeten Sozialisationsagenturen. Die älteren Professoren, denen nach 1945 die Wiedereröffnung der Universitäten oblag, kannten diese Studentenverbindungen aus eigenem Erleben. In Heidelberg führte so Gustav Radbruch die grundsätzliche Ablehnung gegen die Korporationen in Konzeptpapieren an, denen selbst der ehemalige Burschenschaftler Karl Heinrich Bauer zustimmen konnte. Die Universitäten wollten in Heidelberg und Marburg ebenso wie an der FU Berlin die neu entstandenen studentischen Gemeinschaften als eine Alternative fördern.[22] In der ersten Hälfte der 1950er Jahr wurde von exponierten Personen der Hochschulpolitik ein argumentatives Feuerwerk gegen die Korporationen entfacht, wobei die Universität deren erziehende Sozialisationsaufgabe übernehmen sollte. Die Tübinger Rektoratsrede Helmut Thielickes von 1952 folgte dieser Argumentation. Thielicke begrüßte „die wechselseitige Prägung, wie sie durch studentische Gemeinschaften ausgeübt werden kann" als „Domäne der Selbsterziehung". Die Universität müsse sich aber gegen „restaurative Tendenzen und gegen die Wiederkehr eines überlebten Zeremoniells" stellen, welches „dazu führen könnte, Köpfe und Herzen der jungen Generation mit falschen Idealen, mit sozial bedrohlichen Ehrbegriffen und überhaupt einer völlig abwegigen Thematik zu erfüllen." [23] Thielicke bejahte die Erziehungsaufgabe der Universität, aber wollte sie zu Schule oder Colleges abgegrenzt wissen. Der Erziehungsauftrag der Universität liege indirekt in der „persönlichkeitsbildenden Kraft" durch die „Konfrontation mit der Wahrheit und in dem Anspruch, dem wir durch diese ausgesetzt werden." Aus diesem Auftrag heraus dürfe aber die Universität aus dem Privatleben der Studierenden nicht gleichgültig sein. Die Universität müsse dagegen angehen, wenn ihr Bildungsauftrag von außen geschädigt werde. Wenn die Professoren der Universität sich „ermunternd und warnend um das studentische Gemeinschaftsleben" bekümmerten, wollte Thielicke das „nicht als Grenzüberschreitung und unerlaubte Reglementierung" deuten, sondern „als das Lautwerden eines Auftrags, von dem wir um der Sache und der Menschen willen nicht lassen können."[24]

Mit dem Ende der Lizensierungspflicht 1950 endeten die von den alliierten erlassenen gesetzlichen Bestimmungen, die einer Wiedererrichtung der Korporationen entgegenstand. Tatsächlich traten die Korporationen, denen 1953 etwa 10 Prozent der Studentenschaft angehörten, in den Folgejahren durch ihre Mitglieder vermehrt in die hochschulpolitische Öffentlichkeit.[25] Eine Untersuchung von 1953 zeigte, dass die Mehrzahl von ca. 48 Prozent aller habilitierten Dozenten mehr oder minder die Traditionsverbindungen ablehnte, während 31 Prozent mehr oder minder die Korporationen befürworteten. [26] War die Heidelberger Studentenschaft nach 1945 durch inhaltlich orientierte Diskussionszirkel geprägt, entstanden seit Anfang der 1950er Jahre die alten Korporationen wieder, als deren Antipode und

22 Vgl. Fehling: *Hochschule*, 539 f.

23 Thielicke: *Die erzieherische Verantwortung der Universität*, 5.

24 Ebd. 26 f.

25 Fehling: *Hochschule*, 539 f.

26 Vgl. H. Anger; A. S. Davis: *Probleme der deutschen Universität*, Tübingen 1960, 70 ff, 108 f. Zitiert nach Schweitzer: *Kollegienhaus in der Krise*, 233.

Alternative das Reformprojekt CA durch die Professoren sowie auch die Studenten selbst stets gedacht war. Auch die Studierenden des Marburger CG sahen ihr Kollegienhaus als dezidiertes Gegenprojekt zu den Korporationen, gegen die sie Ende der 1950er Jahre sich auch politisch positionierten. Das Wiederaufleben der Studentenverbindungen in den alten Universitätsstädten begleitete den Niedergang der Kollegienhäuser, die als deren Widersacher gegründet worden waren. Immer mehr potentiell geeignete Studenten fielen als Bewerber des Heidelberger CA aus, da sie die Korporationshäuser vorzogen. Während in Heidelberg und Marburg die Konflikte um die Korporationen durch den symbolisch behafteten Altbesitz der Verbindungshäuser und die Angst vor den reaktionär konnotierten Altherrenschaften als Begründung für die Gegenmaßnahme herhielten, schien die Ablehnung der Korporationen in Berlin ein Teil der Gründungsidentität der FU auf diesem Gegensatz gebaut gewesen zu sein. Die institutionelle Förderung des studentischen Gemeinschaftslebens an der FU stand auch im Zusammenhang mit der von Universität und Studentenvertretung betriebenen scharfen Abgrenzung zu jeglichen entstehenden Korporationen alter Tradition. In Berlin stellten die Korporationen angesichts der großen Zahl der Studierenden keine unmittelbare Konkurrenz für ein alternatives studentisches Gemeinschaftsleben dar, sondern ein sogar von den Rektoren öffentlich bekämpfter Gegenpol zur Universitätsidee der FU. Die Auseinandersetzungen an der FU bis Ende der 1960er Jahre folgten dem Gegensatz zwischen Korporationen und Studentenschaft.

Die Frankfurter Goethe-Universität unterschied sich in diesem Anspruch fundamental von der Frontstellung an den meisten Universitäten inklusive der drei untersuchten in Marburg, Heidelberg und Berlin. Als Bundespräsident Theodor Heuss im Februar 1953 vor der Frankfurter Universität das Internationale Studentenwohnheim einweihte, begründete er das gesamte Engagement mit der sinnvollen Alternative zu den alten Korporationen.[27] In der kaufmännisch geprägten und im Krieg stark zerstörten Großstadt Frankfurt hingegen waren die eher als marginal wahrgenommenen Korporationen kaum als Antipode der Kollegienhauskonzeptionen geeignet. Neben der von Anfang an liberaleren Ausrichtung der entscheidenden Akteure der Goethe-Universität mag dieses fehlende Gegenbild der nur marginal erscheinenden Korporationen Frankfurts ein Grund gewesen sein, dass auch die studentischen Gruppen des neuen Gemeinschaftslebens nicht mit Erwartungen der Universität überfrachtet wurden. Als Rektor hatte Max Horkheimer 1952 eine gelassen wirkende Absage an die Studentenverbindungen formulierte: Er wollte den „Freundschaften, Gruppierungen und Vereinigungen, die sich im Zusammenhang mit der echten Anstrengung des Studiums und weltanschaulichen oder religiösen Interessen bilden“ durchaus einen positiven Einfluss zusprechen, „den sich formenden Willen zu festigen und zu entfalten“. Zugleich aber warnte er vor „Scheinbefriedigung und Fiktion an die Stelle von echtem Glück und von Wahrheit [zu] setzen, wenn sie zur Flucht aus den wirklichen theoretischen und praktischen Konflikten dienen, und den Überschwang, der sich um-

27 UAM 305a/ 1918, Ansprache von Bundespräsident Theodor Heuss bei der Einweihung des Internationalen Studentenwohnheimes am 21.2.1953 in Frankfurt am Main.

setzen muss in den ernsthaftem Kampf gegen das, was an der Welt unrichtig ist, ablösen durch die Treue zu einer durchlöcherten Ideologie."[28]

2. KRAFTLOSIGKEIT IM IMPORT AMERIKANISCHER BILDUNGSKONZEPTE

Wenngleich auch die Bildungsplaner über amerikanische oder englische Colleges als Referenzen für neue Einrichtungen des Erziehungsauftrages der Universität sprachen, so stammten die Ursprünge ihrer Vorstellungen doch alle aus der deutschen Alternativbewegung seit der Jahrhundertwende. Der amerikanische Einfluss auf die Reformprojekte und insbesondere auf die Kollegienhäuser war weitaus schwächer als die Begleitrhetorik glauben machte. Dabei waren in den USA seit 1900 sehr ähnliche Debatten über den Erziehungsauftrag der Hochschule geführt worden. Seit dem 17. Jahrhundert hatte sich das einer Allgemeinbildung verschriebene College auf einem eigenen Campus als eigener Hochschultyp aus der englischen Universitätstradition entwickelt. Seit Ende des 19. Jahrhunderts waren diese Hochschulen zum einen auf ihren wissenschaftlichen Anspruch hin, zum anderem bezüglich ihrer Rolle in einer demokratischen Rolle neu gedacht worden. Äußerlich folgten die amerikanischen Universitäten dem College-Baustil der englischen Universitäten Oxford und Cambridge, entwickelten aber in den ersten Jahrzehnten des 20. Jahrhunderts eigene Vorstellungen einer pädagogischen Einbindung der Studierenden. Während im 19. Jahrhundert die USA viele Elemente der an einer Geistesfreiheit ausgerichteten und naturwissenschaftlich forschenden deutschen Universitäten unmittelbar übernommen hatten, versuchten deutsche Akteure in den 1920er Jahren verstärkt aus dem amerikanischen Bildungswesen übertragbare Erkenntnisse zu ziehen. In den USA waren die Reformen der Weimarer Zeit als positiv wahrgenommen worden, die Umgestaltung des Hochschulbereichs der NS-Zeit seit 1933 einhellig verurteilt worden.

Nach dem Krieg 1945 fehlte es den Amerikanern dennoch an einer Strategie für die deutschen Hochschulen. Mit den anderen alliierten Mächten hatten sie sich auf die Entnazifizierung und Entmilitarisierung an Personal und Inhalten geeinigt.

28 „Wir achten die Studenten, die eine andere Meinung haben, nicht gering. Aber wir wollen nicht, dass sie sich ihren Traum und ihr Ideal zu leicht abkaufen lassen. Wir glauben, dass die abgespaltene Welt, in die sie sich auf solche Weise hineinbegeben, zu viele Kräfte binden könnte, die heute frei sein und ernstere Wege des Glücks begehen müssen. Wir haben das Vertrauen, dass alle Gruppen und Verbindungen an dieser Universität mit uns daran arbeiten, nicht bloß die fortschrittlichen Formen von Lehre und Forschung zu verwirklichen, sondern auch die besten studentischen Gemeinschaftsformen zu finden und zu pflegen. Die Vorbereitung auf ihren künftigen Beruf, Ihre Heranbildung zum geistigen, seiner selbst mächtigen Menschen, und ihre Teilnahme am geselligen studentischen Leben sollen in ungebrochener Wechselwirkung sich über ihr gesamtes Studium erstrecken. Wenn es schon falsch ist, dass Sie sich in Ihrer Mußenzeit in einer Sonder- und Scheinwelt flüchten, so freilich erst recht beim Studium selbst. Man kann auch durch das Lernen – ich glaube, Sie wissen es – auch dümmer werden." Horkheimer: *Gegenwärtige Probleme der Universität*, 10 f.

Früh hatte man sich auch auf das Ziel der Demokratisierung festgelegt. Der Themenkomplex der Hochschulen war in den Direktiven nur vage angesprochen worden, so dass bei Kriegsende in Washington kaum konkrete Vorstellungen über die Hochschulpolitik im besetzten Deutschland bestanden. Während innerhalb der US-Regierung noch der Richtungsstreit zwischen „kooperativer“ und „punitiver“ Behandlung der Deutschen ausgetragen wurde, verlangten vor Ort ab dem Frühjahr 1945 konkrete Entscheidungen der Besatzungsmacht.[29] Die anderen westalliierten Besatzungsmächte hatten in dieser Zeitphase bezüglich der Universitäten wesentlich aktiver gestaltet. Die Engländer hatten die norddeutschen Universitäten schnell wiedereröffnet, dabei aber gestaltend Einfluss auf das Lehrprogramm genommen. Etwa an der TU Berlin hatten sie durch ein verpflichtendes Studium generale ab 1946 zügig ein allgemeinbildendes Programm für alle Studenten initiiert. Mit dem von der britischen Militärregierung beauftragten Blauen Gutachten von 1948 war den Vorschlägen zur Reform von Inhalte und Strukturen der Universitäten eine große Breitenwirkung verschafft worden.[30] Die Franzosen sahen die auszumerzende NS-Ideologie weniger an einzelnen NS-Funktionären sondern vielmehr als Ausdruck eines allgemeinen Kulturproblems der Deutschen. Sehr schnell hatten sie deshalb auch an den Universitäten allgemeinbildende Programme umgesetzt, dabei 1946 die Universität Mainz neu gegründet wie auch die Errichtung des Tübinger Leibniz Kollegs unterstützt. Den Amerikanern fehlte bezüglich der Hochschulen diese strategische Ausrichtung.

Vor Ort agierten amerikanische Bildungsoffiziere somit rein aus ihrem persönlichen Bildungshintergrund heraus, oftmals als Einzelperson für mehrere Universitäten zuständig und mit nur sehr geringen Mitteln ausgestattet. Unter diesen ragten einzelne durch Konzepte und Umsetzung hervor, allen voran der schon in den späten 1930ern mit einer Arbeit über die deutschen Universitäten promovierte Soziologe Edward Y. Hartshorne. An den drei Universitäten Frankfurt, Heidelberg und Marburg diente Hartshorne in der ersten Besatzungsphase 1945 als Ansprechpartner, der bei konsequenter Umsetzung der Entnazifizierung zahlreiche Anregungen für eine Änderung universitärer Strukturen gab. So bekam der erste Marburger Rektor Julius Ebbinghaus bei einer der ersten Begegnungen mit Hartshorne eine Veröffentlichung über die Strukturreformen der Harvard University überreicht. Weniger der direkte Eingriff in die Strukturen als groß angelegte Konferenzen als ein unhierarchischer Ideenaustausch sollte die deutschen Hochschul-

29 Vgl. Schlander: Der *Einfluss von Dewey und Hans Morgenthau auf die Formulierung der Reeducationspolitik*, 41. Vgl. Paulus: *Vorbild USA?*, 99 f.

30 Ansprache des britischen Stadtkommandanten General Eric P. Nares bei Eröffnung TU am 9. April 1946: “The implications of this change of name are simple but of vital importance. It should teach you that all education, technical, humanistic, or what you will, is universal: that is so to say it must embrace the whole of man, the whole personality, and its first aim is to produce a whole human being, capable of taking his place responsibility beside his fellows in a community. Its second aim may be to produce a good philologist, a good architect, a good musician or a good engineer. But if education does not assist the development of the whole personality it fails in its aim, and this Technical University must not fail in its aim.” Zitiert nach D. Schumann (Hg.): *Neugier und Nutzen*, 59.

politiker zu Veränderungen animieren. Vor seinem frühen Tod am 30. August 1946 hatte Hartshorne mit den Marburger Hochschulgesprächen eine erste dieser Konferenzen anstoßen können. Sein Nachfolger Anfang der 1950er Jahre Julius J. Oppenheimer, als Hochschulverantwortlicher nun des US-Hochkommissars, konnte durch Initiierung und Finanzierung der Konferenzen in Bad Weilburg und Hinterzarten ebenfalls Impulse setzen. Meist blieben die für die Erziehung zuständigen US-Offiziere im Hochschulbereich bezüglich neuer Strukturkonzeptionen auffällig zurückhaltend, obwohl zeitweilig mit dem Emigranten Fritz Karsen einer der profiliertesten Reformpädagogen der Weimarer Republik der Abteilung vorstand. Diese Zurückhaltung im Hochschulbereich erklärte sich nicht nur aus den fehlenden Vorstellungen, sondern auch aus einer bewussten Beschränkung der eigenen Rolle. Hartshorne, der die Debatte über einen möglichen Erziehungsauftrag der deutschen Universität angestoßen hatte, betonte gegenüber den deutschen Hochschulpolitikern in Marburg, dass diese „keinen Ausländer mehr und keinen Emigranten [brauchten], um für Ihre eigenen Gedanken eine Stimme zu finden.“[31] Bewusst wollten die Amerikaner den Deutschen eine Brücke für eine Entwicklung aus eigenem Antrieb bauen. Sie glauben, dass somit einer nachhaltig demokratischen Entwicklung mehr gedient sei als durch weitere restriktive Maßnahmen. In der ersten Besatzungsphase, in den von Hartshorne angeregten Überlegungen, war die Übernahme von amerikanischen *residental college*-Modellen kein Thema. Andere, praktischere Fragen standen im Vordergrund: Zum einen die von den Deutschen oftmals als ungerecht empfundene Entnazifizierung, zum anderem die Wiedereröffnung des wissenschaftlichen Lehr- und Forschungsbetriebs der Universitäten. Neben einer inhaltlichen Öffnung durch Gastvorträge und Bücherspenden aus den USA, musste sich die Arbeit der Universitätsoffiziere auch mit den primitivsten Infrastrukturfragen etwa bezüglich der Gebäude befassen. Die Vertreter der amerikanischen Militärregierung zeigten sich in Heidelberg bezüglich der Maßnahmen der Entnazifizierung ausgesprochen konsequent, ließen aber viele andere Strukturen der alten Heidelberger Universität unangetastet. An der Universität Marburg war ein Professorengremium von Hartshorne mit der Verantwortung für die Universität betraut worden, welches ähnlich wie in Heidelberg an eine idealistische deutsche Universitätstradition anknüpfen wollte.

Während in Marburg und Heidelberg bei Gastvorlesungen und den Internationalen Ferienkursen der Kontakt zur amerikanischen Zivilgesellschaft vor allem durch Einzelpersonen gepflegt wurde, war in Frankfurt seit 1948 ein institutionalisierter Austausch von Wissenschaftlern mit der University of Chicago entstanden. Ein Teilauftrag der Chicagoer Professoren in Frankfurt bestand in der “work with young Germans who intend to follow academic careers”, der andere aber darin, “give general courses” um die Allgemeinbildung der teilnehmenden Studierenden zu erhöhen.[32] Tatsächlich praktizierten die Universitäten aber nur den Professorenaustausch, der aber durchaus erfolgreich zu wissenschaftlicher und zivil-

31 Vgl. Eröffnungsrede von Hartshorne: Marburger Hochschulgespräche, 12. bis 15. Juni 1946. R. vom Bruch: *Marburger Hochschulgespräche. Vor 50 Jahren.*

32 Foundation: *Rockefeller Foundation Annual Report 1947*, 20.

gesellschaftlicher Vernetzung führte. Im Rahmen eines gemeinsamen Frankfurt-Chicago-Seminars war 1952 auch der vielbeachtete Entwurf eines Studia Humanitatis-Programms entstanden, der auch ein Zusammenleben der akademischen Gemeinschaft vorsah. Der nicht weiter realisierte Entwurf war zwar inhaltlich wesentlich von der idealistischen deutschen Bildungstradition geprägt, immerhin aber in einer Arbeitsgruppe der beiden transatlantischen Partner entstanden. Auch den Frankfurter Austausch hatte eine projektgebundene Spende der Rockefeller Foundation an die University of Chicago ermöglicht.[33] Die großen Stiftungen von Rockefeller und Ford lösten in den folgenden Jahren das State Department als finanziellen Hauptsponsor der Projekte in Deutschland ab, brauchten aber eine längere Zeit der Strategiefindung für eine Hochschulförderung in Deutschland. Die Stiftung war dabei anfangs zurückhaltend gewesen und hatte durch mehrere Gutachter ihres Vertrauens die Lage in Europa sondieren lassen, bevor sie mit ihren finanziellen Mitteln gestaltend eingriffen. Direkt hatte die Militärregierung im April 1948 in New York um finanzielle Unterstützung bei Rockefeller angefragt mit einer Wunschliste förderungswürdiger Projekte. Diverse Schulprojekte, Bibliotheken und andere Investitionen fanden sich auf dieser Liste, keine konkreten Projekte an Universitäten aber. Der Hochschulsektor war nur einer von vielen Bereichen des Bildungssystems, bei denen man sich Gelder von Rockefeller erhoffte.[34] 1948 ermöglichte die Stiftung die internationalen Ferienkurse in München, Heidelberg und Marburg sowie zahlreiche weitere Projekte, insbesondere die Errichtung von Amerikainstituten.[35] Mit der Orientierung an den Problemen hatte sich so innerhalb von drei Jahren der Förderungsschwerpunkt hin zur Erziehung und Gewinnung für die westliche Kultur entwickelt. Aus der traditionellen Wissenschaftsförderung der Stiftung war zunehmend eine Ausrichtung auf pädagogische Einflussnahme geworden.

Bei der in vielerlei Hinsicht außergewöhnlichen Gründung der FU Berlin wirkten amerikanische Akteure aus der Zivilgesellschaft in großem Maße mit. Der seit 1947 erst als stellvertretender dann als Militärgouverneur für Berlin zuständige General Lucius D. Clay hatte der Erziehungsfrage von Anfang an eine besondere Bedeutung zugesprochen, dabei zugleich bei zivilgesellschaftlichen Akteuren in den USA um Unterstützung gebeten. In Berlin waren auch die beiden großen Stiftungen von Rockefeller und Ford wesentlich als Sponsoren bei Neubauten und Ausstattung der FU in Erscheinung getreten. Die FU wurde lange als die Verwirklichung einer mit amerikanischen Ideen korrespondierenden Universitätsvision gesehen sowie im beginnenden Kalten Krieg Berlin als besonders förderungswürdige Frontstadt des Westens. Nicht nur durch die große finanzielle Unterstützung sondern auch durch andauerndes Interesse durch eine Vielzahl amerikanischer

33 Rockefeller Foundation: *Rockefeller Foundation Annual Report 1947*, 20.

34 RAC, RF RC 1.1 717/7/40, Grant 13.4.1948, Herman B. Wells, Acting Division Director, OMGUS E&CR Division, an Rockefeller Foundation: German Reorientation and Reeducation Projects, Berlin, 13.4.1948.

35 Rockefeller Foundation: *Rockefeller Foundation Annual Report 1948*, 47. Vgl. Foundation: *Rockefeller Foundation Annual Report 1949*, 49, 305 f.

Besucher wirkten Akteure der amerikanischen Zivilgesellschaft auf die Entwicklung der FU ein. Etwa der emigrierte Jurist Karl Loewenstein hatte bei der Konzeption der Universität für lebensnahe Studienfächer wie Politikwissenschaft und für eine größere Einbindung der Studierenden geworben. [36] In der Förderung der FU hatte sich die ganze Kraft der Konzepte und Mittel gezeigt. Der US-Universitätsoffizier Howard Johnston versuchte auch durch publizistische Maßnahmen in den USA, weiterhin Interesse bei Vereinigungen und Organisationen für die FU zu wecken. Die einzigartige Stellung der FU als „ein aktives Zentrum geistiger und akademischer Freiheit in Berlin und als ein Symbol konstruktiver demokratischer Opposition gegen die Kräfte, die gegenwärtig die Stadt politisch, wirtschaftlich und kulturell unter ihre Herrschaft zu bringen versuchen“, motiviere auch künftig zu Engagement.[37]

Die Strategielosigkeit der ersten Besatzungsphase bis 1947 sowie die bewusste Zurückhaltung stärkten im Ergebnis die deutschen Akteure. Zum einen waren es vor allem ältere Professoren, welche die Universitäten entlang scheinbar bewährter Muster der Zeit vor 1933 wieder errichteten. Zum anderem tauschte sich eine Gruppe von interessierten Professoren und anderen Hochschulpolitikern über mögliche Reformen der deutschen Hochschule aus. Ein in beiden Kreisen diskutierter Aspekt wurde dabei der Erziehungsauftrag der Universität mit unterschiedlicher Betonung. Eine konservativere Sichtweise, die oftmals in den von älteren Professoren dominierten Wiedereröffnungskomitees vertreten wurde, wollte eine aus dem humanistischen Gymnasium entlehnte Werteerziehung an die Universitäten verlagert sehen. Reformerisch gesinnte Professoren sahen die Erziehung durch ein Studium generale bis hin zu dem prägenden Erleben des gemeinsamen Wohnens der Studierenden als Teil einer innovativen Studienreform. Tatsächlich mussten aber Wohnheime vor allem aus ganz praktischem Mangel an Wohnmöglichkeiten geschaffen werden.

Alle Maßnahmen wurden von deutschen Akteuren gegenüber „den Amerikanern“ ausführlich begründet werden, um die Genehmigung der Besatzungsmacht sowie finanzielle Unterstützung zu erlangen. Als „erstes amerikanisches College in Deutschland“ wollten der Heidelberger Rektor Bauer das 1945 errichtete CA verstanden wissen, in welchem durch Betreuung und Selbstverwaltung eine Erziehung der Studenten stattfinden sollte. Die Heidelberger warben überregional für das Konzept des CA als geeignetes Mittel der Universitätsreform, während die badische Unterrichtsverwaltung sich von Anfang an skeptisch gegenüber dem CA zeigte. Die Amerikanische Militärregierung sowie der seit 1949 amtierende Hochkommissar standen dem Engagement ausgesprochen positiv gegenüber. Sie konnten in dem Reformprojekt Parallelen zu der eigenen amerikanischen Bildungstradition erkennen. Ähnlich hatten die Marburger Universitätsvertreter bei

36 FUA, Akademischer Senat, I Außenkommission, 1956, Box 5, Protokoll der Sitzung der Außenkommission, 28.6.1949,

37 Vgl. FUA, Akademischer Senat, I Außenkommission, 1956, Box 5, Übersetzung eines Berichts von Mr. Howard W. Johnston über die Freie Universität Berlin, Berlin–Dahlem 20.4.1949, 3.

der Projektierung des Wohnheimes Collegium Gentium (CG) geschickt die amerikanischen Stellen eingebunden, um durch eine inhaltliche Zustimmung letztendlich den Zuspruch des Gebäudes zur Nutzung der Universität zu erhalten. Trotz der weitaus offeneren Konzeption des Studentenhauses in Frankfurt konnte die Bildung eines deutsch-amerikanischen Komitees für das Studentenhaus aufgrund des geringen inhaltlichen Einflusses von Erfahrungen aus der University of Chicago ebenfalls als Vertrauen schaffende „Antragsrhetorik" um für die amerikanische Mittel gesehen werden. Die Antragsrhetorik verfehlte ihre Wirkung nicht: Die Amerikaner fühlten sich verstanden. Die Gebäude in Marburg und Heidelberg waren vom Militär explizit für die neue Nutzung freigegeben worden, auch der kostenmäßig ausufernde Neubau in Frankfurt wurde aus amerikanischen Mitteln bezahlt. Erst durch eine von der US-Diplomatin Eleanor Lansing Dulles vermittelte Spende konnte das FU-Studentendorf am Schlachtensee umgesetzt werden. Die Besuche hochgestellter Amerikaner wurden an allen Orten ausgiebig zelebriert, diese mit Festreden und in Zeitungsartikeln ausführlich gewürdigt.

Schelsky vermutete 1965 in den durch die im Blauen Gutachten geforderte pädagogischen Aufgabe zur „Einübung freiheitlicher Formen praktischen Zusammenlebens" in „college-ähnlichen Studentenwohnheime" vor allem eine Übernahme des angelsächsischen College-Systems. Vor allem die erzieherische und beratende Führung der Studenten durch die Tutoren in einem Studentenwohnheim habe sich aus dem angelsächsischen Bildungssystem herleiten lassen.[38] Bis in die 1930er Jahre waren in Deutschland dabei amerikanische College-Konzepte etwa durch die Darstellung von Erich Hylla durchaus bekannt gemacht und reflektiert worden. Nach dem Krieg berichteten Zeitungsartikel ausgiebig vom Campusleben in USA und England. Doch lässt sich dieser Herleitung kaum zustimmen, da auch in dem Vokabular der Kollegienhausplaner ein grundsätzliches Verständnis für die Freiheit schaffende, spielerische Aufgabe des Colleges fehlte: Die Betonung auf einer Werteerziehung in einem christlich-humanistischen Kanon widersprach dem unhierarchischen „Lernen in der Demokratie", welches John Dewey propagiert hatte. Die Rezeption Deweys in der deutschen Reformdebatte der ersten Nachkriegsjahren war nicht besonders breit, erst seit etwa 1950 bis zu einer breiten Ablehnung Mitte der 1960er wurden Deweys Ideen von deutschen Reformpädagogen diskutiert. Auch dabei war aber keine einheitliche Bewegung entstanden, die in auch auf die Universitäten Einfluss genommen hätte.[39] Schon bei den deutschen Reformpädagogen der Jahrhundertwende waren die aus einem optimistischen Menschenbild gefolgerten Überlegungen John Deweys zur Schule nur begrenzt wahrgenommen worden, nun aber nach der Erfahrung der NS-Zeit schienen die Prinzipien den Deutschen geradezu als gefährlich: Sie wollten doch gerade eine neue Festigkeit gegen die Beschädigung aller Werte durch die NS-Ideologie setzen. Diese christlich-humanistischen Werte wollten sie auf keinen Fall relativiert sehen oder deren Entstehen einem wohlwollendenden Laissez-faire der jungen Leute überlassen. Was schon nicht mit dem deutschen Idea-

38 Ebd. 252.

39 Vgl. Bittner: *Learning by Dewey?*, 138 ff, 156 ff.

lismus vereinbar war, schien nun angesichts der Wiedererrichtung einer wertebasierten Gesellschaft als Gegenpol zur NS-Ideenwelt ganz ausgeschlossen.[40] Bei den deutschen Akteuren der Bildungspolitik fehlt somit das Verständnis für die von den Amerikanern beworbenen liberaleren Bildungskonzeptionen. Das „kleine Modell einer politischen Ordnung" in einem Kollegienhaus entstammte aus den deutschen Reformdebatten der Vorkriegszeit und griff die Anregungen aus den USA nicht auf. Trotz des gemeinsamen Zieles der Bildung verantwortlicher Akteure der demokratischen Gesellschaft durch die Universität, gelang die Kommunikation zwischen Deutschen und Amerikanern kaum. Die „Antragsrhetorik" der Deutschen kommunizierte mit einer missverständlichen Projektion eigner Erfahrungen aus dem US-Bildungssystem auf die deutschen Verhältnisse durch die Amerikaner. Viele der in den Tagungen und Austauschprogrammen gegebenen Anregungen der US-Besatzungsbehörden entfalteten sich erst in den 1960er Jahren.[41] Etwa die Neuplanung der für sehr viele Nutzer ausgelegten, zentralen Universitätsbibliotheken folgte eindeutig der Anregung aus dem angelsächsischen Raum, welche zugleich das starke Lehrer-Schüler-Verhältnis nicht mehr als so prioritär erscheinen ließ.[42]

3. VERSCHWINDEN EINER IDEE DURCH GENERATIONENWECHSEL

Der Abfall der Zustimmung zur Errichtung der Kollegienhäuser seit den weithin positiv rezipierten Empfehlungen Anfang der 1950er Jahre bis zu einer mehrheitlichen Ablehnung in den 1960er Jahren verläuft entlang der unterschiedlichen Einflüsse durch die biographischen Erfahrungen der Akteure. Diese entstanden zum großen Teil entlang der Jugendsozialisation der jeweiligen Alterskohorte, aber auch durch besondere Erfahrungen wie die Emigration aus NS-Deutschland oder wissenschaftliche Prägungen nahmen Einfluss auf die Ideenwelt der Akteure. „Generationalität" soll hier als eine dem Menschen anhaftende Eigenart verstanden werden, die im Zusammenhang mit seinem altersspezifischen Herkommen steht. Bernd Giesen wies auf die Teilhabe an der generationalen Erfahrung hin.[43] Ohne dabei vollkommen scharf Alterskohorten voneinander abzugrenzen, soll der Zugang eine Annäherung auf die subjektive Fremd- oder Selbstverortung von Menschen in ihrer Zeit und die damit verbundene Sinnstiftung geben. Da im untersuchten Zeitraum und Themenbereich das Argumentieren mit Generationenstrukturen immer wieder üblich zu sein schien, bietet sich diese auf Subjektivität

40 Ebd. 144 ff.

41 Vgl. Gerhardt: *Die Wiederanfänge der Soziologie*, 89.

42 Paulus: *Vorbild USA?*, 446 ff.

43 Diese grundlegenden Erfahrungen müssten dabei nicht einmal beispiellos oder einmalig sein, um zum Kern einer kollektiven Erinnerung zu werden, aber die betroffenen Individuen müssten es so sehen. Die kollektive Erfahrung sollte nicht zu gut in wohlbekannte Muster passen. Vgl. B. Giesen: „Ungleichzeitigkeit, Erfahrung und der Begriff der Generationen", in: A. Kraft; M. Weißhaupt (Hg.): *Generation: Erfahrung – Erzählung – Identität*, Konstanz 2009, 191–216, 201

gerichtete Sichtweite besonders an. Die Kategorie der Generation kann sicher nicht als universales Deutungskonzept dienen, kann aber bei den Kollegienhäusern doch eine Linie der Auseinandersetzungen freilegen.[44] In der formativen Lebensphase der politischen „Normalbiographie" der Generationszugehörigkeit sah Fogt eine Auseinandersetzung stattfinden, diese zu einer langfristig stabilen Neuorientierung ihrer politischen Grundhaltungen führen. Politische Generationen weisen also „einen Grundbestand gemeinsamer Einstellungen, Verhaltensdispositionen und Handlungspotentiale auf, von Normen und Werten, die politisch von Relevanz sind."[45] Ohne eine Analyse mit der gebotenen Tiefenschärfte durch Beachtung aller Parameter vornehmen zu können, lassen sich doch bei einem einfachen Blick auf die Akteure der Kollegienhausdebatte an den vier untersuchten Standorten Tendenzen beobachten, die auf die Prägung durch die spezifische Erfahrung der jeweiligen Alterskohorte schließen lassen. In seiner 1975 erstmals erschienenen typologischen Studie der „Jugend in der modernen Gesellschaft" teilte Helmut Schelsky das Jugendverhalten in Deutschland nach Generationenprägungen entlang der zeitgeschichtlichen Phasen ein. Drei Generationen stellte er in seiner durch Befragungen untermauerten Arbeit fest: Die Generation der Jugendbewegung, die Generation der politischen Jugend und die deutsche Jugend im Jahrzehnt nach dem zweiten Weltkrieg, die er mit „die skeptische Generation"

44 Vgl. J. Reulecke: „Einführung: Lebensgeschichten des 20. Jahrhunderts – im ‚Generationencontainer'?", in: Ders. (Hg.): *Generationalität und Lebensgeschichte im 20. Jahrhundert*, München 2003, VII–XVI, VIII f. U. Herbert: „Drei politische Generationen im 20. Jahrhundert", in: Reulecke (Hg.): Ebd., 95–114, 95. Das Konzept der Generationalität wurde im 20. Jahrhundert und auch auf die hier untersuchten Generationen vielfältig angewendet. Als zentral gilt die Umhegung der Begrifflichkeit Karl Mannheims von 1928. Erst, wenn die Individuen, die sich in demselben „besonderen Typus der sozialen Lagerung" (Generationenlagerung) befinden und tatsächlich auch „am gemeinsamen Schicksal" „partizipieren", erlaubte Mannheim die Benennung eines Generationenzusammenhang. Dabei stellte der Soziologe auch fest, dass auch „polar sich bekämpfende Generationeneinheiten [...] gerade dadurch, dass sie aufeinander, wenn auch kämpfend, abgestimmt sind, [ebenfalls] einen ‚Zusammenhang' bilden.". Als Kategorisierung der Mannheimschen Generationen dienten Kohorteneffekte (Einfluss des Geburtsjahres), Periodeneffekte (Einfluss der Zeitereignisse) und Alterseffekte (Einfluss des Lebensalters). Karl Mannheim: „Das Problem der Generationen" (1928), in: K. H. Wolff (Hg.): *Wissenssoziologie. Auswahl aus dem Werk*, Neuwied/Berlin 1964, 509–565, 536 ff, 547. Vgl. J. Zinnecker: „Überlegungen zu Karl Manheims kanonischen Text", in: Reulecke (Hg.): *Generationalität und Lebensgeschichte*, 33–58, 41 f. Zur aktuellen Kritik an Unschärfe und verfälschender Vorannahme des Generationenbegriffs Mannheims: O. Neun: „Zur Kritik am Generationenbegriff von Karl Mannheim", in: Kraft; Weißhaupt (Hg.): *Generation*, 217–242.

45 Helmut Fogts Theorie der „politischen Generationen" im 20. Jahrhundert mit einem „politischen Generationenzusammenhang" baute auf Mannheim auf. Die Konfrontation mit bestimmten Schlüsselereignisse ließen Mitglieder einer Altersgruppe oder Kohorte erst „zu einer gleichgesinnten bewussten Auseinandersetzung mit den Leitideen und Werten der politischen Ordnung" gelangten, in der sie aufwuchsen. H. Fogt: *Politische Generationen*, Opladen 1982, 20 f. Zitiert nach Herbert: *Drei politische Generationen im 20. Jahrhundert*, 96.

betitelte.[46] Ohne Schelsky in seinen Schlüssen gänzlich folgen zu wollen und ohne formal strenge Abgrenzungen der Generationskohorten machen zu können, lassen sich im Vergleich der beschriebenen Handelnden der Geburtsjahrgänge um 1890, 1910, 1925 und um 1935 doch unterschiedliche Verhaltensmuster erkennen. Die Konstellationen einer angenommenen „Generationalität“ mögen im Einzelfall widerlegbar sein, sollen an dieser Stelle aber doch genutzt werden, um die Kollegienhausbewegung einordnen zu können.

In der Jugendbewegung hatten sich aus bürgerlichen Verhältnissen stammende Angehörige der Geburtenjahrgänge von 1890 schon vor dem Ersten Weltkrieg von der Vorgeneration der „Wilhelminer“ abgesetzt. In Opposition zur alten Generation wurde der Jugendzeit ein Eigenwert zugeschrieben, der sich in den neuen Organisationsformen konkretisierte.[47] Dabei wurden dem jugendlichen Männerbund eine besondere Rolle der Sozialisation zugeschrieben, an welche die bündischen Tendenzen der 1920er Jahre und später die Einbindung in den NS-Staat anknüpfen konnten. Dieses Denken war auch von der seit 1880 einsetzenden Rezeption der Schriften des Schweizer Rechtshistorikers Johann Jakob Bachofen geprägt gewesen. Die Sorge um den Verlust patriarchaler Autorität beunruhigte das Bildungsbürgertum. Bachofen hatte eine Idee vertreten, dass es für den Mann unendlich schwer sei, „den Kampf gegen die Natur und ihr weiblich-materielles Prinzip zu bestehen“.[48] Die besondere Rolle des Männerbundes vermengte sich mit der zunehmend als Generationenkonflikt wahrgenommen Kritik am wilhelminischen Bildungssystem. Anstelle der wilhelminischen Eltern stellten nun wenig ältere „Führer“ die Autoritäten der Wandervogelbewegung dar. Dabei unterstützen reformwillige Vertreter der älteren Generation diese „Inszenierung väterlicher Entthronung“ durchaus, da sie auch die politischen Hoffnungen des Bildungsbürgertums auf eine Regeneration der eigenen Werte unterstützte. Der erste Historiker der Jugendbewegung Hans Blüher (geb. 1888) vertrat unter seinen Jahrgangsgenossen keine Mehrheitsmeinung. Gerade die Ablehnung seiner Deutungen zum Männerbund bedeutete aber auch eine breite Rezeption. Die „Revolution“ einer exklusiv männlichen Jugend gegen ihre Väter sah Blüher auch homoerotisch fundiert. [49] Der Männerbund fand sich auch in der NS-Erziehung wieder, die der NS-Pädagoge Alfred Baeumler (geb. 1887) schon früh auch für die Universitäten forderte. [50] Im Oktober 1913 hatte die Feier auf dem Hohen Meißner in Abgrenzung zu der im gleichen Jahr stattfindenden Hundertjahrfeier der Leipziger Völkerschlacht einen Gegenakzente zu den national-chauvinistischen Tönen der wilhel-

46 Schelsky: *Die skeptische Generation,* 50 ff. Schelsky war der Text Mannheims von 1928 zum Zeitpunkt der Erstveröffentlichung 1957 wahrscheinlich nicht bekannt. Vgl. Zinnecker: *Überlegungen zu Karl Manheims kanonischen Text*, 39.

47 J. Reulecke: „Neuer Mensch und neue Männlichkeit. Die ‚junge Generation‘ im ersten Drittel des zwanzigsten Jahrhunderts“, in: U. Gerhardt (Hg.): *Zeitperspektiven. Studien zu Kultur und Gesellschaft*, Stuttgart 2003, 171–201, 172 ff. Vgl.: Tenorth: *Geschichte der Erziehung*, 208.

48 Bruns: *Metamorphosen des Männerbundes*, 97 f.

49 Ebd. 102 f.

50 Baeumler: *Das akademische Männerhaus*, 42. Zitiert nach Bruns: *Metamorphosen des Männerbundes*, 111.

minischen Generation setzen wollen. Die lebensreformerisch und sozialkritisch engagierte Grundhaltung vor dem ersten Weltkrieg war in Bezug auf das Studentenleben auch ausdrücklich als Alternative zum konservativen Brauchtum des Korporationswesens gesehen worden. Einer der - vom Geburtsjahrgang her eher zur Vorgeneration gehörenden – Vordenker war Gustav Wynecken (geb. 1875), der schon 1913 eine Selbsterziehung der Jugend in ordensähnlichen „Jugendburgen" oder den von ihm gegründeten „Freien Schulgemeinden" gefordert hatte.[51] Im der ersten Rede der Versammlung auf dem Hohen Meißner hatte der Theologe und Politiker Gottfried Traub (geb. 1869) mehr „Sinn für die Gemeinschaftlichkeit" gefordert.[52] Ein anderer, ebenfalls älterer Mentor der Jugendbewegung war Alfred Weber (geb. 1868) gewesen, der schon 1911 die Jahrgänge um 1890 als „verlorene" Generation betitelt hatte.[53] Diese Generationszuschreibung wurde in einer Übertragung der eigenen Vorstellungswelt in die junge Generation projiziert. Wenn nach 1945 die pädagogisch motivierten Hochschulplaner dieser Generation von einer von Krieg und NS-Zeit desillusionierten Jugend sprachen, im Gegensatz zu der eigenen noch auf festen Werten gebauten Generationserfahrung, scheint diese mehr als 35 Jahre zuvor erfolgte Zuschreibung auf die eigene Generation nahezu vergessen. 1945 war Alfred Weber einer der konsequenten Förderer des Heidelberger CA, zusammen mit Karl Freudenberg (geb. 1886) und vor allem Karl Heinrich Bauer (Geb. 1890).[54] Auch Adolf Grimme (geb. 1889) war 1913 schon auf den Hohen Meißner dabei gewesen. Zutreffend hatte Schelsky schon 1957 die Neugründungen des studentischen Gemeinschaftslebens nach dem Krieg als „die aus der Jugendbewegung erwachsene pädagogische Reformgesinnung der älteren Generation" bezeichnet.[55] Auch die Verteilung der Gelder der Bundesjugendpläne in den 1950ern ist unter dem Gesichtspunkt dieser Sozialisation vieler tragender Politiker zu sehen. In dem folgenden Jahrzehnt – im Rentenalter der Geburtsjahrgänge um 1890 – wurde dieses Denkschema dann zunehmend in Frage gestellt. Ein Artikel des *Spiegel* von Oktober 1963 mutmaßte, dass die jährlichen staatlichen Zuschüsse an die Jugendverbände von fast einer Milliarde DM eher auf dem Glauben an den Organisationsgrad der Jugend als auf tatsächlichen Mitgliederzahlen beruhten.[56] Die Geburtsjahrgänge um 1890 blieben ihren Reformprojekten ein Leben lang treu und unterstützten die Kollegienhäuser auch

51 U. Herrmann: „Pädagogische Denken und Anfänge der Reformpädagogik", in: C. Berg (Hg.): *Handbuch der deutschen Bildungsgeschichte*, München 1991, 147–178, 169.

52 W. Mogge; J. Reulecke: *Hoher Meißner 1913. Der Erste Freideutsche Jugendtag in Dokumenten, Deutungen und Bildern*, Köln 1988, 247, 282 ff.

53 G. Mai: „Der erste Weltkrieg", in: H. U. Wehler (Hg.): *Scheidewege der deutschen Geschichte*, München 1995, 159–170, 167.

54 Im Detailblick zeigten die einzelnen Akteure starke Unterschiede. Karl Heinrich Bauer war in seiner Erlanger Studentenzeit Burschenschaftler gewesen, Karl Freudenberg hatte sich zusammen mit seinen Unternehmerbrüdern in Weinheim früh für die Reformpädagogik begeistern können. Aus der Perspektive des besonderen Interesses für das CA kann aber doch bei allen Unterschieden diese Gemeinsamkeit festgestellt werden.

55 Schelsky: *Einsamkeit und Freiheit*, 171 f, 253. Vgl. Schweitzer: *Kollegienhaus in der Krise*, 45.

56 „Lass uns die Köpfe, nicht die Beine zählen", *Der Spiegel*, 42/1963, 16.10.1963.

lange nach dem Ausscheiden aus formaler Verantwortlichkeit. Mit dem Rückzug dieser Professoren aus der formalen Verantwortung an den Universitäten Ende der 1950er Jahre verschwanden aus der akademischen Selbstverwaltung diese konsequenten Befürworter der Kollegienhausbewegung, die freilich in hochschulpolitischen Gremien weiterhin für ihre Ideen warben. Eine Gelassenheit wie Karl Freudenberg, der „für das studentische Leben nicht eine sondern sehr viele verschieden Lösungen" zulassen wollte, zeigte die Mehrheit der Professoren dabei allerdings eher selten.[57] Das ausgerechnet die Generation der 1890er in den Überlegungen zur Hochschulreform für sich in Anspruch nahm, selbst noch aus einer unbeschädigten Universitätstradition zu stammen, entbehrt einer gewissen Ironie nicht. Einzelne hochschulpolitische Akteure wichen von diesem Muster ab. So fiel der Frankfurter Rektor Max Horkheimer (geb. 1895) vollkommen aus dem Rahmen. Seine letztendlich liberale Haltung als Hochschulpolitiker war dabei eher einem positiven Demokratieerleben in den USA entsprungen als seinen wissenschaftlichen Gesellschaftsanalysen mit marxistischer Perspektive. Ähnlich liberal zeigte sich der Emigrant Fritz Karsen (geb. 1885), der als Leiter der Erziehungsabteilung von OMGUS weniger an seine sozialdemokratische Schulreformaktivität der 1920er Jahre anschloss, sondern in vielem den Deutschen eine eigene Entwicklung zugestehen konnte. Die Emigranten Horkheimer und Karsen nahmen die Perspektive der unbeschädigten Universitätstradition nicht ein. Für die Geburtsjahrgänge um 1890 ist festzustellen, dass die wesentliche Unterstützung und Konzeption der Kollegienhäuser aus dieser Generation entstammte. Die Rückbesinnung auf die universitäre Tradition vor 1914 stand in einem seltsamen Gegensatz zu der reformerischen Wahrnehmung der eigenen Generation. Lässt sich die Mehrheit der Maßnahmen als Ausfluss des erstgenannten konservativen Festhaltens an vermeintlich bewährten Formen deuten, sind die Kollegienhäuser eindeutig ein Resultat der Reformgesinnung der im ersten Jahrzehnt des Jahrhunderts als Jugendlich sozialisierten, die nach 1945 die führenden Positionen in der Gesellschaft innehatten.

Als tragende Schicht des NS-Staates ist die Alterskohorte der Geburtsjahrgänge vor 1910 geborenen identifizierbar.[58] Als Merkmal dieser „mittleren Kriegsjugendgeneration" stellte Ulrich Herbert fest, dass diese ohne Fronterlebnis den Ersten Weltkrieg als prägendes Jugenderlebnis wahrgenommen hatten. In dem Zusammenhang hatten sie die moralische und materielle Erschütterung nach 1918 prägend erlebt. Andererseits hatte die Generation soziale Barrieren überwunden, da die bürgerliche Jugend nun auch in Kontakt zur Arbeiterjugend gekommen war. In seiner 1932 veröffentlichen Deutung nannte Günther Gründel „Wahrheitsliebe und Schlichtheit" als die hervorstechenden Eigenschaften dieser Generation, ebenso wie: „ernst, wortkarge Verschlossenheit und Zurückhaltung, ja manchmal schroffe Kälte", „Sachlichkeit",[59] „Verbalaltruismus, Verbalmora-

57 UAH, Rep 134/3, Karl Freudenberg an Friedrich Weber, Heidelberg, 28.4.1955.

58 z.B. Reinhard Heydrich (geb. 1904), Heinrich Himmler (geb. 1900). Vgl. *Herbert*: Drei politische Generationen im 20. Jahrhundert. 100.

59 d.h. die Sache über das Persönliche zu stellen.

lismus, Verbalpatriotismus“ und „Gefühllosigkeit“. Gründel sah diese Generation als fähig zu „reinem“ – das heißt: kompromisslosem – Handeln.[60] Hinzu kam die Prägung durch die öffentliche Empörung über die „einzigartige“ Demütigung der Deutschen durch den Versailler Vertrag. Verschiedene Richtungen der Weimarer Jugendbewegung stimmten in der grundsätzlichen Ablehnung des bürgerlichen 19. Jahrhunderts und dessen materialistisch denunzierten Lebensform überein. Diese Ablehnung bürgerlicher Traditionen ging auch teilweise einher mit einem „ersatzreligiösen“ Irrationalismus.[61] Am Ende des Zweiten Weltkriegs war diese Kriegsjugendgeneration erst zwischen 30 und 45 Jahre alt. Es waren Kriegsgefangenschaft, Internierung und Berufsverbot gefolgt. Nach der hohen Identifikation mit dem Nationalsozialismus und dessen apokalyptisch-suizidalen Ende schien die politische Orientierung dieser Alterskohorte weitgehend gebrochen. Erst mit der konsolidierenden Bundesrepublik wurde diese politisch-generationelle Prägung der Generation, die in den 1960er Jahren das Establishment wurde, in den meisten Fällen von kulturellen und politischen Neuorientierungen bei vielen überformt. Je mehr sich das demokratische Deutschland in der Bundesrepublik konsolidierte, desto mehr verlor die Primärorientierung an Bedeutung.[62] Wenn man die schon mehr als dreißig Jahre zuvor geäußerte Sympathie der älteren Heidelberger Professoren wie Alfred Weber für die Jugendbewegung betrachtet, wird die Einstellung Joachim G. Boeckhs (geb. 1899) als ersten Leiter des CA verständlich. Wie Walther Peter Fuchs (geb. 1905) oder der Marburger Jurist Gerhard Wacke (geb. 1902) war Boeckh durch die bündische Jugend der 20er Jahre geprägt gewesen und hatte den Aufstieg des Nationalsozialismus als Teil der von der NS-Ideologie verehrten Jugend miterlebt. Die romantisch-politisierte Generation der nach 1900 geborenen hatte den ersten Weltkrieg nicht als Teilnehmer erlebt und war den romantischen Sinnzuschreibungen in dem NS-Staat deshalb stärker ausgeliefert gewesen.[63] Sehr unterschiedlich scheinen die Lebenswege der Altersgenossen, gemeinsam aber kann die politische Romantik festgestellt werden. Die jugendbewegten Boeckh und Fuchs hatten sich in den 1930er Jahren beide von ihrer jeweils stark ausgeprägten protestantisch-kirchlichen Prägung abgewandt. Fuchs war als Dozent den NS-Massenorganisationen beigetreten, Boeckh war während der NS-Zeit als Lehrer in Wickersdorf und an der Odenwaldschule gewesen. Ähnlich gestaltete sich die politische Romantik Georg Pichts (geb. 1913) und Hellmut Beckers (geb. 1913), die sich gemeinsam als junge Menschen für die Schriften Stefan Georges begeistert hatten. In die gleiche Stoßrichtung geht die

60 Herbert: *Drei politische Generationen im 20. Jahrhundert*, 97 ff. Herbert bezieht sich auf die Zuschreibung durch Günther E. Gründel: *Die Sendung der jungen Generation,* München 1932, 31–35, 81–83. Vgl. auch das Kommentar dazu bei U. Herbert: *Best*, Bonn 1996, 42–87. Für die spätere Entwicklung der Generation mit diesen zugeschriebenen Attributen zitierte Herbert: E. Niekisch: „Die Tragödie deutscher Jugend“, in: Ders. (Hg.): *Politische Schriften*, Köln 1965, 41–46.

61 Vgl. H. Mommsen: „Generationenkonflikt und politische Entwicklung in der Weimarer Republik“, in: Reulecke (Hg.): *Generationalität und Lebensgeschichte*, 115–126. 116.

62 Ebd. 101 f.

63 Vgl. Reulecke: *Neuer Mensch und neue Männlichkeit*, 189 f.

mit seiner Hölderlin-Forschung zusammenhängende Motivation Walther Killys (geb. 1917).[64] Die Konzeption der Kollegienhäuser war im Wesentlichen von diesen politisch-romantisch geprägten Männern entworfen worden, denen aus ihrer eigenen Prägung heraus das Gemeinschaftsgefühl als ein außerordentlich wichtiger Wert erschien. Für Kurt Goldammer (geb. 1916) in Marburg schien die Konflikte mit den Studierenden aus der nachfolgenden Generation vorprogrammiert, da man ihnen doch allgemein eine Ideale- und Wertelosigkeit vorwarf.

Der Begriff „Skeptische Generation" wurde zum Synonym für das Selbst- und Fremdbild der nach dem prägenden Jahr „45er" bezeichneten Geburtsjahrgänge der 1920er und frühen 1930er Jahre.[65] Am Ende des zweiten Weltkrieges erlebten sie im Alter zwischen 10 und 20 Jahre alt den Zusammenbruch und die Jahre der Neuorientierung. Zuvor waren sie in der Hitlerjungend, Bund Deutscher Mädel und am Ende des Krieges auch noch in der Wehrmacht unter der NS-Diktatur sozialisiert worden. Herbert folgerte aus der umfangreichen Erinnerungsliteratur und den systematischen Untersuchungen: 1.) Die Betonung der anfänglich positiven Erfahrung in der Hitlerjugend durch den idealistischen Impetus, die Zusammenführung der verschiedenen Richtungen der Jugendbewegung und den egalitären, volksgemeinschaftliche Charakter. 2.) Die Heraushebung der deprimierenden Erfahrung des zunehmenden Drills, der Militarisierung, der Indoktrination während der Kriegsjahre, die Erfahrung des Kriegsendes und vor allem der „totalen Katastrophe", in dem ein großer Teil der Altersgruppe ums Leben kam. 3.) Die fast einhellige Betonung des tiefen Sturzes, der vollständigen Überraschung und der Umwertung aller Werte am Ende des Krieges. Insbesondere die sich besonders als hitlertreu geriert hatten, formulierten nun eine radikale Umkehr und nutzen die rhetorische Figur der „missbrauchten Generation". 4.) Die deutlich hervortretende Politikferne und misstrauischen Distanz gegenüber idealistischen Angeboten aller Art.[66] Diese Haltung brachte der Alterskohorte auch den Vorwurf eines Mangels an Idealismus, missionarischen Eifer und Pioniergeist durch den älteren Philosophen und Erziehungswissenschaftler Eduard Spranger (geb. 1882) ein.[67] Die frühere Nachkriegszeit war für diese Generation eine Phase der Orientierungskrise. Abgesehen von dem nun doch mehrheitlich gesetzten Anti-Nationalsozialismus sind einheitliche politische Anschauung dieser Generation kaum festzustellen: Konservativ-abendländische Ausrichtungen existierten neben sozialistischen,

64 Hellmut Becker war allerdings auch NSDAP-Mitglied gewesen, Walther Killy hatte die Bewilligung für seine Promotionsstelle aufgrund der von den Nationalsozialisten begrüßten Hölderlin-Forschung bekommen.

65 Als Referenzen für die Begrifflichkeiten nennt Herbert: A. D. Moses: „Die 45er. Eine Generation zwischen Faschismus und Demokratie", in: *Die Neue Sammlung* 40/2000, 211–232. H. Bude: *Deutsche Karrieren*, Frankfurt 1987. J. Kaiser: „Phasenverschiebung und Einschnitte in der Kulturellen Entwicklung", in: M. Broszat (Hg.): *Zäsuren nach 1945*, München 1999, 69–74. Herbert: *Drei politische Generationen*, 102 ff..

66 Den Topos der „Missbrauchten Jugend" möchte Herbert als kennzeichnendes Element der „Alltagsphilosophie der deutschen Nachkriegsgesellschaft" hinterfragt sehen. Ebd. 103 ff.

67 Ebd. 104.

christlichen oder am französischen Existenzialismus orientierte Weltbilder.[68] Im dem Blick auf die längeren Entwicklungslinien in den folgenden Jahrzehnten sah Herbert vier Tendenzen dieser Generation: Die strikte Orientierung am eigenen Fortkommen, eine Faszination der angelsächsischen Welt, den Hang zum Praktischen, Reformerischen, Nichtideologischen, und – dem Nichtidealismus eigentlich widersprechend – die positive Einstellung gegenüber einem vereinten Europa.[69] Die direkte personelle Konfrontation mit der älteren Tätergeneration des NS-Staates blieb aus. Herbert vermutet als Grund zum einen die autoritäre Prägung auf das Gehorsamsprinzip. Darüber hinaus sei aber auch eine anklagende Debatte unterblieben, da die Diskreditierung der Vätergeneration angesichts des Ausmaßes der Zerstörung zu offensichtlich schien.[70] Auch in Schelskys berühmter Studie von 1957 wurde diese Generation als erstaunlich passiv wahrgenommen.[71] Herbert sah die Orientierung an den tradierten Normen und Lebensweisen zugleich einen Schutzraum vor der begrüßten und zugleich verunsichernden Veränderung der Lebensbedingungen durch eine sich dynamisch entwickelnde Wirtschaft. Solange die Verhältnisse der neuen politischen Umgebung des Weststaates noch nicht eindeutig und stabil waren und eine gesicherte langfristige Perspektive auch für das eigene Leben eröffnete, hatten sich viele an Wertmaßstäben und Leitbildern der Wilhelminischen Gesellschaft orientiert.[72] Mit dem Mitte der 1950er Jahre eintretenden „Wirtschaftswunder" trat die Generation der „45er" als eigener Akteur auf. Der prägende Stil der um 1960 gut 30jährigen war eher westlich, prodemokratisch und modern. Gegen die als „verkrustet" und unmodern empfundenen politischen und kulturellen Bedingungen der Bundesrepublik entwickelte sich ein eher am Erfolg und Modernität ausgerichtetes Amerika zu ihrem Leitbild.[73] Diese „skeptische Generation" stellte die Mehrheit der Studierenden der Unmittelbaren Nachkriegszeit – auch wenn durch die für das Studium verlorenen Kriegsjahre eine gewisse Überalterung der Studenten bestand. Die Studenten waren mehrheitlich Soldaten gewesen, oft mit Fronterfahrung, die mit geringsten materiellen Mitteln in den kriegsbeschädigten Universitäten studieren wollten. Diese Studierenden waren zwar einerseits aufgrund des vorgerückten Alters an einem schnellen Studienabschluss und daher vor allem aus praktischen Gründen an dem Wohnheimangebot interessiert gewesen. Andererseits hatte der kulturelle Nachholbedarf dieser ersten Studentengeneration zur selbstständigen Gründungen von zahlreichen Diskussionsclubs und Kulturzirkeln in jener Zeit geführt.[74] Dass diese vor allem dem Austausch aus persönlichem Erkenntnisinteresse dienten und

68 D. Thomä: „Statt einer Einleitung: Stationen einer Geschichte der Vaterlosigkeit von 1700 bis heute", in: Ders. (Hg.): *Vaterlosigkeit*, Berlin 2010, 11–64, 46.

69 Herbert: *Drei politische Generationen*, 105.

70 Ebd. 105 f.

71 Vgl. F.-W. Kersting: „Helmut Schelskys ‚Skeptische Generation' von 1957. Zur Publikations- und Wirkungsgeschichte eines Standardwerkes", in: *Mitteilungen des Landesjugendamt Westfalen-Lippe* 153/2003, 35–46. Thomä: *Stationen einer Geschichte der Vaterlosigkeit*, 48.

72 Herbert: *Drei politische Generationen*, 107.

73 Ebd. 107.

74 Kröning: *Nachkriegssemester*, 195 f.

oftmals kaum oder nur geringe Formierung einer institutionellen Konstanz analog zu den Studentenverbindungen anstrebten, war der älteren Generation unverständlich. Studentenverbindungen und bündische Jugend hatte immer auch Einbindung und Erhaltungsinteresse des korporativen Zusammenschlusses bedeutet. Aus dieser Perspektive stellte CA-Leiter Fuchs 1951 fest, dass diese „Gruppen älterer Studenten" nun „wenige Jahre nach ihrer Gründung, bereits in einer Krise" standen. Es gelinge ihnen nur schwer, „ihre ursprüngliche Absicht mit der gleichen Intensität auf nachfolgende jüngere Studentengenerationen zu übertragen und aus sich heraus Traditionen zu bilden."[75] Die Zusammenschlüsse zur Erfüllung der spezifischen Bedürfnisse der ersten Nachkriegs-Studentengeneration verschwanden mit deren Studienabschluss von den Universitäten. Diese Studentengeneration nahm das in das CA und später im CG gegebene Angebot dankbar an. Boeckhs mit idealistischer Rhetorik überladenen Zuschreibungen der Aufgabe des CA wurden von Anfang an weniger ernst genommen. Trotz der mit Christentum und Humanistisch klar der NS-Ideologie entgegengesetzten Inhalte, ließ die schwärmerische Rhetorik schnell an den schwärmerischen Ton denken, der Analogien zu den eigenen Erfahrungen im NS-Regime zuließ. Die pragmatischen späteren Leiter des CA, Peter Wapnewski (geb. 1922) und Dieter Henrich (geb. 1927) sind dieser Generation zuzuordnen. Carl Friedrich von Weizsäcker (geb. 1920) ist nicht nur durch den Geburtsjahrgang eher zwischen den Alterskohorten einzuordnen. Ungewöhnlich jung in akademische Weihen gekommen, wirkte er spätestens seit seiner Mitarbeit im *Hamburger Studienausschuss* von 1948 auch als einflussreicher Akteur der Hochschulpolitik. Seine enge Verbindung mit seinem Vetter Georg Picht (geb. 1913) und Hellmut Becker (geb. 1913) zeigte auch durch die von George-Kreis und Landschulheim-Romantik getragene Prägung der vorhergehenden Kriegsjugendgeneration.

Es ist schwer, die nachfolgende Alterskohorte zu fassen, zumal die politisch aufgeladene Stimmung von 1968 ja nicht mehr im Untersuchungszeitraum dieser Arbeit liegt. Gemeinhin werden die zwischen 1940 und 1950 geborenen als 68er-Generation bezeichnet bzw. bezeichnen sich als Individuen dieser Altersjahrgänge rückblickend mit diesem Etikett.[76] Unter Hinweis auf zeitgenössische Jugenduntersuchung Mitte der 1960er Jahre wies Ulrich Herbert auf das Forschungsproblem der Generation der „unbefangenen 38/42er Kohorte" der „Zwischengeneration", die 1968 mehrheitlich bereits die Universitäten verlassen hatte oder an ihren Doktorarbeiten saß.[77] Nicht mehr der Krieg war ihr zentrales Jugenderlebnis gewesen, sondern mannigfaltigere Einflüsse. Als Heranwachsende in der Zeit der späten 1950er erlebten sie auch den beginnenden Umbruch und Wandel der bundesdeutschen Gesellschaft. Im Wesentlichen war dieser durch die jungen Eliten

75 Fuchs: *Studentische Wohnheime und Gemeinschaftshäuser.*

76 Vgl. zur Selbstzuschreibung der Individuen zur 68er–Generation: H. Bude: „Die biographische Relevanz der Generation", in: M. Kohli; M. Szydlik (Hg.): *Generationen in Familie und Gesellschaft*, Opladen 2000, 19–35, 25.

77 U. Herbert: „‚ungenau in dieser Welt' – kein Krawall, kein Protest: Der unaufhaltsame Aufstieg um 1940 Geborender in einer ‚Generationen'–Lücke", in: J. Reulecke (Hg.): *Generationalität und Lebensgeschichte im 20. Jahrhundert*, München 2003, 159–186.

der 45er, „modernisierungsbegeistert, pragmatisch und antiidealistisch“, zugleich aber in „konsequent systemtreuer Manier“ ins Werk gesetzt worden. Herbert sah in dieser Phase den Beginn des Aufbrechens der Widersprüche der 45er „zwischen politischer Westorientierung und antiwestlicher Kulturkritik; zwischen institutioneller Institutionalisierung und gesellschaftlichen Demokratiepostulat, zwischen wirtschaftlich-technischer Moderne und kulturellem time lag“.[78] Zunehmend wurden tradierten Formen der in Westdeutschland gepflegten Lebensweisen als inkompatibel mit der rapide verändernden Welt empfunden. Parallel zu anderen europäischen Ländern und den USA wurden „Bereiche wie Sexualität und Sittlichkeitsvorstellungen, familiäre und geschlechtliche Leitbilder, Erziehungs- und Gesittungsformen und der gesamte an solchen Elementen verbundene Überbau aus Normen, Gesetzen und Vorschriften“ zunehmend in Frage gestellt. Der Faktor der „Jugend selbst“ spielte dabei wieder zunehmend eine Rolle.[79]

Insbesondere die Kollegienhäuser wurden in der Bildungsdebatte der 60er Jahre als Ausfluss einer rückwärtsgewandten Vorstellungswelt angesehen. Die Reformversuche der unmittelbaren Nachkriegszeit dienten als negative Projektionsfläche der in den 60er Jahren formulierten Forderungen an eine Änderung der Universität: Das scheinbare Beharren auf überholte Strukturen nach 1945 legitimierte die neueren Reformforderungen. Die Widersprüche des Kollegienhaus-Konzepts wurden aus unterschiedlichen Perspektiven benannt und die Idee angegriffen. Schelsky bezweifelte 1963, dass das „Erlernen und Einüben des guten Zusammenlebens in einer Gemeinschaft“ eine der vordringlichsten Aufgaben der Hochschule sei.[80] Die 1965 an der FU Berlin veröffentlichte programmatische Schrift *Hochschule in der Demokratie* ging mit den Überlegungen zu den Kollegienhäusern scharf ins Gericht. Die aus einer Stellungnahme des SDS entstandene Forderung nach einer Demokratisierung der Hochschulen sieht die Kollegienhausdebatte nach 1945 ohnehin nur als Ausweichspielfeld, um von den unterlassenen Reformen der die Universitäten beherrschenden hierarchischen Strukturen abzulenken. Das junge Autorenkollektiv aus Wolfgang Nitsch (geb. 1938), Uta Gerhardt (geb. 1938) und Claus Offe (geb. 1940) folgerte, dass auch inhaltlich müssten alle Bemühungen in diese Richtung abgelehnt werden müssten. Es komme darauf an, dass die Studenten durch wissenschaftliche Bildung in die Lage versetzt würden, sich kritisch und rational zu den Fakten und ihrer gesellschaftlichen Bedeutung zu verhalten. Diese wissenschaftliche Bildung bestünde „gerade nicht in der Etablierung eines außerwissenschaftlichen Erziehungsauftrags, sondern im Gegenteil in der striktesten Ausschaltung all dessen, was die Legitimation durch die Rationale Selbstbestimmung des Subjekts scheut.“[81] Die Autoren folgten dabei teilweise der von der Frankfurter Schule und insbesondere Horkheimer

78 Herbert: *Drei politische Generationen*, 109 ff.
79 Ebd. 110.
80 Schelsky: *Einsamkeit und Freiheit*, 255.
81 Vgl. Nitsch et al.: *Hochschule in der Demokratie*, 224 ff., 332. Vgl. U. Rohwedder: „SDS-Hochschuldenkschrift und VDS-Neugründungsgutachten. Zwei studentische Beiträge zum Reformdiskurs der 1960er Jahre“, in: R. Pöppinghege; D. Klenke (Hg.): *Hochschulreformen früher und heute*, Köln 2011, 158–172.

formulierten Beurteilung gesellschaftlichen Zwänge und nahmen eine materialistisch-marxistische Perspektive ein.[82]

4. BLICK AUF DIE SPÄTERE ENTWICKLUNG

Die Streitschrift *Hochschule in der Demokratie* lehnte 1965 das Erziehungsleitbild der Kollegienhäuser vehement ab. Die von den Universitäten mit dem Bildungsbemühungen beauftragten Dozenten zeigten „ihrerseits die Abhängigkeit von bestimmten Gesellschaftsbildern".[83] Das Autorenkollektiv Nitsch, Gerhardt, Offe und Preuß sprach sich gegen diesen Erziehungsauftrag aus, der mit einer Veränderung der „sozialen Zusammensetzung der Studentenschaft" begründet wurde. Die Universität habe heute „mit einer großen Zahl junger Leute zu rechnen, bei denen man den Impuls zur Selbstbildung durch Wissenschaft nicht voraussetzen oder erwarten kann." Um den Bildungsinhalt der neuhumanistischen Tradition zu erhalten, sei gefordert worden, diese „neue Bildungsmethode" einzuführen.[84] Letztendlich sei auch die Argumentation des Wissenschaftsrats von 1962 für eine Gemeinschaftserziehung in Kollegienhäusern dieser Linie gefolgt. Auch die Autoren wollten diese Umschichtung nicht bestreiten. Diese sei „sogar mehr als ein bloßes Hinzutreten mittlerer Schichten zu einer durch Besitz und Bildung definierten sozialen Oberschicht, nämlich die Auflösung der letzteren in eine relativ homogene mittelständische Schicht, der die meisten Studenten angehören – zumindest in dem, was ihre Bildungsvoraussetzungen betrifft." Dieser wirkliche Wandel zeigte aber, dass die Einführung einer außenwissenschaftlichen Erziehung durch die Universität nicht einleuchtend begründet werden konnte. Der Gegenvorschlag von 1965 wollte das anerkannte Problem der Bildungsvoraussetzungen auf dem Schulniveau gelöst sehen. Sinnvoll sei eine Schulreform, die eine quantitative und qualitative Leistungssteigerung des Schulsystems zum Ziele hat. „Der ideologische Irrtum der Befürworter der universitären Erziehungsaufgabe" bestehe aber vor allem bezüglich der Schule. Diese klare Trennung zwischen Schule und Universität wollten die drei Autoren wieder eingeführt sehen. In der unsauberen Trennung sahen sie den Denkfehler der Kollegienhaus- und Studium generale-Befürworter, die „vermeinten, sich in Übereinstimmung mit den Bildungstheorien der klassischen Universitätstheoretiker zu befinden, während sie doch die mit der Formel ‚Bildung durch Wissenschaft' gemeinte prozessuale Einheit von Bildungsmethode und Bildungsinhalt mechanisch auseinanderreißen." Dass die „aufgeklärte und ihrer eigenen geistigen Möglichkeiten bewusste Persönlichkeit" sich mit anderen Mitteln erreichen lasse, sei ein Irrtum.[85] In ihrer klaren Absage an die Kollegienhaus-Konzepte aus emanzipatorischen Gesichtspunkten bezog sich das

82 Ebd. 331 ff.

83 Nitsch et al.: *Hochschule in der Demokratie*, 324 ff.

84 Ebd. Vgl. Wenke: *Die deutsche Hochschule vor den Ansprüchen unserer Zeit*, 14. Anger: *Probleme der deutschen Universität*, 274 f.

85 Nitsch et al.: *Hochschule in der Demokratie*, 324 ff.

Autorenkollektiv aber folglich wieder auf das Postulat der „Bildung durch Wissenschaft“:

> Je nachdem, wie stark die den Bildungsinhalten oder Bildungsmethoden zugrunde liegenden Gesellschaftsbilder mit den in Schule und Elternhaus vorgegeben Orientierungsmustern übereinstimmen, kann im extremen Fall diese Abhängigkeit der Bildungsprogrammatik den völligen Verlust einer kritischen Bildungskonzeption zur Folge haben; Bildung würde dann nur bestärken und artikulieren helfen, was im Bewusstsein des Studenten ohnehin angelegt ist. Diese Einsicht in neue Chancen des Denkens und Handelns wird in dem Maße verstellt, wie Bildungsprogramme sich allein das Ziel setzten, bestehende (oder nur angeblich noch bestehende) Werte als solche zu reproduzieren und dem Bewusstsein einzupflanzen, ohne aus Vernunftgründen zugleich den Nachweis ihrer Notwendigkeit zu führen. Für die Bildungsbemühungen der deutschen Universität stellt sich damit die Frage, ob sie ihrer Tradition entsprechend fortfahren will, eine Bildungsfunktion in der wissenschaftlichen Erkenntnis zu behaupten und in den Mittelpunkt zu stellen, ober ob sie in Form einer außerwissenschaftlichen Erziehung diesen Anspruch aufgibt und damit den Begriff der Bildung zum Vorwand für (von innen oder außen eindringende) Ideologie verarmen lässt.[86]

Die „Funktionalisierung des Bildungsbegriffes zum außerwissenschaftlichen Erziehungsideal“ hatte in der Sicht des Autorenkollektivs ihre Ursache in der Entwicklung eines Wissenschaftsbegriffs, der die Verwirklichung der „Bildung durch Wissenschaft“ aus wissenschaftstheoretischen Erwägungen ausschloss. In das hier entstehende Vakuum habe dieser Wissenschaftsbegriff dann „irrationalistische Erziehungsmodelle gleichsam einströmen“ lassen.[87] Wie erwartet, hatte dann auch die Mitgliederversammlung des *Verbandes Deutscher Studentenschaften* „gewisse Wohnheim-Ideologien“ missbilligt und „vor der Verlagerung der Hochschulreform in die Wohnheime“ gewarnt: „Wir Studenten sind es einfach leid, als Objekte des Erziehungs- und Betreuungsdranges irgendwelcher Institutionen angesehen zu werden.“ Vielleicht sei es richtig und sachlich zweckvoll, dem Studium einen pädagogischen Unterbau zu geben und eine „gemäßigte Schule“ in die Universität hinein zu verlagern. Dieser Vorschlag führe eben dazu, dass dort „der Mittelpunkt der akademischen Lebens- und Studiengemeinschaft“ geschaffen werde. Grundsätzlichen überwogen aber die Bedenken, bezüglich dieses außerwissenschaftlichen Erziehungsauftrags der Universität.[88]

Auch die im Rahmen der Bildungsexpansion auch politisch gewollten steigenden Studentenzahlen machten kleinere Modellprojekte aus Sicht von Kultusministerien und Hochschulleitungen obsolet.[89] Da alle finanziellen Mittel benötigt wurden, um eine universitäre Ausbildung der Vielen zu ermöglichen, erschienen die aufwendig betreuten Wohnheime als ein Relikt aus der auf nur wenige Studierende ausgerichteten Universität. Schon in den Vorüberlegungen zur Errichtung des CG hatte man 1948 im Hessischen Kultusministerium an eine Mischfinanzierung eines rechtsfähigen Trägers „mit eigenen Einnahmen, Zuwendungen des

86 Ebd. 324 ff.

87 Ebd.

88 Schelsky: *Einsamkeit und Freiheit*, 255.

89 Vgl. zum Systemwandel durch die Bildungsexpansion: P. Drewek: „Abbau herkunftsbedingter Bildungsungleichheit“, Keiner et al. (Hg.): *Metamorphosen der Bildung,* 253–268, 254 ff.

Hessischen Staates und durch amerikanische Stiftungsmittel" gedacht. Den politischen Vertretern Hessens schien die Idee eines fortschrittlichen Reformprojekts zu gefallen und so übernahmen sie die Kosten.[90] Auch im für Heidelberg zuständigen Landbezirk Baden stand der Hochschulverantwortliche hinter dem Heidelberger Projekt: „Die Bedeutung des Collegium Academicum für die heutige Zeit" sei „zweifellos anzuerkennen". Trotz möglicher kritischer Einzelpunkte sehe man in der „neuartigen Einrichtung die erste Stufe einer Entwicklung, die möglicherweise bald von größerer Bedeutung werden wird."[91] Mit dem Anstieg der Studierendenzahlen sang die Bedeutung aber zunehmend. Nur fünf Prozent der Heidelberger Studentenschaft waren Kollegiaten des CA, für Marburg fiel die Quote noch geringer aus. Die geringe Reichweite der Pädagogik der neuen Kollegienhäuser sollte der staatlichen Förderung aber kein Hindernis sein, solange die Idee des Kollegienhauses als Modellprojekt einer möglichen Zukunft der deutschen Universität galt. Angesichts der bis in die 1970er Jahre stetig steigenden Zahl von Studienanfängern mussten sich die alten Universitäten vor allem mit der Bewältigung der ungleich größeren Zahl der Studierenden befassen.[92] Je mehr Studierende an einer Universität weilten, desto fraglicher wurde die Sonderbehandlung der Bewohner eines bestimmten Wohnheimes. Dass die Wohnheimplanung in jenen Jahren zunehmend rein sozialen Gesichtspunkten folgte, war auch durch die steigende Zahl von bedürftigen Studierenden begründet. In den 1950er Jahren etablierte sich eine Planung finanzieller Mittel im großen Maßstab, die solch ambitionierten kleinen Projekten entgegen stand.[93]

Das Heidelberger CA fand 1998 als ein positives Beispiel Eingang in die Rede des Medizinhistorikers Wolfgang U. Eckart. Bei seiner „historisch-kritischen" Auseinandersetzung mit „Corporate Identity im universitären Kontext" ging Eckart ausführlich auf das CA ein. In seiner Untersuchung der steigenden Aktivitäten und einem aus den USA übernommenen Selbstverständnis des Fördervereins der Universität sah Eckart das CA als ein gelungenes Beispiel für das Einwerben von Spenden bei den ehemaligen Studenten.[94] Das in den vergangenen 20 Jahren wieder vermehrt in den Blick genommene Studium generale steht dabei sicherlich mit den beiden beschriebenen Entwicklungen eines Misstrauens in die von den Schulen erteilte Hochschulreife und einen schwindenden Glauben an die „Bildung durch Wissenschaft" im Zusammenhang.[95] Die starke Positivrezeption des amerikanischen Campus-Gedankens im Deutschland der 1960er und 1970er Jahre führ-

90 HHStAW, 1178/34, Hessischer Minister für Kultus und Unterricht an den Ministerpräsidenten: Kabinettsvorlage zwecks Errichtung des Instituts für Europa-Forschung und des Collegium Gentium, Wiesbaden, 19.8.1948.

91 GLAKa, 235/1432, Ministerialrat Dr. Thoma an Ministerialrat Dr. Rupp, Kultusministerium Stuttgart, Karlsruhe 27.9.1947.

92 Zu den steigenden Studierendenzahlen vgl. P. Lundgreen: *Datenhandbuch zur deutschen Bildungsgeschichte*, Göttingen 2008, 63 ff.

93 Kröning: *Nachkriegssemester*, 207.

94 W. U. Eckart: *Alumni, Freunde, Corporate Identity*, Heidelberg 1998.

95 z.B. L. Huber; J.-H. Olbertz; B. Rüther; J. Wildt (Hg.): *Über das Fachstudium hinaus*, Weinheim 1994.

te nicht zu einer Übernahme der Wohnheime auf den von den Reformuniversitäten errichteten Campus. Paulus folgerte, dass ein amerikanischen Universitäten vergleichbares Campus-Leben in Deutschland kaum existiere, „insbesondere weil auf den Bau von Studentenwohnheimen auf dem Universitätsareal verzichtet wurde.“[96] In den 1980er Jahren fand die Idee eine deutschen Colleges keinerlei Beachtung mehr. Die einzige Ausnahme stellte ein Essay des Reformpädagogen Hartmut von Hentig von 1987 dar.[97]

Zu einer zunehmenden Marginalisierung entwickelte sich auch die Bedeutung der Studentenverbindungen, die ja in den 1950er und 1960er Jahren die Negativfolie für die Bemühungen um die Kollegienhäuser boten. Aufgrund einer ideologisch begründeten Ablehnung konservativer Formen und einer Pluralisierung der Gesellschaft nach Ende der 1960er Jahren massiv gesunkenen Mitgliederzahlen, sind Studentenverbindungen heute im öffentlichen Bewusstsein nur noch im sehr viel geringerem Maße präsent. Vor allem in traditionelleren Universitätsstädten bestehen nach wie vor Konflikte zwischen den Studierenden in Korporationen und der Antifa, die aber vor allem als konstituierende Auseinandersetzungen zweier Subkulturen gedeutet werden können.[98] Die von einem Artikel der sozialdemokratischen Internetzeitschrift *vorwaerts.de* als „schwer verständliche und nach außen weitgehend abgeschlossene“ betitelte Welt der Korporationen, dient heute kaum mehr als ein allen hochschulpolitischen Akteuren bekannter Bezugspunkt einer Debatte.[99] Ein Grund hierfür liegt auch in der deutschen Hochschultradition, sich auf eine wissenschaftliche oder zumindest fachliche Ausbildung zu beschränken. Die Studierenden werden anhand ihrer Examina bewertet und nicht anhand weicher Kriterien. Die Pluralisierung der jugendlichen Lebensentwürfe wurde schon vor 20 Jahren festgestellt und scheint auch für die heutigen Studierenden ungebrochene Gültigkeit zu haben.[100] Die seit der Nachkriegszeit ansteigenden Studentenzahlen und die seit den 1960er Jahren systematisch betriebene quantitative Hochschulexpansion hat breiten Bevölkerungskreisen in Deutschland ein Studium erschlossen. An 409 Hochschulen, davon 104 mit dem Etikett „Universität“ versehen, studierten im Wintersemester 2009/10 2.121.178 Studierende mit einem Durchschnittsalter von 25,3 Jahren.[101] Gemeinsam sind diesen Studenten nach wie vor die Merkmale eines auf die Zukunft gerichteten Lernens und die finanzielle Abhängigkeit, darüberhinaus aber stellen sich die Studierenden so vielfältig dar,

96 Paulus: *Vorbild USA?*, 540.

97 Papenkort: *Studium generale*, 222. Vgl. H. von Hentig: „Brauchen wir in Deutschland ein College?“, in: H. Röhrs (Hg.): *Tradition und Reform*, Frankfurt 1987.

98 Aktuelle Veröffentlichungen von Gegnern und Befürwortern illustrieren diese andauernden Auseinandersetzungen. z.B. F. Krebs; J. Kronauer: *Studentenverbindungen in Deutschland*, Münster, 2010.

99 Vgl. A. Maegerle: „Stramme Burschen – Rezension, Krebs/Kronauer: ‚Studentenverbindungen in Deutschland‘“, *vorwaerts.de*.

100 Vgl. R. Eckert: *Lebensverhältnisse Jugendlicher*, München, 1990.

101 Seit den 1975 zu Beginn der Statistik gezählten 836.002 Studierenden an den Hochschulen der Bundesrepublik sind die Zahlen stetig angestiegen. Vgl. Statistisches Bundesamt Deutschland: *destatis.de*, Zugriff 7.12.2010.

wie die Gesellschaft selbst. Durchaus gibt es politische oder kulturelle studentische Gruppen vielfältigster Ausrichtung an den Universitäten, die aber als Teil der Zivilgesellschaft gewertet werden können. Die Universitäten haben sich dabei durchaus im Rahmen ihrer Tradition auf eine Fokussierung auf Lehre und vor allem Forschung zurückgezogen und stellen sich in den meisten Fällen in ihrem Internetauftritt nicht in Bezug zu diesem studentischen Engagement.[102] Ähnlich verhält es sich mit den Studierendenvertretungen, die auf ihren Webpages bewusst auf Verlinkungen zur pluralistischen Vielfalt des studentischen Engagements verzichten.[103] Die schiere Menge der Studierenden und deren finanziell knappe Lage setzt die Wohnheimplätze an deutschen Universitäten nach wie vor einer großen Nachfrage aus.[104] Für eine Instrumentalisierung dieser Wohnheime zugunsten eines der Universität auferlegten Erziehungszwecks gibt es dabei kaum Anzeichen. Nach der Jahrtausendwende hat es aber zumindest einen neuen Versuch der Einführung von Kollegienhäusern als konstituierenden Bestandteil der universitären Erziehung gegeben. An der 1999 gegründeten Jacobs University Bremen können die Studenten in *residential colleges* leben.[105] Ein Zeitungsartikel von Robert von Lucius hat 2006 auch die pädagogisch implizierte Lenkung dieser Bremer Wohnheime beschrieben:

> Bei der Zuteilung der Räume achtet die Verwaltung darauf, bei Erstsemestern nie Studenten aus dem gleichen Land in einer der Studentenwohnungen gemeinsam unterzubringen. Jedes der drei Studentenwohnheime hatte schon nach kurzer Zeit eine eigene Tradition. Die Bewohner des einen sind eher sportlich interessiert, die des anderen an Kunst und Gestaltung. Die studentische Selbstverwaltung ist ausgeprägt. Studenten, nicht die Universitätsverwaltung, entscheiden, welche Kunst an den Wänden ihres Kollegs hängt. In jedem Wohnheim wohnt als Leiter ein Professorenpaar. Es ist nicht für Reparaturen oder Kleinkram zuständig - das erledigen die Studenten selbst -, sondern Ansprechpartner für Probleme.[106]

102 Auf der Website der Ludwig-Maximilians-Universität München finden sich z.B. keine Hinweise auf das studentische Engagement ihrer Studenten, vgl. www.uni-muenchen.de, Zugriff 7.12.2010. Da studentische Gruppen etwa zur Nutzung von Räumen der Universität einer Genehmigung bedürfen, gibt es diese Listen aber meist intern.

103 Der Göttinger AStA verweist allein auf die politischen Hochschulgruppen. Vgl. Webpage des AStA Göttingen, asta.uni-goettingen.de, Zugriff 7.12.2010. An Universitäten der Neuen Bundesländer scheint ein pragmatischer Umgang mit der Inbeziehungssetzung der Vertretungen der Studierenden zu den gesellschaftlichen Gruppen zu geben. Der Studentenrat der TU Dresden verweist auf seiner Webpage auf entsprechende Gruppen, http://www.stura.tu-dresden.de/studierendeninitiativen, Zugriff 7.12.2010.

104 Bundesministerium für Bildung und Forschung: *Die wirtschaftliche und soziale Lage der Studierenden in der Bundesrepublik Deutschland 2009. 19. Sozialerhebung des Deutschen Studentenwerks*, Berlin 2010, 398 ff.

105 Bis zur Umbenennung 2007 fungierte die Jacobs University unter dem Namen International University Bremen. Die Colleges sind nach Stiftern benannt: Alfried Krupp College, Mercator College, College III, College Nordmetall. Jürgen Theiner: „Neues College eingeweiht", *Weser-Kurier*, 30.4./1.5.2009. Vgl. Max Kaase: „Die International University Bremen (IUB)", in: Sieg; Korsch (Hg.): *Die Idee der Universität heute*, München 2005, 135–150.

106 R. von Lucius: „International University Bremen: Harvard ist der Maßstab", *Frankfurter Allgemeine Zeitung*, 7.12.2006.

Bei Kenntnis um die besonders in den 1960er Jahren heiß geführten Auseinandersetzung der um „demokratische" Selbstbestimmung und der Ablehnung jeder Bevormundung eines Freizeitverhaltens der Studierenden verwundert diese Beschreibung. Lucius nennt in dem Artikel aber auch die gewandelten Rahmenbedingungen, dass etwa ein Teil der Studierenden aus aller Welt erst 17 Jahre alt ist. Tatsächlich scheint also der in der Bundesrepublik bis in die 2000er Jahre gehegter Rahmen einer nach 13 Schuljahren erworbenen Hochschulreife und eines entsprechenden Anspruchs des Erwachsensein im Studentenstatus sich verschoben zu haben. Wenngleich die Jacobs University bewusst früh ihre wenigen Studenten an der Forschung beteiligten möchte und damit durchaus der „Bildung durch Wissenschaft" huldigt. „Harvard" als Synonym für alle auf die USA projizierten Erwartungen an wissenschaftliche Exzellenz gibt auch in seiner spezifisch amerikanischen College-Tradition einen Rahmen, dem die Jacobs University folgen möchte. In diesem extremen Beispiel der Übernahme des amerikanischen Universitätsmusters, sogar in der Unterrichtssprache Englisch, finden sich tatsächlich kaum Spuren der deutschen Universitätstradition wieder. Es führt keine erkennbare Entwicklungslinie zu den Kollegienhaus-Versuchen der 1950er Jahre.

Die in den 1960er Jahren so abgelehnten Tutorenkonzepte etwa haben seit etwa zwanzig Jahren geradezu Konjunktur. Das Interdisziplinäre Zentrum für Hochschuldidaktik der Universität Hamburg sah Anfang der 1980er Jahre in einer Umfrage unter Tutoren noch keine akzeptierte Stellung dieser Hilfskräfte.[107] In den 1990ern hingegen wurden ohne ideologische Scheu wissenschaftliche Betreuungskonzepte eingeführt. Aus ganz pragmatischen Gründen wurde 1993 an der Universität Ilmenau ein Tutorensystem eingerichtet, da – wie ein Spiegel-Artikel scheinbar ohne wissende Ironie bemerkte – anscheinend von studentischer Seite eine Nachfrage nach einem höheren Maß an Betreuung bestand.[108] Ähnlich fühlte sich die Technische Universität München als mit dem Wintersemester 1996/97 an der Fakultät für Maschinenwesen als studentisches Pilotprojekt gestarteten Tutorenwesen als Pionier. Bei einem von der Presseabteilung der TU gezogenen Resümee nach zehn Jahren wurde das „bundesweit bislang einmalige Angebot" für jährlich 250 Studienanfänger als voller Erfolg gewertet: „Das Tutoren-Programm bietet angehenden Ingenieuren im ersten Studienjahr nicht nur eine Orientierungshilfe, sondern vermittelt neben wesentlichen Lerntechniken auch Schlüssel-

107 Interdisziplinäres Zentrum für Hochschuldidaktik der Universität Hamburg: *Tutor oder Tortur?*, Hamburg 1982.

108 Der Artikel zitierte den ersten Nachwende-Rektor Eberhart Köhler: „Viele Uni-Manager machen deshalb die Erfahrung, ‚daß sich die Studenten nach der Betreuung zurücksehnen' (Köhler). Der Ilmenauer Rektor will deshalb jetzt ein Tutorensystem einführen, durch das auch der Kontakt der Studenten untereinander wieder verbessert werden soll. Laut Emnid-Ergebnissen hat der 1990 noch ausgeprägte Kollektivgeist sich weitgehend verflüchtigt: Die enge ‚Zusammenarbeit mit anderen Studierenden' ist der Konkurrenz von Einzelkämpfern nach westlichem Vorbild gewichen." „Undurchschaubarer Dschungel: Das Ranking der Ost-Universitäten", *Spiegel Spezial* 3/1993, 1.3.1993.

qualifikationen für spätere Führungspositionen.“ [109] Begründet wurde das Programm, in dem fortgeschrittene Studierende die Erstsemester propädeutisch betreuen, mit den über das Fachstudium hinausgehenden methodischen als auch soziale Kompetenzen, die vom Arbeitsmarkt erwartet werden würden.[110] Ein Artikel aus einer 2003 erschienenen Zeitschrift für Abiturienten beschrieb das Münchner Tutorensystem als eindeutigen Vorteil der Studienbedingungen. Die bis zu 15 Studenten großen Gruppen lernten „Studienplanung, Lerntechniken sowie Zeit- und Projektmanagement“ und übten dabei „Teamarbeit, Kreativitäts-, Präsentations- und Moderationstechniken“ ein. Koordinator Christoph Baumberger wurde mit den beiden Begründungen der Zusatzqualifikationen und der Orientierungshilfe da es erleichtere, „wichtige Kontakte untereinander zu knüpfen und Netzwerke aufzubauen.“[111] Auch an der Berliner Humboldt Universität wurden 2003 an einzelnen Fakultäten „in Verbindung mit der Studieneinführung oder den Stoff begleitende Arbeitsgruppen“ Hilfskraftstellen für Tutoren geschaffen.[112] Aktuell entsteht auch eine deutsche Ratgeberliteratur für die geeignete Rolle der Tutoren im Kontext der universitären Lehre.[113] Ohne an dieser Stelle die neuen Tutorenkonzepte im Einzelnen differenzierter darstellen zu können, sei an dieser Stelle nur der pragmatische Umgang mit der Rolle der Tutoren aufgezeigt. Die etwa an der FU Berlin in den 1960er Jahren geführten heftigen Debatten über Themenwahl und Ernennung von Tutoren scheinen vergessen und durch ein solides Grundvertrauen in das didaktische Konzept der Universität ersetzt.

Die untersuchten Institutionen Collegium Academicum und Collegium Gentium entpuppten sich als ein später Ausläufer einer in den 1920er Jahren geführten lebensreformerischen Debatte, die mit dem Abtritt der involvierten Generation erlosch. Somit schien die Auflösung des CA im Jahr 1977 und des die meiste Zeit schon ohne seinen universitätsreformerischen Anspruch existierenden CG im Jahr

109 Technische Universität München: „10 Jahre Tutorensystem Garching“, *uniprotokolle*, 28.6.2006, http://www.uni–protokolle.de/nachrichten/id/120493/. Zugriff am 4.6.2010.

110 „Industrie- und Wirtschaftsunternehmen erwarten von jungen Ingenieuren heute sowohl methodische als auch soziale Kompetenzen. Absolventen, die über beides verfügen, haben daher die besten Karriereaussichten. Neben einem hervorragenden Fachwissen sind unter anderem grundlegende Arbeits- und Präsentationstechniken, Zeit- und Projektmanagement, Konfliktlösung sowie Kommunikations- und Teamfähigkeit gefragt. Das Tutorensystem und das Lead Seminar, die vom Lehrstuhl für Produktentwicklung (Prof. Udo Lindemann) der TU München in Garching koordiniert werden, bieten beides: Studierende höherer Semester werden als Tutoren geschult und vermitteln interessierten und hoch engagierten Studienanfängern in kleinen Arbeitsgruppen von 12 bis 14 Teilnehmern diese für das Berufsleben wesentlichen Qualifikationen. Die Tutoren ihrerseits erwerben zusätzlich Führungskompetenzen durch das intensive Training, das sie absolvieren. Das Tutorensystem Garching ist inzwischen zu einem festen Bestandteil des Studiums an der Fakultät für Maschinenwesen der TU München geworden.“ TU München: „10 Jahre Tutorensystem Garching“, *uniprotokolle*, 28.6.2006, http://www.uni–protokolle.de/nachrichten/id/120493/, Zugriff am 4.6.2010.

111 „Gute Hochschule – schlechte Hochschule“, *abi,* 10/2003, 20

112 Humboldt Universität zu Berlin: *Protokoll der Beratung der Kommission für Lehre und Studium des Akademischen Senats am 26.5.2003*, 6/03, Berlin 28.5.2003, VI B/prot0526.doc, Zugriff am 4.6.2010.

113 z.B. C. Krause; V. Müller-Benedict: *Tutorium an der Hochschule*, Aachen 2007.

2007 nur konsequent. Das Studentendorf am Schlachtensee ist nach den vielen seit den 1960er Jahren geführten Auseinandersetzungen ein zur Berliner Innenstadt etwas abgelegenes Wohnheim geworden, das jüngst wieder von Architekturfans gerettet wurde.[114] Die Aufgaben der Selbstverwaltung halten sich im Rahmen der sozial und organisatorisch bedingten Anforderungen.[115] Entwicklungslinien bis heute sind am ehesten in dem weitaus weniger einbindenden Rahmen der in den Anfangsjahren noch vergleichsweise kleinen Goethe-Universität in Frankfurt zu sehen. Das *Studia Humanitatis*-Projekt von Anfang der 1950er Jahre blieb eine theoretische Überlegung zur Bildungsfunktion der Universität, an die selbst der Projektleiter Walter Rüegg als späterer Rektor und Präsident der Rektorenkonferenz nicht anknüpfte.[116] Mit ihren frühen Rektoren Hallstein und Horkheimer hatte die Universität sich weitaus „liberaler" und damit tatsächlich näher an den amerikanischen Vorstellungen positioniert, als die anderen Universitäten. Auch wenn angesichts der politisch-ideologischen Verwerfungen der 1960er Jahre und nach den bisherigen und andauernden Reformen diese Entwicklungslinien in unsere Zeit schwer erkennbar sein mögen, ist doch schon im Frankfurter Professorengremium nach dem Krieg eine „moderne" Gesellschaftskonzeption erkennbar.

Es mag angesichts der ideologischen Kämpfe der dreißig Jahre nach 1960 nicht erlaubt sein, das Ende der Kollegienhausbewegung schon als „Ende des utopischen Zeitalters" zu bezeichnen. Nicht nur die 1970er Jahre werden bisweilen als Zeitalter der Pädagogik bezeichnet, sondern auch nach der Jahrtausendwende haben die Erziehungswissenschaftler zumindest im Schulbereich wieder zunehmen Gehör gefunden. Nach wie vor und auch wieder zunehmend sind ideologische und religiöse Motive die Ursachen für Konflikte. Der Aufsatz Joachim Fests zum „Ende des utopischen Zeitalters" von 1991 war somit nur vom kurzen Aufatmen nach Ende des West-Ost-Konfliktes geprägt.[117] Dennoch sei er an dieser Stelle zitiert, da zumindest die Wohnheimvorstellungen der älteren, reformpädagogisch engagierten Professoren als (Teil-) Utopie einer geschützten Universitätswelt zur Schaffung eines besseren Menschen bald das Zeitliche segneten. Fest sah die Utopien an sich selbst zugrunde gehen, denn allen utopischen Entwürfen fehle etwas, was die modernen Gesellschaften erst ausmache: „Offenheit angesichts komplexer Fragen und Herausforderungen und damit die Fähigkeit, sich zu

114 Dabei wurde eine neue Finanzierungsart durch den Verkauf an eine Schweizer Pensionskasse erprobt. Vgl. C. Däuper: „Studentendorf Schlachtensee ist verkauft", *Tagesspiegel*, 24.9.2010. Mehrfach schon hatte der Senat der Stadt einem Abriss zugestimmt. U. Schlicht: „Studentendorf Schlachtensee: Das Wohnheim wird abgerissen", *Tagesspiegel*, 15.11.2000.

115 Vgl. Selbstbeschreibung auf der Website der Selbstverwaltung des Studentendorfes am Schlachtensee, http://studentendorf.skydesk.de/, Zugriff 7.12.2010.

116 Während seines Rektorats 1965–1970 und der Präsidentschaft der WRK 1967/68 war der liberale und letzlich gelassen agierende Rüegg allerdings auch mit weitaus heftigeren Auseinandersetzungen im Zusammenhang mit der politisierten Studentenschaft konfrontiert. Vgl. Hammerstein: *Die Johann Wolfgang Goethe-Universität Frankfurt am Main, Band 2: Nachkriegszeit und Bundesrepublik. 1945–1972*, Göttingen 2011.

117 Parallel also zu: F. Fukuyama: *The end of history and the last man*, New York 1992.

reformieren.“[118] Die Verlockung der einfachen Erklärungen der Utopien bliebe groß.[119] Fest war der Ansicht, dass „das unendlich, das Jahrhundert begleitende Nachdenken über die ideale Gesellschaft“ in Deutschland nie ein wirklich offenes Gemeinwesen als System entworfen hatte: „Im Gegensatz zu dem philosophischen Ausgangspunkt, den die Utopisten zugrunde legen, nimmt das liberale Denken nicht nur die Unvollkommenheit von Welt und Menschen hin, um sie teils einschränkend, teils lenkend zu verbessern.“ Die „Sehnsucht nach Einheit“ bzw. die „Angst vor Spannungen und Antagonismen“ der Utopien saH F Fest als Gegensatz zu „Idee und Wirklichkeit einer offenen Ordnung“.[120] Ohne den gewagten Gedankenspagat einer Einordnung der kleinen Universitätsreförmchen der 1950er Jahren in die „ganz großen“ Gesellschaftsutopien des 20. Jahrhunderts machen zu wollen, liefert doch Fest mit der Gegenüberstellung des liberalen Gedankens einen brauchbaren Hinweis. So lange die betrachteten deutschen Bildungsplaner entweder jugendbewegt-reformpädagogisch oder idealistisch „christlich-humanistisch“ dachten, waren sie kaum in der Lage, amerikanische Konzepte des Pragmatismus zu verstehen. Die Amerikaner hatten beim Werben um ihre Gesellschaftskonzeption auf alle möglichen Medien und Maßnahmen gesetzt, den deutschen Akteuren aber im Sinne eines liberalen Lernens bewusst eine Handlungsfreiheit eingeräumt. Somit ist am Scheitern der Kollegienhausbewegung auch als ein Ende der letztendlich nicht liberalen Haltung der älteren Generation zu sehen, also als eine Entwicklung im Rahmen der „Westernisierung“. Paradoxerweise lässt sich am Scheitern der von den Amerikanern aus ihrer eigenen Erfahrung als besonders demokratiefördernd empfundenen Kollegienhäuser der Erfolg des amerikanischen Werbens für eine liberale Haltung in der Demokratie ablesen. Die Kollegienhausbewegung hatte nur in einer kurzen Nachkriegsphase Konjunktur, in der alle Akteure sich bezüglich der Rolle der Universitäten stark verunsichert zeigten. Die Kollegienhausbewegung war nicht Teil des amerikanischen Kulturtransfers nach 1945. Die Kollegienhausidee war an eine Generationenprägung geknüpft, für die bei jüngeren Jahrgängen wenig Verständnis oder Interesse mehr vorhanden war.

118 J. Fest: *Der zerstörte Traum: vom Ende des utopischen Zeitalters*, Berlin 1991, 23.

119 „Trotz der Tragödien, in denen alle utopischen Anläufe geendet haben, fällt der Abschied davon offenbar nicht leicht. Es steckt etwas von dem in jedem schlummernden Märchenglauben an den Prinzen darin, der die Welt aus ihrem Schlaf küsst und das verheißene Reich der Freiheit und Gleichheit doch noch zustande bringen werde.“ Ebd. 24.

120 Ebd. 25.

DANK

Dieser Band ist die gekürzte Form meiner im Juli 2011 an der Philosophischen Fakultät I der Humboldt Universität zu Berlin verteidigten Dissertation. Das Verfassen einer solchen Arbeit bedeutetet immer auch eine persönliche Entwicklung. Zu Beginn der Arbeit stand die Empfindung eines Missstandes: Die erlebte deutsche Universität der 2000er Jahre ließ keinen gemeinsamen Habitus entstehen, das gemeinsame Bildungserlebnis aller Studierenden schien mir zu fehlen. Während ein Studierender Oxfords dort zum „Oxford-Man“ bzw. „Oxford-Woman“ mutiert, scheint an der deutschen Universität jeder dem sozialen Habitus seiner elterlichen Herkunft verhaftet zu bleiben. Der Mangel an der gemeinsamen Form erschien mir das zentrale Manko der deutschen Hochschulsozialisation zu sein. Das Schlagwort „Bildung durch Wissenschaft“ hörte ich in den Vorgesprächen über ein mögliches Dissertationsthema wohl erstmals. Und aus den eigenen Sozialisationserfahrungen heraus folgerte eher Skepsis gegenüber einer solch hohen Idee. Im Forschungsprozess der folgenden vier Jahre konnte das Vorurteil gänzlich revidiert werden. Nun kann ich zur der hochaktuellen Frage nach der „Bildungsfähigkeit“ der Institution Universität antworten: Lasst die jungen Menschen doch einfach mal machen! Persönliche Entwicklung findet eben dezentral und auch ungelenkt statt, braucht vor allem einen Rahmen der Freiheit. Diese Position steht freilich dem aktuellen Trend aus den noch laufenden Studienreformen an deutschen Hochschulen entgegen: Durch die Herabsetzung des Abiturs und die gestrafften Studienordnungen wurde doch gerade erst das Misstrauen in die Eigenentwicklung der Studierenden institutionalisiert.

Das von Wilhelm von Humboldt formulierte Diktum, „Wissenschaft immer als ein noch nicht ganz aufgelöstes Problem“ zu verstehen, bietet eine gemeinsame Sicht der Welt, die zahlreiche Begegnungen ermöglichte. Ich erlebte die offenen Türen etablierter Forscher für einen jungen Suchenden. Ermutigung und erste Hinweise zu Beginn gaben Marc Theurer (Brüssel) und Ruth von Bernuth (Chapel Hill). Konrad H. Jarausch (Chapel Hill) und Peter Th. Walther (Berlin) zeigten ein offenes Ohr auch für die noch ungefassten Überlegungen um einen deutsch-amerikanischen Kulturtransfer. Wichtig zum Verständnis der untersuchten Zeit wurden die Gespräche mit Akteuren der universitären Reformbestrebungen der 1950er Jahre, Brigitte Behrend (Berlin) und Wolfram Fischer (Berlin). Die unkomplizierte und herzliche Gastfreundschaft für einen fachlich noch gar nicht ausgereiften jungen Menschen allein auf der Basis des gemeinsamen Erkenntnisinteresses ist eine prägende Erfahrung. Besonders eindrucksvoll zeigte sich dies bei der Begegnung mit Walter Rüegg (Veytaux), zu dessen hoch am Berg gelegenen Haus ich als wandernder Scholar vom Château de Chillon zu Fuß aufstieg. Das Kennenlernen der Rahmensetzung der Wissenschaft ermöglichte auch der Besuch der Bildungsorte. Die Begehung der untersuchten ehemaligen Kollegienhäuser ermöglichte mir einen persönlichen Eindruck. Klaus Bregler (Heidelberg) rief beim Rundgang durch die heutige Heidelberger Universitätsverwaltung das Leben im Collegium Academicum der 1960er Jahre in Erinnerung. Wesentlich war auch die Erkundung des Innenlebens der heute wie damals gern als Referenz benutzten amerikanischen Hochschulen auf meiner Archivreise. Mit großer Selbstverständlichkeit empfingen mich als einen jungen Fachkollegen John W. Boyer (University of Chicago) und Michael Geyer (University of Chicago), Patrick O. Cohrs (Yale), Abraham Ascher (CUNY, New York), Jonathan Engel (Baruch College, New York), Jonathan Zimmerman (NYU, New York) und Volker Berghahn (Columbia, New York). Einblicke in den weiter gefassten Erziehungsauftrag der Colleges ermöglichten Christian Rogowski (Amherst) und Rozlyn C. Engel (West Point). Freunde zeigten mir ihre Law Schools an der Harvard University, der University of Pennsylvania und der NYU; andere ermöglichten das Kennenlernen von Georgetown University, Princeton und sogar die Forschungs-Freiräume eines Robotic Labs des MIT.

Ohne das Promotionsstipendium der Konrad-Adenauer-Stiftung wäre die der Wissenschaft gewidmete Zeit nicht möglich gewesen. Die Arbeit an Originaldokumenten wurde machbar durch die große Hilfsbereitschaft und Kompetenz der Archivare, die ich an allen besuchten Orten erleben durfte. Eine wissenschaftliche Heimat entstand im Kolloquium des Lehrstuhls für Wissenschaftsgeschichte der HU und bei den im Max-Planck-Institut für Wissenschaftsgeschichte durchgeführten Nachwuchstagen. Vor allem Helmut Zander (Bonn) konnte mir mit fundierter Kritik weiterhelfen. Dankbar bin ich für die Einladung in das Doktorandenkolloquium von Dieter Langewiesche (Tübingen) und Ewald Frie (Tübingen). Tagungen der Universität Paderborn, der Leuphana Universität Lüneburg, und der Eötvös Loránd Universität Budapest gaben Gelegenheit, die Thesen zu diskutieren. Für Anregungen danke ich Barbara Wolbring (Frankfurt), Uwe Rohwedder (Hamburg) und Moritz Mälzer (Köln). Steven Chase Gummer (Berlin), Eckart Liebau (Erlangen), Hazel Rosenstrauch (Berlin) und Maximilian Terhalle (Jena) wiesen mich auf inhaltliche und methodische Zugänge hin. Durch die Bibliothek für Bildungsgeschichtliche Forschung, das Jacob-und-Wilhelm-Grimm-Zentrum und vor allem die Menschen an verschiedenen Einrichtungen besteht in Berlin ein unvergleichlich guter Rahmen für die wissenschaftsgeschichtliche Forschung.

Die soziale Funktion der Bibliotheksbegegnungen und des Lebens in einer sich entwickelnden Großstadt muss nicht eigens erwähnt werden – da dies der Dank einer wissenschaftlichen Arbeit ist, bleiben wertvolle Freundschaften während der Entstehungszeit ungenannt. Der Text wäre aber nicht entstanden ohne das Korrekturlesen von Tobias Becker (Berlin), Stefan Doelling (Berlin), Gregor Metzig (Berlin) und vor allem durch Johannes Plate (Berlin) sowie Sophie von Laffert-Kobylinski (Kiel). Dank gilt meinen beiden Betreuern und Gutachtern Rüdiger vom Bruch (Berlin) und Heinz-Elmar Tenorth (Berlin), welche die Entstehung der Arbeit mit Umsicht und Sorgfalt betreut haben. Meinen Eltern Hannsjörg und Gisela von Freytag-Loringhoven (Tübingen) ist dieses Buch gewidmet: Sie ermöglichten mir diesen ungewöhnlich großen Freiraum im Wissen um die bildende Funktion der Wissenschaft, von der ich im Vorfeld nichts ahnte.

ANHANG: LISTE DER KOLLEGIENHÄUSER 1956[1]

1. Aaseehaus Münster, Bismarckallee 5, Münster, Träger: Studentenwerk Münster e.V., Leitung: Prof Dr. Werner Hager, 3 Tutoren, 26 Einzelzimmer, 38 Doppelzimmer, gesamt 103 männliche Bewohner insgesamt, 10% Anteil ausländischer Studierender.
2. Akademische Burse zu Göttingen, Gosslerstr. 13, Göttingen, Träger: Gemeinnützige Stiftung privaten Rechts, Leitung: Prof Dr. R. Horn, 2 Tutoren, 98 Einzelzimmer, 98 Bewohner insgesamt, 12 ausländische Studierende.
3. Alexandrinum Studentenwohnheim Erlangen, Gerstenbergstr. 8, Erlangen, Träger: Studentenwerk Erlangen e.V., Leitung: Prof. Dr. Hans Lades, 2 Tutoren, 92 Einzelzimmer, 68 Doppelzimmer, gesamt 168 männliche und 60 weibliche Bewohner, 28 ausländische Studierende.
4. Carl-Schurz-College Bonn, Kaiserstr. 57, Bonn, Träger: Studentenwerk Bonn e.V., Leitung: i.V. Tutor Fels, 44 Einzelzimmer, 12 Doppelzimmer, gesamt 68 männliche Bewohner, 7 ausländische Studenten.
5. Collegium Gentium, Gutenbergstr. 18, Marburg, Träger: Rechtsfähige Stiftung Collegium Gentium, Leitung: Prof. Dr. K. Goldammer, 12 Einzelzimmer, 17 Doppelzimmer, 4 Dreibettzimmer, gesamt 33 männliche und 25 weibliche Bewohner, 10 ausländische Studierende.
6. Collegium Academicum der Universität Heidelberg, Seminarstr 2, Heidelberg, Träger: Universität Heidelberg Leitung: PD Dr. Dieter Henrich, 3 Tutoren, 38 Einzelzimmer, 43 Doppelzimmer, 3 Dreibettzimmer, gesamt 142 männliche Bewohner, 26 ausländische Studenten.
7. Christian Albrecht Haus, Internationale Studentenheim Kiel, Niemannsweg 152, Kiel, Träger: Studentenwerk Kiel e.V., Leitung: Charlotte Brandt, 1 Tutor, 26 Einzelzimmer, 78 Doppelzimmer, gesamt 80 männliche und 24 weibliche Studierende, 47 ausländische Studierende.
8. Christophorus Haus Hamburg, Kalckreuthweg 74, Hamburg-Großflottbeck, Träger: Verein Christophorus Haus e.V., Hamburg, Leitung: PD Dr. Walther Lammers, 1 Tutor, 62 Einzelzimmer, 10 Doppelzimmer, gesamt 51 männliche und 31weibliche Studierende, 6 ausländische Studierende.
9. Europa-Kolleg Hamburg, Träger: Stiftung Europa Kolleg, Kalckreuthweg 80, Hamburg-Großflottbeck, Leitung: Prof. Dr. Bruno Snell, 3 Tutoren, 84 Einzelzimmer, 4 Doppelzimmer, gesamt 60 männliche und 32 weibliche Studierende, 25 ausländische Studierende.

1 Aus: Förderkreis für Studentisches Gemeinschaftsleben e.V. (Hg.): *Die Akademischen Kollegien*, Heidelberg 1956.

10. Historisches Colloquium Göttingen, Kreuzbergring 81, Göttingen, Träger: Gemeinnützige Fördergesellschaft Historisches Colloquium e.V., Leitung: Dr. Jürgen Fischer, 1 Tutor, 32 Einzelzimmer, gesamt 20 männliche und 11 weibliche Studierende, 5-7 ausländische Bewohner.
11. Leibniz Kolleg Tübingen, Haus 1, Brunnenstr. 34, Tübingen, Träger: Gesellschaft der Freunde des Leibniz-Kollegs, Leitung: Prof. Dr. Paul Ohlmeyer, 6 Tutoren, 5 Einzelzimmer, 25 Doppelzimmer, gesamt 34 männliche und 17 weibliche Studierende, 7 ausländische Bewohner.
12. Leibniz Kolleg Tübingen, Haus 2, Träger: Gesellschaft der Freunde des Leibniz-Kollegs, Leitung: Prof. Dr. Paul Ohlmeyer, 29 Einzelzimmer, 4 Doppelzimmer, 26 männliche und 11 weibliche Studierende, 7 ausländische Bewohner.
13. Leibniz Kolleg Tübingen, Haus 3, Träger: Gesellschaft der Freunde des Leibniz-Kollegs, Leitung: Prof. Dr. Paul Ohlmeyer, 29 Einzelzimmer, 20 männliche und 9 weibliche Studierende, 3 ausländische Bewohner.
14. Mainzer Kolleg der Universität Mainz, Träger: Universität Mainz, Leitung: Dr. Reinhold Schulze, 2-3Tutoren, 47 Einzelzimmer, 47 Doppelzimmer, gesamt 114 männliche und 25 weibliche Studierende, 15% ausländische Bewohner.
15. Studentenwohnheim der TH Karlsruhe, Parkring 2-4, Karlsruhe, Träger: Studentenwohnheim der Technischen Hochschule e.V., Leitung: Dr. Wolfram Fischer, 3 Tutoren, 46 Einzelzimmer, 46 Doppelzimmer, gesamt 126 männliche und 12 weibliche Studierende, 25 ausländische Bewohner.
16. Studentenheim Olshausen Köln, Hans-Sachs-Str 10, Köln-Lindenthal, Träger: Verein Studentenheim Olshausen e.V., Leitung: Gerda Olshausen, 1 Tutor, 71 Einzelzimmer, 3 Doppelzimmer, 3 Dreibettzimmer, gesamt 86 männliche Studenten, 10 ausländische Bewohner.
17. Studentenwohnheim Tillmann-Haus Bonn, Lennestr. 26-28, Bonn, Träger: Studentenwerk Bonn, Leitung: Prof Dr. Maximilian Steiner, 1 Tutor, 38 Einzelzimmer, 22 Doppelzimmer, gesamt 60 männliche Studenten, 10% ausländische Bewohner.
18. Wohnheimsiedlung Massmannplatz München, Hess-Straße 77, München, Träger: Verein Wohnheimsiedlung Massmannplatz e.V., Leitung: Prof. Dr. von Werz, 51 Einzelzimmer, 57 Doppelzimmer, 165 männliche Studenten und Handwerker, 23 ausländische Bewohner.
19. Fridtjof Nansen- Haus Göttingen, Merkelstr. 4, Göttingen, Träger: Gesellschaft „Internationale Studentenfreunde“ e.V., Leitung: Pastor Olav Brennhovd, 16 Einzelzimmer, 51 Doppelzimmer, 79 männliche und 39 weibliche Studierende, 50% ausländische Bewohner.

LITERATUR- UND QUELLENVERZEICHNIS

GENUTZTE ARCHIVBESTÄNDE

Archiv der Berlin-Brandenburgischen Akademie der Wissenschaften, Berlin (A BBAW)
- NL Joachim G. Boeckh

Bayerisches Hauptsstaatsarchiv, München (BayHStA)
- Ministerium für Unterricht und Kultus (MK)
- NL Günter Olzog

Generallandesarchiv Karlsruhe (GLAKa)
- 481/1650, Studentische Wohnheime und Gemeinschaftshäuser in der westdeutschen Bundesrepublik, März 1950.

Hessisches Hauptstaatsarchiv Wiesbaden (HHStAW)
- Amerikanische Militärregierung in Hessen (649)
- Hessisches Kultusministerium (504)
- Hessischer Ministerpräsident – Staatskanzlei (502)

Hauptstaatsarchiv Stuttgart (HStAS)

Heidelberger Universitätsarchiv (UAH)
- Collegium Academicum (Rep 134)
- PA Walther Peter Fuchs (PA 401)
- PA Gustav Radbruch (B–3099, PA)
- PA Joachim G. Boeckh (PA 3331)
- NL Karl Heinrich Bauer
- Rektor, Senat und allgemeine Verwaltung (B)
- Wiedereröffnung 1945 (Rep 10)

Landeskirchliches Archiv der Evangelisch-Lutherischen Kirche in Bayern, Nürnberg
- NL Hans Meinzolt (Pers. XXVI)

National Archives, Washington D.C. (NA)
- OMGUS Education & Cultural Relations Division (E&CR Div. RC 260)
- OMGUS Hesse, Education & Cultural Relations Division (OMGH E&CR Div.)
- OMGUS Berlin, Education & Cultural Relations Division (OMGB E&CR Div.)
- OMGUS Wurttemberg-Baden, Education & Cul. Rel. Div. (OMGWB, E&CR Div.)

Rockefeller Archive Center, Sleepy Hollow, NY (RAC)
- Rockefeller Foundation (1.1): Projects Germany (717)

Special Collections, Regenstein Library, University of Chicago, Chicago, IL (SCRL UoC)
- Richard McKeon Papers
- Chauncy Harris Papers

Universitätsarchiv der Freien Universität Berlin (FUB UA)
- FUB UA, Rep. 6.2, Konventsprotokolle

Universitätsarchiv Frankfurt am Main (UAF)

- Hochschulreform (Abt. 13)
- Rektorat (Abt. 1)
- Senatsprotokolle
- Studentenhaus

Archiv der Philipps-Universität Marburg (UniA Marburg = UAM)

- Rektor und Senat (305a)
- Kurator, Verwaltungsdirektor, Kanzler (310)
- Collegium Gentium (308/9)

Universitätsarchiv Tübingen

- Leibniz Kolleg (206)

Zeitungsabteilung der Staatsbibliothek zu Berlin

GEDRUCKTE QUELLEN

Dean Acheson: The Current Situation In Germany (Adress, New York City, 28.4.1949), *Germany 1947–1949. The Story in Documents*, Washington 1950.

Detlev Albers; Gert Hinnerk Behlmer; Werner Loewe: „Bremen zwischen Technokratie und Demokratie", in: *Studentische Politik* 3/1970, 20–23.

Richard T. Alexander: "Should we trade teachers with Germany?", *Saturday Evening Post*, 17.4.1948.

Eberhard Amelung: *Die demokratischen Bewegungen des Jahres 1848 im Urteil der protestantischen Theologie*, Marburg 1954.

Amt für gesamtdeutsche Studentenfragen des Verbandes Deutscher Studentenschaften (Hg.): *Namen und Schicksale der seit 1945 in der sowjetischen Besatzungszone Deutschlands verhafteten und verschleppten Professoren und Studenten*, Berlin 1953.

Hans Anger: *Probleme der deutschen Universität: Bericht über eine Erhebung unter Professoren und Dozenten*, Tübingen, 1960.

Ernst Anrich: *Universitäten als geistige Grenzfestungen*, Stuttgart/Berlin, 1935.

Ansprachen und Reden zur Einweihung des aus Mitteln der Ford-Foundation errichteten Henry-Ford-Baus der Freien Universität Berlin, Berlin 1955.

Wilhem Anz: *Kiergaarrd und der deutsche Idealismus*, Tübingen, 1956.

AStA der FU Berlin: „Die Studentenvertretung stellt sich vor", in: Beauftragter für das studentische Gemeinschaftsleben (Hg.): *Studentisches Gemeinschaftsleben an der Freien Universität Berlin*, Berlin-Dahlem 1954, 4–5.

Robert Baerwald: „Wert der Heimatkunde für den Geschichtsunterricht", in: *Lehrproben und Lehrgänge* 39/1922, 156–169.

Alfred Baeumler: „Das akademische Männerhaus (Vortrag, gehalten unter dem Titel: ‚Die Erneuerung des studentischen Hauses auf der Vertretertagung des Hochschulrings deutscher Art, Schloß Boitzenburg, 17.10.1930)", in: Alfred Baeumler (Hg.): *Männerbund und Wissenschaft*, Berlin 1934, 30–44.

Frank G. Banta: „A Role in the Education Branch of the Office of the Military Government for Germany (US), 1945–1949", in: Manfred Heinemann (Hg.): *Hochschuloffiziere und Wiederaufbau des Hochschulwesens in Westdeutschland 1945–1952. Die US-Zone*, Hildesheim 1990, 35–42.

Karl-Heinrich Bauer (Hg.): *Vom neuen Geist der Universität. Dokumente, Reden und Vorträge 1945/46*, Heidelberg 1947.

Julius Baumann: *Für freie Universitäten neben den Staatsuniversitäten. Zugleich mit Ratschlägen für die letzteren*, Langensalza 1907.

Der Beauftragte für das studentische Gemeinschaftsleben (Hg.): *Studentisches Gemeinschaftsleben. Die studentischen Vereinigungen an der FUB, zusammengestellt von Dr. Brigitte Berendt*, Berlin 1965.
Friedrich Beck: *Americana Paedagogica*, Leipzig 1912.
Carl Heinrich Becker: *Gedanken zur Hochschulreform*, Leipzig 1919.
– *Vom Wesen der deutschen Universität*, Leipzig 1925.
– (Hg.): *Weltpolitische Bildungsarbeit an Preußischen Hochschulen*, Berlin 1926.
Hellmut Becker: „Wortlaut des Plädoyers für Ernst von Weizsäcker beim Wilhelmstraßen-Prozess" (1948), in: Hellmut Becker (Hg.): *Quantität und Qualität, Grundfragen der Bildungspolitik*, Freiburg im Breisgau 1968, 13–58.
Howard Becker: *Man in Reciprocity. Introductory Lectures on Culture, Society and Personality*, New York 1956.
– *Vom Barette schwankt die Feder: Die Geschichte der deutschen Jugendbewegung*, Wiesbaden 1949.
Rudolf Benze: *Erziehung im Großdeutschen Reich. Eine Überschau über ihre Ziele, Wege und Einrichtungen*, Frankfurt am Main 1943.
Brigitte Berendt: „Studenten helfen Studenten. Elf Jahre Tutorenarbeit an der Freien Universität", in: AStA der Freien Universität Berlin (Hg.): *Fünfzehn Jahre Freie Universität Berlin 1948–1963*, Berlin 1963.
Christa Berg: *„Du bist nichts, Dein Volk ist alles": Forschungen zum Verhältnis von Pädagogik und Nationalsozialismus*, Weinheim 1991.
Arnold Bergstraesser: „Jugendbewegung und Universität", in: Arnold Bergstraesser; Hermann Platz (Hg.): *Jugendbewegung und Universität*, Karlsruhe 1927, 1–27.
– *Der Mensch und die Politik im heutigen Deutschland. Referat auf dem DeutschernVolkshochschultag, 11.–13.10.1956 in Frankfurt am Main*, Bonn 1956.
Bericht über die Entwicklung der Palaestra Albertina: Königsberg in Preußen, 4/1901–12/1909.
Geoffrey Bird: *The Universities. The British in Germany: Educational Reconstruction after 1945*, London 1978.
Margret Boveri: *Der Diplomat vor Gericht Berlin*, Hannover 1948.
Michael Bosch: *Technik ohne Kultur? Zum Stellenwert von Allgemeinwissenschaften an Fachhochschulen*, Loccum 1977.
Carl Brinkmann: „Ein unterschätzter Vorzug der deutschen Schule", *Gymnasium zu Steglitz, Festschrift zur Feier des 25-jährigen Bestehens*, II Teil, Steglitz 1911, 93–108.
Paul Bröcker: „Das Studentenhaus Seeburg in Kiel", in: *Der Profanbau. Zeitschrift für Architektur und Bauwesen* 1912, 191–206.
Francis J. Brown: "Review – Changing Man by Beatrice King/ German Universities and National Socialism by Edward Y. Hartshorne/ The Challenge of Education by Stanford University Education Faculty", in: *American Sociological Review* 3/1938, 425–426.
Rudolf Bultmann; Friedrich Gogarten: *Briefwechsel 1921–1967*, Tübingen 2002.
Ernst von Caemmerer; Soia Mentschikoff; Konrad Zweigert (Hg.): *Ius privatum gentium. Festschrift für Max Rheinstein zum 70. Geburtstag am 5. Juli 1969*, Tübingen 1969.
Hans Freiherr von Campenhausen: *Die „Murren" des Hans Freiherr von Campenhausen: „Erinnerungen, dicht wie ein Schneegestöber"*, Norderstedt, 2005.
Lucius DuBignon Clay: *Entscheidung in Deutschland*, Frankfurt am Main 1950.
– *Decision in Germany*, Garden City NY 1950.
James Bryant Conant (Hg.): *General Education in a Free Society*, Cambridge MA 1945.
– *Allgemeinbildung in einem freien Volk*, Stuttgart 1949
– *Thomas Jefferson and the Development of American Public Education*, Berkley CA 1963.
Henry F. Cope: *Education for Democracy*, New York 1920.
Helmut Coper: „Gegründet als Gemeinschaft der Lehrenden und Lernenden", in: AStA der Freien Universiät Berlin (Hg.): Fünfzehn Jahre Freie Universität Berlin 1948–1963, Berlin 1963, 19–21.

Helmut Coper: *Universität als Experimentierobjekt*, Wilhelmshaven 1970.

Edwin S. Costrell: *Reforming the German People: German Education and the American Occupation, 1945–1949*, Dissertation an der Clark University, Worcester MA 1949.

– "An American University Officer in Occupied Germany. A Personal Account 36 years later", in: Manfred Heinemann (Hg.): *Hochschuloffiziere und Wiederaufbau des Hochschulwesens in Westdeutschland 1945–1952. Die US-Zone, Hildesheim 1990*, 23–33.

Wiliam H. Cowley: "European Influences upon American Higher Education", in: *The Educational Record* 20/1939, 165–190.

Edward F. D'Arms: "Review: Die römische Weltherrschaft in der antiken Dichtung by Franz Christt", in: *The Classical Weekly* 34/1940, 19–20.

Das Studium Generale. Die Oberaudorfer Entschließung zur Hochschulreform, Celle 1950.

Hellmuth Daul: „Doktoranden-Akademie im Collegium Academicum", in: *Mitteilungsblatt des Collegium Academicum der Universität Heidelberg* 1958.

Wilburt C. Davison: "The German University Medical Schools during the Occupation", in: *J Am Med Assoc* 129/17/1945, 1225.

Michael J. Demiashkevich: The Organization and Administration of Universities in Germany, in: Peabody Journal of Education 10, 6, 1933, 342–357.

Denkschriften zur vierhundertjährigen Jubelfeier der Universität Marburg am 29.–31. Juli 1927. Teil 10: Einladung des Festkomitees und der Marburger Studentenschaft aus Anlass der Einweihung des Carl-Duisberg-Hauses, Marburg 1927.

Department of State (Hg.): *Foreign Relations of the United States. Diplomatic Papers. The Conferences at Malta and Jalta 1945*. Department of State Publication 6199, Washington DC 1955.

„Deutsche Schulerziehung", *Jahrbuch des Deutschen Zentralinstituts für Erziehung und Unterricht*, Berlin 1940.

Deutsche Werkstudenten in Amerika. Bericht über die Leverkusener Tagung der aus Amerika zurückgekehrten Werkstudenten 7./8. Juni 1928, Berlin/Leipzig 1928.

John Dewey: "Democracy in Education", in: *The Elementary School Teacher* 4/4/1903, 193–204.

– *Democracy and education: an introduction to the philosophy of education*, New York 1922

Die Arbeit der Studentenwerke – Ursprung, Gegenwart, Perspektiven. Festschrift zum 65. Geburtstag von Eugen Hintermann, München 1984.

„Die Freie Universität in West-Berlin", in: *Der Spiegel* 21/1966, 150.

Eberhard Diepgen: „Korporationen und Freie Universität", in: AStA der Freien Universität Berlin (Hg.): *Fünfzehn Jahre Freie Universität Berlin 1948–1963*, Berlin 1963, 35–39.

Walter Dirks: Der restaurative Charakter der Epoche, in: *Frankfurter Hefte* 5/1950, 942–954.

Michael Doebel; Otto Scheel; Wilhelm Schlink; Hans Sperl; Eduard Spranger; Hans Bitter (Hg.): *Das akademische Deutschland*, Berlin 1931.

Martin Doerne: "Problems of the German University", in: Walter M. Kotschnig; Elined Prys (Hg.): *The University in a Changing World*, London 1932, 53–84.

Deutsches Studentenwerk e.V. (Hg.): *Jahresbericht 1957/58*, Bonn 1958.

– *Jahresbericht 1958/59*, Bonn 1959.

– *Jahresbericht 1959/1960*, Bonn 1960.

– *Jahresbericht 1960*, Bonn 1961.

– *Deutsches Studentenwerk, 1921–1961: Festschrift zum 40jährigen Bestehen*, Bonn 1961.

Förderkreis für Studentisches Gemeinschaftsleben e.V. (Hg.): *Die Akademischen Kollegien*, Heidelberg 1956.

Julius Ebbinghaus: *Zu Deutschlands Schicksalswende. Zur Eröffnung der Marburger Universität 1945*, Marburg 1946.

Wolfgang U. Eckart: *Alumni, Freunde, Corporate Identity. Historische Aspekte universitärer Identität. Festvortrag bei der Jahresfeier der Ruprecht-Karls-Universität*, Heidelberg 1998.

Ruth E. Eckert: Who Are the "Cultured in Our Colleges?", in: *The Educational Record* 1/1939, 131–155.

Kenneth Eells; Allison Davis; Robert J. Havighurst; Virgil E. Herrick; Ralph W. Tyler: *Intelligence and cultural differences: a study of cultural learning and problem-solving*, Chicago IL 1951.

Günter Eifler; Peter Schneider: „Studium generale. Versuch einer Begründung innerhalb der modernen Universität", in: *Schweizer Monatshefte* Juni 1960, 232–245.

Susanne Charlotte Engelmann: *German education and re–education*, New York 1945.

Walter Erbe; Paul Luchtenberg (Hg.): *Gegenwartsaufgaben der Erwachsenenbildung. Festschrift zum 70. Geburtstag von Richard Freudenberg*, Köln 1962.

August Wilhelm Fehling: „Hochschule", in: Klaus Mehnert; Heinrich Schulte (Hg.): *Deutschland–Jahrbuch*, Essen 1953, 533–546.

Andreas Feickert: *Studenten greifen an*, Hamburg 1934.

Joachim Fest: *Der zerstörte Traum: vom Ende des utopischen Zeitalters*, Berlin 1991.

Jürgen Fischer: „Vom Studium generale nach 1945. Ein Rückblick im Jahre 1992", in: *Perspektiven* 8/30–31/1992, 14–18.

Carsten Nicolaisen; Nora Andrea Schulze; Karl–Heinz Fix (Hg.): *Die Protokolle des Rates der evangelischen Kirche in Deutschland. Band 6: 1952*, Göttingen 2008.

Arthur William Fletcher: *Education in Germany*, Cambridge 1934.

Abraham Flexner: *Die Universitäten in Amerika, England, Deutschland*, Berlin 1932.

– *An Autobiography*, New York 1960.

Wilhelm Flitner: *Die abendländischen Vorbilder und das Ziel der Erziehung*, Bad Godesberg 1947.

– *Grund- und Zeitfragen der Erziehung und Bildung*, Stuttgart 1954.

– *Hochschulreife und Gymnasium* (1958), Heidelberg 1960.

Bundesministerium für Bildung und Forschung: *Die wirtschaftliche und soziale Lage der Studierenden in der Bundesrepublik Deutschland 2009. 19. Sozialerhebung des Deutschen Studentenwerks durchgeführt durch HIS Hochschul-Informations-System*, Berlin 2010.

Ivo Frenzel: „Notverordnete Bildung. Das Studium generale an den westdeutschen Hochschulen", in: *Wort und Wahrheit* 9/1954, 729–737.

Reinhart Freudenberg: *Vorwort des Kuratoriumsvorsitzenden 20 Jahre Freudenberg Stiftung 1984–2004*, Weinheim 2004, 3–7.

M. B. Freund: „Ein Missstand im Hochschullehramt und ein Weg zu seinem Ausgleiche", in: *Revue franco-allemande/Deutsch–französische Rundschau*, Mai 1901.

Kurt Frey: *Konstruktiver Föderalismus. Gesammelte kulturpolitische Beiträge 1948–1975*, Weinheim 1976.

Ludwig von Friedeburg; Jürgen Hörlemann; Peter Hübner: *Freie Universität und politisches Potential der Studenten: über die Entwicklung des Berliner Modells und den Anfang der Studentenbewegung in Deutschland*, Neuwied 1968.

Carl J. Friedrich (Hg.): *Atlantische Begegnungen: eine Freundesgabe für Arnold Bergstraesser*, Freiburg 1954.

Leonhard Froese (Hg.): *Bildungspolitik und Bildungsreform. Amtliche Texte und Dokumente zur Bildungspolitik der Besatzungszonen, der Bundesrepublik Deutschland und der Deutschen Demokratischen Republik*, München 1969.

Walter Peter Fuchs: „Zum Thema", in: *Studium Generale* 1952.

– *Studentische Wohnheime und Gemeinschaftshäuser in Westdeutschland*, Frankfurt am Main 1951.

Eduard Fueter: *Das studium generale. Bedeutung – Notwendigkeit – Entwicklung*, Zürich 1954.

Francis Fukuyama: *The end of history and the last man*, New York 1992.

Timothy Fuller (Hg.): *Something of Great Constancy: Essays in Honor of the Memory of J. Glenn Gray*, Colorado Springs 1979.

Hans-Georg Gadamer: „Zwischen den Zeiten: Der philosophische Weg Gerhard Krügers", in: *Universitas* 27/11/1972, 1221–1227.

– „Nachruf auf Helmut Kuhn", in: *Philosophische Rundschau* 39/1/1992.

Karl Geiler; Walter Hallstein; Gustav Radbruch (Hg.): *Richtlinien für die Reform der Hochschulverfassungen in den Ländern des amerikanischen Besatzungsgebietes*, Heidelberg/Darmstadt 1948.

Dr. Geisler: „Charakterbildung und staatsbürgerliche Erziehung durch die amerikanische Schule", *Deutsche Werkstudenten in Amerika*, Berlin/Leipzig 1928, 57–65.

Hans Georgi: *Die Gestalt des Deutschen bei Thomas Mann*, Marburg 1955.

Walther Gerlach: Forschung und Erziehung als Aufgaben der Hochschule, Göttingen, 1953.

"German Universities from a New Point of View": in: *Science* 6/137/1885, 244–247.

"Germany: Rift over Ribbons": in: *Time*, 30.7.1934.

Gesellschaft Internationale Studentenfreunde e.V.: *Fridtjof-Nansen-Haus*: Göttingen, undatiert.

Mary Ann Glendon: "Max Rheinstein", in: *The University of Chicago Law Review* 45/3/1978, 516–518.

R. Gottschalk; "Americana Paedagogica", *Die Deutsche Schule*, 1912, 138–143.

Peter Gostmann; Gerhard Wagner (Hg.): *Albert Salomon: Werke. Band 1: Biographische Materialien und Schriften 1921–1933*, Wiesbaden 2008.

Adolf Grimme: *Auf freiem Grund mit freiem Volk. Ansprachen und Aufsätze*, Berlin 1932.

Günther E. Gründel: *Die Sendung der jungen Generation. Versuch einer umfassenden revolutionären Sinndeutung der Krise*, München 1932.

Herbert Grundmann: „Nachruf Fritz Ernst", in: *Deutsches Archiv für Erforschung des Mittelalters* 20/1964, 299.

Gründungsausschuss (Hg.): *Empfehlungen zum Aufbau der Universität Bochum*, Bochum 1962.

Romano Guardini: „Die Verantwortung des Studenten für die Kultur", in: *Die Verantwortung der Universität. Drei Vorträge von Romano Guardini, Walter Dirks, Max Horkheimer*, Würzburg 1954, 5–35.

Waldemar Gurian: "The German Riddle Review Arnold Bergstraesser and George N. Shuster: Germany. A Short History", in: *The Review of Politics* 6/1944, 541–547.

Erich Haag: „Die Schule als Feld vorpolitischer Erziehung", in: *Geschichte in Wissenschaft und Unterricht (GWU)* 2/1951, 6–11.

Jürgen Habermas: „Vom sozialen Wandel akademischer Bildung" (1963), in: Hans-Georg Herrlitz (Hg.): *Hochschulreife in Deutschland. Paedagogia: Daten, Meinungen, Analysen*, Göttingen 1968, 116–128.

– „Das chronische Leidern der Hochschulreform" (1957), in: Jürgen Habermas (Hg.): *Protestbewegung und Hochschulreform*, Frankfurt am Main 1969.

George Depue Hadzsits: "The Classics in a Democracy", in: *The Classical Journal* 15/4/1920, 226–234.

Konrad Haenisch: *Staat und Hochschule. Ein Beitrag zur nationalen Erziehungsfrage*, Berlin 1920.

Werner Hager: *Die Ehrenstatuen der Päpste*, Leipzig 1929.

Walter Hallstein: *Wiederherstellung des Privatrechts*, Heidelberg 1946.

– "The Universities", in: *The Annals of the American Academy of Political and Social Science* 260/1948, 155–167.

Jürgen Häner (Hg.): *20 Jahre Studentendorf Schlachtensee*, Berlin 1979.

Jürgen Häner: „Einleitung", in: Jürgen Häner (Hg.): *20 Jahre Studentendorf Schlachtensee*, Berlin 1979, 1–2.

Marsden Hartley, Guillaume Lerolle, Charlotte Weidler; Homer Saint-Gaudens: "Letters from Germany, 1933–1938", in: *Archives of American Art Journal* 25/1–2/1985, 3–28.

Edward Y. Hartshorne: *The German Universities and National Socialism*, London 1937.

– "Reactions to the Nazi Threat: A Study of Propaganda and Culture Conflict", in: *The Public Opinion Quarterly* 5/4/1941, 625–639.

– *Die Krise der deutschen Universitäten*, Frankfurt am Main 1946.

– "Richters Re-educating Germany", in: *Harvard Educational Review* 16/1946, 72 ff.

– *Studentenleben und Hochschulideale in den Vereinigten Staaten von Amerika*, Frankfurt am Main 1946.

Gotthold Rhode; Hermann Hassbargen: „Übersicht über ausländische Institute auf dem Gebiet zeitgeschichtlicher Forschung", in: *Vierteljahrshefte für Zeitgeschichte* 1/3/1953, 297–300.

Robert J. Havighurst: *Report on Germany*, Rockefeller Foundation, New York 1947.

– ; Hilda Taba: *Adolescent character and personality. By the Committee on Human Development, the University of Chicago in collaboration with Andrew W. Brown and others*, New York 1949.

– ; J. Carson McGuire: *Program of studies in the field of human development: general overview and outline of areas for the use of students in organizing their knowledge and in preparing for comprehensive examinations at the three levels*, Chicago IL 1948.

– ; Robert F. Peck: *Educational research in the field of character development*, Chicago 1950.

– *Developmental tasks and education*, Chicago IL 1948.

Martin Heidegger: *Die Selbstbehauptung der deutschen Universität. Rede, gehalten bei der feierlichen Übernahme des Rektorats der Universität Freiburg i.Br.*, Breslau 1933.

Hermann Heimpel: *Probleme und Problematik der Hochschulreform. Einleitung zu der von der ständigen Konferenz der Kultusminister und von der westdeutschen. Rektorenkonferenz vom 19.–22.10.1955 in Bad Honnef abgehaltenen Hochschulreformtagung*, Göttingen 1956.

Willy Hellpach: Die geistige Gesetzmäßigkeit in der Geschichte, in: Karl-Heinrich Bauer (Hg.): *Vom neuen Geist der Universität. Dokumente, Reden und Vorträge 1945/46*, Heidelberg 1947, 205.

Willy Hellpach: *Universitas Litterarum. Gesammelte Aufsätze*, Stuttgart 1948.

Karl L. Henning: „Deutsch oder Amerikanisch?", *Die Deutsche Schule* 18, 1914, 237–242.

Dieter Henrich: *Selbstbewußtsein und Sittlichkeit*, Heidelberg 1956.

– „Aus dem Collegium Academicum", in: *Ruperto Carola* 21/1957.

– „Doktoranden-Akademie im Collegium Academicum", in: *Mitteilungsblatt des Collegium Academicum der Universität Heidelberg* 1958.

– „Das Collegium Academicum", in: Gerhard Hinz (Hg.): *Studienführer*, Mannheim 1959, 248–249.

– „Das Collegium Academicum und die Wohnheime", in: *Mitteilungsblatt des Collegium Academicum der Universität Heidelberg*, 1959.

– „Idee und Wirklichkeit der akademischen Kollegien", in: *Kommunität, Vierteljahreshefte der Evangelischen Akademie* 3/10/1959, 49–55.

– „Thesen für die Diskussion über den Plan einer Doktoranden-Akademie im Collegium Academicum", in: *Mitteilungsblatt des Collegium Academicum der Universität Heidelberg*, 1959.

– „Das Collegium Academicum und die Universität", in: *Mitteilungsblatt des Collegium Academicum der Universität Heidelberg*. 1960.

– „Studium und Praxis", in: Wolfgang Kalischer (Hg.): *Abschied vom Elfenbeinturm*, Berlin 1960, 57–59.

– „Zum Stand der Wohnheimfrage", in: *Kommunität –Vierteljahreshefte der Evangelischen Akademie* 7/25/1963.

– „Menschsein, Bildung, Erkenntnis: eine Variation von Schleiermachers Grundgedanken in Beziehung auf seine Gedanken zur Begründung der Universität", in: Joachim Ochel (Hg.): *Bildung in evangelischer Verantwortung auf dem Hintergrund des Bildungsverständnisses von F. D. E. Schleiermacher: eine Studie des Theologischen Ausschusses der Evangelischen Kirche der Union*, Göttingen 2001. 185–205.

Hartmut von Hentig: *Bericht über eine Tagung vom 8.–10.1.1963*, Hamburg 1963.

– „Ordnung statt Verschulung", in: *Neue Sammlung* 3/1963, 106–113.

– „Brauchen wir in Deutschland ein College?", in: Hermann Röhrs (Hg.): *Tradition und Reform der Universität unter internationalem Aspekt*, Frankfurt am Main 1987.

– *Mein Leben – bedacht und bejaht. Schule, Polis, Gartenhaus*, München 2007.

Carl Duisberg; Heinrich Hermelink: *Dr. Carl Duisberg-Haus: Studentenwohnheim zu Marburg an der Lahn*, Leverkusen 1930.

Rudolf Herrmann: „Alles für den Studenten!“, in: Kurt Goldammer (Hg.): *Marburg. Die Philipps-Universität und ihre Stadt*, Marburg 1952, 147–152.

Hans Herzfeld: *Aus den Lebenserinnerungen*, Berlin/New York 1992.

Gerhard Hess: *Bestandsaufnahme der deutschen Forschung*, Essen-Bredeney 1963.

– *Die Förderung der Forschung und die Geisteswissenschaften*, Köln 1964.

– *Strukturprobleme unserer wissenschaftlichen Hochschulen*, Köln 1965.

– *Probleme der deutschen Hochschule und die Neugründungen*, Konstanz 1966.

– *Die deutsche Universität 1930–1970*, Bad Godesberg 1968.

– *Die Integrierte Gesamthochschule Konstanz*, Konstanz 1970.

– *Zukunft der Universität, Zukunft der Jugend*, Konstanz 1973.

– *Sieben Jahre Universität Konstanz*, Konstanz 1973

Johannes Erich Heyde: „Technik und Bildung. Die Bedeutung der Bildung für unsere Hochschulen“, in: Richard Schwarz (Hg.): *Universität und moderne Welt. Ein internationales Symposion*, West-Berlin 1962.

Ernst E. Hirsch: „Ein Wort des Rektors an die neu eintretenden Kommilitonen“, in: Beauftragter für das studentische Gemeinschaftsleben (Hg.): *Studentisches Gemeinschaftsleben an der Freien Universität Berlin*, Berlin-Dahlem 1954, 2–3.

Studienausschuß für Hochschulreform: *Gutachten zur Hochschulreform*, Hamburg 1948.

Fritz Hodeige; Carl Rothe (Hg.): *Atlantische Begegnungen: eine Freundesgabe für Arnold Bergstraesser*, Freiburg 1954.

Ernst Höhne: *Selbsterziehung, Friedrich Mann's Pädagogisches Magazin* 550, Langensalza 1913.

Ernst Hoffmann: „Drei Vorträge“, in: *Badische Schulzeitung* 68/1930, 1–24.

– *Pädagogischer Humanismus*, Zürich 1955.

Georg Hohmann: „Rektoratsrede zur Eröffnung der Frankfurter Universität, Die Bildungs- und Erziehungsaufgabe der heutigen Universität“, *Drei Reden, gehalten zur Feier der Wiedereröffnung der Frankfurter Universität am 1. Februar 1946*, Frankfurt am Main 1946.

Friedrich Hölderlin: „Hyperion oder Der Eremit in Griechenland“ (1797/1799), Friedrich Beissner (Hg.): *Hölderlin Sämtliche Werke* 3 *(Kleine Stuttgarter Ausgabe)*, Stuttgart, 1958. 7–166.

Alexander Hollerbach: „Wissenschaft und Politik. Streiflichter zu Leben und Werk Franz Böhms (1895–1977)“, in: Dieter Schwab (Hg.): *Staat, Kirche, Wissenschaft in einer pluralistischen Gesellschaft. Festschrift zum 65. Geburtstag von Paul Mikat*, Berlin 1989, 283–299.

Karl Holzamer: „Bericht erstattet vom Leiter des Studium Generale an der Johannes-Gutenberg-Universität“ (1951), in: Heinrich Kanz (Hg.): *Bundesrepublikanische Bildungsgeschichte 1949–89. Quellen und Dokumente zum zweiten und dritten Lebensabschnitt*, Frankfurt am Main 1989.

Max Horkheimer: *Gegenwärtige Probleme der Universität*, Frankfurt am Main 1953.

– „Zum Begriff der Verantwortung“, *Die Verantwortung der Universität. Drei Vorträge von Romano Guardini, Walter Dirks, Max Horkheimer*, Würzburg 1954, 69–94.

Franz Huber: *Das internationale Studentenhilfswerk*, München 1931.

Thomas Hughes: *Tom Brown's Schooldays* (1857), London 1994.

Wilhelm von Humboldt: „Der Königsberger und der Lithauische Schulplan“ (1809), in: Andreas Flitner; Klaus Giel (Hg.): *Schriften zur Politik und zum Bildungswesen, vol. IV, Wilhelm von Humboldt. Werke in fünf Bänden*, Darmstadt 1964, 168–195.

Robert Maynard Hutchins: *Higher Learning in America*, New Haven 1936.

– "Ideals in Education", in: *The American Journal of Sociology* 43/1/1937, 1–15.

Erich Hylla: *Staatsbürgerliche Erziehung im Deutschunterricht der Volksschule: zwei Vorträge*, Frankfurt am Main 1925.

– *Die Schule der Demokratie. Ein Aufriss des Bildungswesens der Vereinigten Staaten*, Berlin/Leipzig 1928.

Informationsbroschüre der Initiative der Stud. Tutoren, Hilfskräfte und Mitarbeiter d. FUB über die Richtlinien des Senators für Wissenschaft und Kunst, Berlin 1976.
An Interview with Richard Thomas Alexander for the Veteran's Oral History Project Center for the Study of War and Society Department of History, The University of Tennesse, Knoxville 2003.
Interdisziplinäres Zentrum für Hochschuldidaktik der Universität Hamburg: *Tutor oder Tortur? Zum „Selbstverständnis" von studentischen Tutoren*, Hamburg 1982.
Karl Jaspers: *Die geistige Situation der Zeit*, Leipzig 1931.
– *Die Idee der Universität*, Berlin 1946.
– ; Fritz Ernst: *Vom lebendigen Geist der Universität und vom Studieren*, Heidelberg 1946.
Heinz Jüchter: *Studienreform*, Bonn 1965.
Charles H. Judd: *Education as Cultvation of the Higher Mental Process*, New York 1936.
Bundesministerium für Familien- und Jugendfragen (Hg.): *Bundesjugendplan 1963*, Monschau 1963.
Martin Kähler: *Die Universitäten und das öffentliche Leben. Über die Aufgabe des akademischen Unterrichts und seine zweckmäßige Gestaltung*, Erlangen/Leipzig 1891.
Isaac Leon Kandel: *Comparative Education*, Boston 1933.
– "Education in Nazi Germany", in: *Annals of the American Academy of Political and Social Sciences* 182/1935, 153–163.
Fritz Karsen (Hg.): *Die neuen Schulen in Deutschland*, Langensalza 1924.
– "Some Remarks on the Nazi Philosophy of Education", in: *The German Quarterly* 14/3/1941, 135–142.
– „Die einheitliche Schule in Neukölln" (1928), in: Inge Hansen-Schaberg (Hg.): *Die Praxis der Reformpädagogik. Dokumente und Kommentare zur Reform der öffentlichen Schulen in der Weimarer Republik*, Bad Heilbrunn 2004, 112–137.
– *Die Schule der werdenden Gesellschaft*, Stuttgart/Berlin 1921.
Arthur Kaufmann (Hg.): *Gustav Radbruch. Gesamtausgabe: Politische Schriften aus der Weimarer Zeit II*, Heidelberg 1993.
Annelie Keil: *Jugendpolitik und Bundesjugendplan: Analyse und Kritik der staatlichen Jugendförderung*, München 1969.
Georg Kerschensteiner: *Die staatsbürgerliche Erziehung der deutschen Jugend, Von der Königlichen Akademie gemeinnütziger Wissenschaften zu Erfurt gekrönte Preisschrift*, Erfurt 1901.
Walther Killy: *Bild und Mythe in Hölderlins Gedichten*, Tübingen 1948.
– „Hölderlin an Diotima. Das Widmungsexemplar des ‚Hyperion'", in: *Hölderlin–Jahrbuch* 4/1950, 98–107.
– „Keiner hört auf den Anderen" (1967), in: Walther Killy (Hg.): *Bildungsfragen*, München 1971, 48–52.
– „Rektorat 1967/68, ein Bericht", in: Walther Killy (Hg.): *Bildungsfragen*, München 1971, 37–47.
– „Wie wir keine Bremer Universität gründeten", in: Walther Killy (Hg.): *Bildungsfragen*, München 1971, 29–36.
– *Studium Generale und studentisches Gemeinschaftsleben. Ein Bericht erstattet unter Benutzung örtlicher Erhebungen von Rolf Hildebrandt und Hans Lades*, Berlin 1952.
Wener Kindt (Hg.): *Die deutsche Jugendbewegung 1920–1933. Die bündische Zeit. Quellenschriften*, Düsseldorf/Köln 1974.
G. Kloss: "University Reform in West Germany: The Burden of Tradition", in: *Minerva* VI/3/1968, 323–353.
Marshall Knappen: *And Call It Peace*, Chicago, 1947.
Roland Köhler (Hg.): *Erinnerungen sowjetischer Hochschuloffiziere 1945–1949*, Berlin 1977.
René König: *Vom Wesen der deutschen Universität*, Berlin 1935.
Joachim Konrad (Hg.): *Studium Generale in Nordrhein-Westfahlen*, Ratingen 1953.
Walter M. Kotschnig: *Unemployment in the learned professions*, London 1937.

– "The fault is ours", *The Harvard Educational Review* 11/1941, 27–40.
– *Slaves need no leaders. an answer to the fascist challenge to education*, New York/ London/ Toronto 1943.
Christina Krause; Volker Müller-Benedict: *Tutorium an der Hochschule: ein Manual für Tutorinnen und Tutoren*, Aachen 2007.
Felix Krebs; Jörg Kronauer: *Studentenverbindungen in Deutschland: ein kritischer Überblick aus antifaschistischer Sicht*, Münster 2010.
Gerhard Krüger: *Philosophie und Moral in der Kantischen Philosophie*, Tübingen 1931.
– *Abendländische Humanität. Zwei Kapitel über das Verhältnis von Humanität, Antike und Christentum*, Stuttgart 1952.
Karol Kubicki; Siegward Lönnendonker (Hg.): *50 Jahre Freie Universität Berlin aus der Sicht von Zeitzeugen*, Berlin 2001.
Annette Kuhn: *Ich trage einen goldenen Stern. Ein Frauenleben in Deutschland*, Berlin 2003.
Helmut Kuhn: „‚Klassisch' als historischer Begriff", in: Werner Jaeger (Hg.): *Das Problem des Klassischen*, Leipzig 1931, 109–128.
– „Humanismus in der Gegenwart. Zu Werner Jaegers Paideia", in: *Kant–Studien* 39/1934, 328–338.
– ; Katherine Gilbert: *History of Esthetics*, New York 1939.
– *Freedom Forgotten and Remembered*, Chapel Hill NC 1942.
– *Encounter with Nothingness*, Chicago IL 1949.
– *Begegnung mit dem Nichts. Ein Versuch über die Existenzphilosophie*, Tübingen 1950.
– *Romano Guardini. Philosoph der Sorge*, St. Ottilien 1987
Karl Lamprecht: *Zwei Reden zur Hochschulreform*, Berlin 1910.
Cedric Larson: "The Council for Democracy", in: *Public Opinion Quarterly* 6/1942, 284–290.
Adolf Lasson: „Deutsche Art und Deutsche Bildung. Rede am 25.9.1914", in: Zentralstelle für Volkswohlfahrt und des Verein für Volkstümliche Kurse von Berliner Hochschullehrern (Hg.): *Deutsche Reden in schwerer Zeit: gehalten von den Professoren an der Universität*, Berlin 1914, 122 f.
Gottfried Wilhelm Leibniz: *Leibniz korrespondiert mit Paris. Einleitung und Übertragung von Gerhard Hess*, Hamburg 1940.
Hans-Joachim Lieber: *Wissen und Gesellschaft: Die Probleme der Wissenssoziologie*, Tübingen 1952.
– „Der deutsche Akademiker als soziologisches Problem", *Veritas – iustitia – libertas. Festschrift zur 200-Jahrfeier der Columbia University New York. Überreicht von der Freien Universität Berlin und der Deutschen Hochschule für Politik*, Berlin 1954, 247–260.
– *Blick zurück: Biographisches zur Hochschulpolitik in Deutschland 1945–1982*, Köln 1982.
– *Die psychische Struktur: Untersuchungen zum Begriff einer Struktur des Seelenlebens bei Dilthey*, Berlin 1945.
– *Feier der Rektoratsübergabe der Freien Universität Berlin am 27. November 1965. Mit der akademischen Festrede von Hans–Joachim Lieber „Ideologie und Aufklärung"*, Berlin 1966.
– *Blick zurück: Biographisches zur Hochschulpolitik in Deutschland 1945–1982. Eine Dokumentation*. Berlin 1989.
Ewa Liesegang; Eva Cassirer; Max Weber-Schäfer (Hg.): *Die Idee einer Schule im Spiegel der Zeit: Festschrift für Paul Geheeb zum 80. Geburtstag und zum 40–jährigen Bestehen der Odenwaldschule* , Heidelberg 1953.
Theodor Litt: *Der Bildungsauftrag der Deutschen Hochschule*, Göttingen 1952.
Richard Lobner: *Bemühungen um ein Studium Universale*, Essen 1960.
Karl Löwith: *Mein Leben in Deutschland vor und nach 1933: ein Bericht*, Stuttgart, 1986.
Hebert Lürs: *Rechenschaftsbericht 1963/1965 des scheidenden Rektors, Feier der Rektoratsübergabe der Freien Universität Berlin am 27. November 1965*, Berlin 1966, 5–19.
Henning Luther: *Hochschule und Bildung. Für ein Geschichtsbewusstsein in der Hochschuldidaktik*, Hamburg 1979.

Haynes R. Mahoney: "Investment in Democracy", in: *Information bulletin*, Feb 1953.
Werner Mahrholz: „Geschichtliche Stellung der Freistudentenschaft", in: Michael Doebel; Otto Scheel; Wilhelm Schlink; Hans Sperl; Eduard Spranger; Hans Bitter (Hg.): *Das akademische Deutschland*, Berlin 1931, 593-598.
Serge Maiwald: „Zum zweiten Jahrgang", in: *Universitas* 2/1/1947.
Johann Wilhelm Mannhardt: „Das Institut für Grenz- und Auslanddeutschtum. Deutsche Burse in Marburg", in: Carl Heinrich Becker (Hg.): *Weltpolitische Bildungsarbeit an Preußischen Hochschulen*, Berlin 1926, 115–123.
Studentenwerk Marburg: *Das Studentenwerk Marburg*, Marburg 1952.
– *Unser Nahziel waren Kartoffelpuffer mit Apfelmus*, Marburg 1996.
Marburger Hochschulgespräche, 12. bis 15. Juni 1946. Referate und Diskussionen, Frankfurt am Main 1947.
Oliver Martin: *Two educators: Hutchins and Conant*, Hinsdale IL 1948.
Dieter Meichsner: *Die Studenten von Berlin*, Hamburg 1954.
Alexander Meiklejohn: *Freedom and the college*, New York 1923.
Friedrich Meinecke: „Die Stimme des Gewissens", in: *Colloquium* 1/1949, 1.
– *Akademischer Lehrer und emigrierte Schüler: Briefe und Aufzeichnungen 1910–1977*, München 2006.
Fritz Menn: *Auf den Straßen des Todes – Leidensweg der Volksdeutschen in Polen*, Leipzig, 1940.
Heinrich G. Merkel: *Darlehnskassen für Studierende in aller Welt. Eine Studie über neue Wege der Finanzierung im Stipendienwesen verschiedener Länder. Unter Mitarbeit von Karl Epting*, Genf/ Berlin/ Leipzig 1932.
Alexander Mitscherlich; Fred Mielke: *Das Diktat der Menschenverachtung. Der Nürnberger Ärzteprozeß und seine Quellen*, Heidelberg 1947.
Karl Müller: „Collegium Gentium", in: Kurt Goldammer (Hg.): *Marburg. Die Philipps-Universität und ihre Stadt*, Marburg 1952, 152–155.
Peter Müller: *Studenten und die neue Universität, Gutachten einer Kommission des Verbandes Deutscher Studentenschaften zur Neugründung Wissenschaftlicher Hochschulen*, Bonn 1962.
– „Studenten gründeten – Studenten regieren. Das Berliner Modell an der Freien Universität Berlin", in: AStA der FU Berlin (Hg.): *Fünfzehn Jahre Freie Universität Berlin*, Berlin 1963, 28–31.
Winfried Müller: „Die Universitäten München, Erlangen und Würzburg nach 1945. Zur Hochschulpolitik in der amerikanischen Besatzungszone", in: Michael Henker; Maximilian Lanzinger, (Hg.): *Landesgeschichte und Zeitgeschichte*, Augsburg 1997, 53–87.
Leonhard Müller: „Das Lebenswerk von Walther Peter Fuchs. Zu seinem Tode am 4. November 1998", in: *Zeitschrift für die Geschichte des Oberrheins (ZGORh)* 148 (NF109)/2000, 385.
Max Black; Arthur E. Murphy: "Liberal Arts in Wartime", in: *The Journal of Higher Education* 14/3/1943, 121–125.
Nachrufe auf Marianus Czerny, Hans Peter, Bruno Liebrucks, Otto Vossler, Wilhelm Krücke, Hermann Hans Sckommodau, Gerhard Müller, Waldemar Wittmann, Andreas Hillgruber, Harald Keller, Walther Lammers, Fritz Neumark: Stuttgart 1992.
Dieter Neidlinger: „Die Höhlen von Schlachtensee", in: AStA FU (Hg.): *50 Jahre FU : Archäologie einer freien Universität*, Berlin 1998, 38–41.
Rolf Neuhaus (Hg.): *Dokumente zur Hochschulreform 1945–1961*, Wiesbaden 1961.
– (Hg.): *Empfehlungen und Denkschriften auf Veranlassung von Ländern in der Bundesrepublik Deutschland in den Jahren 1960–1966*, 1968.
Paul R. Neureiter: "Watch the German Universities. The Responsibility of American Universities in German Rehabilitation", in: *The Journal of Higher Education* 18/4/1946.
Knut Nevermann: „Revolte. Der Muff von tausend Jahren. 1968", in: Uwe Prell; Lothar Wilker (Hg.): *Die Freie Universität Berlin 1948–1968–1988: Ansichten und Einsichten*, Berlin 1988.
John Henry Cardinal Newman: *The Idea of a University. Introduction by George N. Shuster*, Garden City NY 1959.

Ernst Niekisch: „Die Tragödie deutscher Jugend“, in: Ernst Niekisch (Hg.): *Politische Schriften*, Köln 1965, 41–46.

Gerhart Niemeyer: “Review: Germany and Freedom. A Personal Appraisal. by James Bryant Conant”, in: *The Journal of Politics* 21/1/1959, 147–149.

Wolfgang Nitsch (Hg.): Hochschule in der Demokratie, Hochschuldenkschrift des Sozialistischen Deutschen Studentenverbandes (SDS), Berlin 1961.

Peter S. Noble: „British University Education“, in: Chauncy D. Harris; Max Horkheimer (Hg.): *Universität und modern Gesellschaft*, Frankfurt am Main 1959, 15–30.

Herrman Nohl: *Die pädagogische Bewegung in Deutschland und ihre Theorie*, Frankfurt am Main 1935.

Wolfgang Nitsch; Uta Gerhardt; Claus Offe: *Hochschule in der Demokratie: kritische Beiträge zur Erbschaft und Reform der deutschen Universität*, Berlin 1965.

Jürgen Oelkers: „Nach der Reformpädagogik“, *Frankfurter Allgemeine Zeitung*, 15.3.2010

Hubert Ohl: „Hochschule und Studentenwohnheime“, Evangelische Akademie: *Universität neuen Typs?*, Loccum 1962, 133–146.

Julius John Oppenheimer: *The Visiting Teacher Movement. With Special Reference to Administrative Relationships*, New York 1924.

José Ortega y Gasset: *Der Aufstand der Massen*, Hamburg 1956.

Detlef E. Otto: „Das Gespräch 1947–1963: ‚colloquium‘“, in: AStA der Freien Universität Berlin (Hg.): *Fünfzehn Jahre Freie Universität Berlin*, Berlin 1963, 42.

Saul K. Padover: *Experiment in Germany. The Story of an American Intelligence Officer*, New York 1946.

– *Lügendetektor. Vernehmungen im besiegten Deutschland 1944/45*, Frankfurt am Main 1999.

Alice Freeman Palmer: *Why Go to College? An Address*, New York/Boston 1897.

Talcott Parsons: “The Problem of Controlled Institutional Change. An Essay in Applied Social Science”, in: *Psychiatry* 8/1945, 79–101.

– “Edward Yarnall Hartshorne, Jr. 1912–1946”, in: *American Sociological Review* 11/1946, 877–878.

– “The Problem of Controlled Institutional Change. An Essay in Applied Social Science” (1945), in: Uta Gerhardt (Hg.): *Talcott Parsons on National Socialism*, New York 1993, 291–324.

Friedrich Paulsen: *Die deutschen Universitäten und das Universitätsstudium*, Berlin 1902.

Werner Picht: *Stefan George: eine kritische Huldigung*, Heidelberg 1931.

– *Das Schicksal der Volksbildung in Deutschland*, Braunschweig 1950.

– „Universitäts-Ausdehnung und Volkshochschul-Bewegung in England“ (1919), in: Ralf Koerrenz (Hg.): *Wegweisende Werke zur Erwachsenenbildung*, Jena 2007.

Henry P. Pilgert: *The West German Educational System: With Special Reference to the Policies and Programs of the Office of the U.S. High Commissioner for Germany*, 1953.

Helmut Plessner: „Zur Soziologie der modernen Forschung und ihrer Organisation in der Deutschen Universität – Tradition und Ideologie“ (1924) , in: Helmut Plessner: *Diesseits der Utopie. Ausgewählte Beiträge zur Kultursoziologie*, Frankfurt 1974, 132 f.

Noah Porter: *The American Colleges and the American Public*, New Haven CT 1870.

Praktische Hochschulreform: das Convivium Viadrinum Wintersemester 1932/33, Potsdam 1933.

Probleme der deutschen Hochschule. Die Empfehlungen der Hinterzartner Arbeitstagungen im August 1952, Göttingen 1953.

Gustav Radbruch: „Davoser Hochschulkurse“, in: Arthur Kaufmann (Hg.): *Gustav Radbruch. Gesamtausgabe: Politische Schriften aus der Weimarer Zeit II*, Heidelberg 1993, 261–262

Ludwig Raiser: *Bericht des Vorsitzenden über die Arbeit des Wissenschaftsrates 1961–1964*, Bonn 1965.

– *Die Universität im Staat*, Heidelberg 1958.

Friedrich Rau: *Gedanken zur Hochschulentwicklung*, Tübingen 1965.

Ulrich Raulff: „In Marburg waren wir weltberühmt“, *Frankfurter Allgemeine Zeitung*, 24.10. 2010.
Adolf Rein: *Die Idee der politischen Universität*, Hamburg 1932.
Klaus Reineken: „Das Collegium Academicum der Heidelberger Universität“, in: *Diogenes* 1/1946, 36–37.
Ernst Reuter: *Schriften und Reden*, Berlin 1974.
Wilhelm Josef Revers: „Sind die Studenten am Studium Generale interessiert? Bericht über eine Meinungserhebung bei Studenten der Universität Würzburg im Wintersemester 1952/53“, in: *Studium Generale* 7/1955, 459–468.
Richard Rice (Hg.): *College and the Future*, New York/Chicago/Boston 1915.
Werner Richter: *Re–Educating Germany*, Chicago IL, 1945.
Claus Rietzschel: *Freie Universität Berlin, auf die Finger Gesehen*, Berlin 1974.
The Rockefeller Foundation: *Rockefeller Foundation Annual Report 1949*, New York 1949.
– *Rockefeller Foundation Annual Report 1947*, New York 1948.
– *Rockefeller Foundation Annual Report 1948*, New York 1949.
Erich Rominger: „Alfred Nitschke zum Gedächtnis“, in: *Zeitschrift für Kinderheilkunde* 85/1961, 1–6.
Wilhem Röpke: *Kulturideal des Liberalismus*, Frankfurt 1947.
Hans Werner Rothe: *Über die Gründung einer Universität in Bremen. Denkschrift, vorgelegt der Universitätskommission des Senats der Freien Hansestadt Bremen*, Bremen 1961.
August Rucker: *Ziele und Wege des akademischen Studiums. Gedanken zur Reform der Studiengänge*, Heidelberg 1960.
Walter Rüegg: „Über den Wandel in der Deutung der römischen Kultur“, *Neue Zürcher Zeitung*, 30.10.1942.
– „Verteidigung des Humanismus“, *Neue Zürcher Zeitung*, 29.10.1943.
– „Cicero, Deutschland und der europäische Mensch“, *Neue Zürcher Zeitung*, 27.2.1944.
– *Humanismus, Studium Generale und Studia Humanitatis in Deutschland*, Genf, 1954.
– “Humanism and Studium Generale in German Higher Education”, in: *The Journal of General Education* 8/3/1955.
– *Marburger Hochschulgespräche: 1946–1947*, Frankfurt 1967.
– „Das christlich-humanistische Programm des Erasmus von Rotterdam“ (1944), in: Walter Rüegg (Hg.): *Anstöße*, Frankfurt 1973, 29–48.
– „Der Begriff ‚Humanismus‘“ (1944), in: Walter Rüegg (Hg.): *Anstöße*, Frankfurt 1973, 171–175.
– „Die humanistische Lebensform des Gespächs bei Petrarca“ (1944), in: Walter Rüegg (Hg.): *Anstöße*, Frankfurt 1973, 9–28.
– „Die klassischen Studien im heutigen Kulturleben“ (1950), in: Walter Rüegg (Hg.): *Anstöße*, Frankfurt 1973, 198–202.
– „Humanismus und Erotik“ (1945), in: Walter Rüegg (Hg.): *Anstöße*, Frankfurt 1973, 176–180.
– „Römische Satire und humanistisches Gesellschaftsideal“ (1949), in: Walter Rüegg (Hg.): *Anstöße*, Frankfurt 1973, 49–56.
– „Zur Vorgeschichte des marxistischen Humanismusbegriff“ (1950), in: Walter Rüegg (Hg.): *Anstöße*, Frankfurt 1973, 181–197.
Albert Salomon: „Problematik der deutschen Bildung“, in*: Die Gesellschaft. Internationale Revue für Sozialismus und Politik* 9/1/1932, 60–67.
– „Hochschulbildung und Humanismus“ (1938), in: Peter Gostmann; Gerhard Wagner (Hg.): *Albert Salomon Werke, Band 2: Schriften 1934–1942*, Wiesbaden 2008, 153–171.
Eberhard Sander (Hg.): *Alles ändert sich und bleibt wie's immer war: 50 Jahre Maßmannplatz*, München 1999.

Julia Schäfer; Jens Hacke; Marcel Steinbach-Reimann: „Interview mit Hans Mommsen zum Thema: ‚Neubeginn und Entwicklung der deutschen Geschichtswissenschaft in den 1950/60er Jahren'", *H-Soz-u-Kult*, hsozkult.geschichte.hu-berlin.de/beitrag/intervie/hmommsen.htm.

Reinhold Schairer: „Das erste Jahrzehnt des Deutschen Studentenwerks", in: Deutsches Studentenwerk (Hg.): *Deutsches Studentenwerk 1921–1961. Festschrift zum vierzigjährigen Bestehen*, Bonn 1961, 42–62.

Klaus Schaller: *Zur Grundlegung der Einzelwissenschaften bei Comenius und Fichte. Eine Studie zum Problem des Studium Generale*, Köln 1955.

Helmut Schelsky: *Einsamkeit und Freiheit. Zur Sozialen Idee der Deutschen Universität*, Münster 1960.

– *Die skeptische Generation. Eine Soziologie der deutschen Jugend*, Köln/Düsseldorf 1963.

– *Einsamkeit und Freiheit: Idee und Gestalt der deutschen Universität und ihrer Reformen*, Reinbeck 1963.

Jochen Schimmang: *Der schöne Vogel Phönix. Erinnerungen eines Dreißigjährigen*, Frankfurt am Main 1979.

D. F. Schleiermacher: *Gelegentliche Gedanken über Universitäten in deutschem Sinn, nebst einem Anhang über eine neu zu errichtende, Idee der deutschen Universität. Die fünf Grundschriften aus der Zeit ihrer Neubegründung durch klassischen Idealismus und romantischen Realismus*, Darmstadt 1956.

Hans Schmidkunz: „Eine pädagogische Bewegung in Deutschland", in: *Revue franco-allemande/Deutsch-französische Rundschau*, November 1900.

Dietrich Schmidt-Hackenberg: „Freie Universität und Korporationen", in: AStA der Freien Universität Berlin (Hg.): *Fünfzehn Jahre Freie Universität Berlin 1948–1963*, Berlin 1963, 32–34.

Richard Schwarz: „Die Bildungsidee eines ‚Studium generale'", in: *Wissenschaft und Weltbild* 8/1955, 43–51.

– „Studium Generale", in: Deutsches Institut für wissenschaftliche Pädagogik/ Institut für vergleichende Erziehungswissenschaft (Hg.): *Lexikon der Pädagogik*, Freiburg 1955.

Richard Schwarz: *Wissenschaft und Bildung*, Freiburg/München 1957.

James T. Shotwell: "Democracy and Political Morality", in: *Political Science Quarterly* 36/1/1921, 1–8.

George N. Shuster; Arnold Bergstraesser: *Germany. A Short History*, New York 1944.

– *In Amerika und Deutschland*, Frankfurt am Main 1965.

Simplicissimus. Eine satirische Zeitschrift München 1896–1944, Katalog der Ausstellung im Haus der Kunst München 19. November 1977 bis 15. Januar 1978, München 1977.

Upton Sinclair: *The Goose-step. A Study of American Education*, New York 1636.

Vera C. Smith: "The Rationale of Central Banking and the Free Banking Alternative" (1936), Indianapolis 1990.

„So ist aus dem Haus ein Mythos geworden", in: *Ruprecht – Heidelberger Studierendenzeitung* 2/1996.

Friedrich Solmsen: "Review: Hegel's Hellenic Ideal by J. Glenn Gray", in: *The Classical Weekly* 36/9/1942, 101–102.

Lothar Späth: *Ein Politiker, der Notwendiges möglich machte, Abschied von Walter Hallstein. Staatsakt am 2. April 1982 in Stuttgart*, Brüssel 1982, 23–26.

Minna Specht: „Mut zur Lücke. Rede vor dem Landesschulbeirat von Hessen" (1948), in: Hellmut Becker; Willi Eichler; Gustav Heckmann (Hg.): *Erziehung und Politik. Minna Specht zu ihrem 80. Geburtstag*, Frankfurt am Main 1960, 387–399.

– *Gesinnungswandel: Beiträge zur Pädagogik im Exil und zur Erneuerung von Erziehung und Bildung im Nachkriegsdeutschland*, Frankfurt am Main 2005.

Eduard Spranger: „Über den Beruf unserer Zeit zur Universitätsgründung", in: *Die Geisteswissenschaften* 1/1913, 8–12.

– „Über Gefährdung und Erneuerung der deutschen Universität“, in: *Die Erziehung* 5/1929–30, 513–526.
– *Volk – Staat – Erziehung. Gesammelte Reden und Aufsätze*, Leipzig 1932.
– ; Erich Haag: *Der Sinn des Altsprachlichen Gymnasiums in der Gegenwart*, Tübingen 1960.
Statistisches Bundesamt (Hg.): *50 Jahre Wohnen in Deutschland : Ergebnisse aus Gebäude- und Wohnungszählungen, -stichproben, Mikrozensus-Ergänzungserhebungen und Bautätigkeitsstatistiken*, Stuttgart 2000.
Edmund Hugo Stinnes: *Von New York bis Chicago*, Berlin 1929.
Hans Udo Störzer: „Das Collegium Academicum der Universität Heidelberg“, in: *Ruperto Carola* 55-56/1975.
„Studium Generale. Die Oberaudorfer Besprechungen“: in: *Material- und Nachrichtendienst der Arbeitsgemeinschaft Deutscher Lehrerverbände* 4/37/1953, 1–19.
Harald Sudhoff: *Das Studentendorf Schlachtensee: eine Informationsbroschüre des Vereins der Selbstverwaltung des Studentendorfes Schlachtensee*, Berlin–West 1979.
Theodor Suhnel: *Das neue Studentenhaus der Studentenhilfe Münster am Aasee*, Münster 1928.
SWNCC 269. Long-Range Policy Statement for German Re-education, revised and approved by the State-War-Navy Coordinating Committee, 16 May 1946, Washington DC 1946.
Studienstiftung des Deutschen Volkes (Hg.): *Studienreform. Ein Beitrag zur Reform der Universität*, Bonn 1965.
John W. Taylor: *Youth Welfare in Germany*, Nashville TN 1936.
Gerd Tellenbach: „Bericht über die Bedeutung und Möglichkeit eines ‚Studium Generale‘“ (1951), in: Gerd Tellenbach (Hg.): *Der sibyllinische Preis. Schriften und Reden zur Hochschulpolitik 1946–1963*, Freiburg 1963.
Friedrich Tenbruck; Wilhelm Treue (Hg.): *Studium Generale. Bericht über zwei Weilburger Arbeitstagungen*, 1952.
James F. Tent (Hg.): *Academic Proconsul. Harvard Sociologist Edward Y. Hartshorne and the Reopening of German Universities 1945–1946. His Personal Account*, Trier 1998.
Helmut Thielicke: *Die erzieherische Verantwortung der Universität*, Tübingen 1952.
Werner Thieme: „Der Einfluss des Staates auf das Ausbildungsziel der Universitäten“, in: Chauncy D. Harris; Max Horkheimer (Hg.): *Universität und modern Gesellschaft*, Frankfurt am Main 1959, 58–76.
Franz Thierfelder: *Die Deutschen Universitäten heute und morgen. Ein kritischer Beitrag zur Frage der Trennung von Forschung und Lehre sowie zu anderen akademischen Gegenwarts– und Zukunftsaufgaben*, Aachen 1947.
Mark Twain: *A Tramp Abroad*, Hartford CT 1880.
– *Bummel durch Europa*, Berlin 1984.
„Universität vor der Revolte. Diskussionsveranstaltung mit Wolfgang Nitsch“, in: *AZ–Magazin – Hochschulpolitische Reihe* 3/1984, 5–16.
Friedrich Viehbacher: *Doktor Otto Hipp. Oberbürgermeister in einer schweren Zeit, Festvortrag zum Gedenken an die 100. Wiederkehr seines Geburtstages am 26. September 1985, gehalten am Stadtfreiheitstag, den 10. November 1985*, Regensburg 1985.
Heinrich Voggenreiter (Hg.): *Jugend in Freiheit und Verantwortung: der Deutsche Bundesjugendplan*, Bad Godesberg 1961.
Gerhard Wacke; Klaus Vogel; Klaus Tipke (Hg.): *Verfassung, Verwaltung, Finanzen: Festschrift für Gerhard Wacke zum 70. Geburtstag*, Köln 1972.
Martin Wagenschein: *Erinnerungen für morgen. Eine pädagogische Autobiographie*, Weinheim/Basel 1989.
Peter Wapnewski: „Aus dem Collegium Academicum der Universität Heidelberg“, in: *Berichte aus Akademischen Kollegien* 3/1955, 4–5.
Max Weber: *Wirtschaft und Gesellschaft*, Köln/Berlin, 1964.
– *Briefe 1915–1917, Teil 2*, Tübingen 2008.
Hans Weil: *Die Entstehung des deutschen Bildungsprinzips*, Bonn 1930.

Carl Friedrich von Weizsäcker: „Denkschrift über Arbeiten und Ziele des Kongresses für studentische Gemeinschaftserziehung und Studium Generale 1950“ (1951), in: Rolf Neuhaus (Hg.): Dokumente zur Hochschulreform 1945–1961, Wiesbaden 1961.
– „Es ging ihm um die Menschen: Gedenkrede auf Hellmut Becker, gehalten am 18.1.1994 in der Jesus-Christus-Kirche zu Berlin-Dahlem“, *Neue Sammlung: Vierteljahres-Zeitschrift für Erziehung und Gesellschaft* 34/1/1994, 23–25.
Herman B. Wells: „Higher Education Reconstruction in Postwar Germany“, in: Manfred; Heinemann (Hg.): Hochschuloffiziere und Wiederaufbau des Hochschulwesens in Westdeutschland 1945– 1952. Die US–Zone, Hildesheim 1990, 43–52.
Erich Wende: *Grundlagen des preußischen Hochschulrechts*, Berlin 1930.
– *Die Pädagogische Akademie als Hochschule*, Langensalza 1931.
– *C. H. Becker. Mensch und Politiker. Ein biographischer Beitrag zur Kulturgeschichte der Weimarer Republik*, Stuttgart 1959.
Hans Wenke: *Die deutsche Hochschule vor den Ansprüchen unserer Zeit*, Göttingen 1955.
– „Die Neugründung von Universitäten im Aspekt der Deutschen Kultur- und Hochschulpolitik“, Evangelische Akademie: *Universität neuen Typs?*, Loccum 1962, 17–33.
Guy Montrose Whipple (Hg.): *General Education in the American College, Part II*, Bloomington IL 1939.
Jake White: “An Interview with Richard Thomas Alexander, Canton, NC, 4.4.2003”, Center for the Study of War and Society Department of History, Knoxville (Hg.): *Veteran's Oral History Project*, 2003, https://my.tennessee.edu/pls/portal/docs/page/war/war_society/oral/ interview_listing/int_ alexanderr.pdf.
Woodrow Wilson: “What is a College For?” (1909), in: Richard Rice (Hg.): *College and the Future*, New York/Chicago/Boston 1915, 88–106.
Wissenschaftsrat: „Zur Einrichtung von Kollegienhäusern an wissenschaftlichen Hochschulen“, in: Wissenschaftsrat (Hg.): *Anregungen des Wissenschaftsrates zur Gestalt neuer Hochschulen*, Tübingen 1962, 73–87.
– *Empfehlungen zur Neuordnung des Studiums an den Wissenschaftlichen Hochschulen*, Bonn 1966.
Carl Wittke: “Review: Re-Educating Germany by Werner Richter”, in: *Monatshefte für deutschen Unterricht* 37/6/1945, 446–448.
Theobald Ziegler: *Über Universitäten und Universitätsstudium*, Leipzig/Berlin 1913.
Kurt Zierold: *Hochschulprobleme von heute*, Göttingen 1948.
Paul Ziertmann: „Das amerikanische College und die deutsche Oberstufe, eine Frage der Schulorganisation“, *Pädagogisches Archiv: Monatsschrift für Erziehung, Unterricht und Wissenschaft* 51/5, 1909, 225–255.
– „Über das Leben im amerikanischen College“, *Pädagogisches Archiv* 53/3, 1911, 129–162.
– *Pädagogik als Wissenschaft und Professuren der Pädagogik*, Berlin 1914.
– *Das amerikanische College und die deutsche Oberstufe. Eine vergleichend soziologisch-pädagogische Untersuchung nebst einem Vorschlag zur Weiterentwicklung des höheren Schulwesens*, Wiesbaden 1950.
Karl-Heinrich Zimmermann: „Convivium Viadrinum skizziert am 26.07.1965“, in: Rudolf Kneip (Hg.): *Wandervogel–Bündische Jugend 1905–1943. Mit einem Vorwort von Hermann Kügler*, Frankfurt am Main 1967.
Ralf Zünder: *Studentendorf Schlachtensee 1959 bis 1989. Eine Dokumentation*, Berlin 1989.

SEKUNDÄRLITERATUR

Inge Aicher-Scholl: *A Supporter of Education* in: Erika J. Fischer; Heinz-D. Fischer (Hg.): *John J. McCloy: an Architect of postwar Germany*, Frankfurt am Main 1994, 65–72.

Clemens Albrecht, *Günter C. Behrmann, Michael Bock, Harald Homann, Friedrich H. Tenbruck* (Hg.): *Die intellektuelle Gründung der Bundesrepublik: Eine Wirkungsgeschichte der Frankfurter Schule,* Frankfurt am Main/New York 1999.

– „,Das Allerwichtigste ist, dass man die Jugend für sich gewinnt': Die kultur- und bildungspolitische Pläne des Horkheimer–Kreises bei der Remigration", in: Clemens Albrecht, Günter C. Behrmann, Michael Bock, Harald Homann, Friedrich H. Tenbruck (Hg.): *Die intellektuelle Gründung der Bundesrepublik: Eine Wirkungsgeschichte der Frankfurter Schule*, Frankfurt am Main/New York 1999, 97–131.

– *Vom Konsens der 50er Jahre zur Lagerbildung der 60er Jahre: Horkheimers Institutspolitik,* in: Clemens Albrecht, *Günter C. Behrmann, Michael Bock, Harald Homann, Friedrich H. Tenbruck* (Hg.): Die intellektuelle Gründung der Bundesrepublik: Eine Wirkungsgeschichte der Frankfurter Schule, Frankfurt am Main/New York 1999, 132–168.

– (Hrsg.): *Max Horkheimer: Gedanken zur politischen Erziehung der Deutschen: eine Dokumentation*, Wiesbaden 2007.

Hartmut Alphei: „Mitmachen oder Widersetzen? Die Landerziehungsheime in der NS-Zeit", in: Inge Hansen-Schaberg; Bruno Schonig (Hg.): *Landerziehungsheim–Pädagogik*, Hohengehren 2002, 202–249.

Robert Alexy: „Gustav Radbruch (1878–1949)", in: *Christiana Albertina* 58/2004, 47–51.

Jeanne Ellen Amster: *Meritocracy ascendant: James Bryant Conant and the cultivation of talent,* Cambridge MA 1990.

Margaret Lavinia Anderson: *Practicing democracy: elections and political culture in imperial Germany*, Princeton NJ 2000.

Margaret Lavinia Anderson: *Lehrjahre der Demokratie: Wahlen und politische Kultur im Deutschen Kaiserreich*, Stuttgart 2009.

Bernard Andreae: „Friedrich Matz d. J. 1890–1974", in: Reinhard Lullies; Wolfgang Schiering (Hg.): *Archäologenbildnisse. Porträts und Kurzbiographien von Klassischen Archäologen deutscher Sprache*, Mainz 1988, 250–251.

Karl Arndt: *Göttinger Gelehrte*, Göttingen, 2001.

Matthias Asche: „Das ‚große Universitätssterben' in den Jahrzehnten um 1800. Zur Reformbedürftigkeit und Reform(un)fähigkeit deutscher Universitäten im Zeichen von Aufklärung und Utilitarismus", in: Rainer Pöppinghege; Dietmar Klenke (Hg.): *Hochschulreformen früher und heute,* Köln 2011, 25–48.

Mitchell G. Ash (Hg.): *Mythos Humboldt: Vergangenheit und Zukunft der deutschen Universitäten*, Wien/Köln/Weimar 1999.

Harry Scott Ashmore: *Unseasonable Truths: The Life of Robert Maynard Hutchins*, Boston 1989.

Inge Auerbach: *Catalogus professorum Academiae Marburgensis. Die akademischen Lehrer der Philipps–Universität in Marburg*, Marburg, 1979.

Gerhard Aumüller: *Die Marburger Medizinische Fakultät im „Dritten Reich"*, München 2001.

– ; Kornelia Grundmann: "Anatomy during the Third Reich – the Institute of Anatomy at the University of Marburg, as an example", in: *Ann Anat* 184/2002, 295–303.

Wolfram Ax (Hg.): *Memoria rerum veterum. Neue Beiträge zur antiken Historiographie und alten Geschichte. Festschrift für Carl Joachim Classen zum 60. Geburtstag*, Stuttgart 1990.

James Axtell: *The Making of Princeton University. From Woodrow Wilson to the Present*, Princeton NJ/Oxford 2006.

Meike Sophia Baader: *Erziehung als Erlösung: Transformationen des Religiösen in der Reformpädagogik*, München/Weinheim 2005.

John H. Backer: *Die deutschen Jahre des Generals Clay: Der Weg zur Bundesrepublik 1945–1949*, München 1983.

Christophe Baginski: „Frankreichs Universitätspolitik am Beispiel der ‚Affäre Josef Schmid', Freiburg im Breisgau/Mainz 1945–1952, *Jahrbuch für westdeutsche Landesgeschichte* 1996, 353–371.

Andris Barblan: „Von der ‚Universität in Europa' zu den Universitäten Europas", in: Walter Rüegg (Hg.): *Geschichte der Universität in Europa, Band IV: Vom Zweiten Weltkrieg bis zum Ende des 20. Jahrhunderts*, München 2010. 485–508.

Wilfried Barner; Christoph König (Hg.): *Jüdische Intellektuelle und die Philologien in Deutschland: 1871–1933*, Göttingen 2001.

Wilhem Bartmann: *Zwischen Tradition und Fortschritt. Aus der Geschichte der Pharmabereiche von Bayer, Hoechst und Schering von 1935–1975*, Stuttgart 2003.

Olaf Bartz: *Wissenschaftsrat und Hochschulplanung. Leitbildwandel und Planungsprozesse in der Bundesrepublik Deutschland zwischen 1957 und 1975*, Köln 2006.

– *Der Wissenschaftsrat. Entwicklungslinien der Wissenschaftspolitik in der Bundesrepublik Deutschland 1957–2007*, Stuttgart, 2007.

– „Nil sub sole novum? Studienreform in der Bundesrepublik Deutschland seit den 1950er Jahren", in: Antonia Scholkmann; Bianca Roters; Judith Ricken (Hg.): *Hochschulforschung unn Hochschulmanagement im Dialog*, Münster 2008, 103–118.

Steve Batterson: *Pursuit of Genius: Flexner, Einstein, and the Early Faculty at the Institute for Advanced Study*, Wellesley 2006.

Günter Baumann: Dichtung als Lebensform: *Wolfgang Frommel zwischen George-Kreis und Castrum Peregrini*, Würzburg 1995.

Kirsten Bauer: *Hildegard Hamm-Brücher im Gespräch*, Bergisch Gladbach 1996.

Silke Bauer; Peter Saro: „Universitas: Die ersten Jahre 1950 bis 1961", in: Jessica Hoffmann; Helena Seidel; Nils Baratella (Hg.): *Geschichte der Freien Universität Berlin: Ereignisse, Orte, Personen*, Berlin 1988, 55–60.

Arnd Bauerkämper; Konrad H. Jarausch; Marcus M. Payk: „Transatlantische Mittler und die kulturelle Demokratisierung Westdeutschlands 1945–1970", in: Arnd Bauerkämper; Konrad H. Jarausch; Marcus M. Payk (Hg.): *Demokratiewunder*, Göttingen 2005 11–40.

Friedrich Wilhelm Bautz: „Friedrich Heiler", *Biographisch-Bibliographisches Kirchenlexikon (BBKL)*, Hamm 1990, 660–661.

Karen Bayer; Frank Sparing; Wolfgang Woelk (Hg.): *Universitäten und Hochschulen im Nationalsozialismus und in der frühen Nachkriegszeit*, Stuttgart 2004.

Brigitte Behal: *Kontinuitäten und Diskontinuitäten deutschnationaler katholischer Eliten im Zeitraum 1930–1965. Ihr Weg und Wandel in diesen Jahren am Beispiel Dr. Anton Böhms, Dr. Theodor Veiters und ihrer katholischen und politischen Netzwerke*, Wien 2009.

Michael Behal; Friedemann Schmoll (Hg.): *Studium generale, studium sociale, das Leibniz-Kolleg 1948–1998*, Tübingen 1998.

Markus Behmer; Bettina Hasselbring: *Radiotage, Fernsehjahre: Studien zur Rundfunkgeschichte nach 1945*, Münster 2006.

Wolfgang Behringer: „Bauern-Franz und Rassen-Günther. Die politische Geschichte des Agrarhistorikers Günther Franz (1902–1992)", in: Winfried Schulze; Otto G. Oexle (Hg.): *Deutsche Historiker im Nationalsozialismus*, Frankfurt am Main 1999, 114–141.

– „Von Krieg zu Krieg. Neue Perspektiven auf das Buch von Günther Franz ‚Der Dreißigjährige Krieg und das deutsche Volk' (1940)", in: Benigna von Krusenstjern; Hans Medick (Hg.): *Zwischen Alltag und Katastrophe. Der Dreißigjährige Krieg aus der Nähe*, Göttingen 1999, 543–591.

Greg Behrman: *The most noble adventure: the Marshall Plan and the time when America helped save Europe*, New York, 2007.

Dietrich Benner; Herwart Kemper: *Theorie und Geschichte der Reformpädagogik. Bd. 2: Die Pädagogische Bewegung von der Jahrhundertwende bis zum Ende der Weimarer Republik*, Weinheim/Basel 2003, 268–289.

Wolfgang Benz: *Zwischen Hitler und Adenauer. Studien zur deutschen Nachkriegsgesellschaft*, Frankfurt am Main 1991.

Carsten Berger: „Studentendorf Schlachtensee. Ein ganz besonderes Denkmal", in: *AStA-Magazin. 50 Jahre FU. Archäologie einer freien Universität*, Berlin 1998, 37.

Gerhard Berger; Detlev Aurand (Hg.): *Weiland Bursch zu Heidelberg. Eine Festschrift der Heidelberger Korporationen zur 600-Jahr-Feier der Ruperto Carola*, Heidelberg 1986.

Volker R. Berghahn: *America and the Intellectual Cold Wars in Europe: Shepard Stone between philanthropy, academy, and diplomacy*, Princeton NJ 2001.

– *Transatlantische Kulturkriege: Shepard Stone, die Ford–Stiftung und der europäische Antiamerikanismus*, Stuttgart 2004.

– "Awkward Relations. American Perceptions of Europe, European Perceptions of America", in: Alexander Stephan (Hg.): *Americanization and Anti-Americanism*, New York 2005, 238–249.

Fritz von Bergmann: „Die Hilfe der USA für die Freie Universität", in: Siegward Lönnendonker; Tilman Fichter (Hg.): *Freie Universität Berlin 1948–1973, Hochschule im Umbruch, Teil II 1949–1957: Konsolidierung um jeden Preis*, Berlin 1974, 127 f.

Sven Bergmann: „Die Diskussion um die Bildungsreform in der Nachkriegszeit (Georg Picht)", in: Norbert Friedrich; Traugott Jähnichen (Hg.): *Gesellschaftspolitische Neuorientierungen des Protestantismus in der Nachkriegszeit*, Münster 2002, 101–126.

Wilhelm Bernsdorf; Horst Knospe (Hg.): *Internationales Soziologenlexikon*, Stuttgart 1980.

Mark Bernstein: „Arthur Ernest Morgan", in: *American History* 40/2005, 48–76.

John T. Bethell; Richard M. Hunt; Robert Shenton: *Harvard A to Z*, Cambridge MA 2004.

Peter Betthausen; Peter H. Feist; Christiane Fork (Hg.): *Metzler Kunsthistoriker Lexikon*, Stuttgart 1998.

Klaus von Beymer: „Karl Jaspers – Vom philosophischen Außenseiter zum Praeceptor Germaniae", in: Jürgen C. Heß; Hartmut Lehmann; Volker Sellin (Hg.): *Heidelberg 1945*, Stuttgart 1996, 130–148.

Charles D. Biebel: *Politics, pedagogy and statesmanship: James B. Conant and the public schools, 1933–1947*, 1971.

Gert J. J. Biesta; Siebren Miedema: "Dewey in Europe: A Case Study on the International Dimensions of the Turn-of-the-Century Educational Reform", in: *American Journal of Education* 105/1996, 1–26.

Sibylle Birrer: „Salis, Jean Rudolf von (Soglio)", *Historisches Lexikon der Schweiz (HLS)*, Basel 2008, 34.

Stefan Bittner: "German Readers of Dewey – Before 1933 and After 1945", in: *Studies in Philosophy and Education*, 2000, 19, 1, 83–108.

– *Learning by Dewey? John Dewey und die deutsche Pädagogik 1900–2000*, Bad Heilbrunn 2001.

Susanne Bittorf: *„Die Neue Zeitung" im Spiegel Münchner Gesellschaft und Kultur. Eine Fallstudie zur amerikanischen Umerziehungs- und Demokratisierungspolitik in Deutschland 1945–1949*, München 1982.

Thomas E. Blantz: *George N. Shuster: On the Side of the Truth*, Notre Dame 1993.

Rainer S. Blasius: „Der Wilhelmstraßen-Prozess", in: Gerd Ueberschär (Hg.): *Der Nationalsozialismus vor Gericht*, Frankfurt am Main 2000, 187–198.

Wilhelm Bleek: *Geschichte der Politikwissenschaft in Deutschland*, München 2001.

Elisabeth Blochmann: *Herman Nohl in der pädagogischen Bewegung seiner Zeit 1879-1960*, Göttingen 1969.

Christine Blumenberg-Lampe: „Franz Böhm (1895–1977). Vater der Kartellgesetzgebung", in: Günter Günter Buchstab; Brigitte Kaff; Hans-Otto Kleinmann (Hg.): *Christliche Demokraten gegen Hitler*, Freiburg 2004.

Ralph Boch: *Exponenten des ‚akademischen Deutschland' in der Zeit des Umbruchs: Studien zu den Universitätsrektoren der Jahre 1945 bis 1950*, Marburg 2004.

Erich Boehringer: „Die Burse in Göttingen", in: *Robert Boehringer. Eine Freundesgabe*, Tübingen 1957, 53–108.

Fritz Bohnsack: *John Dewey: ein pädagogisches Porträt*, Weinheim 2005.

Erhard Bökelmann (Hg.): *Festschrift für Friedrich Weber zum 70. Geburtstag am 19. Mai 1975*, Berlin 1975.

Béatrice Bonniot: „Von der politischen Bildung zur Politikwissenschaft: Der Beitrag Carl Heinrich Beckers zur Entstehung einer neuen wissenschaftlichen Disziplin“, in: Manfred Gangl (Hg.): *Das Politische: zur Entstehung der Politikwissenschaft während der Weimarer Republik*, Frankfurt am Main 2008. 65–76.

Thomas Neville Bonner: *Iconoclast: Abraham Flexner and a life in learning*, Baltimore Md 2002 .

Manfred Bönsch: „Von der Minister-Becker-Hochschule zum Fachbereich der Universität : Lehrerbildung zwischen Reformpädagogik und Fachorientierung“, in: Hans-Dieter Schmidt (Hg.): *Weltverstehen und gesellschaftlicher Wandel: zur Tradition und Geschichte der Lehrerbildung und der Geistes- und Sozialwissenschaften in Hannover*, Bielefeld 2007, 213–233.

Fritz Borinski: „Zur Geschichte des Leuchtenburgkreises“, in: Fritz Borinski (Hg.): *Jugend im politischen Protest. Der Leuchtenburgkreis 1923–1933–1977*, Frankfurt am Main 1977, 15–97.

– (Hg.): *Jugend im politischen Protest. Der Leuchtenburgkreis 1923–1933–1977*, Frankfurt am Main 1977.

Magdalena Börsig-Hover: *Romano Guardini (1885–1968): Wegbereiter des 21. Jahrhunderts* Frankfurt am Main 2009.

Walter Borst: *Stiftung Volkswagenwerk : „... gefördert von der Stiftung Volkswagenwerk“; 20 Jahre Wissenschaftsförderung, 20 Jahre Forschungsbeispiele aus Berlin*; *Wissenschaftler und Wissenschaftsjournalisten berichten*, Göttingen, 1982.

John W. Boyer: *The "Persistence to keep everlastingly at it": Fund Raising and Philantropy at Chicago in the twentieth Century*, Chicago IL 2004.

– *"We are all Islanders to begin with". The University of Chicago and the World in the late Nineteenth and Twentieth Centuries*, Chicago IL 2007.

Henry Wilkinson Bragdon: *Woodrow Wilson. The academic years*, Cambridge MA 1967.

Harm-Hinrich Brandt: „Studieren im Humboldt`schen Modell des 19. Jahrhunderts“, in: Rainer Christoph Schwinges (Hg.): *Humboldt international*, Basel 2001, 132–150.

Birgit Braun: *Umerziehung in der amerikanischen Besatzungszone: Die Schul- und Bildungspolitik in Württemberg-Baden von 1945 bis 1949*, Berlin/Hamburg/Münster 2004.

Hans Braun; Uta Gerhardt; Everhard Holtmann (Hg.): *Die lange Stunde Null*, Baden-Baden 2007.

Margit Thea Brandl: *Interdisziplinarität: eine ausgewählte Bibliographie zu Interdisziplinarität, Studium generale, Einheit der Wissenschaften und Allgemeinbildung*, Mainz 1996.

Oliver Braun: „Alois Hundhammer (1900–1974). Minister und Landtagspräsident in Bayern“, in: Günter Buchstab; Brigitte Kaff; Hans-Otto Kleinmann (Hg.): *Christliche Demokraten gegen Hitler. Aus Verfolgung und Widerstand zur Union*, Freiburg 2004, 304–311.

Wolfgang Brauner: *Das präreflexive Cogito. Sartres Theorie des unmittelbaren Selbstbewusstseins im Vergleich mit Fichtes Selbstbewusstseinstheorie in den Jenaer Wissenschaftslehren*, München 2004.

Richard Breitman: *U.S. intelligence and the Nazis*, Cambridge 2005.

Bernhard vom Brocke: „Der deutsch-amerikanische Professorenaustausch“, in: *Zeitschrift für Kulturaustausch* 31/1981, 128–182.

– , Hubert Laitko (Hg.): *Die Kaiser-Wilhelm-/Max-Planck-Gesellschaft und ihre Institute. Studien zu ihrer Geschichte: Das Harnack-Prinzip*, Berlin/New York 1996.

– „Die Entstehung der deutschen Forschungsuniversität, ihre Blüte und Krise um 1900“, in: Rainer Christoph Schwinges (Hg.): *Humboldt international*, Basel 2001, 367–401.

Rüdiger vom Bruch: „Abschied von Humboldt? Die deutsche Universität vor dem Ersten Weltkrieg“, in: Karl Strobel (Hg.): Die *deutsche Universität im 20. Jahrhundert*, Vierow 1994, 17–29.

– „Marburger Hochschulgespräche. Vor 50 Jahren“, in: *Forschung & Lehre* 3/7/1996, 382.

– „Friedrich-Wilhelms-Universität Berlin: vom Modell ‚Humboldt‘ zur Humboldt-Universität 1810 bis 1949“, in: Alexander Demandt (Hg.): *Stätten des Geistes : große Universitäten Eu-*

ropas von der Antike bis zur Gegenwart, Köln 1999, 257–278.
– „Ästhetik, Sozial- und Lebensreform. Friedrich Naumanns Projekt der Moderne“, in: Kai Bucholz; Rita Latocha; Hilke Peckmann; Klaus Wolbert (Hg.): *Die Lebensreform. Entwürfe zur Neugestaltung von Leben und Kunst um 1900*, Darmstadt 2001, 91–95.
– „Zur Gründung der Berliner Universität im Kontext der deutschen Universitätslandschaft um 1800“, in: Gerhard Müller; Klaus Ries; Paul Ziche (Hg.): *Die Universität Jena. Tradition und Innovation um 1800*, Stuttgart 2001, 63–77.
– „Der wissenschaftsgläubige Mensch“, in: Hans-Christoph Liess (Hg.): *Bürgerlichkeit, Staat und Kultur im Deutschen Kaiserreich*, Stuttgart 2005, 11–24.
– ; Rebecca Schaarschmidt (Hg.): *Die Berliner Universität in der NS–Zeit, Band II: Fachbereiche und Fakultäten*, Stuttgart 2005.
– „Mit der Fackel der Erkenntnis voran oder Angeführte des Zeitgeistes? Politische Professoren in Deutschland seit 1800“, *Forschung und Lehre*, 9/2005, 468–470.
– „Universitätsreform als Antwort auf die Krise: Wilhelm von Humboldt und die Folgen“, in: Ulrich Sieg; Dietrich Korsch (Hg.): *Die Idee der Universität heute, Academia Marburgensis*, München 2005, 43–56.
– „Ein Gelehrtenleben zwischen Bismarck und Adenauer“, in: Gisela Bock; Daniel Schönpflug (Hg.): *Friedrich Meinecke in seiner Zeit. Studien zu Leben und Werk*, Stuttgart 2006, 9–19.
– ; Christoph Jahr (Hg.): *Studieren in Trümmern: die Wiedereröffnung der Berliner Universität im Januar 1946. Dokumentation einer Ausstellung von Studierenden des Instituts für Geschichtswissenschaften der Humboldt-Universität zu Berlin, 24.1.–11.2.2006*, Berlin 2006.
Steffen Bruendel: *Volksgemeinschaft oder Volksstaat. Die „Ideen von 1914“ und die Neuordnung Deutschlands im Ersten Weltkrieg*, Berlin 2003.
Claudia Bruns: *Politik des Eros. Der Männerbund in Wissenschaft, Politik und Jugendkultur (1880–1934)*, Köln 2008.
– „Metamorphosen des Männerbundes. Vom patriarchalen Vater zum bündisch-dionysischen Führersohn“, in: Dieter Thomä (Hg.): *Vaterlosigkeit – Geschichte und Gegenwart einer fixen Idee*, Berlin 2010, 96–123.
Tobias Bube: *Zwischen Kultur- und Sozialphilosophie: wirkungsgeschichtliche Studien zu Wilhelm Dilthey*, Würzburg 2007.
Heinz Bude: *Deutsche Karrieren. Lebenskonstruktionen sozialer Aufsteiger aus der Flakhelfer-Generation*, Frankfurt am Main 1987.
– „Die biographische Relevanz der Generation“, in: Martin Kohli; Marc Szydlik (Hg.): *Generationen in Familie und Gesellschaft*, Opladen 2000, 19–35.
Matthias Bühnen; Rebecca Schaarschmidt: „Studierende als Täter und Opfer bei der NS–Machtübernahme an der Berliner Universität“, in: Rüdiger vom Bruch (Hg.): *Die Berliner Universität in der NS-Zeit. Bd. I: Strukturen und Personen*, Stuttgart 2005, 143–158.
Karl-Ernst Bungenstab: *Umerziehung zur Demokratie? Re-education-Politik im Bildungswesen der US-Zone 1945–1949*, Düsseldorf 1970.
Robert G. Burgess (Hg.): *Howard Becker on education*, Toronto 1995.
Barbara Burkhardt–Reich: *Der Blick über den Tellerrand: zur Konzeption und Durchführung eines „Studium Generale“ an Fachhochschulen*, Pforzheim 2000.
Kai Burkhardt: *Adolf Grimme (1889–1963): Eine Biografie*, Köln 2007.
Holger Burckhart; Jürgen Sikora (Hg.): *Praktische Philosophie – Philosophische Praxis*, Darmstadt 2005.
Florian Butollo; Philipp Kufferath; Jan Schalauske: *40 Jahre 1968: Die Rolle des SDS. Eine Organisation in Bewegung*, Hamburg 2008.
William J. Buxton: “John Marshall and the Humanities in Europe: Shifting Patterns of Rockefeller Foundation Support”, in: *Minerva* 41/2003, 133–153.
Pablo Campos Calvo-Sotelo: *The journey of utopia: the story of the first American style campus in Europe*, New York 2006.

Christophe Charle: „Grundlagen“, in: Walter Rüegg (Hg.): *Geschichte der Universität in Europa, Band III: Vom 19. Jahrhundert zum Zweiten Weltkrieg (1800–1945)*, München 2004, 43–82.
– ; Jürgen Schriewer; Peter Wagner (Hg.): *Transnational Intellectual Networks. Forms of Academic Knowledge and the Search for Cultural Identities*, Frankfurt am Main 2004.
Alston Chase: “The rise and fall of general education: 1945–1980”, *Academic Questions* 6/2007, 21–36.
Jai-Jeong Choi: *Reformpädagogik als Utopie: der Einheitsschulgedanke bei Paul Oestreich und Fritz Karsen*, Münster 2004.
Günter Christmann: „Prof. Dr. Karl Heinrich Bauer: Chirurg – Krebsforscher – Gegner des Nationalsozialismus“, in: *Bubenreuther Zeitung* 3/2005, 1–3.
Stanley Cohen: *The Execution of Officer Becker; The Murder of a Gambler, the Trial of a Cop, and the Birth of Organized Crime*, New York 2006.
Helmut Coing (Hg.): *Wissenschaftsgeschichte seit 1900: 75 Jahre Universität Frankfurt*, Frankfurt am Main 1992.
Eckart Conze; Ulrich Schlie; Harald Seubert (Hg.): *Geschichte zwischen Wissenschaft und Politik: Festschrift für Michael Stürmer zum 65. Geburtstag*, Baden-Baden 2003.
Annemarie Cordes: „Nachruf Dr. Hans Deichmann (1907–2004)“, in: Kreisau-Initiative Berlin e.V. – Stiftung Kreisau für europäische Verständigung: *Jahresrundbrief* 2004, 43–44.
Carl Dahlhaus; Sieghart Döhring (Hg.): *Pipers Enzyklopädie des Musiktheaters*, Bd. 5, München 1994.
Mike Dash: *Satan's Circus: Murder, Vice, Police Corruption and New York's Trial of the Century*, New York 2007.
Corinne Defrance: „La sélection des nouvelles élites dans les universités de l'Allemagne occupée, 1945–1949“, in: Ilja Mieck; Pierre Guillen (Hg.) : *Nachkriegsgesellschaften in Deutschland und Frankreich im 20. Jahrhundert = Société d'après-guerre en France et en Allemagne au 20e siècle*, München 1998, 223–232.
– „Die Westalliierten als Hochschulreformatoren (1945–1949): Ein Vergleich“, in: Andreas Franzmann; Barbara Wolbring (Hg.): *Zwischen Idee und Zweckorientierung*, Berlin 2007, 35–46.
Martin Dehli: *Leben als Konflikt. Zur Biographie Alexander Mitscherlichs*, Göttingen 2007.
Eberhard Demm: *Von der Weimarer Republik zur Bundesrepublik. Der politische Weg Alfred Webers 1920–1958*, Düsseldorf 1999.
– *Geist und Politik. Gesammelte Aufsätze zu Alfred Weber*, Frankfurt/Berlin 2000.
– (Hg.): *Alfred Weber. Politik im Nachkriegsdeutschland*, Marburg 2001.
Heinrich Denifle: *Die Entstehung der Universitäten des Mittelalters bis 1400*, Berlin 1885.
Ralph Dietl; Franz Knipping (Hg.): *Begegnung zweier Kontinente. Die Vereinigten Staaten und Europa seit dem Ersten Weltkrieg*, Trier 1999.
Anselm Doering-Manteuffel: *Wie westlich sind die Deutschen? Amerikanisierung und Westernisierung im 20. Jahrhundert*, Göttingen 1999.
Gerd Doerry: „Politische Erwachsenenbildung unter den Bedingungen der Nachkriegszeit – Fritz Borinskis Wirken 1942–1956“, in: Peter Drewek; Klaus-Peter Horn; Christa Kersting; Heinz-Elmar Tenorth (Hg.): *Ambivalenzen der Pädagogik*, Weinheim 1995, 237–258.
Robert Döpp: *Jenaplan-Pädagogik im Nationalsozialismus. Ein Beitrag zum Ende der Eindeutigkeit*, Münster/Hamburg/London 2003.
Siegmar Döpp (Hg.): *Antike Rhetorik und ihre Rezeption. Symposion zu Ehren von Professor Dr. Carl Joachim Classen D. Litt. Oxon. am 21. und 22. November 1998 in Göttingen*, Stuttgart 1999.
Heiko Drescher: *Genese und Hintergründe der Demonstrationsstrafrechtsreform von 1970 unter Berücksichtigung des geschichtlichen Wandels der Demonstrationsformen*, Düsseldorf 2005.
Peter Drewek (Hg.): *Ambivalenzen der Pädagogik: zur Bildungsgeschichte der Aufklärung und des 20. Jahrhunderts; Harald Scholtz zum 65. Geburtstag*, Weinheim 1995.

– „Eduard Spranger (1882–1963)", in: Heinz-Elmar Tenorth (Hg.): *Klassiker der Pädagogik*, München 2003, 137–151.
– "The Inertia of Early German-American Comparisons: American Schooling in the German Educational Discourse, 1860–1930", Christophe Charle, Jürgen Schriewer, Peter Wagner: *Transnational Intellectual Networks. Forms of Academic Knowledge and the Search for Cultural Identities*, Frankfurt am Main 2004, 225–268, 239 f.
– ; Eckhardt Fuchs; Michael Zimmer-Müller: „Internationale Rezeption in pädagogischen Zeitschriften im deutsch-amerikanischen Vergleich 1871-1945/50", Christian Ritzi (Hg.) : *Bestandsverzeichnisse zur Bildungsgeschichte* 14, Berlin 2010.
– „Abbau herkunftsbedingter Bildungsungleichheit – Expansionseffekte, neue Polarisierungen, ambivalente Innovationen", in: Edwin Keiner et al. (Hg.): *Metamorphosen der Bildung: Historie – Empirie – Theorie*, Bad Heilbrunn 2011, 253–268.
Pierre Ducrey: *Jean Rudolf von Salis, die Intellektuellen und die Schweiz = Jean Rodolphe de Salis, les intellectuels et la Suisse*, Zürich 2003.
Werner Durth; Niels Gutschow; Heinrich Klotz (Hg.): *Träume in Trümmern: Planungen zum Wiederaufbau zerstörter Städte im Westen Deutschlands, 1940–1950*, Braunschweig 1988.
Mary Ann Dzuback: *Robert M. Hutchins: Portrait of an Educator*, Chicago/London 1991.
Roland Eckert: *Lebensverhältnisse Jugendlicher: zur Pluralisierung und Individualisierung der Jugendphase*, München 1990.
Florian Ehrensperger: „‚Bricht schon herein die neue beßre Welt.' Geschichtsphilosophie im ‚ältesten Systemprogramm des deutschen Idealismus' und Hölderlins Ideal einer Volkserziehung", *Sic et Non – Forum for Philosophy and Culture*, http://www.cogito.de/sicetnon/artikel/historie/hoelderlin.htm, Aufruf am 10.10.2010.
Klaus Eisele, Rolf-Ulrich Kunze: *Mitverschwörer – Mitgestalter. Der 20. Juli im deutschen Südwesten,* Konstanz 2004.
Rainer Eisfeld: *Streitbare Politikwissenschaft: Studien zu Demokratisierung, politischer Kultur und wissenschaftlicher Verantwortung*, Baden–Baden 2006.
Rolf Elker: „Die Abwahl des AStA-Vorsitzenden Eberhard Diepgen. Ein Stück FU-Geschichte", in: *AZ-Magazin – Hochschulpolitische Reihe* 1, Konservative Hochschule, 1984, 28–30.
Dagmar Ellerbrock: *"Healing Democracy" – Demokratie als Heilmittel. Gesundheit, Krankheit und Politik in der amerikansichen Besatzungszone 1945–1949*, Bonn 2004.
Knut Engeler: *Geschichtsunterricht und Reformpädagogik*, Berlin 2009.
Dietrich von Engelhardt; Horst-Jürgen Gerigk (Hg.): *Karl Jaspers im Schnittpunkt von Zeitgeschichte, Psychopathologie, Literatur und Film*, Heidelberg 2009.
Moritz Epple: *Kurt Reidemeister (1893–1971). Kombinatorische Topologie und exaktes Denken, Die Albertus–Universität zu Königsberg und ihre Professoren*, Berlin 1995, 566–575.
Ottmar Ette (Hg.): *Werner Krauss. Wege, Werke, Wirkungen*, Berlin 1999.
John Farley: *To cast out disease: a history of the International Health Division of the Rockefeller Foundation (1913–1951)*, New York 2004.
Werner Faulstich: *Die Kultur der fünfziger Jahre*, München 2002.
Anselm Faust: *Studenten und Nationalsozialismus in der Weimarer Republik: Der Nationalsozialistische Deutsche Studentenbund*, Düsseldorf 1973.
Patricia Fedler: *Anfänge der staatlichen Kulturpolitik in Hessen nach dem Zweiten Weltkrieg, 1945–1955*, Wiesbaden 1993.
Hildegard Feidel-Mertz, Karl-Christoph Lingelbach: „Gewaltsame Verdrängung und prekäre Kontinuität. Zur Entwicklung der wissenschaftlichen Pädagogik in Frankfurt am Main vor und nach 1933", *Zeitschrift für Pädagogik*, 40/5/1994, 707–726.
Wolfram Fischer (Hg.): *Exodus von Wissenschaften aus Berlin: Fragestellungen – Ergebnisse – Desiderate; Entwicklungen vor und nach 1933*, Berlin/New York 1994.
– ; unter Mitarb. von Rainer Hohlfeld; Peter Nötzoldt (Hg.): *Die Preußische Akademie der Wissenschaften zu Berlin 1914–1945*, Berlin 2000.

Helmut Fogt: *Politische Generationen. Empirische Beobachtung und theoretisches Modell*, Opladen 1982.

Andreas Franzmann; Barbara Wolbring (Hg.): *Zwischen Idee und Zweckorientierung. Vorbilder und Motive von Hochschulreformen seit 1945*, Berlin 2007.

Tobias Freimüller: *Alexander Mitscherlich: Gesellschaftsdiagnosen und Psychoanalyse nach Hitler*, Göttingen 2007.

André Freter: *Präparation und Registrierung: Günther Ludwigs Neubegründung der Quantenmechanik*, Kiel 2004.

Ute Frevert: „1974 bis 2009: Qualität und Fantasie, ein immerwährendes Projekt", in: Peter Gruss; Gunnar Klack; Matthias Seidel (Hg.): *Fehling+Gogel*, Berlin 2009, 39–42.

Konstantin von Freytag-Loringhoven: „Der universitäre Erziehungsauftrag im Collegium Academicum: Annahme und Abwehr fremder Reformideen an der Universität Heidelberg 1945", in: Asta von Schröder; Christoph Jamme (Hg.): *Einsamkeit und Freiheit. Zum Bildungsauftrag der Universität im 21. Jahrhundert*, Paderborn 2011. 83–102.

– „Kollegienhäuser als Orte der universitären Erziehung. Gescheiterte Reformbestrebungen in der unmittelbaren Nachkriegszeit", in: Rainer Pöppinghege; Dietmar Klenke (Hg.): *Hochschulreformen früher und heute. Zwischen Autonomie und gesellschaftlichem Gestaltungsanspruch*, Köln 2011, 116–128.

Willem Frijhoff: „Grundlagen", in: Walter Rüegg (Hg.): *Geschichte der Universitäten in Europa. Von der Reformation zur Französischen Revolution (1500–1800)*, München 1996. 53–104.

Christoph Führ: *Zur Schulpolitik der Weimarer Republik: die Zusammenarbeit von Reich und Ländern im Reichsschulausschuß (1919–1923) und im Ausschuß für das Unterrichtswesen (1924–1933)*, Weinheim 1972.

Marco Fuhrländer: „José Ortega y Gasset", in: Joachim Kaiser (Hg.): *Das Buch der 1.000 Bücher. Autoren, Geschichte, Inhalt und Wirkung*, Dortmund 2002, 830 f.

Andreas E. Furtwängler: „Friedrich Matz", *Neue Deutsche Biographie (NDB)*, Berlin 1990, 419 f.

Karl-Heinz Füssl: Zwischen NS-Traumatisierung und Demokratie: Die Erziehungspolitik der USA in der deutschen Nachkriegsgeschichte (1945–1952), in: *Paedagogica Historica* 33 1, 1997, 221–246

Lothar Gall: *Unternehmen im Nationalsozialismus*, München 1998.

Jacques Gandouly: „La réponse à la défaite dans le système éducatif en France et en Allemagne après 1870 et 1918: Jules Ferry et Carl Heinrich Becker", in: Ilja Mieck; Pierre Guillen (Hg.): *Nachkriegsgesellschaften in Deutschland und Frankreich im 20. Jahrhundert = Société d'après-guerre en France et en Allemagne au 20e siècle*, München 1998, 145–159.

Manfred Gangl (Hg.): *Das Politische: zur Entstehung der Politikwissenschaft während der Weimarer Republik*, Frankfurt 2008.

Thomas Gatzemann (Hg.): *Geisteswissenschaftliche Pädagogik, Krieg und Nationalsozialismus: kritische Fragen nach der Verbindung von Pädagogik, Politik und Militär*, Frankfurt am Main 2004.

Roger R. Geiger: *To Advance Knowledge. The Growth of American Research Universities, 1900–1940*, New York 1986.

Gert Geißler: *Schulgeschichte in Deutschland. Von den Anfängen bis zur Gegenwart*, Frankfurt am Main 2011.

Giuliana Gemelli (Hg.): *The "Unacceptables": American foundations and Refugee Scholars between the two Wars and after*, Brüssel/New York 2000.

Burkhard Freiherr von Gemmingen: „Heidelberger Kreis im PC", in: Gerhard Berger; Detlev Aurand (Hg.): *Weiland Bursch zu Heidelberg. Eine Festschrift der Heidelberger Korporationen zur 600-Jahr-Feier der Ruperto Carola*, Heidelberg 1986. 227–229.

Werner E. Gerabek (Hg.): *Enzyklopädie Medizingeschichte*, Berlin/New York 2004.

Paul Gerbod: „Ausstattung, Finanzierung, Organisation", in: Walter Rüegg (Hg.): *Geschichte der Universität in Europa, Band III: Vom 19. Jahrhundert zum Zweiten Weltkrieg (1800–1945)*, München 2004, 97–112.

Uta Gerhardt: "Talcott Parsons' Sociology of National Socialism", in: Uta Gerhardt (Hg.): *Talcott Parsons On National Socialism*, New York 1993, 15–18.

– „Die Amerikanischen Militäroffiziere und der Konflikt um die Wiedereröffnung der Universität Heidelberg 1945–1946", in: Jürgen C. Heß (Hg.): *Heidelberg 1945*, Stuttgart 1996, 28–52.

– "Talcott Parsons and the Transformation of German Society at the End of World War II", in: *European Sociological Review* 12/3/1996, 303–325.

– *Talcott Parsons. An Intellectual Biography*, Cambridge 2002.

– „Von der Potsdamer Konferenz zum Marshallplan: Vorgeschichte und Folgen des Longe Range Policy Statement on German Reeducation", in: Manfred Berg; Philipp Gassert (Hg.): *Deutschland und die USA in der internationalen Geschichte des 20. Jahrhunderts*, Stuttgart 2004, 381–406.

– „Die Wiederanfänge der Soziologie nach 1945 und die Besatzungsherrschaft", in: Bettina Franke; Kurt Hammerich (Hg.): *Soziologie an deutschen Universitäten: gestern – heute – morgen*, Wiesbaden 2006, 31–114.

– *Denken der Demokratie: die Soziologie im atlantischen Transfer des Besatzungsregimes. Vier Abhandlungen*, Stuttgart 2007.

– *Soziologie der Stunde Null – Zur Gesellschaftskonzeption des amerikanischen Besatzungsregimes in Deutschland 1944–1945/46*, Frankfurt am Main 2005.

Yvonne Gerz: *Die Situation der Medizinischen Fakultät. Marburg in der Nachkriegszeit: 1945–1950*, Marburg 2008.

Hermann Giesecke: Hitlers *Pädagogen: Theorie und Praxis nationalsozialistischer Erziehung*, Weinheim 1993.

Berhard Giesen: „Ungleichzeitigkeit, Erfahrung und der Begriff der Generationen", in: Andreas Kraft; Mark Weißhaupt (Hg.): *Generation: Erfahrung – Erzählung – Identität*, Konstanz 2009, 191–216.

Geoffrey J. Giles: "Oxbridge in Jackboots? The Attraction of Oxford and Cambridge for University Reformers in National Socialist Germany", in: Sándor Komlósi (Hg.): *History of International Relations in Education*, Pécs 1987, 192–201.

– "Self–Help in the Search for Democracy in Heidelberg", in: Jürgen C. Heß (Hg.): *Heidelberg 1945*, Stuttgart 1996, 73–81.

– "Reeducation at Heidelberg University", in: *Paedagogica Historica* 33/1/1997, 201–219.

Sheridan Gilley: *Newman and his age*, London 1990.

Veronika Goebel: „Das Institut für Tierzucht der Universität München", in: Elisabeth Kraus (Hg.): *Die Universität München im Dritten Reich*, München 2008, 265–330.

Peter Goergen: *Willi Graf. Ein Weg in den Widerstand*, St. Ingberg 2009.

Dietrich Goldschmidt; Ulrich Teichler; Wolff-Dietrich Webler (Hg.): *Forschungsgegenstand Hochschule: Überblick und Trendbericht*, Frankfurt am Main 1984.

Peter Eli Gordon: *Rosenzweig and Heidegger: between Judaism and German philosophy*, Berkeley/London 2003.

– "Continental Divide: Ernst Cassirer and Martin Heidegger at Davos, 1929 – an Allegory of Intellectual History", *Modern Intellectual History* 1/2004, 219–248.

– *Continental Divide: Heidegger, Cassirer, Davos*, Cambridge MA 2010.

Klaus Gottstein: „Die Akademische Burse zu Göttingen und ihr Gründer Erich Boehringer", Rede am 1.10.2009 in der Akademischen Burse zu Göttingen, in: Freundeskreis der Akademischen Burse e.V.: *Über die Akademische Burse,* http://burse.goe.net/, Göttingen 2009.

Johannes Graul: „Jüdisches Erbe und christliche Religiosität. Die Familiengeschichte als prägendes Moment in der Biographie des Religionswissenschaftlers Joachim Wach (1898–1955)", in: Stephan Wendehorst (Hg.): *Bausteine einer jüdischen Geschichte der Universität Leipzig*, Leipzig 2006, 287–304.

Lieve Grevers; Louis Vos: „Studentische Bewegung“, in: Walter Rüegg (Hg.): *Geschichte der Universität in Europa, Band III: Vom 19. Jahrhundert zum Zweiten Weltkrieg (1800–1945)*, München 2004, 227–302.

Rupert Grill: *Wegbereiter einer erneuerten Moraltheologie. Impulse aus der deutschen Moraltheologie zwischen 1900 und dem II. Vatikanischen Konzil*, Fribourg/Freiburg/Wien 2008.

Dieter Grimm (Hg.): *25 Jahre Wissenschaftskolleg zu Berlin 1981–2006*, Berlin 2006.

Robert T. Grimm (Hg.): *Notable American philanthropists: biographies of giving and volunteering*, Westport Conn 2002.

Kathrin Groh: *Demokratische Staatsrechtslehrer in der Weimarer Republik. Von der konstitutionellen Staatslehre zur Theorie des modernen demokratischen Verfassungsstaats*, Tübingen 2010.

Carola Groppe: „Stefan George, der George-Kreis und die Reformpädagogik zwischen Jahrhundertwende und Weimarer Republik“, in: Bernhard Böschenstein; Jürgen Egyptien; Bertram Schefolf; Wolfgang Graf Vitzthum (Hg.): *Wissenschaftler im George-Kreis*, Berlin 2005, 311–328.

Bernd Grün: „Die Radikalisierung der Studentenschaft in der Weimarer Republik und der Wehrsport 1930–1935“, in: Bernd Martin (Hg.): *550 Jahre Albert-Ludwigs-Universität Freiburg. Festschrift, Band. 3: Von der badischen Landesuniversität zur Hochschule des 21. Jahrhunderts*, Freiburg 2007. 308–330.

– „Die Vereine Deutscher Studenten in der Kameradschaftszeit“, in: Marc Zirlewagen (Hg.): *125 Jahre Vereine Deutscher Studenten: 1881–2006*, Bad Frankenhausen 2006, 99–124.

Peter Gruss; Gunnar Klack; Matthias Seidel (Hg.): *Fehling+Gogel. Die Max-Planck-Gesellschaft als Bauherr der Architekten Hermann Fehling und Daniel Gogel*, Berlin 2009.

Michael Grüttner: *Studenten im Dritten Reich*, Paderborn/München/Wien/Zürich 1995.

Harald Guldin: *Die Bundesrepublik Deutschland auf dem Weg zur souveränen Gleichberechtigung*, Frakfurt am Main, 1990.

Eduard Güntz: „Georg Hohmann“, in: *Neue Deutsche Biographie (NDB)*. Band 9, Berlin 1972, 507 f.

Peter Gutjahr-Löser; Dieter Schulz; Heinz-Werner Wollersheim (Hg.): *Theodor-Litt-Jahrbuch 3*, Leipzig 2003.

Hagen, William W.: *German History in Modern Times. Four Lives of the Nation*, Cambridge 2012.

Ernst Haiger: „Politikwissenschaft und Auslandswissenschaft im ‚Dritten Reich‘ – (Deutsche) Hochschule für Politik und Auslandswissenschaftliche Fakultät der Berliner Universität 1940–1945“, in: Gerhard Göhler; Bodo Zeuner (Hg.): *Kontinuitäten und Brüche in der deutschen Politikwissenschaft*, Baden–Baden 1991, 94–136.

Albert Henry Halsey: „Der Zugang zur Universität“, in: Walter Rüegg (Hg.): *Geschichte der Universität in Europa, Band IV: Vom Zweiten Weltkrieg bis zum Ende des 20. Jahrhunderts*, München 2010. 191–217.

Notker Hammerstein: *Die Johann-Wolfgang-Goethe-Universität Frankfurt am Main: von der Stiftungsuniversität zur staatlichen Hochschule, Teil 1: 1914–1950*, Frankfurt am Main 1989.

– „Das Beispiel Frankfurt am Main“, in: Karl Strobel (Hg.): *Die deutsche Universität im 20. Jahrhundert: die Entwicklung einer Institution zwischen Tradition, Autonomie, historischen und sozialen Rahmenbedingungen*, Vierow bei Greifswald 1994, 89–96.

– „Der Wiederbeginn der philosophischen Fakultät 1946: allgemeine Vorraussetzungen und das Beispiel Frankfurt am Main“, in: Frank Fürbeth (Hg.): *Zur Geschichte und Problematik der Nationalphilologien in Europa: 150 Jahre Erste Germanistenversammlung in Frankfurt am Main (1846–1996)*, Tübingen 1999, 569–577.

– „Universitäten in Kaiserreich und Weimarer Republik und der Antisemitismus“, in: Wilfried Barner; Christoph König (Hg.): *Jüdische Intellektuelle und die Philologien in Deutschland: 1871–1933*, Göttingen 2001, 25–34.

– „Walter Hallstein: Mitbegründer und Verfechter einer demokratischen Universitätslandschaft in der Bundesrepublik“, in: *Forschung Frankfurt* 19/2001, 65–67.
– „Universitäten und Kriege im 20. Jahrhundert“, in: Walter Rüegg (Hg.): *Geschichte der Universität in Europa, Band III: Vom 19. Jahrhundert zum Zweiten Weltkrieg (1800–1945)*, München 2004. 515–546.
– „‚Ein Ort bundesweit beachteter Vorfälle‘: Einblicke in die bewegte Frankfurter Universitätsgeschichte zwischen 1946 und 1972“, in: *Forschung Frankfurt* 27/3/2009, 100–103.
– *Die Johann Wolfgang Goethe-Universität Frankfurt am Main. Band 1: Von der Stiftungsuniversität zur staatlichen Hochschule. 1914–1950*, Göttingen 2011.
– *Die Johann Wolfgang Goethe-Universität Frankfurt am Main. Band 2: Nachkriegszeit und Bundesrepublik. 1945–1972*, Göttingen 2011.

Paul Y. Hammond: “Directives for the Occupation of Germany: The Washington Controversy”, in: Harold Stein (Hg.): *American Civil-Military Decisions. A Book of Case Studies*, Birmingham AL 1963.

Inge Hansen-Scharberg; Bruno Schonig: Landerziehungsheim–Pädagogik, Basiswissen Pädagogik: Reformpädagogische Schulkonzepte, Band II, Hohengehren 2002.
– „Demokratie und Erfahrungsorientierung bei Fritz Karsen (1885–1951)“, in: Astrid Kaiser; Detlef Pech, (Hg.): *Geschichte und historische Konzeptionen des Sachunterrichts*, Baltmannsweiler 2004, 135–138.
– (Hg.): *Die Praxis der Reformpädagogik. Dokumente und Kommentare zur Reform der öffentlichen Schulen in der Weimarer Republik*, Bad Heilbrunn 2004.
– ; Bruno Schonig (Hg.): *Jenaplan-Pädagogik, Basiswissen Pädagogik: Reformpädagogische Schulkonzepte, Band III*, Hohengehren 2007.
– ; Bruno Schonig (Hg.): *Reformpädagogik – Geschichte und Rezeption, Basiswissen Pädagogik: Reformpädagogische Schulkonzepte, Band I*, Hohengehren 2007.

Dieter Hattrup: *Carl Friedrich von Weizsäcker. Physiker und Philosoph,* Darmstadt 2004.

Wolfgang Hartwig: „Krise der Universität, studentische Reformbewegung (1750–1819) und die Sozialisation der jugendlichen deutschen Bildungsschicht“, in: *Geschichte und Gesellschaft* 11/1985, 155–176.
– „Sozialverhalten und Wertewandel der jugendlichen Bildungsschicht im Übergang zur bürgerlichen Gesellschaft (17.–19. Jahrhundert)“, in: *Vierteljahresheft für Sozial- und Wirtschaftsgeschichte* 73/1986, 305–335.
– (Hg.): *Utopie und politische Herrschaft im Europa der Zwischenkriegszeit*, München 2003.

Hessisches Hauptstaatsarchiv (Hg.): *Unsere Aufgabe heißt Hessen – Georg August Zinn, Ministerpräsident 1950–1969*, Wiesbaden 2001.

Frank-Rutger Hausmann: *Anglistik und Amerikanistik im „Dritten Reich“*, Frankfurt am Main 2003.

Hugh Hawkins: *Between Harvard and America. The Educational Leadership of Charles W. Eliot*, Oxford/ New York 1973.

Wolfgang Hecker; Joachim Klein; Hans Karl Rupp (Hg.): *Politik und Wissenschaft: 50 Jahre Politikwissenschaft in Marburg*, Münster 2001.

Andreas Hedwig; Gerhard Menk (Hg.): *Erwin Stein (1903–1992). Politisches Wirken und Ideale eines hessischen Nachkriegspolitikers*, Marburg 2004.

Dörte Helling: „Der erste Göttinger Studentenwohnheimbau nach dem Zweiten Weltkrieg: die ‚Akademische Burse‘ von Diez Brandi“, *Göttinger Jahrbuch* 55/2007, 187–212.

Manfred Heinemann: *Umerziehung und Wiederaufbau. Die Bildungspolitik der Besatzungsmächte in Deutschland und Österreich*, Stuttgart 1981.
– (Hg.): *Süddeutsche Rektorenkonferenzen 1945–1948. Teil 2*, Hildesheim 1990.
– (Hg.); Ullrich Schneider (Mitarb.): *Hochschuloffiziere und Wiederaufbau des Hochschulwesens in Westdeutschland 1945–1952. Die US–Zone*, Hildesheim 1990.

– (Hg.): *Vom Studium generale zur Hochschulreform. Die „Oberaudorfer Gespräche" als Forum gewerkschaftlicher Hochschulpolitik 1950–1968*, Bearbeitet von Peter Chroust unter Mitarbeit von Christian Eggers, Berlin 1996.

– (Hg.): *Süddeutsche Hochschulkonferenzen 1945–1949. Bearbeitet von Klaus-Dieter Müller; Michael Reinbold und Thomas Heerich*, Berlin 1997.

– „Emigranten, Remigranten und ihr Beitrag zur Erneuerung von Schul- und Hochschulverfassungen in der Nachkriegszeit", in: Claus-Dieter Krohn; Martin Schumacher (Hg.): *Exil und Neuordnung. Beiträge zur verfassungspolitischen Entwicklung in Deutschland nach 1945*, Düsseldorf 2000, 377–400.

Dörte Helling: *Die ‚Akademische Burse' in Göttingen und der Studentenwohnheimbau in den ersten Nachkriegsjahren*, Magisterarbeit, Göttingen 2004.

Matthias von Hellfeld: *Bündische Jugend und Hitlerjugend. Zur Geschichte von Anpassung und Widerstand 1930–1939*, Köln 1987.

Josef Henke; Klaus Oldenhage: "Office of Military Government for Germany (US)", in: Christoph Weisz (Hg.): *OMGUS-Handbuch*, München 1994, 1–142.

Klaus-Dietmar Henke: *Die amerikanische Besetzung Deutschlands*, München 1995.

Felicitas Hentschke: *You owe it to yourself, Demokratisierung als Ziel der amerikanischen Besatzungspolitik in Deutschland und Japan, 1943–1947*, Berlin/Hamburg/Münster 2001.

Ulrich Herbert: *Best. biographische Studien über Radikalismus, Weltanschauung und Vernunft, 1903–1989*, Bonn 1996.

– „Liberalisierung als Lernprozeß. Die Bundesrepublik in der deutschen Geschichte – eine Skizze", in: Ulrich Herbert (Hg.): *Wandlungsprozesse in Westdeutschland. Belastung, Integration, Liberalisierung 1945–1989*, Göttingen 2002, 7–49.

– „Drei politische Generationen im 20. Jahrhundert", in: Jürgen Reulecke (Hg.): *Generationalität und Lebensgeschichte im 20. Jahrhundert*, München 2003, 95–114.

– „‚ungenau in dieser Welt' – kein Krawall, kein Protest: Der unaufhaltsame Aufstieg um 1940 Geborener in einer ‚Generationen'-Lücke", in: Jürgen Reulecke (Hg.): *Generationalität und Lebensgeschichte im 20. Jahrhundert*, München 2003, 159–186.

Jurgen Herbst: „Thomas Jefferson und Wilhelm von Humboldt", in: Rainer Christoph Schwinges (Hg.): *Humboldt international*, Basel 2001, 273–287.

Rainer Hering: „Wilhelm Flitner", in: Franklin Kopitzsch; Dirk Brietzke (Hg.): *Hamburgisches Biografie-Personenlexikon*, Hamburg 2003, 125–126.

Jost Hermand: *Der Kunsthistoriker Richard Hamann: Eine politische Biographie (1879–1961)*, Köln/Weimar/Wien 2009.

Ullrich Herrmann: „Pädagogische Denken und Anfänge der Reformpädagogik", in: Christa Berg (Hg.): *Handbuch der deutschen Bildungsgeschichte*, München 1991, 147–178.

Jürgen C. Heß (Hg.): *Heidelberg 1945*, Stuttgart, 1996.

Larry A. Hickman; Stefan Neubert; Kersten Reich (Hg.): *John Dewey – zwischen Pragmatismus und Konstruktivismus*, Münster 2004.

– „John Dewey – Leben und Werk", in: Larry A. Hickman; Stefan Neubert; Kersten Reich (Hg.): *John Dewey*, Münster 2004, 1–12.

George L. Hicks: *Experimental Americans: Celo and Utopian Community in the Twentieth Century*, Chicago IL 2001.

Bodo Hildebrand: „Studium generale", in: Dieter Lenzen (Hg.): *Pädagogische Grundbegriffe*, Reinbeck 1993, 1474 f.

Andreas Hilger (Hg.): *Sowjetische Militärtribunale, 2: Die Verurteilung deutscher Zivilisten 1945–1955*, Köln 2003.

Lars Hillebold: *Aufgeschlossen. Festschrift zum Jubiläum. 475 Jahre Hessische Stipendiatenanstalt Marburg*, Marburg 2004.

Gerhard Himmelmann: „John Dewey (1859–1952) – Begründer der amerikanischen Reformpädagogik", in: Astrid Kaiser; Detlef Pech (Hg.): *Geschichte und historische Konzeptionen des Sachunterrichts*, Baltmannsweiler 2004, 98–101.

Gertrude Hirsch-Hadorn: *Umwelt, Natur und Moral. Eine Kritik an Hans Jonas, Vittorio Hösle und Georg Picht*, Freiburg/München 1999.

Michael Hochgeschwender: *Freiheit in der Offensive?: Der Kongreß für kulturelle Freiheit und die Deutschen*, München 1998.

Klaus-Peter Hoepke: *Geschichte der Fridericiana: Stationen in der Geschichte der Universität Karlsruhe (TH) von der Gründung 1825 bis zum Jahr 2000*, Karlsruhe 2007.

Peter Hoeres: *Der Krieg der Philosophen. Die deutsche und britische Philosophie im Ersten Weltkrieg*, Paderborn 2004.

Hermann Hofer (Hg.): *Werner Krauss. Literatur, Geschichte, Schreiben*, Tübingen 2003.

Ernst Hojer: *Nationalsozialismus und Pädagogik: Umfeld und Entwicklung der Pädagogik Ernst Kriecks*, Würzburg 1996.

Hans Braun; Uta Gerhardt; Everhard Holtmann (Hg.): *Die lange Stunde Null. Gelenkter sozialer Wandel in Westdeutschland nach 1945*, Baden–Baden 2007.

Hajo Holborn: „Der deutsche Idealismus in sozialgeschichtlicher Bedeutung“, in: *Historische Zeitschrift* 174/1952, 359–384.

– „Der deutsche Idealismus in sozialgeschichtlicher Bedeutung“, in: Hans-Ulrich Wehler (Hg.): *Moderne deutsche Sozialgeschichte*, Köln/Berlin 1966, 85–108.

G.C. Homans: *Theorie der sozialen Gruppe*, Köln/Opladen 1960.

John Raymond de Symons Honey: *Tom Brown's Universe: Public School in the Nineteenth Century*, New York 1977.

Wolfram Hoppenstedt: *Gerhard Colm*, Stuttgart 1995.

Klaus J. Hopt; K. Peter Mailänder; Jürgen F. Baur: *Festschrift für Ernst Steindorff zum 70. Geburtstag am 13. März 1990*, Berlin/New York 1990.

Klaus-Peter Horn, Heinz-Elmar Tenorth: "The impact of Emigration on German Pedagogy", in: Mitchell G. Ash; Alfons Söllner (Hg.): *Forced Migration and Scientific Change: Emigré German-Speaking Scientists and Scholars after 1933*, Cambridge/ New York 1996, 156–174.

– ; Heinz-Elmar Tenorth: „Der Nachwuchs in der akademischen Pädagogik zwischen 1925 und 1955“, in: Tobias Rülcker; Jürgen Oelkers (Hg.): *Politische Reformpädagogik*, Bern 1998, 695–714.

– *Erziehungswissenschaft in Deutschland im 20. Jahrhundert*, Bad Heilbrunn 2003.

– „Erziehungswissenschaften an der Berliner Universität“, in: Rüdiger vom Bruch (Hg.): *Die Berliner Universität in der NS–Zeit, II: Fachbereiche und Fakultäten*, Stuttgart 2005, 215–228.

Christoph auf der Horst: „Das Studium Universale der Heinrich-Heine-Universität“, in: Alfons Labisch (Hg.): *Jahrbuch der Heinrich Heine Universität Düsseldorf 2005/2006*, Düsseldorf 2006, 41–52.

Timo Hoyer: *Im Getümmel der Welt. Alexander Mitscherlich – ein Porträt*, Göttingen 2008.

Galina Hristeva: *Georg Groddeck: Präsentationsformen psychoanalytischen Wissens*, Würzburg 2008.

Ludwig Huber; Gisela Shaw: "Towards a New Studium Generale: Some Conclusions", in: *European Journal of Education* 27/3/1992, 285–301.

– ; Jan-H. Olbertz; Beate Rüther; Johannes Wildt (Hg.): *Über das Fachstudium hinaus: Berichte zu Stand und Entwicklung fachübergreifender Studienangebote an Universitäten*, Weinheim 1994.

Ursula Huber: „Die Universität München. Ein Bericht über den Fortbestand nach 1945“, in: Friedrich Prinz (Hg.): *Trümmerzeit in München. Kultur und Gesellschaft einer deutschen Gesellschaft im Aufbruch 1945–1949*, München 1984, 156–160.

Gangolf Hübinger; Rüdiger vom Bruch; Friedrich Wilhelm Graf (Hg.): *Kultur und Kulturwissenschaften um 1900. Krise der Moderne*, Stuttgart 1989.

– „‚Schmiede von Nobelpreisträgern‘ oder ‚Untertanenfabrik‘? Idee und Institution der deutschen Universität um 1900“, in: Ulrich Sieg; Dietrich Korsch (Hg.): *Die Idee der Universität heute, Academia Marburgensis*, München 2005, 57–72.

Ralf Hutter: „Zu Gründungsgeschichte und Image der Freien Universität Berlin“, in: *Jungle World* 22/2010.

Susan Irving; Kristin Bollas: Lives in the Balance: The Refugee Scholar Experience, *Rockefeller Archive Center Newsletter*, 1.7.2008, 9–11.

Christian Jansen: „Mehr pragmatisch denn liberal. Politische Initiativen und Argumentationsmuster von Walter Jellineck, Gustav Radbruch und Willy Hellpach im Kontext der Wiedereröffnung der Universität Heidelberg“, in: Jürgen C. Heß (Hg.): *Heidelberg 1945*, Stuttgart 1996, 173–196.

Konrad H. Jarausch: *Students, Society and Politics in Imperial Germany. The Rise of Acadmic Illiberalism*, Princeton NJ 1982.

– „Universität und Hochschule“, in: Christa Berg (Hg.): *Handbuch der deutschen Bildungsgeschichte*, München 1991, 313–345.

– *Deutsche Studenten: 1800–1970*, Frankfurt am Main 1984.

– „Der Lebensweg der Studierenden“, in: Walter Rüegg (Hg.): *Geschichte der Universität in Europa, Band III: Vom 19. Jahrhundert zum Zweiten Weltkrieg (1800–1945)*, München 2004, 301–324.

– „Amerika – Alptraum oder Vorbild? Transatlantische Bermerkungen zum Problem der Universitätsreform“, in: Ulrich Sieg; Dietrich Korsch (Hg.): *Die Idee der Universität heute, Academia Marburgensis*, München 2005, 87–102.

Jürgen John: „„Not deutscher Wissenschaft‘? Hochschulwandel, Universitätsidee und akademischer Krisendiskurs in der Weimarer Republik“, in: Michael Grüttner: *Gebrochene Wissenschaftskulturen: Universität und Politik im 20. Jahrhundert*, Göttingen 2010, 107–140.

Jan Joswig: *Studentendorf Schlachtensee. gemauerte Ideologie contra soziale Praxis*, Berlin 1999.

Johannes Jung: „Georg Kerschensteiner (1854–1932) und die Münchner Arbeitsschulbewegung“, in: Astrid Kaiser; Detlef Pech (Hg.): *Geschichte und historische Konzeptionen des Sachunterrichts*, Baltmannsweiler 2004, 102–105.

Max Kaase: „Die International University Bremen (IUB) – ein deutsches Hochschulexperiment“, in: Ulrich Sieg; Dietrich Korsch (Hg.): *Die Idee der Universität heute, Academia Marburgensis*, München 2005, 135–150.

Joachim Kaiser: „Phasenverschiebung und Einschnitte in der Kulturellen Entwicklung“, in: Martin Broszat (Hg.): *Zäsuren nach 1945: Essays zur Periodisierung der deutschen Nachkriegsgeschichte*, München 1999, 69–74.

Wolfram Kaiser: “Co-Operation of European Catholic Politicians in Exile in Britain and the USA during the Second World War”, in: *Journal of Contemporary History* 35/3/2000, 439–465.

Wolfgang Kalischer (Hg.): *Die Universität und ihre Studentenschaft. Versuch einer Dokumentation aus Gesetzen, Erlassen, Reden, Schriften und Briefen*, Essen 1967.

– *Internationale Wissenschaft und nationale Bildung*, Köln 1997.

Jerome Karabel: *The Chosen: The Hidden History of Admission and Exclusion at Harvard, Yale, and Princeton*, New York/Boston 2005.

Thomas Karlauf: *Stefan George. Die Entdeckung des Charisma*, München 2008.

Institut für Geschichte der Universität Karlsruhe und dem Generallandesarchiv Karlsruhe (Hg.): *100. Geburtstag von Walther Peter Fuchs (geb. 13.3.1905). Karlsruher Symposium zu Nachwirkung und Bedeutung dieses Historikers am 18.3.2005*, Karlsruhe 2005.

Barry M. Katz: *Foreign Intelligence, Research and Analysis in the Office of Strategic Services 1942–1945*, Cambridge MA/ London, 1989.

Gerhard Keiderling: „The Mother of Berlin“, in: *Berlinische Monatsschrift beim Luisenstädtischen Bildungsverein* 3/2001.

Werner Keil (Hg.): *Pädagogische Bezugspunkte: exemplarische Anregungen. Festschrift für Hans Scheuerl*, Regensburg 1995.

Wolfgang Keim: *Erziehung unter der Nazi-Diktatur, Band I: Antidemokratische Potentiale, Machtantritt und Machtdurchsetzung*, Darmstadt 1997.

– *Erziehung unter der Nazi-Diktatur, Band II: Kriegsvorbereitung, Krieg und Holocaust*, Darmstadt, 1997.

Edwin Keiner; Klaus-Peter Horn; Heidemarie Kemnitz; Ulrike Mietzner; Ulrike Pilarcyk; Jane Schuch; Nicole Welter (Hg.): *Metamorphosen der Bildung: Historie - Empirie – Theorie*, Bad Heilbrunn 2011.

Anke van Kempen; Julia Andres: Die *Chronik des Studentenwerks München 1920–2010*, München 2010.

Volker Kempf: *Helmut Schelsky – Wider die Wirklichkeitsverweigerung. Leben, Werk, Aktualität*, München 2012

Franz-Werner Kersting: „Helmut Schelskys ‚Skeptische Generation‘ von 1957. Zur Publikations- und Wirkungsgeschichte eines Standardwerkes“, in: *Mitteilungen des Landesjugendamt Westfalen-Lippe* 153/2003, 35–46.

Renate Kienle: „Das Studentenhaus Seeburg der Universität zu Kiel von Theodor Fischer“, in: *Mitteilungen der Gesellschaft für Kieler Stadtgeschichte* 77/1991, 26–40.

Kyong-Kun Kim: *Die neue Zeitung im Dienste der Reeducation für die deutsche Bevölkerung 1945–1946*, München 1974.

Susanne Király: *Ludwig Metzger: Politiker aus christlicher Verantwortung*, Darmstadt 2004.

Suzanne Kirkbright: Karl *Jaspers: A Biography – Navigations in Truth*, New Haven 2004.

Andri Kieserling: „Bildung durch Wissenschaftskritik: Soziologische Deutungen der Universitätsidee in den sechziger Jahren“, in: Erhard Stölting; Uwe Schimank (Hg.): *Die Krise der Universitäten*, Wiesbaden, 2001, 81–117.

Michael Kissener, Helmut Mathy (Hg.): *Ut omnes unum sint: Gründungspersönlichkeiten der Johannes-Gutenberg-Universität*, Stuttgart 2005.

Gunnar Klack: „Max-Planck-Institut für Bildungsforschung, 1965–74“, in: Peter Gruss; Gunnar Klack; Matthias Seidel (Hg.): *Fehling+Gogel*, Berlin 2009, 24–38.

Wolfgang Klafki: „Die fünfziger Jahre – eine Phase schulorganisatorischer Restauration. Zur Schulpolitik und Schulentwicklung im ersten Jahrzehnt der Bundesrepublik“, in: Dieter Bänsch (Hg.): *Die Fünfziger Jahre: Beiträge zu Politik und Kultur*, Tübingen 1985, 131–162.

– ; Johanna-Luise Brockmann: *Geisteswissenschaftliche Pädagogik und Nationalsozialismus: Herman Nohl und seine „Göttinger Schule“ 1932–1937. Eine individual- und gruppenbiografische, mentalitäts- und theoriegeschichtliche Untersuchung*, Weinheim 2002.

Ernst Klee: Das *Personenlexikon zum Dritten Reich. Wer war was vor und nach 1945*, Frankfurt am Main 2005.

– *Das Kulturlexikon zum Dritten Reich. Wer war was vor und nach 1945*, Frankfurt am Main, 2007.

Manfred Klee: „Die Geschichte der Studentenwerke: Von organisierter Selbsthilfe zur Verwaltung staatlicher Leistungen“, in: Studentenwerk München (Hg.): *Die Arbeit der Studentenwerke – Ursprung, Gegenwart, Perspektiven. Festschrift zum 65. Geburtstag von Eugen Hintermann*, München 1984, 18–31.

Helge Kleifeld: „Hochschulpolitik als Arbeitsfeld studentischer Verbindungen 1945-1961“, in: Rainer Pöppinghege; Dietmar Klenke (Hg.): *Hochschulreformen früher und heute*, Köln 2011, 129–145.

Hans Klein: „Jellinek, Walter“, *Neue Deutsche Biographie (NDB)*, Berlin 1974, 394 f.

Jürgen Klein: *Verführte Jugend. Eine Fallstudie zur Geschichte der „vaterländischen Jugendbewegung“ vor 1933 und ihres Beitrags zum Untergang der Weimarer Republik am Beispiel des Vereins „Jung-Bergedorf“*, Schwarzenbeck, 2005.

Martin D. Klein: *Demokratisches Denken bei Gustav Radbruch*, Berlin 2007.

Christoph Klessmann: „Ein stolzes Schiff und krächzende Möwen. Die Geschichte der Bundesrepublik und ihre Kritiker“, in: *Geschichte und Gesellschaft* 11/1985, 476–494.

Wolfdietrich von Kloeden: „Theodor Steinbüchel“, *Biographisch-Bibliographisches Kirchenlexikon (BBKL)*, Herzberg 1999, 1340–1345.

Arno Klönne: „Bündische Jugend, Nationalsozialismus und NS-Staat“, in: Jürgen Schmädeke; Peter Steinbach (Hg.): *Der Widerstand gegen den Nationalsozialismus. Die deutsche Gesellschaft und der Widerstand gegen Hitler*, München 1985.

Jobst Knigge: *Der Botschafter und der Papst. Weizsäcker und Pius XII.. Die deutsche Vatikanbotschaft 1943–1945*, Hamburg 2008.

Michael Knoll: „Der Streit um die Einführung der Fortbildungsschule in den USA“, 1910-1917, *Pädagogische Rundschau* 47, 1993, 131–145.

Henning Köhler: „Die neuere Geschichte am Friedrich.Meinecke-Institut“, in: Siegward Lönnendonker; Karol Kubicki (Hg.): *Die Geschichtswissenschaften an der Freien Universität Berlin*, Göttingen 2008, 63–76.

Günter Koch: „Bau und Finanzierung von Wohnraum für Studenten. Eine (fast) historische Aufgabe der Studentenwerke“, in: *Die Arbeit der Studentenwerke – Ursprung, Gegenwart, Perspektiven. Festschrift zum 65. Geburtstag von Eugen Hintermann*, München 1984. 57–76.

Christoph König; Birgit Wägenbaur (Hg.): *Internationales Germanistenlexikon 1800–1950*, Berlin 2003.

– ; Hans-Harald Müller; Werner Röcke (Hg.): *Wissenschaftsgeschichte der Germanistik in Porträts*, Berlin 2000.

Wolfgang König: *Neugier und Nutzen. 50 Jahre Technische Universität Berlin. Begleitband zur gleichnamigen Ausstellung im Lichthof der TU Berlin, 15.4.–12.5.1996*, Berlin 1996.

Franz-Michael Konrad: „Gemeinschaftsformen und -ideale in Jugendbewegung und Reformpädagogik“, in: Peter Gutjahr-Löser; Dieter Schulz; Heinz-Werner Wollersheim (Hg.): *Theodor-Litt-Jahrbuch* 3, Leipzig 2003, 43–66.

Georg Kotowski: „Der Kampf um Berlins Universität“, *Veritas – iustitia – libertas. Festschrift zur 200-Jahrfeier der Columbia University New York. Überreicht von der Freien Universität Berlin und der Deutschen Hochschule für Politik*, Berlin 1954, 8–31.

– „Freiheit. Die Gründung der Freien Universität Berlin 1948“, in: Uwe Prell; Lothar Wilker (Hg.): *Die Freie Universität Berlin 1948–1968–1988: Ansichten und Einsichten*, Berlin 1988, 16–30.

Andreas Kraas: *Lehrerlager 1932–194: politische Funktion und pädagogische Gestaltung*, Bad Heilbrunn 2004.

Wolfgang R. Krabbe: *Kritische Anhänger – Unbequeme Störer: Studien zur Politisierung deutscher Jugendlicher im 20. Jahrhundert*, Berlin 2010.

Elisabeth Kraus (Hg.): *Die Universität München im Dritten Reich*, München 2006.

Wolfgang Kraushaar: „Fortschritt, Bildung und Demokratie. Die Massenuniversität im Zeichen der Gesellschaftskritik von 1968“, in: Ulrich Sieg; Dietrich Korsch (Hg.): *Die Idee der Universität heute, Academia Marburgensis*, München 2005, 73–86.

Carsten Kretschmann; Henning Pahl; Peter Scholz (Hg.): *Wissen in der Krise?*, Berlin 2004.

Wolfgang Krieger: *General Lucius D. Clay und die amerikanische Deutschlandpolitik 1945–1949*, Stuttgart, 1987.

Claus-Dieter Krohn: „Der Council für a Democratic Germany“, in: Ursula *Langkau-Alex*; Thomas M. Ruprecht (Hg.): *Was soll aus Deutschland werden? Der Council for a Democratic Germany in New York 1944–1945. Aufsätze und Dokumente*, Frankfurt am Main 1995, 47 f.

– (Hg.): *Der Massenstaat. Gefahren der klassenlosen Gesellschaft*, Graz/Wien 1995.

– „Vertreibung und Akkulturation deutscher Wirtschaftswissenschaftler nach 1933 am Beispiel Adolph Lowes und der ‚University in Exile‘ an der New School for Social Research in New York“, in: Marianne Hassler (Hg.): *Der Exodus aus Nazideutschland und die Folgen. Jüdische Wissenschaftler im Exil*, Tübingen 1997. 209–227.

– „Ein intellektueller Marshall-Plan? Die Hilfe der Rockefeller Foundation beim Wiederaufbau der Wissenschaften in Deutschland nach 1945“, in: Uta Gerhardt; Hans Braun; Everhard Holtmann (Hg.): *Die lange Stunde Null*, Baden–Baden 2007, 227–250.

Wilhelm Krücke et al: *Nachrufe auf Hubert Harbauer, Heinz Sauermann, Gottfried Weber, Guido Sartori, August Oswalt, Oscar Gans, Adolf Wacker, Hermann Hartmann, Hermann Strasburger*, Stuttgart,1987.

Volker Kruse: „Die Heidelberger Soziologie und der Stefan George-Kreis", in: Bernhard Böschenstein; Jürgen Egyptien; Bertram Schefolf; Wolfgang Graf Vitzthum (Hg.): *Wissenschaftler im George-Kreis*, Berlin 2005, 259–276.

Stanislaw Karol Kubicki; Siegward Lönnendonker: *Die Freie Universität Berlin 1948–2007: von der Gründung bis zum Exzellenzwettbewerb*, Göttingen 2008.

Heinz-Werner Kubitza: *Geschichte der Evangelischen Studentengemeinde Marburg*, Marburg 1992.

Richard F. Kuisel: "Coca-Cola and the Cold War: The French Face Americanization, 1948–1953", in: *French Historical Studies* 17/1/1991, 96–116

Matthias Laarmann; Tobias Trappe (Hg.): *Freiheit – Geschichte – Identität. Zum Schnittpunkt von Philosophie und Theologie. Für Richard Schaeffler zum 70. Geburtstag*, Freiburg 1997.

Eberhardt Lämmert: „Freie Universität Berlin. Veritas – Iustitia – Libertas", in: Alexander Demandt (Hg.): *Stätten des Geistes*, Köln/ Weimar/ Wien 1999, 279–302.

Wolfgang Lambrecht: „Lange Linien und Brüche in der (deutsch-)deutschen Hochschulpolitik nach 1945", in: Rainer Pöppinghege; Dietmar Klenke (Hg.): *Hochschulreformen früher und heute*, Köln 2011, 146-157.

Fabian Lamp: *Soziale Arbeit zwischen Umverteilung und Anerkennung. Der Umgang mit Differenz in der sozialpädagogischen Theorie und Praxis*, Bielefeld 2007.

Eugene M. Lang: *Distinctively American: the residential liberal arts colleges*, Cambridge MA 1999.

Jutta-Barbara Lange-Quassowski: „Das Lehrstück Re-education. Das deutsche Schulsystem zwischen Okkupation und Restauration", in: Ernst-August Roloff (Hg.): *Schule in der Demokratie?*, Stuttgart 1979, 71–99.

– *Neuordnung oder Restauration? Das Demokratiekonzept der amerikanischen Besatzungsmacht und die politische Sozialisation der Westdeutschen. Wirtschaftsordnung, Schulstruktur, politische Bildung*, Opladen 1979.

– „Amerikanische Westintegrationspolitik, Re-education und deutsche Schulpolitik", in: Manfred Heinemann (Hg.): *Umerziehung und Wiederaufbau. Die Bildungspolitik der Besatzungsmächte in Deutschland und Österreich*, Stuttgart 1981, 53–67.

Dieter Langewiesche: „Rektoratsreden – ein Projekt in der Abteilung Sozialgeschichte", Historische Kommission bei der Bayerischen Akademie der Wissenschaften: *Jahresbericht 2006*, München 2007, 47–60.

– „Die ‚Humboldtsche Universität' als nationaler Mythos. Zum Selbstbild der deutschen Universitäten in ihren Rektoratsreden im Kaiserreich und in der Weimarer Republik", in: *Historische Zeitschrift* 290/1/2010, 53–92.

– „Humboldt als Leitbild? Die deutsche Universität in den Berliner Rektoratsreden seit dem 19. Jahrhundert", in: Marie-Luise Bott; Hans-Christoph Liess (Hg.): *Jahrbuch für Universitätsgeschichte* 14/2011, 15–37.

– „Bildung in der Universität als Einüben einer Lebensform. Konzepte und Wirkungshoffnungen im 19. und 20. Jahrhundert", in: Edwin Keiner et al. (Hg.): *Metamorphosen der Bildung: Historie - Empirie – Theorie*, Bad Heilbrunn 2011, 181-190.

Ursula Langkau-Alex; Thomas M. Ruprecht (Hg.): *Was soll aus Deutschland werden? Der Council for a Democratic Germany in New York 1944–1945*, Frankfurt am Main/New York 1995.

Arne Lankenau: *„Dunkel die Zukunft – Hell der Mut!" Die Heidelberger Studentenverbindungen in der Weimarer Republik 1918–1929*, Heidelberg 2008.

Ellen Latzin: *Lernen von Amerika? Das US-Kulturaustauschprogramm für Bayern und seine Absolventen*, Stuttgart 2005.

Reinhard Laube: *Karl Mannheim und die Krise des Historismus: Historismus als wissenssoziologischer Perspektivismus*, Göttingen 2004.

Ingrid Laurien: *Politisch-kulturelle Zeitschriften in den Westzonen 1945–1949. Ein Beitrag zu politischen Kultur der Nachkriegzeit*, Frankfurt am Main 1991.
Gabriele Lautenschläger: „Christine Teusch", *Biographisch-Bibliographisches Kirchenlexikon (BBKL)*, Herzberg 1996, 726–728.
Heide-Marie Lauterer: „Das andere Deutschland: Marie Baum", in: Jürgen C. Heß (Hg.): *Heidelberg 1945*, Stuttgart 1996, 294–309.
Erich Leitner: „Die hochschulpädagogische Bewegung in ihrem Verhältnis zur Hochschulreform", in: Erich Leitner; Dietrich von Queis; Friedemann Schmithals (Hg.): *Die pädagogische Herausforderung der Universität 1898–1934*, Weinheim 1990, 31–46.
– ; Dietrich von Queis; Friedemann Schmithals (Hg.): *Die pädagogische Herausforderung der Universität 1898–1934*, Weinheim 1990.
Eckart Liebau: *Gesellschaftliches Subjekt und Erziehung. Zur pädagogischen Bedeutung der Sozialisationstheorien von Pierre Bourdieu und Ulrich Oevermann*, Weinheim/München 1987.
Petra Liebner: *Paul Tillich und der Council for a Democratic Germany (1933–1945)*, Frankfurt am Main 2001.
Hans-Christoph Liess; Helmut Zander (Hg.): *Universität und die Grenzen des Rationalen. Jahrbuch für Universitätsgeschichte*, Stuttgart 2009.
Konrad Lindner: „Carl Friedrich von Weizsäcker über sein Studium in Leipzig", in: Christian Kleint; Gerald Wiemers (Hg.): *Werner Heisenberg in Leipzig: 1927–1942*, Berlin 1993, 123–135.
Rolf Lindner: *Freiherr Ernst Heinrich von Weizsäcker, Staatssekretär Ribbentrops von 1938 bis 1943*, Lippstadt 1997.
Stephan H. Lindner: *Hoechst. Ein I.G.-Farben-Werk im Dritten Reich*, München 2005.
Karl Christoph Lingelbach: *Erziehung und Erziehungstheorien im nationalsozialistischen Deutschland: Ursprünge und Wandlungen der 1933–1945 in Deutschland vorherrschenden erziehungstheoretischen Strömungen; ihre politischen Funktionen und ihr Verhältnis zur außerschulischen Erziehungspraxis des „Dritten Reiches"*, Frankfurt am Main 1987.
– *Adolf Reichweins politische Auffassungen und das Schulmodell Tiefensee*, Bern 1998.
– „Die Aufgabe der Erziehung in der weltweiten Strukturkrise des Kapitalismus. Zur Entwicklung eines interdisziplinäre ansetzenden Konzepts sozialwissenschaftlicher Pädagogik durch Paul Tillich, Carl Meinecke und Hans Weil am Frankfurter Pädagogischen Universitätsseminar 1930–1933", in: Micha Brumlik; Benjamin Ortmeyer (Hg.): *Erziehungswissenschaft und Pädagogik in Frankfurt – eine Geschichte in Portraits. 90 Jahre Johann Wolfgang Goethe-Universität*, Frankfurt am Main 2006, 13–28.
Peter Littig: *Reformpädagogische Erfahrungen der Landerziehungsheime von Hermann Lietz und ihre Bedeutung für aktuelle Schulentwicklungsprozesse: eine schultheoretische Studie*, Frankfurt am Main 2004.
Bernhard Löffler: *Soziale Marktwirtschaft und administrative Praxis. Das Bundeswirtschaftsministerium unter Ludwig Erhard*, Stuttgart 2002.
Harald Lönnecker: „Die Versammlung der besseren Nationalsozialisten? – Der Völkische Waffenring zwischen Antisemitismus und korporativem Elitarismus", in: *Einst und Jetzt. Jahrbuch des Vereins für corpsstudentische Geschichtsforschung* 48/2003, 227–281.
Siegward Lönnendonker; Tilman Fichter (Hg.): *Freie Universität Berlin 1948–1973, Hochschule im Umbruch, Teil I 1945–1949: Gegengründung wozu?*, Berlin 1973.
– ; Tilman Fichter (Hg.): *Freie Universität Berlin 1948–1973, Hochschule im Umbruch, Teil II 1949–1957: Konsolidierung um jeden Preis*, Berlin 1974.
Volker Losemann: „Reformprojekte nationalsozialistischer Hochschulpolitik", in: Karl Strobel (Hg.): *Die deutsche Universität im 20. Jahrhundert*, Vierow bei Greifswald 1994, 97–115.
Wilfried Loth; William Wallace; Wolfgang Wessels (Hg.): *Walter Hallstein: der vergessene Europäer?* , Bonn 1995.

Teresa Löwe: *Georg Picht und die Schule Birklehof in der Nachkriegszeit (1946–1955). Vorbereitungstext für das Treffen der Altbirklehofer der Nachkriegsgeneration 19.–22.5.2004*, Berlin 2004.

Christopher J. Lucas: *American Higher Education: A History*, New York 1994.

Klaus Luig: „Helmut Coing", *Juristen im Portrait. Verlag und Autoren in 4 Jahrzehnten*, München 1988, 215–224.

Reinhard Lullies; Wolfgang Schiering (Hg.): *Archäologenbildnisse. Porträts und Kurzbiographien von Klassischen Archäologen deutscher Sprache*, Mainz 1988.

Peter Lundgreen: *Datenhandbuch zur deutschen Bildungsgeschichte*, Göttingen 2008.

– „Humboldts ‚Stoffe' der Bildug: Konzepte und Realitäten", in: Edwin Keiner et al. (Hg.): *Metamorphosen der Bildung: Historie - Empirie – Theorie*, Bad Heilbrunn 2011, 171–180.

Michael Maaser: „‚Restlose Reinigung von den Schlacken des liberalistischen Geistes'. Die Universität Frankfurt im Dritten Reich: Kein Aktiver Widerstand der Professoren". In: *Forschung Frankfurt* 2/2004, 46–50.

– „Frankfurter Studenten zwischen 1914 und 1959: Das Wechselvolle des Politischen. Schon die Gründer der Stiftungsuniversität förderten studentisches Engagement", in: *Forschung Frankfurt* 3–4/2004, 84–88.

– „Die Frankfurter Studenten im ‚Dritten Reich'", in: Jörn Kobes (Hg.): *Frankfurter Wissenschaftler zwischen 1933 und 1945*, Schriftenreihe des Frankfurter Universitätsarchivs 1, Göttingen 2008, 235–251.

Gunther Mai: *Der alliierte Kontrollrat in Deutschland 1945–1948: Alliierte Einheit – Deutsche Teilung?*, München 1995.

– „Der erste Weltkrieg", in: Hans Ulrich Wehler (Hg.): *Scheidewege der deutschen Geschichte*, München 1995, 159–170.

Jürgen Malitz: „Klassische Philologie", in: Eckhard Wirbelauer (Hg.): *Die Freiburger Philosophische Fakultät 1920–1960. Mitglieder, Strukturen, Vernetzungen*, Freiburg/München 2006, 303–364.

Moritz Mälzer: „‚Die große Chance, wie einstens die Berliner Universität so heute eine Modell–Universität zu schaffen'. Die frühen 1960er Jahre als Universitätsgründerzeiten", in: Rüdiger vom Bruch; Marie-Luise Bott (Hg.): *Jahrbuch für Universitätsgeschichte*, Stuttgart 2010, 73–92.

Karl Mannheim: „Das Problem der Generationen" (1928), in: Kurt H. Wolff (Hg.): *Wissenssoziologie. Auswahl aus dem Werk*, Neuwied/Berlin 1964, 509–565.

Bernd Martin (Hg.): *550 Jahre Albert-Ludwigs-Universität Freiburg. Festschrift, Band. 3: Von der badischen Landesuniversität zur Hochschule des 21. Jahrhunderts*, Freiburg 2007.

Helmut Mathy: *Die Universität Mainz. 1477–1977. Mit einem Bildteil 1946–1977 und einem tabellarischen Anhang*, Mainz 1977.

Eva Matthes: *Geistewissenschaftliche Pädagogik nach der NS-Zeit. Politische und pädagogische Verarbeitungsversuche*, Bad Heilbrunn 1998.

Hubert Mattonet: *Jeder Student ein SA-Mann! Ein Beitrag zur Geschichte der Westfälischen Wilhelms-Universität Münster in den Jahren 1933 bis 1939. Archivgestützte Erinnerungen eines damaligen Studenten*, Münster 2008.

Milton Mayer: Robert *Maynard Hutchins. A Memoir*, Berkeley/Los Angeles/Oxford 1993.

Charles E. McClelland: "American Examples for German Universities: Admitting Women before World War I", in: Edwin Keiner et al. (Hg.): *Metamorphosen der Bildung: Historie - Empirie – Theorie*, Bad Heilbrunn 2011, 323–336.

Bundy McGeorge: *An Athmosphere to Breathe: Woodrow Wilson and the Life of the American University College*, New York 1959.

Max Mechow: *Namhafte CCer. Kurzbiographien verstorbener Landsmannschafter und Turnerschafter*, Stuttgart 1969.

Frank Mecklenburg; Ernst C. Stiefel: *Deutsche Juristen im amerikanischen Exil (1933–1950)*, Tübingen 1991.

Frank Meier: *Die Universität als Akteur: Zum institutionellen Wandel der Hochschulorganisation*, Wiesbaden 2009.

Peter Meier-Hüsing: *Universität Bremen. 40 Jahre in Bewegung*, Bremen, 2011.

Stefan Meineke: *Friedrich Meinecke*, Berlin/New York 1991.

– „Parteien und Parlamentarismus im Urteil von Friedrich Meinecke", in: Gisela Bock; Daniel Schönpflug (Hg.): *Friedrich Meinecke in seiner Zeit. Studien zu Leben und Werk*, Stuttgart 2006, 51–94.

Elizabeth Melia: *Science, values and education: the search for cultural unity at Harvard under Charles W. Eliot, A. Lawrence Lowell and James B. Conant*, Baltimore 1995.

Fenja Britt Mens: *Zur „Not der geistigen Arbeiter": die soziale und wirtschaftliche Lage von Studierenden in der Weimarer Republik am Beispiel Hamburgs*, Köln 2001.

Otto Merk: *Wissenschaftsgeschichte und Exegese*, Berlin/New York 1998.

Bärbel Meurer: *Marianne Weber: Leben und Werk*, Tübingen 2010.

Eckard Michels: *Von der Deutschen Akademie zum Goethe-Institut*, München 2005.

Matthias Middell: „Auszug der Forschung aus der Universität", in: Michael Grüttner; Rüdiger Hachtmann; Konrad H. Jarausch; Jürgen John; Matthias Middell (Hg.): *Gebrochene Wissenschaftskulturen: Universität und Politik im 20. Jahrhundert*, Göttingen 2010, 279–302.

Ilja Mieck; Pierre Guillen (Hg.): *Nachkriegsgesellschaften in Deutschland und Frankreich im 20. Jahrhundert = Société d'après-guerre en France et en Allemagne au 20e siècle*, München, 1998.

Anja Mielke: *Studentische Kulturarbeit an der Mainzer Universität seit deren Wiedereröffnung (1946–1996)*, Frankfurt am Main 2001.

Siegfried Mielke (Hg.): *Einzigartig – Dozenten, Studierende und Repräsentanten der Deutschen Hochschule für Politik (1920–1933) im Widerstand gegen den Nationalsozialismus*, Berlin 2008.

Nicolaus Mills: *Winning the peace: the Marshall Plan and America's coming of age as a superpower*, Hoboken NJ 2008.

Antonio Missiroli: *Die Deutsche Hochschule für Politik*, St. Augustin 1988.

Winfried Mogge; Jürgen Reulecke: *Hoher Meißner 1913. Der Erste Freideutsche Jugendtag in Dokumenten, Deutungen und Bildern*, Köln 1988.

Hans Mommsen: „Generationenkonflikt und politische Entwicklung in der Weimarer Republik", in: Jürgen Reulecke (Hg.): *Generationalität und Lebensgeschichte im 20. Jahrhundert*, München 2003, 115–126.

A. Dirk Moses: „Die 45er. Eine Generation zwischen Faschismus und Demokratie", in: *Die Neue Sammlung* 40/2000, 211–232.

– *German intellectuals and the Nazi past*, New York 2007.

Walter Mühlhausen: *Karl Geiler und Christian Stock: hessische Ministerpräsidenten im Wiederaufbau*, Marburg 1998.

Rudolf Muhs; Johannes Paulmann; Willibald Steinmetz (Hg.): *Aneignung und Abwehr*, Bodenheim 1998.

Guido Müller: *Weltpolitische Bildung und akademische Reform: Carl Heinrich Beckers Wissenschafts- und Hochschulpolitik 1908–1930*, Köln 1991 .

Kai Müller: „Die Assistenten an der Goethe Universität Frankfurt in den 1960er Jahren", in: Felicia Herrschaft; Klaus Lichtblau (Hg.): *Soziologie in Frankfurt. Eine Zwischenbilanz, Teil 1*, Wiesbaden 2010, 239–254.

Klaus-Dieter Müller; Waldemar Kröning (Hg.): *Nachkriegssemester. Studium in Kriegs- und Nachkriegszeit*, Stuttgart 1990.

Laurenz Müller: *Diktatur und Revolution. Reformation und Bauernkrieg in der Geschichtsschreibung des „Dritten Reiches" und der DDR*, Stuttgart 2004.

Winfried Müller: *Schulpolitik in Bayern im Spannungsfeld von Kultusbürokratie und Besatzungsmacht 1945–1949*, München 1995.

James A. Mumper: "The Reopening of Heidelberg University 1945–1946: Major Earl L. Crum and the Ambiguities of American Postwar Policy", in: F.X.J. Homer; Larry D. Wilcox (Hg.): *Germany and Europe in the Era of the Two World Wars: Essays in Honor of Oron James Hale*, Charlottesville VA 1986, 229–248.

Martin Näf: *Paul und Edith Geheeb-Cassirer: Gründer der Odenwaldschule und der Ecole d'humité. Deutsche, Schweizerische und Internationale Reformpädagogik 1910–1961*, Weinheim/Basel 2006.

Anne Christine Nagel: „„Der Prototyp der Leute, die man entfernen soll, ist Mommsen': Entnazifizierung in der Provinz oder die Ambiguität moralischer Gewissheit", in: *Jahrbuch zur Liberalismus-Forschung* 10/1998, 55–91.

– (Hg.): *Die Philipps-Universität Marburg im Nationalsozialismus: Dokumente zu ihrer Geschichte*, Stuttgart 2000.

Norbert Nail: „Deutschlandpolitik in der Marbach. Wer waren diese beiden Herren? – Das biografische Rätsel rund um die Philipps–Universität", in: *Marburger UniJournal* 28/2007.

Guy Neave: „Grundlagen", in: Walter Rüegg (Hg.): *Geschichte der Universität in Europa, Band IV: Vom Zweiten Weltkrieg bis zum Ende des 20. Jahrhunderts*, München 2010, 47–78.

Oskar Negt: „Wissenschaft in der Kulturkrise und das Problem der Heimat", in: Bundeszentrale für politische Bildung (Hg.): *Heimat: Analysen, Themen, Perspektiven*, Bonn 1990, 185–195.

Stefan Neubert: „Pragmatismus – thematische Vielfalt in Dewey Philosophie und in ihrer heutigen Rezeption", in: Larry A. Hickman; Stefan Neubert; Kersten Reich (Hg.): *John Dewey*, Münster 2004, 13–27.

Volker Neumann: „Richtiges Recht. Radbruchs Rechtsphilosophie und der staatsrechtliche Positivismus Heidelberger Prägung", in: Karin Buselmeier (Hg.): *Auch eine Geschichte der Universität Heidelberg*, Mannheim 1985, 211–228.

Oliver Neun: „Zur Kritik am Generationenbegriff von Karl Mannheim", in: Andreas Kraft; Mark Weißhaupt (Hg.): *Generation: Erfahrung – Erzählung – Identität*, Konstanz 2009, 217–242.

Erich Nickel: *Politik und Politikwissenschaft in der Weimarer Republik*, Berlin 2004.

Rainer Nicolaysen: *Der lange Weg zur VolkswagenStiftung. Eine Gründungsgeschichte im Spannungsfeld von Politik, Wirtschaft und Wissenschaft* , Göttingen 2002

Thomas Nipperdey: *Deutsche Geschichte 1866–1918. Erster Band: Arbeitswelt und Bürgergeist*, München 1994.

Joachim Ochel (Hg.): *Bildung in evangelischer Verantwortung auf dem Hintergrund des Bildungsverständnisses von F. D. E. Schleiermacher: eine Studie des Theologischen Ausschusses der Evangelischen Kirche der Union*, Göttingen 2001

Nel Noddings: "Hutchins and Dewey Revisited: Two Views of Democracy", in: *Zeitschrift für pädagogische Historiographie* 9/1/2003, 15–20.

Knut Wolfgang Nörr: *An der Wiege deutscher Identität nach 1945: Franz Böhm zwischen Ordo und Liberalismus: Vortrag gehalten vor der Juristischen Gesellschaft zu Berlin am 4. November 1992*, Berlin 1993.

Peter Noss: „Georg Picht", *Biographisch-bibliographisches Kirchenlexikon*, Nordhausen 1994, 565–578.

J. Wesley Null: *Peerless Educator: The Life and Work of Isaac Leon Kandel*, New York 2007.

– ; Diane Ravitch: *Forgotten Heroes of American Education: The Great Tradition of Teaching Teachers*, Greenwich CT 2006.

Jürgen Oelkers: „Petersen und der Nationalsozialismus", Werner Keil (Hg.): *Pädagogische Bezugspunkte: exemplarische Anregungen : Festschrift für Hans Scheuerl*, Regensburg 1995, 121–148.

– ; Fritz Osterwalder (Hg.): *Die neue Erziehung. Beiträge zur Internationalität der Reformpädagogik*, Bern 2000.

– ; Fritz Osterwalder, Heinz-Elmar Tenorth (Hg.): *Das verdrängte Erbe. Pädagogik im Kontext von Religion und Theologie*, Weinheim 2003.

– *Reformpädagogik: eine kritische Dogmengeschichte*, Weinheim 2005

Ulrich Oevermann: „Sexueller Missbrauch in Erziehungsanstalten", *Merkur* 734/2010, 571–581.

Alexandra Offermanns: *„Die wußten, was uns gefällt." Ästhetische Manipulation und Verführung im Nationalsozialismus, illustriert am BDM-Werk ‚Glaube und Schönheit'*, Münster 2004.

Franz Osterroth; Dieter Schuster: *Chronik der deutschen Sozialdemokratie* (1978), Bonn 2001.

Fritz Osterwalder: „Deutsches Volk und deutsche Nation als reformpädagogische Konzepte", in: Jürgen Oelkers; Fritz Osterwalder (Hg.): *Die neue Erziehung. Beiträge zur Internationalität der Reformpädagogik*, Bern 2000, 45–68.

– „Dadaismus und Reformpädagogik bei Han Coray oder: Wie traditionalistisch ist die ‚neue Erziehung'?", in: Hein Retter (Hg.): *Reformpädagogik. Neue Zugänge – Befunde – Kontroversen*, Bad Heilbrunn 2004, 19–34.

Ulrich Papenkort: „‚Studium generale' – Etikettenschwindel oder Markenname?", in: Ludwig Huber; Jan-H. Olbertz; Beate Rüther; Johannes Wildt (Hg.): *Über das Fachstudium hinaus*, Weinheim 1994, 49–70.

– *„Studium generale": Geschichte und Gegenwart eines hochschul-pädagogischen Schlagwortes*, Weinheim 1993.

Johannes Paulmann: „Interkultureller Transfer zwischen Deutschland und Großbritannien: Einführung in ein Forschungskonzept", in: Rudolf Muhs; Johannes Paulmann; Willibald Steinmetz (Hg.): *Aneignung und Abwehr. Interkultureller Transfer zwischen Deutschland und Großbritannien im 19. Jahrhundert*, Bodenheim 1998, 21–43.

Stefan Paulus: *Vorbild USA? Amerikanisierung von Universität und Wissenschaft in Westdeutschland 1945–1976*, München 2010.

Richard H. Pells: *Not like us: how Europeans have loved, hated, and transformed American culture since World War II*, New York NY 1997.

Jürgen Peter: *Der Nürnberger Ärzteprozess. Im Spiegel seiner Aufarbeitung anhand der drei Dokumentensammlungen von Alexander Mitscherlich und Fred Mielke*, Münster 1998.

Berthold Petzinna: *Erziehung zum deutschen Lebensstil: Ursprung und Entwicklung des jungkonservativen „Ring"-Kreises 1918–1933*, Berlin 2000.

David Philllips: "Lindsay and the German Universities: an Oxford contribution to the post-war reform debate", in: *Oxford Review of Education* 6/1980, 91–105.

Daniel C. Pinck; Geoffrey M.T. Jones; Charles T. Pinck (Hg.): *Stalking the History of the Office of Strategic Services: An OSS Bibliography*, Boston 2000.

M. Frederik Plöger: *Soziologie in totalitären Zeiten. Zu Leben und Werk von Ernst Wilhelm Eschmann (1904–1987)*, Münster 2007.

Jacqueline Plum: *Französische Kulturpolitik in Deutschland 1945–1955. Das Beispiel der Jugendbewegungen und privaten Organisationen*, Bonn 2005.

Ulrike Pohl: *Das Studium Generale an der Technischen Universität Bergakademie Freiberg im Vergleich zu Hochschulen anderer Bundesländer (Niedersachsen, Mecklenburg–Vorpommern): Ergebnisse einer vergleichenden Studie*, Freiberg 2003.

Erwin Pollack: "Isaac Leon Kandel (1881–1965)", in: *Prospects: the quarterly review of comparative education* 23/3–4/1993, 775–787.

Reiner Pommerin: *Geschichte der TU Dresden, 1828–2003*, Köln 2003.

Rainer Pöppinghege: *Absage an die Republik: das politische Verhalten der Studentenschaft der Westfälischen Wilhelms-Universität Münster 1918–1935*, Münster 1994.

– ; Dietmar Klenke (Hg.): *Hochschulreformen früher und heute. Zwischen Autonomie und gesellschaftlichem Gestaltungsanspruch*, Köln 2011.

Dirk Pöppmann: „Robert Kempner und Ernst von Weizsäcker im Wilhelmstraßenprozess. Zur Diskussion über die Beteiligung der deutschen Funktionselite an den NS-Verbrechen", in: Irmtrud Wojak; Susanne Meinl (Hg.): *Im Labyrinth der Schuld. Täter – Opfer – Ankläger*, Frankfurt am Main/New York 2003, 163–197.

Uwe Prell; Lothar Wilker (Hg.): *Die Freie Universität Berlin 1948–1968–1988: Ansichten und Einsichten*, Berlin 1988.

Annedore Prengel; Hanno Schmitt: „Bildung als Medium persönlicher Beziehungen um 1800“, in: Edwin Keiner et al. (Hg.): *Metamorphosen der Bildung: Historie – Empirie – Theorie*, Bad Heilbrunn 2011,153-170.

Martin Priwitzer: *Ernst Kretschmer und das Wahnproblem*, Tübingen 2004.

Brian Michael Puaca: *Drafting Democracy: Education Reform in American-Occupied Germany, 1945–1949*, Chapel Hill NC 2001.

Gerd Radde: „Die Einheitsschule in Berlin: ein Gesamtsystem und seine exemplarische Verwirklichung an der Fritz-Karsen-Schule im Bezirk Neukölln“, in: Benno Schmoldt (Hg.): *Das Schulwesen in Berlin seit 1945: Beiträge zur Entwicklung der Berliner Schule*, Berlin 1996. 127–159.

– *Fritz Karsen: ein Berliner Schulreformer der Weimarer Zeit*, Frankfurt am Main 1999.

Ulrich Raulff: *Kreis ohne Meister. Stefan Georges Nachleben*, München 2009.

Helke Rausch: „Blickwechsel und Wechselbeziehungen. Zum transatlantischen Kulturtransfer im westlichen Nachkriegseuropa“, in: Helke Rausch (Hg.): *Transatlantischer Kulturtransfer im „Kalten Krieg“*, Leipzig 2007, 7–33.

Albert Reble (Hg.): *Zur Geschichte der Höheren Schulen, Band II (19. und 20. Jahrhundert)*, Bad Heilbrunn 1975.

Kersten Reich: „Demokratie und Erziehung nach John Dewey aus praktischphilosophischer und pädagogischer Sicht“, in: Holger Burckhart; Jürgen Sikora (Hg.): *Praktische Philosophie – Philosophische Praxis*. Darmstadt 2005.

Steven P. Remy: *The Heidelberg Myth: The Nazification and Denazification of a German University*, Cambridge MA 2002.

– „Geistesaristokratie und Entnazifizierung. Die gescheiterte ‚Amerikanisierung‘ der Universität Heidelberg nach 1945“, in: Alexander Stephan; Jochen Vogt (Hg.): *America on my Mind: Zur Amerikanisierung der deutschen Kultur seit 1945*, München 2006.

Hein Retter: „Peter Petersens Identitätsbalancen vor und nach 1933“, in: Tobias Rülcker; Jürgen Oelkers (Hg.): *Politische Reformpädagogik*, Bern 1998, 563–590.

– *Reformpädagogik und Protestantismus im Übergang zur Demokratie. Studien zur Pädagogik Peter Persens*, Frankfurt, 2007.

Jürgen Reulecke: „‚… und sie werden nicht mehr frei ihr ganzes Leben!‘ Der Weg in die ‚Staatsjugend‘ von der Weimarer Republik zur NS-Zeit“, in: Ulrich Herrmann; Jürgen Oelkers (Hg.): *Pädagogik und Nationalsozialismus*, Weinheim 1988.

– *Generationalität und Lebensgeschichte im 20. Jahrhundert*, München 2003.

– „Neuer Mensch und neue Männlichkeit. Die ‚junge Generation‘ im ersten Drittel des zwanzigsten Jahrhunderts“, in: Uta Gerhardt (Hg.): *Zeitperspektiven. Studien zu Kultur und Gesellschaft*, Stuttgart 2003, 171–201.

– „Blick auf die deutsche Jugend nach Kriegsende“, in: Bernd-A. Rusinek (Hg.): *Kriegsende 1945. Verbrechen, Kathastrophen, Befreiungen in nationaler und internationaler Perspektive*, Göttingen 2004.

Heinz Rhyn: „Geteilte Erfahrungen, gemeinsamen Wissen. Anmerkungen zum Verhältnis von Demokratie und Erziehung bei John Dewey“, in: Tobias Rülcker; Jürgen Oelkers (Hg.): *Politische Reformpädagogik*, Bern 1998, 299–322.

Rudolf Richter; Klaus Zapotoczky: „Emil Lederer“, in: Wilhelm Bernsdorf; Horst Knospe (Hg.): *Internationales Soziologenlexikon*, Stuttgart 1980, 238 f.

Katharina Rietzler: “Philantrophy, Peace Research, and Revisionist Politics: Rockefeller and Carnegie Support for the Study if International Relations in Weimar Germany”, in: *GHI Bulletin Supplement* 5/2008, 61–79.

Gerhard A. Ritter: „Hans Herzfeld – Persönlichkeit und Werk“, in: Otto Büsch (Hg.): *Hans Herzfeld. Persönlichkeit*, Berlin 1983, 13–91.

– „Friedrich Meinecke, die Gründung der Freien Universität und das Friedrich-Meinecke-Institut“, in: Gisela Bock; Daniel Schönpflug (Hg.): *Friedrich Meinecke in seiner Zeit: Studien zu Leben und Werk*, Stuttgart 2006, 193–210.

Gerd Roellecke: „Theodor Maunz und die Verantwortung des Öffentlichrechtlers“, in: *Kritische Justiz* 1994, 344–354

Hermann Röhrs; Volker Lenhart (Hg.): *Die Reformpädagogik auf den Kontinenten. Ein Handbuch*, Frankfurt am Main 1994.

– *Reformpädagogik und innere Bildungsreform*, Weinheim 1998.

Anne Rohstock: *Von der „Ordinarienuniversität“ zur „Revolutionszentrale“? Hochschulreform und Hochschulrevolte in Bayern und Hessen 1957–1976*, München, 2010.

– „‚Ein manchmal auch ein wenig verlogener Pathos‘. Humboldt als Argument in den Hochschulreformen der Bundesrepublik (1949–2009)“, in: Asta von Schröder; Christoph Jamme (Hg.): *Einsamkeit und Freiheit. Zum Bildungsauftrag der Universität im 21. Jahrhundert*, Paderborn 2011. 117–124.

– „‚Wartet nicht auf Veränderungen an der Uni, sondern macht sie selbst!‘ Studentenrevolte und Hochschulreform in Bayern und Hessen 1957–1976, in: Rainer Pöppinghege; Dietmar Klenke (Hg.): *Hochschulreformen früher und heute*, Köln 2011, 173–185.

Uwe Rohwedder: „Zwischen Selbstbild und ‚politischem Mandat‘: Zur Geschichte der verfassten Studentenschaft in Deutschland“, in: *Jahrbuch für Universitätsgeschichte* 8/2005, 235–243.

– *Helmut Schmidt und der SDS. Die Anfänge des Sozialistischen Deutschen Studentenbundes nach dem Zweiten Weltkrieg*, Bremen 2007.

– „SDS-Hochschuldenkschrift und VDS-Neugründungsgutachten. Zwei studentische Beiträge zum Reformdiskurs der 1960er Jahre“, in: Rainer Pöppinghege; Dietmar Klenke (Hg.): *Hochschulreformen früher und heute*, Köln 2011, 158–172.

Beate Rosenzweig: *Erziehung zur Demokratie?: Amerikanische Besatzungs- und Schulreformpolitik in Deutschland und Japan*, Stuttgart 1998.

Sheldon Rothblatt: „Das Studium“, in: Walter Rüegg (Hg.): *Geschichte der Universität in Europa, Band IV: Vom Zweiten Weltkrieg bis zum Ende des 20. Jahrhunderts*, München 2010, 218–248.

Guenther Roth: *Max Webers deutsch–englische Familiengeschichte 1800–1950*, Tübingen 2001.

Konrad Rückbrod: *Universität und Kollegium. Baugeschichte und Bautyp*, Darmstadt 1977.

Wilfried Rudloff: „Die Gründerjahre des bundesdeutschen Hochschulwesens: Leitbilder neuer Hochschulen zwischen Wissenschaftspolitik, Studienreform und Gesellschaftspolitik“, in: Andreas Franzmann; Barbara Wolbring (Hg.): *Zwischen Idee und Zweckorientierung*, Berlin 2007, 77–102.

Frederick Rudolph: *The American College and University*, New York 1962.

Willis Rudy: *Total war and twentieth-century higher learning: universities of the Western World in the First and Second World Wars*, Rutherford NJ 1991.

Walter Rüegg (Hg.): *Geschichte der Universitäten in Europa. Band I: Von der Reformation zur Französischen Revolution (1500–1800)*, München 1996.

– „Der Mythos der Humboldtschen Universität“, in: Matthias Krieg; Martin Rose (Hg.): *Universitas in theologia – theologia in universitate: Festschrift für Hans Heinrich Schmid zum 60. Geburtstag*, Zürich 1997, 155–174.

– (Hg.): *Geschichte der Universitäten in Europa. Band III: Vom 19. Jahrhundert bis zum Zweiten Weltkrieg (1800–1945)*, München 2004.

– (Hg.): *Geschichte der Universität in Europa, Band IV: Vom Zweiten Weltkrieg bis zum Ende des 20. Jahrhunderts*, München 2010.

Tobias Rülcker (Hg.): *Politische Reformpädagogik*, Bern 1998.

Hermann-Josef Rupieper: *Die Wurzeln der westdeutschen Nachkriegsdemokratie*, Darmstadt 1993.

– „Amerikanisierung in Politik und Verwaltung Westdeutschlands. Ein problematisches Konzept“, in: Konrad H. Jarausch; Hannes Siegrist (Hg.): *Amerikanisierung und Sowjetisierung in Deutschland 1945–1970*, Frankfurt/New York 1997, 49–66.

Hans Karl Rupp: „Die (Wieder)Gründung der Politikwissenschaft als Demokratiewissenschaft im Nachkriegsdeutschland“, in: Wolfgang Hecker; Joachim Klein; Hans Karl Rupp (Hg.): *Politik und Wissenschaft: 50 Jahre Politikwissenschaft in Marburg*, Münster 2001, 6–37.

– „Die Berufung Wolfgang Abendroths nach Marburg. Politische Wissenschaft als politische Erziehung“, in: Wolfgang Hecker; Joachim Klein; Hans Karl Rupp (Hg.): *Politik und Wissenschaft: 50 Jahre Politikwissenschaft in Marburg, Band 1*, Münster 2001, 64–76.

Reinhard Rürup: „Die Technische Universität Berlin 1879–1979: Grundzüge und Probleme ihrer Geschichte“, in: Reinhard Rürup (Hg.): *Wissenschaft und Gesellschaft*, Berlin/Heidelberg/New York 1979.

– (Hg.): *Wissenschaft und Gesellschaft*, Berlin/Heidelberg/New York 1979.

Bernd Rüthers: *Geschönte Geschichten – Geschönte Biografien. Sozialisationskohorten in Wendeliteraturen. Ein Essay*, Tübingen 2001.

Mark B. Ryan: *A Collegiate Way of Living. Residential Colleges and a Yale Education*, New Haven CT 2001.

Stefan Chr. Saar: „Erich Schwinge (1903–1994)“, in: Eckart Klein; Stefan Chr. Saar; Carola Schulze (Hg.): *Zwischen Rechtsstaat und Diktatur. Deutsche Juristen im 20. Jahrhundert*, Frankfurt am Main 2006, 105–129.

Martin Sabrow: „Die deutsche Universität im Nationalsozialismus“, in: Christoph Cornelißen (Hg.): *Wissenschaft an der Grenze. Die Universität Kiel im Nationalsozialismus*, Essen 2010.

Benjamin J. Sacks: “Harvard’s ‘Constructed Utopia’ and the Culture of Deception: The Expansion toward the Charles River 1902-1932”, in: *The New England Quarterly*, 84/2/2011, 286–317.

Christian Saehrendt: „Studentischer Extremismus und politische Gewalt an der Berliner Universität 1918–1933“, in: *Jahrbuch für Universitätsgeschichte* 9/2006, 213–234.

Francisco Sánchez-Blanco: „Ortega y Gasset: Philosoph des Wiederaufbaus? Anmerkungen zu einer unbedachten Rezeption“, in: Jost Hermand (Hg.): *Nachkriegsliteratur in Westdeutschland*, Berlin 1983, 101–111.

Uwe Sandvoß: *Der Gemeinschaftsbegriff in der Musikpädagogik Georg Götschs*, Frankfurt am Main, 1998.

Richard Schaeffler: *Erfahrung als Dialog mit der Wirklichkeit. Eine Untersuchung zur Logik der Erfahrung*, Freiburg 1995.

Marc Schalenberg: „Die Rezeption des deutschen Universitätsmodells in Oxford 1850–1914“, in: Rudolf Muhs; Johannes Paulmann; Willibald Steinmetz (Hg.): *Aneignung und Abwehr*, Bodenheim 1998, 198–226.

Berit Schallner: „Repressionen, Restriktionen, Vorschriften: Kölner Studierende im Visier des Regimes“, in: Margit Szöllösi-Janze (Hg.): *Zwischen „Endsieg“ und Examen: studieren an der Universität Köln 1943–1948. Brüche und Kontinuitäten*, Nümbrecht 2007, 19–38.

Stefan Scheil: *Transatlantische Wechselwirkungen. Der Elitenwechsel in Deutschland nach 1945*, Berlin 2012.

Wolfgang Scheibe (Hg.): *Die reformpädagogische Bewegung 1900–1932. Eine einführende Darstellung*, Weinheim/Basel 1994.

Rudolf Schieffer: „Nachruf Gerd Tellenbach“, in: *Deutsches Archiv für Erforschung des Mittelalters* 56/2000, 409–411.

Kurt Schilde (Hg.): *Jugendopposition 1933–1945. Ausgewählte Beiträge*, Berlin 2007.

Axel Schildt: „Moderne Zeiten, Freizeit, Massenmedien und ‚Zeitgeist‘ in der Bundesrepublik der 50er Jahre“, in: Axel Schildt; Arnold Sywottek (Hg.): *Modernisierung*, Hamburg 1995.

– *Zwischen Abendland und Amerika: Studien zur westdeutschen Ideenlandschaft der 50er Jahre*, München 1999.

Martina Schilling (Hg.): *Campus FU Berlin – Die Bauten der Freien Universität*, Salenstein 2010.

Anton Schindling: *Bildung und Wissenschaft in der frühen Neuzeit 1650–1800*, München 1999.

Otto Schlander: *Reeducation – ein politisch-pädagogisches Prinzip im Widerstreit der Gruppen*, Bern/Frankfurt am Main 1975.

– „Der Einfluss von Dewey und Hans Morgenthau auf die Formulierung der Reeducationspolitik“, in: Manfred Heinemann (Hg.): *Umerziehung und Wiederaufbau. Die Bildungspolitik der Besatzungsmächte in Deutschland und Österreich*, Stuttgart 1981, 40–52.

Sebastain Schlegel: „Die Sowjetische Militäradministration in Deutschland (SMAD) und die Friedrich-Schiller-Universität Jena“, in: Uwe Hoßfeld; Tobias Kaiser; Meinz Mesrup: (Hg.): *Hochschule im Sozialismus: Studien zur Geschichte der Friedrich-Schiller-Universität Jena (1945–1990)*, Köln/Wien/Weimar 2007, 96–118.

Andrew Schlesinger: *Veritas: Harvard College and the American experience*, Chicago IL 2005.

Phillipp Horst Schlüter: *Gustav Radbruchs Rechtsphilosophie und Hans Kelsens Reine Rechtslehre. Ein Vergleich*, Tübingen 2009.

Mike Schmeitzner: „Arno Hennig, Carlo Schmid und die Totalitarismuskonferenz der SPD im Juni 1947“, in: Mike Schmeitzner (Hg.): *Totalitarismuskritik von links: deutsche Diskurse im 20. Jahrhundert*, Göttingen 2007, 283–306.

Hans-Dieter Schmidt (Hg.): *Weltverstehen und gesellschaftlicher Wandel: zur Tradition und Geschichte der Lehrerbildung und der Geistes- und Sozialwissenschaften in Hannover*, Bielefeld 2007.

Ingrid Schmidt-Silla: *Romano Guardini: Aspekte der Reformpädagogik und Jugendbewegung und ihre Aktualität in der Erziehung heute*, Fuchstal 2010.

Jochen Schmidt: „Hölderlins Entwurf der Zukunft“, in: *Hölderlin-Jahrbuch 1969/70* 16/1972, 110–122.

Michael Schmidt: „Was ist Bildung wirklich? Ein Begriff zwischen Vision und Wirklichkeit“, in: *Labyrinth, DGhK* 85/2005, 9–10.

Dieter Schmitt: *Theodor Bäuerle (1882–1956). Engagement für Bildung in schwierigen Zeiten*, Stuttgart 2005.

Horst Schmitt: „Ein typischer Heidelberger im Guten wie im Gefährlichen. Arnold Bergstraesser und die Ruperta Carola 1932–1936“, in: Reinhard Blomert (Hg.): *Heidelberger Sozial- und Staatswissenschaften. Das Institut für Sozial- und Staatswissenschaften zwischen 1918 und 1958*, Marburg 1997, 167–196.

Walter Schmitthenner: „Studentenschaft und Studentenverbindungen nach 1945“, in: Wilhelm Doerr (Hg.): *Semper apertus: 600 Jahre Ruprecht-Karls-Universität Heidelberg 1386–1986*, Berlin 1986. 569–616.

Benno Schmoldt (Hg.): *Das Schulwesen in Berlin seit 1945 : Beiträge zur Entwicklung der Berliner Schule*, Berlin 1996.

Ludwig Schmugge: „Wilhelm Berges (1909–1978)“, *Historisches Jahrbuch* 1979, 517–518.

Daniela Schneider-Pieck: *Der Weg zur Stiftungsuniversität, Johann Wolfgang Goethe-Universität: als autonome Stiftungsuniversität auf dem Weg zur Spitze*, Frankfurt am Main 2008.

Barbara Schneider: *Die Höhere Schule im Nationalsozialismus: zur Ideologisierung von Bildung und Erziehung*, Köln 2000.

Ullrich Schneider: „Hochschulreform, Studium generale und das Collegium Academicum Heidelberg 1945–1952“, in: *Bildung und Erziehung: Hochschulgeschichte der Nachkriegszeit* 1/1983, 55–67.

– „The Reconstruction of Universities in American Occupied Germany“, in: Manfred Heinemann (Hg.): *Hochschuloffiziere und Wiederaufbau des Hochschulwesens in Westdeutschland 1945–1952. Die US-Zone*, Hildesheim 1990, 1–8.

William H. Schneider: “War, Philanthropy, and the National Institute of Hygiene in France”, in: *Minerva* 41/1/2003, 1–23.

– “The Model American Foundation Officer: Alan Gregg and the Rockefeller Foundation Medical Divisions”, in: *Minerva* 41/2/2003.

Günther Schnuer: *Die deutsche Bildungskatastrophe: 20 Jahre nach Picht – Lehren und Lernen in Deutschland*, Herford 1986.

Joachim Scholtyseck (Hg.): *Universitäten und Studenten im Dritten Reich : Bejahung, Anpassung, Widerstand. XIX. Königswinterer Tagung vom 17.–19. Februar 2006*, Berlin 2008.

Bruno Schonig: „Die Einheit von ‚Kopf und Herz‘ als pädagogisches Prinzip: Grundlinien der Rezeption der Reformpädagogik“, in: Inge Hansen-Schaberg; Bruno Schonig (Hg.): *Basis-*

wissen Pädagogik: Reformpädagogische Schulkonzepte, Band I: Reformpädagogik – Geschichte und Rezeption, Hohengehren 2007, 13–56.

Matthias Schönwald: „Hinter Stacheldraht – vor Studenten. Die ‚amerikanischen Jahre' Walter Hallsteins, 1944–1949", in: Ralph Dietl; Franz Knipping (Hg.): *Begegnung zweier Kontinente. Die Vereinigten Staaten und Europa seit dem Ersten Weltkrieg*, Trier 1999, 31–54.

Franz Schorer: *Berufliche Bildung – Menschenbildung gestern und heute: aktuelle Lösungsversuche bei Pestalozzi und Kerschensteiner*, Bern 1986.

Matthias Schramm: „Willy Hartner 1905–1981", in: Klaus Bethge; Horst Klein (Hg.): *Physiker und Astronomen in Frankfurt*, Neuwied 1989, 170–180.

Asta von Schröder; Christoph Jamme (Hg.): *Einsamkeit und Freiheit. Zum Bildungsauftrag der Universität im 21. Jahrhundert*, Paderborn 2011.

Hans-Joachim Schubert: „The Chicago School of Sociology. Theorie, Empirie und Methode", *Jahrbuch für Soziologiegeschichte 2007*, Wiesbaden 2007

Volker Schulze: „Heinrich G. Merkel", *Neue Deutsche Biographie (NDB)*, Berlin 1994, 151 f.

Winfried Schulze: „‚Universitas semper reformanda est.' Über die aktuellen Reformperspektiven der Universität", in: Jürgern Oelkers, Fritz Osterwalder, Heinz-Elmar Tenorth (Hg.): *Das verdrängte Erbe. Pädagogik im Kontext von Religion und Theologie*, Weinheim 2003, 39–47.

Dieter Schumann (Hg.): *Neugier und Nutzen: 50 Jahre Technische Universität Berlin. Begleitband zur gleichnamigen Ausstellung im Lichthof der TU Berlin, 15. April bis 12. Mai 1996*, Berlin 1996.

Kersten Schüßler: *Helmuth Plessner: eine intellektuelle Biographie*, Berlin 2000.

Alexander Schwan: „Reform. Demokratisierung – eine Illusion? 1968", in: Uwe Prell; Lothar Wilker (Hg.): *Die Freie Universität Berlin 1948–1968–1988: Ansichten und Einsichten*, Berlin 1988, 55–69.

Christina Schwartz: „Erfindet sich die Hochschule neu? Selbstbilder und Zukunftsvorstellungen in den westdeutschen Rektoratsreden 1945–1950", in: Andreas Franzmann; Barbara Wolbring (Hg.): *Zwischen Idee und Zweckorientierung*, Berlin 2007, 47–60.

Eugene G. Schwartz (Hg.): *American students organize: founding the National Student Association after World War II. An Anthology and Source Book*, Ann Arbor 2006.

Jürgen Schwarz: „Arnold Bergstraesser und die Studentenschaft der frühen zwanziger Jahre", in: *Zeitschrift für Politik* 15/3/1968, 300–311.

Hartmut Schweitzer: *Kollegienhaus in der Krise. Bericht über das Experiment einer neuen studentischen Gemeinschaftsform. Eine Analyse des Collegium Academicum der Universität Heidelberg*, Inaugural–Dissertation, Heidelberg 1967.

Ulrich Schwerdt: „Landschulheime – Modelle einer ‚neuen Erziehung'", in: Inge Hansen-Schaberg; Bruno Schonig (Hg.): *Basiswissen Pädagogik: reformpädagogische Schulkonzepte, Band 2: Landerziehungsheim-Pädagogik*, Baltmannsweiler 2002, 52–108.

Rainer Christoph Schwinges (Hg.): *Humboldt international: der Export des deutschen Universitätsmodells im 19. und 20. Jahrhundert*, Basel 2001

Anton Schwob: „Johann Wilhelm Mannhardt", *Neue Deutsche Biographie*, 1990, 65 f.

Lori Verstegen Ryan; William G. Scott: "Ethics and Organizational Reflection: The Rockefeller Foundation and Postwar 'Moral Deficits', 1942–1954", in: *Academy of Management Review* 20/2/1995, 438–461.

Volker Sellin: „Die Universität Heidelberg im Jahre 1945", in: Jürgen C. Heß (Hg.): *Heidelberg 1945*, Stuttgart 1996, 91–106.

Masako Shibata: *Japan and Germany under the U.S. occupation: a comparative analysis of postwar education reform*, Lanham MD 2005.

Edward Shils; John Roberts: „Die Übernahme europäischer Universitätsmodelle", in: Walter Rüegg (Hg.): *Geschichte der Universität in Europa, Band III: Vom 19. Jahrhundert zum Zweiten Weltkrieg (1800–1945)*, München 2004. 145–198.

Dennis Shirley; Benjamin Schwarz: *Reformpädagogik im Nationalsozialismus: Die Odenwaldschule 1910 bis 1945*, Weinheim 2010.

Ulrich Sieg; Dietrich Korsch (Hg.): *Die Idee der Universität heute, Academia Marburgensis*, München 2005.

Richard Harris Smith: *OSS: The Secret History of America's First Central Intelligence Agency*, Berkeley CA 1972.

Robert Sobel; John Raimo (Hg.): *Biographical Directory of the Governors of the United States, 1789–1978*, Westport 1978.

Alfons Söllner: „Normative Verwestlichung? Die politische Kultur der frühen Bundesrepublik und Arnold Bergstraesser", in: Alfons Söllner (Hg.): *Fluchtpunkte. Studien zur politischen Ideengeschichte des 20. Jahrhunderts*, Baden–Baden 2006, 181–200.

Felix Sommer: „Anatomie", in: Wolfgang U. Eckart; Volker Sellin; Eike Wolgast (Hg.): *Die Universität Heidelberg im Nationalsozialismus*, Heidelberg 2006, 651–170.

Kurt Sontheimer: „Die deutschen Hochschullehrer in der Zeit der Weimarer Republik", in: Klaus Schwabe (Hg.): *Deutsche Hochschullehrer als Elite 1815–1945*, Boppard am Rhein 1983, 215–224.

Roderick Stackelberg: "Cultural Aspects of National Socialism", in: *Dialectical Anthropology* 12/2/1988, 253–260.

David J. Staley: "The Rockefeller Foundation and the Patronage of German Sociology", 1946–1955, in: *Minerva* 33/1995, 251–264.

Hans Stallmann: „Am Anfang war Bochum. Die Gründung der Ruhr–Universität im Kontext der sechziger Jahre", in: *die hochschule* 1/2004, 171–184.

Barbara Stambolis: *Mythos Jugend – Leitbild und Krisensymptom. Ein Aspekt der politischen Kultur im 20. Jahrhundert*, Schwalbach 2003.

Christl Stark: *Idee und Gestalt einer Schule im Urteil des Elternhauses.* Dissertation, Pädagogische Hochschule, Heidelberg 1998.

Gerd Steffens: „Collegium Academicum 1945–1978. Zur Lebensgeschichte eine ungeliebten Kindes der Alma mater Heidelbergensis", in: Karin Buselmeier (Hg.): *Auch eine Geschichte der Universität Heidelberg*, Mannheim 1985, 381–410.

John M. Steiner; Jobst Freiherr von Cornberg: Willkür in der Willkür – Hitler und die Befreiungen von den antisemitischen Nürnberger Gesetzen, in: *Vierteljahrsheft für Zeitgeschichte* 46/1998, 155 f.

Hubert Steinhaus: „Der Gemeinschaftsmythos als Gegenideologie zur Modernen Welt. Ferdinand Tönnis und die deutsche Reformpädagogik", in: Tobias Rülcker; Jürgen Oelkers (Hg.): *Politische Reformpädagogik*, Bern 1998, 151–184.

Rolf Steininger: *Deutsche Geschichte 1945–1961. Darstellung und Dokumente in zwei Bänden*, Frankfurt am Main 1983.

Benjamin Stello: *Alfred Baeumler in Sachsen (1924–1933): Eine pädagogisch-historische Studie*, Norderstedt 2008.

Rudolf Stichweh: *Der frühmoderne Staat und die europäische Universität: zur Interaktion von Politik und Erziehungssystemen im Prozeß der Ausdifferenzierung 16.–18. Jahrhundert*, Frankfurt am Main 1991.

Ernst C. Stiefel; Frank Mecklenburg: *Deutsche Juristen im amerikanischen Exil (1933–1950)*, Tübingen 1991.

Stephan Sting: „Die Fiktion des ‚Volks' in den pädagogischen Reformbewegungen um 1900 in Deutschland", in: Tobias Rülcker; Jürgen Oelkers (Hg.): *Politische Reformpädagogik*, Bern 1998, 107–124.

Walter Stockmayer; John T. Edsall: *George Scatchard 1892–1973. A Biographical Memoir*, Washington DC 1980.

Erhard Stölting; Uwe Schimank (Hg.): *Die Krise der Universitäten*, Wiesbaden 2001.

Dietrich Stoltzenberg: *Fritz Haber: Chemiker, Nobelpreisträger, Deutscher, Jude*, Weinheim 1998.

Shepard Stone: „Die Freie Universität“, in: Der Präsident der Freien Universität Berlin (Hg.): *40 Jahre Freie Universität 1948–1988. Einblicke, Ausblicke*, Berlin 1988, 6–7.

Ricarda Strobel: „‚Im Petticoat am Nierentisch‘. Architektur, Mode und Design“, in: Werner Faulstich: *Die Kultur der fünfziger Jahre*, München 2002. 111–144.

Heike Ströle-Bühler: *Studentischer Antisemitismus in der Weimarer Republik: eine Analyse der Burschenschaftlichen Blätter 1918 bis 1933*, Frankfurt am Main 1991.

Rolf Stroux: *Universitätsbauamt Heidelberg. Planen und Bauen 1957–2007*, Heidelberg 2007.

Gisela Strunz: *American Studies oder Amerikanistik? Die deutsche Amerikawissenschaft und die Hoffnung auf Erneuerung der Hochschulen und der politischen Kultur nach 1945*, Opladen 1999.

Andreas Stucke: „Mythos USA – Die Bedeutung des Arguments ‚Amerika‘ im hochschulpolitischen Diskurs der Bundesrepublik“, in: Erhard Stölting; Uwe Schimank (Hg.): *Die Krise der Universitäten*, Wiesbaden 2001, 118–138.

Axel Schildt; Arnold Sywottek (Hg.): *Modernisierung im Wiederaufbau: die westdeutsche Gesellschaft der 50er Jahre*, Bonn 1998.

Margit Szöllösi-Janze: *Fritz Haber, 1868–1934. Eine Biographie*, München 1998.

– (Hg.): *Zwischen „Endsieg“ und Examen: studieren an der Universität Köln 1943–1948. Brüche und Kontinuitäten*, Nümbrecht 2007.

Technische Universität Dresden. Institut für Grundlagen der Berufspädagogik (Hg.): *In memoriam Richard Seyfert, Karl Trinks, Hugo Dähne*, Dresden 1992.

Ulrich Teichler: „Der Berufsweg der Studierenden“, in: Walter Rüegg (Hg.): *Geschichte der Universität in Europa, Band IV: Vom Zweiten Weltkrieg bis zum Ende des 20. Jahrhunderts*, München 2010, 283–330.

Heinz-Elmar Tenorth: *Zur deutschen Bildungsgeschichte 1918–1945 : Probleme, Analysen und politisch-pädagogische Perspektiven*, Köln 1985.

– „Wissenschaftliche Pädagogik im nationalsozialistischen Deutschland. Zum Stand ihrer Erforschung“, in: Ulrich Herrmann; Jürgen Oelkers (Hg.): *Pädagogik und Nationalsozialismus*, Weinheim 1988, 53–86.

– „Kulturphilosophie als Weltanschauungsunterricht – Zur Theoretisierung des Denkens über Erziehung“, in: Gangolf Hübinger; Rüdiger vom Bruch; Friedrich Wilhelm Graf (Hg.): *Kultur und Kulturwissenschaften um 1900. Krise der Moderne*, Stuttgart 1989, 133–154.

– *Geschichte der Erziehung: Einführung in die Grundzüge ihrer neuzeitlichen Entwicklung*, Weinheim/München 1992.

– „Reformpädagogik, ihre Historiographie und Analyse: Nachwort“, in: Wolfgang Scheibe (Hg.) *Die reformpädagogische Bewegung: 1900–1932. Eine einführende Darstellung*, Weinheim 1994, 438–459.

– ; Klaus-Peter Horn: „Emigration und Remigration in der Erziehungswissenschaft. Zur Einfuehrung in den Themenschwerpunkt“, *Zeitschrift für Pädagogik*, 40/5/1994, 703–706.

– „Grenzen der Indoktrination“, in: Peter Drewek (Hg.): *Ambivalenzen der Pädagogik : zur Bildungsgeschichte der Aufklärung und des 20. Jahrhunderts. Harald Scholtz zum 65. Geburtstag*, Weinheim 1995, 335–350.

– „Sprangers Erziehungsphilosophie – ihre Bedeutung für Pädagogik und Erziehungswissenschaf“t, in: Gerhard Meyer-Willner (Hg.): *Eduard Spranger*, Bad Heilbrunn 2001, 16–29.

– „Pädagogik der Gewalt: zur Logik der Erziehung im Nationalsozialismus“, *Jahrbuch für historische Bildungsforschung* 9/2003, 7–36.

– „Erziehungsutopien zwischen Weimarer Republik und Drittem Reich“, in: Wolfgang Hardtwig (Hg.): *Utopie und politische Herrschaft im Europa der Zwischenkriegszeit*, München 2003. 175–198.

– (Hg.): *Form der Bildung – Bildung der Form*, Weinheim/Basel/Berlin 2003.

– *Schule und Universität: Bildungswelten im Konflikt*, Konstanz 2006.

– „Unterwerfung und Beharrungskraft – Schule unter den Bedingungen deutscher Diktaturen: Befunde und Analayseperspektiven“, *Schweizerische Zeitschrift für Bildungswissenschaften*

= *Revue suisse des sciences de l'éducation = Rivista svizzera di scienze dell'educazione* 30/2/2008, 275–297.
– (Hg.): *Geschichte der Universität Unter den Linden 1810–2010, Band 4: Genese der Disziplinen. Die Konstitution der Universität*, Berlin 2010.
– „Von der ‚Kultur- und Staatswissenschaft' zur ‚Politischen Pädagogik': Berliner Universitätspädagogik bis 1945", in: Ders. (Hg.): *Geschichte der Universität Unter den Linden 1810–2010, Band 5: Transformation der Wissensordnung*, Berlin 2010, 237–256.
– ; in Zusammenarbeit mit Volker Hess und Dieter Hoffmann (Hg.): *Geschichte der Universität Unter den Linden 1810–2010, Band 5: Transformation der Wissensordnung*, Berlin 2010.
– Hg.): *Geschichte der Universität Unter den Linden 1810–2010, Band 6: Selbstbehauptung einer Vision*, Berlin 2010.
– „Paulsen als Historiker der Erziehung und seine Stellung an der Berliner Universität", in: Thomas Steensen (Hg.): *Friedrich Paulsen: Weg, Werk und Wirkung eines Gelehrten aus Nordfriesland*, Husum 2010, 43–58.
– „Lebensform und Lehrform – oder: die Reformbedürftigkeit der ‚Humboldtschen' Universität", in: Jürgen Kaube; Joachim F. K. Schmidt (Hg.): *Die Wirklichkeit der Universität, Rudolf Stichweh zum 60. Geburtstag, Soziale Systeme* 16/2/2010, 341–355.
James F. Tent: „Education and Religious Affairs Branch, OMGUS und die Entwicklung amerikanischer Bildungspolitik 1944 bis 1949", in: Manfred Heinemann (Hg.): *Umerziehung und Wiederaufbau. Die Bildungspolitik der Besatzungsmächte in Deutschland und Österreich*, Stuttgart 1981, 68–85.
– *Mission on the Rhine. Reeducation and denazification in American-occupied Germany*, Chicago IL 1982.
– "Mission on the Rhine: American Educational Policy in Postwar Germany 1945–1949", in: *History of Education Quarterly* 22/3/1982, 255–276.
– *Freie Universität Berlin: 1948–1988. Eine deutsche Hochschule im Zeitgeschehen*, Berlin 1988.
– "Edward Yarnall Hartshorne and the reopening of the Ruprecht-Karls- Universität in Heidelberg, 1945: his personal account", in: Jürgen C. Heß (Hg.): *Heidelberg 1945*, Stuttgart 1996, 53–72.
Hans-Ulrich Thamer: „Jugendmythos und Gemeinschaftskult: bündische Leitbilder und Rituale in der Jugendbewegung der Weimarer Republik", im: Eckart Conze; Ulrich Schlie; Harald Seubert (Hg.): *Geschichte zwischen Wissenschaft und Politik: Festschrift für Michael Stürmer zum 65. Geburtstag*, Baden-Baden 2003, 268–285.
John R. Thelin: *A History of American Higher Education*, Baltimore MD 2004.
Dieter Thomä (Hg.): *Vaterlosigkeit – Geschichte und Gegenwart einer fixen Idee*, Berlin 2010.
Bernd Thomas: *Der Sachunterricht und seine Konzeptionen: Historische und aktuelle Entwicklungen*, Bad Heilbrunn 2009.
Ann-Katrin Thomm: *Alte Jugendbewegung, neue Demokratie. Der Freideutsche Kreis Hamburg in der frühen Bundesrepublik Deutschland*, Schwalbach 2010.
Walter Thorun: *Jugendhilfe und Sozialarbeit im lebensgeschichtlichen Rückblick. Erinnerungen. Perspektiven*, Hamburg 2006.
Hans-Joachim Thron: *Schulreform im besiegten Deutschland*, München 1972.
Christian Tilitzki: *Die deutsche Universitätsphilosophie in der Weimarer Republik und im Dritten Reich*, Teil 1, Berlin 2002.
Klaus W. Tofahrn: *Chronologie der Besetzung Deutschlands 1945–1949*, Hamburg 2003.
Hubert Treiber: Salon-Geselligkeit und Vortragskultur im Nachkriegs-Heidelberg – oder: Über die Rückkehr der ‚letzten Bildungsbürger', in: Jürgen C. Heß (Hg.): *Heidelberg 1945*, Stuttgart 1996, 255–269.
– „Der ‚Eranos' – Das Glanzstück im Heidelberger Mythenkranz?", in: Wolfgang Schluchter; Friedrich Wilhelm Graf (Hg.): *Asketischer Protestantismus und ‚Geist' des modernen Kapitalismus. Max Weber und Ernst Troeltsch*, Tübingen 2005, 75–137.

Werner Treß: „Alfred Baeumler“, in: Wolfgang Benz (Hg.): *Handbuch des Antisemitismus*, Berlin 2009, 40–42.

Barbara I. Tshisuaka: „Benninghoff, Alfred“, in: Werner E. Gerabek (Hg.): *Enzyklopädie Medizingeschichte*, Berlin/New York 2004.

George Turner: “A Favorer of Universities”, in: Erika J. Fischer ; Heinz-D. Fischer (Hg.): *John J. McCloy: an Architect of postwar Germany*, Frankfurt am Main 1994, 93–102.

Roy Steven Turner: “Humboldt in North America? Reflections on the Research University and its Historians”, in: Rainer Christoph Schwinges (Hg.): *Humboldt international*, Basel 2001, 289–312.

Barbara I. Tshisuaka: „Alfred Benninghoff“, in: Werner E. Gerabek (Hg.): *Enzyklopädie Medizingeschichte*, Berlin/New York 2004, 165.

Petra Umlauf: „Studentinnen an der LMU 1933–1945: Versuch einer Annäherung“, in: Elisabeth Kraus (Hg.): *Die Universität München im Dritten Reich*, München 2006, 505–560.

Wolfhart Unte: „Karl Reinhardt“, *Neue Deutsche Biographie (NDB)*, Band 21, Berlin 2003, 361–363.

Viktor Vanberg (Hg.): *Währungsordnung und Inflation. Zum Gedenken an Friedrich A. Lutz (1901–1975)*, Tübingen 2003.

Laurence R. Veysey: *The Emergence of the American University*, Chicago IL 1965.

Helmut Vogt: *Wächter der Bonner Republik: die Alliierten Hohen Kommissare 1949–1955*, Paderborn 2004.

Louis Vos: „Studentische Bewegungen“, in: Walter Rüegg (Hg.): *Geschichte der Universität in Europa, Band IV: Vom Zweiten Weltkrieg bis zum Ende des 20. Jahrhunderts*, München 2010, 249–282.

Dieter Waibel: *Von der wohlwollenden Despotie zur Herrschaft des Rechts: Entwicklungsstufen der amerikanischen Besatzung Deutschlands 1944–1949*, Tübingen 1996.

Fernande Walder: *Georg Kerschensteiner als Hochschullehrer und Bildungstheoretiker*, Bad Heilbrunn 1992.

Michael Warner: *The Office of Strategic Services: America's First Intelligence Agency*, Washington DC 2001.

Sven Waskönig: „Der Alltag der Berliner Verbindungsstudenten im Dritten Reich am Beispiel der Kösener Corps an der Friedrich-Wilhelms-Universität“, in: Rüdiger vom Bruch (Hg.): *Die Berliner Universität in der NS-Zeit. Bd. I: Strukturen und Personen*, Stuttgart 2005, 159–178.

Rosco G. S. Weber: *Die deutschen Corps im Dritten Reich*, Köln 1998.

Gregory P. Wegner; Karl-Heinz Füssl: „Wissenschaft als säkularer Kreuzzug: Thomas V. Smith und die Deutschen Kriegsgefangenen in den USA (1944–1946)“, in: *Paedagogica Historica* 33/1/1997, 157–182.

Nikolai Wehrs: „Demokratie durch Diktatur? Meinecke als Vernunftrepublikaner in der Weimarer Republik“, in: Gisela Bock; Daniel Schönpflug (Hg.): *Friedrich Meinecke in seiner Zeit. Studien zu Leben und Werk*, Stuttgart 2006, 95–118.

Christoph Weisz (Hg.): *OMGUS–Handbuch. Die amerikansiche Militärregierung in Deutschland 1945–1949*, München 1994.

Meike G. Werner: Moderne in der Provinz. *Kulturelle Experimente im Fin de Siècle Jena*, Göttingen 2003.

– „Jugendbewegung als Reform der studentisch-akademischen Jugendkultur. Selbsterziehung – Selbstbildung – die neue Geselligkeit: die Jenenser Freistudenten und der Serakreis“, in: Ulrich Herrmann (Hg.): *„Mit uns zieht die neue Zeit...“ Der Wandervogel in der deutschen Jugendbewegung*, Weinheim/München 2006, 171–204.

Hermann Weiß: „Kurze Geschichte der Wohnheimsiedling Maßmannplatz in der Epoche der Heimleiter (1948–1969)“, in: Eberhard Sander (Hg.): *Alles ändert sich und bleibt wie's immer war: 50 Jahre Maßmannplatz*, München 1999. 7–45.

Helga A. Welsh: „Deutsche Zentralverwaltung für Justiz (DJV)“, in: Martin Broszat; Hermann Weber (Hg.): *SBZ–Handbuch: Staatliche Verwaltungen, Parteien, gesellschaftliche Organi-*

sationen und ihre Führungskräfte in der sowjetischen Besatzungszone Deutschlands 1945–1949, München 1990, 218–228.

Christian Welzbacher: *Edwin Redslob. Biographie eines unverbesserlichen Idealisten*, Berlin 2009.

Heinrich August Winkler: *Der lange Weg nach Westen. Deutsche Geschichte vom Ende des Alten Reiches bis zur Wiedervereinigung*, 2 Bd., München 2000.

Hans-Ulrich Wipf: *Studentische Politik und Kulturreform. Geschichte der Freistudenten-Bewegung 1896-1918*, Schwalbach 2004.

– „Freistudentischer Aufbruch. Wirkungen der studentischen Jugendbewegung an den Hochschulen und Universitäten im Wilhelminischen Deutschland“, in: Ulrich Herrmann (Hg.): *„Mit uns zieht die neue Zeit...“ Der Wandervogel in der deutschen Jugendbewegung*, Weinheim/München 2006, 326–354.

Katja Wojtynowski: *Das Fach Geschichte an der Johannes-Gutenberg-Universität Mainz 1946–1961: Gründung und Ausbau des Historischen Seminars, des Instituts für Alte Geschichte und der Abteilung Osteuropäische Geschichte am Institut für Osteuropakunde*, Stuttgart 2006.

Barbara Wolbring: „Die Idee der Universität im Dienst einer Erneuerung der Gesellschaft. Vorstellungen und Planungen zur Rolle der wissenschaftlichen Hochschule nach dem Ende des Dritten Reiches in Heidelberg“, in: Carsten Kretschmann; Henning Pahl; Peter Scholz (Hg.): *Wissen in der Krise? Institutionen des Wissens im gesellschaftlichen Wandel*, Berlin 2004, 177–196.

– „„Ein wirklich ‚neuer Anfang‘. Öffentliche Kritik an den Universitäten und Reformforderungen in der Besatzungszeit (1945–1949)“, in: Andreas Franzmann; Barbara Wolbring (Hg.): *Zwischen Idee und Zweckorientierung. Vorbilder und Motive von Hochschulreformen seit 1945*, Berlin 2007. 61–76.

– „Nationales Stigma und persönliche Schuld – die Debatte über Kollektivschuld in der Nachkriegszeit“, in: *Historische Zeitschrift* 289/2/2009, 325–364.

Volker Wolf: *Fritz Neumark – Emigrationsziel Türkei: deutsche Wissenschaftler auf der Flucht vor dem Nationalsozialismus*, Frankfurt am Main 2006.

Robert Wolfe: “Revival of Democratic Culture during American Occupation of Heidelberg, 1945–1949”, in: Jürgen C. Heß (Hg.): *Heidelberg 1945*, Stuttgart 1996, 13–27.

Kurt H. Wolff: „Howard Becker“, in: Wilhelm Bernsdorf; Horst Knospe (Hg.): *Internationales Soziologenlexikon*, Band 1, Stuttgart 1980, 25 f.

Eike Wolgast: *Die Universität Heidelberg 1386–1986*, Heidelberg 1986.

– „Karl Heinrich Bauer – der erste Heidelberger Nachkriegsrektor. Weltbild und Handeln 1945–1946“, in: Jürgen C. Heß (Hg.): *Heidelberg 1945*, Stuttgart 1996, 107–129.

Michael Wortmann: *Baldur von Schirach, Hitlers Jugendführer*, Köln 1982.

Jun Yamana: „Reformpädagogik als Metarmophose der Schulen durch die Dynamik des ‚Reentry‘: Zur Selbstkritik der Analyse Deutscher Landerziehungsheime“, in: Edwin Keiner et al. (Hg.): *Metamorphosen der Bildung: Historie - Empirie – Theorie*, Bad Heilbrunn 2011, 369–380.

Doris T. Zallen: “Louis Rapkine and the Restoration of French Science after the Second World War”, in: *French Historical Studies* 17/1/1991, 6–37.

Marianne Zepp: *Redefining Germany: Reeducation, Staatsbürgerschaft und Frauenpolitik im US-amerikanisch besetzten Nachkriegsdeutschland*, Göttingen 2007.

Stephanie Zibell: *Politische Bildung und demokratische Verfassung. Ludwig Bergsträsser (1883–1960)*, Bonn 2006.

Earl F. Ziemke: *The U.S. Army in the Occupation of Germany 1944–1946*, Washington DC 1990.

Paul Ziertmann (Hg.): *The strenuous life: essays and addresses by Theodore Roosevelt*, Englische Schriftsteller aus dem Gebiete der Philosophie, Kulturgeschichte und Naturwissenschaft 8, Heidelberg 1910.

– *Pädagogik als Wissenschaft und Professuren der Pädagogik*, Schriften der Wheelergesellschaft zur Erörterung von Fragen des deutschen und ausländischen Bildungswesen 2, Berlin 1914.
– *Wirtschaft und Schule*, Veröffentlichungen der Akademie Gemeinnütziger Wissenschaften zu Erfurt, Abteilung für Erziehungswissenschaft und Jugendkunde 20, Erfurt 1929.
Hasko Zimmer: „Von der Volksbildung zur Rassenhygiene: Herman Nohl“, in: Tobias Rülcker; Jürgen Oelkers (Hg.): *Politische Reformpädagogik*, Bern 1998, 515–540.
Barbara Zimmermann: „Karl Heinrich Bauer“, *Badische Biographien*, Stuttgart 1990, 23f.
Michael Zimny: *Zur Einheit von Spiritualität und Intellektualität im Werk Richard Schaefflers*, Frankfurt am Main et al. 1999.
Holger Zinn: *Die Kameradschaften der Bünde der Deutschen Landsmannschaft (DL) und des Vertreter–Convents (VC) in den Jahren zwischen 1933 und 1945*, Würzburg 2001.
– *Zwischen Republik und Diktatur: die Studentenschaft der Philipps-Universität Marburg in den Jahren von 1925 bis 1945*, Köln 2002.
Jürgen Zinnecker: „Überlegungen zu Karl Manheims kanonischen Text“, in: Jürgen Reulecke (Hg.): *Generationalität und Lebensgeschichte im 20. Jahrhundert*, München 2003, 33–58.
Volkmar Zühlsdorff: *Deutsche Akademie im Exil. Der vergessene Widerstand*, Berlin 2001.
Ralf Zünder: *Eichkamp!: 60 Jahre Internationales Studentenheim in Berlin 1947–2007*, Öhringen 2006.
Robert Żurek: *Zwischen Nationalismus und Versöhnung. Die Kirchen und die deutsch-polnischen Beziehungen 1945–1956*, Köln 2005.
Marc Zirlewagen (Hg.): *125 Jahre Vereine Deutscher Studenten: 1881–2006*, Bad Frankenhausen 2006.

PERSONENREGISTER